U0392901

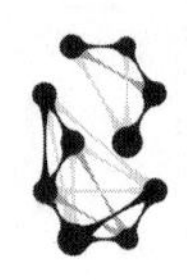

“煤炭清洁转化技术丛书”

丛 书 主 编：谢克昌

丛书副主编：任相坤

各分册主要执笔者：

《煤炭清洁转化总论》	谢克昌　王永刚　田亚峻
《煤炭气化技术：理论与工程》	王辅臣　于广锁　龚　欣
《气体净化与分离技术》	上官炬　毛松柏
《煤炭清洁转化过程污染控制与治理》	亢万忠　周彦波
《煤炭热解与焦化》	尚建选　郑明东　胡浩权
《煤炭直接液化技术与工程》	舒歌平　吴春来　任相坤
《煤炭间接液化理论与实践》	孙启文
《煤基化学品合成技术》	应卫勇
《煤基含氧燃料》	李　忠　付廷俊
《煤制烯烃和芳烃》	魏　飞　叶　茂　刘中民
《煤基功能材料》	张功多　张德祥　王守凯
《煤制乙二醇技术与工程》	姚元根　吴越峰　诸　慎
《煤化工碳捕集利用与封存》	马新宾　李小春　任相坤
《煤基多联产系统技术》	李文英
《煤化工设计技术与工程》	施福富　亢万忠　李晓黎

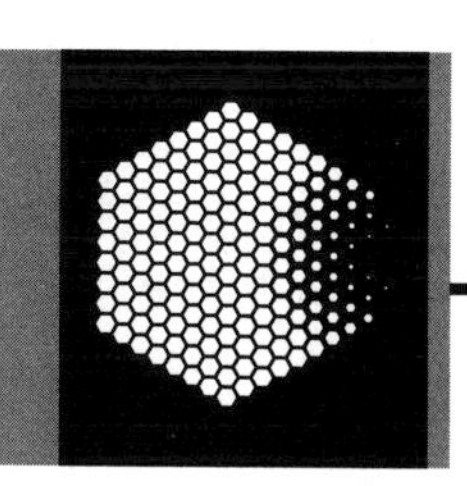

煤炭清洁转化技术丛书

丛书主编　谢克昌　　丛书副主编　任相坤

煤炭清洁转化过程污染控制与治理

亢万忠　周彦波　等 编著

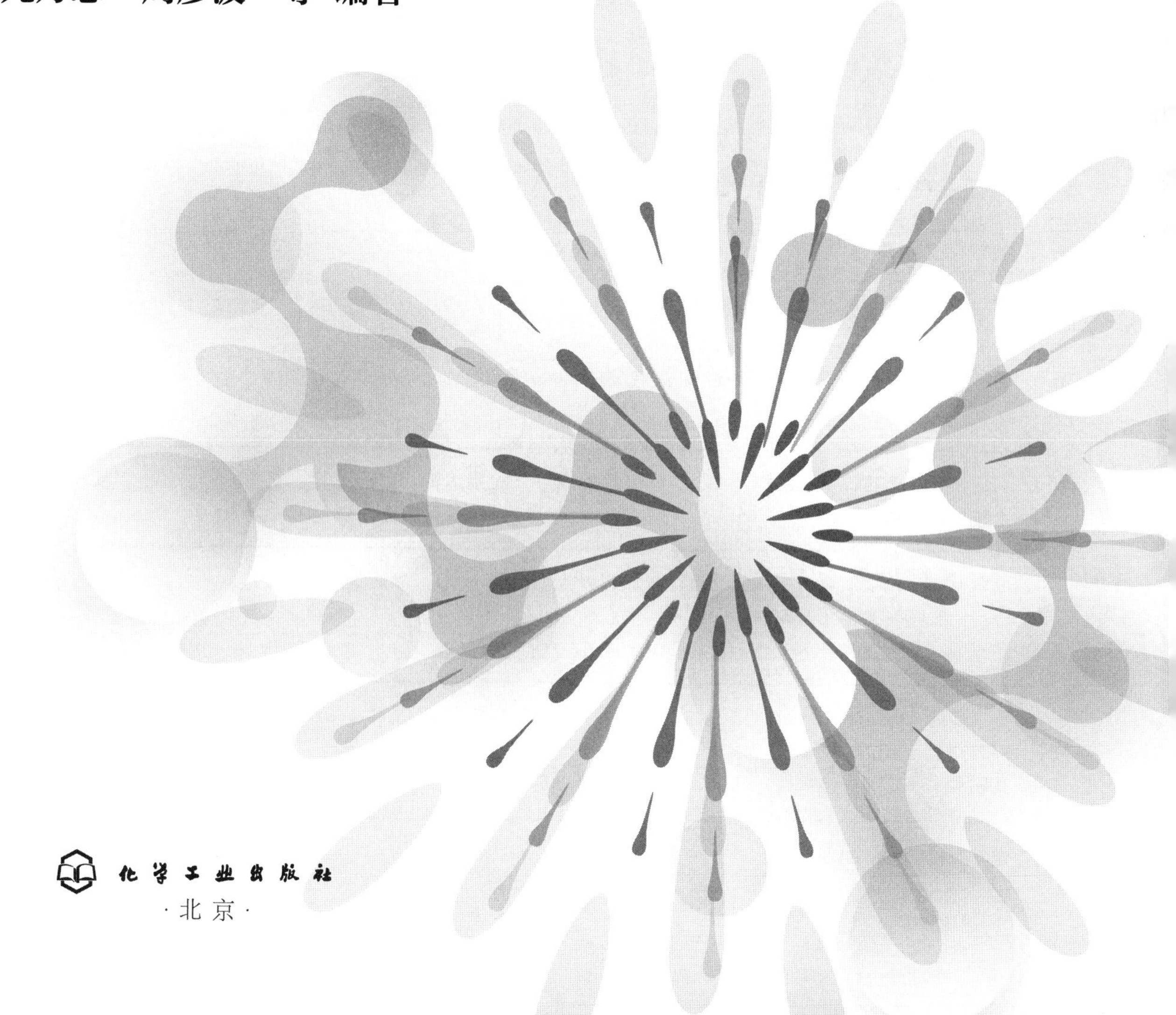

化学工业出版社

·北京·

内容简介

本书是“煤炭清洁转化技术丛书”的分册之一，从煤化工产业链的角度全面论述了煤炭清洁转化利用中污染物的产生、转化与迁移、生态环境影响及其环保治理技术开发、应用情况。全书首先梳理了煤化工产业、技术与环保政策现状，分析了煤炭元素的分布特点和迁移规律；在此基础上，按照煤炭洁净利用的主要产业路径，系统介绍了煤热解和焦化、煤气化、合成气处理、煤基化肥、煤制氢和天然气、煤制油、煤制化学品和煤炭转化过程配套装置等煤化工主要单元技术的工艺原理、流程特点、特色装备等情况，重点突出关键生态环境因素的管控思路，从先进催化剂、绿色工艺、流程配置、设备选型、自动化控制、装置与管道布置、开停车程序、检维修管理等方面提出了相应的清洁生产措施，并按照废气、废液、固体废物、噪声、VOCs和碳排放的顺序说明其产生的典型污染物排放和治理状况；本书还依据煤化工过程污染物的特征，设专章阐明了典型废气、废水、固体废物、噪声与其他污染的治理技术及其在煤炭清洁转化中的应用状况，并列举了典型大型煤化工装置污染物综合治理案例；最后分析了煤炭洁净利用环保技术现状、面临的挑战和机遇，展望了煤转化过程污染控制和治理的发展方向。

本书涵盖了煤炭洁净利用过程中污染物的产生、防控措施、环保技术的基础理论、应用研究、工程实践、装置运行等丰富内容，体现了最新的科研成果和工程实践，是煤洁净利用行业专业技术人员和管理者的良师益友，也是相关行业教学、培训的重要参考。

图书在版编目（CIP）数据

煤炭清洁转化过程污染控制与治理 / 亢万忠等编著. 北京 : 化学工业出版社, 2024. 9. --（煤炭清洁转化技术丛书）. -- ISBN 978-7-122-45011-1

Ⅰ. TD942

中国国家版本馆 CIP 数据核字第 2024E0G795 号

责任编辑：傅聪智　仇志刚　　文字编辑：王云霞
责任校对：刘　一　　装帧设计：张　辉

出版发行：化学工业出版社（北京市东城区青年湖南街 13 号　邮政编码 100011）
印　　装：河北鑫兆源印刷有限公司
787mm×1092mm　1/16　印张 43　字数 1087 千字　2025 年 4 月北京第 1 版第 1 次印刷

购书咨询：010-64518888　　售后服务：010-64518899
网　　址：http://www.cip.com.cn
凡购买本书，如有缺损质量问题，本社销售中心负责调换。

定　　价：**298.00 元**

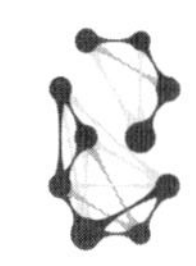

“煤炭清洁转化技术丛书”编委会

马连湘　青岛科技大学教授
马新宾　天津大学教授
毛松柏　中石化南京化工研究院有限公司教授级高级工程师
倪维斗　中国工程院院士，清华大学教授
任相坤　中国矿业大学教授
上官炬　太原理工大学教授
尚建选　陕西煤业化工集团有限责任公司教授级高级工程师
施福富　赛鼎工程有限公司教授级高级工程师
石岩峰　中国炼焦行业协会高级工程师
舒歌平　中国神华煤制油化工有限公司研究员
孙启文　上海兖矿能源科技研发有限公司研究员
田亚峻　中国科学院青岛生物能源与过程所研究员
王辅臣　华东理工大学教授
王永刚　中国矿业大学教授
魏　飞　清华大学教授
吴越峰　东华工程科技股份有限公司教授级高级工程师
谢克昌　中国工程院院士，太原理工大学教授
谢在库　中国科学院院士，中国石油化工股份有限公司教授级高级工程师
杨卫胜　中国石油天然气股份有限公司石油化工研究院教授级高级工程师
姚元根　中国科学院福建物质结构研究所研究员
应卫勇　华东理工大学教授
张功多　中钢集团鞍山热能研究院教授级高级工程师
张庆庚　赛鼎工程有限公司教授级高级工程师
张　勇　陕西省化工学会教授级高级工程师
郑明东　安徽理工大学教授
周国庆　化学工业出版社编审
周伟斌　化学工业出版社编审
诸　慎　上海浦景化工技术股份有限公司

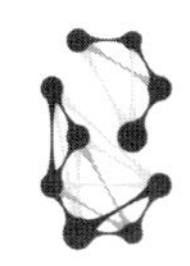

丛书序

2021年中央经济工作会议强调指出："要立足以煤为主的基本国情，抓好煤炭清洁高效利用。"事实上，2019年到2021年的《政府工作报告》就先后提出"推进煤炭清洁化利用"和"推动煤炭清洁高效利用"，而2022年和2023年的《政府工作报告》更是强调要"加强煤炭清洁高效利用"和"发挥煤炭主体能源作用"。由此可见，煤炭清洁高效利用已成为保障我国能源安全的重大需求。中国工程院作为中国工程科学技术界的最高荣誉性、咨询性学术机构，立足于我国的基本国情和发展阶段，早在2011年2月就启动了由笔者负责的《中国煤炭清洁高效可持续开发利用战略研究》这一重大咨询项目，组织了煤炭及相关领域的30位院士和400多位专家，历时两年多，通过对有关煤的清洁高效利用全局性、系统性和基础性问题的深入研究，提出了科学性、时效性和操作性强的煤炭清洁高效可持续开发利用战略方案，为中央的科学决策提供了有力的科学支撑。研究成果形成并出版一套12卷的同名丛书，包括煤炭的资源、开发、提质、输配、燃烧、发电、转化、多联产、节能降污减排等全产业链，对推动煤炭清洁高效可持续开发利用发挥了重要的工程科技指导作用。

煤炭具有燃料和原料的双重属性，前者主要用于发电和供热（约占2022年煤炭消费量的57%），后者主要用作化工和炼焦原料（约占2022年煤炭消费量的23%）。近年来，由于我国持续推进煤电机组与燃料锅炉淘汰落后产能和节能减排升级改造，已建成全球最大的清洁高效煤电供应体系，燃煤发电已不再是我国大气污染物的主要来源，可以说2022年，占煤炭消费总量约57%的发电用煤已基本实现了煤炭作为能源的清洁高效利用。如果作为化工和炼焦原料约10亿吨的煤炭也能实现清洁高效转化，在确保能源供应、保障能源安全的前提下，实现煤炭清洁高效利用便指日可待。

虽然2022年化工原料用煤3.2亿吨仅占包括炼焦用煤在内转化原料用煤总量的32%左右，但以煤炭清洁转化为前提的现代煤化工却是煤炭清洁高效利用的重要途径，它可以提高煤炭综合利用效能，并通过高端化、多元化、低碳化的发展，使该产业具有巨大的潜力和可期望的前途。至2022年底，我国现代煤化工的代表性产品煤制油、煤制甲烷气、煤制烯烃和煤制乙二醇产能已初具规模，产量也稳步上升，特别是煤直接液化、低温间接液化、煤制烯烃、煤制乙二醇技术已处于国际领先水平，煤制乙醇已经实现工业化运行，煤制芳烃等技术也正在突破。内蒙古鄂尔多斯、陕西榆林、宁夏宁东和新疆准东4个现代煤化工产业示范区和生产基地产业集聚加快、园区化格局基本形成，为现代煤化工产业延伸产业链，最终实现高端化、多元化和低碳化奠定了雄厚基础。由笔者担任主编、化学工业出版社2012年出版发行的“现代煤化工技术丛书”对推动我国现代煤化工的技术进步和产业发展发挥了重要作用，做出了积极贡献。

现代煤化工产业发展的基础和前提是煤的清洁高效转化。这里煤的转化主要指煤经过化学反应获得气、液、固产物的基础过程和以这三态产物进行再合成、再加工的工艺过程，而通过科技创新使这些过程实现清洁高效不仅是助力国家能源安全和构建“清洁低碳、安全高效”能源体系的必然选择，而且也是现代煤化工产业本身高端化、多元化和低碳化的重要保证。为顺应国家“推动煤炭清洁高效利用”的战略需求，化学工业出版社决定在“现代煤化工技术丛书”的基础上重新编撰“煤炭清洁转化技术丛书”（以下简称丛书），仍邀请笔者担任丛书主编和编委会主任，组织我国煤炭清洁高效转化领域教学、科研、工程设计、工程建设和工厂企业具有雄厚基础理论和丰富实践经验的一线专家学者共同编著。在丛书编写过程中，笔者要求各分册坚持“新、特、深、精”四原则。新，是要有新思路、新结构、新内容、新成果；特，是有特色，与同类著作相比，你无我有，你有我特；深，是要有深度，基础研究要深入，数据案例要充分；精，是分析到位、阐述精准，使丛书成为指导行业发展的案头精品。

针对煤炭清洁转化的利用方式、技术分类、产品特征、材料属性，从清洁低碳、节能高效和环境友好的可持续发展理念等本质认识，丛书共设置了15个分册，全面反映了作者团队在这些方面的基础研究、应用研究、工程开发、重大装备制造、工业示范、产业化行动的最新进展和创新成果，基本体现了作者团队在煤炭清洁转化利用领域追求共性关键技术、前沿引领技术、现代工程技术和颠覆性技术突破的主动与实践。

1.《煤炭清洁转化总论》（谢克昌　王永刚　田亚峻　编著）

以“现代煤化工技术丛书”之分册《煤化工概论》为基础，将视野拓宽至煤炭清洁转化全领域，但仍以煤的转化反应、催化原理与催化剂为主线，概述了煤炭清洁转化的主要过程和技术。该分册一个显著的特点是针对中国煤炭清洁转化的现状和问题，在深入分析和论证的基础上，提出了中国煤炭清洁转化技术和产业“清洁、低碳、安全、高效”的量化指标和发展战略。

2.《煤炭气化技术：理论与工程》（王辅臣　于广锁　龚欣　等编著）

该分册通过对煤气化过程的全面分析，从煤气化过程的物理化学、流体力学基础出发，深入阐述了气化炉内射流与湍流多相流动、湍流混合与气化反应、气化原料制备与输送、熔渣流动与沉积、不同相态原料的气流床气化过程放大与集成、不同床型气化炉与气化系统模拟以及成套技术的工程应用。作者团队对其开发的多喷嘴气化技术从理论研究、工程开发到大规模工业化应用的全面论述和实践，是对煤气化这一煤炭清洁转化核心技术的重大贡献。专述煤与气态烃的共气化是该分册的另一特点。

3.《气体净化与分离技术》（上官炬　毛松柏　等编著）

煤基工业气体净化与分离是煤炭清洁转化的前提与基础。作者基于团队几十年在这一领域的应用基础研究和技术开发实践，不仅系统介绍了广泛应用的干法和湿法净化技术以及变压吸附与膜分离技术，而且对气体净化后硫资源回收与一体化利用进行了论述，系统阐述了不同净化分离工艺技术的应用特征和解决方案。

4.《煤炭清洁转化过程污染控制与治理》（亢万忠　周彦波　等编著）

传统煤炭转化利用过程中产生的“三废”如果通过技术创新、工艺进步、装置优化、全程管理等手段，完全有可能实现源头减排，从而使煤炭转化利用过程达到清洁化。该分册在介绍煤炭转化过程中硫、氮等微量和有害元素的迁移与控制的理论基础上，系统论述了主要煤炭转化技术工艺过程和装置生产中典型污染物的控制与治理，以及实现源头减排、过程控制、综合治理、利用清洁化的技术创新成果。对煤炭转化全过程中产生的“三废”、噪声等典型污染物治理技术、处置途径的具体阐述和对典型煤炭转化项目排放与控制技术集成案例的成果介绍是该分册的显著特点。

5.《煤炭热解与焦化》（尚建选　郑明东　胡浩权　等编著）

热解是所有煤炭热化学转化过程的基础，中低温热解是低阶煤分级分质转化利用的最佳途径，高温热解即焦化过程以制取焦炭和高温煤焦油为主要目的。该分册介绍了热解与焦化过程的特征和技术进程，在阐述技术原理的基础上，对这两个过程的原料特性要求、工艺技术、装备设施、产物分质利用、系统集成等详细论述的同时，对中低温煤焦油和高温煤焦油的深加工技术、典型工艺、组分利用、分离精制、发展前沿等也做了全面介绍。展现最新的研究成果、工程进展及发展方向是该分册的特色。

6.《煤炭直接液化技术与工程》（舒歌平　吴春来　任相坤　编著）

通过改变煤的分子结构和氢碳原子比并脱除其中的氧、氮、硫等杂原子，使固体煤转化成液体油的煤炭直接液化不仅是煤炭清洁转化的重要途径，而且是缓解我国石油对外依存度不断升高的重要选择。该分册对煤炭直接液化的基本原理、用煤选择、液化反应与影响因素、液化工艺、产品加工进行了全面论述，特别是世界首套百万吨级煤直接液化示范工程的工艺、装备、工厂运行等技术创新过程和开发成果的详尽总结和梳理是其亮点。

7.《煤炭间接液化理论与实践》(孙启文　编著)

煤炭间接液化制取汽油、柴油等油品的实质是煤先要气化制得合成气，再经费-托催化反应转化为合成油，最后经深加工成为合格的汽油、柴油等油品。与直接液化一样，间接液化是煤炭清洁转化的重要方式，对保障我国能源安全具有重要意义。费-托合成是煤炭间接液化的关键技术。该分册在阐述煤基合成气经费-托合成转化为液体燃料的煤炭间接液化反应原理基础上，详尽介绍了费-托合成反应催化剂、反应器和产物深加工，深入介绍了作者在费-托合成领域的研发成果与应用实践，分析了大规模高、低温费-托合成多联产工艺过程，费-托合成产物深加工的精细化以及与石油化工耦合的发展方向和解决方案。

8.《煤基化学品合成技术》(应卫勇　编著)

广义上讲，凡是通过煤基合成气为原料制得的产品都属于煤基合成化学品，含通过间接液化合成的燃料油等。该分册重点介绍以煤基合成气及中间产物甲醇、甲醛等为原料合成的系列有机化工产品，包括醛类、胺类、有机酸类、酯类、醚类、醇类、烯烃、芳烃化学品，介绍了煤基化学品的性质、用途、合成工艺、市场需求等，对最新基础研究、技术开发和实际应用等的梳理是该书的亮点。

9.《煤基含氧燃料》(李忠　付廷俊　等编著)

作为煤基燃料的重要组成之一，与直接液化和间接液化制得的煤基碳氢燃料相比，煤基含氧燃料合成反应条件相对温和、组成简单、元素利用充分、收率高、环保性能好，具有明显的技术和经济优势，与间接液化类似，对煤种的适用性强。甲醇是主要的、基础的煤基含氧燃料，既可以直接用作车船用替代燃料，亦可作为中间平台产物制取醚类、酯类等含氧燃料。该分册概述了醇、醚、酯三类主要的煤基含氧燃料发展现状及应用趋势，对煤基含氧燃料的合成原料、催化反应机理、催化剂、制造工艺过程、工业化进程、根据其特性的应用推广等进行了深入分析和总结。

10.《煤制烯烃和芳烃》(魏飞　叶茂　刘中民　等编著)

烯烃(特别是乙烯和丙烯)和芳烃(尤其是苯、甲苯和二甲苯)是有机化工最基本的基础原料，市场规模分别居第一位和第二位。以煤为原料经气化制合成气、合成气制甲醇，甲醇转化制烯烃、芳烃是区别于石油化工的煤炭清洁转化制有机化工原料的生产路线。该分册详细论述了煤制烯烃(主要是乙烯和丙烯)、芳烃(主要是苯、甲苯、二甲苯)的反应机理和理论基础，系统介绍了甲醇制烯烃技术、甲醇制丙烯技术、煤制烯烃和芳烃的前瞻性技术，包括工艺、催化剂、反应器及系统技术。特别是对作者团队在该领域的重大突破性技术以及大规模工业应用的创新成果做了重点描述，体现了理论与实践的有机结合。

11.《煤基功能材料》(张功多　张德祥　王守凯　等编著)

碳元素是自然界分布最广泛的一种基础元素，具有多种电子轨道特性，以碳元素作为唯一组成的炭材料有多样的结构和性质。煤炭含碳量高，以煤为主要原料制取的煤基炭材料是煤炭材料属性的重要表现形式。该分册详细介绍了煤基有机功能材料（光波导材料、光电显示材料、光电信息存储材料、工程塑料、精细化学品）和煤基炭功能材料（针状焦、各向同性焦、石墨电极、炭纤维、储能材料、吸附材料、热管理炭材料）的结构、性质、生产工艺和发展趋势。对作者团队重要科技成果的系统总结是该分册的特点。

12.《煤制乙二醇技术与工程》（姚元根　吴越峰　诸慎　主编）

以煤基合成气为原料通过羰化偶联加氢制取乙二醇技术在中国进入到大规模工业化阶段。该分册详细阐述了煤制乙二醇的技术研究、工程开发、工业示范和产业化推广的实践，针对乙二醇制备过程中的亚硝酸甲酯合成、草酸二甲酯合成、草酸酯加氢、中间体分离和产品提纯等主要单元过程，系统分析了反应机理、工艺流程、催化剂、反应器及相关装备等；全面介绍了煤基乙二醇的工艺系统设计及工程化技术。对典型煤制乙二醇工程案例的分析、技术发展方向展望、关联产品和技术说明是该分册的亮点。

13.《煤化工碳捕集利用与封存》（马新宾　李小春　任相坤　等编著）

煤化工生产化学品主要是以煤基合成气为原料气，调节碳氢比脱除 CO_2 是其不可或缺的工艺属性，也因此成为煤化工发展的制约因素之一。为促进煤炭清洁低碳转化，该分册阐述了煤化工碳排放概况、碳捕集利用和封存技术在煤化工中的应用潜力，总结了与煤化工相关的 CO_2 捕集技术、利用技术和地质封存技术的发展进程及应用现状，对 CO_2 捕集、利用和封存技术工程实践案例进行了分析。全面阐述 CO_2 为原料的各类利用技术是该分册的亮点。

14.《煤基多联产系统技术》（李文英　等编著）

煤基多联产技术是指将燃煤发电和煤清洁高效转化所涉及的主要工艺单元过程以及化工-动力-热能一体化理念，通过系统间的能量流与物质流的科学分配达到节能、提效、减排和降低成本，是一项系统整体资源、能源、环境等综合效益颇优的煤清洁高效综合利用技术。该分册紧密结合近年来该领域的技术进步和工程需求，聚焦多联产技术的概念设计与经济性评价，在介绍关键技术和主要工艺的基础上，对已运行和在建的系统进行了优化与评价分析，并指出该技术发展中的问题和面临的机遇，提出适合我国国情和发展阶段的多联产系统技术方案。

15.《煤化工设计技术与工程》（施福富　亢万忠　李晓黎　等编著）

煤化工设计与工程技术进步是我国煤化工产业高质量发展的基础。该分册全面梳理和总结了近年来我国煤化工设计技术与工程管理的最新成果，阐明了煤化工产业高端化、多元化、低碳化发展的路径，解析了煤化工工程设计、工程采购、工程施工、项目管理在不同阶段的目标、任务和关键要素，阐述了最新的工程技术理念、手段、方法。详尽剖析煤化工工程技术相关专业、专项技术的定位、工程思想、技术现状、工程实践案例及发展趋势是该分册的亮点。

丛书 15 个分册的作者，都十分重视理论性与实用性、系统性与新颖性的有机结合，从而保障了丛书整体的“新、特、深、精”，体现了丛书对我国煤炭清洁高效利用技术发展的历史见证和支撑助力。“惟创新者进，惟创新者强，惟创新者胜。”坚持创新，科技进步；坚持创新，国家强盛；坚持创新，竞争取胜。“古之立大事者，不惟有超世之才，亦必有坚韧不拔之志”，只要我们坚持科技创新，加快关键核心技术攻关，在中国实现煤炭清洁高效利用一定会指日可待。诚愿这套丛书在煤炭清洁高效利用不断迈上新水平的进程中发挥科学求实的推动作用。

谢克昌

2023 年 6 月 9 日

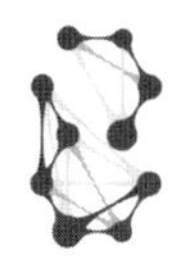

前言

近十年来，我国煤炭清洁转化利用技术取得了可喜的成绩，产业迅速发展，生态环保技术的进步为产业发展起到了保驾护航的作用，环保立法、标准体系更趋完善。进入“十四五”时期，煤炭作为我国主体能源，要按照绿色低碳的发展方向，对标实现碳达峰、碳中和目标任务，立足国情，推进煤炭消费转型升级。煤炭清洁转化产业发展潜力巨大、大有前途，要通过提高煤炭作为化工原料的综合利用效能，促进煤化工产业高端化、多元化、低碳化发展。环保技术作为煤炭清洁利用技术的重要组成部分，在实现能耗“双控”向碳排放总量和强度“双控”转变的过程中应发挥重要的作用。

本书从产业链的角度全面论述了煤炭清洁转化利用中污染物的产生、转化与迁移、生态环境影响及其环保治理技术开发、应用情况。全书分为四个部分，第一部分包括第1章和第2章，主要内容包括产业与技术概述、煤炭元素组成和分布特点等，阐述了煤化工是最环保的煤炭清洁利用技术，解析了煤化工技术发展及环保技术装备升级情况，并对煤炭转化过程中各类元素的转化、迁移规律进行了论述；第二部分包括第3章到第10章，该部分按照煤炭清洁利用的主要产业路径，分单元按照煤炭初级转化、合成气加工、煤基化肥、煤制油、煤制化学品和辅助设施的产业链顺序阐述了煤化工各主要单元技术及其环保技术的现状，介绍了主要工艺基本原理、流程特点、特色装备等情况，重点突出关键生态环境因素的管控思路，从先进催化剂、绿色工艺、流程配置、设备选型、自动化控制、装置与管道布置、开停车程序、检维修管理等方面阐述了相应的清洁生产措施，并按照废气、废液、固体废物、噪声、VOCs及土壤、地下水和碳排放的顺序说明其产生的典型污染物排放和治理情况；第三部分包括第11章到第15章，该部分阐述了典型废气、废水、固体废物及噪声等污染物的治理方法，并说明其在煤炭清洁转化中的应用状况，最后还列举了典型大型煤化工装置污染物综合治理案例；第四部分是第16章，包括煤炭清洁利用环保技术现状、面临的挑战和机遇、发展方向和展望等内容。

本书第1章绪论由孙志刚、亢万忠编写；第2章煤炭转化过程中元素的迁移与控制由周彦波、王杰、陆建编写；第3章煤热解、焦化过程污染控制与治理由杨宏泉、陈志华编写；第4章煤气化过程污染控制与治理由张炜、王令光、黄习兵、杨德兴编写；第5章合成气处理过程污染控制与治理由王同宝、孙火艳、亢万忠编写；

第6章煤基合成氨、尿素、硝酸及硝酸铵生产过程污染控制与治理由顾英、李晓黎编写；第7章煤制氢、天然气过程污染控制与治理由刘俊、冯亮杰编写；第8章煤基合成油过程污染控制与治理由赵国忠、陈金锋编写；第9章煤制化学品过程污染控制与治理由孙志刚、冯亮杰编写；第10章煤炭转化过程配套装置污染控制与治理由杨银仁、庞睿编写；第11章煤炭转化过程废气、粉尘治理及碳排放控制由周易、李霞、周彦波、王琨编写；第12章煤炭转化过程废水处理由周彦波、陈鑫、刘琪凯、段成玉编写；第13章煤炭转化过程固体废物处理与处置由张薇、施程亮编写；第14章煤炭转化过程噪声与其他污染防治由陈鑫、许晖编写；第15章煤炭转化过程污染控制与治理集成案例由冯亮杰、李晓黎编写；第16章煤炭转化过程环保技术发展展望由亢万忠、孙志刚、杜月侠编写。全书由亢万忠统稿。

本书涉及煤炭清洁利用过程中污染物的产生、防控措施、环保技术的基础理论、应用研究、工程实践、装置运行等内容。编著者试图努力使本书能为关心煤炭清洁利用行业发展的技术人员和管理者提供有益的帮助，也可为相关行业教学提供参考。由于编著者水平和时间有限，对原理、工艺的阐述未能达到全面、透彻，也难免存在文字、数据的疏漏之处，敬请读者批评指正。

华东理工大学高晋生、鲁军、王杰三位教授2010年出版的《煤化工过程中的污染与控制》为本书的编写提供了有益的借鉴，本书在编写过程中得到了中石化宁波工程有限公司、中石化宁波技术研究院有限公司相关技术人员的大力支持，丛书主编谢克昌院士、副主编任相坤教授对本书的编写给予长期、细致的指导和帮助，在此表达我们最衷心的感谢。

亢万忠

2025年1月

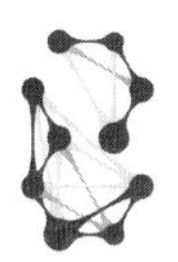

目录

10 煤炭转化过程配套装置污染控制与治理 405

11 煤炭转化过程废气、粉尘治理及碳排放控制 473

1 绪论

1.1 概述

我国经济发展已进入新常态，工业发展向质量效益提升转变。国家积极推进工业化、信息化、城镇化、绿色化，给我国工业发展带来了新的机遇，同时又面临着产业结构升级压力加大、资源和环境约束趋紧、部分产业产能过剩严重、市场竞争激烈等突出问题与挑战。在应对未来全球气候变化助推绿色低碳发展大潮中，在清洁生产技术应用规模持续拓展的背景中，国家“十三五”规划提出了“创新、协调、绿色、开放、共享”的新发展理念，紧紧把握全球新一轮科技革命和产业变革重大机遇，培育发展新动能，推进供给侧结构性改革，构建现代产业体系，提升创新能力[1-3]。“十四五”作为碳达峰的关键期、窗口期，煤化工产业认真贯彻新发展理念，创新成为第一动力、协调成为内生特点、绿色成为普遍形态、开放成为必由之路、共享成为根本目的，进一步推动了煤炭在更高层面的清洁高效利用。

在未来相当一段时期内，煤炭仍是我国一次能源最重要的组成部分，而煤炭具有碳多氢少、富含近百种元素的特点，在煤的各种转化利用过程中会产生诸如 CO_2、SO_2、NO_x、粉尘、废水、固体灰渣等环境污染物，是我国主要的环境污染源之一[4,5]。推行煤炭清洁高效利用技术，从源头上减少废气、废水、固废的产生，是解决我国能源利用和环保问题的重要途径和战略选择，也是确保国家安全和可持续发展的必然要求。伴随着国家工业由高速发展向高质量发展的追求迈进，煤炭利用也经历了由粗放发展到清洁高效发展的转变过程。现代煤化工是煤炭清洁高效利用技术的主渠道，集成了当前最先进高效的煤炭预处理、气化、合成气净化、合成气深加工等工艺技术以及“三废”处理等环保治理技术，具有技术和装备自主化程度高、大型化、原料适应范围广、碳转化率高、产品种类丰富、产业链长、节能技术应用广、污染物控制技术水平先进等特点。在“十一五”煤化工技术集中示范期间，曾出现过装置运行周期短、能耗高、环保水平低等问题，经过“十二五”期间的示范升级，装置运行水平、工艺技术、环保技术均得到了大幅度提高，在“十三五”期间煤化工技术进行了大规模升级示范和工业应用，现代煤化工技术已经渐趋成熟，技术和环保指标大幅提高，是目前煤炭最清洁高效利用的方式之一[6-8]。“十四五”期间以国家“双碳”战略为指导，促进了煤化工产业高端化、多元化、低碳化、绿色发展。

我国现代煤炭清洁转化产业快速发展并取得显著成效，但随着国家“双碳”目标的提出，现代煤化工需要继续坚持走高效、节能和环境友好的可持续发展之路，并与新能源和节能环保等绿色低碳产业深度结合，实现 CO_2 的捕集和高效利用，为实现“双碳”目标做出更大贡献[9,10]。2023 年 6 月 14 日，国家发展改革委、工业和信息化部、自然资源部、生态环境部、水利部、应急管理部联合发布了《关于推动现代煤化工产业健康发展的通知》，指出要结合《现代煤化工产业创新发展布局方案》实施情况以及产业发展面临的能源安全、生态环保、水资源承载能力等形势任务，进一步强化煤炭主体能源地位，按照严控增量、强化指导、优化升级、安全绿色的总体要求，加强煤炭清洁高效利用，推动现代煤化工产业高端化、多元化、低碳化发展。该通知特别强调要加快绿色低碳技术装备推广应用，引导现有现代煤化工企业实施节能、降碳、节水、减污改造升级，强化能效、水效、污染物排放标准引领和约束作用，稳步提升现代煤化工绿色低碳发展水平。2024 年 9 月 11 日，国家发展改革委、工业和信息化部、自然资源部、生态环境部、交通运输部、国家能源局发布《关于加强煤炭清洁高效利用的意见》，指出要充分发挥煤炭兜底保障作用，促进能源绿色低碳转型，发展新质生产力，提高重点行业用煤效能，有序发展煤炭原料化利用。

1.2 煤炭转化技术及发展历程

1.2.1 洁净煤技术

洁净煤技术主要是针对煤炭从开发到利用的全过程，旨在提高煤炭的利用率并降低加工过程中的污染物排放。洁净煤技术通过提升效率，力求实现煤炭的清洁利用。按照煤炭的利用过程，该技术可划分为三大类：煤炭加工与转化技术、煤炭燃烧技术以及燃烧后的烟气净化技术[11]。其中，煤炭加工技术涵盖了煤炭洗选、动力配煤、型煤制备和水煤浆制备等加工流程，这些在本章中不再赘述。以下重点介绍煤炭清洁转化技术、洁净煤燃烧和发电技术以及烟气净化技术。

1.2.1.1 煤炭清洁转化技术

煤的化工转化称为煤化工技术，根据煤炭化工产业发展的不同时期，行业内一般将煤化工分为两大类，分别是传统煤化工和新型煤化工（也称现代煤化工），新型煤化工技术可以称为煤炭清洁转化技术[12]。

传统煤化工主要包括煤的焦化、小型煤气化制甲醇以及联醇、煤气化制合成氨及尿素、煤经电石制聚氯乙烯（PVC）等产业链，在该阶段，以固定床块煤空气气化技术为主要代表，这些技术发展历程长、规模小、能耗高、污染大。煤炭清洁转化是以先进的煤气化技术为龙头的清洁煤基能源化工产业体系，在该阶段，以大型化的气流床煤气化技术为代表，大型高效热解、焦化、液化技术不断涌现，主要包括煤液化生产油品、煤气化生产合成气进而生产烃类、天然气、乙二醇等。新型煤化工技术中，前端工艺一般都是煤经过气化、变换和酸性气体脱除等单元，生产纯净的 CO、H_2 用于合成化工产品。在这个过程中，原料煤中的有机物全部分解，转变为 CO、H_2、CO_2 等，而主要有害元素硫则转化为 H_2S、COS 等物质，在酸性气体脱除单元中 H_2S 和 CO_2 分别被回收。由于气化温度高且在还原状态下进行，不产生 NO_x，化学需氧量（COD）含量相对不高，进入水中的污染物可以通过废水处理技术进行脱除，实现废水的达标排放或近零排放；灰中的有害元素大多进入到玻璃态渣中，有效封存煤中金属元素，实现综合利用[13]。与传统煤化工产业相比，煤炭清洁转化装置规模大、技术含量高、能耗低、环境友好、产品附加值高，除了甲醇、合成氨、尿素、PVC 等传统煤化工产品外，所生产的乙烯、丙烯、芳烃、乙二醇及下游的聚烯烃、聚酯、高端新材料等产品，市场广阔，经济潜力巨大，已成为石油化工的重要补充。

煤炭转化产业链如图 1-1 所示。传统煤化工与现代煤化工最大的区别在于现代煤化工采用了更大规模、高效的煤气化、C1 化工产业链技术及其产业链的延伸。图中仅以产业链简单划分，其中采用灰色标注的技术路线一般被认为是煤炭清洁转化，其余技术路线是传统煤化工。

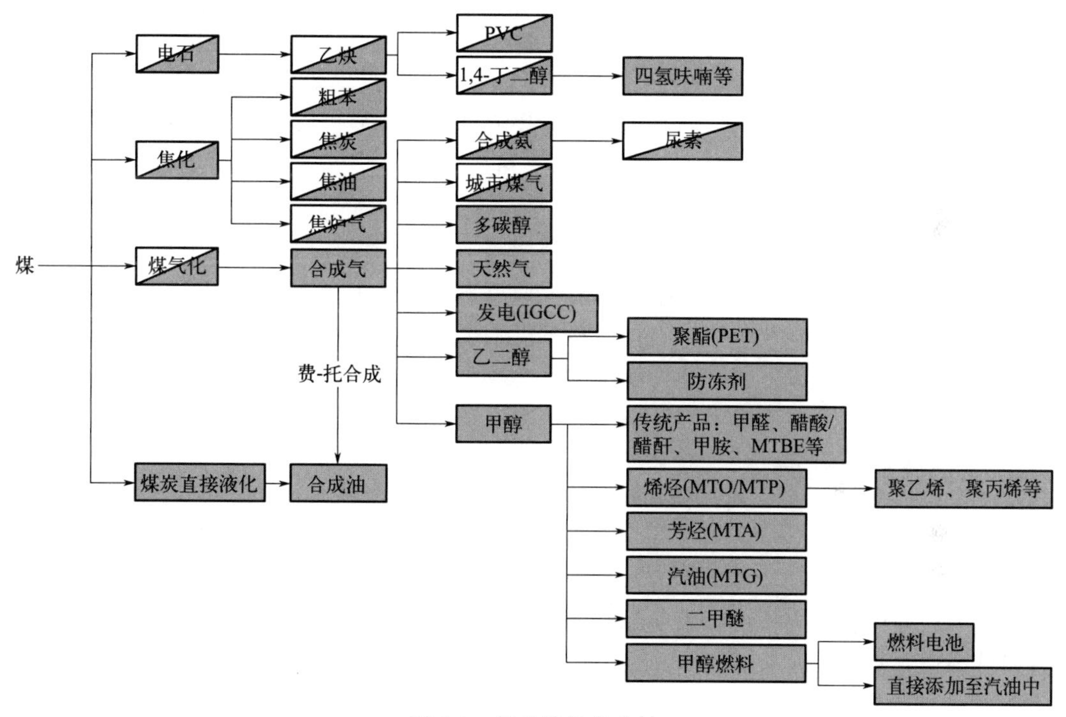

图 1-1　煤炭转化产业链

1.2.1.2　洁净煤燃烧和发电技术

煤直接燃烧用于产生热能或电能，是我国目前煤炭资源最为主要的转化方式和利用途径。煤炭燃烧过程产生的污染物，如果不经过处理排入环境会造成多种污染：燃烧产生的细颗粒物直接排入大气形成颗粒物污染；产生的二氧化硫排入大气后是酸雨的重要来源；氮燃烧会形成氮氧化物污染；同时燃烧过程中还会产生部分重金属和有机污染物。这些污染物会对环境和健康造成不利影响[14-16]。

（1）洁净煤燃烧技术

洁净煤燃烧技术是指为了减少燃烧过程中产生的污染物，通过改变燃料性质、改进燃烧方式、调整燃烧条件、适当加入添加剂等方法来控制污染物的生成，从而实现污染物排放量的减少。由于燃烧过程比较复杂，对燃烧过程的控制以及对燃烧技术的优化需要较高的管理水平与先进可靠的技术支撑。目前比较成熟且应用较广的先进燃烧技术有低氮燃烧技术、循环流化床燃烧技术、粉煤燃烧技术、水煤浆燃烧技术。

低氮燃烧技术根据 NO_x 的生成机理，在煤的燃烧过程中通过改变燃烧条件或合理组织燃烧方式等手段来抑制 NO_x 生成量。

循环流化床燃烧技术采用流态化燃烧方式，具有燃烧温度低、粉煤颗粒在炉内停留时间长、湍流混合强烈等特点，在燃料适应性、环保性能、负荷调节性等方面具有一定的优势，同时由于其技术比较成熟、投资成本低、适合我国资源特点，并能满足国家污染物排放要求，循环流化床燃烧技术的应用较为广泛[17-19]。

粉煤燃烧技术采用送喷回流式烧嘴，燃烧空气采用三次供给方式，或采用送喷式内外双流供风燃烧技术的风冷喷嘴，拉长了火焰，降低了炉膛温度峰值，温度场均匀，抑制了 NO_x 的生成，风冷燃烧技术燃烧效率≥99%，NO_x 初始排放量小于 $300mg/m^3$。

水煤浆燃烧技术利用水煤浆作为燃料，因水煤浆可以像油一样管输、储存、泵送、雾化和稳定着火燃烧，故可直接替代燃煤、燃油作为工业锅炉或电站锅炉的燃料。水煤浆燃烧同其他燃煤过程一样，也会产生颗粒物、SO_2、NO_x 等大气污染物，但由于制备水煤浆的原料煤在制备过程中经过了洗选，以及水煤浆燃烧温度较低等原因，使得水煤浆燃烧后产生的颗粒物、SO_2 及 NO_x 等污染情况要好于普通煤粉燃烧。

(2) 洁净煤发电技术

通常洁净煤发电是通过锅炉燃烧产生蒸汽来驱动透平发电。当前在煤炭发电效率提升方面有两个方向：一个是利用传统的燃煤锅炉，通过锅炉产生更高等级的蒸汽，如超超临界发电技术；另一个是利用联合循环提高发电效率，如增压流化床燃煤联合循环、整体煤气化联合循环等。洁净煤发电技术在降低燃煤污染方面也有两个方向：一个是采用高效的烟气净化系统脱除或回收污染物；另一个是以煤气化技术为核心，对煤气净化后再进行清洁利用[20]。

1.2.1.3 烟气净化技术

根据国家有关大气污染的防治要求，为了减少大气污染物，烟气中的有害物如 SO_2、NO_x、颗粒物需要经过净化处理之后，才能实现达标排放。

工业上，燃煤烟气净化技术主要有除尘技术、烟气脱硫脱硝技术。除此之外，有毒化合物（如氟化物、氯化物等)、重金属、有机污染物的脱除以及 CO_2 的控制技术也受到了极大关注[21,22]。

根据除尘机理的不同，除尘技术主要包括机械式除尘技术、静电除尘技术、过滤除尘技术和湿式除尘技术四类。随着国家环保要求的提高，为进一步提高除尘效率尤其是对亚微米级颗粒物的脱除效率，结合各种除尘技术的长处，开发了许多机理复合的除尘技术，如高效的静电除尘器技术、袋式除尘器（布袋除尘器）技术和电袋一体化技术等，并在工业中得到了广泛应用。

按照脱硫剂的不同，烟气脱硫技术主要有：以 $CaCO_3$ 为基础的石灰石-石膏法、以 MgO 为基础的镁法、以 Na_2SO_3 为基础的钠法、以 NH_3 为基础的氨法、以海水为基础的海水法等。目前商业上应用比较广泛的脱硫工艺有石灰石-石膏湿法脱硫、氨法湿法烟气脱硫、干法烟气脱硫、镁法烟气脱硫、海水法烟气脱硫等。相关环保企业在工程实践中针对增效降耗持续开展了大量的优化研究，特别是针对高硫煤的湿法烟气脱硫技术、烟气脱硫石膏综合利用技术等均实现了技术示范，获得了重要的进展[23,24]。

依据治理工艺的不同，烟气脱硝技术也分为干法和湿法两类。干法脱硝是指使用催化剂并喷入尿素、氨等还原剂，使其与烟气中的 NO_x 反应，生成无污染的 N_2 产物的技术，选择性催化还原法、选择性非催化还原法是目前最为常用的脱硝技术。湿法烟气脱硝通过加入臭氧等氧化剂，使 NO_x 转化为 N_2O_5 或 N_2O_3，并在后续脱硫阶段，通过烟气与含有吸收剂的溶液接触，转化为硝酸盐的脱除技术，目前的发展方向是与脱硫技术结合，形成脱硫脱硝一体化技术[25-28]。

1.2.2 煤炭清洁转化发展历程

1.2.2.1 世界煤炭清洁转化发展历程

煤炭转化诞生于18世纪后半叶，19世纪形成了较为完整的煤炭转化体系，进入20世纪后，有机化学品多以煤为原料生产，煤炭转化成为化学工业的重要组成部分。早期煤炭转化始于煤的干馏，用煤进行炼焦生产煤气、煤焦油和焦炭等产品，进而提取各类芳烃及其他化工原料。

德国最早开展了煤制液体燃料的研发工作，开发出了合成气制甲醇（1913年）、煤加氢直接液化（1913年）、费-托合成（1923年）等技术，并进行了示范工程，至1944年建成了十余套煤制油工业化装置，产能达到200余万吨/年。其间开发成功了温克勒（Winkler）流化床气化（1926年）、鲁奇（Lurgi）气化（1936年）、Koppers-Totzek（K-T）气化（1942年）等气化技术，整体而言，当时的煤化工技术碳转化率低、污水排放量大、环保状况较差[29]。第二次世界大战后，南非以煤为原料合成液体燃料的工业一直在发展，相继建成了Sasol一、二、三厂，采用了鲁奇Mark型气化炉，因气化温度提高，生产油品及化学品产能达到160万吨/年。但由于油价降低，其他国家的能源消耗中，煤的比例大幅下降，煤化工发展陷入停滞。

1973年由于中东战争爆发以及随之而来的石油危机，煤炭在能源结构中的重要性逐渐体现，欧洲、美国和日本等加强了煤化工的研究开发工作。20世纪60年代，气流床煤气化技术的开发成功，使煤化工的产能、碳利用率大幅提升，由于其较高的气化温度，污水中污染物的种类和数量均大幅下降。德国、日本、苏联等通过煤的高温热解提取高价值化学品，促进了煤的热解、焦化环保技术的进步。在煤液化技术方面，美国开发了液化工艺条件温和、煤转化率和液化油产率高、经济、节能、环保的工艺技术，主要包括溶剂精炼煤工艺、氢煤法工艺、煤/油共炼工艺和两段催化液化工艺等。在合成气转化技术方面，美国Mobil公司1976年成功开发出用ZSM-5分子筛催化剂将甲醇转化成汽油（MTG）的方法。1985年在新西兰建成并投产由天然气基合成气出发的甲醇制汽油工业装置，为煤基合成气的甲醇制汽油路线奠定了基础。1983年，伊斯曼（Eastman）公司采用德士古水煤浆气化技术，在田纳西州建成世界首套煤基合成气制醋酸和醋酐装置。1984年，世界第一个煤制天然气工厂——美国大平原煤气厂正式投产[30]，次年大平原煤气厂因气价下跌，严重亏损而破产。

此后，国外虽然积累了众多煤化工方面的技术，包括德士古（Texaco）、壳牌（Shell）、Gaskombinat Schwarze Pumpe（GSP）、E-gas、British Gas Lurgi（BGL）等气化技术以及甲醇合成、高温甲烷化、甲醇制烯烃（MTO）、甲醇制汽油（MTG）等合成气转化技术，但由于石油、天然气的供应量充足，煤化工没有得到大规模工业化应用。

1.2.2.2 中国煤炭清洁转化发展历程

我国煤炭清洁转化自主技术开发起步较晚，“九五”期间，在国家政策鼓励下建成了一大批研发实验室，为煤化工核心技术的发展奠定了研发基础，在新世纪取得了一大批科研成果，促进了煤炭清洁转化的大发展。

自 20 世纪 80 年代末国家引进第一套气流床气化——Texaco 气化技术以来，陆续引进了 Lurgi、Shell、GSP 等气化技术，经过数十年对国外先进技术的消化吸收和自主创新研发，形成了四喷嘴对置水煤浆气化、多元料浆气化、SE 水煤浆气化、清华炉气化、航天炉气化、SE 东方炉气化、两段炉气化、宁煤炉气化等数十种具有自主知识产权的大型煤气化技术，在“十一五”到“十四五”期间建成众多示范装置和商业化应用装置，占据国内的主流市场，并在煤化工的产业发展中发挥了重要作用。这些大型气流床气化技术，具有气化温度高、单炉生产能力大、煤种适应性广、碳转化率高等特点，推动了自主洁净煤技术的研发进程。合成气净化技术、精制技术也取得了长足发展。以钴基催化剂体系为主导的耐硫一氧化碳变换技术被广泛使用，催化剂的适用范围不断扩大、活性不断提高，一氧化碳变换流程更加灵活、简洁，克服了非耐硫变换工艺给全厂造成的能量浪费和环保问题；变换冷凝液汽提工艺、设备和操作可靠性不断优化，为全厂污水处理的稳定运行创造了条件。以高效节能的低温甲醇洗代替环丁砜、苯菲尔脱碳等工艺，装置本质环保性能大幅提升；以先进的甲烷化、变压吸附、深冷等工艺技术取代传统的铜洗流程，使合成气精制工艺的产品指标、能耗水平进一步提升，污染物排放量不断减少，装置运行的可靠性和灵活性日益提高。新型高效煤热解工艺技术的开发应用取得可喜成果，形成了 DG 粉煤热解技术、LCC 煤热解工艺、带式炉热解技术、国富炉（GF）热解技术、多段回转炉和气化热解（MRF）技术、煤热解气化一体化（CCSI）技术等，尤其是粉煤热解技术的突破，为提升原料利用率、减少污染物排放奠定了良好的基础。焦化行业一大批高效、环保的大型焦炉建成投产，技术装备水平进一步提升，热能利用方法和手段更加成熟多样，干法熄焦全面应用，能源综合利用率显著提升。焦炉烟气脱硫、脱硝、除尘技术的突破使能耗不断降低，污染物排放水平不断改善。焦炉气、热解气、煤焦油高效净化及利用技术不断涌现，联产合成氨、甲醇、天然气、针状焦等高价值产品的产业链不断延伸，高效、清洁、绿色、循环的发展体系正在形成。

随着煤气化技术的发展，开发的煤直接液化、煤间接液化、甲醇合成、高温甲烷化、煤制乙二醇、甲醇制烯烃（MTO）等多项核心技术，实现了工业应用，形成了煤化工特色产业链。在“十一五”期间开始建成示范装置，在“十二五”期间取得丰硕成果，在“十三五”期间升级示范和推广应用，在“十四五”期间继续升级示范并推动清洁高效利用。国家“十三五”规划中明确指出，煤炭产业的发展，是国家能源战略规划中重要的一部分，发展煤炭产业，也是国家促进能源发展和保障能源安全的必要措施。“十四五”期间进一步强调推动发展。从煤化工领域的工程技术开发、产能建设等方面看，我国均走在了世界的前列[31-33]。2020 年 6 月 18 日，国家发展改革委和国家能源局出台的《关于做好 2020 年能源安全保障工作的指导意见》提出大力提高能源生产供应能力，积极推进能源通道建设，着力增强能源储备能力，加强能源需求管理。2024 年 3 月 18 日，国家能源局发布《2024 年能源工作指导意见》，强化能源行业节能降碳提效，加快培育能源新业态新模式。

煤制合成氨和煤制甲醇是我国煤化工的传统大宗产品，与油、天然气等主要原料相比，其在 2024 年分别占合成氨、甲醇产量的 75%以上。近年来煤制甲醇、煤制合成氨自主技术发展迅速，主要体现在大型机组、大型反应器、高效催化剂等方面。煤制甲醇、煤制合成氨与绿电、绿氢深度耦合成为后期行业发展的主要趋势。

煤制油技术的发展历程较长，经历了民国时期的萌芽与挫折、新中国成立后的兴起、六七十年代的衰落与沉寂、改革开放后的复苏与发展等几个阶段。当前，煤直接液化技术主要由国家能源集团主导，中科合成油、兖矿能源、中国石化等均拥有成套的煤间接液化技术。20世纪80年代初，中国科学院山西煤炭化学研究所（以下简称山西煤化所）开始了煤制油技术研发，此后，神华集团、煤炭科学研究总院、山西煤化所、兖矿集团、中国石化等单位分别就煤炭液化技术开展了基础研究、中试研究，为后续工业化示范奠定了基础。自2006年以来，国内几个大型煤化工企业成功建设煤炭液化装置。2008年成功投产的神华鄂尔多斯煤直接液化项目是世界首套煤直接液化制油大型工业化示范工程。在2016年，神华宁煤采用自主技术建成了400万吨/年煤间接制油的工程项目并且成功投产，是目前全球最大的煤制油单体项目。2022年，伊泰伊犁能源100万吨/年煤制油示范项目通过审批，旨在对3000吨级多喷嘴对置式水煤浆气化技术、改进型费-托合成反应器及新一代催化剂、机械蒸发加结晶处理浓盐水等技术进行示范验证。2024年，国家能源集团煤直接液化二代技术工程化开发项目正式开工。随着大规模煤制油产业的发展，相应配套的环保技术如费-托合成的污水处理、直接液化的残油渣利用等也将升级发展[34,35]。

煤制天然气，目前已工业化的大型装置大多采用了Lurgi、Topsøe、Davy等高温甲烷化技术，国内中国石化南京化工研究院、新奥集团、中国中化西南化工研究院等也都开发了高温甲烷化技术。从2009年开始，国家先后核准了大唐克旗、大唐阜新、新疆庆华、内蒙古汇能、伊犁新天等煤制气项目。2013年12月，大唐克旗40亿米^3/年煤制天然气项目一期工程投运成功，建设规模为天然气13.3亿米^3/年。2023年10月，大唐克旗煤制天然气项目二期顺利点火投产，二期年产6.0亿米^3/年天然气。2013年12月，新疆庆华55亿米^3/年煤制天然气项目一期工程投运成功，建设规模为天然气13.75亿米^3/年。2014年10月，内蒙古汇能煤电集团公司一期4亿米^{3}煤制天然气项目正式投产，2021年9月汇能煤制天然气项目二期工程正式投产运行，设计产能10.2亿米^3/年煤制天然气。2018年1月，伊犁新天20亿米^{3}煤制天然气项目投产。以上各装置在开车初期，在技术成熟度、环保性能、经济性等方面暴露出了一定问题，由于天然气价格、天然气市场供给和运行体制等原因影响，煤制天然气项目的经济性较差[36,37]。随着天然气管网运营机制变化和技术进步，以及煤制天然气供应价格的调整，煤制天然气项目近年来的经济性不断提升。2024年，新疆地区煤制天然气项目发展迅速，规划建设了十余个项目，其中国能新疆、天池能源、新疆新业等三个项目进展较快，成为新一轮技术升级示范的排头兵。

煤制烯烃技术，目前多采用中国科学院大连化学物理研究所（以下简称大连化物所）DMTO技术、中国石化上海石油化工研究院SMTO技术和美国环球油品公司UOP技术等甲醇制烯烃技术。此后，先后建成了神华宁煤、内蒙古宝丰、蒙大、神华榆林等煤制烯烃项目。2006年我国核准了神华包头煤经甲醇制烯烃项目，成为世界首套煤基甲醇制烯烃大型商业化工程。2010年8月，采用DMTO技术的煤制烯烃装置一次投料试车成功。2020年11月，DMTO-Ⅲ技术通过由中国石油和化学工业联合会组织的科技成果鉴定[38]。2005年，SMTO技术建立了一套40kg/d的循环流化床热模试验装置；2007年，北京燕山分公司化工一厂建设了一套100t/d甲醇制烯烃（SMTO）中试装置，该中试装置同年11月4日至2008年6月30日、2010年10月至12月期间进行了三个阶段的工业化试验；2008年，完成180万吨/年甲醇制烯烃（SMTO）装置工艺包开发与设计，并于9月2日通过中国石油化工集团公司科技开发部的审查；2011年10月，中国石化中原石化分公司处理量为60万吨/年甲醇的SMTO装置正式投产。2016年10月，中天合创能源有限责任公司在内蒙古鄂尔多斯2×180万吨/年甲醇制烯烃（SMTO）装置开车成功。2019年7月，中安联合180万吨/年甲醇制烯烃（SMTO）装置开车成功；2021年，SMTO成套技术许可乌兹别克斯坦吉扎克石油公司128万吨/年MTO工业装置，是我国MTO技术首次出口海外，具有标志性意义。UOP的MTO技术也在九泰能源等建成了煤制烯烃装置。2024年11月，宝丰能源内蒙古项目一期年产300万吨烯烃首系列100万吨/年生产线成功开车，试生产首批合格聚烯烃产品下线并发车。2025年一季度，新疆山能化工有限公司80万吨烯烃项目开工。在经历了近几年油价大幅波动的考验后，煤制烯烃项目被证明在技术、环保、经济性等方面具有较强劲的竞争力[39]。

煤制乙二醇技术，目前多采用中国科学院福建物质结构研究所（以下简称福建物构所）、上海浦景化工技术股份有限公司、华东理工大学、中石化中国石油化工集团有限公司、华烁科技股份有限公司等研发的煤制乙二醇技术。我国最早开展合成气制乙二醇研究的是福建物构所，2006年建成中试装置，2008年成功进行工业试验，2009年成功建成并运行了世界首套20万吨/年煤制乙二醇的装置。2024年，陕煤集团榆林化学有限责任公司煤炭分质利用制化工新材料示范项目一期180万吨/年乙二醇工程乙二醇装置项目单系列一次性开车成功，顺利产出聚酯级乙二醇产品。随着工艺的不断优化，煤基乙二醇产品性能已能完全满足聚酯生产的指标要求，其酯化过程中产生的含有醇类、硝酸盐类的废水的处理技术及其醇的综合利用技术稳步提升[40]。

经过数十年的快速发展，煤炭清洁转化的大型工业装置除了南非的Sasol煤制油以及美国大平原的煤制气项目之外，其他大多数落地在中国，另外印度、韩国、印度尼西亚等少数国家也有一些煤气化的装置用于制氢、发电和生产化工产品[41]。

1.3 污染控制技术进步与装备升级

由于煤炭本身的特性，煤化工生产过程中产生的“三废”比其他能源（石油、天然气）多，因此，解决煤化工产业发展中的环境污染问题，走清洁生产道路，是实现煤炭高效利用和可持续发展的关键之一。基于此，2015年国家环境保护部出台的《现代煤化工建设项目环境准入条件（试行）》中对现代煤化工的布局、工艺路径选择、示范方向和责任、节水措施与效果及卫生防护距离等提出明确要求，这是国家层面出台的首个现代煤化工环境准入标准，同时针对“三废”排放标准进行限定。在此背景下，煤化工环保技术开发、装备研制及其应用成为行业热点，污水处理技术、废气减排及治理技术、固废资源化利用技术、脱硫脱硝除尘技术、一体化生物反应器技术及装备、高含盐水处理技术及装备等日新月异，科研、设计、工程和运营各方协同，共同促进煤化工工艺技术、环保技术和核心装备的快速升级。2022年生态环境部出台的《现代煤化工建设项目环境影响评价文件审批原则》中提到要确保项目符合生态环境保护法律法规和政策要求，优化产业布局，强调采用先进技术和工艺，降低物耗、能耗和污染物排放，推动减污降碳协同增效，助力实现“双碳”目标。

1.3.1 工艺技术与装备

在煤的各种利用途径中，大型煤化工装置的气化、净化等装置既是工艺装置也是环保装置，除了实现煤的高效转化，同时也担负着煤中的硫、氮、磷、氯、灰渣和其他污染物的转化、富集作用，然后通过下游的硫回收、挥发性有机化合物（VOCs）处理、废水处理等环保装置，实现对废气、废水的环保处理，实现达标排放[42,43]。新型煤化工技术秉持绿色环保和高效利用的原则，以清洁环保和节约能源为技术发展的基础，推动我国能源事业可持续发展，走出科学的煤化工发展之路。

在技术升级方面，现代煤气化技术具有原料使用范围广的特性，可使用劣质煤、废液、固废等各类含碳物质作为气化原料，同时在还原性气氛下进行纯氧气化，基本没有氮氧化物生成；高效净化技术，实现煤中的硫元素回收效率达到99.9%以上；高效的催化剂和先进的反应器实现了合成气的高效转化，具有效率高、能耗低的特点。从装备升级看，主要集中在关键反应器、机组和设备的自主化、大型化等方面，以提高装置整体能效。

2023年6月6日，国家发展改革委、工业和信息化部、生态环境部、市场监管总局、国家能源局关于发布《工业重点领域能效标杆水平和基准水平（2023年版）》的通知，结合石化行业技术更新迭代进展和相关产品国家能耗限额标准修订，对2021年版已发布的无烟煤为原料制甲醇、煤制乙二醇、联碱法和氨碱法制纯碱的能效标杆水平或基准水平进行了更新调整。2023年7月28日，国家发展改革委、工业和信息化部、生态环境部和国家能源局共同发布《高耗能行业重点领域节能降碳改造升级实施指南（2023年版）》，该版能效指标在2021版25个重点领域基础上，新增11个领域，指出要实施动态调整，强化措施引领，加强技术攻关，促进集聚发展，加快淘汰落后。

各种煤炭清洁利用工艺技术的进步，是实现绿色煤化工的基础途径，采用更加先进的气化、热解、焦化、液化、净化、合成气加工、节能降耗等技术，减少各类废物排放，是提高装置环保性能的关键。近年来，现代煤化工方面的技术和装备进步主要体现在：

① 催化剂技术的进步，使过程产物选择性显著提高，能耗、物耗大幅下降，本质清洁生产能力显著提升，如MTO催化剂、BYD（1,4-丁炔二醇）合成催化剂等。

② 工艺流程更加优化、合理，如MTO集成OCC（催化裂解制烯烃）工艺，使双烯收率进一步提高。

③ 装置大型化进一步降低了能耗、物耗。自主开发制造的大型气化炉（投煤量≥4000t/d）、大型空分装置（制氧量≥100000m^3/h）、大型加氢液化装置和费-托合成反应器（质量≥2000t）、大型工艺压缩机组等，使装置运行能效进一步提升。

④ 节能设备开发与应用，减少了过程中的能耗与污染物产生，如等温反应器、甲醇合成双级水冷反应器等。

⑤ 过程控制手段更加先进，提高了装置运行的可靠性、灵活性，减少了污染物排放。如通过先进过程控制（APC）、实时优化控制（RTO）、数值模拟和动态仿真，提高气化炉操作稳定性，减少了停车事故和紧急排放。

⑥ 原料适应性更加广泛，劣质原料气化取得重大进步。褐煤、石油焦、有机废液、高有机物低盐废水、油泥、生物质、废塑料等作为气化原料得到广泛应用，使煤气化装置成为环保处理设施，取得了良好效果。

⑦ 数智化平台推动联合创新和产业高质量发展。煤化工生产企业的“云平台”，集成了煤化工装置关键运行信息与数据，以先进的工厂实时模拟技术工具为辅助，构建煤化工运行维护大数据智能平台，提高运行、创新效率，全面提高煤化工生产的安全性、环保性。

⑧ 循环经济的理念全面落实，集约化化工园区大发展。煤化工的产业链更加丰富、产品多样性发展为各种物料的高效、环保利用奠定了基础，以煤气化废渣等生产建材、高性能材料等循环经济蓬勃发展。

1.3.2 废气治理技术与装备

在煤炭焦化、气化、液化及合成气净化深加工、硫回收、动力中心等煤炭转化工艺装置和辅助装置中，均会产生废气，这些废气中除含有大量 CO_2 之外，还会含有 CO、NO_x、CH_4、H_2S、NH_3、VOCs、焦油气、碳氧化物、硫氧化物、苯系物、粉尘等多种有害物质，对工厂周边生态环境和民众的健康生活有较大影响。在日益严格的环保政策要求下，现代煤炭转化过程中气态污染物相关治理技术和装备已经有了长足的进步，并得到广泛应用。

在煤炭清洁转化过程中，废气治理有生物法、物理-化学法等手段。生物法处理废气一般利用微生物将废气中有机污染物降解转化为低分子或无害化合物，常采用生物吸收或生物过滤。物理-化学法是煤化工废气处理更主要的技术手段，包括焚烧氧化法、放电等离子法、吸附法、吸收法、光催化氧化法。煤化工排放的大气污染物种类复杂，对于成分较为单一的大气污染物处理，有较为成熟的处理技术，如布袋除尘处理固体颗粒物技术、选择性催化还原法（SCR）处理氮氧化物技术等；对于成分复杂的大气污染物的处理，采用以催化燃烧、负压回收为代表的高效处理技术，处理效果更佳。另外，废气治理多联产、废气一体化治理也是煤化工大气污染物处理技术的研究热点。

从废气类型和排放装置看，煤化工装置的废气来源主要有工艺装置尾气，锅炉和燃烧炉烟气，硫回污水处理等环保设施排放气，输储煤、罐区等储运设施排放气以及其他含有 VOCs 的尾气等，这些尾气的治理技术也都在不断进步。

在锅炉和燃烧炉烟气治理方面，低氮燃烧技术已成功工业应用多年；在 SO_2、NO_x 等污染物处理上，各类组合技术得到了广泛应用，低温烟气脱硫脱硝除尘成套技术、活性焦干法脱硫脱硝和 RESN 干法烟气脱硫脱硝均得到工业应用，可再生湿法烟气一体化处理技术也已实现广泛应用，包括除尘、脱硫与脱硝一体化，脱硫产物 SO_2 回收与利用等。可再生烟气脱硫制 SO_2 技术、低温电除尘和湿式静电除尘技术、碱基吸附剂喷吹脱除烟气中 SO_3 技术、净烟气换热器（MGGH）＋烟道冷凝技术、MGGH＋浆液冷凝技术等升级版的“有色烟羽”治理技术等也已实现工业应用。废气除尘技术包括沉降法、湿法、过滤法和电除尘法等，均取得了较好的工业应用业绩，以过滤除尘和电除尘相结合的复合除尘技术和装备也得到了很大发展。

应用于煤化工行业的硫回收工艺主要有克劳斯（Claus）及克劳斯延伸工艺、Clinsulf-DO 工艺、科斯特工艺以及生物脱硫工艺等，大规模的煤化工装置基本都采用克劳斯及其尾气处理技术。为了满足国家对烟气的排放限制要求，硫回收装置尾气高标准排放技术、中国石化广州工程公司的 LQSR 节能型硫黄回收尾气处理技术得到广泛应用，实现了高效制硫、尾气超低排放和低能耗再生。

煤炭转化过程中部分装置会产生 VOCs，通过采取源头削减、过程控制、末端治理，全过程控制实现 VOCs 减排，并将各生产工艺过程中排放的 VOCs 纳入监测体系。目前我国大中型煤化工企业回收 VOCs 的方法主要有吸收法、吸附法、膜分离法和冷凝法；销毁技术包括燃烧法、等离子体法、光催化法和生物降解法等。鉴于 VOCs 的多样性，各研发单位也做了大量具有针对性的回收、销毁等技术研究，并进行了很好的工业验证。

1.3.3 废水治理技术与装备

煤炭转化过程产生的废水组分复杂、水质差别较大，部分废水含有酚类、硫化物、氰化物、苯等有毒有害物质，且化学需氧量（COD）、生化需氧量（BOD）、氨氮等含量较高，色度也较高，部分废水可生化性较差，处理难度大，一直是环保处理的难点。近十几年来，随着煤化工技术的发展，废水处理相关的工艺技术也得到了较好的发展，随着各个工业项目的成功运行，煤化工行业废水处理水平也在不断进步[44-47]。

煤化工废水处理一般包含处理有机废水、含盐废水、浓盐水，以及高浓度盐水的固化。通过以上过程的处理与过程优化，能够实现煤炭转化过程中废水的清洁高效处理与循环利用。目前各阶段均有成熟可靠的技术，也已开发成功了一些新型单体技术及其组合流程，可实现废水达标排放或者近零排放，这也是当前废水处理技术的重要发展方向。

废水处理单项技术的突破是实现达标排放和循环利用的基础，如在废水预处理方面，开发了高硬、高浊、高氨化工废水预处理关键技术及成套装备，电渗析、电絮凝除硬成套技术及装备，膜除硬成套技术及装备等；在处理难降解废水方面，开发了大型生物流化床污水处理技术、微波技术处理含氰废水等[48-52]；在废水提浓和高含盐水处理方面，开发了“膜浓缩＋蒸发器”“膜浓缩＋多效蒸发”“膜浓缩＋蒸发结晶”等技术，这些技术的成功运行弥补了浓盐水处理技术的空白，形成了离子氧化处理高浓盐水及废物技术、高含盐水分质结晶资源化利用成套装备技术等。2020 年生态环境部批复的首套采用煤化工高盐水蒸发结晶成套技术实现“零排放”的生产配套装置在中安煤化工实现了工业化应用，取得了预期效果[53-55]。近年来，随着膜技术的不断发展，各种类型的膜使用寿命在不断延长，同时膜的价格逐年降低，在废水预处理除硬、含盐废水处理、浓盐水处理等工段均得到了广泛应用，并形成了一批特色工艺[56-59]。

在所有煤气化废水中，碎煤加压气化、热解、焦化过程中产生的废水是较难处理的，其中煤化工废水“臭氧＋曝气生物滤池（BAF）”“芬顿（Fenton）＋接触氧化”是目前常用的废水处理方法，因“臭氧＋BAF”深度处理工艺在稳定性和使用率方面优势比较明显，70％以上的新建碎煤气化项目选择了该工艺。大唐集团开发了基于活性焦吸附的新型碎煤加压气化废水处理工艺，即首先利用活性焦吸附去除废水中的难降解污染物，再利用生化处理方法进一步处理，以保证最终出水的效果和水质[60,61]。近年来新规划装置更加重视固定床气化废水预处理技术的选择。

目前的浓盐水零排放工艺技术经历了以下四代发展过程：第一代采用多效蒸发［或蒸汽机械再压缩（MVR）］＋混盐结晶技术；第二代增加反渗透（RO）提浓过程，再进入多效蒸发；第三代使用正渗透（MBC）技术代替多效蒸发或 MVR；第四代采用 GTR 膜减量化＋电驱动膜深度浓缩＋分质结晶技术。每一代技术的进步都可以大幅降低能耗、降低废水处理成本。前三代技术均已实现了工业化应用，第四代技术正处于验证阶段。

煤化工装置处理最后的高浓盐水和分盐是实现零排放的关键。由宁波技术研究院和华东理工大学、宁夏能化公司共同开发的煤气化高盐水资源化关键技术，采用电渗析和分质结晶方法，提取其中的相关离子，并生成氯化钠、硫酸钠、硫酸钙晶须、硝酸钠，实现了废水无机盐资源的高值转化利用。该技术可以减少企业危废杂盐产生量，使混盐减量率达 96％以上，其中硫酸钙晶须具有高附加值，能够抵消水处理装置运行成本，真正实现了高盐废水减量化、无害化、资源化处理与高值化利用[62-64]。

1.3.4 固体废物治理技术及装备

煤炭转化过程中产生的固废主要是煤炭转化过程中产生的灰渣、烟尘、污泥，以及一些废吸附剂、废 SCR 催化剂、脱硫石膏等。目前粉煤灰主要用于制造建材，废催化剂厂家回收，脱硫石膏用于制造纸面石膏板，污泥通过掺烧、炭化等方式回收和利用。但对于煤化工产业集中的西北部地区，受交通运输距离以及市场规模、产业链不完备等因素的限制，资源的综合利用率仍较低。大量的固体废物通过堆存或者填埋的方式进行处理，这种情况下很容易造成资源的浪费，同时也会对生态环境造成一定的风险，在经济、土地等方面所造成的压力也越来越大。

“十二五”以来，国内基础研究与产业化主要集中在上述固废生产建材的利用方式。近年来，随着对资源认识的提高，越来越趋向于对其中铝、硅、钙等金属元素的提取，利用其中的关键矿相分质。对于其中有毒危害的成分，要进行固化处理来进一步脱除；对于一些主要矿相的分质，例如非晶相氧化钙，要进一步提取和利用，实现煤炭中无机成分的利用和开发。固废主要成分的回收与利用已实现万吨级工业化应用。中国科学院工程热物理研究所循环流化床实验室团队正在开发煤基固废资源化利用技术，包括流态化焚烧碳利用和熔融高值化利用两个关键技术，通过两个关键技术的结合，实现了碳的燃烧/气化利用和无机组分的铝硅基产品高值化利用。煤基固废中的碳组分通过活化改性后实现高效燃烧，产生蒸汽或电；无机组分通过熔融矿相重构，进一步实现高值化利用，制取铝硅基产品。目前流态化焚烧碳利用技术已经应用于气化灰渣焚烧发电，实现了单台焚烧炉处理量 500t/d 的工业示范，效益显著；熔融高值化利用技术已经完成了技术的中试验证，正在开展工程示范[65,66]。

1.3.5 其他污染物治理技术

除了以上的污染物治理技术之外，当前对于土壤的治理与修复、CO_2 减排等方面的研究和项目更加广泛。

在工业土壤污染修复方面，目前常见的修复技术包括物理修复、化学修复和生物修复等。物理修复方法，如土壤置换、热脱附等，能直接去除污染物，但成本较高。化学修复则通过添加化学试剂，使污染物发生化学反应从而降低毒性或转化为无害物质。生物修复技术利用微生物或植物的代谢作用来降解或吸收污染物，具有成本低、环境友好的特点。例如，特定的微生物可以分解有机污染物，一些植物能够吸收重金属并在体内进行固定或转化。此外，联合修复技术逐渐受到关注，将多种方法结合，发挥各自优势，提高修复效果和效率。在实际应用中，需要根据污染土壤的特性、污染物类型和浓度等因素，选择合适的修复技术或技术组合，以实现污染土壤的有效修复。

当前全球都在推行碳达峰、碳中和，关于 CO_2 捕集、利用与封存的技术（CCUS）越来越多。“消灭”主要温室气体 CO_2 成为一个重要的研究领域，捕集只是基础，关键在转化利用。例如，将 CO_2 转化为燃料（如甲醇、汽油、可持续燃料 SAF 等）、合成聚合物的化学品单体（如乙烯）、化学品［尿素、碳酸二甲酯（DMC）等］以及其他有附加值的产品。许多国家开展了能源清洁低碳化转型实践，多种 CO_2 脱除与利用技术在不同领域得到了应用。全球范围内，CO_2 制化学品、燃料、微藻制品、混凝土建材，CO_2 提高原油采收率（EOR），生物质能源＋碳捕集与封存（CCS），改良种植和生物炭等技术得到不同程度的应用。

基于我国能源消费结构、化石能源的主体地位和可再生能源日新月异的发展，化石能源耦合 CO_2 的转化利用技术、零碳能源（包括可再生能源和核能）耦合 CO_2 的转化利用技术以及温和条件下 CO_2 的直接转化利用技术成为未来可能适合中国的以 CO_2 规模化利用技术为核心的碳减排方案。化石能源的易获取性和低成本，使得其耦合 CO_2 的转化利用技术飞速发展，以天然气/非常规天然气、焦炉气、工业弛放气等富甲烷气与 CO_2 干重整为核心的转化利用技术会产生巨大碳减排潜力和经济效益。

1.4 与煤炭转化过程相关的环保标准与法律、法规

煤作为多种复杂化合物的集合体，含有多种有机质及部分矿物质，在加工利用过程中会产生多种形式的环保问题。在近二十年来，煤炭清洁转化项目取得了极大发展，一大批工业化装置的成功运行也推动了环保治理技术不断发展。伴随着煤炭清洁转化技术的发展和装置运行水平的提高，人们对煤炭转化过程中环保属性的认识不断增强，环保技术不断取得新突破，环保标准和法规也得到进一步的完善[67,68]。

各级政府均特别重视煤炭转化过程中的污染问题，洁净煤技术作为我国能源与环境发展的战略方向，已被列入《中国21世纪议程》。国家从综合环境保护、大气污染控制、水污染控制、固体废物污染控制、噪声污染控制、土壤污染控制、环境监测等方面制定和修订了一系列的标准和法规。按照党中央、国务院决策部署，以提高环境质量为核心，实施最严格的环境保护制度，打好大气、水、土壤污染防治三大战役，加强生态保护与修复，严格防控生态环境风险，加快推进生态环境领域国家治理体系和治理能力现代化，不断提高生态环境管理系统化、科学化、法治化、精细化、信息化水平，为人民提供更多优质生态产品[69,70]。习近平总书记在2021年5月21日中央全面深化改革委员会第十九次会议上的讲话指出：要围绕生态文明建设总体目标，加强同碳达峰、碳中和目标任务衔接，进一步推进生态保护补偿制度建设，发挥生态保护补偿的政策导向作用。

根据国家相关政策的部署，全国人大常委会制定了《中华人民共和国环境保护法》《中华人民共和国清洁生产促进法》《中华人民共和国循环经济促进法》等综合环境保护法律，以及大气、水、固体废物、噪声、土壤环境监测方面的法律法规，从法律制度方面提供了保障。

从国家的环保标准、法规方面看，在“十一五”“十二五”期间，未实施大规模、系统化环保法规与标准修订工作，装置建设与运行基本执行的是2010年前制定的环保标准和法规，部分指标要求相对宽松，这造成煤化工装置中的“三废”治理措施相对较少，部分技术环保性能指标较低的现象。“十三五”期间，国家对环保的重视程度明显提高，修订、修正和新颁布了一系列的环保标准和法规。

全国人大常委会于2014年4月24日修订了《中华人民共和国环境保护法》，2017年6月27日第二次修正了《中华人民共和国水污染防治法》，2018年8月31日审议通过《中华人民共和国土壤污染防治法》，2018年10月26日第二次修正了《中华人民共和国大气污染防治法》，2020年4月29日第二次修订了《中华人民共和国固体废物污染环境防治法》，2021年12月24日审议通过了《中华人民共和国噪声污染防治法》，确保各煤化工项目增加环保投入，降低污染物排放，实现绿色达标排放。修订后的《中华人民共和国环境保护法》对环境污染实行零容忍，环境保护部（现生态环境部）公布了《环境保护主管部门实施按日连续处罚办法》《环境保护主管部门实施查封、扣押办法》《环境保护主管部门实施限制生产、停产整治办法》《企业事业单位环境信息公开办法》四个配套办法，对违法企业形成高

压态势。《最高人民法院最主人民检察院关于办理环境污染刑事案件适用法律若干问题的解释》于2017年1月1日起施行，《中华人民共和国环境保护税法》于2018年1月1日起施行，修正后的《中华人民共和国循环经济促进法》于2018年10月26日起施行。2018年修正的《中华人民共和国环境影响评价法》对新建、扩建项目的环保设施有了更严格要求。这些法规的实施，大幅提高了企业的违法成本。同时，对于遵纪守法的企业，给予一定的激励和奖励措施。比如在企业的税收方面，相关的税收政策可以有针对性地倾斜，引导更多的企业遵纪守法。相反，对于违法的企业予以重罚。通过在政策方面的公开与透明，可以更好地培养更多优秀的守法企业，使普通民众生活在一个人人遵纪守法的环境之中。

2015年底，环境保护部制定并发布了《现代煤化工建设项目环境准入条件（试行）》，定义了煤化工行业执行的环保标准，严格了煤化工企业的卫生防护距离，规定了蒸发塘、晾晒池、氧化塘、暂存池选址及地下水防渗要求，要求盐泥的暂存和填埋按危险废物的标准进行设计和管理。2016年11月10日国务院办公厅印发的《控制污染物排放许可制实施方案》和2021年3月1日起施行的《排污许可管理条例》确立了排污许可核心制度地位后，环境保护工作体系发生了根本性的变化，纳入固定污染源排污许可分类管理名录的企业事业单位和其他生产经营者（简称排污单位）必须依法持有排污许可证，并按照排污许可证的规定排放污染物，应当取得排污许可证而未取得的，不得排放污染物。随后配套发布了煤炭加工-合成气和液体燃料生产、火电行业、锅炉、石化工业、工业固体废物等一系列的排污许可证申请与核发技术规范，按照“生产设施—治理设施—排放口”管理思路，对固定污染源全部实施持证排污，从源头到最终外排口全程进行监控。国家环境保护总局于2007年发布了《环境监测管理办法》，环境保护部发布了《环境行政处罚办法》（2010年）、《突发环境事件应急管理办法》（2015年）等一系列更具针对性的规定，同时各地方政府根据国家的制度也分别出台了适用于地方的法律法规。这些法律法规的出台与实施，对煤炭深加工技术方面的要求和标准进一步提升。环境保护部发布的《国家环境保护标准“十三五”发展规划》，国务院发布的《大气污染防治行动计划》（俗称“大气十条”）、《水污染防治行动计划》（俗称“水十条”）以及《土壤污染防治行动计划》（俗称“土十条”），分区域提出了严格的环保指标及其措施要求。2021年5月9日，国家发展改革委出台《污染治理和节能减碳中央预算内投资专项管理办法》，指出重点支持电力、钢铁、有色金属、建材、石化、化工、煤炭、焦化、纺织、造纸、印染、机械等重点行业节能减碳改造，重点用能单位和园区能源梯级利用、能量系统优化等综合能效提升，城镇建筑、交通、照明、供热等基础设施节能升级改造与综合能效提升，公共机构节能减碳，重大绿色低碳零碳负碳技术示范推广应用，煤炭消费减量替代和清洁高效利用，绿色产业示范基地等项目建设。2021年，生态环境部发布《关于加强高耗能、高排放建设项目生态环境源头防控的指导意见》，提出推进“两高”行业减污降碳协同控制，新建、扩建“两高”项目应采用先进适用的工艺技术和装备，单位产品物耗、能耗、水耗等达到清洁生产先进水平，统筹开展污染物和碳排放的源项识别、源强核算、减污降碳措施可行性论证及方案比选，提出协同控制最优方案。自此加快推动绿色低碳发展，节能、减污、降碳成为发展的方向。2021年10月21日，国家发展改革委、工业和信息化部、生态环境部、市场监管总局、能源局联合发布《国家发展改革委等部门关于严格能效约束推动重点领域节能降碳的若干意见》，指出要分步实施、有序推进钢铁、电解铝、水泥、平板玻璃、炼油、乙烯、合成氨、电石等重点行业节能降碳工作，明确主要目标和重点任务。2022年2月3日国家发展改革委、工业和信息化部、生态环境部、国家能源局联合发布了《关于发布＜高耗能行业重点领域节能降碳改造升级实施指南（2022年版）＞的通知》，其中的《现代煤化工行业节能降碳改造升级实施指南》提出了到2025年的工作目标：煤制甲醇、煤制烯烃、煤制乙二醇行业达到能效标杆水平以上产能比例分别达到30%、50%、30%，基准水平以下产能基本实现清零。2023年6月14日，国家发展改革委、工业和信息化部、自然资源部、生态环境部、水利部、应急管理部发布《关于推动现代煤化工产业健康发展的通知》，进一步强化煤炭主体能源地位，按照严控增量、强化指导、优化升级、安全绿色的总体要求，加强煤炭清洁高效利用，推动现代煤化工产业（不含煤制油、煤制气等煤制燃料，下同）高端化、多元化、低碳化发展。2024年3月18日，国家能源局发布《2024年能源工作指导意见》，提出供应保障能力持续增强、能源结构持续优化、质量效率稳步提高的发展要求。

从标准方面看，煤化工“三废”的排放指标主要参照石化行业的相关标准规范，包括《石油化工环境保护设计规范》《石油炼制工业污染物排放标准》《石油化学工业污染物排放标准》《合成树脂工业污染物排放标准》等标准，完善废水、废气、固废排放与治理的指标要求。环境监测方面，环境保护部（生态环境部）发布了《排污单位自行监测技术指南总则》《排污单位自行监测技术指南　煤炭加工-合成气和液体燃料生产》《排污单位自行监测技术指南　石油化学工业》《固定源废气监测技术规范》《固定污染源烟气（SO2、NO_x、颗粒物）排放连续监测技术规范》《固定污染源废气非甲烷总烃连续监测系统技术要求及检测方法》等规范，要求工艺加热炉排气筒（单台额定功率≥14MW）、危险废物焚烧炉排气筒、锅炉烟筒（14MW或20t/h及以上）等按照类型设置SO2、NO_x、颗粒物的自动监测装置，直接排放的废水总排放口COD、氨氮、流量需设置自动监测装置。在“十四五”期间，中国发布了一系列重要的环保标准和法规，涵盖综合管理、污染物排放控制、环境质量与监测、资源利用与节约以及碳排放与气候变化等领域。具体包括《“十四五”节能减排综合工作方案》《“十四五”生态环境领域科技创新专项规划》《炼焦化学工业废气治理工程技术规范》《污染土壤修复工程技术规范》《环境空气颗粒物来源解析技术规范》《节约用水条例》以及《碳排放权交易管理暂行条例》等。这些标准和法规的实施，旨在推动经济社会全面绿色转型，加强节能减排，规范污染物治理，提升环境质量，促进资源节约与高效利用，以及应对气候变化，为实现可持续发展目标提供有力保障。

1.4.1　大气污染控制

在煤炭清洁转化的全过程中会产生大气污染物，主要包括CO_2及少量的CO、NO_x、CH_4、H_2S、NH_3、VOCs、焦油气、碳氧化物、硫氧化物、粉尘等，这些物质部分会排入大气中，不仅是导致$PM_{2.5}$生成和环境污染的重要因素，也会对动植物的生长及人类健康造成较大的危害[71-73]。

为了控制大气污染物排放、限定排放总量，近年来国家颁布了一系列大气污染物排放规定和考核办法，力求解决大气污染问题。国务院办公厅2013年印发《大气污染防治行动计划》、2014年印发《大气污染防治行动计划实施情况考核办法（试行）》、2018年印发《打赢蓝天保卫战三年行动计划》，2018年全国人大常委会修正了《中华人民共和国大气污染防治法》，各省市也根据当地实际情况制定了大气污染物防治条例，加强对大气污染物的管控。

针对具体的大气污染物，早期煤化工行业主要执行《大气污染物综合排放标准》，在标准中对33种大气污染物分别进行了规定，尤其是针对排放限值。2015年以来，随着《石油炼制工业污染物排放标准》《石油化学工业污染物排放标准》《合成树脂工业污染物排放标准》的实施，硫回收、加热炉、储罐等装置各类尾气、排放气中的 SO_2、粉尘、NO_x、VOCs 等大气污染物排放指标更趋严格，罐区、废水池等的无组织排放气需要进行收集处理。例如某二类区燃煤（油）炉窑 SO_2、烟尘的指标由 850mg/m^3、200mg/m^3 分别降低到 100mg/m^3、20mg/m^3，特别排放限值分别降低至 50mg/m^3、20mg/m^3；NO_x 原来不控制，新指标要求控制在 150mg/m^3，特别排放限值为 100mg/m^3。东部沿海等地区如上海、江苏、浙江等地发布了更为严格的地方要求，加强了对大气污染物的排放限制。

煤炭清洁利用生产中需要大量热能和电能，在厂区一般都设置动力中心供应蒸汽，副产部分电。动力中心大气污染物排放主要执行 2011 年发布的《火电厂大气污染物排放标准》、2014 年发布的《锅炉大气污染物排放标准》，其中均提出了对燃煤锅炉在废气排放方面的具体要求。"十二五"期间，国内发生大范围雾霾天气，国家对大气污染物的控制要求迅速提升。由于燃煤发电是煤炭污染物和大气污染物主要排放方式之一，也是雾霾形成的主要原因，为了尽快降低锅炉的大气污染物排放，环境保护部、国家能源局、国家发展改革委于 2014 年和 2015 年先后联合发布了《煤电节能减排升级与改造行动计划（2014—2020 年）》和《全面实施燃煤电厂超低排放和节能改造工作方案》，要求火电厂的燃煤锅炉通过利用多种污染物高效协同脱除的集成系统技术，从而实现大气污染物超低含量的排放，确保大气排放物中 SO_2 浓度≤35mg/m^3、氮氧化物浓度≤50mg/m^3、烟尘含量≤10mg/m^3，为打赢"蓝天保卫战"奠定坚实基础。2017 年为贯彻《中华人民共和国环境保护法》，改善环境质量，保障人体健康，完善环境技术管理体系，推动污染防治技术进步，环境保护部组织制定了《火电厂污染防治技术政策》。

2021 年 12 月 28 日，国务院发布了《"十四五"节能减排综合工作方案》，指出"十四五"节能减排主要目标为：到 2025 年，全国单位国内生产总值能源消耗比 2020 年下降 13.5%，能源消费总量得到合理控制，化学需氧量、氨氮、氮氧化物、挥发性有机物排放总量比 2020 年分别下降 8%、8%、10%以上、10%以上。2023 年 11 月 30 日，为了进一步治理空气污染，国务院下发了《空气质量持续改善行动计划》，提出推进重点行业污染深度治理，确保工业企业全面稳定达标排放，旨在持续改善空气质量。节能减排政策机制更加健全，重点行业能源利用效率和主要污染物排放控制水平基本达到国际先进水平，经济社会发展绿色转型取得显著成效。

在挥发性有机物方面，2014 年底环境保护部印发了《石化行业挥发性有机物综合整治方案》，废气 VOCs 特征污染物及排放限值如甲醇、乙二醇、酚类、苯、甲苯的排放值分别为 50mg/m^3、50mg/m^3、20mg/m^3、4mg/m^3、15mg/m^3，VOCs 排放被严格限制。2017 年国务院六个部、委、局联合印发了《"十三五"挥发性有机物污染防治工作方案》，2019 年生态环境部印发了《重点行业挥发性有机物综合治理方案》，并发布了《挥发性有机物无组织排放控制标准》，对含 VOCs 物料储存、转移、输送、无组织排放、管线泄漏、收集处理等做出了详细规定，要求在企业厂区内设置监控点，非甲烷总烃（NMHC）排放限值分别为 10mg/m^3（监控点处 1h 平均浓度值）和 30mg/m^3（监控点处任意一次浓度值）。2018 年环境保护部颁布了《关于加强重点排污单位自动监控建设工作的通知》（环办环监〔2018〕25 号），规范了污染源挥发性有机物自控监控设施安装、运行维护管理工作。2020 年 3 月，生态环境部印发《固定污染源废气中非甲烷总烃排放连续监测技术指南（试行）》，详细规定了 NMHC-CMES 的设置和检测要求，旨在减少非甲烷总烃的排放量，降低大气污染。2021 年 8 月 4 日，生态环境部印发《关于加快解决当前挥发性有机物治理突出问题的通知》，加快解决当前挥发性有机物（VOCs）治理存在的突出问题，推动环境空气质量持续改善和“十四五”VOCs 减排目标顺利完成。

以上大气污染物标准、方案的实施，涵盖了煤炭清洁转化过程中的各类气体污染物排放及限值，尤其是近几年制定的指标要求已经达到世界先进水平，体现了国家对环保的重视，也有利于煤化工产业的良性发展。

1.4.2 水污染物控制

煤炭清洁转化的各生产环节和工艺装置会产生一定量废水，由于煤的复杂性，各种生产加工工艺差异大，所产生的废水水质差别也较大，部分废水含有酚类、硫化物、氰化物、苯等有毒有害物质，且 COD、BOD、色度、氨氮等含量较高，部分废水可生化性较差。因此，煤化工行业废水治理技术成为项目批复关注的重点。由于煤化工项目建设地多处于中西部等煤炭资源丰富地区，水资源相对贫乏，审批过程中对废水治理的要求很高，部分地区要求实现废水零排放或近零排放[74-77]。

从国家层面，2015 年国务院印发了《水污染防治行动计划》，2017 年全国人大常委会发布了第三次修正后的《中华人民共和国海洋环境保护法》，提出了从总体上控制对水资源的污染，明确了对于江河、湖泊、运河、渠道、水库和海洋等地面水以及地下的水资源，要进一步加强保护，使水资源保持在较为良好的状态。2017 年修正的《中华人民共和国水污染防治法》，是保护和改善环境、防治水污染、保护水生态、保障饮用水安全的法律。2024 年国务院办公厅发布《关于加快构建废弃物循环利用体系的意见》，加快推进污水资源化利用，结合现有污水处理设施改造升级。《污水综合排放标准》严格了不同等级要求的 COD、BOD、石油类、悬浮物、氨氮等各类污染物的排放限值。

为了规范、减少煤炭转化行业的废水排放，2006 年发布实施的《煤炭工业污染物排放标准》规定了原煤开采、选煤水污染物排放限值，以及煤炭地面生产系统大气污染物排放限值；2012 年环境保护部和国家质量监督检验检疫总局联合发布了《炼焦化学工业污染物排放标准》，规定了炼焦化学工业企业水污染物排放限值、检测和监控要求，并在 2019 年发布修改单，进一步要求多环芳烃、苯并［*a*］芘、萘的排放限值分别为 0.05mg/L、0.03μg/L 和 6μg/L；2013 年修订的《合成氨工业水污染物排放标准》规定新建合成氨厂的 COD、氨氮、总磷等特别排放要求分别为 50mg/L、15mg/L 和 0.5mg/L，排放水量要求为 $10m^3/t$（氨）。随着 2015 年发布的《石油化学工业污染物排放标准》《石油炼制工业污染物排放标准》的实施，废水治理的相关要求也得到大幅提升，例如新建企业的 COD、氨氮、总磷等特别排放要求分别为 50mg/L、5.0mg/L 和 0.5mg/L，同时提出了废水中有机特征污染物的排放限值。在“十四五”期间，水资源缺乏地区新建的煤化工项目要求零排放或近零排放，为此，各新建企业采用了更加先进的废水处理、高浓盐水处理和废水零排放技术。

1.4.3 固体废物控制

煤炭中都含有一定量的灰分，这些灰分在煤的气化和燃烧过程中转化为粗渣、细渣、煤灰等固废。同时，其他装置也会产生废催化剂、废吸附剂、污泥等其他固体废物[78-80]。

2020 年修正的《中华人民共和国固体废物污染环境防治法》，是针对固体废物的根本法律，其中对煤炭转化过程中产生的工业固体废物、危险废物的运输、利用和处置等做了规定。另外，2016 年国务院印发的“土十条”，对于工业废物的处理要求，在文件中进行了明确的规定，根据过程管理以及风险防控的原则，提出在固体废物处理、贮存、处理以及对于资源再生利用方面的具体措施，明确了要在污染处理方面建立完整的标准体系。对于一般工业固体废物的贮存、处置场污染控制如防扬散、防流失以及防渗漏等方面细化了规定。煤化工企业产生了大量废渣，因此，要采取有效措施，更好地减少固体废物的排放，对固体排放物进行相应的无害化处理。

国家和地方出台了一些关于一般固废、危险废物污染防治的管理条例和标准。一般固废方面，2020 年发布了《一般工业固体废物贮存和填埋污染控制标准》，规定一般工业固体废物贮存场、填埋场的选址、建设、运行、封场、土地复垦等过程的环境保护要求，替代贮存、填埋处置的一般工业固体废物充填及回填利用环境保护要求，以及监测要求和实施与监督等内容。在危险废物处理方面，2021 年生态环境部制定了《“十四五”全国危险废物规范化环境管理评估工作方案》，危险废物分类执行《国家危险废物名录（2025 年版）》，危险废物贮存、填埋、焚烧污染控制执行《危险废物贮存污染控制标准》《危险废物填埋污染控制标准》《危险废物焚烧污染控制标准》等，这些规范和标准详细规定了危险废物的名称、各类危险废物的处置方式要求、焚烧炉的排放要求等内容。“十四五”以来，低碳化进程推进的带动，继续加强大宗固废综合利用，大力发展“无废城市”的建设，固废处理行业发展进入快车道。

1.4.4 噪声控制

煤炭清洁转化过程中，众多大型的压缩机、机泵、磨煤机、挤压机等动设备在运转过程中会产生噪声污染。

《中华人民共和国噪声污染防治法》对工业噪声污染防治做出了具体规定，指出制定该法是为了防治噪声污染，保障公众健康，保护和改善生活环境，维护社会和谐，推进生态文明建设，促进经济社会可持续发展。

噪声防治标准方面，2008 年环境保护部发布的《工业企业厂界环境噪声排放标准》规定了厂界环境噪声排放限值；2013 年住房和城乡建设部发布的《工业企业噪声控制设计规范》规定了装置内的噪声限值，并给出各类降噪措施的设计要求。煤炭转化过程中各装置的主要噪声源有各类压缩机、离心机、风机、泵等，工程设计应该优先选择低噪声设备，并根据实际情况，采取相应的降噪措施，如空分空气压缩机，甲醇洗循环气压缩机，氢气压缩机，合成气压缩机，空分氧气、氮气放空管，循环水泵，锅炉排气口均设消声器，磨煤机设隔声罩，加橡胶衬垫等。2023 年生态环境部发布《“十四五”噪声污染防治行动计划》，推进工业噪声实施排污许可和重点排污单位管理。

1.4.5 其他污染物控制

随着“土十条”的颁布，近年来土壤修复行业呈现出了前所未有的新局面。尤其是 2019 年 1 月开始施行的《中华人民共和国土壤污染防治法》，标志着我国土壤污染修复正式迈入“精准治污、科学治污、依法治污”的新阶段。化工厂对环境的污染主要是有机物以及无机废物的污染，这些物质可以通过设备泄漏、排放污染大气，通过风向四周传播；还可以通过污水排放污染河流和地下水，通过渗透作用长期侵蚀土壤，造成土壤吸附有毒物质。如果厂区废弃或者搬迁而场地的土壤不能得到修复，将会造成极大的资源浪费。化工厂场地修复过程中，采用哪些土壤修复技术、设备，如何将土壤污染物浓度降至可接受水平或者将污染物转化为无害物，如何防治修复过程中的二次污染，管控各类其他环境风险等，都是值得深入研究的课题。生态环境部于2019年发布了《建设用地土壤修复技术导则》《建设用地土壤污染状况调查技术导则》《建设用地土壤污染风险管控和修复监测技术导则》《建设用地土壤污染风险评估技术导则》《建设用地土壤污染风险管控和修复术语》等5项标准，旨在为各地开展建设用地环境状况调查、风险评估、修复治理提供技术指导和支持，为推进土壤和地下水污染防治法律法规体系建设提供基础支撑。为切实加大土壤污染防治力度，逐步改善土壤环境质量，应加强污染源监管，做好土壤污染预防工作。2023年，生态环境部印发《关于促进土壤污染风险管控和绿色低碳修复的指导意见》，旨在推动土壤污染防治领域的减污降碳协同增效，鼓励和引导土壤修复行业向绿色低碳转型。

自“双碳”目标提出以来，我国也一直在加强二氧化碳捕集与利用技术研发，并积极推动相关项目落地。作为《巴黎协定》的积极践行者，中国主动承担起碳减排责任，承诺到2030年，单位国内生产总值二氧化碳排放比2005年下降60%～65%，非化石能源占一次能源消费比重将达到20%左右。为实现这一目标，中国政府制定了一系列降低碳强度和减少碳排放的措施，具体包括改善能源结构、优化经济结构等，并取得一定成效。2021年9月22日，国务院发布《中共中央 国务院关于完整准确全面贯彻新发展理念做好碳达峰碳中和工作的意见》，对碳达峰、碳中和这项重大工作进行系统谋划、总体部署，提出：实现碳达峰、碳中和目标，要坚持“全国统筹、节约优先、双轮驱动、内外畅通、防范风险”原则。2021年10月24日，国务院印发《2030年前碳达峰行动方案》，聚焦2030年前碳达峰目标，指出碳达峰行动的重点任务是：将碳达峰贯穿于经济社会发展全过程和各方面，重点实施能源绿色低碳转型行动、节能降碳增效行动、工业领域碳达峰行动、城乡建设碳达峰行动、交通运输绿色低碳行动、循环经济助力降碳行动、绿色低碳科技创新行动、碳汇能力巩固提升行动、绿色低碳全民行动、各地区梯次有序碳达峰行动等“碳达峰十大行动”。2021年11月30日，国家发展改革委等四部门印发《贯彻落实碳达峰碳中和目标要求 推动数据中心和5G等新型基础设施绿色高质量发展实施方案》，指出：将有序推动以数据中心、5G为代表的新型基础设施绿色高质量发展，发挥其“一业带百业”作用，助力实现碳达峰、碳中和目标。2022年2月10日，国家发展改革委、国家能源局发布《国家发展改革委 国家能源局关于完善能源绿色低碳转型体制机制和政策措施的意见》，指出主要目标为：“十四五”时期，基本建立推进能源绿色低碳发展的制度框架，形成比较完善的政策、标准、市场和监管体系，构建以能耗“双控”和非化石能源目标制度为引领的能源绿色低碳转型推进机制；到2030年，基本建立完整的能源绿色低碳发展基本制度和政策体系，形成非化石能源既基本满足能源需求增量又规模化替代化石能源存量、能源安全保障能力得到全面增强的能源生产消费格局。2024年9月11日，国家发展改革委、工业和信息化部、自然资源部、生态环境部、交通运输部、国家能源局发布《关于加强煤炭清洁高效利用的意见》，坚持以习近平新时代中国特色社会主义思想为指导，深入贯彻党的二十大和二十届二中、三中全会精神，完整准确全面贯彻新发展理念，统筹发展和安全，充分发挥市场在资源配置中的决定性作用，更好发挥政府作用，立足我国以煤为主的能源资源禀赋，坚持目标导向和问题导向相结合，坚持系统观念，以减污降碳、提高能效为主攻方向，以创新技术和管理为动力，以完善政策和标准为支撑，全面加强煤炭全链条清洁高效利用；到2030年，煤炭绿色智能开发能力明显增强，生产能耗强度逐步下降，储运结构持续优化，商品煤质量稳步提高，重点领域用煤效能和清洁化水平全面提升，与生态优先、节约集约、绿色低碳发展相适应的煤炭清洁高效利用体系基本建成。

参考文献

[1] 许光建．加强供给侧结构性改革　为实现“十三五”发展目标奠定良好基础［J］．价格理论与实践，2016（1）：12-15.

[2] 陈军．“绿色”金融促进经济转型升级的研究［J］．现代经济信息，2017，11：284-285.

[3] 冷波．“十三五”发展基调：创新　协调　绿色　开放　共享［J］．党史文苑，2015，22（373）：4-4.

[4] 毛东昕．以煤炭为主体的一次能源消费结构对我国的影响［D］．厦门：厦门大学，2014.

[5] 朱明春．关于我国能源发展战略问题的思考［J］．中国经贸导刊，2005（21）：30-31.

[6] 李寿生．用创新开创现代煤化工新未来［N］．中国能源报，2021-07-12.

[7] 张银平．推进能源化工高质量发展的思考和建议［J］．中国石油和化工，2021（6）：64.

[8] 周芳，姜波．“双碳”“双控”目标下现代煤化工产业高质量发展途径探讨［J］．煤化工，2022，50（1）：5-15.

[9] 刘振宇，李清波．煤化工在“碳中和”历程中不可或缺［N］．中国科学报，2021-08-23（003）.

[10] 杨学萍．碳中和背景下现代煤化工技术路径探索［J］．化工进展，2022，41（7）：3402-3412.

[11] 周安宁，黄定国．洁净煤技术［M］．徐州：中国矿业大学出版社，2010.

[12] 亢万忠．煤化工技术［M］．北京：中国石化出版社，2017.

[13] 王志敏．煤化工技术的发展与新型煤化工技术分析［J］．化工管理，2021（18）：98-99.

[14] 田宜水，赵立欣，孟海波，等．生物质-煤混合燃烧技术的进展研究［C］．中国秸秆发电技术商务论坛，2006.

[15] 俞云．煤燃烧过程中煤焦特性与颗粒物形成的研究［D］．武汉：华中科技大学，2005.

[16] 陈振辉，杨海平，杨伟，等．生物质燃烧过程中颗粒物的形成机理及排放特性综述［J］．生物质化学工程，2014，48（5）：33-38.

[17] 丁泽国，刘强国，许晓飞．低氮燃烧技术在煤粉锅炉系统的应用性研究［J］．纯碱工业，2019（4）：26-30.

[18] 靳森嘉．浅析低氮燃烧技术在火电厂的应用［J］．中国设备工程，2021（2）：207-209.

[19] 王晶，廖昌建，王海波，等．锅炉低氮燃烧技术研究进展［J］．洁净煤技术，2022，28（2）：16.

[20] 谢克昌．中国煤炭清洁高效可持续开发利用战略研究［M］．北京：科学出版社，2014.

[21] 郑祥林．化工生产中的烟气脱硫技术及脱硫脱硝除尘技术分析［J］．化工设计通讯，2020，46（3）：231-232.

[22] 李得胜．化工生产中的烟气脱硫技术及脱硫脱硝除尘技术［J］．石化技术，2019，26（3）：48.

[23] 刘涛，曾令可，税安泽，等．烟气脱硫脱硝一体化技术的研究现状［J］．工业炉，2007，29（4）：12-15.

[24] 张珂，李玲霞，董登超，等．一种石灰系复合脱硫剂组分的定量分析方法探讨［J］．冶金分析，2011（11）：18-23.

[25] 杨华．大型电站锅炉氮氧化物排放控制措施的技术经济比较［D］．杭州：浙江大学，2007.

[26] 张林．“低氮燃烧+SCR”技术在燃煤锅炉烟气脱硝中的应用［J］．科技信息，2012（12）：370-371.

[27] 胡小刚．燃煤电厂烟气脱硝工艺的技术经济评价研究［D］．西安：西北大学，2015.

[28] 马强．烟气中多种污染物超低排放的活性分子氧化及一体化脱除机理研究［D］．杭州：浙江大学，2016.

[29] 周明灿，刘伟，王照成．煤化工发展历程及现代煤化工展望［J］．煤化工，2018，46（3）：1-6，16.

[30] 徐绍平．煤化工工艺学［M］．大连：大连理工大学出版社，2016.

[31] 赵乐．我国煤气化技术的特点及应用［J］．中小企业管理与科技，2021（7）：188-189.

[32] 王清臣．煤气化技术及其发展趋势探讨［J］．化工管理，2021（18）：113-114.

[33] 王辅臣．煤气化技术在中国：回顾与展望［J］．洁净煤技术，2021，27（1）：1-33.

[34] 徐振刚．我国现代煤化工跨越发展二十年［J］．洁净煤技术，2015，21（1）：1-5.

[35] 陈家磊．中国煤液化技术兴衰历程初析［J］．中国科技史杂志，2013（2）：199-212.

[36] 张成吉，王国平，崔富忠．固定床气化煤制天然气酚氨回收装置优化探讨［J］．煤化工，2021，49（2）：76-78，82-83.

[37] 记伟伟，赵思铭．我国煤制天然气发展现状、政策与应用分析［J］．化工设计通讯，2021，47（3）：1-2.

[38] 中国科学院大连化学物理研究所DMTO-Ⅲ技术通过科技成果鉴定［J］．石油炼制与化工，2021，52（3）：1.

[39] 周志英．新形势下现代煤化工发展现状及对策建议［J］．煤炭加工与综合利用，2020，248（3）：38-41.

[40] 本刊．陕煤榆林化学年产180万吨乙二醇项目全面开工［J］．大氮肥，2020，43（2）：1.

[41] 张扬健．我国发展煤制油的可行性和前景分析［J］．中国石化，2011（1）：21-23.

[42] 胡迁林，赵明．现代煤化工产业及科技发展现状与展望［C］．中国科协年会，2016.

[43] 曲思建．我国低阶煤转化利用的技术进展与发展方向［J］．煤质技术，2016（增刊1）：1-4，11.
[44] 黄伯翔，李皖．洁净煤技术——能源与环境协调发展的战略方向［J］．能源研究与信息，1996（4）：1-11.
[45] 张全国，周春杰，魏汴林，等．面向21世纪解决世界能源与环境问题的主导技术：洁净煤技术的研究与进展［J］．资源节约和综合利用，1998（2）：17-26.
[46] 马君贤．环境影响评价中喷涂工序主要大气污染物排放量的确定［C］．中国环境科学学会2007年年会，2007.
[47] 杜玉颖，吴江，任建兴，等．大气颗粒物燃煤污染源分析［C］．大气环境科学研究暨颗粒物污染防治与监测技术研讨会，2011.
[48] 杜玉颖，吴江，任建兴．大气颗粒物燃煤污染源分析［C］．大气环境科学研究暨颗粒物污染防治与监测技术研讨会，2010.
[49] 张玉卓．从高碳能源到低碳能源——煤炭清洁转化的前景［J］．中国能源，2008，30（4）：20-22.
[50] 吴秀章．典型煤炭清洁转化过程的二氧化碳排放［C］．中国工程院/国家能源局能源论坛，2012.
[51] 张闪亮．新型煤化工废水零排放技术问题与解决思路［J］．中国化工贸易，2017，9（19）：154.
[52] 谷振东．霍城煤化工项目水资源综合利用及废水污染预防研究［D］．北京：北京化工大学，2019.
[53] 邹晓鹏．煤与废弃物等含碳物料气化和共气化过程特性与机理研究［D］．上海：华东理工大学，2019.
[54] 戴和武．我国低灰分煤炭资源的研究和利用［J］．煤炭科学技术，1986（9）：40-42.
[55] 刘臻，次东辉，方薪晖，等．基于含碳废弃物与煤共气化的碳循环概念及碳减排潜力分析［J］．洁净煤技术，2022，28（2）：130-136.
[56] 汪寿建．国内外新型煤化工技术发展动向及我国煤气化技术运用案例分析［C］//“十二五”我国煤化工行业发展及节能减排技术论坛文集，2010.
[57] 熊银伍．新型煤化工硫近零排放技术分析［J］．气体净化，2016，16（6）：34-34.
[58] 章恒良．探析煤化工废水处理技术存在的问题及对策［J］．科技资讯，2019，17（8）：75-77.
[59] 刘伟．现代煤化工企业的废水处理技术及应用分析［J］．化工设计通讯，2017，43（9）：11.
[60] 曾思源．煤化工废水的传统处理技术及新型联合技术的运用［J］．中国石油和化工标准与质量，2016，36（12）：112，119.
[61] 费凡，张培培．煤化工废水处理技术进展及发展方向［J］．化工管理，2019（4）：35-36.
[62] 任文杰，魏白，贾会敏．氨肟化法己内酰胺生产废水处理技术研究及应用现状［J］．工业用水与废水，2017，48（6）：7-9.
[63] 范景福，何庆生，刘金龙．新型生物流化床A/O工艺处理煤制乙二醇废水的中试研究［J］．炼油技术与工程，2019，49（1）：17-22.
[64] 董凯伟，白云龙，谢锋，等．氰化废水回收技术综述［J］．有色金属（冶炼部分），2020（4）：75-83.
[65] 万志鹏．含氰废水处理研究进展［J］．山东化工，2019，48（11）：34-35.
[66] 张忠园，张鹏．含氰废水组合处理工艺及其应用［J］．天津科技，2019（2）：51-53.
[67] 徐慧仙，蒋康帅．实用新型薄膜蒸发器在化工生产中的应用［J］．化工管理，2019（24）：129-130.
[68] 吴智兵．膜浓缩＋多效蒸发在处理高浓度含盐废水中的应用［J］．中国氯碱，2017（4）：36-38.
[69] 向磊，张进，何松，等．含硅高含盐废水的膜浓缩处理工艺及应用［J］．工业用水与废水，2020，51（3）：59-62.
[70] 纪志国．高密度沉淀池在废水化学除硬中的研究与应用［J］．科技资讯，2019，17（31）：56-57.
[71] 郭森，童莉，周学双，等．煤化工行业高含盐废水处理探讨［J］．煤化工，2011，39（1）：27-30.
[72] 宋英豪，陈瑞芳，熊娅，等．基于零排放浓盐水处理技术的发展［J］．环境工程，2013（增刊1）：263-265.
[73] 杨善远，孙继涛，于峥．煤化工废水再生及浓盐水处理工艺［J］．工业用水与废水，2018，49（5）：45-49，66.
[74] 张文博，安洪光，宋学平，等．褐煤基活性焦用于固定床加压气化废水处理的研究［J］．工业水处理，2014，34（2）：19-21.
[75] 赵永恒．活性焦住煤加压气化废水深度处理中的应用［J］．中国科技博览，2013（16）：561.
[76] 王文豪，高健磊，高镜清．预处理＋A/O＋臭氧氧化＋BAF深度处理煤化工废水［J］．工业水处理，2019，39（6）：103-106.
[77] 董利鹏．煤化工废水处理与回用技术研究［D］．长春：吉林建筑大学，2015.
[78] 陈思莉，汪晓军，顾晓扬．Fenton氧化-生物接触氧化工艺处理甲醛和乌洛托品废水［J］．化工环保，2007（2）：27-30.
[79] 李会泉，胡应燕，李少鹏，等．煤基固废循环利用技术与产品链构建［J］．资源科学，2021，43（3）：9.
[80] 孙志军，李贞，赵俊吉，等．山西省典型煤电基地煤基固废综合利用研究与资源化分析［J］．中国煤炭，2021，47（4）：11.

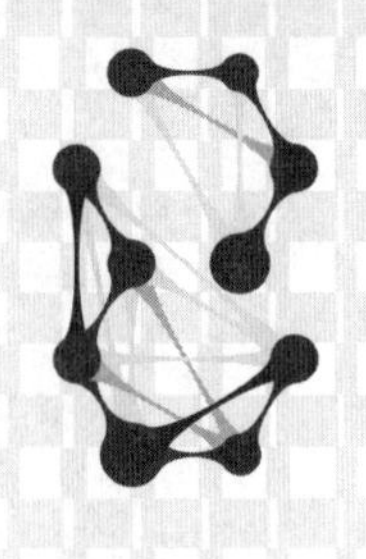

2 煤炭转化过程中元素的迁移与控制

煤炭被大规模开采和利用的同时，引发了一些环境问题，人们意识到能源的开发利用必须与环境保护相统一。煤炭在开采、加工、利用等过程中会向环境释放有害物质，其排放的污染物及产生的环境影响，与煤本身的性质、元素组成密切相关。煤中微量元素的地球化学行为、燃煤排放大气颗粒物与人体损伤关系等研究，已成为能源与环境科学领域的热点，是国际前沿研究领域之一[1]。应在深入了解煤炭转化过程中元素的迁移规律的基础上，采取洁净开采与洁净利用的措施，建立可持续发展的能源开发利用体系。

2.1 煤炭的元素组成

2.1.1 煤的元素组成、分析方法

2.1.1.1 煤的元素组成

煤通常被认为是一种固体可燃有机岩，含有少量液体（主要是水、液态烃）和气体。煤的成分复杂，已检测到包含 86 种元素。根据元素在煤中的浓度或含量，煤中元素可分为常量元素（>0.1%）和微量元素（≤0.1%）[2]。构成煤中有机组分、矿物组分和气体的主要元素只有 12 种，即碳（C）、氢（H）、氧（O）、氮（N）、硫（S）、铝（Al）、硅（Si）、铁（Fe）、镁（Mg）、钠（Na）、钾（K）、钙（Ca），这 12 种元素为常量元素。其余元素为微量元素。其中 5 种稀有气态微量元素氦（He）、氖（Ne）、氩（Ar）、氪（Kr）、氙（Xe）存在于煤层气内[3]。

从宏观工业分析上看，煤主要由水分、灰分、挥发分和固定碳组成，其中挥发分和固定碳是煤有机质的主要组成部分，占煤有机质总量的 95%以上，主要为碳、氢、氮、硫和氧五种元素，同时也包含磷、氯、砷等伴生元素或微量元素。

（1）煤中的碳元素

碳是煤中最重要的元素，是煤中有机高分子最主要的元素，也是煤燃烧最主要的元素。煤中存在少量的无机碳，主要来自碳酸盐类矿物，如石灰岩和方解石等。无论煤化程度高低，煤中碳元素含量都是最多的。在我国各种煤中，泥煤的干燥无灰基碳含量为55%～62%，褐煤为60%～77%，烟煤为77%～93%，无烟煤为88%～98%[4]。

（2）煤中的氢元素

氢是煤中第二重要的元素，也是组成煤炭分子的骨架和侧链不可缺少的重要元素，在有机质中的含量一般为2.0%～6.5%。煤的矿物质中也含有少量的无机氢，主要存在于矿物质的结晶水中，如高岭土（$Al_2O_3 \cdot 2SiO_2 \cdot 2H_2O$）、石膏（$CaSO_4 \cdot 2H_2O$）等。煤中氢的含量虽然不高，但对煤的发热量有较大影响。

（3）煤中的氧元素

氧是煤中第三重要的元素，以有机和无机状态存在。有机氧主要存在于含氧官能团中，如羧基、羟基、甲氧基和羰基等；无机氧主要存在于煤中的水分、硅酸盐、碳酸盐、硫酸盐和氧化物等中。氧是煤中反应能力最强的元素，对煤的热加工影响较大。

煤化程度越高，煤中氧元素含量越低。褐煤的氧元素含量为23%左右，中等变质的肥煤为6%左右，而无烟煤大约只有2%。氧在煤中存在的总量和形态直接影响煤的性质和加工利用性能。氧元素在煤液化时要消耗氢，对煤的利用不利。

（4）煤中的氮元素

煤中的氮元素含量仅为0.5%～1.8%。氮的含量随煤化程度而变化的规律性不明显。氮是煤中唯一的完全以有机状态存在的元素，主要以氨基、亚氨基、五元杂环（吡咯、咔唑等）和六元杂环（吡啶、喹啉等）等形式存在。

（5）煤中的硫元素

硫是煤中主要的有害元素，在煤的焦化、气化和燃烧过程中会产生对工艺和环境有害的H_2S、SO_2等物质，因此，硫的脱除和回收是煤炭清洁转化的核心技术之一。煤中的硫主要存在形态是无机硫和有机硫。无机硫又以硫化物、硫酸盐和单质硫形式存在。

煤中硫分按其在空气中能否燃烧又分为可燃硫和不可燃硫。有机硫、硫铁矿硫和单质硫都能在空气中燃烧，是可燃硫。硫酸盐硫不能在空气中燃烧。煤燃烧后留在灰渣中的硫（以硫酸盐硫为主），或焦化后留在焦炭中的硫（以有机硫、硫化钙和硫化亚铁等为主），称为固体硫。煤燃烧逸出的硫，或煤焦化随煤气和焦油析出的硫，称为挥发硫（以硫化氢和硫氧化碳等为主）。煤的固体硫和挥发硫形态会随燃烧或焦化温度、升温速度和矿物质组分的性质和数量等而变化。

（6）煤中其他元素

煤中其他元素主要分布于煤的矿物质中。矿物质在煤中含量的变化范围在2%～40%，组成复杂，其主要化合物为盐类。常见的元素有硅、铝、铁、镁、钙、钾、钠等，还有少量的氯、磷、砷、汞等有害元素及铀、钒、镓、锗、钛等伴生元素。它们常以不同化合物的形式存在于煤中。表2-1为煤中主要元素的存在形式。

煤中矿物质不仅成分复杂，在不同煤田的煤中，即使是同一煤田的不同煤层，其矿物质的含量和组成也有差别。例如，我国南方古生代煤田中含硫量高，可达2%～4%；而北方煤田的含硫量小于1%。在广西合山煤田中，K4层煤含硫量小于4%，K7层煤含硫量大于6%[2]。

表 2-1　煤中主要元素的存在形式

矿物质		化学式
黏土类矿物	高岭土	$Al_2SiO_5(OH)_4$
	蒙脱石	$Al_2Si_4O_{10}(OH)_2 \cdot H_2O$
	叶绿泥石	$Mg_5Al(AlSi_3O_{10})$
硫化物矿物	黄、白铁矿	FeS_2
	方铅矿	PbS
	砷黄铁矿	$FeAsS$
碳酸盐矿物	方解石	$CaCO_3$
	菱铁矿	$FeCO_3$
	铁白云石	$(Ca,Fe,Mg)CO_3$
氧化物矿物	钠盐	$NaCl$
	钾盐	KCl
磷酸盐矿物	磷灰石	$Ca_5(PO_4)_3(F,Cl,OH)$
硅酸盐矿物	石英	SiO_2
	黑云母	$K(Mg,Fe)_3(AlSi_3O_{10})(OH)_2$
	锆石	$ZrSiO_3$
	正长石	$KAlSi_3O_3$
氧化物和氢氧化物	赤铁矿	Fe_2O_3
	磁铁矿	Fe_3O_4
	褐铁矿	$FeO \cdot OH \cdot nH_2O$
硫酸盐矿物	重晶石	$BaSO_4$
	石膏	$CaSO_4 \cdot 2H_2O$
	水铁钒	$FeSO_4 \cdot H_2O$
	芒硝	$Na_2SO_4 \cdot 10H_2O$

2.1.1.2　煤的分析方法

煤中的矿物质组分十分复杂，很难精确分离测定其含量。煤灰是煤燃烧后形成的残渣，其化学组成亦十分复杂。可以通过煤灰成分分析，结合物相分析了解煤的矿物组成。煤灰成分分析法有经典的化学分析法（如常量分析法、半微量分析法）和各种仪器分析法（如原子吸收光谱法，X 射线荧光测定法和中子活化分析法等）。GB/T 1574—2007（行业标准：DL/T 1037—2016）规定了煤灰中铁、钙、镁、磷、硅、铝、钛、硫等元素的测定方法，适用于煤、焦炭、水煤浆和煤矸石。

煤炭分析及鉴定可以依据国标中的相关规范进行，关于元素分析的主要标准如表 2-2 所示。

表 2-2　煤炭分析及鉴定标准

序号	名称	代号
1	煤的工业分析方法　仪器法	GB/T 30732—2014
2	煤的全水分的测定方法	GB/T 211—2017
3	煤的最高内在水分测定方法	GB/T 4632—2008
4	煤中碳和氢的测定方法	GB/T 476—2008
5	煤中氮的测定方法	GB/T 19227—2008
6	煤中全硫测定　红外光谱法	GB/T 25214—2010
7	煤灰成分分析方法	GB/T 1574—2007
8	煤灰中硅、铝、铁、钙、镁、钠、钾、磷、钛、锰、钡、锶的测定　X 射线荧光光谱法	GB/T 37673—2019
9	煤中氟的测定方法	GB/T 4633—2014
10	煤中氯的测定方法	GB/T 3558—2014
11	煤和焦炭灰中常量和微量元素测定方法　X 荧光光谱法	MT/T 1086—2008

在常规煤质分析中，有机硫含量是按差值计算出来的，存在较大误差。近年来，先进测

试技术的开发使得研究者们能够直接测定有机硫含量。国内外对有机硫的研究主要集中在两个方面：一是通过有机抽提物和高分辨率 GC-MS 等手段研究有机硫的结构；二是运用扫描电镜能谱、电子探针以及离子探针等微区分析技术，获取硫在有机显微组分中的分布特征[3]。

2.1.2 煤中微量元素的含量与分布

对于煤中微量元素的研究始于 20 世纪 40 年代，人们研究的重点是微量元素的分布规律。到 20 世纪 50 年代，由于电子工业、原子能工业的迅猛发展，对稀有元素的需求量剧增，从煤中提取稀有元素成为科学家的研究重点之一。如煤中的锗含量达到 20g/t 以上、镓含量达到 30g/t 以上、铀含量达到 300g/t 以上、钍含量达到 900g/t 以上时，有工业提取价值。

大量资料表明，若采用的分析技术适当，从任何煤样中几乎都能检测到至今已发现的所有微量元素，但是每个元素在不同样品内的含量悬殊，差异可达 1～3 个数量级，甚至更多[4]。虽然微量元素在煤中分布不均，但在一个含煤盆地（矿区）内部，多数煤中某一元素的含量会处于一定的范围之内，也不排除少数样品中该元素含量的测值可能偏高，出现异常。

近年来，我国关于煤中微量元素的研究取得很大进展，公开发表的文献数以百计，获得很多有价值的数据。关于煤中微量元素的含量及分布，在本章第 2.4 节有详细介绍。

2.1.3 煤中微量元素的赋存形态

元素的赋存形态决定了其在表生作用和加工利用过程中可能的运转和转化行为。查明元素在煤中的赋存形态与查明煤中微量元素含量一样重要[5]。

同一种微量元素在煤中有不同形式的赋存形态。赋存形态通常有三种：赋存在矿物里、被有机质束缚、溶于孔隙水里。其中第一种是最主要的，属于矿物的杂质成分。微量元素如何被有机质束缚是研究者们最关注的问题，几乎所有微量元素都曾被认为有可能被有机质束缚（吸附、离子交换、配位化合物）。溶于孔隙水里的微量元素主要指氯元素及其他易溶元素。

（1）*矿物质中的微量元素*

煤中矿物是微量元素的最主要的载体。微量元素都是以类质同象、吸附或者混入方式赋存在煤中矿物中。以某种微量元素为主成分的独立矿物，如方铅矿、黄铜矿、金红石、锆石、独居石、磷灰石、重晶石、石盐等在煤里均属少见的矿物。由于煤中矿物种类、产状、成因等方面的复杂性，分析研究煤中矿物的难度比较大。

（2）*有机质中的微量元素*

煤的主要成分为有机质，次要成分是无机质。微量元素与有机质的关系是研究煤中微量元素的重点，也是难点。煤中元素赋存形态主要为水溶态、可交换态、碳酸盐结合态、硫化物结合态、铁锰氧化物结合态、有机质结合态和残渣态。

有机组分的结构由许多相似的结构单元组成。基本结构单元是以芳香族（缩聚芳环、氢化芳环和各种杂环）为核心，及其周围的侧链和官能团共同组成的大分子结构。Swaine[6] 于 1992 提出了几个很重要的观点。第一，煤中微量元素能够被束缚在羧基、酚羟基、巯基、亚氨基等有机基团上。第二，在低阶煤中，多数种类的微量元素可以部分与有机质缔合，部分赋存在矿物里。如果煤的灰分产率大于5%，其中微量元素可能以无机结合态为主；如果灰分产率小于5%，与有机质缔合的份额可能多一些。第三，随煤阶升高，首先是羧基基团，继而是羟基基团等含氧官能团从煤大分子结构上脱落，巯基和亚氨基基团的结合力减小，与官能团缔合的微量元素随之减少。所以烟煤中大多数微量元素属于无机结合态。但微量元素与有机质的缔合程度是难以测定的。

煤中有害微量元素的赋存形态是复杂而多元的[7]。总体来看，煤中B、Be、Br等主要与有机质有关，其他有害元素与矿物有关[5,8]。其中，与黏土矿物有关的有Cr、F、V、Mo、Ni、Sn、Tl、Th、Zn等，与碳酸盐矿物有关的有Mn、Zn、Co、Ba等，与硫化物有关的有Cu、Pb、Zn、Co、Ni、As、Sb、Se、Mo、Hg、Ag、Sn、Tl、Mn等，与硫酸盐矿物有关的有Ba、Cr、Cu等，与磷酸盐矿物有关的有P、F、Cl、Cu、Sr、Ba等，与氧化物矿物有关的有Mn、Cr、V、Pb、Zn、Sn等。根据对环境危害性的高低，煤中26种应引起关注的微量元素分为三类，从Ⅰ类到Ⅲ类危害程度降低。Ⅰ类元素有As、Cd、Cr、Hg、Pb、Se；Ⅱ类元素有B、Cl、F、Mn、Mo、Ni、Be、Cu、P、Th、U、V、Zn；Ⅲ类元素有Ba、Co、I、Ra、Sb、Sn、Tl[9]。在众多文献中[1-3,10]，有关于这些元素赋存形态的详细总结和介绍。

2.2 煤炭转化过程中硫的迁移与控制

本节主要论述煤炭转化过程中硫等有害元素的迁移途径，同时结合多种洁净煤技术与手段对其进行源头上的污染控制。

2.2.1 煤中硫的含量与分布特征

硫是煤炭中的有害元素。作动力煤燃烧时，煤中硫燃烧生成二氧化硫，不仅腐蚀金属设备，而且造成大气污染。作为合成气原料时，产生的H_2S不仅腐蚀金属设备，且使催化剂中毒，影响操作及产品质量。作为生产冶金焦用原料时，煤中的硫大部分转入焦炭，直接影响钢铁质量。因此，各种煤炭转化过程对硫含量都有严格的要求。

2.2.1.1 硫的含量范围

煤中总硫含量因煤种而异，介于0.2%～11%，多数煤种的含硫量在0.5%～3%。依据《中国煤中硫分等级划分标准》，煤分为低硫煤（干基总硫含量$S_d \leqslant 1.0\%$）、中硫煤（$1.0\% < S_d < 3.0\%$）和高硫煤（$S_d \geqslant 3.0\%$）。但也有文献根据煤的含硫量分成特低硫煤、低硫煤、低中硫煤、高中硫煤、高硫煤和特高硫煤等多个等级。国内外文献中通常把含硫2%以上的煤通称为高硫煤。

中国煤炭分布极广，不同的煤其硫含量也不尽相同，加权平均值为0.9%，其中中高硫煤样占28%。表2-3列出了我国各大区域煤中的硫分布。

我国煤中硫分布的特征是自北向南、自东向西平均含量呈增高趋势。东北三省的煤硫含量低，西南地区的煤硫含量高。我国煤中成分分布特点与在不同地质年代各个区域的煤炭沉积环境的变动密切相关。陆相沉积煤田中一般硫含量低，海陆交替沉积和浅海相沉积则多形成高硫煤。

表 2-3　中国各大区域内不同硫等级煤的分布

地区	各含硫等级煤占总储量的质量分数/%			合计
	低硫煤(含硫量≤1.0%)	中硫煤(含硫量 1.0%～3.0%)	高硫煤(含硫量≥3.0%)	
东北	11.7	1.5	0	13.2
华北	18.5	19.6	0	38.1
华东	10.3	5.8	0.2	16.3
中南	8.2	3.3	0.6	12.1
西南	2.6	1.4	5.1	9.1
西北	7.4	1.9	1.9	11.2
全国	58.7	33.5	7.8	100.0

2.2.1.2　硫的赋存形态

煤中硫的赋存形态可分为无机硫和有机硫两大类。无机硫以矿物形式存在，主要包含硫化物、硫酸盐和单质硫。硫化物以黄铁矿（FeS_2）为主，其他有双晶白铁矿（FeS_2）、闪锌矿（ZnS）、方铅矿（PbS）、黄铜矿（$CuFeS_2$）、砷黄铁矿（FeAsS）和磁黄铁矿（$Fe_{1-x}S$）等。常见的硫酸盐有石膏（$CaSO_4 \cdot 2H_2O$）、重晶石（$BaSO_4$）和多种硫酸铁盐等。高硫煤中普遍含有较多黄铁矿。

通常根据黄铁矿在煤中的分布特征及其晶体形状的不同，简单分成游离型黄铁矿和分散型黄铁矿。游离型黄铁矿常见有较大的脉状颗粒（粗达 150mm，长达几百毫米）和较小的结核状颗粒（几微米至几百微米）；分散型黄铁矿具有较细颗粒（几微米至几十微米），镶嵌于煤的显微组分中。其中游离型黄铁矿易在洗矿过程中分离，而分散型黄铁矿则难以用物理方法分离。

煤中单质硫以多个硫原子结合的单质形态存在，其中 S_8 是常见的单质形态。煤中单质硫含量很低，一般只有 0.05%～0.2%。但有些烟煤中单质硫含量高达 1%。要注意的是，当煤样长时间暴露于潮湿的空气中时，黄铁矿可氧化转变为单质硫。此外，黄铁矿受微生物作用也可氧化形成单质硫。

煤中有机硫指所有与煤有机质化学结合的硫成分。煤中有机硫含量低至 0.1%，高至 10%。对于黄铁矿含量高的煤，其有机硫含量也高一些。但也有例外，如在产自西班牙和新西兰等国家的几个煤种中，90%的硫属于有机硫，而且含量高达 5%～10%。中国高硫煤中有机硫的比例为 20%～60%。

由于煤有机质结构的复杂性，煤中有机硫结构也很复杂。有机硫大致以以下几种化学形式结合在复杂的煤分子结构中：①硫醇（R—SH）和硫酚（Ar—SH）；②脂肪族硫醚（R—S—R）、芳香族硫醚（Ar—S—Ar）和两者混合型硫醚（Ar—S—R）；③脂肪族二硫醚（R—S—S—R）、芳香族二硫醚（Ar—S—S—Ar）和两者混合型二硫醚（Ar—S—S—R）；④噻吩类杂环化合物（如苯并噻吩、二苯并噻吩、菲并噻吩等）。低硫化程度煤含硫醇、硫醚较多，而高硫化程度煤含噻吩较多。

2.2.2　煤炭转化过程中硫的化学变化与迁移

2.2.2.1　硫在煤的热解、焦化过程中的变化与迁移

煤热解过程指煤在非氧化性气氛下受热分解的过程。在持续高温作用下，煤炭热解为固

态半焦、液态煤焦油和气态干馏煤气。煤热解过程主要分为3个阶段：首先，室温至200℃下干燥脱气，此阶段煤的外形变化并不明显，120℃前主要为脱水过程，200℃左右完成脱气过程；其次，在200℃以上主要发生脱羧反应，无烟煤和烟煤仅出现有限的缩合作用；最后，活泼热分解阶段中会热解挥发出热解水、焦油、碳氧化合物、烯烃、甲烷及其同系物。

（1）热解、焦化产物中硫的分布

煤燃烧、气化和液化都涉及煤热解过程。煤中硫的形态很大程度影响煤在干馏中的硫分布。不管何种煤，在干馏过程中煤中硫总是以硫化氢气体和焦油中含硫化合物的形式随挥发分逸出，另一部分则残留于煤焦中，见表2-4。煤中黄铁矿硫和硫酸盐硫在500℃时显著分解；在1000℃时不复存在。在1000℃干馏中，约有1/3的硫转化为硫化氢，少量硫转化为焦油硫，其余硫以硫化物硫和有机硫形态残留在煤焦中。

表2-4 低温和高温煤干馏过程煤中硫在干馏产物中的分配

硫成分	煤样Ⅰ（S_t=4.25%）			煤样Ⅱ（S_t=1.21%）		
	原煤中含量/%	500℃时含量/%	1000℃时含量/%	原煤中含量/%	500℃时含量/%	1000℃时含量/%
硫酸盐硫（固）	16.7	0.2	0.0	5.8	0.1	0.0
黄铁矿硫（固）	41.2	7.3	0.0	38.8	27.5	0.0
有机硫（固）	42.1	40.0	42.6	55.4	48.0	54.6
硫化物硫（固）	—	21.9	19.8	—	7.6	9.9
硫化氢硫（气）	—	28.2	33.9	—	14.3	33.1
焦油中硫（液）	—	2.4	3.7	—	2.5	2.4
总计	100	100	100	100	99	100

众所周知，煤热解含硫气相产物中H_2S是主要成分。高温炼焦产生的荒煤气（未经氨水冷凝冷却分离）中一般含硫化氢6～20g/m^3。在慢速升温过程中，H_2S在350～500℃和在500～650℃有两个主要析出峰，前者与煤中非噻吩类有机硫的分解有关，后者与黄铁矿硫的分解有关。除H_2S外，煤热解还产生SO_2、COS、CH_3SH和CS_2等成分。热解条件对气体含硫产物的分布影响很大。表2-5为不同煤样在实验室小型反应器上热解时所得含硫气体的组成。除H_2S外，SO_2的生成量也较大。中国科学院山西煤化所利用黄铁矿和煤中有机硫模型化合物与煤焦的混合物进行了含硫化合物的热解研究，观察到对于不含氧原子的有机硫模型化合物，SO_2也是主要产物之一[11]。在煤热解过程中，SO_2的形成可能是由于煤中硫酸盐分解，也可能与煤中杂氧原子以及在煤表面吸附的氧原子参与反应有关。但实验似乎表明，煤焦中的氧起到生成SO_2的作用；实际上，在焦炉煤气中SO_2的含量很低，与实验室反应器所获得的产物组成有很大不同。从中可以推知，SO_2气体可能属于煤热解的初始产物，在大型热解或干馏反应器中，由于SO_2通过煤焦还原层的停留时间较长，能进一步与煤焦发生还原反应，从而使其产率下降。

表2-5 不同含硫量的煤所产生热解气中含硫气体的组成

序号	煤中总硫和形态硫含量（以煤为基准）/%				含硫产物含量[以单位质量(g)热解气计]/(μg/g)				
	总硫	硫酸盐硫	黄铁矿硫	有机硫	H_2S	COS	SO_2	CH_3SH	CS_2
1	0.39	0.29	0.09	0.01	1.04	0.02	0.49	0.03	0.00
2	0.59	0.17	0.15	0.27	1.11	0.03	1.13	0.00	0.01
3	0.93	0.22	0.54	0.17	1.14	0.03	2.75	0.02	0.03
4	1.35	0.05	0.87	0.46	2.73	0.06	1.90	0.07	0.08

序号	煤中总硫和形态硫含量(以煤为基准)/%				含硫产物含量[以单位质量(g)热解气计]/(μg/g)				
	总硫	硫酸盐硫	黄铁矿硫	有机硫	H_2S	COS	SO_2	CH_3SH	CS_2
5	1.87	0.22	0.52	1.13	4.32	0.12	4.64	0.11	0.14
6	2.10	0.52	0.45	1.13	2.25	0.05	7.81	0.12	0.28
7	2.46	0.93	0.76	0.77	2.57	0.08	9.40	0.06	0.17
8	3.92	0.38	2.46	3.92	11.27	0.25	7.85	0.54	0.66
9	4.41	0.08	2.48	1.85	8.14	0.25	8.02	0.19	0.43
10	5.05	0.06	1.13	3.86	12.67	0.47	2.87	0.63	0.68

煤热解产生焦油中的硫含量一般比原煤中的硫含量要低。焦油中存在的含硫化合物相当复杂，主要是噻吩类硫，其他有少量硫醚和硫醇。利用Py-GC-MS分析技术检测到热解焦油中含有多种噻吩类含硫化合物[12]。气相色谱/硫选择性原子发射光谱以及气相色谱-质谱分析了煤焦油中多种含硫化合物，也以萘基噻吩、苯基噻吩、二甲基噻吩、三甲基苯基噻吩等为主。此外，单一助剂或复合助剂与煤共热解制备的洁净焦炭中无机硫的赋存形态都是硫化钙（CaS），且硫化物占全硫的比重为13%～18%，而有机硫的形态主要是含氧砜硫和稳定的环状噻吩硫。研究发现，洁净焦炭燃烧固硫机理主要是复合助剂在热解过程中与含硫气体反应生成硫化钙及氧化钙，并且在燃烧过程中与有机硫燃烧释放的SO_2反应，生成固硫产物硫酸钙。在高温燃烧时，生成的硫酸钙被耐高温的铁硅系复合物包裹起到高温固硫的作用，或与复合助剂中的Al_2O_3发生固相反应生成耐高温固硫物相硫铝酸钙，从而提高了洁净焦炭高温燃烧的固硫率。固硫产物中包裹硫酸钙的铁硅系复合物主要来源于煤热解过程中黄铁矿的分解，并在洁净焦炭燃烧时转移到复合物相中。

煤焦中的硫包括非挥发性无机硫和有机硫。无机硫以陨硫铁（FeS）为主；有机硫以缩合芳香环的噻吩硫为主。煤焦中硫存在量与煤化程度有一定的相关性，煤化程度高的煤含有较多噻吩硫。由于噻吩类含硫化合物的硫参与了环的共振，使碳硫键更稳定，而难于分解。即使在铝土的催化下，噻吩也在450℃才开始分解。烷基取代噻吩在500℃左右失去烷基，二苯并噻吩在550℃开始分解，而噻吩环在800℃才开始分解，在热解过程中有留存在煤焦中的倾向[13]。此外，少部分从黄铁矿或不稳定有机硫分解出的H_2S也可能与煤有机结构发生二次反应，转变为稳定性有机硫。煤焦中无机硫与有机硫的比率（S_m/S_o），与原煤相比一般降低2/3以上。煤含黄铁矿越多，在其热解过程中产生煤焦中的硫含量越低，也就是说，煤中硫可在热解过程中优先析出，这也成为煤热解法脱硫的原理。

（2）形态硫的化学变化

煤中形态硫由于具有不同的热稳定性及化学反应特性，因而表现出不同的化学变化行为。煤阶较低的高硫炼焦煤中烷基脂肪侧链较多，大于六个苯环的芳香结构较少，结构有序度低，形态硫中硫化物相对含量较高，热解过程中形态硫更易于分解，且大量脂肪结构断裂产生的活性氢组分进一步促进了含硫气体的释放[14]。以下主要就黄铁矿硫和有机硫的热解反应做一简述。

1）黄铁矿的反应

纯黄铁矿自350℃开始微弱分解；在550～600℃开始明显分解，产生非化学计量的黄铁矿$Fe_{1-x}S$（$0\leqslant x\leqslant 0.0223$）和单质硫$S_n$；在640～670℃以上，生成陨硫铁（FeS）：

$$FeS_2 \longrightarrow FeS_{2-x} + \frac{x}{n}S_n \tag{2-1}$$

$$FeS_{2-x} \longrightarrow FeS + \frac{1-x}{n}S_n \tag{2-2}$$

或 $$FeS_2 \longrightarrow FeS_{2-x} + \frac{x}{n}S_n \longrightarrow FeS + \frac{1}{n}S_n \tag{2-3}$$

在煤热解过程中，由于还原性气体和碳元素的参与，黄铁矿实际分解反应比黄铁矿自身热分解要容易进行得多。

黄铁矿与氢反应生成磁硫铁矿、陨硫铁和硫化氢气体，因为磁硫铁矿的非化学计量性，所以以下用陨硫铁代表反应产物：

$$FeS_2 + H_2 \longrightarrow FeS + H_2S \tag{2-4}$$

$$FeS + H_2 \longrightarrow Fe + H_2S \tag{2-5}$$

有文献称，这两个反应分别在500℃和800℃开始进行，而黄铁矿与CO在800℃以上发生还原反应放出COS气体：

$$FeS_2 + CO \longrightarrow FeS + COS \tag{2-6}$$

在1000℃以上，黄铁矿可被碳元素还原成铁，并生成CS_2：

$$FeS_2 + C \longrightarrow Fe + CS_2 \tag{2-7}$$

陨硫铁的还原反应在450℃的低温下便开始进行，在670℃出现反应顶峰。这种差异可能与不同煤中黄铁矿的存在形式以及煤的还原性有关。以分散状态存在的黄铁矿易于发生分解反应，而煤的还原性越强也越有利于还原反应的进行。

2）有机硫的反应

煤中有机硫的热稳定性顺序为：噻吩硫＞硫酚或芳香族硫醚＞硫醇或脂肪族硫醚。硫醇和硫醚容易热解产生硫化氢气体和不饱和化合物，是一个可逆反应。图2-1表示不同有机硫化合物热分解过程中的硫转化率。

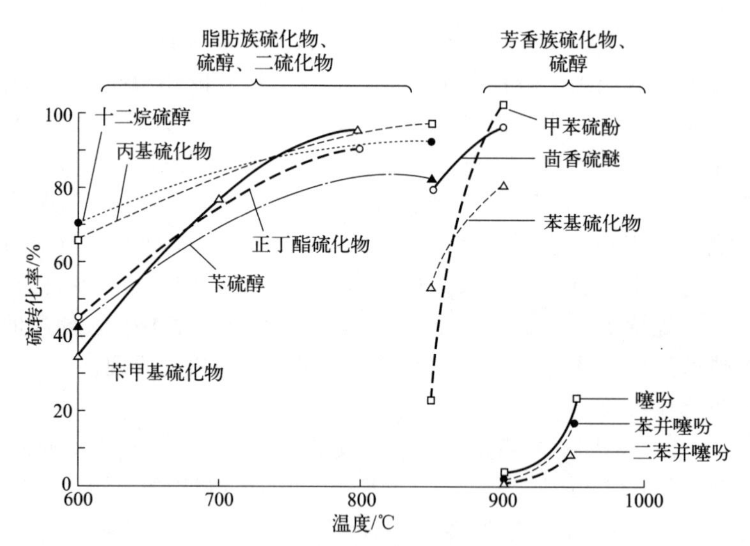

图2-1 不同有机硫化合物热分解过程中的硫转化率

脂肪族硫醚、硫醇、二硫醚在800℃几乎完全分解。芳香族硫醚、硫酚在略高的温度段分解，在900℃几乎完全分解。芳香族二硫醚在700℃以上开始分解，但在高温下只有一半分解。噻吩硫在900℃以下不分解，在950℃下也只是少量分解。Yan等[15]以苄基硫醚、苄基二硫醚、2-噻吩甲基硫醇、p-甲苯二硫醚、萘硫酚和二苯并噻吩与炭混合物为模型化合物对硫迁移行为做了详细的研究，观察到在氦气气氛下，前四种含硫化合物都在250～400℃的低温下热解生成H_2S、SO_2和COS气体。萘硫酚也在250～500℃分解，但有两个明显的含硫气体生成峰。在测定温度内（至 800℃），苯噻吩基本没有热解。可见，噻吩硫结构具有很强的热稳定性。此外，商铁成等[16]发现炼焦精煤中黄铁矿硫在 700℃以前大部分以 H_2S 的形式迁移，但随着热解温度的升高，存在向噻吩硫迁移的趋势。有机硫中噻吩类硫化物随着热解温度的升高，脱除率也随之增加，但在 700℃以后，此类硫化物不降反增，说明存在其他硫化物向此类硫化物转化的趋势。脂肪类硫化物基本在 850℃以前完全分解，产物主要是噻吩类硫化物和 H_2S。煤中全硫的迁移随热解温度的升高脱除率明显增加，在 700℃以前以黄铁矿硫分解为主，700℃以后有机硫的贡献度明显增加。煤炭洗选过程中主要脱除原煤中的黄铁矿硫，在热解过程中 700℃以前，黄铁矿硫脱除较为明显，700℃以后，有机硫脱除更加突出。此外，在高温区域还存在黄铁矿硫、脂肪类硫化物等向噻吩类硫转化的现象。

在煤热解过程中，由于煤热解放出 H_2 和 CO 等还原性气体，有机硫反应不仅涉及热分解反应，而且涉及加氢反应。噻吩类化合物可以在无催化剂条件下，发生加氢反应而析出硫化氢气体。例如：

$$\text{thiophene} \xrightarrow{H_2} H_2C{=}CH{-}CH{=}CH_2 + H_2S \xrightarrow{H_2} C_4H_{10} + H_2S \tag{2-8}$$

$$\text{benzothiophene} \xrightarrow{H_2} \text{dihydrobenzothiophene} \xrightarrow{H_2} C_6H_5CH_2CH_3 + H_2S \tag{2-9}$$

$$\text{dibenzothiophene} \xrightarrow{H_2} \text{biphenyl} + H_2S \tag{2-10}$$

直接考察煤中有机硫官能团的变化比较困难，只有少量研究工作借助 X 射线光电子能谱（XPS）和 X 射线吸收近边结构光谱（XANES）等分析手段比较了原煤和煤焦中的有机硫结构。但是对于煤中有机硫在煤热解过程中的详细反应过程至今还知之甚少。

3）气态硫的二次反应

① 与有机硫之间的反应。气态硫的二次反应指初始热解形成的硫化氢和二氧化硫等气体在脱逸反应器过程中与煤中有机质、煤中矿物质以及其他热解反应产物进一步发生的反应。广义上讲，气态硫的二次反应包括它与气体、液体和固体物质之间的所有反应。其中，硫化氢与煤有机质和矿物质之间的反应能使硫化氢气体固定下来，在煤热解脱硫等工艺中成为重要的反应步骤，因而受到了更多的关注。

煤热解在 400～600℃发生急剧反应，伴随硫的分解以及二次固硫反应。黄铁矿分解析出的 H_2S 气体，进一步与煤有机质之间发生二次反应，产生煤中有机硫增加的现象。在固定床慢速加热和落下床快速加热两种反应器中，加入 H_2S 的情况下，煤焦中硫含量明显增大，即使在快速加热条件下也有增大倾向[17]。进一步分析表明，煤焦中硫的增多归因于噻吩类和硫醚硫的显著增多，而不在于无机硫的增多。至于硫化氢与有机质之间的详细反应机理并不清楚。有学者认为，固硫反应主要是硫化氢与不饱和键的结合。例如：

$$R{-}HC{=\!=}CH{-}R' + H_2S \longrightarrow RCH_2CH(SH)R' \tag{2-11}$$

$$RCH_2CH(SH)R' + R{-}HC{=\!=}CH{-}R' \longrightarrow RCH_2CRHSCRHCH_2R' \tag{2-12}$$

但当温度高于 600℃时，固定下来的有机硫有再次分解减少的倾向。

热解煤气中的硫与热解温度成正相关性，而半焦中的硫与热解温度成负相关性；此外，520℃时，分布到焦油中的硫达到最低值（质量分数为 33.32%），随着温度升高焦油中的硫含量升高[18]。

② 与矿物质之间的反应。煤中含有石灰石（$CaCO_3$）、白云石［$CaMg(CO_3)_2$］、黄铁矿（FeS_2）和菱铁矿（$FeCO_3$）等多种矿物质，这些矿物质或其热解产物可以与 H_2S 等气体发生二次反应。例如：

$$CaCO_3+H_2S \longrightarrow CaS+CO_2+H_2O \tag{2-13}$$

$$MgCO_3+H_2S \longrightarrow MgS+CO_2+H_2O \tag{2-14}$$

在热力学上，硫化氢与石灰石之间的反应在 420℃以上是有利的；硫化氢与碳酸镁的反应在 670℃以上是有利的。表 2-6 列出了相关反应的热力学数据。

表 2-6 H_2S 与煤中矿物质反应的热力学数据

反应式	$\Delta H^{\ominus}$ /(kJ/mol)	$\Delta F^{\ominus}_{298}$ /(kJ/mol)	a	$b/2$	$c/6$	$d/2$	e
$CaCO_3+H_2S \longrightarrow CaS+CO_2+H_2O$	117.6	66.53	0.50	−14.3	3.28	4.17	−174.8
$CaCO_3 \longrightarrow CaO+CO_2$	188.0	135.0	−8.29	−3.66	−1.61	4.17	47.9
$CaO+H_2S \longrightarrow CaS+H_2O$	−70.3	−68.5	8.88	−10.7	9.08	0	53.8
$MgCO_3+H_2S \longrightarrow MgS+H_2O+CO_2$	125.6	79.48	8.33	−25.15	9.35	−4.33	−112.5
$MgCO_3 \longrightarrow MgO+CO_2$	98.3	47.19	10.80	−20.65	0	0.026	−116.2
$MgO+H_2S \longrightarrow MgS+H_2O$	27.3	32.29	−2.47	−4.49	9.35	−4.35	3.73
$FeO+H_2S \longrightarrow FeS+H_2O$	−45.2	−47.63	3.52	−4.06	6.70	0	10.76
$FeS_2+H_2 \longrightarrow FeS+H_2S$	67.9	37.5	6.5	−14.8	−3.3	0	−228.4
$FeS+H_2 \longrightarrow Fe+H_2S$	79.2	63.0	−32.3	15.03	−1.61	4.17	−228.6

注：$\Delta F^{\ominus}_{T}=\Delta H^{\ominus}-aT\ln T-\frac{b}{2}\times10^{-3}T^2-\frac{c}{6}\times10^{-7}T^3+\frac{d}{2T}\times10^5+eT$。

由于碳酸盐溶于稀酸和煤中固有碳酸盐的固硫作用，可以用煤样酸洗的方法脱除碳酸盐或用加入添加剂的方法进行对比与考察。实验证实，煤中碳酸盐类矿物质的固硫反应大致在 500～600℃时发生。对于一些年轻煤，钙和镁等金属可能较大量地以有机质结合的离子可交换形态存在，这些金属离子具有原子水平的分散性，反应活性强，呈很强的固硫活性。通过离子交换方法加入无机添加剂，可以抑制气态硫与有机硫之间的反应。

③ 气相反应。硫化氢与气体产物 COS、CS_2 和 ROH 之间可以发生以下气相反应：

$$CO_2+H_2S \rightleftharpoons COS+H_2O \tag{2-15}$$

$$COS+H_2S \rightleftharpoons CS_2+H_2O \tag{2-16}$$

$$H_2S+ROH \longrightarrow RSH+H_2O \tag{2-17}$$

但这些反应在煤热解过程中进行程度还不甚清楚。

④ SO_2 的二次反应。在实验室利用少量煤样热解过程中，一般热解气中含较多 SO_2，但在大型热解炉中 SO_2 并不是热解气中的主要含硫产物。这一现象可归因于 SO_2 与煤焦之间的二次还原反应，而 SO_2 可以看作煤热解的初始含硫产物之一。据研究，SO_2 与油页岩焦之间的炭热反应在 900℃时，SO_2 发生如下还原反应：

$$SO_2+C \longrightarrow S+CO_2 \tag{2-18}$$

$$CO_2+C \rightleftharpoons 2CO \tag{2-19}$$

$$S+CO \longrightarrow COS \tag{2-20}$$

煤热解在 600℃以上就明显析出氢气。在煤热解气氛中，单质硫可能与氢气反应生成硫化氢：

$$S+H_2 \longrightarrow H_2S \tag{2-21}$$

氢气具有较高还原性，这一反应可能更容易进行。由此可以推知，在热解过程中，只要初始放出气体在还原性气氛中有足够长的时间，SO_2 气体便能最终转化为 H_2S 和 COS 等其他产物。

4）影响硫热解反应的工艺因素

在煤热解过程中，硫的化学反应受热解温度、热解气氛、加热速率、煤粒度、压力等诸多工艺因素的影响。

① 热解温度。一般低温热解的温度为 500～700℃，高温热解的温度为 1000～1200℃。在 1200℃，煤焦的硫基本转化为热稳定性很高的陨硫铁（FeS）和噻吩硫。当温度继续上升（1200℃以上），陨硫铁和噻吩硫会逐步发生分解。至 1600℃，陨硫铁几乎完全分解，但尚有部分噻吩硫存在于高温煤焦中。

② 热解气氛。气体成分（N_2、CO、CO_2、CH_4 和 H_2）对煤中硫析出的影响可通过慢速热解实验观察到，氢气气氛有利于煤中硫转化为 H_2S；CO 有利于煤中硫转化为 COS；CO_2 和 CH_4 在低温下（<600℃）对煤中硫析出有一定抑制作用，但在 600℃以上前者基本没有影响，而后者起促进煤中硫析出的作用，可能是由 CH_4 部分分解提供氢气所产生的效果。

煤加氢热解被视为高效煤转化工艺之一，可生产更多高附加值产物。例如，Cheng 等[19]发现加氢热解产生更多的 H_2S；而 COS 和 CH_3SH 的产率呈下降趋势。此外，加氢热解产生的焦油中硫含量较低。热解所得煤焦中硫含量与热解温度相关，在高温下（>800℃）加氢热解产生的煤焦中含硫较低，主要归因于噻吩硫的加氢分解。有机硫的脱除速率与氢压呈 0.2 次级反应关系[20]。

③ 加热速率。加热速率主要是通过改变二次反应来影响硫在热解产物中的分布。快速热解对二次反应具有抑制作用，从而使挥发分的产率增加，煤焦产率降低。据研究，通过金属丝网装置考察了加热速率（5～5000K/s）和压力对硫在热解产物中分布的影响。随着加热速率的上升，迁移至煤焦中硫的比例下降，迁移至气态硫的比例增加，迁移至焦油中硫的比例略微增加，但焦油中含硫量大致呈减少倾向，暗示气态硫的二次反应程度较小。

④ 煤粒度。煤粒度影响煤的传热和传质，从而影响硫的析出速率以及最终的硫析出量。增大煤颗粒意味着初始热解产物从煤颗粒内部至外部的传递时间增长，从而增大气态硫在析出过程中的二次反应程度。增大煤颗粒使煤中硫更多留在煤焦中，而气态硫的生成率减少。

⑤ 压力。压力对硫迁移的影响比较复杂，取决于气体的组成。对于惰性成分，压力的增大会阻滞气态硫的形成与挥发，使分配于煤焦中的硫比例增大。对于活性组分，如甲烷和氢气等，在其起活性作用条件下，增大压力往往有助于煤中硫的分解，形成更多气态硫。

随着实验手段和 IT 技术的进步，对热解过程中硫的迁移规律和污染物形成机理的研究更加深入，如有人以宁东煤为研究对象，构建化学结构模型，通过分子动力学模拟，考察硫的迁移及变化规律。

2.2.2.2 硫在煤的气化过程中的变化与迁移

煤气化是以氧气和/或水蒸气为气化剂，将煤转化为可燃性气体的工艺过程。煤气化制得的煤气用途广泛，主要用作：①合成氨、合成甲醇等化工产品的合成气；②工业燃气和城市煤气；③联合循环发电燃气；④制氢原料气等。不同用途对煤气成分要求不同，可以选择不同的气化技术以满足不同用户的要求。煤气化技术种类很多，按气化装置的特征分，主要有固定床气化（也称移动床气化）、流化床气化和气流床气化。煤气化的化学反应过程因气化剂和气化装置而异，可参见有关煤气化技术方面的专著。通常情况下煤气化过程包括煤初始热解、煤氧化燃烧及煤焦还原气化三个基本化学过程。

硫的化学变化也涉及以上三个基本化学过程。关于煤热解过程中硫的化学变化，在上文已经做了详细介绍，但对于整个煤气化过程中硫的化学变化还缺乏详细的研究。在实验室规模气流床气化炉中，在富燃料环境下的快速脱挥发分中，硫主要转化为 H_2S；然后挥发分被氧化生成 CO_2、H_2O 和 SO_2；在煤焦与 CO_2 和 H_2O 的反应过程中，SO_2 又被还原生成 H_2S。但在煤气中，除了 H_2S 为主要含硫气体以外，还有少量 COS 等气体，形成反应如下：

$$S+O_2 \longrightarrow SO_2 \tag{2-22}$$

$$SO_2+3H_2 \rightleftharpoons H_2S+2H_2O \tag{2-23}$$

$$SO_2+2CO \rightleftharpoons S+2CO_2 \tag{2-24}$$

$$CO+S \rightleftharpoons COS \tag{2-25}$$

通过 ChemkinⅡ/Senkin 动力学计算软件包和热力学 Gaseq 软件包模型可分析 Texaco 气化炉气化过程中含硫化合物的形成。计算结果表明，在温度大于 1750℃时，气体中存在 S• 、 •SH 和 SO• 等自由基。在常规增压气流床气化的条件下，在煤气冷却过程这些自由基被结合成 H_2S 和少量 COS（约 5%）等气体。这一结果与实际情况吻合。计算还表明，如果压力接近常压，而冷却速率较大时，在冷却过程中可生成较多 SO_2 和单质硫产物。

2.2.2.3 硫在煤的液化中的变化与迁移

煤直接液化过程是将煤粉碎制备成油煤浆，在高温高压和催化剂的作用下，与供氢溶剂发生加氢裂化反应，使固态煤转化成液体石油组分及部分油渣的过程，可以为解决我国石油资源匮乏提供新的思路。对煤炭液化获得的液体组分继续进行加氢裂化、加氢精制、加氢改质等反应，可以生产出柴油、航煤、石脑油和液化气产品。在整个液化过程中，随着反应的进行，硫元素在原料、助剂、中间产品、产品、三废中的形态和含量都发生了变化[21]。原料煤中的硫元素和催化剂助剂中的硫元素在煤直接液化过程中大部分转化为 H_2S 气体，并分散于中压气、干气、液化气和酸性水中，为满足产品质量和工艺技术指标要求，需回收循环利用硫元素。

神华集团开发了具有自主知识产权的神华煤直接液化工艺，并建设运营了神华鄂尔多斯煤直接液化示范工程[22]。通过分析直接液化过程中硫元素在原料、催化剂助剂、中间产品、成品油产品、三废中的存在形态及含量变化，发现原料煤通过 3 次加氢反应可将硫元素经过煤气化和煤液化加氢反应大幅脱除，生产出低硫低氮的清洁油品；将注入的硫与煤中部分硫转化成硫黄回收循环利用，无法回收利用的硫转化到煤液化油渣和灰渣中集中处理，可以有效防止环境污染。

但具有高硫高灰特性的煤液化残渣对煤加氢液化工艺整体的影响及其资源化途径，还应得到进一步关注[23]。

2.2.2.4 硫在煤的燃烧过程中的变化与迁移

（1）煤中硫的氧化反应

煤燃烧是煤与空气中氧气的非均相化学反应过程，主要是碳与氧气反应产生二氧化碳、一氧化碳而放出热量：

$$C+O_2 \longrightarrow CO_2 \qquad [\Delta H(298K)=-393.30kJ/mol] \tag{2-26}$$

$$C+\frac{1}{2}O_2 \longrightarrow CO \qquad [\Delta H(298K)=-111.29kJ/mol] \tag{2-27}$$

煤中硫在燃烧过程中最终产物主要为 SO_2。SO_2 与氧气之间存在如下反应：

$$SO_2+\frac{1}{2}O_2 \rightleftharpoons SO_3 \tag{2-28}$$

但在没有催化剂条件下，反应一般很难达到平衡，只有小部分 SO_2 转化为 SO_3，比例通常低于 2%。

在氧气气氛中，黄铁矿的反应一般涉及两个过程：一是黄铁矿的直接氧化；二是黄铁矿先热分解，再发生氧化反应。这两个过程互为竞争关系，其结果依赖于反应条件。当温度低于 800K 时，一般发生直接氧化反应：

$$2FeS_2+\frac{11}{2}O_2 \longrightarrow Fe_2O_3+4SO_2 \tag{2-29}$$

$$SO_2+\frac{1}{2}O_2 \rightleftharpoons SO_3 \tag{2-30}$$

而当温度较高、氧气浓度较低时，热分解反应伴随着氧化反应：

$$FeS_2 \longrightarrow FeS_{2-x}+\frac{x}{n}S_n \tag{2-31}$$

$$S_n+nO_2 \longrightarrow nSO_2 \tag{2-32}$$

$$FeS_{2-x}+\left(\frac{11}{4}-x\right)O_2 \longrightarrow \frac{1}{2}Fe_2O_3+(2-x)SO_2 \tag{2-33}$$

$$SO_2+\frac{1}{2}O_2 \rightleftharpoons SO_3 \tag{2-34}$$

这一复合反应过程受氧气向黄铁矿颗粒内部扩散的影响，因而与氧气浓度、颗粒粒度等因素有关。在氧气充足的条件下，赤铁矿（Fe_2O_3）是稳定的铁氧化物，但在温度高、氧含量低的情况下，形成部分磁铁矿（Fe_3O_4）产物。

煤中有机硫首先热解产生 CS、S 和 SH 等挥发性中间物质，这些中间物质然后被氧化生成 SO_2 和 SO_3。同时煤焦中未挥发部分有机硫也直接氧化生成 SO_2 和 SO_3。对于多种含硫有机化合物与炭混合物的程序升温热解和程序升温氧化过程的硫析出行为而言，硫醇、硫醚类化合物因结构不同，在不同的低温（250～400℃）条件下热解产生 H_2S、SO_2 和 COS 等气体；但处于氧化性气氛中，在同样的温度范围内并没有观察到这些气体的产生，SO_2 都在 500～600℃放出，说明热解产物并没有直接氧化生成 SO_2，可能在炭表面形成相对稳定的含氧中间产物。

煤高温燃烧过程中牵涉煤中形态硫在脱挥发分过程的分解，生成多种热解产物和自由基。自由基在氧化反应中发挥重要作用，促使氧化过程迅速进行。具体反应过程非常复杂，现在人们对反应机理的了解还很少。通过简化可归结为以下几个重要的过程，见图 2-2。

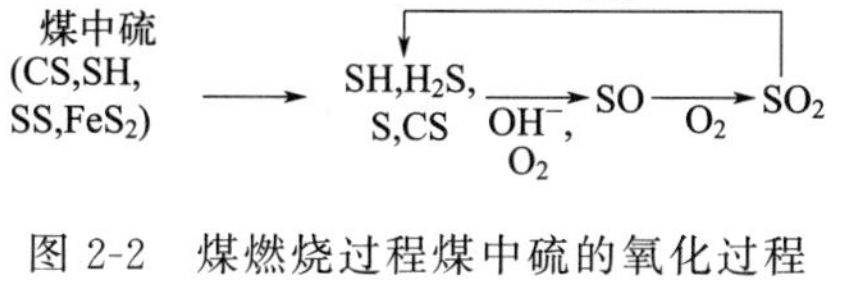

图 2-2　煤燃烧过程煤中硫的氧化过程

（2）煤中硫与矿物质反应

在煤燃烧过程中，SO_2 与煤中灰分之间的反应受到了特别的关注，其原因在于这一反应与炉内脱硫技术密切相关。煤灰分中具有脱硫作用的成分主要是 CaO 和 MgO。Na_2O 和 Fe_2O_3 等成分在特定的条件下也可能起脱硫作用。脱硫效果与燃烧炉结构有关。粉煤燃烧锅炉的炉膛温度一般在 1300～1600℃。在这一温度下，一般不存在热不稳定的 $MgSO_4$、$Fe_2(SO_4)_3$、K_2SO_4 和 Na_2SO_4 等化合物；$CaSO_4$ 的热稳定性较强，在高温下也难以完全分解。仅有 10％的硫被固定于飞尘中，炉渣中含硫很少。与链条锅炉和粉煤燃烧锅炉相比，流化床燃烧锅炉温度较低，在 800～900℃。这一温度适宜于通过加入脱硫剂脱硫，这一内容在后面章节介绍。

（3）硫的大气化学

煤燃烧产生的烟气从烟囱排放于大气，烟气中的 SO_2 在大气中可发生氧化反应和形成雾滴，其过程十分复杂，包括气相均相氧化反应、液相非均相氧化反应、气体和固体颗粒的相互作用及成核成粒等一系列过程。

气相氧化反应是发生在大气对流层中 SO_2 与羟基自由基之间的反应，主要反应途径如下：

$$\cdot OH + SO_2 (+M) \longrightarrow HSO_3\cdot (+M) \tag{2-35}$$

其中，M 是大气中氧、氮或其他中性分子，它具有移走反应热、阻止可逆反应的作用。形成的 $HSO_3\cdot$ 可能进一步与氧气和水反应形成硫酸：

$$HSO_3\cdot + O_2 \longrightarrow SO_3 + HO_2\cdot \tag{2-36}$$

$$SO_3 + H_2O \longrightarrow H_2SO_4 \tag{2-37}$$

$$HO_2\cdot + NO \longrightarrow NO_2 + \cdot OH \tag{2-38}$$

显然，大气的湿度、紫外线的强度影响 SO_2 的氧化反应。夏天，在空气污染不大和湿度为 50％的情况下，24h 中 SO_2 转化为硫酸的平均转化率一般在 13％～24％。在大气含有烟气等污染物的情况下，烟气所含 NO_x 对 SO_2 的氧化反应具有很重要的影响。

非均相氧化反应是发生在水滴和气体之间的反应，包括气体通过水滴界面的扩散、液相中的物质传递、含硫物质的水解和离子化。SO_2 与大气中水滴反应主要形成 SO_3^{2-}、HSO_3^- 和 $SO_2\cdot H_2O$ 三种硫化物，与 SO_2 之间呈平衡状态。在 pH 为 3～6 时，主要的硫化物为 SO_3^{2-}、HSO_3^-。随着 pH 的降低，SO_3^{2-} 的比例提高。大气中由光化反应产生的 H_2O_2 和 O_3 与含硫水滴发生氧化反应形成硫酸：

$$HSO_3^- + H_2O_2 \rightleftharpoons HSO_4^- + H_2O \tag{2-39}$$

$$HSO_3^- + H^+ \longrightarrow H_2SO_4 \tag{2-40}$$

在长时间的飘游中，SO_2 与强氧化剂之间的反应成为最主要的反应模式。在煤燃烧工厂附近，较高含量的烟尘颗粒和金属离子如 Fe^{2+} 和 Mn^{2+} 具有催化作用，能促进氧化反应。NO_2 本身不是一个强氧化剂，但 NO_2 的存在可促进 SO_2 在煤烟颗粒表面的吸附，加速形成 SO_3。在这些情况下，催化作用对氧化反应产生很大的贡献。

H_2SO_4 的形成机理中，H_2SO_4 雾液将起到成核中心的作用，导致水蒸气凝聚，形成液滴。同时，H_2SO_4 雾液与大气中 NH_3 生成 $(NH_4)_2SO_4$。硫酸铵因为具有较低的蒸气压，比 H_2SO_4 雾液更容易成为成核中心。液滴按粒度分为细颗粒（$<2\mu m$）和粗颗粒（$\geq 2\mu m$），粗颗粒在大气中停留时间不长，容易沉降。细颗粒则不易降落，可能受大气的影响飘移到很远的地方。因此，SO_2 污染既是局部性的污染，也是区域性的污染。

近年来，对煤燃烧过程中硫的迁移和变化规律的研究不断深入，开发了大量的先进机理模型，并被用于指导锅炉的设计与操作，取得了良好的效果。

2.2.3 煤炭转化过程中硫的控制

2.2.3.1 硫在煤炭转化过程中的环境污染

煤燃烧产生的 SO_2 本身具有毒性，能引起人体呼吸系统的恶性疾病。SO_2 与其他飘尘和水汽共存时其毒性更大。因为大气通常含有飘尘和水汽，据报道，$(0.1\sim0.2)\times10^{-6}$ 的 SO_2 含量即可引发人体疾病，加速体弱者的死亡。当含量更高时，在接触几分钟内即会影响正常人的健康。

大量 SO_2 污染物还会引起大范围酸雨。2021 年，我国出现酸雨的城市比例为 30.8%，全国降水 pH 值范围为 4.79～8.25，平均为 5.73。1995 年，我国立法将已经产生、可能产生酸雨的地区或者其他二氧化硫污染严重的地区，划定为酸雨控制区或者二氧化硫污染控制区，即“两控区”。我国沿海和中南部的大部分地区属于酸雨影响严重区。鉴于此，煤中硫必须要得到有效控制。

煤中硫的控制方法可分为前脱硫（原煤脱硫）、燃烧炉内脱硫和后脱硫。烟气脱硫与煤气脱硫信息量大，将另列章节阐述。本节主要介绍前脱硫、燃烧炉内脱硫的内容。

2.2.3.2 前脱硫

前脱硫指在煤利用前脱除煤中部分硫和灰分的方法以提高煤的品位，减少有效能量的运输费用，同时提高锅炉燃烧效率。前脱硫方法繁多，可归纳为物理选煤法、化学脱硫法、物理与化学结合脱硫法及微生物脱硫法几大类，而每一类中又有许多具体的方法。

（1）物理选煤法

物理选煤法是根据煤中矿物质与有机质之间物理性质的不同实现两者分离的方法。物理选煤法是一种很早得到工业应用的选煤技术，目前物理选煤法仍是唯一商业化的前脱硫方法。物理选煤法有跳汰法、重介质法、浮选法、溶剂萃取法、磁分离法等，其中跳汰法和重介质法是最广泛采用的方法。煤中黄铁矿的相对密度为 5.0，而煤有机质的相对密度约为 1.2。跳汰法和重介质法都是利用煤中黄铁矿和煤有机质的密度不同进行重力分离的方法。

① 跳汰法。动筛跳汰是一种最简单、最古老的跳汰选煤方法，其基本原理是将煤置于筛板上面，通过筛板的上下运动将较轻的净煤层与密度较大的矿物层分开。动筛跳汰机一般由筛箱、筛箱驱动机构、排料轮和水流系统等几个部分组成。筛箱在驱动装置带动下保持上下运动，在上下运动过程中利用不同煤与矿物质密度的不同完成轻重颗粒的分离，分别通过排料口排出。动筛一般要求煤样的粒度为 25～300mm，因具体动筛机的技术特性而异。传统动筛机的单机筛板面积多为几个平方米，处理能力在 100t/h 左右。现代跳汰机的单机筛板面积高达 $40m^2$，处理能力已大大提升，而且跳汰机实行智能控制，分离效率也有较大提高。总体上讲，跳汰选煤具有方法简便、处理能力大和对煤样破碎要求不高及成本较低等优点，但分离程度较低。

② 重介质法。此法的原理是根据阿基米德定律，即不同密度颗粒在介质中的浮力大小不同，利用重力或离心分离等方法将含矿物质不同的轻重颗粒分离。重介质的选取比较困难，考虑到成本等方面的原因，目前普遍采用的重介质为磁铁矿和水的悬浮液。轮式（分斜式与立式）重介质分选机是通过重力与浮力的作用将悬浮在重介质中的轻重颗粒分离，通过提升轮将矸石排出，进入筛板分离介质，与煤和废弃层混合的磁铁矿再用磁分离法进行分离

回收。轮式分选机分选煤粒范围大，从几毫米至 500mm，单机处理能力也较大。旋流重介质分选机是通过泵或定压箱将原煤与重介质混合以旋流形式送入分离器，主要在离心力与浮力的作用下将轻重煤颗粒分离。旋流重介质分选机的分选深度可达 0.15mm，但单机处理能力较小。与跳汰法比较，重介质法适合于粒度较小的煤样如泥煤的分离，但设备投资较大，由于磁铁矿的损失，操作费用也较大，此外用水量也较大。

③ 浮选法。此法是利用矿物质与煤有机质颗粒表面的物理化学性质不同而采用的一种选煤方法。煤有机质呈非极性，具有不易被水润湿的疏水性质，而无机矿物质如黄铁矿具有容易被水润湿的亲水性质。当煤浆中鼓入大量小气泡时，疏水性的煤颗粒与气泡形成泡沫浮在煤浆上面，而亲水性的无机矿物质则留在煤浆中，从而实现煤质与无机矿物质的分离。通常加入甲基异丁基甲醇等化学试剂作为泡沫助长剂促进泡沫形成。此法适合于分离小颗粒煤（<0.5mm），与重力方法比较，具有分离速率快、分离效率高的特点。对于含氧较高的煤，由于煤有机质具有较大的亲水性，一般用泡沫浮选法效果较差。实际应用中，根据煤产品的不同用途，采用不同方法的组合工艺更有效。一般物理选煤大约能脱除 30%～50%的黄铁矿硫，即为 10%～30%的总硫。据报道，我国东曲矿选煤厂由于煤样具有多氧的性质，利用表面改性剂使精煤产率由 46%提高到 68%，脱硫率由 60%提高到 62%。

油聚团法也是利用煤有机质与无机矿物质表面性质不同来达到两者分离的浮选方法。通常加入油性试剂，使油性试剂吸附在煤有机质表面，通过搅拌使煤颗粒聚合成团，然后通过浮选或筛分等方法分离。通过温和氧化等方法，改变黄铁矿的表面性质，使之具有更高的亲水性，有利于浮选分离。例如，用 1%～2%的碳酸钠在 50～80℃下对粒径为 37μm 的某种原煤进行处理，无机硫的脱除率可高达 88%。通过微生物处理改变黄铁矿的表面性质也是一种有效促进浮选效率的方法，有关内容在微生物脱硫小节中介绍。

④ 溶剂萃取法。溶剂萃取脱硫法是利用煤溶解性质的一种脱硫方法。一般利用有机溶剂与煤有机质相溶的性质，抽提煤的有机质部分，利用与煤中矿物质不相溶的性质，抛弃矿物质部分，从而达到脱硫脱灰的目的。选用合适的有机溶剂是提高萃取效率和构成合理萃取工艺的关键。日本开发的用溶剂萃取法制取超净煤的中试工艺，命名为 Hyper-Coal 工艺，其工艺流程如图 2-3 所示。

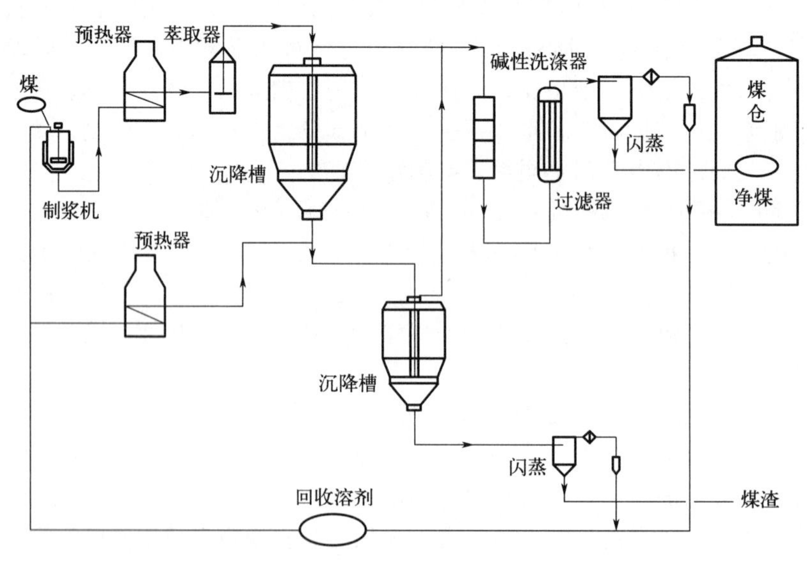

图 2-3　日本 Hyper-Coal 工艺流程

该法利用非极性有机溶剂1-甲基萘（1-MN）为萃取剂，在间歇反应器内进行溶解，温度控制在350～380℃，通过充入氮气将器内压力维持在1MPa。溶解完毕后，煤和有机溶剂混合液在保温的条件下通过瓷器或不锈钢过滤器分离溶解液和固体残渣。溶解液通过闪蒸除去有机溶剂，然后经过真空干燥后得到超净煤。此法可完全脱除煤中黄铁矿，灰分含量可降低至10^{-4}数量级。

超净煤可能作为粉煤燃烧和汽轮机的燃料，由此提高煤发电的能量利用效率。但目前在开发超净煤作为汽轮机燃料技术方面，还存在着许多技术难题。与化学法比较，溶剂萃取法具有煤可燃部分损失小、相对比较经济的特点，但当非极性的1-MN作为溶剂时，萃取率不高。对20种不同煤化程度煤的实验结果表明，只有6个煤样的萃取率达到60%～70%，而其他煤样的萃取率在30%～60%。据报道，萃取得到的残渣可在煤矿附近作为一般燃料使用。

利用极性有机溶剂，如*N*-甲基四氢吡咯（NMP）或CS_2/NMP混合溶剂，可大幅度提高萃取率，但由于极性溶剂与煤之间存在较强的相互作用，分离困难，存在溶剂损失大的问题，而且因为NMP和CS_2含有N和S原子，残留溶剂同样造成环境污染问题。这类溶剂虽然萃取能力强，但面临实际应用的困难，这是Hyper-Coal工艺中之所以选用1-MN作为萃取剂的缘由。表2-7显示了原煤和超净煤灰分和部分无机矿物元素的含量。经处理后，煤中灰分含量从8.3%降低到0.15%，铁含量从3383μg/g降低到34μg/g，但有关煤中硫含量的数据没有报道。

表2-7 原煤和超净煤中灰分与部分无机矿物元素的含量

项目	原煤/(μg/g)	超净煤/(μg/g)	项目	原煤/(μg/g)	超净煤/(μg/g)
总灰分	83000	1500	Mg	431	5
Si	24800	35	Na	919	58
Al	12300	8	K	464	9
Ti	733	477	P	86	3
Fe	3383	34	Mn	13	0
Ca	437	22	V	29	12

⑤ 磁分离法。磁分离法是利用煤有机质与矿物质（主要为黄铁矿）之间的磁性差异，在磁力作用下达到相互分离的一种物理脱硫方法。煤中黄铁矿具有顺磁性质，受磁体吸引，而煤有机质具有逆磁性质，受磁体排斥。因此，从理论上看，似乎很容易将煤中黄铁矿与煤有机质分离，但实际上由于黄铁矿的顺磁性不强，只有在强磁场强度的磁场作用下才可获得分离。高梯度磁分离技术提供一种可行的分离技术。传统磁分离方法的缺点是在用于工业生产的规模下，为了达到较大的煤流通量，通过煤样的磁体空间增大，离磁体远区的磁场强度较弱，很难达到有效分离的效果。近年来，随着超导技术的迅速发展，有可能克服传统磁分离能耗大、磁场强度不足等障碍。另一方面，当煤中黄铁矿热解转化为磁黄铁矿（$Fe_{1-x}S$）后，磁性大幅度增强，用磁分离方法就能达到较好的分离效果。煤样经微波辐射加热后，煤中黄铁矿转化为非化学剂量的磁黄铁矿（$Fe_{1-x}S$，$0\leqslant x\leqslant 0.125$）。由于磁黄铁矿具有亚铁磁性，所以微波辐射不仅脱除部分硫，也能有效促进随后的磁分离效果，控制适当的微波辐射条件，黄铁矿硫的脱除率可以达到90%以上。但如果微波辐射程度过大，将磁黄铁矿进一步转化为陨硫铁（FeS）后，因其不具有亚铁磁性，磁分离效果反而变差。

(2) *化学脱硫法*

化学脱硫法是利用煤中硫的化学性质选择性地将硫脱除的方法。由于煤中硫呈现多种多样的化学性质，化学脱硫方法很多。化学脱硫法可以实现深度脱硫，但脱硫效果因具体的工艺和操作条件而异，但原煤化学脱硫法至今还没有实现大规模工业化生产，其中一个原因可能是其经济成本较高。以下介绍几种比较典型的化学脱硫方法。

① 碱置换法。代表性的工艺有澳大利亚 Csiro 开发的氢氧化钠/硫酸水热处理法。在 20 世纪 90 年代，澳大利亚 Csiro 曾投资 140 万澳元建立了一套规模为 1t/h 超净煤的中试工厂。经过物理法选净的煤样与氢氧化钠溶液在反应容器中混合，用蒸汽加热至 240℃，压力 2.5MPa，在搅拌条件下进行反应。氢氧化钠与煤中石英、黏土和黄铁矿等矿物质可能发生如下反应：

$$2NaOH + SiO_2 \longrightarrow Na_2SiO_3 + H_2O \tag{2-41}$$

$$6NaOH + 3Al_2Si_2O_5(OH)_4 \longrightarrow 3Na_2O \cdot 3Al_2O_3 \cdot 6SiO_2 + 9H_2O \tag{2-42}$$

$$30NaOH + 8FeS_2 \longrightarrow 4Fe_2O_3 + 14Na_2S + Na_2S_2O_3 + 15H_2O \tag{2-43}$$

在上述反应条件下，石英和黏土的转化率都可以达到 90%以上，但黄铁矿转化率较低。因此，此法可能并不适用于含黄铁矿较高的煤作为处理对象。反应后过滤得到的滤液中含有可溶性硅酸钠、过量 NaOH 和其他钠盐，可通过添加石灰石回收 NaOH。过滤后得到的煤样进入酸洗容器处理，除去方钠石（$3Na_2O \cdot 3Al_2O_3 \cdot 6SiO_2$）等不溶于水但溶于酸的矿物质产物。经酸处理后的滤液加入石灰石处理可制取沸石等副产品。

另一个典型的方法是美国 TRW 公司开发的 TRW Gravimelt 工艺。该工艺使用 1∶1 的氢氧化钾和氢氧化钠混合物，在熔融状态下（约 370℃）与煤发生反应：

$$4FeS_2 + 8MOH + 7O_2 \longrightarrow 2Fe_2O_3 + 4M_2S_2O_3 + 4H_2O \tag{2-44}$$

$$\text{有机-S} + 2MOH \longrightarrow M_2S + \text{有机-O} + H_2O \tag{2-45}$$

反应可在回转炉中进行，反应后的处理工艺基本与水热处理法相同。与水热处理法比较，熔融法的反应温度较高，具有较强的脱除无机硫和有机硫的能力，但缺点是高温熔融盐对设备腐蚀大，煤的热损失也相对大。

② 氧化法。氧化法是利用煤中硫可被选择性氧化的原理，通过氧化反应实现硫的脱除。根据所用氧化剂种类的不同，氧化脱硫法多达数十种。主要采用的氧化剂包括氧气或空气、3 价铁盐、2 价铜盐、过氧化氢、氯气、NO_2 等。但当用氯气或 NO_2 等作为氧化剂时，由于存在煤有机质受到氯或氮污染的可能性，普遍对工艺的实际应用价值存在疑问。

TRW Meyers 工艺是其中比较有吸引力的氧化脱硫工艺。该工艺在 20 世纪 70 年代由美国空气污染控制管理局资助开发，曾达到了规模为 100～300kg/h 连续处理煤的中试工厂的水平。TRW Meyers 法的基本脱硫原理是利用 $Fe_2(SO_4)_3$ 溶液作为氧化剂，在 130℃的饱和水蒸气下发生反应：

$$5FeS_2 + 23Fe_2(SO_4)_3 + 24H_2O \longrightarrow 51FeSO_4 + 24H_2SO_4 + 4S \tag{2-46}$$

同时通入氧气再氧化 $FeSO_4$：

$$4FeSO_4 + 2H_2SO_4 + O_2 \longrightarrow 2Fe_2(SO_4)_3 + 2H_2O \tag{2-47}$$

反应完毕后，通过过滤、水洗得到固体煤样，再用丙酮萃取单质硫。分离得到的滤液中加石灰中和，除去过量硫酸盐。此法的优点是反应条件温和，可脱除 83%～90%的黄铁矿硫，脱硫后煤的性质基本维持不变；缺点是反应时间长，反应产生的单质硫不溶于水，需要通过有机萃取法加以分离，而且没有脱除有机硫的能力。

用空气或氧气作为氧化剂，在加压的水热条件下，煤中硫可氧化成硫酸得以除去，反应式如下：

$$4FeS_2 + 15O_2 + 8H_2O \longrightarrow 2Fe_2O_3 + 8H_2SO_4 \tag{2-48}$$

美国匹兹堡能源技术中心开发的 PETC 工艺是采用空气作为氧化剂，用石灰中和生成物硫酸的方法。水煤浆在室温下置于间歇反应器中，加入空气后，然后加热至 180℃以上，在 5.5MPa 的压力下反应 1h。黄铁矿可基本被除去，但有机硫的脱除率与煤的热值损失呈递增关系。此法所用化学试剂简单，但存在热值损失大、需要处理水中有机物等问题。

③ 热解法。煤在热解过程中产生煤气、焦油和煤焦产物。热解脱硫的基本思路是，通过热解工艺提取煤焦油等高价值产物，同时使煤中硫以 H_2S 等气体形式逸出并回收，降低煤焦含硫量，并保持煤焦的良好燃烧性能，将低硫煤焦作为燃料等使用。在上节已介绍了煤热解过程中硫的迁移行为，从中可以知道，抑制热解过程中气体含硫化合物与煤焦之间的二次反应是达到高效热解脱硫的关键点。

为了抑制热解过程气态硫的二次反应，一般有加氢热解和快速热解两种方法。美国气体技术研究所（IGT）开发了一种加氢快速热解脱硫方法。该法首先利用流化床在 400℃和接近常压的条件下对煤（粒径＜1.41mm）进行氧化预处理，主要目的是消除煤的黏结性，同时可脱除部分硫。然后再利用流化床在 800℃和常压的条件下，对煤进行快速加氢热解脱硫，同时生成煤气和焦油。据报道，氧化过程约消耗 10％的燃料热值，总能量回收率为 84％，此法可脱除 83％～89％的硫。但是，热解后的煤焦产物作为燃料的应用似乎没有得到明确的验证。

（3）物理与化学结合脱硫法

① 微波辐射法。微波辐射热解脱硫是借助微波能作为热源的一种脱硫方法。其原理是利用煤中黄铁矿和煤有机质的介电性质的不同，用微波照射达到选择性加热的效果。介质吸收微波能量与介质的介电损耗因子（ε''）成正比。从煤分离得到的煤黄铁矿富集物的介电损耗因子值为 1.1，而煤有机质的介电损耗因子值小于 0.1，因此在微波场的短期作用下，煤中黄铁矿可得到优先加热，局部产生较高温度，而煤有机质处于较低温度，这就是所谓的选择性加热效应。此外，微波场具有极化含硫分子、加速化学反应速率的作用。但是，黄铁矿的热解化学反应与常规化学反应类似，黄铁矿被分解转化成含硫较少的 $Fe_{1-x}S$ 和 FeS，减少的部分硫以硫化氢析出，从而达到脱硫的目的。与常规热解法相比，微波脱硫具有反应时间短（可在 100s 内完成反应）、挥发分损失小的优点。在 20 世纪 70 年代，微波脱硫技术问世，之后建立了连续波导式微波辐射反应器。在不加添加剂的情况下，由于煤对微波的吸收能力较弱，需要有足够强的微波场才能在短时间内达到脱硫所需的辐射效果。

原煤经过微波辐射-强磁干选处理后，含硫量明显降低[24]。当微波功率为 800W，辐射时间为 150s，强磁选机皮带传动速度为 0.2m/s，煤样粒级为 1mm 时，硫含量可由 2.62％降低到 1.79％，脱硫率为 31.68％，脱硫后的精煤水分和灰分均明显减少，发热量有所增大。此法的脱硫效果比较明显，且操作简单，方便可行。对微波辐射-强磁干选脱硫机理进行探讨，高穿透力的微波热辐射可以使煤中的 Fe—S 键、C—S 键断裂，生成新的 H—S 键、S—O 键，并改变了黄铁矿的组成，使煤中的有机硫和无机硫均得到一定程度的脱除。

② Magnex 工艺。这是在 20 世纪 70 年代发明的一种化学与物理方法结合的脱硫方法。这种方法利用羰基铁［$Fe(CO)_5$］作为还原剂，加热至 170℃，使之与煤中黄铁矿发生反应：

$$FeS_2 + Fe(CO)_5 \longrightarrow 2FeS + 5CO \tag{2-49}$$

这一反应主要发生在黄铁矿颗粒的表面。此外，羰基铁也可以与煤中其他矿物质反应生成含铁化合物。由于磁黄铁矿呈亚磁铁性，故结合磁分离法可以有效脱除煤中黄铁矿硫。此法通过中试规模（91kg/h）的试验，7 个煤样的黄铁矿除去率为 57％～92％，矿物质的脱除率为7%～70%，煤的热值回收率为86%～96%。还原剂的成本可能是影响这一工艺应用的主要因素。据报道，铁和CO可以回收再生，但其具体工艺和效果不明。

(4) 微生物脱硫法

褐煤、次烟煤和烟煤在微生物下作用30天，可脱除20%～27%的硫。长期以来，微生物脱硫吸引了国内外众多研究者的兴趣，通过优化菌种和条件，使脱硫率有了较大幅度的提高，总脱硫率高达50%～80%。微生物脱硫的机理被认为有间接氧化黄铁矿和直接氧化黄铁矿两种途径。在存在水和氧气的条件下，煤中黄铁矿可在无生物作用下缓慢地氧化成硫酸亚铁和硫酸：

$$2FeS_2+7O_2+2H_2O \longrightarrow 2FeSO_4+2H_2SO_4 \tag{2-50}$$

生成物硫酸亚铁在酸性条件下是稳定的，但在亲酸性微生物细菌如氧化亚铁硫杆菌(*Thiobacillus ferrooxidans*)和氧化亚铁钩端螺杆菌(*Leptospirillum ferrooxidans*)的作用下，硫酸亚铁可迅速氧化成硫酸铁，氧化反应提供微生物的代谢能量。3价铁盐则可继续氧化黄铁矿生成硫酸和单质硫：

$$FeS_2+14Fe^{3+}+8H_2O \longrightarrow 15Fe^{2+}+2SO_4^{2-}+16H^+ \tag{2-51}$$

$$FeS_2+2Fe^{3+} \longrightarrow 3Fe^{2+}+2S \tag{2-52}$$

除了上述间接氧化黄铁矿的途径之外，有学者从脱硫现象中观察到微生物可以直接氧化黄铁矿，但是其机理不甚清楚。

嗜中温性氧化亚铁硫杆菌是迄今研究较多的用于煤脱硫的微生物，其适宜反应温度约为28℃。影响微生物脱硫的反应速率和脱硫率的工艺参数还包括煤质、煤粒度、反应器结构、微生物浓度、氧气和二氧化碳的溶解度、pH值和营养成分等。在适宜的反应条件下，对于多种不同的煤，80%～90%的黄铁矿可在8～24天内除去。与化学脱硫法比较，微生物脱硫法的长处是反应条件缓和、对设备技术要求简单，但短处是反应速率慢。微生物脱硫工艺的示意见图2-4。由于反应缓慢，工业化规模的微生物脱硫需要庞大的反应器。据设计计算，处理量为8000t/d的工厂需要一个320m×320m×6m大的反应容器。

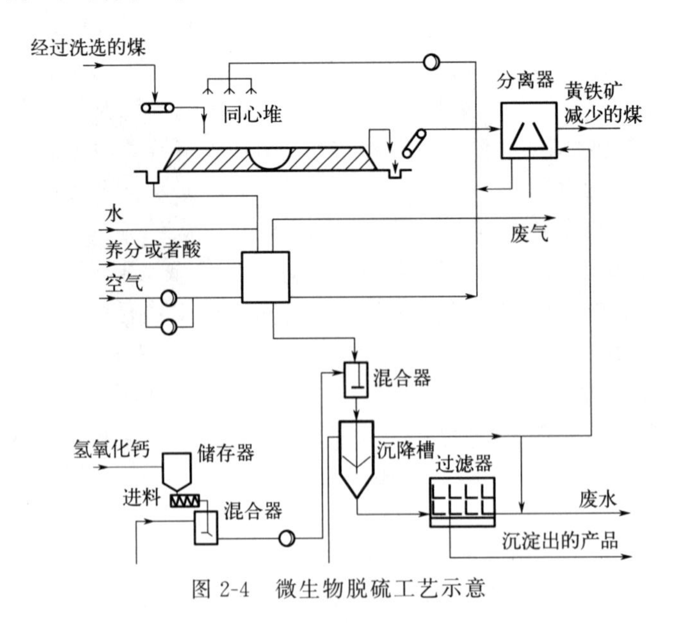

图2-4 微生物脱硫工艺示意

传统的氧化亚铁硫杆菌只能脱除黄铁矿硫，不具有脱有机硫的功能。近年煤生物脱硫研究的一个动向是寻找具有脱有机硫能力的新的微生物菌种。据报道，嗜酸热硫化叶菌（*Sulfolobus acidocaldarius*）和红球菌（*Rhodococcus rhodochrous*）具有既能脱无机硫又能脱有机硫的作用，而假单胞菌（*Pseudomonas*）能脱除噻吩硫却不能脱除无机硫。目前已经证实具有脱除煤中黄铁矿或有机硫作用的菌种有数十种之多，由于各种微生物的属性和生存环境的不同，要全面掌握各种菌种的煤脱硫规律和特点看起来还是一项复杂的工作。美国ARC公司从煤矿周围的土壤中提取了一种命名为CB1的嗜噻吩硫菌种，并对几种煤样进行试验，结果表明有机硫脱除率为19%～57%。

生物脱硫的最大问题是脱硫速率较慢。为了克服这一不足，人们提出了微生物预处理与浮选结合的方法，也称为微生物浮选法。其基本原理是通过微生物预处理，使亲水性的微生物依附在黄铁矿颗粒的表面以增强黄铁矿的亲水性，从而使黄铁矿能在浮选过程中容易沉降下来。据报道，煤经氧化亚铁硫杆菌预处理0.5～4h，然后实行浮选即可脱除90%的黄铁矿；如果仅仅用微生物脱硫，则需要花费至少20天才能达到同样的脱硫效果。因此，微生物浮选脱硫法可视为较有吸引力的方法之一。

2.2.3.3 燃烧炉内脱硫

（1）流化床炉内脱硫

流化床燃烧炉内脱硫是向煤燃烧炉内直接加入脱硫剂，在煤燃烧过程中把SO_2气体固定在残渣中以抑制SO_2排放的方法。具有脱硫效果的试剂很多，但从经济性和可行性角度考虑，主要采用钙基吸收剂，其中天然矿石石灰石（$CaCO_3$）和白云石［$CaMg(CO_3)_2$］是最常用的试剂。为了增大脱硫效果，炉内脱硫一般在循环流化床燃烧器（CFBC）内进行，燃烧温度通常控制在800～900℃。在此温度范围内，石灰石的固硫效果最佳。其他流化床如鼓泡流化床也具有脱硫效果。循环流化床由于物料的停留时间长，具有燃烧和脱硫程度高、流化状态易于控制的特点，工业应用中的流化床多为此类流化床。

在常压流化床中石灰石的脱硫反应如下：

$$CaCO_3 = CaO + CO_2 \quad (\Delta H = 182.1 kJ/mol) \tag{2-53}$$

$$CaO + SO_2 + \frac{1}{2}O_2 = CaSO_4 \quad (\Delta H = -481.4 kJ/mol) \tag{2-54}$$

白云石的脱硫反应如下：

$$CaMg(CO_3)_2 = CaCO_3 \cdot MgO + CO_2 \quad (\Delta H = 132 kJ/mol) \tag{2-55}$$

$$CaCO_3 \cdot MgO + SO_2 + \frac{1}{2}O_2 = CaSO_4 \cdot MgO + CO_2 \quad (\Delta H = -303 kJ/mol) \tag{2-56}$$

石灰石的分解温度在800℃，而白云石的分解温度在650℃。白云石中的氧化镁成分一般不具有脱硫效果，因为$MgSO_3$约在760℃分解。但由于氧化镁的存在，白云石在分解过程可形成多孔性物质，因此与石灰石相比，白云石具有更高的钙利用率。若以总质量为基准，当镁不参与脱硫时，一般石灰石较白云石具有更有效的脱硫效果。

石灰石的脱硫反应机理是一个有争论的课题，一般认为有两种脱硫反应途径。第一个途径是石灰石先形成亚硫酸钙，然后再形成硫酸钙；第二个途径是SO_2气体先形成SO_3，然后形成硫酸钙。

途径一：

$$CaO + SO_2 = CaSO_3 \tag{2-57}$$

$$CaSO_3 + 1/2O_2 = CaSO_4 \tag{2-58}$$

途径二：

$$SO_2 + 1/2O_2 = SO_3 \tag{2-59}$$

$$CaO + SO_3 = CaSO_4 \tag{2-60}$$

在温度低于500℃时，主要反应产物是 $CaSO_3$ 而不是 $CaSO_4$。可见，$CaSO_3$ 比 $CaSO_4$ 更容易形成。但当温度高于700℃时，$CaSO_3$ 不稳定，在氧气气氛中很容易氧化转化为 $CaSO_4$，进一步证明了途径一的合理性。无其他催化剂作用下，SO_3 在炉内的实际浓度远远低于平衡浓度，因此途径二对脱硫反应的贡献较小。此外，O_2 的浓度对脱硫速率影响较小，证明 $CaSO_4$ 的生成与 SO_3 无关。

石灰石或石灰颗粒的脱硫过程是一个受扩散影响的化学反应过程，颗粒内部的扩散起到很重要的作用。很多文献运用气固相扩散与反应模型研究脱硫过程。脱硫剂的多孔结构越发达，脱硫效果越好。但是，钙基脱硫剂存在脱硫过程孔道堵塞的问题。$CaCO_3$、CaO 和 $CaSO_4$ 的有效摩尔容积分别是 36.9cm³/mol、16.9cm³/mol 和 46.0cm³/mol。石灰石在加热煅烧生成 CaO 的过程中，由于 CaO 的摩尔容积小于 $CaCO_3$，形成多孔石灰。但在 CaO 吸收 SO_2 生成 $CaSO_3$ 的过程中，由于 $CaSO_4$ 的摩尔容积大于 CaO 和 $CaCO_3$ 的摩尔容积，造成了 CaO 颗粒的孔道堵塞现象。CaO 颗粒在脱硫过程中形成了 $CaSO_4$ 外壳，颗粒内部的 CaO 不能与 SO_2 气体接触反应。为了达到较高的脱硫效率，需要使用比理论值（1/1）高得多的 Ca/S 摩尔比值。

因此，脱硫剂是影响流化床燃烧脱硫的最关键的因素。石灰石随产地的地质条件的不同，其性质呈现很大差异。地质年代年轻的石灰石结构比较松散，结晶度低，空隙多，脱硫效果好；年老的石灰石则反之。即使属于同一地质年代的石灰石，来自不同地层结构，其性质也会有很大差异。原则上宜选用产于工厂附近的石灰石为原料，以节省石灰石的运输成本。为了提高石灰石的脱硫效率，有许多研究展开了对石灰石进行预处理的工作，包括在煅烧过程中控制 CO_2 的压力、颗粒粉磨、添加碱金属、用水蒸气水解等方法。

采用石灰石预煅烧工艺，并在这一过程增大 CO_2 的压力和保持较低的分解温度，可以增大脱硫剂的空隙结构，其原理类似于"爆米花"。据报道，与单纯煅烧相比，采用加大 CO_2 压力方法可使钙的利用率提高4倍之多。

脱硫剂的粉磨程度也很大程度影响脱硫效果与钙利用率。在非循环流化床中，减小颗粒一方面使脱硫剂吸硫速率增大，另一方面细颗粒易被吹出流化床。因此在鼓泡流化床中，一般使用较大颗粒的脱硫剂（1000μm）。在循环流化床中，可以使用颗粒尺寸小至100μm的脱硫剂。循环流化床因为气体流速大，脱硫剂颗粒与反应器内壁在发生激烈碰撞过程中导致颗粒破碎，也有利于提高钙的利用率，但即使在循环流化床中，Ca/S 摩尔比一般也需要控制在2.0～3.0。

在钙剂脱硫剂中添加适量的 Na_2CO_3、NaCl、K_2CO_3 等试剂，具有强化脱硫效果的功能。一般认为，这些碱金属添加剂可导致氧化钙晶格变化，形成多孔结构，从而改善脱硫效果。但是，添加碱金属可能导致流化床操作中灰分结团等一些问题。

循环流化床燃烧脱硫与烟气脱硫相比，具有投资成本较小的优势，适合于较小或中等规模煤燃烧发电厂。循环流化床不仅可以用作一般高硫煤的燃烧脱硫，也适合于处理煤矸石、煤泥、城市垃圾等劣质燃料。循环流化床燃烧温度较低、停留时间长，适合于处理着火点低、挥发分高的物质，但也有利用循环流化床燃烧无烟煤的实际应用，所用无烟煤的着火点为900℃，因此炉温高于常规流化床所用炉温，在950～1000℃，此温度虽偏离钙脱硫的理想温度，但在 Ca/S 摩尔比约为3.0条件下，最佳脱硫率亦可达到70%。

（2） 其他燃烧炉内脱硫

除了流化床燃烧炉，炉条燃烧炉和粉煤燃烧炉中通过添加脱硫剂也可脱硫。与流化床燃烧炉不同，它们的燃烧温度较高（1200～1600℃）。一般 $CaSO_4$ 在 1200℃以上开始分解。因此，用简单添加石灰石等方法难以获得较好的脱硫效果。如何通过添加特殊的矿物质以及改进添加方法等来获取较好的脱硫效果是关键。研究发现，$3CaO \cdot 3Al_2O_3 \cdot CaSO_4$ 和 $Ca(SiO_4)_2SO_4$ 等含硫物质具有较高的热稳定性。从资源化的角度出发，后脱硫技术能够高效脱硫，固硫同时具有容易进行和成本较低等优势，为目前深度控制硫排放的主流技术。

2.3 煤炭转化过程中氮的迁移与控制

2.3.1 煤中氮的形态、含量与分布特征

煤中的氮元素在煤化工过程中会向大气排放 NO_x，造成空气严重污染。但与硫相比，氮在煤中的存在形式相对简单。煤中的氮主要来源于原始植物和细菌中的氮。植物氮主要存在于植物叶绿素、生物碱、氨基酸和蛋白质等，在泥炭化阶段被固定下来，以有机物的形式存在。煤中氮含量与煤阶有一定相关性，通常含有 0.2%～2.5%的氮。含碳量为 85%的烟煤含氮最多。在煤成岩阶段，煤的变质程度从低变质程度向中变质程度发展，随之煤中碳含量从 60%增至 80%。在这一阶段，由于大量的氧、碳和氢分解成 CO_2 和 H_2O，煤中氮含量呈增加趋势，但在高变质程度阶段（C 含量为 85%～95%），由于含氮化合物比整体芳香结构稳定性低，在煤变质分解过程中氮相对容易分解，使煤中氮含量下降。

煤中氮主要为有机氮，多以五元环的吡咯、六元环的吡啶、季铵和胺四种结构形式存在，其中又以吡咯和吡啶为主，所占比例约为 80%，见图 2-5。

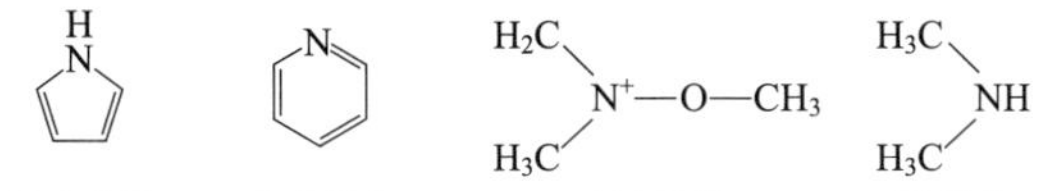

吡咯结构　吡啶结构　季铵结构　胺结构

图 2-5 几种结构形式

吡咯氮原子为 sp^3 杂化，连接一个 H 原子与两个 C 原子。吡啶氮也为 sp^3 杂化，连接两个 C 原子，呈较强碱性。季铵氮主要存在于低煤阶的煤中，季铵结构可以认为是吡啶氮与邻近的羧酸或酚类化合物上羟基结合的结果。胺结构的氮一般在煤中含量较少。这些基本结构形式存在于煤的复杂聚合芳香环中。

图 2-6 显示了吡咯、吡啶和季铵三种氮的含量与煤中碳含量之间的关系。由此可见，随着煤阶的提高，吡啶氮的比率呈增加趋势，而季铵氮和吡咯氮的比率则呈减少趋势。高煤阶煤中吡咯氮约占 60%，吡啶氮约占 30%。

煤中氮结构的测定方法可分为直接分析法和间接分析法。直接分析法有 X 射线光电子能谱（XPS）、^{15}N 核磁共振以及 X 射线吸收近边结构光谱等方法。这些方法可以对样品直接进行测定，称为非破坏性方法，其中 XPS 得到普遍的应用。

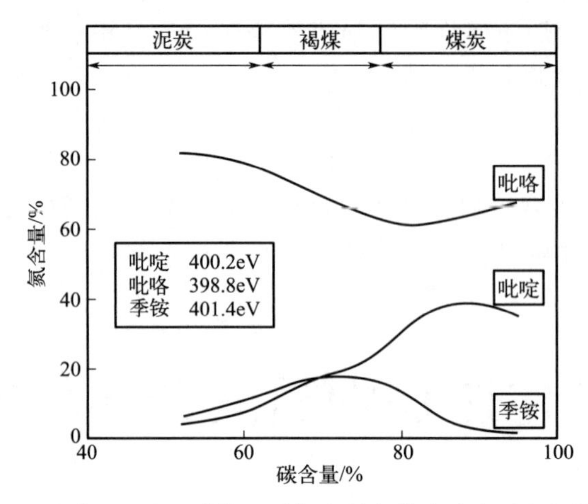

图 2-6 吡咯、吡啶和季铵三种氮含量与煤中碳含量之间的关系

XPS 属于表面分析技术，透入深度为 0.3～0.5nm，故此法对表面影响十分敏感。定量分析中要注意对煤表面进行适当处理，消除因受空气氧化和杂质吸附的影响，保证煤样品表面的代表性。XPS 的优点是对不同种类氮的响应度基本相同，所以能够便利地用于定量分析煤中的 N/C 比率。不同实验室的测定结果都表明，XPS 法得到的 N/C 比率与燃烧法得到的煤主体的 N/C 比率吻合程度很好。吡咯、吡啶和季铵三种结构形式的氮一般能够较满意地离析。表 2-8 列出了煤和碳素材料中几种主要含氮官能团的氮（1s）的结合能。但是，由于胺氮与吡啶氮的波峰位置十分接近，这两者较难分离。另外，六元环结构的吡啶酮氮（1s）的结合能为 400.5eV，与吡咯氮的结合能十分相近，因此 XPS 分析会把煤中存在的吡啶酮氮纳入五元环的吡咯氮中。

表 2-8 煤和碳素材料中几种主要含氮官能团的氮（1s）的结合能

氮的结构	符号	结合能/eV	氮的结构	符号	结合能/eV
吡啶	N-6	398.5±0.4	吡啶酮	N-6(O)	400.5
胺	N-H	399.3±0.4	吡咯酮	N-5(O)	399.6±0.2
腈	N-C	399.1～400.1	季铵	N-Q	401.1±0.3
吡咯	N-5	400.5±0.4	氮氧化物	N-O	402.5～403.7

用固态 ^{15}N NMR 分析煤中氮可以测定—NH_2 结构。泥炭中氨基酸结构在 $\delta=-240\sim-305$ 的化学位移之间呈非常清晰的单一峰形。褐煤中的胺氮峰形与吡咯氮的峰形（$\delta=-200\sim-270$）部分交叠。但是 ^{15}N NMR 对吡啶氮的响应很弱。

X 射线吸收近边结构光谱（XANES）是近年来应用于定性测定煤中氮的现代分析技术，分析灵敏度优于 XPS。用 XANES 测定了煤中吡咯、吡啶、吡啶酮、芳香胺四种官能团。如上所述，吡啶酮是一种用 XPS 难以鉴别的结构形式，用 XANES 则可以鉴别，但这种结构形式在煤中以多大比例存在尚未可知。

间接测定法是将固体的煤通过有机萃取或热解等方法提取部分具有较小分子的液体或固体（常温下）产物，然后运用 GC、GC-MS 等技术对分解产物进行分析测定。间接分析可以提供有关煤中氮结构的信息，但并不能确切地反映原煤中氮的组成与结构。

2.3.2 煤炭转化过程中氮的化学变化与迁移

2.3.2.1 氮在煤的热解、焦化过程中的变化与迁移

煤炼焦或干馏过程产生多种含氮化合物，如焦炉煤气中的氨和氰化氢气体以及焦油中的吡啶和喹啉类化合物。近几十年来，煤燃烧过程中 NO_x 排放带来的环境污染问题受到了人们的高度关注，煤热解过程的氮化学得到了更深入的研究。与煤中硫比较，在燃烧过程中，煤中氮在热解阶段的化学变化对其最终燃烧产物的形成影响很大。煤中氮在燃烧过程中并非全部生成氧化物，在适当的燃烧条件下可转化为对环境无害的氮气。因此，研究煤热解和燃烧过程中氮反应机制，对寻找控制煤燃烧过程中 NO_x 的排放具有直接的指导意义。

（1）煤热解的含氮产物

在煤热解过程中，煤中氮随不同的热解产物分配于煤气、焦油和煤焦中，其分配比例与煤种和热解条件有关。对 20 个不同煤化程度的煤进行的快速热解试验（升温速率 1000K/s，停留时间约 3s）中观察到，在 580℃煤中氮的挥发率为 5%～20%，随着温度升高，氮挥发率显著增大，在 1215℃时，氮挥发率达到 20%～80%。测得的气体成分以 HCN 为主，其次为 NH_3 和 N_2。随着煤中碳含量的增加，各气体产率明显呈下降趋势。对 16 个煤样中氮在固定床反应器内进行慢速热解的析出行为的研究发现，在 1000℃时，煤中氮转化为气体氮的转化率为 13%～74%，转化为焦油氮的转化率为 4%～17%，转化为残炭氮的转化率为 22%～73%。据报道，试验中煤中总氮与各产物中氮的平衡率为 96%～103%。

煤焦油中氮含量与热解条件有关。由慢速热解得到的 16 个煤样的焦油产物中氮含量均低于原煤中氮含量，而当进行快速热解时，所得焦油中氮含量大致与煤中氮含量持平。两者之间的不同意味着煤焦油的二次反应对其氮含量有影响。在慢速加热过程中，煤焦油所受的二次反应程度更大，可能导致煤焦油中氮含量的下降。

焦油中含氮化合物的组成相当复杂。在煤炼焦过程生成的焦油副产品中可分离得到轻吡啶和重吡啶的碱性馏分，其中轻吡啶中含有吡啶、甲基吡啶、二甲基吡啶和三甲基吡啶等化合物，总收率为煤焦油的 0.1%～0.3%；重吡啶中含有的喹啉类化合物包括喹啉、甲基喹啉和二甲基喹啉等，总收率为煤焦油的 0.3%～0.5%。除吡啶类和喹啉类化合物外，煤焦油中还含较大分子的含氮化合物，但通常只有一些定性分析数据。利用 GC-MS 分析了 800℃下煤热解焦油中的含杂原子化合物，图 2-7 为其中所检测到的含氮化合物。利用基质辅助激光解吸飞行时间质谱（MALDI-MS）测定了煤高温焦油中较大分子量的化合物，检测到了多种分子量在 179～252 之间的含氮化合物，如苯并喹啉（$C_{13}H_9N$）、萘并喹啉（$C_{17}H_{11}N$）、萘基吡啶（$C_{15}H_{11}N$）、苯并咔唑（$C_{16}H_{11}N$）、甲基苯并咔唑（$C_{18}H_{13}N$）、二苯并咔唑（$C_{20}H_{13}N$）、甲基苯并吖啶（$C_{18}H_{13}N$）和二甲基苯并咔唑（$C_{18}H_{17}N$）等

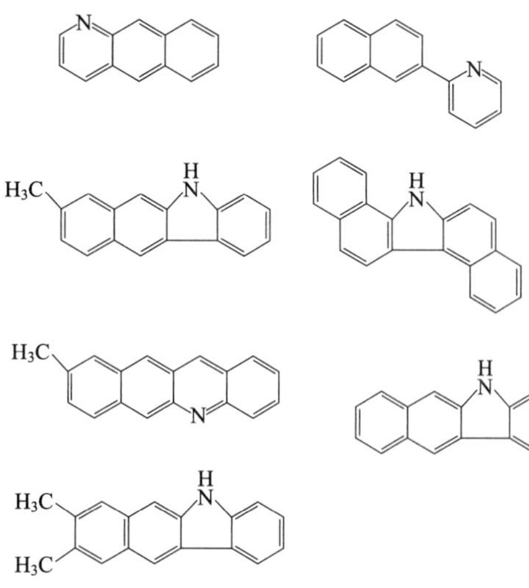

图 2-7 煤焦油中部分含氮化合物

化合物。

煤焦中氮含量亦与煤种、热解温度等条件有关。对于多种快速热解的装置来说，如居里点（Curie-point）反应器、金属丝网装置和流化床反应器等，在400～1000℃范围内，煤焦中N/C摩尔比大致是煤中N/C比的1.0～1.3倍，但也有个别不足1.0倍；当温度在900～1000℃，趋近于1.0倍。而慢速热解在1000℃下所得不同煤焦中的氮含量，对煤焦收率与相应的氮转化率进行了关联，观察到大多数煤两者基本保持相等，但也有几个煤样的煤焦中氮含量低于原煤中氮含量。当热解温度更高时，煤焦中氮含量一般低于原煤中氮含量。煤焦中氮的结构形式与煤热解条件有关。原煤中的氮结构形式多以吡咯氮为主，而煤焦中吡咯氮的比率下降，吡啶氮的比率增高，因为吡啶氮的稳定性最高且吡咯氮在热解过程中可以转变为吡啶氮。各种氮结构形式在热解过程中的化学变化将在下面的内容中做进一步叙述。

（2）各种氮官能团的热解行为

获得煤中不同氮官能团热解行为的信息主要有两个途径：一是利用模型化合物；二是对煤中氮官能团进行直接分析。本部分内容将阐述以下几个问题：①不同氮结构的热稳定性和分解动力学；②不同气体产物（HCN、HCNO、NH_3 和 N_2）与煤中氮结构的内在关系；③热解过程煤中氮的结构形式的变化。

含氮模型物蛋白质（氨基酸）的热解过程中产生的气相产物主要有 NH_3、HCN 和 HNCO，蛋白质的结构是影响热解过程中氮迁移的主要因素；同时热解过程还要受到一些热解因素的影响，例如热解终温、升温速率等。具有一定的活性侧链的蛋白质在热解过程中脱水生成环状氨基化合物后继续热解，同时侧链发生交联反应生成 HCN、NH_3 和 HNCO。煤和生物质在热解和气化过程中氮元素以不同的形式进入热解或者气化产品中。隔绝空气下热解过程和水蒸气气化过程，含氮气体主要以 NH_3、HCN 和 N_2 的形式存在，也有少量的 NO_x[25,26]。

原料包括的含氮化合物在热解、气化（水蒸气气化剂）条件下的反应机理，如下所示[27,28]：

$$C_8H_7N + H_2O \longrightarrow IntA + CO_2 + H_2 \tag{2-61}$$

$$C_8H_7N + H_2O \longrightarrow IntA + CO + H_2 \tag{2-62}$$

$$C_8H_7N + H_2O \longrightarrow IntA + CO_2 + CH_4 \tag{2-63}$$

$$C_8H_7N + H_2O \longrightarrow IntB + CO_2 + H_2 + CH_4 \tag{2-64}$$

$$C_8H_7N + H_2O \longrightarrow IntB + CO_2 + H_2 + NH_3 \tag{2-65}$$

$$IntA + H_2O \longrightarrow IntB + NH_3 \tag{2-66}$$

$$IntA \longrightarrow SMP \tag{2-67}$$

$$C_8H_7N \longrightarrow SMP \tag{2-68}$$

$$SMP \longrightarrow SMP' + NH_3 \tag{2-69}$$

$$SMP \longrightarrow HCN + SMP' \tag{2-70}$$

IntA 和 IntB 分别代表 C_6H_7N 和 C_6H_6O 平均分子结构，SMP 和 SMP′分别代表含氮的化合物和非含氮化合物。

Yuan 等[29]选取烟煤和无烟煤与两种生物质（蓝、绿藻和水葫芦）进行快速热解试验，结果表明煤与生物质（煤：生物质为9：1）共热解时能够降低焦中氮的含量，提高了挥发分中氮的产率。但是 NH_3 和 HCN 在挥发分中的总氮百分比有所降低，这是因为形成的 HCN 在持续降低，然而形成的 NH_3 只有在高温区才有所降低，在低温区反而升高。然而文中只采用一种混合比例的热解原料，对于其他混合比并没有进行考察。

Yan 等[30]研究了 11 种含碳量（质量分数）分别为 77%～93%的不同品质的煤，并和脱矿物质的煤进行比较，研究催化剂对 HCN 和 NH_3 释放情况的影响。结果表明高阶煤获得的焦中氮含量较高，NH_3 的产率要高于 HCN 的产率；在热解过程中矿物质促进焦中的氮转化为 NH_3 的活性顺序分别为 Fe＞Ca＞K＝Na＞Si＝Al，Na 的添加促进了 HCN 的形成；神府煤在 800℃热解焦中的含氮量占总氮的 55%，而脱矿物质的神府煤焦含氮量达到 70%。然而文中并没有涉及升温速率对于热解过程的影响。

煤与生物质的热解温度一般低于 1000℃，而热力型 NO_x 的生成温度一般为 1350℃；氮氧化合物的形成和湮灭主要取决于中间产物的形成和转化，NO_x 的最终排放主要取决于 NO_x 被还原分解和原料中氮的氧化之间的平衡[31]，原料中氮的中间产物主要是 NH_3 和 HCN。热解过程中硫、氮的迁移规律研究对于有效控制 SO_x 和 NO_x 的形成与释放具有重要意义[32]。

煤中几种不同含氮官能团的热稳定性为：吡啶结构＞吡咯结构＞胺结构。对季铵的热稳定性的认识还不充分。胺官能团在 500～600℃分解，主要产物为 NH_3。图 2-8 为依据气相吡咯和吡啶的热分解动力学数据计算得到的停留时间分别为 0.5s 和 10s 时的热分解曲线图。

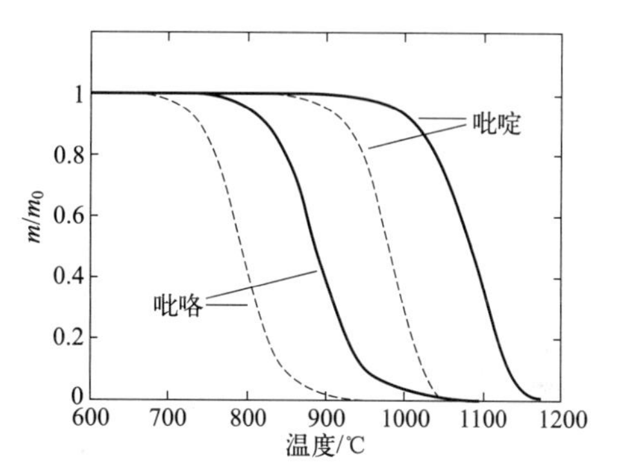

图 2-8　吡啶和吡咯的热分解曲线
（虚线的停留时间为 10s，实线为 0.5s）

加氢热解主要生成气为 NH_3，二次反应对 NH_3 的形成起了决定性的作用。但二次反应不局限于气体之间的反应，HCN 也可能与煤焦或烟炱中的氢反应生成 NH_3。慢速热解有利于生成 NH_3，而快速热解有利于生成 HCN。研究发现 NH_3 的形成与反应体系中 •OH 等含氧自由基的存在有关。

在镍材料或不锈钢管反应器中，吡啶在 950～1100℃热解产生的含氮气体中 N_2 占 90%，而在石英管反应器中主要产物为 HCN。可见，反应器金属表面对形成氮气有明显的催化效应。无论含吡咯氮还是含吡啶氮都生成一定量的 N_2（20%～30%），并发现添加钙盐和铁盐分别在 1000℃和 800℃以上对 N_2 的形成具有强烈的促进作用。异氰酸是煤热解初始产物，其主要来源可能是煤中吡啶酮和吡咯酮结构的裂解[33]。

图 2-9 讨论了几种模型化合物在受热发生芳香环缩合反应过程中氮官能团的变化，其中胺官能团最不稳定，在 460℃时胺官能团基本完全分解，而氰基只是部分分解。随温度继续上升，部分氮从焦中逸出，同时焦中氮发生结构变化。在 600℃时氰基转化成更稳定结构，而吡咯转变成较稳定的吡啶和季铵结构。在 800℃下，更多的吡咯和吡啶结构转变成季铵结构。此外，在芳香环缩合反应过程中，吡咯结构可能倾向于转变为一种缩合型氮结构。后者的氮（1s）的结合能接近于季铵的结合能，故造成“季铵”比率增加的现象。

（3）二次反应及工艺参数的影响

煤中氮结构形式和热解温度是影响氮热解反应的最主要因素。除此之外，其他许多工艺参数，如加热速率、停留时间、压力、热解气氛、煤中矿物质、反应器结构甚至反应器材料都会影响煤中氮的热解行为。加热速率、压力、热解气氛和反应器结构之所以影响煤中氮的热解行为，很大程度上在于初始含氮产物的二次分解反应，而矿物质和反应器材料的影响与催化作用有关。

二次反应指初始热解产物进一步发生的反应，包括初始气相产物和液相产物的分解和缩

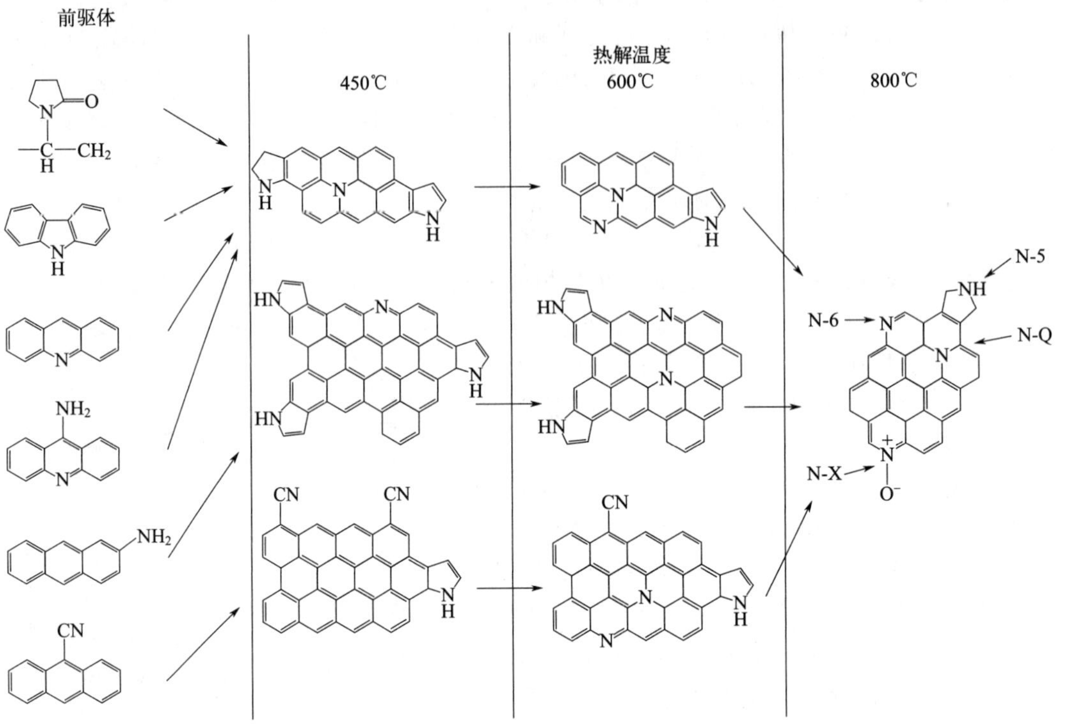

图 2-9 几种含氮化合物的热解模型反应

聚等一系列反应。焦油中氮对氮的二次反应的贡献尤为显著。在流化床反应器焦油的热解试验中，HNCO 在 600℃开始生成，而 HCN 和 NH_3 在 700℃开始生成，800℃以上的主要气体产物为 HCN，其次为 NH_3 和 HNCO，HCN 的产率随温度升高而增大，而 NH_3 和 HCNO 在 850℃出现最大值。尽管焦油与煤焦中含氮的官能团结构相近，但焦油中氮的分解速率远大于煤焦中氮的分解速率。

加热速率通过二次反应影响焦油产率，亦影响焦油中氮含量。在快速加热和挥发物停留时间较短的情况下，二次反应程度较低，焦油产率高，煤中氮也较多地转入焦油中，而且快速热解得到的焦油中的氮含量高于慢速热解得到的焦油中的氮含量。另外，加热速率也影响含氮气体的组成。据报道，快速加热的主要气体产物为 HCN，而慢速加热同时产生 NH_3，也有使 N_2 产率增大的倾向。金属丝网装置、居里点反应装置等加热速率快，挥发分产物在反应温度区的停留时间短，从而能抑制二次反应。在流化床等反应装置中，由于反应物的停留时间较长，氮的热解产物受到二次反应的影响较大，所以流化床反应器热解得到的含氮气体中常含有 NH_3。

压力是影响煤热解行为的另一个重要参数。随着压力的增加，转化为焦油氮的比率减少，而转化为气态氮的比率增加，这是压力增大引起二次反应程度增大的缘故。此外，HCN 的产率随压力增大而减小，而 NH_3 和其他挥发性氮的产率呈相反趋势。

氢气气氛对煤热解行为会产生重要影响，成为开发加氢热解法生产天然气和高价值液体产品的工艺背景，加氢对热解过程中氮变化行为的影响也由此受到关注。在氢气气氛下，NH_3 为主要气体产物，其次为 HCN 和 N_2。随着压力从常压提高到 3MPa，NH_3 产率大幅度增加，而 HCN 和 N_2 产率基本不变；煤焦和焦油中氮的比率有所减小，但其减小程度不足以提供 NH_3 中氮的增加量。

煤中矿物质对煤热解过程中 N_2 的形成具有显著的影响。一般来讲，脱灰煤析出的 N_2 量明显低于原煤。因为煤中赋存的铁、钙等矿物元素对煤焦中氮析出有催化作用。铁的催化作用发生在 500～800℃，而钙的催化作用发生在 750～1000℃。此外，在加氢热解中煤中矿物质对 N_2 的形成也有一定促进作用，但在加氢条件下，N_2 的产率较小。加入催化剂也能够提高煤焦中氮的转化率，例如，铁催化剂的主要作用是使煤焦中氮更多地转化为 N_2，但也使 NH_3、HCN 和焦油中氮的产率有所降低。

(4) 热解模型

煤中氮的热解过程十分复杂，尽管对煤热解过程中氮的变化过程进行了大量研究，但是试验数据还不尽完备。因此，热解数学模型的建立也受到试验数据的局限。目前，热解模型有 Flashchain 模型、FG-DVC 模型、CPD 模型和 Network 模型。

Flashchain 模型的特点是根据煤芳香簇（cluster）中氮含量（η）的变化来预测焦油中的氮产率和 HCN 产率。HCN 的生成速率用一级反应表征，与 η 成正比，活化能为分布活化能。这一模型能够反映 HCN 产率随煤化程度的增加而减少的规律。

FG-DVC 模型在模拟煤焦油和 HCN 的形成上，与 Flashchain 模型相似。但 FG-DVC 进一步考虑了 NH_3 的生成，认为 NH_3 的形成是 HCN 从煤焦逸出过程中与煤焦中的氢反应的结果，机理比较直观。这一模型可以描述加热速率对 NH_3 产率的影响，并与试验结果良好吻合。

CPD 模型与以上两个模型不同，此模型是首次根据 ^{13}C NMR 对煤结构分析的基本数据来预测初始热解氮的析出和气体的生成。但这一模型没有考虑焦油的二次热解，并认为气体产物都是 HCN。

Network 模型是在修正 CPD 模型上提出的一个比较完美的模型。这一模型根据热解温度把煤中氮热解分为三个阶段，如图 2-10 所示。气态氮包括从煤焦Ⅰ和焦油Ⅰ中热解生成的气态氮（f）以及由煤焦Ⅱ和焦油Ⅱ热解生成的气态氮（s）两部分。气态氮（f）通过自由基反应形成：

$$\text{cluster-R—R}' \longrightarrow \text{cluster-R}\cdot + \cdot\text{R}'(\text{g})(r_1, k_1) \tag{2-71}$$

$$\text{cluster-R}\cdot + \text{ring-N} \longrightarrow \text{cluster} + \text{N(f)}(r_2, k_2) \tag{2-72}$$

$$\text{cluster-R}\cdot + \text{R}'' \longrightarrow \text{cluster-R—R}''(r_3, k_3) \tag{2-73}$$

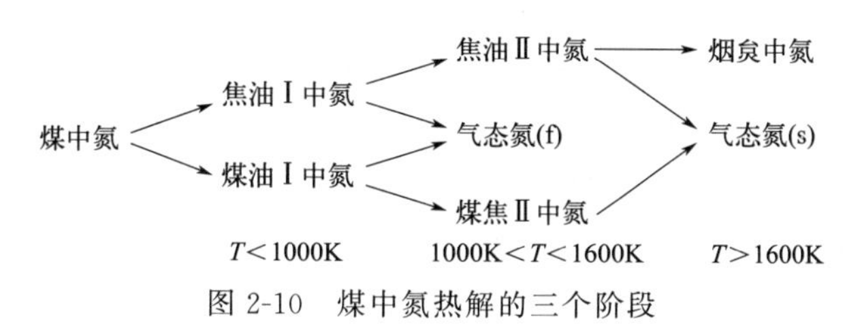

图 2-10 煤中氮热解的三个阶段

氮（f）的生成速率很快，因此产生的气体称为气态氮（f），其中 f 为快速（fast）的意思，相应的气态氮（s）中的 s 为慢速（slow）的意思。从反应（2-72）得到气体的生成速率为：

$$r_2 = -\frac{d[\text{ring-N}]}{dt} = k_2 [\text{ring-N}][\text{cluster-R}\cdot] \tag{2-74}$$

因为煤中氮含量比较少，对于自由基 cluster-R· 的形成来说，反应（2-71）相对于反应（2-72）可以忽略，其浓度可从反应（2-71）与反应（2-72）之间的准静态求得，并代入式(2-74)，得到：

$$r_2=-\frac{d[\text{ring-N}]}{dt}=k_2\left\{\frac{r_1}{k_3[R'']}\right\}[\text{ring-N}] \tag{2-75}$$

其中 r_1 可以根据单位芳香簇的平均质量（M_{cl}）的减少计算：

$$r_1=-\frac{d[M_{cl}]}{M_{cl}dt} \tag{2-76}$$

根据试验测得的煤和煤焦中氮含量以及由^{13}C NMR 测得的煤和煤焦结构数据，可以得到 M_{cl}、[ring-N] 和 [R″]，由此回归动力学参数。

气态氮（s）则认为是通过热裂解析出，反应速率为 [ring-N] 的一级反应。理论上，无论气态氮（f）和气态氮（s）都应该是煤焦和焦油中氮平行反应的结果，但由于缺乏焦油的分析数据，计算中做了焦油与煤焦具有相同氮结构的假定。但此模型能较好地预测不同加热速率下煤焦氮和其他氮的生成规律，也能很好地反映煤化程度的影响。但是，模型的欠缺是没有涉及不同气体（HCN、NH_3 等）的生成机理，实际计算中也没有考虑焦油中氮与煤焦中氮之间的区别。

2.3.2.2 氮在煤的气化过程中的变化与迁移

煤气化产生的氮化合物主要为 NH_3、HCN 和 N_2，此外还有少量氧化氮、硫氰酸和焦油含氮化合物（图 2-11）。煤气中 NH_3、HCN 和 N_2 的浓度随煤中氮含量、气化炉种类和气化条件不同，差异很大。即使在固定床气化炉中，文献中报道的煤中氮转化率的变动幅度也很大，生成 NH_3 和 N_2 的百分率分别为 10%～70% 和 30%～90%。流化床气化炉因为停留时间长，一般产 NH_3 多，产 HCN 很少。气流床气化炉的特征是气化温度高，导致 NH_3 产率小，N_2 产率大，而且含氮产物中常含 NO。模型计算表明，气化温度和压力对 NH_3 和 HCN 的产率影响大。当温度高于 900℃ 时，NH_3 产率随温度急剧下降，HCN 产率略有下降。气化压力的增大使 NH_3 和 HCN 的产率均显著增大。

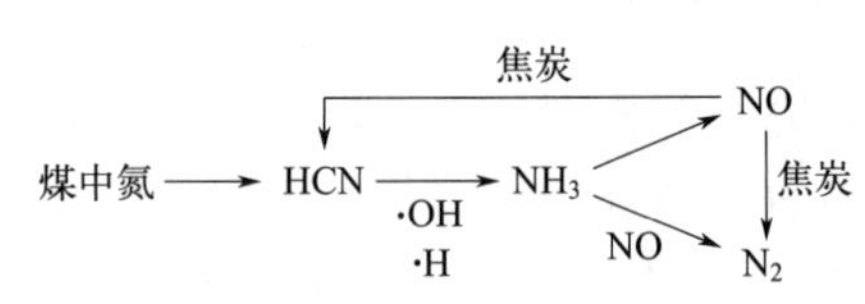

图 2-11　煤气化过程中氮的转化反应途径

一般说来，煤气化涉及煤热解、氧化燃烧以及气化剂与炭之间的还原反应等基本过程。煤中氮在煤气化过程中的化学变化过程十分复杂，因气化反应炉种类和操作条件而异。至今对煤气化过程中氮变化行为的研究还不多，还难以进行系统的解析。

在气流床中含氮化合物 NH_3、HCN 和 N_2 的浓度分布中，NO 在富氧区域浓度最高；NH_3 在富氧区域的浓度最低，在下流区域浓度增高；HCN 显示了与 NO 和 NH_3 不同的浓度分布，在进口区域和出口区域呈较高浓度。在分析试验结果的基础上提出了如图 2-11 所示的反应模型。在实验室规模的鼓泡流化床煤气化过程中，观察到 NH_3 的生成受气化条件的影响很大，水蒸气对促进 NH_3 生成的作用尤为显著。在实验室固定床反应器上考察了 CO_2 煤气化过程中煤中氮的析出行为。在 CO_2 气氛中，HCN 和 NH_3 的生成率较高，较小煤颗粒有利于形成 HCN 和 NH_3。

2.3.2.3 氮在煤的液化中的变换与迁移

煤液化的主要产物是煤液化油，一般含有大量的芳烃、饱和烃，以及含氧、含氮和含硫等杂原子化合物。煤液化油中的含氮化合物含量不高，但是会给后续的加工工艺及油品储存利用带来一些问题。国内外对于煤液化油中含氮的分布做了大量研究，但对煤液化过程氮元素的变化和迁移行为的研究不多。Murti 等[34]对煤直接液化油做过比较全面的研究，鉴定出了煤直接液化油中氮的胺类、吡啶类、喹啉类、吲哚类和咔唑类的分布特征。李伟林等[35]研究了煤直接液化油中含氮化合物的分布。煤直接液化油中氮主要以五元杂环含氮化合物形式存在，占比 32%，主要代表物质是吲哚类和咔唑类化合物，两者占原料中总氮含量的50%左右，是煤直接液化油加工脱氮的主要对象。刘敏等[36]对白石湖煤加氢液化过程中含氮化合物的转化行为及在气、液、固三相产物中的赋存形态进行了研究。发现原煤中含量较多的季氮，在液化条件下转化为 NH_3，迁移到气相产物中，液化残渣中以稠环形态的吡啶氮和吡咯氮为主。氮在气体、低分油、高分油、残渣中的比例分别为 35.21%、24.41%、19.79%、20.59%。低于 170℃液化油馏分含氮化合物含量由高到低排序为：苯胺类>吲哚类>喹啉类>脂肪胺类。高于 170℃液化油馏分含氮化合物从 N_1 到 N_xO_x（$x=1\sim2$）均存在，主要是苯并咔唑带环烷侧链和苯并咔唑带环烷醚链两类含氮化合物。

2.3.2.4 氮在煤的燃烧过程中的变化与迁移

煤燃烧过程中产生氮氧化物，主要包括一氧化氮（NO）、二氧化氮（NO_2）和氧化亚氮（N_2O）。其中 NO 是最主要的产物，NO_2 的比例通常较小，而 N_2O 只是在低温的流化床燃烧中少量生成，在其他高温燃烧中其生成量可以忽略。氮氧化物的形成主要来自煤燃烧过程中析出的氮，但也部分来自空气中氮的氧化，其比例取决于燃料中氮含量和燃烧条件，主要是燃烧温度。

通常将煤燃烧过程中氧化氮的形成归为三类：一是由分子氮（主要来自空气中的氮）的热氧化反应形成，称为热力型 NO（thermal NO）；二是分子氮在燃料热解产生的自由基作用下，发生快速氧化反应，称为快速型 NO（prompt NO）；三是由燃料氮产生的 NO，称为燃料型 NO（fuel NO）。图 2-12 为燃烧温度对三种 NO 形成比例的影响。

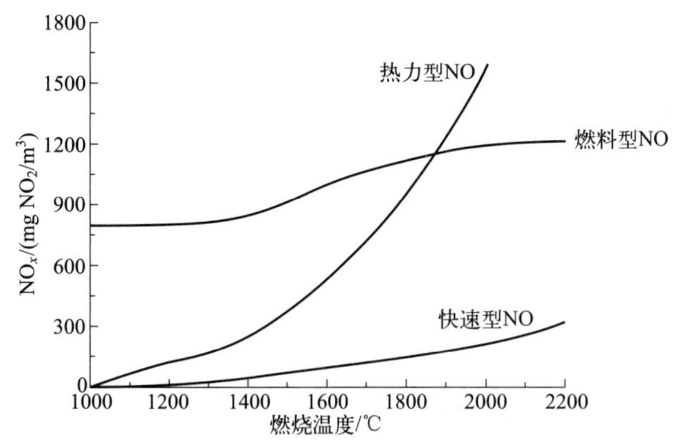

图 2-12 燃烧温度对三种 NO 形成比例的影响

NO 在大气中进一步氧化为 NO_2，所以 NO 和 NO_2 具有引起酸雨和破坏大气中臭氧层的作用，通称为 NO_x。N_2O 也是一种环境不友好的气体，具有与 CO_2 相似的温室效应，但氮氧化物排放标准中一般指 NO 与 NO_2 之和，不包括 N_2O。在适当的燃烧条件下，煤中氮除转化为氧化物外，也部分转化为对环境无害的 N_2。煤中氮生成 NO_x、N_2O 和 N_2 的机理极其复杂，仅气相反应就涉及 200 个以上的自由基反应，而且已被应用于复杂的燃烧模型计算和预测中。

(1) NO的形成机理

① 热力型NO。热力型NO机理亦称Zel'dovin机理，主要指空气中的氮分子（可能部分氮分子来自燃料的分解）被氧化的过程，涉及如下串联反应：

$$N_2 + \cdot O \rightleftharpoons NO + N \tag{2-77}$$

$$N\cdot + O_2 \rightleftharpoons NO + O \tag{2-78}$$

在富燃料环境中（空气过剩系数小于1），以下反应也变得重要：

$$N\cdot + \cdot OH \rightleftharpoons NO + H \tag{2-79}$$

其中反应的第一步为速率控制步骤，其反应活化能很大（314kJ/mol）。反应速率受温度影响很大，当温度低于1300℃时，几乎没有NO生成；当温度高于1500℃时，热力型NO的比例陡增。因此，燃烧温度是控制热力型NO的关键因素。在典型的粉煤燃烧中，热力型NO约占总NO的20%，而在流化床燃烧中，几乎没有热力型NO产生。

在贫燃料火焰中，第三步反应［式(2-79)］可以忽略，同时由于［NO］很小，第一步反应［式(2-77)］和第二步反应［式(2-78)］可以考虑为不可逆反应，故NO的生成速率表达为：

$$\frac{d[NO]}{dt} = 2k_1[O][N_2] \tag{2-80}$$

在燃烧后期，从平衡反应

$$O_2 \rightleftharpoons 2O \tag{2-81}$$

得到

$$[O] = \{k_{eq}[O_2]\}^{1/2} \tag{2-82}$$

可见，NO的生成速率随氮气浓度和氧气浓度的增加而增加。

在富燃料条件下，反应速率的理论推导比较复杂，可参见其他文献。

② 快速型NO。Fenimore发现在碳氢火焰中，NO的形成速率大于热力型NO的形成速率。这在后来被确认为由碳氢自由基对氧化物形成的促进作用所致，由此形成的NO称为快速型NO。其反应机理可以表示如下：

$$CH\cdot + N_2 \rightleftharpoons HCN + N \tag{2-83}$$

$$CH_2\cdot + N_2 \rightleftharpoons HCN + NH \tag{2-84}$$

$$CH_2\cdot + N_2 \rightleftharpoons H_2CN + N \tag{2-85}$$

$$C + N_2 \rightleftharpoons CN\cdot + N \tag{2-86}$$

其中CH·自由基对反应的贡献最大，其次为$CH_2\cdot$，再次为C。表2-9为不同研究者得出CH·与N_2反应的动力学数据。

表2-9　CH·与N_2反应的动力学数据

反应速率常数 /[cm³/(mol·s)]	2000K时的值 /[cm³/(mol·s)]	反应速率常数 /[cm³/(mol·s)]	2000K时的值 /[cm³/(mol·s)]
$8.0\times10^{11}\exp[-11000/(RT)]$	5×10^{10}	$1.0\times10^{12}\exp[-13600/(RT)]$	8.0×10^{9}
$4.0\times10^{11}\exp[-13600/(RT)]$	1.3×10^{10}	$4.2\times10^{12}\exp[-19200/(RT)]$	2.5×10^{10}

CH·的形成一定程度上取决于燃料。所有CH·由$CH_2\cdot$与OH和H之间发生反应形成：

$$CH_2\cdot + H\cdot \longrightarrow CH\cdot + H_2 \tag{2-87}$$

$$CH_2\cdot + OH \longrightarrow CH\cdot + H_2O \tag{2-88}$$

而 $CH_2\cdot$ 由 $CH_3\cdot$ 与 OH 和 H 之间的反应形成。在 $CH_3\cdot$ 和 $CH_2\cdot$ 与 OH 和 H 发生反应形成 CH· 的过程中，CH· 同时与 H·、H_2O 和 CO_2 发生反应而湮灭：

$$CH\cdot + \cdot H \rightleftharpoons C + H_2 \tag{2-89}$$

$$CH\cdot + H_2O \rightleftharpoons CH_2O + H \tag{2-90}$$

$$CH\cdot + CO_2 \rightleftharpoons HCO\cdot + CO \tag{2-91}$$

氰化物和 N· 转化为 NO 的速率与 NO 的浓度有关。一般燃烧条件下，HCN 和 N· 可以迅速氧化生成 NO：

$$HCN + O\cdot \rightleftharpoons NCO + H \tag{2-92}$$

$$NCO + H\cdot \rightleftharpoons NH\cdot + CO \tag{2-93}$$

$$NH\cdot + H \rightleftharpoons N\cdot + H_2 \tag{2-94}$$

$$N\cdot + OH \rightleftharpoons NO + H \tag{2-95}$$

③ 燃料型 NO。煤燃烧过程涉及煤脱挥发分、挥发分的氧化、煤焦氧化三个过程，这三个过程是有序进行的。燃料型 NO 来源于燃料中氮，伴随着这三个过程煤中氮发生化学变化形成氧化氮。如前节所述，煤中氮主要以吡咯氮和吡啶氮形式存在，因其化学键能远低于氮气中氮的化学键能，故具有较高的氧化反应性。煤中氮在整个 NO 形成中占主导地位，一般占总 NO 形成量的 75%～90%。煤中氮的 NO 形成机理最为复杂，图 2-13 表示了煤中氮形成 NO 的基本反应路线。

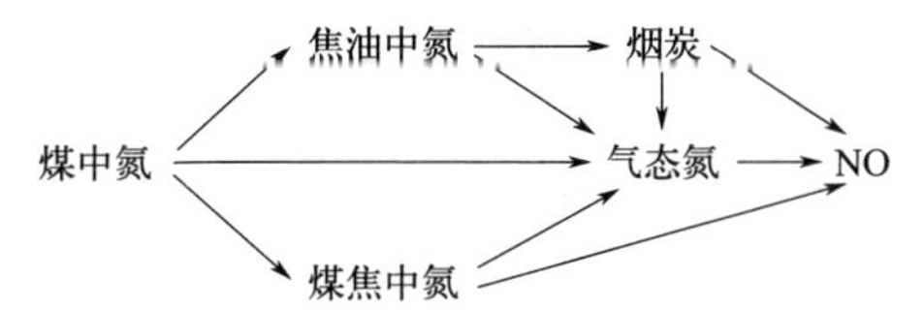

图 2-13 煤中氮形成 NO 的基本反应路线

脱挥发分是煤燃烧过程的初始过程。在脱挥发分过程中氮分配于挥发分和煤焦中的比例取决于煤的温度和停留时间。煤中氮的初始反应可能对 NO_x 的形成产生比较重要的影响。如前所述，煤热解产生的气态氮主要有 HCN、NH_3 和 N_2。其中一部分由煤初始热解形成，另一部分由挥发分的二次反应形成。据报道，初始形成的焦油中的氮在温度高于 1100℃时，部分氮迅速分解析出 HCN 和 NH_3 等气体，从而通过气相氧化过程生成 NO，部分氮则残留在烟炱中。由于焦油中氮的分解活化能高于焦油总体的分解生成气体的活化能，因而焦油中更多氮转入烟炱中。

一旦煤脱挥发分形成 HCN 和 NH_3，就容易进一步发生氧化反应生成 NO。在火焰中 HCN 的氧化反应涉及与氧自由基之间的反应：

$$HCN + \cdot O \rightleftharpoons NCO + H \tag{2-96}$$

$$HCN + \cdot O \rightleftharpoons NH\cdot + CO \tag{2-97}$$

除此之外，HCN 也可能与 OH 基团或自由基反应产生 NCO· 和 $NH_2\cdot$：

$$HCN + OH \rightleftharpoons NCO\cdot + H_2 \tag{2-98}$$

$$HCN + \cdot OH \rightleftharpoons NH_2\cdot + CO \tag{2-99}$$

NCO· 和 $NH_2\cdot$ 进一步与氢自由基或氢原子发生以下反应：

$$NCO\cdot + \cdot H \rightleftharpoons NH\cdot + CO \tag{2-100}$$

$$NH_2\cdot + H \rightleftharpoons NH\cdot + H_2 \tag{2-101}$$

$$NH\cdot + H \rightleftharpoons N\cdot + H_2 \tag{2-102}$$

然后氮原子通过 Zel'dovich 反应产生 NO：

$$N\cdot + O_2 \rightleftharpoons NO + O \tag{2-103}$$

$$N\cdot + \cdot OH \rightleftharpoons NO + H \tag{2-104}$$

Zel'dovich 反应是生成 NO 的速率控制步骤。

另一方面，NH_3 的氧化反应主要通过与 ·OH 反应生成 $NH_2\cdot$：

$$NH_3 + \cdot OH \rightleftharpoons NH_2\cdot + H_2O \tag{2-105}$$

综上所述，火焰中由挥发性氮生成 NO 的主要反应步骤可以简单地用图 2-14 表示。

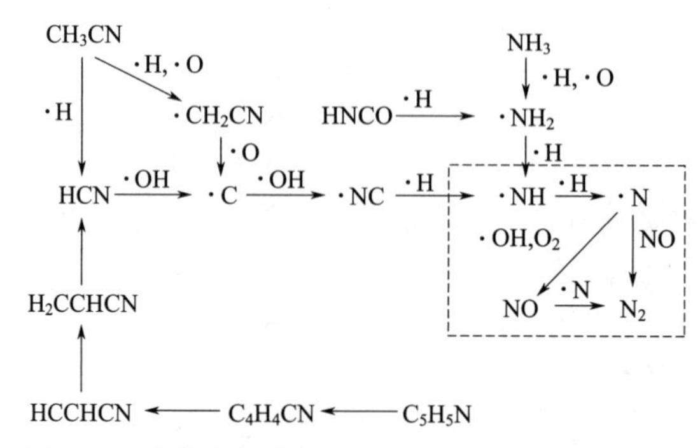

图 2-14 火焰中挥发性氮生成 NO 的主要反应步骤

以上反应为气相反应。由煤脱挥发分和焦油二次反应形成的煤焦和烟炱中的氮将发生非均相氧化反应，煤焦和烟炱中的氮将在此过程中生成 NO。除 NO 外，煤焦氧化过程中还生成 N_2O、HCN、NH_3 和 N_2。煤焦中氮的氧化反应是一个反应较慢的气固相反应过程，其反应机理如下：

$$O_2 + (C) + (CN) \longrightarrow (CO) + (CNO) \tag{2-106}$$

$$(CNO) \longrightarrow NO + (C) \tag{2-107}$$

$$(CN) + (CO) \longrightarrow NO + 2(C) \tag{2-108}$$

括号表示以固体键结合的基团。这一反应受到煤种、颗粒大小、燃烧温度和停留时间等因素的影响。在不同文献中，从煤焦中氮转化为 NO 的比率存在很大的差异。一般认为煤焦中氮比挥发分中氮较难转化为 NO。煤焦和烟炱同时可以与 NO 反应形成 N_2，这将在后面章节中进行叙述。

(2) N_2 的形成机理

在富燃料条件下，NO 可通过气相均相反应以及 NO 与煤焦和烟炱之间的气固相反应转化为 N_2。这成为控制 NO 排放的最主要的化学反应基础。

转化成 N_2 的气相反应有直接反应和间接反应两种。直接反应是 NO 与其他自由基反应直接转化为 N_2，例如：

$$NO + NH_2\cdot \rightleftharpoons N_2 + H_2O \tag{2-109}$$

间接反应在 NO 与碳氢自由基 CH· 之间进行，产生 HCN，最终由 HCN 转化为 N_2：

$$CH\cdot + NO \rightleftharpoons HCN + O \tag{2-110}$$

$$HCN + O\cdot \rightleftharpoons NCO + H \tag{2-111}$$

$$NCO + H\cdot \rightleftharpoons NH\cdot + CO \tag{2-112}$$

$$NH\cdot + H \rightleftharpoons N\cdot + H_2 \tag{2-113}$$

$$N\cdot + NO \rightleftharpoons N_2 + O \tag{2-114}$$

在富燃料的条件下，$NO \longrightarrow HCN \longrightarrow N_2$ 具有很重要的地位。

NO与煤焦或烟炱之间的反应通过在炭表面形成 $C_f(N)$ 中间化合物进行：

$$2C_f + NO \longrightarrow C_f(N) + C(O) \tag{2-115}$$

$$2C_f(N) + NO \longrightarrow N_2 + 2C \tag{2-116}$$

煤焦的比表面积和反应性等因素对NO还原反应的影响很大。烟炱在煤燃烧过程的生成量不大，但因为烟炱颗粒细、比表面积大、反应活性高，可能也对NO的转化起不能忽视的作用。

(3) NO_2 及 N_2O 的形成和湮灭机理

NO_2 只是在汽轮机燃烧时浓度较高，由NO与 HO_2 反应形成：

$$NO + H_2O\cdot \rightleftharpoons N_2O + OH \tag{2-117}$$

在一般的燃烧过程中，NO_2 可迅速由H·和O·自由基发生湮灭反应，重新形成NO：

$$NO_2 + H\cdot \rightleftharpoons NO + OH \tag{2-118}$$

$$NO_2 + O\cdot \rightleftharpoons NO + O_2\cdot \tag{2-119}$$

与NO的形成机理类似，N_2O 可以通过许多反应途径生成。但是，在较高温度和贫燃料条件下，N_2O 可进一步迅速氧化转化为NO：

$$N_2O + \frac{1}{2}O_2 \rightleftharpoons 2NO \tag{2-120}$$

而在富燃料条件下，N_2O 又可迅速转化为 N_2：

$$N_2O + H\cdot \rightleftharpoons N_2 + OH\cdot \tag{2-121}$$

$$N_2O + OH\cdot \rightleftharpoons N_2 + HO_2\cdot \tag{2-122}$$

因此，在粉煤燃烧等高温煤燃烧中 N_2O 的排放量很低。只是在流化床燃烧中，N_2O 的排放才吸引人们的视线。

(4) 影响煤燃烧过程中 NO_x 排放的因素

① 煤的性质。煤脱挥发分过程释放出HCN和 NH_3 气体，与 N_2 相比这些化合物易于进一步氧化生成NO，也可进一步还原生成 N_2，这完全取决于燃烧条件。煤的性质既影响到HCN和 NH_3 的析出量，也影响到NO的还原。煤的性质还影响到氮在焦油挥发分和煤焦中的分配，焦油挥发分中氮比煤焦中氮更易转化为NO。因此，在常规的不分级燃烧中，高挥发分和低煤阶煤通常释放较多的NO，而在分级燃烧中，低煤阶煤因其煤焦反应性较高，能使NO充分还原，通常释放较少的NO。不同煤质也影响到燃烧温度，从而影响 NO_x 排放。煤中的氮含量与NO生成量在不分解燃烧中有较明显的关系，氮含量越多，NO生成量越多，但在分级燃烧中，两者之间没有关联性。褐煤等低煤阶煤水分多、热值低，造成燃烧温度低，从而降低 NO_x 排放。由此可见，煤质对 NO_x 影响比较复杂，最终由几个因素综合效果决定。

② 空气过剩系数和停留时间。空气过剩系数在小于1时，燃烧不很充分，有助于NO的还原反应。较大空气过剩系数促使NO的形成。调节第一级燃烧空气过剩系数，在第二级中维持过剩的空气量。对于烟煤第一级的空气过剩系数约为0.7时，NO的生成量趋于极小值；对于褐煤，这一值较高；对于无烟煤，没有观察到最优值。

停留时间通过NO在还原层的还原反应影响NO的排放。对于烟煤和褐煤的燃烧过程来说，在空气过剩系数为0.6～0.8时，在0.1～2s范围内，NO的生成量与停留时间呈正相关关系。但在较大空气过剩系数下，不管停留时间如何，氮的主要产物是NO；而在较小空气过剩系数下，氮的主要产物是 NH_3 和HCN。这一结果也得到研究者的验证。

③ 温度的影响。温度的影响与煤种、空气过剩系数和停留时间有关。温度的提高使脱

挥发分程度提高。在高空气过剩系数时，挥发分中氮迅速转化为NO。这种情况下，温度的提高使NO生成量增大。但是在空气过剩系数较小和停留时间足够长的情况下，温度对NO还原反应的贡献可能大于挥发分中氮氧化成NO的贡献，因此温度的提高反而使NO生成量减少。温度对煤焦中氮转化反应在1000℃以上时影响很小，所以当挥发分增大，煤焦产率减小，煤焦转化为NO的贡献相应减小。挥发分的产率不仅依赖于温度，而且直接与煤的性质有关，所以对于不同的煤，温度所产生的影响不同。在富燃料情况下，升高温度不仅使NO产率降低，而且使NO、HCN和NH_3的总产率也降低。考虑到温度的提高必然使挥发性氮的总量增加，故推测在这一条件下，提高温度促使更多燃料氮转化为N_2。

④ 水分的影响。煤中水分的存在可延迟煤颗粒着火和脱挥发分过程，导致较低的燃烧温度。对于水分含量为4.5%～25%的次烟煤，观察到水分的增加略起阻碍燃料氮转化为NO的作用，但是并不清楚这一结果是由燃烧温度降低还是由自由基减少而造成的。烟煤中水分含量较少，对工业炉影响可能不大，但利用水煤浆燃烧影响较大。据报道，在燃烧效率大于98.5%时，水煤浆燃烧与粉煤燃烧相比可以大幅度降低NO_x排放。

近年来，随着先进燃烧技术和IT技术的进步，煤燃烧中氮的迁移和转化机理开发更加深入，大量先进模型被用于工业实践，如华中科技大学开发了基于动态自适应反应的粉煤无焰燃烧燃料氮转化机理。

2.3.3 煤炭转化过程中氮的控制

煤气化过程中氮的主要生成物为NH_3和HCN，这些化合物在煤气的冷凝和冷却过程中即可脱除，并可回收利用。因此，一般在煤气化工厂不存在氮排放的环境污染问题。煤利用过程中氮的环境污染主要起因于煤燃烧过程中NO_x的排放。对于煤燃烧中NO_x的排放，世界上大多数用煤国家都制定了各自的排放标准和相关法规。例如，日本的排放标准（折算成NO_2）为200mg/m^3；美国为135mg/m^3；欧盟为200mg/m^3；我国也对锅炉制定了NO_x排放标准［《锅炉大气污染物排放标准》（GB 13271—2014），适用于65t/h及以下锅炉］，规定NO_x排放限值为300mg/m^3，对于大型锅炉［《火电厂大气污染物排放标准》（GB 13223—2011）］，规定NO_x排放限值为200mg/m^3，重点地区为100mg/m^3。《煤电节能减排升级与改造行动计划（2014—2020年）》要求，东部地区（辽宁、北京、天津、河北、山东、上海、江苏、浙江、福建、广东、海南等11省市）新建燃煤发电机组大气污染物排放浓度基本达到燃气轮机组排放限值（在含氧量6%条件下，烟尘、二氧化硫、氮氧化物排放浓度分别不高于10mg/m^3、35mg/m^3、50mg/m^3），中部地区（黑龙江、吉林、山西、安徽、湖北、湖南、江西、河南等8省）新建机组原则上接近或达到燃气轮机组排放限值，鼓励西部地区新建机组接近或达到燃气轮机组排放限值。据报道，自20世纪90年代以来，各国采取多种措施，使动力发电的NO_x排放量呈大幅度下降趋势。这些措施包括效率的提高、增加利用核动力和可再生资源以及在燃烧过程中采用NO_x排放控制技术等。其中采用NO_x排放控制技术起了主要贡献。以下简单介绍煤燃烧过程氮排放的控制技术：NO_x低排燃烧炉的应用与低氮燃烧工艺调节以及烟气脱硝技术等。

2.3.3.1 NO_x低排燃烧炉的应用

（1）常规煤燃烧炉

常规煤燃烧炉有固定床燃烧炉和粉煤燃烧炉。固定床燃烧炉技术陈旧，利用效率较低，已基本不用于新建燃煤厂中，逐渐被粉煤燃烧炉所取代。粉煤燃烧炉依据排渣方式分为干法排渣燃烧锅炉和湿法排渣燃烧锅炉。根据喷嘴的配置和燃烧热流的运动路线分为直向型、对向型、切向型和下向喷嘴型等（见图 2-15）。

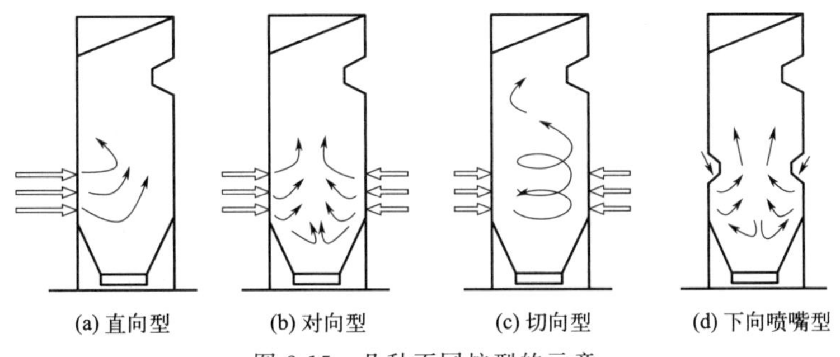

图 2-15　几种不同炉型的示意

炉子的类型、几何结构以及尺寸大小很大程度上决定 NO_x 的排放量。图 2-16 表示几种不同粉煤燃烧炉的 NO_x 排放量与设备运载能力的关系。可见，湿法排渣型比干法排渣型产生较多的 NO_x 排放；炉子规模愈大，NO_x 排放量愈高；切向型一般比直向型具有较少的 NO_x 排放。NO_x 排放量主要取决于燃烧温度和停留时间，但煤种的影响也很大，硬煤比褐煤的 NO_x 排放量可能大 3～4 倍。随着环境保护法规的日益严苛，在选用炉型时，除了考虑燃烧效率外，NO_x 排放量也自然成为一个需要考虑的重要因素。

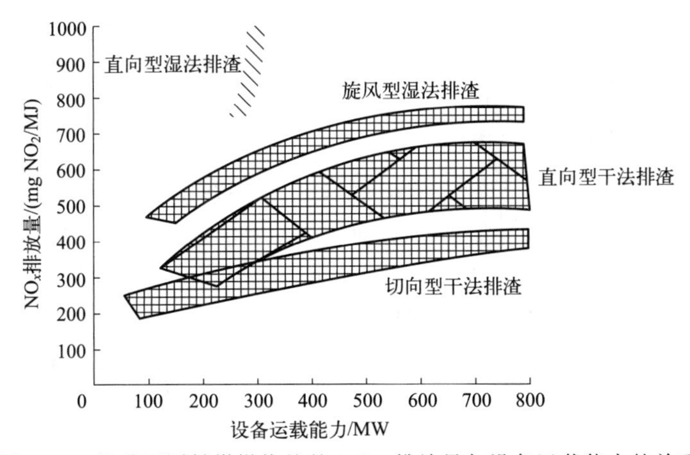

图 2-16　几种不同粉煤燃烧炉的 NO_x 排放量与设备运载能力的关系

（2）流化床燃烧炉

流化床燃烧炉是近数十年发展起来的一种新型燃烧设备，常见的有常压流化床锅炉、增压流化床锅炉和循环流化床锅炉。由于流化床的传热性好，可以使锅炉设备小型化，燃烧温度较低，一般在 800～900℃。流化床的燃烧效率因流化床的形式而异。可添加石灰石等作为吸硫剂，具有抑制 SO_2 气体生成的功能。同时由于燃烧温度低，基本不产生热力型 NO，而且也可以很好地控制燃料氮转化为 NO，因此也具有很好抑制 NO_x 排放的功能。但是，流化床生成的 N_2O 是一种温室效应较强的气体。

常压流化床一般燃烧效率为 90%～95%，稍偏低，适合于劣质煤和年轻煤。在添加石灰石情况下，脱硫与脱硝同时进行。对于 NO_x 控制，一般空气过剩系数略低于 1 有利于抑制 NO，对于 SO_2 控制，希望空气过剩系数略大于 1，因为氧化性气氛有利于氧化钙与 SO_2

发生反应转化为$CaSO_4$：

$$CaO+SO_2+\frac{1}{2}O_2 \longrightarrow CaSO_4 \tag{2-123}$$

而在还原性气氛下，CaO 与 SO_2 反应比较慢。在保证脱硫取得较好效果的情况下，常压流化床煤燃烧的 NO_x 排放体积分数一般为 $(150\sim300)\times10^{-6}$。

增压流化床具有燃烧效率高的特点，高达 99%。飞灰残炭少，无需循环使用。加压条件下 $CaCO_3$ 与 SO_2 的反应可在 900℃的较高温度下进行。NO_x 的排放比常压流化床低，一般为 $(100\sim200)\times10^{-6}$。

循环流化床的特点是喷流速度大，强化了流动层效果。粒子间碰撞激烈，颗粒易破碎，脱硫剂利用效率高。可以利用较长停留时间控制 NO 的还原反应，减少 NO_x 的排放量，其值仅为常压流化床的一半。但是，流化层对传热设备腐蚀大，设备长期运转的可靠性问题还没有彻底解决。

(3) 新型燃烧炉

新型燃烧炉通过设二燃室、热解与燃烧集成等方式降低 NO_x 生成量，如喷流旋风干法排渣燃烧炉具有较低的 NO_x 排放。TRW 是一种新型燃烧炉，由美国阿拉斯加工业开发和出口局、能源部、Joy 环境技术公司的 TRW 空间技术部等单位联合开发。该燃烧炉配备一个预燃烧室，通过两级燃烧将空气温度升至 1100～1375℃，预燃烧室中维持较高空气过剩系数，富氧热气体以湍流进入灰熔融室，同时煤通过多个进入口进入，与热气体充分混合燃烧，并保持空气过剩系数为 0.8～0.9。热气流可抑制熔融状灰分表面的凝固，易于使灰分排出。据报道，这种燃烧炉可以保证较高的燃烧效率，同时具有较低的 NO_x 排放，NO_x 排放量低达 $250mg/m^3$（标准状况）。两个燃烧器可配置一台 50MW 级锅炉。

2.3.3.2 低氮燃烧工艺调节

在燃烧过程中对 NO_x 进行减排处理是一种最经济可行的技术处理方法，合理控制炉膛局部高温是达到燃气锅炉低氮燃烧效果的关键。采用燃烧器并配合工艺调节的方法与烟气脱硝比较具有投资小、不占用场地等优点。对于旧的燃烧炉，采用适当的低氮燃烧器技术改造与燃烧工艺的调节往往是降低 NO_x 排放最行之有效的方法。具体技术措施主要包括空气分级燃烧、燃料分级燃烧、采用 NO_x 低排燃烧器、烟气循环和配套采用低氮燃烧器等。

低氮燃烧器通常采用旋转气流燃烧、多火焰分段燃烧、燃气内循环等技术，独特设计的燃烧头总成能保证长时间可靠运行并能保证超低氮排放，并在苛刻的小炉膛环境中也能实现超低氮排放。目前燃煤锅炉低氮燃烧器主要有直流低氮燃烧器和旋流低氮燃烧器两大类，其中直流低氮燃烧器有开封燃烧器、水平浓淡煤粉燃烧器、双通道直流燃烧器等，旋流低氮燃烧器主要有浓缩型和分级燃烧型两种，各种低氮燃烧器都有其优点和适用范围，需要根据实际情况结合工艺调节分析选用。

2.3.3.3 烟气脱硝技术

烟气脱硝技术是在烟气后处理过程中增加类似于烟气脱硫一样的工序，利用不同的技术达到脱除烟气中 NO_x 的目的。与初级控制方法相比，占用场地较大，投资成本也较大，但烟气脱硝技术可获得较高的脱 NO_x 效果。有关烟气脱硝技术的细节内容将在第 11.3.2 节中阐述，这里只做简单介绍。烟气脱硝主要有选择性催化还原法（SCR）、选择性无催化还原法（SNCR）、SCR/SNCR 混合法以及脱硫/脱硝结合法。其中，选择性催化还原法得到了较为广泛的应用。

从资源化的角度出发，针对煤炭转化过程中的氮元素的污染问题，通过开发新型低排燃烧炉，优化燃烧器及其燃烧工艺，并结合工艺流程的脱硝等技术合理回收及再利用，创造产品附加值。

2.4 煤炭转化过程中微量元素的迁移与控制

2.4.1 煤中微量元素的种类、含量与分布特征

1848 年苏格兰科学家 Richardson 首先在煤中提取出微量元素 Zn 和 Cd。由此，人们开始了煤中微量元素的探索研究。20 世纪 30 年代前后，国外分别对煤中各种微量元素的含量和分布规律进行了大量研究。而我国于 1956 年才开始对煤中元素种类和含量的调查和研究，并建立了我国迄今为止关于中国煤中微量元素分布的最系统的数据库[37]。

微量元素的含量在不同的煤种间存在很大差异。表 2-10 列出了在全球范围的煤中各种微量元素的平均含量、含量范围以及地壳中微量元素的平均含量。一些微量元素，如砷、硒和氯等，在煤中的平均含量远大于地壳中这些元素的平均含量，表明煤对这些微量元素存在富集作用。这些元素在煤中的含量较大，可能会对煤的利用和环境造成一定的影响。

表 2-10 煤与地壳中微量元素的典型含量 单位：μg/g

煤中元素	平均含量	范围	地壳中平均含量	煤中元素	平均含量	范围	地壳中平均含量
Ag	0.1	0.02～2	0.07	Mn	70	5～300	950
As	10	0.5～80	1	Mo	3	0.1～10	1.5
Au	<0.1			Nd	10	3～30	28
B	50	5～400	10	P	150	10～3000	1000
Ba	200	20～1000	425	Pb	40	2～80	13
Be	2	0.1～15	3	Pd	<0.1		
Bi	<0.1		0.2	Pr	3	1～10	8.2
Br	20	0.5～90	0.75	Pt	<0.1		
Cd	0.5	0.1～3	0.2	Rb	15	2～50	90
Ce	20	2～70	60	Ru	<0.1		
Cl	1000	50～2000	100	Sb	1	0.05～10	0.2
Co	5	0.5～30	25	Sc	4	1～10	22
Cr	20	0.5～60	100	Se	1	0.2～10	0.05
Cs	1	0.3～5	3	Sm	2	0.5～6	6
Cu	15	0.5～50	55	Sn	2	1～10	2
Dy	3	0.5～4	3	Sr	200	15～500	375
Er	1	0.5～3	2.9	Ta	0.2	0.1～1	2
Eu	0.5	0.1～2	1.2	Tb	0.2	0.1～1	0.9
F	150	20～500	544	Te	<0.1		0.01
Ga	5	1～20	15	Th	4	0.5～10	7.2
Gd	1	0.4～4	5.4	Ti	600	10～2000	4400
Ge	5	0.5～50	1.5	U	2	0.5～10	1.8
Hf	1	0.4～5	3	V	40	2～100	135
Hg	0.1	0.02～1	0.08	W	1	0.5～5	1.5
Ho	1	0.1～2	1.2	Y	15	2～50	33
I	5	0.5～15	0.25	Yb	1	0.3～3	3.4
La	10	1～40	20	Zn	50	5～300	70
Li	20	1～80	20	Zr	50	5～200	165
Lu	0.2	0.02～1	0.08				

我国煤中大部分微量元素的平均值与世界平均值相当或略高。但含量分布的时代、煤种、聚煤区间差异显著。有研究分析发现我国各聚煤区不同时代间，煤中大多数元素的平均含量和富集因素从华南二叠纪到华北石炭-二叠纪到全国中-新生代逐渐降低[38]。根据《中国煤种资源数据库》的数据[39]发现：①煤中微量元素含量分布的总体特征为，一是在地壳中丰度较高的元素在煤中含量也较高，但富集程度不高；二是易被黏土矿物吸附及亲硫性较强的元素在煤中富集程度较高。②中国煤中大多数微量元素含量总体水平与世界平均水平一致。③中国不同时代煤中微量元素分布特征是早第三纪、晚三叠世及晚二叠世煤中微量元素整体含量水平最高，而早-中侏罗世及晚侏罗-早白垩世煤中微量元素含量水平较低。④不同煤种中微量元素分布特征与灰分产率分布特征一致。贫煤和炼焦煤中微量元素含量总体水平高，不黏煤和弱黏煤中微量元素含量总体水平最低。⑤中国煤中微量元素含量分布的地域差异显著。各聚煤区中，华南聚煤区煤中微量元素含量总体水平较高，而华北、西北 J_{1-2} 聚煤区煤中微量元素含量较低。

2.4.2 煤中微量元素的赋存形态

煤中微量元素的赋存形态是研究煤转化过程中微量元素的迁移行为、脱除可行性以及环境影响的基础，对于研究煤地质学和矿物学也有重要意义。本节主要介绍煤中微量元素的鉴定方法和部分微量元素的具体赋存形态。需要指出的是，由于目前无法将煤中的有机质与无机质完全分离，所以文献中所谓的无机质或有机质微量元素，都是相对于分离方法而言的。

我国已制定了煤中部分微量元素测定方法的国家或行业标准，见表 2-11。

表 2-11 煤中部分微量元素测定方法的国家或行业标准[40]

元素	方法名称	标准编号
As	煤中砷的测定方法(砷钼蓝分光光度法氢化物-原子吸收光谱法)	GB/T 3058—2019
Se	煤中硒的测定方法氢化物发生原子吸收法(氢化物原子吸收光谱法)	GB/T 16415—2008
Hg	煤中汞的测定方法(冷原子吸收光谱法)	GB/T 16659—2024
Cr、Cd、Pb	煤中铬、镉、铅的测定方法(原子吸收光谱法)	GB/T 16658—2007
U	煤中铀的测定方法	MT/T 384—2007
F	煤中氟的测定方法(高温燃烧水-氯离子选择电极法)	GB/T 4633—2014
Cl	煤中氯的测定方法(高温燃烧水解-电化学测定法)	GB/T 3558—2014
Ga	煤中镓的测定方法(分光光度法)	GB/T 8208—2007
Ge	煤中锗的测定方法(分光光度法)	GB/T 8207—2007
V	煤中钒的测定方法(分光光度法)	GB/T 19226—2003
Zn、Cu、Co、Ni	煤中铜、钴、镍、锌的测定方法(原子吸收光谱法)	GB/T 19225—2003

一般来讲，同一种微量元素的赋存形态在不同煤种、煤时代、聚煤区间存在很大的差异。因此煤中微量元素赋存形态存在复杂性，没有普适性的规律。下面就几种常见微量元素的常见赋存形态进行介绍：

(1) 钒（V）

V 常常与煤中的黏土结合，尤其存在于伊利石中。统计分析法也表明，V 与 Al 和 K 的相关性较好。V 可能会以卟吩等形式与煤中有机质以分散的状态相结合，但确切的化学结合形式至今没有得到完全的证实。V 也可能富集在黄铁矿中，但具体结合方式并不清楚。

(2) 铬（Cr）

Cr 的存在形式复杂多样，一般煤中不存在六价铬。Cr 是一个与 V 某些性质相近的亲岩元素。Cr 与 Al 和 K 的相关性已在很多实验中得到证实，结合直接分析和酸浸取分析基本可以肯定黏土是 Cr 的一个重要结合体。直接分析法和溶剂抽提法也证实部分 Cr 能与有机体结合，而不溶于盐酸、氢氟酸和硝酸。这部分 Cr 即使经过煤热解发生煤结构的变化仍不溶于酸，但煤温和燃烧成灰后，即可溶于盐酸和硝酸。铬也可能富集在黄铁矿中，或以固体溶液或以物理结合形式存在。在某些受高温地质变动的煤中，也可能存在铬铁矿（$FeCrO_4$）。

（3）锰（Mn）

普遍认为碳酸盐是 Mn 的一个主要存在形式，原因在于在盐酸浸取煤过程中，大部分 Mn 从煤中溶出。Mn 可能以（Ca,Mn）CO_3 等形式存在。对于煤阶较低的煤，Mn 可能较多地以可离子交换形式与有机体结合，也可能以其他形式结合于有机质中。而黏土和黄铁矿是不是 Mn 的主要结合体至今仍没有明确。

（4）镍（Ni）

Ni 是一个亲硫元素，可能以硫化物存在于煤中，X 射线吸收精细结构谱（XAFS）显示与硫化物相近的谱图，Ni 没有明显选择性地溶于硫酸。煤中 Ni 可部分溶于盐酸，这似乎与煤中 Ca 有一定的相关性。此外，酸浸提和有机溶剂抽提等分析表明部分 Ni 可能与煤中有机质结合。可见，Ni 在煤中存在形态比较复杂。

（5）铜（Cu）

Cu 也是一个亲硫元素，黄铜矿（$CuFeS_2$）是自然界存在的含铜硫化物。它可能以类似于微量黄铜矿的形式或者以微量固体溶液的形式与煤中黄铁矿共存。统计分析方法表明，Cu 与煤中 Fe 和 Al 有相关性。前者可以解释为 Cu 随黄铁矿富集，但后者较难解释，或许部分 Cu 结合在黏土中。Cu 以碳酸盐存在可能性较低。

（6）锌（Zn）

Zn 被普遍认为以闪锌矿（ZnS）和黄铁矿形式存在。物理分离法研究表明，对于高硫煤，Zn 通常富集在黄铁矿中，但盐酸溶液可以浸出煤中大部分 Zn，尽管盐酸溶液不能溶解黄铁矿。Zn 也可能结合在煤有机质中。在煤阶较低的煤中，Zn 与 Mn 一样，可能主要结合在羧基上。

（7）砷（As）

煤中 As 的赋存形态多种多样，主要以无机态的硫化物结合为主，并常与黄铁矿等矿物伴生，但也存在有机结合的 As[41]。

（8）硒（Se）

Se 比较容易认为是一个亲黄铁矿和方铅矿（PbS）的元素，因为在这一化合物中 Se 原子能代替 S 原子。

（9）镉（Cd）

Cd 在煤中的一种主要存在形态是硫化物，多与闪锌矿结合。Cd 与硫化锌通常具有很好的相关性，但对于含 Zn 较低的澳大利亚煤，发现 Cd 与 Zn 没有关联。Cd 可能以黏土、碳酸盐或有机质形式存在，但通常以这种形态存在的 Cd 在煤中含量很低。

（10）铅（Pb）

方铅矿是一种普遍存在于煤中的矿物质。因此，硫化物被认为是 Pb 在煤中的一种主要存在形态。物理分离分析表明，Pb 通常浓缩于矿物质中。Pb 也可能结合于黏土和碳酸盐中。

（11）汞（Hg）

Hg 在煤中存在形态比较复杂。对于大多数煤，Hg 以硫化物以及锌化物形式存在。但也有实验结果表明 Hg 主要结合于有机质中，随之是硫化物和碳酸盐的形式。

（12）氯（Cl）

与上述金属微量元素不同，Cl 属于非金属元素。Cl 在大多数煤中作为微量元素存在，但在个别煤样中其含量接近达到 10^{-2} 百分含量，从严格意义上说，它不是微量元素。Cl 在煤中主要以 $CaCl_2 \cdot 6H_2O$、$NaCl \cdot 2H_2O$ 和有机氯化物等形式存在。

2.4.3 煤炭转化过程中微量元素的迁移

微量元素在煤燃烧过程中的迁移行为很大程度上取决于微量元素的挥发性。一般来说，微量元素在加热过程中有 3 条迁移途径：一是易挥发性元素和半挥发性元素可富集在细粒径灰表面，其中一部分扩散到大气中，另一部分被静电除尘器捕集；二是直接以气态形式随着燃烧废气一并释放到大气中；三是难挥发性或基本不挥发的元素，保留在飞灰和底灰中。但微量元素在煤转化过程中的迁移行为受到微量元素自身的理化性质、赋存形态、煤种、不同工艺和操作条件等多方面的影响，十分复杂。几种典型微量元素及其化合物的沸点见表 2-12。

表 2-12　几种典型微量元素及其化合物的沸点

物质	沸点/℃	物质	沸点/℃	物质	沸点/℃	物质	沸点/℃
F_2	−188.1	As	613	CoO	1800	Cr_2O_3	3000～4000
Cl_2	−34.1	MoO_2	795	Mn	1960	Mo	4600
Se	217	Zn	907	Cu	2570		
SeO_2	317	Sb_2O_3	1150	Ni	2730		
As_2O_3	405	B_2O_3	1800	Co	2870		

2.4.3.1 微量元素在热解、焦化过程中的迁移

目前对热解过程煤中有害微量元素的迁移研究还十分有限，且受多方面因素的影响，难以得出普适性的规律。

（1）氯（Cl）和氟（F）

Cl 本身在煤热解过程中很容易被脱除。影响其热解过程迁移的主要因素是温度。一般来讲，随着温度的升高，Cl 和 F 的释放率增加。在低温阶段释放的主要是有机氯，高温阶段主要是无机氯。对于有些煤，当慢速热解时（230～300℃的低温下），释放的主要为有机氯化物；在 470℃左右释放的主要是 NaCl 等无机氯化物。释放的 Cl 可能与煤中的矿物质再次发生反应留在底物里，并在高温阶段再次分解释放。在 800℃时，煤中极大部分氯以 HCl 释放，只有极少部分 Cl 可能留在残炭中[42]。

对 F 的研究相对较少，有研究观测到在慢速热解过程中 F 在 500℃开始析出，但加热至 1000℃后仍有 70%以上的 F 固定在煤焦中。

需要指出的是，由于煤种、微量元素的赋存形态、工艺条件等差异，F 和 Cl 的迁移规律也是存在差异的。

（2）汞（Hg）

温度是影响煤中 Hg 挥发的主要因素。反应温度越高，Hg 的释放量越多。随着温度的升高，其元素汞（Hg^0）占总汞的百分比逐渐降低，二价汞（Hg^{2+}）占总汞的百分比逐渐增加。有研究发现煤中汞在 200℃时开始明显挥发，在 300℃左右时 Hg 析出趋于平缓状态。

且由于煤种、Hg 的赋存形态差异，其析出率也不尽相同。

（3）硒（Se）

Se 是一种挥发性较高的微量元素，且其挥发性与煤种密切相关。某些煤中部分 Se 在 200℃下即可析出，而有些煤中的 Se 在低温阶段基本不析出，加热至 800℃时 Se 的析出程度都呈现转折性增加，其化学过程并不很清楚[17]。

（4）砷（As）

As 在煤中主要以黄铁矿形式存在，且比较稳定。有研究显示在 300～500℃范围内，一半的 As 会析出，但在 500～900℃范围内，析出较少。热力学计算得出，在 900℃时煤中 As 可以完全析出。有研究显示温度超过 900℃后，As 会快速挥发。但也有研究发现在惰性气氛下慢速加热至 1000℃，并没有 As 析出，但在 1000～1600℃的高温阶段，As 逐渐呈挥发倾向。这可能是由于 As 在析出过程中极易发生二次反应，形成砷化铁等热稳定性化合物[43]。

（5）其他微量元素（V、Cr、Mn、Co、Zn 和 Pb 等）

有研究对几种不同煤热解过程微量元素的挥发性做了考察，发现 Zn 和 Pb 在 750℃以上急剧挥发，至 1200℃以上几乎完全挥发。

研究显示，以硫化物和有机质形式存在的 Pb 比较容易挥发。Cr、Co 和 V 是在热解条件下挥发性很低的元素，即使加热至 1600℃，其基本上或大部分仍留在煤焦中，只有 Cr 呈少量减少趋势。一般认为，Mn 是挥发性最低的微量元素。这与 Mn 的受热氛围有关，未必达到金属 Mn 的沸点即可显著挥发。但 Mn 在 1200℃出现急剧挥发，1400℃以上煤焦中几乎不存在 Mn。

2.4.3.2 微量元素在气化过程中的迁移

煤气化过程中微量元素的分布大致类似于煤燃烧的情况[44]。图 2-17 表示了微量元素在用于 IGCC 系统的一个熔融排灰气化炉中的分配比例。与煤燃烧结果相近，Hg、Se 和 B 等挥发性较高的元素以较大比例转移至煤气中，而一些挥发性较低的元素，如 Ba、Co、Cr 和 Cu 等，以较大比例分配于炉渣中。据报道，As、B、Cd、Cu、Pb、Sb、Se 和 Zn 富集于颗

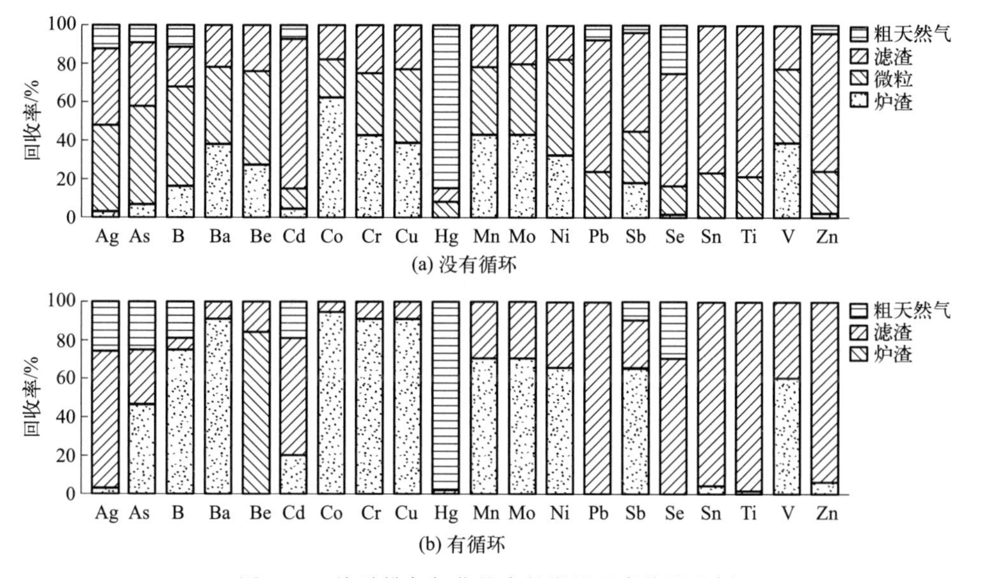

图 2-17 熔融排灰气化炉中的微量元素分配比例

粒较小的粉尘中。采用粉尘循环技术会影响微量元素的分配：As、Cd、Hg 和 Sb 等元素在煤气中比例增大，Pb、Sn 和 Zn 在被过滤的粉尘中的比例增大，而 Co、Cr、Cu 和 Ni 等元素在炉渣中的比例增大。湿法排渣有利于使某些微量元素在炉渣中以稳定的玻璃状形式固定下来，但也会使某些微量元素以更大比例留在煤气中。煤气化与煤燃烧不同的主要是煤加热和冷却过程的环境气氛。气化产生的煤气在冷却过程中气氛呈还原性状态，所以微量元素的化学变化应该与煤燃烧有较大差异，但目前在这方面还缺乏系统的研究与探讨。

以 Sasol 块煤鲁奇气化炉为实例，利用 FactSage 5.3 预测了挥发性微量元素（Hg、As、Se、Cd 和 Pb）的分布和化学形式，并依据采样分析对预测结果进行了验证[45]。图 2-18 是所考察鲁奇气化炉沿高度方向的温度分布以及炉中气化过程的区域划分。煤样从上部进入，逐步向下移动，顶层为干燥层，然后进入热解层，继而进入气化层，最后依次进入氧化层和煤灰层。图 2-19 是不同炉高煤层中 Hg 和 Se 的分布情况，可以看到 Hg 在干燥阶段和热解上层就基本完全挥发，而 Se 则部分留在高温煤焦和灰分中。结果得出，挥发性顺序为 Hg＞Se＞Cd＞Pb＞As。

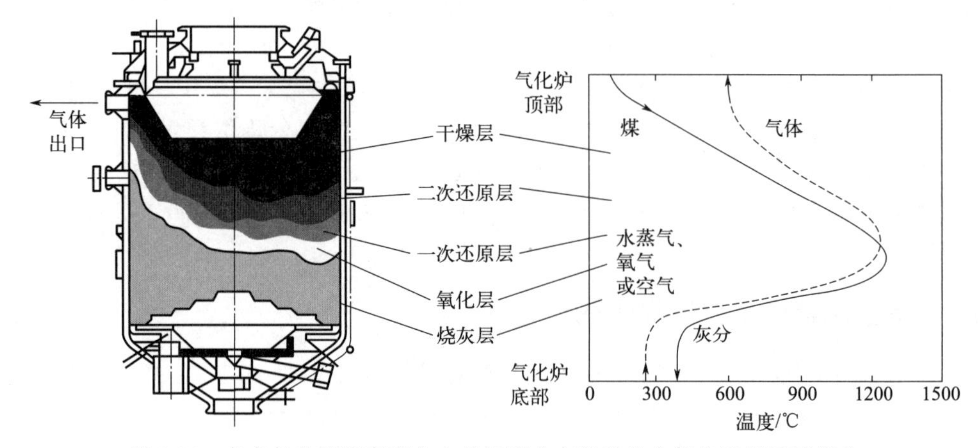

图 2-18　鲁奇气化炉沿高度方向的温度分布以及炉中气化过程区域划分

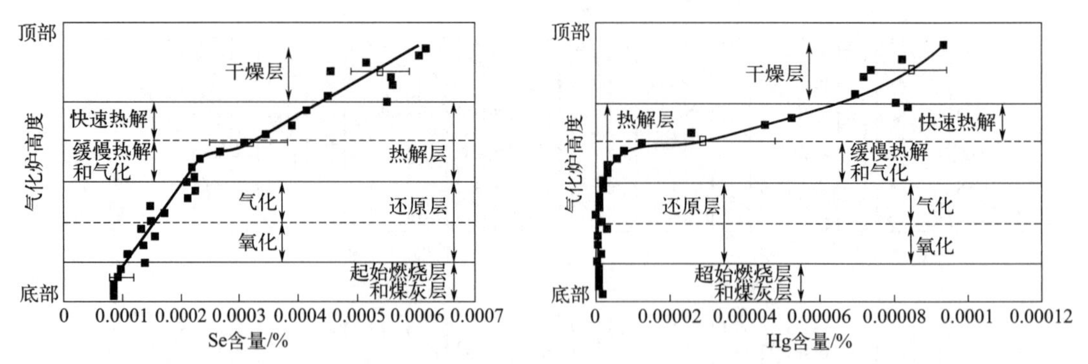

图 2-19　鲁奇气化炉不同炉高煤层中 Hg 和 Se 的分布情况

2.4.3.3　微量元素在液化过程中的迁移

煤的液化过程涉及热解、焦化和气化等过程，可分为直接液化和间接液化。液化产物组分复杂，微量元素含量极低，对实验的精度和适用性要求较高，因此涉及煤液化过程中微量元素的迁移转化的研究较少。

煤炭科学研究总院[46]曾对煤加氢液化过程产生的液化油、残渣和废水中的 Hg、As、Cl 和 F 等元素的迁移转化规律进行了研究。微量元素 Hg、As 和 Cl 在煤液化产物油中的含量很低，而在废水中含量较高；F 在液化产物油中的含量与在煤中的含量相近。微量元素 Hg、As 和 Cl 在煤炭液化时几乎未转移至液化产物油中，而相当一部分 F 转移到液化产物油中。煤炭科学技术研究院有限公司[47]对淖毛湖煤中 5 种有害微量元素 As、Cr、Cd、Pd、Hg 在直接加氢液化工艺中的迁移行为进行了研究。淖毛湖煤中 5 种元素整体含量不高，但 Hg 和 Cd 元素含量远超过全国均值。加氢液化工艺之后对水样、油样和液化残渣样进行元素含量测试，发现 5 种元素几乎不在水样和油样中分布，迁移程度按挥发性大小排序为：Cd＞Hg＞As＞Pb＞Cr。硫化物结合态和有机结合态是淖毛湖煤中 5 种有害微量元素最主要的赋存形态，但在各元素中占比有所差异，Pb、Cr 和 Hg 元素的残渣态占比较高。经过加氢液化之后，几乎不迁移的 Cr 元素的赋存形态变化不大，其他元素的不稳定形态发生迁移，含量大幅度下降。有机质的反应使得与其赋存的 As 和 Cd 也发生大量挥发，导致残渣态在液化残渣中的占比变高；Hg 的所有赋存形态均降低，在液化残渣的剩余量中与微量有机质和硫化物共存的 Hg 含量相对较高。

2.4.3.4 微量元素在燃烧过程中的迁移

煤中微量元素可能经燃烧后随烟气排入大气，造成大气环境污染；燃烧后产生的飞灰和炉渣中可能含有部分有毒微量元素，产生潜在的环境危害。

（1）粉煤燃烧过程中微量元素的迁移

日本中央电力研究所调查了几家燃煤发电工厂的微量元素的排放情况。粉煤燃烧温度在 1200～1600℃，烟气经静电除尘装置脱除飞灰，操作温度下降到 140℃左右。然后采用湿法脱硫，操作温度在 50～60℃，烟气经烟囱排放，排烟温度约为 100℃。

微量元素在燃烧系统中的分配比例如表 2-13 所示。第Ⅲ群元素在炉渣中排出比例接近于零，2/3Hg 在静电除尘和湿式脱硫工艺阶段脱去，但有 1/3Hg 穿过烟囱排出，F 也有 2/3 以上从烟囱排出，而 Cl 大部分在湿法脱除过程中除去。

表 2-13 燃烧系统中微量元素的分配比例（%）

类别	元素种类	炉渣	ESP	FGD	烟气
第Ⅰ群	Al、Ca、Co、Fe、Mg、Mn、Ni、Si	3.9	95.1	0.9	0.1
第Ⅱ群	As、B、Be、Cd、Cu、Mo、Pb、Sb、Se、Zn、V	1.7	96.8	1.4	0.07
第Ⅲ群	Hg	0.1	33.3	36.0	30.6
	F	0.1	0.6	58.0	41.3
	Cl	0.1	0.2	95.1	4.6

注：ESP—静电除尘器；FGD—烟气脱硫。

微量元素在煤燃烧系统中的分配比例取决于燃烧工艺和条件、不同的后处理技术等。粉煤燃烧炉温高、飞灰多，导致飞灰和烟气中微量元素的分配比例较高，而炉渣中微量元素的分配比例较低。第Ⅰ群和第Ⅱ群元素中不同微量元素的分配比例并不完全一致，数据只大致表示平均的分配比例。

微量元素在煤燃烧过程中的迁移机理非常复杂，煤燃烧可分为初始热解和燃烧两个过程，其机理如图 2-20 所示。在热解过程中，煤中挥发性物质逸出，其中包括易挥发的无机物质，同时形成煤焦，而煤焦中部分无机矿物质可能发生还原反应，以还原态挥发逸出。在充分氧化过程中，部分挥发性无机矿物发生成核和凝聚，形成极细颗粒的烟雾状物质，而部分烟雾状物质可能与灰分发生相互作用，部分高挥发性物质或最终以蒸气状从燃烧器排出。因此，灰分颗粒愈细，比表面积愈大，愈容易与挥发性物质发生作用，从而这些挥发性较高的元素易在细粒灰分中呈现富集效应。这种富集效应除了与颗粒的比表面积有关外，也与灰分的组成有关，当某种挥发性物质与某种组分具有较强亲和力时，相互作用就愈强。

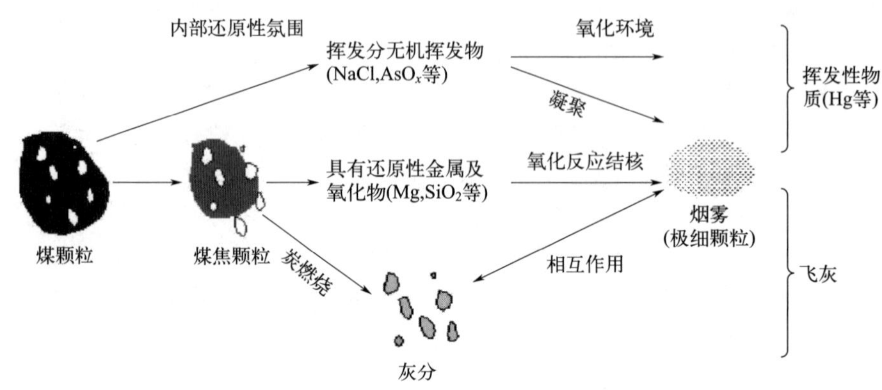

图 2-20　煤燃烧过程中微量元素迁移机理

有研究采集了 1000MW 煤发电厂的飞灰，利用磁分离、重力分离和筛分等方法十分详细地测定了不同飞灰中微量元素的含量[48]。图 2-21 是不同粒径级别的飞灰中各种主要元素和微量元素的富集因子（EF）。

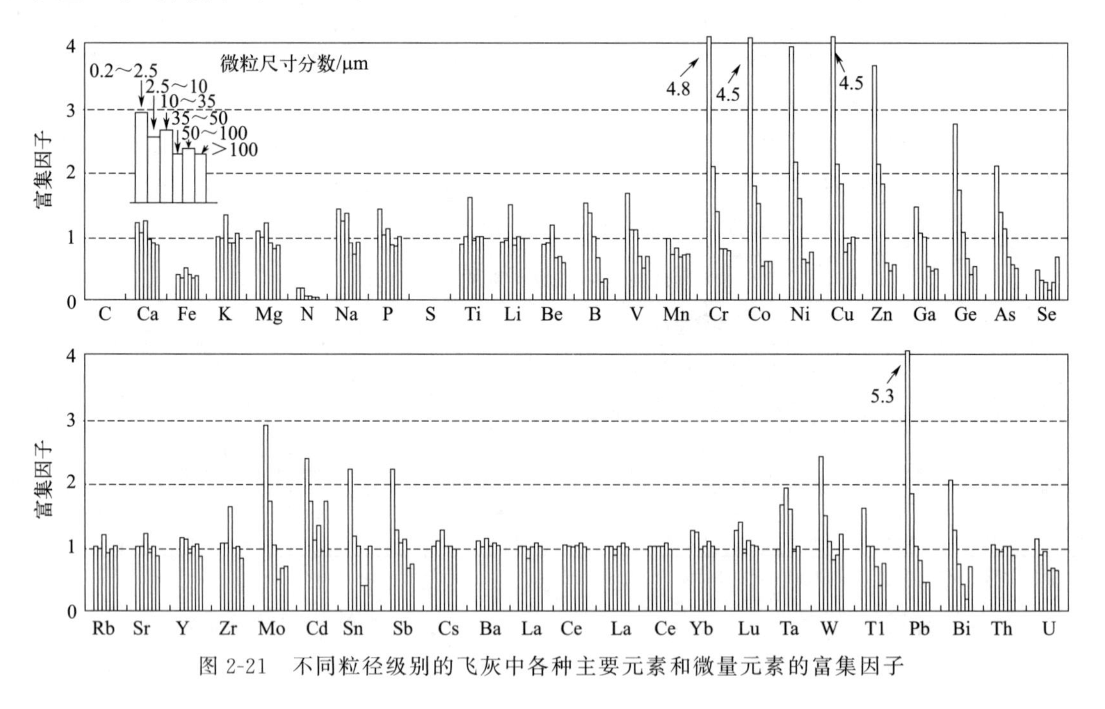

图 2-21　不同粒径级别的飞灰中各种主要元素和微量元素的富集因子

富集因子愈大，表示元素的富集程度愈高。很多微量金属元素，如 Be、Mn、Rb、Sr、Y、Zr、Cs、Ba、La、Ce、La、Yb、Lu、Th 和 U 等，不管在何种粒径级别的飞灰中，其富集因子都接近 1，说明这类元素平均分配于不同粒径的飞灰中，没有富集效应。而有些微量元素，如 Cr、Co、Ni、Cu、Zn、Ge、As、Mo、Cd、Sb 和 Pb 等，在颗粒级别较小的飞灰中富集因子显著大于1，说明这类元素在燃烧过程中经历了挥发、成核、凝聚等过程，富集程度较高。Se的富集因子小于1，说明Se的挥发性很高，可能部分已随蒸气排出，不凝聚在飞灰中。燃烧产物中元素的状态发生了明显变化，残余态的浓度增加了，例如铝硅酸盐。根据相对富集指数（REI），有害微量元素可分为三类：①固体废渣和粉煤灰中残留的元素为Cr、Mn和Ni（REI＞0.85）；②固体废物中残留的元素为Be、Co、Cu、Zn、Cd、Ba、Pb和U(0.1＜REI＜0.85)；③主要挥发到大气中的元素很少，只有Sb(REI＜0.1)[49]。

通过对飞灰的分级和分析表明，不同微量元素在煤燃烧过程中对不同的煤中矿物质具有不同的亲和性。Be和Pb对黏土成分有较大亲和性，Cr对黏土和氧化铁有较大亲和性，Mn、Co和Ni对氧化铁有较大亲和性，As、Cd和Sb对氧化钙和硫酸盐有较大亲和性，Se对氧化钙和未燃尽炭有较大亲和性。

(2) Hg在煤燃烧过程中的化学迁移

如上所述，Hg是目前微量元素中最具有潜在危害性的元素，它可以穿过燃烧系统直接从烟囱排出。因此，近年来，对燃烧过程中Hg的化学变化以及控制方面的研究很多。

Hg在煤中尽管有多种赋存形态，但在煤燃烧火焰的环境下都发生分解反应。有学者通过热力学计算，预测了Hg可能发生如表2-14所示反应。低于所指温度时反应向左移动，高于所指温度时反应向右移动。在燃烧中，煤中Hg可能都分解成单质汞。根据热力学计算，Hg在烟气中冷却至400℃以下，Hg的稳定态应当是$HgCl_2$等形式，但汞仍以单质汞形式存在。在燃烧后冷却过程中Hg所发生的化学变化是决定Hg在煤燃烧系统分配的一个重要过程。如零价汞发生氧化反应，形成氯化汞等低挥发性的化合物，就可以抑制Hg向大气排放。燃烧炉炉型、结构、操作条件，煤中Cl、S、Ca和Fe等成分在很大程度上影响汞的化学变化。

煤中Cl含量极大地影响零价汞转变为二价汞。很多研究通过模拟煤燃烧过程中Cl以氯化氢形式释放，证实氯化氢对汞氧化反应的促进作用。烟气中O_2和NO_x被推测可能影响汞的氧化反应，但发现由于受动力学控制，这些氧化性气体对汞氧化的影响微弱。

表2-14　煤燃烧过程中Hg的反应预测

反应号	反应式	温度/℃
1	$HgSO_4(l) \rightleftharpoons HgO(g)+SO_2(g)+\frac{1}{2}O_2(g)$	320
2	$HgSO_4(l)+Cl_2(g) \rightleftharpoons HgCl_2(s)+SO_2(g)+O_2(g)$	110
3	$HgCl_2(s)+H_2O(l) \rightleftharpoons Hg(g)+2HCl(g)+\frac{1}{2}O_2(g)$	430
4	$HgO(s) \rightleftharpoons HgO(g)$	170
5	$HgO(g) \rightleftharpoons Hg(g)+\frac{1}{2}O_2(g)$	320(无氯条件)、680(有氯条件)

汞蒸气还可与粉尘之间发生气-固非均相反应。在煤锅炉燃烧过程中，在无添加剂的情况下Hg被飞灰脱除的脱除率在0%～90%范围内变动，这取决于温度、飞灰中的残炭含量、无机物的催化作用等因素，至今并没有完全得到了解。无机物质对Hg的吸附能力较低，主要是残炭对Hg有微弱的吸附能力。对于低煤阶和高煤阶的煤，Hg较大程度地固定在飞灰中，这可能是因为低煤阶煤产生无定形成分较多的飞灰，而高煤阶煤不易充分燃烧，形成较多残炭。普遍认为，飞灰和残炭的表面性质影响到Hg的捕捉能力。进一步研究汞在炭表面的结构形式知道，$HgCl_2$(g)在炭表面以Hg—Cl的形式吸附，而汞以单质Hg和氯化物两种形式吸附，也可能以硫化物形式吸收。

Hg 在炭表面的吸附受到烟气中 HCl、NO、NO_2 和 SO_2 等气体的影响，机理如图 2-22 所示。HCl 和 NO_2 气体的存在可促进 Hg 的氧化与在炭表面的固定，但与 SO_2 和 NO_2 共存时，可能产生挥发性 $Hg(NO_3)_2$，这种物质通过溶剂吸收和色谱检测得到证实。飞灰中的无机成分 Fe_2O_3 和 CuO 被观察到具有催化氧化 Hg 的作用，而 Al_2O_3 和 SiO_2 基本呈惰性。CaO 具有明显抑制催化氧化反应的作用，可能归因于 CaO 与 HCl 之间的反应。尽管飞灰中无机成分有较强的催化作用，但是 Hg 依然有很大部分以蒸气状态留在烟气中。

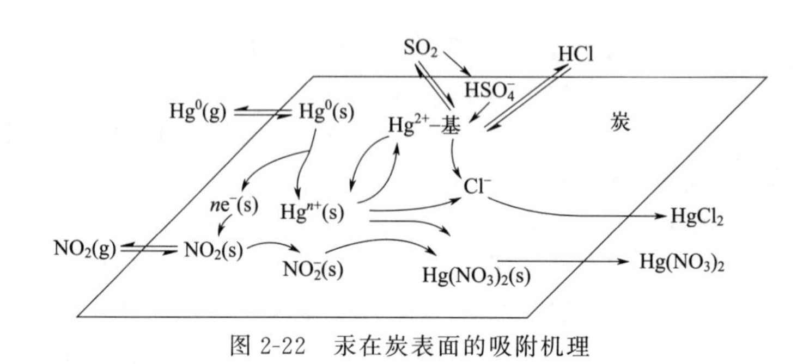

图 2-22　汞在炭表面的吸附机理

2.4.4　煤炭转化过程中微量元素的控制

微量元素的控制技术可以归纳为四大类：①在煤利用前脱除微量元素；②在煤利用时脱除微量元素；③在煤利用后净化系统脱除微量元素；④煤利用后产物中微量元素的控制。以下分别就这类技术的特征、开发及利用情况做简单介绍。

2.4.4.1　在煤利用前脱除微量元素

煤在利用前通常要经过洗选等净煤工艺，以去除煤中无机矿物质和硫等杂质。这一过程也可以附带地去除煤中部分微量元素。传统的净煤法有物理法和化学法两种。根据分离原理，煤中与有机质结合的微量元素较难去除，而存在于矿物质中的微量元素在洗选过程中矿物质脱除越多，则微量元素去除效果越好。脱除效率取决于微量元素在煤中的存在形态、脱矿物质的程度以及洗煤方法。

传统的物理洗煤过程对微量元素的平均脱除率与矿物质的脱除率直接相关，矿物质的脱除率为 5%～42%，而微量元素的脱除率为 27%～70%，高于矿物质的脱除率。经过常规的选煤，原煤灰分含量由 25%～30%降低为 6%～10%，同时微量元素 As、Cr、Mn、Ni 和 Pb 的含量降低 54%～73%，Cd、Co 和 Be 的含量可降低 41%～52%，而 Hg、Sb 和 Se 含量降低相对较少，为 14%～34%[50]。值得注意的是，采用将多种分离工艺串联在一起的细粒煤分选技术，可获得更好脱除效果。

化学净煤法要比物理洗煤法处理的深度更深效果更好。化学脱硫一般可以脱除 70%～90%的微量元素，但脱除率与微量元素的种类及其赋存形态、具体的化学脱硫方法和操作条件有关。试验表明，利用 2%的硝酸可有效脱除除 V 和 Ga 少数微量元素以外的大部分微量元素。但是化学净煤法至今由于工艺成本、环境影响等方面的原因没有得到大规模的工业化运用。

此外，微生物脱硫、微波脱硫和超声波脱硫等方法也可以同时在煤利用前脱除部分微量元素。但这方面的研究较少。

2.4.4.2 在煤利用时脱除微量元素

煤燃烧过程中微量元素排放控制可以通过改变燃烧工况、炉膛喷入吸附剂、就地喷入吸附剂前驱体的方法来实现。

在没有对微量元素采取其他的控制方法时，改变燃烧工况（如采用较大颗粒的煤粉、还原性气氛和降低炉膛温度等措施）可以降低锅炉中微量元素的排放。烟气中的大部分亚微米颗粒是由矿物质气化而产生的，而其气化受炉膛温度影响，因此锅炉的运行条件会影响微量元素的排放。有研究在300MW机组的锅炉上进行锅炉负荷对Hg排放的影响试验，发现当锅炉负荷从300MW降低到200MW时，进入炉膛Hg的总量从18.56g/h降低到12.17g/h，下降34.42%，而一电场、二电场和三电场中Hg的总量分别降低了11.18%、30.45%和30.08%，均比原煤中Hg总量下降幅度小。因此，锅炉负荷降低可使电除尘器中汞的回收程度增大，从而减少Hg的排放[51]。

在煤燃烧过程中添加固体吸附剂来捕获微量元素是一项很有发展前景的技术，在微量元素还未成核前，使微量元素与活化了的吸附剂进行吸附和化学反应，从而达到捕获或固化微量元素的目的。有研究显示高岭土、石灰石、铝土矿、氧化铝和水作吸附剂可对重金属元素Pb、Cd、Cr和Cu有吸附作用。烟气中没有氯和硫酸盐时，吸附效果最好的是水，最差的是氧化铝；当烟气中存在有机氯、无机氯和硫酸盐时，石灰石是最好的吸附剂[52]。同时每种吸附剂都有自己最佳的反应温度，如高岭土的最佳反应温度是800℃，而铝土矿的最佳反应温度是700℃。有研究在试验台架上进行了高温炉膛中喷入矿物质吸附剂对金属排放控制的试验。通过分析试验结果认为：矿物质吸附剂如熟石灰、石灰、高岭土在温度1000～1300℃范围内对As、Cd、Pb的捕获是很有效的[53]。对Pb的吸附试验中，石灰石吸附性能最好，其捕获率高达96.7%；其次是沙子，其捕获率达47%；最差的是氧化铝，仅能捕获43%的Pb。此外，还进行了石灰石、沙子在600～900℃范围内对Cd的吸附试验，发现石灰石对Cd的捕获效果要相对好一些，并且指出石灰石对Cd的最佳吸附温度在600℃左右，而对Pb的最佳吸附温度为750℃[54]。有研究对熟石灰吸附Se以及其反应动力学做了详细的描述：熟石灰在400～600℃时对Se捕获率最高，而后随温度的升高，捕获率急剧下降。熟石灰对Se的捕获不仅是物理吸附，而且存在着化学反应[55]。

2.4.4.3 在煤利用后净化系统脱除微量元素

煤利用后净化系统主要有除尘、脱硫、脱NO_x、脱汞和循环利用等工序。这些工艺也能辅以微量元素的去除，无需增添新的设备。下面对除尘工序和脱硫工序进行详细介绍。

（1）除尘工序

主要有旋风分离、湿法洗涤、静电除尘和过滤袋除尘等。煤热解、焦化过程中的微量组分会以煤焦油或渣的形式存在；煤气化过程中的微量组分有不同的脱除方法，如固定床和流化床会采用旋风分离的方式脱除绝大多数固体颗粒，后续配置水洗流程，而气流床气化一般只设置水洗塔，洗涤后的灰渣采用过滤等方式移出系统；煤液化则是以残渣形式从系统中排出；油煤共炼也是以共炼残渣的形式从减压塔底排出。相关的残渣可循环至气化炉或锅炉再利用，最后以炉渣的形式排出。旋风分离只能捕捉较粗颗粒（1～100μm），除尘效率较低（70%～80%），主要用来初级除尘。其他三种方法都可以将98%～99%的灰尘从烟气中脱除。但是微量元素的脱除率远没有除尘率高，因为一些微量元素主要富集于极细颗粒中。粗颗粒部分通常占总质量的95%，细颗粒部分约占5%。静电除尘效率高，烟气压力损失小，但除尘效率受灰尘静电性质的影响较大，不适合于颗粒浓度很高的烟气。由于静电除尘很难脱除颗粒小于 1μm 的灰尘，富集在这些颗粒中的微量元素不能随之去除。

过滤袋除尘适合于烟气中飞灰浓度较高的燃烧工艺，如粉煤燃烧、流化床燃烧等，其除尘效率大致与静电除尘相近，可达 99%。通过调节烟气条件或加入少量氨气、三氧化硫等气体，可以进一步更有效地脱除细颗粒飞灰，提高除尘效率。总体上看，由于过滤袋除尘对细颗粒的除去效果优于静电除尘，因此具有较高脱除微量元素的潜力。

在燃烧炉出来的冷却烟气中，汞有单质气态汞 Hg^0、氧化性气态汞 Hg(Ⅱ) 和与颗粒结合的 Hg_p。在高温除尘工艺中，由于操作温度较高，其中 Hg_p 基本不存在。Hg_p 存在于温度较低的烟气中，通过低温静电除尘或过滤袋除尘大致可以完全除去。Hg^0 和 Hg(Ⅱ) 在除尘过程中的脱除率与煤中氯含量及除尘方法有关。当煤中氯含量低于 200mg/kg 时，在低温静电除尘阶段汞可能氧化成 Hg(Ⅱ)，导致 Hg(Ⅱ) 的脱除率出现负值。煤中氯尽管影响汞在静电除尘中发生的氧化反应，但 Hg(Ⅱ) 并不能通过静电除尘除去。静电除尘对单质汞基本没有脱除效果。当煤中氯含量较高时，Hg(Ⅱ) 可通过过滤袋除尘除去。过滤袋除尘也有部分除去单质汞的作用，主要是因为单质汞在飞灰表面发生氧化反应。在煤中氯含量低于 200mg/kg 时，汞通过过滤袋除尘的总脱除率为零；而在煤中氯含量为 200～1400mg/kg 时，平均氯脱除率达 73%。

(2) 脱硫工序

工业化应用的烟气脱硫方法分为湿法脱硫和干法脱硫两种。煤发电厂使用的脱硫方法大部分为湿法脱硫。湿法脱硫工序一般配置在除尘工序后面，因为事先脱除烟气中的 SO_2 通常不利于静电除尘。此外，脱硫工序可以起到进一步脱除细小粉尘的作用。湿法脱硫常用石灰石或类似物质作为脱硫剂。湿法脱硫过程是一个烟气冷却过程，一般操作温度为 50～60℃。穿过脱灰工序的烟气中的大部分微量元素可以在湿法脱硫过程脱除，进入水相和淤泥中，只有少量留在烟气中。留在湿法脱硫过程的下游烟气中的微量元素主要是高挥发性物质，例如 B_2O_3、Hg^0 和 SeO_2 等。氯虽然大部分穿过脱灰工序进入脱硫工序，由于钙剂吸收剂对氯有较强的吸附作用，氯可在脱硫过程获得很大程度的脱除。需要注意的是脱硫工序的微量元素除来自上游烟气外，也可能来自脱硫剂。石灰石中通常含有丰富的微量元素，特别如 As、Cd 和 Pb 等元素，这些微量元素来自脱硫剂的占比可能比较大。

2.4.4.4 煤利用后产物中微量元素的控制

煤燃烧后的产物有粉煤灰和底灰，其中粉煤灰占 70%～85%。粉煤灰是我国当前排量较大的工业废渣之一，现阶段我国年排渣量已超出 3000 万吨[56]。

微量元素在粉煤灰中主要以残渣态存在，向周围环境的迁移量相对较低。但是如果采用湿法排灰的输送方式，在粉煤灰移向灰池过程中经水体运载、淋滤和沉积作用，不稳定有害微量元素就会从灰中析出进入灰水，并在灰水中不断富集，当累积到一定程度时就会污染周围土壤和水环境，对地下水造成污染的可能性也很大。粉煤灰的长期堆放也会造成微量元素的迁移，进而造成对环境的污染，所以对粉煤灰进行合理处置是有必要的。

(1) 对储灰场所的处理

一种有效的办法是在储灰场所铺设隔离层。隔离层可阻止 Se、Cr、Mn 等迁移性较强的微量有害元素下渗，避免对地下水造成污染。另一种是种植超富集植物。超富集植物是指能超量吸收重金属并将其运移到地上部的植物，对重金属具有富集能力。通过种植对微量有害元素吸收较好的超富集植物，如旱伞草、蜈蚣草、大叶井口边草、粉叶蕨、宝山堇菜、商陆等，可以实现一定程度的场地修复效果。

(2) 粉煤灰的处理

尽量缩短粉煤灰的堆放时间，加大粉煤灰的综合利用效率。煤灰在综合利用前需要从产出地或者储存地送往综合利用的地方，这就涉及粉煤灰的安全输送问题。粉煤灰的输送大致可以分为干式输送和湿式输送两类。湿式输送方式系统操作简单，我国电力行业早期的除灰系统中就是采用这种方式输送。综合利用方面，粉煤灰已经成功应用于建材生产、建筑工程等方面，在水泥和墙体材料等方面应用较为广泛。铝含量较高的粉煤灰，还可用于提取氧化铝。

2.4.4.5 不同脱汞方法

表 2-15 列出了几种不同的脱汞技术及其特点，以供参考。

表 2-15 不同的脱汞技术及其特点

技术	控制程度	成本	现状	问题
洗煤				
传统	低	低	商业规模	传统洗煤法之所以得到商业化应用，主要在于能达到部分除去矿物质和硫的目的，水热法是否有同样效果
非传统	中	高	近商业规模	
水热法	高	中	开发中	
吸收剂注入法				
活性炭	中～高	低～高	商业规模	吸收剂注入法需要配备独立的注入设备系统
钙基添加剂	低～中	低～中	商业规模	
黏土添加剂	低～中	低～中	商业规模	
金属氧化物类	高	低～中	开发中	
脱硫过程				
传统湿法脱硫	低～中	中～高	商业规模	一般需要附加设备
传统干法脱硫	低～中	中～高	商业规模	
湿法脱硫＋Hg^0	—	—	—	
氧化法	中～高	中～高	开发中	—
独立烟气脱汞工序				
碳固定床	高	中	商业规模	需要附加设备
流化床	高	中～高	商业规模	

在煤燃烧过程中煤中高挥发性微量元素大部分从烟气中以飞灰或蒸气形式排出，传统的除尘、脱硫等工艺有时不能有效脱除挥发性极高的微量元素，如 Hg 和 Se。这些微量元素最后留在烟气中，从烟囱排入大气。目前，Hg 是一个重点的研究对象，烟气脱汞技术包括：①在静电除尘或过滤袋除尘工序前注入吸附或吸收剂的方法，吸附或吸收剂主要有活性炭、钙基吸收剂、黏土吸收剂、金属氧化物吸收剂等；②在脱硫过程中控制汞的技术；③独立脱微量元素技术。下面主要介绍一下这方面的研究内容与进展。

(1) 在除尘前注入吸收剂法

此法更适合于没有配备脱硫工序的燃煤工厂。活性炭是一种比较有应用价值的吸收剂，降低活性炭使用量是降低该工艺成本的关键。这种技术已成功应用于城市废弃物焚烧工厂，可在使用较低的 C/Hg 质量比 3000/1 的条件下，脱除烟气中 90%的汞。但是在燃煤厂所排放的烟气中，汞浓度较低，存在吸收速率小、烟气中酸性气体与氯的浓度变化范围很大而影响脱除率等诸多问题。因此，将这一技术应用于燃煤厂仍面临许多技术挑战。对于燃煤厂来说，依照目前的经济成本估计 C/Hg 质量比不能超过 10000/1。以煤中汞含量为 $0.1\mu g/g$ 计算，需要加入的活性炭量为飞灰的 1%～2%。注入活性炭的缺点是增大了飞灰的可燃烧值，会影响飞灰作为水泥原料的质量。

活性炭的性能是影响汞脱除率的关键因素。表 2-16 列出了几种不同活性炭包括褐煤活性炭、烟煤活性炭、碘浸渍炭和硫浸渍炭的吸收条件与吸收能力。褐煤活性炭应用于垃圾焚烧厂脱除挥发性的微量元素。与褐煤活性炭和烟煤活性炭相比，碘浸渍炭和硫浸渍炭呈现较好的吸收性能。处理后炭的性能改善与炭原料及其制备条件以及浸渍条件等有关。

表 2-16 几种不同活性炭的吸附条件与吸收能力

吸收剂	平均粒径/μm	比表面积/(m^2/g)	Hg^0 浓度/($\mu g/m^3$)	温度/℃	吸收能力/($\mu g/g$)
褐煤活性炭	9～15	500～700	45～50	135	2590～3627
烟煤活性炭	8～30	680～900	54～300	100～135	1780～2188
碘浸渍炭	3.5	750	20～60	107～163	507～8530
硫浸渍炭	3～210	27～1007	50～55	100～163	1450～13831

用活性炭脱除烟气中汞的试验表明，许多操作参数影响活性炭对 Hg 的吸附性能。尽管二价汞最终可以与碳以化学键结合，活性炭对单质汞和二价汞都主要表现为物理吸附特征，对 Hg^0 的平衡吸附能力优于 Hg(Ⅱ)。随着温度的提高，平衡吸附能力降低。对于汞含量为 $10\mu g/m^3$ 的烟气，经济上的可行性一般要求活性炭对汞的吸附能力达到 $200\mu g/g$ 以上。活性炭粒径也是另一个影响 Hg 吸附能力的重要因素。减小粒径有利于消除传质影响。较大颗粒的活性炭可能受传质控制，使活性炭的实际吸附能力远远达不到平衡吸附能力。烟气的气体组成极大地影响活性炭对 Hg 的捕捉。HCl 的存在有助于提高对 Hg 的吸附能力，尤其对吸收单质汞具有较大的促进作用。在没有 HCl 的情况下，活性炭几乎没有吸附单质汞的能力。但当 HCl 浓度高于 $50\mu g/m^3$（相应于煤中氯含量为 $900\mu g/m^3$），进一步提高 HCl 浓度就没有明显效果。由于煤燃烧过程产生的烟气中都存在 SO_2 和 NO_x（典型 SO_2 浓度为 $200～500\mu g/m^3$，NO_x 浓度为 $10\mu g/m^3$ 左右）。活性炭对 Hg 的吸附能力必须要考虑这些气体的影响。SO_2 和 NO_x 具有显著减弱活性炭对单质汞和二价汞的吸附能力的作用，这些气体之间存在协同效应。

(2) *在脱硫过程中控制汞的技术*

湿法脱硫过程本身在脱硫过程中可以有效脱除二价汞，但对于脱除单质汞基本无效。对于煤阶程度较低的煤，一般烟气中二价汞的含量相对较少，湿法脱硫过程的脱 Hg 效果较差。提高湿法脱硫过程脱 Hg 的主要技术途径包括在脱硫工序中使用添加剂以及在脱硫工序前将汞更大限度地转化为氧化态汞，以便在脱硫过程中高效脱除。

硫化氢和乙二胺四乙酸（EDTA）被用作脱硫过程的添加剂。加入烟气中的硫化氢气体与汞发生反应，而 EDTA 作为螯合剂起到固定反应系统中的过渡金属而防止这些金属对脱汞反应的影响的作用。另一种可以选择的添加剂是 NOXSORB™ 溶液。这种溶液由氯酸和氯化钠组成，可以将单质汞氧化成水溶性的氧化态汞。若使用 0.1%的 NOXSORB™ 溶液，在几秒钟内可以脱除 20%的单质汞；若使用 0.5%的 NOXSORB™ 溶液，就可以使单质汞的脱除率提高到 87%。

另外，在脱硫过程前将单质汞催化氧化成为二价汞是保证汞在脱硫过程中得到有效脱除的途径之一。常见的催化剂种类有碳基催化剂、钯基催化剂和飞灰基催化剂。有试验在一个 500MW 燃烧褐煤的工业装置上对 C-Pd 催化剂进行了 2350h 的运行研究，从数据推测催化剂可以连续使用一年并氧化 70%的单质汞。另外在一个燃烧烟煤的工业装置上对 Pd 催化剂进行了 3864h 的运行试验，观察到 70%汞被氧化，但催化剂呈微弱失活倾向。

（3）独立脱微量元素技术

由鲁奇和ABB等公司联合开发的流动床烟气Hg脱除技术即是其中一例。该技术利用氢氧化钙作为Hg吸收剂，同时也可以脱除烟气中部分硫。其脱Hg的主要原理是钙与SO_2在炉内反应形成$CaSO_3$或$CaSO_4$，进而与Hg反应形成比较稳定的HgS，不存在汞吸收剂溶出的问题。据报道，该法的脱硫率达98%，对二价汞脱除率很高，但对单质汞的脱除率较低。

参考文献

[1] 唐书恒，秦勇，姜尧发，等．中国洁净煤地质研究［M］．北京：地质出版社，2006：242.

[2] 唐修义，黄文辉．中国煤中微量元素［M］．北京：商务印书馆，2004：390.

[3] 亢万忠．煤化工技术［M］．北京：中国石化出版社，2017：506.

[4] 解维伟．煤化学与煤质分析［M］．北京：冶金工业出版社，2012：228.

[5] Finkelman R B. Modes of occurrence of potentially hazardous elements in coal：levels of confidence［J］. Fuel Processing Technology，1994，39（1-3）：21-34.

[6] Swaine D J. The organic association of elements in coals［J］. Organic Geochemistry，1992，18（3）：259-261.

[7] 程俊峰，曾汉才，韩军，等．燃煤电站锅炉痕量重金属的释放与控制［J］．热力发电，2002（2）：23-30，58，69.

[8] Finkelman R B. Modes of occurrence of environmentally-sensitive trace elements in coal［M］//Swaine D J，Goodarzi F. Enviromental aspects of trace elements in coal. Dordrecht：Springer Science＋Business，1995.

[9] Swaine D J. Why are trace elements important［J］. Fuel Processing Technology，2000，65-66：21-33.

[10] 李大华，唐跃刚．中国西南地区煤中微量元素的分布和富集成因［M］．北京：地质出版社，2008：113.

[11] 陈贵锋，李振涛，罗腾．现代煤化工技术经济及产业链研究［J］．煤炭工程，2014，46（10）：68-71.

[12] Attar A. Chemistry，thermodynamics and kinetics of reactions of sulphur in coal-gas reactions：A review［J］. Fuel，1978，57（4）：201-212.

[13] 杜印娟．煤热解过程中含硫化物的转化问题研究［J］．科技信息，2011（27）：462-472.

[14] 申岩峰，王美君，Yong F H，等．高硫炼焦煤化学结构及硫赋存形态对硫热变迁的影响［J］．燃料化学学报，2020，48（2）：144-153.

[15] Yan J，Yang J，Liu Z. Radical：The key intermediate in sulfur transformation during thermal processing of coal［J］. Environ Sci Technol，2005，39（13）：5043-5051.

[16] 商铁成，高宇．高硫炼焦煤中硫元素在热解过程中的迁移规律研究［J］．燃料与化工，2019，50（6）：3-6，13.

[17] Sugawara K，Enda Y，Kato T，et al. Effect of hydrogen sulfide on organic sulfur behavior in coal and char during heat treatments［J］. Energy Fuels，2003，17（1）：204-209.

[18] 邹琥，葛欣，李明时，等．CrO_x/SiO_2催化剂上丙烷在CO_2气氛中脱氢反应的研究［J］．无机化学学报，2000，16（5）：775-782.

[19] Cheng J，Zhou J，Liu J，et al. Sulfur removal at high température during coal combustion in furnaces：a review［J］. Progr Energy Combust Sci，2003，29（5）：381-405.

[20] Xu W C，Kumagai M. Nitrogen evolution during rapid hydropyrolysis of coal［J］. Fuel，2002，81（18）：2325-2334.

[21] 吴琼，高宇龙，刘柯澜．神华煤直接液化工艺中硫元素的回收利用［J］．洁净煤技术，2016，22（05）：95-99，52.

[22] 吴琼，高宇龙，刘柯澜．神华煤直接液化工艺中硫元素的转化［J］．洁净煤技术，2016，22（06）：40-45，51.

[23] 常卫科，徐洁，孙伟，等．煤液化残渣中硫的迁移和转化研究现状及展望［J］．洁净煤技术，2017，23（3）：1-6，15.

[24] 王杨，陈建平，闫妍，等．某矿区原煤微波辐射-强磁选脱硫试验研究［J］．上海环境科学集，2015（2）：119-123.

[25] Broer K M，Brown R C. The role of char and tar in determining the gas-phase partitioning of nitrogen during biomass gasification［J］. Appl Energy，2015，158：474-483.

[26] Wilk V，Hofbauer H. Conversion of fuel nitrogen in a dual fluidized bed steam gasifier［J］. Fuel，2013，106：793-801.

[27] Liu S，Jin H，Wei W，et al. Gasification of indole in supercritical water：Nitrogen transformation mechanisms and

kinetics [J]. Int J Hydrogen Energy, 2016, 41 (36): 15985-15997.

[28] Zhou P, Xiong S, Zhang Y, et al. Study on the nitrogen transformation during the primary pyrolysis of sewage sludge by Py-GC/MS and Py-FTIR [J]. Int J Hydrogen Energy, 2017, 42 (29): 18181-18188.

[29] Yuan S, Chen X, Li W, et al. Nitrogen conversion under rapid pyrolysis of two types of aquatic biomass and corresponding blends with coal [J]. Bioresour Technol, 2011, 102 (21): 10124-10130.

[30] Yan X, Che D, Xu T. Effect of rank, temperatures and inherent minerals on nitrogen emissions during coal pyrolysis in a fixed bed reactor [J]. Fuel Process Technol, 2005, 86 (7): 739-756.

[31] 王昕. 煤/生物质循环流化床富氧燃烧及氮转化特性试验研究 [D]. 北京: 中国科学院大学, 2017.

[32] 何玉远. 煤与生物质共热解共气化过程中硫、氮的迁移规律研究 [D]. 郑州: 郑州大学, 2018.

[33] Mackie J C, Colket M B, Nelson P F. Shock tube pyrolysis of pyridine [J]. The Journal of Physical Chemistry, 1990, 94 (10): 4099-4106.

[34] Murtis S, Sakanishi K, Okuma O, et al. Detailed characterization of heteroatom-containing molecules in light distillates derived from tanito harum coal and its hydrotreated oil [J]. Fuel, 2002, 81 (17): 2241-2248.

[35] 李伟林, 石智杰, 张晓静, 等. 煤直接液化油中硫氮化合物的类型分布 [J]. 洁净煤技术, 2015, 21 (4): 55-57

[36] 刘敏, 陈贵锋, 赵鹏, 等. 白石湖煤加氢液化过程含氮化合物转化行为研究 [J]. 煤质技术, 2021, 36 (6): 36-43.

[37] 刘桂建, 彭子成, 王桂梁, 等. 煤中微量元素研究进展 [J]. 地球科学进展, 2002, 17 (1): 53-62.

[38] 王运泉, 任德贻, 雷加锦, 等. 煤中微量元素分布特征初步研究 [J]. 地质科学, 1997, 32 (01): 65-73.

[39] 白向飞. 中国煤中微量元素分布赋存特征及其迁移规律试验研究 [D]. 北京: 煤炭科学研究总院, 2003.

[40] 杨柳, 董雪莹, 孟东阳. 煤中微量元素含量常用测定方法 [J]. 中国矿业, 2014, 23 (增刊2): 293-300.

[41] 郑刘根, 刘桂建, 高连芬, 等. 中国煤中砷的含量分布、赋存状态、富集及环境意义 [J]. 地球学报, 2006, 27 (04): 355-366.

[42] 余琛. 煤中汞、氯、氟释放和形态转化规律的研究 [D]. 武汉: 华中科技大学, 2009.

[43] Ng J C, Wang J, Shraim A. A global health problem caused by arsenic from natural sources [J]. Chemosphere, 2003, 52 (9): 1353-1359.

[44] Clarke L B. The fate of trace elements during coal combustion and gasification: An overview [J]. Fuel, 1993, 72 (6): 731-736.

[45] Bunt J R, Waanders F B. Trace element behaviour in the Sasol-Lurgi MK IV FBDB gasifier. Part 1—The volatile elements: Hg, As, Se, Cd and Pb [J]. Fuel, 2008, 87 (12): 2374-2387.

[46] 杨华玉. 煤中微量元素 (汞砷氟和氯) 在煤炭加工利用中的运移规律研究 [D]. 北京: 煤炭科学研究总院, 2001.

[47] 高燕, 张凝凝. 淖毛湖煤中有害微量元素的赋存特征研究 [J]. 煤质技术, 2022, 37 (1): 46-55.

[48] Xavier J C. Extraction of water-soluble impurities from fly ash [J]. Energy Sources, 2000, 22 (8): 733-749.

[49] Wang J, Yang Z, Qin S, et al. Distribution characteristics and migration patterns of hazardous trace elements in coal combustion products of power plants [J]. Fuel, 2019, 258: 116062.

[50] Swaine D J. Trace elements during the mining and beneficiation of coal [J]. Coal Preparation, 1998, 19 (3-4): 177-193.

[51] 朱珍锦, 薛来, 谈仪, 等. 负荷改变对煤粉锅炉燃烧产物中汞的分布特征影响研究 [J]. 中国电机工程学报, 2001 (7): 87-90.

[52] Chen J C, Wey M Y, Lin Y C. The adsorption of heavy metals by different sorbents under various incineration conditions [J]. Chemosphere, 1998, 37 (13): 2617-2625.

[53] Gullett B K, Raghunathan K. Reduction of coal-based metal emissions by furnace sorbent injection [J]. Energy Fuels, 1994, 8 (5): 1068-1076.

[54] Ho T C, Lee H T, Chu H W, et al. Metal capture by sorbents during fluidized-bed combustion [J]. Fuel Process Technol, 1994, 39 (1): 373-388.

[55] Agnihotri R, Chauk S, Mahuli S, et al. Selenium removal using Ca-based sorbents: reaction kinetics [J]. Environ Sci Technol, 1998, 32 (12): 1841-1846.

[56] 白洪杰, 樊景森, 段飘飘, 等. 煤加工利用过程中有害微量元素迁移控制措施 [J]. 煤炭与化工, 2013, 36 (11): 144-146.

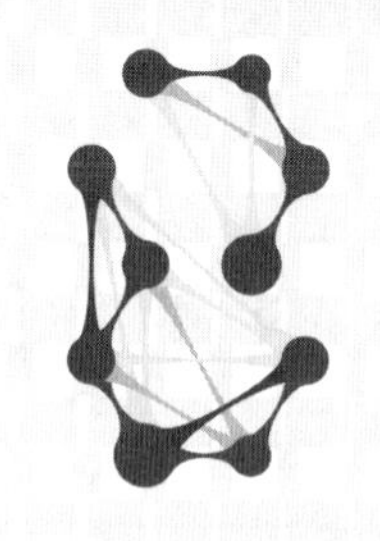

3 煤热解、焦化过程污染控制与治理

煤热解技术始于20世纪初，最初主要是为了制取石蜡油和固体无烟燃料；20世纪50年代因石油、天然气的开发，煤热解技术有所停顿；从70年代开始，新工艺被开发用来制取液体产品和芳烃化合物[1]。我国煤炭热解技术研究始于20世纪50年代，随后石化产业快速发展，煤热解技术发展进入平台期；进入90年代后，为了提高低阶煤综合利用率和更好地解决资源利用和环境问题，对煤炭进行分级分质利用成为新的发展趋势，煤热解技术的开发研究又受到重视[2,3]，其重点是延长煤炭综合利用产业链、提高产品附加值和提升环保性能。

煤炭分级分质利用是以煤炭热解为基础，后续对煤气、煤焦油、半焦等煤热解产物进行深加工，可生产多种具有高附加值的化工产品[4]，如国内煤焦油深加工产品主要有酚类、萘、洗油、粗蒽、沥青等，在合成塑料、农药、医药、耐高温材料、国防工业等领域广泛应用，而且如咔唑和喹啉等多环芳烃化合物是石油加工无法生产和替代的[5]。利用煤炭热解产物的特点，生产获得具有高附加值的化工产品，是实现煤炭利用最大化和高值化的重要途径。

进入21世纪以来，我国基本形成了以常规焦炉生产高炉炼铁用冶金焦，以热回收焦炉生产机械加工铸造用焦，以各类中低温干馏炉加工低变质煤生产电石、铁合金、造气、高炉喷吹和民用等使用的半焦（兰炭），构成了世界上加工技术最齐备、使用最广泛、产能最大的煤炭热解、焦化工业加工体系。

受过程条件限制，在煤炭热解和焦化过程中会产生大量的废水、废气和废渣等污染物，如不采取针对性的措施加以控制和处置，这些污染物进入大气、土壤和水系统后，会对热解、焦化生产装置周边的生态环境造成影响和破坏。

煤炭热解和焦化企业中，通过采取针对性的清洁生产技术和措施可以降低工业污染、减少工业排放[6,7]。从源头污染物的产生开始控制，优化工艺过程，采取改进设计，减少或者避免生产、服务和产品使用过程中污染物的产生和排放，以减轻或消除对人类健康和环境的危害。本章将分别从煤热解、焦化和煤焦油加工等三方面，介绍相关煤清洁转化工艺情况以及清洁转化过程所产生的污染物种类和所采取的相应的控制与处理措施。

3.1 煤热解

3.1.1 煤热解技术概述

煤热解指在惰性气氛下将煤持续加热至较高温度时发生一系列物理变化和化学反应，最终得到固体（半焦或焦炭）、液体（煤焦油）和气体（煤气）等产品的复杂过程[1]，是煤炭热转化（燃烧、气化、液化、炭化）利用过程中必经的最初转化阶段，是煤炭加工转化中极为重要的中间过程[8,9]。

由于煤的成分及分子结构十分复杂且不同煤种间性质差异较大，因此不同煤种具有不同的热解特性[10]。按照煤在热解过程中特性的变化情况，其热解过程大致可以分为三个阶段。第一阶段为煤的干燥脱气阶段，该阶段主要完成煤中水分的蒸发及一些小分子化合物（如 CH_4、CO_2 和 N_2 等）的受热脱附，在该阶段的后期会同时发生羧基及少量酚羟基的裂解反应。第二阶段为煤的活泼热分解阶段，该阶段主要发生煤的解聚与分解反应，释放出大量挥发分生成热解气和焦油，形成疏松多孔的半焦。由于热解气氛易于和挥发分、半焦发生反应，这一阶段是热解过程中气氛变化最为剧烈和主导的阶段。第三阶段为半焦形成焦炭的阶段，该阶段主要发生缩聚反应，在该阶段半焦中 H_2 释放量较大并含有少量的 CH_4、碳氧化物，但焦油的释放量极少。在该阶段随温度升高，半焦含量有序性提高，致密性增大，强度提高，体积收缩，焦炭内外部生成许多裂纹[11]。热解最终气、液、固产物的用途广泛，其中煤气是优质燃料，可用作化工合成原料；半焦是优质的无烟燃料，可用作冶炼用焦、气化原料和吸附材料；煤焦油加氢后可生产高品质汽油、柴油等燃料及其他化学品，是优良的石油替代品。

目前国内煤热解工艺应用热点聚焦于低阶煤的分级利用，通过煤的热解，生产高价值的油品和经济价值较高的化工原料，实现煤炭清洁高效利用和提高附加值。

煤热解技术依照工艺条件、加热方式和核心设备等的差异，有不同的分类[12]。

① 按热解过程温度分为低温（500～700℃）热解、中温（700～1000℃）热解、高温（1000～1200℃）热解和超高温（＞1200℃）热解；

② 按加热速率分为慢速（＜1K/s）热解、中速（5～100K/s）热解、快速（500～10^6K/s）热解和闪速（＞10^6K/s）热解；

③ 按热解气氛可分为普通热解（惰性气氛）、加氢和催化热解；

④ 按加热方式分为内热式热解、外热式热解和内外热并用式热解；

⑤ 按热载体类型分为固体热载体热解、气体热载体热解和气-固热载体热解；

⑥ 按固体物料运动状态分为固定床、流化床、气流床和滚动床热解；

⑦ 按反应器内的压力分为常压热解和加压热解；

⑧ 按入炉原料粒径分为块煤热解和粉煤热解。

历史上煤的中低温热解技术最初用于制取家用燃料，之后发展到从焦油中提取发动机燃料和化工原料。早在 1805 年在英国就实现了利用中低温热解方法以烟煤为原料制造兰炭。从 20 世纪开始，随着内燃机的出现和广泛使用，对液态燃料的需求量激增，煤热解的一个重要用途转变为制取液态燃料，这一转变促进了中低温煤热解技术的迅速发展，国内外均开发了多种热解技术[13]。

不同的煤热解技术都是在达到一定目标产物和目标收率的前提下，采用不同组合的热解气氛、载体类型、最终温度、加热方式及加热速率等形成的工艺流程。国外开发的煤中低温热解技术主要有苏联开发的ETCH粉煤热解工艺、德国Lurgi-Ruhrgas以热焦为热载体的煤热解工艺、美国食物机械公司（FMC）和美国煤炭研究局（OCR）联合开发的COED工艺、美国西方研究公司研究开发的Garrentt工艺、日本快速加氢热解FHP工艺等。然而，除了美国LFC热解技术在ENCOAL公司建设日处理量1000t的示范工厂外，其他技术均在中试或工业示范后未实现大规模的工业推广和进一步发展[13,14]。基于我国资源禀赋条件和热解技术对煤资源的高效利用，我国也开发了众多煤热解技术，其中块煤热解技术已经实现了产业化应用，其代表技术有神木三江SJ热解技术、陕西冶金设计研究院SH热解技术、鞍山热能院ZNZL热解技术等[13,15]。据统计，2023年我国兰炭产能约1.29亿吨/年，产量为5489万吨上述技术建设和运行。

传统块煤热解技术存在对入炉煤粒径要求高（粒径＜13mm含量不大于20%）、单炉处理能力低（最大不超过20万吨/年）等问题；同时我国煤炭机械开采块煤率仅有20%～30%，为提高粉状煤炭的利用率及能量利用效率，国家产业政策鼓励开发以粉煤为原料的煤炭热解技术[4]。这使得以粉煤、粒煤为原料的煤低温热解技术成为研究和开发的热点，并已经从以实验室研究为主逐步进入工业化试验和工业化示范阶段，如神华集团开发的固体热载体回转窑煤热解技术、浙江大学开发的循环流化床分级转化多联产技术、陕西延长石油集团开发的粉煤气化一体化技术、陕西煤业化工集团开发的气固热载体双循环快速热解技术等，均已进入工业化试验或示范阶段。

此外，加氢热解、催化热解、甲烷活化热解和煤-焦炉气共热解等新一代热解技术也受到了关注，并取得了一定研究成果。在煤热解过程中，还原性气氛一方面促进了煤热解自由基的生成，另一方面还原性气体热解本身也会形成自由基。这些自由基间的结合会进一步形成热解气、热解焦油及半焦等[11]。

煤加氢热解也称为直接加氢热解，是以氢气气氛替代传统煤干馏的惰性气体气氛，利用氢的介入来提高液态产物的产率和煤气的热值。煤加氢热解作为介于气化与液化之间的第三条煤转化途径，可将煤高效转化为液体燃料或化工原料，同时实现煤尤其是高硫煤的深度脱硫净化，得到的热解半焦为洁净的固体燃料[16]。根据工艺过程特点，煤加氢热解可分为直接加氢热解、间接加氢热解、快速加氢热解几类，目前国外开发的加氢热解法技术有Coalcon法、Schroeder法、CS-SRT法和快速加氢热解法[17,18]。2019年9月，中美新能源技术研发（山西）有限公司在美国ACCT公司煤炭快速加氢热解技术基础上开发了粉煤加氢快速热解工艺，并开展了50t/d的工业验证试验。2019年9月，中国科学院山西煤化所和中科合成油工程有限公司开发的温和加氢热解（液化）技术进行了万吨级中试。2025年1月，新奥集团百吨级二代新型一体化煤加氢气化炉工业示范装置建成试车，1600t/d的核心设备开始设计。

甲烷活化热解是一种间接加氢热解技术，是在煤热解过程中采用甲烷气氛，目的是提高热解转化率。有学者在热解天平下观察研究发现当温度低于400℃时，煤热解的TG曲线和在氮气下的曲线近乎完全一样；而当温度在400～750℃区间时，甲烷活化热解中煤失重的速率数值非常大。在固定床上进行的催化剂在甲烷气氛下对煤热解的影响研究，发现在500℃时能获得最高的焦油产率，相对于惰性气氛下的煤热解，甲烷气氛下达到最高焦油产率的温度降低。由于在400℃以下或者低压条件下，甲烷对煤热解并无明显的作用，只在高温高压条件下才能提高焦油的产率，但是增大系统的压力，就提高了过程危险性以及设备投资，因此甲烷活化热解在工业化实施方面仍存在一定困难[19,20]。

催化热解是在热解过程中加入特定催化剂，目的是降低热解温度、加快热解反应速率以及提高反应转化率。研究表明催化剂的加入能够对热解过程产生特定促进或抑制作用，因此可有效地定向改善热解产物的组成分布，实现有选择性地提高目标产物产率[19]。根据催化剂作用机理的不同，催化热解工艺可分为煤直接催化热解工艺和煤间接催化热解工艺，其中直接催化热解代表性工艺技术为美国 Utah 大学的 ICHP 技术，间接催化热解代表性工艺技术有美国的 Toscoal 工艺、大连理工大学褐煤固体热载体热解工艺和中国科学院“煤拔头”工艺、神华模块化固体热载体热解工艺等[21,22]。目前上述催化热解技术均处于过程调控原理和催化剂定向制备原理研究阶段，均还未实现工业化。

2021 年 11 月，国家能源局和科技部联合发布了《“十四五”能源领域科技创新规划》，规划中明确提出要开展百万吨级低阶煤热解及产品深加工、万吨级粉煤热解与气化耦合一体化等技术装备工程示范。2022 年 7 月《工业领域碳达峰实施方案》进一步明确要促进煤炭分质分级高效清洁利用。

3.1.2 煤热解工艺过程及清洁化生产措施

工业实际应用中，通常从热解目标产物的不同将热解工艺过程分为三类，情况如下[12]：

第一类是煤热解提质工艺——通过燃烧部分热解气或热解油提供热解反应所需热量，主要目的是获得高热值半焦产品；

第二类是煤热解制油气工艺——通过燃烧部分半焦提供热解反应所需热量，主要目的是得到热解油气产品；

第三类是煤基多联产工艺——在对煤热解得到油气产品的同时，继续燃烧或气化半焦获得热量和合成气，通过热-电-油-气的多联产实现煤的高效利用。

本节所述的煤热解主要指煤中低温热解，煤的高温热解（又称为煤焦化）在第 3.2 节中介绍。

典型煤热解工艺过程示意图见图 3-1。

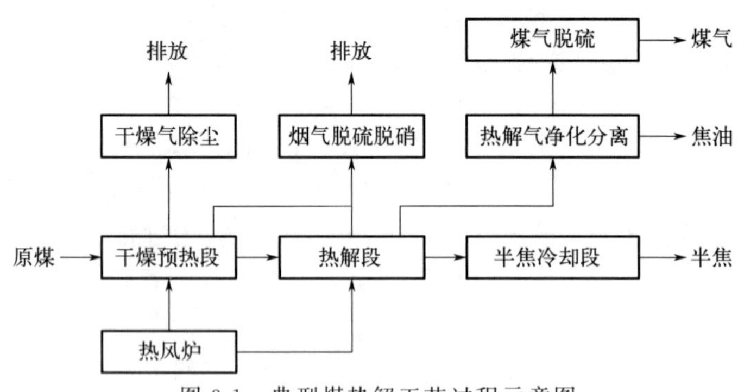

图 3-1 典型煤热解工艺过程示意图

当前，我国环保要求不断提高，对煤热解的清洁生产提出了新要求，热解技术应进一步发挥自身优势为能源结构调整与降碳减排做出贡献。煤热解工艺过程清洁化生产总原则为“减量化、资源化、再利用、无害化”。“减量化”即资源消耗最少、污染物产生和排放少；“资源化”即“三废”最大限度地转化为产品；“再利用”是对生产和流通中产生的废弃物，应作为再生资源充分回收利用；“无害化”为尽最大可能减少有害原料的使用以及有害物质的产生和排放。

3.1.2.1 合理选配热解原料

在热解过程中，原料煤的性质是反应历程、最终产物分布等的关键性影响因素。不同变质程度、岩相组成的煤性质的差异将直接影响热解产物的组成、产率和半焦产品特性。

挥发分高的煤（如气煤）侧链长、含氧量高，经热解后产生较多低沸点的气、液产物，可获得较多的化学产品，同时形成的焦炭耐磨性差、强度较小。挥发分低的煤（如瘦煤、贫瘦煤）侧链和官能团少、含氧量低，经热解后形成的化学产品少，而形成的焦炭耐磨性差、块度大。挥发分中等的煤（如肥煤和焦煤）侧链和官能团较多而含氧量较少，经热解后形成的液体产物较多，最终的焦炭耐磨性好。

煤热解应根据目标产物的需求，并结合资源获得性和经济性等因素，合理选择原料煤种类和配煤，确定最适宜热解加工工艺路线、设备类型和操作参数，从源头上提高资源利用效率，降低物耗能耗，减少碳排放和污染物产生。

3.1.2.2 块煤热解

从热解原料形态区分，热解工艺有块煤热解工艺和粉煤热解工艺。与粉煤热解技术相比，块煤热解技术工艺成熟，相对应用较多。下面以块煤热解典型工艺流程为基础，简要说明块煤热解生产过程和采取的清洁化生产措施。

块煤热解生产装置主要由存储及备煤、炭化、筛运、煤气净化等几个部分构成，图 3-2 是典型块煤热解工艺流程示意图。

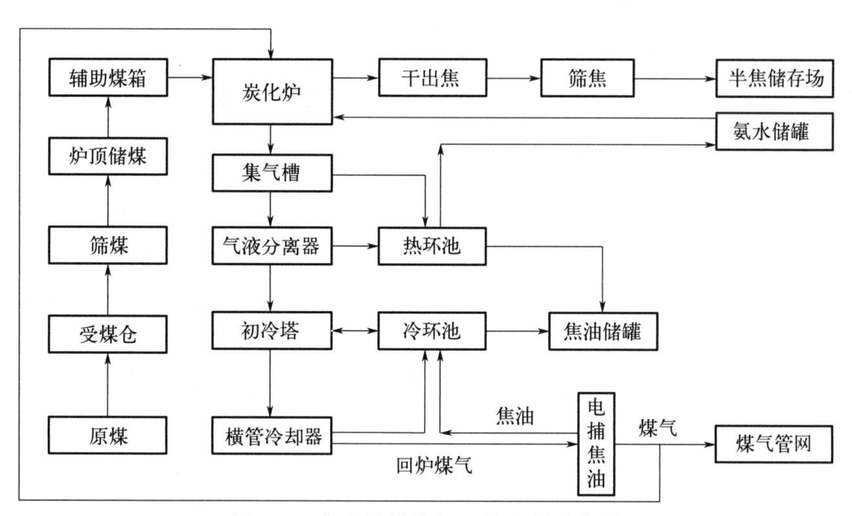

图 3-2 典型块煤热解工艺流程示意图

（1）存储及备煤系统

存储及备煤系统主要目的是为热解生产提供适宜品质的燃料煤、原料煤，生产过程主要是固体物料的储存、输送和加工。存储及备煤系统按照工艺过程，一般分为接卸煤、储煤、物料输送、物料筛分和破碎，过程从接卸煤开始，直至将原料煤、燃料煤送入热解装置的炉前仓为止，整个生产过程基本不涉及化学反应，主要是煤的粒径控制与分离等物理处理过程；同时根据原料煤性质和热解工艺需求，通过筛分处理控制入炉煤粉粒度的适宜分布，控制细煤粉的入炉量，有利于减少热解过程中的粉尘产生量。

煤储存形式一般有干煤棚存煤、条形煤场存煤、圆形煤场存煤、筒仓存煤等几种。煤炭转化项目一般的来煤形式有公路汽车运输、铁路运输、水路运输、长距离输送皮带来煤等。

1）煤的装卸

① 汽车运输装卸。当煤热解过程耗煤较少，附近不具备铁路、水路运煤条件且皮带运输较远不经济合理时，通常采用汽车运输。一般通过卸煤沟将车载煤炭卸入地下煤坑内，再通过卸煤站地下煤坑中叶轮给煤机给煤至带式输送机上，最终送至储煤设施。

② 火车运输装卸。当煤热解加工企业具备运煤铁路接入条件时，优选采用火车运输的方式运煤。

火车卸车方式主要有以下几种：一是采用翻车机卸车；二是采用底开门车缝式煤沟受卸；三是采用敞车运输，螺旋卸车机或者链斗卸车机卸车。

翻车机卸煤效率高、生产能力大、运行可靠，且自动化程度最高，不需要人工清车，劳动强度低，但翻车机系统设备多、系统投资较大。底开门车是一种无盖漏斗车，营运效率高、卸车速度快，适用于运距较近、矿点相对集中、车辆固定、物料粒度适宜的用煤工厂，该方式中采用的卸煤沟土建工程量较大。螺旋卸煤机，利用螺旋体的转动将煤从单侧或双侧拔除，一般完成一车煤卸车需 6～7min。链斗卸车机，即门式链斗卸车机，可横跨在车皮上，以链斗划煤和以胶带输送机向外传送煤，能将煤卸出轨道数米以外，有利于连续接卸。

③ 水路运输装卸。水路运输主要适用于长距离、大运输量的运输过程，是我国北煤南运的重要通道。当煤热解加工企业紧邻海边或者江边，具备建设卸煤专用码头条件的，可采用水路船运来煤方式。

水路运煤主要采用卸船机卸船。卸船机的种类较多，按照工作方式可分为连续卸船机和非连续卸船机。连续卸船机是一种专用码头装卸设备，使用条件不灵活，尤其是对高黏度、大粒度、高含水量煤炭进行卸船作业时不宜使用连续卸船机。非连续卸船机的种类主要有门式抓斗起重机、桥式抓斗卸船机等，对大粒度煤炭进行卸船作业时，一般采用桥式抓斗卸船机作为主要装卸设备。

2）煤的储存

① 条形煤场。条形煤场分为露天条形煤场和封闭（半封闭）条形煤场，露天条形煤场由于扬尘大，对环境污染严重，堆煤的损耗也大，目前已很少采用。封闭（半封闭）条形煤场在国内应用较为普遍，煤堆堆高一般在 10～15m，设置有钢结构网架穹顶，两端可根据煤场占地和设备检修需求设置为封闭或者半封闭。封闭条形煤场配有斗轮堆取料机，斗轮堆取料机主要分为悬臂式和门式两种，其中悬臂式斗轮堆取料机具有堆取料作业范围大、作业效率高等优点，在大型煤储运项目中得到广泛应用。

② 圆形煤场。圆形煤场为全封闭结构，近年来在国内逐步得到了较广泛的应用。圆形煤场直径根据需要储煤量和总图规划通常设计为 75～120m，下部设有挡煤墙，上部采用球冠状或半球状钢结构网架封闭。圆形煤场中心设有 1 台堆取料设备，堆、取料作业可同时进行。圆形煤场内一般设有紧急事故煤斗，在取料机故障或维修期间配合推煤机进行上煤作业。其具有占地面积小、单位储量高、自动化程度高、环保、节能等优点。

圆形煤场主要设备为堆取料机，主要由中心柱、悬臂带式输送机、堆料回转机构、堆料俯仰机构、刮板机、取料俯仰机构、取料行走（回转）机构、下部圆锥料斗、给料设备及电控系统、喷雾除尘装置等设施组成。来煤系统将煤送入圆形煤仓的悬臂带式输送机上，然后经过堆取料机将物料卸堆在圆形料仓内，在堆取料机司机室内可控制堆取料机在 0°～230°范围内回转堆料。刮板式取料机能360°回转和俯仰。煤经刮板取料机刮至中心立柱下料斗内，再由给煤设备将煤给入出料带式输送机运出。

③ 筒仓。筒仓主要的出料方式有叶轮给煤机、环式给煤机、活化给煤机等。相较于其他方式，采用叶轮给煤机的出料方式布置简单，投资最小，但其堵煤、洒煤情况最严重，运行情况差；采用环式给煤机，在一定程度上可缓解堵煤、洒煤等问题，但布置复杂，筒仓储煤量损失较大，对设备制造安装、施工等要求很高，检修维护也较为困难。目前国内筒仓给煤设备选型大多采用大开口、大出力的新型活化给煤机，其在运行、安装、维护等方面均具有明显的优势，系统运行的灵活性最高，能完全替代叶轮给煤机和环式给煤机。

3）煤加工和输送

在企业、装置内部煤的输送一般采用带式输送机或者管状带式输送机设备。带式输送机一般安装在室内环境中，采用头部或者尾部驱动的方式运行，在需要改变输送方向的位置设置转运站进行上下游设备间的转运。管状带式输送机为胶带成管运行，可实现全封闭输送，输送过程安全、环保，并且可在一定范围内改变输送角度和高度，适用于长距离、复杂地形的运输工况。

煤破碎、筛分等物料加工设备一般集中布置在筛破楼内，根据热解过程对物料的粒度需求，可分为粗、细筛和粗、细破等过程。按照设备形式不同，筛分机分为振动筛、滚轴筛等，破碎机分为齿辊式、锤击式等，根据需求进行选型及布置。

存储及备煤系统主要污染物是煤尘，产生于受煤、筛分和运输等环节；储存、输送设备应合理规划选型，尽可能采用封闭、半封闭结构从源头上减少扬尘；在重点煤粉尘、颗粒产生部位采用密闭型设备，如皮带通廊、转运站、钢结构煤棚等，避免粉尘向大气中扩散，并对产生的含尘气体利用消减和收集（布袋除尘器或电除尘器）方式进行粉尘回收利用。

采用的清洁化生产措施主要有以下方面：

① 露天堆场设置挡风抑尘墙。挡风抑尘网是利用空气动力学原理，采用一定几何形状、开孔率和不同孔形组合的挡风抑尘墙（图3-3），使流通的空气（强风）从外通过墙体时，在墙体内侧形成上、下干扰的气流，以达到外侧强风、内侧弱风，外侧小风、内侧无风的效果，从而防止粉尘的飞扬，同时也能起到隔声墙效果。挡风抑尘墙通常由独立基础、钢结构支撑、挡风板等部分构成。

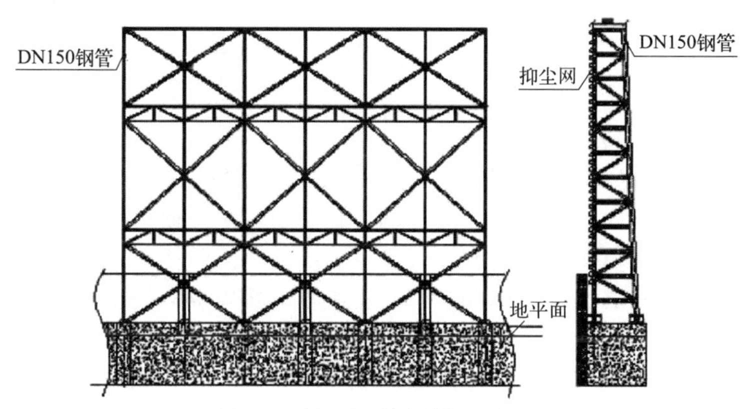

图3-3　挡风抑尘墙结构示意图

相关研究和风洞试验结果显示挡风墙高度为堆垛高度的60%～110%时，挡风墙高度与抑尘效果呈正比例关系；当挡风墙高度为堆垛高度1.1～1.5倍时，墙高对抑尘效果影响变化逐步平缓；当墙高为堆垛高度 1.5 倍以上时，墙高对抑尘效果影响不明显，因此挡风墙高度一般在堆垛高度的 1.1～1.5 倍范围内选取。如露天堆煤垛最高为 8m 时，挡风墙最佳高度在 8.8～12m 之间。

② 采用无动力抑尘导料槽和曲线落煤管技术。在煤输送设备转运点处采用曲线落煤管技术和无动力抑尘导料槽，减少输送过程中煤尘的产生。在煤汇集输送时用流线型曲线防堵防磨落煤管并结合落差的大小设置诱导风抑制系统和物料冲击缓解系统，削减抑制物料间、物料与设备间的碰撞和振动，避免传统落煤管落料时对受料皮带的直接冲击，尽可能减少粉尘产生和扩散；落煤管布置保证落料点和输送机胶带对中，运行期间能避免发生落料点不正造成的胶带跑偏现象。无动力抑尘导料槽技术通过在曲线落煤管与导料槽的黄金结合处（易扬尘点处）安装多级自动循环减压装置和在导料槽内部加装多层可调阻尼装置，平衡和削减物料下落冲击时产生正压风量，保证导料槽出口风速低于皮带机运行速度，从而抑制粉尘产生。该装置可模块化设计制作和现场组装，设置有观察窗口，方便运行期间检查及清理。无动力抑尘导料槽和曲线落煤管示意图见图 3-4。

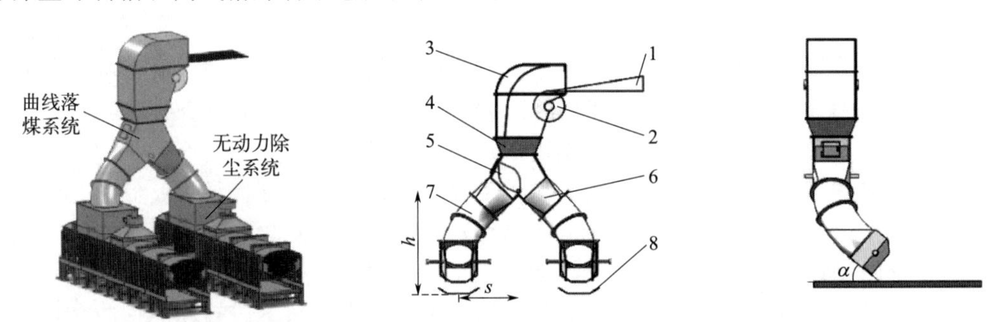

1—上输送带；2—滚筒；3—导流罩；4—上漏斗；5—三通分料器；6—下漏斗；7—曲线落煤管；8—下输送带

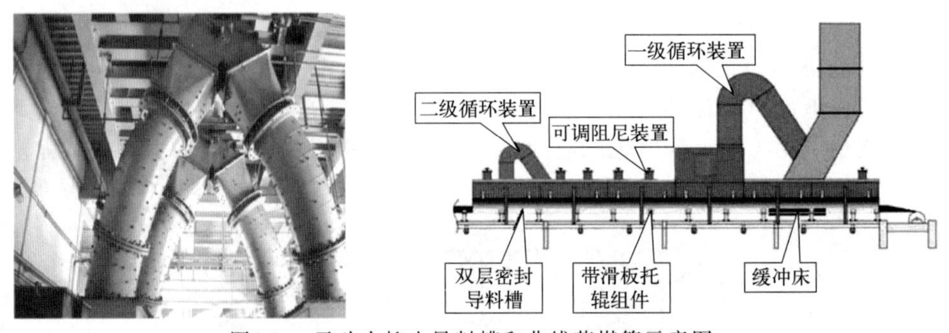

图 3-4 无动力抑尘导料槽和曲线落煤管示意图

③ 水雾抑尘系统。水雾抑尘的原理是水雾颗粒与粉尘颗粒相互发生碰撞、黏结、聚结增大，然后在重力作用下沉降达到抑尘的作用。粉尘与水黏结聚结增大过程中，最细小的粉尘（如 $PM_{2.5}$～PM_{10}）只有水滴很小或加入化学剂（如表面活性剂）减小水表面张力时才会聚结成团。当水雾颗粒直径大于粉尘颗粒时，粉尘仅随水雾颗粒周围气流而运动，水雾和粉尘颗粒接触很少达不到抑尘作用；当水雾与粉尘颗粒大小接近，粉尘颗粒随气流运动时就会与水雾颗粒碰撞、接触。水雾颗粒越小，聚结概率则越大，随着聚结的粉尘团变大加重，从而很容易降落。干雾是粒径 10μm 以下超细水雾滴，其与空气接触面积大、蒸发率高，能使含尘区水蒸气迅速饱和。干雾抑尘过程原理示意图见图 3-5。

工业干雾抑尘系统通过压缩空气驱动声波振荡器，利用产生的高频声波音爆在喷嘴共振室使洁净水雾化成干雾。在粉尘产生部位设置雾化喷头，雾化喷头工作时形成的干雾雾团将起尘点罩住，粉尘进入雾团与干雾充分结合并聚结成团靠重力下落，对于粒径不大于 10μm 粉尘的除尘效率可达到 90%～95%。干雾抑尘系统通常由微米级干雾机、水气分配器（或干雾箱控制器）、万向节总成、空气压缩机、水气连接管线和自动控制系统等组成。喷头装在喷雾箱内，通过万向节结构实现喷头喷射方向和角度的调节。

干雾抑尘系统一般应用于煤输送设备的转运点、煤装卸时卸煤设施的扬尘点、煤储存系统的作业点等，用于抑制各扬尘点的粉尘。

④ 高压喷雾洒水防尘系统。对于煤堆场可设置高压喷雾洒水防尘系统进行煤存储期间的常规消尘。系统由大喷枪、保温水管路、大喷枪控制系统、高压水泵和水泵控制装置组成。大喷枪控制系统安装（图 3-6）于储煤场西侧的房内，便于操作和管理。根据储煤场的实际情况确定大喷枪系统安装位置，主给水管做保温处理和地下敷设。

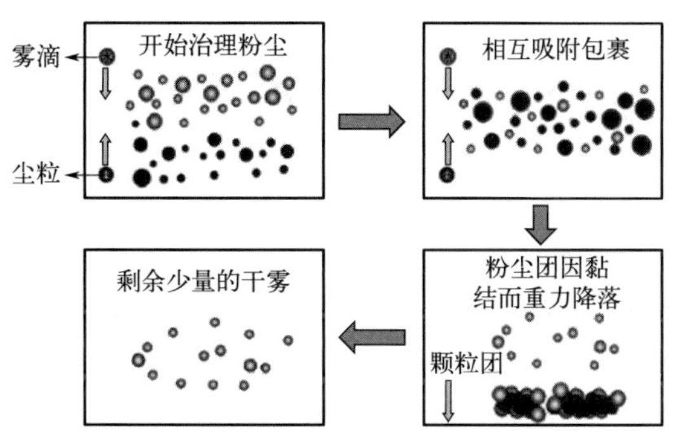

图 3-5　干雾抑尘过程原理示意图

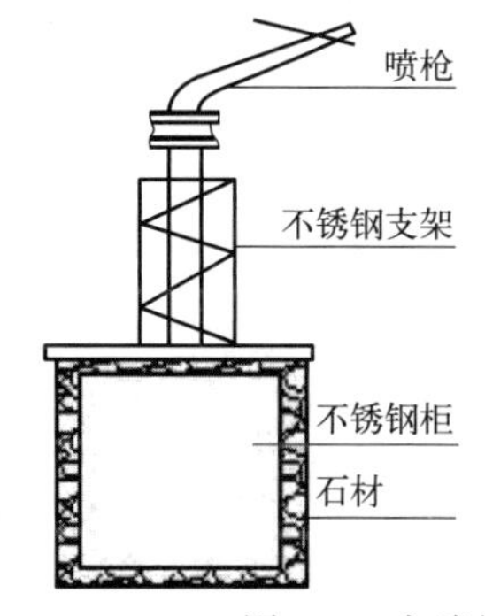

说明：
1.电磁阀等设备安装于不锈钢保温箱中。
2.用砖和水泥做水泥箱框，将不锈钢保温箱镶嵌在里面，水泥箱框表面用石材饰面。
3.用不锈钢管材做支架固定喷枪水管。

图 3-6　大喷枪系统安装示意图

⑤ 冲洗水系统。煤转运楼、破碎楼、栈桥等地面一般设置冲洗水系统；在各封闭式输送栈桥内相距一定距离处、各转运楼层、破碎楼各层等处均设置冲洗器，以便系统停机时冲洗栈桥和楼面，避免煤粉尘在各层楼面和重要设备表面累积。冲洗废水经收集、澄清后进入废水处理站进行处理后循环利用。

⑥ 防渗处理。对于有腐蚀性介质的生产区域，应根据其生产环境、作用部位、对建筑材料长期作用下的腐蚀性大小等条件，按《工业建筑防腐蚀设计标准》要求进行防腐设计。防渗根据污染介质分为一般污染区防渗地面和重点污染区防渗地面，原料煤储存场所由于存在渗透污染地下水源的可能，通常环保要求按照一般污染防渗地面进行处理；煤冲洗水集水坑、煤水处理站等下挖的坑、池等通常按照重点防渗处理。

⑦ 防振动措施。对于破碎机、振动筛、振动给煤机等运行中具有较大振动的设备，在结构设计上采用增加构件刚度来避免建筑物振动，在振动严重的设备上采用增加减振弹簧支座，减少设备振动对建筑物冲击的效果较好。

⑧ 防噪措施。车间厂房优先采用密度大的墙体材料，保证隔声效果；采用轻质墙体时，内衬吸声防尘布以及吸声层（隔声棉），并进行专项隔声降噪设计。破碎机安装带有阻尼层和吸声层的隔声罩；在操作岗位设隔声室。

⑨ 通风、消防设施。输煤系统地下部分和地下输煤地槽，由于通风不良，粉尘有积聚的可能，地下工作环境差。为改善劳动环境，通常设置机械送风、排风系统，以保证地下部分内的空气品质，换气次数可按每小时 15 次设计。

输煤系统各建筑物内设有火灾报警系统的，其通风设备分别与输煤系统火灾报警系统联锁，当发生火灾时，火灾报警系统自动输出信号，同一建筑物内的通风机全部停止运行，以防止火灾蔓延。煤水处理过程中氨、酚类物质会散发异味，通常设置有机械排风，以排除室内有害气体。

（2）炭化单元

炭化单元为煤热解工艺的主反应单元，通过煤的热解反应，煤炭转化为半焦和荒煤气，主要工艺过程如下。

经过破碎、筛分的原料块煤进入炭化炉后，自上而下移动的同时与上升的热解高温气体逆流接触，首先在炭化炉上部的预热段进行预热，然后再进入炭化炉中部的热解段。煤炭在此发生热解反应，生成半焦和热解气并放出大量热量。生成的半焦进入炭化炉下部的冷却段，先在排焦口与炉底刮焦槽内产生的水蒸气换热冷却，再落入炉底刮焦槽内，与刮焦槽内的水直接接触冷却，最后由刮焦机刮出。通过刮焦机尾部时经烘干干燥后，进行筛分、入库。煤炭中的水分和挥发分等在热解过程中成为荒煤气，由上升管、桥管进入集气槽，经循环氨水初步冷却后成为粗煤气，与冷凝液一起送至煤气净化单元。炭化炉煤焦烘干的热量均源自净化后的一部分煤气和空气燃烧产生的热量。近年来，有人针对热解熄焦系统存在的能源浪费、兰炭品质下降及环保问题突出等行业难题，提出了以朗肯循环火电厂烟气熄焦冷源的工艺，该工艺实施后将是热解熄焦技术的重大进步[23]。

炭化单元涉及的清洁化生产措施主要有以下方面：

① 煤炭通过热解反应转化为半焦和荒煤气，煤中约60%硫、28%氮以及95%的多环芳烃发生形态转化进入气相，有利于污染物的集中处理[24,25]。煤中硫、氮等污染源大部分在热解气化过程中转化为 H_2S、NH_3，与煤直接燃烧产生的 SO_x 和 NO_x 等相比，煤气中 H_2S、NH_3 更加容易脱除[26]。固相产物半焦中的硫含量相较于原煤大幅度降低，且多为不可燃硫，半焦可以作为洁净固体燃料直接用来燃烧或气化。原料煤中硫元素转化后的无机硫在荒煤气中进行了富集，使得后续硫的脱除过程变得更加简单高效，脱硫后的煤气可清洁利用。

② 提高过程自动化调控水平，实施多层次控制管理，实现过程全面检测、优化控制和智能诊断，减少进出料过程中污染物的排放，从源头上有效降低污染物的产生和能耗，同时较大程度降低人工操作强度。

③ 进入炭化炉的煤炭首先进行了破碎，粒径减小，可以提高传热、传质效果，提升热解反应速率，改善热解产品品质；炭化炉采用双室双闸给料技术，在装煤给料过程中，通过切换给料器上下闸板，减少荒煤气排放量。

④ 热解过程采用热解气体与煤炭直接逆流接触换热方式，同时进行质量和热量传递，能量利用更加充分和高效。

⑤ 荒煤气冷却后产生的冷凝水，循环用于荒煤气的喷淋冷却，可减少全厂新鲜水的用量和污水处理量；采用污水处理站处理后的循环中水作为刮焦槽冷却水，可减少全厂新鲜水的补入量和污水处理量。

⑥ 装置中液相管线和设备低点设置密闭导净，高点设置密闭放空，在装置开停车时将存余物料都进行回收处理，避免排放至周围环境中。当排放压力无法满足收集需求时，采用真空抽吸收集后集中处理。

（3）煤气净化单元

在炭化炉内初步降温的粗煤气首先在出口气液分离器进行气液粗分离，然后气相经过初冷塔、横管冷却器逐级冷却后进入电捕焦油器，把煤气携带的焦油、粉尘吸附回收。净化后的煤气通过煤气风机加压，部分返回炭化单元作为燃料，其余作为燃气进入管网外送利用。

气液分离器分离出的液相主要为焦油、氨水混合液，通过自流进入热环池。从热环池内出来的循环氨水用热环氨水循环泵送回炭化单元冷却荒煤气，热环池底部的焦油送至焦油储槽。

初冷塔内煤气由下向上流动，与喷淋的氨水逆向接触进行冷却，塔底收集的喷洒液及冷凝液自流回到冷环池。从冷环池内出来的澄清氨水送往初冷塔顶部进行循环，分离池底部的焦油送至焦油储槽。初冷塔顶部的冷却煤气由横管冷却器顶部进入其内的管间流道，与管内冷却水（循环水、低温循环水）逆向流动（冷却水冷却后再循环使用），冷却后从横管冷却器底部排出。煤气冷却时生成的冷凝液汇集在横管冷却器底部，排入横管冷却器水封槽中。

煤气净化单元涉及的清洁化生产措施主要有以下方面[27]：

① 煤气中的焦油、粉尘经过电捕集焦油器处理后用作燃料，有效减少了烟气中污染物的含量；

② 初冷塔中的冷却氨水源自煤热解产物并在过程中循环使用，减少了系统新鲜水耗；

③ 荒煤气的整个冷却过程采用直接冷却和间接冷却相结合的方式，相比较于全部直接冷却，可以大幅减少污水的排放量。

煤炭热解煤气的净化与焦化荒煤气净化工艺过程基本相同，详细的清洁化生产措施见第3.2.3节。

(4) 筛运单元

炭化过程生成的半焦先进入中间贮焦仓储存，然后通过筛分将半焦分为不同粒度等级的成品焦，最后成品焦分别送到焦场或储焦棚储存。筛运过程主要为物理筛分过程。为了避免筛分过程中产生粉尘，可控制出炭化炉半焦的干燥深度，保持产品半焦一定的水含量，可有效降低过程中粉尘的产生。

焦筛运过程与煤储运环节污染物产生及防治措施类似，具体措施可参见存储及备煤系统部分相关内容。

(5) 块煤炭化反应器（炭化炉）

煤热解是复杂物理和化学变化的过程，产物的产率和组成取决于原料煤性质、反应器结构和过程条件。不同热解原料和目标产物的需求，对热解反应器（炭化炉）的结构性能需求差异较大，因此也带来了过程污染产生和控制途径的不同。热解反应器需保证过程高效和操作维护方便可靠，最终从对物料性质变化的适应性、热解过程传热传质的均匀性、工艺过程调节的可控性和热解产物净化难易度等方面体现出结构形式的不同。

块煤热解是历史最悠久的热解技术，该工艺在源头上可以防止大量粉尘带入反应，避免粉煤热解工艺面临的输送管道、分离设备积灰的问题，有利于液体产品收集并减少烟尘排放。块煤热解反应器按照型式分为连续立式和回转型干馏炉两类，加热方式分为内热式、外热式和混热式。

外热式连续直立炭化炉利用回炉煤气燃烧后产生的热量经炉壁传给炭化室推动煤的干馏，原料煤不直接接触加热气体，代表炉型有 W-D 炉、JLH-D 直立炉等。该类型炭化炉原料适应性较强、无含酚蒸气和焦尘排放、运行动力消耗小，但干馏室和燃烧室不相通，反应需要的热量由气体/固体间接传递，产品产量和质量不稳定，外加热方式也限制了单台炭化炉的能力，生产能力较低。内热式炭化炉借助热载体（烟气、热半焦/灰、其他物料、瓷球等）把热量传给原料煤，代表炉型有德国 L-S 干馏炉、中国 SH 系列干馏炉等。该类型炭化炉原料粒度适应范围宽、产生的半焦和焦油质量好，实现了能量梯级利用，系统热效率高；特别在采用热半焦作为热载体时，利用其作为热解气和粉尘混合物的过滤材料，可在过程中较好地解决焦油粉尘堵塞问题。该类技术需要克服解决的核心问题是在热解炉上部区域热载体和物料的快速、均匀混合以及混合内构件的高可靠性和长寿命，延长系统操作周期。气流内热式炭化炉中气体热载体自下而上穿过料层并与热解气混合，因此不适宜处理黏结性较高的煤种，也降低了热解气态产物热值，增大了后续产物分离的难度和能耗。

回转型干馏炉是回转炉和低温干馏技术的融合，主体设备转动可促进物料和热载体间的直接/间接热量和质量传递，对原料煤黏性和粒度的适用范围较宽，可处理立式炭化炉难于处理的低阶煤，但对于回转热解器内煤填充率要控制在一定范围内（一般不高于25%），同时设备维护难度较大。

（6）炉内除尘脱油

20世纪80～90年代在煤热解工艺中采用固体热载体的内热式移动床反应器技术，其设计思路是使用混合内构件使待热解物料与热载体快速混合。国内典型工艺技术有神华煤制油公司研发的固体热载体直立热解炉，其工艺过程是将褐煤破碎至0～30mm，送入回转干燥器中，使其与烟道气并流接触、直接换热；同时原料煤在回转干燥器中与来自热解器的热半焦间接换热实现煤的干燥。干燥煤与来自加热回转窑的高温半焦混合后进入热解器，最终煤在500～700℃发生热解。热解生成的热半焦一部分送至加热回转窑进行升温处理，其余送至回转干燥器用于与原料煤间接换热。热解气错流穿过以工艺自产半焦（经筛分处理）为过滤介质的移动床过滤器，脱尘后再进入后续油气处理系统。此类技术用热半焦作热解气和粉尘混合物的过滤材料，实现炉内初步除尘和脱除焦油（图3-7），妥善解决了焦油粉尘堵塞和焦油含尘量大等技术问题，实现了能量梯级利用，系统热效率高。2012年，该工艺的6000t/a褐煤热解中试装置试运行成功。

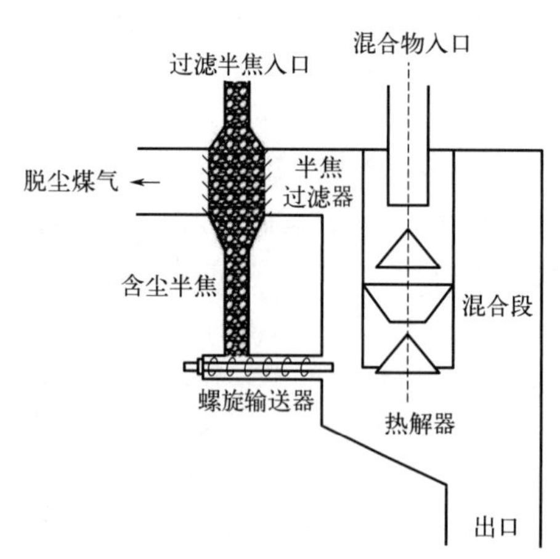

图3-7 内热式移动床反应器炉内过滤除尘脱油

（7）热解系统安全防范措施

煤热解涉及煤气、粉尘等易燃易爆介质的生成、处理加工，过程中又普遍存在高温、火花、静电等可引发燃烧、爆炸的因素，一旦发生也必将造成环境污染问题，因此热解系统的安全防范对全过程、全生命周期的污染防控十分重要。煤热解过程中主要可能发生煤粉及含尘气体的着火、爆炸和煤热解油气泄漏着火、爆炸两种情况。

处理热解油气的设备、管线密封不严时，油气会泄漏到附近的空气中，或者当系统为负压时，周围的空气可能进入系统，与热解油气混合。煤粉弥散在空气或煤气中，当局部达到一定浓度时，一旦有点火源引燃，可在极短的时间内释放出大量的能量。这些能量来不及散逸到周围环境中会使该区域空间内气体受热膨胀，同时煤粉燃烧时产生大量气体，因此会形成局部高压，严重时导致产生爆炸及传播。

燃烧发生的基本要素是可燃物质、助燃剂（通常为氧气）和点火源，因此热解系统防控燃烧、爆炸的关键是避免可燃物质与助燃剂接触混合达到燃爆范围和控制点火源。在煤热解过程中，可能导致热解油气着火、爆炸事故的主要点火源有明火、高温热源、摩擦撞击引起火花、静电和电气火花等。

① 对于煤干燥器及预热器系统，由于设备结构的开放性，要采取必要的封闭及通风等措施，避免煤粉积聚产生，消除爆炸环境隐患要素。对于热解系统中负压操作的设备，如干燥器及预热器、热解窑、沉降箱、过滤器等，设计采用高性能密封结构和密封元器件，保证

系统密封性或控制漏风率，消除热解气和空气混合机会。针对回转窑类设备的工作特点，采用随动式密封结构。对沉降室、高温过滤器、热解窑的出料口要采取料封或惰性气体循环等措施，同时还可采用密封性能好的插板阀或球阀等其他手段组合来实现严格密封。

② 对含粉尘气体管道要尽可能缩短水平段，并控制气体流速不低于15m/s，防止粉尘在水平管道中沉降。同时还要考虑留有疏通检查口。尽量消除设备内易积尘的平面死角，包括设备本体结构和放置于设备内部的加热器及仪器仪表等，以防止粉尘堆积燃烧。

③ 在煤物料处理设备内部设置温度、压力检测和氧浓度检测，装置中关键设备周边设置可燃和有毒气体（CH_4、CO、H_2 和 H_2S）浓度检测仪，并将监测信号传输至控制室；进入上述区域的操作、检修人员携带便携式可燃和有毒气体浓度检测仪，便于及时发现设备出现的异常状况，及时采取措施消除安全隐患。

④ 根据危险性爆炸气体的性质及相关规范，煤热解装置中各设备的工作区域基本为电气防爆危险区域，应按具体等级选用防爆电气设备。防爆区域电气负载元件必须选用防爆型部件杜绝爆炸诱导因素产生，以保证设备运行和操作安全。对电加热设备应选择适宜的防爆结构和等级，同时要注意控制加热体表面最高温度，避免其达到设备周边可能出现的易燃油气的着火点。设备要采取必要的接地措施，以消除静电危害。电缆铺设桥架应密封良好，防止煤粉进入并堆积燃烧；或直接布置于不易产生煤粉积存的区域。

⑤ 各主体设备均需设置放散管，以供发生事故或检修时使用，放散管要有一定高度，或统一与放散总管连接。

除去上述主动性的安全防范措施外，各关键设备及工艺系统关键控制点，均要配置安全保护设施，如安全阀、自动复位型安全泄爆阀或泄爆门等，以便于设备独立释爆，保护系统安全运行。在工艺系统发生意外时，有效保护人员及设备安全，避免更大事故的发生。

3.1.2.3 粉煤热解

由于粉煤热解技术还处于研发和示范阶段，本节将选取固体热载体回转窑煤热解、循环流化床煤分级转化、低阶粉煤气固热载体双循环快速热解、低阶粉煤回转热解、低阶粉煤多管回转热解等代表性的粉煤热解技术进行简述，关于粉煤热解技术的介绍将重点阐述清洁化生产的相关内容，工艺过程以流程示意图方式展示。

（1）固体热载体回转窑煤热解

神华集团开发的固体热载体回转窑煤热解工艺技术使用粒径小于25mm的粉煤，半焦为热载体，采用回转窑作为热解反应器进行混合和热解，典型工艺流程见图3-8[28]。

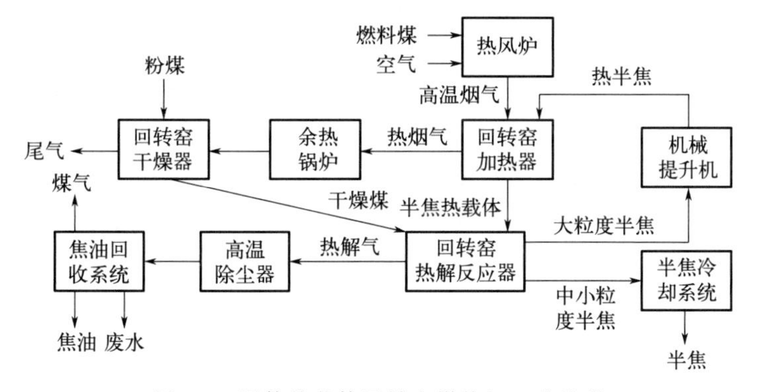

图3-8 固体热载体回转窑煤热解工艺流程

该技术采取的清洁化生产措施主要有：

① 在回转窑干燥器中，物料与高温烟气间充分进行热量交换，同时热风将产生的细小粉尘带走并集中收集，减少进入热解反应器的粉尘量。

② 采用回转窑作为热解反应器，能适应宽粒度碎煤进料并实现固体热载体和煤的均匀混合。热解反应器产物经粒度分级分离，大粒度半焦采用温和的机械提升方法返回回转窑，尽可能减少提升过程对半焦热载体的破坏，加热后作为热载体循环返回热解反应器，从而降低半焦循环过程中的粉碎率；只有达到产品粒度要求的中小粒度半焦经冷却后作为产品输出。

③ 回转窑采用较低转速来减小过程中半焦颗粒的破碎，控制细焦产生率。

④ 优化控制热解气通过高效旋风分离器等设备时的温度，在回收热解气夹带固体颗粒同时避免过程中焦油冷凝，达到控制热解气中粉尘含量和降低焦油中粉尘含量的目的。

⑤ 回转窑加热尾气经余热锅炉回收热量后作为热介质干燥粉煤，实现能量梯级利用。

(2) 循环流化床煤分级转化

浙江大学研发的循环流化床分级转化多联产技术[29]，采用小于或等于 8mm 的粉煤作为原料，以煤燃烧高温灰渣为热载体，集流化床燃烧与流化床热解工艺过程于一体，具体工艺流程见图 3-9。

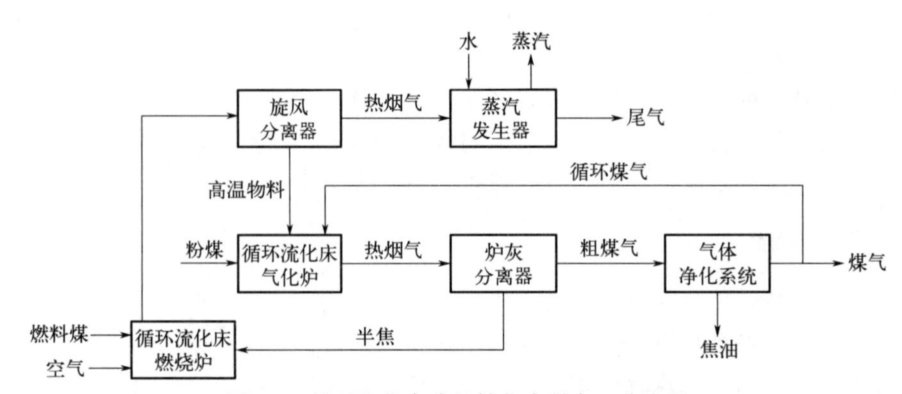

图 3-9 循环流化床分级转化多联产工艺流程

该技术采取的清洁化生产措施主要有：

① 将循环流化床燃烧锅炉和干馏炉集成，集燃烧与热解工艺过程于一体，实现系统中“热-电-气-化工”联产；采用双循环回路，锅炉和气化炉固体产物互为流化介质，煤中各种成分和热量利用较合理，降低了总体能量消耗。

② 煤在燃烧利用前先经过热解过程，富氢组分形成油气相，可进行清洁化、高附加值加工利用，同时硫、氮等元素部分进入油气相，易于后续处理脱除；作为锅炉燃料的半焦中硫、氮的含量大大降低，尾气处理难度低。

③ 循环流化床燃烧锅炉烟气采用旋风分离器进行循环灰分离，高温炉灰作为热源进入循环流化床气化炉直接加热原料粉煤，传热效率高，废气量少；气化炉烟气也采用旋风分离器降尘除尘，降低了带入气体净化系统的固体量。

④ 气化产热解气经除尘后，经过急冷塔和多级电除油冷却捕集焦油，焦油收率高且品质高，减少下游焦油加工难度。

(3) 低阶粉煤气固热载体双循环快速热解

低阶粉煤气固热载体双循环快速热解技术[30-35]是由陕煤集团开发的一种双热载体热解技

术。该技术以小于200目的粉煤与气固热载体（自产的粉焦和循环煤气）混合，利用固体热载体的高比热容与气体热载体的快速传热双重优势，在双循环气流床反应器内进行秒级快速反应；粗煤气通过油气急冷后进行煤气和焦油的分离，减少焦油进一步聚合生焦。该技术具体工艺流程见图3-10。

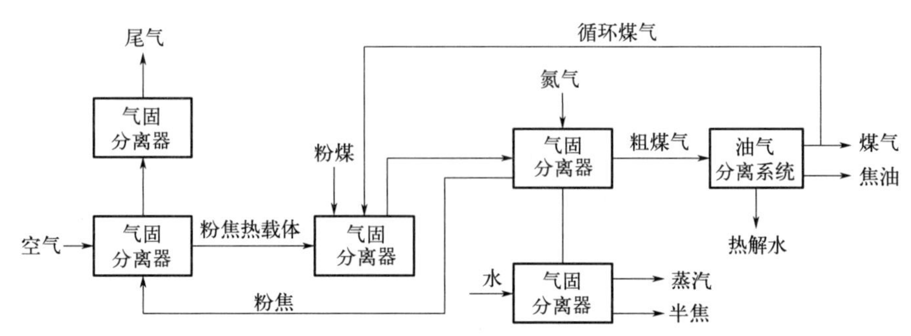

图3-10　低阶粉煤气固热载体双循环快速热解工艺流程

该技术采取的清洁化生产措施主要有：

① 热解粉焦循环作为燃料燃烧产生高温热载体提供热解过程热量，能量利用率高；

② 采用高效气固快速分离技术实现气固分离，降低焦油含尘量；

③ 采用产物急冷技术，焦油产率高且品质高，下游焦油加工难度较小；

④ 采用惰性气体进行干法熄焦降温，回收热量产生蒸汽，系统废水量大大减少。

(4) 低阶粉煤回转热解

陕西煤业神木天元化工有限公司开发了适用于粉煤提质加工和分质利用的低阶粉煤回转热解技术。该技术以小于或等于30mm的粉煤为原料，采用回转炉干燥与回转炉热解串联，加热介质采用逆、并流结合的方式供热，使得炉内温度分布更合理[36]。该技术的工艺流程见图3-11。

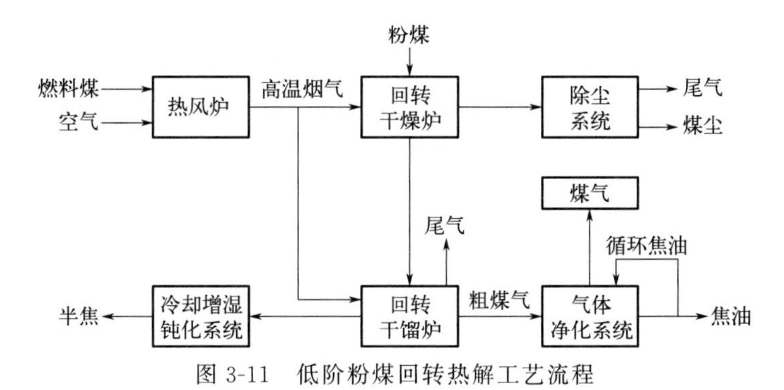

图3-11　低阶粉煤回转热解工艺流程

该技术采取的清洁化生产措施主要有：

① 采用热烟气干燥粉煤的同时去除粒径小于0.2mm的煤尘，减少了后续热解过程煤焦油中的煤尘量；

② 回转干馏炉采用间接加热，减少粉尘产生量；

③ 惰性气体进行干法熄焦降温，可回收热量发生蒸汽，系统废水产量少；

④ 利用自产煤焦油洗涤热解气中携带的煤焦油，并将粉煤干燥析出水与热解水分别处理、梯级利用，工艺耗水少，原煤水回用率高。

(5) 低阶粉煤多管回转热解

中国重型机械研究院股份有限公司提出了一种新的多管间壁换热回转式低温热解工艺技术[37]。该热解技术以小于25mm的粉煤为原料，主要由预热系统、热解系统、冷却和余热回收系统、煤气净化系统等组成，具体工艺流程见图3-12。

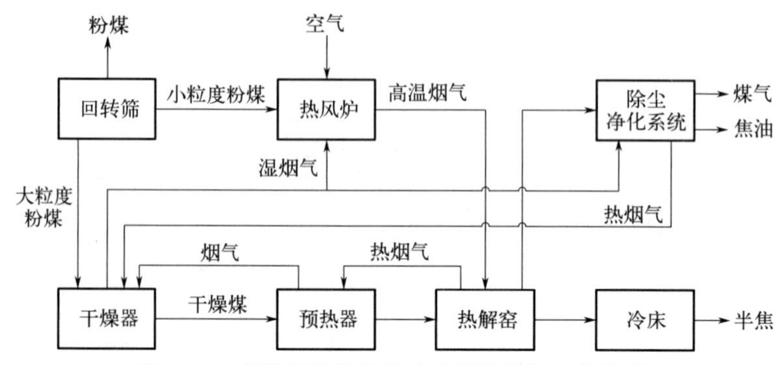

图3-12 多管间壁换热回转式低温热解工艺流程

该技术采取的清洁化生产措施主要有：

① 进料时，在回转筛内先将小颗粒筛分出来，减少进入热解窑的粉尘量；

② 预热器、热解窑采用间接加热，粗煤气出料速率低，减少粉尘产生量；

③ 采用专门研发的高温气体过滤系统预先对热解气进行净化，提高煤气洁净度，降低焦油粉尘含量；

④ 多加热管热风循环式热解，间接回转加热，传热效率有所提高，产生气体热值高，废气量少；

⑤ 采用干法冷却热解气，可对余热进行回收，过程外排废水少。

(6) 粉煤热解油气除尘处理

粉煤热解过程中产生的高温油气，特点是夹带大量粉尘且细粉（粒径10μm以下）含量较高、气体成分复杂、温度高、易相变，降温过程中产生的含尘焦油易引起设备及管道堵塞，无法实现长周期运行，对其的除尘处理效果决定了热解气、副产焦油质量和后续工艺过程的稳定运行及系统污染物排放的水平。热解气除尘过程在实现优良的气固分离效率、保证油品质量的同时，还需要保证系统能在450～600℃的环境下长期稳定运行，系统热损失和压降要小，从而避免油气冷凝生成含尘焦油堵塞设备或管道，降低运行费用。

高温含油含尘油气除尘可考虑的技术主要有高温旋风除尘、金属滤芯除尘、陶瓷滤芯除尘、高温静电除尘和颗粒层过滤除尘等。旋风分离特点是耐高温、结构简单、大颗粒去除效果好、易于安装和维护，对于热解气中小粒径颗粒的除尘效果不佳；金属滤芯和陶瓷滤芯同属于微孔过滤形式，特点是除尘性能和效率高，相比较而言，陶瓷滤芯更易由于受物料冲击和热应力出现破损失效，两者造价和安装维护要求高；颗粒层过滤除尘可以解决高温下材料性能问题，但由于结构特点有能耗高和再生难的问题。

实际工程中，应根据热解油气具体性质和下游处理需求分析，可考虑采用粗过滤＋精过滤组合工艺。首先采用高除尘效率的技术，如多级旋风过滤器（二级高效旋风除尘可达到85%以上的除尘率）尽可能地将大颗粒粉尘拦截去除，然后用微孔过滤或颗粒层过滤技术进行精过滤，总体可实现99.99%过滤效率，脱尘后热解气中尘含量$<50mg/m^3$，冷却分离的焦油中含尘量低，降低了焦油处理加工难度又避免或缓解了下游系统设备管道堵塞，减少系

统检维修的频次，进而减少了检维修导致的污染物排放。

对于金属滤芯和陶瓷滤芯，过滤风速可控制在1.0m/min，同时应设置备用过滤器，确保系统精过滤能力有一定的富裕。对于过滤器再生可采用反吹系统和离线氧化再生相结合的方式，提高运行中滤芯过滤效率和延长使用寿命。

高温热解气除尘工况特殊，过程中要关注气体防爆和粉尘防爆的需求。除尘系统中所有设备均应进行气密性检查，同时合理控制热解气流速和压降，监控系统内粉尘堆积情况，及时清灰防止粉尘浓度超标。为保证排灰操作时系统密封性，推荐采用双盘阀排灰，防止热解气和粉尘外泄出现安全隐患。同时系统内所有设备、管道应采用等电位设计，并进行可靠接地。

（7）粉煤热解热风炉污染控制

粉煤干燥及热解所需的热能通常来自热风炉，一般多采用燃料直接燃烧生成热烟气，再经过混风调温得到所需要的气体温度，然后提供给粉煤干燥及热解系统。粉煤干燥及热解系统热风发生工艺和设备的选择，要考虑满足工艺要求，还要考虑燃料供应和环保需求及经济性等因素。工业热风炉有燃煤炉、燃气炉、燃油炉、水煤浆炉、沸腾炉等炉型，随着技术的发展和环保要求的提高，部分热风炉应用逐步减少。一般而言，对于粉煤干燥及热解系统热风炉的选择有燃气炉、粉煤炉和沸腾炉几类。

1）直燃燃气热风炉

直燃燃气炉是指以燃气（天然气、人工煤气和液化石油气）为燃料的热风炉。用天然气和液化石油气作为燃料时成本较高，但烟气中的有害成分含量低，后续处理简单。直燃式燃气热风炉工作时，燃料气通过燃烧器烧嘴，在助燃空气的作用下在炉膛中完全燃烧，产生高温烟气，冷空气或回用烟气通过进气管进入混烟室，与高温烟气混合得到需要的气体温度后，经出风管引出至用热设备。直燃燃气热风炉具有燃烧充分（燃尽率>99%），有害物排放少，热效率高；热风温度调节快，安全可靠、操作方便；设备结构简单紧凑，易于维护，占地面积小等特点，工业应用广泛。

燃气燃烧提供热能的同时，会产生大量烟气，其中污染物主要是CO和NO_x。目前燃气通常经过深度脱硫处理，因此燃烧烟气中SO_2较少。

CO的生成与燃烧温度、助燃空气量以及烟气在高温区滞留时间等因素有关。燃烧温度越高且助燃气体（O_2）充足时，燃烧越完全，CO生成量越少；烟气在高温区滞留时间越长，燃烧生成的CO继续反应为CO_2，可减少CO的生成量。合理设置烧嘴和炉膛结构、合理调节燃料/空气配比是热风炉减少控制CO的主要手段。

燃烧过程中NO_x（热力型和动力型两类）生成主要与燃烧温度、氧气浓度、高温区的停留时间等因素有关，热风炉通常采取如下措施削减、控制烟气中NO_x含量。

① 燃烧温度。NO_x和CO的生成条件相反，提高燃烧温度有利于减少CO生成，但会使生成的NO_x量增加。燃烧温度越高生成NO_x越多，通常通过降低燃烧温度和改善燃烧流场来消除局部高温抑制NO_x的生成。

② 降低氧气浓度和预混部分/全部空气燃烧，使燃烧在远离理论空气比的条件下进行。

③ 由于烟气在高温区的停留时间越长，NO_x的生成量就越多，则可通过缩短烟气在高温区的停留时间以抑制NO_x的生成。

④ 选择适宜的燃料。在天然气、煤气和液化石油气三种气源中，液化石油气燃烧反应区温度最高、反应区的一次空气系数最大，因此容易产生大量的热力型NO_x。所以以液化石油气为燃料气源时，燃烧产生的NO_x量最多，其次是天然气，燃烧产生NO_x量最少的

是煤气。结合煤热解自身产物的特点，优选煤气作为热解热风炉的燃料，在降低燃烧 NO_x 生成量的同时也综合利用热解系统副产物，提高总体物料利用率，实现较好的经济效益。

2）煤粉热风炉

经粗碎、干燥后的煤经自动除铁和筛分后，由磨煤机将煤磨成粒径不小于 0.08mm 的煤粉，然后用自身产生的一次风通过输煤管输往燃烧器。煤粉在燃烧器内经高温燃烧和气化反应后，以半气化状态喷入热风炉内实现完全燃烧；燃烧过程产生的煤灰部分由排渣机构自行排出，部分随烟气经热风除尘器排出。煤粉燃烧采用双旋流燃烧器，煤粉雾化良好，并根据送粉量调节二次风，确保燃烧稳定，煤粉燃尽率可以达到 99%，点火系统可根据用户情况采用天然气燃烧机或柴油燃烧机自动点火。以煤粉或焦粉为燃料的热风炉，一般需配备制粉设备。根据使用煤种的不同，选用风扇磨、球磨、中速磨等不同型式磨粉设备制粉。

煤粉式热风炉的特点是煤粉燃尽率可达 99%，炉渣含炭不大于 1%（可作为建筑材料使用），燃烧炉的热工效率为 95%；全系统负压运行，煤粉输送采用低氧烟气输送，全过程干净清洁，安全可靠；热风炉出口烟气可实现低氧（<3%）、低氮化物（<200mg/m^3），环保性能好；系统采用远程集中调控，自动化程度高，劳动强度低。

煤粉热风炉使用煤粉为燃料，对使用煤质有一定要求，主要是煤挥发分、灰分、水分、硫含量和低位发热量及灰熔融性等，同时也需考虑煤质对热风炉燃烧设备结构、受热面的布置以及运行的经济性和可靠性等因素的影响。

① 灰分。煤燃烧后的灰分同样也是考虑的重点，灰分高会使火焰传播速度减慢，燃点推迟，燃烧温度下降，燃烧稳定性变差，甚至造成熄火。灰分过高，还容易加剧设备的磨损，缩短设备使用寿命。

② 挥发分。降低燃烧成本，通常建议选用低挥发分煤炭；若燃用高挥发分的煤炭，热风炉安全性和经济性将受到影响。

③ 水分和发热量。煤水分升高时，发热量降低；同时为避免烟气露点腐蚀热回收和排烟设备、管道，也会使排烟温度升高，影响燃烧效率，因此煤应进行必要的干燥和脱硫处理，以免影响煤燃烧的热效率和造成对空气的污染。

④ 多级配风燃烧和烟气回用（图 3-13）。粉煤炉燃烧优化控制除采用高性能煤粉燃烧器和适宜的燃烧空间外，配风技术对燃烧影响较大。粉煤燃烧常采用多级配风技术（二级或更多），在燃烧室内形成还原区与氧化区，即在煤粉燃烧器出口外区域形成欠氧低温燃烧，产

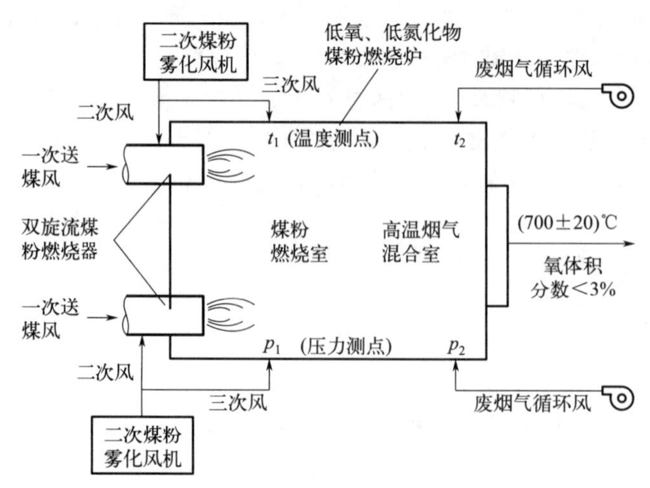

图 3-13　粉煤炉多级配风燃烧和烟气回用示意图

生大量可燃性气体（CO、CH_4 和 H_2 等）；然后可燃气体在氧化区进一步进行氧化燃烧形成高温区，可提高煤粉炉的燃料燃尽率，防止炉内结焦和减少 NO_x 产生。粉煤炉高温烟气中含少量未燃尽固定炭颗粒、可燃气体和少量氧气。为节能和提高安全性，可将部分烟气作为末级配风由循环风机引入热风炉混合室进行部分掺烧，进一步减少 NO_x 产生和控制高温烟气中氧含量，确保后续工段稳定、安全运行。

粉煤热解系统沉降室及除尘器中分离出的煤粉可作为热风炉燃料利用。原料煤处理环节回转筛筛分下来的细煤粉亦可用于热风炉燃烧。

燃煤排放烟气中含有 SO_2、NO_x 和粉尘等多种有害成分，需经过综合脱硫脱硝除尘治理达标后排放。在烟气参数、负荷能力及检维修周期满足的条件下，可把热风炉烟气送到热解系统烟气脱硫脱硝系统统一处理，减少投资和占地。

3）沸腾燃烧热风炉

沸腾燃烧热风炉是以粒径小于 10mm 的半焦或煤颗粒为燃料采用流化床式工作原理的热风炉，由煤破碎装置、加煤装置、燃烧炉体及高压送风装置组成。沸腾燃烧热风炉系统工作时，先将 0～10mm 的颗粒状煤经加煤机投入炉体内均风板上，并在炉体底部鼓入高压风使煤粒及渣料在炉体内形成流态化。煤粒占沸腾层内炉料的 1%以下，燃烧时空气与燃料接触面积大，相对运动速度高，燃料在流化床中停留时间长，燃烧速度快，燃尽程度高，污染物生成量少。高灰分、低热值的劣质煤也能稳定燃烧达到较高燃尽度。沸腾燃煤热风炉对燃料的适应性好，燃料热值达到 6.28MJ/kg 即可，如煤矸石、无烟煤、油页岩、煤渣等煤种都可稳定燃烧；燃料在炉内停留时间长，燃烧充分，总燃尽率可达 95%；炉膛内燃烧流场均匀且温度低，NO_x 生成量少；同时实现自动溢流出渣，灰渣未经高温熔融，活性较好，是水泥建材良好的掺合料。

沸腾炉燃烧影响因素有燃煤特性、燃煤粒径级配、流化质量、给煤方式、床温、床体结构和运行水平等，特别对于燃煤的结构特性、挥发分含量、发热量、灰熔点等相比粉煤炉等要求相对特殊。

对于挥发分较高、结构比较松软的烟煤、褐煤和油页岩等燃料，当煤进入沸腾床后，首先析出挥发分，煤粒变成多孔的松散结构，利于燃烧过程内外部扩散的进行，可提高燃烧速率。挥发分含量少、结构密实的无烟煤等受热时其内部挥发分不易析出，氧气向内部扩散也难，因此燃烧速率较低。

沸腾床为维持正常的流化状态，应避免物料团聚、结渣，需结合具体燃烧参数选择灰熔点适宜范围并控制实际用煤灰熔点的变化幅度，保证燃煤在炉膛内长周期有效燃烧。提高床温有利于提高燃烧速率和缩短燃尽时间，但床温提高受到灰熔点的限制。通常床温控制在 900～1000℃范围，比煤变形温度（DT）低 100～200℃，最高不超过 1050℃。

对于沸腾炉而言，合理的布风结构可减小气泡尺寸、改善流化质量和减少细粒带出量，提高燃烧效率。采用小直径风帽、合理的风帽数量和布置排列方式对提高流化质量均有明显的效果。同时，燃料进入床层时要在整个床面上尽量均匀，防止局部炭负荷过高造成缺氧。

4）热解系统热风炉选择分析

适用于煤中低温热解工艺的热风炉类型，应根据具体情况和整体工艺条件，在综合考虑各相关影响因素的基础上，全面分析比较后进行选择。

一般考虑的影响因素有可供燃料类别、有害物排放要求、投资、运行成本及可靠性等。通常优先考虑采用煤粉炉，这样可有效消耗热解气沉降及高温过滤环节生成的细粉，减少了制粉工作量及能耗。热解系统配置有气化系统时，若排渣残炭含量较高时考虑用沸腾炉，可直接利用热态半焦颗粒，从而大大简化燃料的制备过程，利于降低运行成本及节省投资。

燃气炉用天然气或液化石油气作燃料成本较高，在进行热解系统供热设计时应慎重选择。在现有热解系统中也有采用直燃式直接供热方式，即在多加热管热解装置中，将燃气和助燃空气分别引入各加热管，通过各自配置的点火器，燃气直接在管内燃烧，产生的烟气通过加热管换热后排出。该方式优点是供热传输路径短，热损失小；缺点是供风温度调节麻烦，配气及传热管路系统复杂，密封要求高。

另外，一般干燥温度要求在130～300℃，因而干燥系统直接采用较高温度的热风炉供风，过程能量利用方式不够经济合理，可结合整个热解系统进行梯级利用供风，即热风先用于热解再用于干燥，或将系统余热回收得到的热风用于干燥，提高系统热能利用效率。

3.1.2.4 其他热解技术

煤加氢热解技术和催化热解技术目前还处于研发阶段，本节对这两种技术中有助于提升煤热解过程清洁化的相关内容进行简述。

（1）煤加氢热解

煤加氢热解技术是煤在 H_2 气氛下进行热解以制取高热值煤气、优质焦油以及洁净半焦的热解工艺过程[19]。与其他煤炭转化技术相比，其特点如下：

① 加氢热解属于放热反应，利于煤热解达到反应温度，能量利用效率好；

② 加氢热解可进一步降低半焦中硫和挥发分含量，提升半焦产品品质；

③ 煤加氢热解过程高附加值轻质芳烃（三苯和三酚等）的产率高，同时以轻质组分为主的液态物产率可达15%～25%，甲烷的产率可达20%～40%（碳转化率）以上，低价值产品产量降低。

中美新能源（山西）公司粉煤加氢快速热解技术是典型加氢热解技术，已进入工业化阶段。该技术的工艺流程见图3-14[38]，其特点如下：

① 煤在富氢、加压条件下进行中高温快速热解，核心反应时间≤500ms，反应物停留时间1～2s，反应压力范围1.0～9.0MPa，煤粉粒径85%控制在200目以下；

② 工艺过程高能效，利用高温半焦潜热气化或发电，能源转化效率高；

③ 单炉处理能力高，加氢反应器采用气流床柱塞式炉型，可大幅度提高单炉的处理能

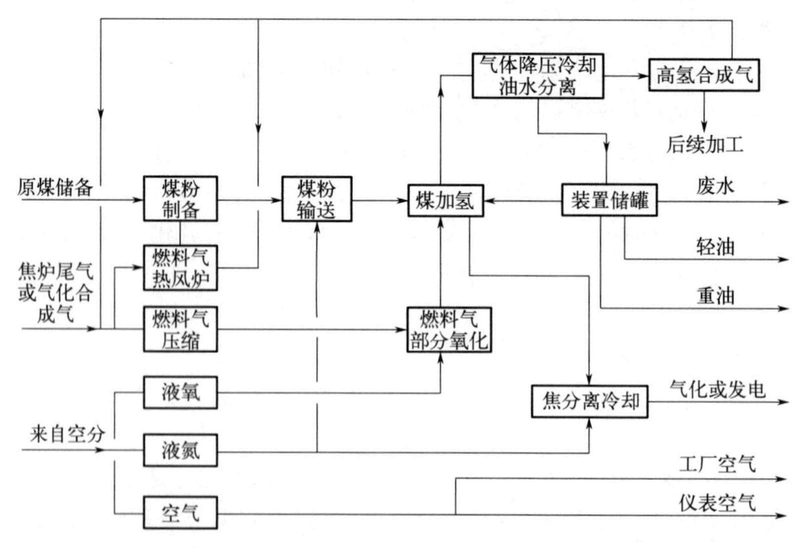

图3-14 粉煤加氢快速热解技术工艺流程

力，同时降低设备造价；

④ 工艺过程中不使用催化剂，减少了催化剂对产油的影响；

⑤ 该技术可以实现多种技术的综合应用，如气化-热解一体化、高热值气体部分氧化一体化。

(2) 煤催化热解

煤热解产物收率和组成受煤种（煤化程度、煤粒度、煤岩相组成）和工艺条件（包括加热条件、反应器种类、停留时间、压力等）的影响，催化热解是通过催化剂影响热解过程中物料的反应历程，对热解过程进行有选择性地调整从而改变热解的产物产率和组成，实现产品的定向转化，特别是可改善热解焦油的品质。煤热解过程主要包括有机物的一次裂解和初始热解产物的二次反应。

目前对于热解的工艺研究多集中于工艺流程、热载体选择等方面。常用反应器类型有固定床反应器、流化床反应器，热载体有气体热载体、固体热载体。目前对于热解的工艺研究多集中于工艺流程、热载体选择等方面。

煤催化热解技术因催化剂的加入，在煤炭清洁转化利用方面有如下优点：

① 特定催化剂可降低煤的热解温度，提高热解反应速率和反应转化率，降低了热解过程总能耗；

② 定向改善产物的组成分布，有选择性地提高目标产物产率，减少副产品、低价值产品的产量，提高了单位原料煤的利用率。

由于煤在热解过程中一直以固相形式存在，因此催化剂对煤热解的催化性能不仅与催化剂本身的催化活性有关，还与催化剂和煤颗粒之间的接触程度有关。根据催化剂在煤中的分散程度和负载方式可分为：连续或离散分布在煤晶格中，如煤中内在矿物质或催化剂通过浸渍、离子交换方式添加；存在于煤颗粒外表面，如机械混合方式添加。

根据催化剂负载方式的特点，产生了不同的催化热解工艺[22]。典型催化热解工艺有ICHP工艺、多段加氢热解工艺和逆流式煤催化热解工艺，简要情况如下。

① ICHP工艺。美国Utah大学和美国能源部开发了介质煤加氢工艺（ICHP），后发展为煤快速加氢热解工艺。该工艺是将粉煤用$ZnCl_2$催化剂溶液浸渍干燥后由循环的氢气携带进入盘管式反应器，在13.6MPa压力下被迅速加热至450℃，停留时间为4～6s。加氢热解后的油气产物经冷却后液体被捕集，半焦、灰和未反应的煤在固体收集器中收集。用硝酸和水洗涤热解油品和半焦产物，从水相中回收$ZnCl_2$。该工艺所得气体、轻质油、重质油和固体产物产率分别占进料煤质量的13%、15%、37%和35%，其中液体产品中69%可精炼成汽油，56%可精炼成柴油。

② 多段加氢热解工艺。传统的加氢热解过程是以固定的升温速率直接升至终温，而多段加氢热解过程是在热解峰对应的温度处（约350℃）停留较长时间。多段加氢热解工艺中采用MoS_2催化剂，可明显加快自由基的生成及其被氢化饱和的速率，从而促使总转化率的提高并改变了产物的分布。热解工艺产物焦油中的轻质组分含量明显提高，苯类、酚类和萘类产率分别增加42%、37.8%和115.4%。在该工艺中，MoS_2与煤简单直接混合，分散较弱，使热解挥发分和焦油产率提高程度有限，且负载MoS_2催化剂又会使成本增加。

③ 逆流式煤催化热解工艺。该工艺是将不同粒度和颗粒密度的煤粉和催化剂分别送入热解反应器和催化剂仓，经逆流接触后快速热解。过程中通过控制提升气流量和利用催化剂与煤粉颗粒的密度差、粒度差，实现催化剂与半焦颗粒的逆向流动和自动分离。热解油气夹带的半焦颗粒经旋风分离器快速分离后，所得油气进行快速冷凝。反应后的催化剂下行并由

流化气送入上升管式再生器，在热空气中烧去催化剂表面的焦炭以恢复催化剂的活性，同时加热的催化剂作为煤热解反应的热载体再循环进入热解反应器中。

此外，热解装置自动化控制水平的提高为提高能效、降低污染物排放也做出了显著的贡献，如有人尝试采用热重-质谱联用、热解仪与气相色谱-质谱联用等方式提高热解装置的能效与环保水平[39]。

最后，热解技术已成为循环经济的一种重要方式，尤其是煤与生物质[40]、垃圾、秸秆、废塑料、废轮胎等共热解可以减少碳排放，并且可创造良好的经济效益。

3.1.3 热解工艺过程污染物排放及治理

本节关于煤热解工艺过程污染物排放及治理主要基于工业化应用成熟的块煤热解技术。

3.1.3.1 热解过程废气

在正常工况下，煤热解生产装置中的废气排放点主要为：原料煤在输送、转运、筛分过程中产生的含尘废气和热解炉顶储煤仓排放的含尘废气，经脉冲袋式除尘器除尘排放；炭化单元的无组织排放气和熄焦水储罐罐顶排放气，主要污染物为 H_2S、NH_3 等，直接排至煤气净化单元进行净化回收。

表 3-1 为某项目的典型废气排放数据。

表 3-1 某年产 120 万吨兰炭项目废气排放数据

装置	类型	污染源	烟气量/(m^3/h)	污染物名称	排放量	排放浓度/(mg/m^3)
热解装置	有组织	筛煤机	2×10000	粉尘	2×0.30kg/h (4.8t/a)	30
		炉顶贮煤仓	4×10000	粉尘	4×0.3kg/h (9.6t/a)	30
	无组织	炭化炉	—	H_2S	0.05kg/h (0.4t/a)	—
			—	NH_3	1.4kg/h (11.2t/a)	—
			—	B[*a*]P	微量	—
公辅装置	—	氨水储罐区	—	NH_3	微量	—
				H_2S	微量	—

根据《火力发电厂运煤设计技术规程　第 2 部分：煤尘防治》(DL/T 5187.2—2019)规定，输煤系统工作场所的煤尘浓度应符合表 3-2 的规定。

表 3-2 输煤系统工作场所煤尘浓度限值

煤尘中游离二氧化硅含量	空气中 8h 时间加权平均的总尘浓度	呼吸性粉尘浓度	短时间接触容许总尘浓度	短时间接触容许呼吸性粉尘浓度
≥10%	≤1mg/m^3	≤0.7mg/m^3	≤2mg/m^3	≤1.4mg/m^3
<10%	≤4mg/m^3	≤2.5mg/m^3	≤8mg/m^3	≤5mg/m^3

针对煤储运系统各阶段的扬尘等污染及工作场所煤尘允许浓度要求，治理的主要措施有：远程风送抑尘设施（固定式或者移动式喷雾机）、曲线落煤管、无动力抑尘导料槽、干雾抑尘技术、冲洗水系统、机械除尘系统等。

储煤筒仓、燃煤锅炉炉前仓等可设置机械除尘系统。根据《火力发电厂运煤设计技术规程　第2部分：煤尘防治》（DL/T 5187.2—2019）规定，一般采用安装袋式除尘器进行抽风防止扬尘，机械除尘抽风量可根据表3-3考虑。

表3-3　皮带机上设置袋式除尘器抽风量选用表

输送带宽度/mm	输送带速度/(m/s)	卸煤方式	
		卸料车/(m^3/h)	犁煤器/(m^3/h)
500	1.6	1700	1100
650	1.6	2500	1600
800	1.6	3300	2400
	2.0	3700	2600
1000	2.0	4800	3900
	2.5	5400	4400
1200～1400	2.0	5900	4900
	2.5	6800	5600

3.1.3.2　热解过程废液

煤热解过程产生各类废液是热解主要排放的污染物，主要产生于煤储运和煤气净化过程中，包含煤冲洗水、剩余氨水和热解废水等。

（1）煤冲洗水

输煤栈桥、转运站、破碎楼等的地面冲洗水，靠重力流至转运站等的底层集水池，初步沉淀后，经集水池内的渣浆泵提升，压力流输到煤水处理站进行沉淀澄清处理，处理后的水可输送至栈桥、转运站、破碎楼等处作为地面冲洗用水回用。

输煤构筑物等冲洗排水用泵送入煤水调节池。大颗粒煤粉在调节池中自然沉淀，无法自然沉淀的含小颗粒煤粉废水，用煤水提升泵抽升至煤水处理装置，经混凝、沉淀、过滤等处理后自流进入中间水箱；然后用中间泵加压后通过过滤器进行深度处理，确保出水浊度在10NTU。出水浊度由浊度仪测量，当出水浊度大于设定值时，启动反冲程序即开启反冲洗水泵，对过滤部分进行反冲洗。反冲洗出水自流到煤水调节池处理后再输送到清水池缓存。最后用回用水泵送至煤储运系统作为输煤栈桥等冲洗用水或煤水处理装置反冲洗用水。

煤水处理站处理水量可根据项目规模进行设计，处理设备进水水质一般为：浊度≤5000NTU；处理后出水水质一般为：浊度≤10NTU，无色，pH值控制在6.5～9.0。

典型煤水处理工艺流程如图3-15所示。

煤水调节池中沉积的煤泥用刮泥机（刮泥机设置在煤水调节池上方，间歇运行）收集到煤水沉淀池集泥斗，再用泵提升至污泥浓缩罐内，将煤泥进行煤水初步分离浓缩，然后通过污泥螺杆泵将污泥提升到离心脱水机中，经过脱水后可循环再利用，运行中排出的废水自流回煤水调节池。

煤泥处理工艺流程图如图3-16所示。

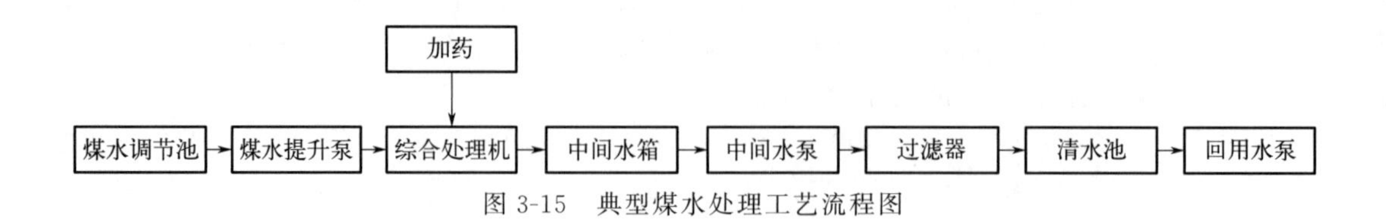

图 3-15　典型煤水处理工艺流程图

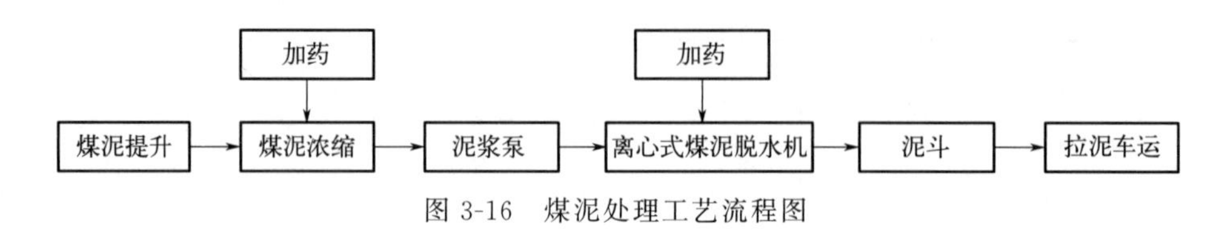

图 3-16　煤泥处理工艺流程图

(2) 剩余氨水

热解荒煤气在冷却过程中与氨气接触产生的冷凝水除作为补充氨水循环外，其余部分作为剩余氨水外送[41]，是煤热解装置中产生的主要废液。表 3-4 为某项目正常工况下典型液体污染物的排放数据及处理措施。

表 3-4　某年产 120 万吨兰炭项目液体污染物排放数据及处理措施

废水名称	污染物	废水产生量/(m^3/h)	污染物产生		处理措施	最终去向
			浓度/(mg/L)	产生量/(kg/h)		
剩余氨水	COD	30.3	53000	1605.9	氨水罐储存后回用	炭化炉和污水处理
	氨氮		4000	121.2		
	挥发酚		5000	151.5		
	石油类		1000	30.3		
	硫化物		200	6.06		

热解生成剩余氨水中主要污染物包括 COD、氨氮、挥发酚、石油类、硫化物等，其排放量主要取决于原料煤的含水量。剩余氨水污染物组分与焦化生产过程中产生的废水类似，处理方式类似，具体污染物管控和处理技术可参见第 3.2 节内容。

(3) 热解废水

热解废水除去满足工艺系统自身冷却及冲洗循环部分的需要外，剩余废水需后续工序进行处理。这些废水处理前需进行除油、脱氰等预处理，除油包括重力除油和气浮除油。经过静置分离及其他预处理工艺，除油效率为 30%～80%，最后有机废水含油质量浓度通常仍达 2000～3000mg/L。

油类污染物是热解焦化废水预处理的难点和重点。废水除油不彻底，含油过多，易引起工艺管路系统的堵塞，影响后部脱酚、脱硫系统的正常运行。在废水生化处理阶段，过高的含油质量浓度也会影响系统中微生物的活性和生化系统的运行。此外，油脂类物质还容易黏结在系统换热设备的表面，导致堵塞或影响换热。

常用的热解废水除油技术情况如下：

1) 热解废水中油脂形态

废水中油类主要是焦油，其在水中的存在形式与乳化剂、水和其自身的性质有关。热解废水中油脂一般常以如下 5 种物理形态存在：浮油、分散油、溶解油、乳化油和固体附着油。

① 浮油。煤热解废水中的油大部分以粒径大于 100μm 的油珠形式存在，其总量占含油量的 70%～95%，经过静置沉降后能有效分离。

② 分散油。其粒径为 10～100μm 的小油滴悬浮分散在污水中，静置一段时间后会聚并成较大的油珠，上浮到水面，也较易除去。

③ 溶解油。以分子状态分散于水相中，粒径在几个纳米以下的油滴。油在水中的溶解度很小，溶解油在水中比例很小，但一般的物理方法无法去除。

④ 乳化油。由于各种表面活性剂或乳化剂的存在，油脂和废水、细颗粒物等形成均匀稳定的多相不互溶分散体。当加热、搅拌或加入其他化合物时，可使乳化油分离或分层。乳化油滴外观呈乳状，其粒径一般小于 10μm。

⑤ 固体附着油。分散在废水中的固体杂质，如煤/焦粉等表面吸附的油。

煤热解废水中含有的固体杂质（如煤/焦粉）是形成油包水（W/O）型乳状液的天然乳化剂，形成的焦油和固体杂质乳状液较为稳定，油/水分离困难。在高温和高速流动作用下，含氨热解废水中油和氨水充分混合并乳化后形成水包油（O/W）型乳化液。热解废水中一般含有沥青、喹啉类极性物质，会吸附在乳化液的油水界面形成较牢固的界面膜，使形成的乳化液稳定、不易分离。

煤热解废水中的乳化油、固体附着油含量不高，处理难度却相对较大，对后部工序的影响也较大。对热解气预先进行颗粒物滤除的工艺可大大减少废水中颗粒物的含量，可有效降低废水中乳化油及固体附着油的比重，有利于废水中的油/水分离[42]。

2）热解废水除油方法

热解废水中不同形态的油脂需采用不同方式去除，如浮油及部分重质分散油可采用静置或离心分离方法去除，其他形态的油类物质采用气浮法、板聚结法、混凝沉降法、电絮凝法、过滤法及吸附法等方法进行去除。气浮法最为成熟、成本较低且处理效果好，应用最为普遍。热解废水除油的主流技术有静置沉降法、过滤法、气浮法、化学破乳法、粗粒化法和吸附法。

① 静置沉降法。静置沉降法利用油和水的密度差及油和水的不相溶性，在静止状态下实现油珠、悬浮物与水分离。静置沉降法能接受任何浓度的煤炭利用含油废水，可同时除去大量的焦油（主要是浮油、粗分散油）和悬浮固体等杂质。该方法过程简单，易操作，是目前热解废水普遍采用的初步除油方法，但需要静置时间长，所需储槽占地大。

分散在热解废水中的轻、重油珠在浮力和重力作用下缓慢上浮和下沉及分层。上浮或下沉速度取决于油珠颗粒的大小、油与水的密度差及流体的黏度，而温度对焦油和水的密度差和黏度影响较大；温度太高，重焦油难以和水分离。热解废水采用静置沉降法除油时，选择 70～80℃为宜。

② 过滤法。过滤法是使废水通过设有孔眼的装置或由某种颗粒介质组成的滤层，利用其截留、筛分、惯性碰撞等作用，使废水中的油分（主要是浮油、分散油及部分乳化油）得以去除。因为煤热解废水具有一定的粉尘量和黏度，使用过滤法除油关键是选用合适的过滤材料和反冲洗方式。

采用过滤工艺处理热解含油废水时，通常采用双介质过滤，如焦炭+细砂双介质。含油废水从过滤器上部进入，首先经过焦炭过滤，然后经细砂过滤，通过过滤器切面的速率不大于 $15m^3/(m^2 \cdot h)$。考虑到过滤精度和设备再生清洗需求，过滤设备一般为多台串/并联操作，使用时部分在线过滤，部分切出进行反洗或备用。反洗周期主要由运行中过滤床层阻力降变化来控制。

③ 气浮法。气浮法是利用在油水悬浮液中释放出的大量微气泡（10～120μm），依靠其表面张力作用吸附分散于水中的微小油滴，气泡的浮力不断增大上浮，最终达到分离的目的。气浮法的特点是处理量大，可把直径大于25μm的油粒（主要是浮油、分散油）基本去除。气浮方法比较适合密度小于0.94g/cm^{3}含油废水处理，而热解废水中含有的焦油密度往往大于1.0g/cm^3，同时废水中粉尘和轻、重质焦油会与气泡混合在一起，三相有效分离较困难。煤热解废水含有挥发酚氨等有毒性和刺激性物质，经气浮法易夹带逸出，对现场操作环境造成恶劣影响，上述因素导致其在热解含油废水处理实际使用时受限且效果不佳。

④ 化学破乳法。化学破乳法是利用破乳剂改变油水界面性质或膜强度，实现乳化油去除的一种除油工艺。破乳药剂在油水面上发生物理或化学反应，降低水中油滴的表面张力和界面膜强度，使乳状液滴絮凝和聚并，最终破乳实现油水分离。常用乳化剂有硫酸铝、硫酸亚铁、三氯化铁、聚合氯化铝、聚醚型、聚酰胺型、聚丙烯酸型等，不同破乳剂的pH值使用范围不同。为增强絮凝效果，往往两种或几种破乳剂复合使用。

通常含油废水先经物理除油，使总含油量＜300mg/L（主要是乳化油、溶解油、固体附着油及细分散油），然后加入一定量破乳剂并进行充分混合，使油或胶体颗粒失去稳定的排斥力及吸引力，逐渐形成絮体并进一步通过化学桥连形成大量矾花。矾花沉降至沉淀分离槽的底部形成沉渣并通过排渣口排出，完成废水中残留油及有害杂质的分离。采用化学破乳法要考虑化学破乳剂对后续蒸氨、萃取脱酚等工序的影响，以及破乳剂的使用成本。

⑤ 粗粒化法。粗粒化法是利用油、水两相对聚结材料亲和力相差悬殊的特性，油粒被材料捕获而滞留于材料表面和孔隙内形成油膜，当油膜增大到一定厚度时，在水力和浮力等作用下油膜脱落合并聚结成较大的油粒，便于粒径较大的油珠从水中分离。实现粗粒化的方式主要是润湿聚结和碰撞聚结。

润湿聚结：油、水两相在亲油性粗粒化材料表面有不同的润湿角，当两相润湿角之差大于70°时，两相可以分离。含油废水流经由亲油性材料组成的粗粒化床时，分散油滴便在材料表面湿润附着，油滴不断聚结扩大最终形成油膜。最后在浮力和反向水流冲击作用下，油膜脱落到水相中形成油滴，油滴粒径比聚结前变大，实现粗粒化。含油废水润湿聚结除油材料有聚乙烯、聚丙烯塑料聚结板等。

碰撞聚结：在疏油的粒状或纤维状粗粒化材料中存在的孔隙构成互相连续的通道。含油废水通过该类材料时，多个油滴可能同时与通道壁碰撞或相互碰撞，促使它们合并为一个较大的油滴，从而达到粗粒化的目的。含油污水碰撞聚结除油材料有碳钢、不锈钢聚结板等。

粗粒化法在煤化工含油废水处理方面具有广阔的发展前景，是高效含乳化油废水的处理及回收方法。该技术关键是粗粒化填充材料，材料的形状主要有纤维状和颗粒状。粗粒法对热解废水含尘量要求很高。含尘量高导致粗粒化材料被堵塞，影响粗粒化效率和使用寿命，因此常与过滤预处理联合使用。

⑥ 吸附法。吸附法是利用多孔吸附剂，如活性炭（活性焦）、活性白土、磁铁砂、矿渣、纤维、高分子聚合物及吸附树脂等，对废水通过物理、化学、交换作用来实现油水分离的方法。不同于其他分离处理方法，吸附法有可同时处理多种（包含浮油、分散油、乳化油、溶解油、固体附着油）物理状态油分的独特优点。随着廉价、高效、来源广的吸附剂不断被开发，特别是以褐煤、长焰煤为主要原料并与无烟煤配煤混掺后经特殊炭化、

活化工艺生产的新型活性焦吸附剂，吸附法逐渐成为性价比较好的废水除油方法。活性焦吸附除油的缺点是焦油回收和含油吸附剂处理比较难，因此比较适合低浓度含油废水的深度处理。

传统煤热解含油废水技术需提高处理能力，而新技术应增强经济可行性，可将各种技术集成形成在技术和经济上具有优势的组合处理技术。能有效降低废水中的焦油含量，又能回收废水中的焦油资源，同时实现含油废水的资源化和无害化是处理技术的发展方向。

3.1.3.3 热解过程固废

煤热解生产装置产生的固体污染物主要为焦油渣，可送至锅炉燃烧用于产生蒸汽和发电，也可进行厂内掺煤炼焦实现无害化处理。表 3-5 为典型项目的固废排放数据。

表 3-5 年产 120 万吨兰炭项目的固体污染物排放数据

固废名称	危险属性	形态	主要成分	产生量/(t/a)	建议处置方法
焦油渣	危险废物	固态	重质焦油、煤尘	600	送至锅炉燃烧

3.1.3.4 热解过程噪声

煤热解装置运行时的主要噪声源为转动设备，有振动筛、风机、泵类等设备，另外，高流速、高差压的调节阀、放空阀、放空管线和放空口等位置也会产生较大噪声。在噪声控制上应优先选用低噪声的设备、阀门，根据噪声源类型设置必要的物理消声、降噪措施，具体采取以下控制措施：

① 合理布置。在装置设备布置时，综合考虑地形、厂房、声源方向和噪声强弱、吸收降噪等因素进行布局，降低项目边界噪声（满足《工业企业厂界环境噪声排放标准》中 3 类标准规定，即厂界噪声昼间小于 65dB、夜间小于 55dB），同时尽可能将高噪声设备布置在远离敏感目标的位置。

② 声源治理。在工艺条件允许下，对高噪声设备如风机、鼓风机、各种泵类、压缩机等优先选用低噪声产品，对设备运行噪声值明确控制要求，同时电机均采用低噪声电机；在空气压缩机、除尘风机、鼓风机等气动性噪声设计时设置消声器；为降低放空管线噪声，采取控制管径、设置特殊管道支撑和排放口加设消声器等措施。对噪声值较高的设备采取消声、降噪措施，如加设隔声罩或消声器等，隔声罩宜采用带有阻尼层的钢结构，内侧宜设吸声层。

③ 隔声吸声及减振。将噪声较大的机械设备尽可能置于室内防止噪声的扩散与传播，如：对粉碎机、振动筛、压缩机及鼓风机等噪声较大的设备置于室内隔声；除尘地面站除尘风机外壳及前后管道设隔声装置。汽轮操作控制室等设隔声密闭门窗，隔声量≥35dB。防腐排气管道上设有排气消声器；对于破碎机、振动筛、大型风机和机泵可以在基座下设置减振基础，结构承载允许时设备基础独立，与整体结构脱开，有效降低结构噪声，降噪水平约 10dB（A）。除尘风机进出口采用软连接。煤转运站、原料粉碎除尘风机设减振台座。

④ 其他措施。车间厂房优先采用密度大的墙体材料，保证隔声效果；采用轻质墙体时，内衬吸声防尘布以及吸声层（隔声棉），并宜进行专项隔声降噪设计。在操作岗位设隔声室；巡查人员定期佩戴耳塞进行巡查。对于只是在开车、停车和异常阶段使用的部分阀门，较易产生较大噪声和振动，应将此类阀门安装在较偏僻、远离人员通行的区域；应优先选用多级

降压降噪型阀门，同时在此阀门出口设置降噪板，对此管道进行必要的重点加固，同时设置操作警示牌。

年产 120 万吨兰炭项目的噪声污染情况见表 3-6。

表 3-6 年产 120 万吨兰炭项目的噪声污染情况

产噪设备	排放特征	噪声/dB(A)	治理措施
原料煤振动筛	连续	85	减振，建筑隔声
空气风机	连续	90	减振，消声器、建筑隔声
煤气风机	连续	90	减振，消声器、建筑隔声
氨水循环泵	连续	85～90	低噪声设备
横管循环泵	连续	85～90	低噪声设备
焦油泵	连续	85～90	低噪声设备
半焦振动筛	连续	85	减振，消声器、建筑隔声
机泵	连续	85～90	低噪声设备

3.1.3.5 热解过程 VOCs

煤热解装置排放的含挥发性有机物（VOCs）的气体主要是焦油储罐的排放气和炭化炉底排焦时逸出的排放气。焦油储罐排放气中主要污染物为非甲烷总烃，排放气送至炭化单元热解炉焚烧；排焦逸出的无组织排放气中主要污染物为 H_2S、NH_3 和苯并芘等。

年产 120 万吨兰炭项目的 VOCs 污染物排放情况见表 3-7。

表 3-7 年产 120 万吨兰炭项目的 VOCs 污染物排放情况

污染源	污染物名称	排放量	治理措施
炭化炉	H_2S NH_3 苯并芘	0.05kg/h 1.4kg/h 微量	底部排焦溜槽排出口废气收集后送地面除尘站和脱硫脱硝系统
焦油储罐	非甲烷总烃	1kg/h	送炭化炉焚烧

煤热解过程中污染物排放量大，且污染治理的难度也较大。该过程除了产生气、液、固、噪声、VOCs 等污染物外，因工艺过程中采用放射性仪表也有防止电离辐射的要求。污染物尤其是废液、废固成分复杂，在装置设计、操作和检维修时也要注意装置区的防渗，避免污染土壤和地下水。此外，由于热解过程能耗相对较高，炭化炉需燃烧热解气等提供热量，CO_2 排放量较大。

3.2 焦化

从耗煤量来看，焦化是煤化工中最大的行业，也是环保治理的重点。工信部数据显示，2023 年中国焦炭产量 49260 万吨，其中钢铁联合焦炭产量 12929 万吨，独立焦炭企业产焦 36331 万吨；根据焦化企业 CO_2 排放系数估算，行业 CO_2 排放量为 18334 万吨[43]。《焦化行业“十四五”发展规划纲要》明确提出了到 2025 年焦化废水产生量减少 30%，氮氧化物和二氧化硫产生量分别减少 20%，固体废物资源化利用率提高 10%以上的目标[44]。

3.2.1 焦化技术概述

煤的焦化通常是指煤的高温热解，即在真空条件下，加热炼焦煤到1000～1200℃[45]，以生产焦炭、煤气和化工产品为目的。与煤的中低温热解生产半焦不同，煤焦化的目标产品为焦炭。因此在工业生产中煤的焦化又称为炼焦，是高炉炼铁、机械铸造最主要的辅助产业。

工业意义的大规模炼焦生产至今已有近300年的发展历史，经历了早期炼焦阶段、现代炼焦技术形成和继续发展阶段。早期炼焦阶段大约处于18世纪初到19世纪60年代，主要生产手段是成堆干馏和蜂窝炉炼焦，目的只是得到焦炭。在19世纪60年代到20世纪20年代的50多年中，炼焦出现了一系列的重要技术变革，如炭化室与燃烧室分开、配置回收热量的蓄热室、回收炼焦副产品、同时使用焦炉煤气和热值较低的贫煤气加热以及采用硅炉砖等，实现了炼焦技术的根本性变革，奠定了现代炼焦技术的基础。自20世纪20年代以来，虽然炼焦技术本质上没有大的变化，但各项工艺仍在不断完善和发展，尤其20世纪60年代到80年代的20多年中，装炉煤预处理、焦炉容积大型化、干法熄焦、化学产品深加工、煤气净化技术、焦化环保和生产自动化等技术取得重要的进展。20世纪90年代，随着环保标准的日趋严格，同时为应对优质炼焦煤资源紧张的趋势，欧美和日本等经济发达国家和地区积极开发面向未来的低污染、高效率、宽煤种的炼焦新技术[9]。

目前，世界各国焦炭绝大部分都是在室式炼焦炉内生产的，并且多采用配煤炼焦的方法。常规配煤炼焦技术是以气煤、肥煤、焦煤和瘦煤四种煤为基础煤，按照一定比例配合确定的，要求配合煤要有足够的黏结性和结焦性。由于优质炼焦煤资源的短缺和分布不平衡以及高炉大型化对焦炭质量的要求更高，因而开发了各种炼焦新技术，其中包括煤预热、捣固、配型煤、配添加剂、干燥、干法熄焦等。除干法熄焦外，上述技术均为装炉前预处理过程的改进，因此称为炼焦煤料的新型预处理技术[46,47]。采用上述新技术后，在生产符合要求焦炭的前提下，扩大了焦化煤种使用范围，节约了宝贵的优质炼焦煤资源。

我国每年炼焦煤用量达6亿吨以上，占全部化工转化用煤的80%左右，是世界上最大的冶金焦炭生产国和供应商。焦化行业从1949年生产焦炭52.5万吨起步，经过70多年发展，我国已形成功能完备、拥有先进工艺技术和现代装备的炼焦工业体系，焦炭总产能约6.3亿吨，焦炭产量已跃居世界首位[47]；同时焦化行业每年还生产煤焦油2000多万吨，粗（轻）苯550多万吨，外供焦炉煤气数百亿立方米。

2022年2月国家发展改革委等部门联合发布的《高耗能行业重点领域节能降碳改造升级实施指南（2022年版）》中明确我国焦化行业中顶装焦炉工序能效标杆水平为110kgce❶/t、基准水平为135kgce/t；捣固焦炉工序能效标杆水平为110kgce/t、基准水平为140kgce/t。截至2020年底，国内焦化行业能效优于标杆水平的产能约占2%，能效低于基准水平的产能约占40%。指南提出到2025年，焦化行业能效标杆水平以上产能比例要超过30%，能效基准水平以下产能基本清零，因此焦化行业节能降耗减碳潜力巨大。同时与其他煤炭大规模利用方式相比，煤焦化产生的废水、废气、废渣的成分及其治理更加复杂，属于《大气污染防治行动计划》（2013年9月）、《水污染防治行动计划》（2015年4月）和《土壤

❶ce即标准煤。1kgce=7000kcal≈29.31MJ。kgce即千克标准煤，为能量单位，即以1kg标准煤所含能量所为计量基准。能源行业常用能量单位还有tce等。

污染防治行动计划》（2016 年 5 月）重点管控行业[48]，尤其是在“双碳”目标下，焦化化产回收短流程开发进展顺利[43]，因此焦化行业的技术进步和清洁化发展对提高我国煤炭清洁高效利用的总体水平意义重大。

3.2.2 典型焦化工艺过程

依照核心炼焦工艺装备的区别，煤焦化典型炼焦工艺技术可分为常规机焦炉技术、热回收焦炉技术和半焦（兰炭）炭化炉，均可回收化学产品。“十三五末期”，我国三种工艺的炼焦产能占比分别为 86%、3%和 11%[47]。典型炼焦生产工艺见图 3-17。

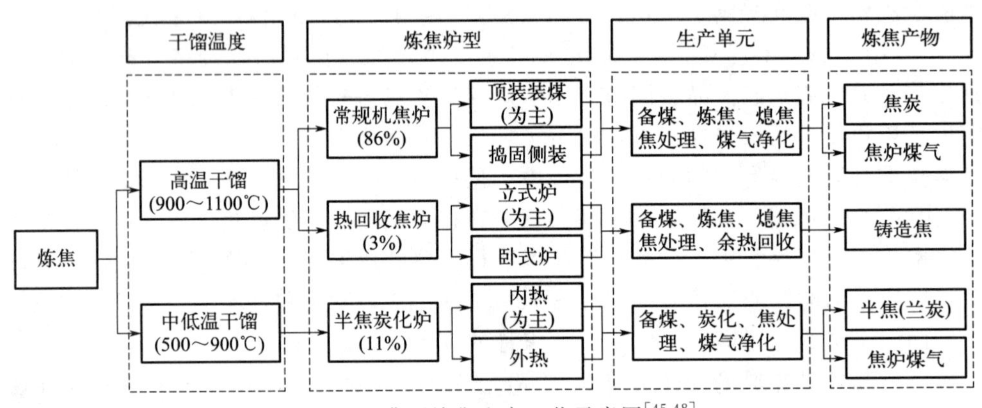

图 3-17 典型炼焦生产工艺示意图[45-48]

常规机焦炉的特点是对煤进行间接加热干馏，化工产品可全部回收。煤气和助燃空气经预热后燃烧，可实现焦炉煤气外供，特别是回收的焦油、粗苯等精馏加工后可生产化工产品并有较高附加价值，是现代煤化工发展的基础。据焦炭网统计，截至 2024 年 10 月底，我国在产焦化产能为 5.65 亿吨。其中，5.5 米级以上焦炉产能约为 4.85 亿吨，约占总产能的 86%；4.3 米焦炉（含热回收焦炉）产能为 0.81 亿吨，约占总产能 14%。

焦化生产工艺过程复杂，总体上处于非连续性生产状态；从实际焦化生产过程看，主要包含储煤、备煤、推焦、炼焦（含熄焦）、筛储焦、煤气净化和化学产品回收等工序。下面以主流的机焦炉生产过程为例，简要介绍焦化生产过程和过程中污染物产生情况。

3.2.2.1 备煤过程

煤焦化过程中备煤操作（图 3-18）一般包括煤储存、破（粉）碎、筛分、配煤和转运等环节，主要任务是完成煤的存储、粉碎、调配和上料，通常最终根据煤质不同和生产工艺的要求按配比将原料煤运送到焦炉煤塔中备用。备煤单元主要的工艺流程是堆取料机取原料煤后，经带式输送机输送至预粉碎厂房内进行粉碎，粉碎后将煤送到配煤仓。在配煤仓下设电子自动配料秤，将各煤种按相应后续焦化需求调配比例后配给至原料带式输送机，经除铁器除铁后进入粉碎机，在粉碎机中粉碎至适宜粒度后输送入焦炉煤塔供炼焦使用。

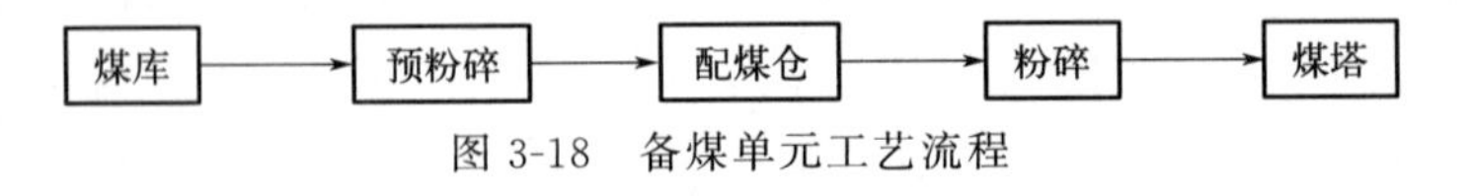

图 3-18 备煤单元工艺流程

备煤过程是原料煤的运输、卸料、倒运、堆取、破碎等工艺过程，进行的是固体物料的物理处理，过程中涉及较多的机械设备运行操作，不可避免地会产生大量细粉尘和噪声，因此主要的污染防控集中在粉尘抑制、防泄漏和噪声治理两个方面。

3.2.2.2 炼焦及熄焦过程

炼焦和熄焦过程是焦化生产的核心，是原料煤在高温环境下（950℃左右）进行高温干馏，转化生成固体目标产物（焦炭或半焦）、液体（焦油等）和气体（煤气等）产物的过程，主要包括焦炉装煤、炼焦、熄焦、荒煤气导出降温、煤气预热回用、出焦等循环过程，也是焦化生产的重点产排污环节。根据熄焦方式的不同，主要分为湿法熄焦和干法熄焦工艺。

焦炉是将煤加热到950～1100℃干馏取得焦炭及化工产品的一种结构复杂的热工设备，由炭化室、焚烧室、炉顶、斜道、蓄热室及小烟道等部分组成，典型顶装焦炉结构如图3-19所示。各类焦炉在装煤方式、加热煤气和空气供给方式、燃烧火道和热工调控方式方面有所不同。自1884年建成第一座蓄热式焦炉以来，室式蓄热焦炉一直是现有和新建焦炉的主流，其由炭化室、燃烧室、蓄热室、炉顶区和烟道等构成，结构形式没有发生根本性改变，主要操作过程和污染物产生环节基本一致。

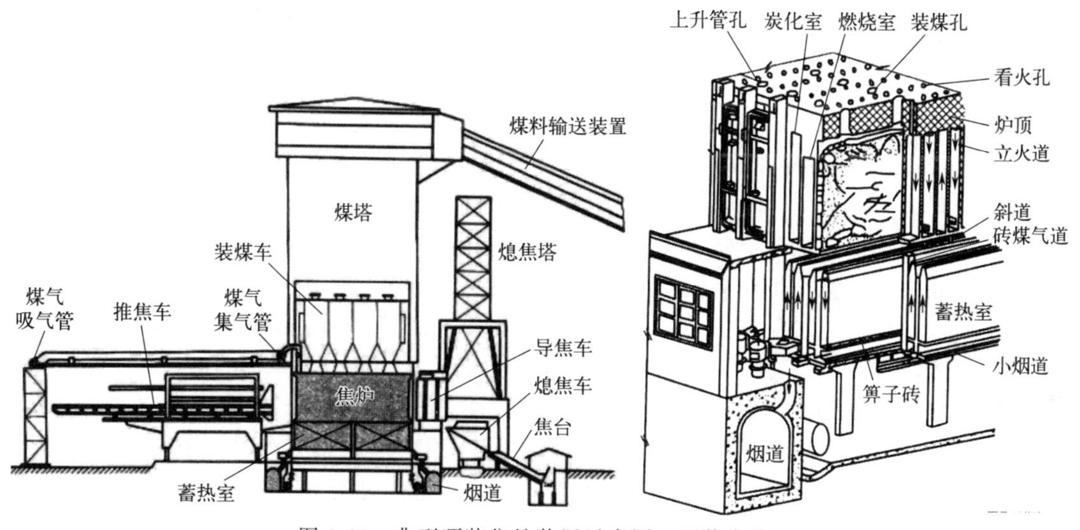

图3-19　典型顶装焦炉装置示意图（顶装焦炉）

（1）装煤

焦炉装煤操作是炼焦过程的第一个步骤，是由装煤机械（加煤车）将经过处理原料煤装入焦炉炭化室并对其进行必要整理的过程（如顶装炉的平煤）。加煤车从焦炉的煤塔受煤，然后将煤加入炭化室。焦炉煤塔的设计容量一般能保证焦炉一定操作周期的用量（>16h），焦炉装煤操作要求“装满、装平、定量、均衡、不堵孔、不缺角”，以保证焦炭的产量、炉温的稳定和荒煤气导出畅通，是实现后续焦化过程效果的基础保障。室式炼焦炉装煤分为顶装（常规焦炉）和侧装（捣固焦炉）两种。

顶装操作包括从煤塔取煤和焦炉上部的装煤车从炉顶装煤孔往炉内装煤。捣固炉装煤首先由捣固机将原料煤在捣固箱内捣实成体积略小于炭化室的煤饼，然后装煤推焦机将捣固煤饼用托板从焦炉侧面（机侧）推入炭化室内。根据捣固机和装煤机的结构不同，侧装装煤推焦机有两种形式，一种是将捣固、装煤和推焦功能集中在一台机械设备上，其完成全部操作作业时间短，但设备结构复杂；另一种是捣固机独立设置在煤塔下，装煤推焦机上配备捣固煤箱，捣固和装煤操作分离，优点是车体结构相对简单，但系统总体占地大、操作步骤多、总耗时长。装煤操作时，由于原料煤接触热态炭化室壁面会发生燃烧，同时炭化室也处于敞开状态，因此会有大量烟尘产生并释放到环境中，是焦化重要污染物产生和排放环节。

（2）炼焦

装煤完成后，焦炉炭化室炉门、装煤孔等关闭，荒煤气收集系统打开。焦炉加热用燃气进入燃烧室与空气混合燃烧，通过燃烧室与炭化室间炉墙将热量传入炭化室，煤炭在高温下进行干馏。燃烧后的废气通过立火道顶部跨越孔进入下降气流立火道、斜道后进入蓄热室，与格子砖换热回收部分显热后，经过小烟道、废气交换开闭器、分烟道、总烟道经脱硫脱硝装置处理后再经烟囱排入大气。上升煤气和空气与下降气流的废气由交换传动装置定时进行换向。焦化过程中煤炭被加热到900℃以上并经一定时间成为焦炭和荒煤气，然后进入熄焦环节。炭化室干馏过程中产生的荒煤气（其中含有焦油气、烃类、水汽、氨、硫化氢及其他化合物）汇集到炭化室顶部空间，经过布置在焦侧的上升管、桥管进入集气管。为回收高温荒煤气（约800℃）的热量，在上升管设置余热利用装置（回收的热量用于产生蒸汽）并将温度降至500～600℃，再经桥管内被喷洒的氨水冷却至80℃左右，荒煤气中的焦油等重组分被冷凝下来，最后煤气和冷凝下来的焦油同氨水一起经吸煤气管道送入下游煤气净化设施。

（3）出焦

焦炉出焦是煤在高温下经过一定时间的焦化反应生产焦炭后，由推焦机将成熟热态焦炭（红焦）推出炭化室的操作，同时在推焦过程中同步完成对炭化室内部机构、温度和焦炭状态的观察检测，为后续操作参数优化、设备维护提供基础信息。对于现代焦化装置，焦炉都有多个炭化室，为降低炼焦能耗和提高操作效率，各炭化室的装煤和出焦按照严格的时间间隔和次序计划进行，整个炉组各炭化室实现定时出焦，实现均衡生产。

出焦操作时，由于炭化室处于敞开状态，是焦化生产重要污染物产生和排放环节。

（4）熄焦

现代室式焦炉全部都为炉外熄焦。熄焦操作时将来自炭化室的红焦由拦焦装置导入熄焦车（湿法熄焦）或焦罐（干熄焦）中，然后用冷却介质（水或惰性气体）将约1000℃的红焦冷却到250℃以下。按照熄焦冷却介质的不同，炉外熄焦分为湿法熄焦和干法熄焦。

① 湿法熄焦。湿法熄焦装置包括熄焦塔、喷洒装置、水泵、粉焦沉淀池及抓斗等。熄焦过程中，熄焦车运行至熄焦塔，先通过第一次喷水熄灭熄焦车内的上部红焦，并在红焦上面形成水-蒸汽-焦炭混合层；然后再进行第二次喷水，间隔一定时间后，用大水量及其产生的蒸汽熄焦，保证红焦完全熄灭。过程中熄焦水与红焦在熄焦塔内直接接触，产生的大量含酚、CO等气体从熄焦塔顶排出。熄焦后的焦炭出熄焦车送至晾焦台，由刮板放焦机放至皮带送筛储焦工段。

炼焦单元的工艺流程（湿法熄焦）如图3-20所示。

熄焦操作的要点主要是控制水分稳定，一般全焦水分不大于6%，熄焦车接焦时应使车内焦炭均匀分布，熄焦时控制好喷洒和沥水时间。卸焦和放焦应按顺序进行，保证晾焦时间大致相同。高温焦炭携带热量占炼焦能耗的40%左右，在湿法熄焦过程中，这部分热量不仅损失且消耗大量熄焦水，并对环境造成污染。

② 干法熄焦。焦炭由除尘拦焦车先送至焦罐后，然后将焦罐提升并横移到干熄炉顶，通过炉顶装入装置将焦炭装入干熄炉。在干熄炉的密闭条件下，红焦与惰性气体（氮气）进行热交换降温后熄灭，最后经排焦装置卸至胶带机上送到筛焦楼。冷却焦炭的惰性气体由循

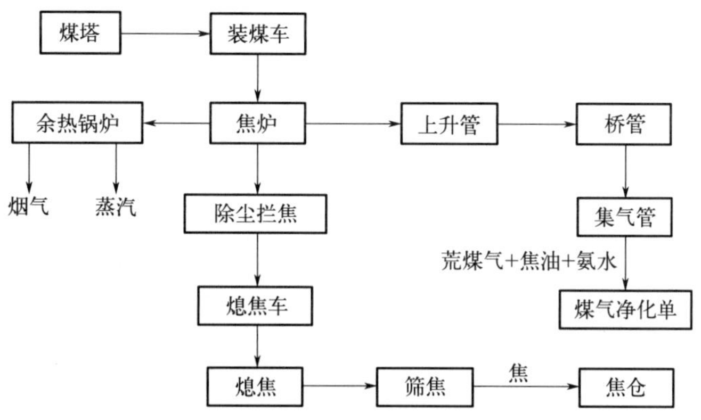

图 3-20　炼焦单元的工艺流程示意图（湿法熄焦）

环风机通过干熄炉底部的供气装置鼓入，与红焦炭进行逆流换热。由干熄炉出来的热惰性气体先经一次除尘器除尘后进入余热锅炉换热，再经二次除尘器，然后由循环风机加压送至水预热器冷却，最后进入干熄炉循环使用。

炼焦单元的工艺流程（干法熄焦）如图 3-21 所示。

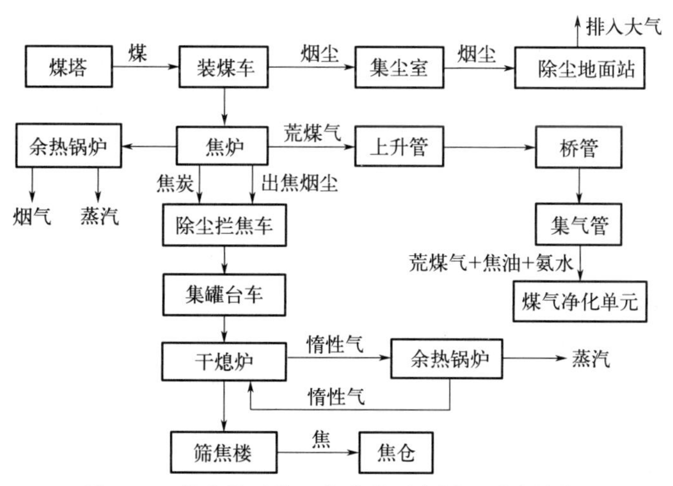

图 3-21　炼焦单元的工艺流程示意图（干法熄焦）

相比传统湿法熄焦，干法熄焦可回收 80％的红焦显热。由于干法熄焦过程热量回收效率高且环境相对友好，是熄焦工艺主流发展方向。

焦炉在装煤、炼焦、推焦过程中排放的主要污染物有原料煤和产物焦装卸中的扬尘、回用煤气和加热炉用煤气的燃烧废气、焦炉运行周期性的废气排放、荒煤气冷却产生的氨水、重质物（焦油等）以及异常工况下的煤气放散等[49]。

3.2.2.3　筛储焦过程

进入筛焦楼的焦炭通过振动筛筛分后，根据不同粒径分级后由带式输送机分别送入相应的焦仓存储。焦仓均设有出料口，通过放焦闸门将焦炭放入汽车外运。

3.2.2.4　煤气净化过程

煤气净化过程主要完成煤气的冷凝冷却、焦油脱除、脱硫脱氰脱氨和回收焦油与粗苯以及循环氨水的输送处理，最终实现煤气的净化处理，主要包括冷凝鼓风、蒸氨、脱硫及硫回收、硫铵、洗脱苯和脱硫废液提盐等几个部分（图 3-22）。

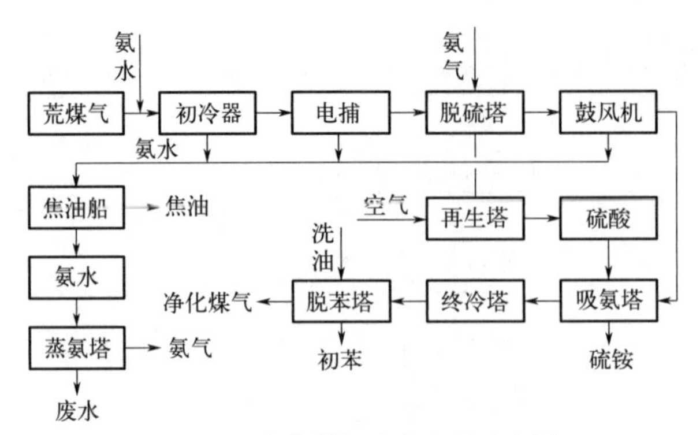

图 3-22　焦化煤气净化流程示意图

(1) 冷凝鼓风工段

冷凝鼓风的主要任务是对煤气的冷凝冷却，然后进行煤气中的焦油、氨水和焦油渣的分离、贮存和输送，同时完成分离焦油中萘脱除，最后对净化煤气加压输送。

来自焦炉的荒煤气、焦油和氨水在气液分离器中分离，分离出的液体自流入氨水澄清槽澄清后分离成三层，上层为氨水，中层为焦油，下层为焦油渣。分离出的氨水进入循环氨水槽后一部分作为循环氨水送入焦炉桥管和集气管喷淋冷却荒煤气，其余作为剩余氨水送到蒸氨装置处理。分离出的焦油进入焦油贮槽经静置脱水，产生的分离水返回至氨水澄清槽；氨水澄清槽底部沉降的焦油渣定期排至焦油渣车送往备煤单元。

气液分离后荒煤气进入横管初冷器（图 3-23）冷却到常温，然后进入电捕焦油器，以清除煤气中的焦油及萘。经电捕后的煤气经离心鼓风机加压后送往脱硫工段。在初冷器中段和下段顶部设有冷凝液喷洒装置［为防止下段冷凝液喷洒管易堵塞，一般横管式煤气初冷器喷淋密度不低于 $2m^3/(m^2 \cdot h)$，喷洒管管径为 8mm］。冷凝液中的轻质焦油可溶解吸收煤气中和管壁上沉积的萘，保证初冷器的换热效率。煤气在初冷器中与冷凝液并流，使冷凝液对萘始终有较大吸收能力。煤气冷凝液由初冷器中、下部分别引出，经水封槽分别进入冷凝液槽，再用冷凝液循环泵送回初冷器中、下段对管束外壁进行冲洗以减少萘的沉积。为保证冷

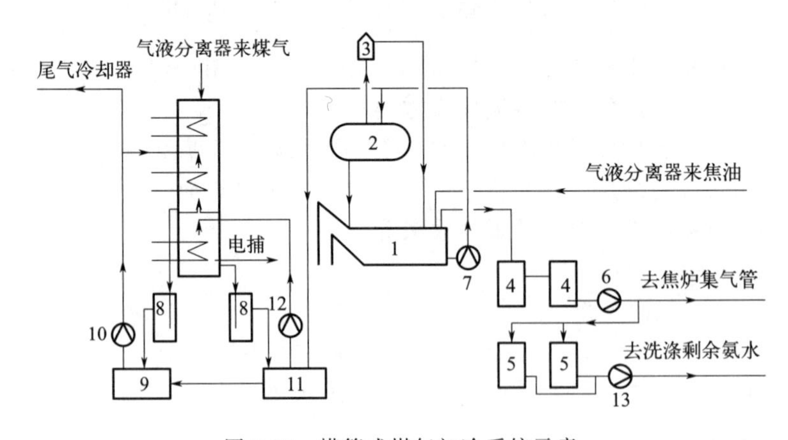

图 3-23　横管式煤气初冷系统示意

1—机械化氨水澄清槽；2—压力焦油分离器；3—满流槽；4—循环氨水槽；5—剩余氨水槽；6—循环氨水泵；7—含水焦油泵；8—冷凝液水封槽；9—上段冷凝液槽；10—上段冷凝液泵；11—下段冷凝液槽；12—下段冷凝液泵；13—剩余氨水泵

凝液中有足够的轻质焦油，向上、下段冷凝槽中连续补充一部分来自机械化氨水澄清槽中的含水焦油。

多余部分冷凝液送至机械化氨水澄清槽。此外来自脱硫工段、洗脱苯工段的冷凝液、电捕焦油器捕集下来的焦油和离心鼓风机及其煤气管道的冷凝液以及各设备的排液均送至氨水澄清槽澄清分离。

荒煤气净化过程中，经过长时间运行，冷凝液中含有的煤粉、焦粉、焦油渣等杂质容易将喷洒管末端的喷洒孔堵塞，喷洒不到的区域煤气中冷凝下来的焦油、萘等杂质黏附在冷却水管壁上，致使初冷器阻力增加和冷却效果变差，严重时造成堵塞，甚至破坏正常操作。同时回炉煤气中萘含量增加，也会沉积在回炉煤气的管道弯头、小支管、孔板等部位，清扫困难且还会影响焦炉热工操作而影响焦炭质量和炉体寿命。

(2) 蒸氨工段

蒸氨工段的主要任务是将由冷鼓工序来的剩余氨水进行汽提蒸氨，塔顶产出的含氨气体冷却后成为浓氨水，送至脱硫工段，塔底的蒸氨废水一部分送冷凝鼓风工段的洗净塔吸收含氨废气，剩余部分送至污水处理装置生化处理。

剩余氨水进入蒸氨塔前补充浓度为40%的NaOH溶液，用于分解剩余氨水中的固定铵。蒸氨塔塔底排出少量沥青渣进入沥青渣桶，定期返回配煤炼焦。

冷凝鼓风工段和蒸氨工段工艺流程见图3-24。

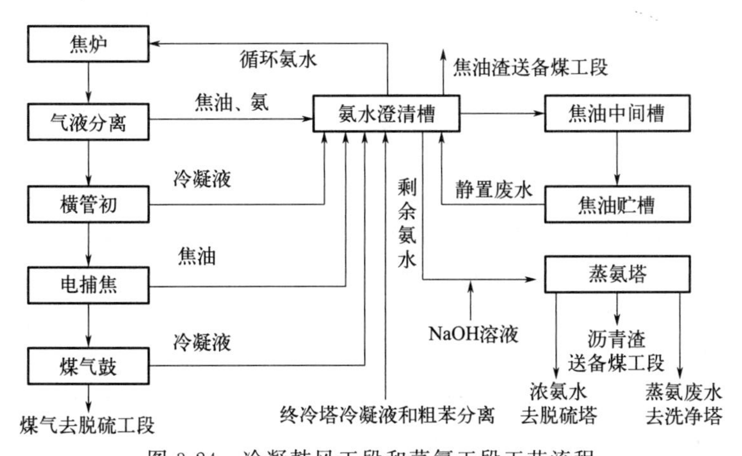

图3-24　冷凝鼓风工段和蒸氨工段工艺流程

(3) 脱硫及硫回收工段

脱硫及硫回收工段的主要任务是脱除和回收烟气和煤气中的硫化物（图3-25）。

焦化煤气组分较为复杂，通常是采用氨水为脱硫剂进行净化洗涤。来自冷凝鼓风段的煤气首先进入预冷塔进行冷却，然后依次进入洗涤塔和脱硫塔下部，与塔顶喷淋脱硫液逆流接触进行硫化氢脱除，脱硫后煤气送至硫铵工段。洗涤塔及脱硫塔中吸收了硫化氢的脱硫液经液封槽至溶液循环槽，补充来自蒸氨工段的浓氨水后，与空压站送来的压缩空气并流进入再生塔再生，脱硫液再生后返回洗涤塔和脱硫塔，实现循环使用。为避免脱硫液盐类积累影响脱硫效果，部分脱硫液抽出送往脱硫液提盐工段。

再生塔内产生的硫泡沫则由再生塔顶部自流入硫泡沫槽，再由硫泡沫泵加压后送入熔硫釜。用蒸汽加热后，硫泡沫在熔硫釜内澄清分离，熔硫釜上部排出的清液流入溶液缓冲槽，经换热冷却后送回溶液循环槽。熔硫釜下部排出的硫黄冷却后作为产品出售。

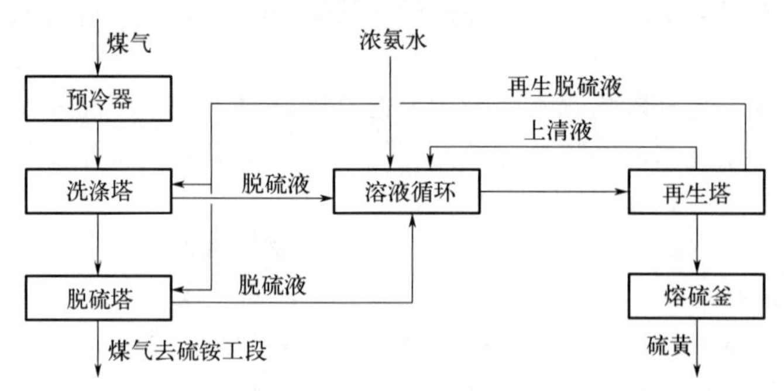

图 3-25 煤气脱硫及硫回收工段工艺流程

(4) 硫铵工段

硫铵工段主要任务是用硫酸作吸收剂脱除煤气中的氨，生成硫铵并干燥后得到硫铵产品（图 3-26）。

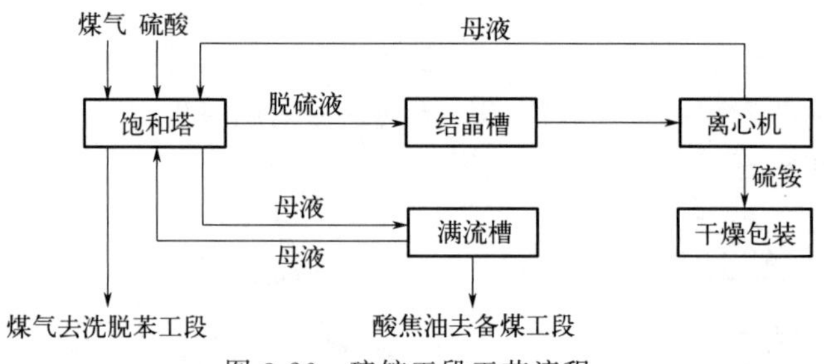

图 3-26 硫铵工段工艺流程

来自脱硫工段的煤气进入硫铵饱和器与循环母液逆流接触，其中氨被母液中的硫酸吸收生成硫酸铵。脱氨后的煤气依次经过旋风除酸器和酸雾捕集器后，送往洗脱苯工段。饱和器下段的母液连续抽出送入饱和器上段循环喷淋，喷淋后的循环母液经中心降液管流入饱和器的下段。在饱和器下段，晶核通过饱和介质向上运动使晶体长大。当饱和器下段硫铵母液中晶体体积比达到25%～40%时，将饱和器底部的浆液送至结晶槽。饱和器溢流出的母液自流至满流槽，槽底累积的少量酸焦油定期清理返回备煤单元。结晶槽中的硫铵晶体积累到一定程度时，将结晶槽底部的硫铵浆液排放到离心机，分离硫铵结晶。硫铵结晶经过空气干燥、包装后送入产品库。离心机滤出的母液与结晶槽溢流出的母液均自流回饱和器的下段。

(5) 洗脱苯工段

洗脱苯工段的任务是吸收煤气中的苯，将洁净煤气送往各用户使用（图 3-27）。

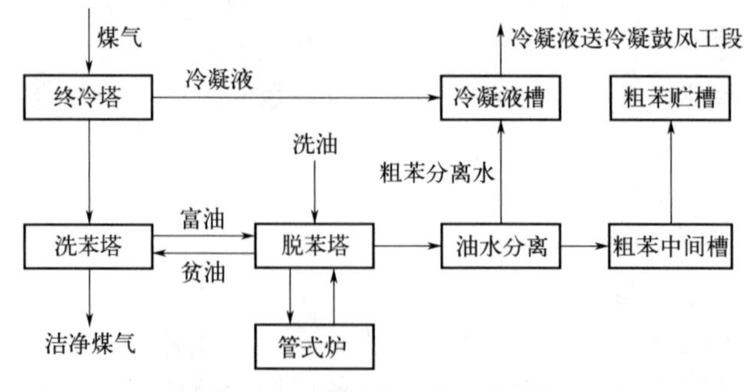

图 3-27 洗脱苯工段工艺流程

来自硫铵工段的煤气经终冷塔冷却后，由洗苯塔底部入塔，与塔顶喷淋的循环洗油逆流接触。煤气中的苯被循环洗油吸收后，离开洗苯塔。部分煤气作为燃料煤气送至焦炉，剩余送至燃料气管网。终冷塔产生的冷凝液送至冷凝鼓风工段的氨水澄清槽。

来自洗苯塔的富油与脱苯塔底部的热贫油换热后，进入脱苯塔。从塔顶蒸出的粗苯、油、水的混合物经过冷却和油水分离后，一部分送至塔顶回流，一部分送入罐区的粗苯贮罐。分离出的水送至氨水澄清槽，不凝汽则经两段冷却后，进一步回收其中的粗苯。

脱苯塔塔釜的热贫油一部分先与富油换热，再经过循环水和低温水冷却后，作为洗苯塔的洗油循环使用；另一部分贫油通过管式炉加热后分为两股，一股作为热源返回脱苯塔的脱苯段，另一股送至再生段进行再生。大部分洗油再生后从再生段塔顶以气相形式返回脱苯段，作为脱苯段的热源，再生段塔釜的渣油送至冷凝鼓风工段的焦油贮罐。

(6) 脱硫废液提盐工段

为防止脱硫液在循环中盐积累，需定期置换部分脱硫液，脱硫液系统需要不断补充新水，既增加了水耗和焦化废水量，又影响脱硫效率。从脱硫废液中提取硫氰酸铵（纯度≥96%）和混合盐，可缓解脱硫废液直接外排的环保难题，保证焦炉煤气脱硫效果及后续煤气净化系统的稳定，其工艺流程如图 3-28 所示。

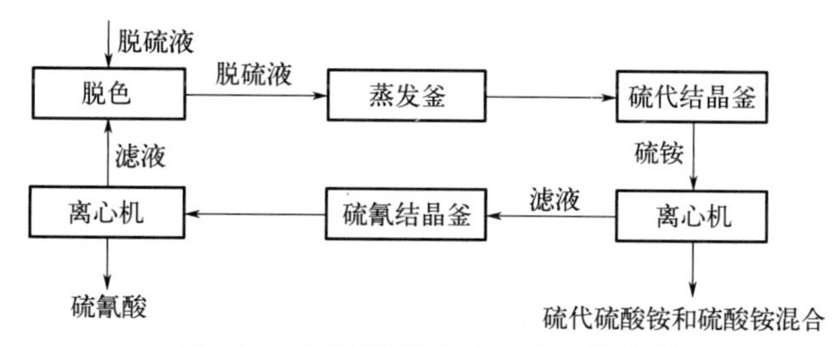

图 3-28 脱硫废液提盐工段工艺流程

来自脱硫工段的脱硫液先送入真空脱色釜，与活性炭混合脱色后，悬浮硫、焦油、对苯二酚在活性炭的作用下基本被脱除。脱色后的液体进入压滤机进行压滤，滤液进入清液槽，压滤后得到的废活性炭送到储煤场配煤炼焦。

清液槽的清液和母液按一定比例配比后，进入蒸发釜脱去部分水和大部分游离氨。生成的浓缩液先送入硫代结晶釜，冷却降温后部分结晶析出形成固体，再经离心机分离出硫代硫酸铵和硫酸铵混合盐，最后装袋入库。滤液则输送至硫氰结晶釜中进一步降温，析出硫氰酸铵固体，经离心机分离后得到硫氰酸铁产品。分离出的母液与清液混合后再进入蒸发釜。

3.2.3 焦化工艺过程及清洁化生产措施

不论采用什么样的技术路线，整个焦炭的生产过程就是一个对环境的污染过程。焦化生产工艺过程复杂、污染物产生源多、污染因子复杂、毒性大、无组织排放和 VOCs 排放较多，总体上处于非连续性生产状态，人工辅助性作业环节多，污染物生成和排放呈现“点多、线长、面广”的特点，其中炼焦、装煤和推焦工序为焦化产排污的重点环节。

基于焦化生产过程特性和污染物处理的难度，国家和行业均特别重视焦化的清洁生产，如 2022 年 3 月国家发展改革委将焦化产能清洁化改造列为“十四五”规划百项重大工程 2022 年的重点工作。焦化行业清洁转化过程和防控应从简单末端治理转变为污染全过程控制，通过实施源头控制、过程控制和末端治理全系统的综合控制措施实现煤炭的清洁转化利用，实现污染物排放量的有效削减和处理，其中通过源头减排技术控制污染物排放，是实现焦化清洁化生产的最有力、最直接和最经济的手段。

从产业结构来看，首先要采用大型先进技术淘汰落后产能，如内蒙古 2022 年发布的《新型化工产业发展实施方案》中明确要按照“上大压小”的原则进行产能置换，用 3 年的时间（2021—2023 年）全面淘汰炭化室高度小于 5.5m 的捣固焦炉，新建捣固炉炭化室高度不低于 6.25m，新建顶装炉炭化室高度不低于 7m，要加快发展焦化深加工项目构建焦化全产业链。

3.2.3.1 备煤清洁化生产措施

实际工业建设和生产中，针对过程污染物产生的根源，备煤单元为了减少粉尘和噪声的产生，主要采取了如下措施。

（1）抑尘降尘措施

① 煤存储环节的主要污染物是煤粉，一般采用挡风抑尘墙等抑尘措施，再结合洒水降尘、喷雾降尘等手段进行治理；由于挡风抑尘墙的效果受多方面因素影响，实际使用治理效果难以达到厂界大气污染物浓度 $1mg/m^3$ 的控制值，可进一步对原料煤储存进行封闭，如采用封闭型式翻车机室或卸煤坑、大型密闭筒仓、全封闭储煤场等方式，避免粉尘向周围环境扩散[49-53]；汽车受煤坑地面以上可设置封闭大棚，生产时棚内为负压状态，防止卸煤时煤尘外逸。

② 煤在破碎、配比、筛分及各区域间转运过程中的主要污染物是废气和固体废物。废气是煤处理和输送环节产生的粉尘废气，固体废物为布袋除尘收集下来的煤粉。对应采用全封闭皮带输送管廊、设置喷雾和采用无动力抑尘导料槽、曲线落煤管系统等，达到“上不见天、下不见地、中间不见物料落地”，抑制粉尘产生和粉尘外泄；皮带机头、机尾等物料输送落料点可配备集气罩和除尘设施（为保证集气除尘效果，罩面风速＞1.5m/s 或罩外侧附近风速≥0.3m/s）。

③ 在转运站、下料口以及破碎机、振动筛等设备区域设置集尘设施并通过风机将废气送至高效袋式除尘系统（优先考虑覆膜滤料布袋除尘器，并控制过滤风速）进行废气中粉尘的集中收集利用；回收粉尘采用吸排罐车或气力输送外送。

④ 对于物料运输环节产生的粉尘，应逐步提高进出厂区大宗物料和产品清洁运输比例，对于场外运输应逐步由汽运为主转为火车（或水上）运输为主，确需汽车运输时，应使用封闭车厢或严格进行封盖；场内运输车辆应达到国六排放标准或使用新能源车辆。

（2）隔声降噪措施

① 对于破碎机、振动筛在基座下设置减振基础，降低结构噪声。破碎机安装带有阻尼层和吸声层的隔声罩；在操作岗位设隔声室。

② 车间厂房优先采用密度大的墙体材料，保证隔声效果；采用轻质墙体时，内衬吸声防尘布以及吸声层（隔声棉），并进行专项隔声降噪设计。

（3）原料预处理

改善焦炭质量的途径主要有提高配合煤质量、增加装炉煤的堆密度、煤料均匀化及合理粉碎、掺入添加剂、提高炼焦速度、提高炼焦温度与延长焖炉时间、提高焦炉操作和管理水平。在装炉煤性质确定的条件下，对于室式炼焦备煤与炼焦条件是影响结焦过程的主要因素，同时也是影响焦炭质量的主要因素[49-53]。

焦化煤炭的预处理是从源头上改善原料性质，更好地适应焦化生产需求，是提高后续焦化操作环节效率和降低污染物产生、排放的源头措施。典型的焦化炉前原料处理有煤调湿、选择性粉碎、煤预热炼焦、捣固成型炼焦技术等[49-53]。

① 煤调湿技术。煤调湿技术的基本原理是利用外加热能将炼焦煤料在炼焦炉外进行干燥、脱水以降低入炉煤水分，使水分调整、稳定在6%左右，从而缩短结焦时间、控制炼焦耗热量、改善焦炭质量或扩大弱黏结性煤用量，是炼焦生产中节能降耗的一个重要手段。目前实际生产中采用的煤调湿技术大多是利用焦炉的烟道废气、上升管粗煤气和低压蒸汽等余热作为干燥热源，不但回收了废气的热量，也对环境保护起到一定的作用。

煤调湿主要有直接换热调湿技术、间接调湿技术和复合床煤调湿技术三类。直接换热调湿技术是在流化床中通过焦炉废热烟气直接与煤料接触换热并带出水分实现调湿目的；复合床煤调湿技术通过固体物料气力分级与预热调湿过程进行集成，促使二者能够耦合并行进行，实现分级和预热调湿的效果。间接调湿采用间接换热实现煤加热调湿，设备为换热多管转筒型和多管回转干燥机型式；该类型装置相对较为复杂，体积庞大、占地面积大，维修与维护工作量大。

煤调湿技术使用中存在一定的缺陷与不足，应用时需关注装炉煤水分降低导致的问题，包括加剧装炉冒烟冒火、炭化室及上升管结石墨现象和煤气冷却净化系统易堵等问题。

② 选择性粉碎技术。由于煤焦化的最佳粒度分布因煤种、岩相组成而不同，可通过对原料煤进行选择性粉碎来改善煤料的粒度，使其粒度达到或接近最佳粒度分布。实际生产中应根据不同煤种采用相应的粉碎工艺。常用的炼焦煤主要有四种，包括气煤、肥煤、焦煤、瘦煤。如进行配煤炼焦，先配后粉工艺是把四种常用炼焦煤同时进行粉碎，得到的粒度组成不均匀；先粉后配工艺是单独粉碎四个煤种，其粒度控制比较好，但操作复杂，投资经济性不高。

由于较低变质程度的气煤和较高变质程度的瘦煤的硬度较大，粉碎后粒度较大，而中等变质程度的肥煤、焦煤的硬度较小，粉碎后粒度较小。根据黏结机理，结焦性较差的气煤、瘦煤希望其粒度小些，可以改善焦炭质量。而结焦性较好的肥煤、焦煤过度粉碎反而会破坏其黏结性，希望其粒度大些。

基于上述因素分析，选择性粉碎工艺采用气煤、瘦煤同时粉碎，肥煤、焦煤同时粉碎，在单种煤的硬度不同情况下可得到合适的粒度组成，相对投入成本也较低，只需在原有的生产工艺上增加一套单独的粉碎系统即可完成。

③ 煤预热炼焦技术。煤预热炼焦技术是将装炉煤在惰性气体热载体中快速加热到150～250℃后热煤装炉的一种炼焦技术。煤经过预热处理后，导热性明显改善，炭化室内的结焦过程发生了显著变化（如软化、熔融、热解、固化、收缩等），同时预热煤的堆密度比湿煤增加10%～13%，且分布较均匀，装炉煤的升温速度加快从而达到改善焦炭质量，结焦时间缩短，使单位焦炭产量的焦炉表面散热量减少，焦炭均匀成熟可降低推焦时焦饼温度，使焦炭和粗煤气带走的显热减少，达到提高焦炉系统热效率的目的。煤经过预热处理后降低了水分含量，相应减少了剩余氨水量。采用煤预热技术后，相比传统方式可提高焦炉生产能力20%～25%，能耗降低4%；因不需要机械平煤，也消除了平煤操作烟尘逸散[53]。

目前为解决热煤装炉的密封、防止煤粒氧化、发生爆炸、灰尘逸出导致焦油渣含量增加的实际问题，一般煤的预热均采用流态化装置进行，采用专门的装炉技术，比如装煤车装炉法、管道装炉法、埋刮板装炉法。煤预热技术能提高焦炭质量，改善环境污染，提高经济效益，但是技术要求高、难度大，在今后的发展中需要进一步解决相关的技术问题。

④ 捣固成型炼焦。捣固成型炼焦是将原料煤在入炉前用捣固机捣实后再推装入炭化室

炼焦的方法。捣固后减少了煤粒间隙，胶质体膨胀压力增加，加强煤粒间的结合使入炉煤的密度可增加到 0.95～1.15t/m^3，实质是改变了煤的理化性质，最终对焦化反应过程产生影响，使产品焦炭的气孔率、耐磨强度、反应性和抗碎强度等指标得以改善[53]。

由于捣固焦炉的结构和生产操作与常规顶装机焦炉存在不同，污染物产生的环节和部位也发生了改变，捣固炉焦化生产中，装煤环节的烟气排放治理与顶装焦炉不同。

3.2.3.2 焦化清洁化生产措施

针对炼焦生产中装煤、焦化、推焦、熄焦等环节各自污染物产生和排放特点，工业生产中在总体技术路线、过程工艺参数、设备型式结构、操作运行等方面都应结合实际污染防控的需求进行优化调整，可采取如下清洁化措施控制污染排放。

(1) 焦炉大型化

面对优质炼焦煤资源紧缺和环保的要求，先进大型化焦炉是现代焦化工业发展的主要趋势之一，是提高我国焦化产业集中度、实现炼焦清洁高效生产、淘汰落后产能、促进产业升级的关键首选技术。

一方面，焦炉大型化可以有效减少装煤、出焦频次，进而减少装煤、出焦、熄焦时的阵发性污染；另一方面，大型焦炉配套的环保装备和措施更加完善，泄漏点减少，可有效降低炉门、上升管和装煤孔等泄漏散发的非阵发性污染物排放量。同时通过采用先进的加热优化控制与管理技术、集气管压力自动控制技术、烘炉智能化供热技术和焦炉机械综合自动化技术等，最大限度提高焦化生产过程中的物热综合利用和自动化水平，降低人员劳动强度，实现多要素生产优化管控和污染物的集中规模治理，改善焦炉作业环境，实现节能和减少源头污染物排放及高效炼焦的目的。

目前，为满足国家产业政策及新的环保法规要求，适应国内煤源特点的大型化、清洁化和高效率，超大型系列顶装焦炉（包括炭化室高 7m 单段、7m 多段、7.65m）以及超大型系列捣固焦炉（包括 6.78m 和 6.25m）已成功开发并应用，其核心技术达到国际先进水平，可为焦化产业结构调整提供可靠的技术支撑[54]。

国家 863 计划重点项目——“超大容积顶装焦炉技术（炭化室高 7m）”的超大容积顶装焦炉通过加宽加高炭化室、提高单孔炭化室产焦量，同时采用分段燃烧和废气循环相结合的组合低氮燃烧技术，实现了源头减排；采用高严密性炉门密封、组合式炉门清扫、除尘装煤车和推焦车、逸散烟尘高效收集和净化技术，实现了机焦侧炉头逸散烟尘的高效综合治理。该大型焦炉典型技术提升如下[52-56]：

① 适应中国炼焦煤资源特征的炉体结构，保证焦炉大型化与中国炼焦煤资源综合利用间的协调发展。

a. 高向温差≤70℃，长向温差≤60℃，加热均匀性好，炉顶空间温度适宜。

b. 入炉煤挥发分 23%～29%，强黏结煤配比降低 5%～10%，吨焦入炉煤成本降低 25～30 元，保证了焦炭质量 CSR 提高 1.2%～2%，CRI 改善 1%～1.5%，M40 提高 2%～3.8%，M10 改善 0.5%～1%。

c. 炼焦能耗低比 6m 焦炉能耗低 3.5%～4.5%，比国外 7.63m 先进焦炉能耗低 5%。

d. 吨焦投资少，比国外 7.63m 先进焦炉吨焦投资低 20%。

② 采用分段燃烧和废气循环相结合的组合燃烧技术，实现了焦炉低氮燃烧，进而保证了源头减排，达到国际先进水平。

③ 采用炉门逸散烟尘综合治理技术——高严密性炉门密封技术、组合式炉门清扫技术、

逸散烟尘高效收集和净化技术，实现了机焦侧炉头逸散烟尘的高效综合治理。

④ 系列创新工艺技术及机械装备——远程切换加热煤气种类技术、集气系统设备远程气动控制技术、新型液压交换机、迁车台专用牵引车、焦炉机械，实现了高效和安全生产。

⑤ 配备关键自动控制技术——焦炉加热优化控制与管理技术、集气管压力自动控制技术、烘炉智能化供热技术、焦炉机械综合自动化技术等，为炼焦智能化生产提供了技术支撑。

采用该炉型的工业示范装置环保性能优异，焦炉泄漏口数量比6m焦炉减少了20%，密封面长度减少了13.3%，从而有效降低了SO_2、H_2S、NO_x、CO及多环芳烃的泄漏[55]；当贫煤气加热时，烟气中NO_x浓度为300～340mg/m^3；采用焦炉煤气加热时，NO_x浓度低于500mg/m^3，均达到国际先进水平。

(2) 炼焦过程

煤塔中原料煤先通过摇动给料器装入装煤车的煤箱内（下煤不畅时，采用空气炮风力震煤措施）。装煤车再将煤饼从机侧或焦炉顶部送入炭化室内，装煤方式主要分为顶装和捣固侧装两种。

装煤过程产生的主要污染物是废气（主要是颗粒物和二氧化硫）和固体废物（主要是收集粉尘），产生途径是原料接触到焦炉高温炉壁时发生氧化反应产生的废气携带煤粉从炉门或炉顶排出，对其常规防控思路是“消减＋收集”组合工艺，不同型式焦化炉可采用不同技术组合。顶装焦炉通常采用“集气管负压＋高压氨水喷射＋炭化室单孔压力调节”或“集气管负压＋炭化室单孔压力调节”协同密闭装煤车实现无烟装煤。捣固焦炉可采用“集气管正压＋高压氨水喷射＋双U形管烟气转换技术”或“集气管负压＋高压氨水喷射＋炭化室单孔压力调节技术＋双U形管烟气转换技术”从源头上削减控制废气排放。

目前工业焦化装置在加煤过程中采用的烟尘控制方法主要是烟尘减量、烟尘收集和集中处理几类，工业应用时为多种技术组合使用，具体技术措施有如下几种。

① 机侧炉头烟收集。为防止装煤时烟气从机侧炉门处逸散，装煤车配备装煤密封罩，在焦炉机侧炉门上方炉柱间设吸气罩，炉头上设烟气转换阀，转换阀与下部吸气罩采用矩形吸气管道连接。当导烟车上的液压杆推开烟气转换阀并接通转换阀上下部烟气管道时，炉门上方吸气罩与烟气主管道接通，炉门处外逸烟气经烟气转换阀进入设置在焦炉焦侧的装煤炉头烟除尘地面站进行烟气净化。收集的烟尘在引风机组的作用下通过焦油过滤系统、脉冲袋式除尘器进行净化后排放，颗粒物排放浓度可达30mg/m^3；严格排放控制时（如实现超洁净排放），可通过集气管道送入下游废气净化装置进行处理。机侧炉头外逸烟尘捕集装置示意图如图3-29所示。

② 喷射抽吸。针对焦炉装煤时容易泄漏的烟气，加煤时上升管或桥管内用水蒸气或高压氨水进行喷射形成引射，将加煤过程中产生的荒煤气和烟尘由炉内抽走，通过炭化室上升管抽送到集气管，减少装煤烟气从加煤口无组织排放。该方法简单、投资增加少、操作方便。

由于采用蒸汽喷射造成焦化废水量增大，同时焦化过程自身生成氨，且受热汽化使氨水抽吸力大于蒸汽，可在上升管根部产生约200Pa的负压，国内大多焦化厂采用高压氨水喷射。但加煤过程中产生的煤粉被吸入集气管系统，生成含尘焦油等物质，给焦油氨水的分离操作带来较大困难。另外，喷射抽吸会对集气管压力带来波动，对于焦炉采用正压操作的稳定不利，易导致焦炉装煤和推焦期间烟气外泄。若喷射抽吸力过大，破坏了焦炉炭化室底部正压状态，吸入炉内空气多将会造成炉头炉墙砖缝中石墨（焦炉初始运行期间焦化产物热解

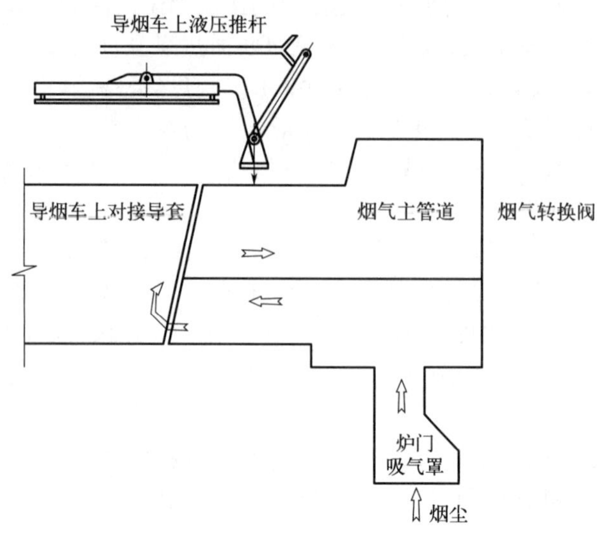

图 3-29　机侧炉头外逸烟尘捕集装置结构示意图

形成，可起到密封作用）烧掉，使炉体产生泄漏和影响炉体寿命。

③ 导烟水封槽系统。为解决焦炉上升管、桥管（随装煤、推焦车等移动）和集气总管（固定）的连接问题，通常设置水封装置实现非刚性连接。水封槽是一个由钢结构焊接而成的整体槽体，槽体一部分为密封水槽，另一部分为气路通道。水槽主体与支架采用辊轮支撑结构连接，保证槽体在一定程度上可以横向和纵向自由伸缩。水封槽末端设置平衡翻板阀，控制水封槽内负压来保护水槽。为防止水封槽底部污泥淤积，U 形管上可设置清扫装置，同时在水封槽底部间隔一定距离设置一个排淤斗，随着 U 形管移动将底部淤积污泥清扫至排淤斗，定期进行排污，防止淤泥堵塞。水封槽设计要避免出现水封水被吸入布袋除尘器的现象。

水封槽体采用碳钢材质制作，根据与烟尘或水等介质的接触的部位不同，槽体钢板厚度也不同。水体接触面采用重防腐保护。水封槽通过在两端设有水位检测装置和在给排水管道上设置电动阀，以使其具有自动给排水功能。水封槽要考虑防腐蚀和水汽影响布袋除尘器的问题，若在北方地区，还需要考虑防冻问题。

水封槽一端设置供水管路，溢流口设置在另一端。在水封槽水侧设置液位计检测水位。补水设自动切断阀，并与水位联锁，保证水封槽水位在设计范围内。在水封槽下方设置排水管（沟），水封槽排水至集水坑，集水坑设置于水封槽端头，泵送缓存沉淀池沉淀澄清后循环利用。导烟水封槽结构示意图见图 3-30。

④ 炉顶 U 形管连通导烟技术。捣固焦炉结构特点是装炉操作在机侧，常规顶装炉顶导烟措施无法满足捣固焦炉机侧烟尘收集处理，U 形管连通导烟技术其主要原理是根据捣固焦炉的生产特点，利用炭化室顶部消烟除尘孔，采用 U 形管连通两个炭化室，通过高压氨水产生的吸力，将装煤过程产生的荒煤气导入结焦末期的相邻炭化室内，进入煤气系统回收利用。结合炉顶导烟车（带布袋除尘器）＋上升管高压氨水喷射＋机侧热浮力罩＋机侧大炉门密封烟尘治理技术是目前捣固焦炉主流处理措施。近年在 U 形管连通导烟技术的基础上还发展了“双 U 形连通导烟管”，即将正装煤孔（第 n 孔）炭化室产生的烟气通过导烟管同时导入“$n+2$”和“$n-1$”两孔炭化室，再通过高压氨水产生的负压将烟气导入集气管；双 U 形管导烟比 U 形管导烟技术处理烟气能力大、效果好。炉顶连通导烟示意图见图 3-31。

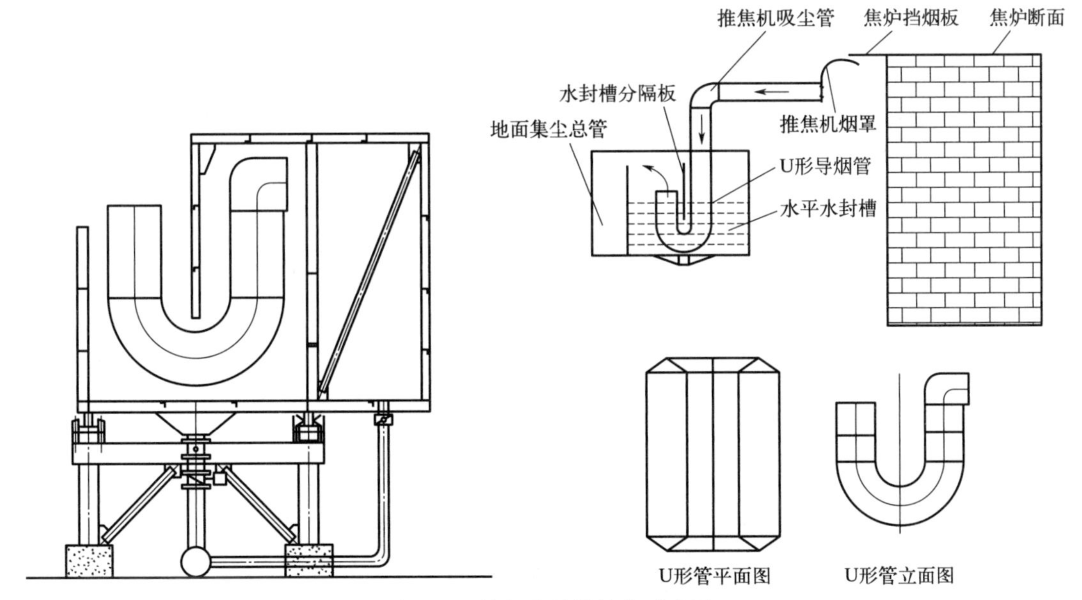

图 3-30　导烟水封槽结构示意图

⑤ 装煤车封闭。对于顶装常规机焦炉可进行装煤车的封闭，即在装煤车设置双层导套，内外套间和外套与装煤孔座之间采用特殊密封结构，减少装煤烟气无组织排放[51]；采用带强制抽烟和净化设备的装煤车进行加煤，装煤车上有强制抽吸、燃烧和初步净化系统。早期国内使用该种措施较多，由于装煤机械空间和复杂度因素，逐步被地面烟气净化站替代。

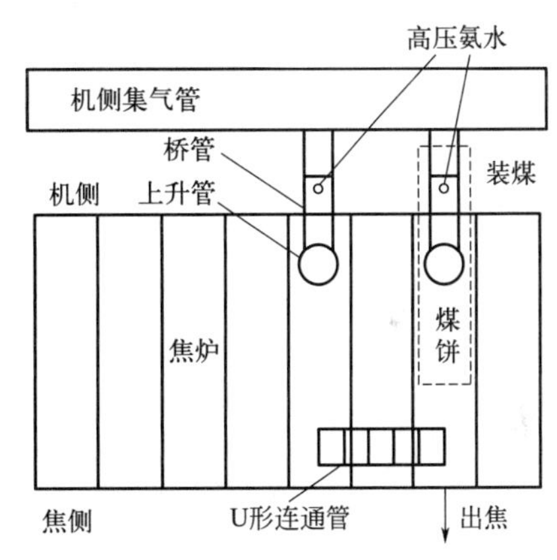

图 3-31　炉顶连通导烟示意图

⑥ 地面除尘站。地面除尘站技术的工作原理是在地面设置抽烟和洗尘设备。装煤车上的吸尘管道与炉前的固定管道对接，首先将焦炉装煤烟尘收集起来，然后通过管道将其输送至地面的除尘站，在除尘站中完成洗尘净化过程。该方法已在国内大型焦炉上普遍采用。煤除尘采用液偶调速的手段对风机的转速进行调控，不装煤时风机低速运行，装煤时高速运行。典型地面除尘站系统见图 3-32。

地面除尘站分为两个部分，一是装煤和烟尘的收集与传输系统，二是装煤和烟尘的净化系统，包含内火冷却器、通风机组、脉冲式布袋除尘器、烟囱等除尘排放设备和卸灰阀、储灰仓、粉尘加湿机、刮板输送机等排除和贮存煤与烟尘的设备。整个系统占地面积大、配套设施多、投资高。地面烟气净化站中常采用布袋除尘进行烟气除尘净化，但烟气较高温度和黏性粉尘对布袋除尘器效果和寿命有明显影响。为防止因装煤炉头烟中未熄灭颗粒、焦油及炭黑灰等损坏、黏结滤袋，保证除尘器滤袋清灰及灰斗排灰顺畅，保证装煤炉头除尘地面站能长期稳定运行，需考虑防爆、控温及防滤袋堵塞等措施[50-53]。

按照处理烟气的来源不同，地面除尘站分为机侧除尘地面站（图 3-33）、焦侧除尘地面站（图 3-34）和装煤出焦“二合一”除尘地面站三种，实现的功能存在一定差异，因此系统构成也不同。

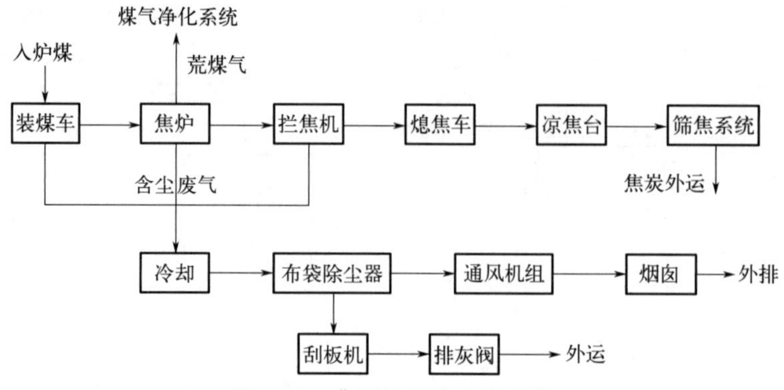

图 3-32　典型地面除尘站系统

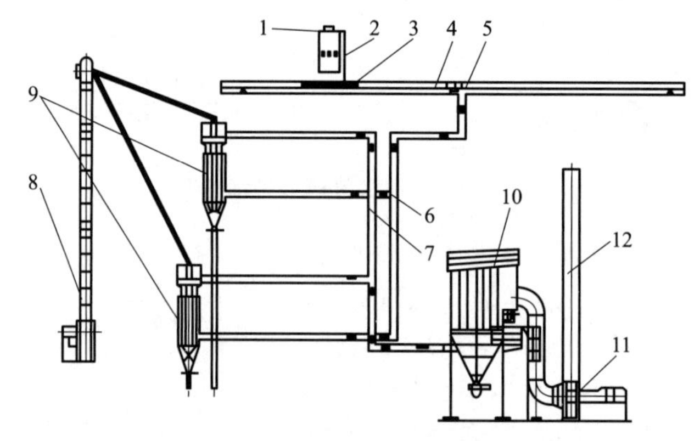

图 3-33　典型焦炉机侧除尘地面站系统构成

1—活动对接框；2—车载导烟管；3—U 形导烟管；4—水封槽；5—集尘干管；6—烟尘进口管；7—烟尘出口管；8—焦粒填充装置；9—焦炭吸附装置；10—脉冲式布袋除尘器；11—变频风机；12—排气筒

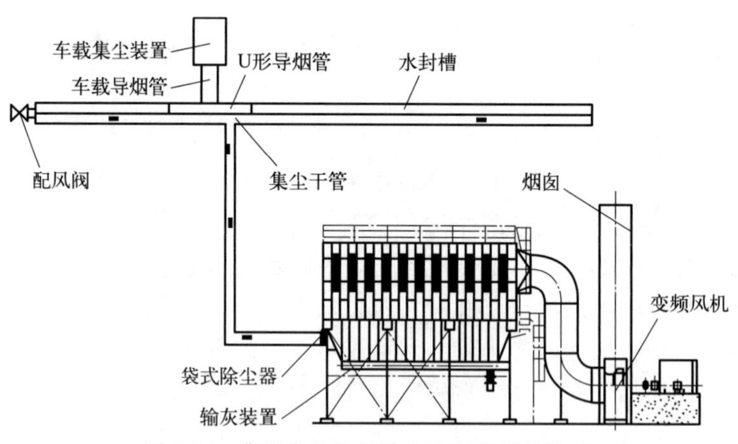

图 3-34　典型焦炉焦侧除尘地面站系统构成

a. 防爆控温措施　除尘器系统要做好防爆控温措施。通常为确保系统安全和防爆，系统中设泄爆阀和采用拒油防水防静电滤袋，避免焦油糊袋增大阻力，也防止静电火花引燃煤气；同时在除尘器入口处设置掺冷风阀和阻火器，对高温烟尘进行控温和阻火。将抽出的高温煤粉粒经过阻火器阻挡、降温后，避免了大颗粒的高温粉尘进入下游除尘器，保障了其使用效果和寿命。另外，由于除尘系统为间歇运行，对除尘器系统设备和管道还需考虑保温与防雨，加强系统温度监测，防止结露产生。

阻火器下部需有排灰装置（气动双层阀），排出的灰进入除尘系统原有的刮板输灰机内，避免排灰产生二次污染。典型焦炉地面站防爆控温措施示意图见图 3-35。

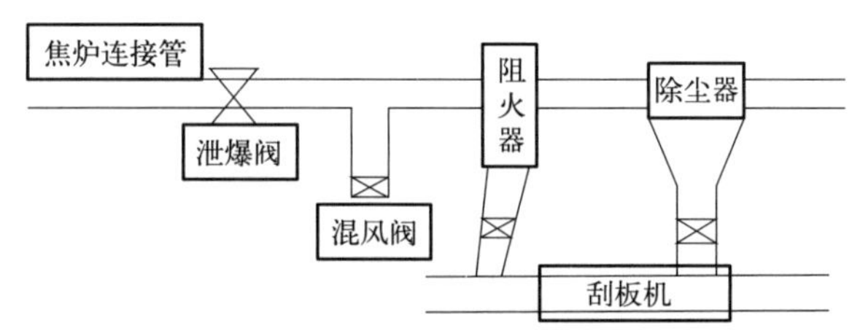

图 3-35 典型焦炉地面站防爆控温措施示意图

b. 烟气吸附净化 烟气吸附净化装置利用 10～25mm 焦块作为主要吸附介质，对烟气中的焦油及炭黑飞灰进行吸附净化，同时捕集烟气中的明火颗粒，降低烟气温度，保护后续的除尘器。烟气吸附净化装置结构是立式圆形筒体，内部采用截锥体型式，形成一定宽度的环状立体空间作为滤料层（图 3-36）。焦块吸附滤料由上部加入，烟气自筒体下部进口进入筒体内部。烟气由各截锥体间颗粒层进风面通过滤料层进行吸附净化，焦油和粉尘经碰撞、过滤和吸附被阻留在焦炭表面蜂窝孔里和颗粒间的微孔当中，净化后的烟气进入中间柱状空间，经上部出风管排出。根据颗粒层净化能力下降速度及整体阻力提高程度，筒体颗粒层内焦块需定期更新来提升净化能力和降低系统阻力，吸附焦油后的焦块进入下部灰仓贮存后定期装车外运。

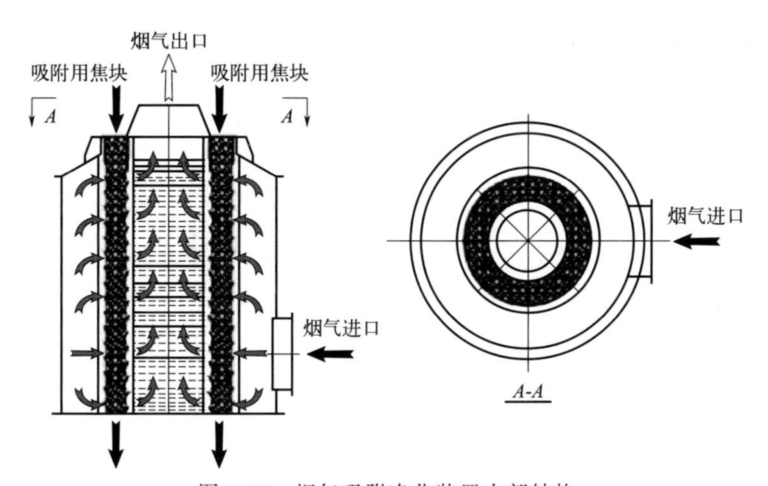

图 3-36 烟气吸附净化装置内部结构

c. 预喷涂装置 采用布袋除尘进行含尘烟气净化时，除烟气夹带粉尘外，还有部分抽吸煤、焦及高黏度颗粒一同进入除尘器并黏附在布袋上，增加布袋阻力和影响使用寿命。可在除尘器入口管道喷入焦粉，使焦粉随气流均匀地吸附在除尘器布袋上。除尘器布袋的外表面附有一定厚度的焦粉，阻止了烟气中焦油尘与火星直接和布袋接触，可改善布袋除尘的清灰效果。喷涂用焦粉来自出焦除尘系统，预喷涂焦粉量通过预喷涂焦仓下部的插板阀开度控制，使用中要选择合适尺寸和开度，避免预喷涂管道下料堵塞。

⑦ 双室双闸给料。在半焦（兰炭）炭化炉装煤给料过程中，通过顺序切换给料器上下

闸板动作，可大幅减少炭化炉荒煤气的排放。

⑧ 单孔炭化室压力调节。焦炉为避免空气进入炭化室造成安全隐患，需要确保炭化室底部压力为微正压（5Pa），常规焦炉采用集气管正压压力控制间接控制炭化室压力的方式。由于集气管压力为正压，多座焦炉集气管及鼓风机系统之间调节时互相影响，造成在焦炉装煤过程中产生的污染物外逸，同时各炭化室不同结焦时段煤气发生量的差异使各炭化室底部微正压状态不能有效保证。

焦炉单孔炭化室压力调节技术针对上述问题研发的安全、环保炭化室和集气系统压力控制技术，核心是对集气管进行负压操作，即在炭化室上升管和集气管间桥管处设置煤气流量自动调节装置，根据单个炭化室荒煤气发生量控制集气管煤气水封阀体水位，改变该炭化室桥管流通面积，稳定上升管压力达到控制炭化室底部正压的目的。在装煤和结焦过程中调节单个炭化室内环给其进入集气管的流道，稳定炭化室压力进而减少炉门或装煤孔处废气排放。单孔炭化室压力调节技术能够使炭化室底部压力长期稳定保持微正压，确保机、焦侧和炉顶区荒煤气不向大气逸散，实现无烟装煤[55]。典型单孔炭化室压力调节技术有国外PROven技术和国内CPS技术两种，两者的煤气水封阀结构不同，如图3-37所示。

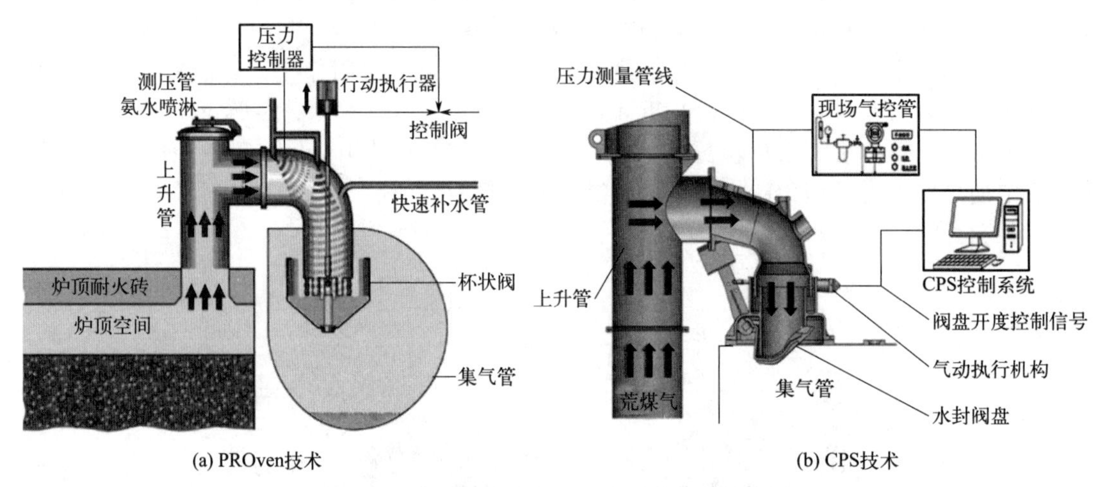

图3-37 典型单孔炭化室压力调节装置结构图

⑨ 微负压炼焦技术。对于热回收焦炉可通过风机或烟囱产生吸力，保持炭化室及余热锅炉之前的烟气系统处于微负压（−50～−30Pa）状态，减少焦炉炉体部分烟气的无组织排放[51]。

（3）炉体严密性设计

焦炉的炉体是由小烟道、蓄热室、斜道区、燃烧室、炭化室和炉顶等结构单元组成。焦炉炉体严密性是降低焦炉热损失、降低加热温度、减少NO_x排放的重要保证[55]。

① 焦炉炉门密封。在焦炉操作过程中，不可避免地会出现炉门密封不严的情况，导致污染物逸出占焦化厂污染物放散总量的2%～3%。炉门密封性能与焦炉工艺特点、炉门和炉门框材质与结构有关，同时焦炉炉门的操作维护水平对密封性也有影响。通常直接引发密封性能下降的是炉门、炉门框的热弯曲变形以及炉门两侧的高压差。

在焦炉烘炉以及开工后的操作过程中，焦炉炉体各部分产生不均匀热膨胀，沿焦炉高向斜道区膨胀最大，而小烟道区和炭化室炉顶区膨胀较小，膨胀不均衡导致炉门、炉门框等受到热胀力；在操作过程中，炭化室每经一次炼焦周期，炉门、保护板和炉门框也要经受机械和热负荷变化。在这种复杂的操作条件下，保护板、炉门框和炉门壳体会产生弯曲变形。炉门热弯曲量与炉门内外温度梯度成正比，与炉门高度成平方关系。随着炭化室高度的增加，其热弯曲值将会明显增大[55]。如 4.3m 焦炉炉门的弯曲值为 8mm，7m 炉门弯曲值可达到 21mm 左右，炉门和炉门框之间存在的缝隙最宽可达 11mm。在结焦过程中，荒煤气的产生会使炉门刀边处与外界形成压差，对于无排气道的炉门，实测最大压力达 6.9kPa。

为实现炉门与炉门框间的良好的气密性，要保持施加对应的密封力，常采取的措施有焦炉炉门及小炉门采用弹簧门栓、弹性刀边或敲打刀边、悬挂式空冷炉门、厚炉门板等技术，同时可采用大型焊接 H 型钢作为焦炉炉柱，增强炉体刚性抵抗炉体变形。对于炉门开闭操作，应明确操作规程和对操作人员开展针对性培训，防止因操作不当撞坏炉门刀边进而影响炉门密封性能。另外生产维护中要加强对炉门的清扫、维修和管理，及时清除装煤、推焦时散落在炉门密封处的煤、焦颗粒，保证炉门刀边和炉门框正常接触自封严密。

② 蓄热室封墙密封。焦炉蓄热室是废气与空气进行热交换的部位。蓄热室封墙的密封和保温对炉头温度及空气过剩系数的影响较大。由于蓄热室为负压区且室内温度较高，受内外温差及装煤时漏落的焦炭、煤粉燃烧产生热量的影响，易造成蓄热室外墙体密封性能降低吸入空气，造成空气过剩系数过高、热工调节困难，影响正常生产。蓄热室封墙与外保护板间的余煤、漏焦燃烧造成能源浪费，且清理燃灰困难，严重时还会造成炉柱变形，给炉体结构带来不利影响。焦炉设计和施工中要保证头部斜道口阻力与中部匹配，以降低蓄热室顶部吸力，减小外界与炉头蓄热室的压力差，从而减少蓄热室封墙的泄漏，保证焦炉头部的火道温度。蓄热室封墙可采用多层结构（由内而外为硅砖、硅酸钙板、不锈钢板、黏土砖和保温涂层），保证墙体的严密性、结构热稳定性和隔热性[50-55]。

③ 针对可能存在烟尘连续外逸的上升管、桥管、阀体、装煤孔（导烟孔、除碳孔）盖与座等部位，采取特殊密封结构，如装煤孔盖采用球面密封，使装煤孔盖与底座间为球面接触，且焦炉装煤后采用特制泥浆封闭空隙，增强孔盖处密封性；炉顶上升管盖、桥管与阀体承插口均采用水封结构，可有效杜绝上升管盖和桥管承插处的冒烟现象；上升管根部采用铸铁座和编织石棉绳填塞、特制泥浆封闭等措施来减少炉体逸散烟气[55]。

④ 正压烘炉。焦炉烘炉是一个不可逆的过程，其质量直接影响焦炉投产后的生产操作、能耗、污染物控制和焦炉寿命。正压烘炉时煤气烧嘴自炉门下部烘炉孔伸入炭化室内，煤气燃烧产生的热废气进入炭化室提供热量。与传统烘炉技术（带炉门烘炉或砌筑封墙烘炉）相比，煤气燃烧火焰与炉墙外直接接触，不会对炉墙造成高温烧毁，无需砌筑封墙、烘炉小灶和火床。正压烘炉过程中燃气及空气流量为自动控制，可实现单孔流量的调节和温度控制，提高了温度控制的准确性、及时性及焦炉炉体膨胀的均匀性，使总膨胀量更趋于理论值（上下膨胀差减小 90%），保证了炉体的严密性，降低了焦炉的漏气率[50-55]。

（4）过程工艺和热工管控措施

① 燃料组分调整。焦炉加热燃料主要有焦炉煤气、高炉煤气或二者混合煤气。焦炉煤气可燃成分浓度高、燃烧速度快、燃烧时火焰局部温度高，产生的热力型 NO_x 比高炉煤气多。同时焦炉煤气中含有的少量焦油、萘等还会产生燃料型 NO_x，因此通常采用焦炉煤气焦炉生成的 NO_x 含量$>$500mg/m^3。高炉煤气不可燃烧成分约占 70%，故热值低、提供一定的热量所需的煤气量大、燃烧速度慢、火焰长、高向加热均匀性好。单独采用高炉煤气基本不产生燃料型 NO_x。因此，在具备获得两种煤气的情况下，用高炉煤气替代焦炉煤气可以有效降低 NO_x 的生成量。但为了满足炼焦的温度要求，仅使用高炉煤气时需先将其预热至 1000℃以上，且燃烧废气生成量较多、外排热量多、加热系统阻力大。采用两者混合煤

气（配加 2%～5% 焦炉煤气）可较好地满足均衡加热和环保排放的需求，实现源头降低 NO_x 生成量的目的。不同煤气加热温度及 NO_x 生成量间的关系见表 3-8。

表 3-8　不同煤气加热温度及 NO_x 生成量间的关系

火道温度/℃	实际燃烧温度/℃		NO_x 浓度/(mg/m^3)	
	焦炉煤气	高炉煤气	焦炉煤气	高炉煤气
≥1350	≥1800	≥1700	<1800	约 1800
约 1325	1780～1790	1680～1690	约 650	约 400(≤500)
1300	1775	1670～1680	约 600	≤400
1250	≤1750	≤1650	≤500	≤350

② 低氮燃烧技术（多段加热和废气循环）。燃烧温度和空气过剩系数是燃烧过程中 NO_x 产生量的关键影响因素。国内焦炉通常焦炉煤气加热空气的利用系数控制在 1.25～1.30，高炉煤气和混合煤气加热的利用系数控制在 1.15～1.20。在保证焦炭成熟的条件下，适度控制空气供给量，可有效降低 NO_x 的排放。

通过采用以废气循环和分段加热为代表的低氮燃烧技术，加强过程管控，控制合适的空气过剩系数和煤气加热交换周期，可以降低立火道温度，避免系统性温度偏高和高温火道。

a. 废气循环技术。将焦炉废气回配至焦炉燃烧加热系统（循环气量宜控制在 10%～20%），降低氧含量，加快气流速度并拉长火焰，减低火道温度，减少 NO_x 产生量；该技术分为立火道废气循环技术（炉内废气循环）和外部烟气回配两种方式，其中外部烟气回配适用于焦炉烟气加热的焦炉[51]。立火道废气循环是将下降火道中部分温度较低的废气吸入上升火道，吸收部分燃烧热量，降低燃烧温度，同时与空气掺混稀释氧浓度，减小扩散系数降低燃烧强度。烟道气回配技术是通过引风机将部分烟道废气回配入空气系统，进而降低燃烧强度。两种技术均能有效拉长火焰，有利于焦饼上下均匀加热、改善焦炭质量、缩短结焦时间、增加焦炭产量并降低炼焦耗热量，可有效降低 NO_x 生成量。从典型项目的实施效果看，立火道废气循环技术降低 NO_x 生成量约 25%，烟道气回配技术可将焦炉烟气 NO_x 含量由 $430mg/m^3$ 降至 $250mg/m^3$。

b. 分段加热。对于常规机焦炉可向焦炉燃烧室立火道分段供应煤气或空气，通过形成多点燃烧降低燃烧强度和实现焦炉均匀加热。相对一次加热，采用分段加热对焦炉立火道高度有附加要求，多在 7m 以上顶装焦炉（捣固炉为 6.25m）采用。通常焦炉分三段供给空气，通过控制第一段空气供给量，使加热煤气进行不完全燃烧，以降低火焰燃烧温度；在第二段和第三段供给足够的空气，让加热煤气完全燃烧，达到燃烧高效率和降低 NO_x 含量的目的。理论研究认为第一段空气系数越小，NO_x 控制效果越好。实际工业生产中空气量过小会导致炭化室底部温度低、上部温度高的不理想状况，第一段空气过剩系数常控制在 0.8 左右。

分段加热/废气循环系统见图 3-38。

③ 焦炉加热精准控制。焦炉加热过程是一个相对动态的热平衡调整过程，同时焦炉结构复杂且热惯性较大，对其的温度控制常出现相对滞后现象。同时人工焦炉红外测温、调整煤气量和分烟道吸力的温控方式，人工调节导致炉温波动大，温度控制普遍偏高，增加煤气耗量也增加了 NO_x 的生成量。采用焦炉精准加热控制技术，减少人工干预，及时准确地调节、稳定炉温，提高平均安定系数，在改善炉内煤料结焦性能和提高焦炭质量的同时降低了煤气损失，是从源头上控制焦炉废气中 NO_x 含量，实现焦炉的降本增效、废气排放达标的

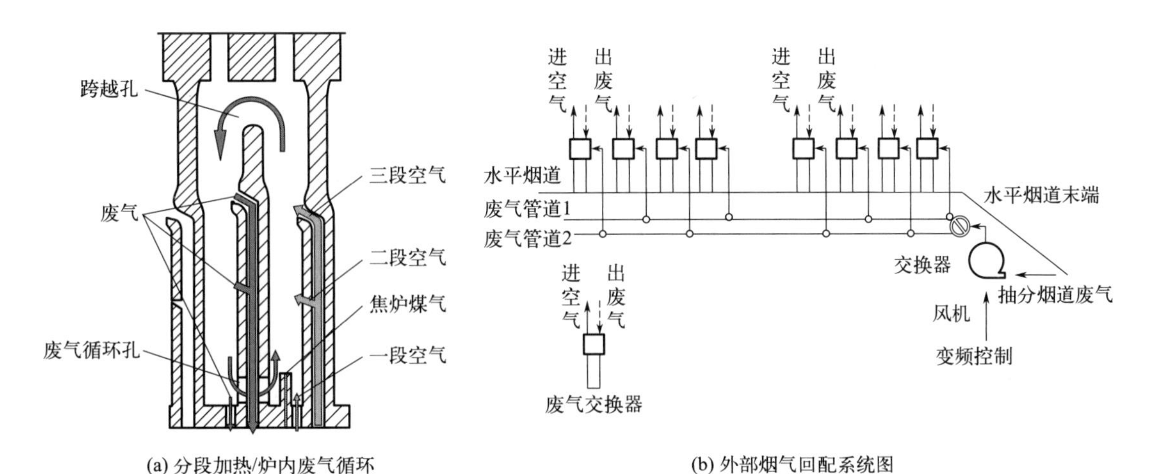

(a) 分段加热/炉内废气循环　　(b) 外部烟气回配系统图

图 3-38　分段加热/废气循环系统

有效手段[55]。

焦炉加热精准控制系统主要包括火道温度自动测定及加热控制技术、焦炭成熟度火落判断技术、焦饼温度测定技术等，系统架构如图 3-39 所示。

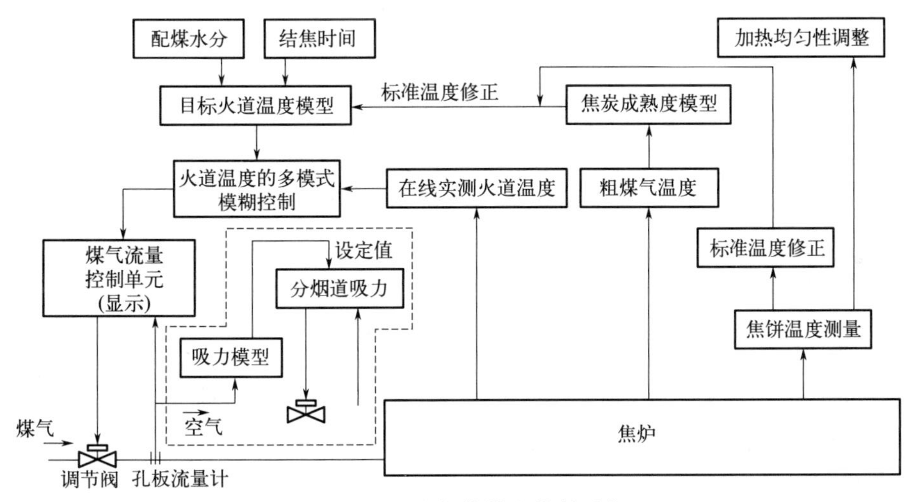

图 3-39　焦炉加热精准控制系统

a. 火道温度自动测定及加热控制技术。通过焦炉结构和焦化工艺参数对比研究，建立并持续优化火道温度多模式模糊控制模型；通过安装连续在线测温设备（在炉顶机焦侧标准看火孔盖上安装自动红外测温装置）进行实时火道温度测量和数据传输。结合目标火道温度和烟气残氧量、看火孔压力等运行参数，自动调整单燃烧室支管和主管加热用煤气流量及分烟道吸力，消除局部高温点，减少焦炉直行温度波动。初始目标火道温度依据配煤水分、结焦时间等经验参数进行设定，生产中再根据配煤水分的变化、焦炭成熟度火落判断、焦饼中心温度监测等进行持续动态修正，最终实现直行温度均匀、稳定、可控[55]。

b. 焦炭成熟度火落判断技术。在焦化一个结焦周期内，荒煤气火落时间可以直观定量地衡量焦饼的成熟度，可作为焦炉加热主要控制指标之一。焦炭成熟度火落判断是通过在上升管桥管弯头处安装热电偶，测量一个结焦周期内炭化室产生煤气的温度，建立荒煤气温度与焦炭成熟度预测控制模型，进而对加热煤气流量进行调整，实现焦炉温度的精准控制[55]。

c. 焦饼温度测定技术。焦饼中心温度是反映焦炭成熟度的重要指标，但其不能直接测量。工业实践表明一般炉墙处焦饼表面温度比中心温度高20～40℃，因此可通过测量炉墙处焦饼表面温度来折算焦饼中心温度，实现焦饼温度变化在线自动监测。在拦焦车导焦栅框架两端上、中、下部安装多个测温传感器，推焦过程中传感器自动连续测定焦饼两侧的表面温度，并将数据实时传输至控制系统，生成机焦两侧焦饼的上、中、下部温度曲线。生产中可根据该曲线对焦炉横向和高向加热的均匀性进行半定量评估，指导焦炉热工参数的调整[55]。

④ 燃烧系统其他清洁化措施。燃烧系统其他清洁化措施包括焦炉燃料气和空气均采用焦化系统废热进行预热，提高燃烧效率和减少系统热损失；焦炉采用煤气作为热源时，应采用经过煤气净化处理脱硫除苯后的净化煤气，减少燃烧过程污染物的生成量，同时燃烧排放烟气应采用脱硫脱硝净化措施。

(5) 新型耐材和热修补技术应用[55]

① 高性能耐火材料。耐火材料用量占焦炉重量的80%以上。炉顶、炉底、斜道、蓄热室和加热墙等重要部位均为耐火材料，其性能直接影响焦炉的寿命及运行质量。高致密性硅砖采用分散性更优的纳米矿化剂，气孔分布更加均匀，强度和热导率为普通硅砖的1.5倍和1.2倍，可有效降低焦炉燃料消耗，减少NO_x等污染物排放量；表面复合陶瓷材料的硅砖可减缓渗碳作用对硅砖表面的损坏；对炉门砖、立管、桥管采用陶瓷复合材料预制件，可减少砌筑灰缝量和增强耐腐蚀性，延长使用寿命，同时釉面积炭和焦油易于清理，实际使用中密封性好、热损失小，可减少污染物泄漏至周边环境。

② 炭化室热修补。采用同质同相硅质火泥和电熔硅砖等专用热修补耐火材料对焦炉开展运行中后维护，可降低焦炉炉门、炉顶的冒火冒烟和串漏现象，实现源头减排和节能。

(6) 出焦和熄焦环节

① 出焦。控制出焦过程中烟尘排放的基本原理是将推焦过程中焦侧的烟尘加以收集，经除尘净化后再排放。

焦炉出焦一般为间歇性出焦，焦炭被推焦车从炭化室一侧推出后，遇空气发生燃烧产生大量含有颗粒物和SO_2的烟气。焦侧头尾焦由拦焦机收集在尾焦斗内，然后卸到焦罐车或熄焦车内。机侧头尾焦由推焦机上的链式刮板机收集在尾焦斗内，卸到机侧尾焦箱中。

焦炉出焦过程采用收集+地面除尘站进行污染物末端治理。首先利用设置在拦焦车上的集气罩收集出焦产生的烟尘，通过接口翻板阀等设备和水封式集尘管收集烟尘，再经高效脉冲袋式除尘器除尘净化后排入大气；除尘器收集的粉尘由密闭输送机送至贮灰仓，防止粉尘二次飞扬。

② 熄焦。焦炉的熄焦方式主要有湿法（水）熄焦和干法熄焦两种。传统焦炉以湿法熄焦为主，但其熄焦废气组成复杂且瞬时量大，不易回收处理，而且导致大量熄焦废水需要后续处理的问题。现行国家环保政策要求淘汰落后焦炉，推广干法熄焦技术，采用干法熄焦技术替代原有湿法熄焦工艺。

对于现有湿法熄焦装置，采取的清洁生产措施主要有在熄焦塔内设折流挡板，减少水蒸气夹带粉尘等污染物的排放；熄焦过程采用多次喷淋熄焦，避免直接大流量喷水熄焦时焦炭溢出车外；熄焦废水送往粉焦沉淀池沉淀后循环使用，并利用处理达标的废水作为熄焦补充水，可有效减少新鲜水用量和外排污水量。定期从沉淀池底清焦，焦粉作为原料使用。

干法熄焦过程的主要污染物是预存室、惰性气体治理等处排放的含尘废气，针对干法熄焦废气的特点，通常采用以下技术进行处理。

干法熄焦采取的清洁生产措施主要有惰性气体夹带的焦粉通过一次除尘器和二次除尘器

进行捕集。除尘器收集的焦粉由密闭输送机运至贮焦粉仓，以防止粉尘二次飞扬；捕集的焦粉密闭输送到收集贮槽内，贮槽下料口上面安装加湿喷嘴，外运前将焦粉加湿减少扬尘；干法熄焦的装焦、排焦，预存室放散及风机后放散等处的含尘气体均由布袋除尘器进行除尘后排放；含 SO_2 浓度高的循环风机放散气和出焦气单独收集进行脱硫处理，脱硫后的废气再与其他废气合并经地面除尘站除尘后通过烟囱高点排放；如建有焦炉烟气脱硫脱硝装置，可以结合实际优先将含 SO_2 废气经除尘后进行统一处理。

(7) 筛储焦环节

筛储焦与煤储运环节均为固体物料的物理处置过程，两者清洁化生产的措施基本相同。

筛储焦环节采取的清洁生产措施主要有振动筛进出料口均设密闭罩收集废气，然后含尘废气经高效布袋除尘器除尘后排入大气；在焦炭筛分及转运、汽车装车处设置除尘器，在焦台等场所设置雾化洒水装置；焦堆取作业厂房采用封闭设计建设，设置洒水装置防止焦粉飞扬及射雾器进行卸车喷雾抑尘。

(8) 捣固焦炉机侧烟尘治理

装煤烟尘是焦炉产排污的主要污染源，捣固焦炉单孔炭化室的装煤量大于顶装焦炉，煤质通常水分高、挥发分多，其装煤过程机侧炉口长时间处于敞开状态，烟气量、烟尘含量和压力都远大于顶装焦炉（捣固焦炉装煤烟尘的产生速率约为顶装焦炉 4 倍）[56,57]，其苯并芘、苯可溶物、二氧化硫、可燃气体和焦油等有毒有害物质含量都远大于顶装焦炉。

① 常规措施及存在问题。目前国内 5.5m 及以上捣固炉大多采用“机侧大炉门密封＋U 形管导烟＋炉顶导烟车（带布袋除尘器）＋高压氨水引射＋装煤炉头烟除尘”收集焦炉机侧装煤时产生的烟尘，后续配合采用地面除尘站（烟气吸附净化＋焦粉预喷涂＋布袋除尘组合技术）完成装煤炉头的烟气捕集及净化（图 3-40）。

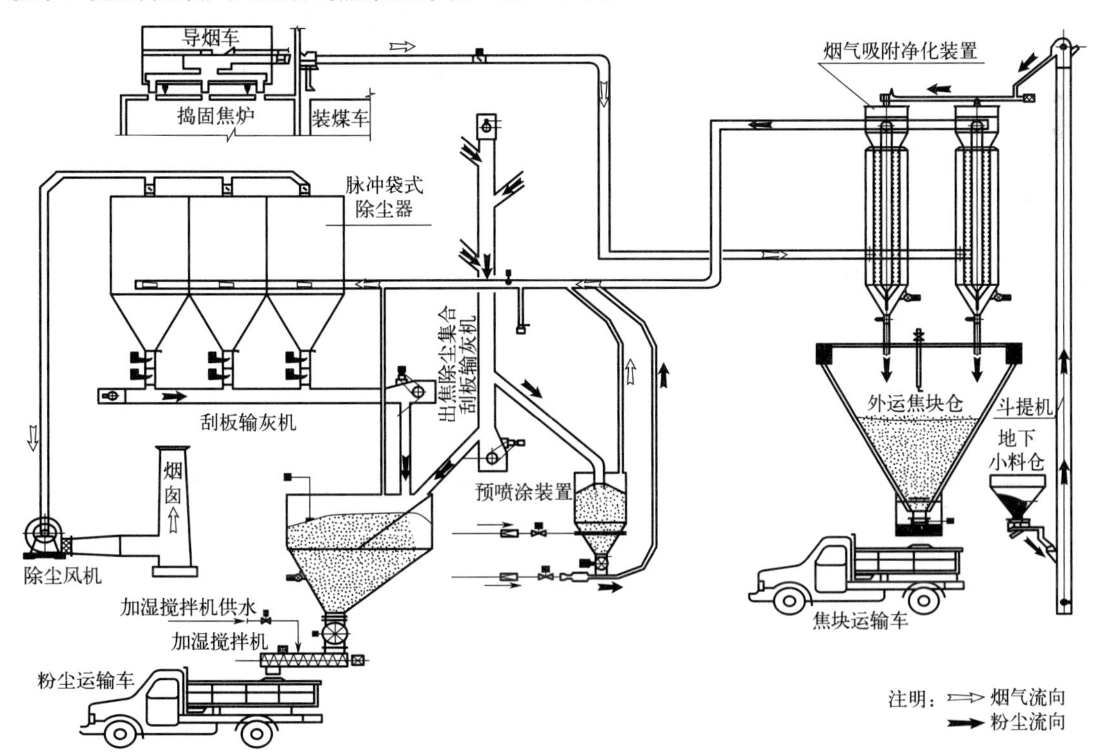

图 3-40　大型捣固焦炉装煤炉头烟除尘系统图

该系列措施在应用过程中存在的主要问题是高压氨水喷射产生的吸力难以精准控制。喷射压力高会导致大量煤粉吸入集气管使焦油灰分增加、黏度变大，同时炭化室内易吸入空气导致荒煤气中氧含量升高、炭化室内出现“放炮”现象，严重时甚至会危及鼓风机和电捕焦油器的安全；高压氨水压力调低或系统泄漏造成压力降低时，装煤过程中产生的荒煤气从机侧炉门大量逸出，机侧炉头有限空间内设置的吸气罩能力不足，无法对瞬间逸散的大量荒煤气进行100％捕集，难以达到国家《炼焦化学工业污染物排放标准》要求；装煤烟尘中的焦油等形成黏性组分也使除尘地面站运行阻力增加、处理能力下降[56-58]。

大型捣固焦炉炉门高、开口面积大，炉门冒烟受横向气流影响很大，外逸烟尘流向难以控制。在推焦机推焦过程中，由于捣固焦炉机侧炉头焦塌焦现象时有发生，导致推焦操作摘炉门时有瞬发烟尘从机侧炉门冒出，而在推焦前和推焦杆退出后机侧炉门外逸烟尘也非常多，同时推焦机前部烟罩因车辆移动、炉体热胀等原因无法与炉体严密密封，导致无法全部被机侧除尘系统吸除。

② 机侧炉体顶部与推焦机密封措施。针对炉体与推焦机顶部烟罩间密封不严问题，可将水封槽分段安装固定在焦炉机侧炉柱顶部槽钢托架上，安装位置不影响焦炉小炉门的开闭等动作。在推焦机除尘罩上安装耐高温纤维布，插入水封槽中形成柔性液封来封堵推焦机与炉体之间的烟尘扩散，使烟尘得到有效控制。为实现水位低自动补水和满溢流水，在水封槽的一端安装水位自动设施和末端安装满流管，储水箱中的水经过循环泵送至补水管，再进入水位自动设施起到循环及冷却的作用[56-58]。机侧炉体顶部与推焦机密封示意见图3-41。

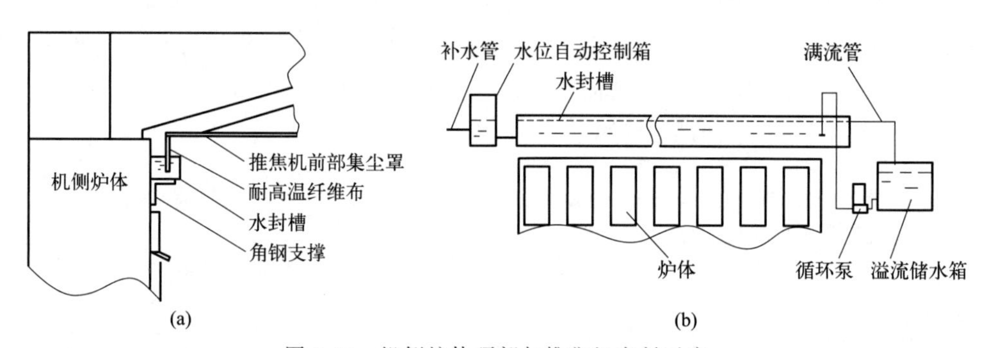

图3-41 机侧炉体顶部与推焦机密封示意

③ 摘门垮焦烟尘治理措施。在推焦机上增设摘门垮焦助力吸风装置（图3-42），由离心引风机、移动吸尘口（安装在推焦机刮板机上）和电动设施、集尘管道及切换阀门构成。推焦时，操作人员在开始摘门或推焦操作时同步将移动吸尘口运行到接料点，启动助力风机和开启阀门，产生的无组织排放烟气全部被吸收，且不影响正常推焦操作。吸收后的炉头烟经除尘管及助力风机吸入水封槽，最终在下游机侧除尘装置进行烟气处理。关炉门或推焦时，将吸尘罩收回并关闭风机和阀门[56-58]。

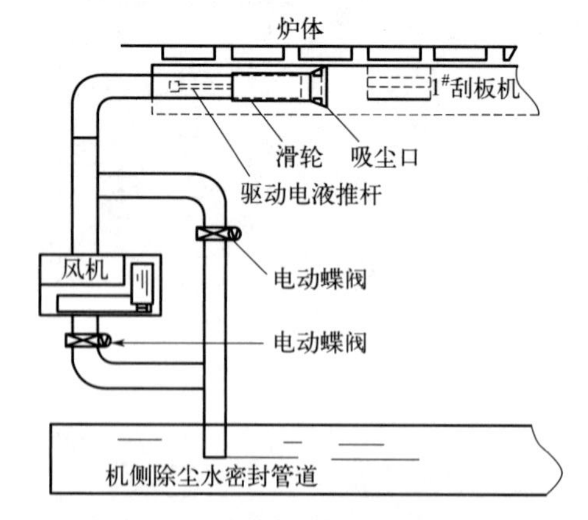

图3-42 焦炉摘门垮焦助力吸风装置

④ 捣固焦炉炉头烟尘治理方案。受捣固焦炉柱间空间制约，捣固焦炉侧炉顶烟气捕集装置能力普遍受限。以某典型6.78m捣固焦炉为例，受机侧炉柱之间空间及焦炉车辆操作空间限制，机侧炉

柱间烟气捕集管道最大做到 850mm×970mm，单孔焦炉烟气捕集理论最大量为 90000m^3/h，对于推焦时机侧炉门的大量外逸烟尘无法进行有效控制[56-58]。

为协同解决捣固焦炉机侧推焦及装煤时外逸烟尘，国内某新建大型捣固焦炉实施了焦炉机侧装煤推焦烟尘综合治理措施。根据装煤推焦烟气均由机侧炉门外逸的基本特性，取消焦侧装煤炉头烟除尘系统，仅在焦炉机侧设置一套综合烟尘治理系统，同时处理两种工况下的机侧炉门外逸烟尘。焦炉机侧所采用的机车车辆型式(分体车或 SCP 一体车）不同，所采用的机侧烟气治理方案系统构成和性能指标存在差异（表 3-9）。

表 3-9 装煤/推焦分体车与 SCP 一体机主要性能指标

车辆型式	除尘系统烟气量/(m^3/h)	风机全压/Pa	主电机装机容量/kW	袋式除尘器过滤面积/m^2	出口粉尘浓度/(mg/m^3)
分体车	260000	8500	1000	6578	10
SCP 一体车	220000	8500	900	5566	10

a. 装煤/推焦分体车方案［图 3-43(a)］ 焦炉设置机侧推焦装煤二合一除尘系统，推焦机及装煤车车辆两侧均设置挡板封闭，在推焦机推焦口上方、装煤车装煤口上方及侧方设置大型吸气罩，2 个车辆内部吸气罩分别收集焦炉推焦及装煤过程中炉门外逸烟尘，车辆内部管道设置液压阀门进行切换。推焦机及装煤车下部轨道外侧设置的烟气干管采用水密封形式或皮带密封形式与车辆管道连接，保证车辆走行不受影响。

在单孔炭化室推焦及装煤操作过程中，导烟车走行至操作炭化室，打开炉顶接口阀保持炉顶烟气通路通畅；推焦机走行到待出焦的炭化室定位后，向除尘系统发出电信号，除尘通风机开始由低速向高速变频运行，推焦机进行推焦操作，推焦口上方大型吸气罩收集摘炉门、炉门清扫及推焦过程中机侧炉门外逸烟尘，炉门上方吸气罩用于收集出焦时炉门处沿炉柱内侧向上外逸的烟尘。含尘烟气经车辆内部管道、水封槽或皮带密封管道、炉顶烟气转换阀、连接管道进入除尘地面站进行烟气净化，净化后的烟气由排风机经烟囱排至大气。

焦炉机侧炉柱上部烟气转换阀用于当推焦机与装煤车相互换位时的烟气收集，焦炉机侧炉头收集烟尘通过管道与焦炉机侧集尘干管连接，一同送入推焦装煤二合一除尘地面站进行烟气处理。

出焦完成后，推焦机移位，装煤车走行到待装煤的炭化室定位后进行装煤，导烟车将烟气通过导烟管导入相邻炭化室，通过高压氨水产生的负压将烟气导入集气管，减少炉门处外逸的荒煤气烟气量。装煤车内装煤口上方及侧方大型吸气罩收集装煤过程中机侧炉门外逸烟尘，炉门上方吸气罩用于收集装煤时炉门处沿炉柱内侧向上外逸的烟尘。含尘烟气经水封槽或皮带密封管道、炉顶烟气转换阀、连接管道进入除尘地面站进行烟气净化。净化后的烟气由排风机经烟囱排至大气。装煤完成后，装煤车移位，推焦机就位后关闭炉门。车辆移位过程中因炉门上方烟气转换阀始终保持开启状态，移位时机侧炉门外逸的少量烟尘被炉门上方烟气转换阀吸引至机侧推焦装煤二合一除尘地面站，保证焦炉机侧整个推焦装煤过程中的环保达标。

与传统装煤炉头烟除尘相同，机侧推焦装煤二合一除尘也采用烟气吸附净化装置用于吸附装煤时烟气中的焦油及炭黑灰。因机侧推焦与装煤采用同一除尘器，推焦烟气中焦粉可作为布袋预喷涂涂料使用，不需要额外设置预喷涂装置。除尘地面站布袋过滤净化后的含尘气体经烟囱排至大气，排出气体的含尘浓度值低于 10mg/m^3。

b. SCP 一体机方案［图 3-43(b)］ 该方案中采用将捣固机、装煤车及推焦机组合实现

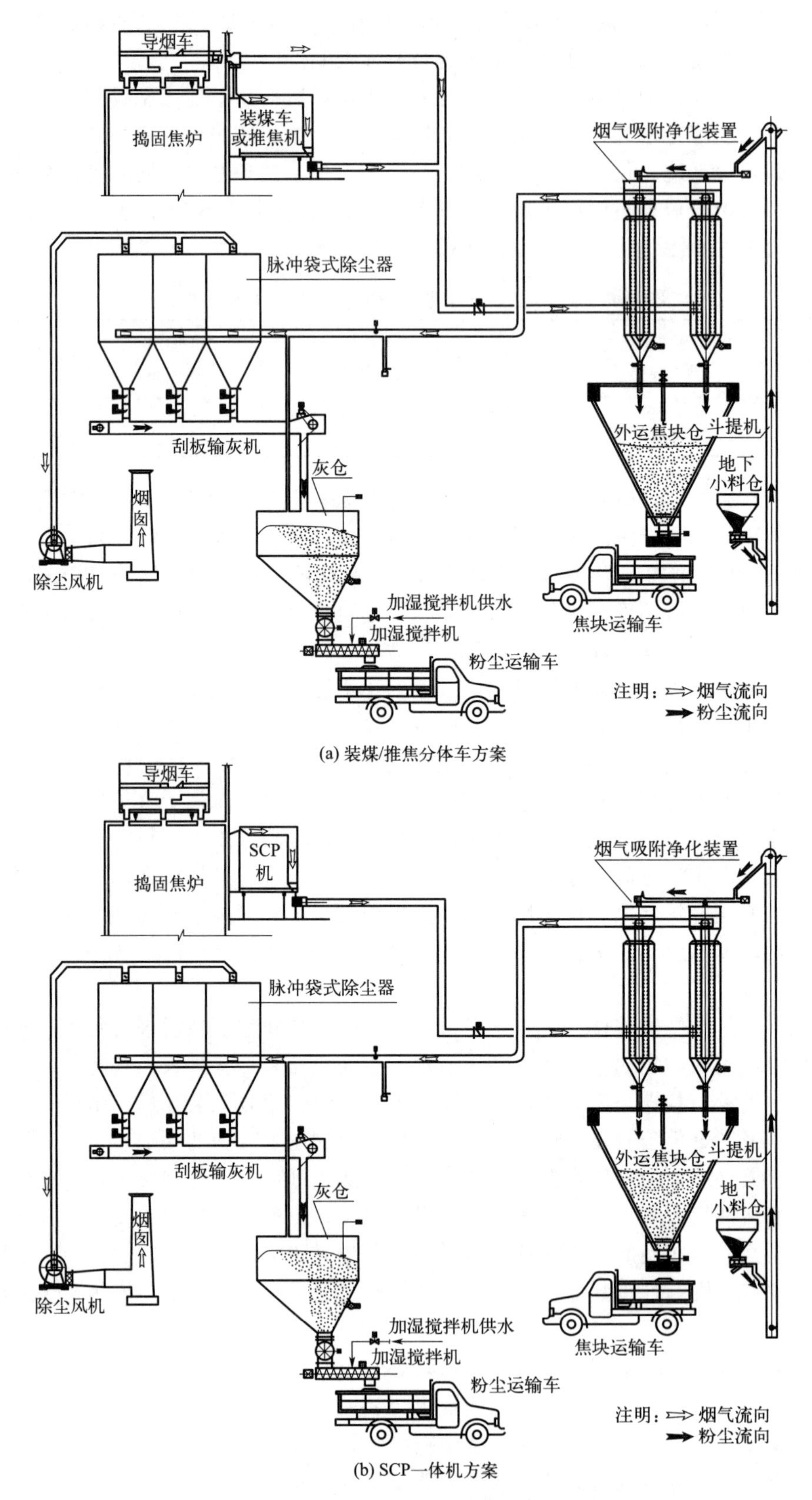

(a) 装煤/推焦分体车方案

(b) SCP一体机方案

图 3-43 捣固焦炉炉头烟尘治理方案系统对比

三车一体（SCP 一体机），同单独的装煤车或推焦机相比，SCP 具有自动化程度高、单孔操作时间短、车辆移动距离短的特点。一体化后，机组宽度增加，以典型 6.78m 捣固焦炉为例，其 SCP 机宽度约 23m（覆盖约 14 孔焦炉的操作空间），其中推焦杆与装煤位置间隔约 5 孔焦炉。当车辆装煤与推焦位置互换时，待操作炭化室始终在 SCP 机范围内。SCP 机内部装煤口、推焦口及两者之间分别设置吸气罩及吸气管道，收集焦炉装煤及推焦时机侧炉口外逸烟尘以保证机侧烟气收集治理效果，各管道均设置液压阀门用于切换，保证焦炉推焦、装煤及换位时敞开炉口上方始终在吸气罩范围内，因此取消机侧炉顶上方烟气转换阀和导烟车炉顶烟气转换阀操作，只进行装煤过程中的导烟操作，减少了车辆操作步骤。焦炉炉门上方炉柱间设斜向 SCP 机上方的导烟板，可将机侧炉柱间烟尘导入机内吸气罩。SCP 机下部轨道外侧设置烟气干管，烟气干管与 SCP 机之间采用水密封形式或皮带密封形式连接，保证车辆走行不受影响，烟气经车辆内部吸气罩、烟气干管、连接管道进入机侧推焦装煤二合一除尘地面站进行烟气净化。采用 SCP 机与采用分体车时除尘地面站设置基本一致，但取消了机侧炉顶烟气转换阀且系统吸尘口减少，整个系统漏风量减少，相应的地面站除尘风量减小[56-58]。

3.2.3.3 煤气净化单元

焦炉煤气的净化一般包括冷凝鼓风、蒸氨、脱硫及硫回收、硫铵生产、洗脱苯、脱硫废液提盐等环节，依据其脱硫位置的不同，可分为前脱硫和后脱硫两种流程。脱硫一般可采用 PDS 法、HPF 法、ADA 法、栲胶法和低温甲醇吸收法等[59]。

（1）冷凝鼓风环节

经过长时间运行，冷凝液中含有的煤粉、焦粉、焦油渣等杂质易将初冷器喷洒管喷洒孔堵塞，冷凝喷洒效果无法保证；同时冷却过程中萘在煤气中会逐渐析出。上述情况会导致煤气冷凝系统出现流动不畅、冷却效果下降甚至堵塞，影响正常生产操作，进而导致污染物外排。另外，回炉煤气中含萘多，也会沉积在回炉煤气的管道弯头、小支管、孔板等部位，清扫困难且还会影响焦炉热工操作而影响焦炭质量和炉体寿命。有人采用液滴倍增技术对进气柜前的焦炉煤气进行净化，其对苯、萘和氨的去除率分别达到 46%、66.7%和 70%，有效防止了系统堵塞[60]。

冷凝鼓风工段需要关注冷凝系统防堵塞问题，采用的清洁生产措施主要有：

① 改进冷凝液喷洒管冲洗方式。常规初冷器冷凝液喷头堵塞时，采用热氨水直接冲洗喷洒管的方式处理，但效果不佳，主要是喷洒孔孔径较小致使冲洗不彻底；同时堵塞的焦油、煤粉、萘等杂质也随冲洗热氨水进入冷凝液槽，再重新循环回到煤气冷凝系统中，又会继续形成堵塞。可考虑改用蒸汽介质吹扫喷洒管。操作时在喷洒管末端加装丝堵，当喷洒管孔径堵塞时摘下，连接吹扫蒸汽管线进行吹扫。因蒸汽温度和压力高，吹扫效果优于氨水，同时煤粉、焦油、萘等杂质从冷凝液喷洒管末端流出后单独处理，杂质不再重新进入系统。

② 控制优化冷凝液质量。不同温度下萘在煤气中饱和含量不同，在 55℃以上萘几乎不会析出，50℃以下时才会大量析出，故煤气中的萘结晶析出部位主要在初冷器下段。为保证冷凝液的洗涤效果，一般要求上段冷凝液中焦油含量在 8%～10%，而下段在 40%～60% 为宜。

冷凝液补充液源头来自机械化氨水澄清槽中的溢流液，故冷凝液含焦油量不稳定。从两方面可对冷凝液质量进行优化调控，首先从压力分离器连续往下段冷凝液槽补充轻质焦油，从而稳定焦油和氨水分离界面，保证向冷凝液槽连续补充较干净轻质焦油；其次当煤气温度偏高时，可引一部分冷却剩余氨水进入下段冷凝液槽，煤气温度较低则引入温度较高的循环氨水，同时对下段冷凝液槽通蒸汽增强冷凝液流动性，优化冷凝液质量。冷凝液质量优化后，可提高冷凝液对煤气中萘的吸收能力，减少了杂质和清理下段冷凝液槽与初冷器喷洒管的次数，降低了倒用、冲洗初冷器的频率。净煤气中萘含量夏季稳定控制在 60mg/m³ 左右，冬季控制在 50mg/m³ 以下。

③ 循环冷却水流量调控。常规初冷器各段冷却水温度和流量均不调控，在焦炉产出荒煤气量波动大和外界环境温度低时，易出现初冷器上段冷却水量过量使上半部分煤气温度低于系统设计值，导致在该部分煤气中萘析出量大发生堵塞。为了均衡初冷器冷却负荷，可以在循环冷却水管上、下水管之间进行支管连接并设置阀门，使循环冷却水在流动时可通过旁通阀门调节，使横管初冷器上部分位置的温度控制在 40～45℃，避免出现部分位置冷凝温度过低，造成上部入口处堵塞。

④ 冷凝液系统加装过滤器。为保证冷凝液质量，可采用主动清除其中杂质的方法，即在上、下段冷凝液槽出口加装冷凝液箱式过滤器（图 3-44），以除去冷凝液中焦粉、煤粉等固体杂质后再进入初冷器喷洒，实现提高冷凝液的喷洒效果、降低初冷后煤气含萘量的目的。冷凝液箱式过滤器设有排渣口和反冲洗进口，可定期排渣还可清除截留在滤网中的杂质。

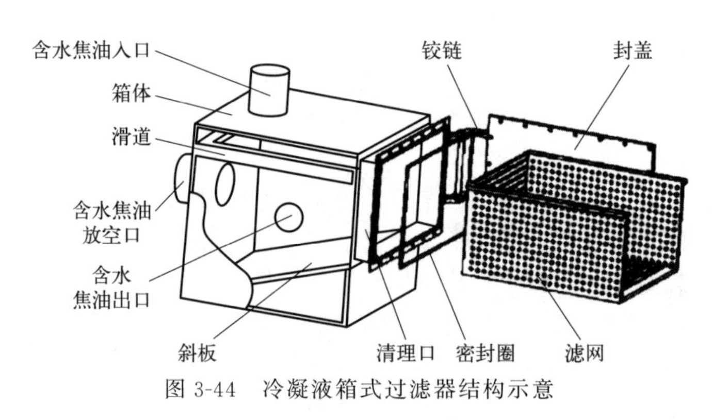

图 3-44　冷凝液箱式过滤器结构示意

（2）蒸氨环节

蒸氨工段采用的清洁生产措施主要包括：将一部分蒸氨废水进行循环利用，减少了废水排放量；蒸氨塔排出的沥青渣，送往配煤单元进行循环利用等。

（3）脱硫及硫回收环节

煤气脱硫及硫回收工段采用的清洁生产措施主要有：

① 采用先进脱硫技术，如络合铁法，其脱硫效果好，且不会产生二次污染物杂质盐。

② 对现有脱硫及硫回收技术进行升级改造，如某焦化厂采用管道反应器预脱硫＋脱硫塔中段及下一级脱硫＋脱硫塔上段二级脱硫＋三级干法精脱硫的真空碳酸盐三级组合工艺，其脱硫效率高，运行费用低[61]。

③ 用脱硫液对再生塔顶排出废气进行喷淋洗涤，吸收废气中 NH_3 和 H_2S 组分，减少外排量。

④ 洗涤塔内采用特殊结构或增强传质组件强化过程气液传质效率。如塔内填充轻质聚丙烯小球，加大煤气上升过程气体破碎和气液湍动以增大接触面积，提高脱硫效率。

⑤ 脱硫液中的浓氨水来自蒸氨工段，实现了系统内部氨的有效利用。

⑥ 常规工艺中脱硫液为空气再生，即用喷射器自吸空气再生，脱硫尾气量大且含氧高，

无法并入负压煤气系统，从塔顶直排污染环境。改用含氧 40%的氮氧混合气再生脱硫液，改善脱硫液实现循环利用，脱硫尾气量下降 60%并可进入煤气负压系统进行回收再利用。

（4）硫铵生产环节

硫铵尾气在排放前需要进行针对性处理，采用的清洁生产措施主要有：

① 旋风除尘与水洗联合净化工艺。硫铵干燥器产生的干燥尾气先经旋风除尘器除去夹带的大部分粉尘，再由尾气引风机抽送至尾气洗净塔进一步除去尾气中夹带的残留粉尘，总体除尘效率可达 95%以上，颗粒物排放浓度一般不大于 $80mg/m^3$。

② 在洗净塔后设置捕雾器除去尾气中夹带的液滴，保证氨去除率达 96%以上，氨排放浓度不大于 $30mg/m^3$。

③ 脱氨煤气送往脱苯处理前，经过旋风式除酸器和酸雾捕集器去除颗粒物进行净化。

（5）洗脱苯环节

洗脱苯工段的清洁生产措施主要有：

① 管式炉的燃料优先采用精脱硫后的再生煤气，可有效降低烟气中污染物含量和终端净化处理难度。也有企业为了解决管式炉加热的烟气排放问题，采用干法熄焦副产的中压过热蒸汽为热源代替管式炉，取得了很好的环保效果[62]。

② 洗脱苯工段各贮槽和分离器产生的气态污染物，均集中引入排气洗净塔，用洗油进行洗涤，充分脱除和回收其中的有机物。

③ 洗脱苯工段产生的含油废水均集中送至氨水澄清槽，通过重力除油和气浮除油，可分离回收或循环利用其中油类和氨。

（6）脱硫废液提盐环节

为防止脱硫液在循环中盐积累，定期置换部分脱硫液至备煤系统，脱硫液系统需要不断补充新水，既增加了水耗和焦化废水量，又影响了脱硫效率。脱硫废液提盐工段的清洁生产措施主要有：

① 脱色釜、浓缩釜蒸馏出的含氨水蒸气，经冷却后送入脱硫工段作为脱硫补水利用；不凝尾气引入冷凝鼓风过程洗净塔用蒸氨废水进行洗涤，减少系统污水排放量。

② 各储罐、脱色釜、浓缩釜、结晶釜、离心机等设备均采用密封机构，以减少含污染物气体排放。

③ 废活性炭送到储煤场配煤炼焦，实现了废活性炭的有效利用。

（7）其他措施

① 各类含油废水集中收集至氨水澄清槽进行澄清分离，将氨水澄清槽底部沉降焦油渣送往备煤单元作为焦化原料进行循环利用，最大限度实现系统内的循环利用；对焦油渣排放过程进行全程密闭处理，避免排放泄漏问题的发生。

② 采用电捕焦油器脱除荒煤气中的焦油和萘，使煤气得到净化并回收高价值产品。

③ 为防止各贮槽含氨尾气逸散，由排气风机将各贮槽的尾气抽送至排气洗净塔，用蒸氨废水循环进行洗涤净化。

④ 压力平衡措施[51]：对于焦炉煤气净化环节（脱硫再生等设施除外），为了降低系统排放，可单独设置管道将煤气净化环节各类贮槽及设备的放散口与负压煤气管道连接，利用充入氮气方式调节连通系统的压力，控制其与环境的压差在－150～50Pa 内，将生产中废气引入煤气鼓风机前管道内收集利用。

⑤ 为防范和控制装置设备、管线中两相和三相介质环境部位潜在的腐蚀发生，在液相管线和设备低点设置密闭导净和高点设置密闭放空，在装置开停车时将存余物料都进行回收

处理，避免排放至周围环境中。

⑥ 对冷凝鼓风、脱硫、硫铵、粗苯、油库等各类贮槽（罐）通过呼吸阀挥发出的有机废气进行有效收集，其中低氧尾气接至煤气负压管道，引入煤气负压系统混配到煤气中，利用煤气净化工艺对其净化处理；高氧尾气送焦炉燃烧系统焚烧处理或送排气洗净塔采用吸收+吸附等工艺处理。苯装车采用底部装卸方式，焦油装车应采用上装鹤管密闭技术，油气经蒸汽平衡进入负压煤气管道[51,63]。

⑦ 鼓风机等大型变负荷转动设备采用变频电机或液力耦合调速，降低动力消耗。

3.2.4 焦化生产其他防控措施

(1) 炼焦过程余热回收[64]

炼焦过程中的能量流主要是加热用煤气（焦炉煤气或高炉煤气或两者的混合煤气）燃烧对炭化室内煤料进行间接加热的过程。加热煤气的热量转化为焦炭、焦炉煤气、化学产品和焦炉烟道废气的显热，并产生一定的热损失。

通过对炼焦过程输入端和输出端能量流分析，炼焦生产过程的余热主要为：

① 出炉红焦显热约占焦炉输出热的37%，当大型焦炉炼焦耗热量为108kgce/t(1kgce=29.31MJ)，则红焦带出热量为40.0kgce/t。

② 荒煤气带出热约占36%，相当于带出热量38.9kgce/t；焦炉烟道废气带出热约占17%，相当于带出热量18.4kgce/t。

③ 炉体表面热损失约占10%，相当于损失热量10.8kgce/t。

对炼焦过程中的余热资源进行高效回收利用，是资源节约、环境友好的绿色焦化厂节能的主要方向和潜力所在，也是提高焦炉热效率的主要途径之一。

目前焦化行业积极实施焦炉余热回收技术对荒煤气和红焦导致的热损失进行削减，其热点技术有：

① 焦炉余热回收。荒煤气（约800℃）净化冷却过程中，在桥管和上升管通过循环氨水喷洒使煤气直接降温至80℃左右，导致能量浪费和大量剩余氨水处理问题。采用导热油通过间接换热方式回收焦炉上升管荒煤气余热，或将荒煤气直接导入余热锅炉产生饱和或过热蒸汽用于发电，回收荒煤气显热和减少剩余氨水处理量。

冷却至80℃左右的煤气进入初冷器用中低温水冷却至常温时，初冷器上段循环水出水温度达70～75℃，对其直接进行冷却后循环使用会造成这部分低位热能的浪费。利用低温制冷及热泵技术，将初冷器上段循环水出水引入机组作为热源，夏季制冷提供低温水，冬季制热供暖，可回收大部分热量；另外，回收焦炉循环氨水余热也可用于制冷或采暖。

采用干法熄焦技术回收出炉红焦80%显热，副产高品位的高温高压蒸汽或发电，提高能量利用效率。

② 化产零蒸汽措施。焦化化产过程中蒸汽制冷机、硫铵工序预热器、煤气水封、蒸馏消耗大量的蒸汽用于加热或保温，过程中部分蒸汽冷凝后生成的焦化废水处理难。化产零蒸汽措施是用导热油和无蒸汽煤气水封技术，替代取消部分系统蒸汽消耗。两者分别利用导热油技术在生产过程中替代蒸汽加热和采用无蒸汽煤气水封设备借助循环氨水传递热量，实现能源高效利用。

(2) 智能化焦炉生产管控系统

焦炉生产属于粗放型控制与管理，自动化检测、控制水平较低，对于人工经验依赖度大，不能满足精细化检查、自动化控制、最优化管理的发展目标。采用先进、成熟技术和依靠智能化手段，根据工艺流程需求和生产作业计划，对炼焦生产过程系统进行协调控制与管理，建立多要素、多层控制管理模式是实现清洁化、高效化、智能化炼焦生产的必由之路。

基于国内炼焦生产的实践与积累，中冶焦耐公司开发了智能炼焦系统（smart coking system，SCS）（图 3-45），具有炉顶自动测温、炉墙自动测温、间歇加热、单燃烧室煤气流量调节、废气氧含量控制、光栅断链检测等功能，在基础控制级、优化控制级和智能控制级 3 个层级实现对热工系统、荒煤气系统（集气系统）和焦炉机械系统的控制，协调实现了交换传动系统、煤气低压控制系统、放散系统、CPS/OPR 装置、集气管优化控制系统、焦炉机械系统（无人化）、焦炉加热优化控制系统、焦炉专家智能平台等专家系统间的紧密联系[64]。

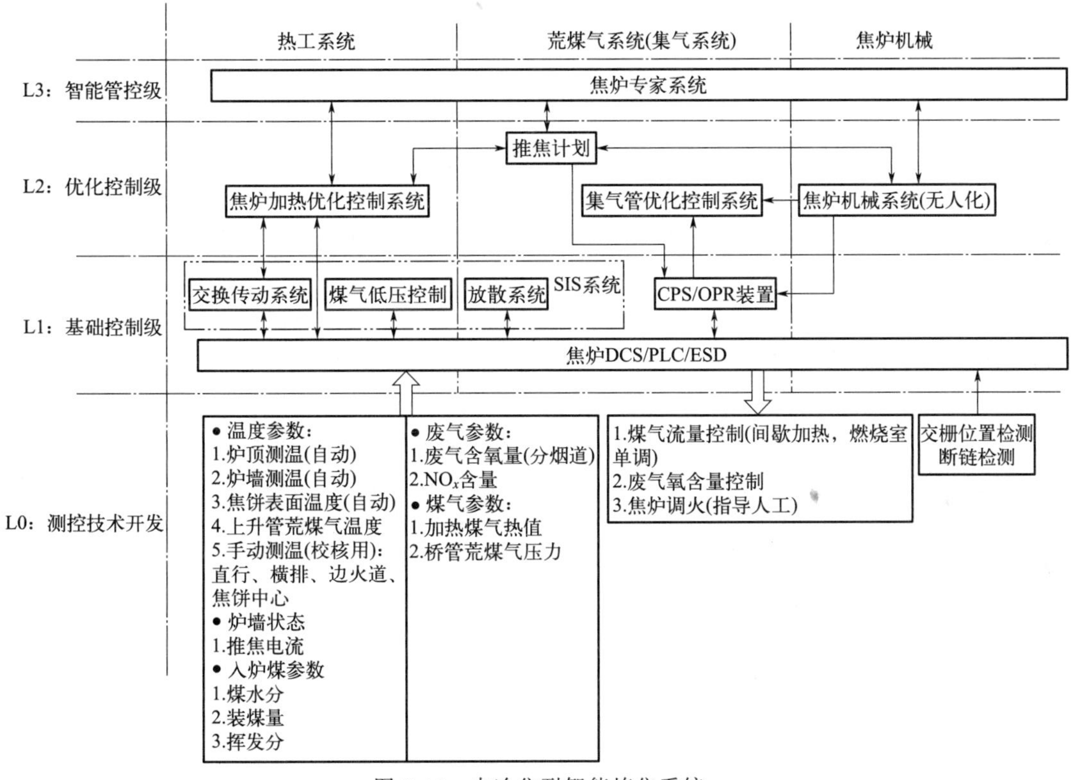

图 3-45　中冶焦耐智能炼焦系统

工业生产实践证明通过采用 SCS 可实现对炼焦生产的全面检测、优化控制和智能诊断，消除了人工控制误差，在源头上有效降低了 NO_x 等污染物的产生，较大程度上降低了劳动强度，全面提升了焦炉自动化测控水平，实现炼焦生产的清洁化、自动化、智能化。

（3）*建设污染监测监控设施，强化过程排放集中管控*

针对焦化生产无组织排放“点多、面广、量大、形式多样、组分复杂”的特点，特别是原有装置缺乏系统污染物防控设计的现状，焦化企业应建设全厂污染物排放管、控、治一体化监控平台，加强自动监控、过程监控和视频监控设施建设，对于装煤地面站、推焦地面站、干法熄焦地面站、VOCs 废气治理设施等均应安装自动监控设施（CEMS），对于污染物治理设施采用分布式控制系统等，实现企业生产过程主要参数及主要环保设施运行状况的记录，为持续的污染物防治措施提供基础信息。

焦化企业应结合国家、地方要求实现焦化清洁化生产的要求，积极实施技术改造，建立完善、动态的无组织排放源清单和系统集中管控体系，强化物料储存、输送和生产过程无组织排放控制，实现“有组织化”的集中管控，提高废气收集处理率。

(4) 加强设备和管线组件管维力度

参考《挥发性有机物无组织排放控制标准》(GB 37822—2019) 和《焦化行业挥发性有机物治理实用手册》的相关要求，对煤气净化装置区定期开展设备和管线泄漏检测与修复（LDAR）工作，减少跑冒滴漏现象发生。

(5) 焦化工程厂址选择和总图布置优化

焦化工程厂址应符合地方城市建设、土地利用、行业发展规划要求。环发〔2012〕77号及54号文中明确要求化工类项目必须进入工业园区统一管理，因此新建焦化工程应在环境保护基础设施齐全并经规划环评的产业园区内建设。在城市规划区边界外2km以内，主要河流两岸、高速公路两旁和其他严防污染的食品、药品等企业周边1km以内，居民聚集区《焦化厂卫生防护距离标准》范围内，以及依法设立的保护区内，不得建设焦化生产项目。

焦化项目总图布置应当在满足生产工艺需求的基础上，充分参照预留发展、卫生、安全、消防、运输以及生产工艺等多方面情况进行总平面图布置，与气象、工程地质以及厂区地形等自然条件进行充分结合，对厂区内建筑物、管线以及运输线路等进行充分总体规划布置，保障总平面图的布置能够实现因地制宜并且全面的布置目标，力求更加节约用地，方便厂区的管理，促进厂区的生产等。总图布置规划时需对企业生产不同功能部位按工艺和功能联系进行组合和分区。通常在总平面图中将焦化项目分为煤焦存储区、备煤区、炼焦区、煤气净化区、焦油加工区和公辅设施区等，再根据建设场地条件和各个区域不同特征，统筹布置。

① 煤焦存储占地大且对于周边条件需求特殊，应优先考虑其布置。首先翻车机等卸煤设施应根据铁路、公路运输条件确定，其次应充分考量产品焦炭和焦油等流向，同时协调煤焦存储方式和去向，保障物料进出方便和流向缩短，最大限度缩短大宗物料运输距离，降低工程的投资。

② 煤焦存储优选筒仓的形式，可有效降低焦煤堆场对场地需求，同时可解决雨雪对原料/产品含水量控制问题，也有利于解决煤场扬尘的传统环保难题。

③ 炼焦区及煤气净化区建议布置在中间核心地块。整个炼焦区和煤气净化区呈直线或U形布置，减少整个工艺流程中煤气管道等转折点，降低管道堵塞可能并减少能耗。

④ 对于放散气态污染物的生产装置、设施，如焦化、煤焦油加工、氨酚废水处理等装置，应布置在主导风向下游；全厂性罐区和污废水处理设施布置在地势相对低处，便于污废水的收集和事故状态下的防扩散。

⑤ 烟气烟囱布置需要结合工艺和气象条件优化，将其对周边环境的影响降至最低，同时也不能造成场地的浪费，酚氰废水处理设施可考虑与污水处理设施相邻。

⑥ 辅助生产设施应当采用分散与集中相结合的布置原则进行布置，尽量将其布置在负荷中心或者是服务对象的周边，为生产和管理提供便利，节约系统成本。仓库以及检修设施靠近重点服务/检修用户，快速响应和保障生产过程中检修需求。

⑦ 办公及化验楼等人员集中设施的布置要保障能利用良好的风向以及交通等条件。

(6) 其他措施

提倡“煤-焦-化”融合发展，延伸产业链，将焦化产生的焦炭、焦炉煤气供钢铁和化工企业使用，利用焦炉煤气、高炉煤气中 H_2、CO组分生产甲醇、液化天然气（LNG）或乙二醇等化工产品，酚氰废水经深度处理产生的浓盐水用于烧结配料、高炉冲渣或洗煤等，用高炉煤气加热焦炉可降低 NO_x 产生浓度，提升物热综合利用水平，提高整体能效，降低污染物和碳排放。

对于可能有液态污染物（如焦油）外溢的装置地面考虑采用防渗漏地面处理，避免污染物进入地下，污染土壤和地下水体；收纳污废水的土建槽（池）底部和水体受纳侧壁应考虑防渗漏措施，进出物流接管部位应采用防渗漏结构型式。

区域内道路采取环形道路和尽头式道路相结合的模式，确保消防车辆和人员能够方便地进入场地内进行消防作业。

统筹厂区生产占地和绿化需求，保障厂区的生产环境能够得到有效的优化，充分利用植物功能最大限度减少环境污染，道路两侧及厂内零散的空地是绿化工程的重点，绿化用地率应达厂区用地面积的20%。

3.2.5 焦化工艺过程污染物排放及治理

由于煤焦化的内在机理及特殊的装备结构，炼焦生产为非连续性生产状态，具有生产过程排污环节多、无组织排放点多和排放量大的特点；在生产过程中采取各种源头减排技术和措施后，由于受主要设备工艺性能限制，焦化生产依旧存在排放时间和空间不确定性，污染物排放成分复杂、难处理和危害大等问题[65]，对焦化行业的污染物治理工作一直受到国家重点关注。《中华人民共和国国民经济和社会发展第十四个五年规划和2035年远景目标纲要》和2021年10月国家发展改革委等10部委联合发布的《“十四五”全国清洁生产推行方案》都明确提出要实施4.6亿吨焦化产能的清洁生产改造。中国炼焦行业协会发布的《焦化行业“十四五”发展规划纲要》指出焦化行业的主要发展目标之一是：持全流程系统优化理念，开展清洁生产，源头控制污染物产生，到2025年焦化废水产生量减少30%，氮氧化物和二氧化硫产生量分别减少20%，优化固体废弃物处理工艺，固体废弃物资源化利用率提高10%以上。

针对煤焦化污染物排放问题，通过采用先进污染物治理技术，不断完善和改进工艺及设备，通过源头减量和末端治理相结合的技术路线，可有效降低焦化行业的环境风险。典型焦化工艺过程污染物排放情况如图3-46所示。

下面对焦化生产过程排放的“三废”污染物末端治理技术措施情况进行简要介绍。

3.2.5.1 焦化废气

煤焦化生产排放废气中主要污染物为煤尘、焦尘和多种无机与有机污染物，无机污染物主要有硫化氢、氰化氢、氨和二硫化碳等；有机污染物有苯类、酚类、多环和杂环芳烃。

（1）废气污染物来源及控制

从原料准备到成品焦炭的运出整个过程中，排放废气主要包括以下几种：

① 备煤单元预粉碎和粉碎单元产生的含尘废气，经高效布袋除尘器净化后排放；装煤过程废气中烟尘通常也是收集烟气后统一经布袋除尘器净化后排放，但由于该类废气中含有焦油等黏性组分，为避免黏结滤料应对滤料进行预喷涂或在袋滤器前设置焦炭吸附装置。

② 推焦时焦炉逸散烟气，主要污染物有烟尘、SO_2、H_2S、NH_3 等，经布袋除尘器净化后排空。

③ 焦炉、粗苯加热炉等产生的烟气，是焦化过程中最主要废气，含有 SO_2、NO_x 及少量烟尘和焦油等，经过除尘、脱硫脱硝等处理后排放。

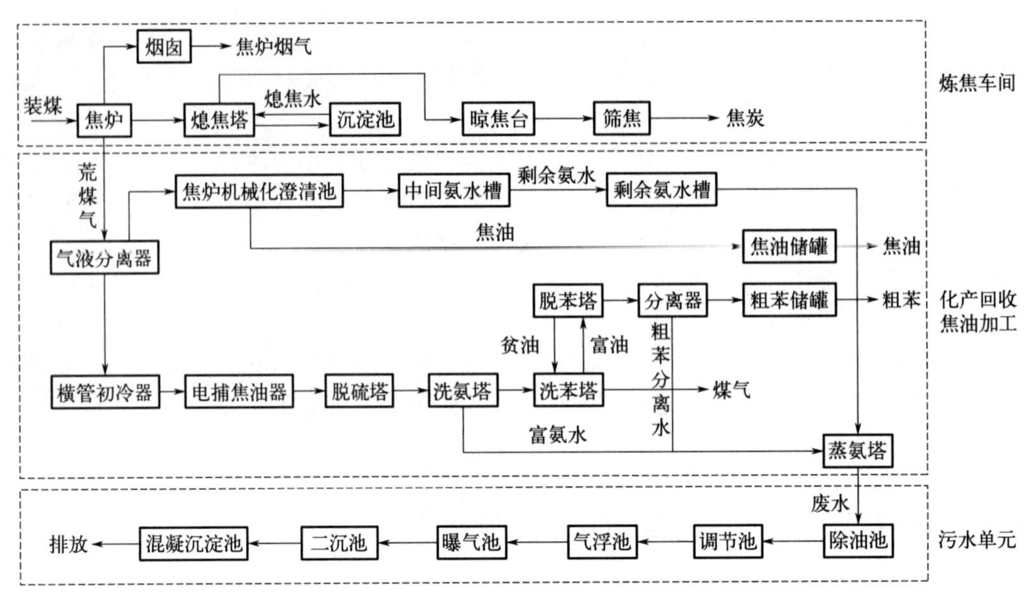

图 3-46　典型焦化工艺过程污染物排放情况

④ 干熄焦的装焦、排焦、预存室放散及风机后放散等处的烟尘，经地面除尘站除尘后的排放气。

⑤ 筛焦楼焦炭筛分及焦炭转运站产生的含尘废气，主要通过设置密闭罩、水雾喷淋以及高效布袋除尘器等除尘措施净化后的排放气。

⑥ 脱硫再生塔尾气主要污染物为 H_2S 和 NH_3，经排气洗净塔洗涤后排空。

⑦ 硫铵单元的干燥冷却器排出的尾气，主要含有粉尘、NH_3 等，采用旋风分离器＋雾膜水浴除尘器净化后排空。

焦化工艺废气排放标准情况见表 3-10。

表 3-10　焦化工艺废气排放标准情况

排放环节	颗粒物/(mg/m^3)			SO_2/(mg/m^3)			NO_x/(mg/m^3)			苯并芘/(μg/m^3)	
	国标标准值	国标特别排放标准值	生态环境部超低排放标准值	国标标准值	国标特别排放标准值	生态环境部超低排放标准值	国标标准值	国标特别排放标准值	生态环境部超低排放标准值	国标标准值	国标特别排放标准值
破碎筛分转运	30	15	10								
装煤	50	30	10	100	70					0.3	
推焦	50	30	10	50	30	30					
干法熄焦	50	30	10	100	80	50					
焦炉烟囱	30	15		50① 100②	30		500① 200②	150			
煤气燃烧炉	30	15	10	50	30	30	200	150	150		
硫铵干燥	80	50									

① 为焦炉、半焦炉。

② 为热回收焦炉。

某 280 万吨/年焦化项目的废气排放情况见表 3-11[63]。

表 3-11　某 280 万吨/年焦化项目的废气排放情况

污染源	污染物	净化效率	排放浓度/(mg/m^3)	排放速率/(kg/h)	排放量/(t/a)	排气量/(m^3/h)
备煤系统粉碎单元	粉尘	99.5%	24.3	1.89	16.6	39000×2
推焦烟气	烟尘	集气率>95%；净化率>99%	32.5	15.6	22.78	240000×2
	SO_2		36	17.27	25.22	
	H_2S		1.7	0.82	1.2	
	NH_3		2.2	1.07	1.56	
干熄焦废气	粉尘	99%	8.8	4.22	34.4	240000×2
	SO_2		57.2	27.47	224.18	
焦炭筛分废气	粉尘	99%	25	1.42	12.48	28500×2
各焦炭转运站	粉尘	99%	25	0.64	5.58	8500×3
脱硫再生塔尾气	H_2S	90%	2	0.008	0.07	2000×2
	NH_3		25	0.1	0.876	
硫铵结晶干燥尾气	粉尘	99%	45	0.75	6.59	8360×2
	烟尘		8	0.13	1.17	
粗苯管式加热炉废气	烟尘	—	25	0.65	5.66	12913×2
	NO_x		180	1.29	11.31	

(2) 焦炉烟气净化

焦炉烟气是焦化最大连续排放源之一，其污染物浓度较高，是废气管控处理的重点环节。2019 年生态环境部等五部委联合印发《关于推进实施钢铁行业超低排放的意见》，提出到 2025 年底前，重点区域焦炉烟道气排放指标（干基、基准氧体积分数 8%）达到 $SO_2 \leqslant 30mg/m^3$、$NO_x \leqslant 150mg/m^3$ 和粉尘$\leqslant 10mg/m^3$。

焦炉燃料气中烟尘和焦油含量很低，经过燃烧后不会导致烟气含尘量和焦油含量超标，最终烟气中的烟尘和焦油主要是由荒煤气漏进燃烧室燃烧后生成的。

焦炉烟气中 SO_2 的来源主要有两个途径：一是焦炉加热用燃料（如焦炉气）中 H_2S、有机硫等燃烧后生成的；二是焦炉炭化室荒煤气漏进燃烧室燃烧后生成的 SO_2[66]。两个途径中硫化物的源头都是原料煤中的硫元素，因此烟气脱硫的根源是降低原料中的硫含量。

根据产生条件分析，焦炉烟气中的 NO_x 主要是热力型，少量是燃料型。由于焦炉煤气相比高炉煤气热值高，燃烧温度高，提供相同热量所需煤气量少，在燃烧室的停留时间长，因此使用焦炉气为燃料的焦炉气中 NO_x 浓度要高。降低 NO_x 的生成应降低燃烧温度水平，防止产生局部高温区，并缩短烟气在高温区的停留时间[66]。

对于焦化烟气的净化处理主要是除尘、脱硫和脱硝。与常规燃煤烟气相比，焦炉烟气总体呈现“排烟温度低”、“低尘高焦油”和“低硫高氮”的特点，因此常规燃煤的烟气净化技术并不适用于焦化烟气体系[66]。

焦化烟气处理工艺情况如下：

① 烟尘脱除。焦炉烟气烟尘主要用高效脉冲袋式除尘设备处理脱除。通常过滤风速控制在 1.1m/min 以下，除尘效率可达 99%以上，处理后颗粒物排放浓度不大于 $30mg/m^3$；

采用覆膜滤料时，过滤风速应控制在 0.8m/min 以下，处理后颗粒物排放浓度不大于 $10mg/m^3$；滤袋寿命一般为两年。

② 烟气脱硫。根据脱硫过程是否使用工艺水和脱硫产物的形态，焦炉加热烟气脱除 SO_2 可采用技术分为干法、半干法、湿法脱硫技术和活性炭（焦）脱硫脱硝一体化技术。

干法脱硫技术：通常以氢氧化钙作为脱硫剂，钙硫比控制在 1.2～1.5，烟气温度 100～320℃，通过脱硫剂种类和用量的调整，脱硫效率一般在 80%以上，SO_2 排放浓度控制在 $30mg/m^3$ 以下[51]。

半干法脱硫技术。通常以碳酸钠、石灰等作为脱硫剂，钠硫比、钙硫比一般控制在 1.1～1.4，烟气温度保持在露点温度 10～30℃，脱硫效率一般在 80%以上，SO_2 排放浓度控制在 $30mg/m^3$ 以下，并可通过动态调整脱硫剂用量等方式控制出口烟气中 SO_2 浓度[51]。

湿法脱硫技术。通常以石灰/石灰浆液或氨水（焦化副产 20%的剩余氨水）等作为脱硫剂，钙硫比控制在 1.02～1.15，在吸收塔中脱硫剂采用多层喷淋与烟气充分接触、吸收，压降小于 1500Pa，脱硫效率一般在 90%以上，SO_2 排放浓度控制在 $30mg/m^3$ 以下。该技术一般需配套末端烟气的除尘或抑尘措施[51]。

活性炭（焦）脱硫脱硝一体化技术。该技术净化塔入口烟气温度控制在 150℃以下，烟气停留时间在 20s 以上；脱硫效率一般在 95%以上，SO_2 排放浓度控制在 $30mg/m^3$ 以下。脱硝效率一般在 85%以上，NO_x 排放浓度控制在 $150mg/m^3$ 以下。活性炭（焦）随着使用负荷的增加逐渐饱和，并可通过热再生恢复性能，再生温度控制在 400～450℃范围。使用时需做好安全风险防范工作[51]。有人采用活性炭[67]或通过制备高比表面积的 $Ca(OH)_2$，用于干熄焦尾气和焦炉烟气脱硫的工业试验，结果表明与普通钙法相比，脱硫效率更高、脱硫剂用量更少[68]。

③ 烟气脱硝。脱硝治理通常处于烟气净化的最末端，主要采用选择性催化还原（SCR）工艺。将液氨、氨水等脱硝剂首先蒸发成氨气，再将氨气稀释成浓度≤5%的氨-空气混合气并与烟气均匀混合后进入脱硝反应器，在 SCR 脱硝催化剂作用下，还原剂 NH_3 选择性地与焦炉烟气中的 NO_x 反应生成无害的 N_2 和 H_2O，不产生二次污染。

与发电厂的烟气温度相比，焦炉烟气温度较低；以焦炉气为燃料的焦炉烟气温度约 250～280℃，以高炉煤气为燃料的焦炉烟气温度约 180～200℃，达不到耐硫性及耐水性好的高温 SCR 脱硝所需的窗口温度为 320℃～420℃，通常采用中低温 SCR 脱硝[66]，其应用占比超过 90%。脱硝处理时，入口烟气温度依据催化剂类型最终确定，通常不低于 200℃；当采用焦炉煤气为燃料时，脱硝催化剂一般为 1～2 层，以高炉煤气或高炉、焦炉混合煤气为燃料时，脱硝催化剂一般为 2～3 层。过程脱硝效率一般可达 85%以上，出口 NO_x 排放浓度不大于 $150mg/m^3$。

SCR 脱硝技术可以与各种脱硫技术集成为脱硫脱硝一体化过程，典型的有旋转喷雾半干法脱硫（SDA）＋布袋除尘＋SCR 脱硝一体化技术、小苏打干法脱硫＋布袋除尘＋SCR 脱硝一体化技术、余热回收＋氨法脱硫＋臭氧氧化尿素还原脱硝一体化技术和除尘除焦油器＋GGH＋催化法脱硫＋GGH＋SCR 脱硝一体化技术等[66]。

焦炉烟气净化技术与锅炉烟气治理技术相类似，可参见本书第 10.5 节。近年来随着行业对焦炉烟气治理的中试，一大批工程技术成功应用，如宝武钢铁集团基于热量双循环的焦炉烟道气脱硫脱硝技术达到了 $SO_2 \leqslant 15mg/m^3$、$NO_x \leqslant 100mg/m^3$ 和粉尘 $\leqslant 8mg/m^3$ 应用效果[69]。有企业以钢渣为吸收剂，采用鼓泡湿法脱除焦炉烟气中的硫化物和 NO_x[70]。也有企业采用焦炉烟气用于硫酸铵干燥结晶的案例[71]。

3.2.5.2 焦化废液

焦化废水主要来自煤干馏及煤气冷却过程产生的剩余氨水、煤气终冷水和粗苯分离水等以及焦油、粗苯等精制及其他场合产生的污水。其中剩余氨水占总污水量的一半以上。炼焦煤一般都经过洗选，常规炼焦时，装炉煤水分控制在10%左右，这部分附着水在炼焦过程挥发逸出；同时煤料受热裂解，又析出化合水。水蒸气随粗干馏煤气一起从焦炉引出，经初冷器冷却形成冷凝水，称剩余氨水，其含有高浓度的氨、酚、氰化物、硫化物以及有机油类等[72]。

焦化污水主要为含酚氰污水，包括焦炉上升管水封排水、干熄炉水封水、蒸氨废水以及余热锅炉排水等[63]。具体如下：

① 炼焦上升管水封排水产生于焦炉上升管水封处，与荒煤气直接接触，过程为连续补水和排水，主要污染物有COD、挥发酚、氨氮、石油类等，排入污水处理站处理；

② 干熄炉水封排水产生于干熄炉装入装置水封处，该水封水与红焦逸散的烟气直接接触，主要污染物有COD、挥发酚、氨氮、石油类等，排入污水处理站处理；

③ 蒸氨废水含有较高浓度的COD_{Cr}、酚、氰化物、氨氮、油类等污染物，为焦化行业最主要的废水污染源；

④ 余热锅炉排水来源于干熄焦和烟道气的余热锅炉，主要污染物为钙、镁等盐类，排入净排水深度处理系统处理。

280万吨/年焦化项目的废水排放及治理措施见表3-12。

表3-12 280万吨/年焦化项目的废水排放及治理措施

污染源名称	产生量/(m^3/h)	污染物	产生浓度/(mg/L)	排放方式	排放去向
炼焦上升管水封排水	19	COD	2500	连续	污水处理站处理
		挥发酚	100		
		氨氮	150		
		氰化物	8		
		石油类	50		
干熄炉水封排水	1.5	COD	1500	连续	污水处理站处理
		挥发酚	60		
		氨氮	50		
		氰化物	2		
		石油类	20		
干熄焦余热锅炉排水	20	COD	30	间歇	废水系统处理
		盐类	2000		
烟道气余热锅炉排水	0.3	COD	30	间歇	
		盐类	2000		
蒸氨废水	70	COD	2500	连续	污水处理站处理；作为废气净化水或洗塔洗涤液并定期置换，置换后废液返回氨水澄清槽处理
		挥发酚	250		
		氨氮	150		
		氰化物	10		
		石油类	100		

3.2.5.3 焦化固废

（1）焦化固废情况

焦化生产中产生的典型固体废物主要有以下几种：

① 煤焦储运环节及焦炉装煤、出焦、熄焦过程中产生并回收的煤/焦尘；

② 冷凝鼓风工段机械刮渣槽产生的焦油渣；

③ 硫铵工段产生的酸焦油渣以及脱硫液提盐工段产生的废活性炭等；

④ 粗苯蒸馏装置再生器产生的再生器残渣（主要成分为萘油、蒽油等重质烃类混合物，黏稠状液体）；

⑤ 蒸氨工段蒸氨塔产生的沥青渣；

⑥ 烟气脱硫系统产生的脱硫固体副产物；

⑦ 废脱硝催化剂。

（2）焦化固废典型处置措施

为了防止废渣造成污染，对废渣进行综合利用，化废为宝，以减少对环境的污染，采取的典型处理办法和措施如下：

① 备煤粉碎各除尘器回收的煤尘送回到工艺系统，作为焦化原料与原料煤进行掺混返回焦炉，实现了内部的循环利用。

② 装煤、出焦等除尘器回收的焦粉经料仓贮存后定期外售；干熄焦装置等除尘器回收的焦粉加湿处理后外售；各转运站除尘系统除尘器回收的焦粉气力输送至筛焦楼；转运站除尘系统除尘器回收的焦粉送回到工艺系统中再次利用。

③ 冷凝鼓风系统焦油氨水分离器产生的焦油渣、蒸氨塔的沥青渣及硫铵单元焦油渣箱产生的酸焦油渣均送备煤系统配入炼焦煤中，不外排。

④ 粗苯蒸馏装置再生器产生的再生器残渣集中送焦油收集进行综合利用。

⑤ 脱硫系统产生的固体副产物（如产生的脱硫石膏等）统一外运处理，贮存在一般工业固体废物临时贮存库内，定期送至固体废物填埋场处置；也有企业将焦炉烟气处理产生的富碱固废混配加入焦炉，试验结果表明在加入量小于 0.15%时，可提高焦炭反应活性但反应后的强度下降[73]。

⑥ 废脱硝催化剂由催化剂生产厂家回收处理。

⑦ 化验室所产生的废渣和废液集中收集送配煤，分析检验过程中废油集中送废油槽。

某 280 万吨/年焦化项目外运固体废物情况见表 3-13[63]。

表 3-13 某 280 万吨/年焦化项目外运固体废物情况

固体废弃物名称	来源	产生量/(t/a)	主要成分	固体废弃物类别	临时贮存方式	处理措施
粗苯再生器残渣	洗脱苯单元	1164.3	萘油、蒽油等重质烃类混合物，黏稠状液体	危险	—	直接用管道输送至焦油贮槽中混入焦油再利用
脱硫石膏	焦炉烟气脱硫	650	脱硫石膏	一般Ⅰ类	临时贮存库	定期送至固体废物填埋场处置

脱硫废液由工业提盐进行资源化利用的案例显示，提盐回收的硫氰酸铵、硫氰酸钠、硫酸铵、硫酸钠等产品满足 GB 34330 相关要求，可进行工业应用。

3.2.5.4 焦化噪声

焦化生产过程中的噪声主要包括由机械的撞击、摩擦、转动等运动而引起的机械噪声以及由气流的起伏运动或气动力引起的空气动力性噪声，主要噪声源有粉碎机、振动筛、鼓风机、压缩机、泵类及风机等。

对于生产噪声可采取设置减振基础、隔声罩、消声器和采用弹性连接等措施进行隔声、消声。对于有条件的场所，可采用吸声厂房或隔声操作室等。

焦化厂主要噪声源参数及治理措施见表 3-14。

表 3-14 焦化厂主要噪声源参数及治理措施

设备	安装位置	运行台数	声压级/dB	排放方式	减噪措施
煤预粉碎机	备煤	2	90～100	连续	减振、建筑隔声
煤粉碎机	备煤	2	90～100	连续	减振、建筑隔声
捣固机	炼焦	4	80～90	间歇	建筑隔声
炉头烟除尘风机	炼焦	2	80～90	连续	减振、建筑隔声
出焦除尘风机	炼焦	2	90～100	连续	减振、建筑隔声
干熄焦主循环风机	干熄焦	2	90～110	连续	减振、建筑隔声
煤气鼓风机	冷鼓	2	90～110	连续	减振、建筑隔声、
振动筛	筛焦	4	90～100	连续	减振、弹性连接、建筑隔声
循环氨水泵	冷鼓	4	85～90	连续	低噪声电机
剩余氨水泵	冷鼓	1	85～90	连续	低噪声电机
焦油泵	冷鼓	1	约 85	连续	低噪声电机
溶液循环泵	脱硫	3	约 85	连续	低噪声电机
硫泡沫泵	脱硫	1	约 85	连续	低噪声电机
蒸氨废水泵	蒸氨	1	约 85	连续	低噪声电机
结晶泵	硫铵	2	85～90	连续	低噪声电机
离心机	硫铵	2	85～90	连续	减振、弹性连接
水环式真空泵	粗苯	4	85～90	连续	减振、建筑隔声
卧式螺旋沉降离心机	脱硫液提盐	1	85～90	连续	减振基础、建筑隔声

3.2.5.5 焦化 VOCs

煤炭焦化生产流程长、设备种类繁多，除备煤单元外，炼焦单元和煤气净化单元均会排放含 VOCs 的废气。VOCs 废气产生可分为挥发排放、蒸发排放、液位波动排放和气体夹带排放。焦化生产 VOCs 排放的主要特征是节点多、差异大、组分复杂，治理相对复杂[74]。

（1）焦化 VOCs 排放基本情况

按照产生源和排放部位，焦化生产过程中排放的 VOCs 废气主要包括以下几种：

① 炉体持续无组织废气：从焦炉炉体机、焦两侧炉门摘门和对门过程中，炉门砖上的高温焦油渣遇空气不完全燃烧产生的烟气；炉门刀边变形穿孔造成密封不严使烟气逸散等；主要污染物有烟尘、苯并芘、NH_3、H_2S 和苯可溶物（BSO）等[74]。

② 装煤、推焦时焦炉逸散烟气：煤加入炭化室过程中从装煤口逸散的烟气，主要污染物有烟尘、苯并芘、SO_2、H_2S 和 NH_3 等[74]。

③ 出焦和熄焦烟气：炭化室炉门打开后散发出残余煤气、出焦时焦炭从导焦槽落到熄焦车中产生的大量粉尘和烟气，主要污染物有烟尘、苯并芘、SO_2、H_2S 和 NH_3 等[74]。

④ 冷凝鼓风单元各槽类设备及罐区焦油贮槽等的放散气，主要含有酚类、苯并芘、SO_2、H_2S、NH_3 和非甲烷总烃等污染物。

⑤ 洗脱苯工段油槽分离器排出的尾气，主要污染物有苯类、非甲烷总烃。

⑥ 罐区可能产生的挥发性有机物有焦油、苯酚、硫酸等，来源还有可能是装卸废气和储罐呼气排放。对于这类 VOCs 主要考虑采用氮气封锁进行削减处理。

⑦ 焦炉烟囱排出的尾气，主要污染物有硫化物和 NO_x。

(2) 焦化 VOCs 治理措施

焦化 VOCs 的治理总体要满足控制增量和削减存量，首要是源头减排，采用先进工艺装备提高清洁生产水平。在化产生产过程中，防止或减少跑冒滴漏现象，尤其在腐蚀比较严重的工序必须进行全面整治，淘汰落后工艺。同时加强末端治理，根据不同区域排放性质采取分类治理、日常操作及尾气洗涤等环保设施要控制好运行参数指标。从整个炼焦过程看，除焦炉烟囱排放属于有组织排放且排放 VOCs 极低外，其余 VOCs 多为无组织排放形式，其收集治理是焦化 VOCs 治理的重点。焦化生产中化产回收工段是焦化 VOCs 的主要集中排放环节，多采用组合工艺处理。污水处理工段易产生臭气，采用吸附技术进行治理时吸附剂难以再生，治理成本高，常采用成本低的生物技术或等离子体技术等进行净化。如山西某焦化企业污水处理中产生的废气采用澄清塔＋高压脉冲等离子体＋碱性洗涤塔的处理效果良好[75]。焦化项目 VOCs 废气源情况及处理工艺见表 3-15。

表 3-15　焦化项目 VOCs 废气源情况及处理工艺[63]

<table>
<tr><th colspan="2">VOCs 废气来源</th><th>排放特征</th><th>挥发气体组成</th><th>挥发气体含量/(mg/m³)</th><th>处理工艺</th></tr>
<tr><td rowspan="4">炼焦过程</td><td>焦炉顶</td><td>装煤时排放的 VOCs 浓度远大于炼焦过程中的排放，反应活性较大</td><td>苯、甲苯、总苯系物、TVOC、非甲烷总烃</td><td>苯：0.17～0.30
甲苯：0.05～0.12
总苯系物：0.26～0.49
TVOC：0.67～1.24
非甲烷总烃：0.35～1.91</td><td rowspan="4">洗涤、燃烧</td></tr>
<tr><td>装煤</td><td></td><td>苯</td><td>0.67～9.80</td></tr>
<tr><td>出焦</td><td></td><td>苯系物</td><td>0.10～0.89</td></tr>
<tr><td>熄焦</td><td></td><td>苯系物</td><td>0.03～0.12</td></tr>
<tr><td rowspan="4">化产回收</td><td>冷鼓</td><td>温度较高(80℃)、浓度较低</td><td>氨气、硫化氢、苯族烃、萘、酚等</td><td rowspan="4">苯并芘：5.56×10⁻⁵～5.81×10⁻⁵
酚类：0.08～1.07
非甲烷总烃：9.45～37</td><td>吸收法、燃烧法</td></tr>
<tr><td>硫铵</td><td>浓度低、排放量大</td><td>氨、硫化氢及少量的 VOCs</td><td rowspan="2">吸收法、生物法、燃烧法</td></tr>
<tr><td>脱硫</td><td>浓度低、排放量大，含氧，不能作为燃料</td><td>脱硫液滴</td></tr>
<tr><td>脱苯</td><td>挥发性强、气味较大、易燃易爆</td><td>挥发性苯族烃、非甲烷总烃</td><td>吸附回收法、冷凝回收法、燃烧法</td></tr>
</table>

续表

VOCs废气来源	排放特征	挥发气体组成	挥发气体含量/(mg/m^3)	处理工艺
罐区废气	量小、浓度高	苯并芘、酚类、非甲烷总烃	苯:20.1～589 非甲烷总烃:150	
污水处理	排放VOCs量变化大,浓度低、气味大	苯系物、硫化氢等有机、无机混合物		吸收法、吸附法、等离子体催化法、光催化法

VOCs管控技术通常分为预防性措施和控制性措施，其中控制性措施以末端治理为主。从功能上看，可分为回收技术和销毁技术，回收技术是采用物理方法对排放的VOCs废气进行吸收、过滤、分离或富集，最后提纯后资源化利用，工业化的技术有吸附、吸收、冷凝和膜分离等；销毁技术是通过化学或生化等反应，利用热、光、电、催化剂或微生物等把排放的VOCs分解转化为其他无毒无害的物质，具体有直接燃烧、催化氧化、光催化氧化、生物氧化和低温等离子体及各技术的组合集成技术。山西某焦化企业将收集的VOCs（其中苯并芘≤1$\mu g/m^3$，氰化氢≤3mg/m^3，酚类≤150mg/m^3，氨≤50mg/m^3，硫化氢≤10mg/m^3，苯≤30mg/m^3）采用酸洗、碱洗后掺入助燃空气燃烧处理，取得了良好的效果[73]。

VOCs治理的难度在于有机物种类繁多，性质、排放条件和排放特征复杂，后端处理技术各有优劣，选择难度大。通常需要综合考虑VOCs排放特征、处理技术性能、环境性能和经济性能等因素，选用适宜的技术或技术组合。如对于大风量、低浓度且没有回收价值的有机废气，可选择浓缩吸附＋蓄热式催化燃烧联合技术；对于大风量、低浓度且有回收价值的有机废气，可选择吸附浓缩技术＋冷凝回收技术联用；处理高浓度有机废气时可选择冷凝＋吸附技术、吸附浓缩＋冷凝回收/燃烧技术等；处理恶臭气体时可选择生物处理＋光催化或低温等离子体技术。在粗苯槽上安装喷淋装置，在夏季等高温天气时，对槽罐上部喷淋降温，减少气体挥发，然后采取冷凝洗净塔，将挥发气体冷凝洗净。

焦化生产化产回收工段中VOCs废气常含有酸碱性气体，可经煤气净化系统净化回收，实现零排放，常采用预处理＋多级洗涤吸收＋吸附或燃烧（回炉燃烧）联合处理方案。主流末端治理技术是吸附法和焚烧法，两种路线均先通过负压收集、多级洗涤吸收的方式较好地解决了VOCs废气收集困难的问题，然后分别通过吸附或焚烧的方法，对含有VOCs的废气进行终端处理[72]。不含氧VOCs收集后引入风机前负压煤气管道内与焦炉煤气混合后，再经煤气净化系统净化回收。含氧VOCs部分可进入焦炉作为燃料处理，将其中的有机物如苯、萘、煤气等分解成二氧化碳和水。

焦化VOCs废气管控技术分类见图3-47；焦化行业吸附法处理VOCs气体流程见图3-48；焦化行业焚烧法处理VOCs气体流程见图3-49。

对生产装置排放的VOCs和处理过程产生的含VOCs废气，不能（或不能完全）回收利用的应采用定制化末端生物法治理VOCs后回收利用或达标排放。

对于炼焦过程中的跑冒滴漏导致的VOCs大量无组织排放，从源头削减和过程控制进行总量减排是可行有效的技术手段，其中加强设备密封性是最关键环节。实践证明，采用新型大型焦炉、加强炉体炉门的密封性，同时应用设备管道系统泄漏检测与修复（leak detectionand repair，LDAR）技术，对储槽、贮罐、泵、压缩机、阀门、法兰等易发生泄漏的设备与管线组件，制定泄漏检测与修复计划，定期检测和及时修复，可大幅降低焦化炉体

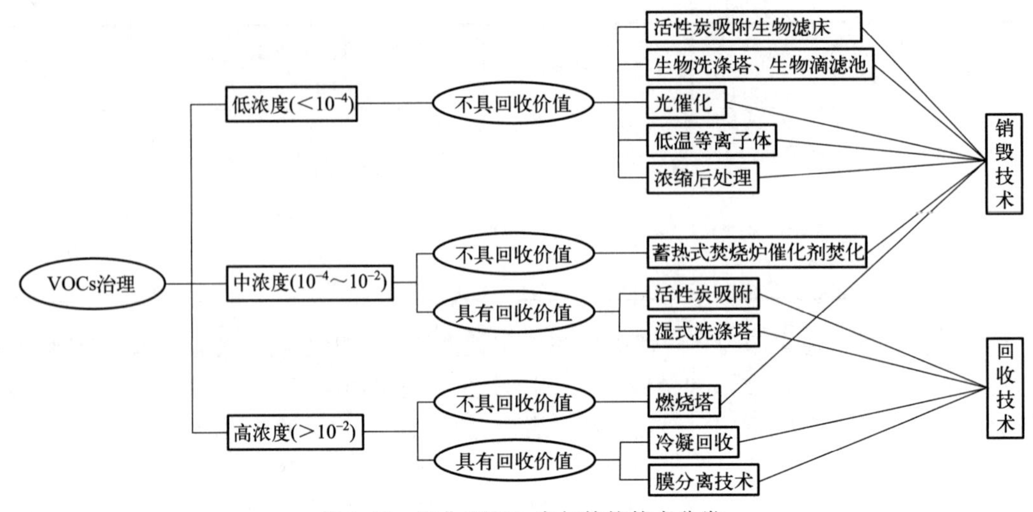

图 3-47 焦化 VOCs 废气管控技术分类

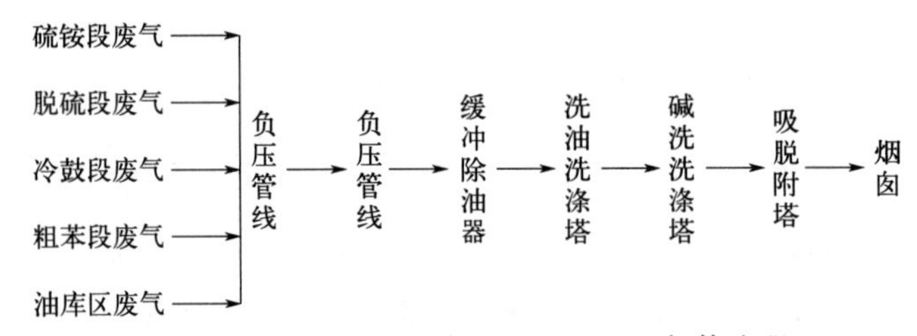

图 3-48 焦化行业吸附法处理 VOCs 气体流程

化产区域 —负压收集→ 冷却器 → 洗油塔 → 酸洗塔 → 碱洗塔 → 引风机 → 焦炉 → 烟囱

图 3-49 焦化行业焚烧法处理 VOCs 气体流程

和设备管线的 VOCs 废气的无组织排放。

对于无法避免的无组织 VOCs 废气，可采用在 VOCs 源上方加罩收集变为有组织废气，然后再进行集中处置，但由于焦化设备均较大，收集效率较为低下，整体而言炼焦过程无组织 VOCs 收集管控效果有待新一代技术加以改善[74]。

(3) 焦化 VOCs 治理中安全措施

焦化 VOCs 收集和处理过程中，其自身往往为易燃易爆物质且工况复杂，需要特别注意安全风险因素，采取相应措施避免安全事故导致的污染物排放，工业实践中常采用如下措施进行防控：

① 氧含量分析。如将 VOCs 尾气引入煤气负压系统前，首先应确保尾气中的氧含量处于较低水平，防止过量的氧气（或空气）进入煤气系统带来安全隐患。为确保安全，在负压回收尾气主管上安装在线氧含量分析仪和快速切断阀，实时检测尾气中的氧含量，当尾气中的氧含量超标时及时切断往煤气负压系统引气，尾气临时送往含氧 VOCs 尾气净化系统处理。

② 可燃气体检测与报警。含氧 VOCs 尾气含有少量焦炉煤气、苯等可燃易爆组分，其浓度在安全范围内。实际生产过程中在 VOCs 尾气分区收集汇总并进行水洗净化前，存在

焦炉煤气串入含氧 VOCs 尾气收集系统的可能性。为保证系统安全，在含氧 VOCs 尾气总管上应安装在线可燃气体检测仪和快速切断阀，实时检测尾气中可燃气体含量，当可燃气体含量超标时及时切断往焦炉送气，尾气经紧急泄压装置释放。

③ 阻火器隔断。粗苯罐、粗苯计量槽等储存有易燃易爆物料的尾气在收集并与其他尾气源连通后，一旦系统中其他部位发生火灾、爆炸等事故时，易造成事故扩大，故在储存有易燃易爆物料的尾气排放点出口应设置阻爆轰型阻火器，防止事故进一步扩大。

④ 储罐氮封。工业装置中常采用氮气补充槽内气相空间使罐内始终保持一定的压力，实现减少物料挥发和防止氧气进入系统的目的。氮封装置主要用于维持容器顶部气相空间的压力恒定以保证容器安全，并避免容器内物料与空气直接接触，防止物料挥发被氧化。当物料进入槽内时内压力升高，达到设定压力时，泄氮阀自动打开氮气逸出；当出料时槽内压力下降，槽内压力低于设定压力时，供氮阀自动打开向槽内补充氮气。特殊情况，当供氮阀、泄氮阀失效时，呼吸阀还可作为安全阀使用，呼吸气体确保槽体的安全。焦化装置应在可燃液体储罐设置氮封。

焦化过程因为其产业规模大、污染源复杂、治理难度大，因而在国家环保治理中其重要性更加凸显。该过程中由于使用放射性料位计等仪表，应做好电离防护措施。同时，为避免废水、废渣等对土壤和地下水造成污染，要在设计、操作和检验维修过程中特别关注防渗措施的落实到位。另外，焦化过程中 CO_2 的排放量相对较大，因此在“双碳”目标下要做好节能减排工作。

3.3 煤焦油加工

3.3.1 煤焦油加工技术概述

煤焦油（简称焦油）是煤炭干馏和气化过程中生成的黑色或黑褐色黏稠状液体，有刺激性臭味和腐蚀性，其产率占炼焦干煤的 3%～4%，组分多达 2 万余种，已从中分离并认定的单种化合物有 500 余种，约占煤焦油总量的 55%，是很多稠环化合物和含 N、O、S 的杂环化合物的主要来源[77,78]。用热法提取煤焦油中的高附加值组分，可用作医药、农药、材料、染料等生产和制备的原料[79]。

由于焦化、气化的过程温度和方法的不同，产生的焦油组分、性质会有较大区别，通常分为高温炼焦焦油（1000℃以上）、中温立式炉焦油（900～1000℃）、低温和中温发生炉焦油（600～800℃）、低温干馏焦油（450～650℃）。一般钢铁厂、焦化厂的焦油属于高温焦油，兰炭生产副产物焦油属于中低温焦油，常压固定床气化炉焦油属于低温焦油[80]。高温煤焦油主要由苯、甲苯、二甲苯、萘、蒽等芳烃组成的混合物，含有上万种化合物，组成极为复杂；高温煤焦油的相对密度大于 1.0，沥青的质量分数将近 50%，剩余主要是芳烃和杂环类有机化合物。

煤焦油加工包括煤焦油的粗制分离和馏分的精细加工。粗制分离主要是对焦油进行蒸馏切取各种馏分，产物可作为产品直接出售也可作为后续精细加工的原料。精细加工又称焦油深加工，通常采用分步分离方式将其中的有用组分逐级分离，常用加工方法包括煤焦油预处理、蒸馏、馏分提取、改制沥青以及精加工等过程，得到的产品主要有轻油、酚油、萘油、洗油、一蒽油、二蒽油和沥青等，在世界化工原料需求中占有重要地位，从煤焦油中可提取可满足市场需求的各类高价值化工产品，实现资源综合利用。如煤焦油中的蒽、苊、芘、咔唑和喹啉都有着广泛的应用，中低温煤焦油加氢制清洁燃料可替代石油产品[80,81]。截至2024年5月，我国煤焦油深加工总产能达2860万吨，高温煤焦油年产能在1000万吨以上，其加工主要以产品提取为主，部分加氢后利用；中低温煤焦油年产能接近1000万吨，以加氢制燃料油为主，部分企业配有提酚精制装置。

我国高温煤焦油利用途径主要有三类。第一类通过精馏切割生产酚油、萘油、洗油、蒽油和沥青等馏分，再对各馏分进行分离精制生产蒽、萘、酚和沥青等化工原料。该工艺主要由脱水、脱重和分馏三部分组成，将煤焦油转化为沥青、轻油、酚油、蒽油等产品。第二类是将其作为替代重油的燃料，通过燃烧为玻璃、陶瓷等行业供热以及作为生产炭黑的原料。第三类通过催化加氢使高温煤焦油轻质化制成燃料油[82]。中低温煤焦油加工工艺分成3种路线，即精细化工路线、加氢工艺路线和延迟焦化路线。一般将中低温煤焦油用加氢工艺裂化后制备成清洁汽油、柴油。

由于煤焦油本身的复杂性、分析技术的局限性和分离技术的有限性，煤焦油的深度分离与细致分析成为世界难题。加工分离获得高温煤焦油中的单一组分是非常困难的，其涉及了几乎所有的化工分离过程，如蒸馏、萃取和结晶等。煤焦油精加工涉及的工艺种类繁多，难以进行逐一论述。因此，本节重点对煤焦油加工必经的预处理、蒸馏、馏分提取、改制沥青等工艺过程的清洁化生产进行介绍。

3.3.2 煤焦油加工工艺过程及清洁化生产措施

煤焦油加工工艺一般是先将粗煤焦油脱水，然后采用超滤脱渣，再经过除盐后深度脱水并截取轻油组分，然后再减压蒸馏得到各馏分段，最后采用物理和化学方法对各馏分段进行处理，提取得到各种化工产品。不同技术在具体设备、流程、操作参数等方面略有区别。

当前煤焦油加工技术已比较成熟，50万吨/年的煤焦油加工装置运行水平大幅提升，其加氢产物的精制在工艺设计、流程模拟、动态优化方面进步显著[83]。

3.3.2.1 煤焦油预处理

通常煤焦油蒸馏前需要进行预处理工作，包括质量均匀化、脱水和脱盐等过程。

不同煤种或者在不同工艺过程、条件下，煤热解和焦化过程产生的焦油组成差别较大，因此为了保证煤焦油加工装置运行的稳定性，需要按照原料煤焦油的进料控制指标，对煤焦油进行质量均匀化处理。

煤焦油蒸馏过程中，原料煤焦油含水量越低，燃料气的消耗量也越低。此外，煤焦油含有铵盐，其中挥发性铵盐会在最终脱水阶段可被去除，而占比较高的固定铵盐仍保留在脱水后的煤焦油中。固定铵盐中氯化铵占80%左右，其余为硫酸铵、硫氰化铵、亚硫酸铵及硫代硫酸铵等。当焦油被加热到220～250℃时，这些铵盐分解成游离酸和氨，会导致设备的严重腐蚀，因此在焦油送入管式炉加热前必须进行脱水和脱盐。

(1) 质量均匀化

为衔接上下游生产和保证焦油均质化效果，在均质化过程中通常设置三个贮槽，一个用于接收煤焦油，一个用于静置均匀化，一个用于向下游管式炉送油，三个贮槽轮换使用。煤焦油经过静置，焦油渣会沉积在槽底部，然后定期进行沉积焦油等的清理。

(2) 焦油脱水

经质量均匀化处理后的煤焦油含水约4%，为了降低燃料气的消耗量，煤焦油在蒸馏前必须脱水。为利于油水分离，可在煤焦油贮槽内设置蒸汽加热器，加热煤焦油使其保持一定温度。重力澄清出来的水由溢流管排出，流入收集槽中，煤焦油中的水分含量降至2%～3%。

(3) 脱盐处理

煤焦油进入焦油蒸馏单元的管式炉之前，先加入碳酸钠溶液，与煤焦油中的固定铵盐进行反应，生成稳定的钠盐，钠盐在焦油蒸馏温度下不会发生分解。脱盐后的焦油中固定铵含量大幅度降低，有利于焦油蒸馏单元加热炉的稳定运行。

煤焦油预处理单元的清洁化生产措施主要有：

① 利用重力沉降，将煤焦油中的焦油渣进行分离，煤焦油性质更加稳定，有利于下游装置的稳定运行，降低了装置停车、检修的频次；

② 通过静置脱水，降低煤焦油的水含量，减少了燃料气消耗量和烟气排放量；

③ 针对焦油贮槽散发出的有机废气，可通过罐顶部尾气逸散收集管进行收集，然后由文丘里真空泵吸入煤焦油蒸馏单元尾气吸收处理装置进行集中处理。

3.3.2.2 粗煤焦油蒸馏

原料蒸馏是根据粗煤焦油中各组分的不同沸点将各组分初步分割为几个富集某种和某几种化合物馏分的加工过程。

煤焦油经焦油预热器预热后进入一段蒸发器。一段蒸发器顶部蒸出的轻油蒸气冷却后进行油水分离。一段蒸发器塔底出来的无水原料油经管式炉加热后送入二段蒸发器，二段蒸发器塔顶蒸出的油气进入馏分塔，中部切取的二蒽油冷却后入二蒽油槽，塔底则分离出沥青送至改质沥青单元。

馏分塔顶部蒸出的轻油冷却后进行油水分离，侧线采出的三混油冷却后入三混油槽，塔底采出的一蒽油冷却后入一蒽油槽。

焦油蒸馏处理工艺流程见图3-50。

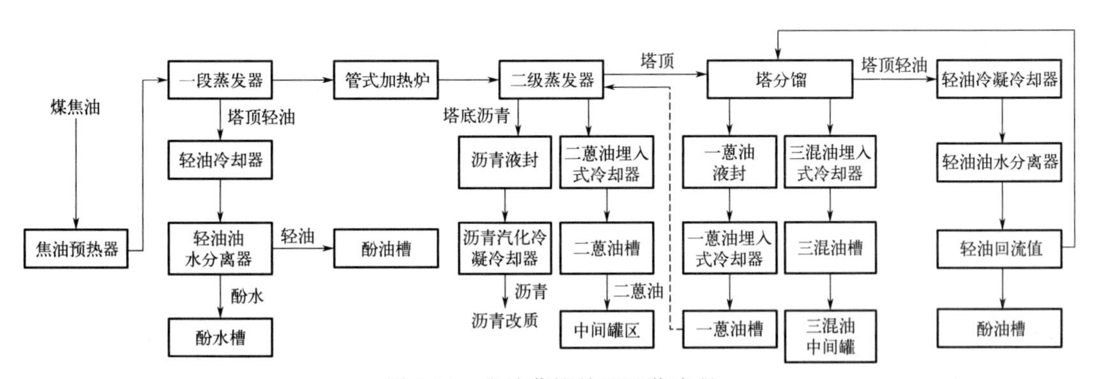

图3-50 焦油蒸馏处理工艺流程

煤焦油蒸馏单元的清洁化生产措施主要有：

① 焦油蒸馏过程中逸出的废气经过文丘里真空泵引入吸收塔中，用洗油作为吸收剂，吸收蒽、菲等污染物，剩余的废气送入管式炉燃烧，进一步去除挥发性组分中的蒽、菲和非甲烷总烃等污染物。

② 管式加热炉采用低氮高效燃烧技术，且排放烟气需经过脱硫、脱硝等处理后再排放。

③ 进二段蒸发器和馏分塔的蒸汽利用加热炉烟气进行过热，提高烟气的热量回收效率。

3.3.2.3 馏分洗涤

焦油加工最终目的是为得到有较高附加值的产品，而萘和酚共存于三混油馏分中，且容易形成共沸物，这将影响工业萘质量，并造成酚类的损失。因此，在工业萘精馏前应将三混馏分进行脱酚。酚萘混合馏分首先与碱性酚钠混合、反应，再送入分离塔，静置分离为碱性酚钠和已洗混合馏分。已洗混合馏分送入三混油中间罐（图 3-51）。

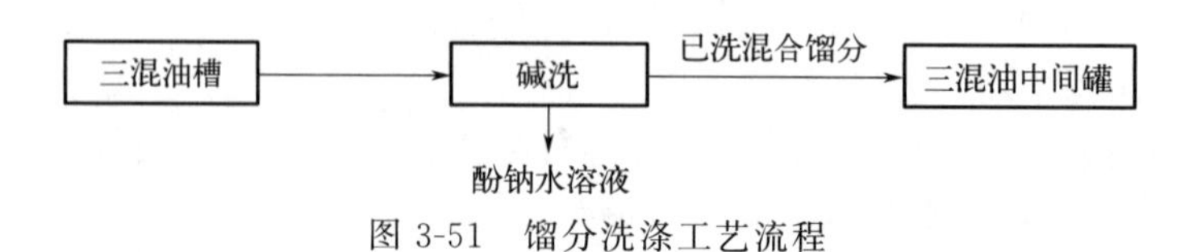

图 3-51　馏分洗涤工艺流程

馏分洗涤单元的清洁化生产措施主要针对各种中间贮槽所逸散的酚类废气，这些废气经过贮槽顶部的尾气逸散收集管收集后，进入排气洗涤塔进行碱洗，最后的尾气送至工业萘蒸馏单元的加热炉进行焚烧。

3.3.2.4 工业萘蒸馏

来自馏分洗涤的已洗混合馏分先在原料槽中加热、静置脱水，再送至预热器与工业萘蒸气换热后进入初馏塔。由初馏塔顶采出酚油，酚油蒸气冷却后进入油水分离器进行油水分离。分离水排入已洗三混油中间罐返回生产工艺，酚油进入回流槽，大部分酚油作初馏塔回流以控制塔顶温度，少量从回流槽满流入酚油成品槽。初馏塔底已脱除酚油的萘洗油送往初馏管式炉加热后，再返回初馏塔底，以油循环方式供给初馏塔热量。

在初馏塔热油循环过程中，一部分萘洗油打入精馏塔。从塔顶采出的工业萘冷却后自流入工业萘回流槽。一部分工业萘回流到精馏塔，溢流部分入工业萘接收槽，再经过冷却结晶后得到工业萘片状晶体。精馏塔底洗油经精馏管式炉加热后打回精馏塔向精馏过程提供热量（图 3-52）。

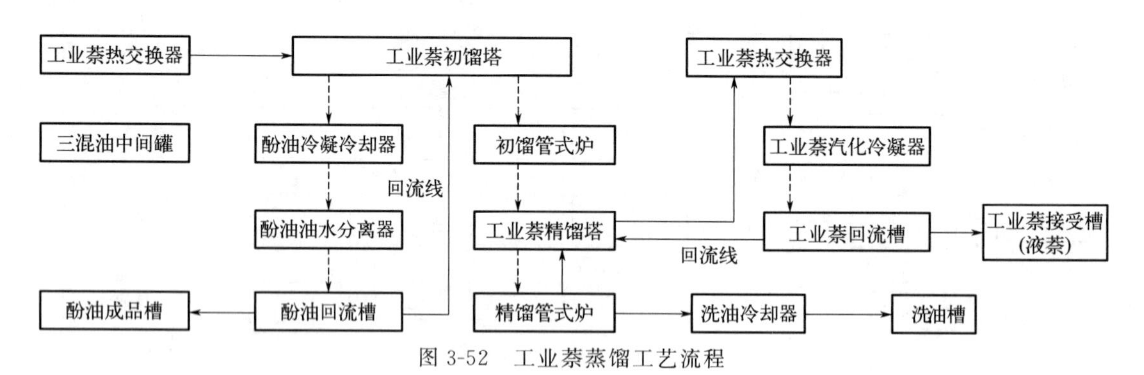

图 3-52　工业萘蒸馏工艺流程

工业萘蒸馏单元的清洁化生产措施：

① 各贮槽逸散的有机废气，这些废气经过收集管收集后用洗油进行洗涤回收，剩余的废气送入初馏管式炉焚烧。

② 精馏管式加热炉采用低氮高效燃烧技术，产生的烟气经过脱硫、脱硝、除尘等处理

后再排放。

③ 在工业萘结晶环节会产生一定量的萘粉尘，采用脉冲袋式除尘器收集处理，清理下的萘粉返回工艺系统回收利用。

3.3.2.5 改质沥青

将焦油蒸馏系统生产的沥青送入改质沥青原料槽，然后进沥青反应釜。沥青在反应釜中进行缩合和聚合反应，釜底的改质沥青进入改质沥青中间槽，冷却后再通过沥青链板机冷却成型。釜顶所产闪蒸油气冷却后，进入闪蒸油槽，送往焦油蒸馏单元的蒽油槽（图 3-53）。

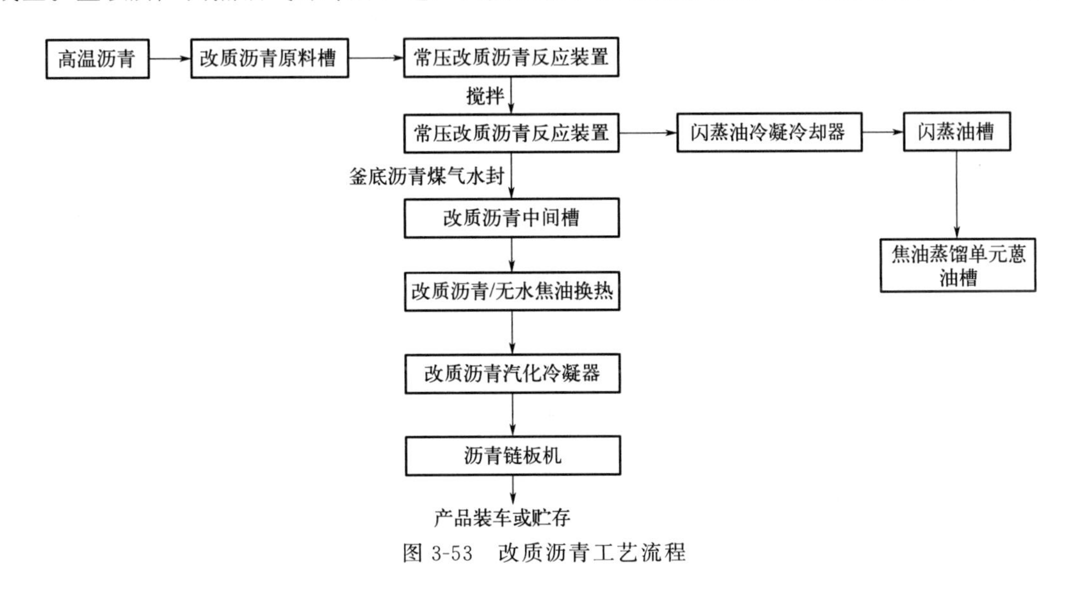

图 3-53 改质沥青工艺流程

改质沥青单元的清洁化生产措施：

① 各贮槽排放的沥青烟气经烟气捕集、洗油清洗后，再进入闪蒸油成品罐，作为闪蒸油产品外售；

② 沥青高位槽顶部呼吸阀排放的有机废气以及沥青冷却过程中产生的少量沥青烟气收集后，由文丘里真空泵吸入改质沥青单元尾气吸收处理装置，经洗油洗涤后，尾气送至改质沥青单元的导热油加热炉进行焚烧；

③ 加热炉产生的烟气经过脱硫、脱硝和除尘等净化处理后，达到环保排放标准后再进行排放，净化处理过程中同步进行热量回收利用。

3.3.3 煤焦油加工工艺过程污染物排放及治理

煤焦油加工利用过程中，会产生废气、废水、噪声及固体废物。

3.3.3.1 焦油加工废气

煤焦油加工利用过程中废气产生点主要为预处理工序原料储罐、洗油等各类储罐，蒸馏工序焦油加热炉、沥青加热炉及储罐，馏分洗涤工序洗涤罐区各储罐，工业萘蒸馏工序管式炉和改质沥青工序的沥青反应釜、加热炉等设施，主要污染物为含工业萘粉尘废气和加热炉排放的烟气。其中，含尘废气则利用袋式过滤器进行粉尘回收后再排入大气；加热炉的烟气在排放之前经过脱硫、脱硝、除尘等净化处理措施。

某煤焦油深加工项目的废气排放情况见表 3-16。

表 3-16　15 万吨/年煤焦油深加工项目的废气排放情况[84]

污染源	排气量/(m^3/h)	污染因子	排放情况/(mg/m^3)	排放情况/(kg/h)	排放情况/(t/a)
焦油蒸馏管式炉废气	8269	烟尘	18	0.149	1.18
		SO_2	31.9	0.264	2.091
		NO_x	145	1.199	9.496
工业萘初馏管式炉废气	1654	烟尘	18	0.03	0.238
		SO_2	31.9	0.053	0.42
		NO_x	145	0.24	1.901
工业萘精馏管式炉废气	1654	烟尘	18	0.03	0.238
		SO_2	31.9	0.053	0.42
		NO_x	145	0.24	1.901
工业萘、精萘转鼓结晶环节	5000	萘粉尘	5	0.025	0.20
改质沥青反应釜废气		烟尘	18	0.089	0.705
		SO_2	31.9	0.158	1.251
		NO_x	145	0.719	5.694

3.3.3.2　焦油加工废液

煤焦油加工产生的废水主要为包括原料初步分离废水、焦油蒸馏分离水、馏分洗涤单元的蒸吹塔分离水以及工业萘蒸馏单元产生的初馏分离水等，主要污染因子为 COD、氨氮、酚、氰化物、石油类、硫化物等。

① 酚类化合物的危害。煤焦油加工废水中酚类物质对人体的危害较为明显，会造成头晕、皮疹、瘙痒、贫血等人体不良反应，严重时会产生急性中毒危害。此外，酚类物质也会对农作物和渔业及其产品造成危害。

② 氨氮类化合物的危害。煤焦油加工废水中氨氮类物质具有不稳定的化学性质，易发生氧化反应生成硝酸盐和亚硝酸盐。此外，氨氮类物质会造成养殖水域的水质恶化，对养殖产品产生极大威胁。

③ 多环芳香烃类化合物的危害。煤焦油加工废水中多环芳香烃类物质是一种有机污染物，其黏性和吸附性能较强，易黏附于固体颗粒，可对人体呼吸系统和皮肤造成损伤。此外，多环芳香烃类物质产生的光致毒效应对环境的危害也不容忽视[21]。

某煤焦油深加工项目废水排放情况见表 3-17。

煤焦油深加工过程污水系统的清洁化生产措施：

① 污水采用管道输送，避免无防渗措施的明渠输送。

② 为防止污水输送过程中发生渗漏情况，对管道、阀门严格检查，有质量问题的及时更换，阀门选用优质产品。

③ 管道输送采用高架方式，避免采用埋管的方式，以防止污染地下水。

表 3-17 15 万吨/年煤焦油深加工项目废水排放情况

污染源	排放量/(m^3/a)	污染物	浓度/(mg/L)	排放去向
原料储罐及油水分离器	2402.4	COD	6000	经废水脱酚预处理后，送污水处理厂
		酚	2000	
		氨氮	185	
		氰化物	110	
		硫化物	800	
		石油类	100	
焦油蒸馏蒸发器油水分离器废水	1031.4	COD	7000	
		酚	1500	
		氨氮	20	
		氰化物	30	
		硫化物	600	
		石油类	80	
蒸吹塔分离水	175.0	COD	6000	
		酚	2000	
		氨氮	70	
		氰化物	40	
		石油类	80	
初馏分离水	175.0	COD	6000	
		酚	2000	
		氨氮	70	
		氰化物	40	
		石油类	80	

3.3.3.3 焦油加工固废

煤焦油深加工固体废物主要有焦油渣、沥青渣、废洗油等，储罐清理及改性沥青反应釜温度过高产生的焦油渣、沥青渣等委托有资质的单位处理；有机废气处理过程中产生的废洗油则回用到焦油蒸馏单元作为原料回收洗油。

某煤焦油深加工项目的固体废物情况见表 3-18。

表 3-18 15 万吨/年煤焦油深加工项目固体废物情况

废物名称	废物特性	产生环节	产生量/(t/a)	处置措施
焦油渣、沥青渣	毒性	储罐清理及改性沥青反应釜温度过高	7.1	委托有资质的单位处理
废洗油	毒性 易燃性	有机废气处理过程中	200	回用到焦油蒸馏单元作为原料回收洗油

煤焦油深加工固废堆场的主要防渗漏措施有对固废分类收集、包装；地面采用防渗地

面；固废及时规范处理，避免厂区长期存放；临时堆积点或转运站设置专用建（构）筑物，配备清洗和消毒器械，加设冲洗水排放防渗管道，杜绝各类固体废物浸出液下渗。

3.3.3.4 焦油加工噪声

煤焦油深加工的主要高噪声设备为泵、引风机、空气压缩机、转鼓结晶机等，可采取的降噪措施主要有基础减振、建筑隔声、消声器等措施。

煤焦油深加工项目主要噪声源见表 3-19。

表 3-19 15 万吨/年煤焦油深加工项目主要噪声源

设备名称	数量/台	噪声/dB(A)	降噪措施
引风机	2	105	建筑隔声、消声器
转鼓结晶机	2	85	建筑隔声
空气压缩机	2	95	建筑隔声、减振
焦油泵	3	90	减振
真空泵	2	90	减振

3.3.3.5 焦油加工 VOCs

煤焦油加工的 VOCs 产生位置主要为焦油蒸馏及罐区装卸单元、馏分洗涤及工业萘蒸馏单元、改质沥青单元的有组织和无组织的排放气。针对贮槽等设备排放有机废气，各单元均设置了吸收塔，有机废气通过集气管进行收集后进入吸收塔进行碱洗或者油洗，处理后不凝气体则送至加热炉进行焚烧；对于无法回收的少量无组织排放废气，应采用引风机抽引回收集罐中再引至焚烧或吸附处理后达标放空，或对源头设备设置氮封，排放气高点达标排放。

焦油加工过程中含 VOCs 废气排放情况见表 3-20。

表 3-20 15 万吨/年煤焦油深加工项目含 VOCs 废气排放情况

污染源	排气量 /(m^3/h)	污染因子	产生情况		治理措施
			/(mg/m^3)	/(kg/h)	
煤焦油蒸馏、罐区装卸	1000	非甲烷总烃	800	0.8	引入焦油蒸馏管式炉燃烧处理
		苯	100	0.1	
		酚	12.5	0.0125	
工业萘蒸馏、馏分洗涤单元有机废气	300	非甲烷总烃	600	0.06	引入工业萘管式炉燃烧处理
		苯	80	0.008	
		酚	500	0.05	
改质沥青单元有机废气	3000	沥青烟	333	0.4	引入改质沥青加热炉燃烧处理
		苯并芘	0.002	2.4×10^{-6}	
		非甲烷总烃	833	1.0	
		苯	67	0.08	
无组织排放（生产装置区及罐区）	—	酚	—	0.013	高点放空
		硫化氢	—	0.02	
		非甲烷总烃	—	0.11	

续表

污染源	排气量 /(m^3/h)	污染因子	产生情况		治理措施
			/(mg/m^3)	/(kg/h)	
无组织排放（工业萘装置区）	—	萘	—	9.7×10^{-6}	高点放空

参考文献

[1] 刘玉凤，周亚杰，张文静．煤热解技术工艺现状 [J]. 广州化工，2020 (9)：43-44.

[2] 朱银惠，王中慧．煤化学 [M]. 北京：化学工业出版社，2013.

[3] 蔡丽娟，顾蔚．现代煤化工产业发展与环境保护问题分析 [J]. 石油化工安全环保技术，2015 (4)：47-49.

[4] 任文君，刘治华，周洪义，等．粉状煤炭热解技术工业化现状与瓶颈 [J]. 煤炭加工与综合利用，2020，249 (4)：4-54.

[5] 熊道陵，陈玉娟，欧阳接胜，等．煤焦油深加工技术研究进展 [J]. 洁净煤技术，2012 (6)：53-57.

[6] 朱晴子．浅析煤化工过程的主要污染物及其控制 [J]. 当代化工研究，2020，61 (8)：112-113.

[7] 马桂香．浅谈煤炭化工行业的清洁生产技术应用 [J]. 化工管理，2016 (29)：296.

[8] Xu Y，Zhang Y F，Wang Y，et al. Gas evolution characteristics of lignite during low-temperature pyrolysis [J]. Journal of Analytical and Applied Pyrolysis，2013，104：625-631.

[9] 高晋生．煤的热解、炼焦和煤焦油加工 [M]. 北京：化学工业出版社，2010.

[10] 唐帅，徐秀丽，侯金朋，等．低阶烟煤中低温热解挥发性组分析出特性研究 [J]. 煤化工，2021，49 (2)：26-29.

[11] 牛帅星，周亚杰，张文静，等．气氛对煤热解行为影响的研究进展 [J]. 应用化工，2019，48 (3)：639-645.

[12] 邹涛，刘军，曾梅，等．煤热解技术进展及工业应用现状 [J]. 煤化工，2017，45 (1)：5.

[13] 郑化安．中低温煤热解技术研究进展及产业化方向 [J]. 洁净煤技术，2018，24 (1)：13-18.

[14] 李青松，李如英，马志远，等．美国 LFC 低阶煤提质联产油技术新进展 [J]. 中国矿业，2010，19 (12)：82-87.

[15] 冉伟利，张志刚，樊英杰．块煤中低温热解技术开发应用及研究方向 [J]. 煤化工，2014 (2)：10-14.

[16] 赵云鹏．西部弱还原性煤热解特性研究 [D]. 大连：大连理工大学，2010.

[17] 亢万忠．煤化工技术 [M]. 北京：中国石化出版社，2015.

[18] 唐遥，王跃，崔平．煤加氢热解技术的研究进展 [J]. 安徽化工，2018 (10)：4-6.

[19] 吴洁，狄佐星，罗明生，等．煤热解技术现状及研究进展 [J]. 煤化工，2019，47 (6)：46-51.

[20] 孙泽渊．煤热解技术现状及研究进展 [J]. 辽宁化工，2021，50 (5)：3.

[21] 魏峰，高明辉．煤焦油加工废水的深度处理研究 [J]. 化工管理，2017 (13)：1.

[22] 郝丽芳，李松庚，崔丽杰，等．煤催化热解技术研究进展 [J]. 煤炭科学技术，2012，40 (10)：108-112.

[23] 舒军政，张智芳，高峰峰，等．基于 Aspen Plus 的低变质煤热解熄焦系统模拟与分析 [J]. 煤化工，2021，49 (2)：50-54.

[24] 白向飞．中国煤中微量元素分布赋存特征及其迁移规律试验研究 [D]. 北京：煤炭科学研究总院，2003.

[25] 周强．煤的热解行为及硫的脱除 [D]. 大连：大连理工大学，2004.

[26] 刘耀鑫．循环流化床热电气多联产试验及理论研究 [D]. 杭州：浙江大学，2005.

[27] 杨帅强，都林，李松庚，等．含尘含油高温热解煤气除尘技术研究进展 [J]. 洁净煤技术，2021，27 (1)：193-201.

[28] 李初福，门卓武，翁力，等．固体热载体回转窑煤热解工艺模拟与分析 [J]. 煤炭学报，2015，40 (1)：203-207.

[29] 方梦祥，曾伟强，岑建孟，等．循环流化床煤分级转化多联产技术的开发及应用 [J]. 广东电力，2011，24 (9)：1-7.

[30] 沈和平，刘瑞民，任鹏，等．粉煤流化床加氢热解与气化耦合方法：CN104342212A [P]. 2015-02-11.

[31] 沈和平，任鹏，常伟先，等．粉煤热解反应烧炭循环系统：CN105694933A [P]. 2016-06-22.

[32] 沈和平，常伟先，任鹏，等．含尘过气化油气冷凝分离方法：CN105602614B [P]. 2017-12-15.

[33] 尚建选，梁玉昆，沈和平，等．热载气提升快速反应的粉煤热解方法：CN105623688A [P]. 2016-06-01.

[34] 尚建选，梁玉昆，沈和平，等．提升管粉煤热解方法：CN105602593A [P]. 2016-05-25.
[35] 沈和平，任鹏，常伟先，等．提升管气力稀相输送工艺方法：CN105692205A [P]. 2016-06-22.
[36] 崔阳，粉煤热解技术的研究现状及展望 [J]. 能源化工，2018，39 (2)：33-38.
[37] 胡洪，赵玉良．低阶粉煤多管回转热解新技术 [J]. 重型机械，2016 (3)：16-19.
[38] 扶振，安英保，郑琪，等．粉煤加氢快速热解技术的研究开发及工业化实践 [J]. 化肥设计，2020 (2)：17-20.
[39] 徐吉，朱家龙，胡浩权，等．在线热解-质谱联用技术在煤转化中的应用 [J]. 洁净煤技术，2021，27 (4)：1-10.
[40] 别南西，王焦飞，吕鹏，等．煤与生物质共热解过程中碱金属迁移及检测研究进展 [J]. 洁净煤技术，2022，28 (1)：31-41.
[41] 王先平．剩余氨水在焦化鼓冷系统中的使用 [J]. 河南化工，2017，34 (8)：50-53.
[42] 赵玉良，吕江，谢凡，等．煤热解废水的气浮除油技术 [J]. 煤炭加工与综合利用，2019 (3)：68-72
[43] 曾维鹏，王晴东，王光华，等．基于双碳目标的焦化化产回收全流程模拟与分析 [J]. 煤化工，2022，50 (1)：9-21，48.
[44] 中国炼焦行业协会．关于印发《焦化行业“十四五”发展规划纲要》的通知 [J]. 煤化工，2021，49 (1)：1-3，25.
[45] 宁友吉，全宇，郭浩．炼焦化工工艺流程及新工艺的应用 [J]. 神州 (上旬刊)，2020 (7)：287.
[46] 贺永德．现代煤化工技术手册 [M]. 北京：化学工业出版社，2004.
[47] 吴立新．煤焦化清洁高效发展是我国煤炭清洁利用的关键 [J]. 煤炭经济研究，2019，39 (8)：1.
[48] 郝雅琼，周奇，杨玉飞，等．炼焦行业危险废物精准管控关键问题与对策 [J]. 环境工程技术学报，2021，11 (5)：8.
[49] 范涛，初茉．焦化企业污染防治升级改造措施研究 [J]. 煤炭经济研究，2019，39 (8)：6.
[50] 李文平，宋建国，梁瑞华，等．焦化绿色发展在麟源煤业的应用 [J]. 能源与节能，2020 (8)：62-64.
[51] 炼焦化学工业污染防治可行技术指南：HJ 2306—2018 [S].
[52] 工业和信息化部．焦化行业规范条件 [Z]. 2020 年第 28 号．
[53] 王永胜，武金旺，杨昆，等．焦化行业节能减排关键技术选择初步研究 [J]. 煤质技术，2016 (1)．
[54] 李庆生，张雨虎，李俊玲．SWDJ625-1 型捣固焦炉技术特点及工艺分析 [J]. 煤化工，2021，49 (1)：23-25.
[55] 孔德文，张平存．焦炉污染物源头减排技术进展 [J]. 河北冶金，2020 (6)：17-22
[56] 朱寿川．捣固焦炉装煤系统除尘工艺研究 [J]. 冶金设备，2019 (4)：39-43
[57] 万超，尹华．大型捣固焦炉机侧烟尘治理新措施 [J]. 燃料与化工，2021 (9)：53-58
[58] 谷啸，翟连国．简析 6m 焦炉机侧烟尘综合治理 [J]. 燃料与化工，2021 (5)：58-60
[59] 王贵．焦炉煤气脱硫技术进展与分析 [J]. 煤化工，2021，49 (4)：57-61.
[60] 裴文，李海波，王浩．液滴倍增技术在煤焦化行业中的应用 [J]. 煤化工，2021，49 (3)：35-37，49.
[61] 鄂托克旗建元煤焦化有限责任公司 280 万吨/年焦化项目环境影响报告书 [R]. 2016.
[62] 张莹，李逢玲，喻泽华，等．真空碳酸盐脱硫工艺流程再造研究 [J]. 煤化工，2021，49 (2)：55-59.
[63] 程子明．焦化粗苯蒸馏工段加热工艺改进工程实践 [J]. 煤化工，2021，49 (4)：67-69.
[64] 李超，郑文华，杨华．焦化工业现状及热点技术 [J]. 河北冶金，2019 (12)：1-6，23
[65] 赵春丽，乔皎．我国焦化行业面临的环境困境及绿色转型策略 [J]. 化工环境，2019，39 (3)，321-325.
[66] 睢辉，周慧．焦炉烟气脱硫脱硝技术研究进展 [J]. 山东工业技术，2020 (6)：71-74.
[67] 王斌，李玉然，刘连继，等．焦炉烟气活性炭法多污染物协同控制工业化试验研究 [J]. 洁净煤技术，2020，26 (6)：182-188.
[68] 尹祖建，牛敬超，刘兴涛．高比表面积 $Ca(OH)_2$ 应用于焦化厂烟气脱硫的研究分析 [J]. 煤化工，2021，49 (4)：27-29，51.
[69] 杨助喜．基于热量双循环的焦炉烟道气脱硫脱硝工艺及应用 [J]. 煤化工，2021，49 (6)：57-61.
[70] 孟子衡，王晨晔，王兴瑞，等．焦炉烟气钢渣湿法联合脱硫脱硝试验研究 [J]. 洁净煤技术，2020，26 (6)：210-216.
[71] 宋宪锋，孙钦贵．焦炉烟气余热用于硫酸铵干燥结晶的方案探讨 [J]. 煤化工，2021，49 (3)：19-21.
[72] 谷丽琴，王中慧．煤化工环境保护 [M]. 北京：化学工业出版社，2009.
[73] 姜雨，徐秀丽，王泽世，等．炼焦煤灰成分及富碱固废对焦炭质量的影响研究 [J]. 煤化工，2021，49 (2)：1-5，14.
[74] 胡江亮，赵永，王建成，等．焦化行业 VOCs 排放特征与控制技术研究进展 [J]. 洁净煤技术，2019，25 (6)：

24-31.

[75] 刘崇惠，郭炎鹏，方洲，等．复合高压脉冲等离子除臭工艺在焦化废水臭气治理中的应用 [J]. 煤化工，2020，48 (5)：61-64.

[76] 柴高贵，郝晓明．焦化厂 VOCs 与焦炉烟道废气循环综合利用技术的探讨 [J]. 煤化工，2020，48 (5)：65-68.

[77] Cui D，Xu C，Chung K H，et al. Potential of using coal tar as a quenching agent for coal gasification [J]. Energy & Fuels，2015，29 (11)：6964-6969.

[78] Majka M，Tomaszewicz G，Mianowski A. Experimental study on the coaltar hydrocracking process over different catalysts [J]. Journal of the Energy Institute，2018，91 (6) 1164-1176.

[79] 刘军，王少青．煤焦油加工污染物的防治 [J]. 内蒙古石油化工，2014 (4)：2.

[80] 张金峰，沈寒晰，吴素芳，等．煤焦油深加工现状和发展方向 [J]. 煤化工，2020，48 (4)：6.

[81] 韩兵，李慧，董丽坤．高温煤焦油深加工现状分析 [J]. 内蒙古石油化工，2015 (16)：7-9.

[82] 马晓迅，赵阳坤，孙鸣，等．高温煤焦油利用技术研究进展 [J]. 煤炭转化，2020 (4)：1-11.

[83] 姚珏，徐生杰．中低温煤焦油加氢产物精制工艺的 Aspen Plus 模拟 [J]. 煤化工，2021，49 (1)：46-49.

[84] 新疆鸿旭浩瑞工业有限公司 15 万吨/年煤焦油深加工项目环境影响报告 [R]. 河南源通环保工程有限公司，2018.

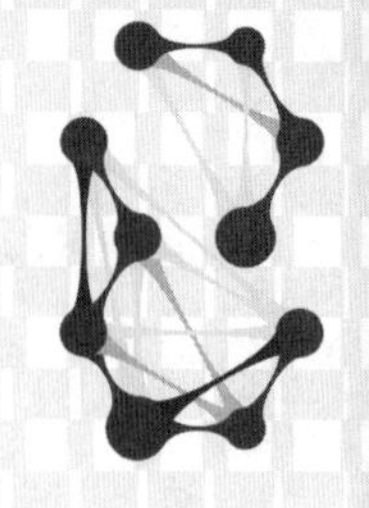

4 煤气化过程污染控制与治理

煤在化学工业的主要利用途径是通过煤气化（非催化部分氧化）的方法获得合成气（H_2+CO），继而生产化肥、甲醇、合成油、羰基化合物等化工品。据不完全统计，截至2024年底，我国通过煤气化转化的原料煤约为2.6亿吨，占我国当年煤炭消费总量的5.3%左右，其中合成氨6600万吨/年、甲醇7800万吨/年、煤制油931万吨/年、乙二醇1143万吨/年、天然气1083亿米^3/年。

煤气化技术从炼焦炉、煤气发生炉和水煤气炉起步，至今已有百余年的发展历史，煤气化技术发展较快，已成熟工业化的技术多达几十种。早期的煤气化技术多以块煤原料为主，装置规模小、压力等级低、原料适应性有局限性，能耗及环保方面存在很大不足，已基本淘汰。20世纪60年代以后开发的第二代煤气化技术成为当今的主流技术，包括改进升级的加压固定床气化技术、流化床气化技术和气流床气化技术，原料以碎煤和粉煤为主，技术进步的核心是实现煤的加压连续进料、连续排渣或液态排渣，原料适应范围拓宽，氧耗和煤耗降低，污染物生成减少，单系列生产能力增大，有效提高了煤炭的利用率。在这些已运行的主流技术中，加压固定床、流化床、气流床气化技术在气化炉结构、进料方式、气化工艺原理等方面各有不同，使得合成气品质、废水组成和灰渣的性质均有较大差别，相对应的处理难度和回收利用工艺也不尽相同[1]。

本章主要对上述三类不同气化技术的清洁生产性能进行说明，并对过程中产生的污染物特性进行分析，阐明通过实施清洁化生产措施和回收治理技术，从源头开始减少污染物的生成和有效控制排放量，进一步提高煤炭转化利用效率。本章还对处于试验和工业示范阶段的第三代煤气化技术，如煤的熔渣浴气化、催化气化、地下气化、等离子体气化、超临界水煤气化和核能余热气化也进行了简要介绍，新一代气化技术的研发将更有助于煤化工产业清洁、低碳可持续发展。

煤气化过程中产生的废气较热解焦化过程更少，也易于处理。随着人们环保意识的提高和立法标准的严格，废气收集的范围不断扩大，综合化利用水平显著提高；废水处理技术近年来进步很大，尤其是随着下游产业链的延伸，集成处理技术不断取得新突破；灰渣等固废的综合利用水平大幅提升，建材、工业材料、农业用材已形成产业[2,3]，高性能材料的开发稳步推进；VOCs治理水平及噪声防治水平也取得了很大的成绩。

4.1 固定床气化

4.1.1 固定床气化工艺概述

固定床气化技术是最早使用的煤气化技术，在早期工业化应用过程中用于制取化工产品、替代燃气和冶金燃料气等工业场合。自1882年第一台常压固态排渣固定床煤气炉在德国工业应用以来，固定床气化技术历经了从空气气化到富氧或纯氧气化、常压到加压、单炉产气能力不断扩大的发展历程。目前，常压固定床已逐渐退出化工及燃气行业，固定床气化以加压碎煤气化为主，气化压力以4.0MPa为主流，日投煤规模主要为750t、1000t、1500t。各固定床气化技术概况见表4-1[4-7]。

表4-1 各种固定床气化技术分类表

专利商及气化炉	气化压力分类	气化技术炉型	操作方式分类	进料分类	气化剂分类	排渣方式分类	炉内气流方向分类	目前技术应用状态
UGI炉	常压	第一代	间歇气化	块煤	空气-水蒸气	干法排渣	上行/下行	非主流
鲁奇炉	中压	Mark-Ⅴ	连续气化	碎煤	氧气-水蒸气	固态排渣	上行	主流
赛鼎炉	中压	改进鲁奇炉	连续气化	碎煤	氧气-水蒸气	固态排渣	上行	主流
BGL炉	中压	改进鲁奇炉	连续气化	块煤	氧气-水蒸气	液态排渣	上行	主流

加压固定床气化技术由德国Lurgi（鲁奇）公司在20世纪30年代开发，并在工业应用过程中不断对技术进行升级改进，使得煤质适用范围不断拓宽、气化单炉生产能力不断提高、环保节能方面也不断进步。目前，加压固定床气化技术主要有鲁奇炉（Mark-Ⅳ、MARK＋、Mark-Ⅴ等）、赛鼎炉、BGL炉等。BGL炉在鲁奇炉的基础上，将原鲁奇固态排渣改为熔渣液态排渣，减少了气化蒸气用量，相应也减少了废水排放处理量[8-9]。

固定床气化进料原料煤粒径要求控制在4～60mm，目的是确保床层的透气性。原料煤经过锁斗加压后自上部进入固定床气化炉，氧气和蒸汽作为气化剂由固定床气化炉下部进入与煤发生非催化部分氧化并产生高温粗合成气。气化炉内的高温粗合成气、未反应完的蒸汽自下而上经过煤层，与煤层发生还原、干馏、干燥等过程后温度降低到350～450℃，随后出气化炉经水洗涤除尘、降温水饱和后送出气化装置。气化炉内的煤自上而下经过干燥、干馏、甲烷化、还原反应（气化）、氧化反应（燃烧）后，煤中的固定碳和挥发分转变为粗合成气、烷烃类、焦油、少量氨酚等成分，少量的残存碳随同气化炉底部的干灰或液态渣排出。固定床气化炉主要污染物在气化炉中产生并与其工艺特点密切相关。气化炉中氧化还原反应产生CO、H_2、CO_2、H_2S、COS、CH_4等气体，干馏反应产生烃类、氨酚、焦油、有机硫等，干燥过程中会产生挥发性气体，合成气上行流动过程中不可避免地夹带粉尘，在气化炉中产生的这些物质出气化炉后，在合成气分离除尘、净化等过程中，会产生废水、废气。排出气化炉的固体物以灰渣为主。固定床气化工艺生产过程及其污染物的产生、工艺治理和排放将在本章第 4.1.2、4.1.3 节中详细说明[10,11]。

4.1.2 固定床气化工艺过程及清洁化生产措施

4.1.2.1 固定床气化工艺生产过程

固定床气化采用一定粒径（4～60mm）的块煤或成型煤为原料，由皮带送入原料煤仓，再通过溜煤槽进入煤锁斗，在煤锁斗使用粗合成气加压后进入气化炉。煤锁是一个两端设有切断阀的压力交变系统，煤锁上阀（进料阀）打开，原料煤进入煤锁，待进料量达到设定值后上阀关闭，煤锁用初步净化后粗合成气充压至与气化炉操作压力相等的压力，下阀（出料阀）打开，原料煤送入气化炉，当煤锁中的原料煤全部送入气化炉后，关闭下阀，并对煤锁进行泄压，当泄压至常压时打开上阀，开始新的进料循环。

原料煤由气化炉顶部送入，由上往下移动；气化剂（氧气和蒸气）由气化炉底部送入，先与下部的残渣反应生成粗合成气，大量未反应完的气化剂与高温合成气自下向上通过煤层，不断发生反应直至耗尽气化剂。生成的粗合成气加热最上层的原料煤后出气化炉经洗涤、降温除尘等过程出气化界区。

高温粗煤气离开气化炉后，在预冷却器中被循环回用的煤气水迅速冷却，焦油和其他一些重组分物质在此过程中大部分被冷凝下来，进入液相离开洗涤冷却器，并包括粗合成气夹带的煤灰，与煤气水一起进入废热锅炉，在废热锅炉管程内粗煤气进一步冷却，从废热锅炉出来的饱和煤气供下游使用。

在固定床气化炉中，煤依次经过干燥、干馏和气化后，只有灰残留下来，对于固态排渣工艺，固态灰由气化炉中经旋转炉箅排入灰锁，再经灰锁排至水力排渣系统。灰锁也进行充压、泄压的循环，其充压用过热蒸气来完成。对于液态排渣工艺，气化炉膛底部的渣池每小时约 5 次间歇排渣，液态熔渣进入连接短节进行水浴，熔融的渣由于内外温度差别而淬冷爆裂成为小于 3mm 的冷渣，在重力的作用下经过激冷器进入渣锁。渣锁也是间歇排渣，约 2h 排渣一次到渣沟。

洗涤、冷却粗煤气产生的含尘煤气水首先经冷却回收热量后，进入含尘煤气水膨胀器中。在含尘煤气水膨胀器中闪蒸至接近常压，然后进入初焦油分离器。含尘煤气水在初焦油分离器中所含尘和焦油沉降在分离器下部的锥形体部分，焦油从上部分离出来，流往纯焦油槽，回收到的焦油用纯焦油泵送到罐区。尘-焦油-水混合物由初焦油分离器底部排出，先进入含尘焦油槽，然后经含尘焦油泵送入离心机离心分离，产品焦油送往纯焦油槽，水送往焦油污水槽，泥渣返回气化炉。初焦油分离器分离后的含尘煤气水再进入最终油分离器进一步分离，去除水中微小的尘和油后，部分循环回气化炉，剩余的煤气水经冷却后进入双介质过滤器，过滤后的含酚废水送入煤气水罐缓冲后再送至酚氨回收工段。

从煤气水分离单元来的煤气水首先分两股进入脱酸塔，一股物料经三级换热器加热后作为脱酸塔热进料，另一股物料为冷进料作为脱酸塔塔顶回流。脱酸塔塔底再沸器用蒸汽加热，将煤气水中的 CO_2 和 H_2S 等酸性气体从塔顶汽提出来经冷却分离后，酸性气送硫黄回收装置，冷凝液送回煤气水罐，脱酸塔塔釜的酚水进入脱氨塔进行脱氨处理。

酚水进入脱氨塔后，用蒸汽加热，从脱氨塔顶部出来的氨水汽经三级分凝冷却后，得到高纯度的氨气，氨气送入氨回收系统制成无水液氨。三级分凝得到的氨凝液送回煤气水分离的煤气水罐中，脱氨塔塔釜的酚水由脱氨塔釜泵加压，再经冷却器冷却后送至萃取塔上部。在萃取塔内，酚水与萃取剂通过逆流操作，按照液-液萃取原理把绝大部分的酚萃取出来。萃取相由萃取塔上部进入萃取物循环槽，萃取水相由萃取塔釜泵送至水塔进行溶剂脱除。萃取相从萃取塔顶部进入萃取物槽，然后经酚塔进料泵加压送入酚塔中部。酚塔用蒸汽加热，其中溶剂作为轻组分出塔顶，经酚塔塔顶冷却器冷却后进入溶剂循环槽中循环使用。粗酚作为重组分从塔底采出，经冷却后进入粗酚槽，最后由粗酚泵送至罐区。

固定床气化技术有固态排渣工艺（图 4-1）和液态排渣工艺（图 4-2），固态排渣工艺如前述。液态排渣工艺炉内反应温度更高，将煤中的灰分烧熔后以液态形式排出气化炉，并直接使用水激冷产生玻璃态炉渣。液态排渣工艺不需要使用蒸汽来控制反应温度，进入炉内的蒸汽几乎全部参与反应，因此相较于固态排渣具有蒸汽耗量低、气化强度高等优点。

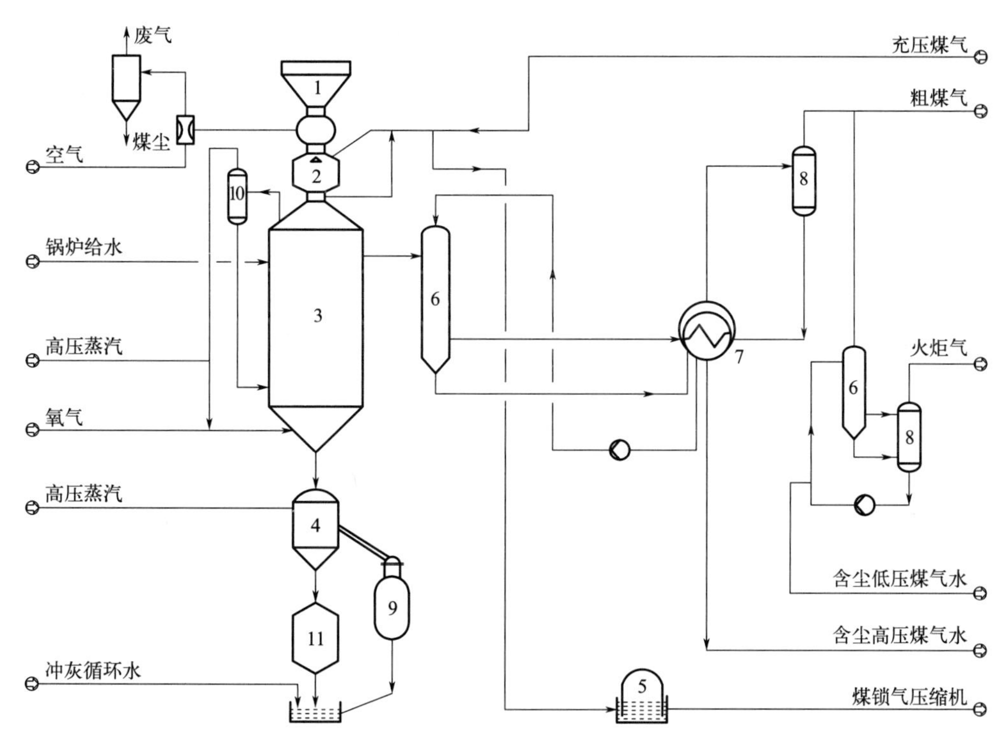

图 4-1　固态排渣固定床气化工艺流程示意图

1—煤仓；2—煤锁；3—气化炉；4—灰锁；5—煤锁气柜；6—洗涤冷却器；7—废热锅炉；8—分离器；9—膨胀冷凝器；10—夹套蒸汽分离器；11—渣罐

4.1.2.2　固定床气化工艺清洁化生产措施

固定床气化的原料是煤、氧气、蒸汽，产品为粗合成气，副产品有粗焦油、粗酚、粗氨，生产过程中用到的辅助物料主要为化学品，如盐酸、氢氧化钠、磷酸盐、甲基异丁基酮或等同的萃取剂等。生产排放的污染物有灰渣、废水、废气等，在生产过程中可能会产生噪声等对环境有害的因素，需要采取清洁化生产措施防止出现环境污染问题。污染物排放种类及排放量主要取决于原料煤及生产设备的选择优化。原料煤的组成成分对废水、废渣排放有显著影响；生产设备选择是否合理影响工艺指标的稳定和控制，进而对废水、废渣产生较大影响，同时也影响废气的排放量。原料煤中的灰分、硫等组分，在气化反应过程中产生灰

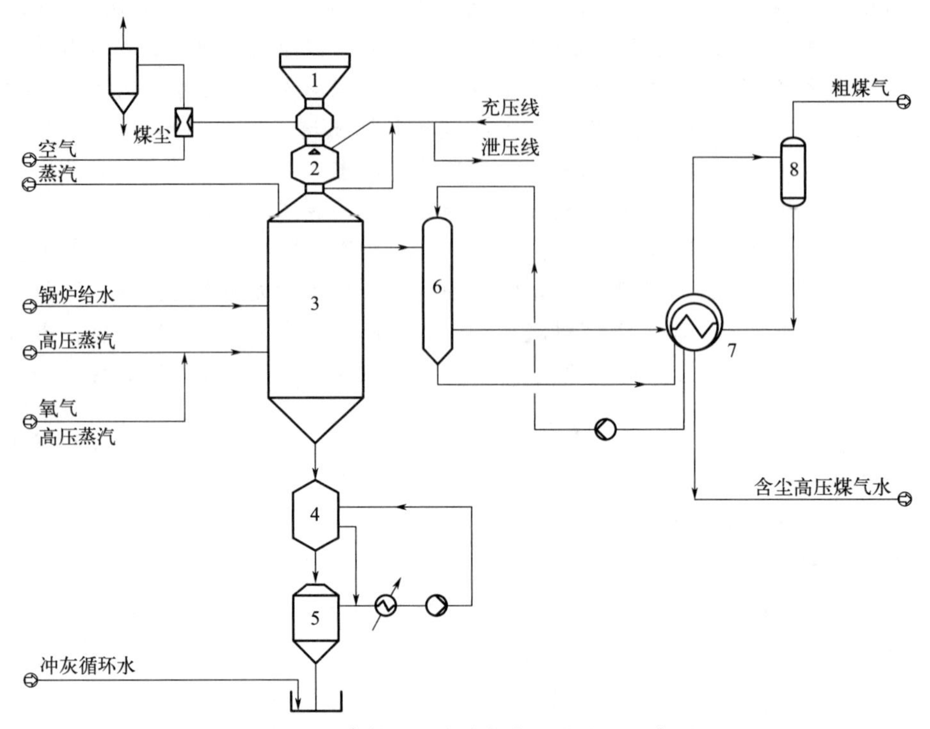

图 4-2　液态排渣固定床气化工艺流程示意图

1—煤仓；2—煤锁；3—气化炉；4—激冷器；5—渣锁；6—洗涤冷却器；7—废热锅炉；8—分离器

渣、硫化氢。原料煤在储存和加压过程中会产生粉尘。

固定床气化工艺会排放废气。火炬是碎煤加压气化确保安全生产的不可缺少的设施，用于处理生产系统超压超温放空或开停工、检修吹扫放空的可燃性气体。火炬燃烧属于短时间的燃烧，燃烧产物主要为 CO_2、H_2O、SO_2、NO_x 以及少量未完全燃烧的烃类。原料储运、气化进料环节，原料煤筛分楼、煤仓均有废气排放。煤气水分离装置会产生膨胀气。固定床气化因原料煤有机物未充分燃烧，粗合成气产品、水系统内均存在烃类物质，因此煤气水分离单元的废气、压缩机、泵、阀门、法兰等设备输送介质的动、静密封处在密封失效时可能会存在气体泄漏。

固定床气化工艺的废水排放。固定床气化正常生产时酚氨回收单元排出一股工艺废水，该股废水含酚类等有机物、油、氨、盐、固体颗粒等污染物，氨氮、COD、BOD 含量均较高。设备和管道泄漏、初期雨水、地面冲洗水均会造成污染。

固定床气化固废为正常生产排放的炉渣，主要成分为无机盐，含有少量碳。

固定床气化主要噪声排放源为泵类、压缩机、风机等动设备。噪声对环境的污染是一种物理污染，一般情况下不致命，但它直接作用于人的感官，对人的心理和生理都会产生一定影响。

此外，固定床气化的煤锁斗料位计一般采用辐射仪表，存在辐射风险。为应对、削弱甚至消除上述风险因素，在工艺、设备、自动化控制和电气等多方面采取了全面的清洁化生产措施。

（1）工艺方面

废气处理工艺流程配置。原料煤经皮带输送进入煤仓，煤仓在进料过程中的泄放气、吹扫氮气经布袋过滤器除去固体颗粒后再排入大气。煤仓煤因重力落入煤锁，经煤锁加压后进入气化炉。煤锁充压使用净化后的合成气，泄压排放的合成气经除尘后送至气柜储存后再循环利用；煤锁在进料、泄压后期产生的低压排放气使用喷射器抽出，送至火炬或锅炉焚烧。煤气水处理中煤气水膨胀器释放的膨胀气经喷淋洗涤后由鼓风机加压后送硫回收装置处理。酚回收系统的脱酸塔脱除的酸性气体送至硫回收装置处理。对于液态排渣，在气化炉排渣过程中需要将燃烧的高温气体通过激冷室冷却，再经洗涤后高空放空。相对而言，液态排渣因反应温度更高，更有利于气化反应，碳转化率更高，且液态渣经水淬冷后转变为玻璃态颗粒状态，在后续处理、应用中不会产生扬尘。

废水处理工艺流程。固定床气化废水成分复杂，必须在装置内经过预处理过程来降低污染物含量，经过有价物质的回收、预处理，再外排至污水处理厂经生化法处理、深度处理等过程后才能达到排放要求。目前已形成了比较成熟典型的处理工艺流程：废水在装置内经沉降槽分离焦油，过滤去除细小颗粒；送萃取塔用溶剂脱酚；再进入汽提塔脱氨，然后外排至污水处理厂进入曝气池，进行生化处理；再进二次沉淀池，除去大部分悬浮物；接着进入絮凝池，进一步去除悬浮物；经砂滤，使悬浮物浓度进一步降低；最后进入活性炭吸附罐，进行活性炭吸附处理。经过处理，出水总酚含量可低于 1mg/L，COD 降至 50mg/L，废水无色无臭，可排放或回用[12]，近年来，随着煤制天然气的发展，酚氨回收工艺不断改进和优化，如伊犁新天煤化工有限责任公司通过系统优化和调整脱氨加碱量，稀酚水中的总酚量降低了 20.7%[13]。加压固定床气化废水中总酚（单元酚与多元酚的总和）含量因气化的原料煤种不同而差异较大。当废水量大且总酚含量较高时（一般大于 2000mg/L），采用溶剂萃取法对酚加以回收，且具有一定的经济性，此时，出脱氨塔底净化水去萃取塔回收酚[14,15]。当废水中总酚含量较低（一般小于 2000mg/L）或废水量较小时，一般采用活性炭吸附进行处理，以满足生化处理装置的要求。吸附饱和的活性炭一般进行焚烧或填埋处理。产生的净化水送污水处理厂进行生化处理。

对于固态排渣工艺，灰锁在操作过程中进行充压、泄压的循环，其充压使用过热蒸汽，灰锁泄压逸出的蒸汽在灰锁膨胀冷凝器中冷凝并排至排灰系统。灰由气化炉经旋转炉箅排入灰锁，再经灰锁排至水力排渣系统。

对于液态排渣工艺，液态渣直接排入激冷室，液态渣被水淬冷爆裂为固态颗粒渣，通过渣锁斗间歇排出系统。初焦油分离器底部排出的含尘煤焦油，先经离心机分离成泥渣、水和焦油，其中焦油输送至洁净焦油槽，水送往焦油污水槽，泥渣返回气化炉。

固定床气化原料煤进料粒度多在 4～60mm 之间，在气化炉中粒度过小易造成粉尘夹带，过大则产生沟流。为减少原料煤在运输及气化炉热状态下的粉末化，原料煤需有一定的机械硬度。对于容易粉末化的褐煤等，多在气化炉前设置煤筛分设施，末煤去锅炉或者型煤单元。

在固定床气化工艺生产过程中需要用到盐酸、氢氧化钠、磷酸盐、甲基异丁基酮或等同的萃取剂等辅助化学品，这些化学品采用密闭罐或采用氮封隔离措施进行储存，罐区普遍采用地面防渗处理，受到污染的罐区初期雨水用专门的管道送至初期雨水池进行收集后统一处理。

随着鲁奇 Mark-Ⅳ、BGL 等炉型的推出，有效扩大了气化原料范围，可气化除焦煤外的所有煤种。相对于固态排渣，液态排渣工艺大幅减少了气化蒸汽用量，减少了外排废水量，同时在气化强度、粗合成气中有效气含量等方面均有提高。此外，也有人研究采用干法排渣的工艺，这样，其污水的产生量会显著降低[16]。

近年来，随着技术进步，利用 CO_2 替代部分蒸汽作为气化剂，不仅可以减少水蒸气的用量，减少污水排放量，还可以实现 CO_2 中碳资源的有效利用，达到节能减排的效果。

（2）设备和机械方面

煤气化装置中物料磨损、冲蚀磨损、冲蚀-腐蚀磨损等问题较为突出，冲蚀磨损主要是煤、渣、灰等固体颗粒的输送过程造成金属材料表面的加速机械脱除。为防止设备损伤时有可能出现的物料外泄，造成环境、安全问题，为防止这些问题严重时可能导致的合成气外泄，应对措施主要是改进几何结构和合理选材以提高设备的耐磨蚀能力。一般情况下有适当增大壁厚（磨蚀裕量）抵抗磨蚀、采用大半径弯头呈流线型以减少冲击、使用可更换的防冲挡板等措施。对于磨损严重的部位可以采用较硬的合金、耐磨合金堆焊（如钨铬钴合金）、表面强化处理增加硬度来提高耐冲蚀能力。

采用水冷夹套结构的气化炉，为避免对气化炉内壁造成腐蚀应当选用碱金属含量较低的原料煤或者内件采用特殊处理措施，同时控制炉内操作温度不宜过高，保证循环水量充足，防止夹套内壁鼓包，从而避免当这些问题严重时可能导致的合成气外泄。

煤气化装置中部分区域使用一些工况较为复杂的泵，既有高温高压，又有物料的腐蚀和冲刷磨蚀，因此，对于这类设备除了在用材上要考虑到其恶劣的工作环境外，还要对泵类机械密封予以关注。如采用耐磨结构、耐磨耐腐蚀材料、带有冲洗的双端面密封等措施来保证设备能够长周期稳定运行，并且在使用过程中做到定期检修、更换。

煤锁和渣锁均采用内置锁阀、液压外部驱动。由于设备内置锁阀直接处于原料煤和炉渣氛围内，一旦出现故障则导致气化停车，同时需要将系统内原料清空后才能开展检修维护工作，因此，锁阀的制造、合理的用材是保证气化装置长周期运行的重要措施。

（3）自动化控制和电气方面

固定床煤气化装置一般采用分散型控制系统（DCS）和安全仪表系统（SIS）以保证气化装置的安全稳定运行、减少停车事故，从而有效减少开、停车等工况的废气排放。设置气体检测报警系统（GDS）及时发现泄漏等问题。

煤锁设置放射性料位计，及时准确检测料位变化，为生产的安全运行提供保障。射源的源盒开关采用远程操作形式，选用较灵敏的 PVT 接收器，尽可能减小放射源的剂量，并设置安全隔离设施。

气化炉的火层控制是固定床气化操作控制的重点和难点。因无直接的炉内检测手段，火层控制基本依靠操作人员根据炉顶温度如灰锁温度的高低进行调节。如果炉内火层不稳定时，如气化炉出口合成气超温等，将导致工艺指标偏离，严重时会使气化炉停车。

安全是化工生产的基础。危险与可操作性（HAZOP）、安全完整性等级（SIL）分析等安全生产方法普遍应用于固定床气化装置的设计、生产，气化技术的控制安全性愈加完善，同时安全和环境风险不断降低。

采用节能型电气设备，如节能型变压器、高效电机等。对运行中负荷变化较大的机泵采用变频调速装置，以降低电能损耗。化工企业照明设计中发光二极管（LED）节能照明灯具的使用可降低电能消耗，节约能源。原化工装置中常用的 125W 的金卤灯，若保证照度不变，采用 LED 灯具功率约 30～40W，节能效果显著。

变压器底部都建有事故油坑，坑内充满鹅卵石，35kV 及以上电压变压器（油量较大）的事故油坑与事故油池相连。当发生事故时，变压器油泄放至事故油坑或事故油池，事故油池设计时设置油水分离功能。事故后，沉淀的变压器油可收集外运回收处理。

电气设备的电磁兼容性是指电气设备或电气系统在其电磁环境中能符合要求运行，并不对其环境中的其他设备产生无法忍受的电磁干扰的能力。煤化工装置中对容易产生电磁干扰的电气设备（如整流设备、变频设备等）在选型中均要求其电磁兼容性满足国家标准《电磁兼容 试验和测量技术》(GB/T 17626)、《电能质量 公用电网谐波》(GB/T 14549—1993) 等的各项要求。对容易被电磁干扰的电子设备，采用带屏蔽的传输线或设备设计中考虑屏蔽保护。

自然原因及大功率电机启动时引起的晃电现象严重时会造成装置停车，进而带来环境影响。为降低晃电引起的停车风险，电气系统一般设有低电压保护，为了避免晃电时部分变电所进线误跳，导致用电设备停机，可采用微机保护的方式，以复合电压、电流判断、时间延时为依据综合分析进行系统故障情况判断。

对于变频器，易受晃电停机，可采用带有瞬时停电再启动功能的变频器。

(4) 其他方面

按照国家石化产业布局、规划发展要求，化工企业包括煤化工企业必须要设置在园区。目前，煤化工企业已基本实现园区化布置。

装置间的布置在符合安全要求的前提下，按照流程化、物料往返便利的原则考虑，如输送栈桥尽可能靠近源头和用户，大口径输送合成气的管线尽量短等。

装置内部应按照单元功能、设备布置特点进行分区整合。气化单元因固体物料输送的特点，自原料煤至炉渣排出均利用重力自上而下流动，应将气化单元的设备集中布置在高耸框架。煤气水分离、酚氨回收等单元应按各自功能分区域集中布置。

设备布置方面，设备布置要兼顾上下游的关系和物料流向特性，紧凑布置、节约占地。设备布置应重点考虑上下游设备的相对高度，以满足含固物料、两相流管道的坡度、易出现凝结水管道的坡度、袋型等特殊要求。

管道布置方面，应合理地安排管道布局，既要便于操作，又要方便检修；结合管道内物料的特性，合理应用相应的材料及支撑结构；根据地域和工艺特点，做好管道的防冻、防凝、防烫设计等。对于含有固体颗粒的液相管道，应尽量减少弯头、盲短的情况，防止固体颗粒沉积堵塞管道。对两相流管道、易出现凝结水管道应合理设置坡度，避免管道内部存有积液。

煤气化装置的地面防护按照区域的介质特性，一般分为污染防护区和非污染防护区。污染防护区按分区治理的方式来防止地面上泄漏的介质进入地下污染地下水和土壤，通常做法是独立布置、设置围堰和防渗地面。对于酸碱区域，除了上述措施外，地面采用耐酸碱石板，再涂环氧树脂来保护。

固定床气化装置通常采用露天布置，以自然通风为主，有利于有害气体扩散，同时节约照明能耗。不能满足工艺生产需要时设置机械通风系统。对产生有害物的厂房（如压缩厂房、泵房等）设置机械排风，消除室内余热及有害气体。

气化框架中设计有真空除尘系统，在各个可能落灰的工作地点设置除尘软管接头，由工人定期对附近工作环境除尘。除尘设备一般选用防爆型固定式真空吸尘装置，含尘空气经净化后排放。

变电装置设置了风冷冷暖空调机组，采用全空气系统进行降温。机柜间选用风冷恒温恒湿空调机组，以满足室内温度、湿度的要求。控制室设置新风机组供给新风，以满足卫生标准的要求并维持其房间微正压。抗爆的机柜间通风和空调系统管道在与外界相连的出口处安装有抗爆阀，以便在外界发生爆炸时能抗拒因外部爆炸引起的对室内操作人员和设备的危害，确保室内操作人员和设备的安全。

气化生产污水采用压力管道直接送至污水处理厂。地面及设备冲洗排水间歇排放，经污水管网收集后排入各区域污水提升池，再经泵加压后送至污水处理厂。被污染的初期雨水收集后进入初期雨水池，再送至污水处理厂。

气化开车时的粗合成气在满足流量、温度、压力、合成气指标等条件向下游供气前需要排放至火炬，为减少排放，要做好开车准备，开车要稳，尽快提升气化负荷，缩短开车时间以减少废气排放。停车时，气化需要排放残存的系统合成气。原则上应减少开车次数，按照计划开车，优化开车流程，缩短开车时间，能够大幅度降低开车费用，减少开停车排放气。

施工期会产生扬尘、噪声、施工垃圾等，对环境产生影响。建设工程施工方案中通常编制防止泄漏、遗洒污染环境的措施；工地出入口设置车辆冲洗台和冲洗设施；采取有效遮盖，避免尘土洒落增加道路扬尘，同时合理安排运输线路，避开居民区；施工现场地坪进行硬化处理，经常喷水抑尘，减少工地内起尘的条件；设立垃圾暂存点，并及时回收、清运工程垃圾与废土；建材堆场内对易产生扬尘的散体物料实行库存或加盖篷布，堆场尽量布置在远离环境敏感点的地方。

强噪声源设备在运转操作时，对设备噪声源处进行遮挡；加压泵、电锯、电刨、砂轮、搅拌机、固定式混凝土输送泵等强噪声设备在工地相应方位搭建设备房或操作间，以便采取隔声、消声、减振等降噪措施；选用低噪声设备，加强设备的维护与管理以保证其正常工作，减少噪声污染；统筹安排施工，尽量避免在同一区段同一时间安排大量产生的噪声设备同时施工。在固定床气化建设期间，氧气管道需要脱油脱脂，用脱油脱脂剂进行循环清洗，清洗液通常有专门的储存设施，清洗采用密闭循环，清洗后的废液收集后由专业的厂家进行处理。

厂区污水处理设施与工程同步建设；大型项目施工现场建有化粪池、生活污水处理及中水回用设施，对建设期间产生的生活污水进行处理、回用，不随意排放；施工过程中会产生少量含油废水，此废水收集后在先行建设的污水池暂存，在厂区污水处理设施投用后再进行处理；现场存放油料时，对库房进行防渗处理，储存和使用都要采取措施，防止油料跑冒滴漏，污染地下水体。冲洗车辆的废水进行沉淀处理，尽可能地重复利用上清液，减少水资源的使用，节约用水。

在装置检维修期间管道与设备放净、清洗会产生废气及废水排放。对存在有害气体的设备和管道先采用氮气、空气吹扫，吹扫气送至火炬处理。放净、冲洗产生的污水经地沟收集后排入各区域污水提升池，再利用泵加压送至污水处理设施。

单炉气化炉连续运行周期越长、单台开车运行费用越低、年更换和维修部件费用越低，就越能够降低气化装置的年维修和开车费用。根据已有的煤气化装置运行经验，更可靠新设备的使用显然能够降低维修费用、提高气化装置的可靠性。

随着固定床气化技术的进步，如鲁奇推出了 Mark-Ⅳ、Mark-Ⅴ型气化炉，改进了布煤器和破黏装置，使原料煤用煤范围进一步扩大。在固态排渣基础上发展的液态排渣 BGL 气化技术，在气化强度、煤气组成、煤气水产率方面均有很大的提高和改善；装置连续运行时间大幅延长，减少了开停车阶段的气体排放；原料反应更为充分，炉渣中碳等物料显著减少；采用二氧化碳代替部分气化蒸汽，煤气水处理技术的发展，减少了外排废水量。

气化废水处理技术有了大幅进步，由之前很难达标排放，已发展到近零排放或零排放。如美国大平原和南非萨索尔厂，气化废水经酚、氨回收后进入生化处理，处理后的水可作为循环水补充水，循环水排污水经多效蒸发后，浓缩液返回到气化炉气化，基本达到无废水排放。

在废气排放方面，由技术发展之初的随意排放，到对连续性、规律性排放气体进行收集、处理，再到对设备逸散气体进行收集、集中处理，做到现场无异味的程度。

材料和机械技术的发展，有效降低了管道、设备、机械密封因腐蚀、磨蚀产生泄漏的风险；设备检测技术的发展和应用，能定时甚至实时地检查设备、管道的腐蚀、磨蚀情况，在产生泄漏前进行修复和更换。

当前施工技术也有巨大的进步，如工厂预制、模块化施工，大量减少了现场加工制作内容，有效避免因施工现场条件限制不能对施工产生的扬尘等污染物有效治理等问题。

4.1.3 固定床气化工艺过程污染物排放及治理

（1）废气

固定床气化排放的大气污染物按其存在状态可分为颗粒状污染物和气体状态污染物两大类。颗粒状污染物主要为粉尘，气体状态污染物包括含硫化合物、含氮化合物、碳的化合物及烃类等。

固定床气化废气[12]主要有煤仓氮气吹扫放空气、煤锁泄压气、煤锁喷射气、开车时排放的废煤气、激冷室排放气（液态排渣工艺）、煤气水减压膨胀气等，1000t 级固态排渣和液态排渣固定床气化装置废气排放如表 4-2、表 4-3 表示。

工艺装置内根据不同排放气的性质、组成及排放规律采取不同处理措施，具体如下：

筛分楼尾气、煤仓氮气吹扫放空气等：经过滤除尘后排入大气。

煤锁泄压气：可燃气体含量较高，送气柜回收后利用。

煤锁喷射气：可燃、有害成分少，经除尘后排火炬处理或送入锅炉焚烧。

开车时排放的废煤气：可燃成分含量高，间歇排放，且单次排放量大，一般送火炬焚烧后排放。

激冷室排放气：有害气体含量极低，一般高点放空。

煤气水减压膨胀气：主要为惰性气体，可配入锅炉或焚烧炉等焚烧后再排放。

原煤输送产生的含尘废气：在原煤输送过程中会产生粉尘，一般采用封闭栈桥、管带机等措施进行密闭输送。对转运站、破碎机等处产生的粉尘一般收集后经布袋除尘器过滤达标后放空；目前较多采用干式喷雾抑尘、无动力落煤管等技术来减少粉尘产生。

无组织排放气体：是指各装置阀门、管线、泵等在运行中因泄漏逸散到大气中的废气。其排放量与操作管理水平、设备状况等有很大关系。可通过选用先进的设备和加强管理来降低其排放量。在材料上选择耐腐蚀的材料以及可靠的密封技术。通过提高设计标准，提高设备本质安全，以尽量减少连接件的数量。

（2）废水

固定床气化主要废水为废热锅炉排出的含尘煤气水，主要含有煤尘、焦油、酚、氨等，污染物含量较多，外排前在装置内进行初步净化处理，并回收副产品焦油、酚、氨等。在工艺装置内设置煤气水分离、酚回收、煤气水汽提工段进行处理，有些装置还设置氨回收工段。除去大部分杂质后，废水中残留少量酚、氨等杂质，外排至污水处理厂进行处理，或作为单独设置的污循环水系统的补充水[17-21]。

固定床外排废水在装置内进行有价物质的回收、预处理后，外排污水污染物浓度范围如表 4-2 所示，1000t 级固态排渣和液态排渣固定床气化装置废水排放如表 4-3、表 4-4 所示。

表 4-2 固定床气化外排废水典型组成　　单位：mg/L

污染物	固体排渣	液态排渣
焦油	＜500	＜500
苯酚	1500～5500	500～5500
氨	3500～9000	300～9000
氰化物	1～40	1～20
COD	3500～23000	3500～23000

表 4-3 1000t 级固态排渣固定床气化污染物排放

污染物	序号	污染源	排放量/(m^3/h)	烟(粉尘)/(mg/m^3)	其他污染物		排放规律	排放去向
废气	1	备煤过程含尘气体	约 10000	50			连续	大气
	2	煤仓吹扫排放气	约 200	50			连续	大气
	3	引射气去气化火炬(煤锁喷射气)	约 650		H_2S NH_3 NMHC 苯并芘 氰化物	0.0034kg/h 0.0046kg/h 0.01kg/h 6.23×10^{-11}kg/h 1.50×10^{-6}kg/h	间歇	火炬
	4	事故废气	约 98000		H_2 CO CH_4 H_2S+COS CO_2 NH_3	36.36%① 14.68%① 12.75%① 0.13%① 34.58%① 0.24%①	间歇	火炬
	5	开车废气	约 29000		H_2S NH_3 NMHC	0.043kg/h 0.051kg/h 1.466kg/h	间歇	大气
	6	膨胀气	约 200		H_2S NH_3	251.9kg/h 232.8kg/h	连续	硫回收
	7	放空气	约 130		NH_3 H_2S	0.004kg/h 0.003kg/h	连续	大气
	8	酸性气	约 100		H_2S NH_3	50.9kg/h 9.11kg/h	连续	硫回收
	9	氨蒸气	约 100		NH_3	99%①	间歇	氨火炬

污染物	序号	废水名称	排放量/(t/h)	pH 值	COD/(mg/L)	BOD_5/(mg/L)	氨/(mg/L)	硫化物/(mg/L)	其他污染物/(mg/L)		排放规律	排放去向
废水	1	锅炉排污	0.5		10				TDS	150	连续	气化渣池
	2	脱酚水	约 30	5～7.5	4000	1200	200	50	总酚 油 SS TDS	800 200 150 2500	连续	污水处理

污染物	序号	固废名称	排放量/(t/h)	主要组分/%(质量分数)	废物类别	处置方式	排放规律
固体废物	1	灰渣	约 6②	残炭:5	一般固废	综合利用或填埋	连续

① 体积分数。
② 与原料煤灰分含量直接相关。

经油水分离、酚氨回收后的废水还含有油、酚、氨等有害物质，同时 COD 含量较高，是较难处理的一种污水，需要再进行处理。通常在生化处理后再进行深度处理。生化处理常采用活性淤泥、硝化反硝化、厌氧/好氧等处理工艺。深度处理常采用活性炭吸附、混凝沉淀、臭氧氧化等，可单独使用，也可串联使用，通常情况需要两至三种串联处理才可使污水达标[22-25]。

（3）固废

固定床气化主要固废为气化炉废渣，不含有害成分，且具有火山灰的特征，可进行综合利用[26-31]。煤在气化过程中，在高温条件下与气化剂反应，煤中的有机物转化成气体，而煤中的矿物质形成灰渣。灰渣是一种不均匀金属氧化物的混合物，主要为矿物质氧化物，还包括未反应的碳。矿物质含量由原料煤带入量决定，未反应碳质量分数为2%～15%[32,33]。

（4）噪声

固定床气化噪声源主要为泵类、压缩机、风机、蒸气放空、火炬等，一般采用物理消声措施，如各类高噪声泵安装隔声罩或采用建筑隔声，气体放空或泄压管线采用消声器等。

表 4-4　日处理煤 1000t 液态排渣固定床气化污染物排放

污染物	序号	污染源	排放量/(m^3/h)	烟/粉尘/(mg/m^3)	其他污染物		排放规律	排放去向
废气	1	备煤过程含尘气体	约 10000	30			连续	大气
	2	煤仓吹扫放空气	约 200	30			连续	大气
	3	下渣排放气（激冷室排放气）	300		CO_2	79.12%①	连续	大气
	4	煤气水分离膨胀气	约 200		CO_2 CO H_2S	80.63%① 3.00%① 1.00%①	连续	锅炉掺烧
	5	煤气水罐放空气	约 70		CO_2 CO NH_3 H_2S	1.32%① 0.21%① 0.01%① 15×10^{-6}kg/h	连续	大气
	6	酚氨回收脱酸气	约 100		CO_2 H_2S NH_3	83.6%① 13.7%① 0.27%①	连续	送硫黄收装置
	7	开车火炬气	120000		SO_2 NO_x TSP H_2S NH_3 NMHC CO	403mg/m^3 300mg/m^3 50mg/m^3 4.43mg/m^3 4.35mg/m^3 47.3mg/m^3 3955mg/m^3	间歇	火炬焚烧后排放

续表

污染物	序号	废水名称	排放量/(t/h)	pH值	COD/(mg/L)	BOD_5/(mg/L)	氨/(mg/L)	硫化物/(mg/L)	其他污染物/(mg/L)		排放规律	排放去向
废水	1	酚氨回收	约20		4000	1200	300	50	酚	500	连续	去污水处理
									挥发酚	300		
									总盐	6000～8000		
									油	100		
									悬浮物	150		
									Cl^-	480		

污染物	序号	固废名称	排放量/(t/h)	主要组分	废物类别	处置方式	排放规律
固体废物	1	灰渣	约6②	渣中碳含量(质量分数)<0.5%,玻璃状<3mm	一般固废	综合利用或填埋	连续

① 体积分数。

② 与原料煤灰分含量直接相关。

4.2 流化床气化

4.2.1 流化床气化工艺概述

流化床气化起源于1926年在德国建成运行的常压温克勒（Winkler）气化炉，在此基础上，流化床技术不断朝富氧、加压、大型化方向发展，并增加灰熔聚和循环流化以进一步提高碳转化率和降低灰渣残炭含量。目前主要应用的流化床气化炉有HTW炉、U-gas（SES）炉、灰熔聚气化炉、CFB炉和KBR炉等。

流化床气化工艺以碎煤（<6mm）为原料，空气、富氧或纯氧为氧化剂，水蒸气或二氧化碳为气化剂，在适当的粒度和气速下使床层中固体颗粒在流化状态下进行气化反应，主要有煤热解、气体二次反应、煤焦与二氧化碳及水蒸气的反应、水蒸气变换反应和甲烷化反应等，产品为粗合成气。

流化床气化为固态排渣，其反应温度低于煤灰的软化温度，通常在1100℃以下，低于气流床气化；炉内物料返混剧烈，床层温度分布均匀，传质传热效率高但停留时间较短，灰渣分离困难。与气流床相比，碳转化率低、灰渣残炭含量高是流化床气化的固有问题，提升这两方面指标是流化床气化技术进步的重点之一。流化床适合高活性的年轻煤气化，是其技术优势。不同的煤质，碳转化率相差较大。无烟煤，碳转化率在88%左右；褐煤，碳转化率在92%～95%之间；烟煤居中。相应飞灰中的含碳量，烟煤在50%左右，褐煤在20%左右。

早期温克勒（Winkler）炉为常压的沸腾床气化炉，其气化强度小、碳转化率低、氧耗高、灰渣产量大、残炭含量高，综合经济和环保指标差，目前该炉型绝大部分已经关停。德国开发的高温温克勒炉（HTW）是在温克勒炉基础上的改进，通过设置二次风来提高上部稀相区的温度以降低飞灰残炭（此为高温温克勒技术“高温”的由来），并提高了操作压力，加压操作在增加气化强度的同时对降低灰渣残炭也有帮助（图 4-3）。恩德炉也是在温克勒炉基础上改进的技术。

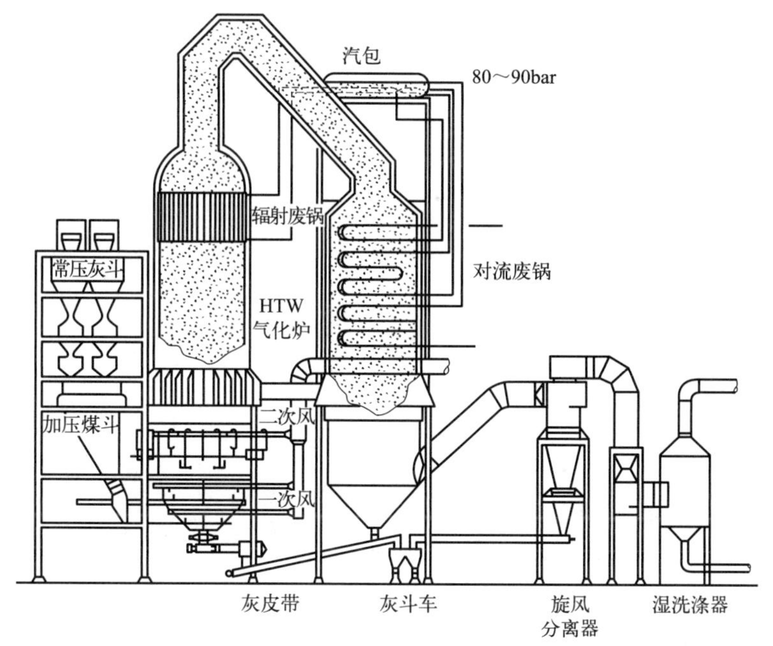

图 4-3 HTW 气化流程示意图
（1bar＝0.1MPa）

灰熔聚理念的提出催生了一系列的新型流化床技术的诞生和发展，典型的有美国煤气工艺研究院（ITG）的 U-gas 气化技术、美国西屋公司（Westing-House）的 KRW 气化技术和中国科学院山西煤化所的灰熔聚气化技术，其核心工艺是在气化炉底部中心射流喷出一股氧气或富氧空气（有的称之为“喷射床”），形成局部高温区，得到熔融态的渣，并以此为中心黏附灰渣形成渣球排出，以降低炉渣的残炭含量。U-gas 等灰熔聚气化技术还普遍设有两级飞灰旋风分离器，其中一级旋风分离器分离出的飞灰返回气化炉继续反应，可降低飞灰中的残炭含量。

U-gas 气化炉示意图见图 4-4。

从流化状态分，以上流化床技术均属于“沸腾床”（或称为“鼓泡床”），流化气速在初始流化速度和带出速度之间，流化床层呈悬浮状态。随着采用的流化气速增大，又陆续开发出了循环流化床系列技术，典型的如德国鲁奇（Lurgi）的循环流化床技术等，是从燃煤循环流化床锅炉转变而来。而美国 KBR 公司的输送床气化技术从炼油行业流化催化裂化（FCC）工艺转变而来，核心反应从上升管完成，流化速度更快，称之为“输送床”，严格来讲，也可以归为循环流化床的范畴。与沸腾床相比，循环流化床的流化速度超过了床层的带出速度，顶部离开的物料经旋风分离后大部分又返回气化炉继续循环反应，停留时间相对较长，有利于提高碳转化率。

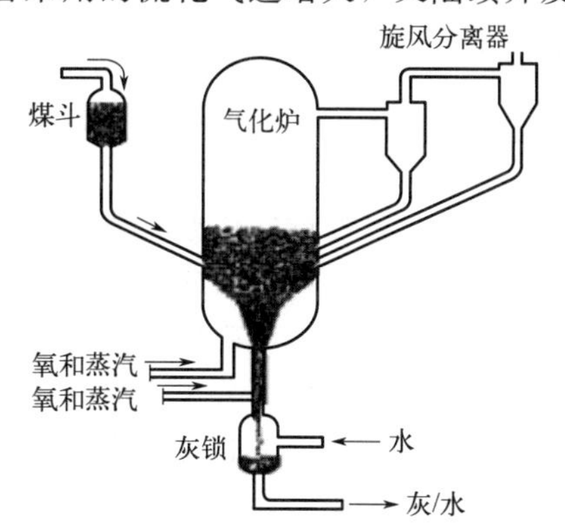

图 4-4 U-gas 气化炉示意图

各种流化床气化技术见表 4-5。

表 4-5 各种流化床气化技术

专利商及气化炉	气化压力/MPa	气化技术代系	操作方式	进料	气化剂	排渣方式	炉内气流方向	技术来源
温克勒炉	常压	第一代	连续	碎粉煤	空气-水蒸气、氧气-水蒸气	固态	上行	德国，大部分已停运
高温温克勒炉（HTW）	3.0	第二代	连续	碎粉煤	氧气-水蒸气	固态	上行	德国蒂森克虏伯工业工程公司
恩德炉	0.04	第二代	连续	粉煤	氧气-水蒸气	固态	上行	抚顺恩德机械有限公司
KRW	2.0	第二代	连续	粉煤	空气-水蒸气、氧气-水蒸气	灰团聚	上行	美国凯洛格公司
U-gas(SES)炉	1.0	第二代	连续	粉煤	氧气-水蒸气	灰熔聚	上行	美国煤气技术研究所
灰熔聚	<1.0	第二代	连续	碎粉煤	空气-水蒸气、氧气-水蒸气	灰熔聚	上行	中国科学院山西煤化所
CFB 炉	0.2	第二代	连续	粉煤	空气	固态	上行	美国 FW 公司、德国鲁奇公司
KBR 炉	3.0～4.0	第二代	连续	粉煤	空气-氧气-水蒸气	固态	上行	美国凯洛格公司

4.2.2 流化床气化工艺过程及清洁化生产措施

流化床气化技术品种较多，各有侧重，以 U-gas 加压流化床煤气化为代表介绍流化床气化工艺生产过程及生产中所采用的清洁化生产措施。U-gas 加压流化床煤气化工艺流程见图 4-5[34]。

4.2.2.1 流化床气化工艺生产过程

流化床气化工艺生产过程由备煤、进煤、气化、排渣、除尘、废热回收、深度除尘、洗涤等系统组成。备煤系统通过破碎、干燥等工序制备粒度、含水量合格的粉煤（或碎煤），然后机械输送至进煤系统。进煤系统完成粉煤的计量、加压，并输送至气化炉。对加压气化来讲，通常采用锁斗加压，炉前的输送选择气力输送。气化系统的核心为流化床气化炉，原料煤和气化剂（空气/氧气/水蒸气）从气化炉下部进料，气体上行使气化炉底部固体颗粒处于流化状态，在此完成原料的气化过程。流化床采用固态排渣，渣从气化炉底部排出，进入排渣系统，可选择干法或湿法冷却。高温合成气自气化炉顶部排出，合成气中夹带有大量的细灰，首先利用多级旋风分离进行除尘，其中第一级或前两级旋风分离下来的细灰循环回气化炉，最后一级旋风分离下来的细灰外排。旋风除尘后的合成气通过废热锅炉回收高温余热，若要进一步降低合成气中的含固量，还需设置深度除尘，以布袋过滤器为主。合成气最后经过洗涤系统洗涤、冷却送往下游工序。

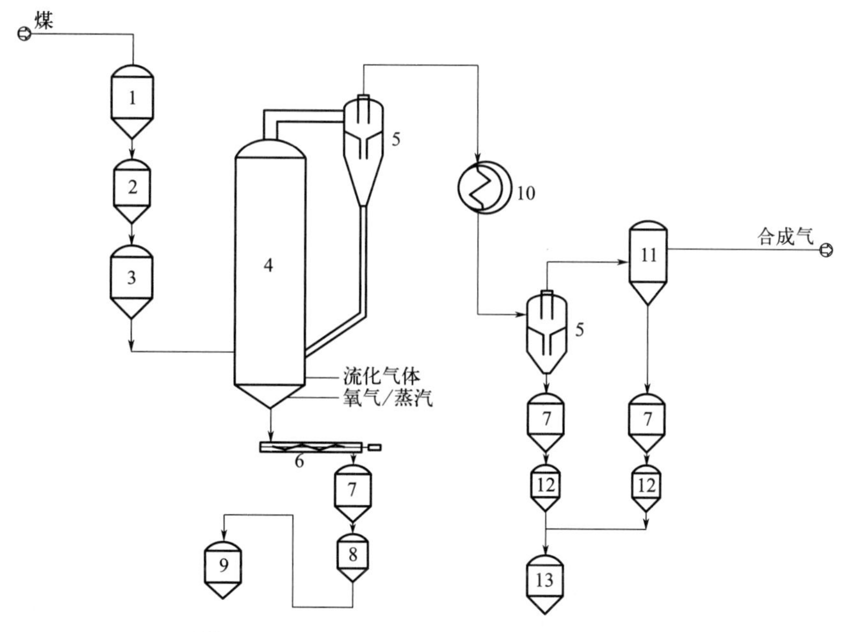

图 4-5 U-gas 加压流化床煤气化流程示意图

1—缓冲斗；2—锁斗；3—输煤斗；4—气化炉；5—旋风分离器；6—灰冷器；7—锁斗；8—输灰斗；9—灰仓；10—余热锅炉；11—陶瓷过滤器；12—输粉斗；13—粉仓

4.2.2.2 流化床气化工艺清洁化生产措施

流化床气化工艺的原料是煤、氧气/空气、蒸汽，产品为粗合成气，副产品主要为蒸汽，工艺生产过程中可能用到辅助物料石灰石（作为脱硫剂），生产排放废弃物有灰渣、废水、废气等，在生产过程中可能会产生噪声、泄漏、辐射等影响环境的因素，需要采取清洁化生产措施。

流化床气化正常生产废气排放很少，主要为煤储存、破碎和锁斗降压过程中产生的含尘气体以及排渣、排灰过程中产生的含尘气体，直接排放固体颗粒物含量超标，弥漫在空气中可能形成爆炸性粉尘环境，吸入人体还容易引发肺部疾病。开停车过程或设备安全阀起跳、泄漏等异常情况产生含合成气组分（一氧化碳和氢气）的废气，同时具有可燃和有毒特性，若释放到空气中可能造成燃爆和人员中毒。

流化床气化废水主要包括工艺废水、排渣废水、初期雨水以及系统可能泄漏的洗涤水。出气化炉合成气最终需要水洗来除去较小的细灰夹带，出洗涤塔的洗涤水经闪蒸预处理后送下游污水处理厂进行进一步处理，称之为工艺废水。工艺废水中颗粒物、BOD、COD、氨氮、盐类等含量高，不允许直接排放。排渣时冲洗车辆等过程产生的排渣废水、系统可能泄漏的洗涤水以及落在装置区受污染的初期雨水也含有较多的颗粒物和其他有害成分，直接排放会造成水体污染，渗漏还可能污染地下水。

生产过程中产出的固废分为气化炉底部排出的炉渣和气化炉顶部合成气夹带分离出的细灰，统称为灰渣。灰渣来源于原料煤中的灰分和未反应的炭，流化床气化工艺的特点是灰渣残炭含量高，说明这部分炭没有得到有效利用，也使灰渣产出量增大，如何降低灰渣残炭是技术关键之一。外排的灰渣若得不到妥善处置，将占据堆场的空间，还可能造成扬尘和地下水污染。

运行过程中的主要噪声来源于煤破碎机、机泵等大型转动设备以及气体高速放空口。噪声影响操作人员健康，严重时还会造成厂界噪声超标，影响附近居民生活。另外，在煤锁斗等需要测量固体料位的地方用到放射性料位计，存在辐射伤害风险。

针对流化床气化生产过程中产生及可能产生的引起环境风险的上述危害因素，通过工艺、设备、控制、装置布置、管道、化验、土建、电气、给排水等多专业措施来实现清洁化生产。

(1) 工艺方面

与固定床气化和气流床气化相比，流化床气化的备煤工艺只需要简单的筛分和干燥，不需要复杂的成型或磨粉、制浆工艺。流化床气化的优势是对劣质原料的适应性，所以流化床气化本身也被视作低阶煤、生物质气化甚至垃圾清洁化处理的潜力技术。流化床反应器的反应温度高，产出的粗合成气洁净度高，气化废水也容易处理，但是流态化的床层也存在灰渣分离困难的问题，飞灰产量大，灰渣残炭多，碳转化率相对低一些。

废气处理工艺流程。原料煤和灰渣在储存、破碎、输送等过程中产生的含尘气体均通过箱式或布袋除尘器除尘后排放，排放气固含量$\leqslant 20 mg/m^3$，低于相关排放标准。对于可能存在粉尘泄漏的区域，设置移动式真空除尘系统，以应对可能的粉尘泄漏事故。开停车或安全阀起跳时排出的所有可能含可燃或有毒成分的气体统一收集，密闭排放至火炬。出流化床气化炉的合成气飞灰夹带量大，所以合成气在送下游或放火炬前的核心环节是强化除尘。合成气初步净化采用旋风分离器+洗涤塔干湿法结合的除尘方式。为了强化除尘，旋风分离器通常采用多级配置（与提高碳转化率的飞灰循环工艺结合），还可在旋风分离器后增加一级烛芯式的多孔金属或陶瓷过滤器深度除尘。洗涤塔设置在初步净化流程的末端，利用水洗进一步除去干法除灰难以去除的顽固灰分，满足下游装置和放火炬的环保要求。在旋风分离器和洗涤塔之间设置有废热锅炉，用于回收高温合成气的热量。

废水处理工艺流程。流化床气化灰渣排放多采用干法，工艺废水仅来自合成气初步净化最后一步洗涤塔的洗涤水，水量较少，是其技术优势之一。流化床反应温度处于固定床气化和气流床气化之间，工艺废水的水质也处于二者之间。与固定床气化相比，其污染物含量要低得多，特别是基本不含焦油、酚类等低温反应生成物。与气流床气化相比，颗粒物、COD、氨氮等组分含量普遍高一些，特别是颗粒物。据此，在流程上采用富氧气化、底部射流灰熔聚等技术利于提高总体反应温度，降低工艺废水中的有机物含量；在旋风分离器与洗涤塔之间增设陶瓷过滤器等强化除尘工艺有利于降低工艺废水中的颗粒物含量。工艺废水在气化装置内部先经过闪蒸除去溶解气体、降低温度，再送下游污水处理厂进行进一步处理。污水处理厂的处理措施为“预处理+生化处理+深度处理”，处理完成后的水大部分回用，需要时还可以做到废水零排放或近零排放。

固废处理工艺流程。流化床气化的炉渣经过渣锁斗、冷渣机落至汽车外运，这种干法排渣在接车过程中容易产生扬尘。为此，排渣方式也可选用湿法，炉渣与水接触激冷和润湿后外运，可有效抑制扬尘，但系统水耗量上升。流化床气化的细灰来自合成气初步净化，其气固分离分为三步：第一步旋风分离器除去$5\mu m$以上的飞灰，全部（或大部分）返回气化炉进行二次反应；第二步采用布袋或陶瓷过滤器进行深度除灰，能够除去$1\mu m$以上的飞灰；第三步洗涤塔水洗除去更细的颗粒，此时出洗涤塔合成气中的固含量$<5 mg/m^3$。布袋或陶瓷过滤器（有时包括二级旋风分离器）分离出的细灰经过灰锁斗后气力输送至灰库暂存，再由汽车外运。流化床气化产出的灰渣属于一般固体废物，也是一种可外售的资源，能够用于烧制水泥、建筑砖等，其中的残炭组分有一定的热值，也可作为锅炉的掺烧原料，因此企业

灰渣以外售或二次利用为主，不需要复杂的封存、焚烧、填埋等其他处理。

工艺对噪声的控制见第4.2.3（4）部分描述。

流化床操作温度受煤灰熔点（特别是煤的软化温度）所限，在850～1100℃之间，床层的温度分布比较均匀，而焦油在500～600℃大量产生，700～900℃分解，与流化床气化的操作温度有一定程度的交叉。产物中一旦包含焦油将较大程度地增加合成气净化和“三废”处理的难度，为了避免出现焦油，应控制床层的操作温度至焦油分解温度之上。控温有两种途径，一是原料控制，避免选用灰熔点过低的煤种；二是选用含二次风或灰熔聚原理的流化床气化技术，比如HTW气化采用二次风提高了床层整体操作温度，U-gas等采用灰熔聚的技术突破了软化温度的限制，操作温度更高，原料适应性更广。

（2）设备与管道方面

流化床气化的核心是气化炉，最初是常压流化床，随着流化床气化理念和工艺的进步，催生出系列相对新的流化床炉型，包括加压流化床、灰熔聚气化、循环流化床等，各种气化炉结构有所差异，性能是逐步提升的。早期的温克勒炉是常压鼓泡床；改进的高温温克勒（HTW）为加压流化床，并提高了反应温度和增加了细灰循环；灰熔聚气化是在炉底增加了氧气射流形成局部高温区；循环流化床则使流化速度超过了床层最终流化速度，使物料循环起来；更进一步的KBR输送床气化技术循环倍率更高，使反应在高速提升管中进行。

流化床层高温范围大，床层物料处于剧烈返混状态，出炉的合成气夹带大量飞灰，且未经降温直至废热锅炉，故气化炉及其附属设备旋风分离器包括之间的管道要同时承受高温和磨蚀工况，一旦泄漏会造成严重的安全和环境事故。因此在上述部位内壁浇注耐火耐磨材料，分为两个功能层，一是耐火层，通常采用重质刚玉或碳化硅材质；二是保温层，选用轻质耐火浇注料。

其他应对磨蚀和冲蚀的设备、机泵选型与固定床气化类似，不再赘述。

（3）仪表与控制方面

煤气化装置采用分散型控制系统（DCS）和安全仪表系统（SIS）以保证气化装置的安全稳定运行，减少停车事故，从而有效减少开停车等工况的排放。设置气体检测报警系统（GDS）及时发现泄漏等问题。

煤锁斗设置放射性料位计，用于检测料位实现自动加料。射线盒采用铅封隔离，周围环境的射线剂量满足《含密封源仪表的放射卫生防护要求》（GBZ 125—2009）的标准要求，并做好防护隔离。开关采用远程操作形式，选用较灵敏的PVT接收器，尽可能减小放射源的射线剂量。

气化的核心是对流态化和反应温度的控制，也与灰渣等固体污染物的生成和排放有关。反应温度控制对灰熔聚流化床气化技术尤为重要，必须控制床层底部氧气射流区的温度在灰渣软化的较窄温度范围，以形成灰熔聚的小球有序排渣。与传统的流化床相比，这种排渣方式与床层的流化物料分离更加彻底，但控制温度必须精确，过高容易造成爆聚堵塞排渣口，过低达不到灰熔聚的效果。

（4）其他方面

在装置布置、设备及管道布置、化验、土建、电气、暖通、给排水、建设过程、检维修方面，流化床气化采用的清洁化生产措施与固定床气化基本相同，不再赘述。

流化床气化开车阶段合成气产品尚不合格或者下游装置尚不具备接收条件时，产出的合成气全部送火炬充分燃烧后高点排放。如发生安全阀起跳等情况，所有含可燃或有毒成分的排放气也密闭排放至火炬。新炉第一次使用时需要采用燃料气烘炉，目的是稳定气化炉等设备内壁的耐火浇注料，烘炉排放气以完全燃烧产物二氧化碳和水蒸气为主，采用高点放空。

随着流化床技术的进步和排放指标的改善，对清洁化生产有着积极意义，总结如下：

① 提高炉温工艺，包括设置中心射流和二次风。中心射流对应灰熔聚的概念，通过中心射流区的局部高温来实现灰熔聚以降低炉渣的含碳量；二次风提高了床层上部稀相区的反应温度，以降低飞灰的含碳量。

流化床操作温度和气化技术与所使用原料煤的灰熔点相关（低于煤的软化温度），通常在850～1100℃之间，早期的温克勒炉操作温度总体较低，改进的HTW技术加入二次风，操作温度在950℃以上；采用灰熔聚原理的技术操作温度可达1000℃以上，中心射流区温度高于软化温度。在流化床操作温度下，流化床产品气中基本不含焦油和酚类，洗涤水中焦油和酚类也较少，比较容易处理；而且温度越高，焦油等大分子分解越完全。对于一些灰熔点较低的煤种，还可以通过加入添加剂等手段提高其软化温度。

② 飞灰循环工艺。通过设置多级旋风分离，将部分飞灰返回炉内继续反应，延长飞灰反应停留时间，降低飞灰含碳量。

③ 循环流化床的引入。循环流化床原料停留时间相对更长，碳转化率更高，并可集成上述中心射流、二次风和飞灰循环工艺。对于KBR的“输送床”气化炉，其循环倍率更高（50～100），混合均匀，近乎恒温操作，碳转化率高。在循环流化床及“输送床”床层可加入脱硫剂（石灰石、白云石等），有效减少产品气中含硫污染物的含量。

④ 加压和大型化流化床的开发。得益于工艺、设备、材料等方面的进步，流化床技术向加压和大型化方向发展，在提高单位气化强度和单炉处理能力的同时，其环保指标也更加先进。

⑤ 流化床反应理论和反应器的完善。气化反应和流态化的耦合研究及装置制造水平的提高，催生出了更高效、更环保的流化床反应器。空气、富氧空气、纯氧和水蒸气等不同气化剂的组合使用及其注入位置和注入方式的研究，提高了反应效率，优化了“三废”排放指标。

4.2.3 流化床气化工艺过程污染物排放及治理

（1）废气

流化床气化废气主要有两种，一是含尘废气，包括备煤系统煤露天部分的扬尘及粉煤加压输送、排渣、排灰过程的排气等，需除尘后排放；二是工艺气体，正常无排放，仅在开车或事故状态选择性地高点放空或送火炬燃烧。

① 含尘废气。煤露天储存和皮带输送时会产生扬尘，治理措施通常是维持煤堆表面一定的含水量，皮带栈桥分段设置吸尘设施。备煤系统采用密封操作，煤仓、破碎、干燥、输送等所有排气，利用箱式或布袋过滤器过滤后排放。对于加压流化床技术，炉前粉煤加压、输送及灰渣的排放阶段也会排出较大量的含尘惰性气体，经过布袋过滤器过滤后排放。

② 工艺气体。流化床气化产出的合成气作为产品气正常无泄放，在开车阶段或事故状态不合格产品气（烘炉气、开车气等）或下游不能全部接收时的合格产品气需放空。根据气化技术种类、装置规模和气体组成，可选择部分气体（如烘炉气）高点放空，主体送火炬燃烧后放空。

U-gas加压流化床放空产品气组成见表4-6[35]。

表 4-6 加压流化床放空产品气组成（U-gas，干基）

序号	介质	组成(体积分数)/%	序号	介质	组成(体积分数)/%
1	CO	28.20	4	CH_4	2.06
2	CO_2	12.67	5	稀有气体	20.76
3	H_2	36.31			

（2）废水

流化床气化的废水主要为合成气洗涤水，典型组成见表 4-7[36]。流化床气化废水污染物含量和处理难易程度居于固定床气化和气流床气化之间。

表 4-7 流化床气化废水典型组成（U-gas） 单位：mg/L

序号	指标	数值	序号	指标	数值
1	pH 值	6～9	5	SS 含量	≤500
2	COD_{Cr} 含量	≤500	6	油类含量	≤120
3	BOD_5 含量	≤350	7	酚类含量	≤20
4	NH_3-N 含量	≤200			

（3）固废

流化床气化的固废分为两类，一是气化炉底部排出的炉渣，二是合成气除尘分离出的细灰，典型组成见表 4-8。与固定床和气流床气化技术相比，流化床固废的总体残炭含量偏高。

表 4-8 流化床气化固废典型组成（U-gas）

序号	排放设备名称	固废名称	主要成分
1	渣斗	炉渣	SiO_2、Al_2O_3、Fe_2O_3、CaO、MgO、Na_2O、K_2O、TiO_2、P_2O_5 和 C，残炭含量 10%（质量分数）
2	灰斗	细灰	SiO_2、Al_2O_3、Fe_2O_3、CaO、MgO、Na_2O、K_2O、TiO_2、P_2O_5 和 C，残炭含量 30%（质量分数）

流化床产出的炉渣和细灰其主要成分为 SiO_2、Al_2O_3、CaO、Fe_2O_3、MgO 和残炭等，具体组成与煤质和气化技术选择有关。

① 炉渣。流化床为了维持流化床层的还原气氛，床层的颗粒含碳量需保持在较高水平，但在流化状态下炉内物料剧烈返混，炉渣的分离很困难，故普通流化床气化炉渣的含碳量较高，一般质量分数在 20%～30%[37]，改进炉型提高操作压力、操作温度，并采用细灰循环等措施，炉渣含碳量质量分数也在 15%以上[38]。以灰熔聚原理为基础开发的流化床气化技术（U-gas、KRW、灰熔聚等）改进了流化床的排渣方式，据报道，炉渣的残炭质量分数可降至 10%以下[39,40]。实际运行中，掌握灰熔聚的残炭含量范围对操作水平和结构设计要求很高，且与煤质相关，灰熔聚技术工业装置炉渣残炭含量普遍高于设计值[41,42]。

炉渣排放采用密闭操作，冷却过程可选择干法或湿法。普通流化床排出的灰渣残炭量高，宜作为循环流化床锅炉掺烧燃料；采用灰熔聚技术的炉渣残炭量相对较少，且经过了高温软化，可用作建筑材料或水泥原料。

② 细灰。流化床气化细灰主要来自合成气出口的旋风分离，含碳量较高，通常质量分数在 20%～30%[37]，高的在 50%以上[39]。为了提高碳转化率，几乎所有流化床气化技术都是将第一级或前两级旋风分离的细灰循环回气化炉进行反应，最后一级旋风分离出的细灰外

排。有深度除灰需求的装置，自布袋过滤器等深度除尘设备分离出极细灰，含碳量更高；这时后续合成气洗涤设备的洗涤水含尘量较少，不需沉淀或过滤处理。

细灰排放采用密闭操作，冷却过程也可选择干法或湿法。由于细灰残炭含量高，主要用作循环流化床锅炉掺烧燃料或制成型煤，也可用作制作炭黑的原料。

(4) 噪声

流化床气化运行时的噪声主要来自转动设备，包括泵、压缩机、破碎机等。另外，高流速、高差压的放空系统，在放空时放空阀、放空管线和放空口处也会产生较大噪声。在噪声控制上应优先选用低噪声的设备、阀门，根据噪声源类型设置必要的降噪措施，如优化布置，设置隔声厂房、隔声室、隔声罩、消声器、减振器等。

流化床气化装置各类噪声源的声级及典型治理措施见表 4-9，治理后的企业噪声应符合《工业企业厂界环境噪声排放标准》(GB 12348—2008) 要求。工业企业噪声控制设计应符合《工业企业噪声控制设计规范》(GB/T 50087—2013) 等标准要求。

表 4-9 流化床气化装置各类噪声源的声级及典型治理措施

序号	噪声源	声级/dB(A)	治理措施
1	机泵类	85～93	优选低噪声设备,设置隔声罩、减振器
2	风机、压缩机、破碎机	90～105	建筑隔声、减振基础、外壳阻尼
3	放空系统	85～140	优选低噪声放空阀,合理选择管径,设置消声器、降噪板,管壳阻尼

流化床气化技术种类多，其物质排放特点总结如下[43-49]：

废气方面，HTW 炉、灰熔聚、输送床气化均开发了加压流化床气化技术，在煤粉加压输送、灰渣排放阶段会排放含尘气体，通常采用箱式或布袋过滤器过滤，使含尘量达标后排放；对加压气化，还可在旋风分离和废热回收后增加布袋/陶瓷过滤器等深度除尘设备，进一步降低产品气中含尘量。KRW、KBR 等流化床技术可在气化炉加入脱硫剂，减少产品气中的含硫污染物含量，减轻后续工艺含硫气体的处理难度。

废水方面，常压温克勒炉废水中焦油、酚类、氨氮等污染物含量较高，改进的高温温克勒炉提高了操作温度，灰熔聚技术进一步提高了操作温度，有效减少了焦油、酚类的产生量。另外深度除尘改善了合成气中的含尘量，总体上减少气化工艺废水（合成气洗涤水）的排放量和处理难度。

固废方面，常压温克勒炉炉渣和细灰残炭含量高，碳转化率低。改进的高温温克勒炉及后续开发的其他流化床气化技术均采用了细灰循环工艺，提高碳转化率，减少细灰排放量。基于灰熔聚原理开发的流化床气化技术，利用气化炉底部氧气或富氧空气中心射流产生局部高温使部分灰渣软化，以此为中心发生团聚，可降低炉渣的残炭含量；另外灰熔聚产出的灰渣性质得到改善，更适合作建筑材料。

4.3 气流床气化

4.3.1 气流床气化工艺概述

1952 年，起源于德国的 K-T 炉成为首次应用于工业规模的气流床工艺，常压操作，粉煤进料，以空气为气化剂，用来生产合成氨原料气和燃料气。在K-T炉基础上，壳牌（Shell）开发了加压废锅型粉煤气化工艺。1948年，德士古（Texaco）公司在重油气化的基础上开发了水煤浆气化工艺并建立了中试装置。随着20世纪70年代石油危机发生后，粉煤和水煤浆气流床气化工艺迅速发展。特别是20世纪90年代后，在中国得到了大量发展和应用，受国外技术启发，国内也开发出各种不同的气流床气化工艺。国内外气流床工艺技术详见表4-10。

表4-10 国内外气流床工艺技术

专利商及气化炉	气化压力分类	气化技术开发年代	进料分类	气化剂分类	排渣方式分类	炉内气流方向分类	技术来源
K-T炉	常压	第一代	干粉煤	氧气-水蒸气	液态	上行	亨利·柯柏斯公司(德国)
Shell粉煤气化炉	中压	第二代		氧气-水蒸气	液态	上行	壳牌(荷兰)(后被AP公司收购)
GSP气化炉	中压	第二代		氧气-水蒸气	液态	下行	西门子(德国)
科林炉	中压	第二代		氧气-水蒸气	液态	下行	科林工业技术有限责任公司(德国)
SE东方炉	中压	第二代		氧气-水蒸气	液态	下行	中国石化+华东理工大学
两段干煤粉气化炉	中压	第二代		氧气-水蒸气	液态	上行	华能集团清洁能源技术研究院
航天炉	中压	第二代		氧气-水蒸气	液态	下行	航天长征化学工程公司
GE水煤浆气化炉	中高压	第二代	水煤浆	氧气	液态	下行	空气产品神华(上海)气化技术有限公司
多喷嘴气化炉	中高压	第二代		氧气	液态	下行	华东理工大学-兖矿
E-GAS炉	中压	第二代		氧气	固态	上行	康菲公司(美国)
清华炉	中高压	第二代		氧气	液态	下行	清华大学
晋华炉	中高压	第二代		氧气	液态	下行	清华大学+阳煤集团
多元料浆气化炉	中高压	第二代		氧气	液态	下行	西北化工研究院
SE水煤浆气化炉	中高压	第二代		氧气	液态	下行	中国石化+华东理工大学

气流床气化工艺中原料煤经研磨粒度变细（<0.1mm），以高浓度煤浆或粉煤形式与气化剂（高纯氧）经烧嘴喷入气化炉，在气化炉内气固并流进行充分的混合、燃烧和高温气化反应。气流床气化工艺具有以下特点：

① 入炉煤颗粒直径小，煤的比表面积大，可以有效地提高气化反应速率，继而提高气化炉的生产能力和碳转化率。

② 操作温度高。气化炉内火焰中心温度在2000℃以上，出气化炉反应室的粗合成气温

度通常在1300～1650℃之间。经过高温，粗合成气不含有机气体。

③ 液体排渣。操作温度在灰熔点温度以上，采用液态排渣，经过高温的炉渣，大多为惰性物质，无毒无害。

气流床气化因其自身特点，成为煤气化技术的应用主流。气流床以进料方式区分为干粉煤进料和水煤浆进料。

气流床气化按照高温合成气热流回收方式，可以分为激冷型和废锅型。按照进料方式，可细分为粉煤激冷、粉煤废锅、水煤浆激冷、水煤浆废锅工艺。

干粉煤进料特点是煤种适应性广、气化温度高、碳转化率高、氧耗低、无酚等有机物副产品，气化炉采用水冷壁结构，以渣抗渣，水冷壁寿命长，烧嘴运行时间长达8000～20000h。其中国外具有代表性的有壳牌公司（现被美国AP公司收购）的干煤粉气化工艺，西门子的GSP工艺；国内有代表性的有华能集团清洁能源技术研究院的两段干煤粉煤气化技术，华东理工大学和中国石化宁波工程公司的单喷嘴冷壁式粉煤加压气化技术，航天长征化学工程公司的航天炉技术。湿法（水煤浆）进料特点是气化压力高、碳转化率高、无酚等有机物副产品、氧耗相对干粉煤气化高。从制浆角度、经济性和耐火砖高温侵蚀考虑对煤种有一定限制；因采用耐火砖结构，耐火砖易受煤灰熔渣侵蚀，故耐火砖寿命短，约4年更换一次；另外煤烧嘴易于磨损，平均75～90天须更换一次烧嘴。其中国外具有代表性的有美国GE公司的水煤浆气化工艺（原称德士古水煤浆气化工艺，现被美国AP公司收购）；国内具有代表性的有华东理工大学和兖矿联合开发的对置多喷嘴水煤浆气化技术。

气流床按照加工过程可以分为原料制备和输送、气化与合成气冷却、合成气除灰（洗涤）、排渣、灰水处理等单元。

气流床气化炉高温操作、液体排渣工艺在气化炉内消除了难以处理的有机物，工艺过程中产生的污染物主要以固体颗粒物、灰渣、含氨氮废水为主。气流床气化工艺生产过程及其污染物的产生、工艺治理和排放将在本章第4.3.2和4.3.3小节中详细说明。

4.3.2 水煤浆气化工艺过程及清洁化生产措施

4.3.2.1 水煤浆气化工艺生产过程

水煤浆气化工艺过程主要包括制浆系统、气化系统、锁斗系统、粗合成气洗涤系统、烧嘴冷却水系统、闪蒸及灰水处理系统等。根据粗合成气热量回收方式不同，分为激冷流程和废锅流程。

原料煤储运系统送入的碎煤进入原煤储斗，经称重给料机计量后送入磨煤机，与工艺水按一定的比例混合后，磨制成一定粒度分布的水煤浆。磨煤机出口处设置的滚筒筛，将煤浆中大颗粒筛分后，自流进入磨煤机出料槽，经磨煤机出料槽泵加压输送至煤浆槽，后经煤浆给料泵送至气化炉使用[50]。磨煤时按一定比例将添加剂加入磨煤机中，以改善煤浆颗粒表面性能，使煤粒在水中均匀分散，提高成浆性能[51]。

氧气及经煤浆泵加压后的水煤浆通过工艺烧嘴喷入气化炉内，在气化炉内发生高温气化反应。水煤浆气化反应在气化炉燃烧室中进行，对于激冷流程，原料中未经转化的组分和灰形成的液态熔渣与生成的粗合成气一并进入气化炉下部的洗涤冷却室，在洗涤冷却室中与激冷水接触，对粗合成气和夹带的固体及熔渣进行淬冷、降温。熔渣在水中淬冷固化，并沉入气化炉洗涤冷却室底部水浴中；粗煤气与水直接接触激冷后大部分细灰留在水中，含少量灰分的粗合成气从气化炉旁侧的出口引出，经文丘里洗涤器和洗涤塔洗涤后，大部分夹带的细灰从粗合成气中除去。气化炉洗涤冷却室中的黑水送往闪蒸及水处理系统[52]。对于废锅流程，气化炉气化室中产生的高温合成气进入辐射锅炉和对流锅炉降温初步除尘后，粗煤气进入文丘里除尘器和洗涤塔，进一步除尘送至气体净化单元。高温熔渣在辐射锅炉内与锅炉水进行热辐射传递后，进入辐射锅炉底部被灰水冷却成粒状玻璃体，定期经锁斗排放到渣池内外运。气化炉内黑水定量排出，黑水中细炭灰经沉降、过滤后可部分返回磨机。

气化炉底部的粗渣及固体颗粒，经安装在气化炉底部出口的破渣机破碎后通过循环水流的作用带入锁斗。从气化炉排出的大部分灰渣沉降在锁斗底部，锁斗顶部较清的黑水，经锁斗循环泵循环送入气化炉洗涤冷却室。气化炉排渣系统的排渣循环时间预先设定，排渣周期一般为 30min[53]。

由于气化炉燃烧室温度很高，为保护工艺烧嘴须对其进行冷却。烧嘴冷却水经泵加压及换热器降温后送入工艺烧嘴冷却盘管。出冷却盘管的烧嘴冷却水经气体分离器后回送到烧嘴冷却水槽循环使用。当烧嘴冷却水泵出现故障时，烧嘴冷却水由事故烧嘴冷却水罐进入冷却盘管对工艺烧嘴进行冷却。

气化工段洗涤冷却室和洗涤塔排出的黑水含有较多的细渣等悬浮物及少量的溶解气体，无法直接循环利用。闪蒸及水处理系统就是将气化工段排放的黑水，经相应处理后，回送至气化工序循环利用，以最大限度地降低装置的污水排放量和生产耗用水量。从气化炉及洗涤塔排出的黑水送入高低压闪蒸系统及真空闪蒸系统，释放出不凝气体同时排出浓缩黑水，经闪蒸后的浓缩黑水送往澄清槽，澄清后的水在气化装置中循环使用。澄清槽中设置耙料机，将沉淀的细渣推至沉降槽底部出口，然后送往真空带式过滤机过滤，过滤后的滤饼送往贮存场地再利用[54]。

激冷水煤浆气化工艺流程简图见图 4-6；废锅水煤浆气化工艺流程简图见图 4-7。

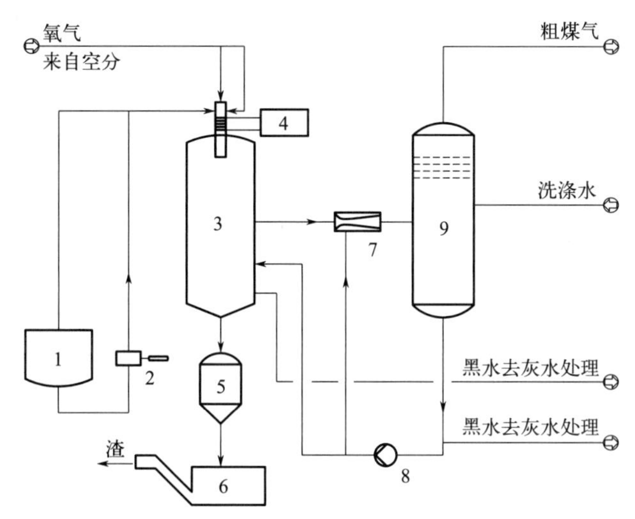

图 4-6　激冷水煤浆气化工艺流程简图

1—煤浆槽；2—高压煤浆泵；3—气化炉；4—烧嘴冷却水循环系统；5—锁斗；6—捞渣机；7—文丘里洗涤器；8—激冷水泵；9—洗涤塔

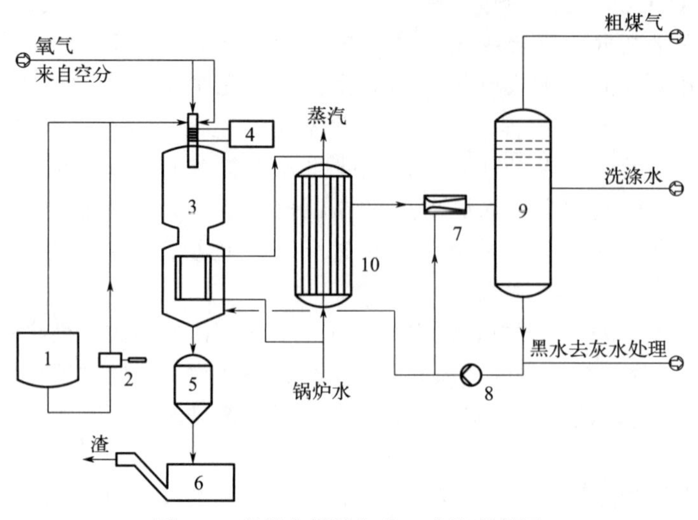

图 4-7　废锅水煤浆气化工艺流程简图

1—煤浆槽；2—高压煤浆泵；3—气化炉；4—烧嘴冷却水循环系统；5—锁斗；6—捞渣机；7—文丘里洗涤器；8—激冷水泵；9—洗涤塔；10—对流废锅

4.3.2.2　水煤浆气化工艺清洁化生产措施

水煤浆气化工艺的原料是原料煤、氧气、水（新鲜水或废水），产品为粗合成气，副产品为酸性气，工艺生产过程中涉及的辅助物料有分散剂、絮凝剂、碱等，生产排放的废弃物有废气、废水、废渣等，在生产过程中可能会产生噪声、泄漏等影响环境的因素，需要采取清洁化生产措施。

水煤浆气化的废气排放涉及煤浆制备、气化及洗涤和灰水处理单元。其中煤浆制备环节特别是采用高浓度有机废水制浆时会存在 VOCs 等；气化及洗涤单元废气排放主要涉及开停车过程，开工初期的燃烧尾气以及开车后的产品合成气排放，停车后的合成气泄放；灰水处理单元的废气排放污染物主要是 H_2S，若排放废气不经过合理处理，H_2S 积聚，不仅影响装置操作环境，甚至影响工人安全作业。

水煤浆气化的废水排放来自煤浆水、灰水处理单元以及装置的初期雨水。气化黑水循环回用过程中盐类离子不断积聚，特别是氯离子、氟离子等的积聚，对系统的设备、管道材料腐蚀加剧，管线设备一旦被腐蚀，系统内黑水泄漏造成环境污染。装置的初期雨水因含油类、固体颗粒等污染成分，需要送废水处理单元。

水煤浆气化的固废来自原料煤气化后产生的粗渣和滤饼细灰。气化固废为一般固废，可作为建筑材料综合利用，但滤饼细灰碳含量高，多采用脱水后锅炉掺烧。

水煤浆气化中涉及磨煤机、机泵等机械设施，生产过程中噪声大，操作人员长期处于高噪声中，会产生永久性的听力损害。

针对以上污染物排放以及可能的危害，水煤浆气化过程在各方面采取了相应的清洁化生产措施，具体如下：

(1)　工艺方面

水煤浆为湿法制浆，磨煤机选用棒磨机，其能耗低、耐磨性好、振动和噪声低、易于检修和维护，针对磨煤制浆水汽影响观测制浆效果，在磨煤机观测口加设抽引设备。磨煤机的滚筒筛排风口设置防爆型混流式排风机，通过排风管道高空排放，以防止其散发的易燃易爆气体聚积。贮煤原料仓设置除尘系统，粉尘经除尘器净化后排至室外，排放口粉尘浓度<$10mg/m^3$。煤浆槽搅拌器基础适当加强，并将减速机用槽钢固定在基础上，做好生产运维检修工作，防止因设备紧固不合理引发的事故。某工厂气化装置 A# 大煤浆槽搅拌器在正常运行时发生搅拌器晃动，在处理过程中搅拌器减速机地脚螺栓先后断裂。

粗合成气洗涤系统，充分利用气化单元自身循环的水量，并可消化变换单元送入的变换凝液，统筹考虑整个装置水平衡，尽可能减少外排废水量。粗合成气洗涤系统，在气化炉激冷室、一级或两级混合器、旋风分离器（部分气化工艺）、洗涤塔中，利用饱和增湿、冷凝除灰、离心分离、洗涤等多种原理和措施，最大限度降低粗合成气中灰含量，确保下游装置的长周期运行。

气化装置产生的废渣主要是粗渣和滤饼，为一般工业固体废物，对环境基本无害。粗渣可作为建筑材料或道路材料，滤饼可作为锅炉掺烧燃料。

气化炉产生的炉渣采用机械除渣的方式处理，炉渣由捞渣机捞出，通过皮带输送至中间渣场的炉渣仓暂时存储，由汽车运出装置；捞渣机故障时，渣放料罐排出的炉渣经事故排放管线直接排至事故渣池，经抓斗桥式起重机取出外运。气化废渣由煤的灰分、未转化碳和水分组成，控制废渣的量，需要提高原料的碳转化率和去除多余的水分。粗合成气 CH_4 含量检测等措施可判断气化炉内的气化操作温度情况，通过调整操作来提高碳转化率，控制渣量。在固废含水率控制方面，捞渣机出口振动筛的使用，离心脱水机等新型分离机械的使用，可降低粗渣和滤饼含水率。

气化炉周期性排渣，渣水进渣池，通过捞渣机捞渣至储渣斗后通过不同运输方式运渣。捞渣机出来的是湿渣，含水率很高，容易污染周边环境，可以通过下列措施有效控制污染。①运渣方式的选择，优先选用运渣皮带运渣，多系列时可有效控制污染范围，集中处理。图 4-8 是采用运渣车运输，因运渣车密封性差，很难有效控制污染物的泄漏。图 4-9 为运渣皮带输送。采用皮带输送可以有效控制污染。②设置脱水机，降低渣的含水率。当采用运渣车运输时，其周边设置局部围堰，防止污染物扩散。设置真空泵用于防止灰渣闪蒸气的就地排放，有效改善捞渣机附近的空气环境。

图 4-8　运渣车运输

图 4-9　运渣皮带输送

抽滤是将渣水进行分离，细渣通过运渣车运输至渣场，分离的水系统回用，可提高水的利用率。在实际工程中，因抽滤设备性能往往达不到设计值，导致细渣含水量过高。细渣通过渣斗下落至运渣车，其下渣口周边环境较差。图 4-10 是某项目抽滤下渣口周边地面灰水，环境差，墙体受污染后也难以清理。图 4-11 是某项目墙体贴瓷砖防护，利于墙体的清理。

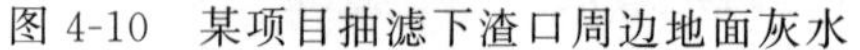

图 4-10　某项目抽滤下渣口周边地面灰水

图 4-11　某项目墙体贴瓷砖防护

采取以下措施，可以避免上述情况：

① 选择性能稳定、效率较高的抽滤设备，比如卧螺离心机的实际运行效果好于真空抽滤机，保证抽滤效果，使其细渣含水量达到设计标准。

② 真空脱水系统地面除车辆进入的一侧外，其余三侧设置挡渣墙，可以防止真空脱水后产生的滤饼外输时影响到其他区域。下渣区墙体贴瓷砖或不锈钢板，便于后续清洁，确保现场干净卫生。

③ 下渣口、运输区域设置围堰，控制污染范围，车辆进出设缓坡，围堰内设地沟，设置冲洗水接口。抽滤厂房的地面污水通过单独地沟排放至事故渣池，可以避免与雨水沟的交叉。

④ 细渣过滤机纠偏装置机械阀部位采用护罩将其保护，防止因进水引起失灵，防止过滤机滤布跑偏严重而造成环境污染。

灰水处理单元多采用三级闪蒸，以回收热量并减少循环冷却水的用量，部分装置采用高低压蒸发热水塔型式，减少了循环水的用量，气化循环水用量的减少间接地减少循环水厂新鲜水的补充和废水的外排。

灰水处理三级闪蒸产生高压闪蒸酸性气、低压闪蒸酸性气和真空闪蒸酸性气，其中高压闪蒸和低压闪蒸酸性气一般带有一定压力，可直接送硫回收单元处理。而真空闪蒸酸性气一般为常压，且排放量较小，通常直接排入大气。近年来，随着环保要求的提高，对真空闪蒸气中的 H_2S 进行收集处理后再排入大气。澄清槽及灰水槽等排放气，主要为黑水中溶解的痕量的酸性气，一般采用氮封并通过排气筒有组织排放的形式高空排放。

灰水处理单元设置 H_2S 气体检测器，对环境 H_2S 进行监测。装置内设置事故渣池收集事故排放渣水，地面冲洗水以及初期雨水经过溢流澄清后回用，减少外排废水。通过添加合适的絮凝剂，对废水中的悬浮物进行絮凝，有效降低废水中的固含量。

(2) 设备和机械方面

磨煤机的橡胶密封件在制造和安装时，应严控制造质量和安装质量，否则在运转周期内有漏浆风险。

高压煤浆泵（图 4-12）是水煤浆气化的核心设备，直接给气化炉供料，对可靠性要求高。输送 60%浓度的煤浆，固体含量高，出口压力大，普遍采用液压隔膜往复泵。在结构上采用双隔膜结构，当内隔膜破裂后，泵还能够运行一段时间，避免紧急停车排放物料，双隔膜结构还可阻止煤浆污染液压油。

根据工厂实际使用经验，对煤浆泵隔膜备件质量要严格把关，所有隔膜腔应做好内外探伤检查。某工厂煤浆隔膜腔体因存在制造缺陷，腔体中部出现砂眼状滴漏并逐渐扩大，被迫停车更换。

低压煤浆泵包括煤浆出料槽泵和煤浆倒料泵，目前多采用离心式煤浆泵。离心式低压煤浆泵过流部件采用耐磨 Ni-Hard 合金，配置双端面机械密封采用 PLAN32＋53 密封，采用立式模块式结构，泵内容积小便于清洗和更换部件。机械密封采用外冲洗和密封腔加压设置，即使密封损坏也能避免物料外泄。离心泵泵腔小，检修时所用冲洗水也少，减小消耗和煤浆浓度稀释。离心式低压煤浆泵已经成为输送低压煤浆的主力装备，使用情况良好。低压煤浆泵现场应用照片见图 4-13。

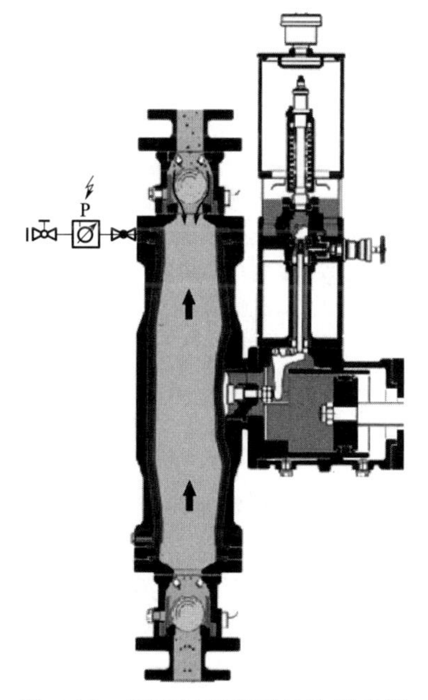

图 4-12　某高压煤浆泵结构示意图

图 4-13　低压煤浆泵现场应用照片

在设备设计阶段，通过全面识别和评估泄漏风险，从源头采取措施控制设备损坏泄漏危害。尽可能采用先进的密封技术，减少设备密封易泄漏点。对于主工艺物料的密封设计，采用合适的法兰型式和等级，对于操作工况苛刻且存在高度危害介质或易爆介质的密封要采取密闭设计，见图 4-14。

在水煤浆气化装置中，上述密封技术有所采用，比如部分合成气管线设备采用了缠绕垫，部分大口径法兰采用了唇焊式密封。

(3) *自动控制方面*

为保证操作人员和生产装置的安全，气流床水煤浆气化装置设置安全仪表系统（SIS），实现安全联锁保护、紧急停车及关键设备联锁保护。SIS 采用三重化或四重化冗余、容错系统。SIS 设工程师站、事件顺序记录（SOE）站和显示操作站，并实现与分散控制系统（DCS）的通信。相应的报警及操作通过辅助操作台上的开关、按钮以及 SIS 显示操作站来完成。由于其规模大，操作温度和压力较固定床气化更高，因此，其控制系统更加复杂，安

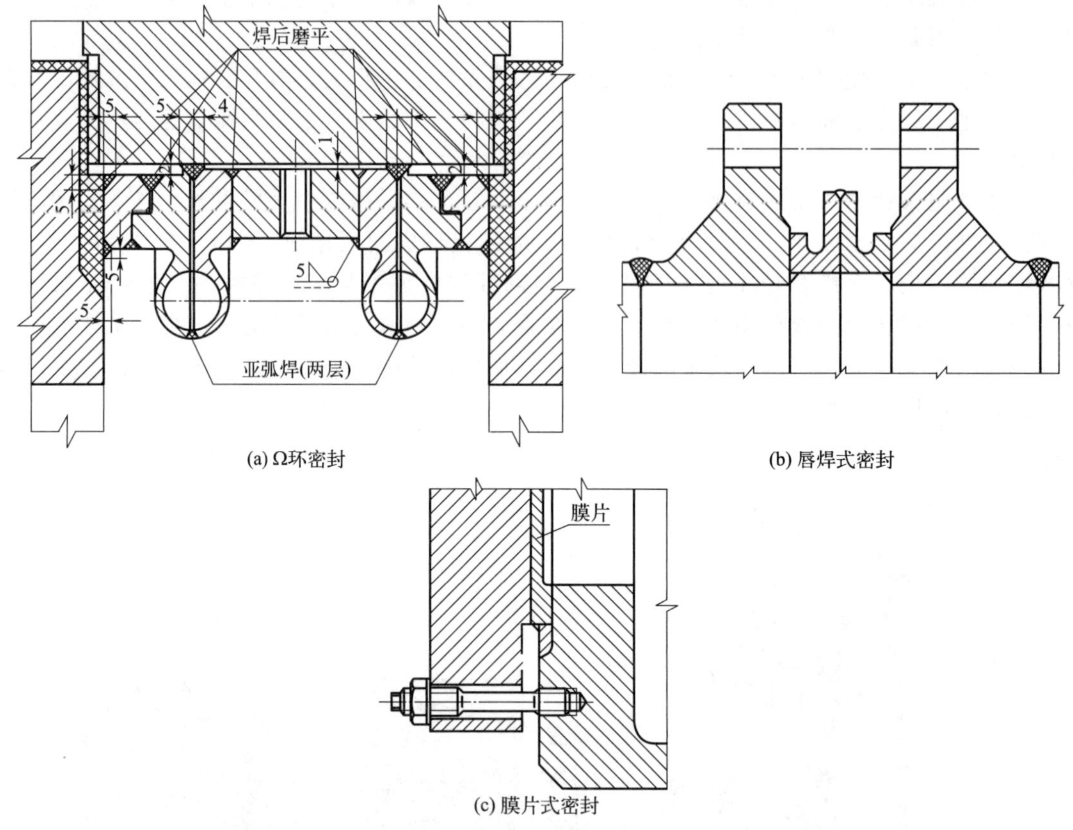

(a) Ω环密封

(b) 唇焊式密封

(c) 膜片式密封

图 4-14　Ω 环密封、唇焊式密封、膜片式密封（单位：mm）

全要求也更高。尤其是开停车的程序，要缩短开车时间，减少污染物排放。

为确保人身安全，设置独立的气体检测报警系统（GDS），GDS 设有工程师站、操作站，并实现与 DCS 的通信。当检测到报警信息时 GDS 操作站能够立即发出声音和颜色不同于工艺过程参数报警的信息，装置现场的声光报警器也同时进行报警。GDS 采用三重化或四重化冗余、容错系统。

气化炉进料氧气和煤浆的比值控制，综合采用了单参数反馈控制、选择控制、交叉限幅控制、比例控制等多种控制方式。氧煤比的控制采用交叉限幅，同时对变化的速率和输出的信号进行限制；对气化炉压力进行前馈控制，避免了下游停车从而导致的气化炉压力剧烈波动，以达到尽可能降低压力波动时废气泄漏的可能。

由于装置中某些设备程序批量操作的特点，部分阀门开、关频繁，并且此类阀门口径大导致在开关过程管线会产生振动，为了克服由振动导致的气源管线的松动或脱落，对此类阀门的供气管线，采用了耐压不锈钢软管，从本质上杜绝了振动可能产生的影响。

随着基础研究的不断深入，行业对煤气化的机理认识不断进步，数学模型更加完整、可靠[55,56]。伴随着信息技术的不断发展，大数据模型、混合模型陆续被开发出来，先进过程控制（APC）、实时优化（RTO）技术等已开始被应用于煤气化装置中，如某采用四喷嘴对置水煤浆气化的煤制甲醇装置采用 RTO 后，年增效益 800 万元以上[57]。

（4）其他方面

气化炉集中布置易于施工吊装、操作维修和生产管理，但是由于气化框架建筑面积较大，同时煤浆和渣水输送较为稳定，通常将磨煤装置、气化装置、渣水处理装置分开布置，其防火距离要求要根据各装置火灾危险类别满足设计规范。水煤浆气化输送系统更为简单，设备少，无易堵塞的煤粉重力流系统，煤浆输送框架和气化框架相比较矮，投资成本较低，但是水煤浆气化炉烧嘴易于损坏，检修频率较高。

煤气化区域的核心是气化炉，此处的管线布置是煤气化框架中最为密集的地方，而气化炉的烧嘴区域是此区域布置的难点，气化炉烧嘴的管线不仅布置密集，还要考虑为烧嘴的检修抽出空间，布置时需要合理规划；另外，气化炉水汽系统管线较多，规格较大，布置时要考虑热应力，因此配管所需空间较大。所以小设备、蒸汽伴管站及仪表控制柜等附件要尽量避免布置在此区域。

煤气化装置对于高温、有毒介质采用密闭取样，尽可能减少危险介质与操作员的接触，本质上保护人身安全。

化学品罐区域设置围堰，同时区域内做防渗处理，在化学品意外泄漏时不污染土壤和地下水；酸或碱意外泄漏后，在围堰内进行中和后再外排。

对于水煤浆气化装置内地下水池，目前防腐防渗效果及性能较好的防腐防渗材料有高分子树脂耐腐蚀砂浆、喷涂聚脲、速凝橡胶沥青等，这些材料都采用喷涂等整体浇筑方法，防腐层厚度可以根据腐蚀介质调整，施工速度快，防腐防渗有机结合，整体性强。

电气采取的措施与固定床气化章节基本相同，不再赘述。

空调、通风、除尘设备的选用，在满足生产要求的前提下节能，并在高效率点工作。考虑风管和设备的漏风量，通风系统的风管，采用圆形或矩形截面；除尘系统的风管，采用圆形截面，减少风管的磨损及管道内部气体的泄漏。

磨煤机的滚筒筛排风口设置防爆型混流式排风机，通过排风管道，高空排放，以防止其散发的易燃易爆气体聚积。

磨煤厂房内设置边墙式排风机，用于可能散发的热及粉尘，改善室内工作环境。

磨煤厂房原料仓，为改善劳动环境，设置除尘系统，除尘器选用布袋除尘器，粉尘经除尘器净化后排至室外，排放口粉尘浓度$<10mg/m^3$，高于国家标准要求。

气化框架的消防安全设计，根据气化框架和备煤框架的火灾危险类别，此前少数气化框架与备煤框架之间的防火间距不够，采取在气化框架外侧增加防火卷帘进行分割的措施，就可以很好地解决两个厂房之间防火间距不够的问题。对于单层防火分区面积超过$2000m^2$的框架，均可以通过增设防火墙进行分隔，同时设计消防电梯，满足设计规范。明确煤气化框架的火灾危险类别和建筑物属性，让防火设计做到有据可依，以降低设计风险。

开停车、建设过程、检维修与固定床气化基本相同，不再赘述，但由于大型水煤浆气化炉应用数量最多，在开停车流程的优化方面进步也最大，如优化烘炉期间水流程，回收除氧槽放空气采用无波动倒炉等诸多措施[58,59]。水煤浆气化自20世纪60年代首次应用以来，在工艺、设备方面不断进步，能耗水平不断降低，清洁化水平不断提高。主要有：

① 煤浆浓度及煤浆稳定性不断提高，有利于提高能效和装置稳定性。粗磨+细磨的双磨配置，可将煤浆浓度由通常的58%提高到65%，不断改进的水煤浆添加剂提高了煤浆的稳定性，继而提高了装置运行稳定性并降低了能耗，减少了污染物排放。此外，部分水煤浆气化制氢装置掺烧炼厂石油焦，不但消除了炼厂的固态污染物，还产生了炼厂油品加工所需的氢气，取得了良好的经济和社会效益[60]。

② 单炉投煤规模不断扩大，能效不断提高。单炉规模由最初的日投煤300t提高到500t、750t、1000t、1500t、2000t、3000t、4000t。

③ 新工艺不断开发成功，提高了能效，减少了污染排放物。多喷嘴水煤浆气化工艺开

发应用成功，有利于规模扩大、提高能效；水煤浆水冷壁技术开发应用成功，扩展了更高灰熔点煤、更高灰分煤的应用，操作温度的提高也相应减少了废水中的污染物含量。

④ 原料不断扩展。配煤理论及工艺应用成功，原料煤不断扩展，石油焦也被作为原料，特别是利用水煤浆的进料、高温气化优势，难以处理的高浓度有机废水等参与制浆后进入气化炉，既减少了新鲜水的使用，又减少了有机废水的处理成本，一举两得。

⑤ 设备设计和管理水平持续进步，运行周期不断提高。烧嘴寿命由通常的50～60天逐步提高到90天以上，气化炉耐火砖寿命也不断提高，气化的单纯连续运行周期不断提高，减少了污染物排放。锁渣阀、灰水阀等耐磨阀门使用周期普遍由最初的3～6个月提高到1年以上。

4.3.3 水煤浆气化工艺过程污染物排放及治理

(1) 废气

水煤浆气化工艺产生的废气主要有渣池排放气、真空泵排放气、输煤系统排放含粉尘废气等。水煤浆气化产生的废气污染物氨、硫化氢排放满足《恶臭污染物排放标准》，输煤系统粉尘排放满足《大气污染物综合排放标准》[61-63]。

水煤浆气化典型废气排放组成如表4-11。

表4-11　水煤浆气化典型废气排放组成

序号	废气名称	排放规律	典型成分	排气参数	
				温度/℃	压力/MPa
1	渣池排放气	连续	H_2O:2.49% CO_2:3.57% H_2:1.48% CO:1.14% N_2:71.94% H_2S:0.017% O_2:19.37%	AMB	ATM
2	真空泵废气	连续	H_2O:24.1% CO_2:72.4% H_2:1.7% CO:1.1% H_2S:0.7%	80	0.1
3	输煤系统废气	破碎楼，连续	粉尘污染物浓度 $<10\mathrm{mg/m^3}$	AMB	ATM
		转运站，连续	粉尘污染物浓度 $<10\mathrm{mg/m^3}$	AMB	ATM
		煤仓间，连续	粉尘污染物浓度 $<10\mathrm{mg/m^3}$	AMB	ATM

注：1. AMB指室温；ATM指一个大气压，即101.3kPa。

2. 表中分数均为体积分数。

原煤中的硫经气化反应后以H_2S、COS形式存在于系统中，大部分随合成气进入后系统，溶入水中的H_2S和COS在渣水处理时经过降压闪蒸后析出，与闪蒸气一起送入后系统汽提塔进行处理，或送入硫回收系统。除对含H_2S尾气进行回收处理外，还通过以下措施，尽可能减少含硫废气的排放。①采用高温灰水循环工艺，即气化炉出口黑水经液固分离后灰水作为气化激冷水回用，以减少下游黑水闪蒸量，减少酸性气产生量；②酸性气管线选择不锈钢材料，尽可能减少管线的腐蚀泄漏风险；③在捞渣机区域、灰水处理单元设置 H_2S 气体检测器，对环境 H_2S 进行监测。

水煤浆气化工艺产生的无组织排放废气，可采取以下治理措施：

① 生产设备元件，如手动阀、控制阀等，均采用密封等级较高的元件，以降低经元件逸散于大气的无组织废气量；加强管理，对生产装置定期巡检。

② 手阀及泵等元件维修时，滞留于管内的残余液体以氮气吹扫回收后再拆修，避免物料流出；流程取样使用密闭式取样器，避免取样时物料挥发，污染环境。

此外，在开停车阶段，系统内的粗合成气会通过火炬燃烧排放，在气化炉升温阶段，也会有部分废气通过抽引器排放，由于升温速度的限制，升温期间消耗大量的液化气或其他燃料气，也有企业采用含水甲醇为燃料升温，以降低开车费用和减少污染物排放[64]。

(2) *废液*

水煤浆气化装置废液主要为外排气化废水及含煤污水，典型废水指标如表 4-12。

表 4-12　水煤浆气化典型废水指标

序号	废水名称	排放规律	排放水质
1	灰水槽气化废水	连续	pH=7～9 氨氮<350mg/L CN^-<10mg/L BOD<300mg/L COD<500mg/L
2	含煤污水	间歇	含煤污水

在闪蒸及水处理系统中，通过设置多级闪蒸系统，将气化高压部分排出的水循环使用，并回收闪蒸出的酸性气，尽可能做到物料的循环回收及回用，减少外排废水的排放量。

煤中的灰分经气化反应后，以离子形式溶解于气化黑水、灰水中，离子积累到一定浓度后需经冷却后外排。外排废水主要组成是氨、甲酸盐、硫酸盐、氯化物、碳酸盐及不溶性固体，不溶性固体主要是未完全反应所剩余的碳及铁、钙、镁、铝、硅的化合物。水煤浆气化工艺排水系统按清污分流的原则划分为生产污水系统、雨水系统。采取的处理措施如下：工艺废水经污水处理站预处理后与初期雨水、生活污水等排入污水处理厂进行处理，循环冷却水系统排水排入污水处理厂进行处理；冲洗废水经沉淀处理后回用于栈桥冲洗等，不外排。

在控制废水排放量方面：①灰水处理单元常采用多级闪蒸，以回收热量并减少循环冷却水的用量，气化循环水用量的减少间接地可减少循环水站新鲜水的补充和废水的外排；②采用高温灰水循环工艺，灰水处理单元黑水处理量减少，外排废水量随之减少；③尽量选用低灰、低氯原料煤。

在控制废水污染物排放指标方面：①设置气化炉内温度监测措施，控制气化操作温度，气化温度高，废水中氨氮含量低、COD 含量低；②聚合氯化铝等絮凝剂的应用，对废水中的悬浮物进行絮凝，有效降低废水中的固含量[65]。

灰水通常采用加絮凝剂沉降、过滤法处理后，大部分回收利用，为防止系统中杂质累积，需将一定量的灰水排出系统送至污水处理站处理，出水达标后外排。为进一步减少水的外排量，提高水的重复利用率，实现节能减排，较难处理的废水可以集中回收用来制浆，避免水污染的同时节约新鲜水[66]。具体如下：

① 污水回收处理。甲醇系统送来的高COD废液，磨煤机开停车冲洗排放废水，磨煤机冲洗水，磨煤机跑浆清理产生的废水，大、小煤浆泵开停车产生的大量废水废浆，开工火炬开车产生的高NH_3-N溢流水，长明火炬产生的高NH_3-N和COD溢流水，气化界区地面冲洗水、高压清洗水，气化炉停车排放废水，气化炉备炉检修冲洗排放废水，灰水系统检修排放废水等，通过地沟进入沉渣池回收至磨煤工段；添加剂泵停机冲洗水引入添加剂地槽回收[67]。

② 冷凝液回收利用。闪蒸系统产生的大量蒸气冷凝液大部分回收利用；变换高NH_3-N冷凝液全部进入闪蒸和气化工段调整系统pH值；汽提系统高度浓缩NH_3-N的冷凝液，送往磨煤工段制取合格煤浆或送往锅炉脱硫脱硝装置。

③ 清水回收利用。目前一些大型煤化工企业增建中水回用装置，对循环水系统排污水和污水处理站出水采取超滤、反渗透、消毒等措施治理后，出水达到回用水水质指标，最后送循环水系统作补充水，既节约水资源，又最大限度减少废水外排量，对保护水体起到积极作用。

(3) 固废

气化装置产生的废渣主要是粗渣和滤饼，一般工业固体废物对环境基本无害。粗渣可作为建筑材料或道路材料；滤饼可作为建筑材料、锅炉掺烧等原料[65,68]。

典型的水煤浆气化工艺固废排放指标如表4-13。

表4-13 典型的水煤浆气化工艺固废排放指标

序号	排放设备名称	固废名称	主要成分
1	渣池	粗渣	SiO_2、Al_2O_3、Fe_2O_3、CaO、MgO、Na_2O、K_2O、TiO_2、P_2O_5和C，含水(质量分数)约25%，含碳(质量分数)小于5.0%，
2	过滤机械	滤饼	SiO_2、Al_2O_3、Fe_2O_3、CaO、MgO、Na_2O、K_2O、TiO_2、P_2O_5和C，含水(质量分数)约50%，含碳(质量分数)约25%

水煤浆气化工艺的固废有粗渣和细渣，其主要成分为煤灰以及部分未转化的残炭，同时夹带一部分水，不含焦油、酚类等有机物，不含毒性介质。粗渣一般含水率（质量分数）在25%左右，残炭含量较低，基本无热值回收价值，气化产生的粗渣一般直接外运可作为建筑材料综合利用，如填海、铺路、制砖等。

细渣一般含水率（质量分数）小于50%，残炭含量相对较高，部分运行装置的细渣中残炭含量（质量分数）在30%以上，其热值相对较高，可回收用于锅炉掺烧等，也可以通过预热脱碳工艺燃烧后作为建筑材料使用[69,70]。

(4) 噪声

水煤浆气化主要噪声污染源有磨煤机、各类机泵等转动设备。从噪声源、传播途径和受声体三方面采取措施降低噪声。

典型水煤浆气化噪声如表4-14。

表4-14 典型水煤浆气化噪声

序号	噪声源	噪声值/dB(A)	降噪措施
1	磨煤机	≥85	减振基础
2	煤浆给料泵	≥85	隔声罩
3	黑水循环泵	≥85	隔声罩
4	高温热水泵	≥85	隔声罩
5	氧气放空	≥85	消声器
6	抽引器放空	≥85	消声器

噪声控制设计按《工业企业噪声控制设计规范》进行，采取以下控制措施：

① 在生产允许的条件下，尽可能选用低噪声设备，要求供货商尽可能保证设备噪声值不超过 85dB（A）。

② 对一些噪声值较高的设备必须采取一定的防噪措施，加设隔声罩或消声器等；在操作岗位设隔声室；管路设有防喘振设施和安装消声器；巡查人员定期佩戴耳塞进行巡查。

③ 放空口加设消声器降低放空噪声。

④ 在平面布置中，尽可能将高噪声设备布置在远离敏感目标的位置。

⑤ 根据材料的特性，当其密度越大，隔声效果越好，因此优先推荐采用重量大的墙体如砖墙等材料。

⑥ 当采用轻质墙体如复合压型钢板时，除外板采用普通压型金属板，保温隔热层外，内板应采用压型金属穿孔板，并且内衬吸防尘布以及吸声层（隔声棉），并宜由专业厂家进行专项隔声降噪设计。

在装置中，部分阀门只是在开车、停车和异常阶段使用，此阶段阀门的操作参数苛刻，往往有着较大的噪声和振动。为了解决此问题，在实际工程中，首先阀门选用多级降压降噪型阀门并在此阀门出口设置降噪板，对与阀门连接的管道进行必要的加固，另外将此类阀门安装位置尽量远离巡检通道，并设置操作警示牌。

4.3.4 粉煤气化工艺过程及清洁化生产措施

4.3.4.1 粉煤气化工艺生产过程

粉煤气化工艺过程一般包括煤粉制备、煤粉输送、气化、合成气净化以及黑水处理等。煤粉制备是将经过破碎后的块煤磨细干燥，使制得的煤粉粒度和含水率满足气力加压输送的要求，煤粉粒度一般小于 100μm，水含量（质量分数）小于 2%[71]。煤粉输送过程是将煤粉制备单元来的合格粉煤通过载气加压输送到气化炉内，目前主流的粉煤气化工艺，气化操作压力（表压）约 4.0MPa，粉煤需通过载气加压输送，载气的选择与产品有关，二氧化碳和氮气是目前最常用的粉煤输送载气[72-77]。气化反应是原料粉煤与气化剂在高温加压条件下发生部分氧化反应生成以氢气、一氧化碳为主的粗合成气的过程，气化剂一般为纯氧和蒸汽，也可掺杂部分有机废液[78]。根据合成气冷却方式的不同，一般分为激冷型气化工艺（图 4-15）和废锅型气化工艺（图 4-16）两种。合成气净化过程是出气化炉粗合成气去除合成气中夹带灰分的过程，对于激冷型工艺，合成气的净化过程采用水激冷，文丘里除尘器、旋风分离器和水洗塔的除尘方式[79]；对于废锅型工艺，合成气的净化过程采用飞灰过滤器[80]、文丘里除尘器、水洗塔的除尘方式。黑水处理是合成气洗涤净化后的黑水热量回收、灰渣分离和灰水回用的过程，一般包括多级闪蒸和黑水过滤两个过程，对于激冷型工艺，黑水处理一般采用闪蒸加过滤的过程，闪蒸级数根据热量回收利用方式设置二级、三级[77]或四级闪蒸，经过闪蒸后浓缩的黑水再澄清过滤；对于废锅型工艺，黑水处理一般采用闪蒸加汽提的方式，浓缩的黑水再澄清过滤。

4.3.4.2 粉煤气化工艺清洁化生产措施

粉煤气化工艺的原料是原料煤、氧气、蒸汽，产品为粗合成气，副产品为酸性气，工艺生产过程中涉及的辅助物料有分散剂、絮凝剂、酸、碱等，生产排放废弃物有废气、废水、

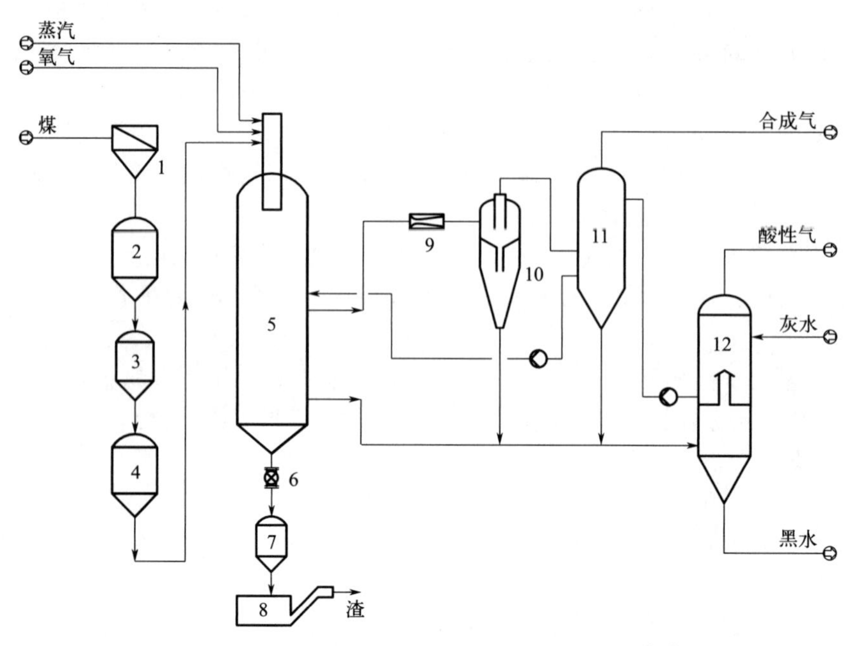

图 4-15 典型的粉煤气化激冷工艺流程示意图[81]

1—布袋除尘器；2—粉煤储罐；3—粉煤锁斗；4—粉煤给料罐；5—气化炉；6—破渣机；7—渣放料罐；8—渣池；9—混合器；10—旋风分离器；11—洗涤塔；12—蒸发热水塔

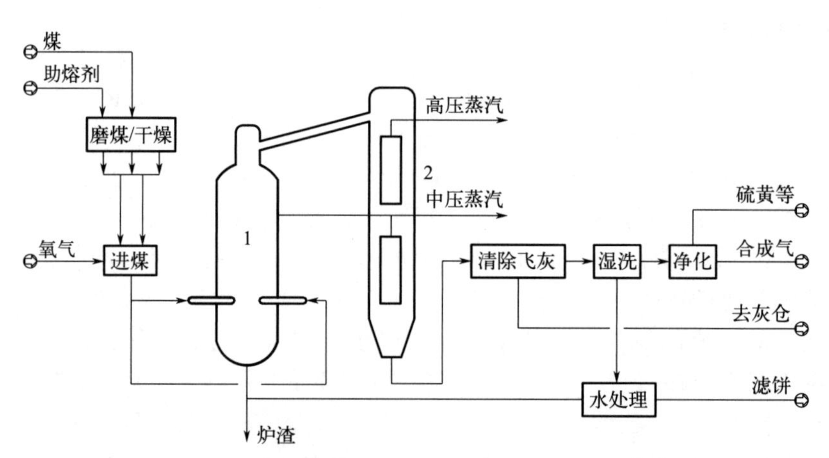

图 4-16 典型的粉煤气化废锅工艺流程示意图[81]

1—气化炉；2—合成气冷却器

废渣等，在生产过程中可能会产生噪声、泄漏等影响环境的因素，需要采取清洁化生产措施。

粉煤气化的废气排放涉及磨煤干燥、粉煤加压输送、气化及洗涤和灰水处理单元。其中磨煤干燥单元的废气排放污染物主要是颗粒物、NO_x、SO_2 以及 VOCs 等，粉煤加压输送单元的废气排放污染物主要是颗粒物和输送载气携带的有害成分，如甲醇、CO 等；气化及洗涤单元废气排放主要涉及开停车过程，开工初期的燃烧尾气以及开车后的产品合成气排放，停车后的合成气泄放；灰水处理单元的废气排放污染物主要是 H_2S，若排放废气不经过合理处理，H_2S 浓度积聚，不仅影响装置操作环境，甚至影响工人安全作业。

粉煤气化的废水排放来自灰水处理单元以及装置的初期雨水。气化黑水循环回用过程中盐类离子不断积聚，特别是氯离子、氟离子等的积聚，对系统的设备、管道材料腐蚀加剧，管线设备一旦被腐蚀，系统内黑水泄漏造成环境污染。装置的初期雨水因含油类、固体颗粒等污染成分，需要送废水处理单元。

粉煤气化的固废来自原料煤气化后产生的粗渣和细灰，气化效率是控制固废产生量的关键，其次是粗渣和细灰与水的分离效果，是控制固废质量的关键。粉煤气化固废为一般固废，可作为建筑材料综合利用。但如若固废中碳含量高，水含量高，不仅造成能源浪费，也会影响到固废的综合利用。

粉煤气化一般不涉及 VOCs 的排放，但如若原料煤采用低阶煤，特别是褐煤时，因褐煤含水率高，挥发分含量高，在磨煤干燥单元，如热风炉温度控制不当，干燥系统温度过高，粉煤干燥过程中可能会产生微量 VOCs，污染大气。

粉煤气化中涉及磨煤机、风机、机泵等机械设施，生产过程中噪声大，操作人员长期处于高噪声中，会产生永久性的听力损害。

粉煤气化在粉煤加压输送单元，在料位控制和检测及粉煤输送密度检测等采用了辐射型仪表设备，若辐射型仪表设备不采取防护措施，将影响操作人员的身体健康。

针对以上污染物排放以及可能的危害，粉煤气化过程在各方面采取了相应的清洁化生产措施，具体如下：

(1) 工艺方面

粉煤气化属于高效率的加压气流床合成气生产工艺，是将固态、非均相、物质极其复杂的煤在反应室（燃烧室）经高温气化（非催化部分氧化）生产出洁净合成气的过程，从煤的进料处理、加压输送、气化、除渣、合成气洗涤到灰水处理均配置了清洁化的生产工艺和措施。

1) 原料制备——磨煤干燥

气化的原料煤粒度越细，反应越充分和快速。结合工程应用，粉煤气化需要的粉煤粒度要求通常为：粒度一般在 10～90μm 占 90%以上，水含量（质量分数）小于 2%，对于水含量高的褐煤可以在 6%以上。为满足粉煤气化的原料煤要求，需要进行磨煤和干燥。

主要设备为原料煤储存仓、称重给料机、磨煤机、循环风机、热风炉、燃烧风机、粉煤袋式过滤器。

磨煤干燥单元涉及的清洁化生产措施主要有以下方面：

原料煤仓配置了煤仓过滤器，用于在原料碎煤下料至仓时的粉尘气过滤和排放。为提高磨煤机出力，工艺上可以从提高风量、调整旋转分离器转速、磨辊加载力等方式调节。热风炉采用燃料气一次燃烧、大量循环风炉内二次混配升温方式，热效率高。

磨煤干燥单元的循环干燥气采用燃烧产生的惰性气，大部分循环利用，少量放空以满足干燥要求。在磨煤机等密封处设置了氮气吹扫密封，避免粉煤泄漏。合格的粉煤通过螺旋和管道密闭输送至粉煤加压和输送单元。

2) 粉煤加压及输送

粉煤加压输送作用主要是实现粉煤由低压系统输送到高压系统的目的，其核心为粉煤锁斗放料—加压—卸料—泄压周期性循环。主要设备为粉煤储罐、粉煤锁斗、粉煤给料罐、粉煤过滤器和通气设备。

粉煤加压及输送单元涉及的清洁化生产措施主要有以下方面：

粉煤从磨煤干燥输送到粉煤储罐，保持粉煤储罐始终有低压氮气进入，以防空气或者湿循环气进入，同时防止粉煤架桥堵塞和设备磨蚀，从根本上保证了粉煤输送的安全性和稳定性。

粉煤锁斗和粉煤给料罐锥部也始终保持流化气进入，防止粉煤架桥堵塞和设备磨蚀。

本单元设置粉煤过滤器，所有含固气体外排均经过粉煤过滤器，保证外排气中含固量小于 $10mg/m^3$。

粉煤锁斗卸料完毕后，顺序控制锁斗的隔离、降压和进料，其中降压经两步降压和一步均压完成，在降压过程中，泄放气体分级泄放。经粉煤过滤器过滤后排到大气，在保证外排气达到环保要求的同时，严格控制泄放速率。

粉煤过滤器设置缓冲室，使气体泄放时减少对滤布的冲击，保护滤袋不破损，降低事故废气排放概率。滤袋破损照片见图 4-17。

图 4-17　滤袋破损照片

粉煤加压输送载气一般为 CO_2，在下游合成气用途为合成氨时可采用 N_2 输送，CO_2 为下游合成气净化装置副产，用作粉煤输送载气循环再利用，相比于采用氮气，可减少合成气中氰化物的生成，使气化外排废水中氰化物的指标相对较低。

装置停车后，系统中的粉煤可计划性导出，导出之后利用密闭输送系统送至锅炉燃烧，有效避免粉煤出系统所引起的安全和环保风险。

气化框架内设置真空除尘系统，检修或者设备故障时，对粉煤可能泄漏点进行真空除尘，避免粉煤泄漏或排出带来的污染和安全隐患。

3）气化

气化是粉煤与气化剂反应生成粗合成气的过程，气化单元涉及的清洁化生产措施主要有以下方面：

粉煤气化技术反应温度高，粉煤气化温度可达 1450～1650℃，气化炉内火焰中心温度在 2000℃以上，反应温度高可使煤中有机物全部转化，碳转化率可达 99%以上，废水中氨氮含量低、COD 含量低。

粉煤气化炉多采用水冷壁结构，向火侧敷有一层耐火衬里，主要成分为碳化硅，其特点是硬度大、导热性能好和不易开裂。因水冷壁存在，耐火涂层表面温度低于液渣的流动温度，在运行中形成部分固定渣层，可以起到保护耐火层和水冷壁的作用，同时减少气化炉热损失，提高气化效率，起到“以渣抗渣”的效果，相比于耐火砖材料结构，气化温度可以更高，碳转化率更高，水冷壁可副产中高压蒸汽，其耐高温性更强，热量利用率提高。

烧嘴和气化炉主体形成良好匹配，例如 SE 东方炉采用直流式同轴受限射流流场结构[82]，气化温度梯度分布合理，气化温度高，反应更加充分，灰渣中碳含量低。

粉煤气化入炉粉煤粒度分布小于等于 90μm 质量分数为 90%，颗粒越小，表面反应活性越高，相比于固定床采用的块煤和流化床采用的颗粒煤，其与气化剂接触的比表面积越大，碳转化率越高。

粉煤气化炉排渣为液态排渣，熔融态灰渣经水冷却后成为玻璃态渣，相较于固态排渣，碳转化更彻底，灰渣中碳含量低。

粉煤气化技术合成气和灰渣出反应室方式有两种，一是合成气和灰渣同时下行进激冷室，二是合成气上行去废锅，灰渣下行去渣池。相较于第二种方法，合成气和灰渣同时下行能有效避免渣口堵渣。

粉煤气化点火开工初期阶段，气化炉内燃料气与空气燃烧后的产物需要外排，目前工艺一般通过蒸汽抽引器[83]将气化炉内的废气抽吸排向大气。在气化炉投煤升压至下游装置接收合成气阶段，气化产生的合成气通过压力调节排向火炬系统。在气化炉停车时，气化负荷下调并切断去下游装置的阀门，粗合成气通过压力调节排放至火炬系统，再通过升压和降压操作，置换气化系统内残留的合成气，置换的合成气排至火炬系统处理。在开工废气排放控制方面，气化炉水冷壁结构的应用，气化炉升温速率快，开工时间相比耐火砖型大幅缩短，减少了开工排放气；点火-开工-投煤一体化烧嘴的应用，开车时间缩短，减少了开车废气的排放。

气化炉烧嘴保护采用烧嘴循环水冷却系统，该系统为密闭循环系统，采用中压氮气维持系统压力，冷却水为锅炉水，只需要在系统中锅炉水产生损失时补充。出气化炉水冷壁汽水混合物首先进入汽包分离后，产出蒸汽，汽包内饱和水由水冷壁循环热水泵加压后再次进入水冷壁循环，为了防止系统中盐类积聚，汽包需设置定时排污，污水排至蒸汽凝液闪蒸罐，回收热量。气化单元中所用的激冷水和洗涤水大部分采用灰水处理单元循环回用的灰水。

4）合成气除灰洗涤

合成气除灰洗涤的主要目的是满足下游单元对合成气温度和含尘量的要求，针对合成气除灰洗涤，废锅流程和激冷流程差异较大。

① 废锅流程。废锅流程涉及的清洁化生产措施主要有以下方面：

废锅型粉煤气化工艺产生的高温合成气首先通过低温合成气激冷和废锅冷却，在此过程中要防止积灰堵塞合成气通道并影响废锅产汽[84,85]，冷却后的合成气通过飞灰过滤器除尘后再经洗涤进一步除尘净化。其中，大部分飞灰经飞灰过滤器进入飞灰收集罐，飞灰过滤精度为 5μm，高温高压飞灰过滤器中为金属滤芯并增加保安滤芯等措施，相比于陶瓷滤芯，过滤元件不易断裂，故障率低，合成气除尘效果有保障，下游洗涤循环水固含量不会因上游滤芯断裂而波动，外排废水指标有保障。此处所有与合成气直接接触的设备温度都必须保持在 200℃以上，在正常运行中气流不足以保证此温度的设备必须使用伴热，如此设置的目的是避免氯化铵冷凝引起设备腐蚀，杜绝泄漏风险。

飞灰进入飞灰放料罐后通过与粉煤锁斗类似的周期性加压泄压将飞灰排入飞灰汽提/冷却罐，过滤器反吹气和飞灰放料罐泄放气通过飞灰过滤器后排入火炬，同时用于汽提/冷却的低压氮气通过飞灰汽提/冷却罐后引入飞灰汽提罐过滤器排入火炬，并且飞灰汽提罐过滤器的出口安装 CO 监测器监测飞灰中有毒性组分的清除情况，此处与火炬的连接设置了一个差压开关起安全防护作用，用于防止火炬气倒流。

经飞灰过滤后，含灰量＜20mg/m^3 的合成气进入洗涤系统，在洗涤塔中合成气被循环灰水进一步降温洗涤。干法除灰的灰水系统循环量相比激冷型粉煤气化工艺要小，其向外排放的废水量相对较小。

② 激冷流程。激冷流程涉及的清洁化生产措施主要有以下方面：

激冷流程的合成气洗涤除灰技术略有不同，以 SE 东方炉气化技术为例，合成气洗涤采用“混合器＋旋风分离器＋水洗塔”组合技术[86,87]，可有效提升合成气的洗涤效果，与其他激冷气化技术洗涤工艺相比，可减少系统循环水量和系统外排废水量。激冷和洗涤黑水均进入灰水处理单元进行澄清过滤后循环利用。

采用高温灰水循环工艺，即气化炉出口黑水经液固分离后灰水作为气化激冷水回用，从而减少下游黑水闪蒸量，酸性气产生量减少。

5）除渣

气化炉所产生的粗渣经破渣机进入渣放料罐，灰水通过循环灰水泵循环回到气化炉底部，用于松动气化炉底部堆积的灰渣，保证灰渣能够顺畅地排入渣放料罐。渣放料罐通过周期性加压泄压将渣排入渣池。

除渣单元涉及的清洁化生产措施首先是要保证锁斗排渣系统的稳定操作，该系统由于介质环境复杂（高压、高压差、含固），频繁操作，因此，其稳定操作是避免造成环境污染的首要任务。此外，捞渣机接收渣锁斗排放的渣水，并将粗渣不断地捞出外排，捞渣机捞出的粗渣一般含水率在 20%左右。捞渣机出口振动脱水机的使用，可进一步降低粗渣的含水率。捞渣机和渣锁斗冲洗水罐排放气主要为黑水中溶解的痕量的酸性气，一般采用氮封并通过排气筒有组织排放的形式高空排放，或者采用引风机引至锅炉或者热风炉烟风系统，在捞渣机区域设置 H_2S 气体检测器，对环境 H_2S 进行监测。

6）灰水处理

灰水处理单元主要是将气化及洗涤、除渣所产生的黑水进行澄清，分离其中的固体颗粒和黑水中溶解的气体，以达到污水处理单元对废水水质的要求，并回收黑水中的热量。

灰水单元涉及的清洁化生产措施主要有以下方面：

气化产生的黑水经闪蒸和过滤后，大部分灰水返回至气化系统循环使用。为保持系统内进出水平衡并避免灰水循环系统内盐类物质的积聚，且考虑灰水系统的材料经济性，需要外排一定量的废水。废水排放位置一般都位于灰水槽出口，澄清过滤后的较洁净的灰水，大部分经泵加压后回到气化洗涤系统，剩余部分作为废水外排。

灰水处理单元常采用多级闪蒸，以回收热量并减少循环冷却水的用量，气化循环水用量的减少间接地可减少循环水站新鲜水的补充和废水的外排。灰水处理三级闪蒸产生高压闪蒸酸性气、低压闪蒸酸性气和真空闪蒸酸性气[76]，其中高压闪蒸和低压闪蒸酸性气可直接送硫回收单元处理。而真空闪蒸酸性气一般为常压，且排放量较小，通常直接排入大气。但随着环保要求的提高，真空闪蒸气收集或进一步吸收 H_2S 后再排入大气。

澄清槽及灰水槽等排放气，主要为黑水中溶解的痕量的酸性气，一般采用氮封并通过排气筒有组织排放的形式高空排放。

灰水处理单元设置 H_2S 气体检测器，对环境 H_2S 进行监测。

装置内设置事故渣池收集事故排放渣水，地面冲洗水以及初期雨水经过溢流澄清后送往事故渣池水回用，减少外排废水。

聚合氯化铝等絮凝剂的应用，对废水中的悬浮物进行絮凝，有效降低废水中的固含量[88]。

黑水中携带的细渣经专门的过滤机械，实现液固分离，目前应用的过滤技术有真空皮带过滤、板框压滤、陶瓷过滤以及离心过滤技术等，分离后的细渣含水率小于50%[73,94]，滤饼可送至锅炉掺烧或者作为制作水泥的原料。

废锅型粉煤气化工艺的灰水系统循环量相比激冷型粉煤气化工艺要小，其向外排放的废水量相对较小。

（2）设备与机械方面

磨煤机采用带粉煤粒度筛分（旋转分离器）的中速辊式磨，相比其他如球磨等磨型，能耗低、耐磨性好、振动和噪声低、易于检修和维护。粉煤过滤器采用多滤芯式布袋过滤器，滤布采用耐高温、耐磨蚀的 PPS 滤布，除尘效率高，过滤后的放空气含尘量小于 $10mg/m^3$[72]。

粉煤加压输送系统中，设备的设计压力保持与输送气减压进入粉煤系统设计压力保持一致，使粉煤加压输送系统从根本上杜绝了安全阀或者爆破片等泄放装置的使用，避免了粉煤直接泄放污染环境。粉煤容器设备锥体角度设计要求小于15°，能有效防止粉煤在容器内架桥堵塞。粉煤加压输送系统采用结构多样的通气设备和吹扫器，过滤元件为精度 $5\mu m$ 的烧结金属，既能够有效达到进气分布均匀的效果，还具有一定的强度，能够承受一定的压差，从而避免粉煤倒窜至气体系统造成污染。

精密过滤器的应用，将气化澄清水进一步过滤后，作为真空皮带过滤机的冲洗水，减少新鲜水的补充量，减少外排废水量。粉煤气化装置一般设置有化学品罐，包括分散剂罐、絮凝剂罐、酸罐和碱罐，以用于调节灰水水质，防止系统结垢。为防控化学品的泄漏会造成土壤和地下水污染，设备的材质选择比较关键，如酸罐一般选用耐腐蚀的玻璃钢材料，保证正常时不会发生泄漏。

气流床煤气化装置灰水处理系统涉及的机泵较多，包括激冷水泵、循环灰水泵、渣池泵、浆液泵等。针对黑水中固体颗粒含量高、含盐含氯腐蚀性高的特点，机械设备采用耐磨、耐腐蚀材料，采用外源冲洗密封方案等措施，防止机械设备被磨蚀、腐蚀，液体泄漏造成环境污染。此外，在灰水处理中，闪蒸罐及其减压闪蒸阀因其介质中含有固体颗粒且承受高压差，容易产生冲蚀损坏，从而造成操作周期短和引发安全、环保事故的风险，行业界一般通过结构优化、材料升级等措施加以避免[90]。

捞渣机用于接收渣锁斗出口的渣水，渣水在减压过程中会闪蒸出部分酸性气，捞渣机若采用敞开式，局部区域会有较明显的臭气味。目前捞渣机顶部普遍加盖，并将微量的闪蒸气抽引至高点放空或收集后进一步处理。

（3）仪表与控制方面

磨煤干燥系统，循环风设置了氧气含量、CO 含量监测装置，避免系统过氧或者氧气不足。原煤仓设置了 CO 监测装置，监测和避免长时间不用的煤闷燃。

粉煤加压输送系统，在进料控制方面，粉煤给料罐和气化炉设置压差控制，可保证粉煤安全和稳定进料。设置煤线循环系统，装置开车时可保证进料稳定。粉煤调节阀和粉煤三通换向阀采用特殊的结构设计，在完成流程控制的同时，可保证系统安全稳定。对于粉煤调节阀，粉煤从进口沿耐磨衬里垂直滑下，进入桶状阀芯，粉煤从桶状阀芯开槽处流出进入阀门出口，出口与煤粉流入方向呈120°夹角，倾斜向下，且阀杆双密封，保证与粉煤完全隔绝，阀盖设置氮气吹扫口，防止粉煤在阀盖底部堆积，如此结构设计可保证阀门使用寿命并实现粉煤流量准确控制；粉煤三通换向阀采用圆盘形旋塞和一进两出阀体配合，旋塞有变径的平行双通道，通过旋塞的锐角摆动，实现粉煤的切换流动，旋塞的大直径圆盘和两段的回转轴为一整体，圆盘具有内径渐变的平行双通道，即旋塞进口流道直径比阀体进口流道直径稍大，旋塞出口流道直径比阀体出口流道直径稍小，此设计可确保粉煤在流动过程中对零件表面无法垂直冲击，避免煤粉遇到凸出边缘而变向流动并进入旋塞和阀体间隙，引起卡塞，保证运行的稳定性。同时煤线调节阀和煤线循环三通换向阀采用耐磨衬里，可有效防止磨蚀。

在粉煤锁斗、粉煤给料罐设置有放射性料位计，在粉煤输送管线上设置有放射性密度计，可以及时准确检测进炉煤量，为生产稳定运行提供了保障。放射性仪表对放射源的源盒开关通过远程操作进行控制，避免了人为靠近放射源的可能性；选用较灵敏的 PVT[91] 接收器，尽可能减小放射源的剂量；放射源的安装位置确保放射源的强辐射区域避免主要操作带、检修区域、走廊、楼梯等；在放射性仪表周界设置警示标识，预防操作人员靠近。近年来，微功率电磁波透射式煤粉流量计的应用[92,93]，替代了煤粉输送管线的放射性密度计，减少了粉煤气化装置的辐射性安全隐患。放射性仪器现场防护见图 4-18。

图 4-18　放射性仪器现场防护

粉煤气化以气化炉为核心的控制系统自动化、智能化和安全可靠性程度较水煤浆气化更高，气化炉点火、开工、投煤可自动控制，甚至可实现一键式点火、投煤操作。气化系统设置 ESD 紧急停车系统，可有效确保系统安全。水冷壁耐火层温度监测、汽包产汽流量监测、粗合成气 CH_4 含量监测等措施可判断气化炉内的气化操作温度情况，进而保证碳的转化率，控制渣量。设置气化炉内温度监测措施，实时显示气化炉反应室的温度变化情况，实时调节氧煤比，有效进行操作调整，是适应煤种波动的炉温监控手段，为迅速及时有效地控制气化炉反应温度和操作运行安全性提供了依据。

废锅流程的飞灰过滤系统，与粉煤输送单元类似，飞灰收集罐和飞灰放料罐设置有放射性料位计，避免射线对人员造成危害所设置的措施与粉煤加压输送单元类似。

（4）其他方面

灰水处理单元酸性气管线选择不锈钢材料，减少管线的腐蚀泄漏风险；采用能耐受高浓度的氯离子应力腐蚀的超级双相钢材料或加厚碳钢，可以使灰水循环回用比例提高，外排废水量减少。

在磨煤单元，连接主要设备的大直径管道在磨煤机出口等关键部位采用了耐磨蚀设计。粉煤加压输送设备的设计，一般由粉煤过滤器、粉煤储罐、粉煤锁斗和粉煤给料罐依次从上到下布置，粉煤能够自然下落，最大限度地利用了重力输送，更加节能环保。

煤粉输送管线有别于常规工艺管线，弯头采用50倍直径大弯头，降低介质对弯头的磨损，减少煤粉泄漏的风险。整个粉煤输送系统中的设备、阀门和管道连接采用特定法兰，保证连接处内径光滑，无凸台，有效防止磨蚀。

灰水处理系统，黑水闪蒸角阀靠近下游设备安装，使闪蒸后的两相流管线最短，两相流管道采用特殊支架固定，减少振动。此外，出澄清槽泥浆管线抗磨蚀和堵塞措施主要有：采用5倍直径大弯头和使用衬塑管或者加厚碳钢管；在存有死角的管线设置冲洗口，以保证系统安全稳定运行。

除化学品外，气化装置装卸粗渣和滤饼区域，汽车装卸固废的过程中，会有部分渣饼散落，装卸区域一般设置局部围堰，有利于控制污染区域范围。同时，将污染区域集中布置在装置边缘，单独设置围堰，就近设置运输道路，与其他较清洁区域相对独立，重点控制污染范围，避免交叉污染。此外，煤气化装置设置大围堰，通过地沟统一收集，可以防止单元内污水外溢，影响土壤和地下水。相比于汽车运渣方式，选用输渣皮带方式可有效控制地面污染。

主要措施包括针对性地设置化学品罐区域围堰以及防渗处理，以保护土壤和地下水。

对于放空排放气一般采用在放空出口设置消声器的措施。装置中部分阀门只是在开车、停车和异常阶段使用，此阶段阀门的操作参数苛刻，往往有巨大的噪声。为了解决此问题，在实际工程中，将此类阀门安装在较偏僻平时操作人员远离的区域，阀门选用多级降压降噪型阀门，并在此阀门出口设置降噪板，对此管道进行必要的重点加固，同时设置操作警示牌。

粉煤气化含固气体管线、黑水管线和泥浆管线上的仪表设置吹扫或者冲洗措施。流程中取样均采用密闭取样，黑水倒净至密闭系统。地面冲洗水导淋排地沟，收集后排入事故渣池，待处理后循环回系统。

粉煤气化装置合成气和黑水取样采用密闭取样系统，其中合成气取样排放气排至火炬，经过燃烧处理后排放至大气。黑水取样过程中产生的微量排放气经过吸附处理去除CO和H_2S等有害气体后排放至大气。

电气采取的措施与固定床气化工艺基本相同，不再赘述。除上节固定床气化工艺采用的暖通防尘措施外，粉煤气化工艺有另外的防尘措施。磨煤机的滚筒筛排风口设置防爆型混流式排风机，通过排风管道，高空排放，以防止其散发的易燃易爆气体聚积。磨煤厂房内设置边墙式排风机，用于排出散发的热及粉尘，改善室内工作环境。

磨煤厂房原料仓，为改善劳动环境，设置除尘系统，除尘器选用布袋除尘器，粉尘经除尘器净化后排至室外，排放口粉尘浓度$<10mg/m^3$，高于国家标准要求。

粉煤气化点火开工初期阶段，气化炉内燃料气与空气燃烧后的产物需要外排，目前一般通过蒸气抽引器将气化炉内的废气抽吸排向大气。在气化炉投煤升压至下游装置接收合成气阶段，气化产生的合成气通过压力调节排向火炬系统。在气化炉停车时，气化负荷下调并切断去下游装置的阀门，粗合成气通过压力调节排放至火炬系统，再通过升压和降压操作，置换气化系统内残留的合成气，置换的合成气排至火炬系统处理。

在开工废气排放控制方面，气化炉水冷壁结构的应用，气化炉升温速率快，开工时间相比耐火砖型大幅缩短，减少了开工排放气；点火-开工-投煤一体化烧嘴的应用，开车时间缩短，减少了开车废气的排放。

建设过程、检维修采取的措施与固定床气化工艺基本相同，不再赘述。

粉煤气化技术的发展、技术的进步间接或直接提高了装置的环保性。气化理论和认识不断深入和突破，并应用于实践不断延长操作运行周期。配煤理论、气化炉积渣及合成气带灰机理的研究和理论创新，单炉气化炉运行周期由最初的不到1个月延长到半年以上，甚至突破330天。装置可靠性、稳定性提高，在线率提高，开停车频次降低，进而开停车时的废气排放减少。

单炉3000t/d甚至4000t/d投煤规模的炉型不断涌现，气化炉的大型化，有助于减少气化炉的配置数量，从而减少倒炉的次数，降低气化炉开停车对环境的影响。

工艺流程设置的进步与优化，如粉煤输送载气二氧化碳、微量甲醇在压缩机段间洗涤去除可保证粉煤袋式过滤器排放气甲醇指标不超标，粉煤锁斗泄放气回收工艺可减少废气排放量，真空闪蒸酸性气通过甲基二乙醇胺（MDEA）溶液洗涤与硫回收尾气处理结合可控制排放气中的酸性气成分，黑水闪蒸采用三级闪蒸，低压闪蒸气热量进行回收利用可降低能耗间接减排等等。

气化烧嘴技术的进步，内部结构优化、通道设置优化、材料及制造加工水平的提高以及与气化炉内流场的合理匹配，使得烧嘴的寿命延长。SE东方炉粉煤加压气化技术在中安联合装置上应用的烧嘴已实现了累积连续运行600天以上，烧嘴寿命的延长，使得粉煤气化的长周期运行性能提高，从而减少了开停车时对环境的影响。

材料方面的进步，如滤袋材料的升级，烧结金属滤芯替代陶瓷滤芯，黑水系统耐磨、耐腐蚀材料的应用等，粉煤气化装置的在线率得以提升。可靠性、稳定性的提高减少了事故工况下的环境风险，进而控制了污染物排放。

总的来说，粉煤气化过程的污染物控制，相应的清洁化生产措施在不断地优化和改进，体现在技术方案、工艺流程、设备和材料等方面。随着技术的不断发展和进步，粉煤气化过程的清洁化生产措施也会不断更新迭代，污染物控制水平也将达到新的高度。

4.3.5 粉煤气化工艺过程污染物排放及治理

（1）废气

粉煤气化工艺因其气化炉内较高的气化温度，挥发分、有机物等分解完全，产生的合成气中不含酚、焦油等有机物。因此，粉煤气化工艺不存在含VOCs的废气排放，其排放的废气中污染物主要为粉尘和H_2S，其中粉尘主要为煤粉制备和输送过程产生的，H_2S主要为黑水闪蒸产生的。对于粉尘的排放，目前粉煤气化装置基本采用袋式过滤器方式，将外排指标控制在小于$10mg/m^3$，满足《石油化学工业污染物排放标准》（GB 31571—2015）关于颗粒物的排放标准$20mg/m^3$。对于H_2S的排放，原料煤中绝大部分的硫在气化后以H_2S的形式存在于合成气中被携带至下游处理。而另一部分溶解于黑水中的H_2S在闪蒸过程中解吸出来，且大部分在高压闪蒸和低压闪蒸后被送至硫回收处理，最后一小部分在真空闪蒸时解析出来，此股酸性气虽然H_2S浓度较高，但其排放总量很小，满足《恶臭污染物排放标准》的要求。

典型的粉煤气化工艺（激冷）废气排放指标如表4-15。

表 4-15　典型的粉煤气化工艺（激冷）废气排放指标

序号	排放设备名称	废气名称	主要污染物指标(标准状况)/(mg/m^3)	排放方式	排放去向
1	循环风机	循环风机排放气	主要为 CO_2、N_2、H_2O 等惰性气，煤粉<10	连续	大气
2	原煤仓排空过滤器	原煤仓排放气	主要为 N_2，煤粉<10	连续	大气
3	煤粉仓排空过滤器	煤粉仓排放气	主要为 N_2，煤粉<10	连续	大气
4	石灰石仓排空过滤器	石灰石仓排放气	主要为空气，石灰石<10	连续	大气
5	粉煤过滤器	粉煤锁斗泄压排放气	主要为 CO_2、N_2，煤粉<10	连续	大气
6	真空泵	真空泵分离罐排放气	H_2S 约 30000(排放量很小)	连续	大气
7	捞渣机、冲洗水罐	渣池排放气	主要为 N_2、H_2O 及部分空气，痕量的 CO 和 H_2S	连续	大气
8	开工抽引器	点火开工排放气	主要为 CO_2、N_2、H_2O 等惰性气	间歇	大气
9	洗涤塔	开车排放气	粗合成气：H_2、CO、CO_2、H_2S、COS、CH_4、N_2、Ar、HCN、H_2O	间歇	火炬

典型的粉煤气化工艺（废锅）废气排放指标如表 4-16。

表 4-16　典型的粉煤气化工艺（废锅）废气排放指标

序号	排放设备名称	废气名称	主要污染物指标(标准状况)/(mg/m^3)	排放方式	排放去向
1	循环风机	循环风机排放气	主要为 CO_2、N_2、H_2O 等惰性气，煤粉<10	连续	大气
2	原煤仓排空过滤器	原煤仓排放气	主要为 N_2，煤粉<10	连续	大气
3	煤粉仓排空过滤器	煤粉仓排放气	主要为 N_2，煤粉<10	连续	大气
4	石灰石仓排空过滤器	石灰石仓排放气	主要为空气，石灰石<10	连续	大气
5	粉煤过滤器	粉煤锁斗泄压排放气	主要为 CO_2、N_2，煤粉<10	连续	大气
6	捞渣机	渣池排放气	主要为 N_2、H_2O 及部分空气，痕量的 CO 和 H_2S	连续	大气
7	灰锁斗排放过滤器	灰锁斗排放气	主要为 N_2，含 H_2、CO、CO_2、H_2S、COS、CH_4、HCN、H_2O	连续	火炬
8	汽提罐过滤器	汽提罐排放气	主要为 N_2，含 H_2、CO、CO_2、H_2O	连续	火炬
9	蒸汽喷射器	点火开工排放气	主要为 CO_2、N_2、H_2O 等惰性气	间歇	大气
10	洗涤塔	开车排放气	粗合成气：H_2、CO、CO_2、H_2S、COS、CH_4、N_2、Ar、HCN、H_2O	间歇	火炬

（2）废水

粉煤气化工艺外排的废水污染物主要为 COD_{Cr} 和 NH_3-N、悬浮固体以及极少的 CN^-。对于悬浮固体，一般通过沉降池来控制废水中的固含量；对于 COD_{Cr}、NH_3-N 成分，可采用常规的生化污水处理方法进行降解；对于 CN^- 成分，在气化操作温度高、载气为氮气时，废水中的含量明显升高，一般采用破氰设施[94]，利用氯氧化方法将 CN^- 成分转化为无毒介质，达到污水处理纳管要求。

典型的粉煤气化工艺废水排放指标如表 4-17。典型的粉煤气化工艺（废锅）废水排放指标如表 4-18。

表 4-17　典型的单系列投煤量 2000t/d 粉煤气化工艺（激冷）废水排放指标

排放设备名称	废水名称	排放量/(m^3/h)	主要污染物浓度/(mg/L)
澄清槽溢流罐	气化废水	60	COD_{Cr}:<250 SS:<100 氨氮:<150 CN^-:<1 pH:7～8.5

表 4-18　典型的单系列投煤量 2000t/d 粉煤气化工艺（废锅）废水排放

排放设备名称	废水名称	排放量/(m^3/h)	主要污染物浓度/(mg/L)
澄清槽溢流罐	气化废水①	20	COD_{Cr}:约 300 BOD:约 350 SS:约 100 氨氮:约 200 CN^-:约 10 pH:6.5～7.5

① 废锅型气化工艺废水外排量比激冷型气化工艺外排废水量小。

(3) 固废

粉煤气化工艺的固废有粗渣和细渣，其主要成分为煤灰以及部分未转化的残炭，同时夹带一部分水，不含焦油、酚类等有机物，不含毒性介质。粗渣一般含水率（质量分数）在20%左右，残炭含量较低，基本无热值回收价值，气化产生的粗渣一般直接外运可作为建筑材料综合利用，如填海、铺路、制砖等。细渣一般含水率（质量分数）小于 50%，残炭含量相对较高，部分粉煤气化工艺运行的细渣中残炭含量（质量分数）在 30%以上，其热值相对较高，可回收用于锅炉掺烧，也有利用脱碳的气化渣制备水泥等复合材料[95]。

典型的粉煤气化工艺（激冷）固废排放指标如表 4-19。

表 4-19　典型的单系列投煤量 2000t/d 粉煤气化工艺（激冷）固废排放指标

序号	排放设备名称	固废名称	排放量/(t/h)	排放方式	主要成分[76]
1	渣池	粗渣	9.0	连续	SiO_2、Al_2O_3、Fe_2O_3、CaO、MgO、Na_2O、K_2O、TiO_2、P_2O_5和 C,含水质量分数 13%～16%,含碳质量分数小于 5.0%,
2	过滤机械	滤饼	10.0	连续	SiO_2、Al_2O_3、Fe_2O_3、CaO、MgO、Na_2O、K_2O、TiO_2、P_2O_5和 C,含水质量分数约 50%,含碳质量分数 15%～30%

与激冷型粉煤气化工艺流程相比，废锅型粉煤气化工艺在气化和飞灰除尘过程不同。废锅型粉煤气化工艺产生的高温合成气首先通过废锅进行冷却，冷却后的合成气通过飞灰过滤器除尘后再经洗涤进一步除尘净化。由于流程设置的不同，废锅型粉煤气化工艺的固废排放较常规激冷型粉煤气化工艺有所不同，其典型的粉煤气化工艺（废锅）固废排放如表 4-20。

表 4-20　典型的单系列投煤量 2000t/d 粉煤气化工艺（废锅）固废排放

序号	排放设备名称	固废名称	排放量/(t/h)	排放方式	主要成分
1	渣池	粗渣	9.0	连续	SiO_2、Al_2O_3、CaO、Fe_2O_3、MgO、Na_2O、K_2O、TiO_2、P_2O_5和 C,含水质量分数 13%～16%,含碳质量分数小于 5.0%
2	过滤机械	滤饼①	0.4	连续	SiO_2、Al_2O_3、Fe_2O_3、CaO、MgO、Na_2O、K_2O、TiO_2、P_2O_5和 C,含水质量分数约 50%,含碳质量分数 15%～30%

续表

序号	排放设备名称	固废名称	排放量/(t/h)	排放方式	主要成分
3	灰仓	飞灰	4.8	连续	SiO_2、Al_2O_3、Fe_2O_3、CaO、MgO、Na_2O、K_2O、TiO_2、P_2O_5和C，含碳质量分数约5%

① 废锅型气化工艺细灰主要以飞灰的形式外排，滤饼排放量较激冷型气化工艺小。

（4）噪声

粉煤气化工艺的噪声来自大型机械以及放空。大型机械如磨煤机、循环风机一般采用减振基础、隔声罩等措施。放空排放气如氧气放空、蒸气放空、氮气或二氧化碳放空，一般采用在放空出口设置消声器的措施。典型的粉煤气化工艺（激冷）噪声源见表4-21；典型的粉煤气化工艺（废锅）噪声源见表4-22。

表4-21 典型的粉煤气化工艺（激冷）噪声源

序号	噪声源	噪声值/dB(A)	降噪措施
1	循环风机	105	减振、隔声罩
2	磨煤机	112	减振、隔声罩
3	密封风机	95	隔声罩、消声器
4	燃烧空气鼓风机	95	隔声罩、消声器
5	稀释风机	95	隔声罩、消声器

表4-22 典型的粉煤气化工艺（废锅）噪声源

序号	噪声源	噪声值/dB(A)	降噪措施
1	循环风机	105	减振、隔声罩
2	磨煤机	112	减振、隔声罩
3	密封风机	95	隔声罩、消声器
4	燃烧空气鼓风机	95	隔声罩、消声器
5	稀释风机	95	隔声罩、消声器
6	激冷气压缩机	105	减振

综上所述，目前工业应用的较典型的水煤浆气化技术有GE公司的单喷嘴水煤浆气化技术和华东理工大学的多喷嘴水煤浆气化技术等[96]；较典型的粉煤气化技术有壳牌废锅气化技术、SE东方炉激冷气化技术和航天炉[97]激冷气化技术等。在废气排放方面，水煤浆气化工艺与粉煤气化工艺差别明显，粉煤气化工艺过程存在煤粉制备过程及煤粉加压锁斗泄压含尘气体排放；在废水排放方面，水煤浆气化工艺因气化炉内操作温度相对粉煤气化工艺要低，废水中COD含量高，氨氮含量高，水质指标相对粉煤气化工艺要差；在固废排放方面，水煤浆气化工艺碳转化率相对粉煤气化工艺要低，排放的渣中碳含量相对粉煤气化工艺要高。在污染物控制方面，水煤浆气化工艺一般较关注废水的氨氮和COD排放，粉煤气化工艺一般较关注废气的粉尘排放和废水的氰化物排放。对于排放废气的粉尘控制，粉煤气化工艺一般在排放出口设置袋式除尘器，粉煤废锅气化工艺还采用金属精密过滤器分离飞灰。对于废水的排放控制，废水中氨氮、COD含量与气化温度以及系统水平衡有关，气化温度越高，废水中的氨氮、COD含量越低；而系统补水量越多，外排水量越多，相应的指标越低，因此，废水的排放指标主要通过气化操作温度和系统水平衡来控制。对于固废的残炭含量控制，主要通过控制气化温度来实现，气化温度越高，碳转化越完全，渣中残炭含量越低。总的来说，不同的煤气化技术，其可操作的气化温度区间不同，水系统平衡不同，污染物控制指标有所区别。各典型气流床气化技术的污染物排放指标如表4-23所示。

表 4-23 各典型气流床气化技术的污染物排放指标

污染物控制指标	GE 单喷嘴水煤浆气化技术	华东理工大学多喷嘴水煤浆气化技术	Shell 废锅气化技术	SE 东方炉激冷气化技术	HTL 激冷气化技术
废气指标					
粉尘/(mg/m³)			<10[71]	<10[71]	<10[71]
废水指标					
氨氮/(mg/L)	300～400[74]	400～500	<200[75]	50～150	约 200[74]
COD/(mg/L)	约 600[74]	403～854[98]	约 300	约 250	约 300[74]
CN^-/(mg/L)	<1	<1	30～50[75]	3～5	约 10[74]
pH	7～9	7～9	6.5～7.5	7～8.5	7～9
固废指标					
粗渣碳含量(质量分数)/%	3～8	3～8	<2	<2	<5
细渣碳含量(质量分数)/%	20～40	20～40	<20	<20	<30
飞灰碳含量(质量分数)/%			<5		

4.4 其他气化技术

4.4.1 概述

目前已实现工业化应用的煤气化技术都有各自的特点和优势，但也存在着缺点和不足。国内外对煤气化技术的研究朝着更加高效、更加节能、更加环保的方向发展，由此开发出多种新型煤气化技术，主要包括熔浴床气化、催化气化、地下煤气化、等离子体气化、超临界水煤气化、核能余热气化等。由于大多数新型煤气化技术都在研发中，没有明确典型的工艺流程和操作参数，所以其产生的污染物只能根据煤气化特点进行预测。其他煤气化技术的分类和特点见表 4-24。

表 4-24 其他煤气化技术的分类和特点

气化技术	气化技术开发年代	操作方式	反应供热方式	定义	目前技术应用状态
熔浴床气化	第二代	连续	自热	将粉煤和气化剂以切线方向高速喷入一温度较高且高度稳定的熔池内，把一部分动能传给熔渣，使池内熔融物做螺旋状的旋转运动并气化	停滞
催化气化	第三代	连续	自热	煤在固体状态下进行的，催化剂与煤的粉粒按照一定的比例均匀地混合在一起，煤表面分布的催化剂通过侵蚀开槽作用使煤与气化剂更好地接触并加快气化反应	开发中
地下煤气化	第三代	连续	自热	将未开采的煤炭进行有控制的燃烧，通过煤的热化学作用生产煤气的气化方法	已应用
等离子体气化	第三代	连续	外热	煤在氧化性电弧等离子体气氛中生成合成气的过程	开发中

续表

气化技术	气化技术开发年代	操作方式	反应供热方式	定义	目前技术应用状态
超临界水煤气化	第三代	连续	自热	煤在温度和压力高于临界点(374.3℃,22.1MPa)的水中发生气化反应,超临界水作为均相反应介质、催化剂或反应物的煤气化技术	正在建设示范装置
核能余热气化	第三代	连续	外热	煤气化反应过程中借助原子反应堆的余热作为气化热源的技术	开发中

4.4.2 熔浴床气化工艺过程及污染物排放

煤熔浴床气化技术是将煤粉和气化剂均以较高速度喷入高温的熔融浴中，由此产生高速旋转和涡流，在高温熔融液体热载体床层中进行气化反应，因采用的液体热载体不同，熔浴床气化主要有熔渣浴气化、熔铁浴气化、熔盐浴气化。其主要特点是高温热载体具有催化作用，可加速气化反应，提高气化效率。该技术对原料煤的粒度、黏结性及机械强度等要求不高，煤种适应性较强。但是，熔融物对气化炉的腐蚀性以及熔融物再生困难等问题，阻碍着这类气化技术的进一步发展。美国、英国和日本等国家曾研究和开发熔浴床气化炉，至今此技术尚未进入商业应用。

4.4.2.1 熔渣浴气化

熔渣浴气化法中熔渣池既是热源，又是主要反应区，其兼具供热、蓄热和催化气化的功能，该技术气化反应温度高达 1500～1700℃。其主要代表工艺有 Rummel 气化炉和 Saarberg/Otto 熔渣气化炉。粉煤和气化剂均以较高的速度（6～7m/s）经过喷嘴沿切线方向喷入床内，由此带动熔渣做螺旋状的旋转运动。燃料颗粒也因为离心力而保持旋转运动，因此每个颗粒都有一个平衡圆周，小颗粒保持悬浮状态并在其平衡圆周上旋转，由于离心力作用，较大的煤粒或灰粒撞击在气化室壁上，由于炉内气固两相高速旋转即煤粒和气体之间的相对运动剧烈，气化反应速度随之加快[99]。熔渣浴气化炉工作原理见图 4-19；Saarberg/Otto 熔渣浴气化炉及气化工艺流程见图 4-20 和图 4-21。

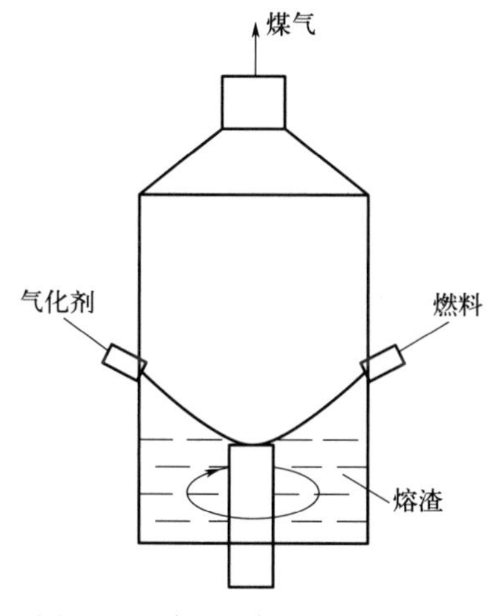

图 4-19　熔渣浴气化炉工作原理

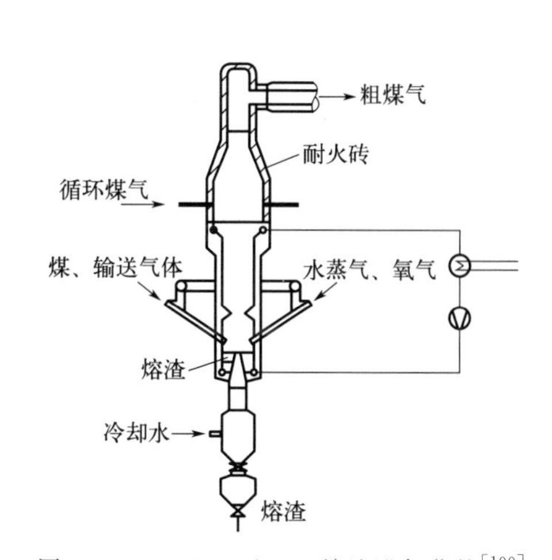

图 4-20　Saarberg/Otto 熔渣浴气化炉[100]

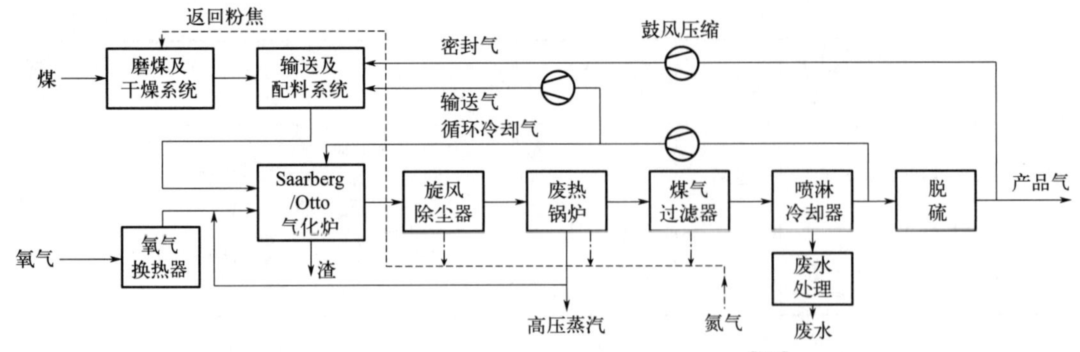

图 4-21 Saarberg/Otto 气化工艺流程示意图[100]

由于该技术气化反应温度很高，传热和反应动力学条件良好，因此，该技术具有气化强度高、碳转化率高以及煤气中不含焦油、酚类等优点。因此无论熔渣气化炉后煤气采用何种冷却和初步净化工艺，其产生的污染物与气流床粉煤气化技术类似，其灰渣含碳量更低。

Saarberg/Otto 熔渣气化工主要污染物有固废、废水、废气以及噪声。产生的固废与粉煤气流床粗渣类似，其主要成分为煤灰以及部分未转化的残炭，由于熔渣气化温度较高，固废中残炭含量可能比粉煤气流床更低，同时夹带一部分水，不含焦油、酚类等有机物，不含毒性介质。产生的废水与粉煤气流床废锅流程类似，废水污染物主要为悬浮固体、COD_{Cr}、NH_3-N 以及极少的 CN^-。产生的废气可能来自废水中溶解的少量的酸性气。

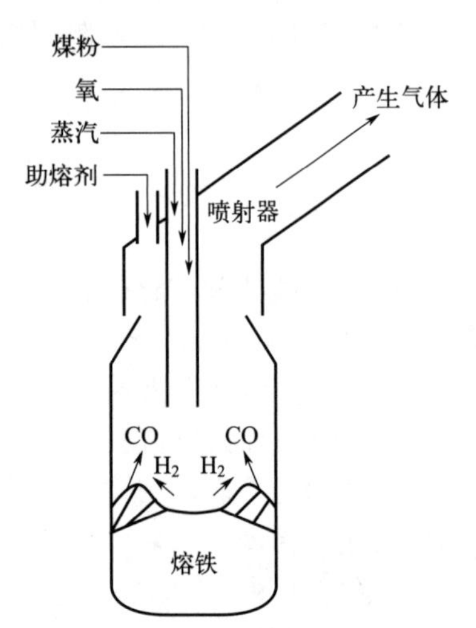

图 4-22 熔铁浴煤气化工艺原理

4.4.2.2 熔铁浴气化

熔铁浴气化技术起源于氧气顶吹转炉炼钢，其主要工艺为将气化用煤连续不断地加入熔铁浴炉内，制取类似于转炉顶吹炼钢所产生的洁净可燃气，其代表技术有住友式气化炉。熔铁浴炉内熔铁的气化温度约为 1500℃，其中可加入铁矿石和铁屑防止铁浴过热；此外，熔融物中加入石灰，煤中的硫与石灰反应可生成硫化钙，以此可降低煤气的硫含量。熔铁浴煤气化工艺原理见图 4-22；住友式粉煤气化工艺流程见图 4-23。

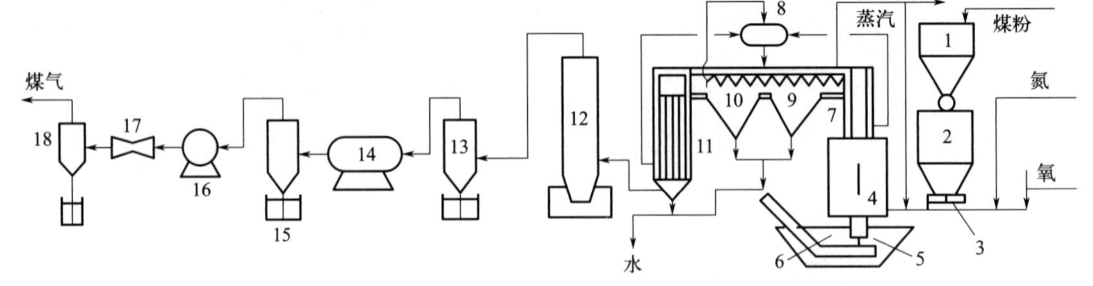

图 4-23 住友式粉煤气化工艺流程示意图

1—称煤斗；2—储煤斗；3—加煤机；4—气化炉；5—熔渣排出水槽；6—刮板式捞渣机；7—第一夹套锅炉；8—蒸汽蓄能器；9—第二夹套锅炉；10—蒸汽过热器；11—废热锅炉；12—冷却塔；13—旋风分离器；14—泰生洗涤机；15,18—雾沫分离器；16—煤气鼓风机；17—文丘里洗涤器

由于熔铁浴气化温度较高，其产生的污染物与气流床粉煤气化技术类似。

4.4.2.3 熔盐浴气化

熔盐浴气化技术中高温热稳定的熔融盐同时作为催化介质和热载体，使得固体燃料进入熔盐浴后得到裂解和部分氧化，其代表技术为 Rock-gas 熔盐浴气化炉。Rock-gas 熔盐浴气化系统中熔融盐采用的是碳酸钠，工艺过程除煤气化部分还包括碳酸盐再生循环，其熔盐池操作温度为 930～980℃，操作压力为 0.5～3.0MPa，气化剂为氧气和水蒸气，产品煤气从熔盐池上部排出。熔渣从熔盐池下部连续溢流排出，排出的灰渣经淬冷器洗涤后，经脱灰、脱硫处理，再生后的碳酸钠返回至气化炉系统继续循环使用。

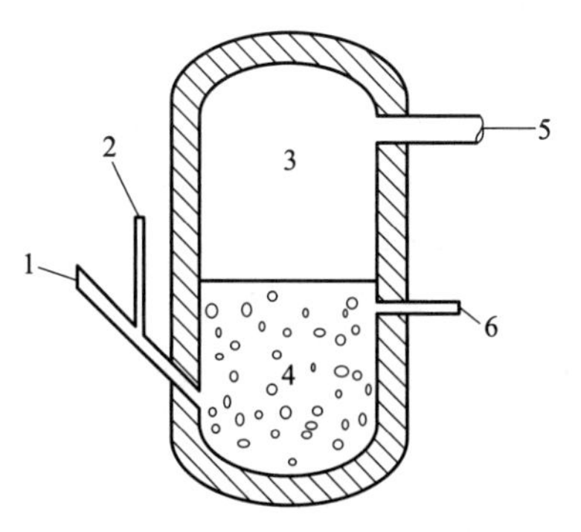

图 4-24 熔盐浴气化示意图

1—空气或氧气；2—盐和煤；3—气化室；4—熔盐浴；5—煤气出口；6—渣液出口

熔盐浴所产生煤气基本不含焦油和酚类，与其他两种熔浴床气化技术类似，熔盐浴煤气化所产生的污染物包括废气、固废和废水，且其废水中盐含量较高。

熔盐浴气化见图 4-24；Rock-gas 熔盐浴煤气化工艺流程见图 4-25。

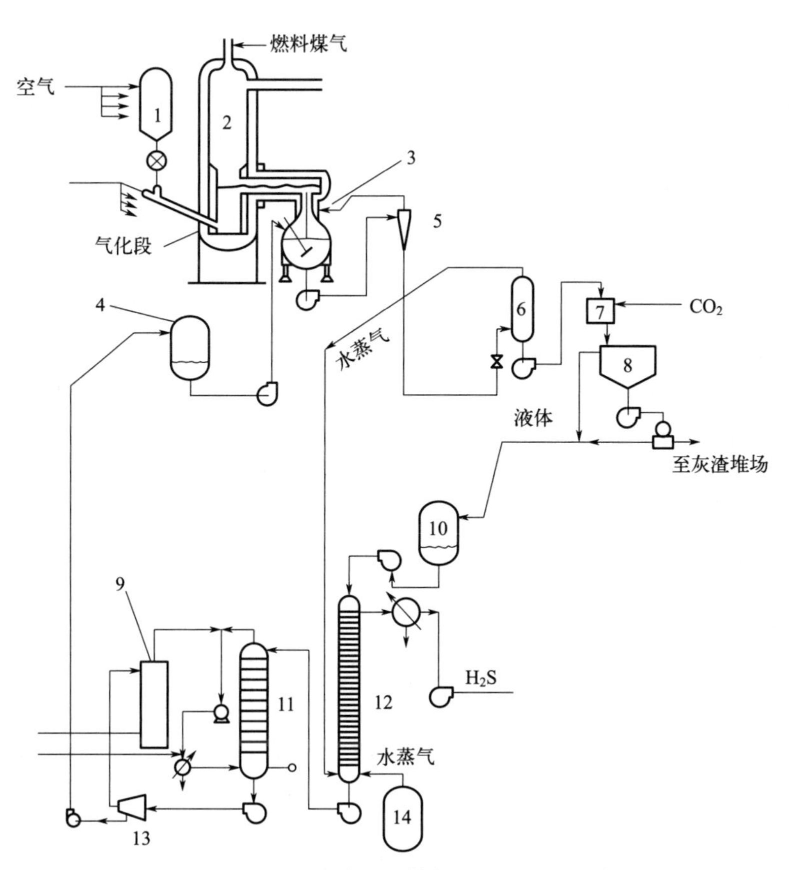

图 4-25 Rock-gas 熔盐浴煤气化工艺流程示意图

1—给料仓；2—气化炉；3—洗涤罐；4—储罐；5—旋风分离器；6—闪蒸罐；7—预炭化器；8—过滤器；9—煅烧炉；10—储罐；11—CO_2 炭化塔；12—汽提塔；13—离心机；14—锅炉

4.4.3 催化气化工艺过程及污染物排放

煤的催化气化技术是在进行煤气化反应前加入催化剂，由于催化剂的加入以及其侵蚀、开槽作用，在煤的气化反应过程中，煤与气化剂的接触界面增大，同时由于催化剂改变了煤气化反应的途径，降低了煤气化反应的活化能，加速了反应的进行，有效缩短了反应时间。

自 1921 年 Taylor 提出碳酸钾和碳酸钠是煤气化反应的有效催化剂开始至今，煤催化气化技术的研究已经有近百年的历史，特别是近三十多年来，世界各国对煤的催化气化进行了广泛和深入的研究，因为煤的催化气化具有气化反应速率快，碳的转化率高，在相同的气化反应速率下反应温度较低，能减少能量的消耗等优势，所以煤催化气化技术的研究和开发具有很强的吸引力。据报道，美国 Exxon 研究与工程公司开发的 Exxon 催化气化法使用 K_2CO_3 或 KOH 作为催化剂，使用 K_2CO_3 或 KOH 的水溶液浸渍煤料，将其置于加压流化床反应器中，在 3.5MPa 及 630～700℃下，使用水蒸气作为气化剂气化褐煤、次烟煤或烟煤，煤粒度为 8 目，由于低温高压利于甲烷生成，故产品煤气中甲烷含量较高，气化产品煤气脱酸性气后分离出纯甲烷，而脱甲烷后的剩余气体，主要成分为 CO_2、H_2 及残余 CH_4，循环返回。该煤催化气化技术在荷兰鹿特丹港建有示范装置，其产品为代用天然气(SNG)，投煤量 100t/d。该技术碳转化率可达 95%～99%，具有气化效率高、能耗减小、无焦油产生等优点。但是由于其催化剂回收成本高，该技术仍停留在中试阶段[101]，所产生的污染物未见报道。

新奥集团自主研发的煤催化气化技术于 2008 年立项，先后完成了实验室基础研究和小试研究，验证了煤催化气化工艺的可行性，在此基础上进行了加压流化床煤催化气化技术的工艺放大，已完成处理规模 0.5t/d 和 5t/d 中试装置的建设和试验运行，累计试验次数 800 余次，运行 5000 余小时，在近十年的技术开发过程中，进行了催化剂开发、负载及回收技术、煤种选择与催化剂匹配技术、计算机模拟辅助工程放大技术、加压流态化稳定控制技术、油气水尘复杂物相分离技术和流化床气化炉整体设计方案等核心技术的开发和验证，打通了煤催化气化的整体工艺流程。新奥集团在年产 20 万吨稳定轻烃项目中实现了煤催化气化、加氢气化技术的工业化示范，该项目位于内蒙古达拉特旗，目前已建成投产。该工业装置采用催化气化、加氢气化等核心技术，配套低温甲醇洗、变换、合成、稳定轻烃等装置生产 20 万吨/年的稳定轻烃，并副产 2 亿米^3/年的液化天然气（标准状况）和 4.4 万吨/年的液化石油气等副产品。其中，煤制稳定轻烃过程中产生 60 万吨甲醇作为中间产品，可满足年产 20 万吨稳定轻烃产品的原材料需求。其催化气化装置核心反应器采用的加压流化床气化炉，是迄今为止世界上最重、处理量最大、压力最高的流化床气化炉。其日处理煤量 1500t，反应温度 700～800℃，反应压力 3.0～4.5MPa，出口煤气中甲烷含量可达 24%。据报道，该技术煤气降温采用间接冷凝技术，不产生洗焦废水，炉内未分解水用于催化剂回收，可实现废水近零排放；固废主要为催化气化灰渣、硅渣等。

煤催化气化工艺装置主要以固定床和流化床为主，因此可以预见，煤催化气化工艺的污染物与固定床和流化床污染物类似，因为碱金属催化剂存在，其废水成分和废渣碱金属盐含量有差别。

4.4.4 地下煤气化工艺过程及污染物排放

煤炭地下气化（underground coal gasification，UCG）是将处于地下的煤炭进行有控制的燃烧，通过对煤的热作用及化学作用产生可燃气体，是集建井、采煤、转化工艺于一体的多学科开发清洁能源与生产化工原料的新技术。煤炭地下气化由于无需进行常规的煤炭开采，可以减少作业成本和地面危害，同时还可以避免开矿的安全问题；此外，对其他无法开采的煤炭（深层和薄层的煤）可提高利用率；煤炭地下气化原料在地下，其气化后的残渣可留在地下，节省了开采煤或煤气化灰渣运输、储存相关费用，而且无开采煤或煤气化灰渣运输、储存的环境问题；另外，煤炭地下气化可减少温室气体排放，并具有地质碳封存的优点。其主要缺点表现在：容易产生地下水污染；气化地点选择时，容易受到地质上保护环境的制约；由于 UCG 为非稳态过程，其操作不利于控制，过程变量的变化会使产品气流率和组成波动，不利于产品质量控制。

煤炭地下气化与地面气化在反应原理和产品煤气成分方面基本相同，但两者工艺形态差别较大，地面气化过程一般在气化炉内进行，而地下气化则在煤层中的气化通道中进行。煤炭地下气化是将地下煤层构筑成一个封闭空间，相当于气化炉，包括进气孔、产气孔、气化通道和气化煤层。进气孔一端煤层点燃，从进气孔鼓入气化剂（空气、氧气、水蒸气等）。通道周围煤层按温度和化学反应的不同，在气化通道形成 3 个反应区域，即氧化区域、还原区域、干馏干燥区域（图 4-26）。经过 3 个反应区域后，就形成了主要含有可燃组分 CO、H_2、CH_4 的煤气。随着这 3 个反应区域沿气流方向逐渐向出气口移动，气化反应向出气口不断进行。地下气化炉的主要建设包括进、排气孔的施工和气化通道的贯通。根据气化通道的建设方式不同，煤炭地下气化分为有井式和无井式，其中有井式以人工开采的巷道为气化通道，无井式以钻孔作为气化通道[102]。

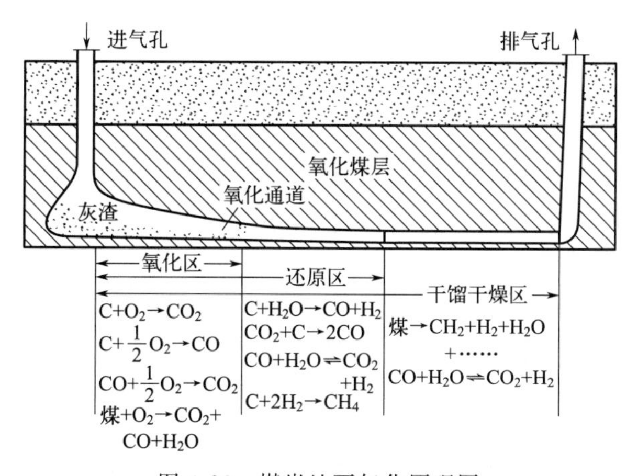

图 4-26　煤炭地下气化原理图

煤地下气化的历史从其构想出现至今，已有 100 多年。19 世纪末，俄国科学家门捷列夫在提出地下煤层中进行有控制燃烧的概念的同时，还设想了气体注入井和产出井的结构。在随后一百多年间，苏联、美国和欧洲各国均对煤地下气化展开了研究。我国自 20 世纪 50 年代以来，也开展了对煤地下气化技术的探索性研究，自 2006 年起，新奥气化采煤公司联合中国矿业大学和华东理工大学等进行了煤地下气化项目研究[103]，该项目使用富氧气化，在内蒙古乌兰察布建立了示范基地。为了保证装置稳定运行，该试验配合使用了高温摄像机、微地震、氡测试等多种监测手段对地下气化进行动态调控，该项目中单井连续运行最长时间达到 20 个月，三年内气化煤炭累计消耗量约 4 万吨，日处理量约 40 吨。根据煤地下气化技术的原理可知，其实质是只提取煤中有用组分，气化后的残渣（灰渣、矸石、放射物等有害物）留在地下，因此，煤中的微量元素随气化条件的变化通过一系列物理和化学反应，最后以气相或细微粉尘颗粒上随煤气排放，同时也有一部分残留在残焦表面，这些微量元素有可能会接触到地下水发生迁移和富集，存在对地下水造成严重污染的风险[104]；煤炭气化过程中所产生的苯、萘、酚、多环芳烃等有机物也是煤炭地下气化过程中的潜在污染源。目前，通过煤炭地下气化现场试验发现，其主要污染物是酚类、芳香烃、氨氮和氰化物；煤炭地下气化对地下水造成的无机污染物主要包括 Hg、As、Se、Pb、Sb、Cr、Cd、Co、Ni、Mn、Be 等痕量重金属元素[105]。

煤炭地下气化是在封闭的地下空间进行，对于在气化过程中和气化结束后，气化残焦和煤气对燃空区周围的地下水产生污染，其污染物迁移的途径包括：

① 气化过程中污染物通过围岩裂隙的迁移，直接进入煤层顶、底板的充水含水层，污染地下水；由于燃空区的扩展和煤炭的高温热裂作用，形成煤层断裂带，煤气携带污染物穿过煤层顶板相对隔水层，进入含水层，污染地下水。通过压力调节可以对气化过程中的污染扩散进行控制，通过控制气化区的气压小于等于煤层的静水压，将污染物置于压力封闭的空腔内，可有效避免污染物向含水层的迁移扩散。

② 气化后燃空区污染物进入地下水并随水流的迁移。气化结束以后，气化燃空区被地下水充满，燃空区内部水压和周围含水层的水压在比较接近的情况下，同时存在通道，则污染物将向含水层中迁移扩散[106]。因此，煤地下气化地下水污染风险同时取决于气化区的煤田水文地质条件、过程工艺参数以及气化后的燃空区污染处置方法。通过科学选址、气化过程控污、煤层燃空区污染处理措施等综合控制手段，可以避免地下水污染的风险，但是相关监测、预测工作仍有待深入研究。

此外，由于煤炭地下气化产品煤气中含大量灰尘、焦油、水分、二氧化碳及氮气等。煤地下气化的地面设施主要对地下煤气化产生的粗煤气进行净化除尘，主要目的是减少对设备、管道的堵塞和腐蚀，提高产品煤气输送系统的效率，回收利用其中的化工产品，同时满足后续工序对原料气的要求。地面净化系统中的污染物与地下煤气化过程中的污染物一致，与气化过程污染物主要污染地下水不同，地面净化过程污染物主要有废水、废气。

煤地下气化技术所产生废水成分类似于煤地面气化技术固定床煤气化和焦化厂的废水，其成分复杂，含多种有机、无机污染物，属于高浓度、高污染、难降解有机工业废水，且对生物都有毒害作用，其处理方案可以借鉴地面固定床煤气化和焦化厂废水处理工艺。

4.4.5 等离子体气化工艺过程及污染物排放

等离子体不同于固体、液体和气体，被称为物质的第四态，是由带电的正离子与负离子组成的集合体，在宏观上该集合体为电中性，由于正负电荷总量相等，因此被称为等离子体。等离子体煤气化是指煤在氧化性电弧等离子体气氛中与 H_2O、CO_2 和 O_2 等气化剂在一定气化条件下进行不完全化学反应，使煤中可燃组分转化为含有 CO、H_2、CH_4 等的合成气。按照等离子体的参与方式的不同，可分为等离子体煤气化和等离子体炬辅助煤气化两种；按照气化剂的类型不同，等离子体煤气化又可分为水蒸气/空气等离子体煤气化、CO_2 等离子体煤气化等。等离子体煤气化过程的研究起步于 20 世纪中期，美国、南非、苏联和日本等国对等离子体煤气化研究较深入，从整体上来说，由于我国研究工作起步较晚，等离子体化工技术研究工作的规模不大且处于基础研究阶段。

由于等离子体煤气化处于基础研究阶段，还没有相对成熟的工艺，其合成气产物随反应温度不同而不同，例如等离子体水蒸气-空气煤气化过程中，温度低于2000K时，由于H_2S离解为HS和COS，其含量缓慢下降；在温度高于2000K时，H_2S快速完全地离解为S，H_2S含量急剧下降[107]。因此可以预见，与气流床气化类似，等离子体气化技术的污染物包括固废、废水、废气和噪声。由于气化温度高，固废主要成分为灰渣，残炭含量可能低于气流床；废水中可能含有HCN；废气主要来源于锁斗加压和废水中溶解的酸性气等；噪声来源除去常规机械设备可能还有等离子体发生器。等离子体煤气化带控制点装置及流程见图4-27。

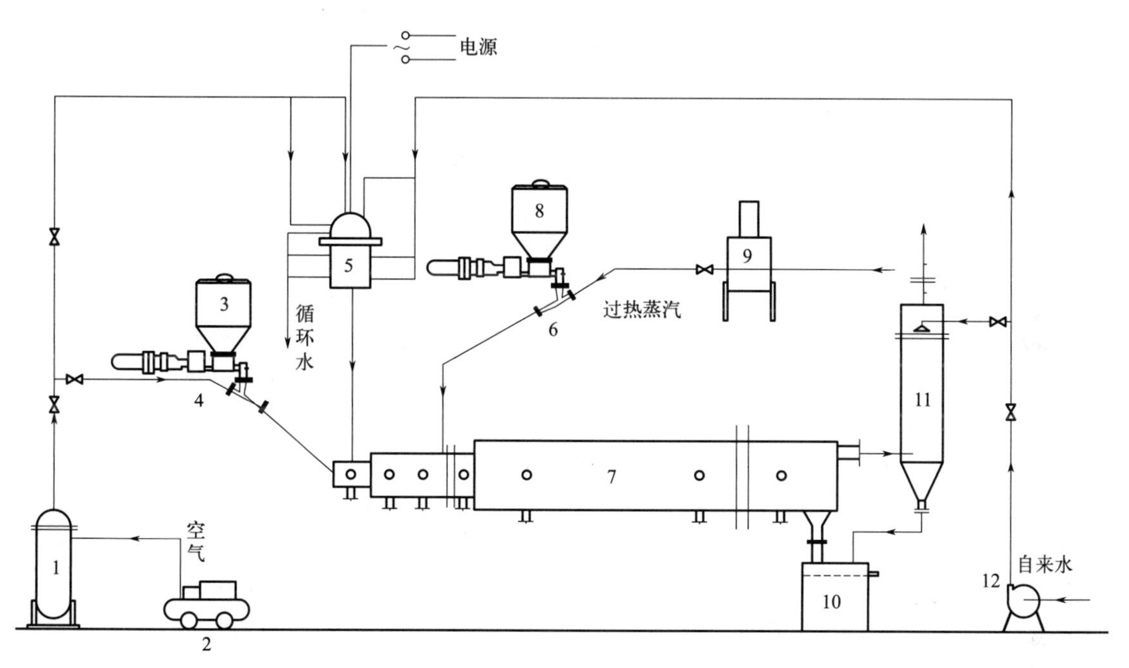

图4-27　等离子体煤气化带控制点装置及流程示意图[108]

1—缓冲罐；2—空压机；3—煤仓；4—喷射器；5—等离子体发生器；6—喷射器；7—反应器；8—煤仓；9—管式炉；10—灰渣槽；11—喷淋塔；12—水泵

4.4.6　超临界水煤气化工艺过程及污染物排放

超临界水煤气化是指煤在温度和压力高于临界点（374.3℃，22.1MPa）的水中发生气化反应，超临界水既作为均相反应介质和催化剂又同时作为反应物的煤气化技术。国内外学者的研究重点主要集中在影响煤在超临界水中反应产物的操作参数，以致力于增加气体中有效气产量以及提高煤的气化效率。据报道，2018年2月西安交通大学“煤炭超临界水气化制氢发电多联产技术”首个产业化工程示范项目启动。2022年12月，佛山市超临界气化热电联产技改项目及配套副产氢气项目开工。

西安交通大学超临界水流化床煤气化制氢小试装置主要由煤浆制备、煤浆输送、气化、分离、预热、回热等系统组成，同时将加料、气化、除渣工艺集成为一体。气化反应器平均温度为650℃，压力为23MPa，碳转化率达到96.25%，气化产物组成及产量如表4-25所示[109]。

表 4-25　西安交通大学超临界水煤气化小型示范试验样机产物组成及产量

产气组分	H_2	CO	CH_4	CO_2	C_2H_6
体积百分数/%	55.20	0.64	10.26	33.17	0.71
产量/[m^3/kg(干煤)]	1.55	0.02	0.29	0.93	0.02

煤在超临界水中反应后，液体产物中有机物种类较多，其中酚类比例最大，此外还有多环芳烃和有机氮等；固体产物中灰分含量有所提高，挥发分含量明显降低，元素 C、N 含量升高，H、S 含量降低，重金属含量增加[110]。由于超临界水煤气化技术没有成熟的工艺，按照常规化工流程处理超临界水煤气化的产物，可能的污染物有固废（煤超临界水气化后固体产物，碳含量较高，需再利用）、废水（液体产物分离有机物后，含有一定的有机污染物）、废气、噪声（主要源于给水加压的机械设备）。

4.4.7　核能余热气化工艺过程及污染物排放

核能余热煤气化技术是指借助于核能或核能余热作为煤气化的高温热源，气化过程不需要纯氧，可以有效避免温室气体的排放，且核能集中辐射反应区能显著提高反应的热效率和燃料的热值，该技术属于外热式煤气化反应。核能余热煤气化技术相关研究较少，其产生的污染物主要取决于工艺过程和气化条件，除常规煤气化污染物外，可能存在放射性污染。

总之，煤气化过程中污染物排放量较大，尤其是废水和固废排放量大，且其处理难度、资源化利用的难度都很大。此外，由于该过程中有固体物料输送和计量，还会用到放射性仪表，如料位计、粉煤流量速度计等。因此，防电离辐射、电磁辐射也是需要特别注意的环保问题。因气化工艺占地大，土建结构多，要特别注意防止设备管道泄漏造成土壤和地下水污染[111]。煤气化过程中会生成 CO_2，因过程中能耗较高，相应的过程碳排放量较大。采用煤气化协同处理[112]生物质及其他污染物如石油焦[113]、废塑料、污水、污泥等已成为行业发展的一个重要趋势。

现在的煤气化技术是清洁高效的煤炭转化技术，由于煤炭固有的碳多氢少的元素组成特点，其转化过程碳排放量大，但也有煤气化排放碳捕集的低成本优势。2021 年开始，我国提出了 2030 年前碳达峰、2060 年前碳中和的“双碳”目标。2021 年 10 月，国务院在《2030 年前碳达峰行动方案》中提出重点实施包括能源绿色低碳转型、工业领域碳达峰等十大行动，随后的中央经济工作会议提出抓好煤炭清洁高效利用，尽早实现从能耗双控向碳排放总量和强度双控转变等煤炭利用战略要求。根据发展要求，煤气化技术和行业需要向能耗更低、排放更少、综合利用的方向不断进步，相信煤气化技术作为煤炭清洁高效转化的龙头技术，在“双碳”目标下将发挥更大的积极作用。

参考文献

[1]　王辅臣．煤气化技术在中国：回顾与展望 [J]．洁净煤技术，2021，27（1）：1-33.

[2]　朱菊芬，李健，闫龙，等．煤气化渣资源化利用研究进展及应用展望 [J]．洁净煤技术，2021，27（6）：11-21.

[3]　李金凤．气化滤饼中碳赋存形态及循环掺烧可行性研究 [J]．洁净煤技术，2020，26（6）：224-228.

[4]　陆津津，吴鹏超．煤化工产业中洁净煤气化技术分析 [J]．石化技术，2017，24（12）：56.

[5]　潘玉峰，孙向峰，李妨．浅谈煤气化技术的现状及发展趋势 [J]．云南化工，2017（7）：10-12.

[6]　韩冬，魏琳．煤气化技术的现状及发展趋势 [J]．化工管理，2017（15）：111-112.

[7]　许华，赵德胜．煤气化技术的发展与应用 [J]．辽宁化工，2012（2）：181-183.

[8] 王倩，张小庆，杨永忠，等．中国煤气化技术进展及应用概况［J]．山东化工，2019，9（3)：58-61.
[9] 张震．几种煤制气方法的技术现状及工艺比较［J]．河北化工，2009（6)：41-42.
[10] 罗二红．国内煤气化技术运行现状分析［J]．云南化工，2018（4)：13.
[11] 张宏伟．碎煤加压熔渣气化及航天炉粉煤气化组合工艺在煤制气中的应用［J]．煤炭与化工，2015，38（11)：112-114.
[12] 令狐荣科．对煤气化三废的治理［J]．工程科学，2009（18)：108.
[13] 张吉成，王国平，崔富忠．固定床气化煤制天然气酚氨回收装置优化探讨［J]．煤化工，2021，49（2)：76-78.
[14] 雷玉锋，刘忠，吴振山，等．酚氨回收工艺技术经济平衡点的探析［J]．大氮肥，2021，44（2)：120-123.
[15] 何伏牛，郭宇，梁丽丽，等．煤化工汽提废水酚氨回收成套技术的应用［J]．大氮肥，2021，44（3)：209-212.
[16] 王浩飞，朱向伟．碎煤加压气化装置干法排渣技术初步探讨［J]．煤化工，2021，49（2)：15-17.
[17] 王青，邢宪锋．国内煤气化废水处理关键问题分析［J]．化工管理，2018（14)：47-48.
[18] 刘永健，王波，夏俊兵，等．煤制天然气酚氨回收工艺分析与探讨［J]．化工进展，2019（5)：2506-2514.
[19] 孙韬．现有主流煤气化污水处理的主要思路及注意问题［J]．煤炭加工与综合利用，2017（10)：16-18.
[20] 赫攀．煤气化废水的处理技术及研究现状［J]．化工管理，2016（36)：121.
[21] 钱宇，周志远，陈赟，等．煤气化废水酚氨分离回收系统的流程改造和工业实施［J]．化工学报，2010，61（7)：1821-1828.
[22] 何绪文，王春荣．新型煤化工废水零排放技术问题与解决思路［J]．煤炭科学技术，2015（1)：120-124.
[23] Ji Q，Tabassum S，Hena S，et al. A review on the coal gasification wastewater treatment technologies：past，present and future outlook［J]. Journal of Cleaner Production，2016，126：38-55.
[24] 胡同雷．煤气化污水酚氨回收技术探究［J]．化工管理，2019（02)：189-190.
[25] 郝亚培，赵婷婷．煤气化污水酚氨回收技术研究［J]．技术研究，2016，23（8)：125.
[26] 高晋生．煤化工过程中的污染与控制［M]．北京：化学工业出版社，2010：58.
[27] 孙文标，郭兵兵，罗传龙，等．煤气化废渣用作煤矿充填材料的试验研究［J]．中国矿业，2017（2)：166-168.
[28] 刘建功，赵利涛．基于充填采煤的保水开采理论与实践应用［J]．煤炭学报，2014（8)：1545-1551.
[29] 冯银平，尹洪峰，袁蝴蝶，等．利用气化炉渣制备轻质隔热墙体材料的研究［J]．硅酸盐通报，2014（3)：497-501.
[30] 普煜，马永成，陈樑，等．鲁奇炉渣在废水净化中的应用研究［J]．工业水处理，2007（5)：59-62.
[31] 冯永权，孟祥青．鲁奇加压气化焦油酚水分离技改方案［J]．贵州化工，2006（2)：44-45.
[32] 吴大刚，赵代胜，魏江波．煤化工过程气化废渣和废碱液的产生及处理技术探讨［J]．煤化工，2016（6)：56-59.
[33] 何绪文，崔炜，王春荣，等．气化炉渣的重金属浸出特性及化学形态分析［J]．化工环保，2014，34（5)：499-502.
[34] 毕可军．灰融聚流化床粉煤气化技术应用及节能减排措施［J]．化肥工业，2011，38（4)：9-12.
[35] 温兴驾．关于U-GAS煤气化生产合成氨的探讨［J]．化肥设计，1999，37（6)：14-17.
[36] 章保．U-GAS粉煤流化床煤气化废水设计及运行实例［J]．工业用水与废水，2016，47（1)：51-54.
[37] 贺永德．现代煤化工技术手册［M]．北京：化学工业出版社，2004：459.
[38] 米治平，张红潮．灰粘聚流化床粉煤气化技术及其在工业生产中的应用［J]．小氮肥，2006，34（11)：17-19.
[39] 王宁波．灰融聚CAGG流化床粉煤气化技术述评［J]．化肥设计，2011，49（1)：17-20.
[40] 武晋强．加压流化床粉煤气化技术工业化问题及思考［J]．化肥工业，2005，32（5)：20-23.
[41] 李庆峰，赵霄鹏，黄戒介，等．灰熔聚流化床粉煤气化技术0.6MPa工业炉运行概况［J]．化学工程，2010，38（10)：123-126.
[42] 张红潮．灰融聚流化床粉煤气化装置及其工业应用［J]．中氮肥，2010，1：18-22.
[43] 房倚天，王志青，李俊国，等．多段分级转化流化床煤气化技术研究开发进展［J]．煤炭转化，2018，41（3)：1-11.
[44] 褚嘉易．国内粉煤气化工艺研究进展［J]．氮肥技术，2019，40（1)：8-16.
[45] 房倚天，王洋，马小云，等．灰熔聚流化床粉煤气化技术加压大型化研发新进展［J]．煤化工，2007（1)：11-15.
[46] 时小兵．流化床粉煤气化技术概述［J]．技术研究，2015（9)：93-100.
[47] 王笃政，孙永杰，孙彬峰，等．流化床煤气化技术进展［J]．氮肥技术，2012，33（4)：7-10.
[48] 陈家仁．流化床煤气化技术开发应用中遇到的一些问题及其解决途径［J]．中氮肥，2016（4)：1-5.
[49] 屈利娟．流化床煤气化技术的研究进展［J]．煤炭转化，2007，30（2)：81-85.

[50] 高丽．德士古水煤浆加压气化技术的应用 [J]. 煤炭技术，2010，29 (7)：161-162.
[51] 刘晓霞，屈睿，黄文红，等．水煤浆添加剂的研究进展 [J]. 应用化工，2008，37 (1)：101-104.
[52] 顾进．德士古煤气化装置合成气洗涤的改进 [J]. 安徽化工，2005 (3)：57-58.
[53] 牛卫东．德士古水煤浆气化技术的特点及应用 [J]. 工业技术，2018 (22)：741.
[54] 谢书胜，邹佩良，史瑾燕．德士古水煤浆气化、Shell 气化和 GSP 气化工艺对比 [J]. 当代化工，2008，37 (6)：666-668.
[55] 何正兆，张华伟，苏万银，等．盈德清华炉水煤浆气化工艺的影响因素研究 [J]. 煤化工，2022，50 (1)：16 21.
[56] 袁苹，张建胜，毕大鹏，等．水煤浆水冷壁废锅气化过程的模拟研究 [J]. 煤化工，2021，49 (1)：31-35.
[57] 王子元，刘世平，苗谦，等．气流床气化炉反应模型在实时优化（RTO）中的应用 [J]. 煤化工，2022，50 (1)：35-39.
[58] 李水龙，王兴盛，郭强，等．多元料浆气化技术在工业化应用中的改进 [J]. 煤化工，2021，49 (1)：64-67.
[59] 吴晓苹．浅谈多喷嘴对置式气化炉无波动倒炉 [J]. 大氮肥，2021，44 (4)：229-231.
[60] 黄剑平．水煤浆气化掺用石油焦运行的实践及问题分析 [J]. 煤化工，2021，49 (1)：68-71.
[61] 师彬．水煤浆气化技术浅析及工程设计问题探讨 [J]. 科技创新导报，2013 (21)：249-250.
[62] 赵华，令狐瓦奇．加压水煤浆气化生成氨醇工艺中的酸性气处理 [J]. 中氮肥，2012 (1)：13-14.
[63] 张博涛，张受坤．水煤浆气化工艺环境影响因素分析与污染治理 [J]. 西部煤化工，2017 (2)：3.
[64] 李晓鹏，朱晓龙．含水甲醇与弛放气在水煤浆气化炉烘炉中的应用实践 [J]. 煤化工，2021，49 (3)：43-45.
[65] 潘连生．关注煤化工的污染及防治 [J]. 煤化工，2010，146 (1)：1-6.
[66] 马少莲，吴国光，杨泽坤．绿色能源要求下的水煤浆行业的发展 [J]. 煤炭加工与综合利用，2008 (2)：45-47.
[67] 季惠良．煤化工污染及治理措施探讨 [J]. 化工设计，2009，19 (6)：24-27.
[68] 邓海，吴德礼，李灵，等．气化炉粗渣资源化利用技术探讨 [J]. 氮肥技术，2016，37 (6)：18-20
[69] 史兆臣，王贵山，王学斌，等．煤气化细渣预热脱碳工艺燃烧特性研究 [J]. 洁净煤技术，2021，27 (4) 105-110.
[70] 史达，张建波，杨晨年，等．煤气化灰渣脱碳技术研究进展 [J]. 洁净煤技术，2020，26 (6)：1-10.
[71] 刘臻，管清亮，张建胜，等．干煤粉气化炉煤粉输送问题分析及解决方案探讨 [J]. 煤炭工程，2017，49 (10)：109-112.
[72] 马军，孙志萍．Shell 煤气化技术及其在国内的应用 [J]. 化学工业与工程技术，2008，29 (3)：54-56.
[73] 张丽．新型烛式过滤工艺与传统黑水澄清工艺对比 [J]. 煤化工，2016，44 (4)：26-29.
[74] 张骏弛．煤化工项目污水处理方案选择及运行分析 [J]. 化学工业，2016，33 (6)：37-42.
[75] 李得第，刘建忠，吴红丽，等．煤气化废水组分特征分析 [J]. 煤炭技术，2017，36 (9)：289-291.
[76] 王赫婧，牟滨子，李军，等．典型干煤粉气流床气化全过程污染管控分析 [J]. 环境工程技术学报，2019，9 (2)：133-138.
[77] 赵岐，马园媛，孔德升．多喷嘴水煤浆气化炉节能增效改造 [J]. 煤炭加工与综合利用，2018 (4)：44-46.
[78] 杨本华，王延吉，郭保方．粉煤掺烧高浓度有机废水复合型气化装置的研发与应用 [J]. 化肥工业，2017，44 (1)：31-34.
[79] 褚嘉易．国内粉煤气化工艺研究进展 [J]. 氮肥技术，2019，40 (1)：8-16.
[80] 宋金荣．Shell 煤气化飞灰过滤器的运行与维护 [J]. 化肥设计，2018，56 (2)：54-56.
[81] 亢万忠．煤化工技术手册 [M]. 北京：中国石化出版社，2016.
[82] 胡小平．安徽淮南煤在 SE-东方炉煤气化装置上的工业应用 [J]. 大氮肥，2019，42 (2)：73-77.
[83] 宋金荣．壳牌煤气化洗涤系统问题分析及解决 [J]. 河南化工，2018，35 (1)：29-32.
[84] 董贵宁．煤气化装置气化系统的技术改造与优化 [J]. 大氮肥，2022，45 (2)：81-85.
[85] 张鹏芳，徐跃芹，曹松，等．气流床气化炉积灰问题及防控方法研究进展 [J]. 煤化工，2022，50 (1)：54-60.
[86] 杨玉辉．合成气管线积灰原因分析及解决方案 [J]. 大氮肥，2021，44 (1)：36-39.
[87] 张炜，亢万忠，郭文元．SE-东方炉煤气化技术及其工业应用 [C]. 全国大型合成氨装置技术年会，2015.
[88] 林萍萍．降低壳牌煤气化污水固含量的工艺改进及应用 [J]. 能源技术与管理，2018，43 (2)：161-163.
[89] 瞿磊，李佐鹏，李文虎，等．离心机在煤气化灰水细渣干燥处理中的应用实践 [J]. 煤化工，2021，49 (3)：66-68.
[90] 马佳敏，杨国政，刘军，等．缓冲板对煤气化闪蒸罐内冲蚀过程的影响研究 [J]. 煤化工，2021，49 (2)：45-49.
[91] 薛峰，刘智斌．放射性检测仪表在煤制油气化装置中的应用 [J]. 化工自动化及仪表，2018，45 (7)：529-532.

[92] 郭宏远．放射性料位计在 HT-L 粉煤加压气化项目中的应用 [J]. 化工自动化及仪表，2017，44（3）：304-308.
[93] 张国民，白茂森．微功率电磁波透射式煤粉流量测量技术在粉煤加压气化装置上的应用 [J]. 氮肥与合成气，2018，46（7）：1-3.
[94] 李锋．煤气化装置含氰污水产生原理及优化控制 [J]. 大氮肥，2019，42（4）：283-286.
[95] 李彦君，阎蕊珍，王建成，等．利用脱碳气化渣制备水泥基复合材料 [J]. 洁净煤技术，2022，28（2）：160-168.
[96] 王杰杰．几种水煤浆气化技术的分析比较 [J]. 化肥工业，2018，45（4）：50-53.
[97] 贺树民，匡建平，姚敏，等．大型干煤粉气流床气化技术国内应用与展望 [J]. 当代化工，2019，48（4）：845-850.
[98] 陈诚，傅少林，陆建芳，等．多喷嘴对置式水煤浆加压气化工艺废水处理装置运行总结 [J]. 化肥工业，2016，43（5）：57-60
[99] 李朋，于庆波，杜文亚，等．熔融床煤气化技术研究现状 [J]. 冶金能源，2010，29（2）：49-53.
[100] 贺永德．现代煤化工技术手册 [M]. 北京：化学工业出版社，2004：603-604.
[101] 蔚俊强．高温铜渣去铁尾渣催化气化煤的实验研究 [D]. 昆明：昆明理工大学，2016.
[102] 朱劼，阚士凯．煤炭地下气化的发展前景 [J]. 山西焦煤科技，2010，34（7）：54-56.
[103] 张明，王世鹏．国内外煤炭地下气化技术现状及新奥攻关进展 [J]. 探矿工程，2010，37（10）：14-16.
[104] 叶云娜，谌伦建，徐冰，等．烟煤地下气化对地下水潜在的有机污染 [J]. 化学工程，2015，43（1）：10-14.
[105] 叶云娜．煤炭地下气化对地下水污染的研究 [D]. 焦作：河南理工大学，2015.
[106] 刘淑琴，董贵明，杨国勇，等．煤炭地下气化酚污染迁移数值模拟 [J]. 煤炭学报，2011，36（5）：795-801.
[107] 鲍卫仁．煤基原料等离子体转化合成的基础研究 [D]. 太原：太原理工大学，2010.
[108] 吕永康，庞先勇，谢克昌．煤的等离子体转化 [M]. 北京：化学工业出版社 2011.
[109] 金辉，吕友军，赵亮，等．煤炭超临界水气化制氢发电多联产技术进展 [J]. 中国基础科学，2018，20（4）：4-16.
[110] 陈桂芳．煤在超临界水反应过程中的污染物迁移特性研究 [D]. 济南：山东大学，2014.
[111] 陈蓉．气化循环水系统泄漏甲醇的分析与处理 [J]. 大氮肥，2021，44（4）：260-262.
[112] 杨文玲，胡振中，袁苹，等．基于 Fluent 的下吸式固定床气化炉工艺优化研究 [J]. 大氮肥，2021，44（2）：77-83.
[113] 顾文龙．水煤浆气化工艺掺烧高比例石油焦研究 [J]. 大氮肥，2021，44（2）：73-76.

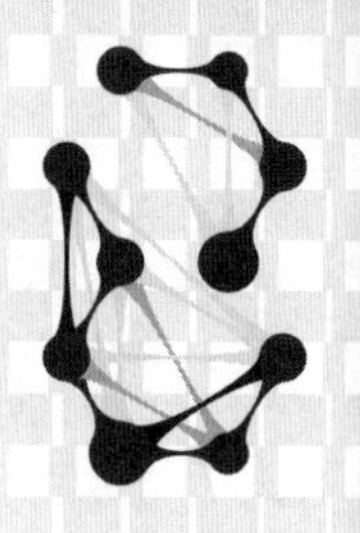

5 合成气处理过程污染控制与治理

经过煤气化反应生成的粗合成气，在气化单元经过初步洗涤除尘之后，气体组分中除有效组分 H_2、CO 和 CH_4 之外，还有杂质和对下游用户有毒有害的组分，需要进一步净化去除。一般通过设置一氧化碳变换和酸性气体脱除等净化装置，以调控不同用户对产品气的组分的不同需求。常见的合成气用户有氢气、一定配比的 CO/H_2 羰基合成气，CO 产品气等。合成气的净化、分离和精制工艺，可以根据下游不同的生产需求，采用不同的技术组合。

随着环保监管逐渐趋严，排放标准更新加快，限值对煤炭转化过程伴随的尾气排放中携带的污染物要求逐渐提高，如甲醇、VOCs 等组分排放更加严格，与一氧化碳相关的地方标准纷纷出台。我国作出了力争 2030 年前实现碳达峰、2060 年前实现碳中和的庄严承诺，开发碳捕集和回收工艺技术具有重大的现实意义。为实现碳捕集回收利用，合成气处理过程中，其工艺应更加绿色、环保，废气、废水、固体废物含量应尽可能减少，为应对上述要求，加快了技术革新的步伐。

5.1 一氧化碳变换

5.1.1 一氧化碳变换技术概述

5.1.1.1 一氧化碳变换反应原理

一氧化碳变换是在一定的压力、温度及催化剂的共同作用下，一氧化碳与水蒸气发生化学反应转化为氢气和二氧化碳的过程，转化深度可根据下游产品需求确定。

一氧化碳变换反应的过程中还会发生甲烷化或析碳等副反应，不仅会造成目标产品氢气收率的降低，也增加了合成气中 CO 的损耗。由于变换反应是强放热反应，控制不当易造成设备超温，并有可能导致发生安全事故。因此，在正常生产时应平稳控制变换反应条件，避免发生飞温。

5.1.1.2 变换催化剂

变换反应是在催化剂存在的条件下进行的，因此催化剂的性能对变换反应至关重要。变换催化剂发展过程历经了 Fe-Cr 系、Cu-Zn 系及 Co-Mo 系[1]等。

（1）Fe-Cr 系催化剂

20 世纪 60 年代以前，一氧化碳变换装置主要采用以 Fe_2O_3 为主的 Fe-Cr 系催化剂[2]，使用温度范围为 350～550℃，机械强度高，耐热性能好。经变换后的气体中含有 3%左右的 CO，变换率较低，催化剂耐硫性能差，易被硫等毒物毒害，使用寿命较短。

Fe-Cr 系催化剂初始态的主体成分为 Fe_2O_3，不具有催化活性，需还原成 Fe_3O_4，才具有较高活性[3]，使用前通常采用一定浓度的 H_2 和 CO 对其进行还原，为防止 Fe_3O_4 被进一步还原成 Fe，还原气中需添加一定量的水蒸气。

（2）Cu-Zn 系催化剂

20 世纪 60 年代以后，随着脱硫工艺的发展，气体中总硫含量可降至 0.1μL/L 以下，Cu-Zn 系催化剂得到发展和应用。Cu-Zn 系催化剂的特点是使用温度范围为 200～280℃，具有良好的低温活性，经变换后气体 CO 含量可降至 0.3%左右；催化剂对硫、氯等毒物非常敏感，并且低水气比工况下易发生副反应，生成醇类等副产品。

Cu-Zn 系催化剂初始态的主体成分为 CuO，使用前需还原成单质铜晶体，才具有催化活性，通常采用一定浓度的 H_2（需严格控制 NH_3、CO 和 O_2 量）对其进行还原。因催化剂对温度比较敏感，需严格控制还原过程的升温速率，并将温度控制在 230℃以下。

（3）Co-Mo 系催化剂

近几十年来，我国开发的 Co-Mo 系宽温耐硫变换催化剂，活性温度为 160～500℃[4]，变换后气体中残留 CO 可降至 0.4%以下。Co-Mo 系催化剂具有突出的耐硫性能，适用于以煤、渣油、重油为原料的变换装置。

Co-Mo 系催化剂通常为氧化态，不具备催化活性。当合成气中 H_2S 含量低于催化剂硫化化学平衡所需 H_2S 浓度时，会发生硫化态钴钼催化剂生成氧化态的反硫化现象，致使催化剂失去催化活性[5]。因此在正常投用前，首先需要利用硫化剂使其变为硫化态，即还原态，才可产生较高的催化活性，一般采用的硫化剂为二硫化碳（CS_2）或二甲基二硫（DMDS）等作为硫化剂。

5.1.1.3 变换工艺流程

根据变换反应器催化剂床层是否移热，变换工艺可分为绝热变换和等温变换。传统绝热变换工艺根据粗合成气中水气比（体积比）不同，一般可分为低水气比、高水气比、中低水气比变换工艺。

（1）低水气比变换工艺

低水气比变换工艺要求合成气进变换反应器的水气比控制在 0.5 以下，利用催化剂的装填量和合成气低水气比来控制整个变换反应器的反应深度和终态床层热点温度[6]。为避免催化剂床层过热发生甲烷化等副反应，将粗合成气中高浓度 CO 合成气分级分股进行变换，以生产满足下游需求的气体成分。

（2）高水气比变换工艺

高水气比变换工艺利用补加过量水蒸气或工艺冷凝液使合成气进变换反应器时水气比升至1.3以上。合成气部分或全部气量通过第一变换反应器，先进行深度变换后，再进行后续的平衡变换[7]。高水气比变换工艺催化剂床层发生超温风险低，在高水气比工况下变换副反应少，羰基硫转化率高，降低了后续工段脱硫难度。其缺点是产生的工艺凝液较多，增加了汽提系统的负荷，相对蒸汽消耗量大和管道、设备规格尺寸偏大。

（3）中低水气比变换工艺

中低水气比工艺是将水气比为0.7～1.0的粗合成气在不调整水气比的情况下直接进入1号变换反应器进行变换反应[8]，而2号和3号变换反应器采用低水气比变换工艺。为达到一定的反应深度，变换反应所需水量利用锅炉水进行补充。1号变换反应器粗合成气中CO浓度和水气比相对偏高，发生超温风险较大。可以通过控制催化剂的装填量和分股进气的方式避免催化剂床层发生超温。当催化剂的装填量确定，变换装置开车时处理负荷较低，变换反应器中催化剂的空速偏低，粗合成气停留时间过长易发生超温风险。因此，可采取分股进气的方式即设置激冷线，将催化剂床层温度控制在一定范围内，以满足低负荷开车时变换反应器床层不超温。

（4）等温变换工艺

随着生产技术水平的提高和化工装备制造水平的进步，等温变换技术开发在近10年取得了较快的发展[9,10]。等温变换的原理为利用锅炉水吸收变换反应在催化剂床层中产生的余热以副产蒸汽，从而控制催化剂床层的温度。通过控制变换反应器副产蒸汽的压力，可以将催化剂床层温度控制在一定范围内，提高了反应推动力，延长了催化剂使用寿命，降低了变换系统的阻力和工程投资，减少了设备腐蚀。

5.1.2 变换工艺过程及清洁化生产措施

气化来的粗合成气或者热解、焦化产生的热解气以及荒煤气等进入CO变换，是其进行化工利用的必由之路。前述工艺的合成气、热解气、粗煤气中会夹带固体颗粒如灰分、炭黑、焦油等，对CO变换催化剂的寿命有很大影响，也是影响CO变换清洁生产的主要因素之一。在CO变换流程设计和设备选型时，要充分考虑固体颗粒带来的不利影响[11,12]。

5.1.2.1 工艺生产过程

（1）固定床气化配套的CO变换

固定床一般以块煤、碎煤或煤焦为原料，煤由气化炉顶部加入，气化剂由炉底送入，在气化炉中煤与气化剂进行逆流接触，由于气化温度不高，原料煤在干馏区内会经过加热而被干馏，产生挥发性物质如焦油、石脑油、苯酚、氨和脂肪酸等[13]，最终混入粗合成气中被带出。

固定床气化产出的合成气无法携带足量的水蒸气进入CO变换装置，因此，需要额外提供变换所需的水蒸气。

表5-1 固定床气化粗合成气组分（干基）

(N_2+Ar)/%	CO/%	CH_4/%	CO_2/%	O_2/%	H_2/%	(H_2S+COS)/%	C_2/%	C_3/%	C_4/%
0.2	17.31	10.29	31.97	0.3	39.26	0.18	0.32	0.13	0.05

① 固定床气化配套制氢的CO变换工艺流程。国内固定床气化工艺一般用于生产合成

氨，少部分用于生产甲醇。由于固定床气化产生的粗合成气中含有比例较高的甲烷，近年来，市场天然气需求使得固定床气化越来越受到人们的重视。针对最终产品不同，变换工艺流程配置也差别较大，现分别以制氢和制甲醇为例进行说明。

固定床气化粗合成气中含有煤尘、焦油等，若不进行分离会堵塞管道和设备。因此，来自气化的粗合成气需要利用高压煤气水进行洗涤以除去大多数煤尘和焦油等。另外，粗合成气中水气比较低，当最终产品为氢气时，需在 2 号变换反应器和 3 号变换反应器入口补充水蒸气，控制变换气中 CO 含量<0.6%，以满足变换反应深度的需要。固定床气化配套制氢的 CO 变换典型工艺流程如图 5-1 所示。

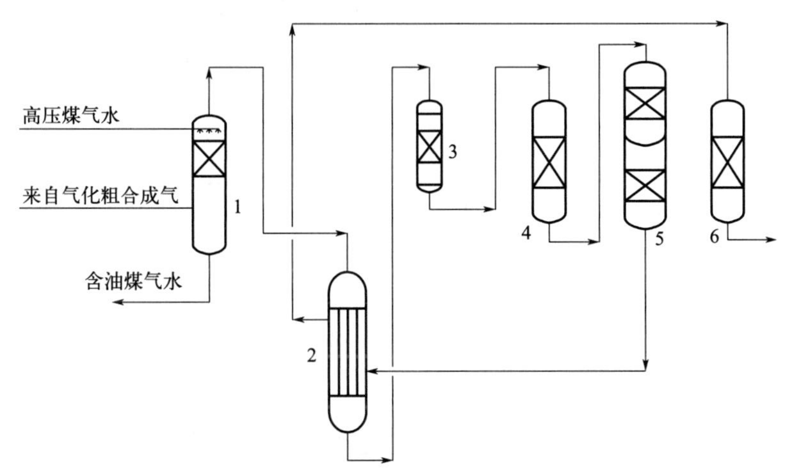

图 5-1 固定床气化配套制氢的 CO 变换典型工艺流程

1—粗煤气分离器；2—气气换热器；3—粗合成气过滤器；4—1 号变换反应器；5—2 号变换反应器；6—3 号变换反应器

② 固定床气化配套制甲醇的 CO 变换工艺流程（图 5-2）。固定床气化粗合成气中的氢碳比（摩尔比），偏离甲醇合成原料气的控制指标，其粗合成气中 CO 含量偏高，而 H_2 含量过低，必须采取变换、脱碳等措施调整粗合成气中的 H_2 与 CO 比例为 2.05 左右，以满

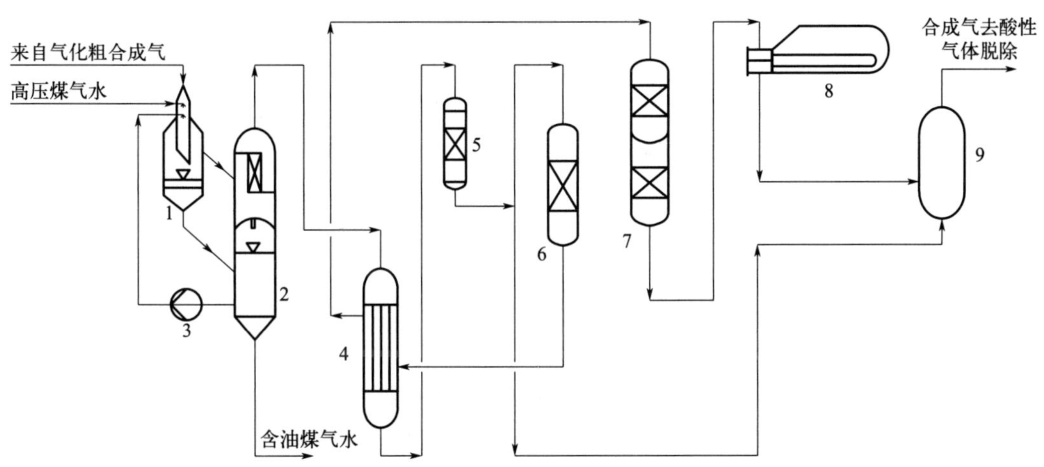

图 5-2 固定床气化配套制甲醇的 CO 变换工艺流程

1—粗煤气洗涤器；2—粗煤气分离器；3—循环洗涤泵；4—气气换热器；5—预变换反应器；6—1 号变换反应器；7—2 号变换反应器；8—低压蒸汽发生器；9—混合罐

足甲醇合成反应的要求。

现以鲁奇固定床碎煤加压气化工艺为例进行说明，其产生的粗合成气中通常含有氧气，浓度（体积分数）一般为0.3%左右。为了避免变换催化剂发生飞温而烧结，变换工艺流程设置中在预变换反应器上部装填脱氧剂，对粗合成气中的氧进行脱除。变换流程设置为部分变换，即部分粗合成气经过变换反应器进行CO变换，部分经过旁路即变换冷却回收热量后与经过变换的变换气混合后进行氢碳比的调节。此外，由于粗合成气中含有C_2、C_3和C_4等烃类介质，固定床气化的下游一般选用耐油耐硫变换工艺。

（2）流化床气化配套的CO变换

流化床气化以小颗粒的粉状煤为原料，煤粉在炉底的气化剂和炉中产生的粗合成气的共同作用下，保持着连续不断和无序的循环流化状态，进行快速的均匀混合和换热，维持整个床层温度一致[14]。

灰熔聚流化床气化技术以U-gas、HTW等气化工艺作为典型代表，气化炉内的平均温度通常在1000℃左右[15]，以预防灰熔化后与炉床里的物质发生结聚。

由于灰熔聚气化炉气化温度相对较低，而且配有过量的水蒸气，使得变换反应在气化炉内进行得比气流床更为彻底，其结果是合成气中的H_2/CO比例较气流床气化炉高。这样，可以减小后续变换装置的反应深度。

相较于一般流化床气化炉，U-gas气化工艺排出的灰渣与飞灰含碳量较低。产生的粗合成气组成如表5-2所示。

表5-2　U-gas气化技术粗合成气组分（干基）

(N_2+Ar)/%	CO/%	CH_4/%	CO_2/%	O_2/%	H_2/%	H_2S/(mg/m^3)	NH_3/(mg/m^3)	含尘量/(mg/m^3)
2.5	30.2	3.0	25.8	0.2	35.7	6818	61	7644

① 流化床气化配套制氢的CO变换工艺流程。U-gas流化床气化产生的粗合成气中含有一定比例的甲烷，因此该技术适用于低热值或中热值的燃料气的生产。装置产生的合成气也能作为制氢、合成氨等装置的原料，加压后的合成气还可用于发电[16]。由于U-gas流化床气化产生的粗合成气成分和固定床气化接近，因此，流化床气化配套制氢的CO变换工艺流程与图5-1类似。

② 流化床气化配套制甲醇的CO变换工艺流程。U-gas流化床气化相对于固定床气化来说，氧含量相当，基本不含焦油和重油。因此，相对固定床气化配套的CO变换流程来说，仅需考虑耐硫变换流程即可，工艺流程配置与图5-2基本相同。

（3）气流床气化配套的CO变换

气流床气化技术，是目前国内应用最为广泛的煤气化技术，主要分为水煤浆气化及粉煤气化两大类。

① 水煤浆气化粗合成气特点[17]。水煤浆气化多为激冷流程，操作压力表压一般为4.0～8.7MPa，粗合成气产品的主要特点如下：粗合成气中的CO干基含量通常为42%～47%，比H_2含量稍多，变换反应器内发生超温风险较低；粗合成气中水气比较高，一般在1.1～1.5；水蒸气含量充足，催化剂初、中期不需补充水蒸气即可满足各类化学品变换反应深度的要求；基于粗合成气中水气比偏高，超过变换反应所需的水蒸气含量，因此系统回收的余热量较多，产生的工艺冷凝液量大。

② 粉煤气化粗合成气的特点。粉煤气化配套废锅流程和激冷流程均较为常见，操作压

力表压一般为 4.0MPa。考虑粉煤气化的合成气含水率低，在气化炉内部达到平衡时产生的粗合成气中 CO 干基含量为 60%～70%。高 CO 浓度的粗合成气会导致变换反应的推动力大，CO 变换反应非常剧烈，催化剂床层易发生飞温。但粉煤气化配套的废锅流程和激冷流程产生的粗合成气又各有特点。

废锅型粉煤气化粗合成气的特点[18-19]：废锅型粉煤气化产生的粗合成气水气比较低，一般仅为 0.2 左右；不论采用全变换或部分变换，水气比均不足，系统需要再补充一定量的蒸汽或锅炉水。

激冷型粉煤气化粗合成气的特点：激冷型粉煤气化粗合成气中水气比属于中水气比，一般在 0.7～1.0 左右。在变换反应深度较浅即部分变换时，可以不补加水蒸气；对于全变换，粗合成气中的水蒸气含量不满足变换反应深度，系统需要补加水蒸气或锅炉水。

③ 气流床气化配套制氢的 CO 变换工艺流程。水煤浆气化制氢的一氧化碳变换工艺流程，水煤浆气化粗合成气中水气比较高，水蒸气量相对过剩，粗合成气中不需配水蒸气即可满足各类变换反应深度的要求，同时变换后将产生大量的工艺冷凝液。水煤浆制氢配套 CO 变换典型工艺流程如图 5-3 所示。

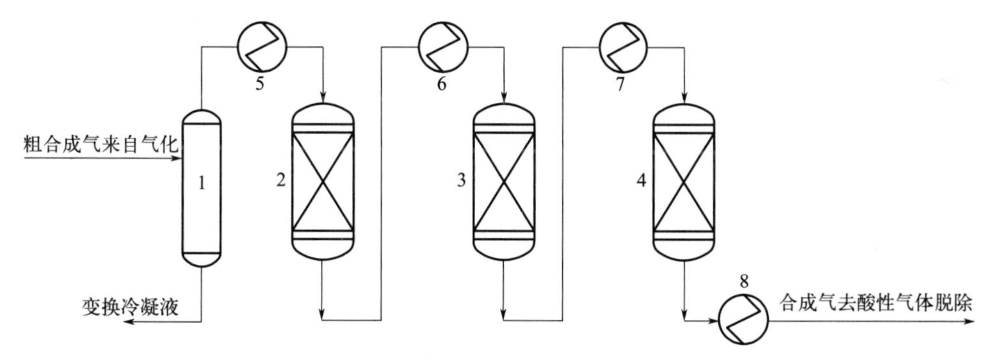

图 5-3　水煤浆制氢配套 CO 变换典型工艺流程

1—气液分离器；2—1 号中温变换反应器；3—2 号中温变换反应器；4—低温变换反应器；
5—粗合成气预热器；6—蒸汽发生器；7—预热器；8—冷却器

水煤浆气化制氢配套 CO 变换要求变换深度高，CO 变换率基本需要超过 97%。若后续系统配套甲烷化工艺，为减少甲烷化催化剂床层发生飞温和降低氢气消耗，一般要求变换气中 CO 浓度较低，一般低至 0.6%以下。此时变换反应需要设置三段变换，最后一段变换采用低温变换进行平衡反应。由于变换反应深度较为彻底，为了保证各段变换反应器具有足够高的推动力，一般变换反应不设置前置废锅降低水气比。

粉煤气化制氢的一氧化碳变换工艺流程，以激冷型粉煤气化制氢的 CO 变换工艺进行说明（图 5-4），粗合成气中 CO 浓度高，干基体积含量达 62%左右，变换反应推动力大，变换出口温度高，易引发甲烷化反应，超温风险大。因此，1 号变换反应器采用动力学控制，按照变换最低运行负荷 60%设计，精确计算最低开车负荷时催化剂装填量并设置气体冷激副线，可根据负荷的变化决定冷激副线的开度，从而可将催化剂床层温度控制在要求范围内，避免低负荷工况的超温风险。

④ 气流床气化配套制甲醇的 CO 变换工艺流程。水煤浆气化制甲醇的一氧化碳变换工艺流程（图 5-5），原料粗合成气中水气比一般为 1.2，而变换反应所需要的水量却较少，仅占原料带水量的 15%左右，因此变换气中无需再补充水调节水气比。结合粗合成气的特点

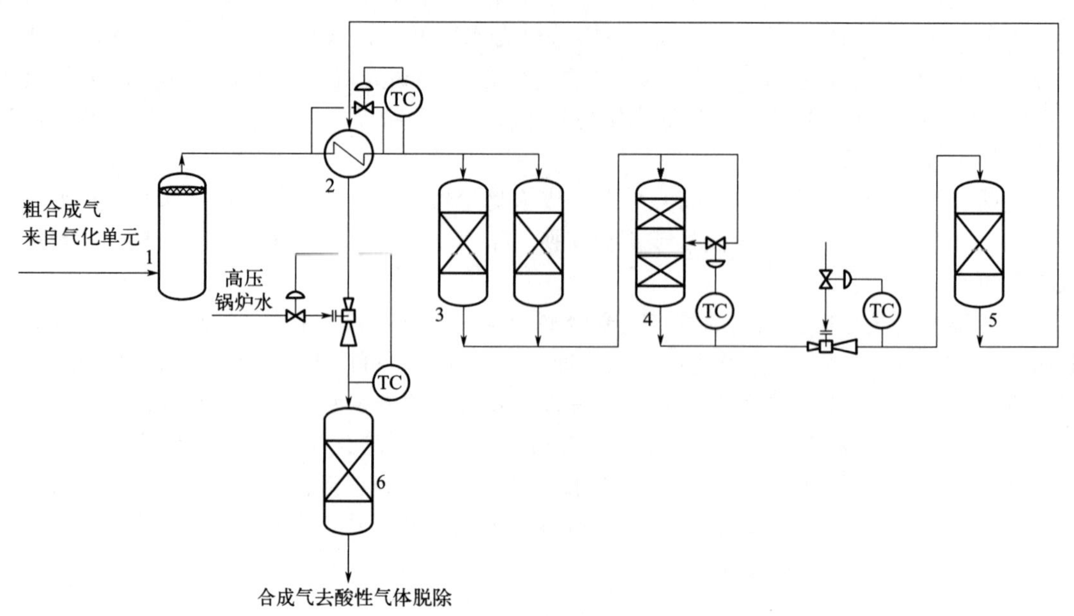

图 5-4　激冷型粉煤气化制氢一氧化碳变换工艺流程

1—1 号冷凝液分离器；2—粗合成气预热器；3—粗合成气过滤器；4—1 号变换反应器；5—2 号变换反应器；6—3 号变换反应器

和氢碳比要求，一氧化碳变换采用部分变换和配气工艺流程。

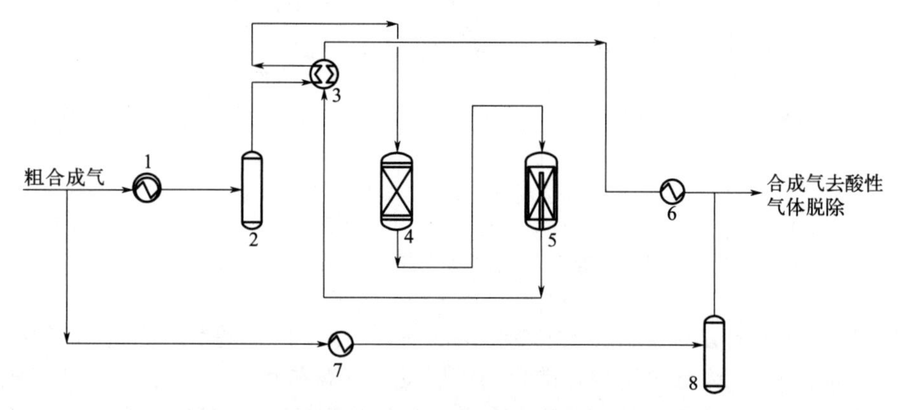

图 5-5　水煤浆气化制甲醇一氧化碳变换工艺流程

1—1 号中低压蒸汽发生器；2—变换 1 号气液分离器；3—进气加热器；4—粗合成气过滤器；5—变换反应器；6—中低压蒸汽过热器；7—2 号中低压蒸汽发生器；8—变换 2 号气液分离器

粉煤气化激冷流程粗合成气具有高水气比、高 CO 等特点，对于甲醇装置的变换工序而言，选择合适的水气比一方面需要根据催化剂的特性，另一方面需要根据各段反应出口的 CO 浓度要求及最终 H_2/CO 浓度的要求。在粗合成气主路设置非变换旁路跨越 1 号变换反应器，再与另一路经 1 号变换反应器的低含水量变换气混合后进入 2 号变换反应器反应，粗合成气旁路/主路流量采用比例控制稳定调控水气比，无需补充水蒸气（图 5-6）。

5.1.2.2　清洁化生产措施

一氧化碳变换装置污染物主要有低温工艺凝液、废吸附剂和废催化剂。低温工艺凝液中成分主要为水及溶解在水中的 H_2S、NH_3、CO_2，氨和硫化氢的浓度较高，若直接排放至全

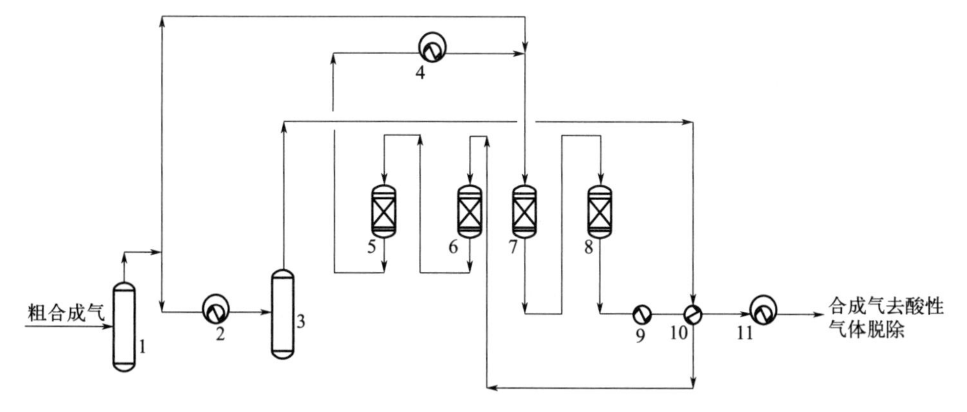

图 5-6　激冷型粉煤制甲醇一氧化碳变换工艺流程

1—变换入口分离器；2—低压蒸汽发生器；3—变换进料分离器；4—1 号高压蒸汽发生器；
5—1 号变换反应器；6—1 号脱毒槽；7—2 号脱毒槽；8—2 号变换反应器；
9—高压蒸汽过热器；10—粗合成气加热器；11—2 号高压蒸汽发生器

厂污水处理，会加大污水处理的负担，排放前需要进行预处理，即对凝液进行汽提。凝液汽提是将溶解在工艺凝液中的 CO_2、NH_3 汽提出去，净化后的工艺凝液回用，以降低气化灰水结垢速率和减少外排废水量。

固废主要类型为废吸附剂和废催化剂，废吸附剂的主要成分为氧化铝，废催化剂的主要成分为硫化钴和硫化钼。

(1) 工艺流程配置避免反应器超温损坏，产生环保风险

变换装置的工艺流程主要根据粗合成气的特点、变换气用途和催化剂的特性进行配置。由于 CO 变换反应为强放热反应，因此需根据全厂的蒸汽平衡对变换副产余热进行合理的回收利用。根据变换气的不同温度等级，合理组织换热网络，高温位变换气用于副产和过热高品位蒸汽，低温位变换气用于预热锅炉水和脱盐水，降低循环水消耗。

增大水气比，虽然可以提高变换率，副作用是工艺凝液量增多、管线和设备规格尺寸增大、能耗高、低温位热量多且难以进行有效利用，但是变换反应器超温风险低，粗合成气中有机硫生成量减小，不需增加水解设施就可保证粗合成气中 COS 转化率达到 90%以上；针对高 CO 含量的低水气比变换工艺，变换反应器推动力大，发生超温风险高，需要采用相关措施避免反应器发生超温损坏而造成环保风险，如合理改变催化剂装填方式和进气位置、增大反应器床层的处理气量、减少粗合成气与催化剂接触时间等。因此，针对粗合成气中水气比的不同可选择不同的变换工艺。

变换反应器入口设置调温副线以灵活控制入炉温度。催化剂初期，可以降低粗合成气入炉的操作温度，催化剂的低温活性可以得到有效利用。催化剂末期，随着活性降低可缓慢提高入炉温度，催化剂的高温活性也可得到利用。因此，通过合理控制变换反应器的操作温度，可以梯级利用催化剂的活性，延长催化剂在线率，降低固体废物排放量。

对于水煤浆气化配套 CO 变换流程，为减少新鲜水的用量，变换装置的高温工艺凝液要补充到煤气化的水系统。粗合成气在变换装置冷却、反应后的再冷却过程中气相中的氨会溶解在工艺冷凝液中，工艺冷凝液进行循环利用时所含的氨会不断累积，造成气化装置灰水系统中氨氮含量不断增加，因此工艺凝液在去气化装置之前要将其中的氨和硫化氢等组分进行

汽提，不仅回收了氨和硫化氢等有效组分，还净化了工艺冷凝液，达到了降低废水排放量的效果。常见有两种变换冷凝液汽提工艺，即单塔汽提和双塔汽提工艺[20]。

（2）催化剂改性与升级，提高产能，减少单位产品的污染物排放

目前CO变换装置普遍使用Co-Mo系耐硫催化剂进行变换，变换后采用酸性气体脱除装置一步法同时脱硫脱碳，克服了早期Fe系催化剂先脱硫再变换然后脱碳的“冷热病”，工艺流程更加合理。Co-Mo系耐硫催化剂具有较好的低温活性，尤其制氢流程配套的中低温变换反应器要求反应温度更低，增大了反应推动力，提高了反应深度。Co-Mo系催化剂操作温区较宽，一般操作温度范围为260～480℃。因此，在低水气比条件下，可以使用中低温变换反应器一半不到的催化剂装填量使CO含量从5%降低至0.6%。不仅提高了催化剂的利用效率，还减少了蒸汽消耗。

对于变换反应的催化剂建议采用预硫化催化剂[21]，预硫化催化剂在变换装置开车时，仅需进行升温操作即可，无需进行硫化还原，减少了硫化剂和相关注入系统的配置，避免硫化剂发生泄漏导致火灾和环保风险[22]。

脱毒槽中的吸附剂选型时，尽量提高其灰容，延长连续在线时间和减少装填量。

在低水气比高温工况下变换合成气中仍有部分COS生成，会影响后续甲醇合成、甲烷化、氨合成等催化剂性能。需要设置COS水解催化剂对合成气中的有机硫进行水解，降低其对后续装置催化剂的损害，从而延长催化剂使用寿命。

（3）设备选型与优化，提高效率减少能耗

变换换热器主要用于回收变换产生的反应热，副产蒸汽或预热相关介质（锅炉水、脱盐水等）。为了降低变换系统的阻力降，可以对换热器的结构型式进行优化和调整。

蒸汽发生器管程结构可以采用双U形管对称布置代替单U形管；换热器宜采用固定管板型式，当管壳程壁面温差较大时，可在壳程设置膨胀节以解决相关热膨胀问题，上述两种方式均可降低粗合成气侧系统的压降。

气液分离罐采用高效分离叶片式内件代替传统的丝网除沫器，充分采用动能碰撞、液滴吸附聚结和重力沉降的原理，从而实现更高的气液分离效率，降低气液分离罐的规格尺寸，同时可实现更低的操作压降以及更宽的操作弹性。

CO变换反应器可采用轴径向反应器，轴径向反应器采用合成气径向均匀分布进入催化剂床层，再由中心管汇合后送出，降低了整个床层压降。特别适用于大型化装置，采用轴径向反应器比轴向反应器的压降更低，减少了催化剂的粉化率，催化剂寿命更长，系统可靠性更高；同时降低了变换反应器壳体的设计温度，即针对变换反应器下封头设计温度为495℃，筒体及上封头设计温度可降至475℃。筒体和封头均堆焊不锈钢，防止开停车过程中结露出水产生腐蚀造成泄漏风险。

（4）管道材料避免管道腐蚀产生环保风险

粗合成气、变换气中含有浓度较高的CO_2和H_2S，具有一定腐蚀性。因此主要工艺设备均选用了不锈钢复合材料。工艺冷凝液中含有浓度较高的CO_2、H_2S和NH_3等，具有较强的腐蚀性，因此凝液汽提塔壳体考虑采用碳钢复合不锈钢[23]。此不锈钢复合板制造工艺不仅降低了设备投资，还延长了设备的使用周期，防范泄漏风险。

变换气减温器内壁纵焊缝处裂纹见图5-7；变换气管道三通内部腐蚀穿孔见图5-8。

（5）开停车设置减少系统的污染物排放

在变换装置开车之前应对开车人员做好安全、技术方面交底和培训，完善开车方案，使开车人员具有对突发问题的应急处理预案及处理能力。

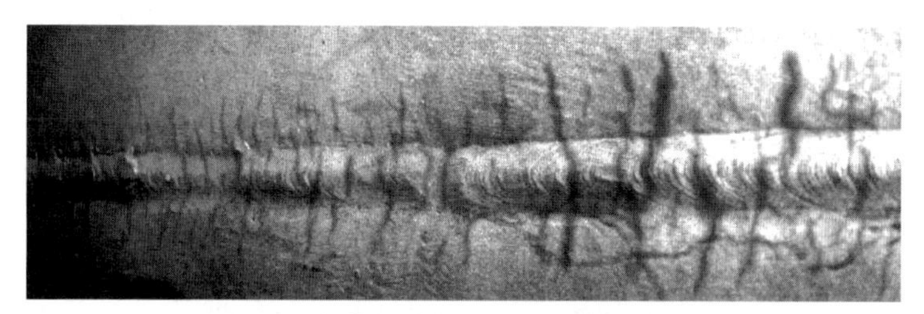

图 5-7　变换气减温器内壁纵焊缝处裂纹

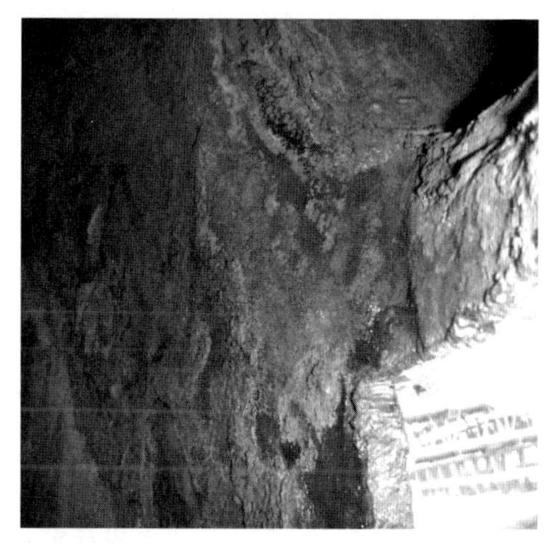

图 5-8　变换气管道三通内部腐蚀穿孔

上游气化装置运行稳定后即可向一氧化碳变换装置导气，首先应将气化至变换的粗合成气管线升温升压至满足运行要求，采用氮气对变换装置进行充压至跟气化装置操作压力接近，即可实现高压导气过程[24]，可以缩短变换升压时间，减少工艺气排放量。

变换汽提系统在开车前，应先建立水循环，并利用氮气维持汽提塔压力以满足设计指标要求。当汽提系统开车时，应尽快保证净化凝液达标送至气化装置，减少不合格废水排放。

变换停车时，高温工艺凝液由于压力较低，难以送入气化装置。可以采用汽提塔处理高、低温工艺凝液，避免停车时系统中残留废液。

(6) 检维修中的环保措施

在检维修之前，滞留在设备中残余的气体含有 CO 和 H_2S，应用氮气对管道和设备内部的残余气体进行吹扫置换，合格后才可进行后续作业。

5.1.3　变换工艺过程污染物排放及治理

(1) 废气

CO 变换装置废气为酸性气，主要成分为 CO_2、H_2S、NH_3 和 CO，通常送入硫回收装置进行回收利用。

现以 $27\times10^4 m^3/h$ 有效气处理规模的煤制甲醇装置为例，SE 水煤浆和粉煤气化制甲醇变换废气排放见表 5-3。

表 5-3　SE 水煤浆和粉煤气化制甲醇变换废气排放

装置名称	排放设备名称	排放量/(kg/h)	排放方式	主要污染物摩尔分数/%	排放去向
SE 水煤浆气化配套变换	汽提塔	759	连续	H_2:6.76 N_2:0.02 CO:2.51 Ar:0.02 CO_2:82.5 H_2S:4.41 NH_3:0.26 H_2O:3.5	硫回收
SE 粉煤气化配套变换	汽提塔	726	连续	H_2:8.3 N_2:0.05 CO:8.45 Ar:0.02 CO_2:79.6 H_2S:0.71 NH_3:0.001 H_2O:2.87	硫回收

（2） 废液

① 固定床气化配套的 CO 变换。对于日产 $400\times10^4m^3$ 的煤制天然气来说，CO 变换装置产生的废液主要是 131t/h 的含尘煤气水和 178t/h 的含油煤气水。粗合成气中所携带的酸性气和氨被冷却进入煤气水中。

由于粗合成气中焦油、灰尘等影响，CO 变换装置的煤气水与气化装置煤气水一起送至煤气水分离系统，根据不同组分的密度差，利用重力沉降分离原理，将煤气水中的固体颗粒、焦油以及油和气相组分分离。分离后的煤气水送回气化装置作为激冷水，其余的煤气水再经油分离后送至酚氨回收系统进行后续分离。

② 气流床气化配套的 CO 变换。变换产生的低温工艺冷凝液主要成分为水及水中溶解的 NH_3、H_2S 和 CO_2。通常采用汽提工艺将其进行分离和净化，净化后的凝液再返回至上游的气化装置，含氨污水送至全厂污水处理装置。

现以 $27\times10^4m^3/h$ 有效气处理规模的煤制甲醇装置为例，SE 水煤浆和粉煤气化制甲醇变换废水排放见表 5-4。

表 5-4　SE 水煤浆和粉煤气化制甲醇变换废水排放

装置名称	排放源名称	排放量/(kg/h)	排放方式	主要污染物浓度(摩尔分数)/%	去向
SE 粉煤气化配套变换	气液分离器	1110	连续	CO_2:2.11 H_2S:0.02 NH_3:2.14 H_2O:95.74	去污水处理
SE 水煤浆气化配套变换	气液分离器	1970	连续	H_2:0.001 CO_2:7.45 H_2S:0.23 NH_3:8.91 H_2O:83.42	去污水处理

(3) 固废

① 固定床气化配套的 CO 变换。CO 变换装置固废主要为变换催化剂和支撑瓷球。

预变换反应器定期更换填料，产生废瓷球。主要成分为 Al_2O_3 为和 SiO_2，属于危险废物，在危险废物暂存库暂存后，送具有相应危险废物处置资质的单位进行回收处理。

变换反应器定期产生废变换催化剂。主要成分是 Co-Mo 氧化物，属于危险废物，变换催化剂根据使用周期，通常 3～4 年更换一次，废催化剂一般由催化剂厂家进行回收处理。

现以 $27\times10^4 m^3/h$ 有效气处理规模的煤制甲醇装置为例，固定床气化配套的 CO 变换装置排放的废渣情况见表 5-5。

表 5-5 固定床气化配套的 CO 变换废渣排放

装置名称	废渣名称	排放量/(t/次)	组成(质量分数)/%	排放方式	去向
预变换反应器	脱氧剂	2	Pt、Pd、Al_2O_3	三年一次	回收处理
	废吸附剂	70	飞灰、Al_2O_3	三年一次	回收处理
变换反应器	废催化剂	160.4	CoO 3.3%、MoO_3 8.0%、载体(氧化钛＋氧化镁＋氧化铝)及助剂	三年一次	回收处理

② 气流床气化配套的 CO 变换。流化床和气流床气化配套的 CO 变换固废中组分均相近，因此，以气流床气化配套的 CO 变换为例进行说明。

CO 变换装置固废主要为变换催化剂。考虑到气流床气化温度较高，在气化炉内发生非氧化催化还原反应，粗合成气中几乎不含有焦油、酚等有机物，粗合成气中氧的体积分数小于 10×10^{-6}。因此，变换单元脱毒槽内装填的脱毒剂无需具有脱氧功能和耐油的属性[25]。

与固定床气化配套的预变换反应器相同，预变换反应器需定期更换填料，产生废瓷球。

与固定床气化配套的变换反应器相同，变换反应器需定期更换产生的废变换催化剂。

现以 $27\times10^4 m^3/h$ 有效气处理规模的煤制甲醇装置为例，气流床气化配套的 CO 变换装置排放的废渣情况见表 5-6。

表 5-6 气流床气化配套的 CO 变换废渣排放

装置名称	废渣名称	年平均排放量/t	组成(质量分数)/%	排放方式	去向
脱毒槽	废吸附剂	76	飞灰、Al_2O_3	三年一次	回收处理
变换反应器	废催化剂	95	CoO 3.3%、MoO_3 8.0%、载体(氧化钛＋氧化镁＋氧化铝)及助剂	三年一次	回收处理

(4) 噪声

变换装置主要噪声污染源有泵和压缩机等大型转动设备。降噪主要从噪声源、传播途径和受声体三方面采取措施，选用低噪声机型或有效的消声、隔声等措施，以改善操作条件和减轻对环境的影响。在不能设置消声设备或进行防噪处理后噪声仍较大的设备，设置隔声间，并给操作人员配备耳塞、耳罩等防护用品。

现以 $27\times10^4 m^3/h$ 有效气处理规模的煤制甲醇装置为例，变换单元主要噪声源及治理措施见表 5-7。

表 5-7　变换单元主要噪声源及治理措施

设备名称	装置（或单元）	数量/台	声压级/dB	排放方式	降噪措施
工艺凝液增压泵	变换	2	85～90	连续	低噪声电机
变换净化凝液泵	变换	2	85～90	连续	低噪声电机
氨汽提塔回流泵	变换	2	85～90	连续	低噪声电机
含氨污水泵	变换	2	85～90	连续	低噪声电机
超高压锅炉给水泵	变换	2	85～90	连续	低噪声电机
高压锅炉给水泵	变换	2	85～90	连续	低噪声电机
低压锅炉给水泵	变换	2	85～90	连续	低噪声电机
开工循环气压缩机	变换	1	90	间歇	建筑物隔声、减振＋隔声罩

(5) 其他污染物及碳排放

CO 变换装置工艺过程中会产生氨水、NH_4HCO_3、NH_4Cl、NH_4HS 等腐蚀性物质，行业内曾发生多次因设备管道腐蚀而造成污染的事件[26]，因此在设备土建基础处理和地坪设计中应注重防渗措施，以避免对地下水和土壤的污染。

此外，CO 变换装置将合成气中大多数 CO 转化为 CO_2，但该装置本身碳排放量不大。

5.2 酸性气体脱除

5.2.1 酸性气体脱除技术概述

变换气中除含目标组分 H_2 和 CO 外，还有大量的酸性气 CO_2，以及少量 H_2S、COS、CH_4、N_2 等成分，为了满足下游产品使用要求，必须首先除去变换气中大量的酸性气体。

为适应不同的原料气组分性质以及目标产品气的需求，可采用的酸性气体脱除技术种类较多，按照酸性气体脱除的方式分为湿法和干法。湿法按照溶液的吸收和再生性质可分为化学吸收法、物理吸收法、物理化学吸收法、直接氧化法等；干法包括固体吸附脱碳以及对合成气的精脱硫等；脱除工艺按照吸收温度的不同，可分为热法和冷法。热法中以 Selexol 和 MDEA（*N*-甲基二乙醇胺）工艺最为常见，冷法则以低温甲醇吸收为代表。按照对合成气中酸性气体的脱除深度可分为粗脱和精脱，粗脱一般采用湿法脱除工艺，当下游用户对净化气中的酸性组分要求较高时，需要考虑设置干法精脱以满足要求。

本章节酸性气体脱除将对化学吸收法、物理吸收法、物理化学吸收法、直接氧化法、固体吸附脱碳等工艺从工艺生产过程、清洁化生产措施和典型污染物排放情况等方面进行介绍。

5.2.2 酸性气体脱除工艺过程及清洁化生产措施

5.2.2.1 工艺生产过程

(1) 化学吸收法

化学吸收法是利用吸收剂与酸性气体之间的化学反应达到选择性吸收气体的效果，

通常要求吸收剂易再生，可循环使用，并能够分离出吸收气体。与物理吸收法相比，化学吸收法一般具有吸收速度快、分离效果好、受吸收压力影响小等特点；但化学吸收法一般能耗较高，主要是吸收剂再生过程的能耗较高。常规的化学吸收法包括醇胺法、热钾碱法等。

① 醇胺法。醇胺法是应用最广泛的化学吸收法之一[27]。其原理是利用一种弱碱性的醇胺溶液与 H_2S、CO_2 等酸性气体发生化学反应，将酸性气体从原料中分离出来[28]。醇胺法溶剂中 MDEA 对 H_2S 和 CO_2 的吸收具有选择性，且不易发泡和降解，是工业上应用最广泛的醇胺溶剂。

研究表明，MDEA 与 H_2S 的反应几乎为瞬时反应，MDEA 与 CO_2 的反应则速度较慢[29]，为弥补这一缺陷，近年来不断对 MDEA 溶剂进行改良，主要的改良方法有混合醇胺法、活化 MDEA 法以及砜胺法[30]。近年来，一类高脱硫选择性的空间位阻胺成为研究的热点。该类胺在与氮原子相邻的碳原子上连接有 1 个或 2 个大体积的基团，以此形成空间位阻效应，可显著改善溶剂的选择性，从而降低溶剂循环量、能耗及装置操作费用[31]。

各类醇胺法的工艺流程基本一致，只是溶剂有所区别，其工艺流程如图 5-9 所示。

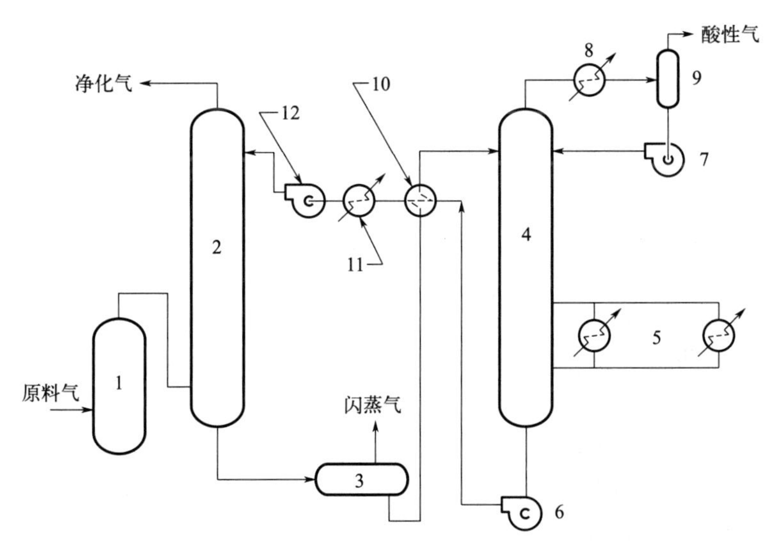

图 5-9　醇胺法工艺流程

1—入口分离罐；2—吸收塔；3—闪蒸罐；4—汽提塔；5—再沸器；6—循环泵Ⅰ；7—回流泵；8—冷凝器；9—回流罐；10—贫富溶剂换热器；11—冷却器；12—循环泵Ⅱ

② 热钾碱法。热钾碱法脱除 CO_2 工艺是 20 世纪 50 年代由美国国家矿务局专为煤制油技术而开发的[32]，该方法的原理和流程与醇胺法类似，不同点是吸收的操作温度较高，一般在 90～120℃。热钾碱法最适合于从高浓度的原料气中脱除大量的 CO_2，优点是 CO_2 在溶液中的溶解度较高，吸收剂成本相对较低[33]。缺点一是吸收过程的反应速率较慢，导致吸收效率不高；二是温度较高时，碳酸钾溶液的腐蚀性很强；三是产品气在吸收过程中被增湿加热，当下游气体需进一步冷却时，热量浪费严重。

为了克服上述缺点，在热钾碱工艺的基础上额外引入活化剂和缓蚀剂。

从反应原理上，各类热钾碱法基本一致，都是由碳酸钾水溶液吸收 CO_2 和 H_2S 生成碳酸氢钾，碳酸氢钾加热后分解释放出 CO_2 和 H_2S。热钾碱法脱硫的工艺流程与醇胺法相似，典型的工艺流程如图 5-10 所示。

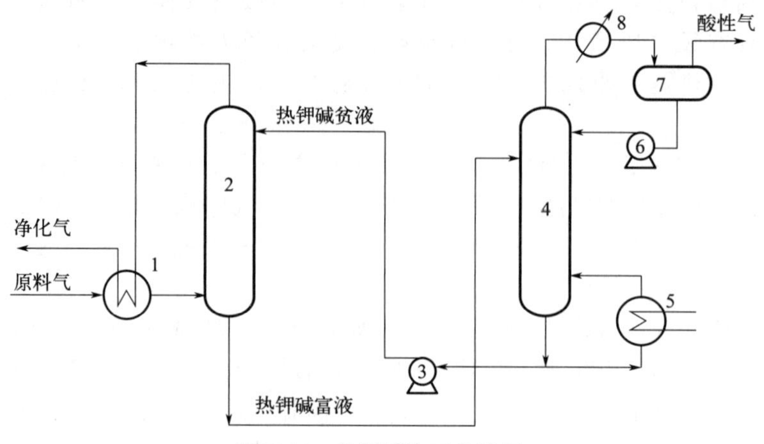

图 5-10　热钾碱法工艺流程

1—原料气换热器；2—吸收塔；3—贫液泵；4—汽提塔；5—再沸器；6—回流泵；7—回流罐；8—冷凝器

(2) 物理吸收法

物理吸收法是利用不同酸性气体在吸收剂中的溶解度差异对其进行分离脱除的方法。该法不发生化学反应，溶剂吸收的酸性气可通过减压、气提、加热等方式实现再生和循环利用。常规的物理吸收法包括低温甲醇洗法、聚乙二醇二甲醚法等。

① 低温甲醇洗法。低温甲醇洗（Rectisol®）是 20 世纪 50 年代初由德国林德公司和鲁奇公司联合开发的一种气体净化工艺。低温甲醇洗法气体净化度高，选择性好，且脱硫和脱碳可在同一个塔内分段、选择性地进行，已被广泛应用于合成氨、合成甲醇、羰基合成、城市煤气、工业制氢和天然气脱硫等气体净化装置中[34]，是目前主流的酸性气体脱除技术。

国内对低温甲醇洗工艺的研究工作起步于 20 世纪 70 年代末，兰州设计院率先进行了酸性气体脱除工艺气液平衡计算的研究，随后浙江大学、上海化工研究院、大连理工大学等机构也相继开展了相关理论研究。经过 40 多年的努力，在低温甲醇洗工艺的基础研究、软件开发、设备的国产化、装置的技术改造等方面取得了很大的成绩，开发了 S-AGR 技术。目前 S-AGR 技术已建成多套国产化装置[35]。其主要特点有：通过引入高效设备及内件[36,37]、优化冷量逐级利用[38,39]，使装置的能量利用更合理，降低了装置的消耗和操作费用；通过流程优化，寻找投资和操作费用的平衡点，通过合理设计和选材，减少装置投资[40]；通过合成的组织工艺流程，降低了三废外排污染物的指标[41,42]，提高碳捕集能力[43]。

总的来说，国内低温甲醇洗工艺在消化吸收国外先进技术经验的基础上，不断更新换代，朝着更先进、可靠、经济、环保的酸性气体脱除技术发展。

典型的低温甲醇洗流程一般可分为原料气冷却、酸性气体脱除、中压闪蒸回收有效气、低压闪蒸副产 CO_2、H_2S 浓缩、热再生等几个部分。来自上游的原料气经冷却后进入吸收塔中，原料气在塔内与自上而下的贫甲醇溶剂逆流接触，脱除其中的 CO_2、H_2S 及 COS 等酸性气体。吸收了大量酸性气体的富甲醇溶液再经过中压闪蒸、氮气汽提、热再生得到不含酸性气体的贫甲醇溶液，贫甲醇溶液经冷却加压后循环送至吸收塔中。中压闪蒸得到的有效气经压缩机加压后注入入口原料气中。热再生塔顶富集的酸性气送往硫黄回收装置。典型的低温甲醇洗工艺流程如图 5-11 所示[44]。

② 聚乙二醇二甲醚法。利用聚乙二醇二甲醚溶液作吸收剂的气体净化过程，称为 Selexol 法。该技术最初用于脱除 CO_2，后逐渐发展为从气体中选择性脱除酸性气[45]。

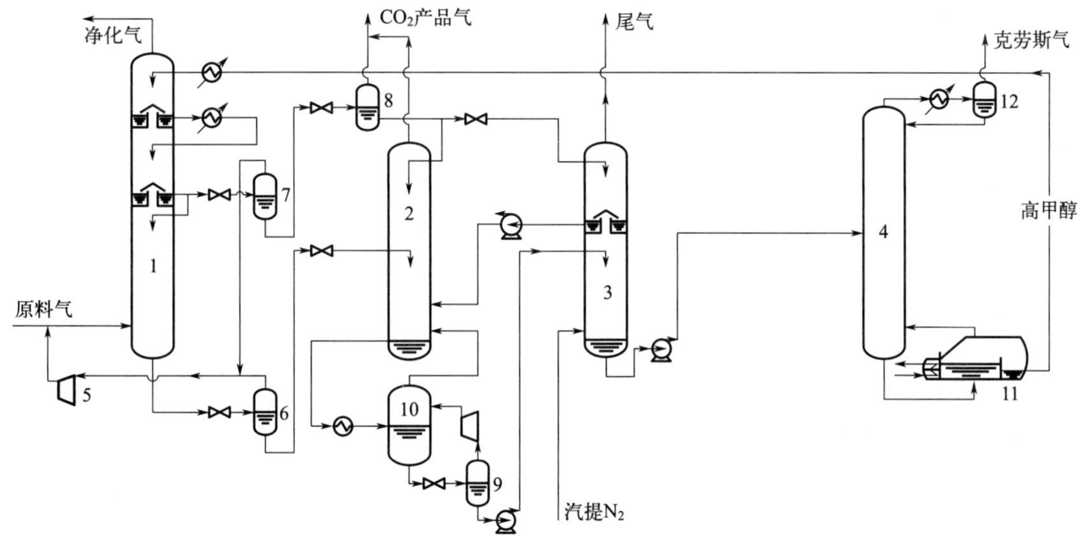

图 5-11　典型的低温甲醇洗工艺流程

1—吸收塔；2—CO_2 产品塔；3—H_2S 浓缩塔；4—热再生塔；5—循环气压缩机；6～10—闪蒸罐；11—再沸器；12—回流罐

国内 20 世纪 80 年代进行了溶剂的研究筛选，获得了可用于脱硫脱碳的聚乙二醇二甲醚溶剂，其物化性质与 Selexol 相似，但其组分含量、分子量与 Selexol 不同，被称为 NHD 溶剂[46]。

Selexol（NHD）法对于 H_2S 和 CO_2 的吸收均属于物理吸收，该方法具有溶剂性质稳定、蒸气压低、损耗少、净化度高等特点。但相对低温甲醇洗法而言，其溶液循环量大，能耗比低温甲醇洗高，目前，Selexol（NHD）法广泛地应用在国内的中小氮肥厂、醋酸厂，取得了一定的经济效益。

典型 Selexol（NHD）流程的脱硫和脱碳独立进行，工艺流程如图 5-12 所示。

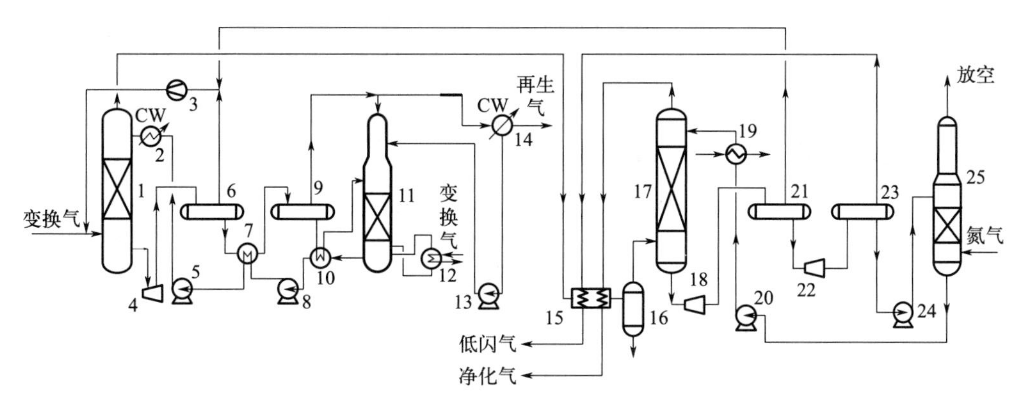

图 5-12　聚乙二醇二甲醚工艺流程

1—脱硫塔；2、14—水冷器；3—闪蒸气压缩机；4、18、22—透平；5、8、13、20、24—泵；6—脱硫高压闪蒸槽；7、10、12、15—换热器；9—脱硫低压闪蒸槽；11—脱硫再生塔；16—分离器；17—脱碳塔；19—氨冷器；21—脱碳高压闪蒸塔；23—脱碳低压闪蒸塔；25—脱碳汽提塔；CW—循环冷却水

（3）物理化学吸收法

物理化学吸收法的吸收剂通常采用多种有机溶剂组成，包括物理吸收剂和化学吸收

剂，其吸收分为物理吸收过程和化学吸收过程。主要工艺包括MDEA配方溶液法和砜胺法等。

① MDEA配方溶液法。MDEA配方溶液是以MDEA为主体，同时加入少量的一种或多种助剂来增加或抑制MDEA吸收CO_2的动力学性能，是一种新型的高效脱硫脱碳溶剂。为了实现不同的功能需求，可以复配不同的化学助剂，来增强或减弱某方面的性能。因此，有的MDEA配方溶液有更好的脱硫选择性，而有的配方溶液则具有更好的脱碳能力[47]。

美国联合碳化物公司的Ucarsol HS是世界上首例MDEA配方溶液，其HS系列产品可选择性脱硫，同时也开发了可用于脱除CO_2的系列配方溶液。

采用Ucarsol法脱硫，可将H_2S脱除至体积分数低于$(4\sim10)\times10^{-6}$，有效气（H_2+CO）回收率约为99.95%。酸性气浓度可富集至摩尔分数30%以上。

国内科研单位和生产厂家在进行MDEA配方溶剂相关技术研发工作，如中国石油西南油气田公司天然气研究院开发的CT系列溶剂[48]，进行的工业化应用实践，也取得了良好的技术经济效果。

采用MDEA配方溶液的气体净化流程与同类的醇胺液净化流程基本相同，均为吸收和解吸的过程，为常规的典型流程，不同之处在于下游酸性气处理装置对酸性气浓度的接收要求不同，可根据要求判断是否需要进一步提浓。而进一步提浓的工艺流程，也是对酸性气进一步地吸收和解吸的过程。

② 砜胺法（图5-13）。壳牌公司在1964年成功开发了一种名为Sulfinol的吸收溶剂，国内称之为砜胺法[30]。该溶剂是由物理溶剂、化学溶剂和水构成的，其中的物理溶剂为环丁砜，化学溶剂则可用任一种醇胺类溶剂［如DIPA（二异丙醇胺）或MDEA等］[49]。

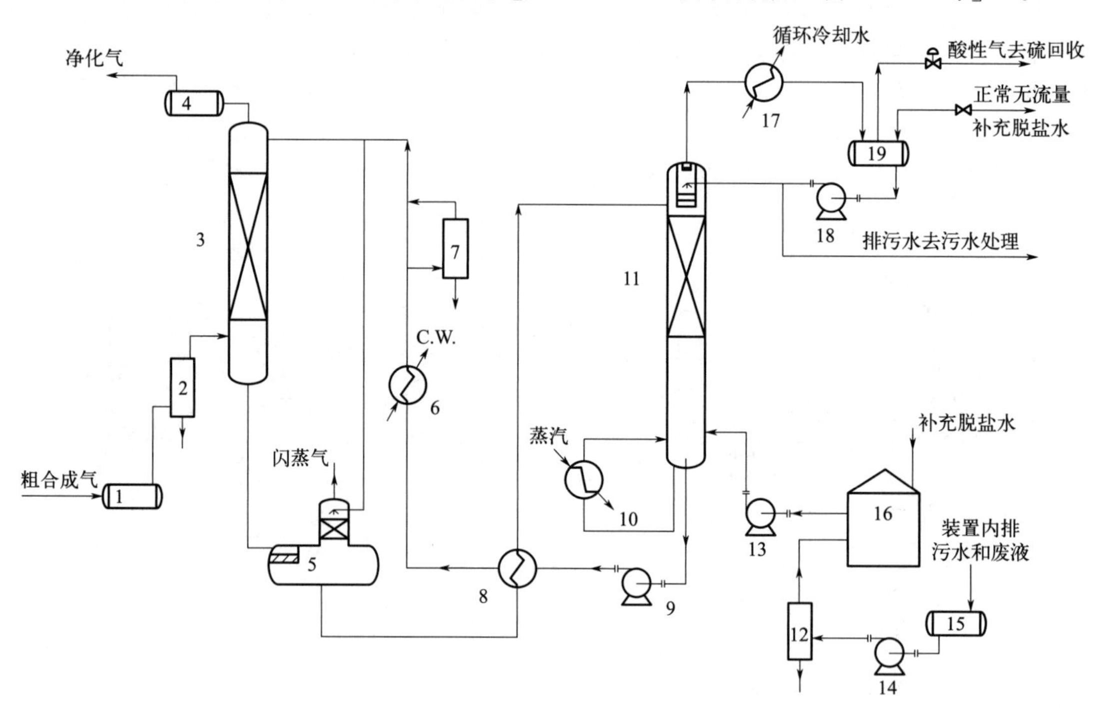

图5-13　砜胺法工艺流程

1—原料气分离器；2—原料气过滤器；3—吸收塔；4—净化气分离器；5—闪蒸罐；6—贫液水冷器；7—侧流过滤器；8—贫/富液换热器；9—贫液泵；10—再生塔再沸器；11—热再生塔；12—废液过滤器；13—补液泵；14—溶液回收泵；15—地下槽；16—溶液储槽；17—酸性气水冷器；18—再生塔塔顶回流泵；19—酸性气分离器

砜胺法也可视为是MDEA水溶液中的一部分水被环丁砜替换，加入环丁砜后具有了更优秀的性能，比如对有机硫的脱除能力，选择性和节能性也均有一定程度的提高[50]。

实际应用中，砜胺溶液主要成分的典型质量比例为：砜：醇胺：水=40：45：15。醇胺的含量配比主要由酸性气浓度决定，溶液中环丁砜含量越高，有机硫的脱除效果越好[51]。

该法最大的优点是净化度高，吸收速度快，处理酸性气浓度范围宽。

砜胺法的缺点是[52]，由于其对烃类的吸收能力强，如果原料气中含有重烃，尤其是芳烃含量较高，则这些重烃和芳烃类物质，会因为闪蒸对其的解吸效率较低，而大部分在热再生过程中释放出来，进入酸性气而被送至硫黄回收，当酸性气烃类含量过高时，硫黄回收装置燃烧炉的火嘴则要求有特殊的设计，或在酸性气进硫黄回收装置前设活性炭吸附器脱烃。当然，一般来说，若原料气中重烃和芳烃含量超过限度时，气体在进入脱硫工段之前就经活性炭吸附器处理并被除去。

（4）直接氧化法

直接氧化法或称为湿式氧化法，是以中性、弱碱性或酸性含氧化剂的溶液吸收原料气中的酸性气体硫化氢，吸收剂把硫化氢氧化成单质硫，从而回收硫黄，吸收剂通过吸收空气实现循环再生。工业应用中较具代表性的主要有砷基工艺、钒基工艺、铁基工艺和一些新兴工艺[53]。

本章将节选上述脱硫方法中的栲胶法、改良ADA（蒽醌二磺酸钠）法、络合铁法以及PDS（双核酞菁钴六磺酸铵）法进行简要阐述。

① 栲胶法。1976年，国内多家研究单位联合开始对栲胶脱硫技术进行研究[54]，栲胶脱硫法是我国目前使用最多的湿法氧化脱硫工艺之一。主要有碱性栲胶脱硫（以橡椀栲胶和偏钒酸钠作催化剂）和氨法栲胶脱硫（以氨代替碱）两种。

通常原料气中所含酸性气体除H_2S以外，还有CO_2、HCN等，所以栲胶脱硫过程存在很多副反应，这些副反应将生成NaCN、NaSCN、$Na_2S_2O_3$、Na_2SO_4等副盐。这些副盐的累积，将影响脱硫效率和生产运行的正常操作。

优点：栲胶资源丰富，价格低，无毒性，脱硫溶液成本低，因而操作费用要比改良ADA法低；脱硫溶液的活性好，性能稳定，腐蚀性小；栲胶本身既是氧化剂，也是钒的络合剂，脱硫溶液的组成比改良ADA法简单，可有效缓解脱硫过程中硫黄堵塔的问题；脱硫效率大于98%，所析出的硫容易浮选和分离。

缺点：脱硫精度不高，可作为粗脱硫使用，后系统一般需要配置精脱硫，以保证满足产品品质；脱硫液的硫容较小，溶液的循环量大，应用场景受限，不利于在大型装置上使用，一般应用于中小化肥装置；栲胶脱硫的过程中，存在很多副反应，不但消耗脱硫液中的Na_2CO_3，而且由于没有排出脱硫系统的渠道，生成的副产物积累于脱硫液中，当脱硫液中副产物浓度达到一定值时，导致脱硫效率的下降，影响脱硫工艺的正常操作；由于脱硫液为碱性环境，当原料气中CO_2含量较高时，容易共吸收部分CO_2，从而使溶液的碱性下降，进而使脱硫液的脱硫性能下降。

栲胶法脱硫系统主要设备是脱硫塔和再生槽，在富液槽内HS^-进一步转化成单质硫，贫液槽中进一步提高再生质量。典型的栲胶法脱硫工艺流程如图5-14。

② 改良ADA法。改良ADA法脱硫液是在ADA法脱硫液中加入偏钒酸钠（$NaVO_3$）和酒石酸钾钠（$NaKC_4H_4O_6$）配制而成的，其中ADA脱硫液是在稀碳酸钠（Na_2CO_3）溶液中加入等比例2,6-蒽醌二磺酸钠和2,7-蒽醌二磺酸钠溶液配制而成的。在提高溶液的吸收硫容量的同时，也使溶液吸收和再生的反应速率得到提高，使ADA法脱硫工艺更加趋于

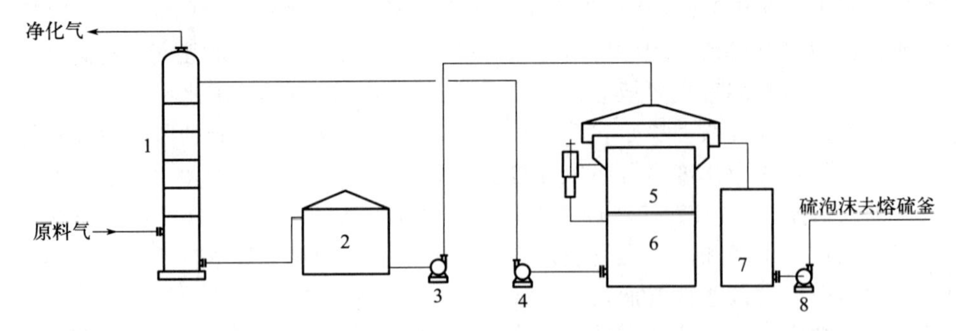

图 5-14　典型的栲胶法工艺流程

1—脱硫塔；2—富液槽；3—富液泵；4—贫液泵；5—再生槽；6—贫液槽；
7—硫泡沫槽；8—硫泡沫泵

完善[55,56]。

改良 ADA 法是技术成熟、溶液性能稳定、技术经济指标较好的脱硫方法。其还具有硫黄回收率高，回收的硫黄纯度高，溶液对人和生物无毒害作用，对碳钢腐蚀作用小等优点。

该法存在的主要问题有：悬浮硫颗粒回收困难，易造成过滤器堵塞；副产物使化学药品消耗量增大；脱有机硫和 HCN 效率差；脱硫废液处理困难，可能造成二次污染等[57]。

国内改良 ADA 法脱硫遇到的最大问题是硫黄容易堵塞脱硫塔内的填料[58]；而且在脱硫过程中很容易发生副反应，消耗掉脱硫液，导致所需脱硫液量增大；同时该工艺产生的脱硫废液处理困难。对脱硫废液通常采用的处理方式为废液提盐，但废液提盐的能耗较大，流程复杂，而且所回收的硫氰酸钠、硫代硫酸钠品质不高，经济效益较差[59]。

根据有关文献的报道[60,61]，ADA 法的流程与栲胶法和 PDS 法非常接近，只需要改造个别的设备和管道，主要区别在于脱硫母液的组成、溶液的配制等。通过工艺操作参数等的调整，可实现几种直接氧化法脱硫工艺的平稳过渡。

③ 络合铁法。络合铁脱硫技术是一种常用的湿式氧化还原脱硫法工艺，由于其流程简单、脱硫效率高、溶剂无毒无害，在国外已呈现出逐步取代传统的 ADA 工艺的趋势，已被广泛应用于天然气、石油化工等领域[62]。

络合铁法采用碱性水溶液（主要组分为 Na_2CO_3 或 K_2CO_3）吸收硫化物，H_2S 气体与碱发生反应生成 HS^-，通过高价态 Fe^{3+} 还原成低价态 Fe^{2+}，将 HS^- 转化成硫黄。再生时，低价态的络合铁溶液与空气中的氧气接触反应生成高价态络合铁溶液，恢复其氧化性能，从而循环吸收硫化氢气体[63]。

络合铁法是国外低硫天然气脱硫常用工艺。近年来络合铁法液相氧化还原脱硫技术在国外发展较快，其中以 LO-CAT 工艺工业应用最多。

LO-CAT 工艺的特点、工艺流程和污染物排放情况的详细情况可参见后续的硫回收相关章节。

④ PDS 法。PDS 脱硫催化剂属于酞菁钴类化合物，主要应用于液相催化氧化法脱硫和脱氰的工况，脱硫效率可达 99%以上，脱氰效率可达 97%以上，可同时脱除部分有机硫。这种催化剂以及脱硫技术已工业化运行几十年，取得了较好的技术效果、经济效益和社会效益[64]。

根据有关文献的报道，对于 PDS 脱硫工艺的机理模型，尚未有确定性的定论[65-67]，以下仅举其中一篇文献的报道做简要说明。

PDS在脱硫和氧化再生过程中均发挥了催化作用，PDS在脱除无机硫的同时还参与脱除有机硫。具有区别于一般催化剂的作用，同时还促使 $NaHCO_3$ 进一步参与反应，其反应式为：

$$NaHS+NaHCO_3+(x-1)S \xrightleftharpoons{PDS} Na_2S_x+CO_2+H_2O$$

PDS特有的催化氧化（再生）反应的特性为：

$$Na_2S_x+1/2O_2+H_2O \xrightleftharpoons{PDS} 2NaOH+xS\downarrow$$

$$NaHS+1/2O_2 \xrightleftharpoons{PDS} NaOH+S\downarrow$$

以上反应过程机理是以 Na_2CO_3 为例说明，常用的其他碱源还有氨水。

PDS脱硫催化剂具有较高的硫容，适用于高硫焦炉煤气的初脱硫，但不适用于精脱硫；PDS法脱硫效率稳定，不堵塔，硫泡沫易分离和回收；PDS法脱硫溶液黏度小，无毒性，碱耗低，副盐硫氰酸钠和硫代硫酸钠提取方便、质量优。

PDS法的工艺流程与改良ADA法和栲胶法类似，根据文献报道[68]，可以在改良ADA法和PDS法之间完成更换过渡，只需在同一套设备中改换母液，改变工艺参数，增加PDS溶液滴加装置，就可进行气体脱硫。

(5) 固体吸附脱碳法

① 变压吸附脱碳[68-71]。变压吸附脱碳属于干法脱碳，利用吸附剂对气体在不同分压下具有不同的吸附容量，对混合气体组分的分离系数不同，具有选择性吸收的特性，在工艺操作压力下吸附易吸附组分，减压脱附使吸附剂得到再生。通过多个吸附床循环变动压力，实现连续分离气体混合物[72]。

变压吸附分离技术是1960年由Skarstrom提出，最早用于氮氧分离。我国第一套PSA工业装置由西南化工研究设计院设计，于1982年建于上海吴淞化肥厂，用于从合成氨弛放气中回收氢气。目前，变压吸附装置广泛应用于各类气体的分离、提纯和工业气体的净化。在变压吸附过程中，CO_2 气体在吸附剂上的吸附能力要远大于CO、H_2 和 N_2。因此，CO_2 脱除和提纯变压吸附技术在合成氨氮、炼油厂脱碳、烟气处理等领域占据重要的地位[73]。

优点：工艺技术较为先进，自动化程度较高；可脱除部分甲烷，变换气中甲烷体积分数为0.7%～0.9%，经变压吸附处理后可降至0.1%以下，如下游装置为合成氨或甲醇合成，则可大幅降低合成反应的弛放气量；与湿法脱碳相比，变压吸附流程较简单，无液位控制，且系统中没有硫黄堵塞管道、设备的现象，无湿法脱碳因液位控制不当而带来的安全风险；与膜分离相比，变压吸附技术对原料气杂质组分要求较宽；吸附剂使用寿命可达10年以上，运行费用较低。

缺点：系统用于切换的阀门较多，且阀门切换频率较高，有出现内漏的风险；若有其他液体和固体进入吸附塔，容易影响吸附剂的使用寿命。

吸附剂性能很大程度上已决定了变压吸附装置分离各气体组分的效果，对原料气中不同的介质可选择不同的吸附剂或不同的吸附剂组合。变压吸附工艺通常包括吸附、降压、升压等多个程序控制步骤，采用多塔交替吸附再生以保证整个工艺过程的连续性，上述的工艺步骤可通过程序控制实现，以保证各吸附器床层的吸附和解吸处于最佳的动态平衡，使吸附剂床层长期循环工作。

变压吸附脱碳的再生常规采用抽真空再生流程，在逆放到较低压力后，仍然会有部分 CO_2 在吸附剂孔道中，此时采用真空泵抽出以完成再生进入下一个循环，称为VPSA。

通常在第一段VPSA脱碳出来的净化气，仍然含有一定浓度的 CO_2，H_2 产品的纯度无法达到99.9%，否则 H_2 的回收率会比较低。为了减少有效气体的损失，通常在第一段VPSA脱碳时，在保证 H_2 回收率尽量高的情况下脱除 CO_2，然后再设置一段PSA进行提氢，采用两段PSA来实现脱除 CO_2 和提纯 H_2。

② 变温吸附净化。变温吸附（TSA）是利用不同的气体介质在固体材料上的吸附性能不同，以及吸附能力可随温度的变化而改变的特性，从而实现混合气体的分离。采用温度程序上升和下降的循环操作，使低温下被吸附的组分在高温下得以脱附，使吸附剂得到再生，经冷却后再在低温下重新完成吸附。变温吸附技术尤其适用于常温状态下强吸附组分不能良好解吸的分离场合[71]。

常见的变温吸附（TSA）工业应用场景有CO冷箱和液氮洗的前端净化系统，用于脱除前段工序中的杂质气体如水分、CO_2 和甲醇等；焦炉气精制工序，用于脱除焦油、萘和硫化物；空分装置的空气纯化系统TSA，主要用于除去水分、CO_2 和碳氢化合物。

变温吸附常用于下游装置对微量组分含量要求较苛刻的情形，其运行稳定，操作简单，吸附剂使用寿命较长，运行状况类似于变压吸附脱碳，通过吸附和再生来实现吸附剂的连续操作。所不同的是，变压吸附脱碳通过压力变化实现吸附和再生，TSA通过温度变化来实现吸附和再生，由此导致了PSA的解吸气压力较低，需要设置解吸气压缩机消耗电量以对解吸气进行回收利用。TSA是用来对微量组分的精脱吸附，其再生使用的吹扫气为净化气或氮气，同时需要消耗蒸汽和循环水对净化气或氮气进行加热和冷却[74]。

变温吸附净化系统包括吸附塔（一般至少两个，一塔完成吸附，另一塔完成再生）、再生气加热器、再生气冷却器。每个吸附塔的操作类似，会依次经过吸附、加热以及冷却三个步骤，全过程均通过程控阀门自动切换实现，吸附塔循环交替运行，以保证可连续输出满足要求的净化气，从而实现循环操作。

5.2.2.2 清洁化生产措施

酸性气体脱除处于煤制气流程中段，负责将粗合成气中的 CO_2 和 H_2S 等酸性组分进行脱除，对酸性气 H_2S 进行富集以便进一步处理，对粗合成气进行净化和纯化处理，从这个角度看，对整个全厂性工艺流程而言，酸性气体脱除工艺本身就是一种清洁化生产措施。

（1）化学吸收法

化学吸收法是利用溶剂与酸性气体发生化学反应，从而对酸性气体进行脱除和富集的方法。此技术的污染物包括 H_2S、CO、H_2 及上游装置夹带的污染物等。对于原料气中的 H_2S，采用的是先吸收后富集的策略，应保证吸收后的净化程度和富集后的浓缩程度满足下游装置的需求；对于原料气中的CO和 H_2，应尽量提高回收率，减少排放；对于原料气中夹带的上游污染物，应设法移除，避免累积。

1）工艺方面

① 提高酸性气的浓缩程度，降低污染物排放量。化学吸收法的酸性气通常送往硫黄回收装置，但当原料气中 CO_2 与 H_2S 之比较高时，富集酸性气中的 H_2S 浓度则会较低，下游硫回收装置回收硫黄的难度加大。针对该情况，可设置二级吸收塔对酸性气进行再洗涤，并增加干法脱硫或生物法脱硫对二级吸收塔顶的尾气进行深度脱硫。采用针对性的措施，提高酸性气的富集浓度，从而降低污染物的排放量。

② 提高净化气的净化程度，减少尾气中的VOCs含量。化学吸收法吸收的净化程度主要取决于溶剂。

一是应针对原料气选择合适的溶剂。如国内的一些天然气田，以长庆气田为例，原料气

中 H_2S 含量仅有 0.05%，CO_2 含量则有 5.1%，CO_2 与 H_2S 之比高达 102[75]。针对上述气体组成，应尽量选择高 H_2S 选择性溶剂，尽可能多地将 H_2S 脱除，而对于 CO_2 的脱除率仅需控制在满足天然气质量要求即可。

二是应抑制溶剂的发泡和降解。化学吸收法采用的碱性溶剂，如醇胺、碳酸钾等，在运行一段时间后易发生发泡和降解，这将导致系统吸收能力下降、设备管线腐蚀等不利影响。发泡主要由化学污染物引起，包括发泡剂类污染物、热稳定盐等[76]，工程上可通过以下手段抑制溶液发泡：合理设置过滤设施，如在入口分离罐顶部设置除沫器，避免易诱发溶剂发泡的物质进入系统循环中；采用除氧水配制溶剂，避免将氧气带入溶剂；对溶剂储槽进行惰性气体保护，抑制胺溶液氧化变质；定期进行溶液的置换，避免热稳定盐的积累；向胺溶液中添加适量有机硅型或聚醚型消泡剂，抑制发泡等[77]。

三是应降低系统溶剂的损失量。如在吸收塔顶设置除沫器，减少产品气中吸收剂的夹带量；对再生塔顶的酸性气进行冷凝，回收其中的吸收剂。此外设置地下槽对系统中的导淋排放液进行集中收集，地下槽中的吸收剂经过滤加压后重新返回系统。

通过上述措施，可以减少净化气中的酸性气含量，提高气体净化气品质，进而降低尾气中的 VOCs 排放量。

③ 加强对有效气的回收，减少尾气中的 VOCs 含量。化学吸收法的溶剂在吸收了酸性气后进入闪蒸器进行减压闪蒸，回收溶剂中溶解的 H_2 和 CO，增加了装置的有效气回收率，从而减少了尾气中的 VOCs 含量。当前的运行实例中，也可以通过在闪蒸罐中增加汽提，进一步降低尾气中的 VOCs 含量，以满足日益严格的环保政策。

④ 进行污染物预分离，提高污染物的分离效率。在原料气入口设置分液罐，将煤气化上游夹带的煤灰、废催化剂、水以及 HCN 和 H_2S 等易溶介质初步分离，分离的凝液可选择送往变换凝液汽提塔，实现对系统内污染物的预分离，减少上述污染物在系统内的累积，降低污染物的间歇排放量。

2）设备方面

① 合理选择设备材质。原料气入口分液罐中的酸性冷凝液易对设备产生严重腐蚀，特别在化学吸收装置中，原料气中主要含有 H_2、CO、CO_2、H_2O、H_2S 等组分，冷凝液中存在 Cl^-、HCN 等组分。根据各装置操作条件的差异，该分液罐选材包括低温碳钢及 S30408、S30403、S31603 等不锈钢材料。从运行情况看，应尽量选择 S30403、S31603 等不锈钢材料以延长使用寿命。合理的设备选材可以保证装置的安全稳定运行，降低装置发生环保事故的风险。

② 合理选择密封方案。化学吸收法通过机泵建立了贫富溶液循环，由于溶液中含有 H_2S，泄漏之后存在安全隐患。对于此类机泵建议采用 PLAN11＋53 的密封方案，即使第一道密封失效，第二道加压的隔离液会阻止物料向外泄漏，密封更加可靠。

3）其他方面

对于装置布置，设置溶液地下槽，有助于收集系统中低点残留的液相，尤其是当系统检维修操作时，可将系统残留的液相进行收集储存，减少废液在检修场地的聚积。溶液地下槽设置顶棚罩，以防止暴雨天气时雨水灌满地下坑槽，导致地下槽因为水位高而上浮，损坏设备和管线，造成溶液泄漏，污染整个装置区域。贫液储罐区设置围堰，是为防止事故工况时贫液漫溢，应对突发的事故工况，避免废液污染整个装置区域。

在土壤和地下水方面的环境风险，主要是胺液的泄漏，由此导致土壤环境破坏和地下水污染。为防止此风险，采取的清洁化生产措施，主要是针对胺液的泄漏和土壤的保护。常用的化学吸收法，如 MDEA 法，污染地面按照一般防渗地面设计。

由于开车过程中系统处于不平衡状态，产品气和酸性气的 H_2S 浓度存在波动，无法稳定地满足下游装置的要求，为保障下游装置的安全运行，此时需将上述气体送至火炬[78]。

在出现紧急停车时，除了装置按紧急停车程序处理外，同时进行充氮保压，因此化学吸收法在停车过程中通常无产品气排往火炬。

考虑到 H_2S 毒性危害程度高，对检修人员存在击倒效应，应在含有 H_2S 的位置进行密闭排净。在经常拆卸、取样等位置设置洗眼器，设置有毒可燃气体检测器，保护现场人员安全。

化学吸收法装置通常需进行水联运，以便检验机泵和仪表的性能，同时可对系统进行清洗。水联运通常采用脱盐水，产生的废水一般直接去污水处理。

（2）物理吸收法

物理吸收法是利用溶剂对酸性气体进行物理吸收，从而对酸性气体进行脱除和富集的方法。此技术的污染物包括 H_2S、CO、H_2 及上游装置夹带的污染物等，低温甲醇洗法的污染物还包括溶剂 CH_3OH。对于原料气中的 H_2S，采用的是先吸收后富集的策略，应保证吸收后的净化程度和富集后的浓缩程度足够满足下游装置的需求；对于原料气中的 CO_2，应提高捕集程度，当不得不作为尾气排放时，应使尾气满足环保要求；对于原料气中的 CO 和 H_2，以及溶剂 CH_3OH，应尽量提高回收率，减少排放；对于原料气中夹带的上游污染物，应设法移除，避免累积。

1）工艺方面

① 提高酸性气的浓缩程度，降低污染物排放量。对于酸性气，正常生产时送往下游硫回收装置，通常来说，硫回收装置对其入口原料气的硫含量有一定要求，因此如何将被吸收的 H_2S 和 COS 等酸性成分进行富集是物理吸收工艺可持续运行的关键。对于硫含量较低的原料气，一般可在流程中设置多级闪蒸或汽提，将富液中的 CO_2 尽可能多地分离出来。另外，低温甲醇洗流程中设置有热再生塔利用蒸汽对甲醇进行彻底再生，部分酸性气回流进一步实现酸性气的富集，酸性气的浓度越高，一方面下游装置越便于处理，另一方面污染物的排放量越小。

用于提高酸性气浓缩程度的方式，有在热再生塔顶部的热闪蒸段设置氮气气提使酸性气循环得尽量完全；有在酸性气分离罐设置回流线，当酸性气浓度不高时，打开回流线提高酸性气的浓度以满足下游酸性气处理装置的需要，提高下游全厂装置运行的稳定性，降低污染物的排放量。

② 提高净化气的净化程度，减少尾气中的 VOCs 含量。物理吸收法的净化程度主要取决于溶剂，溶剂的洗涤温度、水含量、硫含量等将显著影响净化气的净化程度。以低温甲醇洗为例，流程设置有热再生塔对富甲醇进行再生，彻底除去甲醇中的酸性组分，并且将贫甲醇中水的质量分数控制在 0.5%以下，确保溶剂的吸收效果，同时通过甲醇水精馏将系统内的水作为废水外排，保证水平衡。通常，甲醇水分馏塔底废水的甲醇含量可控制在质量分数 0.2%以下[79]。对于上游气头采用水煤浆气化的项目，可考虑将该股废水送至磨煤单元，既减少污染物的外排，又实现了水的循环利用。此外还可设置膜分离装置对该废水中的甲醇进行回收，降低装置的甲醇损耗[80,81]。

相较甲醇，聚乙二醇二甲醚（NHD）在使用过程中存在不同程度的污染问题，其原因主要包括物理污染和化学污染两个方面[82]，物理污染主要来自上游气体夹带的煤灰微粒和催化剂粉末；化学污染一方面包括溶剂吸收 H_2S 后对设备、管道等腐蚀形成的 FeS 等杂质，另一方面包括原料气中的 NH_3、CO_2 及 H_2S 在溶剂中反应形成的铵盐，此外由于 NHD 溶液有一定的吸水性，当溶液水含量超过 3%，就会显著降低其吸收 CO_2 的能力[83]。工程上可通过以下手段抑制溶液的污染：一是在溶剂循环的关键位置设置过滤器，避免污染物在溶剂中累积；二是定时对溶剂进行取样，把控溶剂中的水含量[84]；三是定期向系统中注碱，减缓设备管道的腐蚀；四是系统中的导淋管线统一采用密闭排放。

③ 提高 CO_2 捕集的浓度和回收量，实现 CO_2 的全回收，为 CO_2 的进一步利用创造条件，助力碳中和和碳达峰。将 CO_2 从不同原料气中进行捕集回收利用，根据文献[85]的研究报道，对比了空气、燃烧后的烟气以及 CO 变换气，采用低温甲醇洗工艺对 CO 变换气进行碳捕集的工艺，其原料气 CO 变换气中的 CO_2 含量最高，能量损失小，为 10%～16%。由于煤化工装置规模大，可提取的 CO_2 量大，是较适合进行碳捕集的路线。

由于采用惰性气体汽提，目前物理吸收法的二氧化碳的回收率较低，大多作为尾气排放，不但导致装置的碳排放压力较大，而且 CO_2 中夹带的甲醇也会造成环境污染，需采取特别的措施减少其夹带量[86]。有些企业采用 RTO、TO 等方法处理 CO_2 尾气，成本高，处理效果不佳[87]。可优化流程，取消或减少惰性气体的汽提量，对富吸收剂采用减压闪蒸、负压闪蒸和热闪蒸再生技术，在提高 CO_2 回收率的同时减少惰性汽提气的消耗。中石化宁波工程有限公司开发的大型低能耗的 S-AGR 酸性气体脱除工艺，通过工艺流程优化，已开发可实现对 CO_2 全回收的工艺软件包，目前处于工程实践阶段。随着碳中和阶段性目标的临近，相信该技术将会有更多的用武之地。

④ 尾气的达标和优于国标排放。物理吸收法的尾气中含有 H_2S、COS、CO、CH_3OH 和 VOCs 等污染物，应处理至达标后方可排放。

尾气中的 H_2S，排放指标执行《恶臭污染物排放标准》(GB 14554—1993)，物理吸收法对 H_2S 的吸收能力强于 COS[88]。通常来说，通过在汽提塔或再吸收塔塔顶设置洗涤甲醇，有效调控尾气中的总硫（H_2S+COS）含量，可将总硫体积分数控制在 10×10^{-6} 以内[89,90]。当上游未配备深度变换时，建议设置 COS 水解，将 COS 转化为 H_2S。

尾气中的 CO，目前国家尚无强制的排放规定，但地方上已有相关条文限制其排放，如河北的 CO 排放浓度限值为 2000mg/m^3，而广东和上海的 CO 排放浓度限值均为 1000mg/m^3。对于煤制氢项目，由于在上游已进行深度变换，原料气及尾气中的 CO 含量低，尾气排放可完全满足排放要求；但对于煤制烯烃、煤制天然气及煤制乙二醇等项目，由于原料气中 CO 含量高，常规流程很难将尾气中的 CO 浓度控制在 1000mg/m^3 以下，此时可在中压闪蒸塔增设氢气或氮气汽提，提高 CO 的回收率，降低尾气中的 CO 含量，以满足国家或地方的标准。对于现有装置也可通过对中压闪蒸工序的技术改造以实现对尾气中 CO 的控制。

尾气中的甲醇，其排放限值执行《石油化学工业污染物排放标准》(GB 31571—2015)，排放浓度需小于 50mg/m^3，初期的林德和鲁奇的低温甲醇洗流程均未设置尾气洗涤塔，但随着环保理念的加深，尾气洗涤塔已逐渐成为低温甲醇洗装置的标配，可通过塔内脱盐水的喷淋洗涤回收溶剂甲醇，同时也可有效控制尾气中甲醇的含量。

尾气中的 VOCs 主要是甲醇，当上游采用固定床气化工艺时，VOCs 除甲醇之外，还包括 C_2H_4、C_2H_6、C_3H_8、C_4H_{10} 等物质。对于 VOCs 含量较高的装置，可增设蓄热燃烧设备[91,92]。采用蓄热式燃烧可同时对尾气中的烃类和其他可燃物如 CO 等进行转化排放。蓄热式燃烧的主要优点是可以处理可燃物浓度较低的废气。对于低温甲醇洗的尾气，其组成主要是 CO_2 和 N_2，可燃物浓度较低，尤其适合选用蓄热式燃烧来处理尾气中的 VOCs[93,94]。

⑤ 设置中压闪蒸回收有效气，降低尾气中的CO含量。通过设置中压闪蒸来尽量回收有效气，降低尾气中的CO和H_2等可燃有毒气体含量，既提高了有效气的回收率，也使尾气的环保排放指标更加先进。

通过在中压闪蒸增加氢气或氮气汽提，可以更进一步降低尾气中的CO浓度。

⑥ 进行污染物预分离，提高对污染物分离效率。与化学吸收法相同，物理吸收法也会在原料气入口设置分液罐，实现对系统内污染物的预分离。此外，低温甲醇洗在入口分液罐前设置有防冻甲醇喷淋系统，可起到预吸收作用，在吸收塔入口的分液罐中实现对污染物的预分离，减少污染物在溶剂循环系统中的累积，提高系统的稳定性，提高对污染物的分离效率。

2）设备方面

第一，合理选择设备材质。同化学吸收法一样，原料气入口分液罐中的酸性冷凝液易对设备产生严重腐蚀，应尽量选择S30403、S31603等不锈钢材料以延长使用寿命，同时塔盘的材质也应选择不锈钢材料，避免发生塔盘堵塞。第二，合理选择密封方案。物理吸收法，特别是低温甲醇洗的换热网络更加复杂，常规流程中配备的泵数量更多，考虑到溶液中大多含有H_2S，泄漏之后存在安全隐患。因此对于此类机泵建议采用PLAN11＋53的密封方案，即使第一道密封失效，第二道加压的隔离液会阻止向外泄漏，密封更加可靠。第三，推广采用高效换热器，如绕管换热器和板框式换热器，降低泄漏污染风险。低温甲醇洗的换热管网复杂，热量交换频繁，应合理使用高效换热器。目前主流的低温甲醇洗专利商林德和鲁奇公司均推荐在原料气冷却、贫富甲醇换热等高换热负荷位置采用高效的绕管换热器；在甲醇水分馏塔和尾气洗涤塔之间的废水换热器由于换热负荷大且介质主要为水，一般采用高效板框式换热器，近年来随着全焊接板式换热器的投用，板框式换热器易泄漏问题也得到改善[95]。

碳钢塔盘清洗前后对比图见图5-15。

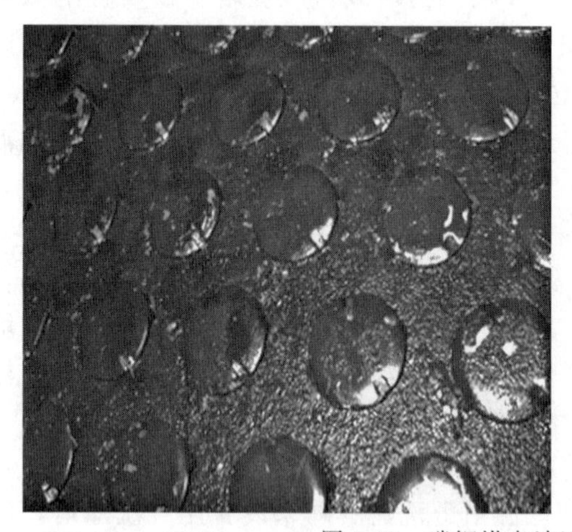

图5-15　碳钢塔盘清洗前（左）后（右）对比图

3）其他方面

就装置布置而言，冷热分区。在设备总体布置时主要按工艺流程顺序和同类设备适当集中布置原则进行，分成冷区和热区，便于热量的综合利用，优化能量平衡，降低系统能耗，从而减少污染物排放。设置溶液地下槽，有助于收集系统中低点残留的液相，尤其是当系统检维修操作时，可将系统残留的液相进行收集储存，减少废液在检修场地的聚积，降低对装置地下水环境的污染。溶液地下槽设置顶棚罩，以防止暴雨天气时，雨水灌满地下坑槽，导致地下槽因为水位高而上浮，损坏设备和管线，造成溶液泄漏，污染整个装置区域。两相流管道由于两相介质在管道内存在冲击，容易发生水锤。在设计过程中将减压阀尽量靠近下游设备布置，并减少弯头，步步低进入设备。减少两相流管道的长度，避免管线振动。对于需要返回高塔的管线，应计算介质在管道内的流型，适当缩径，避免柱塞流。在进塔管口前，以层状流动进入设备，防止泡状流对分离的影响。尾气洗涤塔后尾气放空管线凝出液相时存在碳酸腐蚀。该管线应进行内防腐喷涂，避免管线腐蚀。

考虑到 CH_3OH 的有毒可燃性，同时系统的 CH_3OH 装填量大，低温甲醇洗装置应设置围堰，用于控制开工、检修过程中甲醇泄漏与漫流的影响范围，降低对土壤地下水的影响。

在低温甲醇洗装置检修时，各容器和管道中残余的液体通过埋在场地下面的污甲醇重力流管线排放到污甲醇罐中，为避免甲醇对地下水的影响，保护地下水环境，对整个低温甲醇洗装置按照重点防渗进行建设。

由于开车过程中，产品气和酸性气的 H_2S 浓度存在波动，无法稳定地满足下游装置的要求，为保障下游装置的安全运行，此时需将上述气体送至火炬。

在出现紧急停车时，按照应急预案的要求处理，同时进行充氮保压，因此物理吸收法停车过程中通常无产品气排往火炬。

对于低温甲醇洗系统，由于系统升温将造成系统内富甲醇的解吸，易导致尾气中的甲醇及总硫等污染组分超标，此时应合理调控再吸收塔上塔和尾气洗涤塔的洗涤量，确保尾气达标排放。

物理吸收法装置通常需进行水联运，以便检验机泵和仪表的性能，同时可对系统进行清洗。水联运通常采用脱盐水，产生的废水一般排入污水处理。

在经常拆卸、取样等位置设置洗眼器，设置有毒可燃气体检测器，装置现场有毒有害物质泄漏能够及时被检测到，并被及时处理，以最大限度地降低现场事故时的污染物排放量，保护现场人员安全。

对有毒可燃工艺介质采用密闭取样，有毒有害的介质尾气排放到各类火炬气中；输送有毒有害危险介质的各类动设备包括压缩机和机泵的密封排放气，均排放到各类火炬气中，以减少装置现场的各类无组织排放，优化操作人员的作业环境。

对有毒物质如 H_2S 等应密闭回收或排放至火炬系统；对可燃气体应尽量回收处理，受工艺条件或介质特性所限，无法排入火炬或装置处理排放系统的可燃气体，当通过排气筒、放空管直接向大气排放时，排气筒、放空管的高度应符合：①连续排放的排气筒顶或放空管口应高出 20m 范围内的平台或建筑物顶 3.5m 以上，位于排放口水平 20m 以外斜向上 45°的范围内不宜布置平台或建筑物；②间歇排放的排气筒顶或放空管口应高出 10m 范围内的平台或建筑物顶 3.5m 以上，位于排放口水平 10m 以外斜向上 45°的范围内不宜布置平台或建筑物；③安全阀排放管口不得朝向邻近设备或有人通过的地方，排放口应高出 8m 范围内的平台或建筑顶 3m 以上。

CO_2 尾气应尽量回收，当确实无法回收利用而需要向大气直接排放时，应选择适合的区域，设置 CO_2 尾气放空筒，评估 CO_2 尾气放空对周围区域居民的影响，对周边操作平台可能出现的检修操作人员的影响。

(3) 物理化学吸收法

物理化学吸收法，是常用的酸性气体脱除工艺中的一个大类，是利用溶剂对酸性气体（主要是 CO_2 和 H_2S）在物理吸收和化学反应等方面的性能，对酸性气进行脱除和富集，使原料气得到净化提纯，酸性气得到富集后进一步利用或者排放处理。以下将以 MDEA 法为例进行说明。

物理化学吸收法，涉及的危险介质组分为主要是H_2S、CO和H_2，其中H_2S、CO属于有毒和易燃易爆的危险化学品，H_2属于易燃易爆的危险化学品，同时，CO和H_2作为常见的目标产品，从工艺角度也是需要尽量提高回收率，降低排放，符合清洁化生产的理念和思路。

1）工艺方面

① 设置酸性气过滤器。合成气的成分复杂，可能含有重烃类和芳烃类物质，物理化学吸收法在处理这类物质时，由于对烃类的吸收能力强，闪蒸过程中会释放一部分，并在热再生过程中释放出大部分。如果重烃和芳烃含量比较高，则需要对硫黄回收装置的燃烧炉烧嘴做特殊设计，或者是在酸性气进入硫黄回收装置前设置活性炭过滤器，通过设置酸性气过滤器，可减少重烃类和芳烃类物质在系统中累积，降低对后续工段的影响，提高下游环保装置运行的稳定性，可以大大降低系统的环保风险。

② 酸性气经过冷却分液后送入下游。酸性气在热再生塔的顶部产生，其中含有大量的饱和水，在与H_2S和CO_2等组分同时存在时，产生酸性环境，对设备和管道有较大的腐蚀性，影响设备使用寿命，长期使用，存在泄漏风险。设置水冷器和气液分离器，一方面可以将分离器中的液相回流到塔顶，提高分离效率；另一方面可以将酸性气中大部分的水分离出来，降低介质对设备管道的腐蚀，从而降低发生泄漏造成环境事故的风险。

③ 设置中压闪蒸罐。采用物理化学吸收法（如MDEA配方溶液）进行脱碳的流程，通常设置中压闪蒸罐回收富胺液中共吸收的有效气体（$CO+H_2$），既回收了目标气体，也减少了放空的CO_2尾气中的可燃气体排放量，尤其目前环保对CO的排放要求趋严。因此，设置中压闪蒸系统是降低CO_2尾气中CO含量的一种非常有效的措施，随着环保政策的加快收紧，作为储备手段，也可以在中压闪蒸罐中增加汽提气，以进一步回收富液中的CO，降低尾气中的CO含量。

④ 热再生塔再沸器的热源采用变换气或粗合成气。热再生塔再沸器的热源品质要求约150℃以上，可将变换气和粗合成气的余热进行回收利用，既提高了系统的能源利用效率，同时减少了全厂的锅炉燃煤量，是很好的节能减排措施。

⑤ 设置贫液过滤器。在贫吸收液进入吸收塔前设置活性炭过滤器，以脱除吸收液中产生的易引起胺溶液发泡的表面活性类污染物，如重烃类、表面活性剂、润滑油和润滑脂等。这一措施，可以使贫液的吸收性能更加稳定，减少废液排放，利于装置的长期稳定运行。

⑥ 设置消泡剂系统。物理化学吸收法的溶液类似于醇胺液，也有一定的起泡性，设置消泡剂系统，有利于缓解这一现象，延长溶液的使用寿命，减少废液污染物的排放量。

⑦ 溶液地下槽中的液相经过滤后回用。溶液地下槽中的液相经过溶液过滤后，送到热再生塔进行再生后回用，提高了溶液的使用率，减少了废液的排放。

⑧ 贫液冷却采用空冷串循环水冷和冷冻水冷却。贫液采用先空气冷却器换热，再循环水冷却，最后利用冷冻水冷却的流程组合换热，减少了循环水和冷冻水用量，使循环水厂和冰机规模更小，能量利用更加合理，同时使贫液的温度更低，吸收能力更强，减少贫液的循环用量，使系统的再生蒸汽更少。

⑨ 确定适宜的溶液比例。物理化学吸收法的最大特点是，同时具有物理吸收法和化学吸收法的特点，由于物理吸收溶液相对于化学吸收溶液性质更加稳定，不易变质。因此通常来说，确定适宜的溶液比例，可使吸收溶液的运行周期更长、外排废水量更小。

2）其他方面

就装置布置而言，空冷器布置在框架最高层平台或管廊最高层，使装置的布置更加紧凑，节省用地，也使吸收剂泄漏扩散的污染源更少，更易于集中处理。设置溶液地下槽，有助于收集系统中低点残留的液相，尤其是当系统检维修操作时，可将系统残留的液相进行收集储存，减少废液在检修场地的聚积。溶液地下槽设置顶棚罩，以防止暴雨天气时，雨水灌满地下坑槽，导致地下槽因为水位高而上浮，损坏设备和管线，造成溶液泄漏，污染整个装置区域。贫液储罐区设置围堰，是为防止事故工况时贫液漫溢，应对突发的事故工况，避免废液污染整个装置区域。

物理化学吸收法在土壤和地下水方面的环境风险，主要是胺液的泄漏导致的土壤环境破坏和地下水的污染。为防止此风险，采取的清洁化生产措施，主要是针对胺液的泄漏和土壤的保护。常用的物理化学吸收法，如 MDEA 脱硫脱碳，污染地面按照一般防渗地面设计。

通过完善物理化学吸收法的开停车操作系统，可以减少装置排放，如装置设有开车阶段火炬管线，在开车阶段，当吸收塔洗涤后的产品气不达标时，排至火炬系统。

设置贫液储罐系统，便于系统开车时的充填和系统平时的胺液补充。在系统停车时，可将系统热再生塔再生后的贫胺液送至贫液储罐储存，减少胺液装填和排出时的泄漏风险，保持装置场地的安全和清洁。

(4) 直接氧化法

直接氧化法工艺不同于其他的物理吸收法和化学吸收法工艺，它是在一定的操作条件下，通过催化反应将 H_2S 转化为单质硫，然后通过提纯固化成产品。相当于其他的酸性气体脱除工艺，减少了后续的硫回收工艺。该工艺装置可以称为工艺生产装置，也可称为环保装置。

直接氧化法涉及的有害介质 H_2S 和 CO 均属于有毒和易燃易爆的危险化学品。直接氧化法采取的清洁化生产措施如下：

1）工艺方面

① 富液再生槽顶部对排放气做密闭回收处理。再生槽顶部的尾气，其中含有微量 H_2S，该尾气的组分主要是通入再生槽空气中的氮气和未反应完的氧气，以及物理溶解在脱硫溶液中的 CO_2 和 H_2S。可设置密闭回收管线，引到锅炉燃烧，避免现场出现异味，可以较好地改善现场作业环境。

② 氧化还原反应直接将粗合成气中的硫转化为硫黄。这是直接氧化法工艺的特点，可减少中间酸性气体的富集和酸性气体克劳斯反应生成硫黄的过程，减少有毒有害物质在系统中的积聚量，降低了环境的风险危害性，将生产装置和环保装置结合得更紧密。

③ 设置精脱硫槽提高净化气的硫脱除精度。直接氧化法的硫脱除精度相对于常用的物理吸收法低温甲醇洗和聚乙二醇二甲醚法要低，如果下游净化气用户对产品气要求较高，需要设置精脱硫以满足其要求。

④ 通过设计优化可改良为无废液排放流程。英国 Holmes 公司在 20 世纪 70 年代，开发出了一种无废液排放的改良 ADA 法工艺流程，通过设置燃烧炉，并使燃烧炉处于还原氛围，将过滤后的滤液中大部分硫代硫酸钠和硫氰化钠还原成碳酸氢钠和碳酸钠，大部分硫酸钠还原成硫化钠，硫变成 H_2S，经冷却冷凝后返回脱硫塔入口。采用改良后的无废液排放流程，减少了废液处理流程，使系统更加节能环保。

2）设备和管道方面

① 再生槽和贫液槽经过整合处理，成一体式的设备。直接氧化法的再生槽和贫液槽，

经过优化后可作为一体式的设备，节省了设备占地，降低了溶液的泄漏风险和泄漏量。

② 脱硫塔可采用旋流塔。脱硫塔采用旋流塔板可以提高脱硫效率，减小塔体直径，降低投资和减少装置的占地面积，也可以减少系统的脱硫液循环量，降低脱硫液泄漏风险，进而减少系统的废液废水量。

③ 贫液储罐区设置围堰。由于直接氧化法的溶剂吸收容量小，溶剂的循环量比较大，贫液储罐的储量较大，一旦泄漏，对整个装置区的污染比较大，设置围堰，可以最大限度地降低范围。

④ 设置溶液地下槽。与物理化学吸收法类似的，直接氧化法工艺也通常设置溶液地下槽，有助于收集系统中低点残留的液相，尤其是当系统检维修操作时，可将系统残留的液相进行收集储存，减少废液在检修场地的聚积。

3）其他方面

如果直接氧化法储存大量溶液的贫液槽出现泄漏事故，将对土壤和地下水造成较大的环境风险，引起土壤环境破坏和地下水污染。因此，采取的清洁化生产措施，主要是针对脱硫液的泄漏和土壤的保护。根据污染物介质特性，受污染地面的将按照一般防渗地面进行设计。

（5）固体吸附脱碳法

固体吸附脱碳法包括变压吸附脱碳和变温吸附净化，均是采用固体吸附剂的方式来净化脱除原料气中的杂质气体。固体吸附法脱碳的三废排放主要是固废，固废的主要组分为Si、Al、Cu、C、Al_2O_3，固体吸附脱碳法的清洁化生产措施，主要体现在以下方面。

① 选择高性能的吸附剂，减少解吸尾气中的有害组分。通过选择高性能的吸附剂，使变压吸附脱碳的收率更高，解吸气 CO_2 产品气的纯度更高，其他杂质气体如CO、H_2S等组分更少，使 CO_2 产品气既可便于回收利用，也可满足达标排放的要求。

常用的吸附剂有分子筛、活性炭、硅胶、氧化铝等，它们均具有较大的比表面积。吸附剂性能的优劣直接影响到装置的投资、消耗及操作。吸附剂选择时还需要考虑使用量、选择性、再生难易程度以及使用周期。

② 选择合理的变温吸附（TSA）再生方式。变温吸附净化的再生介质可以选择净化气或者氮气，以CO深冷分离为例，可以根据上下游流程来优化选择再生介质。

选择氮气作为再生介质，可以将吸附剂孔隙中的介质吹扫出来进行放空，如果上游配套的流程为低温甲醇洗，则可将再生后的氮气返回低温甲醇洗作为其气提氮气用，氮气得到重复使用，但是存在的弊端是，吸附罐中会残留少量的氮气，并进入产品气中，导致产品气中的氮气含量有波动，需要核实产品气对氮气的敏感程度。

选择粗氢气作为再生介质，则可以将吸附罐吹扫干净，没有影响产品气组成的杂质组分。

③ 选择适宜的程控阀门，减轻操作现场的噪声污染。变压吸附脱碳和变温吸附的污染物主要是噪声，其主要来源为程控阀门。阀门选型时，应选用厂商专用的高性能程控阀门，阀体及配件的材质应满足要求，同时要配置足够的备品备件，以便及时更换，避免更多更大的泄漏事故和现场噪声。

5.2.3 酸性气体脱除工艺过程污染物排放及治理

（1）废气

① 化学吸收法。酸性气的主要组分为 CO_2 和 H_2S，通常经过溶剂再生系统的加热、减压及分液等措施后，可将酸性气进行有效提浓，增大 H_2S 的浓度。提浓后的酸性气通常送

往硫黄回收装置。

以 1.2×10^5 m^3/h 有效气规模制燃料气项目的 MDEA 装置为例，排放的废气见表 5-8。

表 5-8　1.2×10^5 m^3/h 制燃料气项目的 MDEA 废气污染物排放

排放设备名称	排放量 /(kg/h)	排放方式	主要污染物及含量 (摩尔分数)/%	排放去向
酸性气分离器	4729	连续	CO:0.77 CO_2:82.27 H_2S:9.6 H_2:0.41 COS:8×10^{-4} H_2O:6.83	送硫黄回收装置

② 物理吸收法。物理吸收法通过惰性气体气提可以促进 H_2S 的浓缩，气提后的惰性气体和一部分 CO_2 将在净化洗涤后直接排放大气。

以 1.0×10^5 m^3/h 有效气规模制氢项目低温甲醇洗装置为例，装置排放的废气见表 5-9。

表 5-9　1.0×10^5 m^3/h 制氢项目的低温甲醇洗单元废气污染物排放

排放设备名称	排放量 /(kg/h)	排放方式	主要污染物及含量 (摩尔分数)/%	排放去向
尾气洗涤塔	133336	连续	CO_2:82.03 H_2:0.05 CO:2.40×10^{-2} N_2:16.46 H_2S:4×10^{-4} COS:1×10^{-4} H_2O:1.46 CH_3OH:35×10^{-4}	达标排大气
酸性气分液罐	1983	连续	CO_2:67.41 H_2:0.01 CO:0.01 N_2:0.06 H_2S:32.42 COS:0.08 CH_3OH:0.1	送硫黄回收装置

③ 物理化学吸收法。物理化学吸收法的废气排放情况以某 1.0×10^5 m^3/h 制氢项目的 MDEA 配方溶液法脱硫的 Ucarsol 吸收剂为例进行说明，其主要废气污染源、污染物种类、污染物去向见表 5-10。

表 5-10　MDEA 配方溶液脱硫单元废气排放

排放设备名称	排放量 /(kg/h)	排放方式	主要污染物及含量 (摩尔分数)/%	排放去向
吸收塔	35962	连续	H_2:0.16 CO_2:95.42 H_2S+COS:$<$0.02 H_2O:4.41	送生物法脱硫水洗塔

续表

排放设备名称	排放量/(kg/h)	排放方式	主要污染物及含量(摩尔分数)/%	排放去向
热再生塔	846	连续	CO_2:63.71 H_2S:32.31 COS:0.01 H_2O:3.97	送硫黄回收装置

④ 直接氧化法。直接氧化法的废气排放情况以某项目 $2\times10^4 m^3/h$ 制氢规模的栲胶法为例进行说明，其主要废气污染源、污染物种类、污染物去向见表 5-11。

表 5-11 栲胶法脱硫废气污染物及治理措施

排放设备名称	排放量/(kg/h)	排放方式	主要污染物及含量/(mg/m^3)	排放去向
再生槽	3200	连续	CO:60 H_2S:10	高点放空 或去燃烧炉燃烧

再生槽顶部的尾气，主要含有再生槽中空气完成再生后的氮气、未反应完的氧气以及被贫液共吸收而在此被再生出来的 CO_2，物理溶解在脱硫溶液中的少量 CO 和 H_2S 也有部分被空气带出。

(2) 废液

① 化学吸收法。化学吸收法通常无定向排放废液，但由于醇胺、热钾碱溶剂的发泡和降解，需适时地对系统内的溶剂进行置换和补充，以保证装置的吸收能力。

设置单独地下罐对装置内的零星排污废液进行收集，并在过滤加压后返回系统，减少装置的废液排放量。

② 物理吸收法。物理吸收法的原料气中含水，为保证系统循环溶剂的低含水量，通常需将系统中的水进行分离后外排。

物理吸收法的溶剂易发生氨的累积，造成设备和管线的腐蚀和堵塞，因此应定期外排含氨溶剂，保证系统循环中溶剂的低氨含量。

现以 $1.0\times10^5 m^3/h$ 有效气规模制氢项目低温甲醇洗为例，装置排放的废液见表 5-12。

表 5-12 $1.0\times10^5 m^3/h$ 制氢项目的低温甲醇洗单元废液污染物

排放装置名称	排放设备名称	排放量/(kg/h)	排放方式	主要污染物及含量(摩尔分数)/%	排放去向
低温甲醇洗	废水冷却器	1543	连续	H_2O:99.995 CH_3OH:0.005	送污水处理
低温甲醇洗	含氨甲醇装车泵	通常一季度一次，一次约 1500kg/h，	间歇	CH_3OH:97.33 CO_2:0.71 H_2S:1.99 H_2O:0.02 NH_3:10g/L	集中回收

③ 物理化学吸收法。MDEA 法工艺正常无废液外排，但是如果系统中由于原料气或者

其他进料中带入的水含量过高，影响溶剂的水平衡，则需要在热再生塔回流罐处外排一定量的酸水，以维持系统的水含量平衡，该废液的污染物为胺液，含有少量的 H_2S。酸水可送酸水汽提装置处理。

④ 直接氧化法。直接氧化法的废液中主要污染物为副反应生成的各种副盐，以栲胶法脱硫工艺说明废液的污染物情况。

理想状态下，栲胶脱硫液在 H_2S 的脱除中只消耗空气中的氧气而生成单质硫，其他组分如碱、栲胶和钒化合物均在脱硫系统中循环使用没有被消耗。但实际状况是，原料气中的酸性气体除了 H_2S 以外，还存在 CO_2、HCN 等，所以栲胶脱硫过程中存在着副反应，会生成 NaSCN、$Na_2S_2O_3$、Na_2SO_4 等副产物，而且，在栲胶脱硫废液中 NaSCN 和 $Na_2S_2O_3$ 的含量较高，分别约为 280g/L 和 145g/L，其在脱硫溶液中的积累会对栲胶脱硫工艺产生一定的负作用。废脱硫液的外排会引起水体污染，也会造成碱、栲胶、钒化合物等资源浪费。同时生成的副产物也是一种可再利用的资源，有必要对它们进行回收利用。但是由于回收利用的投资和运行成本较高，给中小型工业装置造成不小的负担，因此目前大多数运行装置将脱硫废液配入原料煤中燃烧。

（3）固废

变压吸附脱碳污染物排放主要为废吸附剂，吸附剂的寿命通常与装置的设计寿命相同。吸附塔的废弃吸附剂主要组分为 Si、Al、Cu、C，为无毒、无害固体，一般厂家预计每 20 年排一次，系一般工业固体废物，可填埋或回收处理。

从前述工艺流程来看，变温吸附净化的污染物排放主要为废吸附剂，该吸附剂的寿命通常很长，通常寿命为 10～15 年。系一般工业固体废物，其处理方式一般为填埋或厂家回收。

表 5-13　固体吸附脱碳法废渣排放一览表

装置名称	废渣名称	组成	排放方式	去向
吸附塔	废吸附剂	Si、Al、Cu、C、Al_2O_3	10～15 年/次	深埋或回收处理

（4）噪声

① 化学吸收法。化学吸收法以 MDEA 法为例，其主要的噪声污染源及污染治理措施见表 5-14。

表 5-14　MDEA 单元噪声污染源及治理措施

设备名称	装置（或单元）	数量/台	声压级/dB	排放方式	降噪措施
再生塔回流泵	酸性气体脱除	2	85～90	连续	低噪声电机
MDEA 贫液泵	酸性气体脱除	2	85～90	连续	低噪声电机
补液泵	酸性气体脱除	2	85～90	连续	低噪声电机
凝液加压泵	酸性气体脱除	2	85～90	连续	低噪声电机
MDEA 溶液回收泵	酸性气体脱除	1	85～90	连续	低噪声电机
放空口	酸性气体脱除		85～90	连续	消声器
调节阀	酸性气体脱除		85～90	连续	合理选型

② 物理吸收法。物理吸收法以低温甲醇洗为例，其主要噪声源及治理措施见表 5-15。

表 5-15 低温甲醇洗单元噪声源及治理措施

设备名称	装置（或单元）	数量/台	声压级/dB	排放方式	降噪措施
半贫甲醇泵	酸性气体脱除	2	85～90	连续	低噪声电机
再吸收塔循环泵	酸性气体脱除	2	85～90	连续	低噪声电机
热再生塔进料泵	酸性气体脱除	2	85～90	连续	低噪声电机
贫甲醇泵	酸性气体脱除	2	85～90	连续	低噪声电机
再吸收塔下塔循环泵	酸性气体脱除	2	85～90	连续	低噪声电机
甲醇/水分馏塔进料泵	酸性气体脱除	2	85～90	连续	低噪声电机
热再生塔回流泵	酸性气体脱除	2	85～90	连续	低噪声电机
污甲醇泵	酸性气体脱除	1	85～90	间歇	低噪声电机
尾气洗涤水泵	酸性气体脱除	2	85～90	连续	低噪声电机
含氨甲醇装车泵	酸性气体脱除	1	85～90	间歇	低噪声电机
闪蒸气压缩机	酸性气体脱除	1	105～110	连续	建筑物隔声、减振＋隔声罩
放空口	酸性气体脱除		85～90	连续	消声器
调节阀	酸性气体脱除		85～90	连续	合理选型

③ 物理化学吸收法。物理化学吸收法产生噪声的设备主要有贫液泵、富液泵、空冷器和闪蒸气压缩机。对规模较大的装置，贫液泵和富液泵的电机功率较大，需要采取一定的降低噪声的措施，使装置的噪声水平维持在标准范围内。可供采用的措施与上述相同。

④ 直接氧化法。直接氧化法产生噪声的设备主要有贫液泵和富液泵，由于直接氧化法脱除效率相对于物理吸收法和物理化学吸收法要低，同等规模下的吸收液循环量非常高，因此直接氧化法一般应用于小规模的化肥装置上，难以在大规模装置上应用。当装置规模较大时，贫、富液泵的电机功率非常大，需要采取一定的降低噪声的措施，使装置的噪声水平维持在标准规定的范围内。

⑤ 固体吸附脱碳法。固体吸附脱碳法如果解吸出的 CO_2 尾气有下游用户，需要设置 CO_2 压缩机，加压后送出界区。此时装置的噪声主要为 CO_2 压缩机的噪声，需要采取措施进行控制和消除，以使装置的噪声水平维持在标准范围内。

变温吸附净化没有产生噪声的设备。

（5）VOCs

当上游采用固定床气化工艺时，原料气中可能含有 C_2H_4、C_2H_6、C_3H_8、C_4H_{10} 等物质，当酸性气体脱除工艺为低温甲醇洗时，VOCs 中还含有甲醇。需要将尾气中的上述 VOCs 组分转化为无害物质后再排入大气。常规的 VOCs 处理工艺有吸附法、吸收法、冷凝法、膜分离法、燃烧法、生物法等。对于甲醇等容易被吸收去除的介质，可利用物理吸收法去除。对于其他烃类物质，考虑到酸性气体脱除单元的废气具有 VOCs 浓度低、气量大等特性，可采用蓄热式燃烧法。该方法可处理可燃物浓度较低的废气，利用强化热交换和新型高效陶瓷蓄热材料，把有机废气加热升温到 800℃左右，然后使有机废气被氧化成为二氧化碳和水，燃烧后的废气除了可提供尾气蓄热升温所需热量，剩余热量可通过余热回收副产蒸汽，也保证了净化效果以及热量的高效回收[96]。因此酸性气体脱除的尾气可采用物理吸收法加蓄热燃烧法去除 VOCs。

（6）其他污染物及碳排放

酸性气体脱除采用物理、化学或物理化学法时，均会使用吸收剂，因此，在装置的地坪设计和地下基础的设计过程中要充分考虑防渗以避免对地下水和土壤的污染，一般也通过设置围堰以收集被污染的初期雨水。

酸性气体脱除装置因脱除了合成气、粗煤气中的CO_2，因此该装置也是煤化工工艺过程中CO_2排放量最大的装置，但因其排放浓度较高，其回收成本较锅炉烟气要低很多。

5.3 合成气分离

5.3.1 合成气分离技术概述

通过净化装置生产的合成气主要组分为H_2和CO，此外还含有N_2、CH_4以及微量的CO_2、甲醇等组分。为了满足下游不同产品的生产需求，需要对合成气中相关组分进行分离，最常见的为CO和H_2的分离。工业中常用的合成气分离技术主要有两种，一是采用深冷分离的方法将CO与H_2进行分离得到高纯度的CO产品气，二是先采用气体膜分离的方法对合成气中的CO和H_2进行初步分离，再采用深冷分离或者变压吸附的方法进行分离提纯。

本节合成气分离技术主要介绍深冷分离和气体膜分离两种技术的清洁化生产措施和典型污染物排放情况。

5.3.2 合成气分离工艺过程及清洁化生产措施

5.3.2.1 工艺生产过程

(1) 深冷分离法

深冷分离技术是一种高压低温技术，根据混合物中不同气体组分的沸点不同，通过冷凝、分馏等技术手段来实现气体中不同组分的分离。深冷分离通常借助压缩机，将循环制冷剂压缩到一定压力后节流膨胀或者绝热膨胀，获得低温。深冷分离技术具有工艺成熟、操作稳定、处理量大、产品纯度高、有效气收率高等特点，适合工业化大规模的生产[97,98]。冷箱低温操作材质要求高且其换热系统复杂，装置一次性投资较高[99]。为防止高沸点物质在冷箱内部结冰而堵塞系统，因此需要对合成气进行复杂的预处理以去除油、水、粉尘、甲醇、二氧化碳等杂质。

深冷分离流程的选择取决于原料气中各组分的含量，原料气组分不同对应深冷分离流程及制冷循环也会不同。深冷分离装置能耗取决于冷箱内部的制冷循环温位搭配，在设计过程中通常会根据装置的夹点温差来进行节流压力和制冷温位上的优化[100]。为了减少能耗，冷箱内部热量交换都比较复杂，同时对换热器的换热性能要求比较高，一般都是采用板翅式换热器。

深冷分离由分子筛吸附、冷箱分离和火炬排放系统三个部分组成。

深冷分离分子筛吸附采用变温吸附技术，脱除原料气中的高沸点杂质。

冷箱分离从流程来看，主要分为部分冷凝和甲烷洗两种，其作用是将CO和H_2分离，得到高纯度的CO和H_2。部分冷凝能得到纯度较高的CO产品气，但粗氢气产品中CO的含量也较高，当原料气中含有相当量的甲烷时，使用低温甲烷洗工艺具有较大的优势，可以利用低温甲烷的特性先将H_2和CO/CH_4分开，然后再将CO/CH_4进行精馏分离。从而可制取高纯度CO和H_2产品[101]。

火炬排放系统由低温液体收集和冷火炬加热系统组成，用于将开停车期间的低温液体和冷火炬气加热气化后安全排放至火炬系统。

典型的部分冷凝工艺流程如图 5-16 所示，来自上游低温甲醇洗的净化气经过分子筛吸附器脱除 CO_2 和 CH_3OH 后进入冷箱，在冷箱内部，净化气经过冷箱换热器组换热冷却后先进入闪蒸罐中进行两相分离，罐顶富氢气经过冷箱换热器组回收冷量后送出装置，罐底液相送入汽提塔。在汽提塔中，塔顶含有 H_2、CO 的弛放气经冷箱换热器组后送出装置，塔底得到满足要求的 CO 产品经过冷箱换热器组回收冷量后送出深冷分离装置。系统缺少的冷量通过压缩制冷循环来补充，可以使用一部分 CO 产品作为制冷循环使用介质，也可以使用 N_2 作为制冷循环使用介质。

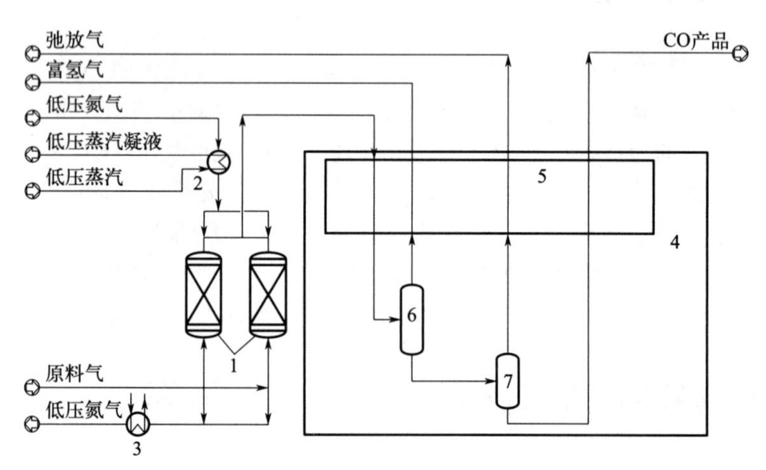

图 5-16　部分冷凝工艺流程

1—吸附器；2—再生加热器；3—再生冷却器；4—冷箱；5—冷箱换热器组；6—闪蒸罐；7—汽提塔

典型的低温甲烷洗工艺流程如图 5-17 所示，来自上游低温甲醇洗的净化气经过分子筛吸附器脱除 CO_2 和 CH_3OH 后进入冷箱，在冷箱内部，净化气经过冷箱换热器组换热冷却

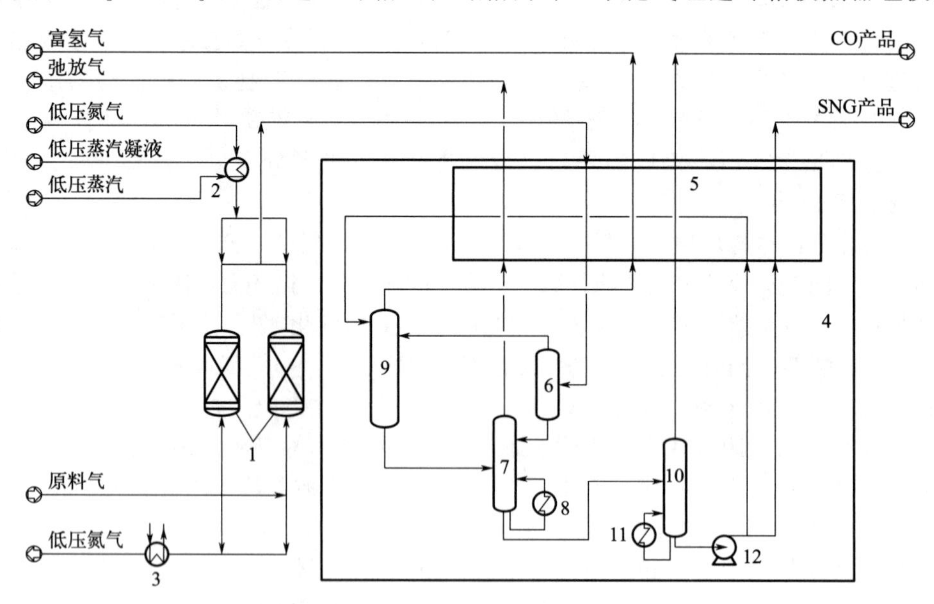

图 5-17　低温甲烷洗工艺流程

1—吸附器；2—再生加热器；3—再生冷却器；4—冷箱；5—冷箱换热器组；6—闪蒸罐；7—汽提塔；8—汽提塔再沸器；9—甲烷洗涤塔；10—精馏塔；11—精馏塔再沸器；12—低压甲烷泵

后先进入闪蒸罐中进行两相分离，罐顶富氢气送入甲烷洗涤塔中，罐底液相送入汽提塔。在甲烷洗涤塔中，塔顶气相得到的富氢气经过冷箱换热器组回收冷量后送出装置，塔釜液相流股送入汽提塔。在汽提塔中，塔顶含有 H_2、CO 的弛放气经冷箱换热器组后送出装置，塔底得到的 CO/CH_4 混合物进入精馏塔进行 CO 与 CH_4 的分离。在精馏塔中，塔顶 CO 产品经过冷箱换热器组回收冷量后送出深冷分离装置。塔釜为液化天然气（LNG），经低压甲烷泵加压后分为两部分，一部分循环回甲烷洗涤塔的顶部进行粗氢气的洗涤，另一部分经冷箱换热器组后作为合成天然气（SNG）产品送出界区。

系统缺少的冷量通过压缩制冷循环来补充，可以使用一部分 CO 产品作为制冷循环使用介质，也可以使用 N_2 作为制冷循环使用介质。

（2）膜分离法

膜分离法的原理是在压力差的作用下，利用气体中不同组分在高分子材料膜表面具有的吸附能力和在膜内溶解-扩散性能上的差异，从而形成渗透速率上的不同以实现分离[102]。推动力（膜两侧相应组分的渗透压差）、高分子膜的面积及分离选择性能是构成膜分离的三要素。按照不同气体通过膜的速率，可以分为“快气”和“慢气”。通常情况下，渗透速率从快到慢的气体顺序为：H_2O、H_2、H_2S、CO_2、O_2、Ar、CO、CH_4、N_2。

膜分离材料的选择性取决于膜的材料和制造工艺，膜是决定膜分离单元性能和效率的关键因素。不同材料的膜对不同组分的渗透能力差别很大，因此膜分离技术的关键在于是否存在高性能的膜材料[103]。理想的气体膜分离材料应同时具备的优点是：对不同气体组分具有良好的选择性、耐热性、化学稳定性，尤其是在酸性条件下机械强度高[104]。按照气体分离膜材料性质的不同，气体膜分离材料可分为无机膜、有机膜和改性膜材料等。

① 无机膜材料。无机膜材料的耐热性和化学稳定性均较好，允许在高温、强酸条件下使用。无机膜材料主要包括微孔玻璃膜、金属膜、沸石膜、陶瓷膜和碳分子膜等，主要组成为 TiO_2、Al_2O_3、SiO_2、C、SiC 及云母等[105]。在众多的无机膜材料中，沸石膜和碳分子膜在气体分离中的应用最为广泛。

无机膜在气体分离方面具有很多优良性能，但也存在着一些缺点，主要体现在：制备成本较高（是同面积高分子膜的 10 倍）；难以实现大面积膜的制造使用；高温下安装和密封比较困难。

② 有机膜材料。当前，在气体分离方面应用较多的有机膜材料主要为纤维素衍生物、聚二甲基硅氧烷、聚砜、聚酰亚胺、聚酰胺类、聚烯烃、聚碳酸酯、乙烯类聚合物、含硅聚合物、含氟聚合物和甲壳素类等。其中，聚酰亚胺因其具有优良的分离性能而成为研究的热点。利用聚酰亚胺具有化学稳定性好、分离选择性好、机械强度高等特点，可制成高通量自支撑型不对称中空纤维膜，已广泛应用于天然气的脱碳处理以及 H_2/N_2、O_2/N_2、H_2/CH_4 和 CO_2/N_2 等体系的气体分离中[106,107]。

有机膜材料在造价上具有一定的优势，但是很多高分子有机膜存在渗透性和选择性相反的关系，寻找兼具渗透性和选择性的有机膜材料是当前有机膜材料研究的重点。

③ 改性膜材料。结合无机膜材料和有机膜材料各自的优点，对有机膜材料进行无机改性或对无机膜材料进行有机改性，通过改变膜材料表面的极性，提高膜载体的强度和耐高温性，综合各自的优点来提高膜材料的分离性能是当前气体分离膜材料研究的方向[108]。

已经实现工业化应用的气体膜材料主要有聚砜、聚碳酸酯、聚苯醚、聚酰亚胺、醋酸纤维素、聚二甲基硅氧烷、聚芳酰胺等七种有机高分子材料[109]。其中，聚酰亚胺膜为耐热性和耐化学腐蚀效果最好的高分子膜材料，从运行成本方面考虑醋酸纤维素为主要材料的膜是一种很高效的分离膜[110]。

用于气体分离的膜分离器主要为中空纤维式、螺旋卷式及板框式，其中使用较多的为中空纤维式，其具有装填密度高、单位膜面积制造费用低、耐压稳定性高等优点，但其具有对原料气的预处理要求较高、渗透气压力损失较大等缺点。

膜分离简要流程如图5-18所示。

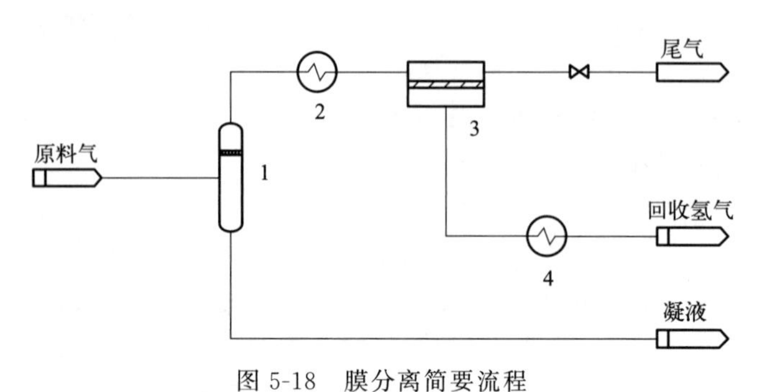

图5-18 膜分离简要流程

1—气液分离器；2—加热器；3—膜分离器；4—冷却器

5.3.2.2 清洁化生产措施

（1）深冷分离法

深冷分离技术工艺、控制系统、设备方面的清洁化生产措施，主要体现在：

1）工艺方面

① 选择高性能的吸附剂，减少固废的排放量和排放频次。在吸附剂的选择上，选择高性能的吸附剂，延长吸附剂的使用寿命，减少固废的排放频次。深冷分离采用的吸附剂主要为分子筛，其具有较大的比表面积。吸附剂性能的优劣将直接影响整个装置的工程投资、公用工程消耗及操作运行。吸附剂的选择同时还需要考虑使用量、选择性、再生难易程度以及使用周期。

② 优化吸附操作条件，减少吸附剂的装填量，从而减少固废的排放量。深冷分离工艺一般与上游酸性气体脱除装置串联使用，低温的合成气先送到深冷分离进行分子筛吸附，充分利用吸附剂在低温下的吸附能力，可减少吸附剂的装填量，从而减少单次固废的排放量。

③ 吸附剂再生后的氮气送往低温甲醇洗作为汽提氮气，实现再生气中甲醇的回收利用，减少了尾气排放。吸附了杂质的吸附剂需要进行加热再生。常规的再生方式有两种：氮气再生或者富氢气再生。对于上游配置低温甲醇洗进行酸性气体脱除的装置，可以采用氮气进行再生，再生后携带有微量 CH_3OH 和 CO_2 的再生气送往上游酸性气体脱除装置作为汽提氮气，实现 CH_3OH 的回收利用。

④ 优化冷箱分离的流程，充分回收合成气中的CO，提高CO的利用率。

冷箱分离主要采用以下清洁化措施：

与上下游装置的结合。常规冷箱分离产生的粗氢气可送往变压吸附（PSA）进行氢气回收。闪蒸气可以作为燃料气送出界外，也可利用压缩机增压后送入深冷分离入口，进一步提高CO的利用率。

优化流程设置，减少闪蒸气中的CO夹带。在流程设置上，典型的闪蒸塔由上下两个塔段组成，上塔为两段填料的结构，下塔为闪蒸段。原料气进入冷箱初步分离出大部分氢气的低温 CO 溶液（含有少量的 H_2）分为两股分别进入闪蒸塔，一股低温 CO 溶液在冷箱内部换热升温后从闪蒸塔上塔的两段填料中间进入，另一股低温 CO 溶液直接从闪蒸塔上塔填料的顶部喷淋进入。通过在上塔顶部采用低温 CO 溶液喷淋的方式，对离开闪蒸塔的闪蒸气进行洗涤，降低闪蒸气中的 CO 夹带，可以有效降低闪蒸气中 CO 的含量。

低温液体的排放与处理。深冷分离正常无废液产生，在停车或检修时，冷箱内会有低温液体产生，该液体为含 H_2、CO、CH_4、Ar、N_2 等组分的低温液体。这些低温液体送往深冷分离火炬排放系统进行收集并经加热汽化后送往全厂火炬系统燃烧。

2）设备方面

① 冷箱将分离塔、容器、低温换热器及相关管道、阀件、计量元件安装在一个密闭的钢结构冷箱内，设备与管道之间采用焊接形式减少因法兰密封带来的泄漏。另外，冷箱内部空间充填优质珠光砂以保冷，并充干燥氮气维持微正压以保安全和防止湿气进入。

② 深冷分离制冷机组会产生噪声，在工程设计中需要注意噪声的控制，以确保现场噪声水平满足环境、职业卫生要求。主要的降噪措施和技术手段有：隔声厂房、隔声罩等。

3）仪表与控制方面

① 采用分散型控制系统（DCS）和安全仪表系统（SIS）以保证装置的安全稳定运行、减少停车事故，从而有效减少开、停车等工况的排放。设置气体检测报警系统（GDS）及时发现跑冒滴漏等问题，避免造成环境影响。

② 分子筛吸附部分程控阀开关频繁、前后压差大、密封等级要求高，阀门选型时，应选用安全可靠、密封性能优良的程控阀门，减少因阀门故障或者内漏引起的停车。

（2）膜分离法

膜分离法流程相对简单，主要清洁化措施体现在膜材料的选择及工艺流程的设置上。以采用膜分离法分离甲醇合成装置的弛放气为例，清洁化措施主要有：

① 采用具有良好分离性能的膜材料，提高 H_2 的回收率。采用具有良好选择分离性能的高性能膜材料，提高膜分离器对 H_2 的渗透率，减少非渗透气中的 H_2 含量，从而降低非渗透气的产量。

② 优化操作条件，延长膜分离组件的使用寿命。原料气在进入膜分离前进行预热，使原料气远离露点，不致因可冷凝物富集液化形成液膜而影响膜的分离性能，从而减少膜分离组件更换的频次。

③ 原料气进入膜分离器前设置过滤器，防止因杂质堵塞而更换膜分离组件。因膜分离器为中空纤维，表面带均匀微孔，杂质进入膜孔后容易造成膜孔堵塞，影响膜分离性能。因此，对于存在固体杂质的原料气，可在膜分离器前设置过滤器，用以拦截较大粒径的杂质，防止因堵塞膜分离组件而更换。

④ 操作过程中，严格控制膜分离器管壳程的压差。膜分离器设有压差报警，正常操作中，需要严格控制膜分离器管壳程的压差，避免因压差过大而损坏纤维管。

⑤ 采用管程泄压的方式，控制泄压速率。必须保证在任何时候膜分离器管程压力都小于壳程压力，这样可以避免膜分离器的纤维管胀裂。在泄压时，膜分离器绝不允许在壳程泄压，而只能通过管程上取样阀缓慢泄压，且膜分离器的升、降压速率不能超过 0.7MPa/min。

⑥ 开停车注意事项。在膜分离器开车及运行期间应避免流量大幅度波动，防止因流量波动过大导致膜分离器损坏。

5.3.3 合成气分离工艺过程污染物排放及治理

（1）废气

① 深冷分离法。以部分冷凝流程为例，深冷分离法的典型废气如下：

冷箱保压氮气：主要组分为 N_2。

闪蒸气体积分数：H_2，67.53%；CO，32.11%；CH_4，0.01%；Ar，0.06%；N_2，0.29%。

再生气（N_2 再生）体积分数：N_2，约 100%；CH_3OH，微量；CO_2，微量。

根据不同排放气的性质、组成及排放规律采取不同治理措施，具体如下：

冷箱保压氮气：对环境无害，一般在冷箱顶部放空。

闪蒸气：去燃料气系统或者经压缩机加压后回收利用。

再生气（N_2 再生）：送往上游酸性气体脱除装置作为汽提氮气。

② 膜分离法。以某煤制甲醇装置弛放气膜分离为例，废气污染物及治理措施如下：

非渗透气体积分数：H_2，49.04%；N_2，31.29%；CO，4.38%；CO_2，3.58%；CH_4，3.74%；Ar，7.90%；H_2O，0.07%。

非渗透气的治理措施：送往 PSA 进行氢气回收。

（2）废液

深冷分离正常无废液产生，在停车解冻时，低温液体排入废液收集罐并经加热气化后送往全厂火炬系统燃烧。

膜分离法正常无废液产生。

（3）固废

① 深冷分离法。深冷分离产生的固废为废瓷球和废分子筛，为一般固废，更换周期一般为三年一次。

废瓷球主要成分为 Al_2O_3 和 SiO_2，主要还是送往安全的位置填埋处理。

废分子筛属构架硅铝酸盐类，一种处理方式是送往安全的位置填埋，另一种是将废分子筛经干燥、粉碎或经硫酸活化处理后可代替活性白土作润滑油及工业植物油的脱色剂，将废分子筛用于合成无机颜料产品——群青，以及利用废分子筛合成无机絮凝剂 PAC 等[111-113]，待工业化。

深冷分离废渣排放见表 5-16。

表 5-16 深冷分离废渣排放一览表

装置名称	废渣名称	组成	排放方式	去向
吸附塔	废瓷球	Al_2O_3 为和 SiO_2	三年一次	填埋处理
吸附塔	废分子筛	属构架硅铝酸盐类	三年一次	填埋处理

② 膜分离法。膜分离产生的固废为废弃的膜分离组件。在原料气杂质成分控制满足要求的情况下，膜分离器能长周期运行（使用寿命不少于 10 年）而不出现性能衰减，没有污染物排放。一旦因为膜分离器性能下降需要更换膜分离组件，废弃的膜分离组件由厂商回收处理。

（4）噪声及其他污染物

深冷分离的噪声来源于制冷压缩机、泵等。需要采取措施进行控制和消除，以使装置的噪声水平维持在标准范围内。

合成气分离单元在煤炭转化过程中污染物排放较少，除上述典型的废气、废液、废固及噪声外，几乎没有其他的污染物，因其能耗低，碳排放量也很少。

5.4 合成气精制

5.4.1 合成气精制技术概述

经过变换调节 H_2/CO 比值的粗合成气，再经过酸性气体脱除工艺脱除其中的 CO_2、H_2S 以及微量组分 COS、HCN 和 NH_3 后。一般而言已经可以满足下游装置的需求。当下游装置对产品纯度要求很严格或对微量组分的含量要求很严格时，则需要设置合成气精制单元进一步处理以满足下游装置对净化产品气的要求。

下游装置如对氢气产品纯度要求高，可采用变压吸附提氢；若对氢气纯度要求不高，但是对产品气中的微量组分 CO_2 和 CO 含量要求较高，则可以采用甲烷化；对 H_2S 含量要求较高，则可设置精脱硫。

5.4.2 合成气精制工艺过程及清洁化生产措施

5.4.2.1 工艺生产过程

(1) 甲烷化精制

常见的甲烷化精制的主要工艺流程如图 5-19 所示，由酸性气体脱除单元送来的含有少量 CO、CO_2 的粗氢气，首先进入甲烷化换热器与来自甲烷化炉出口的氢气进行换热，加热至 270～340℃（根据催化剂初末期的活性确定具体温度）后，先进入 ZnO 脱硫槽脱除残余 H_2S，以保护甲烷化催化剂。然后再进入装有甲烷化催化剂的甲烷化炉进行甲烷化反应，进一步除去合成气中的碳氧化物，使甲烷化炉出口氢气中 CO 和 CO_2 体积分数低于 10×10^{-6}。

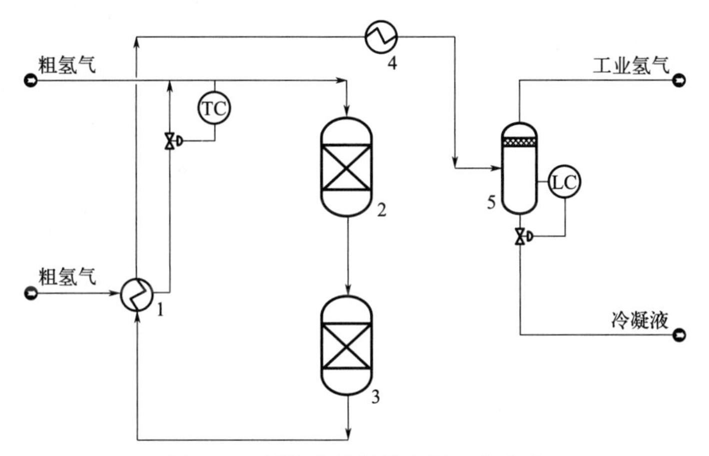

图 5-19 甲烷化精制的主要工艺流程

1—进料加热器；2—ZnO 脱硫槽；3—甲烷化反应器；4—冷却器；5—水分离器

出甲烷化炉的高温氢气进入甲烷化换热器加热由酸性气体脱除单元送来的粗氢气，自身被冷却后再经甲烷化水冷器进一步降温至 40℃，然后进入水分离器分离出微量的水后送往管网，分离出的微量水也送进汽提装置。

(2) 固体吸附精制

① 变压吸附精制。此处的变压吸附精制是指为了控制出界区的产品气组成，使其满足产品指标要求，通常为 PSA 提纯氢气。广义上，变压吸附精制还可以用来精制 CO 和精制 O_2。但是由于采用变压吸附工艺来制取 CO 和 O_2 的路线在工业上不常用，能耗或产品纯度无法达到常用的工艺指标要求，因此本节的变压吸附精制特指变压吸附提氢。

变压吸附工艺于 1958 年开发成功后，便迅速广泛地被应用于气体分离精制。利用 H_2 和其他组分（如 CO、CH_4、CO_2）在吸附剂上吸附性能差异很大的特点，变压吸附制氢技术早在 1960 年就已完成了工业化应用。随着工业化应用的逐渐成熟，大型变压吸附制氢体系逐步建立，处理的原料气量大大提高，至 21 世纪，单套变压吸附装置的原料气处理量已达到 $3.4\times10^5 m^3/h$[114]。

与化学溶液吸收法及膜分离等其他制氢方法相比，变压吸附提氢有以下优点：可制得 99.999%以上的高纯氢气；干式操作，无液体介质，吸附剂性能稳定，无设备腐蚀，便于设备维护；操作简便，自动化程度高，劳动强度低，人工干预较少，操作稳定可靠，对原料气的适应性较强，处理量大，操作弹性空间大；操作运行费用低。

缺点是：PSA 的氢气有一定的损失，受再生时的解吸气限制，必须有一部分氢气会随解吸气送出 PSA 单元，虽然 PSA 提氢的能耗和操作费用低，但是会损失一部分的氢气。

使用变压吸附法制氢，吸附剂再生的方法一般有两种，可采用抽真空的方式，也可采用冲洗的方式。

变压吸附提氢存在几种组合流程，如两段 PSA 流程，一段 PSA 的解吸气加压后继续提氢，然后与一段 PSA 的氢气产品一起出界区作为产品，从而提高氢气收率；两段 PSA 流程，一段 PSA 粗脱，二段 PSA 精脱，二段 PSA 的解吸气作为一段 PSA 的冲洗气使用，也可在一定程度上提高氢气收率；采用传统的一段 PSA 流程，但是氢气收率偏低。

工业装置的变压吸附流程选择需要结合装置投资、全厂燃料气平衡、装置占地和消耗等多方面因素进行综合考虑，选择适宜的工艺流程。

② 其他干法吸附精制。此处的吸附精制，是指脱除气体中微量无机硫和有机硫，用于控制出工艺单元界区的净化气体微量组分浓度指标的脱硫精制。这种工艺有广泛的应用需求，在合成氨、炼油制氢、合成甲醇、甲烷化反应、天然气转化利用等过程中，所用的催化剂都对硫非常敏感，容易被毒化失活，必须先对原料气进行处理，设置精脱硫设施。

干法脱硫剂按其性质可分为催化剂型、吸收型或转化吸收型、吸附型。

a. 羰基硫脱硫剂。煤化工的工艺流程中，气化出口的粗合成气中含有微量的羰基硫，该组分对下游的脱硫脱碳单元产生一定影响，目前常用的酸性气体脱除工艺对于羰基硫的脱除效率都不高，或者容易脱除，但是再生不易，造成累积等，对系统运行产生一定影响。最常用的脱除羰基硫技术是干法脱硫，当前常用的工艺手段是将羰基硫水解，使羰基硫在水解催化剂的作用下，发生水解反应，转化为 H_2S，再运用常见的脱硫工艺将其脱除。

早期的羰基硫水解催化剂采用 Al_2O_3 负载钯和钴、钼等活性组分，在 170～250℃的较高温度下使 COS 水解。近些年的研究方向则是改用碱金属、碱土金属、过渡金属氧化物的 Al_2O_3 基（或 TiO_2 基）催化剂，在室温至 300℃下使 COS 水解。目前国内的水解催化剂厂家较多，主要有湖北华烁科技、青岛联信和淄博鲁源等，根据不同的原料气状况水解转化率不同，催化剂的初末期转化率也存在下降的趋势。目前文献报道和了解到的水解催化剂厂家商品信息，水解转化率一般为75%以上。催化剂的保证寿命为2年左右，期望寿命为3～4年。进催化剂床层一般要求 H_2S 低、O_2 含量低，床层温度低，并且严禁催化剂床层进水，一般要求进水解槽的工艺气温度在露点温度20℃以上。

b. 氧化锌脱硫剂。作为控制工艺单元界区出口净化气体中 H_2S 含量的精脱硫剂，应具有脱硫精度高的性能，然后再考虑硫容高、使用方便和价格较低等因素。综合而言，氧化锌脱硫剂虽然硫容量相对常用的氧化铁脱硫剂较小，且价格较贵，但由于其脱硫精度高，通常将其直接或间接串接在其他脱硫装置的后面，以控制最终出口的硫含量。

影响氧化锌脱硫使用寿命的因素主要有：

(a) 水汽含量　某些金属氧化物会与水蒸气发生水合反应，导致氧化锌脱硫剂机械强度的降低，减小脱硫剂孔容，影响其脱硫性能。相对于其他常见的金属氧化物，氧化钙最易发生水合反应，而氧化锌最不易发生水合反应。因此氧化锌组分越多，则该脱硫剂的抗水解能力越高。

(b) 氯和砷　对氧化锌脱硫剂有毒害作用的杂质主要是氯和砷。原料中的氯与氧化锌反应生成氯化锌，它覆盖在氧化锌表面阻止硫化氢进入脱硫剂内部，从而大大降低了脱硫剂的性能。砷对氧化锌是永久性中毒，应严格控制。

c. 氧化铁脱硫剂。氧化铁法是较早开发应用的一种干法脱硫，经过深入的试验和优化，应用范围逐渐扩大，目前氧化铁脱硫剂的应用范围已从常温扩大到中温和高温。北京三聚环保新材料股份有限公司开发了一种新型高效的常温无定形羟基氧化铁脱硫剂，常温下脱除 H_2S 的体积分数可以达到 0.02×10^{-6}，单次穿透硫容高达35%，而且可以实现废脱硫剂的再生复原和硫回收，实现了零排放和消除二次污染。

通常认为，氧化铁脱硫剂硫容大（可达20%以上）、活性好、操作方便且可再生，但其脱硫精度稍差，对COS仅起吸附作用，脱除的能力较差；使用空速较低，当吸附的硫达到一定量后会有放硫现象。根据文献[115]报道在中温条件下（200～400℃），氧化铁脱硫不如氧化锌脱硫，反应有较大的可逆性。但在常温或低温下，情况却与此不同。

d. 活性炭脱硫剂。干法脱硫中的活性炭脱硫是一种较为常见的技术，与湿法脱硫相比，其工艺流程较短，操作简便，且能脱除多种有机硫。在活性炭的表面上，当含硫化氢和氧的原料气通过时，在微量氨的催化作用下，活性炭表面上的硫化氢可被氧化为单质硫。一般要求氧过量约50%，或要求脱硫后净化气中仍有0.1%的氧，另外还要求进脱硫槽的气体相对湿度大于70%[116]。

通常认为，活性炭对硫化物的吸附量很小，吸附不是活性炭脱硫的主要方式。活性炭的吸附能力主要还是体现在活性炭表面发生的催化反应。影响活性炭性能和使用寿命的主要因素有：

(a) 灰尘杂质　原料气中的灰尘杂质覆盖在活性炭表面，会造成孔道堵塞，从而降低活性炭的硫容，甚至可能导致脱硫无法进行，因此一般要求控制含尘量不得高于 $3mg/m^3$。

(b) 苯和萘　原料气中的萘可蒙蔽活性炭表面，而当脱硫槽蒸洗时，萘又会熔融，进而堵塞设备管道和阀门，而且苯和萘都能使活性炭中心中毒。

(c) 煤焦油　煤焦油很容易被活性炭吸附，其不但能造成活性炭孔道堵塞，还会导致活性炭的硫容量及脱硫效率的降低，并且如果活性炭颗粒黏结成团，则会形成偏流，将使活性炭脱硫槽的阻力损失加大，甚至会严重影响原料气脱硫的正常进行。

(d) 不饱和烃　气体中的不饱和烃在活性炭的表面会发生聚合反应，生成的大分子聚合物会进一步覆盖在活性炭表面，同样也会降低活性炭的硫容。

活性炭的再生：活性炭在使用一段时间后，由于孔道内聚集了硫及硫的含氧酸盐而丧失脱硫能力，需要将这些有害物质从活性炭孔道中除去，以恢复活性炭的脱硫性能，也即再生。优质的活性炭可再生 20～30 次。再生方法主要有：将加热的氮气或净化后的高温天然气通入活性炭脱硫槽，从活性炭脱硫槽再生出来的硫在 120～150℃ 变为液态硫放出，氮气再循环使用；将过热蒸汽通入活性炭脱硫槽，然后把再生出来的硫冷凝后与水分离。

（3）液氮洗

液氮洗是以液氮为吸收剂，根据各组分气体的沸点相差大且 CO、CH_4、Ar 沸点高于 H_2 和 N_2 沸点的特点，将 CO、CH_4、Ar 从气相中溶解到液氮中，从而达到脱除 CO、CH_4 等杂质的目的。液氮洗利用焦耳-汤姆逊效应，采用高压氮的节流膨胀提供主要冷量。液氮洗具有冷量利用合理、流程简化等优点，目前在合成氨工艺中，低温甲醇洗搭配液氮洗的净化组合工艺在国内外被广泛采用[117,118]。

液氮洗由分子筛吸附、冷箱分离以及火炬排放系统三个部分组成。液氮洗分子筛吸附采用变温吸附的方式脱除合成气中的高沸点物质如 CO_2、CH_3OH 以及 C_{2+} 等，防止这些物质进入冷箱而导致冷箱内换热器冻堵。液氮洗冷箱由低温换热器、液氮洗涤塔及相关管道、阀件、计量元件集合而成。通过冷箱实现原料气的杂质脱除和氨合成气的氮气配制。火炬排放系统由冷箱低温液体收集和冷火炬加热系统组成，将开停车期间的低温液体和冷火炬气加热气化后安全排放至火炬系统。

液氮洗工艺适合除去粗氢气中的微量 CO、CH_4 等杂质而得到具有一定氮气含量的氢气，因产品氢气中引入了较多的氮气，比较适合配套用于合成氨装置。

典型液氮洗工艺流程如图 5-20 所示。从上游来的粗氢气经分子筛吸附器，脱除 CO_2、CH_3OH、H_2O 等杂质后进入冷箱，经过冷箱换热器组换热降温后进入氮洗塔底部，在氮洗塔中原料气中的 CO、CH_4、Ar 等被液氮溶解而实现杂质的脱除。氮洗塔塔顶氢气经过配氮、复热后分为两路：一路去上游低温甲醇洗工序回收冷量；另一路继续复热并与低温甲醇

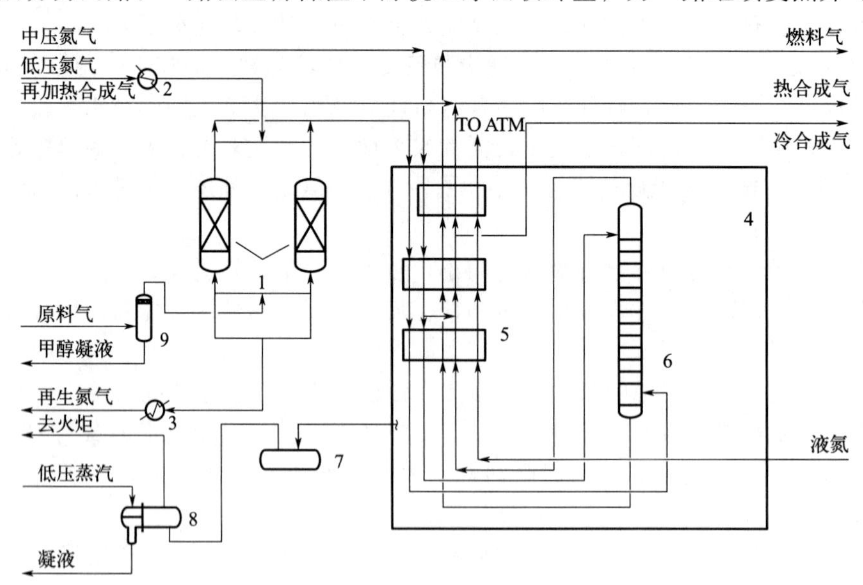

图 5-20　典型液氮洗工艺流程

1—吸附器；2—再生加热器；3—再生冷却器；4—冷箱；5—冷箱换热器组；6—氮洗塔；7—缓冲罐；8—火炬气加热器；9—分离罐

洗工序来的热氨合成气汇合后送往下游合成氨装置。氮洗塔塔底尾液经减压、复热回收冷量后进入燃料气系统。来自空分的中压氮气主要有两个作用：一是进行氢气配氮；二是通过节流膨胀为液氮洗提供冷量。

5.4.2.2 清洁化生产措施

（1）甲烷化精制

甲烷化精制产生的废水主要是粗氢气中 CO 和 CO_2 与氢气发生甲烷化反应生成水蒸气，在温度降低后生成冷凝液。通常此股冷凝液中大部分为水，很少部分为氢气和甲烷。因此，需要进行密闭回收处理。一般来说，冷凝液生成量较少，可直接送至变换汽提系统进行处理回收利用。

为了避免甲烷化反应温度低于 200℃，而反应系统的压力又偏高，会导致催化剂中的镍和 CO 反应生成羰基镍。因此，应避免甲烷化反应在过低反应温度下进行而且保证进入甲烷化反应器的粗氢气为过热态。

由于配套制氢装置的甲烷化反应温度较高，基于净化气中 CO 含量较低，一般甲烷化反应器出口温度可以达到 380℃，管线布置需要根据应力计算进行调整。某煤制氢现场曾发生过由于氢气压缩机进口管线振动导致甲烷化水冷器管箱隔板脱落的事件（图 5-21），因此为了避免下游氢气压缩机对甲烷化的影响，建议对甲烷化框水冷器架进行单独布置。

图 5-21　甲烷化水冷器管箱隔板振动脱落

（2）固体吸附精制

本小节所述的固体吸附精制介绍了变压吸附精制提氢和精脱硫，均是采用固体吸附剂来净化脱除原料气中的杂质气体。

固体吸附精制的清洁化生产措施主要体现在吸附剂的选择上，通过选择高性能的吸附剂，使变压吸附精制提氢的收率更高，氢气的纯度更高，吸附剂的力学性能更好。选择适宜精脱硫剂，可以与原料气更加匹配，发挥出最佳的性能。

（3）液氮洗

液氮洗流程由分子筛吸附、冷箱分离以及火炬排放系统三个部分组成，在流程上与深冷分离基本相同，仅在冷箱内部的配置上存在差异。液氮洗的清洁化生产措施与前述深冷分离相同。

5.4.3 合成气精制工艺过程污染物排放及治理

（1）废气

液氮洗的典型废气如下：

冷箱保压氮气：主要组分为 N_2。

尾气体积分数：H_2，5.75%；CO，40.15%；CH_4，0.80%；Ar，0.53%；N_2，52.77%。

再生气（N_2 再生）体积分数：N_2，约 100%；CH_3OH，微量；CO_2，微量。

根据不同排放气的性质、组成及排放规律采取不同治理措施，具体如下：

冷箱保压氮气：无有害气体，一般在冷箱顶部放空；

闪蒸气：去燃料气系统或者经压缩机加压后回收利用。

再生气（N_2 再生）：送往上游酸性气体脱除装置作为汽提氮气。

（2）废液

① 甲烷化精制。甲烷化装置排放的废水情况见表 5-17。

表 5-17 甲烷化装置废水排放一览表

设备名称	废渣名称	组成(摩尔分数)/%	排放方式	去向
水分离器	冷凝液	H_2:0.035;CH_4:0.001;H_2O:99.964	连续	变换汽提系统

② 液氮洗。液氮洗停车或检修时，低温液体排入废液收集罐并经加热气化后送往全厂火炬系统燃烧，无定向排放的废液。

（3）固废

① 甲烷化精制。甲烷化装置固废主要为脱硫槽的吸附剂及甲烷化炉的催化剂。废催化剂中有价成分的回收，不仅可节省能源和资金，合理利用资源，还可减少废弃物排放对环境的污染。

来自酸性气体脱除的粗氢气进甲烷化工序经过脱硫槽脱除气体中可能存在的硫等导致催化剂失活的物质，主要成分为 ZnO，属于一般废物，由具有处置资质的单位进行回收处理。

甲烷化炉定期产生废甲烷化催化剂，主要成分是 Ni、Al_2O_3、MgO、Re_2O_3，属于一般废物，通常 3～4 年更换一次，废催化剂一般由催化剂厂家进行回收处理。

甲烷化装置排放的废渣情况见表 5-18。

表 5-18 甲烷化装置废渣排放一览表

装置名称	废渣名称	组成	排放方式	去向
脱硫槽	废吸附剂	ZnO、ZnS 等	三年一次	由具有资质的单位处理
甲烷化炉	废催化剂	Ni、Al_2O_3、MgO、Re_2O_3	三年一次	由催化剂厂家处理

② 固体吸附精制。变压吸附脱碳的废吸附剂，主要组分为 Si、Al、Cu 和 C，为一般工业固体废物。使用寿命一般为 15 年，通常与装置设计寿命相同，较少更换。其处理方式一般为填埋或厂家回收。变温吸附净化的废分子筛和废硅胶，主要组分为 Si、Al、Cu 和 C，为一般工业固体废物。使用寿命一般为 15～20 年，其处理方式一般为填埋或厂家回收。

③ 液氮洗。液氮洗的固废为废瓷球和废分子筛，更换周期一般为三年一次。

废瓷球主要成分为 Al_2O_3 和 SiO_2，主要处理方式是送往安全的位置填埋处理。

废分子筛属构架硅铝酸盐类，可送往安全的位置填埋。

液氮洗废渣排放情况见表 5-19。

表 5-19　液氮洗废渣排放一览表

装置名称	废渣名称	组成	排放方式	去向
吸附塔	废瓷球	Al_2O_3 和 SiO_2	三年一次	填埋处理
吸附塔	废分子筛	属构架硅铝酸盐类	三年一次	填埋处理

合成气精制装置的污染物以固体废物为主，且主要由专业厂家回收，其环保性能较好。该过程中原料已比较干净，过程相对简洁，能耗低，CO_2 排放量小。

参考文献

[1] 李平辉．合成氨原料气净化 [M]. 北京：化学工业出版社，2010.

[2] 郭瑞．高效铁系变换催化剂的研制 [D]. 淄博：山东理工大学，2015

[3] Wang H F，Lian Y X，Zhang Q，et al. MgO-Al_2O_3 mixed oxides-supported CO-MO based catalyst for high-temperature water-gas shift reaction [J]. Catalysis Letters，2008，126 (2)：100-125.

[4] 文春梅．一氧化碳变换工艺及催化剂分析 [J]. 气体净化，2018，18 (5)：23-25.

[5] 樊利勋．Co-Mo 系耐硫低温变换催化剂的硫化技术的应用 [J]. 化工设计通讯，2017，43 (9)：7.

[6] 杨建荣，李天波，肖杰飞，等．粉煤气化“双高”原料气制甲醇装置变换工艺比较 [J]. 天然气化工，2017 (42)：79-82.

[7] 许仁春．Shell 粉煤气化高水气比 CO 耐硫变换工艺流程优化 [J]. 中氮肥，2011 (5)：1-4.

[8] 余勤锋．激冷型粉煤气化制甲醇变换工艺技术经济比较 [J]. 大氮肥，2015，38 (1)：26-30.

[9] 曹志斌．煤制合成氨不同等温变换技术探讨 [J]. 煤化工，2017，45 (4)：34-36.

[10] 赵代胜．煤制氢绝热变换和等温变换技术方案研究 [J]. 煤化工，2016，44 (2)：6-14.

[11] 解政鼎，郑渤星，张焕照．干煤粉激冷气化变换装置除灰实践分析 [J]. 煤化工，2021，49 (2)：60-63.

[12] 杨强国．变换脱毒槽积灰严重原因分析及解决措施 [J]. 大氮肥，2021，44 (3)：167-170，177.

[13] 葛志颖，周树峰．褐煤制甲醇气化及变换工艺的选择浅议 [J]. 化肥工业，2005，33 (5)：10-13.

[14] 汪家铭．SES 煤气化技术及其在国内的应用 [J]. 化肥设计，2010，48 (5)：13-17.

[15] 王磊，伏盛世．SES 气化技术气化义马长焰煤的分析与评价 [J]. 河南化工，2011，28 (6)：35-37.

[16] 陈寒石，房倚天，黄戒介．加压灰熔聚流化床粉煤气化技术的研究与开发 [J]. 煤炭转化，2000，23 (1)：4-7.

[17] 王朝鹏．大型煤制甲醇项目变换工序的设计与优化 [D]. 北京：北京化工大学，2017.

[18] 陈莉．煤气化配套一氧化碳变换工艺技术的选择 [J]. 大氮肥，2013，36 (3)：150-157.

[19] 张文飞．煤气化配套一氧化碳变换工艺技术探析 [J]. 化工设计通讯，2016，42 (10)：6-7.

[20] 李建峰．预硫化变换催化剂在低水气比变换系统中的应用 [J]．中氮肥，2020 (1)：28-31.

[21] 刘芹，王万荣．CO 变换单元开工硫化方案的选择 [J]. 化肥工业，2010，37 (2)：42-51.

[22] 张伟华．变换开车过程优化及改造 [J]．化工设计通讯，2018，44 (1)：246-247.

[23] 柳兆忠．变换系统冷凝液氨氮含量高问题分析及解决措施 [J]. 大氮肥，2021，44 (6)：425-428.

[24] 陈莉，肖珍平，李忠燕．一氧化碳变换冷凝液汽提工艺技术改进探讨 [J]．化工设计，2013，23 (2)：3-6.

[25] 戴文松，蒋荣兴，郭志雄，等．浅析灰熔聚气化技术的工程特点 [J]. 化工进展，2008，27：374-376.

[26] 谭税楼．酸性水汽提装置侧线抽出腐蚀分析 [J]. 大氮肥，2021，44 (4)：270-273.

[27] 高晋生，鲁军，王杰．煤化工过程中的污染与控制 [M]. 北京：化学工业出版社，2010：297-300.

[28] 陈赓良，朱利凯．天然气处理与加工工艺原理及技术进展 [M]. 北京：石油工业出版社，2010，35-36.

[29] 韩淑怡，王科，黄勇，等．醇胺法脱硫脱碳技术研究进展 [J]. 天然气与石油，2014，32 (3)：4.

[30] 宋彬．醇胺法工艺模型化与模拟计算 [M]. 北京：石油工业出版社，2011.

[31] 李云涛，李露露，李辉，等．空间位阻胺脱硫选择性及再生性能的研究 [J]. 西南石油大学学报（自然科学版），2017，39 (3)：173-179.

[32] 王祥云．化工反应循环气脱碳技术的开发应用 [J]. 气体净化，2015 (3)：14-18.

[33] 张永军，苑慧敏，杜海，等．脱除二氧化碳的工艺技术 [C]. 中国化工学会石油化工学术年会，2005.

[34] 郭新新．低温甲醇洗工艺的研究进展与应用 [J]. 化工管理，2016 (33)：138-138.
[35] 亢万忠．煤化工技术 [M]. 北京：中国石化出版社，2017.
[36] 周松锐，曹蕾，王锦生．缠绕管式换热器的特点与发展 [J]. 四川化工，2016，19 (1)：34-36.
[37] 李群生，吴清鹏．高效导向筛板抗堵性能的工业应用 [J]. 氮肥技术，2019，40 (6)：19-21，36.
[38] 孙涛，周刘松．低温甲醇洗中尾气冷量的回收利用及工程实现 [J]. 化学工业与工程技术，2018，39 (4)：78-81.
[39] 闫志者．低温甲醇洗冷量问题分析 [J]. 煤化工，2020，48 (1)：43-46.
[40] 毛志强．低温甲醇洗工段塔和特殊管道的配管设计、管道选材及应力分析 [J]. 工程技术，2016 (11)：65-66.
[41] 赵海昭，钮青玲，张培培，等．低温甲醇洗系统尾气再利用小结 [J]. 中氮肥，2020 (3)：23-26.
[42] 隋成国．低温甲醇洗废水 COD 超标的原因分析及处理 [J]. 氮肥技术，2014 (3)：20-22.
[43] 崔寅．煤制甲醇低温余热利用与碳减排工艺研究 [J]. 化工管理，2018，480 (9)：186-186.
[44] Gatti M，Martelli E，Marechal F，et al. Review，modeling，heat integration，and improved schemes of rectisol-based processes for CO_2 capture [J]. Applied Thermal Engineering，2014，70 (2)：1123-1140.
[45] 李正西．塞勒克索尔 (SELEXOL) 气体净化工艺 [J]. 化工厂设计，1981 (3)：50-62.
[46] 林民鸿．NHD 净化工艺应用领域 [C]. 全国气体净化技术协作网技术交流会，2002.
[47] 黄文佼，付翔．ProMax 模拟 MDEA 配方溶液脱硫脱碳 [J]. 科技创新与应用，2013 (19)：33-34.
[48] 陈赓良．天然气配方型脱碳溶剂的开发与应用 [J]. 天然气与石油，2011，29 (2)：18-24.
[49] 何玲．高含硫天然气脱硫脱碳技术研究进展 [J]. 化学工程师．2018 (4)：62-66.
[50] 冼祥发，李明．MDEA 和砜胺-Ⅲ脱硫溶剂的选择性及其应用 [J]. 油漆处理与加工，2000，29 (1) 15-20.
[51] 侯天江．天然气净化技术 [M]. 北京：中国石化出版社，2013.
[52] 徐学飞．天然气脱硫脱碳方法的选择 [J]. 化工管理，2015 (1)：277-278.
[53] 李石雷，张冬冬，宁平，等．液相催化氧化法脱除硫化氢的研究进展 [J]. 广州化学，2017，42 (5)：57-64.
[54] 宋世新．栲胶脱硫溶液分析方法的改进 [J]. 中氮肥，1996 (5)：58-60.
[55] 杜云旺．脱硫液副产的产生和处理 [J]. 山东化工，2013，42 (10)：98-101.
[56] 朱珂纬，朱斌鹏，佘雪峰，等．焦炉煤气脱硫技术现状 [J]. 河北冶金，2019 (9)：18-21.
[57] 梁锋，徐丙根，施小红，等．湿式氧化法脱硫的技术进展 [J]. 现代化工，2003，23 (5)：21-24.
[58] 王碧容，周斌，吴玫．合成氨厂半水煤气脱硫技术现状及展望 [J]. 广州化工，2011，39 (8)：29-30.
[59] 朱珂纬，朱斌鹏，佘雪峰，等．焦炉煤气脱硫技术现状 [J]. 河北冶金，2019 (增刊)，18-21.
[60] 蔡德文．橡椀栲胶法代替 ADA 法在氮肥工业中的应用 [J]. 广西林业科学，1979 (2)：37-40.
[61] 左建平．PDS 法代替改良 ADA 法用于焦炉煤气脱硫 [J]. 燃料与化工，1995 (9)：258-259.
[62] 肖九高，杨建平，郝爱香．国外络合铁法脱硫技术研究进展 [J]. 化学工业与工程技术，2003，24 (5)：41-44.
[63] 肖九高，杨建平．络合铁法脱除硫化氢技术 [J]. 环境工程，2004，22 (3)：48-50.
[64] 毛晓青，刘继红，杨树卿．PDS-400 型脱硫催化剂及其应用 [J]. 中氮肥，1995 (6)：20-23.
[65] 张国庆．PDS 脱硫技术中 Na_2CO_3 吸收机理浅析 [J]. 燃料与化工，2008，39 (5)：32-37.
[66] 黄文亚．PDS 脱硫应用问题浅析 [J]. 四川化工，1994 (3)：18-20.
[67] 孔秋明．PDS 催化脱硫机理和工业应用 [J]. 上海化工，2003 (11)：29-32.
[68] 左建平．焦炉煤气脱硫 PDS 法代替改良 ADA 法 [J]. 冶金动力，1995 (4)：1-4.
[69] 魏长亭．变压吸附脱碳的应用 [J]. 小氮肥，2001 (3)：15-16.
[70] 马蓉英，王厚健．变压吸附脱碳装置运行总结 [J]. 小氮肥，2011，39 (9)：7-9.
[71] 李晓光，薛继勇．变温吸附干燥技术在 CO_2 生产中的应用 [J]. 河南化工 2006，23 (11)：33-34.
[72] 晁承龙，陈允梅，王洪玲．变压吸附法脱除变换气中 CO_2 技术总结 [J]. 化肥工业，2010，37 (5) 49-52.
[73] 贺彬艳．变压吸附技术在分离 CO_2 气体中的应用 [C]. 中国金属学会炭素材料分会第二十九届学术交流会，2015.
[74] 欧俊峰．浅谈焦炉煤气净化中的变温吸附脱硫工艺设计 [J]. 化学工程与装备，2017 (8)：178-181.
[75] 陈赓良．醇胺法脱硫脱碳工艺的回顾与展望 [J]. 石油与天然气化工，2003，32 (3)：134-138，142.
[76] 吴桂波．天然气脱碳系统 MDEA 溶液起泡及设备腐蚀分析 [J]. 大氮肥，2018，41 (1)：21-24.
[77] 张宁峰．MDEA 脱硫胺液发泡原因分析及对策 [J]. 石油化工应用，2020，39 (3)：116-118.
[78] 赵国忠．合成氨装置脱碳系统开车工艺流程探讨 [J]. 大氮肥，2022，45 (1)：51-59.
[79] 马小义．降低低温甲醇洗装置甲醇损耗的对策 [J]. 大氮肥，2013，36 (2)：121-123.
[80] 焦建聪．膜分离在低温甲醇洗中的应用探讨 [J]. 福建化工，2019 (5)：18-19，281.
[81] 苏都尔·克热木拉，焦建聪．膜分离在低温甲醇洗中的应用探讨 [J]. 化工管理，2018 (26)：155-157.

[82] 夏水林，赵浩，李大治．含 NHD 废水的回收处理［J］. 化肥工业，2013，40（4）：65-66.
[83] 李响．降低 NHD 脱碳液水含量的优化措施［J］. 中氮肥，2017（2）：11-14.
[84] 孙岩，周广梅，孙西英．NHD 脱硫溶液的污染问题及处理措施［J］. 化肥设计，2005，43（5）：55-57.
[85] 朱维群，王倩，唐震，等．二氧化碳资源化利用的工业技术途径探讨［J］. 化学通报，2020，83（10）：919-922.
[86] 吴妙奇，张炜．酸性气体脱除单元副产二氧化碳中夹带甲醇的去除方案研究［J］. 煤化工，2021，49（1）：13-17.
[87] 李栋平．低温甲醇洗 CO_2 尾气治理工艺探讨［J］. 煤化工，2020，48（5）：41-44.
[88] 谢书胜，叶盛芳，王奎才．NHD 溶剂脱除合成气中 COS 气体的讨论［J］. 中氮肥，2002（3）：32-34.
[89] 王同宝．硫化氢含量对酸脱装置消耗的影响及尾气硫化氢达标排放的措施研究［J］. 大氮肥，2021，44（3）：205-208.
[90] 张亚杰，牛欢，李印．酸性气体脱除装置 H_2S 含量超标的分析及对策［J］. 大氮肥，2022，45（2）：125-127，132.
[91] 马剑飞，冯华，沈华．蓄热氧化技术在低温甲醇洗排放气处理上的应用［J］. 河南化工，2015（8）：40-42.
[92] 张全斌，华国钧，沈吕远，等．煤制气低温甲醇洗 VOCs 废气处理技术探讨［J］. 煤化工，2017，45（6）：36-39.
[93] 姜成旭，孙晓红．碎煤加压气化炉配套低温甲醇洗装置 CO_2 尾气 VOCs 治理［J］. 煤化工，2018，46（6）：1-4，29.
[94] 周从文．浅析煤制天然气低温甲醇洗废气处理工艺［J］. 化工管理，2017（29）：26-27.
[95] 栾辉宝，陶文铨，朱国庆，等．全焊接板式换热器发展综述［J］. 中国科学：技术科学，2013，43（9）：1020-1033.
[96] 王西明，张宏伟，吴丽娟．VOCs 处理技术在煤制气项目的选用［J］. 煤炭加工与综合利用，2016（8）：36-38.
[97] 徐泽夕，王剑峰，褚丽雅，等．部分冷凝工艺制取 CO 模拟分析［J］. 中国化工装备，2014（4）：17-21.
[98] 张鸿儒，樊飞，门俊杰．深冷分离技术提取 CO 产品气探析［J］. 化肥设计，2017（55）：51-53.
[99] 邢涛，胡力，韩振飞．深冷分离 CO 工艺模拟及分析［J］. 计算机与应用化学，2014，31（9）：1109-1110.
[100] 苏珊珊．深冷分离一氧化碳工艺模拟分析与改造研究［D］. 大连：大连理工大学，2012.
[101] 孙彦泽，谷志杰．浅谈合成气深冷分离技术［J］. 石化技术，2017，24（3）：84-85.
[102] 程勇，王从厚，吴鸣．气体膜分离技术与应用［M］. 北京：化学工业出版社，2004.
[103] 郑蕴涵．变换气一氧化碳深冷分离流程模拟与优化［D］. 杭州：浙江工业大学，2019.
[104] 汤明，肖泽仪，史晓燕．膜技术在含烃类气体分离中的研究及前景［J］．过滤与分离，2005，15（4）：21-23.
[105] 林刚，陈晓惠，金石，等．气体膜分离原理、动态与展望［J］．低温与特气，2003，21（2）：13-17.
[106] 施得志，董声雄．气体膜分离技术的应用及发展前景［J］．河南化工，2001（3）：4-7.
[107] 陈桂娥，韩玉峰．气体膜分离技术的进展及其应用［J］．化工生产与技术，2005，12（5）：23-26.
[108] 汪东．气体膜分离的原理及其应用于酸性气体净化的研究进展［J］．化学工业与工程技术，2008，29（5）：50-52.
[109] 邱天然，况彩菱，郑祥，等．全球气体膜分离技术的研究和应用趋势——基于近 20 年 SCI 论文和专利的分析［J］. 化工进展，2016，35（7）：2299-2300.
[110] Dimartino S P，Glazer J L，Houston C D，et al. Hydrogen/carbon monoxide separation wish cellulose acetale membranes［J］. Gas Sep Purif，1988，2（3）：120-125.
[111] 翟芝明，张华廷，王朝峰．废分子筛综合利用的研究［J］. 矿冶工程，2001，21（4）：37-38.
[112] 孙治忠．二次资源利用-废分子筛合成群青研究［J］. 化工生产与技术，1999，6（4）：13-14.
[113] 毛欣，聂雅玲．用废分子筛制备聚合氯化铝工艺及其絮凝性能研究［J］. 能源环境保护，2005，19（5）：12-15.
[114] 李旭，蒲江涛，陶宇鹏．变压吸附制氢技术的进展［J］. 低温与特气，2018，36（2）：1-4.
[115] 郭汉贤，苗茂谦，谈世超．TG 氧化铁常（低）温精脱硫技术的发展及应用［J］. 小氮肥设计技术，1994（3）：11-17.
[116] 张伟华．活性炭精脱硫在联醇生产中的应用及改进意见［J］. 中氮肥，1997（1）：26-29
[117] 高峰，尹俊杰．探讨液氮洗原料气中氮气含量的高限值［J］. 大氮肥，2012，35（3）：181-182.
[118] 肖铭．液氮洗联产 LNG 的模拟与优化［D］. 大连：大连理工大学，2019.

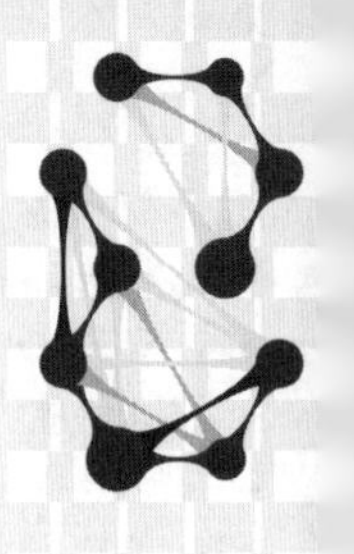

6 煤基合成氨、尿素、硝酸及硝酸铵生产过程污染控制与治理

煤基合成氨、尿素、硝酸及硝酸铵是煤化工的传统大宗产品，曾经为解决我国13亿人口的吃饭问题做出了巨大贡献。随着现代煤化工技术的不断进步，煤基合成氨、尿素和硝酸铵等装置的能耗水平、环保现状和运行水平不断提升。中国氮肥工业协会将超大型煤气化炉、新型催化剂、CO_2资源化利用、数字化提升及安全环保升级等技术列为“十四五”期间的重点攻关方向。

本章主要介绍煤基合成氨及以合成氨为原料生产尿素、硝酸、硝酸铵等化工产品的工艺发展进程，在清洁生产过程中所采取的污染控制措施，包括工艺技术的优化、催化剂性能的改进、设备型式及材料的进步、工程设计、生产操作管理措施以及典型污染物的排放及治理。

6.1 合成氨

合成氨是煤炭清洁转化中重要的化工产品之一，我国煤经甲醇制烯烃技术在广泛工业化应用之前，合成氨是煤炭清洁转化中占比第一位的化工产品。近10年来，氮肥行业节能减排取得了显著的效果，吨氨产品综合能耗下降5%，氨氮和总氮排放量下降约40%，颗粒物、二氧化硫、氮氧化物等大气污染物排放量下降35%。

6.1.1 合成氨概述

合成氨是氮肥工业的基础，其本身是重要的氮素肥料，其他农业氮肥如尿素、硝酸铵、磷酸铵、氯化铵及各种含氮复合肥等，均以氨为原料；氨也是重要的化工产品，在无机化学工业、有机化学工业中的含氮中间体、制药工业、化纤和塑料工业等领域均得到广泛应用，几乎所有的含氮物质都直接或间接地用到氨；氨作为冷冻剂在工业、食品、医疗方面也应用广泛。

氨的合成从18世纪实验室发现，到19世纪开始工业化生产，至今已形成广泛应用的、成熟的化工产业链，其原料可采用焦炭、煤、天然气、渣油等。煤制合成氨是高能耗产业，“三废”排放较多，因此现代合成氨技术发展的趋势是“大型化、低能耗、结构调整、清洁生产、长周期运行”[1]。

国家相关监管部门发布了一系列政策、法规，对氮肥行业的安全生产、节能减排、污染防治、储运、能耗限定等方面进行指导、监督。

除通用的“三废”排放标准外，环境保护部和国家质量监督检验检疫总局发布了《合成氨工业水污染物排放标准》(GB 13458—2013)，规定了合成氨工业企业或生产设施水污染物排放浓度、单位产品基准排水量等控制指标，以及如何实施与监督。该标准对现有企业、新建企业及特别排放地区直接排放的废水中氨氮浓度限值分别为40mg/L、25mg/L、15mg/L。

2015年12月24日环境保护部发布《合成氨工业污染防治技术政策》，对合成氨工业污染防治可采取的技术路线和技术方法、污染物排放标准、环境影响评价等技术及管理提供技术指导，并提出鼓励“能将氨氮排放水平稳定控制在10mg/L及以下的技术研发”。

2023年10月13日工业和信息化部发布2023年第22号文，制定《合成氨行业规范条例》，进一步对合成氨企业的生产管理进行规范要求。其中明确污水排放各污染指标须达到《合成氨工业水污染物排放标准》(GB 13458－2013)规定，并对单位产品基准排水量提出了更高要求，不应高于5m^3，规定合成氨企业还应依法开展清洁生产的审核、评估、验收工作。

6.1.2 合成氨工艺过程及清洁化生产措施

6.1.2.1 合成氨工艺生产过程

(1) 合成氨工艺技术发展

合成氨由催化剂的使用开启了工业化进程，并历经了上百年的发展。合成氨的发展进程是以单套装置大型化、提高能源综合利用率、提升装置投资经济性为导向而发展的。目前世界上已运行的最大单套合成氨装置规模为3300t/d [德国伍德(Uhnd)公司]，国内已运行的最大单套规模合成氨装置能力为3000t/d (9×10^5t/a)，该装置采用我国自主技术建设。

我国从20世纪50年代开始大力发展合成氨等化肥工业，由于受能源条件的限制，我国合成氨生产原料以煤为主，以天然气为辅，煤制合成氨的产量占总产量的80%左右。

早期我国传统合成氨生产技术水平与国外先进技术有较大差距，20世纪70年代末期开始引进国际先进的节能型合成氨技术，提高了国内合成氨生产技术水平。经过多年发展，逐渐淘汰技术落后、“三废”排放不达标的中小装置，合成氨生产装置趋于大型化，先进的节能减排综合措施得到了大力发展，吨氨综合能耗水平得到有效提高。目前国内的自主合成氨技术无论是反应器、催化剂性能，还是系统能耗，与国际先进水平处于同一层级。

国家相关监管部门发布一系列政策、法规，对氮肥行业的节能减排及清洁化先进生产技术进行指导、监督。《化肥行业单位产品能源消耗限额》(GB 21344—2023)规定了不同品种煤制合成氨能耗限额的3个等级，优质无烟块煤合成氨单位产品1级能耗<1090kgce/t，非优质无烟煤单位产品综合1级能耗<1180kgce/t，粉煤（包括无烟粉、烟煤）合成氨单位产品1级能耗<1340kgce/t，褐煤合成氨单位产品1级能耗<1700kgce/t。该标准于2024年12月1日起正式实施。2023年6月6日国家发展改革委等部门发布《工业重点领域能效标杆水平和基准水平（2023年版）》，确定高耗能行业能效标杆水平，提出通过实施节能降碳行动，合成氨行业优质无烟块煤的单位产品综合能耗标杆水平为1100kgce/t，非优质无烟块煤、型煤的行业标杆水平为1200kgce/t，粉煤的行业标杆水平为1350kgce/t。

（2）国外典型的合成氨生产技术

国外有代表性的合成氨生产企业主要有美国Kellogg公司、英国ICI公司、丹麦Topsøe公司、瑞士Casale公司等。其合成反应器各有特点，并有专用催化剂，但无论哪种技术，氨合成的主要流程未发生改变，即压缩—氨合成—热能回收—氨冷冻—氨分离。氨合成工艺流程示意图见图6-1。

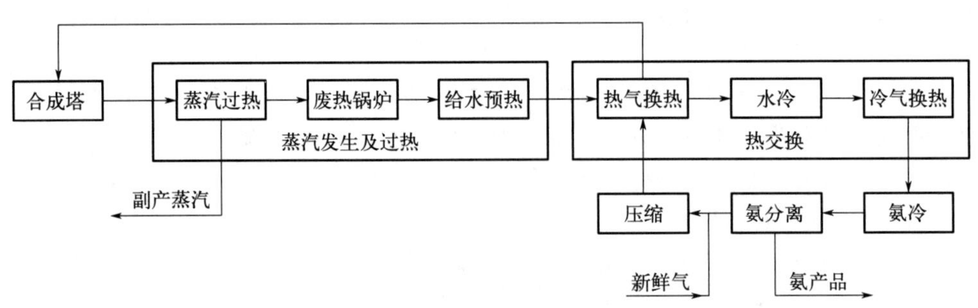

图6-1　氨合成工艺流程示意图

① 美国凯洛格技术。美国凯洛格（Kellogg）技术是应用最早、最广泛的氨合成工艺技术，开发了三段或四段的多段冷激型氨合成塔，上部设有列管式换热器，下部为多段催化剂床层，床层间设冷激装置。为适应大型化装置，凯洛格公司还开发了卧式氨合成反应器，可有效降低合成回路压降。在卧式反应器中催化剂置于一系列串联的催化床内，合成气从反应器的封闭端进入，气体经过内件与外壳之间的环状空间进入外部换热器的壳程。

图6-2为Kellogg合成氨工艺流程示意图。

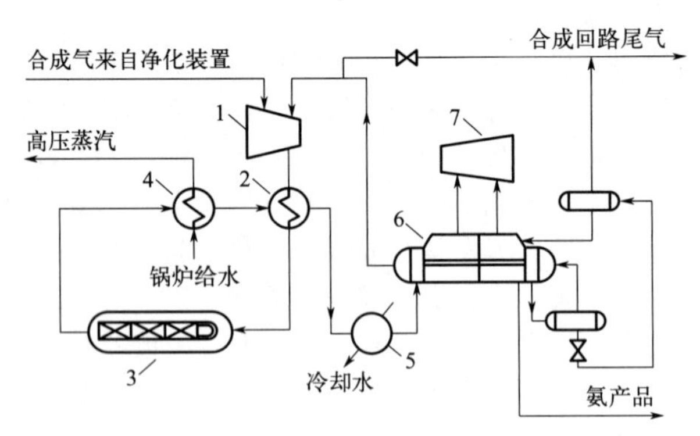

图6-2　Kellogg合成氨工艺流程示意图[2]

1—合成气压缩；2—热气气交换器；3—卧式氨合成塔；4—蒸汽发生及过热器；5—水冷器；6—氨冷器；7—氨压缩机

经压缩后的新鲜气与循环气合并进入氨合成塔，反应产物经冷却后分两路继续冷却（一路经过一、二级氨冷器，另一路经过循环气换热器），冷却后汇合，通过三级氨冷器使气体冷却。进入高压氨分离器分离出气体后，经复热进入氨合成塔反应。合成塔出气经过一系列换热器回收热量，返回合成气压缩机循环段构成合成回路。弛放气经氨冷器冷凝分离出液氨后，送往燃料气系统。经过高压和低压氨分离器闪蒸出不凝气的液氨送冷冻系统的二、三级液氨闪蒸槽作冷冻剂。液氨受槽的液氨一部分作为冷冻剂送往一级液氨闪蒸槽，其余部分作为热氨产品送出。

② 丹麦托普索技术。托普索（Topsøe）采用全径向合成反应器，其合成塔阻力降最低。使用其专利技术催化剂，氨净值保证值可达到 18.5%（摩尔分数），氨合成塔阻力降低于 2.5bar。

图 6-3 为托普索合成氨工艺流程示意图。合成气通过合成塔底部被引入进行合成反应，一小部分作为冷的旁路气进入塔内与离开两个床间换热器管程的气体混合，控制二床入口温度。反应出口气依次经过一系列换热器，副产高压蒸汽，预热入口气，再经水冷、氨冷后被冷却，最后经过高压、中压氨分离器减压分离，液相作为产品送出，气相作为循环气返回系统。

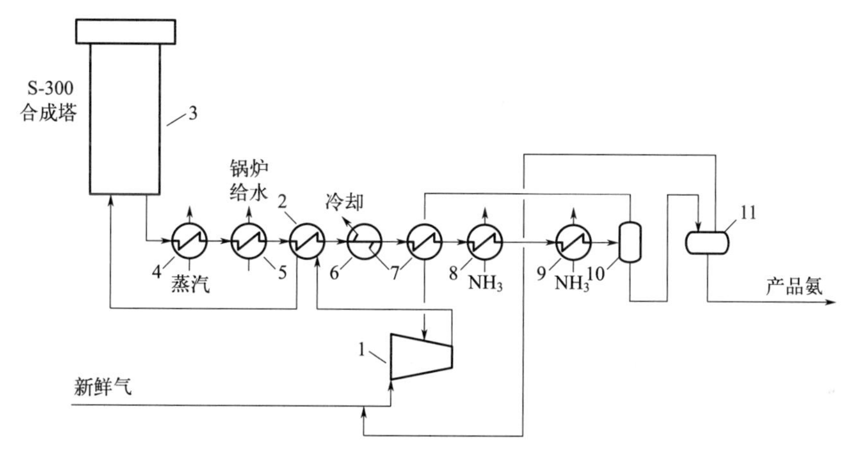

图 6-3　托普索合成氨工艺流程示意图[2]

1—合成气压缩；2—热气气交换器；3—氨合成塔；4—蒸汽过热器；5—蒸汽发生器；6—水冷器；7—冷气气换热器；8—一级氨冷器；9—二级氨冷器；10—高压氨分离器；11—低压氨分离器

③ 瑞士卡萨利技术。瑞士卡萨利（Casale）技术特点是采用轴径向多段间接换热型氨合成塔，合成塔下部采用与蒸汽过热器直连的结构，节省了耐高温材料的使用。图 6-4 为卡萨利合成氨工艺流程示意图。

新鲜气与循环气被压缩后经过与反应后气体的热交换进入氨合成塔进行反应（引出少量作为冷激气用于控制床层温度）。反应后的高温工艺气依次通过蒸汽过热器、蒸汽发生器和锅炉水预热器，副产中压蒸汽。然后经水冷、氨冷等继续冷却，再经高、低压分离器分离出液氨作为产品送出，气相则作为循环气经压缩机返回合成回路。从两级氨冷器出来的氨气进入冰机，压缩后的气氨在氨收集槽中冷凝，液氨在氨收集槽中分离出少量的不凝气后作为冷冻剂流入氨冷器。

（3）国内合成氨生产技术

国内具有代表性的氨合成技术公司主要是南京聚拓化工科技有限公司、湖南安淳高新技术有限公司、南京国昌化工科技有限公司等。工艺流程与上述丹麦托普索、瑞士卡萨利类似，其氨合成塔也均采用径向流、间接换热、塔下部出口与蒸汽过热器入口直连的结构，可

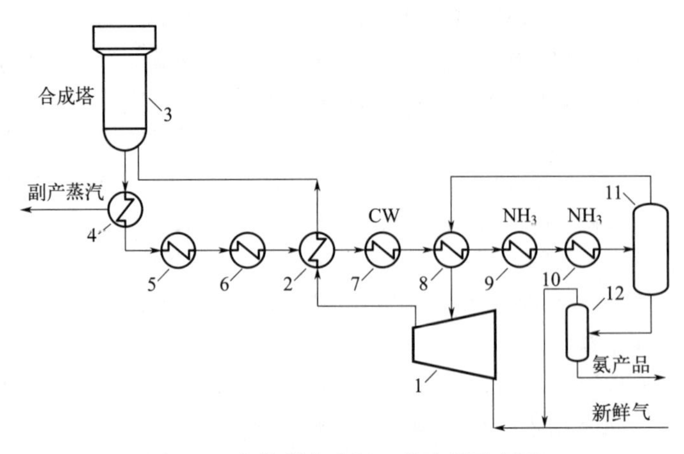

图 6-4　卡萨利合成氨工艺流程示意图

1—合成气压缩；2—热气气交换器；3—氨合成塔；4—蒸汽过热器；
5—蒸汽发生器；6—锅炉水预热器；7—水冷器；8—冷气气换热器；
9—一级氨冷器；10—二级氨冷器；11—高压氨分离器；12—低压氨分离器

装填小颗粒（1.5～3.0mm）高活性催化剂，以适应大型氨合成系统低阻力、低能耗、省投资、高氨净值的发展趋势。国内几家公司的合成氨合成塔见图 6-5。

① 南京聚拓化工科技有限公司氨合成技术。南京聚拓化工科技有限公司开发了 DC 系列氨合成塔，根据不同装置能力、气体成分、生产压力、催化剂型式选择不同型号。其特点是三床四段式结构，第一催化剂床层分为轴向段和径向段，第二、三床层为径向段。利用轴向段的热集中能力强的特点，加快升温还原和缩短开车时间，同时降低第一床层出口温度，提高氨净值。

② 湖南安淳高新技术有限公司氨合成技术。湖南安淳高新技术有限公司氨合成塔合成

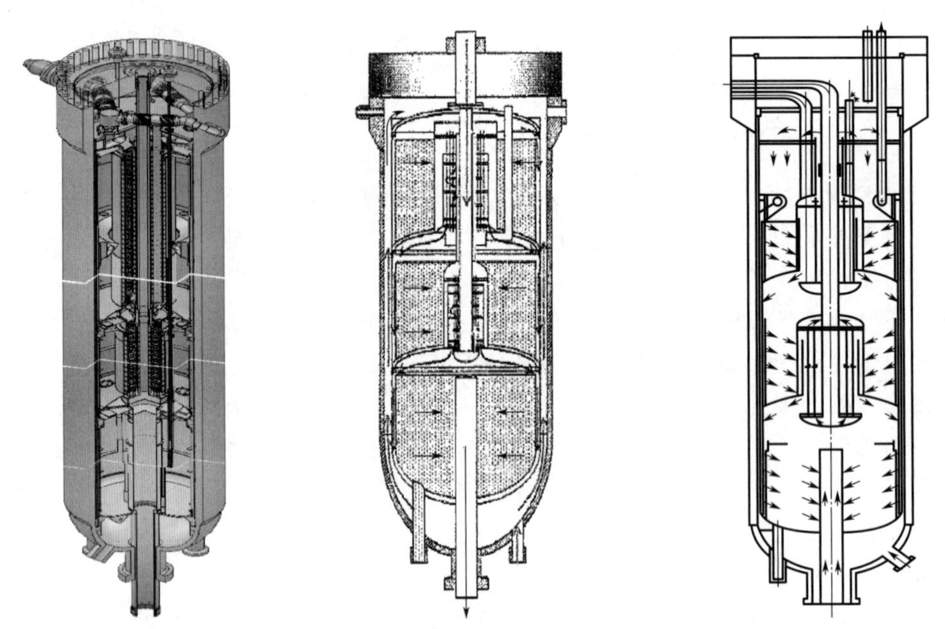

(a) 南京聚拓三床四段结构热氨合成塔　(b) 湖南安淳全径向三层两换热氨合成塔　(c) 南京国昌GC型一轴三径催化剂床层氨合成塔

图 6-5　国内典型公司的合成氨合成塔

氨技术由ⅢJ型、ⅢJ-99型、ⅢJD2000型发展到ⅢJD4000型大型节能、低压、低阻氨合成系统，可适应大型化、低压化趋势。合成压力12～15MPa(G)，塔阻力≤0.3MPa。

③ 南京国昌化工科技有限公司氨合成技术。南京国昌化工科技有限公司氨合成塔采用一轴三径结构，一段小的轴向段可以保证反应器前后期的正常操作，还能保护下面三段径向段中的催化剂，下面三段径向流催化床所装填的1.5～3.0mm小颗粒催化剂量占总装填量的90%以上；二三段、三四段之间采用层间换热器间接移热，温度调节简单，合成塔的阻力低，系统的氨净值高，有利于降低系统的能耗。层间换热器采用折流杆换热器，可降低换热器的体积，节省塔内空间。

国内合成氨经过多年发展已有长足的进步，已运行最大规模装置为山东瑞星集团9×10^5t/a（3000t/d）合成氨装置，另有规模为1.2×10^6t/a（4000t/d）合成氨装置正在建设中。国内自有合成氨技术（包括合成塔、催化剂、工艺流程等）的运行数据、消耗指标等均达到国际先进水平。

（4）合成氨催化剂发展

与许多化工技术一样，合成氨技术发展的核心是催化剂的发展与进步。20世纪初，Haber-Bosch发明了铁基合成氨催化剂，开启了现代合成氨工业的发展道路，催化剂的主要化学成分是Fe_3O_4，加入K、Ca、Al等作为促进剂。时至今日，铁基催化剂仍然以价廉易得、活性高、长寿命等优点在工业应用上占据绝对地位。

现代铁基催化剂已在百年前的催化剂基础上进行了持续的改进，引入新型助剂如碱金属、稀土金属等，改善催化剂的表面结构，不断优化催化剂的活性、适应性和力学性能等。20世纪70年代末英国ICI公司研发出含有稀土元素的铁-钴系双活性组分氨合成催化剂（ICI74-1型），较大幅度提高了催化剂活性。

除铁基系列催化剂外，贵金属钌基催化剂自20世纪70年代开始研究，因其对氨合成具有极高的活性，可以大幅度降低合成压力和合成温度，受到了高度关注。1992年美国Kellogg公司与英国BP公司共同开发成功基于钌基催化剂的新型氨合成KAAP（Kellogg advanced ammonia process）工艺技术[3]，在KAAP工业示范装置中，在操作压力7.0MPa、操作温度350～470℃条件下，氨浓度可达14%（摩尔分数），这是铁基催化剂无法达到的。但因其昂贵的价格和稀有性，以及一些性能上的缺陷（易甲烷化等），未能进行大范围推广。

我国于20世纪中期开始进行氨合成催化剂的研发制造，1951年南京化学工业公司首先自行研发成功A102型催化剂，后续又研制A106、A109等氨合成催化剂。此后国内研究院所及大学相继研制成功A110-1～A110-6等A110系列氨合成催化剂，自20世纪80年代以来广为应用[3]。除此之外，我国也相继研发了具有自主知识产权的含稀土元素的铁基催化剂（A201～A203型）、$Fe_{1-x}O$亚铁型（A301型）氨合成催化剂等，提高了氨活性及催化剂寿命，性能优异，得到迅速的推广。国外煤制合成氨综合能耗在20世纪90年代为44～48GJ/t（氨），国内煤制合成氨装置平均能耗比国外同类规模高30%左右，为57～62GJ/t（氨）。2023年度煤制合成氨行业能效“领跑者”企业的单位产品能耗已降至1135.23kgce/t，折33.3GJ/t（氨），除工艺、设备、材料的进步之外，催化剂性能的改进功不可没。

我国在新型钌基催化剂的研发及应用方面已跻身于世界先进行列，2018年我国首套万吨级铁钌系接力催化低温低压合成氨工业示范装置建成投产，为工业化推广奠定了基础。

除在铁基、钌基催化剂基础上优化改进之外，新型催化剂及其工艺的研发仍在不断探索中。最新研究发现，钴钼氮化物的活性优于钌基催化剂，是合成氨催化剂的新方向。此外，还有光催化合成氨、酶催化室温合成氨、电化学常压合成氨[4]等，旨在继续降低合成氨的合成压力和温度，降低能耗及成本。

6.1.2.2 清洁化生产措施

煤制合成氨生产过程的污染来源主要包括：①燃料及动力消耗引起的污染物排放，例如为催化剂的升温还原提供热量的开工加热炉消耗燃料产生烟气排放，驱动压缩机的汽轮机消耗的蒸汽或用电带来的锅炉等公辅设施的污染排放；②装置运行和开、停车过程中的排放及“跑冒滴漏”造成的污染；③装置生产过程中各种放空口、振动源等产生的噪声等。

煤制合成氨装置的清洁化生产措施主要针对选择先进技术、优化工艺设计、加强生产过程管理与控制等方面。

(1) 优化工艺技术配置

先进合理的工艺技术组合是提高生产效率、减少环境污染的有效途径。工业污染物的排放水平与采用的生产工艺技术、生产过程控制水平等密切相关。对于合成氨装置生产过程的污染控制，首先应选择先进的节能型清洁生产技术，提高原料利用率，减少弛放气排放量，降低动力消耗，从源头上减少“三废”污染物的排放，如国家已明确固定床间歇气化制合成氨的装置是落后产能，要逐步引导退出，河南省、山东省各退出产能百万吨以上。同时以先进气流床气化为代表的先进产能不断扩大，如湖北宜化 55 万吨/年氨醇项目等。同时还需加强生产管理，保持装置稳定运行，减少生产波动带来的弛放气排放，以及泄漏带来的损失及环境污染，从而实现清洁生产、源头治理、风险防范的综合防治技术路线。

① 采用高效合成催化剂。氨合成催化剂是合成氨工艺技术发展的关键，其性能决定了合成氨工艺流程的操作参数和能耗，也是清洁生产、节能减排的首要因素。各种新型节能型工艺流程、新型氨合成塔的改进优化，均离不开高性能合成催化剂的开发。氨合成压力从最初的高压法 50～80MPa，到中压法 20～30MPa，直至目前广泛采用的中低压法 10～15MPa，均是基于催化剂的活性不断提升的结果。合成氨装置中动力消耗占吨氨总能耗的30%以上，在公用物料能耗中占比更是超过 80%，降低合成压力就意味着合成气压缩机等的动力消耗随之大幅度降低，从而减少锅炉、发电等公辅设施的规模、能耗及“三废”污染物排放。采用高性能催化剂的低压合成氨技术是实现节能减排的首要手段。

氨合成催化剂发展的趋势是：适应低温、低压高活性催化剂的开发；以缩短开车时间、提高还原质量为目的预还原型催化剂的应用；有较低床层阻力降的外形规则化催化剂的选用[5]。新型催化剂的使用，提高了有效气单程转化率，提高了单位催化剂的产量，延长了催化剂使用寿命，同时减少了副产物的生成和弛放气排放，降低了压缩功，缩短了开车时间，从而实现了节能降耗，降低了生产过程污染物的排放。

我国首套万吨级铁钌系接力催化低温低压合成氨工业示范装置采用两铁两钌接力催化技术，反应压力 12.7MPa，在惰性气体含量 0.8%～1.0%（体积分数）条件下氨净值达到14.51%～15.58%（体积分数），系统压降 0.4MPa，该合成系统比传统铁基氨合成系统的综合测算成本降低 220 元/t（氨）以上，原料标准煤耗 1084kg/t（氨）。同等工艺条件下采用传统铁基类催化剂很难达到该性能。钌基催化剂可在更低压力条件（≤10MPa）和温度条件（≤350℃）下保持高活性，为今后实现更低能耗的等压氨合成技术提供了很好的技术支持。

② 降低合成压力。合成氨工艺技术根据压力不同可分为高压法、中压法和低压法，一般认为高压法为 50.7～81.1MPa，中压法为 24.3～35.5MPa，低压法为 10.1～19.3MPa[6]。

早先的氨厂大部分采用中压法，表 6-1 是 20 世纪 90 年代之前部分 1000t/d 大型合成氨装置设计参数，从表中可以看出当时中压法氨合成工艺合成效率明显高于低压法。

20 世纪后期，随着催化剂性能的不断提高、合成氨反应器结构型式的持续改进，氨合成效率有了大幅度的提高，对高压力的依赖性降低，因此逐渐采用低压法代替中压法，净氨值也得到大幅提高。表 6-2 是近年来国内部分大型合成氨装置的技术参数。从表 6-1 和表 6-2 对比可以看出，同样是托普索氨合成技术，合成压力从 23.5MPa 降低至 18.5MPa，而氨净值则由 11.08%提高至 19.72%（摩尔分数）。

表 6-1　早期 1000t/d 大型合成氨装置技术参数[6]

项目	美国 Kellogg(KBR)	日本 TEC	丹麦 Topsøe
合成压力/MPa	14.7	23.5	26.5
流程类别	循环压缩后分离氨	循环压缩前分离氨	循环压缩前分离氨
催化剂类型	铁系	铁系	铁系
合成塔型式	轴向四段冷激型	轴向三段冷激型	径向两段冷激型
进/出塔温度/℃	141/284	140.6/301	150/325
氨净值(摩尔分数)/%	9.93	11.08	12.37
氨冷器	三级闪蒸氨冷	三级闪蒸氨冷	两级氨冷

表 6-2　近年来国内部分大型合成氨装置工艺技术参数[2]

项目	KBR(云南天安)	托普索 Topsøe (云南沾化)	卡萨利 Casale (呼伦贝尔金新)
日产量/(t/d)	1660	1630	1632
催化剂类型	铁系	铁系	铁系
反应温度、压力(绝压) (入口/出口)	197.8℃,15.3MPa/ 441.5℃,15.1MPa	126℃,18.5MPa/ 414℃,18.2MPa	213.4℃,14.48MPa/ 443.5℃,14.19MPa
合成塔类型	卧式径向,三段两换热	立式径向,三段两换热	立式轴径向,三段两换热
氨净值(摩尔分数)/%	16.73	19.72(保证值)	15.9(保证值)
催化剂装填量/m^3	85.1	67.8	70
循环比	3.6	3.1	3.8
系统阻力/MPa	0.7	0.9	1.05

③ 氨合成塔结构持续改进，有效提高氨净值。合成氨反应是强放热反应，氨合成塔需要及时移走反应热，从而提高氨的平衡浓度，使反应不断靠近最大反应速率曲线，因此氨合成塔的发展是以提高移热效率，同时降低床层压降为方向的。氨合成塔根据移热方式不同可分为冷管式、冷激式和换热式(绝热式)，按气体流向可分为轴向、径向和轴径向，从设备形式上还可分为卧式和立式结构。

冷管式合成塔是在催化剂床层设置冷却管，反应前的低温气体与反应后的高温气体进行换热。冷激式是将催化剂分成多层，在每层催化剂床层之间引入冷的新鲜气以降低床层温度，加大反应平衡推动力。间接换热式是在多层催化剂床层间设置换热器，上层热的反应气与冷介质进行换热降温后进入下层催化剂床层。

冷激式合成塔氨净值为 9%～10%，而间接换热式合成塔由于移热性能好，出口氨净值达到 15%～20%。

冷激式合成塔的缺点是气体中氨浓度被冷激气稀释，氨净值下降，冷激气未全部通过催

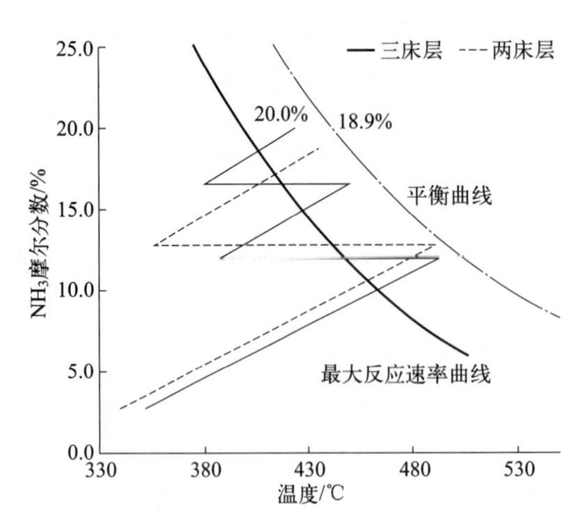

图 6-6 三床换热合成塔与两床换热合成塔的反应曲线对比

化剂，致使催化剂用量增多，比多段间接换热型要多用 10%～15%[6]。多段间接换热型改善了冷激式合成塔的缺点，氨净值提高，单位产品的催化剂用量减少。现在几乎各合成氨工艺技术商均采用多段间接换热式氨合成塔或换热-冷激混合式合成塔。图 6 6 是某工艺技术商采用的三床换热合成塔与两床换热合成塔的反应曲线对比。可看出，三床换热合成塔的反应曲线与最大反应速率曲线更接近，单程转化率更高，即在相同的单程转化率下，所需的催化剂量更少。

轴向氨合成塔气体分布均匀，但流通面积小，压降大，合成回路压缩功高；径向合成塔压降小，且更适用于活性高的小颗粒催化剂，循环气压缩机功耗小，更加节能。丹麦 Topsøe 公司采用全径向合成塔，瑞士 Casale 公司采用轴径向合成塔，美国 Kellogg 最早使用立式轴向反应器，在大型合成装置中采用卧式反应器，也大幅度降低了压降。不同专利技术氨合成塔结构见图 6-7。

通过合成塔内结构的不断改进，强化移热能力，使催化剂性能与反应器结构达到最佳匹配度，从而减少催化剂用量和减小设备及管线的体积，降低循环比，降低合成塔压降。这对合成气及循环气压缩机功耗具有重要影响，以达到降低能耗、减少“三废”排放的目的。

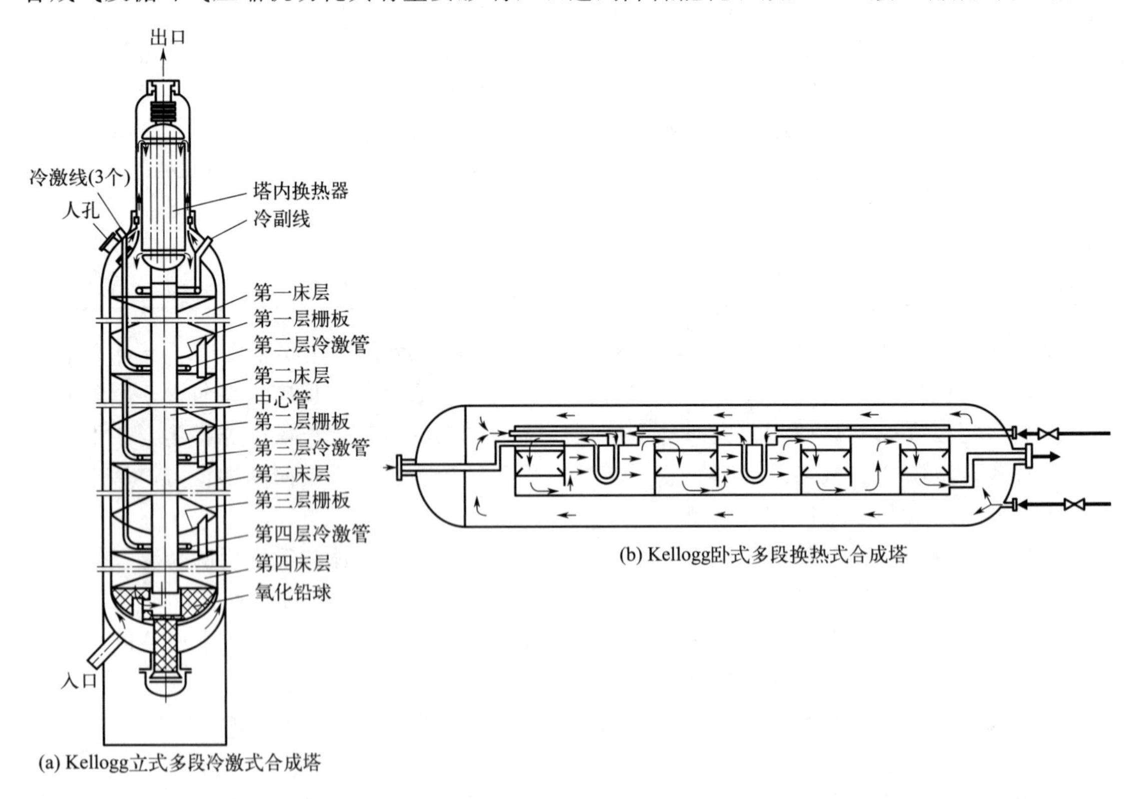

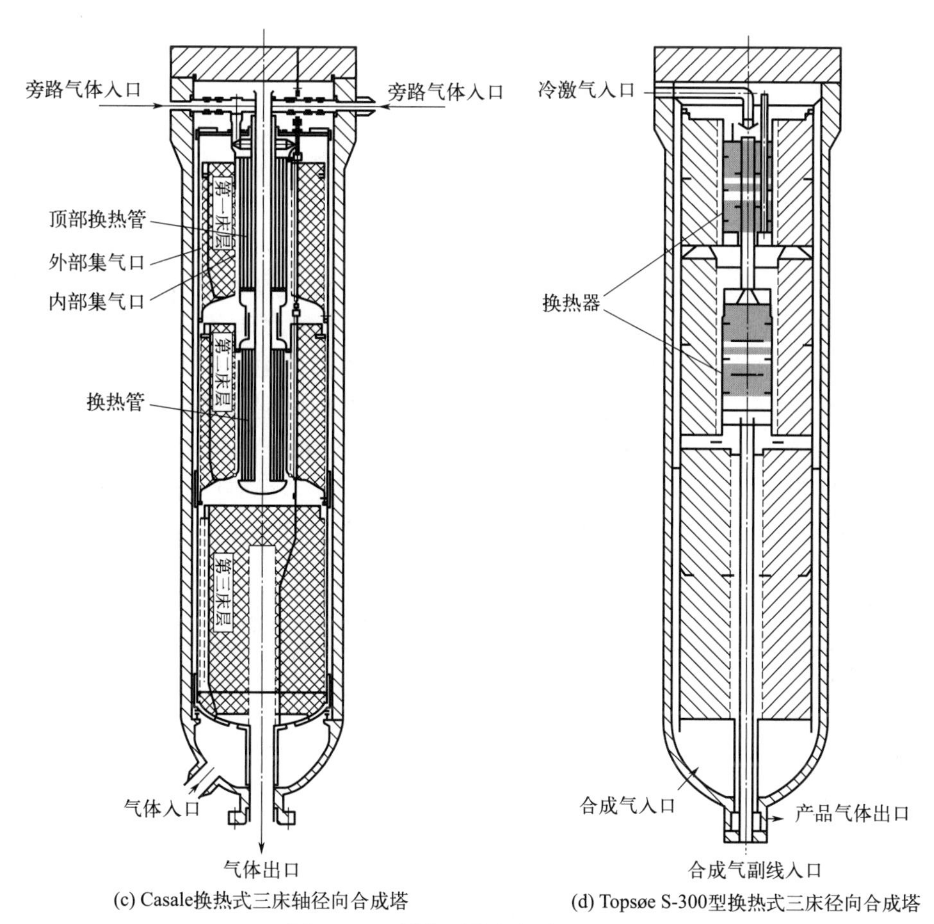

(c) Casale换热式三床轴径向合成塔

(d) Topsøe S-300型换热式三床径向合成塔

图 6-7 不同专利技术氨合成塔结构

④ 提高原料气净化度，减少弛放气排放量。氨合成弛放气中含有 NH_3、H_2、CH_4、N_2 等，通常用作燃料，燃烧后会产生 NO_x，造成污染。因此在合成氨装置中，要选择弛放气量少的工艺，除选择高性能催化剂增加目标产品转化率外，还应尽可能提高净化气纯度，以达到节能减排的目的。

表 6-3 是某中型合成氨装置在采用不同原料气净化方案下，原料气净化度不同对弛放气排放量与综合能耗影响的比较。可以看出，有效气体的纯度、惰性气的含量等对弛放气排放量及综合能耗的影响巨大。

表 6-3 不同原料气净化度对合成氨装置性能的影响

项目		净化方案一	净化方案二
原料气组成（体积分数）/%	H_2	98.55	99.90
	N_2	0.39	0.02
	CH_4	0.96	0.08
	H_2O	0.03	—
	Ar	0.07	—
新鲜气消耗/[m^3/t(氨)]		2967	2729
弛放气量/[m^3/t(氨)]		160	2
综合能耗/[GJ/t(氨)]		34.78	31.29

原料气精制技术可采用液氮洗法、醇烃化法、醇烷化法、甲烷化法等。煤制合成氨的原料气净化通常采用液氮洗法，与甲烷化法相比，液氮洗可同时脱除甲烷、一氧化碳、氩气等惰性气体，并且干燥无水，产品合成气纯度很高，使得合成氨装置正常工况下几乎无弛放气排放，提高了合成氨催化剂的生产效率，同时最大限度减少了废气排放及有效气损失。

⑤ 优化工艺流程，提高综合能效，降低“三废”排放。20 世纪 60 年代美国凯洛格（Kellogg）公司（现在为 KBR 公司）率先开发了以蒸汽透平为驱动力的大型合成氨装置，使能耗降到 41.87GJ/t（氨），成为合成氨工业发展史上一次大革命[7]。之后世界各合成氨技术商竞相推出各具特色的节能型工艺，除优化合成塔内部结构、采用低温低压高活性的催化剂、逐步降低合成压力之外，在流程上进行热能综合利用，利用反应热副产高压蒸汽，合成塔前分氨改为塔后分氨，采用 PSA 或低温液氮洗等方法将合成气净化度大幅度提高，减少了影响催化剂性能的毒化物和杂质，吨氨能耗已大幅下降，目前世界上以天然气为原料的合成氨工艺先进能耗水平是 27.1GJ/t（氨）。表 6-4 是目前世界上先进合成氨工艺的能耗水平。

表 6-4　目前世界上先进合成氨工艺的能耗水平[8]

技术拥有单位	技术名称	吨氨能耗水平/[GJ/t(氨)]
美国 KBR 公司	$KAAP^{TM}_{plus}$	27.1
德国 Uhnd 公司	UHDE-ICI-AMV 节能型工艺	27.1
美国原 Kellogg 公司	节能型工艺 MEAP	29.3～31.4
美国原 Braun 公司	低能耗低成本深冷净化工艺	28.4～29.3
英国 ICI 公司	ICI-AMV 节能工艺	28.7
英国 ICI 公司	ICI-LCA 工艺	29.3

2024 年 6 月 7 日，国家发展改革委、工业和信息化部、生态环境部、市场监管总局、国家能源局联合印发《合成氨行业节能降碳专项行动计划》，明确要求到 2025 年底，合成氨行业能效标杆水平以上产能占比提升至 30%，能效基准水平（以优质无烟块煤为原料时为 1100kgce/t，以非优质无烟块煤、型煤为原料时为 1200kgce/t，以粉煤为原料时为 1350kgce/t）未达到上述基准水平的产能完成技术改造或淘汰退出。该措施将有力促进行业技术进步，大幅提升绿色低碳发展水平。

（2）加强生产过程管理与控制

清洁化生产措施除了催化剂、设备、流程等工艺技术的发展优化外，还应包括制造、施工、生产运行管理、原料及产品储存运输等，从综合管理方面控制生产过程污染。

① 液氨安全储存。液氨储罐可分为全冷冻、半冷冻和全压力式（或称常压罐、半压力罐、全压力罐）3 种形式，其中全冷冻及半冷冻应设置小冰机，将储罐内因冷量损失蒸发的气体进行压缩液化，小冰机应设置储罐高低压力控制的自启动联锁，并应始终处于投用状态，以保证储罐压力不超过正常范围；事故工况下安全阀起跳时有大量气氨排放，由于气氨的毒性及强刺激性，排放气不可直接排放至大气，应排入氨专用的火炬系统，或设置吸收槽、罐等进行处理后排放。

正常生产时，液氨储罐宜控制在较低液位，防止环境温度上升、进出物料等因素导致液氨汽化引起的超压风险，同时应保证液氨储罐的高液位及高低压力联锁始终处于投用状态；

任何工况下液氨储罐的最大充装量不得超过储罐容积的85%；液氨储罐须设置备用事故液氨储罐及其系统。事故液氨储罐最小储量不得小于最大罐容的25%。

常压液氨储罐备夹层珠光砂系统应充氮以保持微正压，夹层应设置呼吸阀保证夹层压力处于正常状态。

② 生产运行管理。液氨属于腐蚀性介质，液氨生产过程中应严格控制水含量，防止设备及管线的腐蚀，减少泄漏，确保环境安全和下游装置安全生产。

操作过程中应严格控制新鲜气中惰性气体含量，以减少弛放气排放，提高装置的能效。另外，原料气中除了硫、氯等对催化剂有永久性毒害的介质应严格除去之外，含氧化合物（CO、CO_2、H_2O）会造成合成催化剂（尤其是铁系催化剂）暂时性中毒，氧含量越高催化剂寿命越短。因此生产过程中应注意原料气中的氧含量的控制，通常要求为$\leqslant 10\times10^{-6}$（体积分数）。对于新安装或检修后首次投用的合成回路及液氨储存设备与管线，应采用氮气置换使得氧含量小于要求值后，方可输入液氨。首次输入液氨的储罐，应控制流量和速度，同时监控罐体温度，防止液氨在容器内迅速汽化后造成罐体骤冷[9]。

催化剂装填除应严格按照装填程序有序进行外，在装填前需除去催化剂中的粉尘和碎粒，避免含有催化剂粉尘的细小颗粒沉积在合成回路中的管道和阀门内，致使阀门因无法关严而失效，存在安全隐患。合成回路泄压操作时应严格按照泄压程序、泄压速度进行操作，以免催化剂因压力骤降而粉化。

开、停车过程中，因系统置换而排放的废气和废液应做到密闭排放回收。

废催化剂需进行回收或填埋等有效处理，不产生对环境的污染。

③ 合成氨设备及管材的选择。液氨储罐、管道、安全阀（呼吸阀、法兰、垫片、螺栓）的选材、选型应符合其储运方式的要求，满足相应的耐低温、耐腐蚀条件。与氨接触的部件不得选用铜或铜合金材料以及镀锌或镀锡的零配件[9]。

高压系统的设备或管道优先采用焊接管口或焊接阀门，减少泄漏点。

6.1.3 合成氨工艺过程污染物排放及治理

合成氨装置的生产过程污染控制，应选择具有先进节能型清洁生产技术，从源头上减少“三废”排放，实现清洁生产、风险防范的综合防治技术路线。

6.1.3.1 废气

（1）废气的排放

与天然气制合成氨工艺不同，煤制合成氨装置由于惰性组分在合成气净化与精制工序中基本除去，因此在正常生产时并无常排的弛放气。所排废气主要是开工加热炉烟气及事故工况下各泄放阀、安全阀、呼吸阀等的排放气等。

① 开工加热炉烟气。开工加热炉排出的烟气，主要含污染物SO_2、NO_x，根据燃料气组成不同其污染物含量有所不同，烟道气排放高度和排放浓度应符合《工业炉窑大气污染物排放标准》（GB 9078—1996）中的相关规定。

② 事故排放气。合成氨装置事故下泄放阀、安全阀、呼吸阀等排放气根据不同装置情况分别排放至火炬或大气。

30万吨/年煤制合成氨装置典型废气排放见表6-5。

表 6-5　30 万吨/年煤制合成氨装置典型废气排放

排放设备	废气名称	排放量	主要污染物及排放浓度(摩尔分数/%)	排放规律	排放去向	备注
开工加热炉	加热炉烟气	8820m^3/h	SO_x:20mg/m^3 NO_x:100mg/m^3	开车排放	大气	30m 高空排放，排放标准执行《工业炉窑大气污染物排放标准》(GB 9078—1996)
常压液氨储罐	放空废气	13000m^3/h	NH_3:少量	事故排放	通过呼吸阀放空	事故下罐顶呼吸阀紧急放空
常压液氨储罐	事故排放气	1500kg/h	NH_3:100	事故排放	氨火炬	事故下调节阀泄放
合成气压缩机	含氨废气	45000kg/h (最大)	H_2:72.23 N_2:24.02 NH_3:2.61 Ar:1.14	间歇	氨火炬	
中压氨分离器	含氨废气	25000kg/h	H_2:71.15 N_2:23.63 NH_3:3.64 Ar:1.58	间歇	氨火炬	
氨洗涤塔	含氨废气	35kg/h	H_2:49.51 N_2:33.93 NH_3:9.64 Ar:6.92	间歇	氨火炬	
氨冷器	含氨废气	33000kg/h	H_2:59.37 N_2:19.72 NH_3:19.59 Ar:1.32	间歇	氨火炬	
氨受液槽	氨废气	65424kg/h	NH_3:100	事故排放	氨火炬	事故下调节阀泄放
氨分离罐	氨废气	1500kg/h	NH_3:100	事故排放	氨火炬	事故下调节阀泄放

(2) 废气的控制与治理

1) 回收弛放气中有效气

合成氨排放气主要包括两种，一种是氨合成循环回路的弛放气，另一种是液氨罐闪蒸出的弛放气。每吨氨排放量一般为 150～240m^3[10]。回收弛放气中的氢气、氨等气体是合成氨装置节能减排的重要措施。陕西晋煤天源化工有限公司采取节能改造措施，回收合成氨弛放气生产天然气[11]。

① 氢气的回收。氨合成回路的弛放气中氢的回收主要分为深冷分离、变压吸附(PSA)、膜分离三种方法。

深冷分离法对脱氨后的弛放气的要求较高，由于氨和水的凝固点都很高，如不去除则容易在深冷过程中结晶，影响装置正常运行，因此弛放气需要进行干燥处理。干燥净化后的弛放气进入冷箱，经高压板翅式换热器冷却后进入气液分离器，气相为富氢气产品，液相进一步减压气化分离出可回收利用的富氮气。深冷分离法流程复杂，冷凝温度达－195℃[12]，能耗较高，且回收氢气纯度不高，新建项目已经很少应用。

PSA 技术是利用不同气体分子在多孔性的吸附剂上平衡吸附容量、吸附速率和吸附力的差异以及吸附量随压力变化的特性，通过周期性变换吸附和解吸过程来实现气体的分离和提纯[13]。变压吸附在制氢领域应用广泛，可获得高纯度氢气，但由于解吸气压力低，不利于节流膨胀制冷回收能量，无法与最新的无动力氨回收工艺进行匹配。

气体膜分离是在压力差为推动力的作用下，利用混合气中各组分透过膜的速率不同而实现气体的分离和提纯。膜分离法投资小、操作简单，但氢气产品纯度较 PSA 稍低，操作温度和压力差不能过高或过低，对原料气要求高，要避免带入氨和醇等有害液体。膜分离非渗透气压力高，可进一步节流膨胀制冷，用于无动力氨回收工艺。

② 氨气的回收。弛放气中氨的回收方法包括水吸收、低压闪蒸氨回收和无动力氨回收。目前应用最广泛的是水吸收法，其包括变压吸收工艺和等压吸收工艺。水吸收法排放气氨浓度可达到 0.02%的排放标准，但氨回收后产生的稀氨水附加值较低；低压闪蒸氨回收技术主要用于回收压力低于 1.5MPa 的含氨尾气，如冰机的氨罐弛放气、停车放空气等；无动力氨回收工艺，是利用弛放气自身的能量节流膨胀获得冷量，使弛放气快速降温至－60～－70℃，进而经深冷分离回收氨，该方法适宜高氨含量（30%～40%）尾气的氨回收[14]，主要应用于液氨罐弛放气的氨回收，新建合成氨项目中无动力氨回收工艺应用较多。无动力氨回收流程见图 6-8。

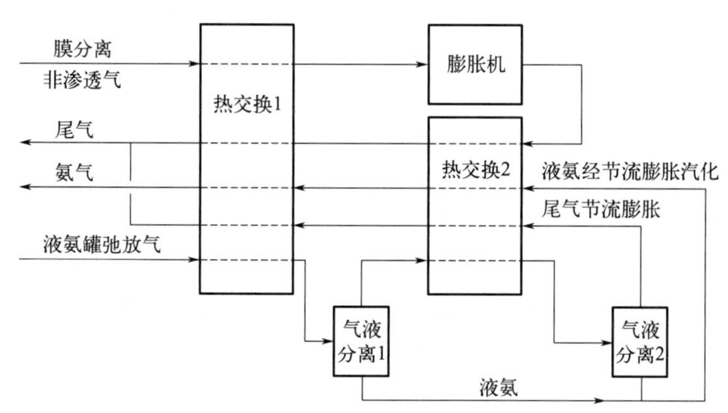

图 6-8　无动力氨回收流程[15]

③ 甲烷和氩气的回收。弛放气经过氢回收和氨回收后，尾气中氩气和甲烷的浓度较高，可利用深冷分离技术获得高纯度的液态甲烷和液态氩气，从而进一步减排增效[15]。

总的回收流程见图 6-9。

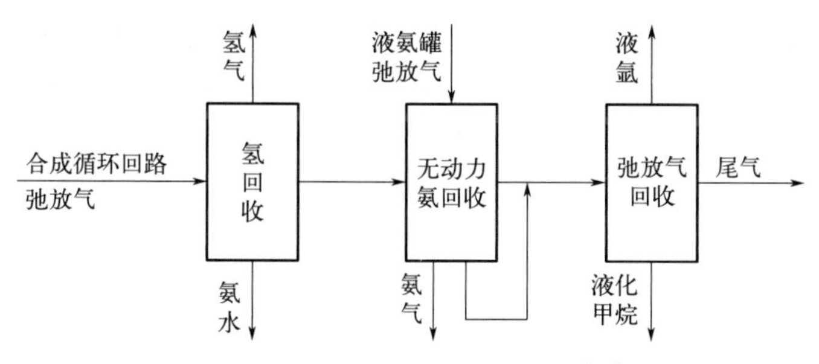

图 6-9　合成氨弛放气回收流程[15]

2）无组织废气排放

合成氨装置通常没有向大气排放的废气，但是氨蒸气会因为垫片、管口等的泄漏产生无组织废气，应合理选择材质及密封面的型式，减少泄漏。

6.1.3.2 废水

（1）废水的排放

合成氨装置正常运行时产生的废水主要为废热锅炉排污、洗眼器冲洗水、地面冲洗水、设备排污、初期雨水等。

典型的废水排放见表 6-6。

表 6-6 30 万吨/年合成氨装置典型废水排放表

排放设备	废水名称	排放量/(m^3/h)	主要污染物浓度	排放规律	排放去向
废热锅炉	锅炉排污水	正常:0.81 最大:6	磷酸盐:15mg/L	连续	回用于循环水厂补水
常压氨储罐	地面冲洗含氨污水	30	含少量氨	连续	污水处理厂
泵房及压缩机厂房	地面冲洗含油污水	2	含少量氨、润滑油	间歇	污水处理厂
排污罐	含氨污水	12	含微量氨	间歇	污水处理厂
洗眼器	洗眼器冲洗水	3	含微量氨	间歇	污水处理厂
地面冲洗水	地面冲洗含氨污水	4.5	含微量氨	间歇	污水处理厂

（2）废水的控制与治理

① 氨合成（包括压缩机冷冻）在正常生产中仅存在废热锅炉连续排污，锅炉排污仅含少量磷酸盐等，可作为循环水补充水进行回用，或直接排至水处理系统。

② 经过氨冷凝器的5℃温升循环水可送入氨压缩机表面冷凝器再次利用，节省循环水消耗。

③ 废水排放采用清污分流原则，将生产废水、生活水、雨水等分系统排放。洗眼器冲洗水、地面冲洗水等含氨废水应排放至污水池，收集后送至污水处理厂处理。

④ 压缩厂房等的含油废水应先进行油水分离，回收废油后进行综合利用。

⑤ 含氨废水（包括原料气净化工序的工艺冷凝液）可采用汽提法脱氨，此方法可去除95%以上的氨，其余污染物可采用离子交换法进行处理，处理后的水进行回用。如下游有尿素装置，含氨废水则排至尿素装置进行解吸-水解处理，将氨含量降至＜5mg/kg 级别之后回用。

⑥ 液氨有较强腐蚀性，因此应合理设置生产装置及罐区的防火堤、隔堤，将排放废水限制在可控范围内，隔堤内需考虑加强防渗措施，避免因渗漏而腐蚀土壤及地下水源。

⑦ 对于全厂装置，可采用根据废水不同性质进行分类、适当集中的原则处理后循环利用。如气化及脱硫工序排放的含尘洗涤水，可收集后采用混凝沉淀＋过滤＋冷却降温等措施后循环使用；变换、净化、合成等工序排放的废水，可经收集后采用冷却降温＋加药稳定水质＋过滤处理后循环利用，最大限度减少废水排放。

6.1.3.3 固废

合成氨的固废物主要为合成塔的废催化剂，主要成分为 FeO、K_2O、CaO、Al_2O_3，属危险废物，废催化剂通常 8 年更换一次，交由有处理资质的专业厂回收处理。

如装置内设置PSA和PRISM氢回收设施时，则产生废吸附剂（主要成分为沸石、活性炭）和损坏的膜组件等，属一般工业固体废物。PSA废吸附剂通常20年更换一次，填埋或送专业厂回收处理。

典型的固废排放见表6-7。

表6-7 30万吨/年合成氨装置典型固废排放表

固废名称	排放点名称	产生量/(t/次)	更换频率	主要成分	废物类别	处置方式
合成废催化剂	氨合成塔	146	8年一次	FeO、K_2O、CaO、Al_2O_3	危险废物 HW50	由具有危废处理资质的厂家回收

6.1.3.4 噪声

（1）噪声的产生

合成氨装置主要噪声源是压缩机、泵、气体管道放空口（开车吹扫、事故蒸汽放空）、管道振动等。尤其是压缩机组在运行过程中连续释放出噪声，可通过管道及基础进行传播，严重影响周围环境。合成氨装置主要噪声源及治理措施见表6-8。

表6-8 合成氨装置主要噪声源及治理措施

主要设备名称	装置（或单元）	台数	声压级/dB(A)	运行方式	降噪措施
合成气压缩机组	压缩	1	105	连续	减振、消声器、隔声罩、建筑隔声
氨压缩机组（冰机）	氨冷冻	1	105	连续	减振、消声器、隔声罩、建筑隔声
洗氨塔循环泵	合成	1开1备	85	连续	建筑隔声、减振
氨水输送泵	合成	1开1备	85	连续	建筑隔声、减振
注氨泵	氨冷冻	1	85	间歇	建筑隔声、减振
罐区液氨泵	合成	1开1备	85	间歇	建筑隔声、减振
放空口	压缩、合成、冷冻	若干	85	间歇	消声器

（2）噪声的治理

噪声治理要从噪声源做起，首先要从设备选型、设备的合理布置等方面考虑，设计中尽可能选用低噪声设备，对噪声较大的设备采用集中布置在隔声厂房内，或设隔声罩、消声器、操作岗位设隔声室等措施，振动设备设减振器。具体措施如下：

① 压缩机设置在压缩机厂房中，还可采用隔声门、隔声窗等措施，将噪声影响降至最小。

② 功率较大的泵宜适当集中布置在泵房内，泵的开停及调节都在控制室内自动进行，隔声后泵类的噪声不会对周围的环境产生影响。

③ 管道设计与调节阀的选型考虑防止振动和噪声，避免截面突变；管道与强烈振动的设备连接处选用柔性接头；对强噪声的管道，应采取隔声、消声措施。

④ 在厂房建筑设计中，尽量使工作和休息场所远离强噪声源，并设置必要的值班室，对工作人员进行噪声防护隔离。

合成氨装置除了上述废气、废液、废固等污染物外，还要做好含氨污水的收集以及防渗工作，避免含氨污水对土壤和地下水造成污染。此外，合成氨过程开工加热炉会有 CO_2 直排大气，氨压缩机功率较大，也是不可忽视的间接碳排放源，应加强过程管理，提高能效，减少 CO_2 排放。

6.2 尿素

尿素是煤化工的传统产品，我国煤基尿素产能占比达到70%以上。我国尿素行业经历多年无序扩张，产能严重过剩，开工率较低。基于尿素行业的供需格局和环保因素，“十三五”以来国家大力清退落后产能，严格控制新增产能，合成氨、尿素供求已由严重过剩转变为产需基本平衡。据中国氮肥工业协会统计，2024年全国尿素产量6760万吨（实物量），其中煤基尿素约2400万吨。

6.2.1 尿素概述

尿素是农业应用最广泛的传统化肥，可直接用作高效氮肥，或制作脲甲醛等复合氮肥。尿素也可用作牛羊等反刍动物的辅助饲料。在工业方面尿素也有广泛的用途，全世界用作工业原料的尿素约占总产量的10%。在有机合成工业中，尿素用来制取高聚物合成材料，脲醛树脂用于生产塑料、漆料和胶黏剂等。在制药工业中可用来制作呋喃西林等几十种化学药品。尿素可进一步加工成三聚氰胺，然后再与甲醛缩合制成三聚氰胺-甲醛树脂，在涂料、塑料、木材加工、造纸、纺织等领域有着广泛的应用。

尿素采用 NH_3 和 CO_2 作为原料，在一定压力下合成，1922年开始实现工业化生产，经过非循环、半循环、水溶液全循环、汽提法等技术进步，不断降低能耗，提高装置规模。尿素装置最主要的工业污染物来源是含氨氮废气、废水、尿素粉尘等的排放，与合成氨一样，尿素装置也属于节能减排的重点行业之一。

除通用的“三废”排放标准外，环境保护部和国家质量监督检验检疫总局发布的《合成氨工业水污染物排放标准》（GB 13458—2013），2015年环境保护部发布的《合成氨工业污染防治技术政策》等标准及规定，对以合成氨为原料生产尿素等生产企业的污染物排放浓度、单位产品污染物排放量以及工业污染防治可采取的技术路线和技术方法、污染物排放标准、环境影响等技术及管理提出控制要求及技术指导。

6.2.2 尿素工艺过程及清洁化生产措施

6.2.2.1 尿素工艺技术及发展

尿素以氨及二氧化碳为原料进行合成。工业化生产最初采用不循环法，后发展出半循环、全循环法。全循环法即将未转化的原料经过蒸馏和分离后全部返回合成系统进行循环利用，原料氨的利用率可达98%以上。根据分解及循环的方式不同，尿素生产工艺主要有水溶液全循环法、氨汽提法、二氧化碳汽提法等，还有部分采用ACES法和双汽提法[16]。

早期的热气循环法及气体分离循环法流程复杂，压缩机动力消耗高，腐蚀严重，均早已被淘汰。水溶液全循环法是20世纪60年代初期发展的生产技术，将未转化的NH_3、CO_2经减压加热分离后，用水吸收后返回系统循环，能耗及原料利用率均有较大幅度改善，应用广泛。日本东洋工程公司在此基础上进行了改进，形成改良C法、D法，以及ACES法，进一步提高CO_2转化率，并提升了低位热能的利用率。

汽提法是利用某一种气体介质与合成等压的条件下分解甲胺，将分解物返回合成系统的工艺。汽提法以荷兰斯塔米卡邦（Stamicarbon）的二氧化碳汽提法和意大利斯纳姆（Snam）的氨汽提法为代表，合成压力较水溶液全循环法进一步降低，流程相对简单，热能回收充分，原料利用率大幅度提高，现代大型尿素装置主要采用这两种工艺技术。

图6-10～图6-12是三种不同尿素合成技术工艺过程框图[16]。

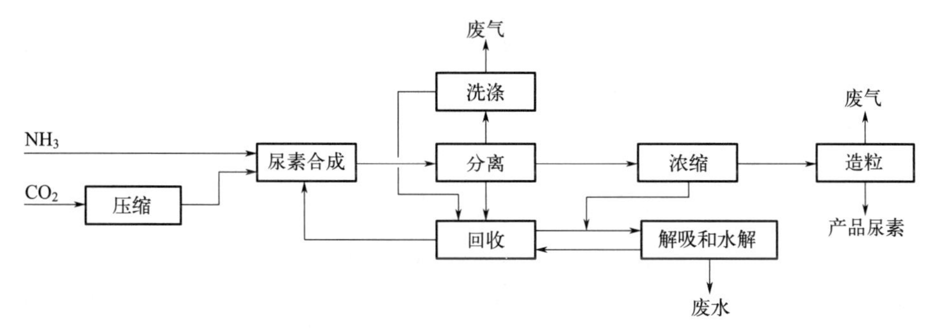

图6-10　尿素水溶液全循环法流程示意图

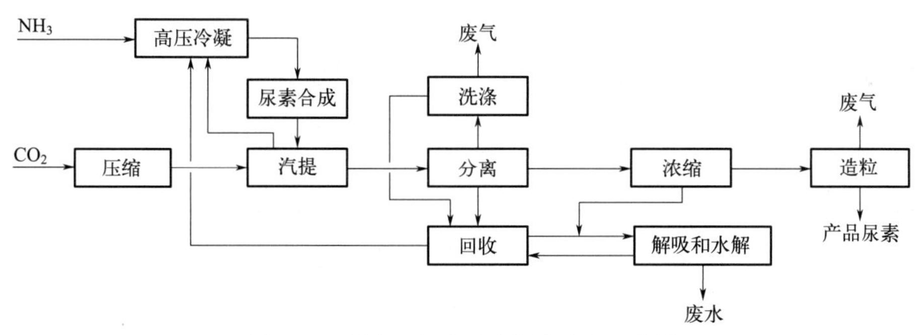

图6-11　尿素二氧化碳汽提法流程示意图

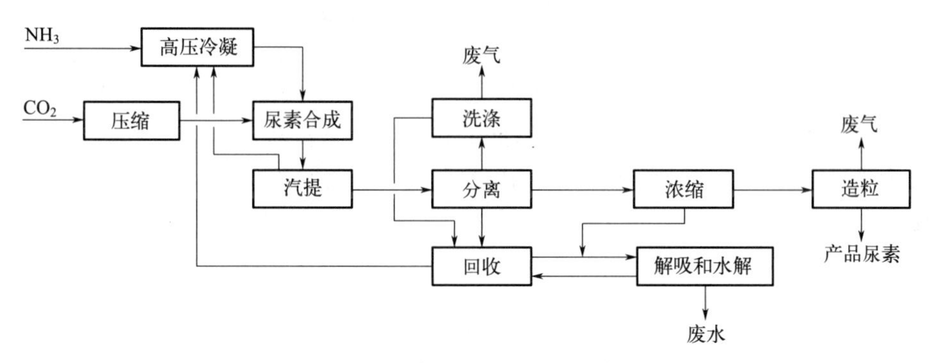

图6-12　尿素氨汽提法流程示意图

6.2.2.2 清洁化生产措施

尿素合成工业已发展出多种生产技术，总的改进趋势是：①优化工艺流程，降低尿素合成压力，提高尿素合成放热利用率，提高二氧化碳转化率，减少蒸汽及电耗等公用物料消耗[17]；②对废液和废气中有效组分进行回收，减少“三废”的排放；③控制造粒塔粉尘排放，减少环境污染；④优化操作条件，研发新型材料，减少腐蚀的发生，进而减少事故发生率及对环境的污染。

(1) 采用先进的清洁化节能型生产技术

我国大多数中小型尿素装置采用水溶液全循环法，具有投资低、对设备腐蚀小的优点，但是公用工程消耗非常高，且由于常规水溶液全循环法不设置工艺冷凝液水解系统，“三废”排放难以达标。二氧化碳汽提及氨汽提等工艺路线大幅度降低了原料氨及水、电、蒸汽等公用工程的消耗，尽管其一次性投资相对较高，但是从长期运行来看，有利于企业综合能效的提升。同时，汽提工艺在材料性能、热能回收技术等方面不断改进，可进一步降低投资和消耗。不同尿素合成技术比较见表6-9。

《合成氨工业污染防治技术政策》中要求，新建尿素生产装置宜采用汽提工艺，对现有水溶液全循环法尿素装置进行改造时，应采用节能型技术。

表6-9 不同尿素合成技术比较[18]

项目		水溶液全循环工艺	CO_2汽提工艺	氨汽提工艺
合成塔操作温度/℃		189	184	189
合成塔操作压力/MPa		19.6	14.0	15.7
吨尿素消耗指标	氨/kg	585～590	578	575
	蒸汽/kg	1500(1.3MPa)	1050(2.3MPa)	1050(2.3MPa)
	电/(kW·h)	165	125	135
	水/m^3	110	100	115
装置投资比例		1.00	1.35	1.53

从表6-9可以看出，尿素生产需要消耗大量的蒸汽与电，因此，尿素的清洁化生产技术需重点考虑降低蒸汽及电的消耗，也意味着从源头上减少动力锅炉装置的消耗及“三废”排放。

近年来国内专利技术商也推出了尿素合成先进技术并成功应用于工业化装置。2018年华鲁恒升化工股份有限公司采用国内专利技术“高效合成及低能耗尿素工艺技术”(THESES)新建3000t/d尿素装置开车成功并稳定运行，该技术采用集甲胺冷凝及尿素合成功能于一体的全冷凝反应器，高压圈两段式工艺流程，全冷凝反应器副产低压蒸汽，为在160℃下进一步分解残余甲胺提供热量，降低了高压汽提塔负荷和中压蒸汽消耗[19]。与传统CO_2汽提法尿素工艺相比，每吨尿素2.4MPa饱和蒸汽消耗可降低300kg，电耗增加2kW·h，循环水耗降低10t，原料液氨和CO_2消耗相当；尿素主装置吨产品综合能耗折标准煤107.8kg，比传统CO_2汽提法尿素装置减少25%～30%。2021年8月17日，工业和信息化部办公厅印发了《石化化工行业鼓励推广应用的技术和产品目录（第一批）》，其中就包括高效合成、低能耗尿素工艺技术。

THESES高压圈流程见图6-13。

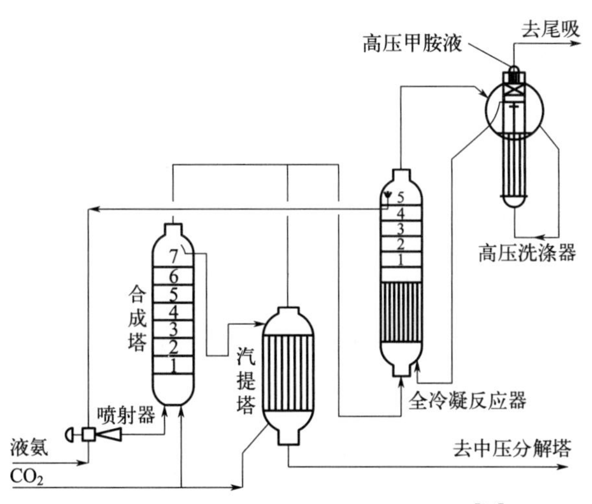

图 6-13　THESES 高压圈流程示意图[19]

(2) 采用先进技术提高装置能效和环保性能

针对我国多数中小型尿素装置采用传统水溶液全循环法的现状，相关生产企业和专利技术商提出了多种优化改进措施，充分利用新工艺、新设备、新材料进行技术改造，以期在现有装置基础上提高能效并使得“三废”排放达到越来越严格的环保要求。

同时，尽管氨汽提法及二氧化碳汽提法已成为新建尿素装置的主流工艺，但仍存在着投资高、腐蚀性强等缺点，业界也在不断改进工艺，提高其经济性和环保性能。

① 采用逆流换热性合成塔技术。传统尿素合成塔大多采用底部进料，由于 NH_3 与 CO_2 生成甲胺反应的快速放热会使合成塔底部物料温度急剧升高，易产生过热现象，合成塔底部的甲胺再次分解形成两相流，一定程度上缩短了反应停留时间导致转化率降低，反应热也无法充分利用。对此不同专利商开发了新的合成塔结构，将进料与甲胺合成反应热进行逆流换热。例如美国尿素技术公司（Urea Technologic Inc.）开发了逆流等温合成塔，将甲胺生成热与尿素反应脱水热通过换热管进行热传递，保持甲胺液为单相流，从而提高转化率。见图 6-14 逆流换热型合成塔示意图。传统尿素合成装置的 CO_2 转化率不超过 70%（通常在 60%～68%之间），采用逆流传热的合成塔之后，转化率可提高至 72%～74%，蒸汽消耗降低 20%[20]。

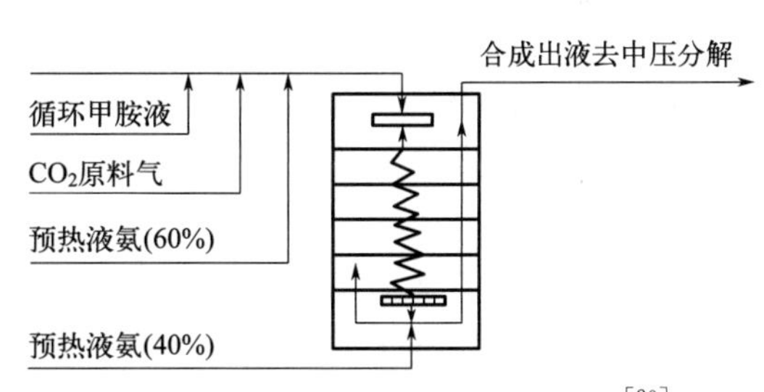

图 6-14　逆流换热型合成塔示意图[20]

② 氨汽提法改进工艺。氨汽提法合成尿素工艺以意大利斯那姆（Snam）公司技术为代表，于 20 世纪 80 年代引入中国，其特点是投资较低，运行稳定，操作弹性大。

氨汽提法采用合成回路等压汽提技术来降低后续工段的负荷，降低能耗。过量的氨无法在低压段全部回收，因此氨汽提法工艺设置中压段。同时由于氨汽提法工艺的合成系统操作压力高，汽提塔操作温度高，因此腐蚀较严重，针对这种情况，斯那姆公司改进了汽提塔材质，采用 25-22-2 双向钢衬锆材的双金属换热管取代钛材换热管，基本解决了尿素腐蚀及磨蚀问题，避免了因腐蚀泄漏造成环境生态事故。为降低热能消耗，采取了较多热量回收的措施，如低压分解器的排放气用于预热高压 NH_3、中压分解器的排放气为真空预浓缩器提供热量等，节省能耗，减少污染。

③ 二氧化碳汽提法改进工艺。二氧化碳汽提法尿素合成工艺以荷兰斯塔米卡邦（Stamicarbon）公司技术为代表，其在20世纪70年代以前开发了二氧化碳汽提工艺，流程为4台高压设备，按高差布置，高压框架高度为76m。20世纪90年代斯塔米卡邦又研发了2000plus池式冷凝器技术，使得合成高压圈框架高度大大降低。而后又开发了2000plus池式反应器技术，其特点是取消了高压冷凝器，与反应器合二为一为卧式，进一步降低了框架高度，节约设备投资。斯塔米卡邦于2008年开发了最新的尿素合成技术（Avancore技术），该工艺新增了中压系统，热能可达到完全利用，几乎不产低压蒸汽，使装置能耗进一步降低。1996年荷兰斯塔米卡邦公司与瑞典山特维克公司合作开发出了一种新型材料Safurex®，其耐甲胺腐蚀性强，几乎不需要加氧气，可使合成反应在较高温度下进行，反应转化率进一步提高的同时装置爆炸危险性减小，Safurex®的耐腐蚀性可以使应用此材料的设备及管道重量减轻一半，进一步降低成本，提高经济性，改善了装置的环保性能。

④ 热能综合利用，提高能效，减少污染。尿素合成装置蒸汽消耗高，因此在流程设置上需采取措施进行热能综合利用，以降低热能蒸汽的消耗。不同装置根据各自特点采用不同方法提高热能综合利用率。例如，采用尿液预浓缩工艺（如降膜预浓缩等），利用高压调温水废热替代蒸汽的消耗；中压分解器的排放气为真空预浓缩器提供热量等。汽提气在甲胺冷凝器的冷凝反应热可以副产0.45MPa(A)的低压蒸汽，每吨尿素可副产约1.05吨蒸汽，此蒸汽除用于尿素装置工艺部分的加热热源外，剩余部分还可以注入二氧化碳压缩机的蒸汽透平，达到尿素装置内副产低压蒸汽的自身平衡。

(3) 采用新型设备结构及新材料，提高装置能效

国内某尿素装置采用新型真空预浓缩器替代闪蒸蒸发器，增大换热面积，管程真空度由原来的−100mmHg提高到−530mmHg（1mmHg=133.3Pa），尿液沸点由原来的105℃降至85℃，促使尿液分解的同时增大了壳程与管程的传热温差，提高换热效率，降低装置蒸汽消耗[21]。

(4) 改进流程，减少废水及废气的排放

将高压洗涤器中释放出的气体由直接排入大气改为先减压至0.4MPa，再排放到低压吸收塔，然后继续进入常压塔进行吸收，通过逐级降压吸收将氨和二氧化碳最大程度回收，减少原料消耗[22]。

采用工艺冷凝液水解解吸处理技术，回收工艺冷凝液中的氨和尿素，消除排出液对环境的污染，同时减少有效原料组成的消耗。

(5) 尿素粉尘的控制与环境保护

尿素装置在造粒及运输、包装等工序的运行过程中均会有粉尘逸出，需采取措施控制粉尘释放量并保护环境与操作人员身体健康。

① 造粒工序的粉尘控制。尿素造粒分塔式造粒及流化床造粒。流化床造粒通常用于大颗粒尿素装置，其粉尘排放少，操作稳定的情况下均能达到环保要求；塔式造粒是我国普遍应用的技术，产能占比高达85%左右[23]，且绝大多数采用的是自然通风，尽管一次性投资较低，但是粉尘排放量高。随着环保要求的不断提高，各生产装置纷纷进行改造，尿素装置的粉尘回收主要采用袋式除尘或湿法除尘（即喷淋法）减少粉尘排放量。其中湿法除尘可利用多段喷淋吸收多段分离的方法，将粉尘排放量尽可能降低，同时回收所含的氨及尿素[24]。

图 6-15 是国内某装置将自然通风的造粒塔改造为特殊结构的三段吸收、三段分离、液体循环回收粉尘的方案，改造后粉尘回收率高达 90.67%[25]，吨产品氨耗也有所降低。

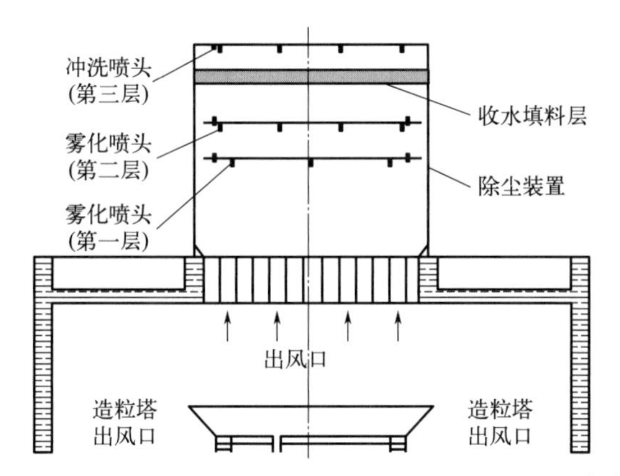

图 6-15 国内某装置尿素粉尘回收装置改造示意图[25]

② 输送及包装的粉尘控制。对于尿素颗粒的输送及包装，需在尿素后处理系统栈桥、转运站、包装楼等的带式输送机各下料点、包装机、自动秤等处设置抽风，采用机械除尘；在人员比较集中的包装间、散装仓库等处设置密封良好的休息室（值班室）。

③ 对于粉尘环境下的所有用电设备、设施均应考虑粉尘环境下的防护措施。

(6) 装置与管道布置

装置布置除按照相关规范及规定执行外，需注意造粒塔的尿素成品颗粒通常是通过栈桥输送至散装库及袋装库，包装完成后装车运输，因此在总图规划时应注意布置在装置的一侧，便于汽车运输，同时可避免对工艺装置产生影响。

尿素成品的输送机包装工序的设备布置需考虑在满足工艺要求的前提下，尽量降低散运系统各落料点的高差，并注意连接件的良好密封性，减少粉尘的产生及逸出。

对于采用带有塔顶洗涤设施的强制通风型造粒塔，塔顶设置多台引风机，在布置时应考虑使全塔截面的气流均匀分布[26]，这对于粉尘的洗涤回收效果影响显著。

对于尿素装置的配管特别要注意的是熔融尿液的易结晶性造成堵塞问题，因此需采用夹套管进行伴热保温，以保持管内介质的流动性；且由于熔融尿液黏度较高，在配管时应注意管道走向及坡度要求，以及防止袋变形及流动死区。为防止装置停车时熔融尿液在管道内聚积造成管道及阀件的堵塞，应在适宜的位置设置冲洗和吹扫管线。

(7) 尿素装置的防腐

在尿素中的原料 CO_2、NH_3，以及生产过程中形成的碳酸铵溶液、稀氨水、甲胺液和尿素水溶液等均具有一定腐蚀性，尤其尿素-甲胺溶液在一定温度下对金属有强烈的腐蚀作用，严重时会引起生产装置停车。因此减缓腐蚀是尿素装置稳定生产重要因素之一。因此设备及管道应根据介质、温度和压力情况选用奥氏体不锈钢、尿素级不锈钢、双相不锈钢及复合钢材。例如氨汽提法中汽提塔的换热管采用尿素级不锈钢（25Cr22Ni2MoN）+锆金属（SB-523Gr，R60702）来加强防腐。阀门、仪表元件也应根据不同应用情况选择合适的型式，以防止堵塞、结晶及腐蚀[27]。此外，应加强工艺过程中材料的腐蚀检测，防止因腐蚀造成环境污染[28,29]。

尿素装置的构筑物也需考虑防腐要求，腐蚀性介质会对混凝土、钢筋等造成强烈腐蚀。

尿素散装库、造粒塔刮料层、喷头操作室等部位的地面采用花岗岩防腐地面，造粒塔底层采用树脂砂浆地面，其余尿素容易泄漏、粉尘聚集的地方（包括输送栈桥）均应考虑防腐处理措施。

在生产操作中也应严防跑冒滴漏、严格控制氨碳比、水碳比，加强设备维护，以减少因腐蚀带来的损失[30-32]。

6.2.3 尿素工艺过程污染物排放及治理

6.2.3.1 废气

（1）废气的排放

废气排放源主要为尿素装置中压惰性洗涤塔、放空气洗涤塔以及尿素造粒塔所排尾气，其污染物主要为氨和尿素，均经排气筒高空排放。尿素装置典型事故废气排放情况见表 6-10。

表 6-10　52 万吨/年尿素装置典型废气排放表

排放设备	废气名称	排放方式	污染物排放量/排放浓度				排放去向	备注
			温度/℃	压力/[MPa(G)]	高度/m	污染物排放量/(kg/h)		
中压惰性洗涤塔	中压洗涤后惰性放空气	连续	43	0.1	91	NH_3:11.7	大气	《恶臭污染物排放标准》(GB 14554—93)表 2
放空气洗涤塔	空气洗涤器放空气	连续	50	0.1	91	NH_3:2	大气	
尿素造粒塔	尿素造粒塔顶排放气	连续	65	0.1	88	尿素:26.9 (50mg/m^3)	大气	《大气污染物综合排放标准》(GB 16297—1996)表 2 中二级标准

（2）废气的控制与治理

① 尿素合成装置设置高压吸收塔、低压吸收塔、高压回收塔、低压回收塔及惰性气体洗涤塔等，将氨、二氧化碳等进行逐级回收，剩余少量惰性气体统一收集后在洗涤塔内用冲洗水进行洗涤，使气体中的氨含量降至最低，洗涤后的惰性气体集中排放。

② 在尿素生产的造粒工序中，熔融尿素液滴离开造粒喷头后，在高温下氨分压降低时易分解，其生成物遇到上升的冷空气时便又生成尿素，这样便形成了尿素粉尘。另外，造粒塔内风速不均匀、熔融尿素温度过高、造粒喷嘴堵塞、机械力破碎等均会造成粉尘逸出。尿素造粒塔宜采用袋式除尘、湿式除尘等净化回收处理措施，将尾气中含有的尿素粉尘降至最低后高空排放。

③ 尿素装置非正常工况下产生的废气，均排入氨火炬或事故火炬系统进行焚烧处理后高空排放，以减少废气排放。

④ 尿素装置中所有输送含氨介质的泵宜采用双机械密封，以减少氨的跑、漏。

⑤ 所有取样点的连接都带有封闭的吹扫系统或密闭的排放系统，避免工艺气通过取样

系统排入大气。

6.2.3.2 废水

(1) 废水的排放

尿素装置正常运行时产生的废水主要为废水处理排放水、地面冲洗水、初期雨水等。典型的废水排放见表6-11。

表6-11 52万吨/年尿素装置典型废水排放表

排放设备	废水名称	排放规律	排放量/(m^3/h)	主要污染物浓度	排放去向
工艺凝液最终冷却器	尿素水解水	连续	43.152	NH_3:3mg/L(最大) 尿素:3mg/L(最大)	作为锅炉水或循环水补充水
—	生活污水	间歇	14.2	NH_3:微量 尿素:微量	送污水处理厂

(2) 废水的控制与治理

① 尿素生产装置的废水排放应执行清污分流的原则，将生产水、生活水、雨水等分系统排放。

② 采用深度水解解吸技术回收有效组成，降低废水排放。尿素生产中的废水主要来源于工艺冷凝液中的氨、二氧化碳和尿素的排放，目前普遍采用的方法是深度解吸+水解的方法，尿素生产装置工艺流程见图6-16。工艺冷凝液集中后送至解吸塔顶部，通过解吸塔和水解塔塔顶蒸汽将大部分氨及二氧化碳汽提出来，出塔液进入尿素水解器，与蒸汽进行逆流接触，将尿素分解成氨和二氧化碳。出水解器的工艺水继续进入解吸塔下塔，被低压蒸汽进一步汽提出氨和二氧化碳。最终解吸塔底排出的冷凝液所含尿素和NH_3及CO_2的含量可降至3mg/m^3以下，可作为锅炉或循环水厂的补充水。开车期间和操作不正常时，工艺冷凝液以及其他含氨废水可以循环排至工艺冷凝液槽，直至冷凝液中NH_3和尿素含量<5mg/kg。采用深度解吸+水解技术可使得尿素装置废水实现零排放。

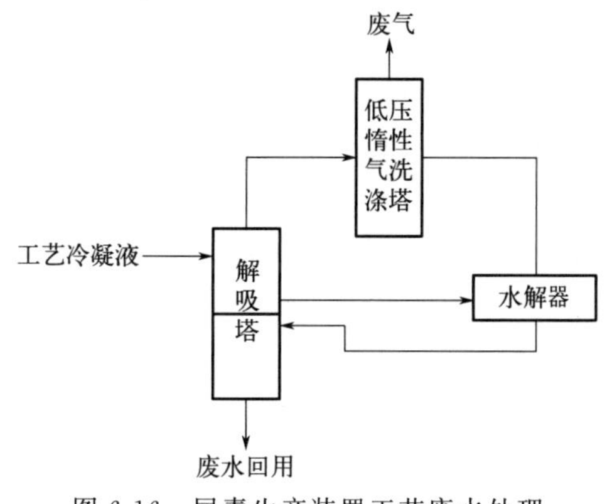

图6-16 尿素生产装置工艺废水处理

③ 事故或洗眼器、地面冲洗水等含氨废水应排放至污水池，收集后送至污水处理厂处理。

④ 压缩厂房等的含油废水应先进行油水分离，回收废油后进行综合利用。

6.2.3.3 固废

正常工况下尿素合成装置无固废排放。若产生不合格尿素，将返回合成系统进行回用。

6.2.3.4 噪声

尿素装置有较多机泵，噪声源主要来自压缩机、泵、气体管道放空口（开车吹扫、事故下蒸汽放空）及管道振动等。设计中尽可能选用低噪声设备，对噪声较大的压缩机等集中布置在隔声厂房内，管道放空口需设置消声器，产生振动的基础或设备需设置减振器。

表 6-12 列出了尿素装置主要噪声源及治理措施见表 6-12。

表 6-12　尿素装置主要噪声源及治理措施

主要设备名称	装置（或单元）	台数	声压级/dB(A)	运行方式	降噪措施
压缩机组	尿素	2	105～110	连续	减振、消声器、隔声罩、建筑隔声
泵	尿素	36	85～95	连续	建筑隔声、低噪声电机
蒸汽放空阀	尿素	1	105～110	间歇	消声器

在尿素生产装置中，除了上述典型的废气、废液、噪声等污染物外，其尿素颗粒的料位计量和检测可能会采用放射性仪表，需注意做好电离辐射的防护。尿素系列物质的腐蚀性很强，要做好混凝土结构、基础和地坪的防腐处理，避免污染物渗漏造成土壤和地下水污染。此外，尿素合成时消纳 CO_2 的过程，对于碳减排意义重大。其过程中的 CO_2 减排措施应重点关注系统能效的提升。

6.3　硝酸及硝酸铵

硝酸及硝酸铵均以氨为主要原料进行合成，是液氨的重要下游产品之一。我国是硝酸、浓硝酸的生产大国，硝酸铵产量随着硝基复合肥的发展迅速增长。“十三五”起国家针对硝酸铵行业出现的产能过剩、生产企业盈利能力下滑等状况进行整顿，清退落后产能。2015～2020 年期间累计退出硝酸和硝酸铵产能 253 万吨/年和 275 万吨/年。至 2023 年，硝酸和硝酸铵产能分别为 2089 万吨/年和 991 万吨/年，同比增长 5.7%和降低 5.3%。行业产能结构得到明显优化，2023 年硝酸行业双加压法硝酸产能占比达 95.5%，中压法、单加压法、高压法、综合法产能仅占比 4.5%；硝酸铵行业常压中和法装置全部停产，加压中和法和管式反应器法产能占比 100%。

6.3.1　硝酸及硝酸铵概述

硝酸是用于制造化肥、燃料、炸药、医药、照相材料、颜料、塑料、合成纤维等的原材料，主要用途是生产硝酸铵、氮溶液及高浓度氮磷复合肥等。硝酸铵是硝酸的主要用户，其消费占硝酸总产量的 50%。硝酸铵是水溶性速效氮肥，其含氮量仅次于液氨及尿素。可与磷肥、钾肥等以不同比例制造复合肥。硝酸铵在军事用途上是常规炸药的主要原料，在工业上可与柴油混合制造铵油炸药，是基建中民爆的主要物资。

硝酸及硝酸铵的生产装置也向着装置大型化、采用低能耗新技术、加大能量综合利用、降低“三废”排放的发展趋势进行。双加压法工艺节能型技术已在我国硝酸工业生产中加大推广，对高能耗高污染的落后技术进行升级改造。目前，日产 1000t 级的大型硝酸装置已实现国产化。

《工业硝酸　浓硝酸》（GB/T 337.1—2014）、《工业硝酸　稀硝酸》（GB/T 337.2—

2014）规定了工业用浓硝酸、稀硝酸的分型、要求、试验方法、检验规则、标志、标签、包装、运输、贮存和安全。硝酸铵产品的技术要求、试验方法、检验规则等按照《硝酸铵》（GB/T 2945—2017）规定执行。

除通用的"三废"排放标准外，环境保护部和国家质量监督检验检疫总局发布了《硝酸工业污染物排放标准》（GB 26131—2010），针对以氨和空气（或纯氧）为原料采用氨氧化法生产硝酸及硝酸盐的企业，制定排水及大气污染物的排放限值、监测和监控要求等。相比《合成氨工业水污染物排放标准》（GB 13458—2013），硝酸生产装置废水的排放限值更加严格，同时针对硝酸生产装置的废气中氮氧化物排放限值专门进行了规定。《硝酸工业污染物排放标准》（GB 26131—2010）对现有企业、新建企业及特别限制地区直接排放的废水中氨氮浓度、废气中氮氧化物排放浓度进行了限制（表 6-13、表 6-14）。

表 6-13　不同企业废水排放氨氮限制要求　　单位：mg/L

序号	污染物	现有企业		新建企业		特别限制地域	
		直接排放	间接排放	直接排放	间接排放	直接排放	间接排放
1	氨氮	15	25	10	25	8	10
2	总氮	50	70	30	70	20	30

表 6-14　不同企业废气排放氮氧化物要求

序号	污染物	现有企业	新建企业	特别限制地域	污染物排放监控位置
1	氮氧化物/(mg/m^3)	500	300	200	车间或生产设施排气筒
2	单位产品基准排气量/(m^3/t)	3400	3400	3400	硝酸工业尾气排放口

6.3.2　硝酸及硝酸铵工艺过程及清洁化生产措施

6.3.2.1　硝酸及硝酸铵工艺生产过程

（1）硝酸

工业上生产硝酸均采用氨催化氧化法，即氨与空气（或氧气）在催化剂铂网的作用下生成一氧化氮，并进一步氧化成二氧化氮，用水吸收生成稀硝酸。浓硝酸的生产方法有两种，一种是将稀硝酸脱水，另一种是在生产过程中将氧化氮气体降温除水直接合成浓硝酸。

在硝酸的生产过程中，尾气中有大量 NO_x 排放，严重污染环境。因此硝酸生产工艺技术的提高是以最大限度降低尾气中 NO_x 的含量为基准，同时降低能耗，提高转化率，实现清洁生产工艺路线。

① 稀硝酸。早期稀硝酸生产多在常压下进行，其尾气经过纯碱吸收后排放至大气。其投资低，系统压力低，催化剂损耗率低，但是由于产品浓度低，尾气中 NO_x 的含量高，即使经过碱液吸收后，NO_x 的浓度依然超过 2000mg/m^3，对环境污染严重，国家已禁止新建常压法硝酸装置。1959 年法国 GP（Grand Paroisse）公司开发出双加压法硝酸生产工艺，在 0.35MPa(G) 压力下氧化，吸收压力 1.1MPa(G)，尾气中 NO_x 的含量降低至 150～170mg/m^3，使得清洁生产路线得以推广，德国 Uhde、荷兰 Stamicarbon 等公司均采用双加压法或改进型双加压法。目前稀硝酸装置均采用加压法进行生产。表 6-15 为不同加压法生

产稀硝酸工艺参数比较。

表 6-15 不同加压法生产稀硝酸工艺参数比较[33]

项目	综合法	中压法	高压法	双加压法
氧化压力(G)/MPa	常压	0.45	0.8～1.1	0.45
吸收压力(G)/MPa	0.35	0.45	0.7～1.1	1.1
氨耗(100%计)/t	0.286	0.294	0.29～0.30	0.283
铂耗(回收前)/g	0.09	0.12	0.15～0.2	0.12
电耗/(kW·h)	280	10	11	11
冷却水/m^3	130	170	174	160
副产蒸汽/t	1.1	0.18	0.3	0.301
产品酸浓度(质量分数)/%	48	52	60	65
吸收比容积/[m^3/(t·d)]	3.12	3.2	1.21	1.21
氨氧化率/%	97	96	94	96
NO_x 吸收率/%	97	98	98	99.8
尾气 NO_x 含量/($\times10^{-6}$)	3000	2000	200	<200

尽管综合法生产工艺投资低，其催化剂贵金属铂网消耗低，但由于放空尾气中 NO_x 的浓度超过允许排放浓度标准，已被淘汰。高压法尾气中 NO_x 能够达标，但是由于操作压力及设备投资高，铂网催化剂消耗大，与双加压法相比缺乏经济性优势，因此，目前国内外多采用双加压法生产稀硝酸。工艺流程见图 6-17。

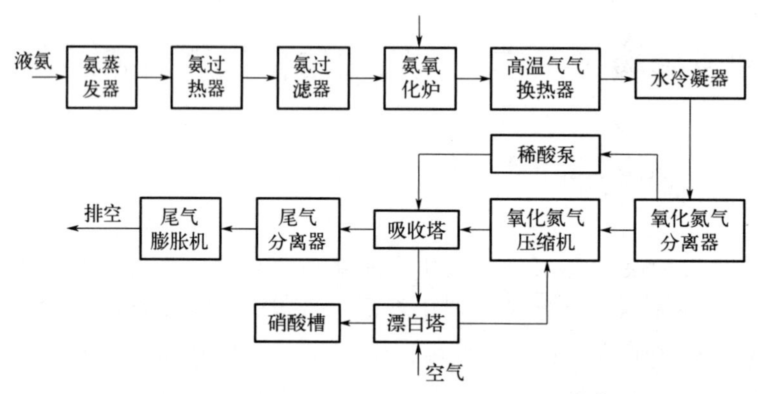

图 6-17 双加压法生产稀硝酸流程示意图[34]

② 浓硝酸。浓硝酸的生产工艺分为直接法和间接法。直接法以 HOKO 为代表，将液态四氧化二氮、水、氧气按比例在一定压力和温度下直接合成浓硝酸，后期开发出共沸精馏和稀、浓硝酸联合生产的新工艺。间接法是采用浓硫酸或硝酸镁将稀硝酸脱水制得。工艺流程见图 6-18。

(2) *硝酸铵*

硝酸铵生产方法有中和法和转化法两种，绝大多数硝酸铵生产装置采用中和法。中和法按照操作压力可分为常压法和加压法，常压法压力为 0.02～0.05MPa(G)，加压法压力在 0.1～0.4MPa(G)。中和反应器结构型式可分为管式和筒式反应器。各种流程的差别在于原料硝酸的浓度、中和反应热的利用和反应器的结构型式的不同。硝酸铵生产的发展趋势是提

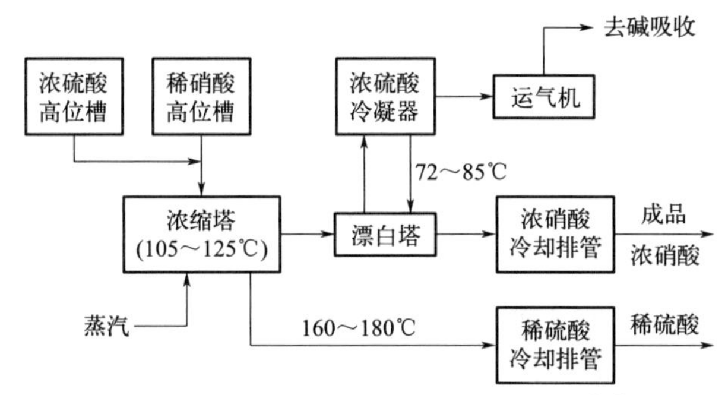

图 6-18 间接法生产浓硝酸流程示意图[35]

高原料硝酸浓度，充分利用中和反应热，加强物料回收及减少排放，消除污染。

我国大多数硝酸铵工艺均采用传统的常压中和法，工艺流程图见 6-19，该工艺占总产能的 78%左右。

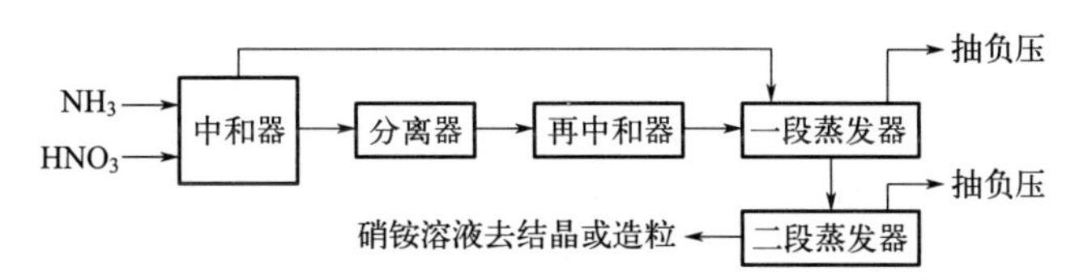

图 6-19 硝酸铵常压中和法工艺流程示意图[36]

近年来随着硝酸生产采用高压法或双加压法提高硝酸浓度，硝酸铵的生产工艺也随之改进，采用加压法或管式加压法工艺技术。如果原料硝酸浓度达 58%以上，采用高效加压中和反应器，使反应后的溶液浓度达到相当高的程度，可以不需要蒸发系统，节约蒸汽消耗，并可采用流态化床造粒法代替高大的传统造粒塔。硝酸铵加压中和工艺流程见图 6-20。

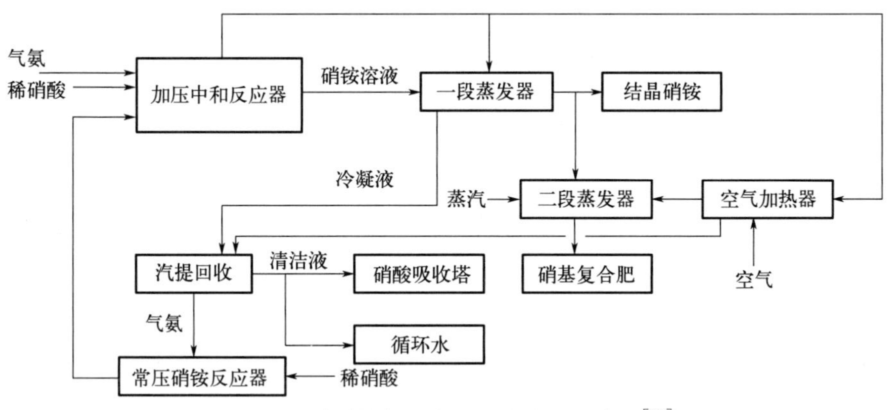

图 6-20 硝酸铵加压中和工艺流程示意图[37]

近年推广较多的管式反应器运用喷射器原理，硝酸被雾化后与气氨充分混合，转化率高，可产出浓度较高的硝酸铵溶液（如法国 AZF 管式反应器可直接将质量分数 63%的硝酸原料生产 97%的硝酸铵溶液，节省了浓缩工序），物料停留时间短，降低了物料分解的危险，属于安全生产的节能新工艺，也是《合成氨工业污染防治技术政策》中鼓励采用的清洁生产技术。我国研发的“液气混合式加压管式反应器”，将液氨经喷头雾化，与硝酸进行混合、反应，实现了高浓度硝酸中和反应技术的国产化。

6.3.2.2 清洁化生产措施

(1) *硝酸*

稀硝酸工业化生产的方法近三十年来已基本定型化，均为催化剂作用下的氨氧化法工艺，其发展趋势是提高操作压力，提高产品酸的浓度，降低排放气中的 NO_x 浓度，同时进行能量综合利用，通过不断优化工艺技术实现清洁生产、降本减耗的目标。

双加压法利用较低的氧化压力即可获得较高的氨氧化率，较高的吸收压力可提高氮氧化物的吸收率，有效提高原料利用率。氨氧化是强放热反应，副产中压蒸汽除用于驱动透平外，还可用作工艺气加热介质。氮氧化物吸收冷却水采用闭路循环，通过液氨蒸发提供冷量，降低循环水用量。从表 6-15 的比较中可以看出双加压法从能耗、产品浓度到尾气排放指标等方面均具明显优势，因此选择先进生产工艺、提高能效利用水平是清洁生产、节能减排的首要因素。

硝酸生产中尾气排放的 NO_x 及含氨废水的排放不仅严重污染环境，同时增加了氨耗，因此对硝酸废气、废水进行治理确保达标排放就显得十分重要。硝酸尾气与废水的处理方法很多，实际生产中应本着控制源头与末端治理相结合的原则，结合自身装置特点选择清洁生产方案，对落后的生产工艺和设备进行升级改造，降低硝酸生产过程中尾气中的 NO_x 浓度，将酸性废水及废氨水等进行循环利用，从源头上控制并降低污染物排放。

某硝酸装置在硝镁蒸发器和间接冷凝器之间增设精馏塔，使得液相硝酸浓度提高后进入稀硝酸吸收塔进行回收利用，精馏塔气相冷凝液中硝酸质量分数降至 1%以下，可以进行循环再利用，见图 6-21。通过技术改造不仅解决了浓硝酸生产过程中酸性废水无法回收的难题，保证废水排放达到环保要求，同时还获得一定经济效益[38]。

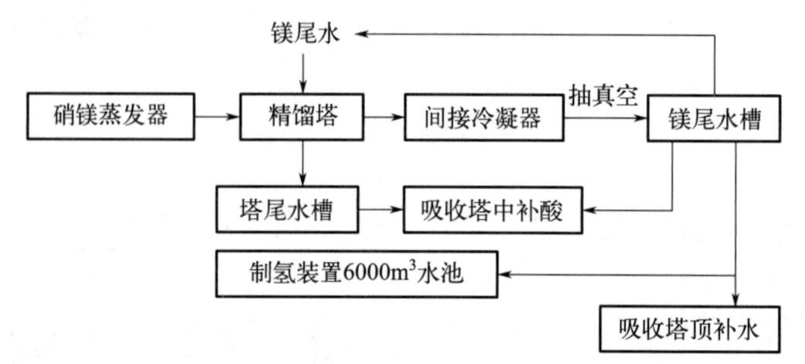

图 6-21 某装置酸性废水回收改造流程示意图[38]

对于浓硝酸装置则应重视凝液的回收利用，另外提高原料稀硝酸的浓度也有助于降低能耗。浓硝酸正常生产时有大量冷凝液排放，冷凝液可进行二次闪蒸，闪蒸出的低压蒸汽作为热源进行回用，冷凝液可送至稀硝酸装置除氧器作为补充用水。不仅实现了冷凝液全回收，其低位热能也得到利用。

浓硝酸装置的节能减排还要从操作上入手，精心操作，避免频繁开停车，可有效降低消耗，减少排放。

硝酸储罐的无组织排放应获得足够重视，常压硝酸储罐弛放气中氮氧化物的质量浓度可达 4000～5000mg/m³，NO 与 NO_2 的体积比接近 1∶1，远超出排放标准规定。因此需要将硝酸储罐的排放气进行收集，引入风机增压后送至脱硝装置进行处理，减少环境污染[38]。

(2) *硝酸铵*

我国受历史条件限制，大多数硝酸铵装置采用传统常压中和工艺流程（2000 年之前采用常压中和法技术占比约80%)，即中和器—再中和器——段蒸发—二段蒸发器—造粒（或结晶)，其流程见图6-19。传统工艺存在如下问题：

① 中和器出口硝酸铵溶液温度高，一般为105～120℃，去再中和器加氨，因溶液温度高，很大一部分气氨随再中和器的放空管排空，造成氨的损失，污染环境。

② 一段蒸发器蒸发效果差。一段蒸发器所使用的加热蒸汽来自中和器的二次蒸汽，蒸发的溶液是来自再中和器的硝酸铵溶液，两者的温度相差不大，再中和器中的硝酸铵溶液一进蒸发器，在负压作用下，溶液中的水汽化，在蒸发管内壁生成气膜，影响管内外热能的传递，故传热效果差。当原料硝酸的浓度为45%时，中和器硝酸铵的出口浓度为65%（质量分数)，一段蒸发器出口浓度仅72%～75%。因此，传统常压工艺硝酸转化率低，原料消耗高，放空气中带出的氨含量高，污染环境，无法满足环保对硝酸尾气中氮氧化物的排放要求。

2000年之后的新建装置均采用加压法和管式反应器法，其具有热能利用充分、能耗低、设备体积小、操作更安全可控、“三废”排放量小等优势，是先进的清洁生产的节能工艺。

对于现有采用传统常压工艺的装置，则进行技术改造，以降低能耗、减少“三废”排放[39]。我国开发了针对现有常压中和法的新型硝酸铵常压中和浓缩专利技术（专利号ZL200720026606.8)，对中和反应器结构型式及流程均进行了改进，增设中和液槽、闪蒸槽等设备，如图6-22所示。其具有如下优点：①将中和器由钟罩式结构改进为设置两级高效分离设施的结构，消除了二次蒸汽带液的现象，同时减少了二次蒸汽夹带原料及产品的损失，夹带量可减少60%～80%；②再中和器温度降至75～80℃，补入气氨的损失量减少50%以上；③改进工艺可将一段蒸发器出口硝酸铵浓度由72%～78%提高至80%，吨产品节省蒸汽80～120kg[36]。改进工艺后，降低了物料损耗及能耗，减少了“三废”排放污染。

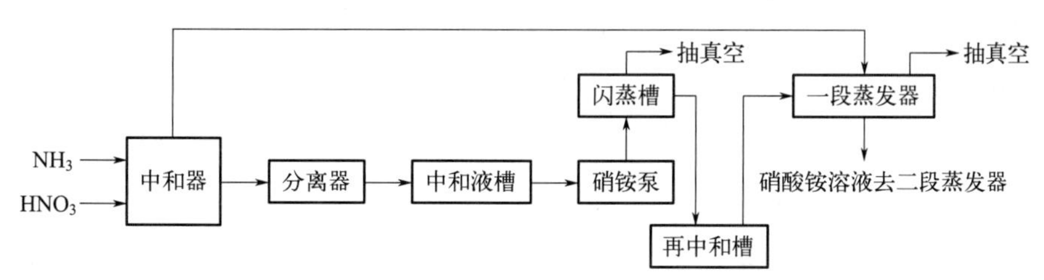

图6-22 改进后的硝酸铵中和浓缩工艺流程示意图[36]

6.3.3 硝酸及硝酸铵工艺过程污染物排放及治理

6.3.3.1 废气

(1) 废气的排放

硝酸装置生产过程中的废气排放主要为吸收塔排放含NO_x尾气，吸收塔尾气NO_x含量通常较高，需进行尾气处理后排放（表6-16)；硝酸铵装置尾气主要为造粒塔、干燥器及筛分中含粉尘气体，造粒塔内的硝酸铵颗粒在降落过程中碰撞破碎形成粉尘，硝酸铵熔融物从造粒喷头中喷出的瞬间，热的颗粒表面蒸发出来的硝酸铵分解为气态的氨和硝酸，扩散后经过再合成或冷凝，因此会产生大量烟雾（表6-17)。

表 6-16 某 10 万吨/年硝酸装置废气排放

排放设备	废气名称	主要污染物及排放浓度(标况)/(mg/m^3)	排放速率/(kg/h)	排放量/(t/a)	排放规律	排放去向	备注
尾气回收装置	硝酸尾气	NO_x:225	11.25	81.0	连续	大气	60m高空排放，排放标准执行《硝酸工业污染物排放标准》(GB 26131—2010)表5要求

表 6-17 某管式反应器工艺 20 万吨/年硝酸铵装置废气排放

排放设备	废气名称	主要污染物及排放浓度(标况)/(mg/m^3)	排放速率/(kg/h)	排放量/(t/a)	排放规律	排放去向	备注
降膜蒸发器冷凝器	喷射蒸汽	NO_x:104.86 NH_3:0.5	NO_x:0.021 NH_3:0.0001	NO_x:0.151 NH_3:7.2×10^{-4}	连续	大气	20m高空排放
结晶机冷凝器	不凝尾气	NO_x:104.86 NH_3:1.0	NO_x:0.021 NH_3:0.0002	NO_x:0.151 NH_3:1.44×10^{-4}	连续	大气	20m高空排放

(2) 废气的治理

① 硝酸装置废气的治理。硝酸装置排放的废气中含有较高浓度的 NO_x，直接排放污染环境，且有效原料被浪费，因此所有硝酸工艺流程中均需设置硝酸尾气回收系统。

硝酸尾气中氮氧化物的回收方法较多，有干法、湿法，干法可分为催化法（含选择性催化法和非选择性催化法）、非催化法、固体吸收及吸附法等，湿法可分为酸吸收法、碱吸收法、氧化还原吸收法等。表 6-18 列出了不同硝酸尾气治理方法的比较。

表 6-18 不同硝酸尾气治理方法的比较[40]

方法			添加剂	优点	缺点
干法	非催化还原		焦炭	不需要催化剂，还原剂价廉	需100℃以上高温
	催化还原	非选择性(NSCR)	CO、H_2	可用于较低温度	还原剂耗量大，温升高
			$C_1\sim C_4$	还原剂价廉	还原剂耗量大，起燃温度高
		选择性(SCR)	NH_3	还原剂用量少，升温小	低温易生成 NH_4NO_3、NH_4NO_2
			H_2S	还原剂用量少，升温小	因硫沉积而失活
	热分解	催化热分解		不需要还原剂	高温，反应慢，氧有活性
		非催化热分解		不需要还原剂	火焰温度高，进口 NO_x 要小于 500×10^{-6}
	吸附		活性炭	可回收硝酸	水分有影响
			分子筛	可回收硝酸	需要在低温下使用，定期再生
			Al_2O_3 硅胶	可回收硝酸	吸附容量小
	吸收		石灰	脱硫率高	要900℃高温
			碱金属、碳酸盐	40～45℃即可	要用熔盐，再生工艺复杂
	辐射		紫外线	方法简便	要收集处理气溶胶，难以工业化

续表

方法			添加剂	优点	缺点
湿法	碱吸收		NaOH、Na_2CO_3	吸收液价廉易得	NO_2 浓度低时效率差，副产物难处理
	酸吸收		H_2SO_4	可回收 NO	吸收后 H_2SO_4 要浓缩
			HNO_3	吸收剂无需外购	要低温操作
	液相还原		尿素、H_2O_2、Na_2SO_4	可同时脱除 NO_x 和 SO_x	吸收液要氧气氧化再生
	氧化吸收	液相氧化	$KMnO_4$	可回收 NO	吸收液要电解氧化再生
		气相氧化	O_3、ClO_2	可回收 NO	氧化剂成本高
	络盐吸收		$FeSO_4$	对 NO 有效	要再生

此外，在加压流程中还可采用强化吸收法（也称为延伸吸收法）。法国 Grand Paroisse 公司首先使用该技术，在酸吸收塔后增设强化吸收塔，用带压水逆流吸收残余 NO_x，所得稀硝酸送至主吸收塔，尾气中 NO_x 含量可小于 200mg/L[41]。我国在此基础上进行了改进［见"一种硝酸工业尾气中氮氧化物（NO_x）的废气资源化治理方法（CN103566739A）"］，在硝酸吸收塔与能量回收压缩机之间设置强化反应吸收塔，采用 10%～30%（质量分数）浓度的稀硝酸作为吸收剂，通过循环，实现对氮氧化物的强化反应吸收，可将其中 98%以上的 NO_x 转化为硝酸，排放尾气中 NO_x 的浓度低于 $100mg/m^3$，达到环保要求。

荷兰壳牌公司采用低温干法去除 NO_x 技术（SDS 技术），这是选择性催化还原技术（SCR）的一种，常规选择性催化还原技术的操作温度通常要求 200～300℃，而 SDS 技术可以在较低温度（适宜温度 130～380℃）下进行，可降低操作成本。尾气通过壳牌侧流反应器（LFR）与含氧化钛/氧化钒专利催化剂充分接触，与 NH_3 作用将 NO_x 转化成 N_2 和 H_2O，可使氮氧化物排放小于 $10～50cm^3/m^3$。目前丹麦、英国、荷兰的硝酸工厂均应用 SDS 技术，效果显著[41]。

国内常压和低压法大多采用碱吸收法处理硝酸尾气，该方法的排放尾气 NO_x 的浓度通常在 $800～1000mg/m^3$，国内硝酸尾气处理最好的水平是尾气浓度维持在 $400mg/m^3$ 左右[42]。随着我国对大气排放中 NO_x 的要求日益严格，硝酸生产厂逐渐选用或改造为催化还原法（选择性/非选择性），或者根据自身特点对不同尾气处理方法进行组合。例如，河北沧州大华集团有限责任公司一套高压法硝酸装置，原有技术硝酸尾气排放 NO_x 含量高达 $3750mg/m^3$，后采用强化法＋非选择性催化还原法的组合处理技术进行改造，在现有吸收塔后增设第二吸收塔，NO_x 依次通过两台吸收塔被水吸收，尾气继续被加热后经过催化燃烧器，与 H_2、CH_4 进行非选择性催化还原反应，最终尾气中 NO_x 浓度＜$400mg/m^3$[41]。

② 硝酸铵装置废气的治理。硝酸铵生产装置中的废气主要为造粒塔和干燥塔排放气中的粉尘与烟雾。造粒塔内粉尘是硝酸铵颗粒在降落过程中碰撞破碎而形成，大量烟雾则是热的硝铵熔融物表面蒸发出来的硝酸铵分解物在空气中扩散所产生。

在造粒塔内部通常安装一个集雾罩收集这部分含硝酸铵粉尘和烟雾最多的气体，约为造粒塔总排放气量的 25%，减小净化设备的体积并降低能耗[43]。在造粒塔和干燥器出口设置湿法洗涤器，废气通常采用两级洗涤处理，即造粒塔废气和干燥废气经造粒塔洗涤器和干燥洗涤器洗涤处理后，根据排放标准规定由排气筒高空排放[43]，氨的排放浓度＜$30mg/m^3$，粉尘的排放浓度＜$20mg/m^3$，洗涤回收的稀硝酸进入蒸发器进行提浓回用。

美国孟莫克 MECS 公司（原美国孟山都环境化学系统有限公司）在 20 世纪 70 年代采用了湿法洗涤除雾技术及高效气液混合气溶胶去除设备（布林克除雾器），去除造粒塔及造粒机尾气中的粉尘和烟雾，处理后造粒尾气的排放浓度在 6～12mg/m^3 之间。含造粒粉尘的尾气经过一个带洗涤装置的丝网，去除大粒径的造粒粉尘及液滴。连续喷淋设计使得设计尾气中所含的氨与吸收剂迅速反应并形成大量液态气溶胶，丝网上部连续布置的喷头也将气体充分湿润，之后布林克气溶胶处理设备将气体充分净化后排出，该系统可同时处理装置中产生的含物料蒸汽（硝铵中和蒸汽、蒸发二次蒸汽），解决系统蒸汽冷凝液排放问题。

6.3.3.2 废水

（1）废水的排放

硝酸及硝酸铵装置废水排放见表 6-19 及表 6-20。

表 6-19 某 10 万吨/年硝酸装置废水排放表

排放设备	废水名称	主要污染物及排放浓度/(mg/L)	排水量/(t/a)	排放规律	排放去向
氨辅助蒸发器	含氨废水	氨:20 石油类:10	72	连续	污水处理
地面冲洗	地面冲洗水	COD:500 BOD:140 氨氮:90 SS:440 石油类:150	936	间歇	污水处理

表 6-20 某管式反应器工艺 20 万吨/年硝酸铵装置废水排放表

排放设备	废水名称	主要污染物及排放浓度/(mg/L)	排放量/(t/a)	排放规律	排放去向
气氨预热器	二次蒸汽冷凝水	COD:100 氨氮:17.5 总氮:35.0	16937	连续	回用
降膜蒸发器	二次蒸汽冷凝水	COD:100 氨氮:17.5 总氮:35.0	42846	连续	回用
蒸发器冷凝器	蒸发器冷凝水	COD:100 氨氮:1290.5 总氮:1452.8	23087	连续	回用
结晶机	结晶机冷凝水	COD:100 氨氮:2292.0 总氮:2466.2	20745	连续	回用

（2）废水的治理

硝酸生产中的废水主要是地面冲洗水及设备排污等，主要污染物为氨氮。硝酸铵生产排放的废水污染物主要是在硝酸铵的蒸发及结晶过程中水蒸气夹带了部分硝酸铵及氨，冷凝后含氨及硝酸铵的工艺冷凝液被排出系统。硝酸铵生产装置中每生产 1t 硝酸铵需排出含有硝酸铵 3～5g/L、氨 2g/L 的废水 0.5～0.8t[44]。如果不进行处理，硝酸铵的含量远远超过环保允许的排放要求，并造成原料及产品的损失，因此必须经过减排处理。

硝酸及硝酸铵生产中除去氨氮早期常采用稀释法，随着我国对氨氮排放浓度及总排放量标准的逐渐提高，出现了物理、化学、生物等处理氨氮废水的多种方法，如吹脱汽提法、折点加氯法、化学沉淀法、膜分离法、离子交换法、生物脱氮法等，处理效果及适用范围各不相同。近年来，硝酸及硝酸铵生产装置中的废水处理较为先进的方法是电渗析法、反渗透法，以及在此基础上改进的电去离子法等[45]。

1）硝酸及硝酸铵废水处理的方法

① 稀释法。即将含氨及硝酸铵废水用水稀释达到排放标准后进行排放。国内早期的硝酸及硝酸铵生产装置常采用此方法，该方法不但造成大量水资源浪费还未能减少氨氮的总排放量。现在环保政策对总氮排放及单位产品基准排水量进行了严格规定，禁止了此废水处理方法。

② 吹脱汽提法。在废水中添加氢氧化钠调节 pH 值至碱性，生成氨气和硝酸钠，然后通过汽提吹脱出气氨，气氨可回收成氨水提浓后再利用，硝酸钠可直接排放。该方法工艺流程简单，氨氮脱除率可达 90%以上[46]。但是加碱易形成水垢，吸收效率对水温依赖度高，不适用于寒冷地区。其中的硝化物中的氮并没有被处理，因此该方法并不完全适用于处理含有硝酸铵的废水。

③ 化学沉淀法。在废水中加入磷酸钠、氯化镁等药剂，与氨氮进行化学反应生成磷酸铵镁沉淀（$Mg^{2+}+NH_4^+ +PO_4^{3-} \xlongequal{} MgNH_4PO_4$），该方法可处理高浓度氨氮废水，去除率可达 95%以上，磷酸铵镁可作为氮磷肥料使用。但是该法所使用的沉淀药剂价格较贵，因此常与生物脱氮法联合使用，先采用生物脱氮法脱除大部分氨氮，再采用化学沉淀法脱除剩余氨氮。另外，该方法并不完全适用于处理主要含有硝酸铵的废水。

还有一种类似化学沉淀法是向硝酸铵废水中加入氢氧化钠溶液，使硝酸铵与之反应生成氨气和硝酸钠，氨气可制成氨水进行回收；去除了氨的水经过调 pH 值、精密过滤、蒸发浓缩，得到纯度 98%（质量分数）以上的硝酸钠晶体。

④ 折点加氯法。折点加氯法是将氯气或次氯酸钠通入氨氮废水中，将废水中的 NH_3-N 氧化成氮气的化学脱氮技术。当废水中通入的氮气达到某一临界点时游离氯的含量最低，氨浓度降为零。当通入的氯气超过该点时则游离氯反而增加，因此需要研究加氯量的临界点。折点加氯法常与生物硝化法联用，先硝化再除微量残留氨氮。该法处理率高达 90%～100%，不受水温影响。该法用于处理浓度较低（<50mg/L）的氨氮废水较为经济。

⑤ 膜分离法。利用特殊膜对氨氮的选择透过性进行物理脱氮的方法，硝酸铵生产装置中常用的电渗析法、反渗透法等均属于膜分离法。膜分离法可以有效去除溶液中的微小颗粒及溶解盐，不消耗药剂，无二次污染，在节能和回收利用资源方面显现出巨大优势。但是膜易受污染，膜组件更换频繁，所以此工艺流程投入成本高，后期维护费用高。

⑥ 离子交换法。离子交换法采用沸石等对 NH_4^+ 有很强选择性的材料作为交换树脂，利用沸石中的阳离子与废水中的 NH_4^+ 进行离子交换达到脱氮目的。离子交换树脂成本低，对 NH_4^+ 的选择性强，工艺流程简单、投资省、去除率高，适用于中低浓度的氨氮废水（<500mg/L）。离子交换法须考虑树脂再生的问题，尤其对于高浓度的氨氮废水则需要频繁再生，再生液含高浓度氨氮，需要进行处理。

⑦ 生物脱氮法。生物脱氮是废水在不同种类微生物的联合作用下，将污水中氨氮经过硝化、反硝化等过程，最终转化为氮气的过程。其工艺简单易操作，能耗低，无二次污染。但是生物脱氮法需要添加碳源，在进行选择时需考虑稳定的补充碳的来源。

高浓度氨氮对微生物有抑制作用，甚至造成其死亡，因此生物脱氮法无法在如硝酸及硝酸铵生产装置这样高氨氮废水处理中单独使用，其需要与其他方法联合使用，例如采用膜-生物法联合脱氮技术，将膜分离技术与传统生物脱氮技术联合，先将氨氮脱除到一定数量再进行生物脱氮[46]。采用该方法可处理氨氮浓度为2000mg/L的废水，去除率可达99%以上，且操作稳定。

近年来国内外也出现了一些新的生物脱氮技术，为高浓度氨氮废水的脱氮处理提供了新的途径。如有短程硝化反硝化、好氧反硝化和厌氧氨氧化等[46]。

2）硝酸及硝酸铵生产装置废水处理的发展趋势。

在各种含氨氮废水处理工艺中，吹脱汽提、化学沉淀、折点加氯等方法虽然不同程度除去了氨氮，但是对于硝酸铵是通过将其生成稳定的铵盐沉淀或结晶之后排出系统，并未回收再利用，未达到节省原材料的目的。因此近年来在硝酸及硝酸铵生产装置中，工业化应用最多的是膜回收法，如电渗析法、反渗透法、电去离子法等，这些技术可将硝酸铵溶液提浓后返回系统再利用，降低原料消耗，无需添加药剂，也不像离子交换树脂那样需要酸碱频繁再生，消除了二次污染。

① 电渗析（ED）法。电渗析法是采用选择透过性离子交换膜，在外加直流电场作用下，以电位差为推动力，废水中的阳离子 NH_4^+ 和阴离子 NO_3^- 会分别向阳极和阴极移动，并分别通过阳离子交换膜和阴离子交换膜进行富集，从而达到除盐或浓缩的目的。电渗析法工艺流程分为中和调节和电渗析分离回收两部分，首先添加稀硝酸或氨对冷凝废水中的氨或稀硝酸进行中和反应，调节pH值至6左右，再采用电渗析膜法将冷凝液进行分离、浓缩。产出的淡水通常作为循环水系统的补充水，浓水则返回到硝酸铵装置循环使用。

电渗析法可使硝酸盐浓度从50mg/L降低到25mg/L以下，处理氨氮废水2000～3000gm/L，去除率可在85%以上，同时可获得8.9%的浓氨水。陕西兴化化学股份公司 3.0×10^5 t/a 硝酸铵装置成功应用了电渗析技术处理硝酸铵废水，实现了废水资源化回用，硝酸铵回收率超过99%，公司外排水氨氮含水量小于30mg/L，每天减排废水720t[47]。

电渗析法技术属于清洁工艺，无二次污染，相比反渗透技术耗电量少，但是电渗析器易发生透膜扩散现象和串水现象，即使增加处理用电渗析器的数量，也很难将废水中的氨氮量降低到≤10mg/L，要达到2010年发布的《硝酸工业污染物排放标准》要求，还需要进一步改进工艺。

② 电去离子（EDI）技术。2010年发布的《硝酸工业污染物排放标准》对硝酸及硝酸铵生产企业废水排放限值提出了更加严格的要求，常规吹脱汽提、化学沉淀、折点加氯法，甚至常规电渗析法等都很难达到直接排放的要求。为此在电渗析法技术上进行了改进，即电去离子技术，是一种在电渗析器的隔膜之间装填阴阳离子交换树脂，将电渗析与离子交换有机结合起来的水处理技术。在直流电场作用下，水不断电离为 H^+ 和 OH^-，这些离子与失效的树脂作用，再生为H型和OH型新鲜树脂，得到自再生，因此不需要对树脂进行再生，减少污染。电去离子技术适用于配置在电渗析流程后段，作为硝酸铵废水深度处理工艺。废水先通过电渗析装置，将氨氮浓度降低至15～40mg/L，然后继续通过电去离子装置深度处理，可使废水中的氨氮降到<5mg/L。

河南永昌硝基肥有限公司一套 1.5×10^5 t/a 的硝基复合肥装置，采用电渗析法处理氨氮含量为1000mg/L的硝酸铵废水，出水氨氮含量为10～20mg/L[48]。为了达到排放标准，在电渗析装置后串联一套电去离子深度处理硝酸铵废水系统，处理后的废水中剩余氨氮的质量浓度设计值<4mg/L，实际运行一年氨氮浓度未超过1mg/L[48]。采用电渗析结合电去离子

共同处理硝酸铵废水的方法，能耗低，操作简单，处理后的水可作为脱盐水或锅炉水回用，真正实现“零排放”。

③ 反渗透（RO）技术。反渗透分离法是利用半透膜两侧的压力差作为驱动力，借助膜的选择性将溶液的混合物进行分离及提浓。反渗透工艺先通过加稀硝酸或氨水对冷凝废水进行中和反应调节 pH 值，之后经过多级过滤——粗滤和精滤、超滤，以防止细小颗粒黏附在膜上造成堵塞，然后通过多级反渗透膜组，进行分离和提浓。

图 6-23 是鲁西化工集团硝酸铵装置采用反渗透法处理废水的应用。废水依次通过三级低压反渗透膜组，渗透水中的氨氮含量<6mg/L，达到排放要求，可进行回用。二级、三级等反渗透膜组排出的非渗透水（浓水）返回一级膜组前端进行循环，一级反渗透膜出来的浓水送至高压反渗透膜组进行浓缩，再将其返回硝酸铵合成装置循环使用[49]。

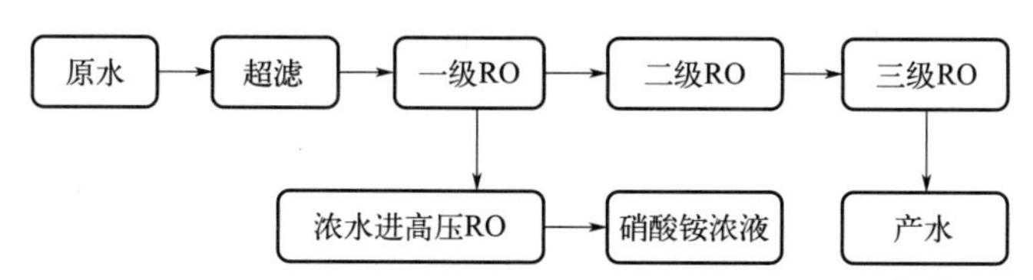

图 6-23 反渗透法处理硝酸铵废水工艺流程示意图[49]

反渗透工艺的淡化水与提浓水均可进行回用，处理后的废水中氨氮含量能够满足环保直接排放的要求，且占地小，易操作，属于近年来大力推广的清洁型废水治理技术。

国内已有专利（专利号 CN104291502A）采用集成膜技术处理硝酸铵废水，将超滤膜组件、反渗透膜组件、脱气膜组件和电去离子膜组件组成集成膜装置，经调节 pH 值的硝酸铵废水经冷却处理后，依次经这些膜组件，分别得到接近 10%的硝酸铵浓缩液，经蒸发结晶，回收得到硝酸铵固体产品，同时水中氨氮含量≤1mg/L，可作为脱盐水或锅炉补给水回用。

6.3.3.3 固废

硝酸装置的主要固废排放为氨氧化废催化剂。废催化剂中含有铂等贵金属，由生产厂家回收处理。典型的固废排放见表 6-21。

表 6-21 27 万吨/年硝酸装置固废排放表

固废名称	排放点名称	产生量/(t/次)	更换频率	主要成分	废物类别	处置方式
氨氧化废催化剂	氧化炉	0.14	一年一次	Pt、Rh	—	生产厂家回收，再生后使用

6.3.3.4 噪声

噪声主要是由压缩机、各类泵等动设备运转时所产生的噪声。

硝酸及硝酸铵装置主要噪声源、声学参数及治理措施见表 6-22、表 6-23。

表 6-22 硝酸装置主要噪声源、声学参数及治理措施

主要设备名称	台数	声压级/dB(A)	运行方式	降噪措施
三合一压缩机组	1	95	连续	建筑隔声，基础减振
泵	30	85	连续	建筑隔声，基础减振
风机	2	95	连续	消声器，外壳阻尼
尾气透平	1	95	连续	消声器

续表

主要设备名称	台数	声压级/dB(A)	运行方式	降噪措施
过滤器	3	90	连续	外壳阻尼
尾气分离器	1	80	连续	隔声操作室,外壳阻尼

表 6-23　硝酸铵装置主要噪声源、声学参数及治理措施

主要设备名称	台数	噪声/dB(A)	运行方式	降噪措施
泵	10	85	连续	建筑隔声,基础减振
风机	2	95	连续	消声器,外壳阻尼
压缩机组	1	95	连续	建筑隔声,基础减振

硝酸和硝酸铵装置除了要做还废气、废液、固废和噪声的防控与治理外，还要注意装置的防渗设计与管理，避免污染土壤和地下水。此外，在“双碳”目标下要做好节能降碳工作。

参考文献

[1] 蒋德军．合成氨工艺技术的现状及其发展趋势 [J]. 现代化工，2005，25 (8)：9-14，16.
[2] 张占一．新型氨合成工艺技术的特点及比较 [J]. 化肥设计，2011 (6)：48-52.
[3] Liu H Z. Ammonia synthesis catalyst 100 years: Practice, enlightenment and challenge [J]. Chinese Journal of Catalysis, 2014, 35 (10): 1619-1640.
[4] 陈建军，黄传荣，甘世凡．氨合成催化剂的研究开发与进展 [J]. 化工进展，2002 (6)：417-419.
[5] 向德辉，刘惠云．化肥催化剂实用手册 [M]. 北京：化学工业出版社，1992.
[6]《化肥工业大全》编辑委员会．化肥工业大全 [M]. 北京：化学工业出版社，1990：179-192.
[7] 化学工业部化肥司，化学工业部第四设计院．大型化肥装置基础资料汇编 [M]. 武汉：《氮肥设计》编辑部，1993.
[8] 曹占高，凌晓东，常怀春．我国氮肥工业技术状况 [J]. 化肥工业，2012 (1)：7-13.
[9] 中国石油化工集团公司．中石化安〔2011〕755 号：中国石化液氨生产使用储运安全管理规定 [R]. 2011.
[10] 韩涛涛．合成氨生产中的废气利用与节能效益 [J]. 中国石油和化工标准与质量，2018，38 (13)：9-10.
[11] 宋晓娜．合成氨废气综合利用制天然气工艺设计 [J]. 大氮肥，2021，44 (1)：70-72.
[12] 刘宾，韩菲．合成氨氢回收系统的改造与运行 [J]. 煤气与热力，2018，38 (11)：106-108.
[13] 殷文华，罗英奇，吴巍，等．变压吸附技术在合成氨行业的应用和发展 [J]. 低温与特气，2015 (1)：45-49.
[14] 张辉，赵红柳，冯树波．合成氨生产中含氨尾气回收工艺进展 [C]. 中国过程系统工程年会．2009.
[15] 朱丽萍．氨合成排放气回收利用的工艺选择 [J]. 河南化工，2019，36 (01)：36-38.
[16] 合成氨工业水污染物排放标准编制说明 [R]. 合成氨工业水污染物排放标准编制组，2008.
[17] 褚福琪．尿素装置紧急停车出现的问题及分析 [J]. 大氮肥，2021，44 (5)：310-312.
[18] 李珊珊，尿素合成工艺的比较 [J]. 科技情报开发与经济，2010 (11)：215-217.
[19] 包鹏飞，冯志花．高效合成及地能耗尿素工艺探讨 [J]. 化肥设计，2019，57 (1)：33-35.
[20] 沈华民．尿素装置节能与热量回收技术综述 [J]. 化肥设计，2012，50 (2)：1-8.
[21] 张翔华，肖俊山．水溶液全循环发尿素装置节能降耗综合技改总结 [J]. 中氮肥，2019 (5)：1-4
[22] 赵涛子，孙喜庆．减少氨气提法尿素生产工艺氨放空的优化措施 [J]. 大氮肥，2021，44 (2)：88-91，95.
[23] 王伟臻．关于我国尿素造粒塔环保改造问题的探讨 [J]. 氮肥与合成气，2008，46 (11)：16.
[24] 韦晓奇，陶社强．尿素造粒塔除尘系统的运行及优化 [J]. 大氮肥，2021，44 (4)：244-245，250.
[25] 张亚茹，杨科．尿素造粒塔塔顶增设粉尘回收装置总结 [J]. 中氮肥，2019 (3)：27-30.
[26] 张华．尿素造粒他设备布置与管道布置的设计要点 [J]. 化肥设计，2018，56 (4)：36-38.
[27] 白山，张明昊．国产尿素级超级双相钢不锈钢在汽提塔分布器上的应用 [J]. 大氮肥，2021，44 (3)：190-193，204.
[28] 杨淑海．Safurex 材料的腐蚀检测 [J]. 大氮肥，2021，44 (2)：127-130，134.
[29] 钱金龙．尿素汽提塔列管避免冲刷腐蚀试验及结果 [J]. 大氮肥，2021，44 (6)：361-363.

[30] 孙喜庆，徐浩．尿素生产异常工况处理方法 [J]. 大氮肥，2021，44 (3)：178-182，186.
[31] 曹金鑫，卢荔民，刘宏铭．高压洗涤器换热管泄漏原因分析与现场换管修复 [J]. 大氮肥，2021，44 (3)：187-189.
[32] 付磊，张明强，朱永忠．多措并举实现尿素装置优化运行 [J]. 大氮肥，2021，44 (5)：306-309.
[33] 吕雪峰．硝酸项目的清洁生产分析 [J]. 科技创新导报，2013，30：252-256.
[34] 程文红．硝酸生产技术改造和生产方法的选择 [J]. 云南化工，2009，36 (6)：53-55.
[35] 胡惠石．新建 60kt/a 浓硝酸装置技术改造总结 [J]. 硫磷设计与粉体工程，2019 (3)：24-27.
[36] 唐文骞，曲顺利．硝酸铵生产中的先进实用技术 [J]. 中氮肥，2009 (06)：13-15.
[37] 王效英，唐文骞．我国硝酸铵工业生产技术新进展 [J]. 氮肥技术，2008，29 (4)：33-34，54.
[38] 崔超．浅谈清洁生产在硝酸污染减排中的应用 [J]. 氮肥与合成气，2017，45 (7)：12-14.
[39] 李云岗．K-T 多孔粒状硝酸铵装置存在问题及改进 [J]. 大氮肥，2021，44 (3)：175-177.
[40] 《化肥工业大全》编辑委员会．化肥工业大全 [M]. 北京：化学工业出版社，1990：318.
[41] 杨爱霞，王久昌．硝酸尾气处理技术分析及应用 [J]. 当代化工，2013，42 (6)：791-793，802.
[42] 汪家铭．硝酸尾气高效组合处理工艺及应用 [J]. 泸天化科技，2008 (4)：315-318.
[43] 《化肥工业大全》编辑委员会．化肥工业大全 [M]. 北京：化学工业出版社，1990：361.
[44] 唐文骞．浓硝酸、硝盐生产中废水处理方法探讨 [J]. 化肥设计，2008，46 (6)：54-55.
[45] 李勇．硝酸铵装置工艺废水处理及回收利用 [J]. 煤化工，2021，49 (4)：70-72.
[46] 先元华，吴修洁．高浓度硝铵废水处理技术研究 [J]. 当代化工，2013 (10)：1461-1464.
[47] 汪家铭．利用电渗析技术处理硝酸铵冷凝废水 [J]. 泸天化科技，2009 (2)：184-196，193.
[48] 王方，王明亚，马福江，等．电去离子技术深度处理硝酸铵废水工程实例 [J]. 工业用水与废水，2013，44 (6)：74-76.
[49] 张来明，贾荣畅．鲁西化工硝铵生产工艺废水处理反渗透的应用情况 [J]. 山东化工，2017，46 (8)：172-174，177.

7 煤制氢、天然气过程污染控制与治理

煤制氢煤经气化、合成气净化（一氧化碳变换、酸性气体脱除、制冷）、氢气提纯等关键工序后，获取不同纯度的氢气。煤制天然气煤经气化、合成气净化（一氧化碳变换、酸性气体脱除、制冷）等工序后，合成气达到甲烷合成所需氢碳比，再经甲烷化产出天然气。煤制氢和煤制天然气依据气化技术和产品方案的不同，生产过程中产生的污染物、清洁化生产措施和资源化利用路线也各不相同。本章主要从正常生产操作、开停车和检维修等各方面，对生产过程中的污染物特性和资源化利用进行分析。

7.1 煤制氢

7.1.1 煤制氢过程技术概述

煤制氢配套气化技术主要有气流床、流化床和固定床气化等，均有相关的工业化运行装置。流化床因其操作压力低，单炉产能小，应用较少。如灰熔聚流化床粉煤气化压力为0.25MPa(G)，因气化强度偏低导致气化炉容积较大；飞灰循环造成设备和管线系统易于磨蚀。灰熔聚流化床粉煤气化炉产生的粗合成气含尘量小于$10mg/m^3$，水气比（摩尔比）为0.6，合成气一般需在氢气提纯后经压缩才可并入氢气管网。

煤制氢采用固定床气化技术的也较少，固定床气化粗合成气中CH_4和CO_2含量偏高，CO和H_2含量较低。低蒸气分解率导致未分解的蒸气冷却后进入废水中，造成废水量大且含有焦油和酚等有机质，使废水处理工艺复杂、成本较高。但是固定床气化原料适应范围广，可气化褐煤到无烟煤，特别是气化水分、灰分较高的劣质煤。若采用固定床气化工艺制氢，粗合成气中含有10%左右的CH_4，相对一氧化碳变换和酸性气体脱除为惰性气，导致设备和管道的规格尺寸增大。另外，粗合成气中含有氧气、硫化氢、焦油和酚类等介质，后续的一氧化碳变换工艺要求先除氧再进行变换，其催化剂要求为耐硫和耐油；变换气中含有

石脑油，要求酸性气体脱除采用石脑油萃取工艺。

气流床气化技术是制氢装置的主流技术，属于加压气化技术，其煤种适应性强，气化过程中不受原料煤的黏结性、机械强度、热稳定性的影响，只是有些煤质不适合制成水煤浆；气流床气化温度高，气化强度大，粗合成气中不含焦油、酚等介质。一氧化碳变换和酸性气体脱除单元配置简洁，目前主流的气流床气化包含水煤浆气化和粉煤气化，本节就水煤浆气化和粉煤气化配套的制氢工艺进行说明。

7.1.2 煤制氢工艺

(1) 水煤浆气化制氢工艺

水煤浆气化制氢工艺装置一般包括气化、一氧化碳变换、酸性气体脱除、制冷、氢气提纯（甲烷化或 PSA）等工序。由于最终产品为氢气，因此采用一氧化碳深度变换流程。利用酸性气体脱除对深度变换产生的 CO_2 和 H_2S 等进行脱硫脱碳；针对脱硫脱碳后的粗氢气中含有少量 CO 和 CO_2，再采用甲烷化或 PSA 对其进行提纯[1]，达到合格指标的氢气并入管网。

水煤浆气化压力为 3.0～8.7MPa(G)，水煤浆与氧气在气化炉内进行非催化部分氧化反应，其合成气有效成分（$CO+H_2$）为 82%～83%，碳转化率为 98%，比煤耗为 550～600kg/1000m^3 有效气（$CO+H_2$，标况），比氧耗为 380～400m^3/1000m^3 有效气（标况）[2]；采用石油焦和煤进行配浆气化，可以显著降低比煤耗和比氧耗。若以神华煤 75%、石油焦 25%进行配浆时，比煤（焦）耗为 521～550kg/1000m^3 有效气，比氧耗为 350～380m^3/1000m^3 有效气。以某水煤浆气化 1.8×10^5m^3/h 制氢装置为例，其 1000m^3 纯氢（标况）能耗 18.83GJ，折合标准煤 0.64t。水煤浆气化要求煤浆具有良好的稳定性与流动性、较低的灰熔点和易泵送等特性[3]；对原料煤的灰分、灰熔点、水分、可磨性、成浆性及化学活性等也均有一定的要求。

水煤浆制氢一般采用激冷工艺，根据水煤浆气化粗合成气的特点，CO 和 H_2 的含量基本相当，粗合成气中水气比高（1.3～1.5），变换炉发生超温风险低[4]。粗合成气中含有的 COS 可在高水气比工况下进行转化，避免了酸性气体脱除尾气中硫含量超标。

(2) 粉煤气化制氢工艺

粉煤气化制氢工艺装置跟水煤浆气化制氢相同，主要区别在于气化和变换工艺流程设置。粉煤气化配套净化和氢气提纯工艺与水煤浆配套大致相同，在此不再赘述。

粉煤气化采用干粉煤进料，气化压力通常为 4.0MPa(G)。粉煤气化采用高压 N_2 或 CO_2 输送粉煤进入气化炉，粉煤气化对煤种的适用范围宽，对煤的粒度、黏结性、含水量、含硫量及灰分含量不敏感。对于灰熔点较高的煤质，需要加入助熔剂以降低其灰熔点[5]。其合成气有效成分可达 90%以上，碳转化率为 99%，比煤耗为 550～600g/m^3 有效气（标况），比氧耗为 0.33～0.36m^3/m^3 有效气（标况）[6]。以某粉煤气化 1.2×10^5m^3/h 制氢装置为例，其 1000m^3 纯氢（标况）能耗 11.59GJ，折合标煤 0.39t。

粉煤气化的粗合成气中 CO 含量较高，通常可达 60%以上，甚至可达 70%。变换反应的推动力大，催化剂床层存在发生飞温的风险[7]。粉煤气化包含废锅型和激冷型，粗合成气水气比一般在 1.0 以下，在催化剂初期均需要补充一定的蒸汽才可满足深度变换的要求[8]。粗合成气中含有的 COS 在低水气比工况下难以进行有效转化，需设置 COS 水解反应以促成其转化。

7.1.3 煤制氢工艺过程及清洁化生产措施

（1）工艺生产过程

煤制氢过程涉及的工艺装置主要有空分、气化、一氧化碳变换、酸性气体脱除（含制冷）和氢气提纯。其工艺流程见图 7-1。

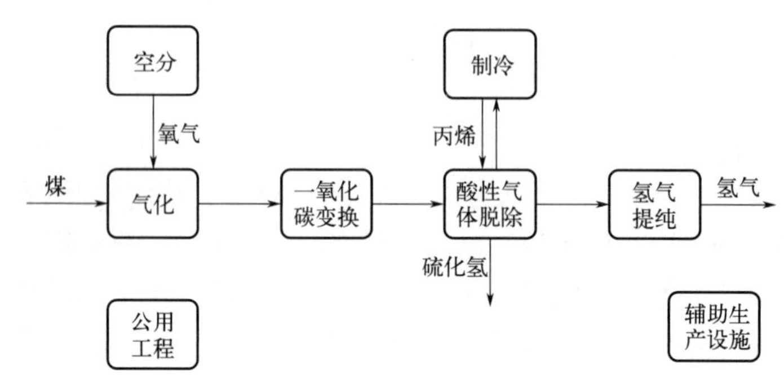

图 7-1 煤制氢工艺流程示意图

除了磨煤工段的差别外，水煤浆气化制氢工艺与粉煤气化制氢工艺产生污染物的位置大致相同，污染物组成和处理方案基本相同。本节以水煤浆气化制氢工艺为例进行简要说明。

水煤浆加压气化是以煤和氧气为主要原料，采用气流床反应器，在高温、高压条件下进行非催化部分氧化反应，生成以 CO、H_2 为有效成分的粗合成气，经增湿、降温、除尘后，送至一氧化碳变换装置进行深度变换。同时，将气化炉和洗涤塔中产生的黑水经闪蒸、沉降、过滤系统处理，以达到回收余热及灰水再生、循环使用的目的，产生的粗渣及细渣经过处理综合利用或无害填埋。

粗合成气经过一氧化碳变换调节氢碳比和工艺余热回收后进入酸性气脱除装置。变换气在酸性气脱除装置脱除硫化氢和绝大部分二氧化碳等有害组分后，净化气进入甲烷化或变压吸附装置提纯氢气，提纯后的氢气输送至管网使用。酸性气脱除和甲烷化装置需要的－40℃和＋4℃冷量由丙烯或氨制冷机组提供。

（2）清洁化生产措施

1）工艺系统配置方面

① 严格工艺控制指标，降低污染物排放量。煤制氢产品为氢气，一氧化碳变换工艺控制指标要求 CO 干基含量＜0.4%（体积分数），以避免甲烷化装置发生飞温风险，或降低变压吸附装置规模和减少弛放燃料气量。酸性气体脱除尾气中 H_2S 含量＜$10cm^3/m^3$，通过贫甲醇消耗量控制尾气中 H_2S 含量满足相关排放指标要求；利用脱盐水喷入量控制外排甲醇指标达到标准，即尾气中甲醇含量＜$35cm^3/m^3$。

② 酸性气体脱除尾气冷量综合利用，减少循环水消耗。酸性气脱除尾气洗涤塔排空的尾气温度相对较低，一般为 10～11℃，且排放量较大，冷量相对较多。利用尾气和气化外排灰水进行换热，可以对尾气中的冷量进行综合利用，减少由气化装置外排灰水降温而导致的循环水消耗。

③ 减少系统压降，降低能耗。煤制氢系统运行压力的确定与氢气并网压力、设备的材料和规格尺寸、操作运行成本、检维修等方面有关。

氢气并网压力高，采用相对高的气化压力，可减少氢气压缩机压比，降低能耗。当气化压力采用 8.7MPa(G) 时，可以降低氢气压缩机功耗或者直接取消设置压缩机，但导致设备和管道材料等级提高，设备制造难度大，国产化程度低，装置投资成本增加；气化压力为 4.0MPa(G) 时，同规模装置处理的工艺气体积流量大，设备的规格尺寸和投资也相应增加。低温甲醇洗由于低压下甲醇对酸性气体吸收能力下降，导致甲醇的循环量和冷量的增加，甲醇循环和制冷系统的操作成本增加；选择气化压力为 6.5MPa(G)，气化和净化装置系统配置更合理，整个装置投资降低，酸性气体脱除冷量消耗和吨氢生产成本相对较低。针对具体工程，通过技术经济的综合比选确定气化压力，使煤制氢装置投资和能耗达到最优，降低装置的污染物排放。

④ 优化操作控制参数，降低能耗和污染物排放。合理确定氢气产品并入管网压力及各装置的系统压降，以便合理确定气化系统操作压力与设计压力，避免实际运行中操作窗口太窄和装置高负荷运行受限。

由于石油焦的化学活性较差，在不同的石油焦掺烧比例下，应及时调整诸如磨煤粒度、氧碳比、操作温度等参数，以求达到最佳的转化率和能效[9,10]。

气化废水中钙镁离子与煤质息息相关[11]，通常废水中总硬度（折合碳酸钙）可达 1000mg/L 左右，在温度发生变化的区间更易发生结垢。为了降低气化外排废水的温度，可对气化灰水闪蒸系统设置合理的压力梯度和真空泵能力，避免设置废水冷却器，同时减少了循环水的消耗量。

⑤ 统筹优化换热网络，提高工艺余热回收利用率。工艺生产过程中存在相当数量的副产蒸汽，综合利用不同等级的热能，做到高能高用，能级匹配，从而可有效节约利用能源。对于变换装置的低温热，采用梯级回收利用余热，即先预热锅炉水多副产蒸汽，再进行预热脱盐水。富余的低温热再采用冷媒水回收热量后进行低温水冷发电，使系统中低温热得到充分有效利用[12]。

为了提高一氧化碳变换装置入口粗合成气水气比，来自水煤浆气化装置旋风分离器、气化炉和水洗塔的黑水先进入高压闪蒸塔下塔进行闪蒸，闪蒸压力控制为 1.2～1.5MPa(G)，低压闪蒸塔闪蒸压力控制为 0.2～0.5MPa(G)。利用两塔之间压力差，高压闪蒸塔闪蒸液相自流至低压闪蒸塔中进行二次闪蒸。低压闪蒸塔的闪蒸气相和压力为 1.0～1.2MPa(G)、温度为 70～80℃的灰水进行直接接触换热。加热后的 130～140℃的灰水利用低压灰水泵加压至 1.4～1.5MPa(G) 送至高压闪蒸塔上塔，与其闪蒸气相进行二次直接接触换热。最终换热后的灰水温度为 190～195℃，再利用高压灰水泵加压送至水洗塔。此措施不仅可降低一氧化碳变换超高压蒸汽的消耗，而且还减小了外排废水量，减小了灰水处理的设备规格尺寸，降低了投资。

利用低温脱盐水或冷媒水对凝液回收系统闪蒸出的蒸汽热量进行回收，避免采用循环水冷却器消耗循环水或者喷入脱盐水增加外排凝液量。

⑥ 提高废水资源化利用率，降低废水污染物排放。装置之间的联合打破了装置用能自成体系的局面，做到互相协调、取长补短。变换蒸汽发生器间歇和连续排污属于清净下水，送至循环水系统进行回用，降低新鲜水补充量。变换气经分级余热回收后，180℃以上的高温变换冷凝液利用工艺冷凝液加热器回收余热后送至气化工序循环使用，180℃以下的低温变换冷凝液与低温甲醇洗的低温冷凝液混合后进入冷凝液汽提系统。利用低压蒸汽对冷凝液进行汽提，将冷凝液中溶解的大部分 CO_2 和少量 H_2S 及 NH_3 汽提出来，汽提后的冷凝液返回气化工序循环利用，降低了新鲜水用量和废水排放量。

酸性气体脱除产生的含醇废水，此废水中无机盐类成分较少，有机物含量偏高，可以作为磨煤机的磨浆水[13]。一方面提高了水煤浆中碳含量，另一方面也降低了新鲜水用量和污水排放量。另外，也可把此股废水送至污水处理装置，作为生化处理反硝化的碳源，降低了外加碳源甲醇的消耗，达到“以废治废”的目的。

对于气化装置灰水槽及酸性气体脱除装置排放的废水，经收集后，连同生活污水、地面冲洗水送污水处理厂含油污水处理系统，利用隔油＋气浮＋生化＋氧化工艺处理达标后回用；对于动力区和空分循环水厂排水送中水回用装置，采用高效反渗透技术处理后回用；废水处理及回用装置排出的高含盐废水排至高含盐浓缩结晶装置，进一步处理后，达到近零排放的要求。因此，对污水系统划分实行了污污分流、清污分流，确保废水得到合理的处置和资源化利用。

⑦ 灰渣的资源化利用。真空带式抽滤机产生的细渣含水率高达 60%，残炭含量高，经晾晒和锅炉燃料煤混合后送至锅炉内进行掺烧处理，可降低固废的排放量，还可以将燃烧后的锅炉灰渣作为水泥生产的原料[14]，达到“变废为宝”的效果。

⑧ 严格控制尾气排放。对含少量 CO、H_2 和 H_2S 的捞渣机放空气及灰水闪蒸的真空泵排放气可进行统一回收并综合利用。例如，加压回用至动力中心的新风入口，不仅减少有毒可燃气体的现场放空，还改善现场的作业环境。

灰水闪蒸系统产生的高闪气送硫回收或进行回收利用。例如，加压返回至粗合成气系统中，不仅可以回收高闪气中的有效组分 CO 和 H_2，又可以降低操作成本和能耗[15,16]。也可利用高闪气的温位和压力能将其作为变换汽提系统的汽提气，既降低了汽提蒸汽的消耗量，高闪气的温位也得到合理有效的利用[17]。

灰水处理单元产生的除氧器放空气，含有大量水蒸气，不能直接送往废气焚烧炉，可在除氧器放空气出口管线设置间接换热，使放空气中的蒸汽大部分冷凝，冷凝液返回灰水系统循环利用，少量不凝气送往硫回收统一处理。气化低闪气中有效气含量低，酸性气含量高，直接送入硫回收进行处理。

酸性气脱除装置含 H_2S 的酸性气，送至硫回收装置生产硫黄或浓硫酸产品。酸性气体脱除 CO_2 的捕集率在 30%～40%之间，捕集的 CO_2 产品气可以循环利用，用于粉煤气化输送粉煤的载体，不仅降低了 CO_2 温室气体排放，而且增加了有效气含量[18]；捕集的 CO_2 产品气在多个领域能够综合利用，例如化工应用、物理应用和生物应用等，具有绿色环保和经济效益的双重价值。

对于酸性气体脱除内部固定顶甲醇储罐，存在无组织排放废气产生。因此设置氮封系统，以减少小呼吸废气的排放。此外，在储罐顶部设有气相平衡管，在装罐时与槽车顶部相通，装罐时产生的大呼吸废气通过平衡管进入槽车内，避免了大呼吸废气的排放。

⑨ 优化开停车设计和流程、缩短开停车时间。开车时，可以利用氮气对变换和酸性气体脱除进行充压，维持两者与气化装置一定的压差。当气化开始导气时，可以较快的导气速度进行，缩短了后续装置利用粗合成气充压的时间，也可降低粗合成气和净化气的排放量[19]，缩短了向火炬泄放的时间。

短暂停车时，酸性气体脱除可以保压并维持甲醇循环连续，甲烷化也可以进行保压操作。当进行后续开车时，可以降低气化装置的粗合成气排放量和缩短放空时间，另外也缩短了开车时间，最终减少了废气的排放量。

当气化停车时，装置内不合格的废水先利用管线输送至全厂不合格污水罐中进行临时储存，最后利用污水处理装置处理达标后排放。

非正常工况下，如开、停车和事故工况下，各工段大部分工艺气直接送火炬燃烧，通过燃烧可减少有害物质排入大气。火炬作为工艺装置的保安手段，安全阀排放气送入火炬，使系统操作稳定。

装置检维修产生的废水如管道冲洗水、酸洗水等事先集中储存，后利用污水处理装置处理合格后排放，避免现场废水随意排放。

⑩ 以本质安全设计保障装置的环保性能。在工艺流程设计阶段，应先进行工艺和系统的危害分析，详细分析生产中所涉及的物料和操作条件的本质安全危害（如火灾、爆炸、中毒、烫伤、窒息等）以及危害发生的条件，提出控制方案和控制指标，明确生产装置的污染源。采用合适的标准规范，对法兰、阀门等管道元件进行压力等级设计，并根据管道材料的力学性能，对管子、管件等管道元件进行必要的强度计算，使各类管道元件满足装置生产过程的强度及刚度要求。管道材料选择应满足工艺条件，并符合相关的国家标准。管道元件的结构设计应合理，应满足工艺操作及管道元件制造、安装、检验等要求，并符合相关的国家标准。采用合适的标准规范对容器及工业炉各受压、受力零部件进行必要的力学分析，使各类设备满足装置生产过程的强度及刚度要求。材料选择应满足工艺条件的要求，并符合相关的国家标准的要求。

2）工艺控制方面

① 先进控制系统。先进控制系统应用于煤制氢装置，可以有效克服各装置的负荷波动，提高了装置间控制水平和自动化程度。先进控制系统可以合理分配各个气化炉的操作负荷，减少因后续装置需氢量减少而导致的部分氢气放空；此外，还可以优化气化炉的操作温度，提高粗合成气中有效气比例。对于变换装置，可以根据粗合成气中的水气比变化灵活控制各个变换炉之间的温升，在保证变换气中 CO 含量的前提下优化换热网络，实现装置的长周期稳定运行。对于酸性气脱除装置，可以根据运行负荷变化优化醇气比控制，保证氢气中硫化物及 CO_2 指标满足控制要求。

② 分散型控制和紧急停车系统。DCS 系统除完成各装置的基本过程控制、操作、监视、管理之外，同时还完成顺序控制和部分先进控制，可以保证各装置间安全平稳运行；根据煤制氢各生产装置不同的特点，配备重要的安全联锁保护、紧急停车系统及关键设备联锁保护设置安全仪表系统，保证装置在应急状态下安全停车。如气化装置的气化炉，当燃烧室温度超过控制指标时，设置紧急停车系统以避免高温损坏气化炉本体设备；当气化炉内氧煤比超过一定指标时，为避免过氧发生风险，设置紧急停车系统；对于测量氧气管线压力和气化炉粗合成气压力，为避免发生反窜风险，此类仪表也均进入安全仪表系统。

利用各装置的自动化控制水平保证各装置的稳定运行，全系统的自动化整合解决了系统间的波动问题，保证了装置的连续稳定运行。如当气化装置气化炉跳车时，根据气化炉跳车台数，合理设置各上、下游装置运行负荷，避免负荷不匹配导致部分有毒可燃物质放空。

③ 其他方面。储存、输送酸和碱等强腐蚀性化学物料的区域应设置围堰，围堰的容积应能够容纳最大罐的全部容积，其围堰和地面应作防腐和防渗处理。围堰内的废水应排至中和池进行中和处理，中和池设高液位报警避免发生溢流。如酸性气体脱除装置属污染防渗区域，地坪采用不发火花抗渗地坪。含油污水池、地下污甲醇罐等特殊污染防治区按照重点污染防治区防渗结构进行防渗；混凝土池体采用防渗钢筋混凝土，池体内表面涂刷防渗涂料。

水煤浆或粉煤制氢的气化、一氧化碳变换、酸性气体脱除和氢气提纯装置均属于甲类生产装置，生产过程中使用的原料、化学品及辅助原料大多数都属于易燃、易爆、毒性物质，因此对有防火要求的构筑物，耐火等级为二级，耐火极限不低于 1.5h，钢结构防火涂料可采用无机并能适用于烃类火灾的防火涂料。

工厂总图布置应满足工艺流程要求，方便生产管理，保证生产操作安全，有大量公路物料运输的装置尽可能布置靠厂外公路一侧，便于交通运输顺畅。生产装置宜联合布置、集中控制、统一管理，公用工程和辅助设施宜靠近负荷中心。总图布置满足生产工艺要求，功能分区合理，如将装置、储罐、公用工程设施、装卸设施、办公设施分区集中布置。为生产装置服务的原料储罐、中间储罐、循环水、动力设施等靠近装置布置；生产工艺流程中的上下游装置宜联合布置或靠近布置。工厂发展端与总平面布置合理结合，使未来的发展与原总平面布置形成良好的整体格局。

根据工艺流程及物流走向合理布局，最大限度地减少物流的折返。

进入各装置的工艺及供热管道的出入口位置需结合装置布置情况综合确定，为减少各装置和装置联系管廊之间的交接界面，每个装置和装置联系管廊的接口数量应尽可能少且在满足工艺、应力和结构要求的前提下，管道布置尽可能短，弯头尽可能少。

装置外部工艺及热力管道设计应本着满足工艺，集中布置，少占场地，方便操作、生产、施工、维修，整齐美观和经济合理的原则进行。

7.1.4 煤制氢工艺过程污染物排放及治理

7.1.4.1 水煤浆制氢工序的污染物及其治理状况

本节以 $1.0\times10^5 m^3/h$(标况）水煤浆制氢装置为例，对连续排放的典型物质排放量及治理措施进行归纳总结。

(1) 废气

气化装置废气连续排放的主要来源有：渣池排放气、真空泵排放气。气化装置废气具有异味及腐蚀性等特点。依据工艺流程及原料不同，其成分往往复杂多样，通常含有微量 H_2S、CO、NH_3 等挥发性气体。

酸性气体脱除装置连续排放的废气主要是尾气洗涤塔的含醇 CO_2 尾气，主要污染物通常为 CO_2 和 CH_3OH。

对水煤浆制氢装置连续排放的废气进行归纳总结，见表 7-1。

表 7-1 $1.0\times10^5 m^3/h$ 水煤浆制氢废气排放

排放装置名称	排放设备名称	流量(标况)/(m^3/h)	排放方式	主要污染物(体积分数)/%	排放去向
气化装置	渣池	400	连续	CO_2:3.57;H_2:1.48;CO:1.14;H_2S:0.017	锅炉新风入口
	真空泵	50	连续	CO_2:72.4;H_2:1.7;CO:1.1;H_2S:0.7	锅炉新风入口
酸性气体脱除装置	尾气洗涤塔	72000	连续	CO:0.016;H_2:0.101;CO_2:88.44;CH_4:30cm^3/m^3;CH_4O:30cm^3/m^3	高点放空
无组织装置	储罐呼吸排气		间歇	CH_4O:0.024kg/h	无组织排放
	工艺装置		间歇	H_2S:0.05kg/h NH_3:0.11kg/h CO:2.3kg/h	无组织排放

(2) 废液

煤气化废水主要指煤气化生产有效气（$CO+H_2$）产品过程中排放至下游的工艺废水。

一氧化碳变换装置产生的工艺废液主要有锅炉排污水、CO_2 汽提塔和 NH_3 汽提塔废水。酸性气体脱除装置产生的含醇废水中由于甲醇含量为 90mg/L 左右，可以直接作为水煤浆磨煤制浆的原料。

甲烷化装置产生的工艺凝液主要含水，其余为氢气、甲烷等，送入一氧化碳变换凝液汽提系统进行处理。

对水煤浆制氢装置连续排放的废水进行归纳总结，见表 7-2。

表 7-2　$1.0\times10^5 m^3/h$ 水煤浆制氢废水排放

排放装置名称	排放设备名称	流量/(m^3/h)	排放方式	主要污染物浓度/(mg/L)	排放去向
气化	灰水槽	50	连续	pH:7~9;SS:85; NH_3-N:310;Cl^-:90; COD:320;BOD_5:180; 甲酸盐:930;CN^-:0.5 Ca^{2+}:220~250	污水处理厂
耐硫变换	CO_2 汽提塔/ NH_3 汽提塔	约 1.0	连续	H_2S:0.07%(摩尔分数); NH_3:6.0%(摩尔分数)	污水处理厂
	锅炉排污分离器	约 0.5	连续		循环水厂
酸性气体脱除	甲醇水分馏塔	约 2.5	连续	CH_3OH:90mg/kg	磨煤机
甲烷化	排污罐	约 0.1	连续	H_2:0.04%(摩尔分数); CH_4:0.001%(摩尔分数); H_2O:99.96%(摩尔分数)	变换凝液汽提

(3) 固废

固体废渣主要来源有：气化反应后经锁斗排至渣池的粗渣和经过三级或四级闪蒸后的灰水经脱水后得到的滤饼（细渣）。

一氧化碳变换产生的固体废渣主要是脱毒槽的吸附剂、变换炉的催化剂等。脱毒槽的吸附剂为氧化铝瓷球，对粗合成气携带的灰尘进行阻挡，为一般固废，由具有资质的单位进行回收利用；变换炉的催化剂的主要成分为 CoO 和 MoO_3，含有重金属，属于危险废物，需要具有资质的单位或催化剂厂商进行回收处理。

甲烷化产生的固体废渣主要有脱毒槽的脱硫剂和甲烷化炉的催化剂。由于甲烷化催化剂不耐硫，因此甲烷化反应器前端需要利用吸附剂对粗氢气进行精脱硫。由于脱硫剂的主要成分为 ZnO，因此反应后的成分转变为 ZnS。甲烷化反应器的催化剂为镍系，含有重金属，需要委托具有资质的单位进行回收利用。

对水煤浆制氢装置连续排放的废渣进行归纳总结，见表 7-3。

表 7-3　$1.0\times10^5 m^3/h$ 水煤浆制氢固废排放

排放装置名称	排放设备名称	排放量/(t/a)	排放方式	主要组成(质量分数)/%	去向
气化	捞渣机	约 24500	连续	残炭 14%;灰 22%; 水 40%	出售
	真空抽滤机	约 41000	连续	残炭 40%;灰 15%; 水 40%	出售

续表

排放装置名称	排放设备名称	排放量/(t/a)	排放方式	主要组成(质量分数)/%	去向
变换	脱毒槽	约15	三年一次	飞灰,Al_2O_3	厂家回收
	变换炉	约60	三年一次	CoO:3.5%;MoO_3:8.0%; 混合稀土:0.5%; MgO和Al_2O_3:少量	厂家回收
甲烷化	甲烷化炉	约6	三年一次	Ni:≥21%; Al_2O_3:24%~30.5%; MgO:10.5%~14.5%; Re_2O_3:7.5%~10%	厂家回收
	脱硫槽	约5	三年一次	含ZnS	厂家回收

(4) 噪声

尽可能选用较为先进的低噪声设备，以降低噪声源强；采用“动静分离”的原则进行设备布局，对高噪声源远离厂界布置等，同时针对高噪声源可与厂外道路之间布置若干低噪声建筑设施；对高噪声设备采取消声和隔声等措施；加强设备日常维护，确保设备运行状态良好，避免设备不正常运转产生的高噪声现象。确保厂界噪声满足《工业企业厂界环境噪声排放标准》要求。主要噪声排放源为各类压缩机和机泵，对主要噪声源进行归纳总结，见表7-4。

表7-4　$1.0\times10^5 m^3/h$ 制氢项目水煤浆制氢主要噪声源及治理措施

设备名称	声压级/dB(A)	排放方式	降噪措施
磨煤机	85~90	连续	低噪声电机
输送泵	85~90	连续	低噪声电机
压缩机	105~110	连续	建筑物隔声、减振+隔声罩
风机	80~85	连续	减振+隔声罩

7.1.4.2　粉煤制氢磨煤工序的污染物及其治理状况

(1) 废气

废气均为连续排放，主要有原煤仓排风机及循环风机出口排放的煤粉，这些颗粒物均经高空排入大气中，见表7-5。

表7-5　70t/h 磨煤干燥系统废气排放一览表

排放设备名称	流量/(m^3/h)	排放方式	主要污染物(体积分数)/%	排放去向
原煤仓排风机	1600	连续	0.0078(10mg/m^3)	大气
循环风机出口	26000	连续	0.1167(10mg/m^3)	大气

(2) 噪声

生产过程中噪声主要来源于设备机械噪声，主要噪声源有磨煤机及各类风机等，见表7-6。

表7-6　70t/h 磨煤干燥系统主要噪声源及治理措施

设备名称	声压级/dB(A)	排放方式	降噪措施
磨煤机	85~90	连续	低噪声电机

续表

设备名称	声压级/dB(A)	排放方式	降噪措施
燃烧空气鼓风机	85～90	连续	安装消声器
循环风机	85～90	连续	加隔声罩
密封风机	85～90	连续	安装消声器

煤制氢过程与煤化工生产乙烯、乙二醇、煤制油、煤制天然气相比，其单位原料煤的CO_2排放量最大，因此，应考虑与低碳原料和可再生原料如煤层气、生物质、废塑料等耦合制氢，或与绿电耦合以降低碳排放量。

7.2 煤制天然气

7.2.1 煤制天然气技术概述

煤制天然气配套气化技术主要包括气流床气化和固定床气化，目前均有相关的工业化运行装置。常见的煤制天然气配套气流床气化技术主要有水煤浆气化，固定床气化技术主要有固态排渣碎煤加压气化。

固定床气化由于其粗合成气中所含CH_4较高，即在气化装置就生产了部分产品，这不仅降低了甲烷化的反应负荷，相应的甲烷合成气需求量大幅下降，同时气化、变换、酸性气体脱除负荷也随之显著下降，装置整体运行的动力消耗明显降低。根据相关计算，粗合成气中CH_4含量为6%时，甲烷化合成气需求量可降低22%，当CH_4含量达到12%时，合成气需求量可降低45.3%。

CH_4作为惰性气体，不影响反应，损耗也很小。因此在气化过程中反应生成甲烷最有利于降低煤制天然气项目工艺装置的整体规模。

其次，固定床气化粗合成气中的H_2/CO比值越接近甲烷合成体积比3∶1，变换负荷就越低，反应所需水分就越少。由于固定床气化炉加入了大量蒸汽控制气化温度，从而产出了较多H_2，所以变换反应负荷与水分消耗都明显降低。

换言之，系统中水分加入的位置对于工艺装置整体指标有较大影响，若气化单元消耗水分较少，粗合成气中CO含量较高，则需要在变换中补入更多的蒸汽。因此在气化反应过程中通过水煤气反应、变换反应产生更多氢气，可有效降低后续工艺装置的负荷。

另外，气化过程中的CO_2是碳完全燃烧和CO变换反应产生的，粗合成气中的CO_2越多，说明反应体系的能量损失越大。纵观全流程，工艺装置CO_2排放总量可作为工艺装置的能耗评价依据。

采用气流床气化生产天然气时，粗合成气几乎不含CH_4，对应下游装置的负荷相对较高，从CO_2排放总量可以看出其总体能耗较大，实际运行中的表现就是煤耗、氧耗和动力消耗较大。特别对于水煤浆气化的常温液态补水方式，在升温、气化过程中需额外消耗大量热能，所以粗合成气中的CO_2含量较高，且最终CO_2排放总量最大。

因此，由于煤制天然气装置最终产品为甲烷，气化炉出口产生的粗合成气中甲烷含量越高，对减少后续系统投资和能耗越有利。但是，固定床气化技术会产生难处理的废水，废水处理难度和成本均较高。因此，具体选择何种气化工艺，需要进行经济技术综合对比后才可确定。

本节就水煤浆、固定床气化配套的煤制天然气及其组合工艺进行说明。

7.2.2 煤制天然气工艺

(1) 固定床气化制天然气工艺

来自煤仓的原煤由皮带输送到煤斗通过溜槽进入煤锁中，然后经由自动程序控制的煤锁加入气化炉。蒸汽和来自空分的氧气作为气化剂从气化炉下部喷入，在炉内煤和气化剂逆流接触。煤经过干燥、干馏和气化、氧化后，反应生成的粗合成气从上部离开气化炉，然后经激冷、洗涤及废锅回收热量后送入变换装置。气化炉底部残留的灰渣排入灰锁，再经灰斗排至水力排渣系统[20]。

粗合成气进行部分变换调整氢碳比并经过工艺余热回收后进入酸性气体脱除装置。变换气在酸性气体脱除系统脱除硫化氢、绝大部分 CO_2、油和其他杂质后送入高温甲烷化装置生产天然气。甲烷化反应放出大量的热量，通过废锅加以回收利用，副产高压过热蒸汽，用于驱动空分压缩机组透平和气化炉。酸性气脱除需要的冷量由丙烯或氨压缩机提供。

固定床气化压力为 2～4MPa(G)，碳转化率为 90%以上，有效气体积分数为 65%[21]，灰渣中含碳量约 5%且难处理。

(2) 水煤浆气化制天然气工艺

原煤经过煤浆制备成合格煤浆后，与空分来的氧气一同并入气化炉，发生部分氧化反应，反应生成的粗合成气主要组分为 H_2、CO，还含有少量的 NH_3、CH_4、CO_2 和 H_2S，粗合成气经激冷和洗涤后送入变换装置。粗合成气经过部分变换和工艺余热回收后进入酸性气体脱除装置。粗合成气在酸性气体脱除系统脱除硫化氢和大部分二氧化碳，并控制进入高温甲烷化装置的合成气合适的氢碳比。

水煤浆气化配套甲烷化工艺与固定床气化制天然气甲烷化工艺相同，在此不再重复[22]。

(3) 组合气化制天然气工艺

煤制天然气的主要成分为甲烷，固定床加压气化在煤制气方面具有显著的优势。采用该气化工艺生产天然气，气化所产生粗合成气中 CH_4 约占 12%，在相同产品规模的前提下，固定床加压气化工艺配套的下游变换、酸性气体脱除及甲烷化装置规模是其他气化工艺的 1/3[23]。副产焦油、粗酚以及石脑油等副产品，进一步提高经济效益。此外，固定床加压气化的备煤系统与气流床气化相比较为简单，不需额外设置磨煤制粉（制浆）和输送系统，只进行简单的破碎筛分，将煤粒度控制在 6～50mm[24]。

但固定床加压气化技术也存在其固有缺陷，如原料煤粒度要求控制在 6～50mm，这对配套机械化采煤的煤制天然气项目而言，面临块煤不足、粉煤过剩的问题。固定床加压气化废水中含有较高浓度的焦油和酚类等有机物，其废水处理工艺与气流床气化相比，工艺复杂、投资大、运行成本高，废水处理较难实现达标排放或近“零排放”。因此，单独将碎煤加压气化技术用于煤制气项目还存在一些亟待解决的问题。

采用固定床加压气化和水煤浆气化组合工艺生产天然气，解决了固定床加压气化工艺末煤平衡和废水难以处理两大难题：

① 固定床加压气化炉采用块煤作原料，而水煤浆气化炉和锅炉则用末煤作原料，解决了配套煤矿的末煤平衡问题。

② 固定床加压气化产生的废水作为水煤浆气化制浆用水，利用水煤浆气化炉的高温气化过程，使废水中的有机污染物气化分解，将难以处理的固定床加压气化工艺污水转化为较易处理的水煤浆气化污水。

7.2.3 煤制天然气工艺过程及清洁化生产措施

7.2.3.1 工艺生产过程

（1）固定床气化配套的煤制天然气

原料煤经破碎筛分后送入碎煤加压气化的气化炉生产粗合成气，粗合成气经一氧化碳变换装置调节合适的氢碳比，同时回收余热后送入酸性气脱除装置，用甲醇将气体中大部分 CO_2 和 H_2S 脱除，脱除的酸性气体 H_2S 送硫回收装置制备硫黄或硫酸，分离出的石脑油等副产品送入罐区，酸性气脱除装置出口的净化气体进入甲烷化装置生产出天然气，经干燥脱水后，产品天然气送往管网系统（图 7-2）。

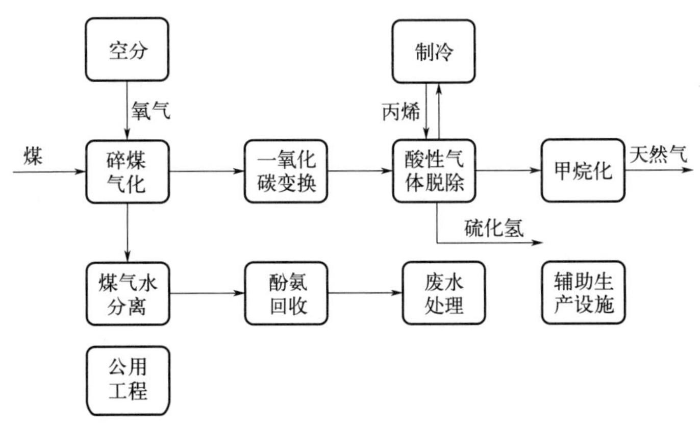

图 7-2 固定床气化配套的煤制天然气流程示意图

（2）固定床与气流床气化流程煤制天然气

针对固定床气化过程中产生大量的含焦油、酚等难处理物质的废水，结合气流床中水煤浆气化配浆的要求，从物质集成利用角度采用固定床气化和水煤浆气化相结合的气化方式，以获得较高的系统气化效率，同时解决固定床气化废水处理问题。此方式不仅对固定床产生的废水进行回收利用，减少水煤浆所需新鲜水耗，而且可以使焦油等物质在高温下进行气化，提高了有效气产量，增加了装置的整体经济效益（图 7-3）。

7.2.3.2 清洁化生产措施

（1）工艺流程配置方面

① 系统运行压力。煤制天然气装置气化压力提高，可增加气化剂中氧气的浓度，提高气化炉内燃烧反应效率；压力提高有利于粗合成气中甲烷含量增加，CO 和 H_2 含量减少，有利于降低原料煤、氧气和公用工程消耗，降低下游净化装置、甲烷化装置规模，且随着气化压力提高，也会减小相关管线和设备的尺寸。

② 工艺余热的回收利用。利用煤气水分离产生的高压煤气水与入口含尘煤气水进行换热，预热后返回煤气化洗涤冷却器作为补充水。此措施既回收了含尘煤气水的低温热，同时

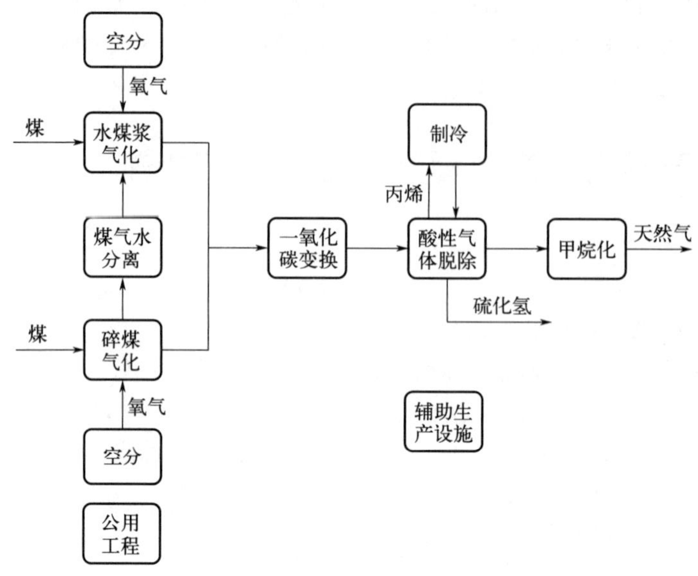

图 7-3　固定床和气流床气化组合的煤制天然气流程示意图

降低了循环水消耗量。变换气低温余热预热煤气水分离的煤气洗涤水，使其预热后返回气化装置，回收变换气的余热。

③ 废水资源化利用。利用煤气水分离热煤气水对变换入口粗合成气进行洗涤，促使大部分煤尘、焦油分离，延长后续换热器连续运行周期。经初步分离的煤气水进一步进行油水分离后，部分送气化装置，部分送变换装置循环使用，剩余废水送酚氨回收装置。酚回收装置分离出焦油、粗酚和氨水，焦油和粗酚送往罐区，氨水可送至动力中心锅炉作烟气氨法脱硫原料和锅炉 SCR 脱硝的还原剂，氨法脱硫产品硫铵可作为产品销售。酚回收装置处理后的废水和装置的其他生产废水、生活废水经污水处理装置和污水回用装置处理后，产品水回用于循环水系统。污水回用装置产生的浓盐水送蒸发结晶装置处理，可采用分盐处理技术，降低杂盐的产出量。

气化装置各类水泵使用脱盐水作为密封水，消耗的脱盐水均进入了煤气水系统。可以优化将部分泵密封水改为洁净煤气水，以减少脱盐水的消耗量，同时也减少了煤气化废水排放量[25]。变换工艺冷凝液一部分送煤气化工序作洗涤用水，另一部分作变换装置激冷水。

④ 放空气排放控制。固定床气化产生大量的闪蒸气，主要成分为水蒸气，含有少量 CH_4、H_2S、CO 等，利用集合管汇集后直接送至锅炉综合利用。煤锁泄压时，其内部残余的粗合成气需泄压至常压才可向煤锁加煤。从煤锁排出的粗合成气经洗涤除尘后方可进入气柜暂存，再利用煤锁气压缩机送至粗合成气管线或者硫回收及锅炉等用户进行回收利用。

变换、酸性气脱除产生的富含 H_2S 酸性气送至硫回收进行回收硫黄，硫回收尾气送氨法脱硫处理副产硫铵，在减少污染的同时也提高了项目的经济效益。

酸性气体脱除洗涤塔尾气 CO_2 可以部分返回气化装置作为气化剂使用，可以对粗合成气中 H_2/CO 比例予以一定幅度的调节[26]；CO_2 的返炉利用，高压蒸汽的用量相应减小，从而节约了大量高压蒸汽，进一步减少了废水量，降低了煤气水分离、酚氨回收及下游污水处理单元的负荷。

⑤ 含尘焦油资源化利用。气化副产的含尘焦油中含有大量的煤尘，由于含尘焦油黏度大、流动性差，需要利用沉降离心机进行分离，分离出的煤气水进入焦油分离器再次沉降分

离[27]；沉降分离出的焦油作为产品外卖；产生的废渣装车运至锅炉装置掺烧。除此之外，也可采用含尘焦油返炉工艺，减少污染物排放，提高碳利用率。含尘焦油以一定量进入稳定运行的气化炉内，可以保障煤气水处理的油处理和回收效果，并获取含尘焦油中的轻质馏分[28]。

⑥ 优化开停车时间。气化开车之前变换的催化剂升温预热已经完成，同时充压已经完成；酸性气体脱除甲醇建立循环，从一定程度上可以减少气化粗合成气放火炬的时间，降低废气的排放量。当气化短时间停车时，酸性气体脱除可以进行保压操作，减少下一次气化开车时粗合成气放空和导气时间。

(2) 工艺控制系统方面

随着自控分析仪表系统的优化更新，固定床加压气化粗合成气的数据分析完全可以实现自动分析，进而实现开车过程中的蒸汽升温、空气点火、空气运行、切氧等的顺控，从而简化开车流程和程序。另外，随着运行控制系统的升级，完全可以取消开车过程中要求的空气点火操作，直接改为氧气点火，从而可以大幅度地减少开车时间和开车时的粗合成气的放空量[29]。

(3) 其他方面

根据厂区各生产单元可能产生污染的地区，分类划分重点污染防治区、一般污染防治区和非污染防治区，并按规范要求进行防渗。

煤气水分离、酸性气体脱除、酸碱罐区、污水处理及产品罐区等需要作为重点防渗区进行考虑，而锅炉烟气脱硫脱硝、脱盐水站、固体化工物料等需要作为一般污染防治区进行考虑。

针对多系列气化开车，可以利用运行系列的煤气水进行开车系列的水联运和水循环，减少下游装置的处理负荷。气化开车时排放的粗合成气经洗涤除尘和气液相分离后才可送入火炬进行处理，降低对环境的影响。

变换停车时，换热器和洗氨塔底部的含油煤气水利用压差送至煤气水分离装置进行油水分离处理后外排至酚氨回收装置，避免污染物排放。

对于装置停车进行检维修处理时，利用氮气对工艺气管线进行吹扫后的气体可以排入火炬进行燃烧处理。

固定床气化配套的酸性气体脱除工艺排放的尾气中含有甲烷、乙烯、乙烷、VOCs 等物质，难以回收也不符合环保排放指标。若要进行回收利用，经济上不合理。另外，由于尾气量流量大、浓度低，难以采用直接燃烧处理，但可以利用蓄热式氧化技术处理，确保废气在热氧化室内充分氧化分解，使有机物破坏去除率达到 99%以上，解决了 VOCs 排放超标的问题，同时可以利用烟气余热副产中压等级的过热蒸汽[30]。

7.2.4 煤制天然气工艺过程污染物排放及治理

本节以 $2\times10^9 m^3/a$（标况）固定床气化制天然气装置为例，对连续排放的典型物质及治理措施进行归纳总结。

(1) 废气

① 固定床气化制天然气工艺。污染源主要有气化装置弛放气、酸性气体脱除装置的二氧化碳排放气。

酸性气体脱除单元酸性气和预洗闪蒸塔排放气，送至硫回收装置回收生产硫黄或硫酸。

对固定床气化制天然气装置连续排放的废气进行归纳总结，见表 7-7。

表 7-7　固定床气化制天然气废气排放

排放装置名称	排放设备名称	排放量(标况)/(m^3/h)	主要污染物(体积分数)/%	排放方式	排放去向
气化	膨胀器	约 19000	CO_2:83.59%； CO:2.6%； H_2:8.5%； CH_4:4.6%； H_2S:0.71%	连续	硫回收
酸性气体脱除	尾气洗涤塔	约 420000	CO_2:79.58%； CO:0.02%； N_2:19.32%； CH_4:0.16%； H_2:0.01%； C_2:0.48%； C_3:0.42%； 总硫:50cm^3/m^3	连续	大气

② 水煤浆气化制天然气工艺。废气主要有酸性尾气、焚烧尾气。其中酸性尾气、焚烧尾气排放符合《大气污染物综合排放标准》(GB 16297—1996) 表 2 二级标准；酸性尾气中 H_2S 的排放符合《恶臭污染物排放标准》(GB 14554—1993)。

对水煤浆气化制天然气装置连续排放的废气进行归纳总结，见表 7-8。

表 7-8　水煤浆气化制天然气废气排放

排放装置名称	排放设备名称	排放量(标况)/(m^3/h)	主要污染物/(kg/h)	排放方式	排放去向
气化	渣池	约 400	H_2S:0.0085； NH_3:1.7	连续	锅炉
	真空泵	约 300	H_2S:0.007； NH_3:8.9	连续	锅炉
酸性气体脱除	尾气洗涤塔	约 727000	H_2S:4.99； CH_4O:116.7； CO_2:1184765	连续	大气

(2) 废液

① 固定床气化制天然气工艺。固定床加压气化过程中产生的废水水量较大、有机物含量高，且有毒、有害物质浓度高，成分复杂（例如含有大量的单元酚、多元酚、氨氮、有机氮、脂肪酸及其他较少量的苯属烃、萘、蒽、噻吩、吡啶等难降解有机物）。在处理过程中首先将废水中的油、尘、酚、氨等进行分离回收，使废水中的污染物质降到一般废水处理方法可接受的范围，然后采用常规废水处理工艺与深度处理工艺相结合的技术进行处理至达标排放或回用[31-34]。

对固定床气化制天然气装置连续排放的废水进行归纳总结，见表 7-9。

除上述主要污染物以外，酚氨回收废水中还含有芳香族化合物（苯属烃、萘、蒽）、含氧化物（酚、甲酚）、含硫化合物（噻吩、硫代环烷）和含氮化合物（吡啶、氮杂萘）等。

表 7-9 固定床气化制天然气废水排放一览表

排放装置名称	排放设备名称	流量/(t/h)	排放方式	主要污染物浓度	排放去向
气化	水塔	约 1400	连续	COD:3920mg/L; 挥发酚:300mg/L; 总氨:150mg/L; CN^-:0.112mg/L; S^{2-}:0.019mg/L; 油:106.5mg/L	废水处理
酸洗气体脱除	甲醇水分馏塔	约 170	连续	HCN:0.5mg/L; NaOH:0.1%; CH_3OH:150~500mg/L	废水处理
天然气合成	排污罐	约 20	连续	含盐量≤50mg/L	循环水管网

② 水煤浆气化制天然气工艺。项目产生的废水包括生产污水、生活污水、生产废水、锅炉排污水。其中生产污水和生活污水送污水处理厂，生产废水送废水回用装置，锅炉排污水降温后作为循环水补充水。

对水煤浆气化制天然气装置连续排放的废水进行归纳总结，见表 7-10。

表 7-10 水煤浆气化制天然气废水排放

排放装置名称	排放设备名称	流量/(t/h)	排放方式	主要污染物浓度/(mg/L)	去向
气化	灰水冷却器	约 580	连续	总悬浮固体:100; 总溶解固体:2000; 总 NH_3-N:338; 总硫:9.0; 氯化物:905; 氟化物:360; 总氰化物:15; COD:600; BOD_5:470	污水处理厂
一氧化碳变换	泵	约 3	连续	少量油	污水处理厂
	蒸气发生器	约 20	连续	pH 值:10~12 PO_4^{3-}:20~30	冷却后去循环水厂
酸性气体脱除	甲醇/水分馏塔	约 2.5	连续	CH_3OH:0.0125%(质量分数)	污水处理厂
天然气合成	排污罐	约 20	连续	含盐量≤50	冷却后去循环水厂

(3) 固废

① 固定床气化制天然气工艺。固定床气化产生的固废主要为灰锁的干灰、变换和甲烷化的催化剂。由于固定床气化产生的干灰含碳量低，可以直接进行填埋或用作水泥、混凝土等建材、建工原料[35]。

对固定床气化制天然气装置连续排放的固废进行归纳总结，见表 7-11。

表 7-11　固定床气化制天然气固废排放

<table>
<tr><th>排放装置名称</th><th>排放设备名称</th><th>排放量/(t/a)</th><th>排放方式</th><th>主要组成</th><th>去向</th></tr>
<tr><td>气化</td><td>渣池</td><td>4400000</td><td>连续</td><td>C<5%</td><td>综合利用或灰渣场</td></tr>
<tr><td>变换</td><td>变换炉</td><td>约 1000</td><td>三年一次</td><td>CoO3.5%,$MoO_3$8.0%,
混合稀土 0.5%,
MgO 和 Al_2O_3 少量</td><td>厂家回收</td></tr>
<tr><td rowspan="2">甲烷化</td><td>脱硫槽</td><td>约 80.0</td><td>三年一次</td><td>ZnO</td><td>厂家回收或灰渣场</td></tr>
<tr><td>甲烷化反应器</td><td>约 270</td><td>三年一次</td><td>镍基催化剂</td><td>厂家回收或灰渣场</td></tr>
</table>

② 水煤浆气化制天然气工艺。产生的固废主要由气化炉的粗渣和细渣，变换、甲烷化废催化剂等。废催化剂由厂家回收处理，产生的粗渣和细渣尽量出售进行综合利用，无综合利用价值送至厂外灰渣场进行填埋处理。

对水煤浆气化制天然气装置连续排放的固废进行归纳总结，见表 7-12。

表 7-12　水煤浆气化制天然气固废排放

<table>
<tr><th>排放装置名称</th><th>排放设备名称</th><th>排放量/(t/a)</th><th>排放方式</th><th>主要组成(质量分数)/%</th><th>去向</th></tr>
<tr><td rowspan="2">煤气化</td><td>捞渣机</td><td>635200</td><td>连续</td><td>H_2O:50;
固体:50</td><td>出售或填埋</td></tr>
<tr><td>真空抽滤机</td><td>264640</td><td>连续</td><td>H_2O:60;
固体:40</td><td>出售或填埋</td></tr>
<tr><td rowspan="2">变换</td><td>脱毒槽</td><td>100</td><td>间歇</td><td>CoO:3.5;
MoO_3:8.0;
助剂:0.45;
载体:余量</td><td>厂家回收</td></tr>
<tr><td>变换炉</td><td>75</td><td>间歇</td><td>CoO:3.5;
MoO_3:8.0;
助剂:0.45;
载体:余量</td><td>厂家回收</td></tr>
<tr><td rowspan="4">天然气合成</td><td>脱硫槽</td><td>30</td><td>间歇</td><td>ZnO</td><td>厂家回收</td></tr>
<tr><td>1 号甲烷化反应器</td><td>120</td><td>间歇</td><td>镍基催化剂</td><td>厂家回收</td></tr>
<tr><td>2 号甲烷化反应器</td><td>15</td><td>间歇</td><td>镍基催化剂</td><td>厂家回收</td></tr>
<tr><td>3 号甲烷化反应器</td><td>6</td><td>间歇</td><td>镍基催化剂</td><td>厂家回收</td></tr>
</table>

(4) 噪声

固定床气化制天然气工艺主要噪声排放源包括各类压缩机和各类机泵等，各装置设备产生的噪声治理措施详见第 3 章相关章节描述。

现对 $2.0\times10^9 m^3/a$ 的固定床气化制天然气装置连续排放的噪声进行归纳总结，见表 7-13。

煤制天然气一般采用固定床与气流床气化的组合流程，以更好地平衡块煤和末煤量。该工艺组合污染物排放情况较为复杂，也给后续的治理带来了一定的挑战。此外，煤制天然气是煤化工能效最高的工艺路线，在碳达峰、碳中和背景下，要进一步做好节能降耗工作。

表 7-13 固定床气化制天然气各装置主要噪声源

设备名称	声压级/dB(A)	排放方式	降噪措施
输送泵	85～90	连续	低噪声电机
压缩机	105～110	连续	建筑物隔声、减振＋隔声罩
风机	80～85	连续	减振＋隔声罩

参考文献

[1] 杨书春．关于煤制氢采用甲烷化还是PSA净化工艺的比较 [C]．2016全国煤化工产业精细化发展研讨暨全国煤化工行业节能减排与煤焦化行业水处理技术交流会，2016.

[2] 刘兵，彭宝仔，方薪晖，等．水煤浆气流床的气化能效比较 [J]．煤炭转化，2018，41 (4)：62-66.

[3] 高志刚，李志祥．煤气化工艺过程中三废排放的分析探讨 [J]．天然气化工，2015，40 (4)：103-106.

[4] 陈莉．煤气化配套一氧化碳变换工艺技术的选择 [J]．大氮肥，2013，36 (3)：150-157.

[5] 龚欣，郭晓镭，代正华，等．气流床粉煤加压气化制备合成气新技术 [J]．煤化工，2005 (6)：5-8.

[6] 姜磊，赵旨厚，李超跃．粉煤加压气化制备合成气技术 [J]．内蒙古煤炭经济，2012 (9)：76-77.

[7] 张文飞．煤气化配套一氧化碳变换工艺技术探析 [J]．煤化工与甲醇，2016，42 (10)：6-7.

[8] 周明灿，李繁荣，陈延林，等．壳牌煤气化生产合成氨之变换装置水气比及工艺流程设计探讨 [J]．2012，50 (1)：16-19.

[9] 陈龙飞．煤焦制氢装置高比例掺焦适应性试用评估及优化 [J]．大氮肥，2021，44 (4)：280-283.

[10] 王永邦，罗望群，姚思涵．石油焦与煤炭的气化性能比较 [J]．大氮肥，2021，44 (5)：289-292.

[11] 汪燮卿．中国炼油技术 [M]．4版．北京：中国石化出版社，2021.

[12] 李忠，张鹏，孟凡会，等．双碳模式下碳一化工技术发展趋势 [J]．洁净煤技术，2022，28 (1)：1-11.

[13] 王永胜，刘翠玲．煤化工生产过程中三废处理方法综述 [J]．山西科技，2012，27 (6)：100-101.

[14] 李永刚．循环流化床锅炉掺烧气化炉细渣分析 [J]．中国新技术新产品，2015 (8)：45.

[15] 李志祥，刘泽．气化闪蒸系统关键问题的研究与优化创新 [J]．天然气化工，2017，42 (6)：103-107.

[16] 贾克辉．水煤浆气化闪蒸气回收可行性分析 [J]．中氮肥，2009 (6)：59-60.

[17] 王永胜，张士祥，赵振新，等．航天煤气化工艺高闪废蒸气的优化利用 [J]．河南化工，2010，27 (8)：83-85.

[18] 李相军，吕冰洋，牛巧霞．HT-L炉装置100% CO_2 粉煤输送技术经济性分析 [J]．河南化工，2012，29 (3)：46-48.

[19] 李腾山，霍波．KC-103S型预硫化耐硫变换催化剂在甲醇合成装置的应用 [J]．煤化工，2017，45 (3)：44-50.

[20] 王峰，张宏伟．固定床熔渣气化工艺用于煤制天然气的可行性分析 [J]．煤炭加工与综合利用，2015 (2)：6-9.

[21] 王西明，王峰，俞华栋，等．现代煤化工耦合可再生能源的可行性分析 [J]．现代化工，2022 (6)：6-8.

[22] 韩玉峰，冯华，马剑飞．碎煤加压气化和水煤浆气化工艺组合在煤制天然气项目中的应用 [J]．天然气化工，2014，39 (4)：35-37.

[23] 王璐．煤制天然气固定床气化废水零排放技术进展 [J]．煤炭加工与综合利用，2017 (2)：34-38.

[24] 马立莉，牟玉强，张志翔，等．煤制天然气技术研究进展 [J]．精细石油化工进展，2019，20 (4)：23-25.

[25] 徐振刚，孙晋东．中煤集团煤化工污水处理思考与实践 [J]．煤炭加工与综合利用，2014 (8)：28-32.

[26] 伏盛世，樊崇，赵天运，等．CO_2 返炉在鲁奇加压气化工艺上的试验 [J]．河南化工，2008，25 (7)：31-33.

[27] 张磊．煤气水分离装置含尘焦油处理方法分析 [J]．广州化工，2017，45 (9)：184-185.

[28] 宋军丽，杨云涛．鲁奇气化工艺优化控制 [J]．中州煤炭，2012 (3)：38-45.

[29] 刘丰力，毕家立．赛鼎炉的开发、应用与发展 [J]．煤化工，2017，45 (5)：8-12.

[30] 刘玉炜，林兴军．煤制天然气排放废气协同处理方案 [J]．绿色化工，2017 (12)：66-68.

[31] 刘彦强，成学礼，乔华，等．碎煤气化废水处理技术简析 [J]．能源与环保，2018 (3)：95-96，145.

[32] 张志东，张文博．煤制天然气碎煤气化高浓度废水零排放及分盐结晶技术探索 [J]．煤化工，2019，47 (4)：6-10.

[33] 顾强．煤制天然气废水处理技术研究现状及展望 [J]．洁净煤技术，2017，23 (5)：92-97.

[34] 韩雪冬，江成广．BGL气化废水处理“零排放”工艺系统开发与应用 [J]．煤炭加工与综合利用，2017 (10)：54-58.

[35] 杨帅，石立军．煤气化细渣组分分析及其综合利用探讨 [J]．煤化工，2013 (4)：29-31.

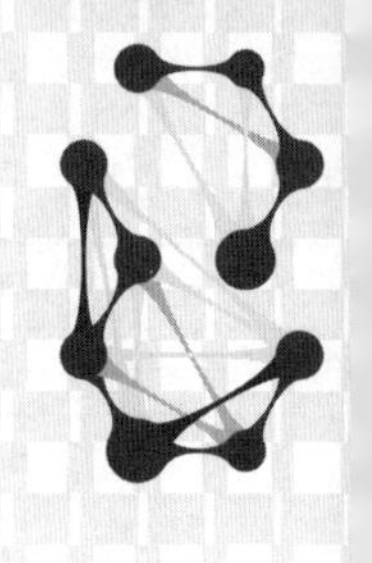

8 煤基合成油过程污染控制与治理

煤制油是以煤炭为原料，通过化学加工过程，制取汽油和柴油、润滑油等产品，同时可延伸生产芳烃或烯烃等化工产品。煤制油可分为直接液化和间接液化两大类。

本章主要阐述了煤基合成油工艺发展进程，在清洁生产过程中所采取的污染控制措施，包括工艺技术的优化、催化剂性能的改进、设备型式及材料的进步以及典型污染物的排放及其治理措施。

8.1 间接合成油

8.1.1 间接合成油技术概述

煤间接液化是将煤先经气化制成合成气（$CO+H_2$），再在催化剂的作用下，经 Fischer-Tropsch（F-T，费-托）反应，生成烃类产品和化学品的过程。煤间接液化工艺适用煤种广，操作条件相对直接液化缓和，间接液化的合成油品杂质少，多为直链烷烃和蜡，适宜生产高十六烷值车用柴油、高档润滑油和蜡。

煤炭间接液化的费-托合成油技术最早可追溯到 20 世纪 20 年代，1923 年德国科学家 Fischer 和 Tropsch 发现合成气在铁催化剂上可生成液体燃料的反应，该方法称为费-托合成法[1]。德国在 1936 年首先建成工业规模的合成油厂。

1936～1945 年间，德国共建有 9 个费-托合成油厂，总产量达 67 万吨/年，同期，法、日、中、美等国也建有 7 套以煤为原料的费-托合成油厂，总产能达 69 万吨/年。到 1955 年，世界上已有 18 个合成油工厂，总生产能力达到 100 万吨/年。之后，由于石油工业的兴起和发展，致使大部分费-托合成油装置关闭停运[2]。

南非 Sasol 公司 1955 年建成 Sasol Ⅰ厂，1980 年、1982 年 Sasol 公司先后建成 Sasol Ⅱ厂和 Sasol Ⅲ厂，形成了世界上最大的煤气化合成液体燃料企业，年消耗煤炭近 5000 万吨，合成产品超过 700 万吨/年，其产品包括发动机燃料、聚烯烃及工业副产品等[3,4]。2006 年、2013 年在卡塔尔和尼日利亚分别建成投产两座 140 万吨/年天然气制油（GTL）装置[5]。除南非 Sasol 公司外，荷兰 Shell 公司也拥有工业化的费-托合成技术，1993 年在马来西亚建成一套天然气制中间馏分油的 50 万吨/年的装置，采用固定床钴基催化剂合成技术[6]。2011 年 Shell 公司在卡塔尔建成投产了 150 万吨/年的 GTL 装置（一期工程），2012 年 600 万吨/年全套 GTL 装置投产［140000 桶/天，1 桶(bbl)＝0.159m^3］[7,8]，但 Shell 公司至今未将其合成油技术推广到煤制油领域。到目前为止，国际上仅有南非 Sasol 公司和荷兰 Shell 公司拥有费-托合成油技术，另外，国际上的一些公司，如丹麦 Topsφe 公司的 TIGAS 技术、Exxon 公司的 AGC-21 技术、Syntroleum 公司的浆态床技术等均未商业化。

我国曾是世界上较早拥有煤制油工厂的国家之一。1937 年日本在锦州石油六厂引进德国常压钴基固定床费-托合成技术建设煤制油厂，1943 年运行并生产原油 100 吨/年，1945 年日本战败后停产，在 20 世纪 50～60 年代初恢复扩建了锦州煤间接液化工厂，规模达 5 万吨/年。后因大庆油田的发现，我国煤制油装置全部关闭，技术开发终止。

从 20 世纪 80 年代起中国科学院山西煤化所等单位又开始对煤炭间接液化技术进行了系统的研究，2000 年中国科学院山西煤化所开始筹划建设千吨级浆态床合成油中试装置，并于 2002 年 9 月完成浆态床合成油中试装置的首次顺利试车，并打通了整个工艺流程，取得了开发自主知识产权技术的阶段性成果。2005 年底，采用中国科学院山西煤化所技术建设了 3 套 16 万～18 万吨/年的铁基浆态床工业示范装置，分别为山西潞安集团年产 16 万吨、内蒙古伊泰集团年产 18 万吨以及神华集团年产 18 万吨煤基合成油项目，2009 年全部建设完工，并生产出油品[9]。2016 年神华宁煤采用中科合成油的中温费-托合成建设了世界上规模最大的 400 万吨/年煤基费-托合成装置。兖矿集团也对煤炭间接液化技术进行了持续开发。2015 年，陕西未来能源化工有限公司采用兖矿自由知识产权建设的国内首套百万吨低温费-托合成煤制油项目试车成功；兖矿集团 10 万吨/年高温费-托合成工业示范装置 2019 年 4 月进入工业化示范运行。此后，国内相继建成了一批煤间接液化生产装置，煤制油规模居于世界首位。目前，国内高性能费-耗合成铁基催化剂 CO 转化率为 95%，CO_2 选择性＜20%，C_{3+} 时空产率 0.96kg/(kg・h)；钴基催化剂 C_{5+} 时空产率≥0.3kg/(kg・h)。

工业化运行的费-托合成反应器目前有四种：①固定床反应器；②鼓泡浆态床反应器；③固定流化床反应器；④循环流化床反应器[3]。见图 8-1。

（1）固定床反应器（柱塞流的代表）

图 8-1（a）为南非 Sasol 公司 Arge 固定床反应器示意图，反应器直径 3m，其中有 2050 根高 12m 内径 50mm 的管子，内装铁基催化剂[10]。Shell 公司在马来西亚 Bintulu 厂采用了 4 个反应器，每个反应器内有 26000 根高 12m 内径 25mm 的管子，内装钴基催化剂。而其在卡塔尔 Pearl 的 GTL 项目中共有 24 套反应器，反应器外径 7m，高 20m，每套包含 29386 根反应管，反应管直径 26mm。目前工业上达到的指标为：反应器中烃的时空收率约 100g/(L・h)，C_{5+} 产品产率大于 140g/m^3(合成气)。

固定床反应器为列管式反应器，反应热由壳程的锅炉水产生蒸汽。反应条件下系统有气液固三相，其中液相（油相与水相）处于涓流状态。熔融的产物由底部流出，经过几级冷却器（热交换器），产物分离成水、蜡、中馏分油、轻组分油以及尾气。

（2）流化床反应器

图 8-1(d) 为循环流化床反应器的结构示意图，合成气从循环流化床反应器下部进入，与竖直管中的热催化剂汇合，合成气被预热后携带催化剂进入费-托反应区。反应器内设置

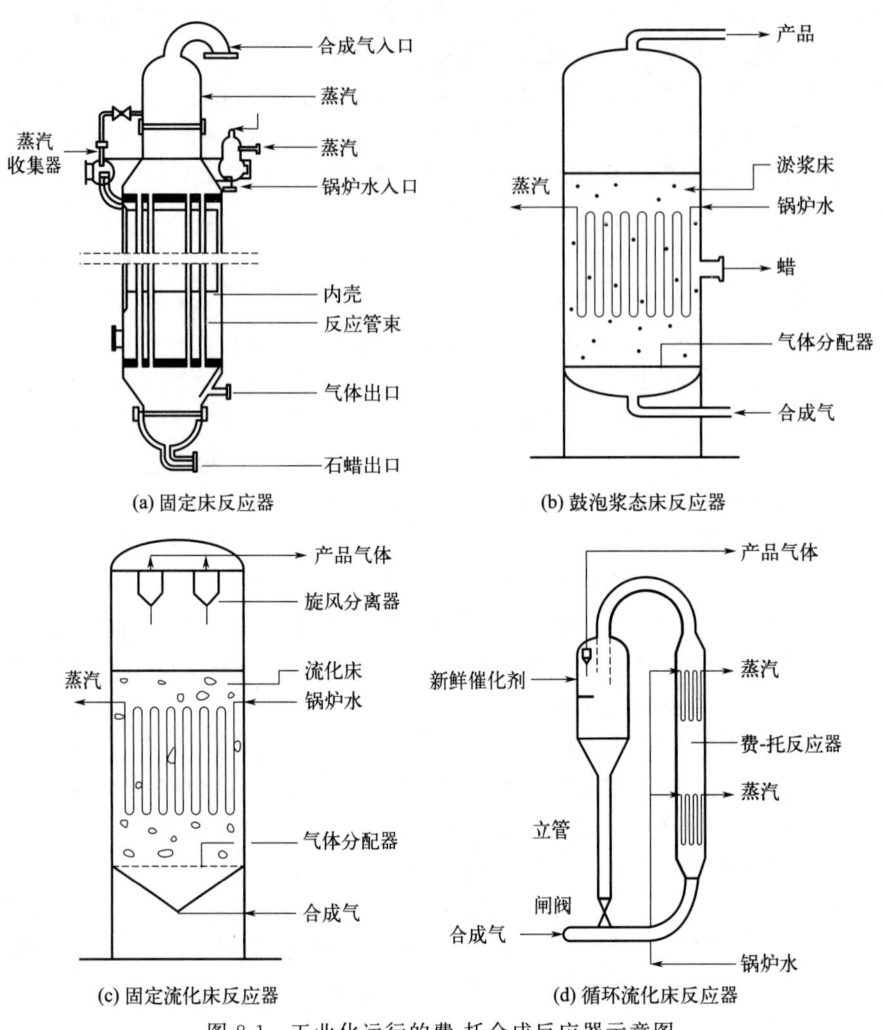

图 8-1　工业化运行的费-托合成反应器示意图

了热交换器将反应热带走。反应后的催化剂经旋风分离器与气体分离后继续使用，未反应的气体和产品蒸汽一起离开反应器。

与固定床反应器相比，循环流化床具有以下优势：①催化剂和合成气在反应器内剧烈运动，强化了传热过程，床层内温度比较均匀；②床层中换热管体积小，移热性能较好；③反应器可以在线装卸催化剂，催化剂也可及时再生；④反应器生产规模较大；⑤费-托合成反应可以在高温下进行，高价值的轻烃产物及烯烃含量高，可进一步加工成化学品。

循环流化床也有不足的地方：①气固分离的催化剂容易堵塞旋风分离器，催化剂损失较大；②装置结构复杂；③在高温下，催化剂容易积炭和破裂，旋风分离器的分离效率降低。因此实际操作中需要不断从反应器中移出部分使用过的催化剂，并补充新的催化剂，以保证正常稳定生产。

循环流化床属 Sasol 公司早期主力反应器，1955 年反应器内径 2.3m，高 46m，CO 转化率 80%～90%，1980 年放大到 3.6m 内径。1999 年以后它们大部分被 SAS 所取代[11]。

为了克服循环流化床的不足，提高生产能力，降低催化剂消耗，从 20 世纪 70 年代开始，Sasol 等公司开始系统开发固定流化床反应器。图 8-1(c) 为 Sasol 固定流化床 SAS，也是目前 Sasol 公司煤液化生产的主力反应器。底部装有气体分配器，中部设冷却盘管，顶部设过滤器用于气固分离。催化剂大部分在反应器上部沉降，剩余部分通过气固分离，返回床层。与 Sasol 公司开发的循环流化床相比，SAS 反应器取消了催化剂循环系统，催化剂利用率更高。固定流化床有较多优势：①固定流化床反应器的直径较大，合成气转化率更高，相同体积的反应器产能也有较大提高；②固定流化床催化剂床层体积较大，有空间安装更多的移热管；③固定流化床内所有催化剂只在床层内参加反应，无需经历输送、分离和脱气过程，因此催化剂破损率较低；④固定流化床对催化剂积炭的容忍度远大于循环流化床，催化剂移出和补充量相对较少。

(3) 浆态床反应器（全混流的代表）

典型浆态床反应器结构如图 8-1(b) 所示，为 Sasol 公司 SSPD（sasol slurry phase distillate）反应器示意图。合成气在底部经气体分布板鼓泡进入浆态床反应区，然后扩散到悬浮的费-托催化剂颗粒表面进行反应，生成烃和水。在维持一定液面的条件下排出石蜡。气态产品和尾气从塔顶流出，经冷凝分出轻组分和水，不凝气体作循环气返回系统。反应器内有通蒸汽的冷却系统，将反应热带出系统。装置的关键技术是排蜡时进行有效的固液分离，使催化剂能回到反应器中[12]。

浆态床费-托合成催化剂兼顾悬浮与易于分离两方面的要求，催化剂颗粒大小在 10～200μm。用钴基催化剂反应温度一般设在 215～230℃，对铁基催化剂温度一般在 230～270℃。操作压力为 1.2～4.0MPa。内部循环比约 1∶1，气体流速一般为 0.3m/s，使得转化率在 90%左右，系统流体处于非均匀流动区[2]。相比固定床费-托合成反应器，浆态床反应器具有明显的优势：①反应器产率高，催化剂消耗量仅为管式固定床反应器的 20%～30%；②反应器内反应物混合好、温度分布均匀，基本实现等温操作；③反应器的床层压降小于 0.2MPa（管式固定床反应器压降为 0.3～0.7MPa）；④通过改变反应条件如温度、空速等，可改变产品组分，适应市场需求；⑤容易实现催化剂的在线添加和排出，易于控制催化剂寿命和产品分布。国内自主费-托合成技术开发与产业化进程显著，取得了良好的业绩，如陕西未来化工有限公司低温费-托合成装置从 2017 年开车至 2021 年，吨油耗水、耗电、耗汽分别降低 43.47%、13.98%和 69.76%，能效提升 42.83%，环保状况大为改善。

8.1.2 间接合成油工艺过程及清洁化生产措施

8.1.2.1 工艺生产过程

间接合成油生产装置一般采用水煤浆气化技术，主要包含空分装置、煤浆制备装置、水煤浆加压气化装置、变换净化装置、硫回收装置、F-T 合成装置、脱碳装置、油洗装置、PSA 制氢装置、油品加工装置、LPG 收集装置和成品油收集装置[13]。

典型的煤基 F-T 合成工艺流程如图 8-2 所示，煤在气化炉中经过部分氧化生产粗合成气，经过变换和酸性气脱除得到合格的净化合成气后，进行 F-T 合成反应，得到直链烃类、水以及少量含氧化合物。生成产物经三相分离后，粗油品经过常规石油炼制工序，进行馏分切割，经过进一步的处理得到合格油品或中间产品，尾气经分离得到低碳烯烃，或经齐聚反应增加油品收率，或重整为合成气返回，水相分离可得含氧化合物[14,15]。

油品合成装置主要由合成单元、催化剂还原单元、蜡过滤单元、脱碳单元、精脱硫单元和渣蜡裂解单元组成。

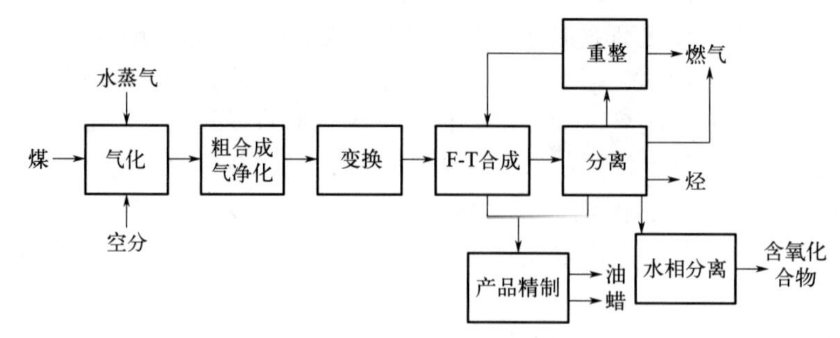

图 8-2 煤基 F-T 合成工艺的典型流程

(1) 合成单元

合成单元主要是一氧化碳和氢气在铁系催化剂的作用下，在浆态床反应器中生产稳定重油、蜡、轻质石脑油等中间产品。

(2) 催化剂还原单元

催化剂还原单元主要是对催化剂进行还原预处理，主要工艺过程包括将催化剂输送至还原反应器，在反应器内催化剂发生还原反应，并对还原气体进行冷却分离后加压循环。

(3) 蜡过滤单元

蜡过滤单元将合成单元生产的稳定蜡及反应器定期置换催化剂排除的含高浓度废催化剂的渣蜡进行处理，脱除其中的催化剂颗粒，过滤后的精滤蜡送往油品加工装置，滤渣统一进行回收处理。

(4) 尾气脱碳单元

尾气脱碳单元主要是将合成单元的合成尾气以及催化剂还原尾气中的二氧化碳脱除，脱碳后的尾气一部分返回合成单元，一部分送至后续低温油洗单元。

8.1.2.2 清洁化生产措施

(1) 采用高活性、高选择性催化剂

通过对费-托合成催化剂配方和制备方法的改进，提高了催化剂的活性，提高了合成效率，提高了对合成目标烃类（液体燃料、重质烃或烯烃等）的选择性，抑制了甲烷等副产物的生成，减少了 CH_4 和 CO_2 排放。通过提高催化剂的强度，增强了催化剂的抗磨性，减少了催化剂细粉的产生，提高了催化剂的效率，减少了催化剂的使用量。

(2) 采用先进反应器，提高能量能效

浆态床反应器的应用，降低了反应器内部的阻力，降低了循环比，减少了压缩机的功耗。同时，与流化床相比，浆态床气体流速大大降低，避免了流化床介质流动产生的噪声。高温浆态床工艺较低温浆态床工艺具有更高的催化剂活性，吨催化剂产油量大，催化剂用量少，副产的蒸汽等级高、利用途径广。

(3) 弛放气高效回收，减少污染物排放

油品合成装置的弛放气，除未反应的 H_2、CO 外，还含有副产的 CH_4、CO_2 以及 C_2～C_4 轻烃等。为了提高原料气的利用效率，经过脱碳单元脱除其中的 CO_2 后与油品加工装置的尾气一起通过尾气处理装置回收 LPG、轻石脑油等组分。也可通过深冷分离、膜回收等装置回收其中的 CO、H_2，该片还可进一步通过低温油洗与转化制氢相联合将尾气中的轻烃转化为合成气或者氢气[16]。

(4) 尾气作为燃料，减少工厂燃煤使用量

油品合成装置、油品加工装置和尾气处理装置排放的可燃物料被回收作为自产燃料气，送往全厂燃料气管网，供应全厂使用。副产燃料气的回收利用减少了气体排放，同时也减少了工厂的燃煤用量，从而减少了因燃煤而产生的烟尘、SO_2 和 NO_x 的排放。同时，相比燃煤而言，工艺废气燃烧后产生的 SO_2 和 NO_x 更少，对环境危害较小。该可燃物料综合利用方案设置合理，体现了循环经济的理念。

(5) 热能综合利用

脱碳单元采用低供热源的变压再生热钾碱脱碳工艺，可以将烃类损失降低至0.8%。通过将加压再生塔塔顶的解吸气作为常压再生塔的动力源，并选用高效喷射器，降低了脱碳溶液的再生蒸汽消耗。

(6) 含蜡残渣的回收利用

通过将过滤单元产生的渣蜡进行热裂解，将渣蜡中的烃类回收，增加了粗油品收率，降低了原料气消耗，减少了催化剂废渣排放量。

(7) 回收废水中的有效组分，降低废水处理难度

每生产1t烃类产物将产生1.0～1.3t的合成废水。其中含氧有机化合物组分很多，共沸组成如甲醇、乙醇、丙醇、乙酸、丙酸、丁酸、乙醛、酮类等，COD一般高达20～40g/L[17]。对于费-托合成废水通过除油、中和、蒸馏以及混醇脱水分离技术，经过预处理后的废水可用于装置其他工艺工程或者再经过污水深度处理达到回用水指标要求，降低了污水处理的难度，实现污水循环利用，同时满足环保和节能节水要求。回收的含氧化合物，提高了产品收率，可作为副产品外售，减少了原料消耗，增加了收益。

(8) 严格VOCs治理措施

油品合成装置VOCs主要有组织排放源为尾气处理单元 CO_2 排放气，该股废气中含有大量的非甲烷总烃，为保证油品合成装置尾气处理单元放空气达标，脱碳单元采用二次闪蒸工艺，二次闪蒸气大部分是 CO_2、H_2O，以及少量的CO、H_2、烃类气体，闪蒸后的富液再进行解吸再生，解吸出的再生气送至 CO_2 吸收塔顶部放空，以减少烃类物质的排放。

VOCs无组织排放源主要包括罐区、液体装卸区、污水处理厂等。罐区通过选择合适的罐型、采取氮封等措施减少有机物排放；中间罐区和液体装卸排放气通过设置油气回收装置进行回收；污水处理厂产生的废气通过加盖密闭收集，经引风管道、风机送至生物脱臭设施进行处理。

(9) 其他措施

油品合成装置粗油品的泄漏会造成土壤和地下水污染。装置区域设置围堰，同时区域内做防渗处理，在意外泄漏时不污染土壤和地下水。废水排放应执行清污分流的原则，将生产水、生活水、雨水等分系统排放。

油品合成装置所涉及的合成气、粗油品等，设置密闭取样系统，避免工艺气通过取样系统排入大气。

间接合成油装置中所有输送油品的泵宜采用双机械密封，以减少油品的跑、漏。

8.1.3 间接合成油工艺过程污染物排放及治理

(1) 废气

油品合成装置有组织废气污染源有催化剂储仓排气、脱碳单元再生气、渣蜡热裂解单元

废气。其中催化剂储仓排气主要污染物是颗粒物，脱碳单元闪蒸气主要为非甲烷总烃，渣蜡热裂解单元废气主要为氮氧化物、烟尘，上述三股气通过排气筒排入大气；脱碳闪蒸气主要是含氢气及烃类物质，送全厂燃料气管网。

无组织排放源主要包括正常生产时，设备、法兰等接口密封处产生的微量有害气体泄漏排放，主要污染物为VOCs。主要废气污染源、污染物种类、污染治理措施及治理效果见表8-1。

表8-1　某200万吨间接合成油装置废气污染及治理措施

装置名称	单元名称	废气名称	排放量/(m^3/h)	污染物			排放规律	高度/m	排放去向
				名称	浓度	速率/(kg/h)			
油品合成装置	催化剂还原单元	催化剂储仓废气	2×2000	颗粒物	20	0.08	间歇	25	大气
	脱碳单元	脱碳单元闪蒸气	6119	H_2 CO CO_2 H_2O N_2 CH_4 C_2H_4 C_2H_6 C_{2+}	28.28% 9.07% 58.18% 3.76% 1.20% 3.43% 0.69% 0.62% 0.54%	—	连续	—	全厂燃料气管网
		再生气分离器再生气	89242	H_2 CO CO_2 H_2O N_2 CH_4 NMHC	13.33mg/m^3 24.99mg/m^3 1924217.3mg/m^3 44652mg/m^3 6.39mg/m^3 71.38mg/m^3 111mg/m^3	1.19 2.23 171721 3984.8 0.57 6.37 9.9	连续	90	大气
	渣蜡热裂解单元	加热炉烟气	9850	颗粒物 NO_x	20mg/m^3 约100mg/m^3	0.2 0.99	连续	40	大气
	无组织排放		—	VOCs		3.25	连续		大气

(2) 废水

间接合成油装置废水污染源有汽包排污、合成废水，其中汽包排污送废水处理后回用；合成废水含油及含氧化合物，送合成废水处理单元回收有用物质后进一步处理，主要废水污染治理措施及治理效果见表8-2。

(3) 固体废物

间接合成油装置的固体废物有废脱硫剂、废渣、废滤布等。主要固体废物及处理措施见表8-3。

此外，浆态床F-T合成反应器的后过滤系统会产生大量的固体废物F-T合成渣蜡，其中含有40%～60%的石蜡，大多数企业的处理方式是掺烧或掩埋，应研究进行资源化利用[18]。

表 8-2　某 200 万吨间接合成油装置废液污染及治理措施

装置名称	单元名称	废水名称	排放量/(m^3/h)	污染物		排放规律	排放去向
				名称	浓度/(mg/L)		
油品合成装置	蜡过滤单元	汽包排污	21.6	TDS	17	连续	废水处理及回用装置
	F-T合成单元	合成水	313.58	pH COD_{Cr} 石油类	3.1(无量纲) 41900 1003.2	连续	油品加工装置合成水处理单元
		机泵含油污水	正常 0 最大 10	COD_{Cr} BOD_5 石油类	1000 700 10	间歇	污水处理系统
	催化剂还原	生产废水	正常 0 最大 5	COD_{Cr}	200	间歇	污水处理系统
	蜡过滤单元	生产废水	正常 0 最大 10	COD_{Cr}	250	间歇	污水处理系统

表 8-3　某 200 万吨间接合成油装置各固体废物及处理措施

装置名称	单元名称	固废名称	排放量/(t/a)	主要组成	排放规律	排放去向
油品合成装置	精脱硫单元	废脱硫剂	164	Al_2O_3、助剂、氧化锌、氧化铜等	间歇，3 年 1 次	厂家回收
	脱碳单元	废活性炭	168	活性炭	间歇，1 小时 1 次	厂家回收
	渣蜡裂解单元	废渣	2440	废催化剂、废蜡	间歇，7 天 1 次	送危废处理中心处理
	油品合成单元	各类包装袋及废滤布	6.2	包装袋及各类残留物质	间歇	全厂焚烧炉

(4) 噪声

间接合成油装置主要噪声源、声学参数、治理措施及效果见表 8-4。

表 8-4　某 200 万吨间接合成油装置主要噪声源、声学参数、治理措施及效果

装置名称	单元名称	设备名称	数量	治理前声压级/dB(A)	治理措施
油品合成装置	F-T 合成单元	循环压缩机	4	95～98	减振、隔声
		释放气压缩机	3	92～95	减振、隔声
		各类泵	23	82～84	减振、隔声
	催化剂还原单元	循环气压缩机	2	95～98	减振、隔声
		重柴油泵	6	82～84	减振、隔声
	蜡过滤单元	各类泵	16	88～90	减振、隔声
	脱碳单元	脱碳闪蒸气压缩机	2	95～98	减振、隔声
		各类泵	6	82～84	减振、隔声

续表

装置名称	单元名称	设备名称	数量	治理前声压级/dB(A)	治理措施
油品合成装置	渣蜡裂解单元	各类泵	8	82～84	减振、隔声
		破碎机	2	100	
		振动筛	2	95	减振、隔声
		鼓风机	2	95	减振、隔声
		引风机	2	95	减振、隔声
		加热炉	2	89～92	减振、隔声、消声

（5）VOCs

间接合成油装置在以下部位存在 VOCs 排放：①设备动静密封点；②粗油品储存设施；③油品取样点；④管道、阀门的法兰连接处等。其排放量及其治理措施与其他煤化工装置、常规石油化工装置相同，在此不再赘述。

煤间接制油流程长、废水生成量大，水中醇、醛、酸等物质应考虑回收后循环利用，该工艺过程中还应防止跑、冒、滴、漏造成土壤和地下水污染，设备基础、地坪设计中应严格遵循防渗设计规范。此外，应提高过程能效，减少 CO_2 排放。

8.2 直接合成油

8.2.1 直接合成油技术概述

煤直接液化是通过加氢使煤中复杂的有机高分子结构直接转化为较低分子的液体燃料，转化过程是在含煤粉、溶剂和催化剂的浆液系统中进行加氢、解聚，需要较高的温度和压力。

煤是非常复杂的有机物，在加氢液化过程中化学反应也极其复杂，它是一系列顺序反应和平行反应的综合，可认为发生下列四类化学反应：

煤的热解：煤在隔绝空气的条件下加热到一定温度，煤的化学结构中键能最弱的部位开始断裂，呈自由基碎片，随温度升高，煤中一些键能较低和较高的部位也相继断裂，呈自由基碎片。

对自由基碎片的供氢：煤热解产生的自由基碎片是不稳定的，它只有与氢结合后才能变得稳定，成为分子量比原料煤要低得多的初级加氢产物。供给自由基的氢源主要来自以下几个方面：溶解于溶剂油中的氢在催化剂的作用下变为活性氢、溶剂油可供给的或传递的氢、煤本身可供应的氢、化学反应生成的氢。

脱氧、硫、氮杂原子反应：加氢液化过程中，煤结构中的一些氧、硫、氮也产生断裂，分别生成 H_2O（或 CO_2、CO）、H_2S 和 NH_3 气体而被脱除。

缩合反应：在加氢液化过程中，如果温度过高或供氢不足，煤热解的自由基“碎片”彼此会发生缩合反应，生成半焦和焦炭，缩合反应将使液化产率降低，它是煤加氢液化中不希望发生的反应。

煤炭直接液化技术已经走过了近一个世纪的发展历程。每一步进展都与世界的政治、经济、科技及能源格局有着密切的关系。归结起来可以看作三个阶段，每一个阶段都开发了当时最先进的工艺技术[19]。

第一代液化技术：1913年到第二次世界大战结束。在这段时间里，德国首先开启了煤炭液化的进程。1913年，德国的柏吉乌斯首先研究了煤的高压加氢，从而为煤的直接液化奠定了基础，并获得世界上第一个煤直接液化专利。1927年，德国在莱那（Leuna）建立了世界上第一个煤直接液化厂，规模10万吨/年。在1936～1943年，德国又有11套直接液化装置建成投产，到1944年，生产能力达到423万吨/年。当时的液化反应条件较为苛刻，反应温度470℃，反应压力70MPa。

第二代液化技术：第二次世界大战后，中东地区大量廉价石油的开发，使煤直接液化失去了竞争力和继续存在的必要。1973年后，西方世界发生了一场能源危机，煤转化技术研究又开始活跃起来。德国、美国、日本等主要工业发达国家，做了大量的研究工作。大部分的研究工作重点放在如何降低反应条件，即降低反应压力从而达到降低煤液化油的生产成本的目的。主要的成果有美国的氢-煤法、溶剂精炼煤法、供氢溶剂法，日本的NEDOL法及德开发的新工艺。这些技术存在的普遍缺点是：①因反应选择性欠佳，气态烃多，耗氢高，故成本高；②固液分离技术虽有所改进，但尚未根本解决；③催化剂不理想，铁催化剂活性不够高，钴-镍催化剂成本高。

第三代液化技术[20]：为进一步改进和完善煤直接液化技术，世界几大工业国美国、德国和日本正在继续研究开发第三代煤直接液化新工艺。具有代表性的目前世界上最先进的几种煤直接液化工艺是：①美国碳氢化合物研究公司两段催化液化工艺；②美国的煤油共炼工艺（COP）。这些新的液化工艺具有反应条件缓和、油收率高和油价相对低的特点。

自从德国发明了煤炭直接液化技术之后，美国、日本、英国、苏联也都独自研发出了拥有自主知识产权的液化技术。

20世纪50年代，抚顺石油研究所曾开展过煤炭加氢液化的试验研究，后来由于大庆油田的发现，研究工作随之停止。

20世纪70年代末，随着石油战略地位的提高，我国又开始进行煤炭直接液化技术的研究，2000年以来，煤炭科学研究总院已建成具有国际先进水平的煤炭直接液化、液化油提质加工和分析检验实验室，开展了大量基础研究和工艺开发工作。

2004年神华集团在上海建成了处理煤量为6t/d煤直接液化工艺开发装置（PDU），已经通过了长周期的运转试验。2008年世界上首套6000t/d的神华煤直接液化工业示范装置（DP）建成，并于年底投入第一次工业运行。由我国自主研发、具有自主知识产权的煤直接液化二代技术项目于2024年10月8日在新疆哈密正式开工，项目投产后，每年可生产400万吨煤液化产品。其中，煤直接液化生产线320万吨/年，煤间接液化生产线80万吨/年。

神华煤炭直接液化技术是世界上唯一工业化的直接液化技术，采用神华集团自主知识产权的煤炭直接液化工艺技术和催化剂，在液化反应器中将煤炭进行催化加氢反应，生产煤炭液化产品反应器采用了两台结构相同的强制内循环反应器，固液分离采用减压蒸馏工艺，溶剂加氢采用沸腾床油品加氢工艺。煤炭直接液化装置生产的液化粗油经过加氢稳定处理后，重质组分循环回煤炭液化装置作为循环活性溶剂使用，其余的轻油组分经加氢改质装置进一步加工处理，生产液化气、石脑油和柴油产品。煤液化未反应煤及沥青质等物质即减压塔底残渣送至成型机成型（残渣中大约含50%的固体物质）。神华煤直接液化制油工艺流程见图 8-3。

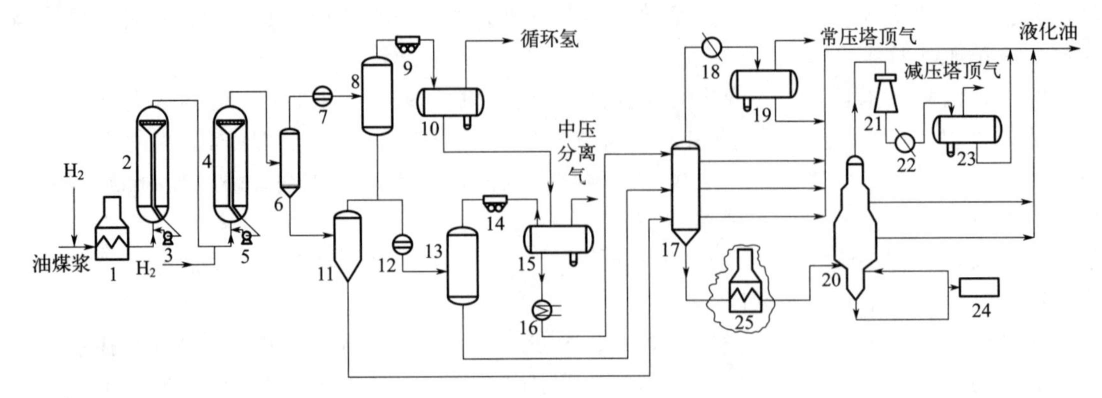

图 8-3　神华煤直接液化制油工艺流程

1—煤炭加热炉；2—煤液化第一反应器；3,5—循环泵；4—煤液化第二反应器；6—高温高压分离器；7,12,16—换热器；8—温高压分离器；9,14—空气冷却器；10—冷高压分离器；11—高温中压分离器；13—温中压分离器；15—冷中压分离器；17—常压蒸馏塔；18,22—冷却器；19,23—分离器；20—减压蒸馏塔；21—抽空器；24—成型机；25—减压塔进料加热炉（后增）

8.2.2　直接合成油工艺过程及清洁化生产措施

8.2.2.1　工艺生产过程

原煤经洗选后，精煤从厂外经皮带机输送入备煤装置加工成煤液化装置所需的油煤浆；约15%的洗精煤在催化剂制备单元经与催化剂混合，制备成含有催化剂的油煤浆也送至煤液化装置；煤粉、催化剂以及供氢溶剂，在高温、高压、临氢条件和催化剂的作用下，发生加氢反应生成煤液化油，煤液化油经过高压、中压、常压及减压多级分离后送至油品加工装置，经过后续加氢稳定、加氢改质及分馏提纯得到石脑油、柴油和重质馏分油、LPG 等产品[21]。

未反应煤质组分、灰分、催化剂和部分油质组成的 280～300℃的高温煤直接液化油渣，从减压分离装置底部抽出后，再经过油渣成型装置经水冷固化形成 3～5mm 厚的片状固体油渣，破碎后综合利用。

煤液化油[22]在加氢稳定装置（沸腾床油品加氢装置）中主要目的是生产满足煤液化要求的供氢溶剂，同时脱除部分硫、氮、氧等杂物从而达到预精制的目的。煤柴油馏分至加氢改质装置进一步提高油品质量；约 260℃溶剂油返回煤液化和备煤装置循环作为供氢剂使用。煤直接液化流程图见图 8-4。

8.2.2.2　清洁化生产措施

(1) 以高效催化剂和优化反应条件提高能效

煤直接液化催化剂为人工合成超细铁基催化剂，主要原料为无机化学工业的副产品，性能优异，具有活性高、添加量少、油收率高等特点，价格便宜，制备工艺流程简单，生产成本低廉，操作稳定；C_4 以上 402℃馏分油增加 53%[23,24]，液化 1t 无水无灰煤生成的馏分油从 3.3 桶提高到 5.0 桶；C_1～C_3 气体烃产率从 11.3%降到 8.6%，氢利用率从 8.4%提高到 10.7%；油品质量提高，氮、硫杂原子减少 50%，从而使煤液化能效提高，经济性明显改

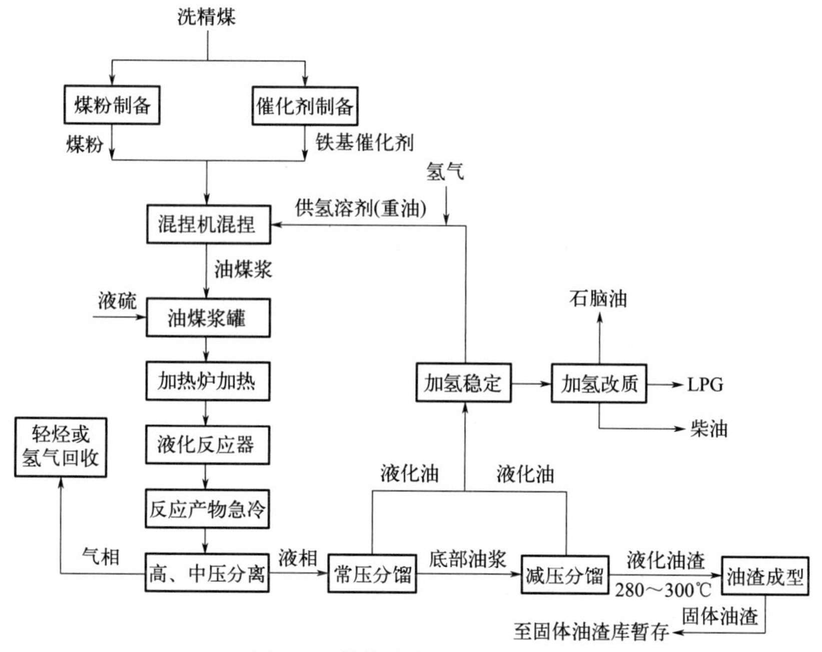

图 8-4　煤直接液化流程示意图

善，液化油成本降低了 17%。此外，在基础研究不断深入的基础上，针对不同的煤质特性，通过优化反应条件，提高反应效率，降低污染物排放[25]。

(2) 根据煤质特性精选煤粉制备工艺

煤粉制备（磨粉和干燥）采用的磨机型式有低速磨、中速磨、高速磨三种，需根据煤种挥发分、水分、燃点、可磨性（HGI 指数）指标及各种磨机型式和工艺的适应性，精选适宜的液化原料煤制备磨煤机、中间贮仓式流程的技术方案，具有能耗低、钢耗低、检修方便、噪声低等特点。

(3) 采用强制循环悬浮床加氢裂化工艺技术提高油品质量和收率

反应单元采用两段串联式强制内循环悬浮床反应器，反应物料处于全返混状态，传质传热效果显著，包括两个工艺步骤，即液相中的重质组分热加氢裂解以及后续的轻沸点裂解产物催化加氢处理，工艺技术的核心是采用液相加氢原理将低氢碳比原料高效转化为高氢碳比产品。悬浮床加氢裂化工艺的原料范围广，对原料性质限制要求低，可单独加工煤、重劣质油，或对其进行油煤共炼，但在加工过程中需根据加工不同原料所要求的转化率，以及所采用原料的生焦趋势添加一定浓度的添加剂、催化剂；固液分离是采用减压蒸馏手段，脱除沥青质及固体颗粒残渣；油收率高，液化转化率明显；催化剂在线更换，循环溶剂的加氢性能好，产品性质稳定；煤中的灰分起到吸附渣油中重金属和吸附积炭的作用，减少了重金属和结炭在加氢催化剂上的沉积，从而保护了催化剂的高活性；煤油共炼，劣质重油转化成轻质油品，碳转化率高、液体收率高，整体转化率大于 95%；原料多样化，适合于多种煤、重质油的液化转化[26]。

(4) 液化残渣综合利用

未反应的煤需要排出液化装置，煤中夹带有无机矿物、加入煤浆的催化剂，和部分煤液化的中间产物，它们以固体颗粒和液化油混合在一起。分离液化油后的剩余物质（液化残渣）是一种高碳、高灰和高硫的物质，产量一般达到原料煤的 30%左右。

煤液化残渣的性质和数量取决于液化煤的种类、液化工艺条件和固液分离方式，其中最主要的决定因素是固液分离方式，神华液化工艺用减压蒸馏、溶剂萃取和过滤等方法将它们与液化油分离。如何有效地利用和处理直接液化所产生的大量残渣是工业化面临的一大难题，残渣属非均一物质，是组成复杂的混合物，不同的液化工艺，尤其是固液分离技术对残渣的组成影响甚大。神华煤液化工艺所得减压蒸馏残渣的典型组成为重质油 30%、沥青烯 20%、前沥青烯 5%和四氢呋喃不溶物（未反应的煤和矿物质）45%，其中未反应的煤占残渣 30%左右。到目前为止，煤液化残渣的利用途径主要有气化、干馏焦化和燃烧发电三种方式。

① 干馏焦化。液化残渣中含有高沸点油类、沥青烯等物质，通过干馏的方法可将其进一步转化为可蒸馏油、气体和焦炭，增加液体产品的同时，产生的气体可用于制氢，焦炭可去气化、燃烧等。干馏利用方式可回收残渣中的重质油，尤其是残渣的加氢焦化，可使残渣中的沥青烯最大限度地转化为重质油和可蒸馏油，增加了煤液化工艺的目标产品——液体产品收率。但是，这种方式仅实现了残渣的部分利用，需要进一步寻求焦化主要产物——半焦或焦炭的最佳利用方式。

② 燃烧发电。液化残渣具有较高的发热量，特别是采用减压蒸馏分离技术所得的残渣，其发热量更高。如神华煤液化工艺所得残渣发热量高达 29.42MJ/kg，与优质动力煤相比，其热值也毫不逊色。因此展开残渣燃烧性能的评价，并可以尝试残渣燃烧发电与煤液化厂耦合。此外，残渣可作为化工原料加工成高附加值的碳素材料，如电极石墨材料或碳纤维材料。但是，鉴于液化厂的规模和液化残渣的数量，残渣被作为加工碳素材料的原料时，其加工规模太大，一般难以全部消化其液化残渣。

③ 气化。煤加氢液化过程中需要大量的氢气，如果将煤液化残渣用于气化制氢，既为煤液化过程提供了部分氢源，又可消耗掉全部液化残渣，通过一氧化碳变换后被分离氢气后的煤气循环参与反应，最后将生产的 CO、低碳烃类等气体用于燃气发电或制取蒸汽供液化厂使用，实现残渣利用与煤液化生产的有机耦合，从而提高煤液化的经济效益。也有人研究将煤直接液化产生的残渣用于炼焦，取得了较好的研究结果[27]。

④ 其他措施。煤直接液化制油各加氢装置产生的含硫气体、加氢稳定产物分馏切割出的石脑油，均经轻烃回收以回收气体中的液化气、轻烃、氢气，并经脱硫装置进行处理。同时，石脑油进一步到加氢改质装置处理。各煤液化、煤制氢、轻烃回收以及脱硫和含硫污水汽提等装置脱出的硫化氢经硫黄回收装置制取硫黄供煤液化装置使用，不足的硫黄部分外购。

液化装置粗油品的泄漏会造成土壤和地下水污染。装置区域设置围堰，同时区域内做防渗处理，在意外泄漏时不污染土壤和地下水。废水排放应执行清污分流的原则，将生产水、生活水、雨水等分系统排放。含硫含酚废水先进行污水汽提脱硫后，再入酚回收装置回收其中的酚，然后送入污水处理厂的高浓度污水处理系统深度处理后作循环水厂的补充水。低浓度含油污水经污水处理厂的低浓度污水处理系统处理后也作为循环水厂的补充水；催化剂制备的污水经预处理后送含盐废水处理系统。处理后的净化水大部分送水处理站作补充用水，少部分送循环水厂作为补充水，盐卤送废水处理装置，实现全厂污水近零排放。

直接液化装置所涉及的合成气、粗油品等，设置密闭取样系统，避免工艺气通过取样系统排入大气。

直接液化装置中所有输送油品的泵宜采用双机械密封，以减少油品的跑、漏。

8.2.3 直接合成油工艺过程污染物排放及治理

（1）废气

直接液化装置废气排放包括备煤阶段的含尘废气、催化剂制备阶段的干燥器尾气、制氢阶段的各类尾气、液化阶段的加热炉烟气，以及后加工阶段的尾气排放等。主要废气排放情况见表 8-5。

表 8-5 100 万吨/年直接液化装置废气排放

装置名称	污染源名称	排放量/($\times 10^6 m^3/a$)	主要污染物/(t/a)					
			SO_2	粉尘	烟尘	氮氧化物	烃类	H_2S
备煤	液化煤制备烟道气	1302.00	41.66		65.10			
	液化煤制备收尘尾气	714.24		71.42				
催化剂制备	氧化反应器放空气	16.78						
	一段干燥窑尾气	1488.00		148.80				
	二段干燥窑尾气	186.00		5.58				
煤液化	煤浆进料加热炉烟气	1093.68	28.42		31.69	174.99		
油渣成型	水洗塔排空尾气	35.96	1.29				0.30	0.64
合计		4836.66	71.37	225.80	96.79	174.99	0.30	0.64

（2）废液

直接液化过程中的废液排放包括催化剂制备过程中的含盐废水，合成反应产生的含烃、氨氮类废水，油品后加工过程中产生的含盐废水等。100 万吨/年直接液化装置的典型废液排放见表 8-6。

表 8-6 100 万吨/年直接液化装置典型废液排放表

装置名称	污染源名称	排放量/(m^3/h)	污染物		排放规律	排放去向
			名称	浓度/(mg/L)		
催化剂制备装置	滤液缓冲槽洗涤水	31.93	氨氮	13000	连续	废水处理
			硫酸盐	35000	连续	
	机泵冷却水	1	COD	200～400	连续	废水处理及回用装置
			石油类	100～200	连续	

续表

装置名称	污染源名称	排放量/(m^3/h)	污染物		排放规律	排放去向
			名称	浓度/(mg/L)		
液化装置	冷中压分离含硫含酚废水	47.43	氨氮	1.16%(质量分数)	连续	污水汽提装置,酚回收
			硫化氢	1.37%(质量分数)	连续	
			挥发酚	6000	连续	
	机泵冷却水	23.25	COD	200～400	连续	废水处理及回用装置
			石油类	100～200	连续	

(3) 固废

直接液化装置的固体废物有废脱硫剂、废催化剂、油渣、废渣、废滤布等。主要固体废物及处理措施见表 8-7。液化油渣可采用萃取工艺制得沥青，或作为锅炉燃料。

表 8-7　某 100 万吨/年直接液化装置各固体废物及处理措施

装置名称	污染源名称	产生量/(t/a)	主要组分	排放规律	去向
备煤装置	液化、气化制粉废渣	6696	煤矸石	间歇	渣场填埋
煤液化装置	减压塔底废油灰渣	610080	油、灰分、黄铁矿、未转化煤等	连续	综合利用

(4) 噪声

① 噪声来源。煤直接液化制油装置的噪声主要是由压缩机、各类泵等动设备运转时产生的，噪声值在 80～110dB(A) 之间。

② 噪声的治理。噪声治理应从噪声源做起，首先设备选型、设备布置要合理、先进，设计中尽量选用低噪声设备，对噪声较大的设备采用集中布置在隔声厂房内，或采取设隔声罩、消声器，操作岗位设隔声室等措施，振动设备设减振器，具体措施如下。压缩机设置在压缩机厂房中，采用隔声措施使其噪声影响减至最低。功率较大的泵宜可根据处理物料性质适当集中布置在泵房内，泵的开停及调节在控制室内自动进行，隔声后泵类的噪声不会对周围的环境产生影响。必要时设置隔声罩。管道设计与调节阀的选型考虑防止振动和噪声，避免截面突变；管道与强烈振动的设备连接处选用柔性接头；对辐射强噪声的管道，应采取隔声、消声措施。在厂房建筑设计中，尽量使工作和休息场所远离强噪声源，并设置必要的值班室，对工作人员进行噪声防护隔离。

(5) VOCs 及其他

煤直接液化制油装置在以下部位存在 VOCs 排放：①设备动静密封点；②粗油品储存设施；③油品取样点；④管道、阀门的法兰连接处等。其排放量及其治理措施与其他煤化工装置、常规石油化工装置相同，在此不再赘述。此外，该装置因存在固体物料、有放射性料位计等，因此采取了相应的防电离辐射措施。

煤直接制油目前国内仅有一套装置运行，其污染治理水平随着装置运行周期的延长在不断进步，与煤间接制油一样，要做好防渗处理，避免对土壤和地下水造成污染。此外，要提高资源综合利用效率和装置运行水平，从而减少 CO_2 排放。

8.3 粗油品后处理

8.3.1 粗油品后处理技术概述

（1）间接液化粗油品后处理

间接液化合成油品在烃类组成和主要性质等各方面与常规石油衍生物相比有较大的区别，是一种高含蜡的油品混合物，主要由正构烷烃和烯烃组成，硫、氮含量极低，但含有一定量的以醇等有机物形式存在的氧，间接合成油品需经过加氢精制，饱和其含有的烯烃，脱除氧等杂质后，才能生产出合格的石脑油和优质的柴油调和组分，较重馏分可以用来生产润滑油基础油和特种石蜡等产品。油品提质技术一般采用合成油品加氢精制和含蜡润滑油馏分加氢异构降凝等加工工艺。

（2）直接液化粗油品后处理

不同煤种的反应性差别较大，由褐煤得到的液体产物的性质与来自高挥发烟煤的产物差别很大。对同一种原料煤采用不同的加氢液化方法时，液体产物性质也不同，液体产物在储存过程中也会继续发生一些变化。煤直接液化初级油品保留了原料煤的一些特性，如芳烃和杂原子含量高、色相和储存稳定性差等，不能直接使用，与石油原油一样，必须经过进一步提质加工，才能获得像石油制品一样具有不同等级的液体燃料。

煤直接液化粗油的提质加工包括：①脱杂原子、脱氮、脱硫、脱氧等；②烃类的加氢反应，包括不饱和烃的加氢饱和反应、烃类的加氢裂化反应、烃类的异构化反应等。

8.3.2 粗油品后处理工艺过程及清洁化生产措施

8.3.2.1 工艺生产过程

（1）间接液化粗油品后处理工艺

加氢精制单元：费-托合成粗油品在装填有保护剂与精制剂的加氢精制反应器内，实现烯烃的饱和与氧等杂原子的脱除，加氢精制产物分别经过气液分离及分馏后，分别得到石脑油、柴油、润滑油馏分与特种石蜡。

异构降凝单元：经过加氢精制的费-托合成含蜡润滑油馏分，在异构降凝反应器内实现直链烃的异构，使润滑油馏分的凝点降低，经过分离后得到润滑油基础油馏分。

加氢裂化单元：在以燃料油为主要目的产品的工厂中，加氢精制重组分产品，在高温高压、氢气、催化剂的作用下进行裂化及临氢异构化反应，生产柴油组分、石脑油和液化气产品。

（2）直接液化粗油品后处理工艺

直接液化粗油品后处理工艺主要由以下部分组成：

① 沸腾床缓和加氢裂化单元：借助液体流速使具有一定粒度的催化剂处于全返混状态，并保持一定的界面，使氢气、催化剂和原料充分接触而完成加氢反应。该工艺具有原料适应性广、操作灵活、产品选择性高、质量稳定、运转连续、更换催化剂无需停工等特点。

② 加氢改质单元：主要是对沸腾床加氢装置的柴油馏分和轻烃回收装置的石脑油进行加氢精制，去除油品中的硫、氮、氧杂原子及金属杂质，另外对部分芳烃进行加氢，改善油品的使用性能。

③ 重整抽提单元：包括催化重整和芳烃抽提两部分，从加氢改质单元出来的重石脑油进入重整抽提单元，主要是生产高辛烷值汽油和苯。

④ 异构化单元：异构化过程是在一定的反应条件和催化剂下，将正构烷烃转变为异构烷烃，异构化过程可用于制造高辛烷值汽油组分，加氢改质单元出来的轻石脑油进入异构化单元。

8.3.2.2 清洁化生产措施

(1) 间接液化粗油品后处理

① 高效、长寿命加氢精制及异构降凝催化剂。费-托合成油品在烃类组成和主要性质等各方面与常规石油衍生物相比有较大的区别，是一种高含蜡的油品混合物，主要由正构烷烃和烯烃组成，且硫、氮含量极低，但含有一定量的以醇等有机物形式存在的氧，费-托合成油品需经过加氢精制，饱和其含有的烯烃，脱除氧等杂质，加氢精制催化剂的周期寿命为3年，总寿命为6年，能生产出优质的乙烯裂解原料石脑油和优质的柴油调和组分，较重馏分可以用来生产润滑油基础油和特种石蜡等产品；异构降凝催化剂的周期寿命为3年，经过加氢精制的费-托合成含蜡润滑油馏分，在异构降凝反应器内实现直链烃的异构，使润滑油馏分的凝点降低，经过分离后得到的润滑油基础油倾点低、收率高。

② 低温升、多段混合分配反应工艺。加氢精制和异构降凝反应均属于放热反应，为了有效控制反应温度，使催化剂具有高的活性和选择性，通常是将反应器内的催化剂床层分成多段，向相邻两段催化剂床层之间的空间内补充冷氢，以控制下一催化剂床层上部的温度。补充的冷氢与上一催化剂床层来的热反应物流需要实现均匀混合及再分配，才能更好地发挥催化剂的作用，冷热物流的混合及再分配是通过冷氢箱及分配盘来实现的。对关键设备设有温度、压力、流量、液位等自动高低限报警，系统采用密闭排放，统一处理，所有含有工艺物料的排放全部排至工厂的低压火炬系统。因为加氢精制、异构降凝反应均是在较高温度及较高压力下进行的，且处于氢气环境中，因此，反应器在选材时需要考虑氢的腐蚀问题，加氢精制反应器的主体材质选用1.25Cr0.5Mo，异构降凝反应器的主体材质选用1.25Cr0.5Mo及1.0Cr0.5Mo。

③ 加氢产物分离采用热高分流程。加氢裂化和加氢精制单元加氢产物采用热高分流程，部分产物在空冷器前进行气液分离，闪蒸出的油气再经过空冷器冷却后进行二次分离。与冷高分方案相比，大大降低了加热炉负荷，降低了装置能耗，减少了烟气排放；换热量大大减少，减小了换热器和空冷器的面积；避免了冷高分的乳化现象发生，减少了产品损失。

(2) 直接液化粗油品后处理

煤直接液化粗油品后处理除采用与煤间接液化粗油品后处理类似的清洁化生产措施外，根据其工艺流程还采取以下措施：

① 沸腾床缓和加氢裂化工艺。煤直接液化采用沸腾床缓和加氢裂化工艺，借助液体流速使具有一定粒度的催化剂处于全返混状态，并保持一定的界面，使氢气、催化剂和原料充分接触而完成加氢反应。该工艺原料适应性广、操作灵活、产品选择性高、质量稳定、运转连续、更换催化剂无需停工。

② 高输送性、稳定性的供氢溶剂。煤直接液化过程中，较强供氢性能的过程溶剂可防

止煤浆在预热器加热过程中结焦，供氢溶剂还可以提高煤液化过程的转化率和油收率，合适的供氢溶剂是含有较多稠环芳烃并经部分加氢的物料，煤直接液化将常压蒸馏塔和减压蒸馏塔的全部馏出物送入加氢稳定装置，按要求深度加氢后作为供氢溶剂，煤浆全部采用供氢溶剂配制。加氢稳定装置主要是生产满足煤液化要求的供氢溶剂，同时将煤液化粗油脱除硫、氮、氧等杂质进行预精制。其中，柴油馏分送至加氢精制装置进一步提高油品质量，轻质溶剂返回煤液化装置和备煤装置作为供氢溶剂使用。各加氢装置产生的含硫气体经轻烃回收及脱硫装置处理后作为燃料气。加氢稳定产物分馏切割出的石脑油至轻烃回收及脱硫装置处理，重石脑油进一步到加氢精制装置处理。

8.3.3 粗油品后处理工艺过程污染物排放及治理

(1) 废气

油品加工装置有组织废气污染源为各个工段加热炉烟气。加氢精制单元加热炉烟气来自精制反应原料加热炉、精制分馏塔进料加热炉、精制减压塔进料加热炉，统一由高排气筒排放；加氢裂化单元加热炉烟气来自裂化反应进料加热炉、重柴油加热炉、裂化分馏塔，统一由高排气筒排放；加热炉烟气中主要污染物为烟尘、氮氧化合物；正常生产过程中的含氢及烃类气体均密闭排放，排放气体可作为燃料气；各加氢装置产生的含硫气体经轻烃回收及脱硫装置处理后作为燃料气；煤液化、煤制氢、轻烃回收及脱硫和含硫污水汽提等装置脱出的含硫化氢酸性气体，经硫回收装置回收制取硫黄。油品加工装置区无组织废气排放主要为非甲烷总烃。表 8-8 为 200 万吨间接合成油油品加工装置典型废气排放数据，表 8-9 为 100 万吨/年直接液化油品加工装置废气排放数据。

表 8-8 200 万吨间接合成油油品加工装置废气排放汇总表

单元名称	废气名称	排放量 /(m^3/h)	污染物			排放规律	排放参数			排放去向
			名称	浓度 /(mg/m^3)	速率 /(kg/h)		高度 /m	内径 /mm	温度 /℃	
加氢精制	加热炉烟气	正常 30186 最大 58339	NO_x 烟尘	100 20	3.02 0.6	连续	60	1000	130	大气
加氢裂化	加热炉烟气	正常 42102 最大 80222	NO_x 烟尘	100 20	4.21 0.84	连续	60	1200	130	大气
无组织排放			VOCs		1.25	连续	面积：205×235=48175m^2			大气

表 8-9 100 万吨/年直接液化油品加工装置废气排放汇总表

序号	装置名称	污染源名称	排放量 /(×10^6m^3/a)	主要污染物/(t/a)		
				SO_2	烟尘	氮氧化物
1	加氢稳定	反应进料炉、分馏炉烟气	520.80	6.77	7.29	83.33
2	加氢改质	混氢油加热炉、分馏塔底重沸炉烟气	163.68	3.77	4.41	26.19

续表

序号	装置名称	污染源名称	排放量/($\times10^6m^3$/a)	主要污染物/(t/a)		
				SO_2	烟尘	氮氧化物
3	重整抽提	预加氢加热炉烟气	161.20	4.96	4.66	25.79
4	异构化	加热炉烟气	7.44	0.20	0.22	1.19
	合计		853.12	15.70	16.58	136.50

（2）废液

油品加工装置加氢精制单元产生废水的排放点主要有：冷低压分离器、分馏塔塔顶回流罐、减压塔塔顶分水罐；加氢裂化单元含油废水排放点主要有：分馏塔塔顶回流罐、富气压缩机出口分液罐、减压塔塔顶分水罐、稳定塔塔顶回流罐。废水中的主要污染物为其中溶解的少量烃类，为高 COD 废水。表 8-10 为 200 万吨间接合成油油品加工装置典型废水排放数据及治理措施，表 8-11 为 100 万吨/年直接液化油品加工装置废水排放数据及治理措施。

表 8-10　200 万吨间接合成油油品加工装置废水排放汇总表

单元名称	废水名称	排放量/(m^3/h)	污染物		排放规律	运行时数/h	排放去向
			名称	浓度(pH除外)/(mg/L)			
加氢精制单元	冷低分含油污水	正常 2.621 最大 3.362	pH COD_{Cr} 石油类	6～8 700 50	连续	8000	生产污水处理系统
	分馏塔塔顶回流罐含油污水	正常 3.919 最大 5.182	pH COD_{Cr} 石油类	6～8 700 50	连续	8000	
	减压塔塔顶罐含油污水	正常 3 最大 13.044	pH COD_{Cr} 石油类	6～8 700 100	连续	8000	
加氢裂化单元	分馏塔塔顶罐含油污水	正常 6.602 最大 8.583	pH COD_{Cr} 石油类	6～8 700 100	连续	8000	
	减压塔塔顶分水罐含油污水	正常 3.065 最大 3.985	pH COD_{Cr} 石油类	6～8 700 100	连续	8000	
	富液压缩机出口分液罐含油污水	正常 0.184 最大 0.239	pH COD_{Cr} 石油类	6～8 700 100	连续	8000	
	稳定塔回流罐含油污水	正常 0.003 最大 0.004	pH COD_{Cr} 石油类	6～8 700 100	连续	8000	
	吸收脱吸塔抽水排含油污水	正常 0.016 最大 0.021	pH COD_{Cr} 石油类	6～8 700 50	连续	8000	
废锅	汽包排污	1.5	TDS	17	连续	8000	废水处理及回用装置

表 8-11　100 万吨/年直接液化油品加工装置废水排放汇总表

装置名称	污染源名称	排放量/(m^3/h)	主要污染物			排放方式	处理措施
			名称	浓度/(mg/m^3)	速率/(kg/h)		
加氢稳定	塔顶回流罐、冷低压分离器排含硫污水	36	氨	1.95%(质量分数)	0.23	连续	去污水汽提装置
			氯化物	198	237		
			挥发酚	2230	26.7		
			硫化氢	1.28%(质量分数)	0.15		
	机泵冷却水	17	COD	200～400	1.1～2.7	连续	去污水处理厂
			石油类	100～200	0.6～1.1		
	地面冲洗水	2	COD	200～400	1.3～2.7	间歇	去污水处理厂
			石油类	100～200	0.07～0.13		
加氢改质	机泵冷却水	5	COD	200～400	1～2		
			石油类	100～200	0.5～1	连续	去污水处理厂
	冷高压分离器、低压分离器排含硫污水	8	COD	20000～25000	160～200	连续	去污水汽提装置
			石油类	50	0.4		
			硫化物	15000	120		
重整-抽提	机泵冷却水	1.7	挥发酚	10～30	0.02～0.05	连续	去污水处理厂
			COD	200～400	0.3～0.7		
			石油类	100～200	0.17～0.33		
	抽空器凝结水、罐排污水	0.3	COD	300～500	0.1～0.17	间歇	去污水处理厂
	气液分离罐排含油含硫污水	0.3	COD	300～500	0.1～0.17	间歇	去污水处理厂
			石油类	50	0.02		
			硫化物	50～100	0.02～0.03		
异构化	机泵冷却水	0.3	COD	200～400	0.07～0.13	连续	去污水处理厂
			石油类	100～200	0.03～0.07		

(3) 固废

油品加工装置的固体废物有：废瓷球、废催化剂、废保护剂、废过滤器元件以及膜分离组件。废催化剂由专业厂家回收，废瓷球填埋处理，过滤器及膜分离组件送焚烧炉。表 8-12 为 200 万吨间接合成油油品加工装置固体污染物排放数据，表 8-13 为 100 万吨/年直接液化油品加工装置固体污染物排放数据。

表 8-12　200 万吨间接合成油油品加工装置固体污染物排放数据

单元名称	排放源名称	固废名称	排放量/(t/a)	主要组分	分类及编号	排放规律	排放去向
加氢精制单元	精制反应器	废瓷球	22.72	Al_2O_3、油	HW06	3 年 1 次	外委填埋
		废催化剂	18.51	Al_2O_3、NiO、油等	HW46	6 年 1 次	厂家回收
		废保护剂	17.76	Al_2O_3、MoO_3、油等	HW46	3 年 1 次	厂家回收
	原料油过滤器	废布袋过滤器	0.8	特氟龙、蜡、油	HW46	3 月 1 次	焚烧炉

续表

单元名称	排放源名称	固废名称	排放量/(t/a)	主要组分	分类及编号	排放规律	排放去向
加氢裂化单元	裂化、降凝反应器	废瓷球	26.35	Al_2O_3、油	HW06	3年1次	外委填埋
		废催化剂	38.99	Al_2O_3、NiO、油等	HW46	6年1次	厂家回收
		废保护剂	14.1	Al_2O_3、NiO、油等	HW46	3年1次	厂家回收
	膜分离	膜分离组件	3个	聚砜、油	HW46	3年1次	焚烧炉

表 8-13　100 万吨/年直接液化油品加工装置固体污染物排放数据

装置名称	污染源名称	排放量(频次)	主要污染物	排放方式	处理措施
加氢稳定	废催化剂	1.2t/d	Mo、Ni、Al_2O_3 等	间歇	送生产厂家回收利用
加氢改质	加氢精制废催化剂	4.9t/3a	MoO_3、NiO、Al_2O_3 等	间歇	送生产厂家回收利用
	加氢改质废催化剂	147t/8a	WO_3、NiO、Al_2O_3 等	间歇	送生产厂家回收利用
重整-抽提	预加氢废催化剂	13t/4a	Al_2O_3、MoO_3、NiO、CoO 等	间歇	送渣场填埋处置
	重整废催化剂	15.1t/4a	Al_2O_3、Pt 等	间歇	送渣场填埋处置
	老化环丁砜	0.9t/a	环丁砜聚合物	间歇	送焚烧炉焚烧
	废活性白土	33.3t/a	白土	间歇	送渣场填埋处置
异构化	废催化剂	4t/6a	Al_2O_3、Pt 等	连续	送厂家回收利用

注：d—天；a—年。

(4) 噪声

油品加工装置噪声主要来自空冷器、压缩机、泵等噪声设备，噪声值在 80～110dB(A) 之间。

噪声治理要从噪声源做起，主要采取隔声、消声、基础减振等措施降低噪声。首先要从设备选型、设备的合理布置等方面考虑，设计中尽量选用低噪声设备，对噪声较大的设备采用集中布置在隔声厂房内，或采取设隔声罩、消声器，操作岗位设隔声室，振动设备设减振器等措施。具体措施如下：

① 压缩机设置在压缩机厂房中，压缩机房隔声可使其噪声影响减至最低。

② 功率较大的泵可根据处理物料性质适当集中布置在泵房内，泵的开停及调节都在控制室内自动进行，隔声后泵类的噪声不会对周围的环境产生影响。必要时设置隔声罩。

③ 管道设计与调节阀的选型考虑防止振动和噪声，避免截面突变；管道与强烈振动的设备连接处选用柔性接头；对产生强噪声的管道，应采取隔声、消声措施。

④ 在厂房建筑设计中，尽量使工作和休息场所远离强噪声源，并设置必要的值班室，对工作人员进行噪声防护隔离。表 8-14 为 200 万吨间接合成油装置主要噪声源、声学参数、治理措施及效果。

(5) VOCs 及其他

采用先进、成熟可靠的工艺技术，生产过程密闭；工艺管线及设备法兰的密封面和垫片根据需要适当提高密封等级，必要时采用焊接连接；对转动设备进行有效的设计，尽可能防止烃类物质泄漏；设备、管线检修后进行气密性试验。

表 8-14 200 万吨间接合成油装置主要噪声源、声学参数、治理措施及效果

单元名称	设备名称	数量/台	声压级/dB(A)		治理措施	排放规律
			治理前	处理后		
加氢精制单元	精制空冷器	45	87～90	72～75	减振、隔声、消声	连续
	精制加热炉	3	87～90	72～75		
	机泵	27 开 20 备	85～88	70～73	减振、隔声	
	压缩机	2 开 1 备	90～93	75～78		
加氢裂化单元	机泵	27 开 22 备	85～88	70～73	减振、隔声	
	裂化进料加热炉	1	89～92	74～77	减振、隔声、消声	
	减压塔进料加热炉	1	89～92	74～77		
	分馏塔进料加热炉	1	83～85	68～70		
	裂化空冷器	49	87～90	72～75		
	压缩机	4 开 3 备	95～98	80～83	减振、隔声	
合成水处理单元	机泵	15 开 13 备	85～88	70～73	减振、隔声	
	空冷器	46	87～90	72～75	减振、隔声、消声	

非正常工况废气处理：油品加工装置开停车及紧急情况下排放出来的可燃气体，装置内设置了火炬气收集系统，收集后的火炬气排放至全厂火炬总管，焚烧处理。

煤制油的油品粗加工工艺与炼油企业的石油加工工艺类似，已比较成熟，因此，其装置的防渗处理已有成熟的技术体系和习惯做法，在设计中要充分依托现场地质条件采取适宜的防渗措施，避免对土壤和地下水造成污染。此外，油品粗加工中除了工艺过程中的 CO_2 排放外，加热炉是一个主要的 CO_2 排放源，应提高加热炉效率，减少 CO_2 排放。

8.4 煤焦油加氢

8.4.1 煤焦油加氢技术概述

煤焦油加氢制取燃料油为近年来新兴的高温煤焦油加氢制取燃料油技术开辟了提高其附加值的新途径，该技术是在高温、高压和 H_2 存在的条件下，在催化剂床层上对高温煤焦油进行加氢反应，改变其分子结构，并脱除 O、N、S 等杂原子，从而获得汽油、柴油、煤油等燃料油品。高温煤焦油加氢制取燃料油比中低温煤焦油加氢难度大，必须将加氢精制和加氢裂化相结合，才可以得到较高的燃料油收率，达到效益的最大化[28,29]。

国内高温煤焦油加氢技术主要借鉴中低温煤焦油加氢制燃料油技术，目前正在进行工业试验（示范）的中低温煤焦油加氢技术有：陕西煤业化工集团神木天元化工有限公司的延迟焦化技术、煤炭科学研究总院煤化工研究分院的 BRICC 煤焦油悬浮床加氢技术、陕西延长石油集团的 VCC 悬浮床加氢裂化技术、河北新启元能源技术开发股份有限公司和上海新佑能源科技有限公司合作开发的煤焦油沸腾床加氢技术、神木富油能源科技有限公司的全馏分加氢技术。催化剂是高温煤焦油催化加氢过程的关键因素，主要为负载过渡金属元素的催化剂。煤焦油两段式加氢固定床流程见图 8-5。

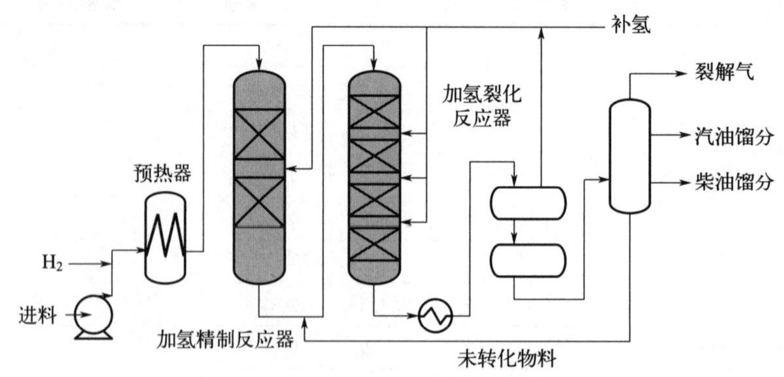

图 8-5 煤焦油两段式加氢固定床流程

高温煤焦油中萘的含量接近 10%，加氢产物十氢萘作为高附加值化学品，是重要的供氢溶剂、先进的喷气燃料，也是生产聚乙烯纤维干法纺丝工艺中的主要溶剂，此外还可作质子交换膜燃料电池的氢媒介。

8.4.2 煤焦油加氢工艺过程及清洁化生产措施

8.4.2.1 工艺生产过程

煤焦油经预处理后直接进行加氢精制及加氢裂解处理，生产石脑油、柴油调和组分或优质燃料油。煤沥青直接出售或进一步深加工。

煤焦油馏分油中含有大量的烯烃、多环芳烃等不饱和烃以及硫、氮、氧化合物，酸度高、胶质含量高。采用加氢改质工艺，可完成不饱和烃的饱和、脱硫、脱氮、脱酸反应以及芳烃饱和反应，达到改善其安定性、降低硫含量及降低芳烃含量的目的，可获得优质石脑油、轻质燃料油。

国内目前主要有“延迟焦化＋加氢裂化”“减压蒸馏＋加氢裂化”“沸腾床加氢＋固定床加氢”“悬浮床加氢＋固定床加氢”四种工艺技术。

(1) 延迟焦化＋加氢裂化

该工艺首先将全馏分煤焦油送入延迟焦化单元，通过加大循环比使煤沥青焦化，彻底消除煤沥青和洁净煤粉末对加氢过程的影响。延迟焦化主要产品为焦化汽油、焦化柴油、焦化蜡油以及石油焦。焦化汽油和焦化柴油送加氢装置进一步进行加氢处理，在较低的加氢压力可实现产品改质，生产出优质的石脑油和轻质燃料油。

该技术方案的特点主要有：

① 装置无煤沥青产出，提高了产品附加值。

② 加氢物料轻，加氢压力低，化学氢耗相对较低。

③ 轻油收率略微偏低。

④ 所产石油焦质量不高，价格低。

⑤ 装置投资高。

(2) 减压蒸馏＋加氢裂化

原料首先经预处理切除煤沥青，将馏分油送加氢单元进行加氢精制及加氢裂化。装置投资相对适中，化学氢耗在 6.8%左右，可使产品汽、柴油中氢含量达到 12%～14%，加氢深度较深，轻质化完全，产品中烯烃类、芳烃类含量少，加工费用相对适中，原料适用范围广。

预处理工艺主要采用“常减压”工艺。原料油低压闪蒸罐功能在于脱除原料中所含水分，同时将<120℃馏分（主要含酸性酚类物质）切除，以减少减压塔及后段设备腐蚀。减压塔功能在于切除>460℃的沥青组分，同时带走前端三相离心分离机无法分离的极细的洁净煤粉末。采用减压蒸馏方式，主要是为了保证在原料不结焦的前提下将<460℃馏分充分拔出，提高整体产品收率。

原料预处理的主要目的是脱除原料中不适于进固定床加氢反应器的煤沥青以及细微洁净煤粉末，从而保证煤焦油加氢反应催化剂的使用寿命，保证装置的长周期运行。煤沥青组分之所以不适宜通过固定床加氢裂化方式实现轻质化，主要是因为其富含金属、炭粉以及大量的胶质和沥青质，在加氢过程中反应空速极低、压力超高、催化剂失活快、加工费用高，从而使得经济效益较差。

该技术方案的特点主要有：

① 装置生产出煤沥青，产品附加值低。

② 加氢物料重，加氢压力高，化学氢耗相对较高。

③ 轻油收率高。

④ 加氢物料量大，能耗稍高。

⑤ 加氢处理物料量大，生产成本高。

(3) 沸腾床加氢+固定床加氢

沸腾床工艺是借助反应物流流速将具有一定粒度的催化剂自下而上移动并保持一定的界面，使氢气、催化剂和原料充分接触而完成加氢反应的过程。沸腾床渣油加氢技术是劣质和重质原油深度加工、提高石油资源利用率的一项重要技术，该技术的工业应用已进入快速增长期。

沸腾床渣油加氢工艺的研究开始于20世纪50年代初期，它是由HRI（美国的烃研究公司）开发的一种独特的液、气、固三相系统。经过70多年的开发和工业应用实践，渣油沸腾床加氢裂化技术在工艺、催化剂、工程、材料设备以及工业运转等方面的许多技术问题都已得到完善和解决，安全性、可靠性、有效性大大提高，工业装置的规模扩大、投资降低、效益提高。沸腾床反应器可以在线更换催化剂，因此可以加工金属（Ni+V）含量大于300μg/g、康氏残炭达20%～25%的原料［固定床渣油加氢只能加工金属（Ni+V）含量小于200μg/g、残炭在20%以下的原料］。原料油适应性广、反应器内温度均匀、催化剂在线加入和排出、运转周期长、良好的传质和传热、渣油转化率高（一般转化率为60%～85%，最大转化率97%）、催化剂利用率高、装置操作灵活是沸腾床加氢技术的显著特点。

该技术方案的特点主要有：

① 原料适用性强，产品收率高，汽、柴油收率可以达90%。

② 氢耗高，氢耗为8%左右。

③ 催化剂在线装卸。

④ 投资及操作费用相对于固定床加氢高。

(4) 悬浮床加氢+固定床加氢

为了避免原料中的氮、氧、固体颗粒等对常规负载型催化剂活性的影响，该技术采用均相催化剂，即将催化活性组分制备成水溶性或油溶性盐均相分布在原料油中。反应生成物经分离、分馏系统得到石脑油、柴油和重油，其中石脑油和柴油进入固定床加氢反应器继续深度加氢精制或加氢改质，用于降低其杂原子、芳烃含量，提高柴油的十六烷值；重油部分循环到悬浮床反应器入口用于进一步裂化成馏分油，少量重油（2%～8%）从装置中排出。

该技术方案的特点主要有：

① 原料适用性强，产品收率高，汽柴油收率可以达 90%。

② 氢耗高。

③ 催化剂使用为一次性，催化剂多为铁系、铜系催化剂，催化剂不可以再生；连续加入，连续排出。

④ 投资高，需要建设催化剂配制装置，操作费用高。

⑤ 排出的含催化剂及重金属的油渣较难处理。

8.4.2.2 清洁化生产措施

煤焦油加氢主要包括原料预处理系统、高压反应及循环氢系统、分馏系统、脱硫及溶剂再生系统和辅助系统。

① 设置的原料预处理、脱硫及溶剂再生、酸性水汽提单元可有效地脱除产品中的酚、氨、硫等物质并加以回收利用。

② 循环氢缓冲罐设有慢速和快速两套泄压系统，供紧急状态泄压或紧急停车使用，压缩机系统各分液罐的凝液集中送回冷低压分离罐，既保障安全运行又减少系统排放。

③ 最大限度降低分离过程外供热量，回收加氢的反应热向多个塔的重沸器供热，充分回收分馏中段回流热能，降低进料加热炉燃料消耗量。

④ 产品精制单元溶剂再生部分，采用低的压力，降低所用蒸汽能级，降低高压力蒸汽耗量；各部分充分回收热物流热量，用于加热待加热物流。

⑤ 污油管线分轻、重污油线接至装置内地下污油总管，排入装置地下轻、重污油罐回收利用。

8.4.3 煤焦油加氢工艺过程污染物排放及治理

以 50 万吨/年煤焦油加氢装置为例。

（1）废气

装置废气污染源可分为有组织排放源和无组织排放源两大类，有组织排放源又分为两部分：一部分为工艺尾气，这些尾气绝大部分是由于开、停工或生产不正常时，从安全阀或调节阀排出的各种油气，无法回收而排放，设计中将这些油气引入火炬系统烧掉，以减少烃类对大气的污染；另一部分为燃烧烟气，燃烧烟气主要来自各加热炉，烟气中所含主要污染物质有硫化物（SO_2）、氮氧化物（NO_x）等。

无组织排放源指轻质油品储存过程中的大、小呼吸损失及油品在加工过程中的跑、冒、滴、漏等，其主要污染物为烃类。废气排放情况见表 8-15。

表 8-15 废气排放表

序号	排放点	排放气类型	排放量/(m^3/h)	组成/(mg/m^3)	排放方式	治理措施
1	加热炉烟囱 1	燃烧烟气	3358	$SO_2 \leqslant 50$ $NO_x \leqslant 150$	连续	30m 高烟囱排放

续表

序号	排放点	排放气类型	排放量/(m^3/h)	组成/(mg/m^3)	排放方式	治理措施
2	加热炉烟囱 2	燃烧烟气	3694	$SO_2 \leqslant 50$ $NO_x \leqslant 150$	连续	30m 高烟囱排放
3	加氢装置 1	高压火炬气	150000	氢气,轻烃	间歇	送火炬
4	加氢装置 2	低压火炬气	44323	氢气,轻烃	间歇	送火炬

废气治理措施包括：对加热炉采用高效低 NO_x 燃烧器，减少污染物的排放；产生的烟气通过烟囱高空排放；生产过程中事故排放的烃类气体均引入火炬系统燃烧处理。

(2) 废液

废水主要来自装置的气液分离罐和各塔顶回流罐的切水，以及装置及系统配套的地面冲洗水、机泵冷却水等。按性质可分为含硫污水、含油污水和含酚废水。含油污水送至污水处理系统处理。含硫污水经煤焦油加氢装置的污水汽提单元处理后，送污水处理厂进行处理。含酚废水送荒煤气综合利用项目酚氨回收装置处理后送污水处理厂。废水排放见表 8-16。

表 8-16 废水排放表

序号	污水来源	废水种类	水量/(t/h)	COD_{Cr}/(mg/L)	石油类/(mg/L)	氨氮/(mg/L)	pH	治理措施
1	脱酚塔	酚氨废水	1.315					酚氨回收装置
2	生产装置区	含油污水	2.5	4000～6000	3000			污水处理厂
3	冷低分罐	含硫氨污水	17.7	H_2S 约 1.5%(质量分数)	800～1000	3%(质量分数)	6～9	酚氨回收装置
4	蒸汽锅炉	锅炉排污水	0.375	100			6～9	污水处理厂

废液治理措施包括：

① 机泵冷却、开停工过程中各设备、管道低点排放的含油污水及围堰内被油品污染的雨水和地面冲洗水经地漏收集后排至污水处理厂进行集中处理。

② 酸水汽提净化水及锅炉排污水送至污水处理厂集中处理。

③ 含酚氨水从脱酚塔、减压塔塔顶回流罐底泵送至酚氨回收装置处理后送污水处理厂。含硫氨污水送酚氨回收装置统一处理后送污水处理厂。

④ 围堰外未被油品污染的雨水和地面冲洗水以及生活污水排入全厂生活污水系统。

(3) 固废

工程投产后，将定期卸出不同类型固体废物，包括废催化剂等。固体废物排放情况见表 8-17。

表 8-17 固体废物排放表

序号	名称	排放量/t	排放频次	治理措施
1	沸腾床催化剂	87.5	三年一次	催化剂厂家回收
2	精制催化剂	82.5	五年一次	催化剂厂家回收
3	裂化催化剂	50	五年一次	催化剂厂家回收
4	加氢保护剂	25	两年一次	催化剂厂家回收
5	瓷球	32.5	两年一次	固废处理厂填埋

煤焦油加氢装置的废催化剂含贵金属，全部运回催化剂制造厂回收利用，变废为宝，避

免对大气、土壤及地下水造成二次污染。

(4) 噪声

煤焦油加氢生产过程中产生的噪声主要来自转动设备，如新氢压缩机、循环氢压缩机及各类输送泵，设备噪声值在60～85dB(A)之间。

噪声治理措施有：在满足工艺要求前提下，对高噪声设备压缩机等选用低噪声的产品；对高噪声设备可采用减振台座；高噪声设备均采用独立基础，并尽可能地集中布置在室内，以建筑物隔声，防止噪声的扩散和传播；在总平面布置时利用地形、厂房、声源方向性及绿化植物吸收噪声的作用等因素进行合理布局，充分考虑综合治理的作用来降低噪声污染；在建筑设计中采用隔声、吸声材料制作门窗、砌体等，降低噪声的影响。经采取措施后，环境噪声强度已大为降低，可达到规范要求。个别地点的声压级超过卫生标准80dB(A)时，操作人员须采用个人防护措施和设备。

目前，煤焦油加氢的装置规模不断扩大，能耗水平也不断提升，这为装置的污染物减排和治理奠定了良好的基础。今后煤焦油深加工应向生产高价值、高性能、高附加值产品的方向发展。因此在做好现有污染物控制和治理的同时，要注重装置区域的防渗措施，避免污染土壤和地下水。在“双碳”目标下，还应注重提高能效和减排CO_2。

8.5 甲醇制汽油

8.5.1 甲醇制汽油技术概述

汽油是人们日常生活和各行各业都必不可少的重要资源，是国民经济发展的基础，以煤为原料制取汽油也是缓解我国石油紧张的重要途径之一。本节所述煤制汽油主要指煤经甲醇制汽油（MTG）技术。与F-T合成过程相比较，甲醇制汽油技术的优点在于能量效率高、流程简单、投资少，而缺点在于只能生产汽油和LPG馏分。煤经甲醇制汽油技术是指煤先经气化、变换、净化制取合成气，之后合成甲醇，甲醇作为中间体被分离提纯后，在催化剂作用下通过脱水、低聚、异构等一系列反应，将甲醇转化为C_{11}以下的烃类油品过程。与一般的汽油相比，MTG工艺生产的油品具有低烯烃、无铅、低硫甚至无硫、无残留物等特点，汽车有害尾气的排放量可降低至50%以下，可以说甲醇汽油属于低碳新能源，是一种符合我国国情的清洁燃料，在一定程度上可解决能源安全及环境污染问题。

8.5.2 甲醇制汽油工艺过程及清洁化生产措施

(1) 工艺生产过程

① 固定床MTG工艺。典型的固定床MTG工艺是由Mobil公司于20世纪70年代开发的。工业化的Mobil法MTG工艺设置有四台并联的固定床反应器，其中三台用于转化反应，一台进行催化剂再生。在该工艺生产过程中，原料甲醇分别经过预热器、蒸发器和过热器后，在脱水反应器内生成二甲醚，随后二甲醚、没有反应的甲醇和水在转化反应器中经催化转化为烃类混合物，再经分离获取汽油等相关产品。该工艺生产汽油的甲醇消耗量约2.9t/t，生产的汽油辛烷值可达到93，且具有无硫、无铅、低烯烃等特点。固定床反应器的

优点在于操作简单，甲醇转化率较高。典型的工艺流程见图 8-6。1986 年，在新西兰该技术首次实现工业化，产能 60 万吨/年[30]。

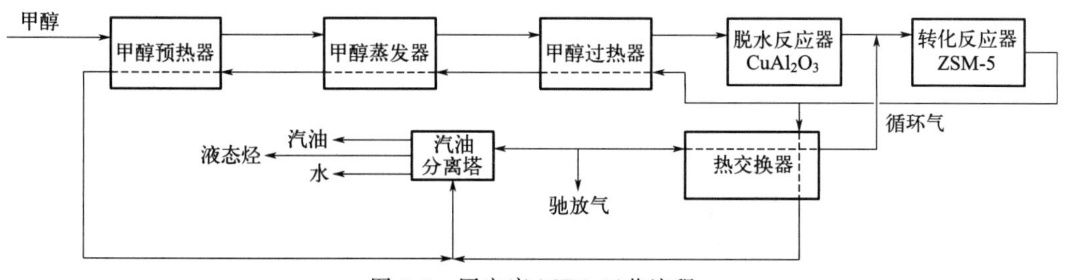

图 8-6　固定床 MTG 工艺流程

② 流化床 MTG 工艺。德国的 URBK 公司、伍德公司以及美国 Mobil 公司，在原有固定床 MTG 工艺的基础上，开发了流化床 MTG 工艺。在本工艺过程中，原料甲醇与水按一定比例混合后汽化，过热到一定温度后送入流化床反应器，将从流化床反应器顶部出来的反应产物除去催化剂，再经冷却分离后得到水、汽油等产品。该工艺的主要装置有流化床反应器、再生塔和外冷却器，其汽油收率比典型的固定床 MTG 工艺高，且操作中反应热易于移去，同时反应热可用来生产高压蒸汽，因此循环量比典型固定床 MTG 工艺大为降低。流化床 MTG 工艺生产吨汽油消耗甲醇为 2.5 吨。典型工艺流程见图 8-7。1982 年，UK 公司的联合石油化工厂利用上述技术建成了一套 20 吨/年的中试示范装置。

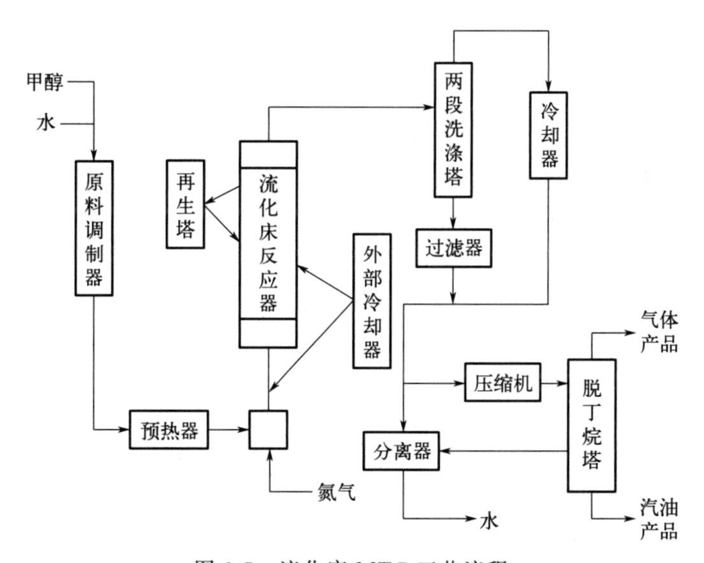

图 8-7　流化床 MTG 工艺流程

③ 多管式 MTG 工艺。美孚（Mobil）公司联合德国鲁奇（Lurgi）公司，在固定床 MTG 工艺基础上，采用多管式反应器将甲醇一步转化为烃类。多管式反应器管程装入催化剂，循环气及甲醇混合后从上部进入多管式反应器，通过管内催化剂催化转化为烃类产物，壳程内的熔融盐则通过循环移走反应产生的热量，在蒸汽发生器中生产得到高压蒸汽。从多管式反应器出来的产物通过热交换器逐步冷却至常温，并将原料甲醇和循环气加热至需要的反应温度。图 8-8 为多管式 MTG 工艺流程图，混合产物经反应器、热交换器和外冷凝器冷却到常温，在分离器中分离得到液相烃类、水和循环气，循环气返回到反应器中再次反应，

液态烃类进入稳定塔进一步分离。采用多管式 MTG 工艺原料消耗和产品中，生产 1t 汽油需要 2.8t 甲醇，同时产生 0.2t LPG 和 0.13t 燃料气。生成的汽油中各种烃类的质量分数为芳香烃 32%、烷烃 58%、烯烃 10%，辛烷值为 93。该工艺反应器结构复杂，建设成本相对较高[31]。

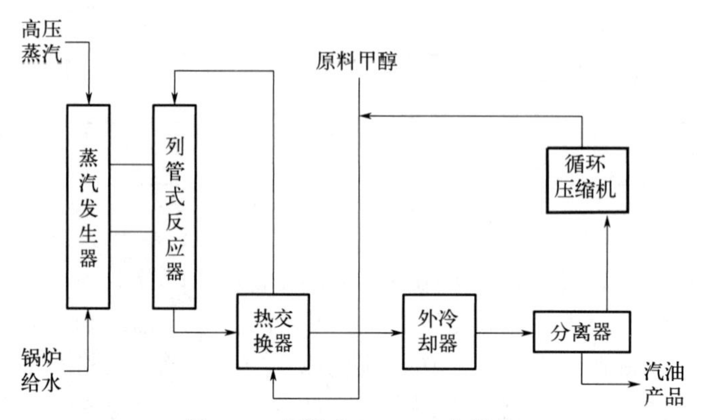

图 8-8　多管式 MTG 工艺流程

④ 国内 MTG 一步法新工艺。国内开展 MTG 研究的主要机构是中国科学院山西煤化所，2006 年山西煤化所开发了一步法 MTG 技术，在其能源化工中试基地完成了中试。一步法 MTG 工艺采用的 ZSM-5 分子筛催化剂由中国科学院山西煤化所自主开发，反应工艺由中国科学院山西煤化所和赛鼎工程有限公司合作开发，因此催化剂和工艺均具有自主知识产权。目前，中国科学院山西煤化所、赛鼎工程有限公司与云南煤化集团解化公司合作建立 3500t/a 的示范装置，自投产以来已生产出合格的汽油产品。中试规模为日处理甲醇 500kg，汽油选择性约为 38%，LPG 选择性约为 4%，催化剂单程寿命 22d，每吨（汽油+LPG）消耗甲醇接近 2.5t。产品汽油具有低烯烃含量（5%～15%）、低苯含量、无硫等特点，汽油辛烷值为 93～99(RON)。一步法 MTG 技术与典型固定床工艺的不同在于省略了甲醇制二甲醚的过程，而是甲醇蒸气在 ZSM-5 分子筛催化剂的作用下直接转化为汽油和少量 LPG 产品，其优点在于：工艺流程短、产品选择性高、催化剂稳定性及单程寿命均较好[32]。图 8-9 为一步法 MTG 工艺流程。

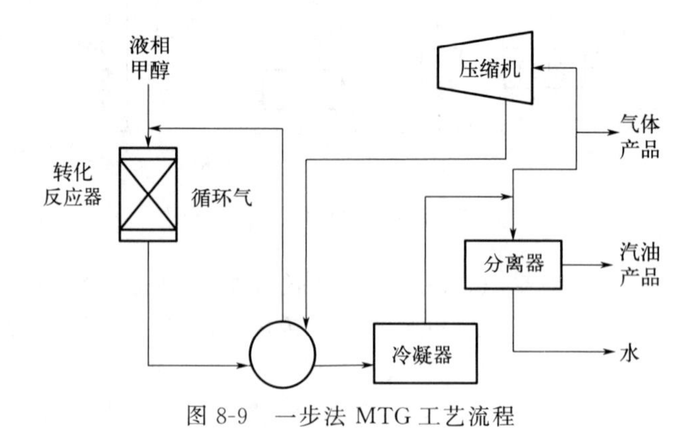

图 8-9　一步法 MTG 工艺流程

（2）清洁化生产措施

① 工艺方面。甲醇经预热汽化，与循环气体混合，达到反应温度后送至 MTG 反应器，转化为以 C_5～C_{10} 为主的烃类混合产品和水，反应物在出口经冷却分离后，得到粗汽油、

LPG 和干气。部分干气作为弛放气离开系统，部分压缩循环重复利用。

② 能量利用。流程设置甲醇预热器、甲醇蒸发器、甲醇过热器、气气换热器以及废热锅炉回收能量，合成油反应器出口气相一部分经过蒸汽过热器、废热锅炉产蒸汽，一部分作为甲醇蒸发器和甲醇过热器的热源，最终混合后经甲醇预热器回收高品位热能，剩余一部分经气气换热器与后工段返回的循环气换热，通过合理的换热网络分配，充分提高了能量回收率。

8.5.3 甲醇制汽油污染物排放及治理

以 60 万吨/年甲醇制汽油项目为例。

(1) 废气

以一步法 MTG 工艺为例，甲醇制汽油过程中产生的废气主要为：合成油洗涤塔尾气、油品分离吸收罐尾气等。合成油尾气洗涤塔尾气去油品分离装置，油品分离吸收罐尾气主要组成（摩尔分数）为甲烷（59%）、乙烷（9.2%）、氢气（5.9%）、一氧化碳（9.4%）、二氧化碳（10.3%）、水（6.2%），送往燃料气管网。

(2) 废液

甲醇制汽油的产物中有约含有 56%的水，因此本工艺产生的污水排放量较大，其中主要含有 C_5 以下小分子烃类，同时 COD 含量较高，属于高浓度难降解的有机废水，废水处理量约 $50m^3/h$，目前的处理方法以生物法为主。

(3) 固废

甲醇制汽油生产过程产生的固废来自废 ZSM-5 分子筛催化剂，处理量 60t/a，一般采取催化剂厂家回收处理的方式。

(4) 噪声

甲醇制汽油生产过程中产生的噪声主要来自粗醇泵、脱乙烷塔给料泵以及循环压缩机等，在生产过程中对其可采用加防护罩、减振垫、消声器、隔声门窗等措施加以控制。

参考文献

[1] Fischer F, Tropsch H. Synthesis of petroleum at atmospheric pressure from gasification products of coal [J]. Brennstoff-Chemie, 1926, 7: 97-104.

[2] Steynberg A P, Dry M E. Fischer-Tropsch technology [M]. Amsterdam: Elsevier, 2004.

[3] Dry M E. High quality diesel via the Fischer-Tropsch process: a review [J]. J Chem Tech Biotech, 2002, 77: 43-50

[4] Dry M E. The Fischer-Tropsch process: 1950—2000 [J]. Catal Today, 2001, 71: 227-241

[5] Brazdil J F, Toft M A. Encyclopedia of catalysis [M]. New York: Wiley, 2010.

[6] van Wechem V M H, Senden M M G. Conversion of natural gas to transportation fuels via the Shell middle distillate synthesis process (SMDS) [J]. Stud Surf Sci Catal, 1994, 81: 43-71.

[7] Carlsson L, Fabricius N. From bintulu shell MDS to pearl GTL in qatar [C]//Gastech 2005. Bilbao, 2005.

[8] Shell international limited. Pearl GTL-an overview [EB/OL]. http: //www. shell. com/global/aboutshell/ major-projects-2/pearl/overview. html. 2014-07-29.

[9] 孙启文，吴建民，张宗森，等. 煤间接液化技术及其研究进展 [J]. 化工进展，2013，32 (1)：1-12.

[10] Espinoza R L, Steynberg A P, Jager B. Low temperature Fischer-Tropsch synthesis from a Sasol perspective [J]. Applied Catalysis A: General, 1999, 186: 13-26.

[11] 吴春来. 南非 SASOL 的煤炭间接液化技术 [J]. 煤化工，2003 (2)：3-6.

[12] Sie S T. Process development and scale up Ⅳ: Case history of the development of a Fischer-Tropsch synthesis process [J]. Rev Chem Eng, 1998, 14 (21): 109-157.

[13] 舒歌平．煤炭液化技术［M］．北京：煤炭工业出版社，2003.
[14] 白亮，邓蜀平，董根全，等．煤间接液化技术开发现状及工业前景［J］．化工进展，2003，22（5）：441-447.
[15] 孙启文．煤间接液化技术的开发和工业化［J］．应用化工，2006，35（增刊）：211-216.
[16] 龙海洋，蒋志明，王毅，等．煤制油尾气综合利用技术研究［J］．云南化工，2019，46（7）：5-6.
[17] 段锋．费托合成废水分离处理技术研究进展［J］．煤质技术，2017（6）：5-8.
[18] 王世伟，焦甜甜，张亚青，等．费托合成渣蜡资源化利用研究进展［J］．洁净煤技术，2021，27（4）：26-33.
[19] 范传宏．煤直接液化工艺技术及工程应用［J］．石油炼制与化工，2003，34（7）：20-24.
[20] 贾明生，陈恩鉴，赵黛青．煤炭液化技术现状与发展前景［J］．选煤技术，2003，4（2）：50-53.
[21] 张玉卓．中国神华煤直接液化技术新进展［J］．中国科技产业，2006（2）：32-35
[22] 贺永德．现代煤化工技术手册［M］．北京：化学工业出版社，2004：507-508.
[23] 王永刚，周建明，王彩红，等．先锋煤和神华煤直接液化油的组成［J］．煤炭学报，2006，31（1）：81-84
[24] Li J，Yang J L，Liu Z Y. Hydrogenation of heavy liquids from a direct coal liquefaction residue for improved oil yield ［J］. Fuel Processing Technology，2009，90（4）：490-495
[25] 梁江朋．工艺条件对艾丁褐煤催化液化反应性研究［J］．洁净煤技术，2020，26（6）：132-137.
[26] 王忠臣，李晓宏，何炳昊，等．煤液化制油技术研究进展［J］．化工设计通讯，2019，45（2）：19.
[27] 陈智辉，吴幼青，吴诗勇，等．煤直接液化残渣的成焦行为及在配煤炼焦中的应用［J］．洁净煤技术，2021，27（4）：83-89.
[28] 崔豫泓．我国煤焦油加氢技术研究现状及展望［J］．煤炭加工与综合利用，2021（7）：58-61.
[29] 周秋成，席引尚，马宝岐．我国煤焦油加氢产业发展现状与展望［J］．煤化工，2020，48（3）：3-8，49.
[30] 祁嘉昕．甲醇制汽油工艺分析及产业化进展［J］．山西化工，2018，38（1）：35-37.
[31] 庞小文，孟凡会，卢建军，等．甲醇制汽油工艺及催化剂制备的研究进展［J］．化工进展，2013（5）：61-66.
[32] 王毅．甲醇制汽油发展现状及前景分析［C］．中国煤化工技术、市场、信息交流会暨“十二五”产业发展研讨会，2012.

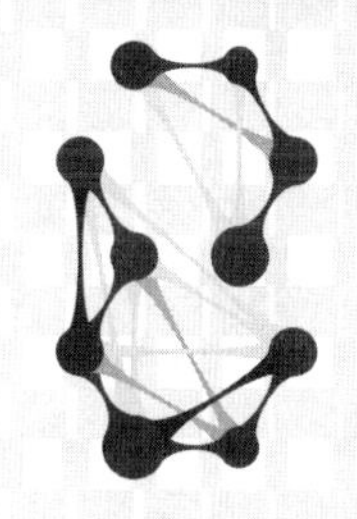

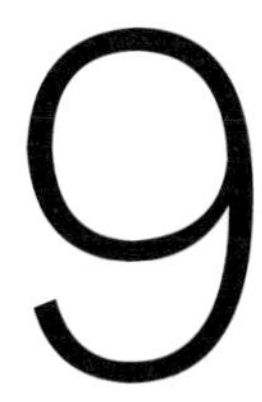

9 煤制化学品过程污染控制与治理

煤制化学品历史悠久，早在19世纪，就形成了煤炭转化制化学品的雏形体系。进入20世纪后，以煤为原料生产有机化学品，已成为化学工业的重要组成部分。早期煤炭转化始于煤的干馏，人们用煤炼焦，生产煤气、煤焦油和焦炭等产品，从而提取各类芳烃及其他化工原料。随着技术进步，C_1化工得到大力发展，以煤为原料生产合成气，制得更加丰富的化工原料和产品，特别是甲醇制烯烃技术的突破，实现了煤化工与石油化工的全面贯通，煤制甲醇、乙醇、醋酸、乙二醇等产业目前已达到相当大的规模，煤制聚乙醇酸（PGA）、二苯甲烷二异氰酸酯（MDI）、碳酸二甲酯（DMC）、六亚甲基二异氰酸酯（HDI）、聚碳酸酯（PC）、甲基丙烯酸甲酯（MMA）以及高碳醇、α-烯烃等高端化学品和材料的工艺也正处于工业化阶段。本章从煤热解经焦油制备化学品、焦炭经乙炔制备下游化学品、煤气化经合成气制备化学品三个方面对煤化工制化学品的清洁生产和污染物防控技术进行论述。

9.1 煤焦油基化学品

煤焦油是焦化和热解过程的重要产品之一，其中含有丰富的化学成分，可从中分离并确认的组分有500多种。煤焦油中含有烷烃、烯烃、芳烃、酚、多环芳烃和杂环化合物等有机化合物，它们在能源、农药、建筑、医药、染料等领域具有不可替代的价值。从煤焦油中分离、精制可得到满足市场需求的多种化工产品，比直接化学合成具有显著的成本优势。随着煤焦油深加工行业不断的技术创新和突破，煤焦油深加工行业制取的各种化学品在世界化工原料需求中占有重要地位[1]，如煤焦油中的蒽、芘、咔唑和喹啉都有着广泛的应用。

不同干馏温度所形成的煤焦油组成及性质具有较大的差异：高温煤焦油色黑，相对密度大于1.0，含有大量沥青、烷基芳香族化合物和酸性化合物等；中低温煤焦油为黑色油状液体，相对密度在1. 0左右，与高温煤焦油相比，具有高含量的链烷烃和烷基芳香族化合物，酚含量高达30%。并且中低温煤焦油可加氢制造清洁燃料，缓解我国石油进口的依存度[2]。因此，针对性质各异的煤焦油，应采用不同的处理方式加以综合利用。

9.1.1 煤焦油基化学品技术概述

煤焦油作为煤热解的主要副产品，其深加工路线以清洁柴油、汽油等为主要方向，是市场急需的清洁燃料。随着国家对煤炭清洁化利用及环保要求的不断提高，在国家加强对煤焦油市场宏观政策调控的背景下，煤焦油深加工行业规模、技术和精细化程度不断升级，中低温煤焦油加氢技术被广泛采用，高温煤焦油加氢技术也日趋成熟，煤焦油的高附加值和潜在发展空间不断凸显。目前，煤焦油深加工行业正朝着加工集中化、装置大型化、精细多元化、市场高端化方向协调发展，以确保实现煤焦油深加工行业的升级示范。

我国高温煤焦油的利用途径主要有三类。第一类通过精馏切割生产酚油、萘油、洗油、蒽油和沥青等馏分，再对各馏分进行分离精制生产蒽、萘、酚和沥青等化工原料。第二类是将其作为替代重油的燃料，通过燃烧为玻璃、陶瓷等行业供热以及作为生产炭黑的原料。第三类通过催化加氢使高温煤焦油轻质化制成燃料油。

煤焦油提取精细化工产品的方法是先将预处理后的煤焦油通过蒸馏切取出组分集中的各种馏分，接着对各馏分采取精馏、聚合、结晶等物理化学方法，分离得到酚类、萘、吡啶、喹啉等多种化学品。煤焦油的分离是实现油品各组分利用价值最大化的基础，国内使用的工业化煤焦油分离方法主要有精馏法、萃取法及结晶法。图 9-1 为国内最常用的精馏工艺，该工艺主要由脱水塔、沥青塔和分馏塔三部分组成，将煤焦油转化为沥青、轻油、酚油、蒽油等产品。

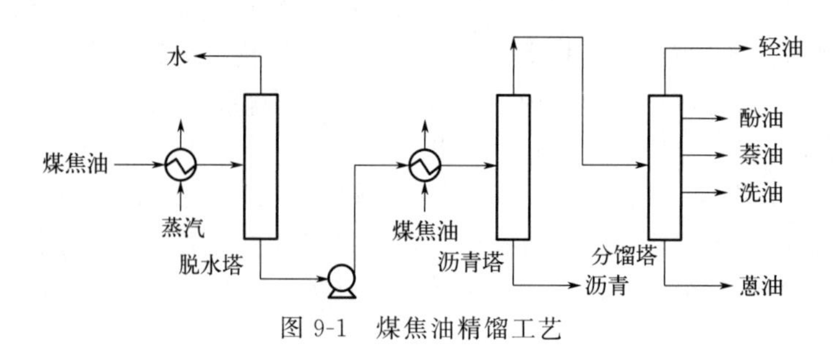

图 9-1 煤焦油精馏工艺

前两类利用途径相对传统，产品用途较为单一。第三类利用途径近年来发展迅速，但是实际中大多以中低温煤焦油为原料。中低温煤焦油加氢制燃料油技术主要有延迟焦化、悬浮床、沸腾床和全馏分加氢技术等。以陕西煤业化工集团神木天元化工有限公司的 50 万吨/年中低温煤焦油轻质化示范项目最具代表性，其延迟焦化液体产品收率 76.8%，加氢装置液体产品收率 96.3%。

煤焦油下游化学品产业链如图 9-2～图 9-4 所示。

针对煤焦油基化学品利用途径的分类，中间产品主要有以下几种。

（1）煤沥青

煤沥青作为煤焦油蒸馏中的残渣，因蒸馏条件不同，产率一般为 50%～60%。煤焦油沥青是十分复杂的多相体系，含碳（质量分数）92%～94%，含氢（质量分数）仅为 4%～5%，所以它是制取各种碳素材料不可替代的原料。我国长期以来，煤沥青主要用作制备成型碳材料（碳素制品）的黏结剂，主要应用于电解铝和电炉炼钢用石墨电极领域，其次是单质硅、黄磷、刚玉、硬质合金等领域。在沥青的消费结构中有 20%用于出口，66%用于生产铝用碳素，其他 8%用于炼钢用石墨电极，6%用于生产特种碳素及其他，如沥青和蒽油

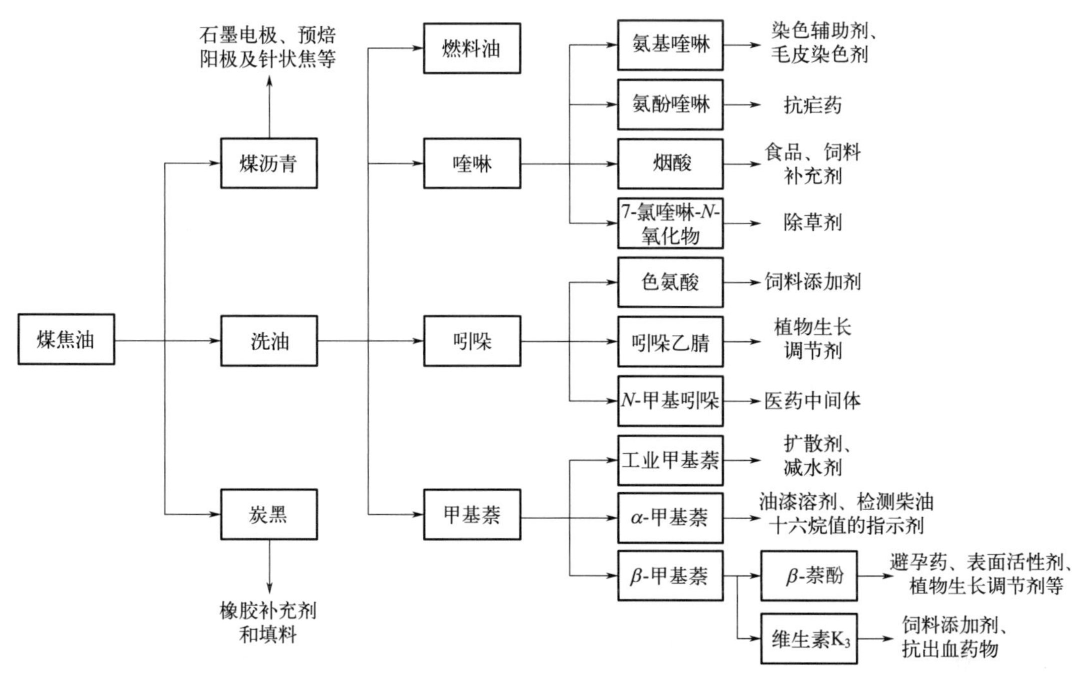

图 9-2 煤焦油下游化学品产业链一

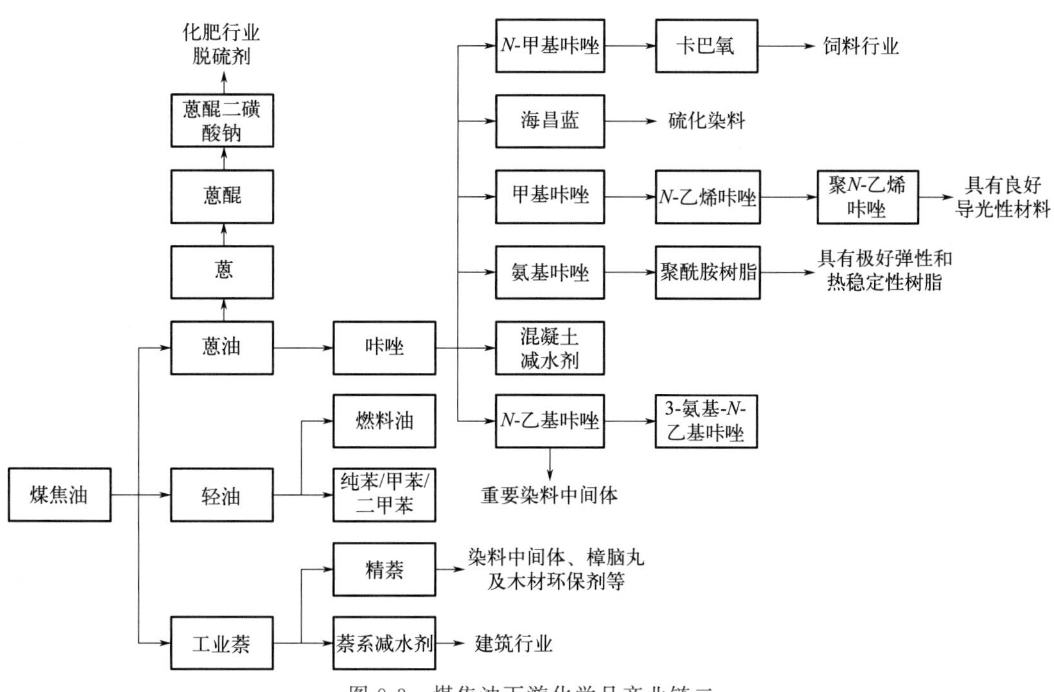

图 9-3 煤焦油下游化学品产业链二

混配的燃料油等。我国的煤沥青市场已经饱和，因此部分企业在煤焦油加工过程中压缩沥青产率，将沥青中的低沸点（360～430℃）馏分切取到蒽油里面，生产炭黑油供给炭黑厂，价格比煤沥青高50%～100%。为适应快速发展的碳素工业对生产高强度、高密度的高档碳材料产品的原料需求，部分焦化企业采用热缩聚法、闪蒸法，调整软化点、喹啉不溶物

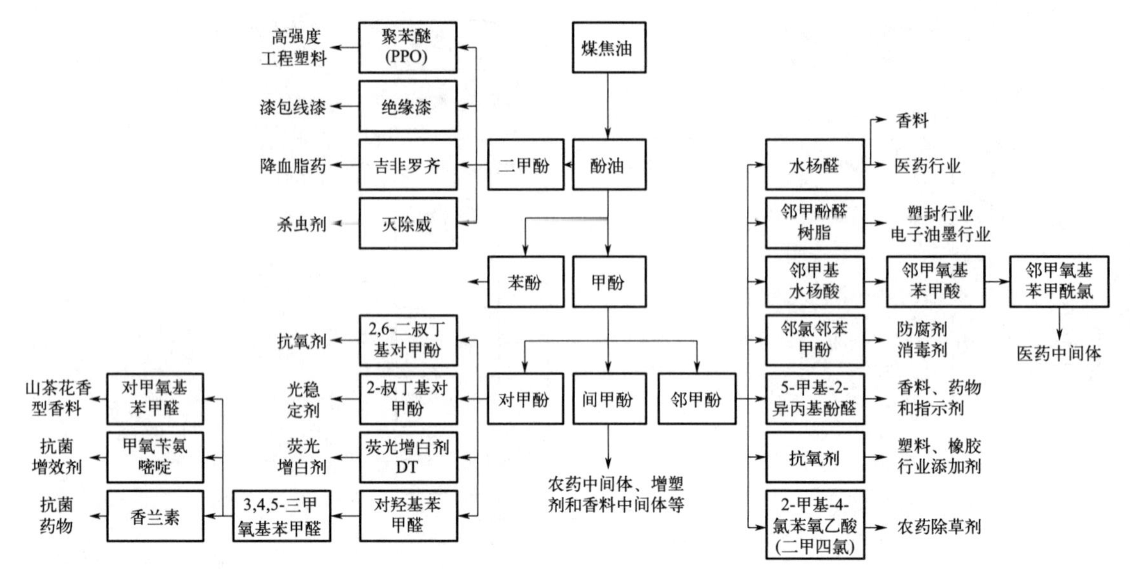

图 9-4　煤焦油下游化学品产业链三

(QI)、结焦值、黏度等指标，生产改质沥青。为了满足公路建设对道路沥青性能不断提高的要求，解决煤沥青在路用过程中存在的高温流淌、低温脆裂、延展性差等问题，利用纳米复合材料生产改质道路沥青。

(2) 针状焦

煤沥青是生产煤系针状焦的优质原料，其组分包括碳氢化合物和碳环、杂环化合物[3]。针状焦是20世纪70年代发现的优质碳素材料品种，具有低金属含量、低空隙度、低热膨胀系数、易石墨化的特点，且表现出很强的导电性，主要用于生产电炉炼钢用的高功率（HP）和超高功率（UHP）石墨电极和特种碳素制品，也是电刷、电池、炼钢用增碳剂、高温优质耐火炉料的新型材料，在电极、锂离子电池、燃料电池、电化学电容器、核石墨、冶金等方面得到广泛应用[4]。以煤炼焦副产品煤焦油沥青为原料，经原料预处理、延迟焦化和煅烧3个工艺过程，制得成品煤系针状焦。作为新日铁集团旗下一家专业生产碳素制品的公司，C-Chem目前也是全球最大的煤系针状焦生产商[5]。

(3) 洗油

洗油是煤焦油在230～300℃的馏分段，约占粗焦油的9%，其主要是中性组分（约占90%），其余是碱性、酸性组分，富含萘、α-甲基萘、β-甲基萘、联苯、喹啉、苊、芴、吲哚等宝贵的有机化工原料，这些产品均具有广阔的后续开发前景。长期以来，洗油主要被用于焦炉煤气中洗涤吸收煤气中的苯族烃及各种有机气体，仅少部分作为燃料油和制炭黑的原料廉价出售。随着精细化工技术的进步，我国洗油的加工向纵深化发展，如将洗油中的芴加工成9-芴酮，由9-芴酮生产价格更高、用途更广泛的双酚芴。我国的洗油加工已经从引进技术装备向创新型自主研发方向发展。例如，宝钢在从日本引进的新日铁洗油加工装置的基础上，自主研发了从洗油中同时提取联苯和吲哚的技术，提升了洗油的再利用价值，从洗油中分离精制2-甲基萘工业应用水平也有了一定的提高[6]。

(4) 蒽油

蒽油是煤焦油产业中的一部分馏分，馏程为280～360℃，约占粗焦油的23%，其主要成分为蒽（30%～40%）、菲（20%～30%）和咔唑（15%～20%），是制造电极、沥青焦、炭黑、木材防腐油等的原料，含90%以上的芳烃和少量胶质。蒽油是煤焦油在300～360℃的馏分段，它们都是合成精细化学品的重要中间体。我国蒽油主要用于生产炭黑、燃料油或深加工提取蒽和咔唑等。蒽油加工能耗高、产品附加值小、经济效益差，对资源造成极大浪费。与此同时，我国石油资源紧缺，煤炭储量相对富足，经济高速发展对柴油、汽油、煤油等燃料油的需求量日益增大，将蒽油转化为燃料油，既解决了蒽油的市场出路，提高了产品的附加价值，又补充了石油资源的不足。我国大多采用对蒽油进行冷却、结晶和离心分离的方法生产粗蒽，然后利用溶剂萃取法或溶剂蒸馏法制取精蒽和咔唑。从国外引进应用最多的是法国BEFS公司的蒽油结晶-蒸馏技术，如宝钢、兖矿集团和济宁煤化公司等。

（5）萘油

萘油是沸点在210～230℃的粗焦油馏分，约占9%。对于萘油的加工分离，先后出现了酸洗法、溶剂法、加氢法、结晶法等。酸洗法由于腐蚀严重，且废酸难以处理，所以正趋于淘汰；结晶法设备和操作比较简单，产品含硫质量分数在0.25%～0.30%，收率在91%～92%；连续式加氢精制法，产品质量优良，含硫量（质量分数）一般小于0.01%，萘的收率（包括四氢萘）>99.5%，但基建投资和操作费用均较高。我国的大型焦化企业多采用结晶法，引进的国外技术主要有以下3种：法国BEFS公司的Proabd结晶技术，瑞士Sulzer公司的MWB降膜结晶技术，澳大利亚联合碳化物公司的Brodie连续结晶技术。

（6）酚油

酚油酚类化合物以低级酚为主，主要集中在170～210℃、210～230℃这两种馏分中，大约占煤焦油总量的13.7%。国内多采用常压脱水-减压脱渣、精馏工艺，获得的酚类产品质量较差。近年来从国外引进了5塔连续操作脱水脱渣精馏、第6个塔为间歇操作的工艺流程。各塔均为减压操作，苯酚的回收率可达42%，产品质量好，有特号苯酚（结晶点40℃以上）、邻甲酚（结晶点29℃以上）、对甲酚、二甲酚等。

9.1.2 煤焦油基化学品工艺过程及清洁化生产措施

为实现上述煤焦油基中间化学品的切割提取，煤焦油的处理需要采用蒸馏工艺，即把焦油中沸点接近的化合物集中到相应馏分，而煤焦油蒸馏工艺主要分为间歇式和连续式两种。现代煤焦油蒸馏均选择连续式蒸馏，其具有分离效果好、各馏分产率高、酚和萘可高度集中在一定的馏分中的特点。国内外关于煤焦油的工艺大同小异，均为脱水和分馏。目前，已发展到连续常减压多塔分馏工艺。

9.1.2.1 工艺生产过程

（1）煤焦油预处理

① 质量均匀化。为衔接上下游生产和保证焦油均质化效果，在均质化过程中通常设置三个贮槽，一个用于接收煤焦油，一个用于静置均匀化，一个用于向下游管式炉送油，三个贮槽轮换使用。煤焦油经过静置，焦油渣会沉积在槽底部，然后定期进行沉积焦油等的清理。

② 焦油脱水。经质量均匀化处理后的煤焦油含水约4%，为了降低燃料气的消耗量，煤焦油在蒸馏前必须脱水。为利于油水分离，可在煤焦油贮槽内设置蒸汽加热器，加热煤焦油使其保持一定温度。重力澄清出来的水由溢流管排出，流入收集槽中，煤焦油中的水分含量降至2%～3%。

③ 脱盐处理。煤焦油进入焦油蒸馏单元的管式炉之前，先加入碳酸钠溶液，与煤焦油中的固定铵盐进行反应，生成稳定的钠盐，钠盐在焦油蒸馏温度下不会发生分解。脱盐后的焦油中固定铵含量大幅度降低，有利于焦油蒸馏单元加热炉的稳定运行。

（2）粗煤焦油蒸馏

粗煤焦油典型常减压蒸馏工艺流程如图 9-5 所示。

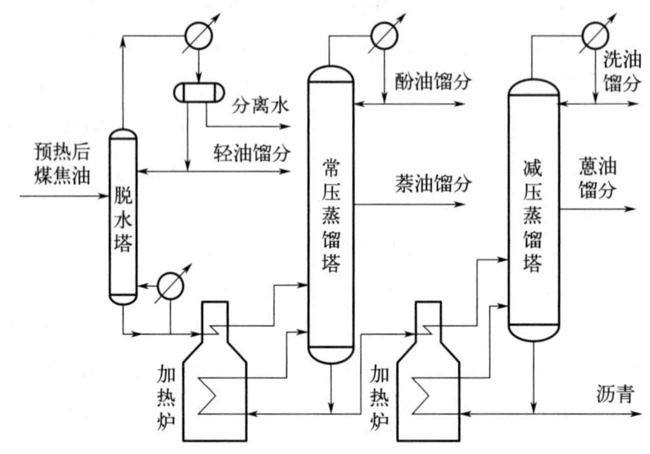

图 9-5　粗煤焦油典型常减压蒸馏工艺流程

原料焦油经预热到 130℃后进入脱水塔脱水，脱水塔塔顶馏分经冷凝器冷却到 45℃，经油水分离器分离出氨水和轻油馏分，轻油馏分一部分作为产品，另一部分回流至脱水塔。脱水塔塔底采出无水煤焦油。

原料焦油经无水焦油输送泵送至焦油加热炉加热至 260℃后进入常压蒸馏塔，常压蒸馏塔塔顶采出酚油馏分，侧线采出萘油馏分，塔底采出重质混合油。重质混合油经管式加热炉加热至 350℃后进入减压蒸馏塔，减压蒸馏塔塔顶采出洗油馏分，侧线采出蒽油馏分，塔底采出沥青[7]。

9.1.2.2　清洁化生产措施

（1）工艺流程方面

① 可充分利用余热优化两段汽化脱水，采取精密脱水工艺，在焦油馏分切割前引入多级精馏脱水，可有效降低轻油中酚的含量，不但降低了操作能耗，而且提高了馏分利用率。

② 为提高煤焦油分离程度，馏分切割采用常减压操作，常压生产酚油馏分和萘油馏分，减压生产洗油馏分和蒽油馏分。

③ 通过减压蒸馏，可降低操作温度，提高蒸馏效率并减缓管式炉的结焦。

④ 所有油贮槽的放散管集中抽吸进入废气回收系统，经洗油吸收后送入管式炉燃烧排放，既减少污染，又能为管式炉提供能量补充。

⑤ 管式加热炉采用低氮高效燃烧技术，排放的烟气需经过脱硫、脱硝等处理后再进行排放。

⑥ 工艺废水可考虑收集到酚水槽，用泵送入油库，与其他装置的废水混合后送废水预处理系统集中处理。

（2）设备选型方面

① 管式炉：可优化采用立式圆筒管式炉，节约占地和钢材。

② 馏分塔：塔内件可优化选用新型不锈钢斜孔塔盘，分离效率较高，操作弹性大。

（3）节能方面

① 所有油贮槽的放散管集中后，经洗油吸收后排放，减轻对环境的污染。

② 装置可采用节能型泵，降低装置的耗电量。

（4）先进控制方面

① 管式炉采用自动点火系统，更安全、快捷、简便。

② 馏分塔侧线采出点设置温度自控调节，使侧线产品质量更精准控制。

③ 采用压力平衡控制废气排放。

④ 实现高温、高黏度液体介质的测量和自动调节。

9.1.3 煤焦油基化学品工艺过程污染物排放及治理

以 15 万吨/年煤焦油装置前加工流程为例，对连续排放的污染物排放量及治理措施进行归纳总结。

（1）废气

煤焦油前加工利用过程中废气产生点主要为预处理工序原料储罐、洗油等各类储罐、蒸馏工序焦油加热炉及储罐等设施，主要污染物为加热炉排放的烟气。典型废气排放见表 9-1。

表 9-1 典型废气排放

污染源	排气量/(m^3/h)	污染物	排放量		
			/(mg/m^3)	/(kg/h)	/(t/a)
焦油蒸馏管式炉废气	8269	烟尘	18	0.149	1.18
		SO_2	31.9	0.264	2.091
		NO_x	145	1.199	9.496

现阶段煤焦油加工废气处理过程普遍选择使用文丘里管进行收集，然后集中处理，但不同处理装置和方法之间存在一定程度的差异，各工厂处理效果也存在很大程度的不同。例如对于沥青烟气的处理，有些厂主要考虑从提升沥青洗净效率、改善捕集能力和降低烟气发生量的角度，而有些则通过降低沥青温度后利用引风机抽取后集中处理。

（2）废水

煤焦油前加工产生的废水主要为原料初步分离废水、焦油蒸馏分离水等，主要污染物为 COD、氨氮、酚、氰化物、石油类、硫化物等。典型废水排放见表 9-2。

处理含酚废水的关键在于脱除水中所含有的挥发酚，主要有蒸汽吹脱-碱洗、溶剂萃取、吸附以及生物处理等方式。应用较为普遍的是微生物法，通过微生物个体新陈代谢降解酚类，使其形成无毒物质，由于在工业中性价比较高，在现阶段废水处理中有较为普遍的应用[8]。

（3）固废

煤焦油前加工固体废物主要有焦油渣、废洗油等，储罐清理产生的焦油渣等则委托有资质的单位处理；有机废气处理过程中产生的废洗油则回用到焦油蒸馏单元作为原料回收洗油，典型固废排放见表 9-3。

表 9-2 典型废水排放

污染源	排放量/(m^3/a)	污染物	浓度/(mg/L)	排放去向
原料储罐及油水分离器	2402.4	COD	6000	经废水脱酚预处理后，送污水处理厂
		酚	2000	
		氨氮	185	
		氰化物	110	
		硫化物	800	
		石油类	100	
焦油蒸馏油水分离器废水	1031.4	COD	7000	
		酚	1500	
		氨氮	20	
		氰化物	30	
		硫化物	600	
		石油类	80	

表 9-3 典型固废排放

废物名称	废物特性	产生环节	产生量/(t/a)	处置措施
焦油渣	毒性	储罐清理	3	委托有资质的单位处理
废洗油	毒性 易燃性	有机废气处理过程中	200	回用到焦油蒸馏单元作为原料回收洗油

充分利用焦油废渣不仅能够有效避免环境污染，同时还可以在一定程度内变废为宝，确保废渣实现闭路循环，有效解决环境污染问题，实现较高经济效益。

（4）噪声

煤焦油前加工的主要高噪声设备有泵、引风机等，可采取的降噪措施主要有基础减振、建筑隔声、消声器等。

（5）VOCs

煤焦油前加工的 VOCs 产生位置主要为焦油蒸馏及罐区装卸单元的有组织和无组织排放气。针对贮槽等设备排放有机废气，各单元均设置了吸收塔，有机废气通过集气管进行收集后进入吸收塔进行碱洗或者油洗，处理后不凝气体则送至加热炉进行焚烧；对于无法回收的少量无组织排放废气，应采用引风机抽引至焚烧炉燃烧处理或吸附处理后达标放空，或对源头设备设置氮封，排放气高点达标排放，典型 VOCs 排放见表 9-4。

表 9-4 典型 VOCs 排放

污染源	排气量/(m^3/h)	污染物	产生量/(mg/m^3)	产生量/(kg/h)	治理措施
煤焦油蒸馏、罐区装卸	1000	非甲烷总烃	800	0.8	引入焦油蒸馏管式炉燃烧处理
		苯	100	0.1	
		酚	12.5	0.0125	

续表

污染源	排气量/(m^3/h)	污染物	产生量		治理措施
			/(mg/m^3)	/(kg/h)	
无组织排放（生产装置区及罐区）	—	酚	—	0.013	高点放空
		硫化氢	—	0.02	
		非甲烷总烃	—	0.11	
无组织排放（工业萘装置区）	—	萘	—	9.7×10^{-6}	高点放空

近年来，从煤焦油中提取化学品技术在绿色工艺开发、流程设置、装备开发和操作运行方面取得了显著的进步。如有人针对传统的碱洗法提酚及乙二醇法提酚存在的问题，提出了以乙醇胺为萃取剂，利用共沸特性分离萘类及酚类物质，再以精馏和结晶方式获得较高纯度酚类和萘类产品的绿色工艺[9]。

目前，煤焦油制化学品过程复杂，工艺流程长，污染物繁多且不易治理。随着对煤焦油加工路线的不断深化，其污染物治理的难度和要求会不断加大和提高，这也将成为煤炭洁净利用技术发展的重要方向。此外，要做好装置的防渗处理，避免造成土壤和地下水污染。在“双碳”目标下，煤焦油提取化学品过程中 CO_2 排放也应被充分重视。

9.2 乙炔制化学品

我国“富煤贫油少气”的能源结构决定了煤化工是我国化工领域中的重要组成部分。电石（炭化钙，CaC_2）作为制备乙炔的关键原料，使煤制电石工艺成为我国煤化工领域中的重要一环。同时我国也是世界上最大的电石生产国和消费国，产能产量均占世界总量的90%以上[10]，2023 年我国电石产量约为 2750 万吨。电石有“有机合成之母”之称，是一种重要的煤化工中间产物和化工原料。它的主要用途包括与水反应生成乙炔，进而生产聚乙烯醇、聚氯乙烯、1,4-丁二醇等有机物；与氨气或氮气反应生成用于农药和肥料的氰氨化钙等[11]。电石乙炔化工在我国化学工业中占据着重要地位，主要的大宗化工产品制备情况如图 9-6 所示。

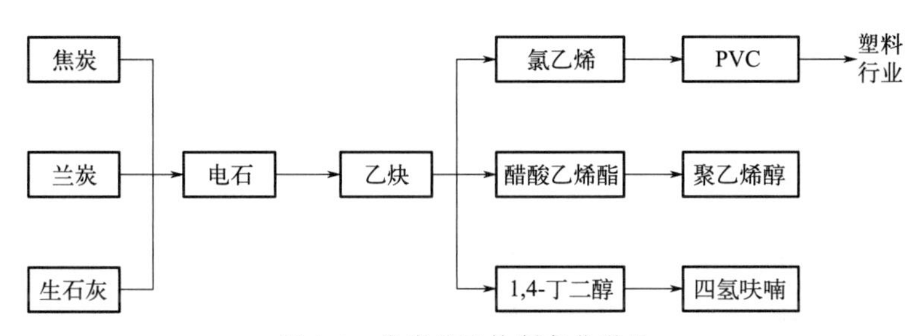

图 9-6 焦炭经乙炔制备化学品

焦炭与生石灰制备电石，然后经乙炔制备下游醋酸乙烯酯（VAc）、聚乙烯醇（PVA）、聚氯乙烯（PVC）、1,4-丁二醇（BDO）等产品是煤制化学品的重要路线。下文以电石乙炔、醋酸乙烯酯、1,4-丁二醇为例，对其清洁生产进行介绍。

(1) 电石乙炔

以电石为原料与水在乙炔发生器中直接反应生成乙炔气，经过酸洗、碱洗净化处理得到乙炔产品。其反应式如下：

$$CaC_2+2H_2O \longrightarrow C_2H_2+Ca(OH)_2$$

把电石投入乙炔发生器中，使连续产生乙炔气，从发生器出来的乙炔气经冷却塔冷却进入气柜倒存或经乙炔压缩机（压力 0.059MPa）进入次氯酸钠溶液清洗塔，除去硫化氢和磷化氢气体后，再用碱液在中和塔中洗涤，除去二氧化碳等酸性气体，得到精制的乙炔气体供化工生产使用。同时，乙炔发生器排出的电石渣浆，由排渣泵送至渣浆池进行沉淀。池内电石渣定期掏出外运，可供水泥厂使用。澄清水可返回乙炔发生器使用。

(2) 醋酸乙烯酯

醋酸乙烯酯又名乙酸乙烯酯（VAc），是无色可燃性液体，不溶于水，可溶于大多数有机溶剂；易燃，遇氯、溴、臭氧则迅速发生加成反应；在热、光、微量过氧化物和催化剂作用下，会发生自由基聚合，通过自身聚合或与其他单体共聚，生成聚乙烯醇（PVA）、醋酸乙烯酯-乙烯共聚乳液（VAE）或共聚树脂（EVA）、聚醋酸乙烯酯（PVAc）、醋酸乙烯酯-氯乙烯共聚物、乙烯-乙烯醇共聚物（EVOH）等，广泛用于纺织、精细化工、黏结等众多领域，是世界上产量较大的有机化工原料之一。

电石乙炔法醋酸乙烯酯生产工艺主要是通过电石与水反应生成乙炔，然后乙炔和醋酸在一定条件下，在醋酸锌活性炭催化剂催化生成醋酸乙烯酯。整个生产过程包括乙炔的生成和净化，以及醋酸乙烯酯的合成和精制。电石乙炔法工艺技术成熟，原料资源丰富易得，但综合能耗高，环境污染较为严重，湿法电石废渣处理难度大是电石乙炔法的主要缺陷和不足。

乙炔法有液相法和气相法两种，液相法选择性低，副产品多，已经被淘汰，乙炔气相法是主要的生产方法。乙炔法气相合成醋酸乙烯酯又有固定床和流化床之分。流化床反应的优点是催化剂床层温度分布均匀，与固定床相比温度降低了 10～20℃，乙炔聚合物减少，催化剂寿命延长，单体质量提高；反应条件温和，蒸馏及聚合条件易保持稳定。不足之处在于催化剂的磨损较大，需要采用耐磨的活性炭作载体。目前，乙炔气相法醋酸乙烯酯生产工艺主要有以电石乙炔为原料的 Wacke 技术[12]和以天然气乙炔为原料的 Borden 技术[13]。

(3) 1,4-丁二醇

1,4-丁二醇（BDO）作为一种重要的有机化工和精细化工原料具有较广泛的应用，其主要用于生产聚对苯二甲酸丁二醇酯（PBT）工程塑料和纤维、四氢呋喃（THF）、聚四亚甲基乙二醇醚（PTMEG）、γ-丁内酯（GBL）、N-甲基吡咯烷酮（NMP）、聚氨酯（PU）、聚对苯二甲酸-己二酸丁二醇酯（PBAT）、聚丁二酸丁二醇酯（PBS）等下游产品。近年来，在国家禁/限塑政策的大力推动下，BDO 作为可降解材料的重要原料，迎来了新的发展机遇。

炔醛法（Reppe 法）制 1,4-丁二醇技术路线，主要原料是乙炔和甲醛。主要工艺过程分为乙炔和甲醛的加成反应及丁炔二醇的加氢反应两步。首先在催化剂的作用下，乙炔和一分子甲醛加成，生成丙炔醇；之后，丙炔醇再与一分子甲醛加成，生成 1,4-丁炔二醇。

炔醛法生产工艺采用乙炔亚铜/铋为催化剂，在较低的乙炔分压下即可合成丁炔二醇，丁炔二醇经过两段高压加氢工艺制成 1,4-丁二醇。

煤气化制成合成气再进一步合成甲醇，甲醇氧化制成甲醛。传统炔醛法产业化是建立在煤化工发展基础之上的，其原料路线由煤焦化后生成焦炭，焦炭与石灰石在电石炉中制成电石，电石通过乙炔发生装置生产乙炔。但在其生产 1,4-丁二醇的过程中，存在乙炔需要加压、催化剂乙炔铜易爆炸等安全问题，成为技术推广应用、扩能、进一步发展的瓶颈。为此，美国GAF公司、德国BASF公司，特别是后来德国Linde公司和韩国SK公司合作开发成功的低压炔醛法新工艺，对炔醛法技术的发展和装置大型化起到关键作用，从而广泛应用于工业生产。

改良炔醛法新工艺在丁炔二醇合成中采用的催化剂为乙炔亚铜/铋，较传统炔醛法在较低的乙炔分压下进行，反应条件温和，催化剂可以阻火防爆，也可以实现循环再利用。丁炔二醇加氢总转化率可达到100%。

9.2.1 电石乙炔

9.2.1.1 电石乙炔技术概述

电石作为生产乙炔的重要基础化工原料，在保障国民经济平稳较快增长、满足相关行业需求等方面发挥着重要作用[14,15]。我国电石主要用于生产乙炔（也是煤化工的主路线之一），然后进一步用于生产聚氯乙烯（PVC）、醋酸乙烯酯、1,4-丁二醇（BDO）、氯丁橡胶、三氯乙烯、四氯乙烯、双氰胺、三聚氰胺等化工产品，以及用于金属加工业（切割、焊接等）。产品广泛用于国防工业、化学工业、航天工业、农业及医药、日用工业等产业。电石生产是由生石灰（CaO）与干燥的炭材，按一定的比例配料混合，连续加入电炉中凭借高电流产生电弧热在1800～2200℃高温下进行熔融反应制得，熔融电石经自然冷却后即为电石产品[16]。

9.2.1.2 电石乙炔工艺过程及清洁化生产措施

（1）工艺生产过程

① 石灰窑生产。外购石灰石（粒径30～80mm）由汽车或其他方式送入厂内卸入石灰石料棚储存，再由铲车将石灰石推送到受料坑内，通过皮带输送至石灰筛分楼进行筛分。筛上物则进入石灰窑前料仓，通过振动给料机送到称量斗内，经称量斗称量后，装入料车内，由卷扬机将料车提升至窑顶，将料车内的石灰石加入窑顶布料系统，通过固定式布料器、料盅，进入窑内。

当窑顶的料位探测器测到需要加料时，称量斗液压闸门打开，石灰石卸入料车，用卷扬机提升装置将料车提升至窑顶，加入窑顶中间料仓，在料盅关闭的条件下，打开中间料仓闸门将石灰石卸入固定式布料器，再通过溜槽向窑内布料。石灰石通过在窑内的预热、煅烧、冷却过程煅烧成活性石灰，石灰通过内套筒下段下面的卸灰阀将石灰装在液压出灰机上方，再通过液压出灰机将石灰卸入窑下石灰仓，再由电振给料机将仓内石灰卸到窑下输灰皮带机上。

窑内套筒窑煅烧后的所有废气经废气风机引出，然后经流量调节阀混入冷风降到160～180℃进入布袋除尘器除尘后经烟囱排入大气。在各转运及处理点均设置有收尘口，在窑前料仓及碎料仓均设置有雷达料位计。

套筒窑烧成的石灰由底部料仓下的振动给料机进入电液动三通阀，可选择进入窑下的两台耐热胶带机（互为备用），由后续的输送设备输送至筛分配料站。

② 炭材烘干生产。炭材干燥流程：湿炭材经汽车或其他方式送入厂内卸入湿炭材料棚，再由铲车将湿炭材推送到受料坑内，经皮带输送至窑前料仓，再经过大倾角皮带机把兰炭送

入立式烘干机高位料仓，烘干后的炭材由两条耐热胶带机（互为备用）送入配料筛分站。烘干炭材的热风由配套的热风炉燃烧产生热炉气提供，干燥窑的燃料为炭粉（兰炭筛下物）和净化灰。立式烘干机中采用逆流干燥流程，烘干机排出的尾气经过袋式除尘器净化后由引风机送至尾气排放烟囱排空。收尘装置收回的粉尘是炭材粉，可综合利用。

炭材干燥主要控制参数：物料入口含水15%～20%，出口含水小于1%；烘干机入口热风温度为220～240℃；烘干机尾气出口温度为140℃。

③ 原料配料输送。筛分合格的炭材和活性石灰进入各自料仓，炭材筛下物作为炭材烘干的燃料使用。

合格炭材靠重力从料仓底下落，经振动给料机均匀加入配料称量斗中，接着石灰和炭材由计算机控制按一定的重量比进行称量达到准确的配比和上料量后，石灰、炭材均匀地添加到混料皮带机上，经大倾角皮带输送至电石炉车间顶部，经分料溜槽分别加入电石炉上料皮带机上，送至炉顶环形加料机。

原料输送由DCS自动配料系统进行控制，由炉顶料仓的料位指示器发出的信号进行遥控。配料顶部原料分料转运输送过程中产生的扬尘，通过配料袋式除尘器进行收尘净化，除尘器回收粉料落入粉尘收集斗内通过气力输送集中收集外运，尾气通过除尘引风机经除尘烟囱排空。配料仓底原料称量、分料转运输送过程中产生的扬尘，通过配料仓底袋式除尘器进行收尘净化，除尘器回收粉料落入粉尘收集斗内通过气力输送集中收集外运，尾气通过配料仓底除尘引风机经配料仓底除尘烟囱排空。

④ 电石生产。配好的炭材和石灰混合料送至电石炉厂房顶层，混合料落入电石炉上料皮带机经分料槽导入炉顶加料皮带机卸至环行布料机中，通过布料器分别加入各炉顶料仓中。

电极糊加料：装在电极糊包装袋的破碎好的电极糊（100mm以下），通过电动葫芦由一层送至顶层再由电动葫芦将电极糊送至电极筒内。电炉炉料通过料仓由下料管经过炉盖上的进料口，靠重力连续进入电炉中。电能由变压器和导电系统输入炉内。加入炉内的混合物料经预热后进入密闭电石炉炉膛熔融区，在电极作用下，产生2000℃左右的高温，反应生成电石（CaC_2），并产生大量含CO炉气，由炉气管道送至炉气净化装置。

熔融状电石靠重力及炉内压力分别由三个出炉口定时流入电石锅内，每小时出炉一次，出炉操作由人工或全自动出炉机完成，全自动出炉机采用液压方式进行工作，由操作人在机旁操作，操作手柄为便携式。全自动出炉机，由全自动出炉机本体、工具托盘机、烧炉眼电气导入装置等三个部分组成。全自动出炉机可以进行开眼、烧眼、堵眼、通眼及维护炉眼的操作。出炉后的电石，用自动链式电石输送系统将电石锅车拉出冷却，再用双梁桥式吊车将电石锅吊下，继续冷却，将电石自然冷却48h（<70℃）。

生产过程中由把持器通过控制撬装油压系统油压来完成电极压放和升降动作。

电石生产过程中，由于炉内高温对炉内、炉外各设备都有烧蚀的可能，采用冷却水系统对相关联的设备进行循环水冷却，在电石生产的设备中，采用循环水冷却的有变压器、导电铜管和铜电缆、炉盖骨架、烟气出口集灰斗、料管水冷套、炉盖、炉门、炉嘴等。

由供水总管来的循环软水，经循环水分配器送入各冷却设备，各设备流回的热水，由各分管输回集水槽，集水槽将热水集中输送至回水主管。

电石炉底部温度较高，采用炉底风冷机送风进行冷却。

⑤ 电石炉气净化工艺。为了对能源充分利用，宜将电石炉气经过降温、除尘净化后送石灰窑作为燃料使用。

电石炉上部连续排出炉气的温度为600～800℃，从炉盖引出后经过水冷烟道，由抽出管上升，首先进入风冷沉降室进行粗颗粒收尘，并同时进行初步冷却降温，然后进入空气冷却器，将炉气温度降低到250℃左右，降温后炉气由粗炉气风机送入组合式布袋过滤器进行粉尘过滤，净化后炉气含尘量大大降低，由净化炉气风机输送至环形套筒窑作为燃料使用。

沉降器和布袋除尘器回收的净化灰通过星形卸料器从下部排出，由密封出灰埋刮板机送至净化灰仓，净化灰再通过气力输送系统送至炭材干燥窑作为燃料使用。

⑥ 电石冷却工艺。桥式起重机将电石空锅放置于台车上，台车通过下部的链式轨道系统牵引，运行至电石炉出炉口处。当熔融电石从出炉口流入空锅里，经PLC控制系统进行判断，达到一定容量时，链式轨道系统继续运行将满载的台车推离炉口，进入循环输送系统段。另一空载台车进入炉口位置准备接料。满锅到达吊运工位后自动停止，起重机将满锅吊下，将空锅吊上台车进入下一循环。满载电石锅冷却36～48h后，由翻锅机将电石坨翻出，经破碎机初破成为电石块（粒度为30～40cm），电石块由皮带廊道输送至下游乙炔装置。

（2）清洁化生产措施

按照清洁生产的定义，立足企业，用生命周期分析的方法进行分析。从原料管理、生产工艺与设备要求、能源利用、废气污染物四个方面对电石制备装置各环节进行清洁化生产措施分析及评价。

① 原料管理方面。尽量选用品质高、粒度合格的原料和燃料，最大限度地将污染物消除在生产工艺前和生产工艺中。加强对原料、燃料的科学管理，妥善存放，不但使资源得到合理的配置，而且减少原料和燃料的流失，降低产品的成本，提高资源的再利用率，使废物量最小化，减少向环境排放的污染物量。

② 生产工艺与设备方面。我国电石生产厂家较多，方法均为电热法，规模大小不等[17]。炉型占总生产能力三分之一的是内燃式型，其余为密闭型。新项目一般采用密闭式电石炉，符合国家最新电石行业准入条件，配套干法布袋烟气净化及干法间接冷却装置，电石炉高温炉气通过管道输送至气烧窑装置生产石灰及干燥兰炭。

从清洁生产的角度分析，核心设备应选用主流炉型，并配套经实际应用证明成功的布袋烟气净化等辅助设施，以便满足环保要求，提高节能水平。

③ 能源利用方面。一次水用量、循环水利用率、能耗和物耗作为资源利用指标可反映装置的整体水平。指标数值主要是以设计数据为基础，参考电石行业总体水平确定。

电石制备装置，除了生活用水，生产中的冷却水均采用循环冷却水，循环水利用率可达到95%以上。

电石炉气是高温（600℃）多粉尘气体，对于密闭炉来说，主要成分为CO气体，占总气量的70%～80%。每吨电石产生炉气约450m^3（标况），其热值约为11.1MJ/m^3，由于潜热和显热都比较高，极具利用价值。将其导入气烧石灰窑直接燃烧，生产石灰，一方面可以将烟气温度降至220℃以下，便于袋式除尘器进行除尘处理，另一方面生产的石灰可以作为电石生产的原料，可减少能源消耗和“三废”排放，增加经济效益，降低项目的生产成本，实现能源综合利用。

单位产品电耗是电石生产的主要能耗指标。根据2023年《电石行业规范条件》，电石企业生产电石电炉电耗不高于3080kW·h/t。

④ 废气污染物产生方面。电石炉炉气含尘量见表9-5。

表 9-5 电石炉炉气含尘量

炉型	吨电石产品产生炉气量(标况)/m^3	含尘浓度(标况)/(g/m^3)
内燃炉	9000	5～20
全密闭炉	450	50～150

相对于内燃式电石炉，全密闭式电石炉产生的炉气中含尘量有明显降低，因此从污染物产生水平分析，优先选用全密闭式电石炉。

在采取污染治理措施后，净化后炉气粉尘排放浓度≤30mg/m^3，废气排放指标符合标准要求。另外，除尘器捕集的粉尘外运可全部综合利用，一般用于生产水泥。

9.2.1.3 电石乙炔工艺污染物排放及治理

本节以2×81000kV·A电石炉制备装置为例，对连续排放的污染物及治理措施进行归纳总结。

(1) 废气

电石制备装置的有组织废气排放源主要有兰炭干燥、石灰窑、电石炉出炉烟气和物料输送等过程中产生的扬尘，以及经各收尘系统收集处理后排放的气体。

无组织排放的粉尘主要为两部分，一部分是原料、燃料的制备、贮存、输送、配料等工序产生的扬尘，其中原料的配料、电石炉加料点等粉尘产生较集中，设置有集尘罩和除尘器，按照集尘罩效率85%考虑，则仍有15%左右的粉尘无组织排放，因此这些工序仅有少量粉尘无组织排放。另一部分是兰炭烘干机出料和电石出炉时产生的烟尘，其中对产生烟尘量较大的电石出炉工序设置有集烟罩、除尘器，除尘后由烟囱排放。按照集尘效率85%考虑，则仍有15%左右的烟尘无组织排放，由于电石出炉过程是在厂房内进行，仅有少量逸出厂房。

电石装置主要废气排放见表9-6；石灰窑装置主要废气排放见表9-7。

表 9-6 电石装置主要废气排放一览表

废气来源及名称	污染物组成	产生浓度/(mg/m^3)	处理方法	排放浓度/(mg/m^3)	废气排放总量	排放规律	排放去向
炭材干燥窑尾气	粉尘	3000	布袋除尘≥99.3%	20	废气$1\times10^5m^3/h$ 尘15.84t/a	连续24h/d	排至大气
炭材出料转运站	粉尘	3000	布袋除尘≥99.3%	20	废气$3\times10^4m^3/h$ 尘4.75t/a	间歇24h/d	排至大气
炭材筛分	粉尘	3000	布袋除尘≥99.3%	20	废气$7\times10^4m^3/h$ 尘11.1t/a	间歇24h/d	排至大气
配料筛分	粉尘	3000	布袋除尘≥99.3%	20	废气$6\times10^4m^3/h$ 尘5.9t/a	间歇/连续15h/d	排至大气
炉顶加料	粉尘	3000	布袋除尘≥99.3%	20	废气$1\times10^5m^3/h$ 尘9.9t/a	间歇/连续15h/d	排至大气
炉前排烟	粉尘	3000	布袋除尘≥99.3%	20	废气$2.4\times10^5m^3/h$ 尘23.76t/a	间歇15h/d	排至大气

注：1. 电石装置废气合计最大外排气量为$6\times10^5m^3/h$（粉尘随废气排放量71.25t/a）。
2. 废气排放量为新建装置生产的废气，收集的所有炭材灰及净化灰送炭材干燥工段做燃料。

表 9-7 石灰窑装置主要废气排放一览表

废气来源点及名称	污染物组成	产生浓度/(mg/m^3)	处理方法	排放浓度/(mg/m^3)	废气排放总量	排放规律	排放去向
石灰石筛分	粉尘	5000	布袋除尘 99.6%	20	废气 $1\times10^4 m^3/h$ 尘 0.53t/a	间歇 8h/d	排至大气
石灰石受料坑	粉尘	3000	布袋除尘 99.5%	15	废气 $3\times10^4 m^3/h$ 尘 1.2t/a	间歇 8h/d	排至大气
石灰石窑前仓	粉尘	3000	布袋除尘 99.5%	15	废气 $6\times10^4 m^3/h$ 尘 2.4t/a	间歇 8h/d	排至大气
套筒窑除尘	粉尘	3000	布袋除尘 99.5%	15	废气 $1.53\times10^5 m^3/h$ 尘 18.18t/a	间歇 24h/d	排至大气
石灰出灰	粉尘	3000	布袋除尘 99.5%	15	废气 $3\times10^4 m^3/h$ 尘 2.4t/a	间歇 16h/d	排至大气
石灰筛分	粉尘	5000	布袋除尘 99.6%	20	废气 $7\times10^4 m^3/h$ 尘 3.7t/a	间歇 8h/d	排至大气
石灰补料棚	粉尘	5000	布袋除尘 99.6%	20	废气 $3\times10^4 m^3/h$ 尘 1.6t/a	间歇 8h/d	排至大气

注：1. 石灰窑装置废气合计最大外排气量为 $3.83\times10^5 m^3/h$（粉尘随废气排放量 30t/a）。
2. 废气排放量为新建装置生产的废气，收集的石灰粉尘送石灰压球工段循环利用。

（2）废液

电石制备装置水耗量主要以循环水系统蒸发损散和循环水定量排放为主，另外还有少量的生活用水排污废水。

废水排放主要是循环水站、冲洗地面等洁净下水排水，主要污染物为盐类等。

对电石制备装置连续排放的废水进行归纳总结，见表 9-8。

表 9-8 废水主要排放量一览表

序号	废水来源及名称	污染物组成	排放量/(m^3/h)	排放规律	排放去向
1	循环水站废水	含盐废水	4.88	连续	送至污水处理站
2	各车间生活排水	生活污水	0.21	间歇	经化粪池处理后排入生活污水排水系统
3	雨水经道路边沟沿地形重力流排至厂区道路两边的绿化带或下水管道				

注：生活污水收集经化粪池后排至园区污水处理站，循环水站废水排至总厂区回用水装置处理达标后回用。

（3）固废

固废主要为各尘源点布袋收尘后的粉尘、兰炭干燥机尾气排放经布袋除尘器收集的粉尘，以及石灰、焦炭筛分过程中分离出的粉料，另外还包括厂区职工生活中产生的生活垃圾等。固废排放见表 9-9。

表 9-9 固废排放一览表

污染源		产生量/(t/a)	工作时间/(h/d)	组成	排放方式	分类	治理措施及去向
序号	名称						
1	炭材干燥尾气收尘灰	2359	24	焦粉	间歇	一般废物	送炭材干燥窑做燃料

续表

污染源		产生量/(t/a)	工作时间/(h/d)	组成	排放方式	分类	治理措施及去向
序号	名称						
2	转运楼除尘器收尘灰	472	24	焦粉和石灰粉	间歇	一般废物	送水泥厂处理
3	配料筛分收尘灰	1180	15	焦粉和石灰粉	间歇	一般废物	
4	炉顶加料系统收尘灰	1475	15	焦粉	间歇	一般废物	送炭材干燥窑做燃料
5	电石炉出炉口烟气除尘系统收尘灰	2359	15	CaO、C、SiO_2 等	间歇	一般废物	送水泥厂处理
6	炉气净化除尘系统收尘灰	11137.5	24	CaO、C、SiO_2 等	间歇	一般废物	送炭材干燥窑做燃料
7	石灰石棚	39.6	8	石灰石粉	间歇	一般废物	送水泥厂处理
8	石灰石筛分	164	8	石灰石粉	间歇	一般废物	
9	石灰石筛下料	14125	8	石灰石粉	间歇	一般废物	
10	石灰石地坑	63	8	石灰石粉	间歇	一般废物	
11	石灰石窑前仓	473	8	石灰石粉	间歇	一般废物	
12	石灰窑	3617	24	CaO	间歇	一般废物	送石灰压球工段利用
13	石灰出灰	197	16	CaO	间歇	一般废物	
14	石灰筛分	230	8	石灰粉	间歇	一般废物	
	合计	37891.1					

注：废渣排放总量为 37891.1t/a，其中电石装置净化灰及各炭材除尘灰 14971.5t/a，收集后作炭材干燥窑燃料；石灰窑前石灰石粉 18875.6t/a，后外送水泥厂处理；石灰窑后除尘灰 4044t/a，收集后送石灰压球工段回收利用。

（4）噪声

该项目的噪声主要来自原料输送机、物料筛、风机、水泵、干燥机、空压机、制氮机等。电石项目主要设备噪声如表 9-10 所示。

表 9-10 电石项目主要设备噪声 单位：dB（A）

序号	设备名称	治理前源强	措施	治理后源强
1	热风炉鼓风机	85	进出口消声隔声	70
2	立式干燥器	80	隔声、减振	70
3	干燥器除尘系统引风机	95	进出口消声隔声	72
4	配料除尘器引风机	90	进出口消声	72
5	出炉烟气除尘系统引风机	95	进出口消声	75
6	电石炉炉底鼓风机	90	进出口消声	75
7	粗炉气风机	90	进出口消声	75
8	净化炉气风机	90	进出口消声	75
9	炉气冷却风机	90	进出口消声	75
10	石灰窑引风机	95	进出口消声	75

9.2.2 醋酸乙烯酯

醋酸乙烯酯（VAc）是世界上产量最大的50种基本化工原料之一，以VAc为原料可以生产聚醋酸乙烯酯、聚乙烯醇、黏合剂、涂料、乙烯共聚物等一系列重要的化工、化纤产品。它被广泛用于纺织、建筑、汽车、轻工、农业等各个领域。

9.2.2.1 醋酸乙烯酯技术概述

醋酸乙烯酯主要由乙烯和醋酸制得，工业上主流生产方法为乙炔合成法和乙烯合成法，本节以乙炔合成法为例介绍醋酸乙烯酯流程。

乙炔法是在液相或气相下使乙炔和醋酸在催化剂作用下进行反应生成醋酸乙烯酯的方法，按反应相态分为乙炔液相法和乙炔气相法。

乙炔液相法是将乙炔鼓泡通入30～75℃醋酸溶液中，在汞盐催化剂存在下进行反应。乙炔气相法根据原料来源的不同又分为电石乙炔法（Wacker法）和天然气乙炔法（Borden法）。

醋酸乙烯酯装置一般包括乙炔净化、醋酸乙烯酯合成、精馏、排气回收、催化剂制备、产品贮存、焦油回收等工序。

在乙炔净化工序，由乙炔装置送来的新鲜乙炔通过阻火塔进入冷凝器，除去部分水后进入硫酸吸收塔，其中的高级炔烃被硫酸吸收除去，之后再经碱吸收塔除去其中的酸性气体，碱洗后的净化乙炔气体送至合成工序。在合成工序，从净化工段来的新鲜乙炔首先进入阻火塔，再经计量后同冷凝塔（第二吸收塔）顶部出来的循环乙炔混合，在气体加热器里稍微加热后进入罗茨风机升压，然后进入洗涤塔，该塔下段用冷的粗醋酸乙烯酯循环喷淋洗涤，上段用从排气回收工段来的饱和乙炔的醋酸喷淋洗涤。从洗涤塔顶部出来的循环乙炔在气气换热器中与反应器出来的工艺气进行热交换，然后与过热醋酸蒸气混合进入反应器。洗涤塔顶部出口连续排放少量的循环乙炔（约1%）去排气回收工序，以避免不凝气体的积累；从蒸馏工段来的醋酸进入醋酸蒸发器，蒸发后的醋酸蒸气再进入醋酸过热器过热。然后与经气气换热器出来的乙炔气体混合后进入反应器。为了避免高沸物在醋酸蒸发中积累，用焦油泵连续排一部分醋酸去焦油回收工段处理；从醋酸过热器来的醋酸与气气换热器来的乙炔气体混合后进入合成反应器，醋酸蒸气和过量乙炔的混合物在0.02～0.005MPa(G)的压力下流经反应器中醋酸锌浸渍过的活性炭催化剂，在160～210℃下进行反应。反应放出的热量被循环的工艺气带走，反应温度由反应器进口工艺气温度来控制，反应后的反应气及未反应的原料气一同进入混合冷凝塔（第一吸收塔）；反应气进入第一吸收塔底部，乙醛及不凝气从塔顶出来进入第二吸收塔底部，第一吸收塔塔底得到的不含乙醛的粗醋酸乙烯酯，冷却后到第二吸收塔顶部喷淋。用泵将第二吸收塔塔底的液体一部分送到粗醋酸乙烯酯槽，一部分作为第一吸收塔的喷淋液。在精馏工序，合成工序送来的粗醋酸乙烯酯进入脱气塔，溶解其中的乙炔气体并在塔顶被蒸出来，粗醋酸乙烯酯送往粗馏塔。在粗馏塔塔顶脱除轻组分，塔釜的粗醋酸乙烯酯送入醋酸乙烯酯精馏塔。从醋酸乙烯酯精馏塔塔顶分离除去轻组分杂质，从侧线得到精醋酸乙烯酯产品。塔釜的粗醋酸在醋酸精馏塔经脱除杂质后返回合成工序使用。在排气回收工序，合成工序排出的部分循环气进入醋酸洗涤塔，经醋酸洗涤回收其中的醋酸乙烯酯后进入碱洗塔，在碱洗塔中由碱液除去其中的二氧化碳。循环气体经升压并在酸洗塔中用醋酸吸收其中的乙炔，惰性气体从塔顶排出，醋酸送至合成工序使用。催化剂制备是在浸渍槽中加入一定量的活性炭，将配制好的醋酸锌溶液加入浸渍槽，升温至（75±5）℃浸泡，用循环泵将活性炭循环浸泡，当浸泡到醋酸锌溶液浓度不再发生变化时溶液被放回到配置槽中，醋酸锌/活性炭颗粒输送到微波干燥器进行烘干，干燥后的催化剂送入料仓贮存。在产品贮存工序，合成工序来的粗醋酸乙烯酯贮存在中间罐区的粗醋酸乙烯酯槽中，然后用泵送入精馏工序，精馏后的醋酸和产品醋酸乙烯酯分别贮存在醋酸槽、醋酸乙烯酯槽，醋酸供合成用，醋酸乙烯酯产品作为聚乙烯醇装置原料和产品出售。最后在焦油回收工序，焦油从焦油贮槽自流入单蒸釜内，蒸汽通入夹套进行加热，醋酸蒸气经冷凝后进入分离器，分离后的醋酸贮存在醋酸贮槽内，由泵送入醋酸精馏塔。重组分间歇排出，经装卸站装车运出[18]。

9.2.2.2 醋酸乙烯酯工艺过程及清洁化生产措施

在乙炔法制醋酸乙烯酯工艺流程中，燃动能耗中蒸汽和电为主要能耗项目，除优化工艺降低原材料消耗外，还可采用以下节能降耗及清洁化生产措施：

① 采用新式节能型换热器和新式塔盘及填料等，以降低热能用量，如采用高效填料替代陶瓷填料。

② 在醋酸精馏过程中，将蒸汽直接汽提工艺改为利用再沸器加热，回收蒸汽凝液，减少冷却水用量，节约能源，同时减少废水排放量。

③ 充分利用热能。将反应产生的热量用于生产蒸汽或预热原料，回收生产过程中的蒸汽冷凝液，重复利用。

④ 一水多用，提高水的利用率；对设备和管道采取合理的保温、保冷措施。

⑤ 对生产过程中产生的副产物进行综合利用。如将废硫酸送磷肥厂生产磷肥；将乙醛外售或氧化制取醋酸或季戊四醇；从产生的焦油中回收醋酸等。

⑥ 醋酸乙烯酯装置合成工序排出的部分循环气先经醋酸洗涤，回收其中的醋酸乙烯酯后，再经碱洗，除去其中的CO_2。最后循环气经升压并在酸洗涤塔中用醋酸吸收其中的乙炔，惰性气体从塔顶排出，排放气满足《大气污染物综合排放标准》（GB 16297—1996）中20m高度排放二级标准限值。

⑦ 由于醋酸乙烯酯装置和聚乙烯醇装置均有酸碱废水排放，可合建中和池，将两装置的酸碱废水中和处理后送污水处理厂。废醋酸锌溶液和反应器更换催化剂冲洗水的含锌废水经泵升压送污水处理厂。其他废水则直接经废水管网送污水处理厂。

⑧ 醋酸乙烯酯装置排出物及缓冲罐废液送焚烧炉焚烧。乙炔净化工序产生的废硫酸可外售综合利用。

⑨ 醋酸乙烯酯装置中产生的废渣主要是废催化剂，主要含有醋酸锌及活性炭，由于醋酸锌属于危险废物，所以将该装置产生的废渣送危险废物填埋场进行安全填埋。

⑩ 对于噪声较大的罗茨风机，设计选型时尽量选用低噪声设备，要求设备制造厂商供货时同时提供消声器、隔声罩、减振器等专用配套设施，同时考虑采取隔声操作方式来减轻噪声的危害。

9.2.2.3 醋酸乙烯酯工艺污染物排放及治理

醋酸乙烯酯装置排气回收工序中以连续排放方式外排废气，其中非甲烷总烃排放速率和排放浓度应满足《大气污染物综合排放标准》（GB 16297—1996）中20m高度排放二级标准限值。

醋酸乙烯酯装置废水主要来自水压阀排碱性废水、阻火塔废水、废醋酸锌溶液、液体排出物脱气塔碱性废水、反应器更换催化剂冲洗水、排出物缓冲罐废液和其他废水。一般经酸碱中和后废水可满足污水处理厂进水水质要求。

醋酸乙烯酯装置废液主要来自乙炔净化工序的废硫酸液和精馏工序的排出物缓冲罐废液、乙醛、焦油，可综合利用。

醋酸乙烯酯装置废渣主要是废催化剂，主要组成是醋酸锌及活性炭。醋酸乙烯酯装置废渣醋酸锌属于危险废物，对该装置产生的废渣应送危险废物填埋场进行安全填埋。

装置噪声源主要是6台罗茨风机，噪声值约105dB（A），采取消声措施后工作场所噪声值将小于90dB（A）。

30万吨/年醋酸乙烯酯装置主要污染源和主要污染物见表9-11。

表9-11　30万吨/年醋酸乙烯酯装置主要污染源和主要污染物

序号	项目	排放源	排放量	排放规律	组成及规格	处理方式
1	废气	排气回收工序酸洗塔	112.8m^3/h	连续	非甲烷总烃：0.003kg/h 非甲烷总烃在废气中的含量：26.5mg/m^3	排空高度20m
2	废水	水压阀排碱性废水	1.2m^3/h	连续	C_2H_2：0.18%；NaOH：1.11%；Na_2CO_3：6%	中和后送新建污水处理厂
		阻火塔废水	1.8m^3/h	连续	醋酸：0.06%	中和后送新建污水处理厂
		废醋酸锌溶液	36m^3/a	间歇	醋酸锌：15%	送现有污水处理厂
		其他废水	45.0m^3/h	连续		送新建污水处理厂
		液体排出物脱气塔碱性废水	0.5m^3/h	连续	NaOH：0.65%；Na_2CO_3：6.57%	中和后送新建污水处理厂
		反应器更换催化剂冲洗水	20000m^3/a（平均2.5m^3/h）	间歇	COD_{Cr}：267.5mg/L； BOD_5 192.5mg/L； Zn^{2+}：700mg/L	送现有污水处理厂
3	废液	排出物缓冲罐废液	12432t/a	连续	乙醛：0.97%；丙酮：1.21%；丁烯醛：1.21%；醋酸乙烯酯：0.36%；醋酸：17.73%；杂质：7.72%；水：70.8%	送现有焚烧炉焚烧
		废硫酸	26700t/a	连续	硫酸：87.3%（质量分数）	外售
		废焦油	1440t/a	连续		综合利用
		废乙醛	6273.9t/a	连续	乙醛：97.8%（质量分数）	综合利用
4	废渣	废催化剂	450m^3/a	7.5批/年	醋酸锌及活性炭	送危险废物填埋场

9.2.3　1,4-丁二醇

9.2.3.1　1,4-丁二醇技术概述

1,4-丁二醇（BDO）是生产聚酯和可降解塑料PBS、PBAT的重要原料，BDO的生产工艺很多，但到目前为止实际工业化的工艺路线有以下几种：①以乙炔和甲醛为原料的炔醛法工艺，是20世纪30年代德国科学家Reppe等人开发成功的，是最早的BDO工艺路线，

根据乙炔原料来源的不同有天然气制乙炔路线和电石制乙炔路线之分；②以丁二烯和醋酸为原料的丁二烯法；③以正丁烷/顺酐为原料的合成工艺，根据顺酐加氢路线的不同又分为顺酐直接加氢路线和顺酐酯化加氢路线；④以环氧丙烷/烯丙醇和合成气为原料的烯丙醇法；⑤生物法新工艺，以 Genomatica 为代表的生物机构利用糖类为原料，通过发酵及催化反应生产 BDO，并在 2012 年成功工业化，正在全球进行推广，成为 BDO 生产的最新工艺路线（图 9-7）[19]。下文介绍煤化工路线的炔醛法工艺。

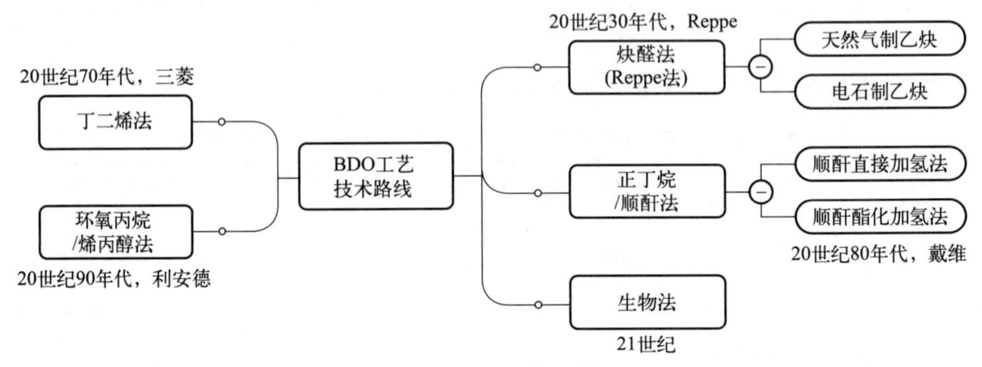

图 9-7　BDO 工艺技术路线示意图

9.2.3.2　1,4-丁二醇工艺过程及清洁化生产措施

（1）工艺生产过程

改良 Reppe 法在较低的乙炔分压下合成丁炔二醇，不易生成聚乙炔，具有设备投资低、装置安全性高、生产操作周期长等特点。因此，目前国内外的 BDO 生产厂家大多采用改良的 Reppe 法[20,21]。

以乙炔和甲醛为原料，采用炔醛法生产 BDO，第一步是在乙炔铜催化剂的作用下生成 1,4-丁炔二醇（BYD），然后 1,4-丁炔二醇在镍基催化剂的作用下加氢生成 1,4-丁二醇（BDO），再经浓缩精馏制得 1,4-丁二醇产品和丁醇副产品。

BYD 反应的压力为 30～103kPa(G)，pH 值控制在 4.9～6.3，根据关键设备 BYD 反应器的不同分为悬浮床反应器和淤浆床反应器。悬浮床反应器依靠乙炔气和甲醛溶液的流动使催化剂处于悬浮状态，其催化剂不随反应液流出反应器。而淤浆床反应器是甲醛溶液和催化剂混合成淤浆，乙炔气体经分布器分散后从液面下进入淤浆体系中，催化剂和反应液一起流出反应器，在反应器外进行分离，分离出反应液的催化剂淤浆返回反应器中。

BYD 加氢反应在反应器内进行，将 BYD 加氢生成 BDO，分为纯高压加氢和低压＋高压加氢。纯高压加氢反应压力为 30MPa(G)，温度为 120～145℃。低压＋高压加氢反应的条件为：低压加氢，压力 2.0MPa(G)，温度 60～70℃；高压加氢，压力 20～23MPa(G)，温度 120～145℃。

炔醛法 BDO 工艺流程详见图 9-8，工艺技术主要有 BYD 反应、BYD 精馏、BYD 加氢、BDO 精馏等。各种技术虽然有差异，但工艺产生污染物的位置大致相同，污染物组成和处理方案基本相同。

（2）清洁化生产措施

1）节能

① 精馏塔塔釜送出废水用作催化剂活化补充水，以减少脱盐水的使用量。

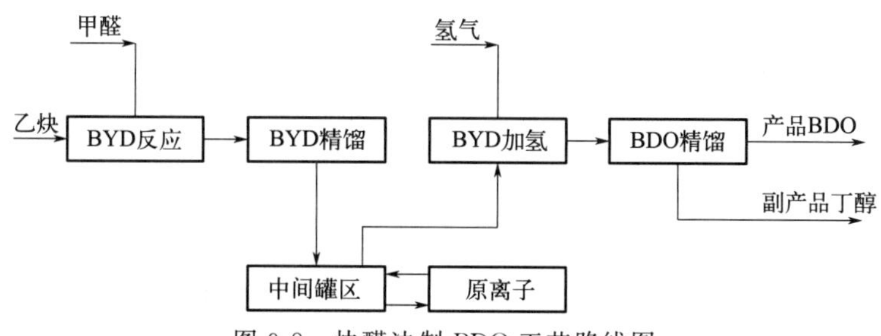

图 9-8 炔醛法制 BDO 工艺路线图

② 利用废气/废液焚烧副产蒸汽。

③ 塔底出料与塔进料在进料预热器中充分换热，利用出料中的热量加热进料，达到节能的目的。

④ 本装置精馏塔将考虑选用新型高效塔板，提高塔板效率，降低能耗。

⑤ 氢气含量高的废气在生产过程中进行循环回收。

⑥ 未反应的工艺物料经回收后作为循环液继续参加反应。

2）环保措施

① 精馏塔塔釜送出废液用作催化剂活化补充水，以减少废水的产生量。

② 废液/废气在排放前经过废液/废气焚烧炉焚烧达标后排入大气。

③ 事故排放气送入火炬系统。

9.2.3.3 1,4-丁二醇工艺污染物排放及治理

以 15 万吨/年 BDO 装置为例，对连续排放的污染物及治理措施进行归纳总结。

（1）废气

BDO 装置废气连续排放的主要来源有：反应器乙炔尾气、塔顶不凝气和真空泵排放气等。BDO 装置废气具有可燃易爆等特点，通常含有乙炔、氢气等气体。装置中设置了焚烧炉用以处理洗涤塔尾气、精馏塔不凝气和真空系统产生的含甲醇与甲醛等的工艺废气等。将可燃、有害废气变成无毒的 CO_2 和 H_2O，处理效果较好。

对 BDO 装置连续排放的废气进行归纳总结，见表 9-12。

表 9-12 废气排放

排放源	废气名称	排放量/(m^3/h)		污染物组成（质量分数）	排放规律	排放去向
		正常	最大			
BYD 反应器	反应器乙炔尾气	255	300	乙炔:78.12%；其他:5.75%；惰气:16.13%	连续	送焚烧炉
BYD 汽提塔	不凝气	83	96	乙炔:5.42%；其他:16.06%；N_2:78.52%	连续	
粗 BYD 储槽	气相排放	0.75		VOCs:微量	连续	
甲醛汽提塔	尾气	12.5		N_2:80.6%；CH_3OH:19.4%	连续	
丁醇塔塔顶冷凝器	尾气	135		N_2:约 100%；有机物、水:微量	连续	

续表

排放源	废气名称	排放量/(m^3/h)		污染物组成（质量分数）	排放规律	排放去向
		正常	最大			
BDO反应器（开工工况）	催化剂活化氢气	1.14	86	氢气：20%；水：80%	催化剂活化时产生	送焚烧炉
BDO浓缩塔塔顶罐	尾气	17	34	少量水、丁醇、轻组分	连续	
真空机组	排放气	125	168	水：2%；N_2：90%；其他：8%	连续	

（2）废水

BDO装置的废水主要为精馏分离BDO产品后的精馏废水，其他废水为处理催化剂和冲洗设备的废水，通常经过除醛预处理后送入污水处理。对废水排放进行归纳总结，见表9-13。

表9-13 废水排放

排放源	废水名称	排放量/(t/h)		污染物组成		排放规律	处理方法及排放去向
		正常	最大	成分	含量/%		
BYD脱离子树脂交换罐	脱离子树脂再生废水	54	63	水 BYD 盐分 其他	98 0.001 1.9 0.09	6天1次，1次1000m^3	污水预处理后送污水处理
BDO反应器	BDO催化剂活化污水		175	NaOH $NaALO_2$	0.5～2.5 0.5～2.5	催化剂活化时产生（单台每次10h，一次1750m^3的水，一共4台，依次进行，一年1次）	污水预处理后送污水处理
钝化液池	BDO催化剂钝化污水		112	Na_2NO_3	4.5%～7%	催化剂活化时产生（单台一次25m^3的水，一共4台，依次进行，一年1次）	污水预处理后送污水处理
精馏系统脱水塔	清净排水	12	32	醇类	0.002	连续	污水预处理后送污水处理
过滤器	冲洗废水			TOD BOD_5 甲醇 BYD BDO	26500mg/L 8000mg/L 微量 微量 微量	间歇，一周37.5m^3	污水预处理后送污水处理

（3）固废

废液焚烧炉，用于焚烧处理BDO装置排出的有机废液，通过高温烟气使其中的有机组分氧化分解。有机废液和废气中的主要成分为碳氢化合物，经过焚烧后排入大气，其组成为CO_2、H_2O、N_2、O_2和痕量的CO、NO_x。严格控制焚烧温度和空气过剩系数，有效控制NO_x的生成，并尽量减少烟尘排放量，使之达到《危险废物焚烧污染控制标准》（GB 18484—2020）。装置产生的固废主要为废催化剂，主要委托给有资质厂家处理。对固废排放进行归纳总结，见表9-14。

表 9-14　固废排放

排放源	废液名称	排放量/(t/a)		组成（质量分数）	排放规律	处理方法
		正常	最大			
真空机组	排放液	11280	13000	H_2O 91.1% BDO 7.01% 其他 1.89%	连续	送焚烧炉
氢压机 氢循环机	压缩机 分离罐	480	960	水 89% 有机物 11%	连续	送焚烧炉
BDO 精馏重组分残渣罐	有机残渣	6632	7640	BDO 50% 高废物 45% BED 0.1% 其他	连续	送焚烧炉
丁醇回收塔	丁醇回收塔有机废液	1848	2200	水 22.28% 丁醇 13.85% 丙醇 15.84% 甲醇 47.18% 甲烷 0.3%	间歇	送焚烧炉
甲醇塔	甲醇塔废液	2382	2740	甲醇 93% 杂质 7%	连续	送焚烧炉
杂醇油	杂醇油	1000t/月		甲醇 63% 水＋杂质 37%	连续	送焚烧炉
BYD 反应工段	废 BYD 催化剂	90		含铜基催化剂约 50% 有机物约 50%	每周置换 1 次，每周置换量 1.89t	委托有资质厂家处理
BDO 反应工段	废 BDO 催化剂	105		镍约 70 铝约 30	一年更换一次	委托有资质厂家处理
BYD 脱离子系统	脱离子树脂	$244m^3/a$		树脂	10～12 个月更换一次	委托有资质厂家处理
废液焚烧炉	底渣、炉灰					委托有资质厂家处理

（4）噪声

该项目主要噪声源为各类机泵以及乙炔压缩机和真空泵等产生的噪声，一般为 90～105dB(A)，通过采取防噪降噪措施后，噪声值≤85dB(A)。

尽可能选用较为先进的低噪声设备，以降低噪声源强；采用“动静分离”的原则进行设备布局，对高噪声源远离厂界布置等，同时针对高噪声源，可在厂外道路之间布置若干低噪声建筑设施；对高噪声设备采取消声和隔声等措施；加强设备日常维护，确保设备运行状态良好，避免设备不正常运转产生的高噪声现象，确保厂界噪声满足《工业企业厂界环境噪声排放标准》（GB 12348—2008）要求。主要噪声排放源为各类压缩机和机泵，对主要噪声源进行归纳总结，见表 9-15。

表 9-15　主要噪声源及治理措施

设备名称	声压级/dB	排放方式	降噪措施
真空泵	100	连续	隔声处理
输送泵	85～90	连续	低噪声电机

续表

设备名称	声压级/dB	排放方式	降噪措施
压缩机	105～110	连续	隔声处理
风机	80～85	连续	隔声处理

煤基电石乙炔化工因污染物排放量大，治理难度大，一直是行业关注的重点。国家已对行业新建装置的能效水平提出了严格的要求，西部部分省份明确提出限制新建电石乙炔装置。在“双碳”目标下，该工艺的 CO_2 排放也应充分重视，发展循环经济应该是该行业发展的重要方向。

9.3 合成气制化学品

以煤为原料生产化学品，是我国的战略发展需要，《煤炭深加工产业示范“十三五”规划》中，将煤制化学品的功能定位于生产烯烃、芳烃、含氧化合物等基础化工原料及化学品，弥补石化原料不足，降低石化产品成本，形成与传统石化产业互为补充、有序竞争的市场格局，促进有机化工及精细化工等产业健康发展。本书所述煤基合成化学品是指以煤为原料生产的合成气（$CO+H_2$）、焦炉气、荒煤气等直接生产化学品或经甲醇合成一系列化学品。因为合成气、焦炉气、荒煤气生产下游化学品工艺基本相同，本节仅以合成气为例，主要介绍煤制甲醇、乙二醇，以及经甲醇制烯烃、芳烃等主要化学品的工艺过程及污染控制。采用焦炉气或荒煤气时，需设置前端净化、压缩或转化过程，如内蒙古鄂托克旗建元煤化科技有限公司年产 26 万吨焦炉尾气制乙二醇装置以 $64500m^3/h$ 焦炉气为原料，经过气柜储存、加压、POX 转化、脱硫脱碳、精脱硫、合成气分离后生产乙二醇。

9.3.1 甲醇

甲醇是结构最为简单的饱和一元醇，是目前世界上产量仅次于乙烯、丙烯和苯的第四大基础有机化工原料，被广泛应用于有机合成、国防工业、农药、涂料、医药、染料和交通等领域。据中国氮肥工业协会统计，2023 年我国甲醇产能 10618.6 万吨，产量 8317.3 万吨，其中煤头产量占总产量的 83.9%[22]。

甲醇主要应用领域是生产甲醛，其消耗量占甲醇总量的 30%～40%[23]。甲醛可用来生产胶黏剂，主要用于木材加工业；可以用作模塑料、涂料、纺织物及纸张等的处理剂；还可以用来生产醋酸、甲胺、醋酸甲酯、乙二醇、二甲醚等其他化学品。另外，甲醇制烯烃工艺的出现，使得乙烯、丙烯的生产不再依赖于石油。甲醇不仅是重要的化工原料，还可以作为燃料。甲醇燃料是最简单的可以大规模工业合成的液体燃料，主要用于车用燃料、民用燃料、燃料电池燃料，也可以用于合成汽油。甲醇既可以用于生产高附加值化工产品，又具有车用替代燃料的特点，成为近年来天然气化工和煤化工发展的重要产物。

9.3.1.1 甲醇技术概述

以煤为原料制取甲醇的典型工艺过程为：煤气化→CO 变换→合成气净化→甲醇合成→甲醇精制。煤气化技术是煤化工发展中最重要的单元技术，原料煤经加压气化制成合成气，经过 CO 变换调整氢碳比（摩尔比）至 2.05～2.1 左右，再经过合成气净化脱除合成气中的

H_2S、CO_2 等杂质后，送往甲醇合成装置合成粗甲醇，粗甲醇再经过精馏得到精甲醇。煤气化、CO 变换、合成气净化等技术在前文已经进行详细介绍，本节主要就甲醇合成技术以及污染物控制进行阐述。

9.3.1.2 甲醇工艺过程及清洁化生产措施

(1) 工艺生产过程

人工合成甲醇始于 1923 年德国 BASF 公司研制的锌铬催化剂，并用合成气在 360～400℃、30MPa 的高压下，实现了甲醇的工业化生产。直到 1965 年，这种高压法合成甲醇工艺仍是甲醇合成的唯一方法[24]。高压法合成甲醇技术成熟，但因其操作要求高、投资及生产成本比较高、副产物多和能耗高等缺点，后逐渐被低压法、中压法取代。1966 年，英国 ICI 公司利用合成脱硫技术，建成了世界上第一个低压、低温条件下，通过一氧化碳加氢合成甲醇的装置，该装置使用 Cu-Zn-Al 氧化物催化剂，在 5MPa 压力下成功合成甲醇，标志着甲醇合成由高压法转为低压法，使甲醇的生产成本和能耗大大降低，这种方法被称为 ICI 低压法[25]。1970 年，德国 Lurgi 公司开发了 Cu-Zn-Mn、Cu-Zn-Mn-V、Cu-Zn-Al-V 氧化物催化剂，成功建成了年产 4000t 甲醇的低压合成工艺装置，该方法被称为 Lurgi 低压法。1972 年，ICI 公司又成功实现了 10MPa 的中压甲醇合成工业生产。由于压力低，工艺设备的制造比较容易，能耗低，投资小，成本亦较低，与高压法相比具有显著的优越性，低压合成工艺成为甲醇合成的首选方法。

我国的甲醇工业始于 1957 年，引进苏联高压合成技术在吉林吉化化肥厂建成甲醇合成装置，此后又陆续在兰州兰化公司和太原太化公司建成类似的高压甲醇合成装置。20 世纪 60～70 年代，南京化学工业公司研制了合成氨联产甲醇用的中压铜基催化剂，我国特有的合成氨联产甲醇生产技术开始发展[26]。20 世纪 70 年代，四川维尼纶厂引进了我国第一套低压甲醇合成装置，采用 ICI 低压激冷式合成工艺。进入 21 世纪以来，单套甲醇装置的大型化和规模化推广，使得甲醇产业步入快速发展的轨道，生产规模和技术水平都有大幅提高，我国已经成为国际市场最主要的甲醇生产国和消费国。

当今甲醇装置的一大特点是大型化，工业化甲醇合成工艺均采用气相合成技术。目前世界上已经运行的年产 100 万吨及以上规模的大型甲醇合成装置主要采用德国鲁奇、英国戴维、瑞士卡萨利、丹麦托普索等专利商的技术。国内华东理工大学、杭州林达技术开发公司、南京国昌技术公司、南京聚拓公司、中石化宁波工程有限公司等也均有甲醇合成技术建厂运行业绩。甲醇合成的典型流程见图 9-9。

德国鲁奇甲醇合成工艺合成压力为 5.0～10.0MPa，采用填充了铜基催化剂的多管式反应器，在壳层内通加压水，通过生产蒸汽除去反应热，反应温度为 260℃。对于百万吨及以上的大型甲醇合成装置，鲁奇公司均采用气冷-水冷反应器串联组合的 Mega-methanol 集成化甲醇合成工艺。鲁奇大型甲醇合成工艺见图 9-10，气冷-水冷反应器结构见图 9-11。

戴维公司采用的是蒸汽上升式等温径向甲醇合成反应器，换热管间充装催化剂，合成气经中心管上的分布孔径向通过催化剂层进行反应，管束内采用锅炉水自然循环移出合成反应热，通过控制生成蒸汽的压力来控制催化剂的床层温度。百万吨级甲醇合成采用串并联甲醇合成工艺流程，甲醇合成回路设置 2 台蒸汽上升式径向甲醇合成反应器，流程布置为串并联耦合方式，将第一反应器的出口气体进行降温、分醇后再进入第二反应器，使得第二反应器的原料气中甲醇含量很低，促使反应平衡向甲醇合成的方向移动，可显著提高甲醇转化率，降低循环比。戴维甲醇合成流程见图 9-12，其反应器结构见图 9-13。

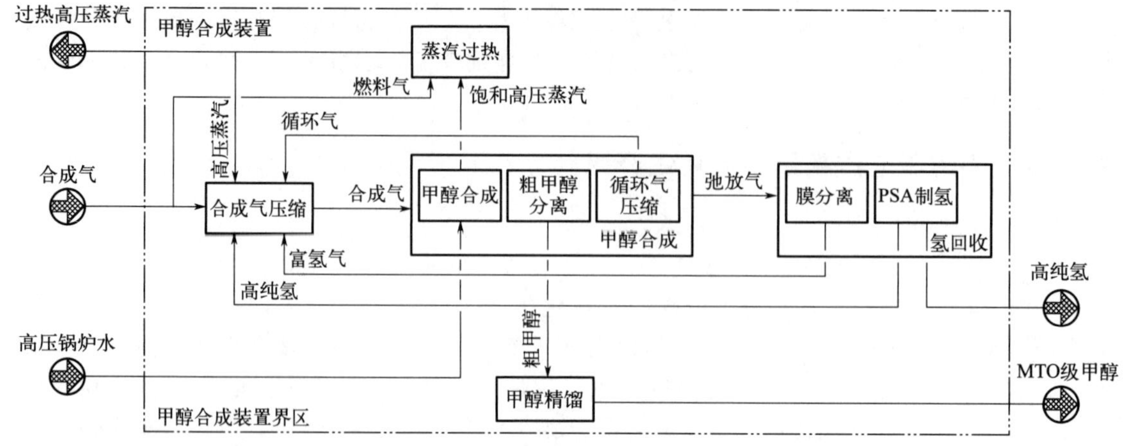

图 9-9　甲醇合成工艺流程示意图

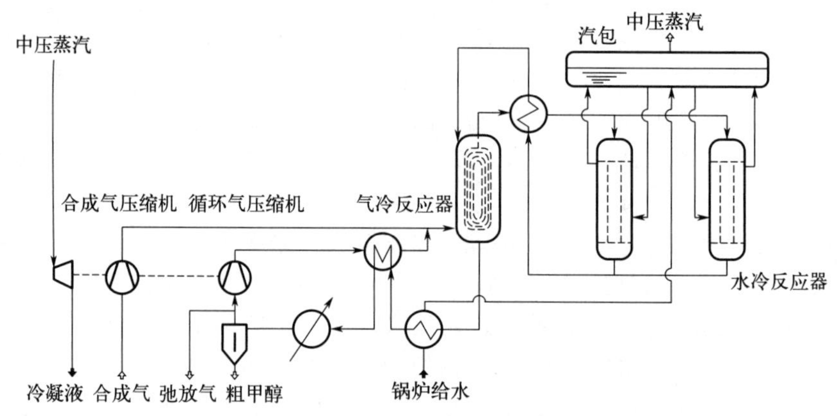

图 9-10　鲁奇大型甲醇合成工艺流程示意图

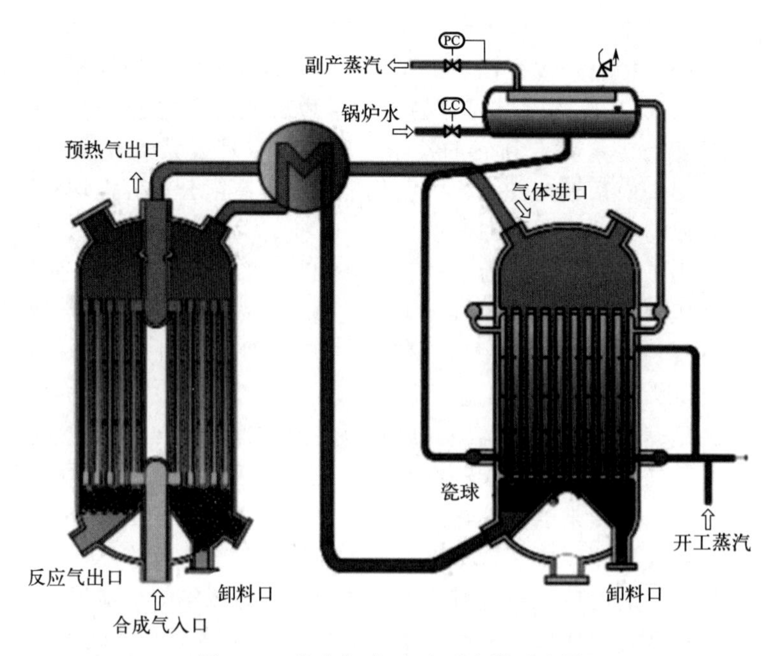

图 9-11　鲁奇气冷-水冷反应器示意图

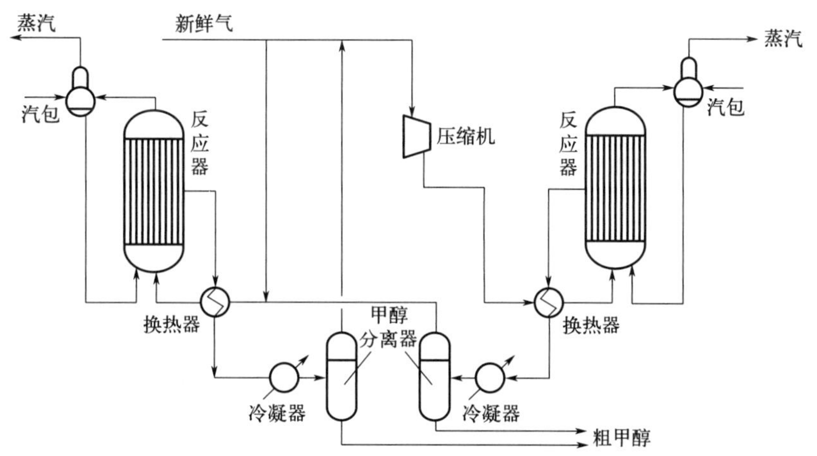

图 9-12　戴维甲醇合成工艺流程示意图

瑞士卡萨利甲醇合成工艺采用板式反应器（IMC 反应器），分径向塔及轴径向塔两种形式，100 万吨甲醇装置可采用两台串联的轴径向 IMC 合成反应器技术。合成气沿轴径向通过反应器内催化剂床层，反应热被置于催化剂床层中呈扇形布置的板式换热器移走，以达到接近等温的温度分布，板式换热器采用锅炉给水强制循环方式从底部进入，逆流副产中压蒸汽[27]。卡萨利板间换热式甲醇合成反应器结构见图 9-14。

丹麦托普索（Topsфe）工艺合成压力为 7.0～9.0MPa，反应器形式与鲁奇公司的水冷式反应器相似，管内装填催化剂，管间为锅炉给水，反应放出的热量经管壁传给管间的锅炉水，产生中压蒸汽，通过多个反应器的并联来实现大规模的甲醇合成[28]。托普索甲醇合成工艺流程见图 9-15。

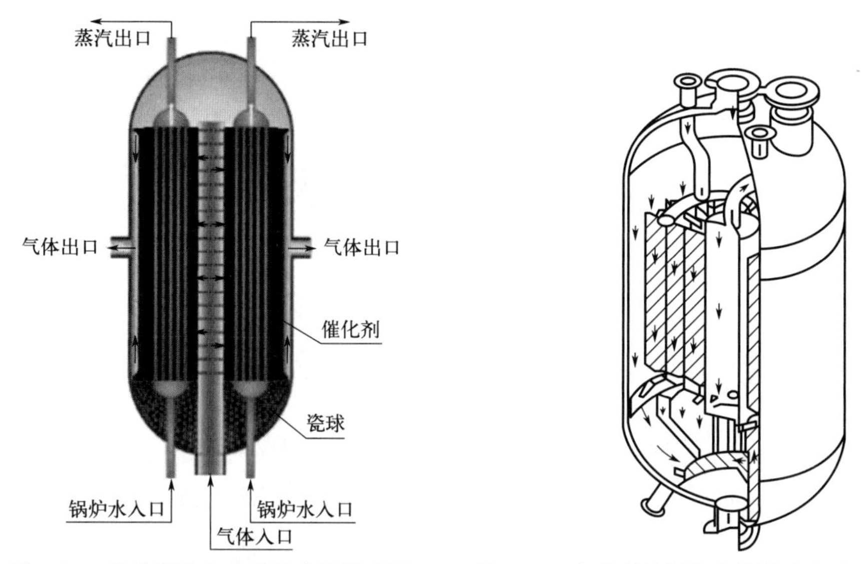

图 9-13　戴维蒸汽上升式反应器示意图　　图 9-14　卡萨利板间换热式甲醇合成反应器示意图

国内华东理工大学气冷-水冷串联式甲醇合成工艺采用自行研发的“绝热-管壳外冷复合型”等温反应器，催化剂分为管壳外冷催化剂层和上管板上部催化剂层两部分，管外用沸水移走反应放出的热量，同时副产蒸汽。华东理工大学气冷-水冷串联式低压甲醇工艺单系列单反应器生产能力 60 万吨/年，双反应器并联可实现百万吨甲醇规模[29]。杭州林达化工技术工

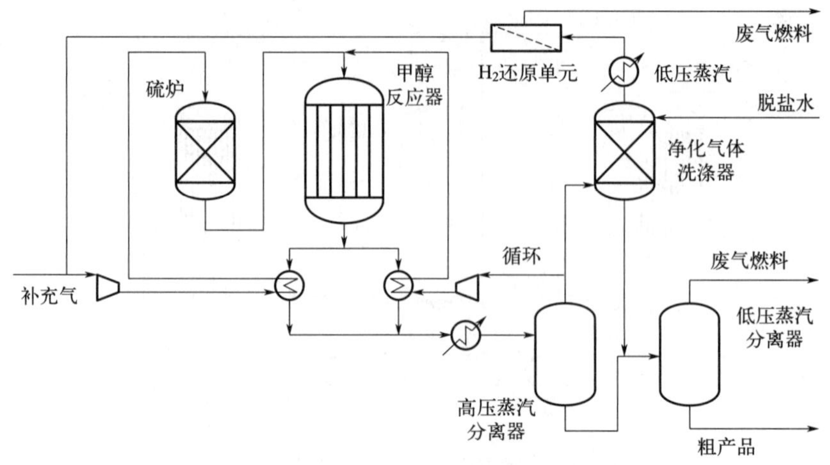

图 9-15　托普索甲醇合成工艺流程示意图

程公司开发的低压均温甲醇反应器，为绕管式水冷结构。反应器内件为可自由伸缩活动的螺旋管，且每根换热管的长度相等，合成气和锅炉水在内件中绕流以强化移热，实现高效传热，并将催化剂装填系数从 30%提高到 70%，因而相同直径反应器产能高，轴向温度差小，温度均匀，延长了催化剂寿命，提高了甲醇产量[30]。南京国昌以轴（径）向绝热甲醇反应器和径向水冷板甲醇反应器为关键设备，开发了气冷型及水冷型两种工艺路线，其核心技术为国昌自主创新的菱形气体分布器、鱼鳞板式径向流气体分布器及独特的移热技术。板式反应器相比管式反应器，比冷面积较大，催化剂装填系数高，可有效减小反应器体积，降低投资。南京聚拓采用自主研发的甲醇束管式水床反应器，采用小管板束管结构，突破加工难度大、组装困难的局限，比冷面积大，移热能力强，管内热水利用上水和下水密度差，在重力作用下带走反应热，不需要消耗动力，另外采用了径向流使得反应器床层阻力小，运行时阻力降约 0.1MPa。国内华东理工大学、杭州林达、南京国昌、南京聚拓典型的反应器结构见图 9-16。

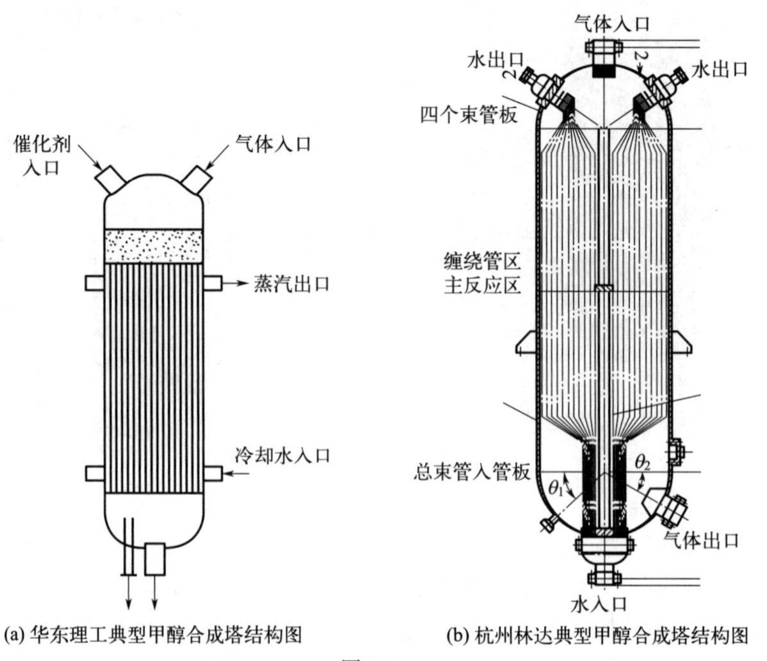

(a) 华东理工典型甲醇合成塔结构图　(b) 杭州林达典型甲醇合成塔结构图

图 9-16

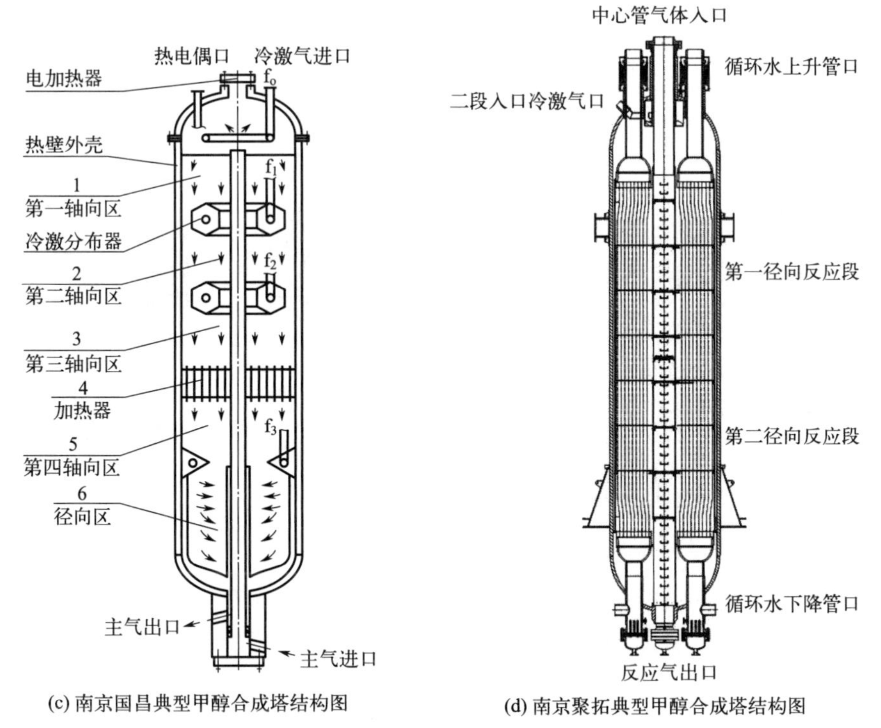

(c) 南京国昌典型甲醇合成塔结构图　(d) 南京聚拓典型甲醇合成塔结构图

图 9-16　四种典型的甲醇合成塔结构图

中石化宁波工程有限公司的中国石化大型甲醇合成技术 SM-4 采用两级水冷反应器串联工艺，一级水冷反应器为一台或两台轴向水冷等温反应器并联，二级反应器一般为单台径向水冷反应器。该工艺甲醇反应单程转化率高，合成回路循环比低。相对于水冷-气冷技术，双级水冷装置运行稳定且高效，蒸汽副产量高且变化小，尤其在催化剂后期能耗优势显著；另外，双级水冷在流程中设置一级反应器与二级反应器旁路及新鲜气至级间换热器入口旁路，整体运行可靠，生产操作更加灵活；双级水冷反应器分别由水-汽系统控制，可适用于不同性能催化剂。中国石化 SM-4 甲醇合成工艺流程见图 9-17，SM-4 反应器结构见图 9-18。

(2) 清洁化生产措施

1) 工艺方面

① 优化流程设置，提高装置能效和环保性能。甲醇合成装置的工艺单元主要包括合成气压缩、甲醇合成、甲醇精馏、弛放气氢回收、蒸汽过热五个部分。

合成气压缩单元中合成气压缩机和循环气压缩机可共用 1 台蒸汽透平同轴驱动，不仅易维修，还可以节省占地和投资[31]。

甲醇合成单元因甲醇单程转化率较低，甲醇合成反应器出来的反应气，经一系列冷却并进行气液分离后，大部分气体作为循环气，继续参与合成反应，提高转化率。为了防止反应系统内惰性气体累积，甲醇分离器分离出的气体抽出小部分作为弛放气。弛放气为甲醇合成中最主要的废气来源。弛放气的主要组分为氢气，此外还有一定量的一氧化碳、二氧化碳、甲烷、甲醇和氮气，甲醇合成单元设置弛放气洗涤塔，用脱盐水洗去弛放气中的甲醇，对弛放气中的甲醇进行回收。传统甲醇合成装置将洗涤后的弛放气作为燃料气，送入转化工段或锅炉进行燃烧。弛放气中含有大量的氢，作为燃料气燃烧不利于节能，近年来，甲醇合成装置通过设置弛放气氢气回收单元，尽可能地提高氢的回收率，降低了原料气的消耗，减少

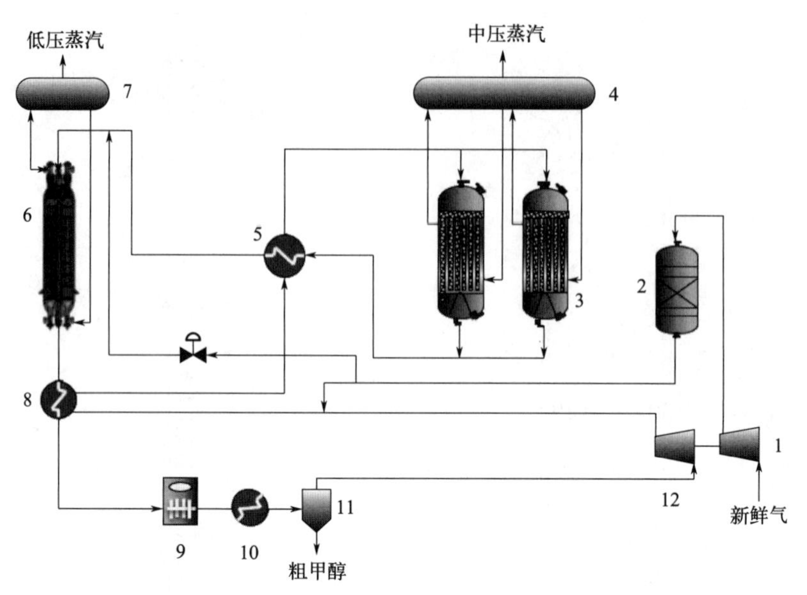

图 9-17　中国石化 SM-4 甲醇合成工艺流程

1—合成气压缩机；2—脱硫槽；3——级反应器；4—中压蒸汽汽包；5—级间换热器；
6—二级反应器；7—低压蒸汽汽包；8—进出口换热器；9—空冷器；
10—最终冷却器；11—甲醇分离器；12—循环气增压机

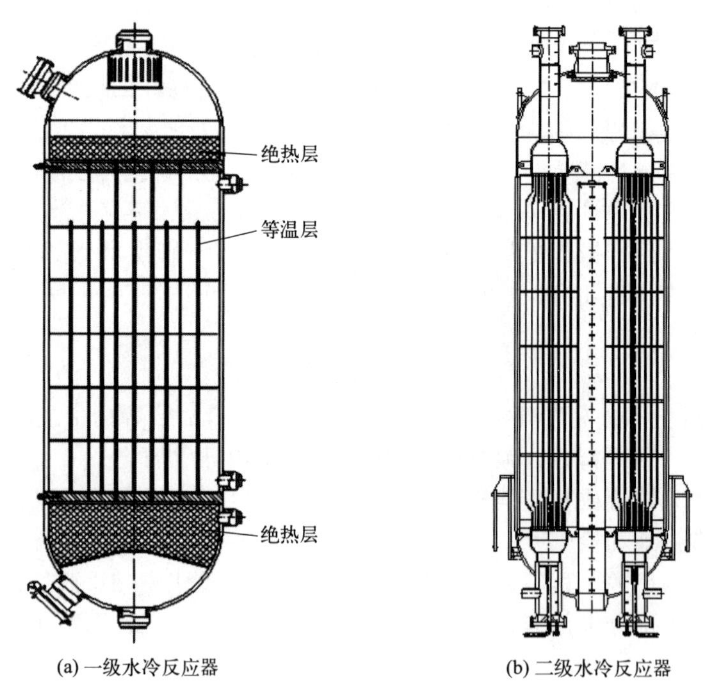

(a) 一级水冷反应器　　(b) 二级水冷反应器

图 9-18　中国石化甲醇合成技术 SM-4 反应器结构

CO_2 排放。

弛放气氢气回收单元一般采用膜分离＋PSA 工艺对弛放气中的氢进行回收。来自甲醇合成单元的弛放气经洗涤塔后进入膜分离单元，在中空纤维丝内外侧压差作用下，氢气以较快的速率透过纤维膜丝，在纤维芯侧得到富氢气，富氢气返回至合成气压缩单元，继续进行合成反应，非渗透气进入 PSA 单元进一步回收残余氢气。在 PSA 单元中，非渗透原料气中的 N_2、CH_4、CO、CO_2、Ar 等被吸附在吸附剂上，H_2 作为非吸附组分从吸附塔顶部流出，一部分返回合成回路配氢，另一部分可送至管网。PSA 解吸气作为燃料，送往蒸汽过热炉进行燃烧。

甲醇分离器底部出来的粗甲醇，需经过甲醇精馏单元进行提纯后，得到工业级或 MTO 级甲醇，甲醇精馏一般采用多塔精馏或预精馏＋树脂吸附工艺。在粗甲醇进入精馏塔前，一般设置有粗甲醇膨胀罐，粗甲醇在膨胀罐内进行减压闪蒸，释放出的闪蒸气含有大量的氢、一氧化碳、甲烷、甲醇等。闪蒸气为甲醇合成的另一废气来源，通常作为燃料气进行燃烧，但因闪蒸气中含有一定量的甲醇，为进一步对甲醇进行回收，可以设置洗涤塔，用脱盐水或弛放气洗涤塔底的洗涤水对闪蒸气进行洗涤[32]，洗涤后的闪蒸气作为燃料气送往蒸汽过热炉进行燃烧，洗涤凝液与粗甲醇一起送往甲醇精馏塔。为节省占地和投资，可将甲醇膨胀罐与洗涤塔合并设置，在膨胀罐顶部增设填料洗涤段进行洗涤。精馏塔顶部排出的尾气，经冷却后同样送往蒸汽过热炉进行燃烧。甲醇精馏有双塔流程和三塔流程，典型甲醇精馏工艺流程见图 9-19。

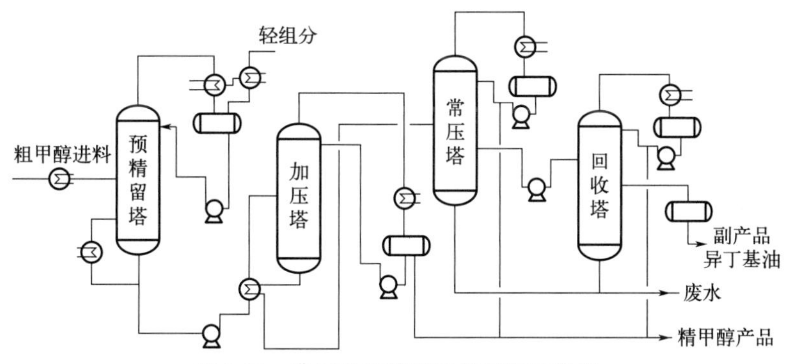

图 9-19　典型甲醇精馏工艺流程示意图

甲醇合成装置设置蒸汽过热炉，利用 PSA 尾气、预精馏塔塔顶尾气和膨胀罐闪蒸气作为燃料气，对甲醇反应器产出的饱和蒸汽进行过热，既合理利用了废气，同时可以提高蒸汽品质，燃料气不足部分可由外界进行补充，燃料气燃烧尾气通过烟囱排至大气。甲醇合成装置工艺设置有火炬系统，开停车、事故状态或紧急停车时，合成气或燃料气可以排放至火炬系统，减少非正常状态下的废气排放。甲醇合成生产过程中的废催化剂、瓷球等固体废物，通常的做法是选择合格的催化剂回收厂家进行回收处理。

② 提高原料气品质、保护催化剂、减少弛放气排放。甲醇合成单元一般设置有锅炉排污闪蒸罐，将甲醇合成反应器汽包排出的污水经过闪蒸后外排或送至循环回水，闪蒸出来的低压蒸汽去精馏塔塔底再沸器，回收部分热量，降低能耗。

甲醇合成催化剂大多采用 Cu/Zn 系催化剂，原料气中的硫化物可与催化剂活性组分铜发生反应生成硫化亚铜使其失活，同时还与助剂氧化锌发生反应，改变催化剂活性结构，使具有催化作用的活性中心发生突变，从而逐步失去催化活性[33]。为避免催化剂失活，甲醇合成原料气中总硫含量一般要求在 $30\mu g/m^3$ 以下，以煤、焦炉气、天然气等为原料生产的甲醇合成气，经气体净化装置脱除酸性气体后，可将合成气中的总硫含量降低至 $1mg/m^3$，因此在近年建设的大型甲醇合成装置中，多数设置合成气精脱硫保护装置，以控制进入合成塔中的总硫，防止硫使甲醇合成催化剂中毒，降低硫对关键设备、管道的腐蚀而造成的环境风险[34]。

甲醇合成气中主要原料为氢气、一氧化碳和二氧化碳，氢碳比是甲醇合成反应的重要影响因素，合适的氢碳比能确保装置的正常运行，也是控制反应程度的重要手段。通常情况下，甲醇合成原料气的氢碳比（H_2-CO_2）/（$CO+CO_2$）一般控制在2.05～2.15。氢碳比过高或过低均会影响甲醇合成率，氢碳比严重过高还有可能导致催化剂中的活性组分被还原而导致催化剂失活。氢碳比过低时，较高的一氧化碳含量会增强反应程度，虽然可以增加甲醇产量，但反应程度加深可能引起床层温度的上涨；二氧化碳与氢气合成甲醇反应的放热量比一氧化碳低，因此提高二氧化碳含量有利于控制甲醇合成反应器的床层温度，但是二氧化碳与氢气反应在生成甲醇的同时，还生成一部分水，过多的水不仅会造成粗甲醇中水含量过高，还有可能会发生水热烧结问题，催化剂中的铜晶粒会随着水分压的增高而增大，从而导致催化剂活性相应下降，过早衰退，因此，一般情况下，合成气中的二氧化碳含量控制在2.0%～4.0%之间。

③ 反应热的利用。甲醇合成反应为放热反应，合理利用反应热不仅能够很好控制合成反应，提高单程转化率，而且可以降低甲醇合成装置的能耗。气冷-水冷串联的甲醇合成工艺中，气冷反应器利用壳程甲醇合成反应热初次预热进入水冷反应器的合成气，气冷反应器出口的高温反应气可以用来预热弛放气，进一步回收热量。水冷反应器则通过壳程锅炉水利用合成反应放出的热量副产蒸汽，并且通过进出口反应气的热量交换，进一步回收反应热。甲醇合成反应器副产的蒸汽可用于压缩机透平驱动，多余部分可外送。通过合理设置换热网络，尽可能提高反应热的利用率，降低装置的能源消耗。在干旱缺水地区，甲醇合成和精馏部分冷却器可选择采用空冷设备，同时对空冷风机采用变频调节，可减少循环水和能量消耗。

2）设备选型方面

对于百万吨及以上的大型甲醇合成装置，鲁奇公司均采用气冷-水冷反应器串联组合的Mega-methanol集成化甲醇合成工艺，反应器中气体流向为轴向，水冷反应器采用管壳式，催化剂填装在管内，床层单位换热面积高（达$90m^3/m^3$催化剂），可接受高CO浓度的气体，移出反应热效率高，可产高品位蒸汽。气冷甲醇合成塔同样采用管壳式反应器，不仅用于调整水冷反应器入口气温度，同时由于壳程装填有催化剂，可进一步加深合成反应深度，从而提高了合成转化率，降低了循环比，同时降低了合成气压缩机功耗。但由于反应器为轴向，并且水冷与气冷为串联，合成回路阻力降较大。

戴维公司采用的是蒸汽上升式等温径向甲醇合成反应器，换热管间充装催化剂，合成气经中心管上的分布孔径向通过催化剂层进行反应，由于气体在反应器中径向流动，因此反应器阻力降小。通常采用大循环量、高空速、低反应深度来实现装置产能，因此大循环量、高空速导致合成气压缩机组功耗较高，副产蒸汽的品位较低，不宜用于推动蒸汽透平。

卡萨利甲醇合成采用板式反应器（IMC反应器），合成采用轴径向等温反应技术，反应器内气体轴径向流动，塔阻力降较小，反应器内的板式换热器的换热效率比管壳式的高，催化剂填装量系数高，高压空间利用率高。但是锅炉给水采用强制循环，对循环泵的要求较高，能耗高，且反应器结构复杂，整体造价高。

托普索甲醇合成采用单台或者若干台列管式水冷反应器并联的形式，催化剂装在管程，壳程为沸水。

国内林达公司最早开发出卧式径向合成反应器，后来又开发出低压立式水冷反应器、绕管式反应器等多种型式反应器，均有实际运行装置。其中绕管水冷反应器较好地解决了应力问题。华东理工大学的甲醇合成技术采用等温列管式加绝热段的水冷反应器，优点是可在进气温度较低的情况下在绝热段提升反应气温度，进入列管时保证床层温差均匀，保护列管进气口附近的催化剂。南京国昌公司采用水冷板式反应器，相比管式反应器，比冷面积较大，催化剂装填系数高，可有效减小反应器体积，降低投资。南京聚拓公司采用水冷径向合成反应器，相比管壳式反应器，单台反应器处理量大，压降小。

3）工艺控制方面

甲醇合成装置工艺过程控制系统主要由 DCS、SIS、合成气压缩机机组 CCS 专用控制系统和 PSA 的 PLC 四个相对独立的控制系统组成。合成气压缩机通过设置防喘振控制系统，可以对压缩机进行防喘振保护，压缩机入口压力与透平转速串级控制，可以根据上游装置的负荷变动自动调节，减少因上游波动造成的合成气放火炬排放。正常操作情况下，甲醇合成反应系统通过将合成回路中的少量循环气排放至弛放气来控制合成压力，减少火炬系统排放，事故或开停车时，可选择排放至火炬系统。甲醇精馏塔塔底再沸器的蒸汽流量，与进入精馏塔的粗甲醇流量进行比例控制，以确保低压蒸汽流量可以满足预塔进料粗甲醇精馏传质传热所需的热量。

9.3.1.3 甲醇工艺过程污染物排放及治理

（1）废气

甲醇合成过程中的废气主要来源有以下几个方面：

① 甲醇合成工艺弛放气，主要组分为氢气，此外还有一定量的一氧化碳、二氧化碳、甲烷、甲醇和氮气。

② 甲醇中间贮槽的闪蒸气，其中含有较多的一氧化碳和有机毒物。

③ 粗甲醇贮槽释放的溶于甲醇中的少量一氧化碳、二氧化碳及其他有机物。

④ 精馏塔塔顶排出的不凝气，其中主要组分为二甲醚、甲醇，另外还有一定量的甲烷、一氧化碳、二氧化碳等。

⑤ 精馏塔塔顶还有少量的含醇不凝气，循环压缩机的填料函气等。

以 60 万吨/年甲醇为例，甲醇合成工艺弛放气放空量达到 8300m^3/h，典型组成如表 9-16 所示。

表 9-16　甲醇合成弛放气典型组成

组分	H_2	CO	CO_2	CH_4	N_2	Ar	CH_3OH	H_2O
含量(摩尔分数)/%	82.57	1.55	2.07	2.07	9.08	2.22	0.42	0.01

这些废气排放至大气中无疑会对环境造成一定的污染，因此对这些废气的回收处理必不可少。甲醇合成中的弛放气中含有大量的可燃气体，通常作为燃料供锅炉发电、进入全厂燃料管网、作为居民燃气或者直接去火炬燃烧。除作为燃料外，弛放气中含有大量氢气，可将此部分氢气进行回收利用。

目前，甲醇弛放气中氢组分的回收利用技术有变压吸附、膜分离及深冷分离。变压吸附的氢气回收率能够达到 75%～95%，纯度达到 99%～99.99%，操作一般在中等压力下（<6.0MPa）进行；深冷分离氢气回收率能够达到约 98%，纯度达到 90%～99%，适用于 1.0～8.0MPa 操作压力；膜分离技术的氢气回收率和纯度一般在 85%左右，可在 3.0～15.0MPa 或更高操作压力下进行[35]。

回收的氢气可用于合成氨、苯加氢或返回甲醇合成。与其他两种技术相比，膜分离技术投资较低，操作方便，但氢气纯度不高，具体技术的选择可根据氢气用途综合考虑。此外，甲醇合成弛放气在一定条件下可以继续生成甲醇，利用弛放气生产甲醇需要在原有制甲醇基础上加装净化装置，去除部分阻碍反应发生的气体，例如二氧化碳等，还需要去除水等生成物，从而提高转化率[36]。

甲醇中间贮槽排放的闪蒸气中含有较多的一氧化氮和氢气，还有少量有机物，这部分气体经过处理可以回收送往压缩机一段或者二段入口，作为甲醇合成原料气。粗甲醇贮槽释放的贮罐气量较少，可回收作为燃料气使用，但需采取相关安全措施。联醇生产时从塔顶释放的脱醚气，由于二甲醚含量较少，回收作为硫酸二甲酯原料的价值不大，可以作为燃料气回收利用。

(2) 废液

甲醇合成过程中的废液主要来自粗甲醇在精馏过程中产生的精馏残液，其主要组成见表 9-17。

表 9-17　甲醇精馏残液组成

pH 值	COD /(mg/L)	TOC /(mg/L)	甲醇 /(mg/L)	乙醇 /(mg/L)	正丙醇 /(mg/L)	杂醇 /(mg/L)
5.58	92158	24649	58666	1868	1988	2277

国内甲醇精馏残液的处理方法大致有两种，一种是生化处理，一种是回收处理。

甲醇精馏残液生化处理方法有传统的曝气法和厌氧法。曝气法属好氧生物化学处理工艺，其流程见图 9-20。从甲醇精馏塔塔底来的精馏残液首先进入隔油池，在隔油池中去除甲醇精馏残液中高级烷烃之类的甲醇油，然后进入配水池。在配水池中加入冷却水，将甲醇精馏残液进行稀释，同时调节配水池的温度，使配水池的温度始终维持在 18～38℃，经冷却水稀释后的甲醇精馏残液中的 COD 含量一般控制在 8000mg/L 以下。经稀释后的甲醇精馏残液进入中和池，在中和池中对甲醇精馏残液进行 pH 值调整，使 pH 值在 6～8.5 之间，同时加入营养液（如尿素、磷盐等）。从中和池出来甲醇精馏残液进入曝气池，在曝气池中通入空气，使曝气池中活性污泥不断翻腾，同时为曝气池提供足够的氧。从曝气池出来的夹带有活性污泥的液相进入沉淀槽进行沉淀分离，经分离后的水经原水槽和过滤器外排。由沉淀槽底排出的活性污泥，根据曝气池中活性污泥的不同量，或经脱水槽后排出，或经浓缩后

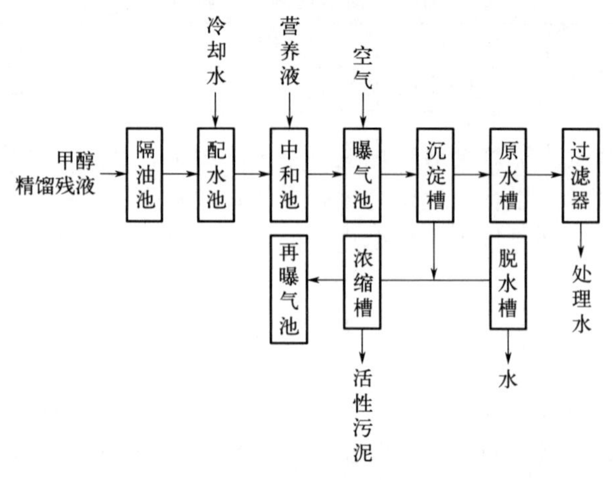

图 9-20　曝气法处理甲醇精馏残液工艺流程

回收[37]。

厌氧法处理甲醇精馏残液工艺流程见图 9-21。从甲醇精馏塔底部排出的甲醇精馏残液首先进入甲醇残液贮槽，然后进入调节池。通过向调节池中加入一定量的水，将甲醇精馏残液进行稀释，控制调节池出水残液中 COD 浓度为 15000mg/L，同时向调节池中加入营养剂及缓冲剂。自调节池出来的经稀释后的甲醇精馏残液经换热器预热后送入高位槽。自高位槽出来的甲醇精馏残液靠重力作用，自流至 UASB 反应器，在 UASB 反应器中与活性污泥自流搅拌混合并进行反应。反应产生的沼气、活性污泥及处理水通过 UASB 反应器上部设置的三相分离器进行分离，沼气进入气柜然后作为燃料送出界区。分离出来的处理水进入曝气沉淀池处理，稀释外排。

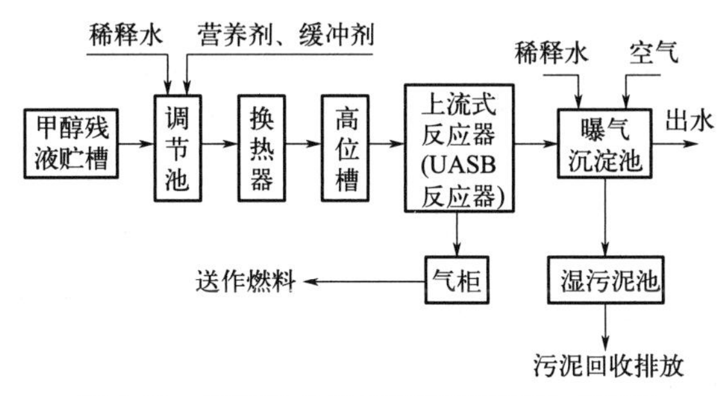

图 9-21　厌氧法处理甲醇精馏残液工艺流程

曝气法和厌氧法活性污泥的培养和驯化方法大致相同，只有菌种来源稍有差别。传统曝气法进水 COD 浓度一般控制在 8000mg/L 左右，污水在曝气池中停留时间不小于 80h 的情况下，处理后的排放水中的 COD 含量可以控制在 30mg/L 左右，能够达到国家允许的排放指标。而厌氧法需要在高 COD 浓度下进行反应，因此厌氧法要求所处理的污水中 COD 含量较高，一般可允许处理水中的 COD 含量在 30000mg/L 左右，但出水中 COD 浓度在 500mg/L，不满足国家废水排放要求，不能直接排放，必须进行稀释处理后才能达到排放指标。

甲醇精馏残液回收处理方法有汽提法和残液返回造气系统法。汽提法处理甲醇残液工艺是利用甲醇在水蒸气和水溶液中的分配不同，塔釜通入蒸汽与塔顶的精馏残液逆流接触，水蒸气由气态变为液态，甲醇受热由液态变为气态，通过对甲醇精馏塔的釜液进行汽提处理，把甲醇分离出来。工艺流程见图 9-22。

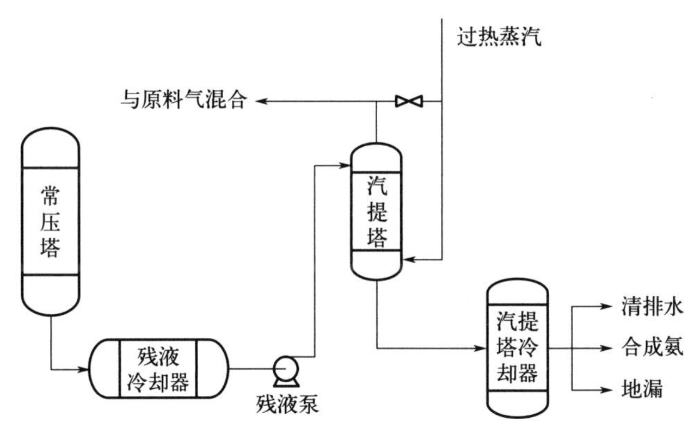

图 9-22　汽提法回收甲醇残液工艺流程示意图

从常压塔出来的甲醇残液，经残液泵加压，与汽提塔底出来的废水换热后，送入汽提塔顶部。在汽提塔中，轻组分获得热量，在上升气流中浓度不断增加；重组分的甲醇废水连续释放出能量，被冷凝而下降，经过多次部分汽化和部分冷凝，使甲醇得以分离。汽提回收的甲醇去粗甲醇贮槽，废水经过换热器回收热量后去循环水站，进行循环利用[38]。从汽提塔塔顶出来的含甲醇15%的水蒸气经冷凝浓缩后，送甲醇精馏系统作为萃取水，代替新鲜水，实现回收甲醇的目的。

残液返回造气系统法将精馏残液与软水一起用泵送至造气工段的废热锅炉或造气炉夹套锅炉中代替部分软水，使残液变成蒸气，再送入造气炉。残液中的甲醇等在造气炉内燃烧分解为 CO、CO_2、H_2 和 H_2O 等，这样处理甲醇残液既经济又彻底。

(3) 固废

甲醇合成过程产生的固废主要为废催化剂。目前甲醇合成催化剂主要是铜基催化剂，其中含有 Cu、Zn、Al、Cr 等，CuO、ZnO 含量较高，约占 40%，Al_2O_3 含量约 10%，中石化南化集团研究院、河南化工研究所等单位开发了废催化剂的回收利用方法，可用于生产甲醇催化剂、低温变换催化剂、新型复合微肥等产品。

(4) 噪声

甲醇生产过程中产生的噪声主要来自泵及压缩机，尤其是压缩机，主要包括合成气压缩机、循环气压缩机，原则上设备选型过程中应选择低噪声设备，且在生产过程中可采用加防护罩、减振垫、消声器、隔声门窗等措施加以控制，使其对环境影响降至最低程度。

9.3.2 醋酸

醋酸是一种环境友好的有机酸，是重要的化学中间体和化学反应溶剂，由其可以衍生出几百种下游产品，如醋酸乙烯酯单体、醋酸纤维、醋酐、醋酸酯、氯乙酸、对苯二甲酸、聚乙烯醇以及金属醋酸盐等，被广泛地应用于医药、合成纤维、轻工、纺织、皮革、农药、炸药、橡胶和金属加工、食品以及精细有机化学品的合成等多种工业领域，是近几年世界上发展较快的一种重要的基础有机化工原料[39]。

9.3.2.1 醋酸技术概述

早在公元前3000年人们就知道酒类发酵能得到醋酸。1911年德国率先实现了化学合成醋酸生产，建成了第一套乙醛氧化合成醋酸的工业装置。随着时间的推移，化学合成醋酸方法得到了改进和发展，近代合成醋酸的工艺路线主要有甲醇羰基化法、乙醛氧化法以及轻烃液相氧化法。原料主要有甲醇、乙醇、乙醛、乙烯、丁烷、轻油、一氧化碳等。近年来，在我国，甲醇羰基化法尤其是低压甲醇羰基法基于强大的竞争力，已成为占主导地位的醋酸生产工艺[40]。

9.3.2.2 醋酸工艺过程及清洁化生产措施

(1) 工艺生产过程

采用煤为原料生产醋酸的典型工艺一般分为三步：第一步，利用煤制成合成气，一部分合成气进而制成甲醇，得到羰基合成醋酸的原料之一；第二步，从合成气深冷分离获得一氧化碳，得到羰基合成醋酸的另一个原料；第三步，将一氧化碳与甲醇送至甲醇羰基合成醋酸工段合成产品醋酸。因此，煤制醋酸流程通常包括四个工段，即煤制合成气工段、合成气制甲醇工段、合成气深冷分离工段、醋酸合成工段。以煤为原料生产醋酸的工厂通常是依托于煤化工联合装置建设，原材料或产品间可以形成有效互供关系，其中必定包含或隐含着这四个工段。

甲醇羰基化法工艺以甲醇和一氧化碳为原料，用羰基合成法生产醋酸。甲醇羰基化法有高压法和低压法两种技术。

① 高压法。1913 年，德国 BASF 公司对高压甲醇羰基化制醋酸进行了深入研究并提出了反应式[41]：

$$CH_3OH+CO \longrightarrow CH_3COOH \qquad \Delta H=-138.6kJ$$

1941 年 BASF 公司的 W. Reppe 等发现镍、钴金属羰基化合物在卤素或含卤素的化合物存在情况下，对羰化反应具有显著催化作用，从而使液相羰化反应在较温和的条件下进行，开创了以应用第Ⅷ族过渡金属羰基化合物作为羰化催化剂的先例。BASF 公司在此基础上成功开发了以羰基钴-碘为催化剂的甲醇高压羰基化制醋酸工艺，采用高镍合金，解决了腐蚀问题，上述反应必须在较高温度下进行，为了在高温下稳定催化剂 $[Co(CO)_4]^-$，必须保持一氧化碳分压很高，因而导致反应条件比较苛刻。BASF 公司于 1960 年建成 3600t/a 的生产装置，后来扩至 45000t/a，此后又在罗马尼亚和美国进行了推广。

② 低压法。1968 年 Monsato 公司的 F. E. Paurik 和 J. F. Roth 报道了新的可溶的羰基化合成醋酸催化剂体系，即羰基铑-碘催化剂，该催化剂具有高催化活性和高选择性，且反应条件温和，在 180℃、3MPa 时，以甲醇计的收率为 99%，以一氧化碳计为 90%，“低压法”名称由此而来。

在 20 世纪 60 年代开发成功的高压法基础上形成的甲醇低压羰基合成法，在原料、催化剂、收率、成本等方面具有明显优势，已发展成为当前最主要的、最典型的生产工艺。Monsato 公司称其投资为乙醛化法的 3/4，为高压羰基化法的 2/3，生产成本也低很多。由于经济上的压倒优势，该技术很快成为醋酸生产的主流技术。目前甲醇低压羰基合成醋酸已占全球醋酸生产量的 74%以上，随着时间的推移，所占比重会逐渐增大。

低压法和高压法的原理相似，都包含催化剂的循环和助催化剂的循环。催化剂体系分为铑-碘和铱-碘两种。

催化剂是三碘化铑，助催化剂是碘甲烷，由铑、一氧化碳、碘共同构成催化活性中间体二碘二羰基铑[42]。由于铑基催化剂更容易与碘甲烷反应，且由此生成的 $[CH_3Rh(CO)_2I_3]^-$ 比 $CH_3Co(CO)_4$ 更活泼，更容易发生一氧化碳插入反应，而且乙酰碘更容易从 $[CH_3CORh(CO)_2I_3]^-$ 中消去，因此铑基催化剂比钴基催化剂活性高。这就决定了铑-碘催化体系的羰基化法要比高压法生产工艺条件温和，反应效率更高，反应的副产物也主要是二氧化碳、氢气等，产品纯度更高。

典型的甲醇低压羰基合成醋酸法，虽然 BP、Celanese、我国西南化工研究设计院等各专利商开发了各具特色的生产方法，但均与 Monsato 法生产工艺大同小异，见图 9-23[43]。

甲醇羰基化合成醋酸工艺流程主要包括醋酸合成、醋酸精馏和醋酸吸收三个单元。

① 醋酸合成。原料水、甲醇和一氧化碳进入反应器，反应器预装有催化剂，在一定的温度压力下催化反应生成醋酸，生成的醋酸连续采出，经闪蒸槽后气相醋酸进入精馏单元。

② 醋酸精馏。来自醋酸合成闪蒸槽顶部的气态物料进入轻组分塔脱除低沸点轻组分醋酸甲酯、水和助催化剂碘甲烷，塔底获得粗醋酸产品送至干燥塔脱水提纯；提纯后的醋酸送至成品塔进一步脱除微量的丙酸和 HI，获得符合质量标准的醋酸产品。

③ 醋酸吸收。高压吸收塔的进料是来自反应系统弛放的气相。低压吸收塔的进料是来

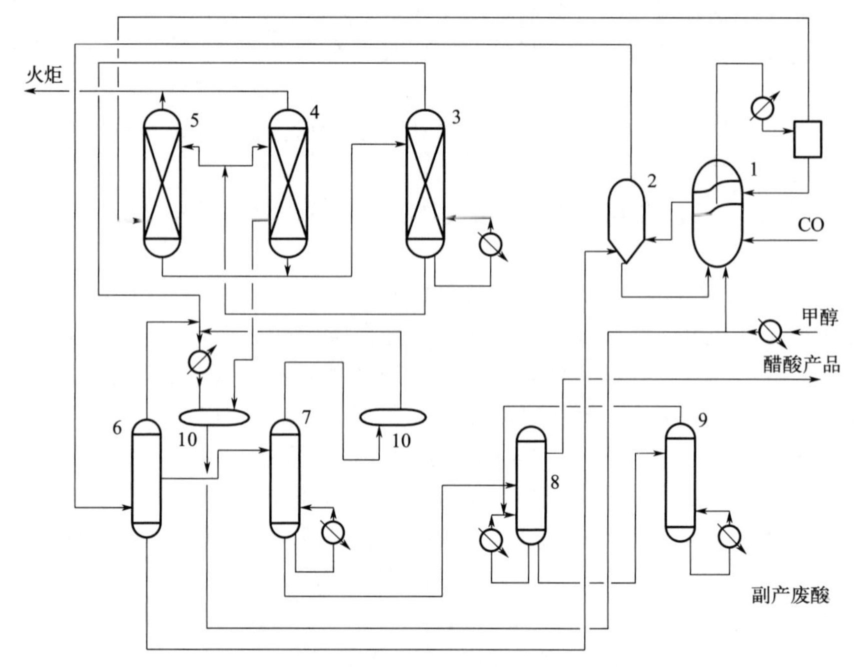

图 9-23　典型低压羰基化法制醋酸流程图（Monsato 法）

1—反应器；2—闪蒸槽；3—再生塔；4—低压吸收塔；5—高压吸收塔；6—轻组分塔；7—干燥塔；8—重组分塔；9—回收塔；10—分层器

自脱轻组分塔塔顶的不凝气。吸收塔气相由塔底部进入，与上部喷淋的吸收剂甲醇逆流接触吸收碘甲烷；吸收碘甲烷后的甲醇（富液）作为反应原料送入反应器，高压吸收尾气回收一氧化碳后与低压吸收尾气汇合后作为燃料气送至界外。

（2）清洁化生产措施

1）工艺方面

① 优化流程设置

（a）醋酸精馏流程中，主塔设置为三塔流程（轻组分塔、干燥塔、成品塔），三塔流程水分离和产品提纯由两个塔分别控制，操作稳定性更好。且三塔流程具有潜在的节能换热方案，即可利用成品塔塔顶气相热量加热干燥塔釜液，可进一步降低蒸汽消耗。

（b）醋酸吸收流程中，带入反应器的原料气和副反应生成的惰性组分，由于不参与反应且不易溶于反应液体系，会在反应器气相空间聚积，降低有效气分压使得反应速率下降，因此反应器需要弛放一股高压尾气，以避免惰性气体累积。通过分别设置高、低压吸收塔，可以减少高压尾气的静压能浪费，且高压尾气一氧化碳浓度较高，具有回收价值，单独设置高压吸收，对塔后一氧化碳进行回收可减少压缩功消耗。

（c）第一精馏塔塔顶轻相重相控制。第一精馏塔顶部收集槽中轻相重相的控制非常重要，运行操作中必须要有明显的分层界面。若轻、重相分层界面变得越来越模糊，重相密度必定降低，则说明系统变得不稳定，醋酸甲酯含量偏高。导致这种现象出现的根源在于反应器甲醇加料量过大，采取的处理措施是立即较大幅度降低反应器甲醇加料量，待系统好转稳定后再逐步提升甲醇加料量。

（d）去除产品醋酸中碘离子控制。羰基化合成醋酸工艺采用了碘甲烷作为助催化剂，因此，产品中对残留碘离子控制非常严格。为防止对潜在下游用户工艺设备的腐蚀，出厂醋酸产品必须严格控制碘含量。

碘离子的具体去除措施采取了三种方式：一是在第二精馏塔中下部 HI 易于累积的区域加入适量甲醇，使 HI 转化成低沸点的碘甲烷，从第二精馏塔顶部返回反应器系统，达到去除碘离子的作用；二是在第二精馏塔塔釜采送至第三精馏塔作为加料的管线上加入 KOH 溶液，使 HI 转变成 KI，然后在第三精馏塔底部随废醋酸一起去除；三是在产品管线上增加碘离子捕集槽，内装离子交换树脂填料，以离子交换的形式去除碘离子。

(e) 设置密封液系统监控系统。密封液系统的作用是为泵和搅拌提供密封用加压液体，防止有毒气态或液态工艺物料泄漏入环境。系统分三部分：泵用密封液系统、反应器搅拌器用密封液系统和催化剂制备区搅拌用密封液系统。在生产运行中必须持续关注密封液组分的变化，通过定期分析数据判断密封液系统是否工作正常，泵或机封是否泄漏。

(f) 设置高低压 CO 吹扫系统监控系统。装置生产物料带有强腐蚀性，并且反应区及催化剂系统中的催化剂在 CO 低浓度条件下易于沉淀引起仪表引压管线等出现堵塞现象，严重时引起仪表显示不准甚至导致非计划停车。为了解决以上问题，凡是存在催化剂区域的仪表引压管均采用 CO 吹扫，以隔离带有腐蚀和含有催化剂的介质。CO 吹扫系统分为高、低压两个系统，主要是与工艺运行条件相匹配。在生产运行中注意经常检查高低压 CO 吹扫系统，防止吹扫故障引起堵管或仪表误动作。

② 反应热的利用。羰基合成醋酸装置羰基化反应热是非常大的低位热源，生产装置利用该热源生产低压蒸汽。反应器中物料因羰基化反应热而升高，从反应器中引出一股物料送至热量回收换热器，在该换热器中产生低压蒸汽撤走热量，同时物料温度被降低后返回反应器。通过控制换热器产出低压蒸汽的压力可以达到调节反应器温度的目的，这也是生产上对反应器温度实现精确微调的重要手段。

副产的低压蒸汽在醋酸装置自身区域内是无法利用的，须送至上游配套一氧化碳装置或者邻近其他装置加以利用。

2) 设备选型选材方面

考虑到工艺介质以及操作条件方面的要求，流程中的闪蒸槽、精馏塔、吸收塔、再生塔、换热器、分离罐、泵等设备的材质要求特殊，有锆合金、哈氏合金、低碳不锈钢等，根据不同的介质选择相应的耐蚀材料非常关键。

对于反应器的材质，由于反应器内介质含有大量的碘化氢、醋酸等强腐蚀、还原性介质，对材料的耐腐蚀性要求高，一般采用锆复合板来制作。对于反应器外形尺寸，合成器为全混流气液均相反应器，其高径比一般大于 1，为瘦长形；由于压力高，开口多，两端封头应设计为球形。对于反应液的搅拌，为减少能耗以及提高反应器可靠性从而降低泄漏隐患，现有新反应器取消搅拌器设计，采用液力搅拌。

羰基合成醋酸工艺介质为腐蚀性很强的醋酸＋氢碘酸，在较高温度的醋酸＋氢碘酸溶液中，仅有锆、哈氏 B-3 合金、C-276 合金等少数几种高等级耐蚀合金能够适用。基于甲醇低压羰基合成醋酸工艺长久的运行历史，目前对醋酸流程中的各种耐蚀设备用材料牌号和设备类型积累了较丰富的经验，并且已基本定型。在这些设备中，锆设备占的比例最大，包括锆复合板容器、锆塔、锆换热器；此外，还有哈氏 B-3 容器、C-276 塔器、C-276 换热器等。

3) 工艺控制方面

① 反应速率控制。羰基化反应的理论反应速度取决于反应温度、铑催化剂浓度和助催化剂浓度。

在操作控制的设计上，根据影响理论百分比的反应温度、铑催化剂浓度和助催化剂浓度几大影响因素，在DCS控制系统上通过检测、分析或在线分析数据设计了理论百分比自动计算模块，为操作人员提供指导。需要指出的是，计算出来的理论百分比仅能提供参考，操作人员还需根据醋酸甲酯含量、轻重相分层效果等情况作出综合判断，以更好实现操作控制。一般来说，甲醇进料量不能超过理论反应速率所需甲醇量的70%。

② 反应压力控制。反应器的压力控制着CO的进料量，通过压力调节回路对反应器内压力实现调节，维持正常的操作压力。反应器内CO分压又由另外一个独立的流量调节回路控制，通过改变反应器向外排气量来维持反应器内CO的分压。两个调节回路同时作用在反应器上，所以反应器的CO进料量是不定的，但是反应器压力是相对稳定的。在操作过程中，要特别注意防止突然或大幅度调整反应器排气量。

③ 反应生成热撤热控制。反应器中每生成1kg醋酸就会放出2265kJ热量，因此要将反应热量及时撤走以防止过热。撤走反应器热量的方式有两个：一是调节反应器的闪蒸量；二是通过反应器废热回收换热器调节反应器温度，带走反应热。其中，通过闪蒸调节带走热量是主要方式，为粗调；通过废热回收换热器调节带走热量是次要方式，是细调，两种方式结合实现反应器温度的调节。

④ 排气回收区温度和压力控制。排气回收区主要是对反应器区域和精馏区域排放气体进行洗涤，回收排放气体中的低沸点醋酸甲酯和助催化剂碘甲烷，同时防止碘化物从火炬排出对环境造成污染。因此，用于洗涤的醋酸温度要严格控制在合适的范围，杜绝超温导致助催化剂跑损。

对来自精馏区的排放气体的压力控制也十分重要，是保持运行稳定以防止碘甲烷跑入火炬的重要手段。若出现冷冻水故障时，洗涤醋酸温度会升高，此时应立即将压力设定值提升至0.25MPa(G) 左右，以免碘甲烷跑入火炬。需要注意的是冷冻水故障条件下提升压力只是为了减少碘甲烷损失而采取的应急措施，不能长期运行。

4）其他方面

① 选择高效、低水、稳定性好的催化剂尤为重要；

② 选择无机械密封的泵，以减少检修，从而减少催化剂、醋酸等的损失；

③ 原料气中一氧化碳浓度尽可能高，选择合适的一氧化碳操作分压，可以优化废气排放量；

④ 尽量选择优质甲醇（如乙醇含量低），减少杂质（如丙酸）生成；

⑤ 分离醋酸与丙酸，创造较高附加值的产品，同时也可减少环境污染；

⑥ 尽量回收储槽排放气中的醋酸和甲醇，既有经济效益，又减少环境污染；

⑦ 采用变压吸附等技术回收两股弛放气中的一氧化碳；

⑧ 充分利用醋酸生产中产生的巨大反应热能来副产蒸汽或加热其他物流，可减少吸收这些热能所消耗的循环水或增加的精馏设备投资。

9.3.2.3 醋酸工艺过程污染物排放及治理

（1）废气

在羰基合成醋酸工艺中，废气主要来自反应区为保持一氧化碳分压而连续排放的弛放气，以及来自精馏区的不凝气体。精馏区仪表引压管为了防腐和防堵通入的吹扫气体最终也将汇入不凝气体成为废气的一部分。

废气中主要成分为一氧化碳，含量可达80%以上，其余为氮气、二氧化碳、氢气等成分。以年产100万吨醋酸装置为例，仅高压尾气的放空体积流量就达到2400m^3/h，典型组成如表 9-18 所示。

表 9-18　高压吸收塔尾气典型组成

组分	H_2	CO	CO_2	CH_4	N_2
含量(摩尔分数)/%	3.9	76.4	5.3	1.7	10.0

目前，综合利用的方式主要是回收用作燃料气生产蒸汽。首先，废气经过洗涤除去其中的碘化物和酸性气体，然后送至燃料气总管加以利用。也可考虑在下游设置 PSA 或膜分离技术进行回收利用。

若醋酸装置所处区域还有其他可以直接利用装置或者深冷分离装置，则醋酸装置废气可以经适当处理后以原料方式为其他装置提供补充气源，进一步提升利用价值。

(2) 废水

低压甲醇羰基法醋酸生产装置主要废水有装置的初期雨水、地面冲洗水、机泵检修冲洗水等，这些废水由装置内的废水池收集，然后输送到废水处理站处理，处理合格后排放，排放指标如 COD、BOD_5，均可控制在 50mg/L 之内。醋酸装置的废水主要含有醋酸、醋酸甲酯、甲醇等小分子有机物，如果醋酸装置邻近有专门的废水处理，可送至专门废水处理装置进行有偿处理。

低压甲醇羰基法醋酸生产装置还产生一定量的工艺废液，约 800t/a，含醋酸约 65%，丙酸约 35%，以及少量的由于管道腐蚀产生的金属（铁、铬、钼、锰、镍等）醋酸盐。比较多的利用方式是作为废酸外卖，也可送往焚烧炉焚烧。也可以采用填料塔精馏技术，将醋酸和丙酸充分分离，获得商品级纯度的丙酸产品出售，避免污染转移，同时创造良好的经济效益和社会效益，还可以通过生产醋酸乙酯、丙酸乙酯等酯类产品加以利用。

(3) 固废

低压甲醇羰基法合成醋酸工艺还会产生部分废渣，但没有固定的排出量。铑催化剂会在合成釜、闪蒸罐等设备及管道中内壁上沉淀，可以利用检修的时候，将含有三碘化铑的固体沉淀物进行收集，委托专门的回收机构回收其中的铑催化剂。考虑到对羰基化反应可能产生的不利影响，将上述腐蚀性金属除去的方法主要有以下几种[44]：

① 离子交换树脂法。该工艺是将催化剂溶液逆流经过阳离子交换树脂固定床，除去腐蚀性金属。树脂为强酸性的磺化苯乙烯-二乙烯苯共聚物或酚醛缩合物，可以是大网络型或凝胶型。首先树脂与碱金属/碱土金属盐溶液接触，转化为碱金属/碱土金属形式的阳离子交换树脂，操作温度高于催化剂溶液的凝固点，但同时低于树脂和/或催化剂溶液的分解温度，催化剂的空速通常可以高达 20 床层体积每小时。

② 萃取法。首先用氧化剂（如过氧乙酸）将从闪蒸罐分流来的铑催化剂溶液进行预处理，使铑从难于萃取的形式 $[RhI_4(CO)_2]^-$ 转化为更易于萃取的形式 $[RhI_5CO]^{2-}$，处理过的含铑催化剂溶液与水、醋酸甲酯、碘甲烷组成的萃取剂在萃取塔内逆流操作，获得含铑的水相以及含焦油和碘甲烷的有机相，水相返回合成釜，有机相可以加热回收其中的碘甲烷。

③ 沉淀法。向含有铑催化剂溶液中不断地加入甲醇，于常压下加热操作，其中大部分碘离子转化为碘甲烷蒸馏出来并加以回收，绝大部分铑会以三碘化铑的形式从溶液中沉淀出来，而其他金属离子则仍然留在溶液中，将此溶液取出焚烧处理，并重新加入新鲜的醋酸、水和碘化氢溶液，加热并不断通入足够的一氧化碳，一般操作 24h 后，三碘化铑沉淀物大部分又转化为有活性的羰基铑，送回到反应器循环利用。

④ 焚烧法。焚烧法回收铑的效率与升温速率密切相关，如果升温速率过快，废液中的

铑容易随有机组分的挥发而被夹带，造成铑的损失。在 300℃以下每升高 50℃停留 1～1.5h，300℃以后，每升高 100℃停留 1～1.5h，在 600℃左右时催化剂废液全部灰化，灰化组分不但含有铑，还含有未灰化的有机物、炭黑、铁、镍等，所有这些杂质并不影响铑的进一步处理回收，回收率可达 99%以上。

另外，PSA 装置废吸附剂的排放量约为 65t/a，一般由生产厂家回收。

(4) 噪声

醋酸生产过程中产生的噪声主要来自泵及风机等动设备，尤其是大功率泵，主要包括合成工段的反应釜循环泵、母液循环泵、精馏工段的混合液泵以及吸收工段的高压吸收泵等，原则上设备选型过程中应选择低噪声设备，且在生产过程中可采用加防护罩、减振垫、消声器、隔声门窗等措施加以控制，使其对环境影响降至最低程度。

9.3.3 烯烃

煤制烯烃即煤基甲醇制烯烃，是指以煤为原料合成甲醇后再通过甲醇制取丙烯和乙烯等烯烃的技术。乙烯工业是石油化工的龙头，可以用来合成聚乙烯，聚乙烯可用来生产黏合剂、农膜、电线和电缆、塑料包装等；丙烯是仅次于乙烯的一种重要有机石油化工基本原料，主要用于生产聚丙烯、苯酚、丙酮、丁醇、辛醇、丙烯腈、环氧丙烷、丙二醇、环氧氯丙烷、合成甘油、丙烯酸以及异丙醇等，其他用途还包括作为烷基化油、高辛烷值汽油的调合料等[45]。据中国煤炭工业协会统计，2023 年，中国煤（甲醇）制烯烃产能 1872 万吨/年，产量 1725 万吨/年。

9.3.3.1 烯烃技术概述

以煤为原料制备烯烃的工艺流程为：煤经气化获得合成气，合成气经净化后制备甲醇，再由甲醇制取乙烯、丙烯。工艺流程见图 9-24。目前煤气化、合成气净化、甲醇合成技术在前文已经详细介绍，本节不再赘述。甲醇制烯烃是煤制烯烃路线的关键技术。

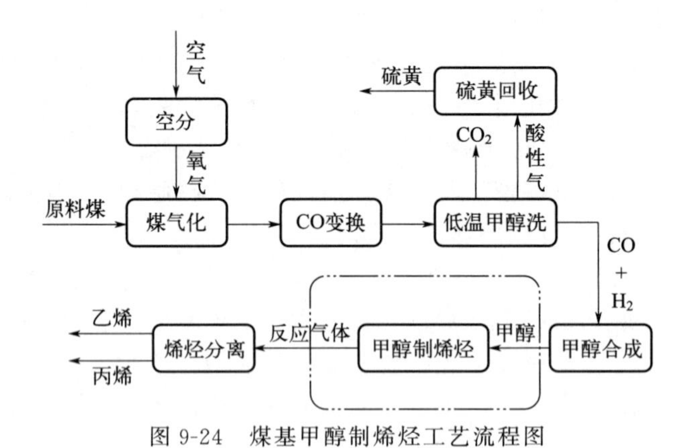

图 9-24 煤基甲醇制烯烃工艺流程图

9.3.3.2 烯烃工艺过程及清洁化生产措施

(1) 工艺生产过程

目前，具有代表性的甲醇制烯烃生产技术主要有 MTO（甲醇制乙烯和丙烯）和 MTP（甲醇制丙烯）两类。MTO 的反应机理是甲醇脱水获取二甲醚，二甲醚与原料甲醇的平衡混合物再经脱水继续转化为以乙烯、丙烯为主的混合烯烃。乙烯、丙烯和丁烯均是非常活泼的，可在分子筛酸催化作用下，进一步通过缩聚、环化、脱氢、烷基化、氢转移等反应生成饱和烷烃和高烯烃，也有少量积炭反应[46]。MTP技术是甲醇蒸汽先在氧化铝催化剂的作用下生成二甲醚，二甲醚与甲醇混合物继续在沸石基催化剂表面转化为丙烯。

典型的甲醇制烯烃工艺流程如图9-25所示。

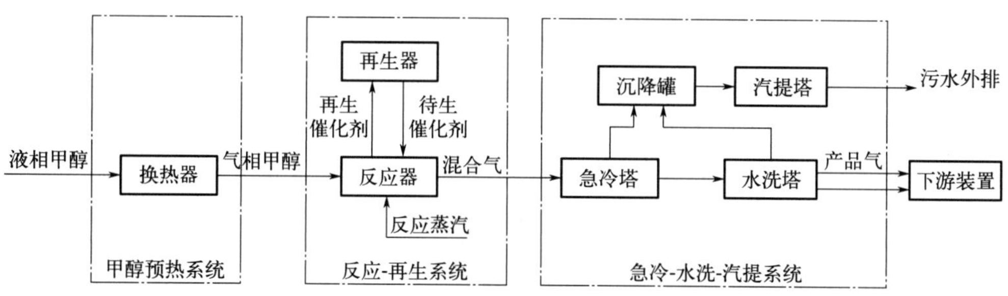

图9-25 典型的甲醇制烯烃工艺流程图

① UOP/Hydro的MTO工艺 UOP/Hydro的MTO工艺是由美国环球油品公司和挪威海德鲁公司合作开发的，采用SAPO-34分子筛催化剂，从而生产低碳烯烃的工艺技术。该技术以SAPO-34分子筛为催化剂，通常采用流化床，可以使用粗甲醇，从而可省去甲醇精制装置，降低建设投资。该技术的反应温度由蒸汽发生系统来控制并回收热量，采用类似流化床催化裂化的反应-再生系统，从而实现连续操作，与此同时，通过控制反应温度、催化剂结构来优化产品中乙烯与丙烯的比例。产品气的规格简单，有利于下游装置进行产品分离。采用专有的催化剂后，在1～5bar（1bar=10^5Pa）和550℃以下的条件下进行反应，可使丙烯和乙烯的选择性达到80%以上[47]。该技术如果和C_4、C_5组分裂解反应器耦合，则可有效提高低碳烯烃的收率，乙烯和丙烯的总收率可达85%～90%。

UOP/Hydro的MTO工艺流程见图9-26。

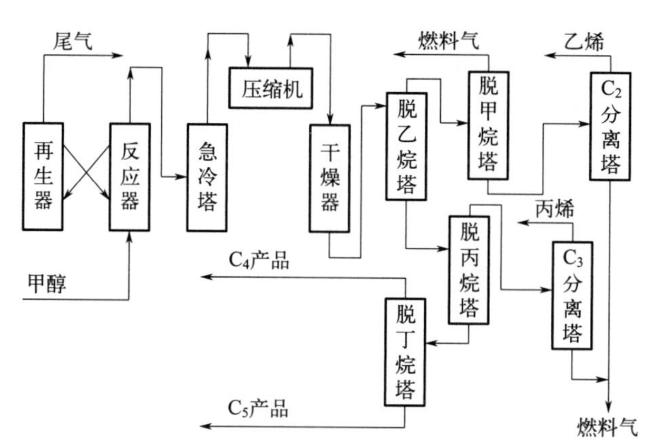

图9-26 UOP/Hydro的MTO工艺流程图

② 美国埃克森美孚的MTO工艺 20世纪70年代初Mobil公司以ZSM-5催化剂为基础，研究甲醇转化为乙烯和其他低碳烯烃，甲醇通过在列管式反应器内的催化剂孔进行反应第一步合成得到二甲醚，然后脱水获取乙烯，随着反应的持续，进而获得丙烯、丁烯以及高碳烯。该工艺乙烯的收率可达到60%以上，烯烃的总回收率可达到80%，缺点在于催化剂的寿命比较短[48]。埃克森美孚的MTO工艺目前在国内暂无生产装置。

③ 大连化物所的DMTO工艺　中国科学院大连化物所在20世纪80年代初开始进行MTO研究工作，90年代开发了以流化床反应器和SAPO-34催化剂为主体的甲醇制烯烃DMTO工艺，1995年完成了流化床反应中试试验。2005年，大连化物所与新兴能源科技有限公司、中石化洛阳工程有限公司合作开发了DMTO成套工艺，建成万吨级DMTO工业化试验装置，于2006年2月一次投料试车成功，并于2010年在神华包头建成180万吨/年甲醇制烯烃工业装置并一次投料试车成功。由于第一代DMTO技术（DMTO-Ⅰ）获取的C_4以上组分大部分为烯烃产品，烷烃组分少，作为液化气的利用价值不高。因此，为了提高低碳烯烃的收率和利用率，大连化物所在第一代DMTO技术基础上，研究开发了第二代DMTO技术（DMTO-Ⅱ），将产物中的C_{4+}进一步转化为低碳烯烃产品。第二代DMTO技术的优点在于，将甲醇转化和其他产物中的C_4以上组分的再转化进行耦合，两个反应采用相同催化剂和反应系统，能量利用更为合理，低碳烯烃的收率更高，从而大幅降低了烯烃生产的原料成本[49]。2010年6月，第二代DMTO技术在陕西华县陕西煤化工技术工程中心甲醇制烯烃试验基地进行的工业化试验通过了由中国石油和化学工业联合会组织的成果鉴定。鉴定技术指标为甲醇转化率达到99.97%，乙烯+丙烯的选择性达到85.68%，吨烯烃消耗甲醇2.67吨，该装置和国际上的UOP/Hydro MTO工艺工业示范装置技术水平相当。2015年，DMTO-Ⅱ工业示范装置开车成功。2020年11月，第三代DMTO技术通过科技成果鉴定。与传统甲醇制烯烃的技术相比，DMTO-Ⅲ工艺具有甲醇转化率高、催化剂选择性高、反应压力低、建设投资和操作费用省等众多优点。基于第三代DMTO技术的宁夏宝丰世界首套百万吨级煤制烯烃工业装置于2023年8月一次性投料成功并实现满负荷运行，吨烯烃甲醇消耗降低至2.65t，显著降低能耗，提高产率，实现煤炭资源的清洁高效利用。

④ 中国石化SMTO工艺　继大连化物所的DMTO技术后，中国石化上海化工研究院也开始开展了关于甲醇制低碳烯烃技术方面的研究，并在MTO催化剂和工艺方面申请了多项专利。为了加快自主新能源技术的开发，根据中石化的统一部署，上海化工研究院与中石化工程建设公司合作，开发了SMTO成套技术，并在燕山石化建成了一套100t/d的工业化示范装置，2007年11月成功投产。SMTO技术甲醇转化率可达99.8%以上，烯烃收率为80%以上，乙烯、丙烯和C_4选择性超过90%，吨烯烃约消耗3吨甲醇，专利催化剂性能优异。SMTO工艺由两段反应构成，第一段反应是由合成气转化为二甲醚，第二段反应是二甲醚转化为低碳烯烃。第二段反应采用类似催化裂化的流化床反应器，实现连续操作。国内采用SMTO技术规模最大的中天合创煤制烯烃装置于2016年10月投产，运行稳定，2019年中安联合180万吨/年的SMTO装置开车成功。2020年中天合创煤制烯烃单位产品综合能耗达到《高耗能行业重点领域能效标杆水平和基准水平》规定的能效标杆水平。2023年9月，中天合创第三次荣获煤制烯烃生产企业能效、水效“领跑者”荣誉称号。

其中，大唐多伦项目经2024年技术升级改造，MTP装置丙烯耗甲醇均值创历史新低，较2023年同期降低0.13t/t，且MTP装置丙烯耗甲醇单耗低于设计值0.02t/t。

⑤ 德国鲁奇（Lurgi）公司的MTP工艺　德国鲁奇于20世纪90年代着手研究MTP技术，采用了ZSM-5分子筛催化剂和固定床反应器，在温度450～480℃、反应压力1.3～1.6bar的反应条件下，甲醇转化率大于99%，丙烯收率可达到65%，催化剂使用寿命8000h以上。固定床催化剂无法像流化床一样实现连续再生，因此流程中采用3台固定床反应器并联操作，其中2台用于反应，1台用于再生，切换操作。同时为了减少床层热效应，在固定床反应器前设置了预反应器，甲醇先在预反应器内转化成二甲醚，反应过程中生成的乙烯和丁烯循环回反应器进行回炼，目标产品是丙烯，副产物为部分乙烯、汽油和液化石油

气等。2006年鲁奇公司在伊朗1t/d丙烯生产能力MTP商业化示范厂建成投产。目前，鲁奇MTP技术已经向世界多国转让，国内神华宁煤50万吨/年烯烃项目和大唐多伦46万吨/年烯烃项目应用该技术已经相继投产。其中，大唐多伦项目经2024年技术升级改造，MTP装置丙烯耗甲醇均值创历史新低，较2023年同期降低0.13t/t，且MTP装置丙烯耗甲醇单耗低于设计值0.02t/t。

德国鲁奇的MTP工艺流程见图9-27。

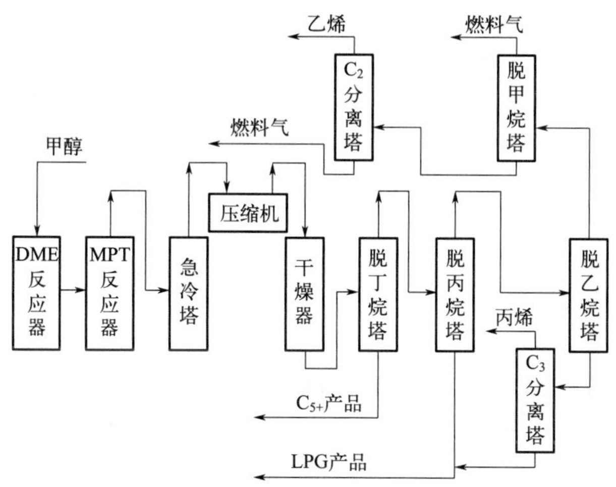

图9-27　德国鲁奇的MTP工艺流程图

⑥ 清华大学的FMTP工艺　清华大学从1999年就开始甲醇制烯烃的研究工作，开发的SAPO-18/SAPO-34分子筛交相混晶催化剂使得低碳烯烃收率较高，并具有将乙烯、丁烯高选择性地转化为丙烯的能力。该工艺MTP反应也分为两部分进行，甲醇首先进行MTO反应，生成的乙烯和丁烯再循环回转化单元生成丙烯。清华大学采用多段构件流化床反应器以控制床层催化剂停留时间分布，并根据甲醇烯烃转化、烯烃间转化对不同停留时间及分布、催化剂失活状态的要求，优化反应器的形式和结构，从而控制反应过程，随后产品气和催化剂出反应器进入气固分离器进行气固分离，可以及时终止反应的进行，有效抑制二次反应的发生，最终减少副产物的生成，提高了丙烯产品的选择性。FMTP技术由清华大学、中国化学工程集团和淮化集团联合开发，并于2008年底在安徽淮南建成了一套处理量3万吨/年的中试装置。2009年11月该中试装置通过了专家组的验收鉴定，甲醇转化率为99.5%，丙烯总收率可达67.3%，原料甲醇消耗为3t/t丙烯。2021年12月，国内首套采用FMTP技术建设的中国华能华亭煤业公司60万吨甲醇制20万吨聚丙烯科技示范项目一次投料成功，该项目经后期系统优化，于2023年9月再次实现全流程贯通，产出合格聚丙烯。

⑦ 中国石化S-MTP和MMTP工艺　2014年7月，由中国石化上海工程有限公司联合上海石油化工研究院、扬子石化承担的固定床甲醇制丙烯（S-MTP）中试装置和甲醇180万吨/年SMTP成套技术工艺包开发项目通过中石化科技部组织的审查。该试验项目采用中国石化上海石油化工研究院自主研发的专利技术，用中石化自主研发的高性能MTP及DME催化剂，以甲醇为原料生产丙烯产品，同时净化水及粗甲醇可回收利用，从而获取了大型工业化装置S-MTP成套技术开发所需的基础数据。

2014年10月，中国石化石油化工科学研究院、浙江大学、中石化洛阳工程有限公司和湖南建长股份有限公司联合承担的移动床甲醇制丙烯（MMTP）催化剂和工艺研究项目及万吨级工艺包，通过了中国石化总部科技部组织的技术评议。MMTP技术是一种全新的甲醇生产丙烯工艺技术，拥有自主知识产权。与国内外现有的流化床和固定床技术相比，该工艺技术的反应温度和反应压力维持恒定，产品分布更为优化，收率更加稳定。已完成的试验数据表明，丙烯收率较固定床技术至少提高5%，而催化剂跑损比流化床工艺技术平均下降80%以上。

（2）清洁化生产措施

甲醇制烯烃装置主要工艺单元可分为反应与浓缩单元、分离单元、裂解单元。废气主要来源于反应及浓缩单元催化剂再生烟气、裂解单元加热炉烟气、裂解单元CO处理系统工艺废气，废气的组成主要是氮氧化物和颗粒物。

反应及浓缩单元设置再生烟气能量利用装置，由旋风分离器、能量利用系统及烟囱共同组成。尾气经旋风分离器排出后经烟气能量利用系统回收热量后进入过滤器过滤，最后经降压后通过烟囱排至大气。外排废气中氮氧化物可低于3mg/m^3，氮氧化物的浓度低于1mg/m^3。

裂解单元加热炉燃料气燃烧后的烟气经能量回收后通过40m排放筒排至大气，氮氧化物浓度低于98mg/m^3。

裂解单元设置CO处理系统，裂解催化剂再生时产生的废气通过CO处理系统生成CO_2，并通过15m排放筒排至大气，氮氧化物的浓度低于33mg/m^3。

甲醇制烯烃装置废液的来源主要是水洗系统，组分包括甲醇等含氧化合物、芳烃及烯烃，含氧化合物可通过回用返回反应系统，而芳烃及油类化合物经预处理后送至废水处理。

甲醇制烯烃装置的反应-再生系统一般采用流化床工艺，不可避免因磨损等原因随反应气或再生烟气离开反应-再生系统从而形成废催化剂，当前大部分通过多级旋风回收至废罐，其余则需要进入急冷系统洗涤。因此，在工程设计和操作运行中要特别注意防止催化剂跑损，有些装置由再生器的结构缺陷、旋风入口气速高等造成了催化剂的跑损[50]。目前常采用的几种处理方式主要为：①联系危废处理中心，以掩埋为主；②多级旋风处理的废催化剂由于活性偏差不大，可作为平衡剂使用；③从组成到配方，部分作为水泥的调混原料。

9.3.3.3 烯烃工艺过程污染物排放及治理

（1）废气

甲醇制烯烃装置废气主要来自再生烟气。失去活性的催化剂被送入再生器，通入主风进行烧焦反应，烟气经过一、二、三级旋风分离器后进入余热锅炉，回收CO燃烧产生的热量后温度降至160～180℃后通过烟囱排至大气[51]。由于MTO催化剂在硫化过程因磨损和破碎会产生0～5μm的催化剂细粉，通过旋风分离器很难完全去除，因此外排烟气中会携带小颗粒的催化剂细粉。郭伟等[51]针对烟气中催化剂细粉脱除方案进行了分析，认为湿法除尘EDV5000或EDV6000技术比较适合MTO装置的烟气除尘，将EDV5000或EDV6000技术和微旋流分离技术进行耦合，可以达到彻底除尘的目的。

（2）废液

MTO装置的废液主要来自急冷水洗及汽提系统，反应气中所携带的未反应的原料甲醇、反应产物烯烃以及反应过程中所产生的含氧化合物及少量芳烃送入后续急冷水洗系统，汽提塔对急冷水和水洗水中的甲醇、二甲醚等含氧化合物进行汽提，并最终回到甲醇制烯烃反应器中，而少量的大分子芳烃类和油类以及部分催化剂粉末随着废水最终外排至废水处理装置。某60万吨/年MTO装置废水排放特征如表9-19所示。

表 9-19 MTO 装置废水排放特征

废水排放点	水量/(m^3/h)	pH	COD_{Cr}/(mg/L)	SS/(mg/L)	油/(mg/L)	备注
水汽提塔排放废水	119	9～11.5	1500	100	150～300	甲醇:100mg/L
急冷塔塔底排放废水	20	9～11.5	7500～12000	100	300～750	含醋酸钠、甲醇、丙酮、氢氧化钠、乙醛、丁烯、丁酮、甲醚

MTO 废水由于 COD 值较高，且含部分难生物降解和有毒物质，水质受生产装置影响波动较大。目前国内已投产的相关 MTO 装置配套的废水处理及回用技术多采用预处理—生化处理—深度处理—中水回用处理。其中除油预处理和中水回用处理工艺已成熟，均采用隔油-气浮除油、双膜脱盐工艺。生化处理和深度处理工艺的变化较大，在传统工艺和各类改良工艺均有使用，处理的效果良莠不齐，高效、适用的生化处理-深度处理工艺还在积极探索中[52]。

(3) 固废

典型 MTO 装置生产过程中产生的固废主要来自反应器、旋风分离器以及再生烟气旋风分离器出来的废催化剂 SAPO-34，一般暂存于废催化剂储罐中，由催化剂厂家回收处理。

(4) 噪声

MTO 装置生产过程中产生的噪声主要来自泵及压缩机，在生产过程中可采用加防护罩、减振垫、消声器、隔声门窗等措施加以控制。

9.3.4 乙二醇

乙二醇是一种重要的基础大宗原料，可用于生产多种化工产品，例如聚酯纤维、防冻剂、不饱和聚酯树脂、润滑剂、防冻剂、涂料和油墨等，此外，还可以用于生产特种溶剂乙二醇醚，应用领域非常广泛。乙二醇的生产路线按原料的不同可分为石油路线和非石油路线。目前而言，国内外主要的大型乙二醇装置均采用了石油路线，即先经石油路线生成乙烯，再氧化乙烯获取环氧乙烷，最后环氧乙烷再与水直接或催化条件下反应生成乙二醇。乙烯路线工艺已趋于成熟，但耗水量较大，副产物多且原料易受石油价格波动影响，从而无法摆脱对石油资源的依赖。因此，结合中国贫油少气的能源结构特点，开发一条以煤为原料、经济合理的乙二醇合成工艺路线，符合中国未来发展战略[53]。

9.3.4.1 乙二醇技术概述

煤制乙二醇工艺是以煤为原料经过一系列反应获取乙二醇的过程。根据中间反应过程的不同，煤制乙二醇又可分为直接工艺和间接工艺。直接工艺是指由合成气直接合成乙二醇，间接工艺是指合成气经过中间产物，如甲醇、甲醛等后再转化为乙二醇。

9.3.4.2 乙二醇工艺过程及清洁化生产措施

(1) 工艺生产过程

① 直接法　直接法合成乙二醇即通过煤气化装置制备合成气（$CO+H_2$），再由合成气直接反应生产乙二醇。从理论上讲，由合成气直接合成乙二醇符合分子反应机理要求，原子利用率高，具有较大的工业开发价值，但直接法转化率较低，反应条件也较为苛刻，所用催

化剂在高温下才能显示出活性，但催化剂高温下导致稳定性变差，同时催化剂成本较高，距离真正的工业化应用仍有一定距离。

② 草酸酯法　我们通常所说的煤制乙二醇工艺就是指草酸酯法，利用醇类与三氧化氮反应生成亚硝酸酯，在催化剂的作用下氧化得到草酸二甲酯，再经过催化加氢制备乙二醇。煤制乙二醇即以煤为原料，通过煤化工装置气化单元、变换单元、净化及提纯单元后分别得到一氧化碳和氢气，其中CO通过催化耦联合成及精制生产草酸酯，再经与H_2进行加氢反应并通过精制后获得聚酯级乙二醇的过程。典型的工艺流程见图9-28。草酸酯法最初由美国联合石油公司于1966年提出，1978年日本宇部兴产公司进行了改进，1986年，美国ARCO公司申请了关于草酸酯加氢制取乙二醇的专利，并开发了Cu-Cr催化剂，乙二醇收率达到95%，同年宇部兴产与UCC联合开发了Cu/SiO_2催化剂，乙二醇收率达到97.2%。国内自20世纪80年代初开始研究CO催化合成草酸酯及其衍生物产品草酸、乙二醇，主要研究机构有中国科学院福建物质结构研究所、华东理工大学、天津大学、中石化上海石油化工研究院、上海浦景化工技术股份有限公司、上海戊正工程技术有限公司、华烁科技股份有限公司、上海华谊集团和西南化工研究设计院等。2009年利用中国科学院福建物质结构研究所技术在内蒙古建成了20万吨/年煤制乙二醇工业示范项目，成功获取工业级乙二醇，在世界范围内率先实现了煤制乙二醇技术的工业化应用。草酸酯法合成乙二醇的工艺条件要求不高，反应条件相对温和，是目前距离大规模工业化生产较近的方法，但是依然存在催化剂稳定性不足、寿命短、成本高等问题，同时乙二醇产品收率不高，产品纯度达不到要求。

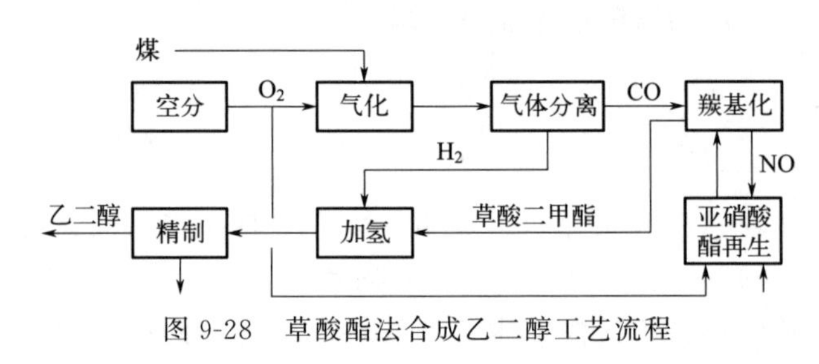

图9-28　草酸酯法合成乙二醇工艺流程

③ 甲醇甲醛合成法　由于合成气直接合成乙二醇法的条件苛刻，采用合成气合成甲醇、甲醛，再经甲醇、甲醛合成乙二醇的间接合成法成为目前研究开发的重点之一。尤其是甲醛，作为合成乙二醇的活性中间体，是科研院所研究的重心所在。甲醇甲醛路线合成乙二醇的研究主要可以分为以下几个方向：甲醇脱氢二聚法；二甲醚氧化耦联法；羟基乙酸法；甲醛缩合法；甲醛氢甲酰化法[54]。目前，上述这些合成乙二醇的方法还处于研究阶段，暂无工业化应用。

(2) 清洁化生产措施

① 工艺方面　在制备乙二醇的过程中，对于化学反应阶段的一氧化碳与氢气气体必须充分回收利用，有效降低乙二醇制造过程中原料气体的损耗，为应对放空量大于预算值的情况，羰化气体的合成路线设置了闭路循环装置，在该阶段反应完成后回收气体。与此同时，在氢气反应循环阶段，安装变压吸附装置，将草酸酯与氢气进行化学反应过程中产生的一氧化碳及二氧化碳等废气及时排出循环系统，将氢气浓度控制在一定范围内，可减少氢气放空量。

② 能量利用　将化学反应过程中产生的热能进行充分回收，将不同压力下的蒸汽输送到相应的压力蒸汽管路中进行二次利用，方便后期制造过程中的气体加热或原材料预热。除

此之外，将羰化反应过程中的热能并入热水冷却系统中为其提供有效能源。将草酸酯与氢气反应出口的能量收集，为草酸酯与氢气反应的加热提供相应能源。

9.3.4.3 乙二醇工艺过程污染物排放及治理

（1）废气

草酸酯法生产乙二醇生产过程中的废气污染物主要包括 N_2、Ar、CH_4、CO_2、N_2O、NO 等，目前针对煤制乙二醇装置废气处理技术鲜有报道，随着环保要求的提高，已有地方环保部门要求对该废气进行处理，毛向荣等[55]设计了一种煤制乙二醇含 N_2O 废气处理工艺，选择高温分解配合 SCR 工艺，使 N_2O 转化率达 95%以上。此外，也有企业将 CO 冷箱的粗甲烷废气回收，不但减少了污染，也取得了良好的经济效益[56]。

（2）废液

草酸酯法生产乙二醇生产过程中的废水主要来源于草酸二甲酯合成装置和乙二醇合成装置。在酯化装置内除了会发生合成亚硝酸甲酯的主反应以外，还会产生如下副反应而生成硝酸，造成废水中含有硝酸。

$$2NO+O_2 \longrightarrow 2NO_2$$

$$3NO_2+H_2O \longrightarrow 2HNO_3+NO$$

因工艺技术的不同，酯化系统废液中的硝酸含量为 1%～7%不等，为了防止硝酸与甲醇在高温下反应发生爆炸性事故，在进行甲醇回收之前，一般通过碱液对硝酸进行中和，从而使得甲醇回收之后的废水中含有 2%～7%的硝酸钠。另外，乙二醇羰基化和加氢的主反应也会发生副反应生成甲酸甲酯、甲缩醛、碳酸二甲酯、二乙二醇、二甲醚等副产物，甲酸甲酯、甲缩醛、碳酸二甲酯等酸性物质在碱性环境下会发生反应生成甲酸钠、草酸钠、碳酸钠等钠盐，造成废水中盐分组分复杂。而二乙二醇、二甲醚在甲醇回收塔中属于重组分，残留在废水中，导致废水中的 COD 达到 8000～10000mg/L，因此，煤制乙二醇的废水具有高盐分、盐分复杂以及高 COD 的特性[57]。

目前，草酸酯法生产乙二醇工艺的废水处理方法主要有以下几种：①催化硝酸还原技术；②无催化硝酸还原反应釜；③无催化硝酸还原反应塔；④无催化硝酸还原配套硝酸浓缩技术；⑤反渗透膜分离＋蒸发结晶技术；⑥反硝化＋IC＋AO（HBF）生化处理技术。这几种技术的比较如表 9-20。

表 9-20 草酸酯法生产乙二醇废水处理方法比较

技术方法	专利商	处理指标	优点	缺点
催化硝酸还原技术	大连瑞克、上海华谊、连阳化学	硝酸：0.15%～0.2% COD：8000mg/L	固定投资小，实现硝酸的回收利用，降低废水的盐含量	操作温度较高，废水有硝酸需碱中和处理，废水中仍含有一定的盐分，催化剂需更换
无催化硝酸还原反应釜	日本高化学	硝酸：约 1% COD：8000mg/L	反应温和，操作简便，实现硝酸的回收利用，降低废水的盐含量，无需催化剂	投资大，设备运行费用高，废水有硝酸需碱中和处理，废水中仍含有一定的盐分
无催化硝酸还原反应塔	日本高化学、南京大学、中科远东	硝酸：约 0.1% COD：8000mg/L	出口硝酸含量低，反应温和，操作简便，实现硝酸的回收利用，降低废水的盐含量，无需催化剂	专利转让费较高，一次性投资较大，废水有硝酸需碱中和处理，废水中仍含有一定的盐分

续表

技术方法	专利商	处理指标	优点	缺点
无催化硝酸还原配套硝酸浓缩技术	日本高化学	硝酸:无 COD:4000mg/L	出口无硝酸,反应温和,操作简便,实现硝酸的回收利用,废水盐含量零排放,无需催化剂	一次性投资较大,运行费用高
反渗透膜分离+蒸发结晶技术	无	硝酸:无 COD:>10000mg/L	技术成熟,转让费用低	一次性投资较大,产生的危化品杂盐难处理,COD累积易造成堵塞,系统运行困难
反硝化+IC+AO(HBF)生化处理技术	上海泓济	盐:800mg/L COD:500mg/L	一次性投资低	无法实现硝酸回用,厌氧型菌种耐盐度有限,需通加水稀释,水循环大,能耗较高

随着煤制乙二醇技术的进步，煤制乙二醇废水处理技术也在快速发展，未来煤制乙二醇废水处理技术必定向着低COD、低盐分排放的方向发展。

(3) 固废

制乙二醇生产过程产生的固废来自废催化剂，一般采取催化剂厂家回收处理的方式。

(4) 噪声

制乙二醇生产过程中产生的噪声主要来自泵及压缩机，在生产过程中可采用加防护罩、减振垫、消声器、隔声门窗等措施加以控制。

9.3.5 芳烃

芳烃指芳香族化合物中的芳香烃，是分子中含有苯环结构的碳氢化合物。芳烃可来源于石油化工和煤化工过程，下文介绍煤化工路线芳烃制备过程中的清洁生产过程。

9.3.5.1 芳烃技术概述

以为煤为原料生产芳烃的技术包括两条工艺路线:煤经气化、变换、净化工序制取合成气，之后由合成气直接制取芳烃;或者由合成气制取甲醇,再由甲醇制取芳烃。相比于其他煤化工技术,煤制芳烃技术在我国起步较晚,目前多数处于实验室阶段或中试阶段,只有个别工艺进入工业示范阶段。合成气直接制芳烃技术目前处于试验室研究阶段,如大连化物所的一氧化碳与氯甲烷制芳烃,这里仅对煤经甲醇制芳烃进行介绍。

煤经甲醇制芳烃技术是指煤先经气化制取合成气,合成气再经过变换、净化之后合成甲醇,甲醇作为中间体被分离提纯后,在催化剂作用下,经芳构化反应(由脱水、脱氢、聚合及环化等一系列反应组成)得到芳烃的过程。典型工艺流程图如图9-29所示。

9.3.5.2 芳烃工艺过程及清洁化生产措施

(1) 工艺生产过程

① 美国Mobil公司MTA技术　美国Mobil公司在20世纪80年代研究表明，以甲醇为原料，改性ZSM-5分子筛催化剂对芳烃的选择性较高。Mobil公司以ZSM-5分子筛为催化剂，采用固定床反应器，可使得甲醇转化率达到96%，单程芳烃收率达到37.1%，其中二

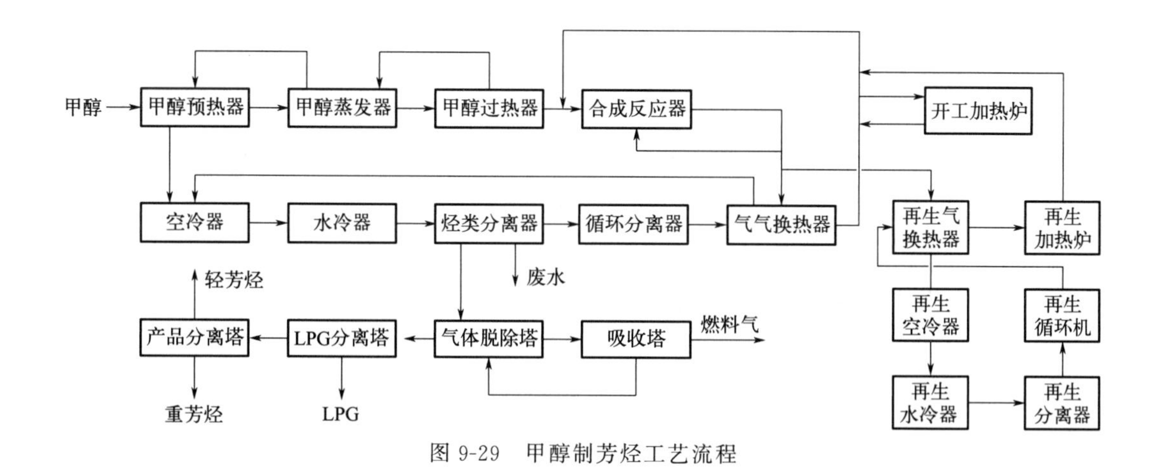

图 9-29　甲醇制芳烃工艺流程

甲苯质量分数为 57%。Mobil 公司对该技术进行了一系列改进，但目前 MTA 工艺尚未工业化[58]。

② 清华大学 FMTA 技术　清华大学自 2003 年开始对甲醇芳构化技术进行研究，针对芳构化过程强放热且催化剂结焦失活较快的特征，开发了流化床甲醇制芳烃（FMTA）技术，FMTA 包括连续两段流化床反应系统、中低温冷却及变压吸附-轻烃回炼、液相芳烃分离-苯/甲苯回炼等装置。2013 年清华大学与中国华电集团合作的世界首套万吨级 FMTA 工业试验装置在陕西榆林试车成功。该试验装置包括两个反应系统，一个为甲醇制芳烃循环流化床反应系统，另一个为轻烃芳构化反应系统。以改性 ZSM-5 为催化剂，在压力 1bar、反应温度 450℃的工艺条件下进行芳构化反应，转化率接近 100%，芳烃基收率可达到 74%以上，吨芳烃甲醇单耗约为 3t[59]。经中国石油和化学工业联合会组织鉴定，清华大学与华电煤业集团合作开发的“流化床甲醇制芳烃 FMTA 催化剂”以及“流化床甲醇制芳烃 FMTA 成套工艺技术”两项技术均处于国际领先水平。

③ 中国科学院山西煤化所 MTA 技术　中国科学院山西煤化所在 2006 年完成固定床甲醇制芳烃技术的催化剂筛选评价及再生实验室研究，催化剂单程寿命大于 20d，总寿命大于 8000h。2007 年，山西煤化所与赛鼎工程有限公司合作开展 MTA 技术的工业试验设计，采用两台串联式固定床反应器，以改性 ZSM-5 分子筛 MoHZSM-5（离子交换）为催化剂，在约 400℃、常压、空速 $1h^{-1}$ 的反应条件下，催化转化为以混合芳烃 BTX（苯、甲苯、二甲苯）为主的产物，再经分离得到芳烃和非芳烃[60]。该技术甲醇转化率大于 99%，液相产物选择性大于 33%，气相产物选择性小于 10%，液相产物中芳烃体积分数大于 60%。2012 年采用山西煤化所 MTA 技术的内蒙古庆华集团 10 万吨/年甲醇制芳烃装置一次试产成功。工业试验结果表明，生产 1t 烃类产品甲醇单耗为 2.5t，催化剂使用寿命为 32d。在我国陕西及新疆地区均有该 MTA 技术工业化应用的相关报道。山西煤化所 MTA 技术是目前甲醇制芳烃技术中工业化应用报道最多的技术。

④ 其他 MTA 技术　目前，国内 MTA 技术以中国科学院山西煤化所 MTA 技术和清华大学 FMTA 技术为主，此外还有北京化工大学与河南能源化工集团合作开发的北化大 MTA 技术，中国石化上海石油化工研究院自主开发的 MTA 技术，以及国外沙特基础工业公司开发的固定床 MTA 技术。

(2) 清洁化生产措施

甲醇在芳烃合成反应器中转化为芳烃、LPG、燃料气和水的混合物，合成气经冷却分离，气相作为循环气返回系统，设置油水分离器将液相粗芳烃进行精馏分离，再送入气体脱除塔。油水分离器将分离罐废水从系统中排出。

气体脱除塔塔顶产物与塔底产物混合成两相混合物后设置气液分离器冷却、冷凝和分离，设置工艺水闪蒸槽将工艺水中的液态烃回流至系统避免损耗。

目前，甲醇制芳烃装置设计和运行的数据较少，从文献报道看，通过优化反应器、萃取精馏塔、甲苯提纯精馏塔的操作条件，通过变压精馏、完全热耦合精馏等方式，能耗、环保状况、CO_2 排放量可大幅改善[61]。

9.3.5.3 芳烃工艺过程污染物排放及治理

（1）废气

甲醇制芳烃生产过程中的废气主要来自催化剂失活后，为去除催化剂表面积炭，使其再生时产生的烟气，主要污染物为 CO_2、N_2、H_2O 以及少量的催化剂粉尘，一般排放至大气。而对于吸收塔塔顶的燃料气（主要含 CH_4、C_2H_6、H_2、CO、CO_2 等）送往燃料气管网，不外排入环境。

（2）废液

甲醇制芳烃生产过程中的废水主要来自分离器冷凝液，废水中有一定的油类物质和醇类物质，同时含有乙酸、丙酸、甲酸等有机酸，另外还有一定量的催化剂细粉。以年产 10 万吨芳烃项目为例，分离罐废水产量约为 $23m^3/h$，水质情况 COD≤13000mg/L。

废水的处理方法与煤化工技术中处理废水的方式大致相同。

（3）固废

甲醇制芳烃生产过程产生的固废来自废芳烃合成反应催化剂（主要成分为分子筛），产生量为 60t/次（1 次/2 年），一般采取催化剂厂家回收处理的方式。

（4）噪声

甲醇制芳烃生产过程中产生的噪声主要来自机械噪声和空气动力性噪声，主要包括风机、机泵以及冷却塔等，原则上设备选型过程中应选择低噪声设备，且在生产过程中可采用加防护罩、减振垫、消声器、隔声门窗等措施加以控制，使其对环境影响降至最低程度。

9.3.6 其他化学品

在 C_1 化工下游产业链技术方面，以合成气为原料生产其他高端化学品是未来发展的重点。合成气直接制烯烃（GTO）、合成气高选择性制备异构烷烃汽油（OXZEO-TG）、合成气制丙烷、合成气制聚乙醇酸（PGA）[62]、CO_2 加氢制甲醇等化学品、甲烷直接转化制烯烃等碳一化工技术，MMA 合成技术新路线、尿素醇解法生产 DMC[63]、正丁醛催化丁酸丁酯、异氰酸酯产业链、乙醇酸、聚乙醇酸、乙醛酸、乙二醇醚、乙二胺/乙醇胺、吲哚等精细化工产品和产业链也都在快速发展中，其中煤化工合成气制可降解 PGA 已进入工程示范阶段。2022 年 9 月，采用上海浦景化工技术的国家能源集团榆林化工公司 5 万吨/年 PGA 示范项目正式建成投产。中国石化长城能源化工（贵州）分公司的 20 万吨/年合成气制 PGA 项目已进入工程设计阶段，有望 2025 年建成投产。新型催化剂、高效反应器、最新的化学工程理念的应用，使得这些技术流程更短、过程更绿色、效率更高，实现更好的清洁化生产。

煤经合成气或粗煤气制化学品是煤化工最重要的产业链，也是煤炭高效转化的重点，该领域环保技术和治理水平的不断提高是工艺技术和产业发展的基础。在该领域，除了前述的废气、废液、固废、VOCs等污染物控制和治理要求外，还需高度重视装置区的防渗设计与管控，防止污染土壤和地下水。此外，在“双碳”目标下，提高能效、使用低碳能源、废物资源化利用等措施均是减排CO_2的有效手段。

参考文献

[1] 武海．煤焦油深加工中应用创新技术探究［J］．科学与信息化，2020（6）：1-3.

[2] 张金峰，沈寒晰，吴素芳，等．煤焦油深加工现状和发展方向［J］．煤化工，2020，48（4）：76-81.

[3] 孟宇，郭卓，朱仕元，等．针状焦制备研究进展［J］．化工科技，2020，28：71-74.

[4] 牟宗平，付公燚．我国针状焦生产技术现状与发展方向述评［J］．化工技术与开发，2019，48（9）：32-36.

[5] 蔡闯，陈莹，王伏，等．煤系针状焦行业发展前景［J］．燃料与化工，2017，48（6）：1-3.

[6] 胡发亭，毛学锋，李军芳，等．煤焦油中分离精制2-甲基萘技术进展及工业化现状［J］．洁净煤技术，2022，28（1）：138-147.

[7] 叶启亮，奚茂华，杨敬一，等．煤焦油常减压蒸馏装置的模拟与优化［J］．石油炼制与化工，2021，52（2）：97-101.

[8] 杜娟．煤焦油加氢项目的环境影响问题及防治对策［J］．环境与可持续发展，2014，39（5）：100-102.

[9] 王春，乔林，陈硕，等．煤焦油中酚类和萘类化合物绿色提取工艺概念化流程分析［J］．煤化工，2021，49（4）：23-26，75.

[10] Huo H L，Liu X L，Wen Z，et al. Case study of a novel low rank to calcium carbide process based on techno-economic assessment［J］. Energy，2021，228：120566.

[11] 任其龙．低阶煤高值转化制备基础化工原料关键技术及应用［J］．化工进展，2016，35（12）：4101-4102.

[12] 程学杰．醋酸乙烯生产技术发展综述［J］．石油化工技术经济，2008，24（3）：54-57.

[13] 周文学，虞贵平．醋酸乙烯生产技术的研究进展［J］．广东化工，2011，38（8）：88-90.

[14] 李强，由晓敏，佘雪峰，等．电石制备工艺研究进展［J］．煤炭加工与综合利用，2021（16）：46-52，57.

[15] 吕玉琴．浅析电石行业污染物排放现状及治理技术［J］．中小企业管理与科技，2021（24）：146-147.

[16] 梁帅宏．电石法乙炔工序回收乙炔技术研究及应用［J］．广州化工，2018，46（13）：110-112.

[17] 胡文军．电石生产工艺技术的改进与优化［J］．化工设计通讯，2018，44（8）：55.

[18] 李群生．甲醇与合成气制备醋酸乙烯：CN1834083A［P］．2006-09-20.

[19] 郑宁来．美国生物法1,4-丁二醇工业化生产［J］合成纤维，2013（5）：5.

[20] 王惟，梁倩倩，汤嘉陵．1,4-丁二醇生产技术及市场概况［J］．化工中间体，2006（7）：18-22.

[21] 位洪朋．国内外1,4-丁二醇的生产现状及前景分析［J］．中国石油和化工经济分析，2007，（19）：52-55，66.

[22] 姜小毛．10618.6万吨！去年我国甲醇产能新增645.6万吨［N］．中国化工报，2024-04-18.

[23] 应卫勇．煤基合成化学品［M］//现代煤化工技术丛书．北京：化学工业出版社，2010.

[24] 唐宏青，相宏伟．煤化工工艺技术评述与展望Ⅲ．合成甲醇装置大型化与国产化［J］．燃料化学学报，2001，29（3）：193-200.

[25] 杨华．国内甲醇工业技术现状与发展趋势［J］．精细化工化纤信息通讯，2002（2）：12-13.

[26] 姜小毛，宋冬宝．我国大型甲醇装置技术获得重大突破［J］．氮肥技术，2016-06-20

[27] 李芮，李万林，武海梅，等．煤基甲醇合成工艺技术选择及生产效率影响因素浅析［J］．中氮肥，2020（6）：49-54.

[28] 徐春华．大型甲醇合成工艺技术研究进展［J］．化学工程与装备，2019（5）：230-232.

[29] 汪寿建．大型甲醇合成工艺及甲醇下游产业链综述［J］．煤化工，2016（5）：23-28.

[30] 杨斌，淡立君．大型甲醇合成工艺技术方案选择［J］．科技信息，2012（27）：494-501.

[31] 易洪民．浅谈煤制甲醇合成装置节能减排措施［J］．氮肥与合成气，2018（2）：8-12.

[32] 渠兵，梁永华，李春兰．50万t/a甲醇合成闪蒸汽甲醇回收的研究与应用［J］．化肥设计，2014（4）：23-24.

[33] 张锐．MK-121型甲醇合成催化剂的应用与保护［J］．化学工程与装备，2017（9）：56-58.

[34] 徐立冬，金沙杨，杨吉祥，等．煤制甲醇项目原料气深度净化精脱硫工艺方案和催化剂选型研究［J］．化肥设计，2018（1）：12-16.

[35] 李锦，张建利．甲醇合成弛放气氢回收利用装置［J］．科技信息，2008（23）：717.

[36] 周泽龙．甲醇弛放气综合利用现状研究 [J]. 中国化工贸易，2014（36）：118.
[37] 马熙．国内甲醇精馏残液回收技术发展 [J]. 现代化工，1996，16（3）：24-26，33.
[38] 贺小平．汽提法在甲醇残液回收利用中的应用 [J]. 煤化工，2014，42（2）：65-66.
[39] 宋勤华．醋酸及其衍生物 [M]. 北京：化学工业出版社，2008.
[40] 宋勤华，邵守言．国内醋酸行业形势分析 [J]. 精细化工原料及中间体，2011（10）：6-9.
[41] Lowy R P，Aguilo A. Hydrocarbon process [J]. 1974，53（11）：103-113.
[42] 江在成，袁鹏民，孙景明．甲醇低压羰基合成醋酸铑/铱-碘催化剂的作用机理探讨 [J]. 煤化工，2010（3）：29-32.
[43] 应卫勇，曹发海，房鼎业．碳一化工主要产品生产技术 [M]. 北京：化学工业出版社，2004.
[44] 王荣华，赵晓东．从废铑催化剂残液中回收金属铑的方法：CN1273278A [P]. 2000-11-15
[45] 高美莹．甲醇制烯烃的 MTO 工艺与市场前景 [J]. 广东化工，2009（8）：104.
[46] 孔凡贵，张婧元．MTO/MTP 技术探讨与比较 [J]. 化工中间体，2012（11）：13-17.
[47] 李忠多，王新华，王健．MTO 技术的研究进展 [J]. 黑龙江科学，2015（9）：30-31.
[48] 陈丽．我国 MTO/MTP 生产技术的研究进展 [J]. 石油化工，2015（8）：126-129.
[49] 郝西维，张军民，刘弓．甲醇制烯烃技术研究进展及应用前景分析 [J]. 洁净煤技术，2011（3）：54-57.
[50] 金海峰，张永民，关丰忠，等．甲醇制烯烃装置降低催化剂跑损及负荷提升的改造实践 [J]. 煤化工，2021，49（1）：72-75，85.
[51] 郭伟．甲醇制烯烃（MTO）催化剂再生烟气除尘技术探讨 [J]. 神华科技，2016，14（5）：77-81.
[52] 陈玉兰．一体式低氧生化技术和新型 BAF 技术在 MTO 废水处理中的应用 [J]. 环境与发展，2019，31（10）：64-66.
[53] 李学强，郑化安，张生军，等．国内煤制乙二醇现状及发展建议 [J]. 洁净煤技术，2014（06）：99-103.
[54] 唐宏青．现代煤化工新技术 [M]. 北京：化学工业出版社，2015.
[55] 毛向荣，周亚明．煤制乙二醇含 N_2O 废气处理工艺设计 [J]. 煤化工，2017，45，（1）：22-25.
[56] 宋毅，刘鹏飞．煤制乙二醇装置系统节能降耗的挖潜改造 [J]. 煤化工，2021，49（4）：76-78
[57] 郑卫，孔会娜．煤制乙二醇废水处理技术及发展趋势 [J]. 河南化工，2019，36（2）：13-15.
[58] 张亚秦，刘弓，郝西维，张变玲，陈亚妮．煤制芳烃技术进展及发展建议 [J]. 洁净煤技术，2016，22（05）：48-52.
[59] 徐瑞芳，张亚秦，刘弓，等．煤制芳烃技术进展及发展建议 [J]. 洁净煤技术，2016，22（05）：48-52.
[60] 黄格省，包力庆，丁文娟，等．我国煤制芳烃技术发展现状及产业前景分析 [J]. 煤炭加工与综合利用，2018，222（2）：8-17.
[61] 陈诗瑶，申峻，王玉高，等．甲醇制芳烃的工艺流程模拟及换热网络优化 [J]. 洁净煤技术，2022，28（1）：129-137.
[62] 叶林敏，黄乐乐，段新平，等．煤经合成气制可降解聚乙醇酸的技术进展 [J]. 洁净煤技术，2022，28（1）：110-121.
[63] 安华良，曲雅琪，刘震，等．以 1，2-丙二醇为循环剂的尿素醇解合成碳酸二甲酯催化反应精馏研究 [J]. 洁净煤技术，2022，28（1）：122-128.

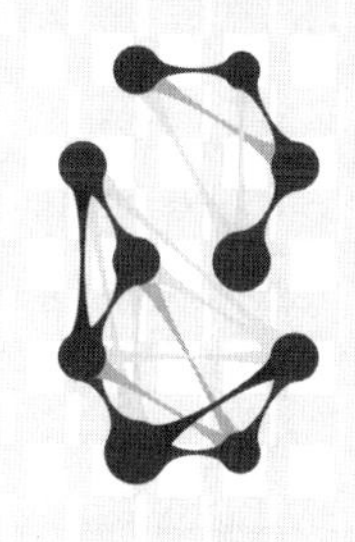

10 煤炭转化过程配套装置污染控制与治理

煤化工在生产运行中需要消耗氧气、水、电、气/汽等公用工程，因此，煤化工需要配套建设空分装置与空压站、化学水制备、循环冷却水制备、煤输送及储存、燃煤和（或）燃气锅炉、整体煤气化联合循环发电、液体罐区及其装卸、净水处理装置和固废堆场等公用工程和辅助设施。

10.1 空分装置与空压站

10.1.1 技术概述

10.1.1.1 空分装置

空分装置是为全厂提供氧气和氮气的重要装置，在煤化工安全生产过程中占有举足轻重的地位。空气分离方法主要有低温法、变压吸附法及膜分离法。

低温法是将空气压缩、冷却并使之液化，利用氧、氮沸点不同（在大气压下氧沸点为-183℃，氮沸点为-196℃），在精馏塔中使气液接触进行充分的传热传质，从而使氧、氮分离。无论是空气液化或是精馏，都是在-153℃以下的温度下进行的，故称为低温法空气分离。从1903年德国林德公司制造出第一台$10m^3/h$制氧机以来，历经一百多年的发展，低温技术和流程方面经过不断提高，已达到了很先进的水平，低温法制氧单耗由$3kW \cdot h/m^3$降至$0.37kW \cdot h/m^3$，目前世界上已运行的空分装置单机制氧能力达到了$15\times10^4m^3/h$。近年来，国内空分技术也得到了快速发展，目前已有20余套10^5m^3等级空分装置在运行。低温制氧生产量大，产品多样化且纯度高、能耗低，是当今世界应用最广泛的制氧方法[1]。

变压吸附法即PSA（pressure swing adsorption）法，基于分子筛对空气中的氧、氮组分选择性吸附而使空气分离获得氧气。当空气经过压缩，通过分子筛吸附塔的吸附层时，氮分子优先吸附，氧分子留在气相中，成为氧气。吸附达到平衡时，利用减压或抽真空将分子筛表面吸附的氮分子驱除，恢复分子筛的吸附能力即吸附剂解吸。为了能连续提供一定流量的氧气，装置通常设置两个或两个以上的吸附塔，一塔吸附，另一塔解吸，按适当的时间切换使用。采用此法制氧，氧的回收率一般在60%～70%。由于空气中的氩和氧组分无法分离，因此只能获得纯度为93%～95%的氧气。当供氧压力为0.1MPa时，其制氧单耗为0.42～0.5kW·h/m³。这种制氧方法流程简单，常温运行，投资较低，且可用于快速而便捷地生产廉价氧气，所以它适合于氧量小于5000m³/h，或经常开、停间歇用气的场合[1]。

膜分离法是利用有机聚合膜的渗透选择性，从气体混合物中分离出富氧气体。空气透过空心纤维膜形成富氧状态，集于透过室中，再由出口取出。此法通常只能生产含氧量为40%～50%的富氧空气。产气量大时，所需膜表面积大。虽然膜分离法装置简单，操作方便，但工业应用还有待进一步研究[1]。随着氧膜、氮膜技术的发展与成熟，膜分离法有望成为未来低碳环保节能型空分的发展方向。

煤化工配套的空分装置因普遍具有规模大、供氧压力高、供氮压力等级多的工艺特点，故均采用低温法空分技术。这种空分装置的典型工艺流程配置通常包括空气压缩系统、空气预冷系统、分子筛前端空气净化系统、增压透平膨胀系统、低温精馏系统、产品压缩系统及液体贮存后备系统。

10.1.1.2 空压站

空气压缩站简称空压站，作为供气的公用工程重要的组成部分，向全厂提供仪表空气和工厂空气。大型煤化工因压缩空气需求量大、用气等级多、供气稳定性要求高，一般要求独立设置全厂性空压站。

空压站主要设备包括空气压缩机和干燥器。空气压缩机的主要形式有离心式、活塞式、隔膜式或螺杆式，煤化工配套的空压站加工空气量通常大于6000m³/h，适宜采用离心式空压机。

目前工业上成熟的压缩空气干燥技术根据原理主要有两种，即冷冻式和吸附式，或二者组合使用。

冷冻式干燥机是利用制冷系统将压缩空气的温度降低，从而使水蒸气凝结成水滴从压缩空气中析出。由于干燥原理的限制，这种干燥机只能提供压力露点为最低2℃左右的干燥空气，其优点是没有空气损耗。

吸附式干燥机是利用多孔性的吸附剂如活性氧化铝、分子筛或硅胶来吸附压缩空气中的水蒸气，从而将饱和的压缩空气干燥至露点－40℃甚至－70℃。该系统有两个吸附塔，一个塔吸附，另一个塔再生，根据再生方式的不同又可分为无热再生、微热再生、鼓风再生、压缩热再生等。吸附式干燥机由于处理能力大、露点低等特点在工业上的应用最为广泛。

组合式干燥机则是将冷冻式干燥机和微热或无热干燥机连接在一起，在达到和吸附式干燥机一样出气露点的前提下，大大降低了再生过程的耗气量。

几种不同形式的干燥机，虽然生产过程略有不同，但是其清洁化生产措施基本相同。

10.1.2 工艺过程及清洁化生产措施

10.1.2.1 空分装置工艺过程及清洁化生产措施

煤化工配套的空分装置因全厂用气条件不同，工艺流程的组织形式多种多样。大体上讲，按冷量的获取方式可分为空气增压膨胀和氮气循环增压膨胀；按氧气的加压方式可分为液体泵内压缩和氧压机外压缩。

上述几种空分工艺流程涉及的清洁化生产措施基本相同，本节以为粉煤气化配套的空分装置典型工艺流程为基础，简要说明空分工艺过程和采取的清洁化生产措施。图 10-1 是液体泵内压缩中抽制冷空分工艺流程，图 10-2 及图 10-3 是空分液氧和液氮后备系统工艺流程。

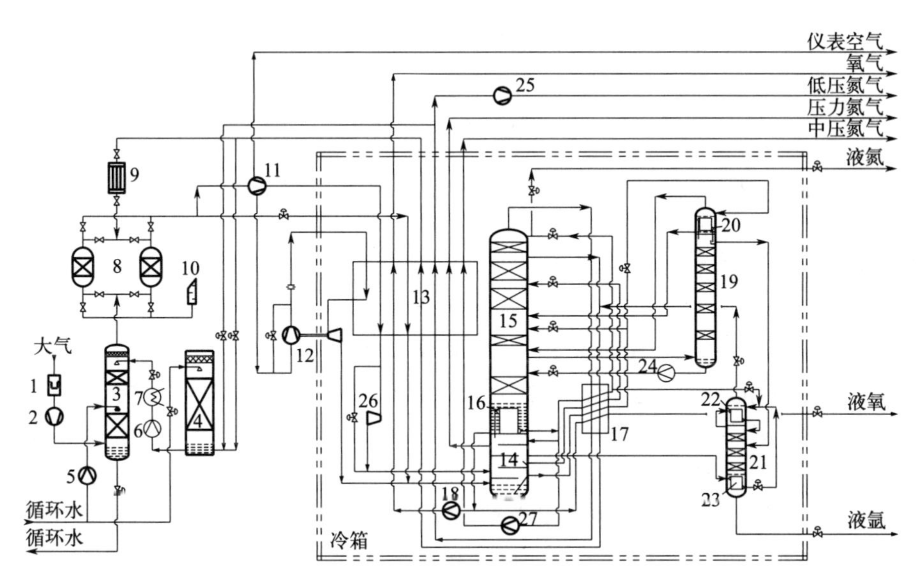

图 10-1　液体泵内压缩中抽制冷空分工艺流程

1—空气过滤器；2—空压机；3—空冷塔；4—水冷塔；5—常温水泵；6—低温水泵；7—冷水机组；8—分子筛吸附器；9—再生加热器；10—消声器；11—空气增压机；12—增压透平膨胀机；13—液体膨胀机；14—压力塔；15—低压塔；16—主冷凝蒸发器；17—过冷器；18—工艺液氧泵；19—粗氩塔；20—粗氩冷凝器；21—精氩塔；22—精氩冷凝器；23—精氩蒸发器；24—循环粗液氧泵；25—氮压机；26—液体膨胀机；27—工艺液氮泵

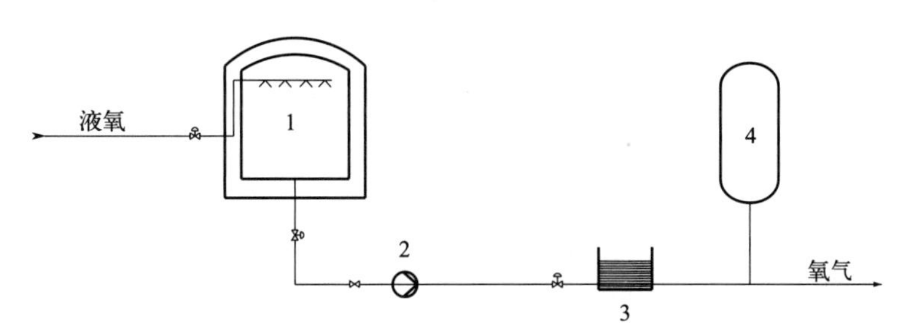

图 10-2　空分液氧后备系统工艺流程

1—液氧贮槽；2—后备液氧泵；3—汽化器；4—氧气缓冲罐

典型空气增压膨胀内压缩中抽制冷大型空分工艺过程主要由空气的压缩、预冷、净化、膨胀制冷、精馏分离及后备过程组成。主要工艺过程如下：

环境空气在空气过滤器中去除粉尘和机械杂质后，经离心式空压机压缩至约 0.5MPa 进入空冷塔底部，先在下段被循环冷却水冷却清洗，再经过上段低温水进一步冷却至 8～12℃，由顶部引出送至分子筛吸附器。该低温水是通过循环冷却水在水冷塔中由来自冷箱的常温污氮吸湿降温获得。从空冷塔顶部出来的空气通过分子筛吸附器除去 CO_2、SO_2、

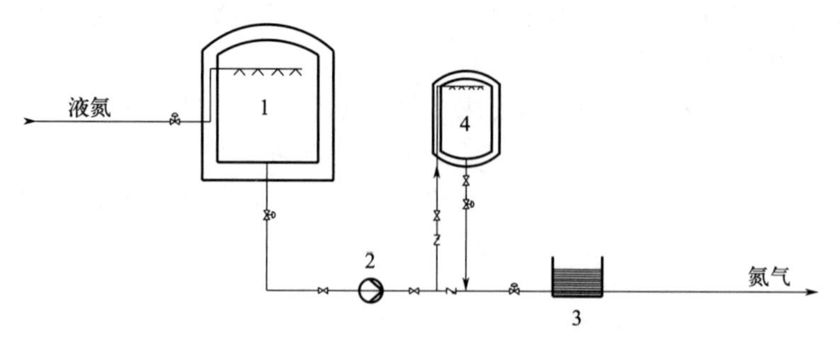

图 10-3　空分液氮后备系统工艺流程

1—液氮贮槽；2—后备液氮泵；3—汽化器；4—液氮压力罐

SO_3、NH_3、部分 C_mH_n 等有害杂质而得到净化。一般装置设有两台吸附器交替运行，当一台运行时，另一台再生，实现连续操作。

净化后的空气分为两部分。一部分净化空气直接进入冷箱，并在主换热器中与返流产品进行热交换而被冷却至接近露点，然后进入压力塔底部做首次分离。上升气体和下降液体接触后氮的含量升高。压力塔顶部的氮气在主冷凝蒸发器中被沸腾液氧冷凝成液氮作为压力塔的回流液。另一部分净化空气送至空气增压机一段压缩至 2.5～3.0MPa 时，从中抽出一股送入透平膨胀机增压端回收部分膨胀功后送至冷箱在主换热器中被预冷至适当温度即从中间引出，然后经透平膨胀机膨胀后送入压力塔底部作为部分进料。剩余一股在增压机内继续压缩至 5.0～7.2MPa 送至冷箱在主换热器中被反流的高压氧、中压氮及压力氮液化，然后经过液体膨胀机膨胀降温后（或经高压节流阀节流降温后）进入压力塔和低压塔作为部分进料。

根据需要，可以从空气增压机低压级抽取 0.8～1.0MPa 空气作为仪表空气。自上而下，在压力塔中获得液氮、污液氮、富氧液空产品。

部分液氮经过冷器过冷后出冷箱作为液体产品送入液氮贮槽。其余液氮经工艺液氮泵压缩至所需压力进入主换热器被汽化并复热至常温后出冷箱作为氮气产品输出。污液氮和富氧液空在过冷器中过冷后，经调节阀节流送入低压塔适当位置作为回流液。自下而上，在低压塔中获得液氧、污氮、氮气产品。

从低压塔的底部抽出液氧，一部分经过冷器适当过冷后出冷箱作为液氧产品送入液氧贮槽。其余部分送入液氧泵增压至 4.6～5.2MPa 进入主换热器被汽化并复热后送出冷箱作为高压氧气产品输出。

在低压塔接近顶部填料层抽出污氮，依次经过冷器、主换热器复热至常温送出冷箱，一部分送至分子筛纯化系统作为再生介质，其余部分送至水冷塔作为循环冷却水的冷媒。在低压塔顶部引出氮气，依次经过冷器、主换热器复热至常温送出冷箱，经氮气压缩机压缩至 0.8～1.0MPa 作为低压氮气产品输出。

为了提高空分装置的经济性，有些空分装置要求提取液氩产品。从低压塔中间位置抽出氩馏分送入粗氩塔中进行除氧从而获得粗液氩。该塔回流液所需的冷量是通过粗氩塔冷凝器中富氧液空蒸发获得的。然后粗液氩进入精氩塔中分离去除氮进而获得液氩，从精氩塔底部抽出直接出冷箱作为液氩产品送入液氩贮槽。精氩塔底部的蒸发热量由精氩塔蒸发器冷凝来自压力塔的少量压力氮气而产生。被冷凝的液氮进入精氩塔冷凝器中被蒸发用于冷凝精氩塔中的上升气体，从而向精氩塔提供回流液。

空分过程所需的大部分冷量是通过气体膨胀机和液体膨胀机（或高压节流阀）对空气和

液空的膨胀来获得。

为了提高空分供气的可靠性，为煤化工配套的空分装置通常要求设置液体后备系统。按供气品种，后备系统分为液氧和液氮两个系统。后备系统的主要设备包括低温液体贮槽、低温泵、汽化器及缓冲罐等。来自空分冷箱的液氧进入贮槽，紧急情况时贮槽中的液氧经后备液氧泵升压至 4.8～5.2MPa 后，在汽化器中汽化作为氧气产品输出至管网。为了减小管网压力波动，实际工程中往往在氧气产品管网上设置适当容积的等压缓冲罐。空分冷箱的液氮进入贮槽，紧急情况时贮槽中的液氮产品经后备液氮泵升压至所需压力后，在汽化器中汽化作为氮气产品输出至管网。设置液氮压力罐，目的是在后备液氮泵启动、切换过程中，提供汽化器所需的液氮，以减小管网压力波动。

空分装置的清洁化生产措施主要考虑几个方面。一是提高能效，减少排放。空分装置生产过程需要消耗大量的蒸汽和电能，在煤化工中属于能耗大户。以 $80000m^3/h$ 空分为例，每天间接产生的 CO_2 排放约为 1 万吨，每年压缩机废润滑油输出量约 50t。降低空分装置能耗，意味着燃煤锅炉的污染物排放大幅度减少，废润滑油的输出量降低。空分装置作为煤化工上游装置需要提供煤气化装置必需的氧气和全厂氮气等，一旦停车，将对全厂运行造成较大影响，极端情况会造成全厂大面积紧急停车，产生大量排放。因此，空分装置的清洁化生产措施主要体现在节能和安全可靠两个方面。二是空分装置本身的污染物主要是噪声、润滑油、分子筛、Al_2O_3 等，在装置设计、操作和检维修时要避免泄漏、渗漏、扩散等对环境造成的影响。三是空分冷箱在低温下操作，管道、结构设计要充分考虑其柔性和隔冷措施，避免发生事故，引起次生环境危害。

在工艺流程配置方面，根据煤化工空分装置全厂氮氧需求比例小的特点，采用空气增压膨胀流程比氮气循环膨胀流程节能 1%～3%。对于氧气压力大于 3.0MPa 的空分装置采用内压缩流程，相比外压缩流程取消了氧压机，安全性好、可靠性高、操作维修方便。采用分子筛纯化技术代替传统的切换板翅式技术，流程简化、氧气提取率高、运行安全可靠，延长了空分装置的运行周期。同时利用多余的污氮再生分子筛，充分利用现有资源，减少了气体排放。在水冷塔中利用多余的污氮冷却循环水，进一步降低空气预冷系统所需要的冷量，减小了冷冻机组的功率，使整套空分的能耗可下降 2%[2]。采用液体膨胀机代替高压液空节流阀，提高制冷效率的同时将膨胀功以电能形式回收，内压缩流程设置液体膨胀机能够节能 3%～5%[1]。近年来，由于透平膨胀机设计和制造水平的提高，其等熵效率通常大于 85%，甚至高达 90%，进一步降低了空分过程的能耗。

新空分工艺流程的研发与应用，也主要体现在提高核心设备的效率实现空分装置节能降耗上。例如采用双冷凝蒸发器的新型精馏塔，这种流程可使压力塔压力降低至 0.36MPa，空压机排压也随之大幅度降低，能耗可减少 29%。LNG 冷能空分将高品质的低温能用于提供空分过程所需的冷量，取代了膨胀空气或氮气制冷，主空压机压缩功率随之降低，这种流程尤其适用于液体空分装置。相关资料显示，一套 600t/d 的液体空分装置，相当于每年间接减排 CO_2 约 8.5×10^4t[3]。在煤气化联合循环发电（IGCC）中，空分装置不但供应煤气化装置所需氧气，而且空压机与系统共用并由系统内燃气轮机驱动，有机组合，以提高效率，节能减排[4]。在设备和机泵方面，采用自洁式空气过滤器，根据设定压差自洁，有效地保证了空压机吸入量，降低了能耗。空压机选择多级等温或整体齿轮离心机型，增压机选择整体齿轮离心机型，比传统单轴机型效率提高 10%[5]。空压机、增压机采用可变入口导叶调节气量，调节范围宽，效率高。蒸汽透平（汽轮机）采用双出轴即“一拖二”的驱动形式，减少了机械损失。采用高压蒸汽（8.8～11.0MPa）驱动，充分发挥蒸汽透平效率，有效降低汽耗和热耗。透平表冷器采用空冷，可大幅降低水耗，在缺水地区，凝汽系统采用空冷器代替水冷器，用水量降为原来的 34%～36%[6]。空冷器采用变频风机，操作灵活，进一步节约了能耗。

大型空分采用立式径向流分子筛纯化器，与卧式分子筛纯化器相比，其阻力下降了50%，加工空气损失也减少了 10%～20%。为进一步节能减排，采用双层床吸附器（Al_2O_3+13X），每年再生电耗可以减少 50%～60%，分子筛使用寿命延长了 25%～35%[1]。采用吸附性能更优的 13X 分子筛代替 5A 分子筛，提高了使用的安全性，减少了分子筛用量，从而减少了固体废物的排放。在实际操作中要严格遵守操作规程，防止因 CO_2 穿透在下游冷箱结冻堵塞设备和管道，从而发生事故，产生紧急停车而造成污染[7]。

压力塔采用规整填料塔代替筛板塔，生产能力大、分离效率高、整塔阻力为筛板塔的1/7～1/5，有效降低了空压机的功耗和减小了塔径。低温系统采用钎焊铝制板翅式换热器，占地小、阻力小、重量轻、传热温差小。据资料记载，板翅式换热器的传热系数为管壳式换热器的 3～4 倍，重量大约为其 1/10，热端温差只有 2℃，比以往绕管式换热器（热端温度为 3～5℃）不可逆损失降低 2%～6%。对于化工企业和大气环境不良地区选用浴式主冷，确保换热器的换热区域在全浸的状态下操作，避免了碳氢化合物在液氧中积聚，从而有效地降低爆燃的风险。低温泵均采用变频调速，在增加可操作性的同时，有效降低了电耗。

在控制方面，采用自动变负荷型空分，减少生产过程中供需不平衡造成的氧气放散量[8]。

在设备和布置方面，空分装置远离产生空气污染的生产车间，布置在空气清洁的区域，位于有害气体和固体尘粒散发源全年最小频率风向的下风侧，减小因吸入空气中有害杂质超标造成的停车排放。同时，考虑空分装置靠近最大用户和动力源布置，以降低输送过程的损耗。

在管道设计方面，低温液体管道应采用无污染的真空绝热管，降低冷损的同时减少了保冷材料的消耗。严格控制氧气管道流速，材料选择执行较严格的标准。对于超流速场合，选用流速豁免材料[9]。采用 CAESARII、ANSYS 等软件对冷箱内主要管道进行柔性分析，降低冷箱泄漏扒砂甚至“砂爆”的风险。

在给排水方面，空分装置压缩机厂房地面冲洗水排入专用地沟内送往污水处理系统，清污分流，避免污染清净下水。

工程建设方面，严格工序管理，确保工程质量和安全达到规范和标准要求的优级范围，采取必要的措施降低环境污染，如珠光砂装填采用密闭的现场发泡管式输送，氧气管线的密闭清洗，集中回收废水、废油等措施，为后续装置安全稳定长周期运行打下良好的基础。

空分装置生产准备和运行方面，合理规划系统清洗吹扫方案，力求将吹扫介质的消耗降低和时间缩短，公用系统工作正常，严格操作管理和合格的操作人员上岗，应急预案管理培训到位，机组启动前各项准备工作全部完成并使机组处于完整良好的状态，防止带病运行。开车前，冷箱内低温管道应首先进行裸冷试验无泄漏，方可填充珠光砂；开车过程严格按操作手册要求控制冷却速率，防止爆管。在空分停车检修过程中，冷箱需要充分加温，防止“砂爆”造成环境污染。某工厂在空分装置检修过程中由于空分冷箱内低温液体的泄漏，使珠光砂中贮存了液体，未经彻底加温、汽化，卸砂时温度升高，液体汽化，体积急剧膨胀，发生了“砂爆”事故。图 10-4 为空分冷箱“砂爆”事故现场。

10.1.2.2 空压站工艺过程及清洁化生产措施

空压站主要由空气压缩机、空气干燥器和空气备用系统及分配管网组成。以煤化工配套的典型空压站工艺流程为基础，简要说明空压站生产过程和采取的清洁化生产措施。图 10-5 是煤化工配套空压站典型工艺流程。

图 10-4　空分冷箱“砂爆”事故现场

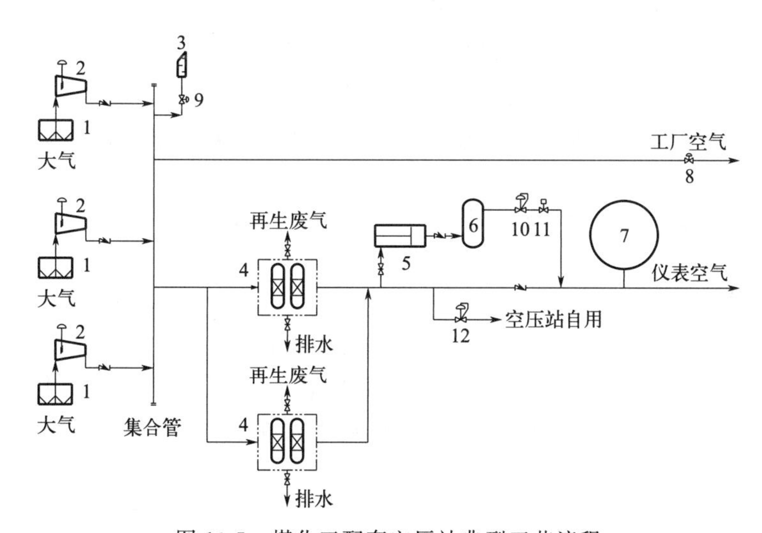

图 10-5　煤化工配套空压站典型工艺流程

1—入口空气过滤器；2—空压机；3—放空消声器；4—干燥器；5—增压机；6—事故缓冲罐；7—管网缓冲罐；8—工厂空气调节阀；9—总管稳压阀；10—事故减压阀；11—紧急开关阀；12—自用仪表气减压阀

空气经进口空气过滤器去除尘埃和其他机械杂质后，经过数台并联的离心空压机压缩至 0.8～1.0MPa 后汇总至压缩空气集合管。从集合管抽取一股压缩空气经干燥器进行处理得到符合露点要求的净化压缩空气，无露点要求的工厂空气不经干燥器直接送至用户。

空压站是公用工程重要的组成部分，一旦仪表空气中断，将会对全厂运行造成冲击，甚至导致生产装置停车，不仅造成经济损失，也会由于大量的排放带来环境污染风险。空压站动设备较多，同样存在润滑油泄漏污染问题。另据资料报道，空压机的成本构成中设备的一次投资仅占 8.3%，设备维护费约占 13.8%，而电费却高达 77.9%[10]，空压站节能减排尚有很大空间。

因此，根据空压站的设置特点，清洁化生产措施重点是从提高运行可靠性、降低电耗、防油污染几个方面考虑。

在工艺方面，合理确定空压站的规模和空压机的气量，保证空压机的负荷率在90%以上。对于负荷调整范围要求大的场合，配置一定数量变频调速的空压机，以节省投资、提高能效及减少排放。大型空压站采用余热再生空气干燥流程，具有显著的节能效果。据文献记载，以处理气量 $200m^3/min$ 计算，无热再生式总折合电耗187.6kW，微热再生式为177.5kW，余热再生式为25.2kW，仅为无热再生式的13.4%[11]。

统筹考虑空压站与空分装置供气模式，利用空分空气增压机抽取仪表空气代替空压站外供，空压站作为备用气源，这样既优化了空压站的配置，节省设备投资，又可达到节能降耗的目的[12]。

在设备选择方面，与空分装置相同，大型空压站（单台空压机能力大于 $6000m^3/h$）采用自洁式空气过滤器和带入口导叶的整体齿轮离心空压机降低运行能耗，间接降低动力锅炉的二氧化碳排放。空压机选用离心式、隔膜式、无油润滑活塞式或螺杆式压缩机，避免后续润滑油的分离以及废油的处理。

在可靠性方面，空压机、干燥器至少设置一台备用，提高了空压站运行的可靠性。设置高压事故缓冲罐，用于停电时全厂仪表空气的短时供应（15～30min），保证工艺装置安全停车，减少事故大量排放对环境造成的污染。

在自动化控制方面，通过开发先进的控制模块，对空压站空压机操作负荷及开停机进行智能控制，自动适应管网需求，以达到节能减排的目的[13,14]。

另外，在设备布置时，空压站靠近用气负荷中心布置，降低气体管道输送过程损耗。

10.1.3 污染物排放及治理

（1）废气

与化工装置不同，空分装置与空压站是以空气为原料的清洁生产装置，生产过程中不涉及有害废气的排放。空分装置分离工程产生的污氮气以及空压站干燥器再生尾气，主要成分为氮气、空气和水，对环境无污染，最终从高点排入大气。

（2）废液

空分装置与空压站生产过程不涉及化学品，但是由于压缩机组润滑油系统的存在，压缩机厂房的地面冲洗通常被认为含有痕量油污，水量为 $2\sim4m^3/h$，通过独立的含油池进行收集，然后加压送至污水处理厂进行处理。

空分装置在停车解冻时，冷箱内残余的低温液体需要排出冷箱，主要成分为来自空气中的 O_2、N_2、Ar、微量的稀有气体及碳氢化合物，不会造成环境污染。因此，残液经集液管收集后排放至蒸汽喷射蒸发器，经汽化后高空排放。

对于外压缩空分工艺，为防止碳氢化合物在冷箱系统中积聚发生爆炸，定期排放1%的液氧。

空分装置压缩机更换的废润滑油集中回收，经过滤除杂后再利用。

（3）固废

空分装置与空压站生产过程产生的固废主要有废分子筛和废氧化铝，均属于一般工业固体废物。表10-1列举了一套产氧气量 $80000m^3/h$ 空分装置固废排放参数，表10-2列举了一套生产干燥压缩空气 $36000m^3/h$ 空压站固废排放参数。

表 10-1　80000m^3/h 空分装置固废排放参数

废渣名称	排放点名称	排放规律	产生量/t	主要成分
废分子筛	分子筛吸附器	5～8 年一次	160	Na_2O、Al_2O_3、SiO_2
废氧化铝	分子筛吸附器	5～8 年一次	160	Al_2O_3
合计			320	

表 10-2　36000m^3/h 空压站固废排放参数

废渣名称	排放点名称	排放规律	产生量/t	主要成分
废干燥剂	分子筛吸附器	5～8 年一次	16	Na_2O、Al_2O_3、SiO_2

（4）噪声

大型空分装置的噪声治理作为一个环保问题受到企业和社会的日益关注。空分装置的噪声源常见的可分为两类：机械噪声和流体噪声。其中最主要的噪声源是空压机、增压机、氧压机、氮压机、气体管道放空口、大口径空气管道等。尤其是空压机组在运行过程中连续释放出发散、宽频的空气动力性噪声，可高达 115dB(A)。这种噪声通过空气、管道及基础进行传播，严重影响周围环境。因此，空压机噪声治理是空分装置噪声治理的重要环节。表 10-3 列出了煤化工配套的典型内压缩空分装置主要噪声排放参数及防治措施。

表 10-3　典型内压缩空分装置主要噪声排放参数及防治措施

主要设备名称	台数	声压级/dB	运行方式	降噪措施
空气压缩机	1	105～115	连续	减振、消声器、隔声罩、建筑隔声
空气增压机	1	105～110	连续	减振、消声器、隔声罩、建筑隔声
氮压机	2	105～110	连续	减振、消声器、建筑隔声
冷水机组	1	85～90	连续	减振、建筑隔声
水泵	4	85～90	连续	减振、建筑隔声
放空管	若干	110～125	间歇	消声器(塔)
大口径空气管	若干	80～95	连续	隔声棉等

空压站的噪声源主要包括空压机和少量的放空口，治理措施与空分装置相同。表 10-4 列出了典型空压站主要噪声排放参数及防治措施。

表 10-4　典型空压站主要噪声排放参数及防治措施

主要设备名称	台数	声压级/dB(A)	运行方式	降噪措施
空气压缩机	若干	105～110	连续	减振、消声器、隔声罩、建筑隔声
干燥器	若干	95～100	间歇	减振、消声器、建筑隔声
放空管	若干	110～125	间歇	消声器

10.2　化学水处理

10.2.1　技术概述

化学水处理装置是煤化工装置配套的公用工程装置之一，为煤化工装置和锅炉提供一级和（或）二级脱盐水。一级和二级脱盐水的指标分别如下：

一级脱盐水（顺流再生工艺时）：电导（25℃）<10μS，SiO_2 含量<0.1mg/L。

一级脱盐水（逆流再生工艺时）：电导（25℃）<5μS，SiO_2 含量<0.1mg/L。

二级脱盐水（一级脱盐水再经过混合离子交换器后）：电导（25℃）<0.2μS，SiO_2 含量<0.02mg/L。

化学水处理工艺主要有离子交换工艺、反渗透工艺、电除盐工艺、电渗析工艺等，其中常用的是离子交换工艺、反渗透工艺或两种工艺的组合。

10.2.2 工艺过程及清洁化生产措施

10.2.2.1 工艺过程

对于离子交换工艺，通常适用于含盐量较低（一般小于400mg/L）的原水处理，原水进入生水罐缓冲，经原水泵加压进入高效纤维过滤器（或多介质过滤器）除去悬浮物、胶体物质，利用余压进入阳离子交换器、除二氧化碳器及中间水箱、中间水泵除去其中的阳离子和不凝气体，再进入阴离子交换器除去其中的阴离子，阴离子交换器出水达到一级脱盐水指标，即进入一级脱盐水水罐供工艺生产装置使用。

化工装置如需要二级脱盐水，则将一级脱盐水再通过阴离子交换器余压作用或一级脱盐水罐经泵加压后进入混合离子交换器，除去剩余的离子，出水即为二级除盐水，进入二级脱盐水罐供装置使用。

阳离子交换器的阳离子树脂和阴离子交换器的阴离子树脂、混合离子交换器的阴阳离子树脂运行一个周期后将失去活性，需要再生。阳离子树脂再生通常采用盐酸（也有采用硫酸），再生排水为酸性废水，排入中和池；阴离子树脂再生通常采用氢氧化钠溶液，再生排水为碱性废水，排入中和池。

树脂再生后，在投运前还需要进行反洗，反洗水排入中和池。

在中和池内根据废水的水质，通过加入酸或碱中和，使得水的pH值达到7左右，送至生产废水处理装置进一步处理后回用。

对于反渗透工艺通常适用于含盐量较高（一般含盐量大于400mg/L）的原水处理。经预处理后的原水进入装置内缓冲罐，经原水泵加压进入自清洗过滤器除去其中的悬浮物和胶体等100μm以上的大颗粒固形物；之后进入超滤装置除去悬浮物和浊度，使出水悬浮物淤泥密度指数（SDI）<3、浊度<0.2NTU后进入超滤产水箱；通过一级反渗透给水泵加压进入一级反渗透保安过滤器，出水固形物<5μm后，再经一级反渗透高压泵加压进入一级反渗透装置膜过滤，出水即为一级脱盐水进入一级反渗透产水箱，再经水泵加压后供工艺生产装置。

化工装置需要二级脱盐水，则需将一级反渗透产水箱成品水经二级反渗透给水泵加压通过二级反渗透保安过滤器、二级反渗透高压泵进入二级反渗透装置膜过滤，出水即为合格的二级脱盐水进入二级反渗透产水箱。

为了提高水的利用率，一般需增设浓水再利用设施。一级反渗透装置浓水依次经一级反渗透浓水箱、浓水反渗透给水泵、浓水反渗透保安过滤器、浓水反渗透高压泵、浓水反渗透装置，出水为一级脱盐水进入一级反渗透产水箱。图10-6是典型离子交换工艺流程。

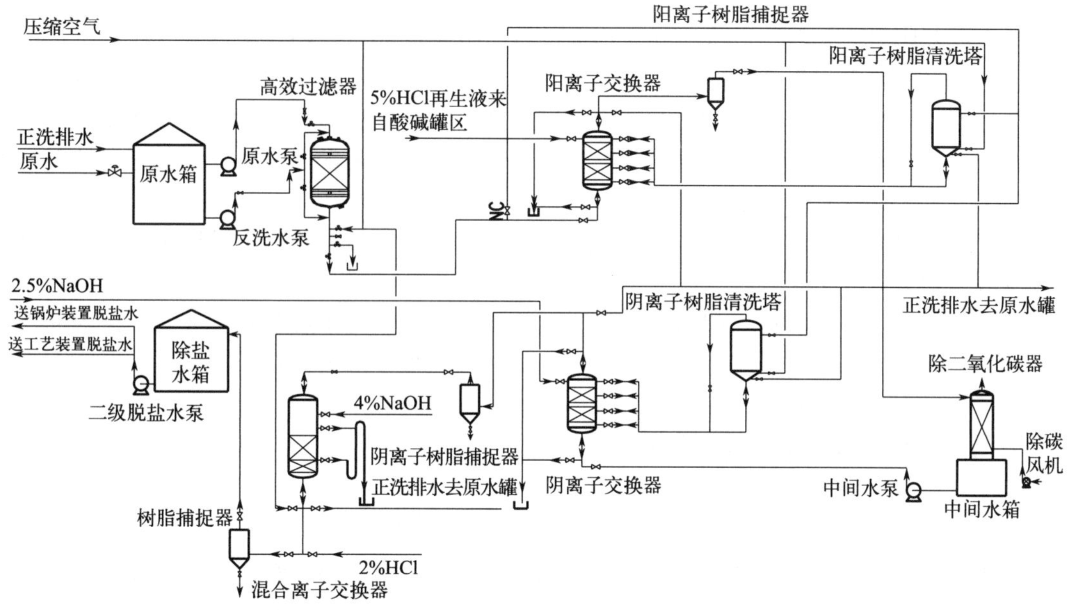

图 10-6 典型离子交换工艺流程

10.2.2.2 清洁化生产措施

对于离子交换工艺，离子交换树脂在运行一段时间后将失去活性，需要再生。阳、阴离子树脂一般采用盐酸（也有采用硫酸）和氢氧化钠溶液作为再生剂。在酸碱储存和计量罐区，为防止形成的酸雾（对于盐酸）影响环境，需设置酸雾吸收器，酸雾经冷凝后回用。再生排水除了高含盐量外，具有一定的酸性或碱性。典型的离子交换工艺设有酸碱中和系统，主要设备为酸碱中和池。通过向中和池添加酸、碱，使水质 pH 值达到约 7 之后再送生产废水处理装置进一步处理后回用。

对于反渗透工艺，反渗透产生的浓水为高含盐水，一般直接送污水处理装置进一步处理。

为了消除或减少酸碱再生系统对环境的污染，根据原水含盐量可采用电除盐、反渗透（一般大于 400mg/L）等工艺，或者上述工艺与离子交换的组合工艺。

离子交换工艺中所需的酸碱再生剂是化学水处理装置主要环境风险。通过在系统设计中设置酸雾吸收器、洗眼器，在酸碱储罐和计量罐周围设置围堰，防止酸碱罐泄漏后外溢，造成次生灾害。

由于水质有一定的酸性，水处理流程中所用中间水泵、中和水泵等泵体，壳体和叶轮都采用 316L 不锈钢；酸碱再生水泵和成品脱盐水泵壳体和叶轮通常选用 304 不锈钢，以保证水质。

化学水处理的产水过程目前大多为全自动生产。通过对产水各阶段水质分析，化学水处理的制水、再生、反洗、清洗等全过程实行全自动控制，以减少公用工程消耗和再生过程中的酸碱耗量，即相应减少酸碱排放量，减轻环境污染和减小劳动强度。

酸碱再生罐区一般为室外独立布置，且周围设置围堰。在条件许可时将酸碱罐区架空布置在酸碱中和池上方，当酸碱泄漏时，泄漏的酸碱可直接进入酸碱中和池。

化学水处理装置中，阳离子交换器和混合离子交换器树脂通常采用盐酸进行再生。输送盐酸的管道，为了防止管道腐蚀，通常采用碳钢衬胶管道。

对于盐酸和氢氧化钠使用场所的地面，考虑到酸碱管道法兰的滴漏和废水排放时“外溅”，通常的做法是刷环氧防腐漆。对于酸碱罐区、酸碱排水沟、中和池，常采用先在池内壁涂刷水泥基防渗透结晶型防水涂料、后铺砌铸石板类块材或粘贴玻璃钢类材料的方法进行防腐处理，但该法具有作业工序多、整体性差、局部出纰漏的现象较多、工程造价较高等缺陷。为克服这些缺陷，目前采用防腐防渗效果及性能较好的有高分子树脂耐腐蚀砂浆、聚脲、速凝橡胶沥青等材料，采用喷涂等整体浇筑方法，施工速度快，防腐防渗有机结合，整体性强，造价合理，是目前防腐材料发展的主流方向。

当工艺和气候条件许可时，化学水处理装置的制水间、酸碱罐区宜采取半露天布置，泵房宜采取半露天或露天布置。

装置生产水进水总管设有阀门及流量计；雨水排水系统用于收集和排放装置区内非污染区雨水；酸碱中和废水经加压送生产废水处理装置进一步处理后回用。

10.2.3 污染物排放及治理

（1）废气

在离子交换工艺生产脱盐水过程中，采用盐酸作为阳离子再生剂时，在酸储罐和计量罐区会产生酸雾。酸雾会对设备和管道形成酸雾腐蚀。通常采取的措施是设置酸雾吸收器，吸收散发进空气的酸雾。

（2）废液

阳离子交换器的阳离子树脂和阴离子交换器的阴离子树脂、混合离子交换器的阴阳离子树脂在一个运行周期后（按出水水质和一个周期的累计产水量计）将会失去活性，需要再生。阳、阴离子树脂分别再生，一般用盐酸（或硫酸）和氢氧化钠溶液；树脂反洗排放反洗废水，再生水和反洗水全部进入中和池调节 pH 值达到 7，之后送污水处理。原水含盐量为 105mg/L，单系列 250t/h 离子交换工艺制备二级脱盐水典型废水见表 10-5。

表 10-5　单系列 250t/h 离子交换工艺制备二级脱盐水典型废水

序号	排水点位置	排放频次	每次排放量	废水主要杂质组成
1	高效过滤器	5～7 天 1 次	$140m^3$	悬浮物
2	阳、阴双室浮动离子交换器	2 天 1 次	$240m^3$	NaCl、Ca、Mg、Cl
3	混合离子交换器	7～10 天 1 次	$200m^3$	NaCl、Ca、Mg、Cl

反渗透工艺产生的浓水为高含盐水，一般直接送往污水处理装置进一步处理。

（3）固废

离子交换树脂在制水、再生、反洗过程中，受水流冲刷等作用，树脂会产生少量破损，树脂年损失量一般为装填量的 5%～10%，破损的树脂不含有害物质。破损树脂随反洗排水进入中和池，之后进入污水处理装置进行深度处理，经深度处理后进入污泥。污泥送填埋场填埋或者经干化后焚烧。单系列 250t/h 离子交换工艺制备二级脱盐水典型固废见表 10-6。

表 10-6　单系列 250t/h 离子交换工艺制备二级脱盐水典型固废

序号	设备名称	设备规格	树脂型号，树脂装填高度，树脂装填量	年产生废树脂量
1	阳双室浮动离子交换器	DN3000 $H=8300$	弱酸阳离子树脂型号 D113FC，层高 1000mm，装填量 $28.26m^3$	$2.826m^3$
			强酸阳离子树脂型号 D001FC，层高 2800mm，装填量 $79.13m^3$	$7.913m^3$

续表

序号	设备名称	设备规格	树脂型号，树脂装填高度，树脂装填量	年产生废树脂量
2	阴双室浮动离子交换器	DN3000 $H=8900$	弱碱阴离子树脂型号 D301FC，层高 2200mm，装填量 62.17m^3	6.217m^3
			强碱阴离子树脂型号 D201FC，层高 1800mm，装填量 50.87m^3	5.087m^3
3	混合离子交换器	DN2800 $H=5920$	强酸树脂型号 D001MB，层高 500mm，装填量 12.31m^3	1.231m^3
			强碱树脂型号 D201MB，层高 1000mm，装填量 24.62m^3	2.462m^3

注：年产生废树脂量按装填量的 10%计。

反渗透处理工艺过程中，反渗透膜一般使用 3 年以上后会失效。一套单系列 250t/h 的膜一般约 7t，失效后的反渗透膜属于危废，需要送专业处理厂处理。

（4）噪声

化学水处理系统中的噪声源主要为各种泵类、除二氧化碳风机。表 10-7 为某单系列 250t/h 离子交换工艺制备二级脱盐水（共三个系列）噪声源及控制表。

表 10-7　某单系列 250t/h 离子交换工艺制备二级脱盐水噪声源及控制

主要设备名称	装置(或单元)	台数	声压级/dB(A)	运行方式	降噪措施
原水泵	泵房、酸碱中和	2	85	连续	低噪声电机
中间水泵	制水单元	2	85	连续	低噪声电机
成品水泵	泵房	2	85	连续	低噪声电机
阴、阳离子交换器再生泵	泵房	2	85	间歇	低噪声电机
混合离子交换器再生泵	泵房	2	85	间歇	低噪声电机
中和水泵	酸碱中和单元	2	85	间歇	低噪声电机
除二氧化碳风机	制水单元	1	85	连续	隔声罩

10.3　循环冷却水制备

10.3.1　技术概述

煤化工生产过程中，会产生大量的热，必须及时移取，否则会影响生产的正常进行和产品质量。水是吸收及传递热量的良好介质，常用来冷却生产设备和产品。工业用水过程中，冷却水占比很大，从节能、经济、环境保护等方面考虑，冷却水应该实现循环利用。

工业循环冷却水的供水系统一般可分为直流式、循环式和混合式 3 种[15]。

直流式冷却水系统在水源充足且直接排放不影响水体时可以采用，但因冷却水操作费用大，不符合节约用水要求，目前基本淘汰。

为了重复利用吸热后的水以节约水资源，常采用循环式冷却水系统。循环式冷却水系统通常可分为敞开式和封闭式两种。敞开式冷却水系统应用最广泛，冷却水在循环过程中与空气直接接触散热，部分冷却水被蒸发带走热量，水中的各种离子不断地浓缩。敞开式冷却塔系统散热效率高，其冷却极限为空气的湿球温度，但冷却水蒸发消耗的水量较多。封闭式冷却水系统，在循环过程中冷却水不与空气接触，以空气的对流方式带走热量，故只单纯传热，其冷却极限为空气的干球温度。封闭式冷却水系统除渗漏外无其他水量损失，也无外排需要，系统中的含盐量及所加药剂基本保持不变，水量消耗少，但设备投资高，一般用于小水量或缺水地区。

混合式冷却水系统是将闭式系统与开式系统相结合，先经过闭式系统冷却后再用开式系统冷却，可以有效节约水量，同时保证冷却水的温度。但系统较为复杂。

几种典型的循环冷却水系统可划分为间冷开式循环冷却水系统、间冷闭式循环冷却水系统、直冷开式循环冷却水系统。冷却塔的分类按照通风方式可分为自然通风冷却塔、机械通风冷却塔、混合通风冷却塔。

煤化工装置通常采用敞开式循环冷却水系统，闭式循环冷却水系统在缺水地区的煤化工项目也推广采用。冷却塔常用系统为间冷开式循环冷却水系统或干湿联合闭式空冷系统。

10.3.2 工艺过程及清洁化生产措施

10.3.2.1 工艺过程

循环冷却水系统主要包括：冷却水处理构筑物、循环水输送系统、循环水分配装置、换热设备等。冷却水处理构筑物主要由热水分配装置（配水系统、淋水填料）、通风及空气分配装置（风机、风筒、进风口）和其他装置（集水池、除水器、塔体）组成[16]。

生产过程中，冷却水经换热器将热流体冷却，水温升高后，利用余压流入冷却设备内进行冷却，冷却后的水再用泵输送至换热器循环利用。循环利用过程中冷却水里的 CO_2 含量降低、碱度增加、pH 变化、微生物增加、灰尘及泥沙积累、藻类生长、工艺物料泄漏等因素均可导致水质恶化，造成设备腐蚀、换热效率降低、能耗增加甚至管道穿孔事故等危害[17]。冷却水在降温过程中因蒸发损失、风吹损失、定时排放等原因造成水中的各种离子不断浓缩。为保持循环水水质的稳定，提高设备使用寿命和换热效果，减少腐蚀和结垢的产生，需要对循环水处理进行减缓腐蚀、沉淀物结垢和微生物生成的控制。循环水的处理主要是对系统定时投加药剂，并补充一定量的低浓度水；设置沉淀及旁滤设施，定时排出一部分浓缩后的循环水，同时处理一部分受到污染的循环水，从而保持冷却水中离子浓度稳定，控制藻类及微生物滋生、减少灰尘及泥沙积累。循环水系统在开车正常投药之前，都需要投入较高浓度的药剂进行全系统的化学清洗和预膜处理，以清除设备管道内的杂质、铁锈、油脂等，提高缓蚀和成膜效果，保证系统安全可靠运行。

循环冷却水系统宜选择合理的设计逼近温度、水质控制指标，选用采用节水填料、增设导热翅片、设计收水器等节水措施的冷却塔等措施，达到节水目的。

循环水的浓缩倍数应该根据用水要求、补水水质进行计算。宜对补充水采取软化处理、沉淀过滤、旁滤处理等措施改善水质，提高浓缩倍数，减少补水量。间冷开式系统浓缩倍数不宜小于 5.0 倍。闭式系统补水量不宜大于循环水的两千分之一。

根据循环水冷却散热形式不同可分为间冷开式系统、干湿联合闭式空冷系统和干式闭式空冷系统等。

(1) 间冷开式系统

间冷开式系统主要由冷却水塔、塔下水池、循环水泵、输送管网、换热器等组成，需要辅助旁滤系统进行水质净化处理。间冷开式系统循环水经冷却塔与空气接触冷却后在塔下水池进行收集，经循环水泵输送至工艺装置换热器进行间接换热，再利用余压输送至冷却塔进行循环冷却。设置旁滤系统对部分循环水进行处理，去除黏泥、悬浮物、杂质等污染物来保持水质稳定。

间冷开式循环冷却系统冷却水水质详见表 10-8。

表 10-8　间冷开式循环冷却系统冷却水水质

项目	要求或使用条件	许用值
浊度/NTU	换热设备为板式、翅片板式、螺旋板式	≤10.0
	其他类型换热设备	≤20.0
pH 值(25℃)	—	6.8～9.5
钙硬度+全碱度(以 $CaCO_3$ 计算)/(mg/L)	传热面水侧壁温大于 70℃	钙硬度小于 200
	—	≤1100
总 Fe/(mg/L)	—	≤2.0
Cu^{2+}/(mg/L)	—	≤0.1
Cl^-/(mg/L)	水走管程：碳钢、不锈钢换热设备	≤1000
	水走壳程：不锈钢换热设备 传热面水侧壁小于或等于 70℃ 冷却水出水温度小于 45℃	≤700
$SO_4^{2-}+Cl^-$/(mg/L)	—	≤2500
硅酸(以 SiO_2 计算)/(mg/L)	—	≤175
$Mg^{2+}+SiO_2$ (Mg^{2+} 以 $CaCO_3$ 计)/(mg/L)	pH(25℃)≤8.5	≤50000
游离氯/(mg/L)	循环回水总管处	0.1～1.0
NH_3-N/(mg/L)	铜合金设备	≤1.0
	其他类设备	≤10
石油类/(mg/L)	非炼油企业	≤5.0
	炼油企业	≤10.0
COD/(mg/L)		≤150

图 10-7 是间冷开式循环水冷却系统工艺流程。

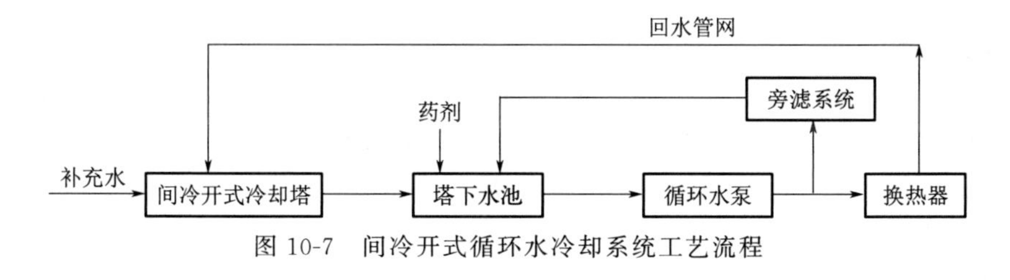

图 10-7　间冷开式循环水冷却系统工艺流程

(2) 干湿联合闭式空冷系统

干湿联合闭式空冷系统由内循环部分和外循环部分组成。内循环部分包括空冷器、循环水泵、稳压罐；外循环部分包括喷淋水泵、旁滤系统、收集水池。

内循环系统：循环水经过空冷器管内冷却降温后，由循环水泵送至工艺装置换热器进行间接换热，再利用余压回到空冷器，循环降温。整个过程中管内冷却水不和大气接触，称为闭式循环。管内冷却水一般采用脱盐水。

外循环系统：空冷器自身需要一部分喷淋水，用以加强冷却效果，喷淋水喷淋到空冷器管束外表面之后，回落到塔下水池，再由喷淋水泵经过喷淋水管道供给空冷器循环使用。外循环系统设置旁滤器，除去喷淋水中的悬浮物，减缓空冷器换热管外部结垢。

稳压罐用来稳定闭式系统的运行压力，并通过其液位信号来补充泄漏引起的水量损失。

闭式空冷系统循环冷却水水质详见表 10-9。

表 10-9　闭式空冷系统循环冷却水水质

适用对象	水质指标	
	项目	许用值
钢铁厂闭式系统	总硬度(以 $CaCO_3$ 计算)/(mg/L)	≤20.0
	总铁/(mg/L)	≤2.0
火力发电厂发电机铜导线内冷水系统	电导率(25℃)/(μS/cm)	≤2.0①
	pH 值(25℃)	7.0～9.0
	含铜量/(μg/L)	≤20.0②
	溶解氧/(μg/L)	≤30.0③
其他各行业闭式系统	总铁/(mg/L)	≤2.0

① 火力发电厂双水内冷机公用循环系统和转子独立冷却水系统的电导率不应大于 5.0μS/cm（25℃）。

② 双水内冷机组内冷却水含铜量不应大于 40.0μg/L。

③ 仅对 pH<8.0 时进行控制

注：钢铁厂闭式系统的补充水宜为软化水，其余两系统宜为除盐水。

图 10-8 是干湿联合闭式空冷系统工艺流程。

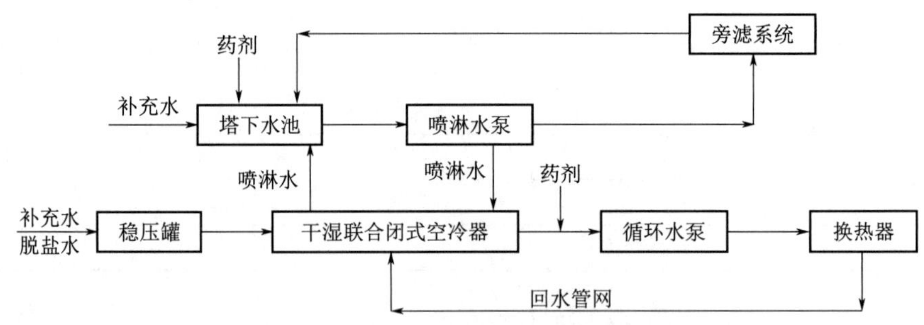

图 10-8　干湿联合闭式空冷系统工艺流程

（3）干式闭式空冷系统

干式闭式空冷系统由稳压罐、干式闭式空冷器、塔下水罐、循环水泵、换热器、回水管网等组成。冷却过程由干式空冷器利用空气与冷却塔翅片换热完成，循环水在系统内完全封闭，不与外界接触。图 10-9 是干式闭式空冷系统工艺流程。

（4）补充水水质

循环冷却水补水可以采用地表水、地下水、再生水、脱盐水等多种水源，补充水水质应采用水质分析数据平均值，并以最不利水质校核设备能力。当采用脱盐水作为补水水源时，脱盐水电导率<10μS/cm（25℃），脱盐水 SiO_2<100μg/L。当采用再生水作为水源时，循

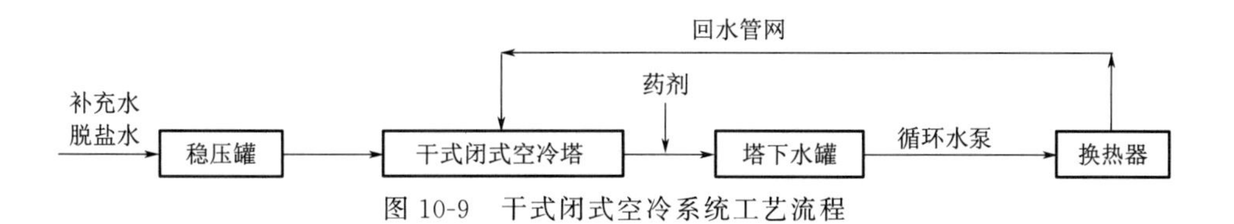

图 10-9　干式闭式空冷系统工艺流程

环冷却水的浓缩倍数应根据再生水水质、循环冷却水水质控制指标、药剂处理配方和换热材质等因素，通过实验或参考类似工程的运行经验确定。再生水直接作为间冷开式系统补充水时，宜符合表 10-10 的规定。

表 10-10　再生水用于间冷开式循环冷却水系统补充水的水质指标

序号	项目	水质控制指标
1	pH 值(25℃)	6.0～9.0
2	悬浮物/(mg/L)	≤10.0
3	浊度 NTU	≤5.0
4	BOD_5/(mg/L)	≤10.0
5	COD/(mg/L)	≤60.0
6	铁/(mg/L)	≤0.5
7	锰/(mg/L)	≤0.2
8	Cl^-/(mg/L)	≤250
9	钙硬度(以 $CaCO_3$ 计算)/(mg/L)	≤250
10	全碱度(以 $CaCO_3$ 计算)/(mg/L)	≤200
11	NH_3-N/(mg/L)	≤5.0(换热器为铜合金换热器时,≤1.0)
12	总磷(以 P 计)/(mg/L)	≤1.0
13	溶解性固体/(mg/L)	≤1000
14	游离氯/(mg/L)	补水管道末端 0.1～0.2
15	石油类/(mg/L)	≤5.0
16	细菌总数/(CFU/mL)	<1000

10.3.2.2　清洁化生产措施

(1) 工艺方面

循环水系统设置分散控制系统除用于完成装置的基本过程控制、操作、监视、管理之外，同时还完成顺序控制、工艺过程联锁控制，最终实现集中操作、安全生产、统一管理。系统主要工艺检测和控制变量均可在分散控制系统上进行显示、调节、记录、报警、过程联锁等操作。

① 煤化工装置循环水系统补充的新鲜水优先采用满足补水水质要求的回用水，回用水水量不足时采用生产水作为备用。经过膜处理之后的回用水可用于闭式系统的补水。

② 沉淀及旁滤设施的反冲洗排水、定时排污水、冲洗废水等需要集中收集，并送至污水处理装置进一步处理。

③ 为了减少对环境的污染，目前生产中投加的水质稳定药剂均采用低磷酸盐或无磷酸盐配方。

④ 在调节 pH 值所需的酸碱投加场所设置酸雾吸收器、洗眼器；在酸碱储罐和计量罐周围设置围堰，防止酸碱罐泄漏后外溢，造成次生危害。

⑤ 循环水系统配套的加药间、药剂间、生产污水池等为重点污染防渗区；塔下水池、喷淋水集水盘、吸水池、辅助间、旁滤间等为一般污染防渗区。

⑥ 循环水清洗及预膜产生的污水中含有铁锈、泥沙、悬浮物等，pH 值低，需要中和后单独收集，集中处理。

⑦ 通过设置监测换热器来监控管道中循环水的运行状态，及时调整水质控制方案。

（2）设备、机泵和自动控制方面

药剂投加采用集中式设计，选用耐腐蚀的计量泵、药剂箱等。旁滤设施、监测换热、药剂投加、污水排放等过程宜进行全自动控制，以减少公用工程和药剂消耗量，即相应减少污染物排放量，减轻环境污染。合理设置温度、流量、压力、浊度、pH、电导率、氧化还原电位等在线分析仪表，监控循环水系统运行效果。

此外，分析化验要在循环水管道、补水管道、旁滤管道、换热器设备上合理地设置取样点。根据系统选型，合理设置电导率、浊度、硬度、碱度、细菌总数、游离氯等分析项目频次。对于加药间、酸碱储罐间等考虑到酸碱管道阀门的滴漏，通常的做法是刷环氧防腐漆；对于排水沟、中和池，可喷涂高分子树脂耐腐蚀砂浆、喷涂聚脲、速凝橡胶沥青等防腐材料。循环水厂可半露天布置或露天布置。

10.3.3 污染物排放及治理

循环水在制备过程中不会产生有组织废气。

（1）废液

循环水使用及处理过程中主要污染物是废液。为了维持循环水水质稳定而定期排放的循环排污水，其水质与循环冷却水相同。循环冷却水系统在初次使用之前所进行的化学清洗和预膜处理也会排放污水。

循环水水质稳定过程中需要投加阻垢剂、缓蚀剂、杀生剂、絮凝剂、清洗剂、预膜剂等多种药剂。同时循环水蒸发会引起冷却水中悬浮物、含盐量、COD 增加。因此，循环水系统为维持水质稳定需要定期或连续排污；循环水旁滤系统反洗时要排出反洗废水。循环水系统在进行清洗、预膜、清渣时也会排放大量废水。晋能控股装备天源山西化工有限公司采用电化学处理方式代替传统的加药方式，提高了循环水的冷却倍率，不但解决了环保问题，还产生了良好的经济效益[18]。

排放的污水一般输送至污水处理系统或回用水系统进行处理。一般排污水采用膜法工艺进行处理，为保证其膜的使用环境，可设置高密池等预处理措施[19]。针对系统清洗、预膜、清渣时短时间内排出的大量废水，可以先在调节设施中储存再逐步处理。对于闭式循环水系统因高浓度缓蚀剂和阻垢剂投加量较大，需要考虑设置紧急停车外排时的临时储存设施。

（2）噪声

循环水系统主要噪声源为水泵、反洗风机、冷却风机、放空管，连续释放出发散、高频的噪声。设计时可以考虑对底座采用隔振、减振措施，选用低噪声设备。

主要噪声排放参数及防治措施见表10-11。

表10-11　循环水系统主要噪声排放参数及防治措施

主要设备名称	装置(或单元)	台数	声压级/dB(A)	运行方式	降噪措施
水泵	泵房或露天	多台	85～90	连续	减振、隔声或建筑隔声
反洗风机	泵房或露天	多台	85～95	间歇	减振、消声器隔声、建筑隔声
冷却风机	露天	多台	85～90	连续	减振、隔声屏障、导流消声片
放空管	泵房或露天	多台	90～100	间歇	消声器

（3）VOCs及其他

循环水使用过程中可能会因为工艺装置换热器或设备破损及泄漏夹带物料，产生VOCs或其他污染物。散发气体NMHC（非甲烷总烃）一般在0～10mg/m^3，有机换热器泄漏严重时可达30mg/m^{3}以上。循环水厂可以在冷却塔顶部设置VOCs或可燃、有毒气体检测报警仪，监控生产运行过程。

10.4　煤输送及储存

10.4.1　技术概述

煤输送及储存系统主要为热电装置、气化装置提供合格粒度的燃料煤、原料煤，生产过程主要是固体物料的储存、输送和固体物料的加工。煤输送及储存系统按照工艺过程，一般分为接卸煤、储煤、物料输送、物料筛分和破碎，过程从接卸煤开始，直至将原料煤、燃料煤送入热电装置或者气化装置的炉前仓为止。

煤的储存形式一般有干煤棚存煤、条形煤场存煤、圆形煤场存煤、筒仓存煤等几种。煤化工项目一般的来煤形式有公路汽车运输来煤、铁路运输来煤、水路运输来煤、输送皮带来煤等。

10.4.2　工艺过程及清洁化生产措施

10.4.2.1　工艺过程

（1）煤的装卸

煤的装卸可采用公路（汽车）、铁路（火车）、水路三种方式。

① 汽车运输装卸。当煤的需求量较小，建设地附近不具备铁路、水路运煤条件，皮带机运输较远时通常采用汽车运输。汽车一般通过卸煤沟卸入地下煤坑内，再通过卸煤站地下煤坑中的叶轮给煤机给煤至带式输送机上送至储煤设施。

② 火车运输装卸。具备运煤铁路专用线接入条件的，采用火车运输的方式来运煤。目前火车卸车方式主要有下述几种方式，一是采用翻车机卸车；二是采用底开门车火车缝式煤沟受卸；三是采用敞车运输，螺旋卸车机或者链斗卸车机卸车。翻车机是所有卸煤机械中机械化程度最高的，具有卸煤效率高、生产能力大、不需要人工清车、运行可靠、自动化程度

最高、劳动强度低等特点，但投资较大。由翻车机、重车调车机、空车调车机、摘钩平台、牵车台等组成。底开门车是一种无盖漏斗车，适用于固定编组，定点装卸，循环使用，营运效率高、卸车速度快，适用于运距较近、矿点相对集中、车辆固定、物料粒度适宜的用煤工厂，卸煤沟土建工程量较大。螺旋卸煤机，利用螺旋体的转动将煤从单侧或双侧拔除，一车煤一般需要6～7min卸完。链斗卸车机，即门式链斗卸车机，可横跨在车皮上，以链斗划煤和以胶带输送机向外传送煤的方式卸车，能将煤卸出轨道数米以外，有利于连续接卸。

③ 水路运输装卸。当项目建设地紧邻海边或者江边，且具备建设卸煤专用码头条件的，可采用水路船来运煤。水路运输主要适用于长距离、大运输量的运输过程，是我国北煤南运的重要通道。水路运输的原煤主要采用卸船机卸船。卸船机的种类较多，按照工作方式可分为连续卸船机和非连续卸船机。连续卸船机是一种专用的码头装卸设备，使用条件不灵活，尤其是对高黏度、大粒度、高含水量、高腐蚀性或高磨削性的物料进行卸船作业时不宜使用连续卸船机。非连续卸船机的种类主要有门式抓斗起重机、桥式抓斗卸船机等，对大粒度的煤炭和铁矿石物料进行卸船作业时，一般采用桥式抓斗卸船机作为主要装卸设备。卸船机按照设备类型区分有链斗式卸船机、斗轮式卸船机、螺旋式卸船机、桥式抓斗卸船机、门吊式抓斗卸船机等。

(2) 煤的储存

煤的储存一般可采用条形煤场、圆形煤场、筒仓等形式。

条形煤场分为露天条形煤场和封闭（半封闭）条形煤场，露天条形煤场由于扬尘大，对环境污染严重，堆煤的损耗也大，目前已很少采用。

封闭（半封闭）条形煤场在国内应用较为普遍，煤堆堆高一般在10～15m，设置有钢结构网架穹顶，两端可根据煤场占地和设备检修需求设置成封闭或者半封闭。封闭条形煤场配有斗轮堆取料机，斗轮堆取料机主要分为悬臂式和门式两种，其中悬臂式斗轮堆取料机具有堆取料作业范围大、作业效率高等优点，在大型煤储运项目中得到广泛应用。

圆形煤场为全封闭结构，近年来在国内逐步得到了较广泛的应用。圆形煤场直径根据需要储煤量和总图规划通常设计为75～120m，下部设有挡煤墙，上部采用球冠状或半球状钢结构网架封闭。圆形煤场中心设有1台堆取料设备，堆、取料作业可同时进行。圆形煤场内一般设有紧急事故煤斗，在取料机故障或维修期间配合推煤机进行上煤作业。其具有占地面积小、单位储量高、自动化程度高、环保、节能等优点。

圆形煤场主要设备为堆取料机，主要由中心柱、悬臂带式输送机、堆料回转机构、堆料俯仰机构、刮板机、取料俯仰机构、取料行走（回转）机构、下部圆锥料斗、给料设备及电控系统、喷雾除尘装置等设施组成。

圆形料场系统主要由接卸设施、储存系统、供料设施及配套辅助设施组成。来煤系统将煤送入圆形煤仓的悬臂堆料带式输送机上，然后经过堆料机将物料卸堆在圆形料仓内，在堆取料机的司机室内可控制堆料机回转堆料。

刮板式取料机能360°回转和俯仰。煤经刮板取料机刮至中心立柱下料斗内，再由给煤设备将煤给入出料带式输送机运出。

筒仓主要的出料方式有叶轮给煤机、环式给煤机、活化给煤机等。相较于其他方式，采用叶轮给煤机的出料方式布置简单，投资最小，但其堵煤、洒煤情况最严重，运行情况差；采用环式给煤机，在一定程度上可以缓解堵煤、洒煤等问题，但其布置复杂，筒仓储煤量损失较大，对设备制造、安装、土建施工等要求很高，检修维护也较为困难。目前国内筒仓给煤设备选型已大范围采用大开口、大出力的新型活化给煤机，其能完全替代叶轮给煤机和环式给煤机，并且技术更先进，在运行、安装、维护等方面均具有明显的优势，系统运行的灵活性最高。

(3) 煤的加工和输送

煤的输送过程一般采用带式输送机或者管状带式输送机设备。带式输送机一般安装在室内环境中，采用头部或者尾部驱动的方式运行，在需要改变输送方向的位置设置转运站进行上下游设备间的转运。管状带式输送机为胶带成管运行，可实现全封闭输送，输送过程安全、环保，并且可在一定范围内改变输送角度和高度，适用于长距离、复杂地形的运输工况。

煤储运系统的破碎、筛分等物料加工设备一般集中放置于筛破楼内，根据热电装置和气化装置对物料的粒度需求，分为粗筛、细筛和粗破、细破等，按照设备形式不同，筛分机也分为振动筛、滚轴筛等，破碎机分为齿辊式、锤击式等，根据项目及工艺需求进行选型及布置。

10.4.2.2 煤储运清洁化生产措施

煤的装卸、储存、输送、加工过程会产生煤的自由落体动作，煤在运动过程中不可避免地会产生扬尘污染，为减轻或避免污染，需要在过程中采取对应的清洁化措施。

(1) 粉体工程方面

煤储运系统应在设计时合理规划流程，从源头上减少扬尘、噪声等危害，主要采用如下措施。

① 设备抑尘设施。采用流线型曲线防堵防磨落煤管设计能保证物料的汇集输送，结合落差的大小设置诱导风抑制系统和物料冲击缓解系统，避免采用传统落煤管时落料对受料皮带造成的直接冲击；落煤管的设计能保证落料点和输送机胶带对中，运行期间能避免发生落料点不正造成的胶带跑偏现象，材料的选择和设计布局能保证曲线落煤管有较长的设计使用寿命。

无动力抑尘导料槽也是目前普遍应用的防尘设施，主要由两大部分组成：导料槽本体部分和无动力抑尘部分。在曲线落煤管与导料槽的黄金结合处（易扬尘点处）安装多级自动循环减压装置，该装置模块化设计制作，现场组装，并设置有观察窗口，方便检查及清理。同时在导料槽内部加装多层可调阻尼装置。无动力抑尘装置满足物料下落冲击时产生的正压风量通过一级、二级循环装置和阻尼装置在导料槽内部平衡，并逐级减速，保证导料槽出口风速低于皮带机运行速度，抑制粉尘产生。

曲线落煤管及无动力抑尘导料槽一般应用于煤输送设备的转运点处，用于降低输送过程中的煤尘。

② 干雾抑尘系统。干雾抑尘系统采用的是微米级干雾模块化设计技术，由微米级干雾机、水气分配器（或干雾箱控制器）、万向节总成（或干雾箱总成）、螺杆式空气压缩机、水气连接管线和自动控制系统等组成。干雾抑尘系统通过压缩空气系统，将洁净水雾化成粒径10μm 以下的干雾，并在每个转运点，均匀、合理、有效地设置雾化喷头。当燃料储存设施运行时，对应转运点的所有干雾抑尘喷头全数打开，将扬尘控制在该区域内。

干雾抑尘系统一般应用于煤输送设备的转运点、煤装卸时卸煤设施的扬尘点、煤储存系统的作业点等，用于抑制各扬尘点的粉尘。

③ 冲洗水系统。煤转运楼、破碎楼、栈桥等地面一般设置冲洗水系统；在各封闭式输送栈桥内相距一定距离处、各转运楼层、破碎楼各层等处均设置冲洗器，以便系统停机时冲

洗栈桥和楼面，避免煤粉尘在各层楼面和重要设备表面累积。冲洗后，冲洗废水经收集、澄清后进入煤水处理站进行回收、处理后循环利用。

（2）土建工程方面

① 防渗处理。对于有腐蚀性介质的生产区域，应根据其生产环境、作用部位、对建筑材料长期作用下的腐蚀性大小等条件，按《工业建筑防腐蚀设计标准》（GB/T 50046—2018）要求进行防腐设计。防渗根据污染介质分为一般污染区防渗地面和重点污染区防渗地面，原料煤储存场所由于存在渗透污染地下水源的可能，通常环保要求按照一般污染防渗地面进行处理；煤冲洗水集水坑、煤水处理站等下挖的坑、池等通常按照重点防渗处理。

② 防振动措施。破碎机、振动筛、振动给煤机等设备具有较大的振动，在结构设计上采用增加构件刚度来避免建筑物振动，在振动严重的设备上采用增加减振弹簧支座，减少设备振动对建筑物的冲击，效果也很明显。

（3）通风与除尘方面

① 煤水处理站处理煤水过程中可能产生异味，通常设置有机械排风，以排除室内有害气体。

② 输煤系统地下部分和地下输煤地槽，由于通风不良，粉尘有积聚的可能，地下工作环境差，为改善劳动环境，通常设置机械送风、排风系统，以保证地下部分内的空气品质，换气次数可按每小时 15 次设计。

③ 输煤系统各建筑物内设有火灾报警系统的，其通风设备分别与输煤系统火灾报警系统联锁，当发生火灾时，火灾报警系统自动输出信号，同一建筑物内的通风机全部停止运行，以防止火灾蔓延。

10.4.3 污染物排放及治理

（1）废气

煤储运设施产生扬尘污染的几个位置主要有卸煤点、转载点、煤加工设备等处。在卸煤点，接卸煤设备卸煤时会产生大量的扬尘，造成粉尘污染，影响现场作业人员的健康与作业安全；在转载点，物料下落高差较大，对皮带机产生冲击，造成皮带的跳动，影响导料槽密封性能，在诱导风的压力作用下，煤尘从导料槽的缝隙冒出扩散到室内；在碎煤机室内，碎煤机工作时转子的鼓风效应和落差产生大量诱导风，导致导料槽内产生较高正压，煤尘从导料槽的头、尾和缝隙处冒出，扩散在整个碎煤机室；在炉前仓顶部，犁煤器向煤斗卸料时，下落的物料产生诱导风，使煤斗内产生正压，扬起的煤尘会从煤斗的落料口等处逸出，并扩散到煤仓间。

根据《火力发电厂运煤设计技术规程　第 2 部分：煤尘防治》（DL/T 5187.2—2019），运煤系统工作场所的煤尘浓度应符合表 10-12 的规定。

表 10-12　运煤系统工作场所煤尘浓度一般规定

煤尘中游离二氧化硅含量	空气中 8h 时间加权平均的总成浓度	呼吸性粉尘浓度	短时间接触容许总成浓度	短时间接触容许呼吸性粉尘浓度
≥10%	不应大于 $1mg/m^3$	不应大于 $0.7mg/m^3$	不应大于 $2mg/m^3$	不应大于 $1.4mg/m^3$
<10%	不应大于 $4mg/m^3$	不应大于 $2.5mg/m^3$	不应大于 $8mg/m^3$	不应大于 $5mg/m^3$

针对煤储运系统各阶段的扬尘等污染及工作场所煤尘允许浓度要求，治理的主要措施

有：远程风送抑尘设施（固定式或者移动式喷雾机）、曲线落煤管、无动力抑尘导料槽、干雾抑尘技术、冲洗水系统、机械除尘系统等。

储煤筒仓、燃煤锅炉炉前仓等可设置机械除尘系统。根据《火力发电厂运煤设计技术规程　第2部分：煤尘防治》(DL/T 5187.2—2019)，一般采用安装袋式除尘器进行抽风防止扬尘，机械除尘抽风量可根据表10-13考虑。

表10-13　皮带机上设置袋式除尘器抽风量选用表

输送带宽度/mm	输送带速度/(m/s)	卸煤方式	
		卸料车/(m^3/h)	犁煤器/(m^3/h)
500	1.6	1700	1100
650	1.6	2500	1600
800	1.6	3300	2400
	2.0	3700	2600
1000	2.0	4800	3900
	2.5	5400	4400
1200～1400	2.0	5900	4900
	2.5	6800	5600

(2) 废液

输煤栈桥、转运站、破碎楼等的地面冲洗水，靠重力流至转运站等的底层集水池，初步沉淀后，经集水池内的渣浆泵提升，压力流输到煤水处理站进行沉淀澄清处理，处理后的水可输送至栈桥、转运站、筛破楼等处作为地面冲洗用水回用。

煤水处理站处理水量可根据项目规模进行设计，处理设备进水水质一般为：浊度≤5000NTU；处理后出水水质一般为：浊度≤10NTU，pH值控制在6.5～9，无色。图10-10和图10-11是煤水和煤泥处理工艺流程。

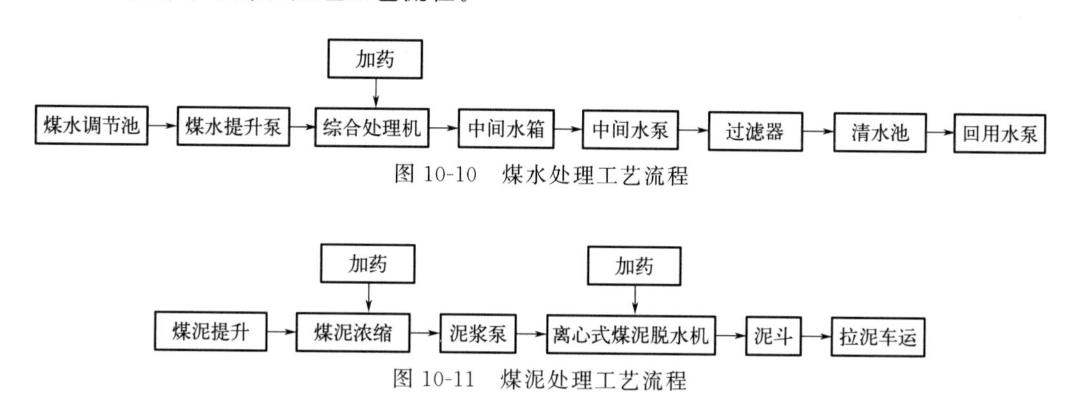

图10-10　煤水处理工艺流程

图10-11　煤泥处理工艺流程

输煤构筑物等冲洗排水用水泵送入煤水调节池。大颗粒煤粉在调节池中自然沉淀，无法自然沉淀的含小颗粒煤粉的废水，用煤水提升泵抽升至煤水处理装置，经混凝反应、沉淀、过滤等一系列处理后自流进入中间水箱，中间水箱起过渡及储存的作用；然后用中间水泵提升到过滤器中，进行深度处理，确保出水浊度在10NTU以下。当出水浊度大于设定值时，出水浊度由浊度仪测量，启动反冲程序即开启反冲洗水泵，对过滤部分进行反冲洗。反冲洗出水自流到煤水调节池。处理后的清水自流到清水池中，然后用回用水泵输送至煤储运系统作为输煤栈桥等冲洗用水，也可作为煤水处理装置反冲洗用水，反冲洗排水回流到煤水调节池。

煤水调节池中沉积的煤泥用行车式钢丝绳提板刮泥机收集到煤水沉淀池的集泥斗（刮泥机设置在煤水调节池上方，间歇运行），再用排煤泥泵提升至污泥浓缩罐内，将煤泥进行煤水初步分离浓缩，然后通过泥浆泵将污泥提升到离心式煤泥脱水机中；经过离心脱水后，干煤泥用可循环再利用。运行中排出的废水自流回煤水调节池。

（3）固废

各转运站、破碎楼设置有初级集水池，用于将收集的构筑物地面冲洗水进行初级沉淀，沉淀后的清液打至煤水处理站进一步处理，固体沉淀物收集后运至煤场重新回用；煤水处理站加药沉淀后的固废也运至煤场重新回用。煤储运系统没有外运的固废。

（4）噪声

煤储运系统中的噪声源主要为各种机械设备，包括斗轮堆取料机、圆形料场堆取料机等料场设备，带式输送机等输送设备，以及破碎机、筛分机等加工设备。为满足《工业企业噪声控制设计规范》要求（GB/T 50087—2013），采取的控制噪声措施主要有增加隔声设施、增加减振平台等。煤储运系统主要噪声源和防噪措施见表 10-14。

表 10-14　煤储运系统主要噪声源及防噪措施表

主要设备名称	装置(或单元)	声压级/dB(A)	运行方式	降噪措施
管状带式输送机	输煤栈桥	85	间歇	低噪声设备
带式输送机	输煤栈桥	85	间歇	低噪声设备
堆取料机	圆形料场	85	间歇	低噪声设备
筛分机	破碎楼	95～105	间歇	减振，建筑隔声
破碎机	破碎楼	95～105	间歇	减振，建筑隔声
给煤机	圆形料场、筒仓	85	间歇	低噪声设备

10.5　燃煤、燃气锅炉

10.5.1　技术概述

锅炉装置是为煤化工工艺生产和工艺透平、汽轮发电机组、设备加热等提供蒸汽和热源的主要公用工程装置。根据采用燃料不同可分为燃煤锅炉、燃气锅炉、燃油锅炉或混合燃料锅炉等，按照燃烧方式不同可分为层燃锅炉和室燃锅炉（煤粉锅炉、循环流化床锅炉等）。

锅炉的发展经历了从小容量、低参数到大容量、高参数渐进式的发展。早期的燃煤锅炉主要是抛煤炉、层燃炉、煤粉炉等，前两种炉型由于锅炉效率低已基本被淘汰。为了适应变燃料、多燃料和锅炉变负荷（较大的负荷调节比）等需求，20 世纪 70 年代世界首台循环流化床（CFB）锅炉在芬兰诞生。我国从 20 世纪 80 年代开始了循环流化床燃烧的研究，1996 年引进技术的 410t/h CFB 锅炉在四川内江发电总厂投运。之后我国科研院所和相关锅炉厂合作开发了多种具有自主知识产权的 CFB 锅炉。目前 CFB 锅炉技术已成为一种成熟的技术，在我国的各个行业得到了广泛的应用。

煤粉炉的特点是燃烧完全、燃烧效率高；技术成熟可靠、辅机配套齐全、运行经验丰富；不存在严重的炉内磨损、运行可靠、年利用率高。缺点是燃烧温度高使得锅炉出口烟气的 NO_x 浓度高，需要较高的脱硝效率或采用低氮燃烧措施才能满足环保要求。CFB 锅炉的燃烧系统相对煤粉炉简单；具有良好燃料适应性，煤种的变化对锅炉运行和效率的影响很小，对燃料来源的依赖性小，可适用于不易燃烧、含碳量高且挥发分低的燃料；锅炉负荷调节比大，运行灵活；具有掺烧污泥、生物质燃料等特点；该炉型属于低温燃烧炉，燃烧产生的 NO_x 浓度较低。缺点是锅炉本体钢材耗量高，本体的价格高于煤粉炉。

目前火力发电仍然是我国发电的主力形式，国家统计局发布的数据显示，截至 2024 年底，我国火力发电装机容量 14.4 亿千瓦，占全国总发电装机容量（35.5 亿千瓦）的 43%。2024 年，火力发电量 63437 亿千瓦时，占全国总发电量的 67.36%。发电占总发电量的 71.13%。但随着新技术不断研发、新材料出现和更严苛的环保要求，以煤为燃料的火电机组越来越趋向于高参数和大型化。2020 年 7 月“广东华夏阳西二期”2 台 1240MW 超超临界二次再热机组［供电标煤耗达到了 265g/(kW·h)］和 2020 年 12 月“安徽省淮北市申能平山电厂二期”单机 1350MW 超超临界二次再热机组［目前全球单机容量最大，供电标煤耗仅 251g/(kW·h)］相继投运。随着我国“双碳”目标的有序推进，为了从源头上减少污染物排放，热电联产装置采用高参数和以天然气为燃料将成为方向。2021 年“胜利油田东营港城热电厂”3 台亚临界一次再热深度背压机组先后投运，正在执行的“齐鲁石化分公司 1～4 号热电机组背压替代改造项目”和“上海石化热电机组清洁提效改造工程”配套动力站也采用亚临界一次再热机组。由于天然气主要成分为甲烷（CH_4），相同热值下相对燃料煤的碳含量低，天然气燃烧比燃料煤少排放 CO_2 约 30%，在煤化工行业天然气锅炉将呈现相对快速的发展。此外，燃煤锅炉掺烧生物质燃料也是减少碳排放的一条重要路线[20]。

10.5.2 工艺过程及清洁化生产措施

10.5.2.1 工艺过程

（1）燃煤锅炉

燃煤锅炉工艺系统主要由燃料制备及输送系统、燃烧系统、热力系统、烟风系统、烟气处理系统、排污系统等组成。

① 燃料制备及输送系统。燃煤锅炉的燃料输送指从炉前燃料仓到锅炉炉膛的输送系统，包括炉前燃料仓、给煤机、磨煤机和煤粉分离器（仅对煤粉锅炉）、落料管等。炉前燃料仓之前的燃料输送一般归属于煤储运系统，见第 10.4 节内容。

② 燃烧系统。燃烧系统由锅炉燃烧室、炉膛、旋风分离器和返料器（仅对循环流化床锅炉）、过热器等组成。燃料在炉膛内燃烧释放出的热量加热锅炉给水，受热生成的汽水混合物经过汽包汽水分离后，再通过低温过热器、高温过热器将蒸汽温度加热到额定温度后供出锅炉装置。

③ 热力系统。给水系统送来的锅炉给水在锅炉炉前分为两路，一路经控制调节后作为锅炉主给水送至锅炉省煤器进口集箱，另一路经控制调节后送至锅炉减温器。给水经省煤器加热后由给水管路引入汽包，通过与汽包相连的集中下降管将给水分配给各水冷壁管，水冷壁管吸热后将水汽混合物送入汽包，经汽包内部的汽水分离器分离后，将产生的饱和蒸汽引至蒸汽过热器系统，在蒸汽过热器系统加热及锅炉减温器调温后，将合格的蒸汽经过热器集

箱送出锅炉装置。

④ 烟风系统。烟风系统指为锅炉燃烧提供助燃空气的系统和锅炉燃烧后从炉膛出口一直到烟囱的烟气排放管路系统。

⑤ 烟气处理系统。烟气处理系统指为保证锅炉烟气排放指标满足环保要求而配套建设的烟气除尘、烟气脱硝和烟气脱硫系统。

⑥ 排污系统。为提高蒸汽品质，降低炉水的含盐量，锅炉装置设有排污系统，锅炉排污系统分为定期排污和连续排污。

（2）燃气锅炉

燃气锅炉与燃煤锅炉的区别，主要是燃料输送和燃气烧嘴及燃烧过程不同，整个汽水系统过程基本相同。以下仅叙述与燃煤锅炉不同的部分。

① 燃料输送系统。燃料气由管道送入锅炉装置，首先经调压站将燃料气压力调整到一定的范围，再经调压站分配系统进行分配，最后由喷嘴送入锅炉燃烧。

② 燃烧系统。燃烧系统由燃烧器、炉膛、过热器等组成。燃料在炉膛内燃烧释放出的热量加热锅炉给水，受热生成的汽水混合物经过汽包汽水分离，再通过低温过热器、高温过热器将蒸汽温度加热到额定温度后供出锅炉装置。

③ 烟气处理系统。由于燃气中灰分和硫含量相对较低，所以，燃气锅炉产生的烟气一般不需要经除尘和脱硫设施处理就能够满足污染物排放标准。这里的烟气处理系统是指为保证锅炉烟气氮氧化物排放指标而配套建设的烟气脱硝系统。

10.5.2.2 清洁化生产措施

图 10-12 是锅炉燃烧过程中污染物集中排放位置示意图。

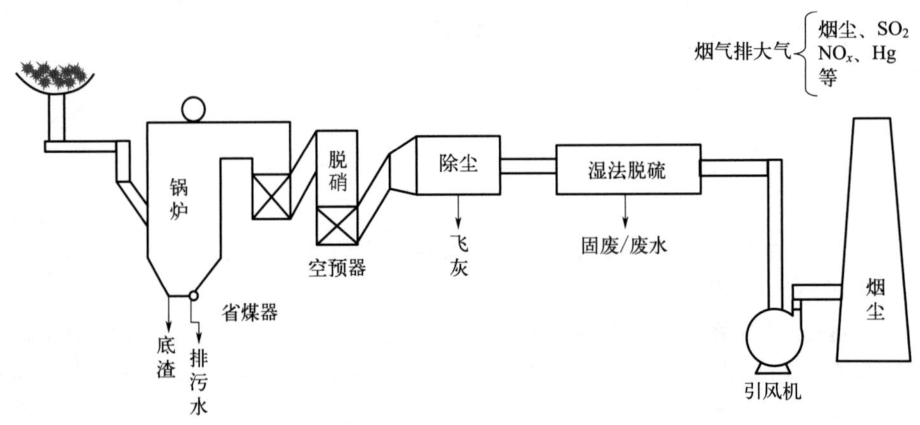

图 10-12　锅炉燃烧过程中污染物集中排放位置示意图

（1）工艺方面

由于燃煤锅炉使用的燃料中含有灰分和硫、氮及其化合物等组分，以及助燃空气中含有大量氮气，燃烧过程中会产生灰渣，燃烧后排放的烟气中含有灰尘、SO_2 及 NO_x 等；为保证锅炉产汽的品质，锅炉通常设有定期排污和连续排污系统，产生排污水；燃料储存和输送过程及灰渣储存和输送过程中会产生扬尘；锅炉装置设有锅炉给水泵、磨煤机、给煤机、送引风机等转动设备伴有噪声的产生。

1）工艺单元配置

① 锅炉系统除尘、脱硫、脱硝、脱汞、脱砷等废气处理。

除尘：锅炉烟气除尘工艺目前已经非常成熟，传统的除尘工艺有静电除尘器和布袋除尘器，为了克服燃料煤来源不稳定引起的煤灰比电阻经常变化以及采用纯布袋除尘时布袋更换"频繁"的问题，目前采用静电除器和布袋除尘器两种工艺组合的电袋一体化除尘工艺，详见第 10.5.3.1 节。

脱硫：脱硫工艺有石灰石石膏湿法烟气脱硫、氨法湿法烟气脱硫、氧化镁法湿法脱硫、海水法烟气脱硫、钠法湿法烟气脱硫、半干法烟气脱硫、电子束干法脱硫等。石灰石石膏湿法脱硫由于技术成熟，在电力行业被广泛应用；半干法由于工艺流程短，脱硫过程和脱硫后温度高（约 75℃）不对系统产生腐蚀，且也能达到超净排放，近年来大量用于工程实际；靠近海洋的锅炉装置，由于丰富的海水资源，海水法脱硫近年也有不少的报道，详见第 10.5.3.1 节。

脱硝：脱硝工艺有选择性催化还原（SCR）脱硝、选择性非催化还原（SNCR）脱硝，或两者的组合工艺。脱硝工艺的选择取决于燃料煤的特性、锅炉炉型等因素产生的烟气中氮氧化物的浓度，以及排入大气中氮氧化物的浓度（即排放指标）。对于燃气锅炉，锅炉采用低氮燃烧或烟气再循环后，一般采用 SNCR 脱硝可以达到环保排放要求，详见第 10.5.3.1 节。

脱汞、脱砷：近年来，人们对燃煤过程中汞的迁移和转化规律的研究不断深入[21]。对砷的燃烧控制也建立了不同的排放模型[22]。烟气中的汞一般随着灰分、废水污泥被吸附脱除。也可采用活性炭、廉价的生物质焦达到更好的脱汞效果[23]。控制砷排放最有效的方式是混煤掺烧。

② 废液。为了提高锅炉产汽品质，降低炉水的含盐浓度，提高蒸汽系统运行的安全性，锅炉通常设置连续排污和定期排污系统。

锅炉连续排污点设置在含盐浓度最高的汽包水容积中。连续排污首先经过扩容（闪蒸）回收部分蒸汽，污水再经过污水/脱盐水换热器回收污水中的热量，污水最终排至排污水冷却池。

锅炉定期排污点设置在不溶性水渣沉积的锅炉下降管分配集箱和水冷壁下集箱上，锅炉定期排污的周期为一班一次。对于较大型及以上规模的锅炉，定期排污首先经过扩容（闪蒸），闪蒸汽经过乏汽回收系统将乏汽冷凝后回收，污水进入排污水冷却池。

排污水经过降温、加压后送至生产废水处理装置处理后回用，或直接送入循环水回水系统，实现了污水"零"排放。

③ 固废。锅炉燃烧形成大颗粒炉渣由锅炉炉底排渣系统排出，经冷渣器冷却后通过输渣机、提升机等设备送渣仓暂时储存。

烟尘经除尘器除尘后收集的飞灰经输送系统（一般为气力输送）送至灰库暂时储存。详见第 10.5.3.2 节。

④ 噪声。送风机（一次风机、二次风机）入口设置消声器，减少送风系统的噪声。

2）原料要求

对于燃料煤来源供应相对稳定且煤质较好时，可选用燃烧效率相对较高的煤粉锅炉；对于燃料煤供应不稳定，或为泥煤或油页岩等较差燃料，为了保证装置的稳定运行、减少开停车以及造成的环境影响，可牺牲一定的燃烧效率选取对煤质适应性较强的循环流化床锅炉。

对于改造锅炉，如果在锅炉省煤器和空气预热器之间难以布置 SCR 反应器时，可将 SCR 反应器布置在空预器之后并采用低温催化剂。

3）排放指标控制

对于燃烧含硫量较高燃料（如高硫石油焦等）的循环流化床锅炉，可以采用炉内喷钙（如石灰石）和炉后烟气脱硫相结合的脱硫工艺，确保排放烟气的 SO_2 浓度达到大气排放指标要求。采用空气分级燃烧、燃料分级燃烧，采用 NO_x 低排燃烧器和烟气再循环等工艺技术来抑制 NO_x 的生成。

对于燃气锅炉，通过采用低氮燃烧器或烟气再循环以及 SNCR 脱硝[24]，通常可以达到烟气氮氧化物浓度排放指标（超净 50mg/m^3），避免采用 SCR 脱硝时的催化剂消耗，有效克服了催化剂回收的难题。

4）设备和机械

锅炉本体设备需要通过分析锅炉运行工况、燃料变化等做好温度场、流场计算，并通过设置低氮燃烧器等手段减少氮氧化物的生成；另外，在飞灰和底渣控制中，尽量提高底渣的比例，以减少飞灰的处理。

由于循环流化床锅炉的燃烧特点，锅炉水冷壁易磨损，容易造成爆管事故。除了锅炉设计选用合理的材料、选取合理的烟气流速、避免烟气形成漩涡等引起磨损的因素外，还可以采用在炉膛易磨处喷涂防磨材料或加装防磨梁，在省煤器上加装防磨设施等措施减轻磨损。

选用新型内置除氧器（“无头”除氧器），可有效降低排汽量。常规的有头除氧器的排汽一般大于出力的 0.2%，而内置式除氧器排汽不大于 0.1%。

燃煤锅炉主要转动设备有：煤卸车卸船的提升机、皮带输送机、磨煤机、锅炉给水泵、风机、其他辅助水泵，以及脱硫脱硝烟气处理装置配套的鼓风机、脱硫循环泵、加药泵等。燃气锅炉转动设备主要有：风机、锅炉给水泵等。

提升机、皮带输送机、磨煤机输送物料为固体，工作中会形成粉尘，有一定的环境污染。设计采用喷水雾措施可以有效降低粉尘飘散，或采用封闭输送机设备。磨煤机采用封闭式设计，防止粉尘飘散，其通风风道设置有过滤器等防尘措施。

在开停车期间和装置吹扫时蒸汽系统不可避免进行放空，在放空点设置放空消声器以放空噪声。

5）锅炉烟气治理技术的发展

随着我国经济的持续快速发展，国家、地方、行业相继出台了越来越严苛的锅炉烟气排放指标。比如《火电厂大气污染物排放标准》（GB 13223）烟气污染物标准烟尘指标（标况），从 1996 年版 200mg/m^3 到 2003 年版 50mg/m^3，再到 2011 年版 30mg/m^3（大部分地方要求必须达到超净排放，即 10mg/m^3）。另外，部分省市在国标基础上出台了更严格的地方标准。比如，北京市 2015 年发布的北京市地方标准 DB11/139—2015 中规定，新建锅炉大气污染物排放浓度限制，2017 年 4 月 1 日起，新建锅炉颗粒物（烟尘）浓度不超过 5mg/m^3。为了煤电低碳转型发展，国家发展改革委和国家能源局于 2024 年 6 月联合发布了《煤电低碳化改造建设行动方案（2024—2027）》。该方案提出，通过锅炉掺烧生物质、绿氨，以及碳捕集利用与封存（CCUS）等措施，至 2027 年，使煤电度电碳排放较 2023 年同类机组降低约 50%，接近天然气发电碳排放水平。因此，这就要求我们在锅炉设备本体设计与制造、电站配套辅机设备和系统设计中必须精心设计、不断创新。

① 锅炉设备的发展。目前最常用的燃煤锅炉为煤粉锅炉和循环流化床锅炉。国外对循环流化床锅炉的研发起步较早，从 20 世纪 70 年代末 80 年代初开始进行研发，代表公司有芬兰的奥斯龙和德国鲁奇。循环流化床锅炉由于具有燃料适应性广、炉内脱硫（添加脱硫

剂）、抑制 NO_x 生成、生成灰渣易于综合利用的优点逐渐得到了较为广泛的应用。目前单台循环流化床锅炉出力达到 2000t/h 以上。

锅炉规模大型化、燃烧技术优化、锅炉结构优化使得锅炉能效不断提升。

② 燃烧系统的设计优化。为了抑制 NO_x 的生成，一个行之有效的方法是进行燃烧系统的优化，通常包括燃烧器的优化、空气分级燃烧、燃料分级燃烧、采用 NO_x 低排燃烧器和烟气再循环等。该措施对在役锅炉改造尤为适宜。

③ 锅炉烟气除尘技术。20 世纪 80～90 年代，锅炉烟气除尘主要采用旋风除尘、水膜除尘和静电除尘。其中旋风除尘和水膜除尘的效率不大于 85%。随着国家对锅炉烟气排放指标越来越严和除尘技术的不断提升，目前锅炉烟气除尘主要以静电除尘、布袋除尘和电袋一体化除尘技术为主，除尘效率能够达到 99.9%以上。

④ 锅炉烟气脱硝技术。烟气脱硝主要有选择性催化还原法（SCR）、选择性非催化还原法（SNCR）、SCR/SNCR 混合法以及脱硫/脱硝结合法。其中，选择性催化还原法得到了较为广泛的应用。在役锅炉烟气脱硝改造上，对于受布置限制的锅炉可以采用低温催化剂的 SCR 法脱硝。

⑤ 锅炉烟气脱硫技术。近年来，锅炉烟气脱硫技术发展迅猛，涌现出很多不同的脱硫工艺。代表性的有石灰石石膏湿法、氨法湿法、海水法湿法、消石灰半干法等工艺。脱硫工艺的选择主要取决于燃料中的硫含量、脱硫剂来源等。

（2）自动控制方面

锅炉设有燃烧自动调节系统、锅炉炉膛安全监控系统（FSSS）、主燃料跳闸（MFT）系统、三冲量汽包水位调节系统、过热蒸汽温度调节系统、锅炉主给水流量调节系统等调节或保护系统，以保证锅炉的安全稳定运行，减少停车事故。

采用先进控制手段，提高脱硫脱硝效率和运行稳定性，如国家能源集团宁夏煤业公司针对 SNCR 存在的自动化投入率低、NO_x 波动大等问题采用了基于预测控制的 SNCR 优化控制方法等措施，解决了其 PID 控制大滞后、鲁棒性差的问题[25]。

锅炉燃烧后烟气在排入大气前设置“烟气排放连续监测系统”（简称为“CEMS”），检测排入大气中污染物指标已成为标准设置。此系统将烟气污染物浓度和排放总量连续监测并将信息实时传输到主管部门，分别由气态污染物监测子系统、颗粒物监测子系统、烟气参数监测子系统和数据采集处理与通信子系统组成。

气态污染物监测子系统主要用于检测气态污染物 SO_2、NO_x 等的浓度和排放总量；颗粒物监测子系统主要用来监测烟尘的浓度和排放总量；烟气参数监测子系统主要用来测量烟气流速、烟气温度、烟气压力、烟气含氧量、烟气湿度等，用于排放总量的计算和相关浓度的计算；数据采集处理与通信子系统对采集和计算后的数据形成报表，实时传送到主管部门。

根据燃料煤的特性，煤粉仓会设置部分放射性仪表对粉煤进行料位和密度测量。为了保证现场操作人员的安全，料位计的选用和安装阶段采取了如下措施：

① 尽量采用 Cs-137 放射源，以延长放射源的半衰期，减少现场更换放射源的次数；

② 采用对放射源的源盒开关远程操作的形式，避免人为靠近放射源的可能性；

③ 选用较灵敏的 PVT 接收器，尽可能减小放射源的剂量；

④ 安装前对放射源的安装位置进行现场再次检查、确认，主要是确保放射源的强辐射区域避开主要操作带（区）、检修区域、走廊、楼梯等。

（3）其他方面

为了节能和匹配装置的负荷变化，对于锅炉给水泵等辅机设备，电气方面有时会选用变频电机，这些变频电气设备的谐波会对周围其他设备产生电磁干扰和对供电系统产生谐波干扰，因此要对传输线采用屏蔽保护和对电网采取抗谐波保护措施。变压器底部都建有事故油坑，坑内充满鹅卵石，35kV及以上电压变压器（油量较大）的事故油坑与事故油池相连。当发生事故时，变压器油泄放至事故油坑或事故油池。在输煤层，为抑制扬尘在输煤皮带头部和犁式卸料器部位设置喷雾设施，在落料口设置除尘系统，除尘器通常选用布袋除尘器，粉尘经除尘器净化后排至室外，排放口粉尘浓度$<10mg/m^3$。

收集各排放域生产污水、地面冲洗水和化验室排水等的生产污水、生活污水等，并按照清污分流的方式处理。

点火油罐排气产生VOCs，解决方法有两种：在排气口处设排气风机，将含油气的废气送废气焚烧设施，或就近送锅炉作为助燃风。

锅炉（热电装置）主要任务是为全厂提供各个等级的蒸汽，装置应靠近蒸汽用户和全厂主管廊布置，特别是靠近高参数蒸汽用户，避免管线敷设来回往复，造成工程费用和运行能耗的增加。此外，为避免和减少生产运行过程中产生的有毒有害气体、粉尘、灰渣、噪声等对厂内其他区域的负面影响，宜将锅炉装置布置在建设地直通最小频率风向的下风向。

锅炉装置的布置尽量按常规的除氧间、燃料输送和储存间、锅炉间、烟气处理区、引风机区及烟囱区。由于燃料进入煤仓间会有扬尘产生，输煤层一般采用封闭式设计，且在落煤口设置除尘设施。

锅炉装置由于高温蒸汽的特性，控制室和有人值守的机柜间（电子间）以独立布置为宜；对于必须与锅炉装置联合布置时，高温蒸汽管道布置时不应靠近控制室和有人值守的机柜间（电子间）。

点火油罐应独立布置，位置应满足规范要求。油罐周围应设置围堰。

对于管道布置，汽水管道一般温度较高，特别是主蒸汽管道，应力大，如果出现管道的破裂等事故，直接关系到人身安全、装置的稳定运行，甚至停车事故和环保事故。因此，管道的布置应严格遵守相关规程规范，并结合主厂房设备及建筑结构情况进行。烟风煤粉管道烟气、空气和风粉混合区应分配均匀；避免原煤、煤粉、烟道、飞灰管道以及零部件的堵塞，且有完善的防爆措施；与锅炉本体连接的管道布置应考虑锅炉本体运行时的初位移，介质流速合理，避免过量冲刷和粉尘飞扬。

锅炉装置的加药间各种药剂的防泄漏措施到位。如地面防渗层可采用黏土、抗渗混凝土、高密度聚乙烯（HDPE）膜或其他防渗性能等效的材料防止液体药剂渗漏进土壤。

锅炉脱硫脱硝和除尘系统因处于SO_2腐蚀环境中，要充分注意因腐蚀而造成的安全事故和生态环境事故，如2022年2月15日某电厂锅炉布袋除尘器钢结构支撑件因腐蚀老化，强度降低而发生断裂坍塌造成6人死亡。据报道，2022年前3个月相关企业发生类似的事故造成人员伤亡20余人，并对企业周边的生态环境产生了一定的影响。

10.5.3 污染物排放及治理

10.5.3.1 废气

燃料燃烧后排放的烟气中含尘、SO_2及NO_x、Hg等有害成分，需要通过除尘、脱硫和脱硝等环保设施除去上述有害物质，使其达到国家、地方环保排放总量限制要求后才能排入大气。通常的烟气处理顺序是先经过脱硝，再分别经过除尘和脱硫，最后由引风机加压经烟囱排出。目前锅炉烟气排放主要执行的是《火电厂大气污染物排放标准》（GB 13223—2011），自 2012 年 1 月 1 日起新建锅炉的排放指标见表 10-15。而《煤电节能减排升级与改造行动计划（2014—2020 年）》进一步要求燃煤锅炉 NO_x、SO_2、粉尘接近或达到燃气机组排放限值（$NO_x \leqslant 50mg/m^3$、$SO_2 \leqslant 35mg/m^3$、粉尘$\leqslant 5mg/m^3$），因此目前工业项目一般执行此严格排放标准。研究表明，在锅炉内的流场气氛下，炉内脱硫、脱硝在环境气氛的要求上相互冲突，因此，寻求均衡、可靠的经济性炉内脱硫脱硝方法以及炉内、炉外协同显得极为重要[26]。

表 10-15　自 2012 年 1 月 1 日起新建燃煤及燃气锅炉大气污染污染物排放浓度指标限值

序号	燃料和热能转换设施类型	污染物项目	指标限值/(mg/m^3)	污染物排放监控位置
1	燃煤锅炉	烟尘	30	烟囱或烟道
		二氧化硫	100	
			200①	
		氮氧化物（以 NO_2 计）	100	
			200②	
		汞及其化合物	0.03	
2	燃气锅炉	烟尘	5③	
			10④	
		二氧化硫	35③	
			100④	
		氮氧化物(以 NO_2 计)	100③	
			200④	

① 位于广西壮族自治区、重庆市、四川省和贵州省的火力发电厂锅炉执行该限值。
② 采用 W 形火焰炉膛的火力发电锅炉执行该限值。
③ 天然气锅炉限值。
④ 其他气体燃料锅炉限值。

（1）烟尘及治理

燃煤中含有一定数量的灰分，在锅炉燃烧之后的烟气中含有大量的粉尘。需要通过除尘设备将其除去。

除尘设备一般分为干式除尘和湿式除尘两大类。干式除尘又有重力式除尘器、惯性式除尘器、旋风除尘器、干式静电除尘器（下称静电除尘器）、布袋除尘器等。湿式除尘又有洗涤塔、泡沫除尘器、水膜除尘器、文氏管除尘器等。

随着国家对大气污染物治理力度的日趋升级，排入大气的烟尘的规定控制浓度不断降低。GB 13223—2003 中对烟尘的控制浓度（标况）为 $50mg/m^3$，而 GB 13223—2011 中对烟尘的控制浓度根据地域不同排放限值（标况）为 $5 \sim 10mg/m^3$。较严格排放指标使得早期除尘设备效率达不到排放指标要求而被淘汰，目前比较常用的有静电除尘器和布袋除尘器，或者两种除尘方式的组合。

① 静电除尘器。静电除尘器是利用静电力实现离子与气流中尘粒分离的除尘装置。在一对电极之间施加一定的高压直流电形成电流，在两级间产生电晕放电。当含尘烟气通过极板时，在电晕放电极的区域内气体分子电离而离子化。正离子向电晕极运动而被中和，负离

子在向沉淀极运动过程中撞击粉尘粒子使其荷电，荷电粒子在电场作用下被截留。根据烟气流动方向，静电除尘器一般分立式和卧式两种。

静电除尘器优点是除尘效率高，四电场数以上时可达99.5%以上；由于烟气在极板之间流通，因此，烟气通过设备的阻力小，使用烟气温度范围广（从露点到金属的温度极限）；能除去细微粉尘，维护工作量相对较小。缺点是对锅炉负荷变化的适应性不强，运行负荷变化会带来除尘器出口浓度的不稳定；烟尘比电阻对除尘效率影响大，特别是原煤来源的不稳定对锅炉除尘效率造成很大的影响；且不能在线维修；初步投资较大。

② 布袋除尘器。布袋除尘器主要由除尘布袋、除尘器骨架（袋笼）、外部箱体和反吹设施组成。其原理是利用滤布作为过滤材料达到将烟气中的尘粒分离的目的。含尘烟气首先以0.7～1.2m/s（一般取1.0m/s）流速在滤袋中通过，由于惯性、扩散、阻隔、钩挂、静电等作用，粉尘被阻留在滤袋内，通过滤袋的干净烟气进入下游设施。滤袋上的积灰用气体反吹去除，清除下来的粉尘落到灰斗，经卸灰阀排到输灰装置。

布袋除尘器优点是除尘效率高，最高可达99.99%；除尘效率不受飞灰比电阻、烟尘浓度、颗粒度、锅炉负荷变化等因素的影响；能有效铺集微细尘粒，可除去飞灰中的重金属比静电除尘器更多；附属设备简单，系统简单；可在线维修。缺点是不适用于高水分烟气；维护费用高；设备阻力较大；受滤布材质的限制，耐温性差，烟气温度一般不超过160℃（短时最高不超过190℃）。

③ 电-袋复合除尘器。电-袋复合除尘器是将静电除尘器和布袋除尘器进行有机组合的一种除尘方式，将静电除尘作为前置预处理，再进入布袋除尘。其优点是综合了两种除尘的优点：设备阻力小；不受飞灰比电阻、烟尘浓度、颗粒度、锅炉负荷变化等因素的影响。

在静电除尘区首先除去了80%以上大颗粒的飞灰，进入布袋除尘区的烟尘浓度、颗粒度大大降低，提高了布袋除尘器布袋的寿命。

（2）氮氧化物及治理

燃煤电厂氮氧化物治理措施主要有生成源控制（即低氮燃烧）和烟气脱硝，或两种方式的组合。低氮燃烧技术主要是通过采用低氮燃烧器、烟气再循环、分级燃烧等手段减少NO_x的生成[27-29]。烟气脱硝主要是采用选择性催化还原法（SCR）、选择性非催化还原法（SNCR）、SNCR/SCR组合法或臭氧脱硝等手段降低烟气中的NO_x含量。近年来，有人提出通过采用循环流化床（CFB）后燃技术，基于流态重构的循环流化床燃烧技术、解耦低氮燃烧技术等可直接实现CFB锅炉的NO_x超低排放[20]。

① SCR脱硝技术。SCR脱硝技术是目前工程上应用最多的一种技术，它主要是在催化剂的作用下，在300～420℃的温度区间内，与烟气中喷入的氨基还原剂反应，将NO_x转化为N_2和H_2O。SCR脱硝工艺主要由氨供应系统、脱硝反应系统和氨喷射系统组成，图10-13是SCR脱硝工艺流程。

其中脱硝反应器是整个脱硝系统的核心，一般设在锅炉省煤器和空气预热器之间，或者设在温度适宜两级省煤器的中间，取决于选用催化剂的使用温度。催化剂安放在反应器内，催化剂的添加量由反应器出/入口NO_x浓度、排放指标、烟气量等确定。反应器的入口设置有气流均布设施，内部加强板及支架均设计成不易积灰的型式，每层催化剂的上方均设置吹灰器，保证催化剂的清洁和反应活性。SCR脱硝催化剂主要有板式、蜂窝式和波纹板式，其中板式和蜂窝式应用较多，波纹板式应用较少。如何确定催化剂型式主要需要考虑烟气中NO_x及烟尘浓度、催化剂防堵和防磨损性能以及催化剂组分等因素。

目前SCR烟气脱硝用催化剂基本都是以TiO_2为载体，以V_2O_5为主要活性成分，以

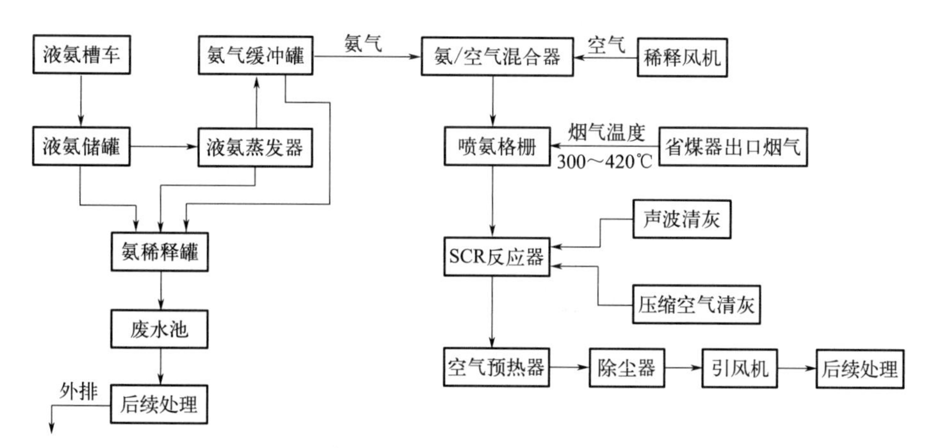

图 10-13　SCR 脱硝工艺流程

WO_3、MoO_3 为抗氧化、抗毒化辅助成分。由于传统的钒钨钛系 SCR 脱硝催化剂活性成分 V_2O_5 是一种高毒物质，且溶于水，会对人体皮肤和呼吸系统造成严重危害；失活后的钒钨钛系催化剂已被国家纳入危险废物类别，且处理成本较高，因此无毒脱硝催化剂的开发被提上日程。稀土基的无毒脱硝催化剂研究已趋于完善且已有应用，其主要是以轻稀土元素（如 Ce）为活性物质的过渡金属复合氧化物，不含钒也不使用稀缺的钨资源，既绿色无毒又可回收。与钒钨钛系脱硝催化剂相比，其最佳适用温度范围为 310～420℃，与钒钨钛系脱硝催化剂相同，抗中毒能力强，支撑体的轴向抗压能力高，耐水性能好，使用寿命长，活性降低后经处理可再生多次重复使用，且由于不含钒，SO_2/SO_3 转化率低。最终废弃催化剂还可以制作建筑材料，从根本上解决有毒催化剂二次污染的问题。虽然稀土基脱硝催化剂优点众多，但其价格高，市场对其认可度还有待提高。截至 2016 年，稀土基脱硝催化剂市场占有率已有 4%。2023 年 12 月中低温稀土基烟气脱硝催化剂在内蒙古自治区完成了工业应用验收。

该技术的脱硝效率一般为 80%～90%，单独采用该技术或结合低氮燃烧技术均可达到 NO_x 超低排放的要求。但 SCR 技术也存在一些问题，如氨逃逸、生成硫酸氢铵导致催化剂和空预器堵塞以及废弃催化剂的处置等。此外，在采用 NH_3 和尿素为还原剂的 SCR 脱硝过程中，会生成硫酸氢铵而堵塞管道、阀门和设备，应采取相关措施以保证装置的长周期运行[30]。

② SNCR 脱硝技术。选择性非催化还原法（SNCR）技术是在没有催化剂，温度 850～1100℃的范围内，将还原剂（一般是氨或尿素）喷入烟气中，与 NO_x 反应生成 N_2 和 H_2O 的技术。它利用炉内的高温驱动氨与 NO_x 的选择性还原反应。近年来，人们对炉内反应燃烧的认识愈来愈深刻，SNCR 的脱硝效率和可靠性不断提高[31]。

SNCR 脱硝系统主要包括还原剂供应系统、稀释计量模块、分配模块、喷射组件等部分。来自氨水储罐（或尿素溶液储罐）的氨水（或尿素）由高流量循环模块中的高流量循环泵输送至锅炉钢架上的稀释计量模块，并保证氨水（或尿素）进入稀释计量模块时压力＞0.75MPa(G)，部分氨水经过稀释计量模块、分配模块和喷射模块，最终进入锅炉炉膛参加 SNCR 脱硝反应，其余的氨水经过背压阀组循环回流至氨水储罐（或尿素溶液储罐）。图 10-14 是 SNCR 组合脱硝工艺流程。

SNCR 整个还原过程都在锅炉内部进行，不需要另外设置反应器，投资低，占地面积小，不受煤质和煤灰的影响，在脱硝过程中也不存在增加锅炉系统压力损失的问题。但 SNCR 对温度窗口要求严格，脱硝效率受锅炉设计、锅炉负荷等因素的影响较大，脱硝效率较低，煤粉炉 SNCR 脱硝效率一般在 30%～50%，结合低氮燃烧技术也很难实现机组 NO_x

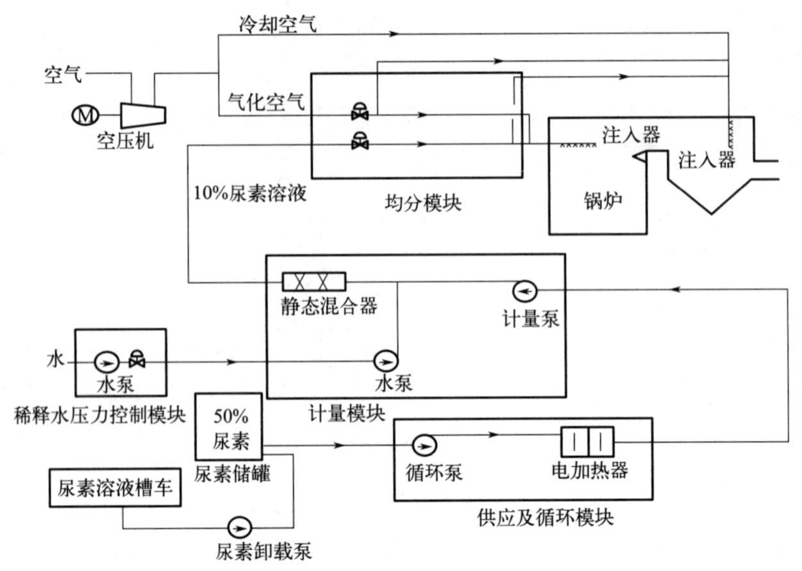

图 10-14　SNCR 脱硝工艺流程

超低排放；循环流化床锅炉配置 SNCR 效率一般在 60%～80%，在一定条件下可实现机组 NO_x 超低排放的要求[32]。

③ SNCR/SCR 组合脱硝技术。SNCR/SCR 组合脱硝技术是把 SNCR 工艺的还原剂喷入炉膛技术与 SCR 工艺利用氨逃逸进行催化还原反应技术结合起来，进一步脱除 NO_x。它是把 SNCR 工艺的低投资和 SCR 工艺的高效率及低的氨逃逸进行了有效的结合。在 SNCR/SCR 组合脱硝系统里，SNCR 多余的氨可以作为下游 SCR 的还原剂，由 SCR 进一步脱除 NO_x，提高了氨的利用率，降低了排出烟气中的氨逃逸率。同时，减少了 SCR 催化剂的用量，降低了整个系统的投资和运行成本。图 10-15 是 SNCR/SCR 组合脱硝工艺流程。

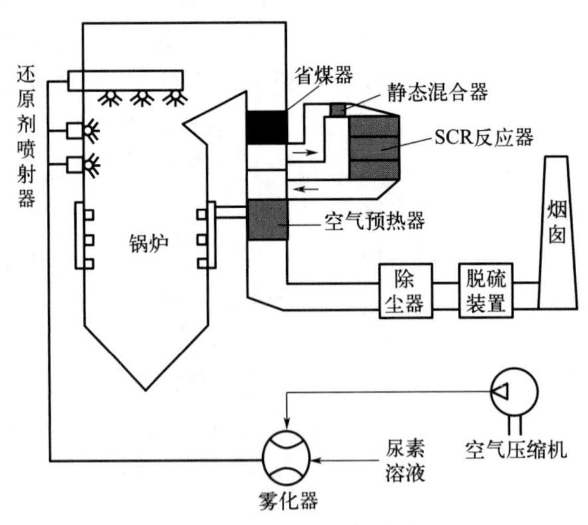

图 10-15　SNCR/SCR 组合脱硝工艺流程

SNCR/SCR 组合脱硝工艺具有脱硝效率高、催化剂用量少、反应器体积小、空间适应性强、烟气系统阻力小、催化剂回收量少的特点。在实际工程中得到了广泛的应用。但该技术对喷氨精确度要求较高，在保证脱硝效率的同时需要考虑氨逃逸泄漏对下游设备的堵塞和腐蚀。该技术应用于高灰分煤及循环流化床锅炉时，需注意催化剂的磨损[20]。

④ 臭氧脱硝技术。烟气中的 NO_x 主要以 NO 为主，约占 90%[33]，其在水中溶解度较低，无法被脱硫系统有效吸收。臭氧氧化技术是利用臭氧发生器，在高频高压电作用下，将氧气转化形成约 10%（质量分数）臭氧含量的混合气，然后经臭氧喷管喷入脱硫塔入口烟气中，将 NO_x 氧化为高价的氮氧化物（N_2O_3、N_2O_5 等）。高价氮氧化物在后续脱硫塔内溶于水被碱液吸收，生成盐类，从而达到去除 NO_x 的目的。臭氧脱硝具有氧化效率高、氧化反应时间短、对锅炉及附属设施影响小等优点[34]，但臭氧脱硝后如采用湿法脱硫时，需要关注脱硫外排废水中的总氮问题。图 10-16 是臭氧脱硝工艺流程。

采用何种脱硝技术及其不同的组合，与各装置的原料特点、装置规模、环保要求以及脱硝剂的获得性等众多因素有关。各企业应根据自身情况选择经济合理的脱硝技术[35]。

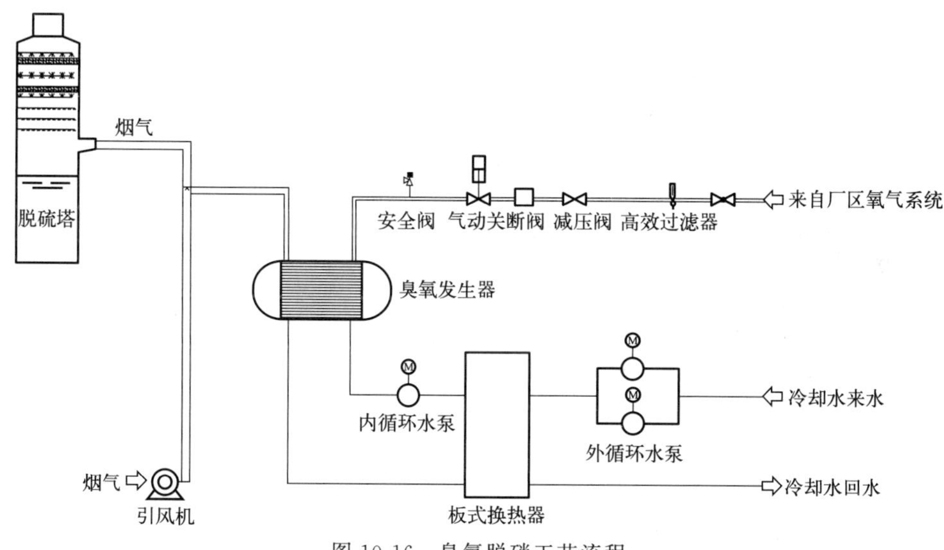

图 10-16 臭氧脱硝工艺流程

(3) SO_2 及治理

SO_2 控制技术可分为燃烧前脱硫、燃烧过程中脱硫和燃烧后烟气脱硫（即烟气脱硫）三大类。其中燃烧过程中脱硫一般在循环流化床（CFB）锅炉中采用，而烟气脱硫适用于各种炉型，也是应用最广泛的一种脱硫工艺。烟气脱硫基本原理都是以一种碱性物质作为 SO_2 的吸收剂，在脱硫塔内与烟气中的 SO_2 反应生成硫酸盐或亚硫酸盐。近年来，有人提出采用超细石灰石脱硫技术、半焦燃烧脱硫技术可实现 CFB 锅炉的直接 SO_2 超低排放[26]。

1) CFB 锅炉燃烧过程中脱硫

通过向锅炉内添加石灰石（$CaCO_3$），将石灰石在炉内高温下煅烧成生石灰（CaO）后，生石灰再与燃烧产生的 SO_2 反应生成 $CaSO_4$ 从而除去烟气中的 SO_2。这种脱硫工艺系统简单，除石灰石储存和输送系统外，没有其他设备，生成的硫酸钙也随锅炉底渣排出或进入烟气飞灰系统。但这种脱硫工艺脱硫效率较低，一般不超过 80%。通常用在燃料煤中含硫量低的 CFB 锅炉或与烟气处理脱硫系统联合脱硫的工艺。近年来，有些企业为了避免采用石灰石的循环流化床脱硫效率低而排放不达标的风险，采用了 CaO_2-MnO-Fe_2O_3 复合脱硫剂，取得了良好的效果[36]。

2) 石灰/石灰石-石膏湿法烟气脱硫

石灰石-石膏（WFGD）湿法烟气脱硫技术是目前应用最广泛的技术，占煤电站锅炉脱硫技术的 90%左右[37]。近年来，为达到超低排放的要求，在传统石灰石-石膏湿法脱硫工艺基础上各专利商（或供应商）采取了多种措施来提高脱硫效率，如增加喷淋层、增加喷淋密度、采用高效雾化喷嘴、利用流场均化技术、增加性能增效环等，也发展出了如旋汇耦合、双托盘、pH 值分区脱硫等技术。不同专利商（或供应商）的技术在工艺流程上存在一定的差异，但总的流程和原理基本相同。

石灰/石灰石-石膏湿法脱硫主要包括烟气系统、吸收剂储存制备系统、吸收及氧化系统、副产物处理系统、废水处理系统、公用系统等，对排烟温度有要求的地方，也可配置冷凝再热系统。图 10-17 是石灰/石灰石-石膏湿法烟气脱硫工艺流程。

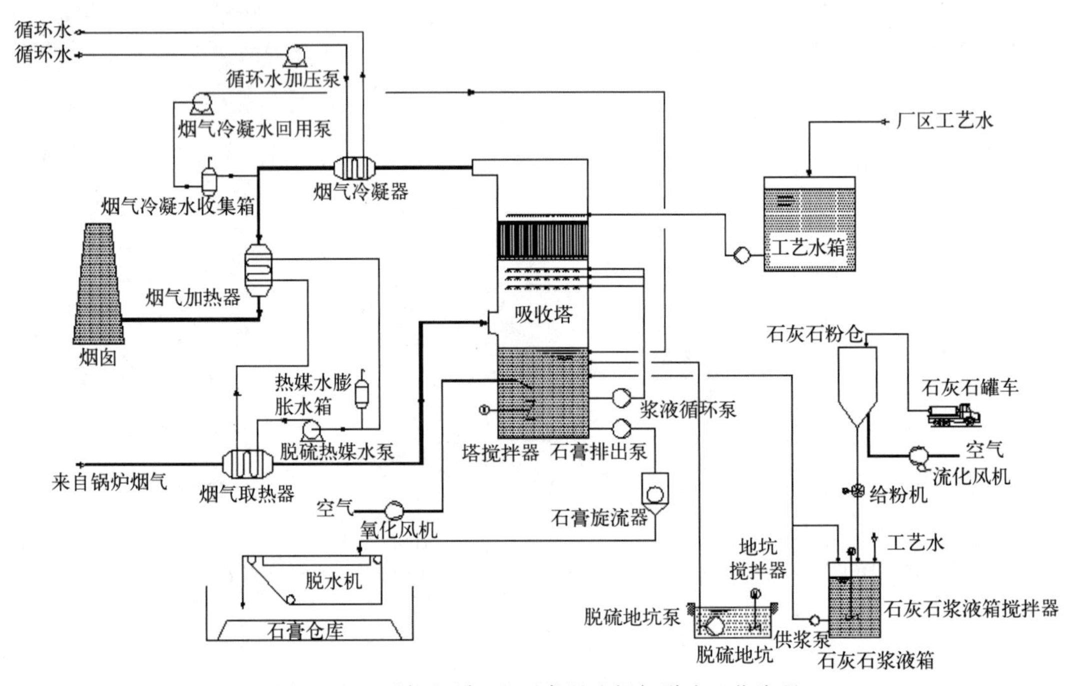

图 10-17　石灰/石灰石-石膏湿法烟气脱硫工艺流程

吸收及氧化系统是石灰/石灰石-石膏湿法脱硫的核心，含有 SO_2 的烟气进入吸收塔后，首先经过气液掺混使其与从喷淋层落下的浆液初次接触，然后再次与喷淋层逆向喷出的浆液接触。在这个过程中，大量的 SO_2 被吸收，浆液落入塔底氧化段。在塔底氧化段设置有氧化风管和搅拌器，氧化风机输送来的氧化风均匀分布在塔底浆液内，从而将浆液中的亚硫酸钙氧化成硫酸钙，当塔底硫酸钙达到设定的密度时，开启石膏浆液排放泵，将石膏外排至石膏脱水系统脱水。烟气通过喷淋层洗涤后，经过设置在塔上部的高效除雾器（管式除雾器、高效屋脊除雾器或湿式静电除雾器等），除去雾滴和粉尘颗粒，净化后的烟气通过烟囱外排至大气。

吸收及氧化系统内吸收塔可采用喷淋空塔、复合塔和 pH 值分区塔。复合塔应用较多的主要有双托盘塔或旋汇耦合塔，双托盘塔主要是在吸收塔内安装两层托盘，增强气液传质性能，以及提高吸收塔内流场分布均匀性；旋汇耦合塔主要是在吸收塔入口安装有湍流器，将进入吸收塔的烟气和喷淋浆液充分混合接触，提高传质速率，从而达到高效脱硫的目的。pH 值分区塔包括单塔双 pH 值、双塔双 pH 值等，主要特点是通过在吸收塔内加装隔板或塔外设置浆液箱等手段形成物理分区，或利用浆液自身特性形成自然分区，从而分别对上下层喷淋浆液的 pH 值进行控制，通常下层喷淋循环浆液主要以亚硫酸钙氧化及石膏结晶为主，pH 值控制在 4.5～5.3，上层喷淋循环浆液主要以吸收为主，

pH 值控制在 5.8～6.2。

石灰/石灰石-石膏法是应用最为广泛的烟气脱硫方法，近年来，有人针对其系统易堵塞、运行费用高等问题，通过提纯粉煤灰中 Ca^{2+} 制成碱性浆液，实现了粉煤灰湿法脱硫，改变了传统的粉煤灰脱硫只作为脱硫剂载体直接喷入烟道的利用方式[26]。

3）氨法烟气脱硫

氨法烟气脱硫工艺属于可回收工艺，通常采用氨水作为吸收剂与烟气中 SO_2 反应主要生成 $(NH_4)_2SO_3$ 溶液，在吸收过程中主要对 SO_2 起吸收作用的也是 $(NH_4)_2SO_3$。$(NH_4)_2SO_3$ 在氧化区与风机鼓入的氧气进行氧化反应生成硫酸铵，当脱硫塔中硫酸铵达到一定浓度时，将进一步送至硫铵制备单元生产硫酸铵固体。近年来，随着循环经济理念的不断深入，氨法脱硫技术使用更加广泛，针对其脱硫效果、氨逃逸、气溶胶等关键性能指标的研究也更加深入[38]。

根据过程和副产物的不同，氨法可分为原始 Walther 氨法、氨-硫酸铵法、氨-亚硫酸铵法、氨-磷铵肥法、氨-酸法等，并由此衍生出了几十种不同的脱硫工艺，其中，氨-硫酸铵法是典型的氨法脱硫工艺[39]。而根据结晶工艺的差异，该工艺又分为吸收塔内饱和结晶、吸收塔外蒸发结晶工艺。虽然各种工艺流程略有不同，但总体都主要包括氨水系统、烟气系统、吸收系统、氧化系统、工艺水系统、压缩空气系统、硫铵制备系统等。图 10-18 是典型的氨法脱硫工艺流程。

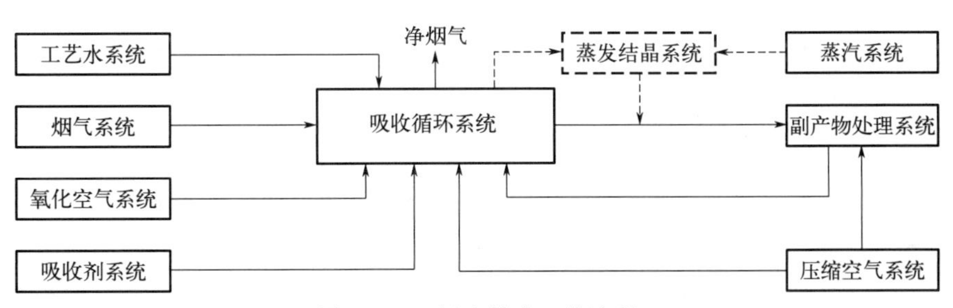

图 10-18　氨法脱硫工艺流程

① 吸收塔内饱和结晶工艺。利用烟气的热能实现硫酸铵浆液结晶并降低能耗是该工艺的显著特点。脱硝除尘后烟气首先进入吸收塔浓缩段，在该段内烟气与循环浆液逆向接触，利用烟气热能使浆液得到提浓，形成含硫酸铵结晶的浆液，同时浓缩浆液中的水蒸发也使烟气达到饱和态，该段浆液 pH 值一般控制在 5～6 之间。达到一定结晶浓度的浆液通过排浆泵送至硫铵制备系统，经旋流、离心分离、干燥得到硫酸铵固体。吸收塔外也可配套设置结晶槽/循环槽，保证浓缩段浆液合理的停留时间。

随后烟气接着进入吸收塔内吸收段，吸收段每层喷淋单独设置浆液循环泵，喷淋浆液与烟气逆向接触，烟气中绝大部分的 SO_2 被循环浆液洗涤吸收，该段浆液 pH 值一般控制在 5.5～6.5 之间。通常为去除烟气中的气溶胶和逃逸氨，吸收段后还设有水洗段和高效除雾段（如湿式静电除尘器），经水洗和高效除雾器除去逃逸氨、气溶胶和液滴等的净烟气经烟囱排至大气。

吸收段循环浆液通过设置的自流管流至塔底部的氧化段，通常系统设有氧化风机向塔底提供氧化风保证浆液中亚硫酸铵氧化为硫酸铵，按照氧化段位置氨法脱硫工艺又分为氧化外置、氧化内置工艺[40]，图 10-19 是吸收塔饱和结晶-氧化内置氨法脱硫工艺流程，图 10-20 是吸收塔饱和结晶-氧化外置氨法脱硫工艺流程。

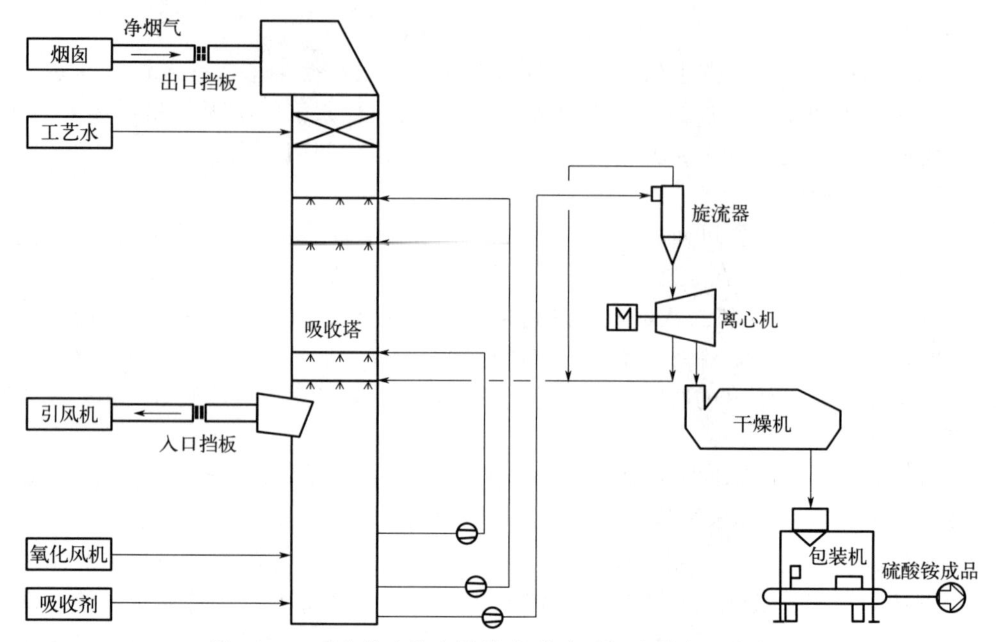

图 10-19　吸收塔内饱和结晶-氧化内置氨法脱硫工艺流程

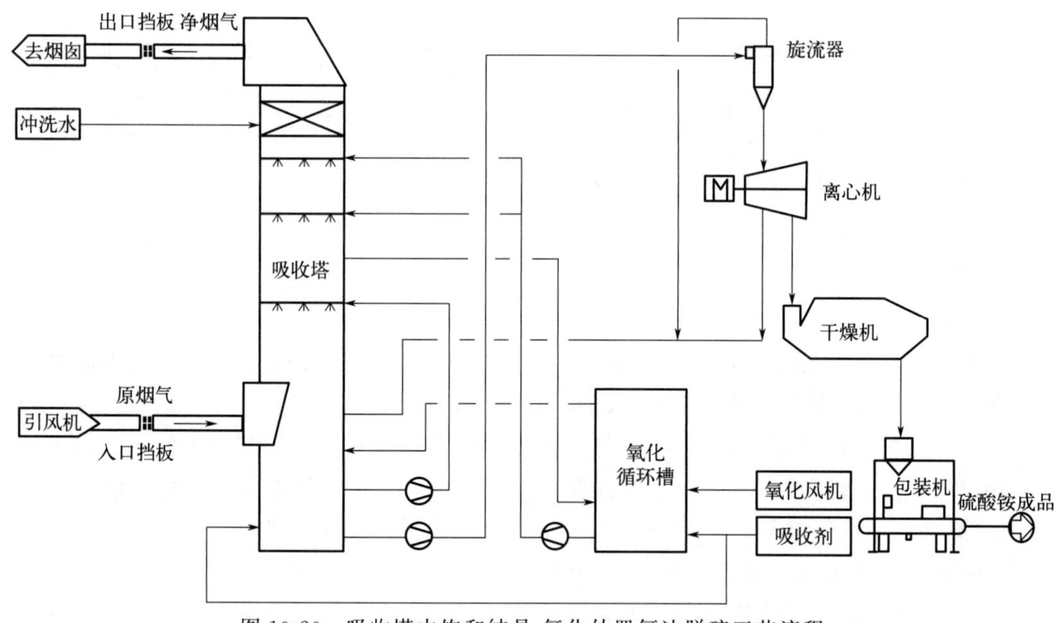

图 10-20　吸收塔内饱和结晶-氧化外置氨法脱硫工艺流程

② 吸收塔外蒸发结晶工艺。吸收塔外蒸发结晶工艺比较典型的为氧化内置氨法脱硫工艺，工艺流程与吸收塔内饱和结晶工艺内置氧化流程基本类似。不同之处在于硫铵制备系统，吸收塔外蒸发结晶副产物处理系统设置有二效蒸发结晶系统，工艺浓缩后硫酸铵浆液需要先送入二效蒸发结晶系统进行蒸发浓缩，得到硫酸铵结晶溶液。图 10-21 是吸收塔外蒸发结晶工艺流程。

4）氧化镁法烟气脱硫

氧化镁法烟气脱硫工艺按最终反应产物分为亚硫酸镁法和硫酸镁法两种，其中最终产品

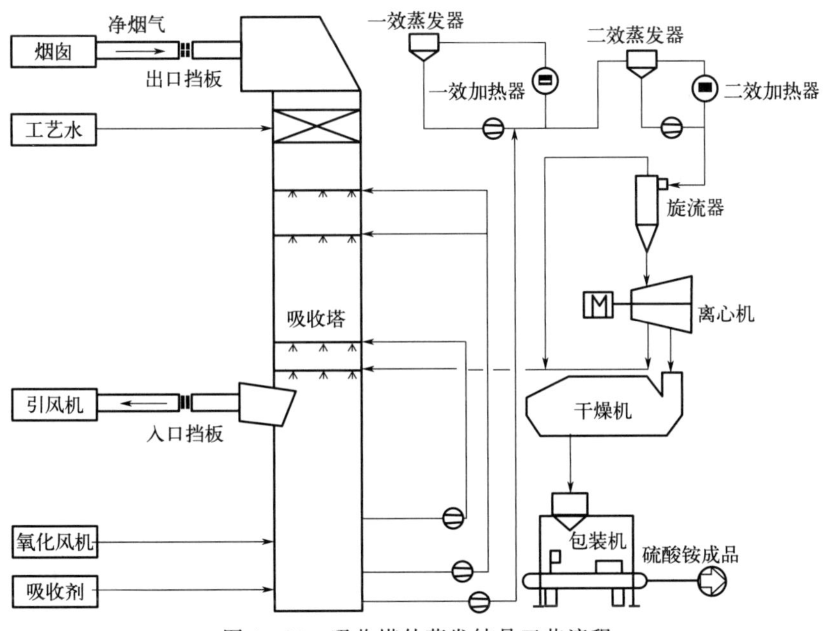

图 10-21 吸收塔外蒸发结晶工艺流程

为硫酸镁工艺相比亚硫酸镁工艺在工程上应用更多。氧化镁法脱硫工艺是将氧化镁粉末与工艺水混合制成浆液作为脱硫剂，与烟气中的 SO_2 反应生成亚硫酸镁、亚硫酸氢镁等。该工艺主要包括吸收剂制备系统、烟气系统、SO_2 吸收系统、副产物处理系统、工艺水系统等，图 10-22 是典型氧化镁湿法烟气脱硫工艺流程。

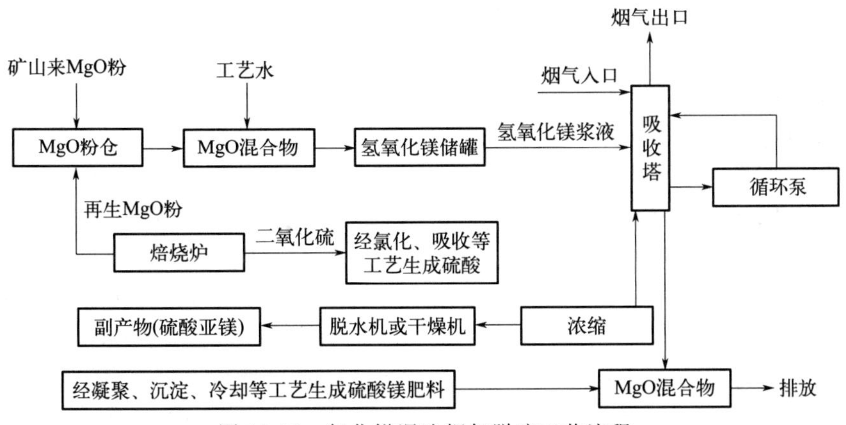

图 10-22 氧化镁湿法烟气脱硫工艺流程

二氧化硫吸收系统是镁法烟气脱硫的核心，脱硝除尘后烟气经增压风机升压后送入吸收塔，烟气进入吸收塔后自下而上流动，与喷淋浆液逆向接触脱除烟气中的 SO_2，与石灰石-石膏法类似，吸收塔入口可设置旋流器、托盘等设施提高脱硫效率。经洗涤吸收后烟气经高效除雾器（如管式除雾器、湿式静电除雾器等）去除液滴和细粉尘后，经烟囱排至大气。

当吸收塔底浆液中亚硫酸镁达到一定浓度后，通过排浆泵送至副产品处理系统。副产品处理系统有三种处理方式：一种是将浆液中的亚硫酸镁在吸收塔氧化池强制氧化成硫酸镁后，溶液直接外排（抛弃法）；另外一种是通过凝聚、沉淀冷却等工艺手段将浆液中的硫酸镁制成 $MgSO_4 \cdot H_2O$ 固体，作为化肥出售；还有一种是将硫酸镁浆液中的硫酸镁浓缩、脱水、干燥、焙烧、分解后回收 MgO 和 SO_2。

5）海水法脱硫

海水法烟气脱硫是利用海水作为脱硫剂去除烟气中的 SO_2。海水自身呈弱碱性，pH 值一般在 7.6～8.3 之间[41]，是二氧化硫的优良吸收剂，特别适用于高纬度沿海地区。海水中存在的 HCO_3^- 具有一定的二氧化硫吸收能力。海水脱硫工艺主要由烟气系统、吸收系统、供排水系统、海水恢复系统、电气控制系统等组成[42]。图 10-23 海水湿法烟气脱硫工艺流程。

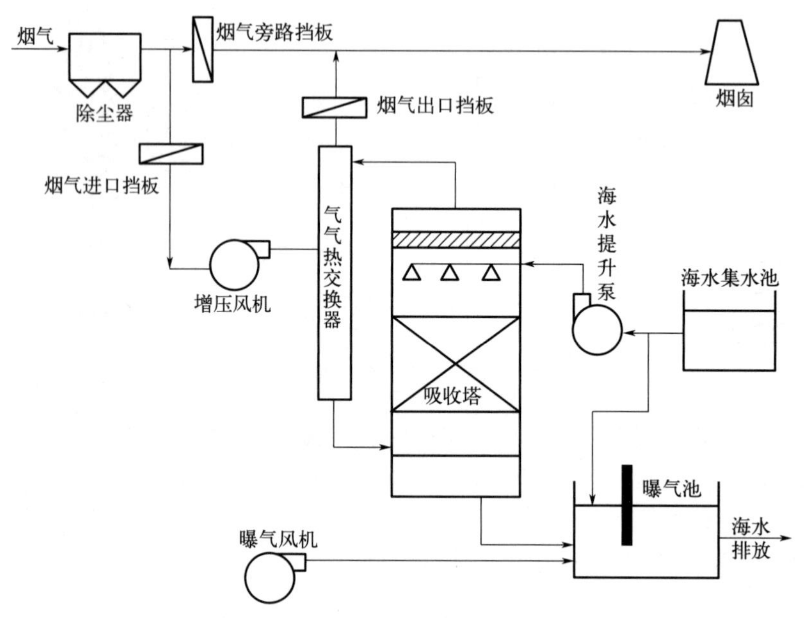

图 10-23　海水湿法烟气脱硫工艺流程

脱硝除尘后烟气经增压风机升压、气气换热器（GGH）降温后送入吸收塔，烟气自下而上流动，与喷淋浆液逆向接触脱除烟气中的 SO_2。净烟气再次经过气气换热器升温后通过烟囱排至大气。吸收塔排出的浆液送至曝气池，经过鼓风曝气将浆液中的 COD 降低，并吹脱海水中的二氧化碳，经过曝气处理海水 COD 和 pH 均达到标准后排入大海中。

6）钠法湿法烟气脱硫

钠法脱硫是以氢氧化钠或碳酸钠溶液作为吸收剂，脱除烟气中二氧化硫的脱硫工艺。脱硫后浆液主要含有 Na_2SO_4、Na_2SO_3、$NaHSO_3$ 等，根据不同地区污染物排放的要求不同，钠法外排浆液主要有两种不同的处理方案：一是吸收液直接外排，另一种是回收副产品（如回收 $NaSO_3$、SO_2）。钠法湿法烟气脱硫主要由烟气系统、吸收氧化系统、公用工程系统组成。图 10-24 是钠法湿法烟气脱硫工艺流程。

吸收氧化系统是钠法脱硫工艺的核心，烟气由进气口（入口段为耐腐蚀、耐高温合金）进入吸收塔的吸收段，吸收塔内配有喷淋层，循环浆液通过吸收塔浆液循环泵送入喷淋层喷嘴进行喷淋，脱除烟气中的 SO_2。喷淋洗涤后的烟气紧接着进入除雾段，除雾器安装在吸收塔上部，用于分离夹带的雾滴，除雾器设置冲洗水系统，用于降低除雾器的阻力降，除雾器冲洗水由工艺水泵提供。吸收塔中氧化段由氧化风机鼓入空气，将循环浆液中的亚硫酸根氧化为硫酸根，降低 COD。吸收塔设置有搅拌器，既能防止吸收塔内浆液中的固体颗粒发生沉淀，同时为浆液的氧化提供良好的氧化环境。为防止塔内浆液氯离子和盐类物质的积累，需要外排一定量的浆液到脱硫废水处理系统进行处理。

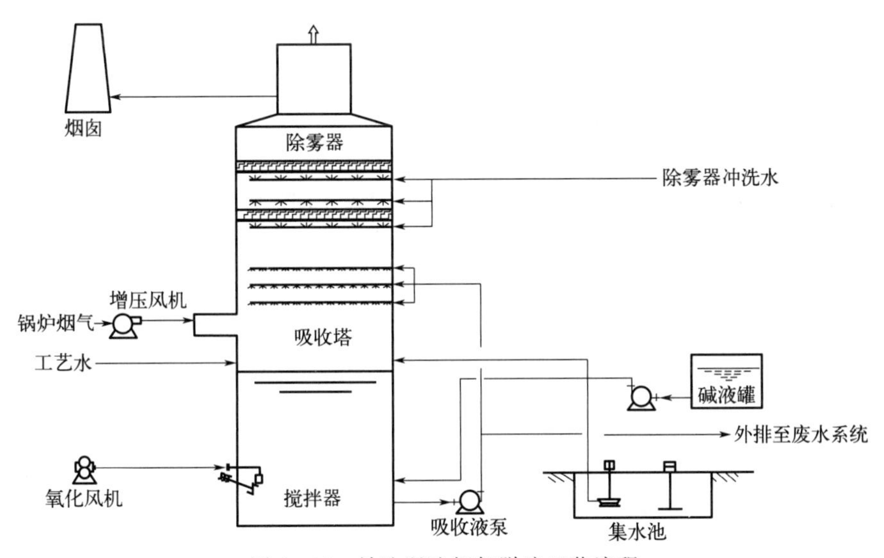

图 10-24 钠法湿法烟气脱硫工艺流程

7）双碱法烟气脱硫

双碱法的显著特点是用可溶性的碱性清液作为吸收剂在脱硫塔中吸收 SO_2，然后将大部分吸收液排出脱硫塔，再用石灰乳进行再生。由于在吸收和吸收液再生处理中使用了两种不同类型的碱，故称为双碱法。双碱法包括了钠钙、镁钙、钙钙等各种不同的双碱工艺。其中钠钙双碱法是较为常用的脱硫方法之一，在电站和工业锅炉上均有应用。图 10-25 是双碱法烟气脱硫工艺流程。

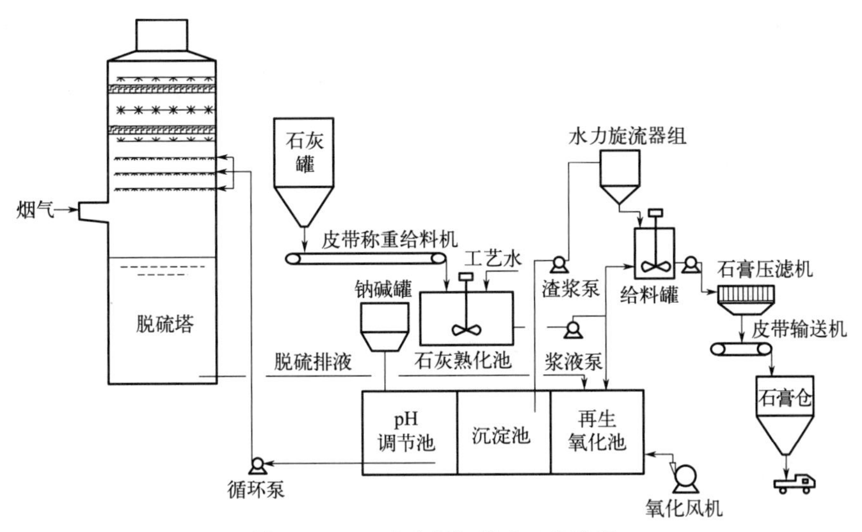

图 10-25 双碱法烟气脱硫工艺流程

8）半干法烟气脱硫

半干法通常以消石灰为脱硫剂，预除尘后的烟气从吸收塔底部进入，烟气中的 SO_2 与消石灰反应生成 $CaSO_3 \cdot 1/2H_2O$，部分 $CaSO_3 \cdot 1/2H_2O$ 与烟气中的氧气反应生成 $CaSO_4 \cdot 1/2H_2O$。

半干法脱硫主要由烟气系统、循环流化床反应塔、布袋除尘器、物料循环系统、脱硫灰外排、公用工程及辅助系统组成。经脱硝后的锅炉烟气首先进行预除尘（一般为静电除尘）

除去烟气中的大颗粒尘粒后进入循环流化床反应塔，烟气在塔内由下而上流动，与形成流化状态的吸收剂物料接触，同时在喷水降温共同作用下，烟气中 SO_3、SO_2 等酸性污染物质与吸收剂反应并脱除。反应后的含尘烟气通过塔顶烟道送至布袋除尘器。除尘后的净烟气经引风机加压后通过烟囱排至大气。布袋除尘器拦截的颗粒物进入灰斗，其中大部分颗粒物通过物料循环系统送回反应塔，继续参加反应，强化吸收塔内的气固传热、传质过程，提高反应效率、反应速率，少量的颗粒物经粉体输送系统外排。图 10-26 是半干法烟气脱硫工艺流程。

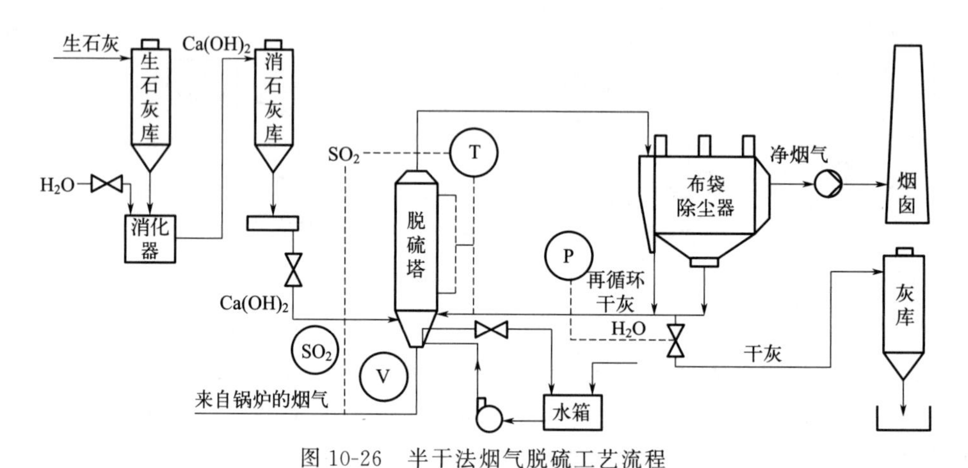

图 10-26　半干法烟气脱硫工艺流程

9）干法烟气脱硫

干法烟气脱硫有多种不同的工艺技术路线，比较常见的炉内喷钙、电子束氨法和管道喷射三种技术，也有采用活性炭脱硫的技术[43]。其中炉内喷钙属于燃烧过程中脱硫。这里主要介绍电子束氨法技术。图 10-27 是电子束氨法脱硫工艺流程。

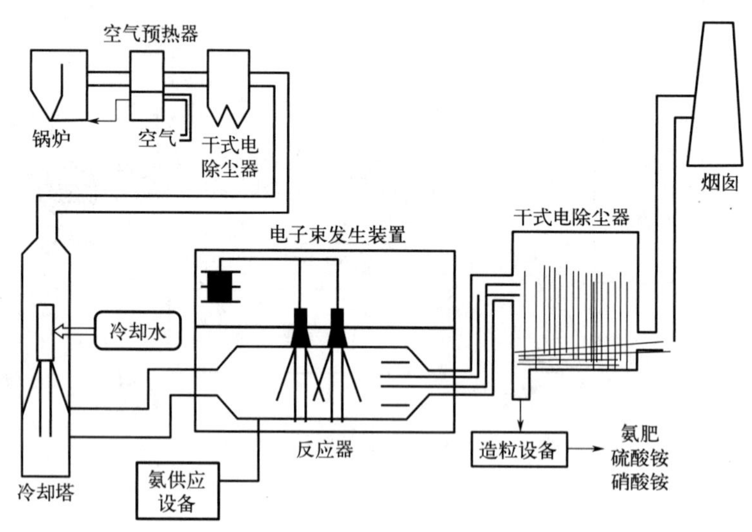

图 10-27　电子束氨法脱硫工艺流程

原理是利用电子束（电子能量为 800～1000keV）照射烟气，使烟气中的 N_2、O_2、水蒸气、CO_2 等气体成分发生辐射反应，生成离子、自由基、原子、电子和各种激发态的原子等活性物质。将烟气中的 SO_2 和 NO_x 转化成硫酸和硝酸，这些酸再与注入反应器的氨发生反应，最终生成硫酸铵和硝酸铵的一种脱硫脱硝组合工艺。该技术采用的是烟气降温、增湿、加氨、电子束照射和副产物收集的工艺流程。

烟气处理过程由冷却、加氨、电子束照射和副产品收集等工序组成。锅炉排出的烟气首先经除尘后，进入冷却塔，在冷却塔中通过喷射冷却水，使烟气温度降到适宜于脱硫脱硝的温度（约 65℃），水在冷却塔内完全被汽化；烟气在反应器中被电子束照射使 SO_2 和 NO_x 被氧化，生成硫酸和硝酸；然后根据 SO_2 和 NO_x 浓度及设定的脱除率，向反应器中注入氨发生中和反应生成硫酸铵和硝酸铵；最后经后段除尘器捕集这些副产品微粒，净化后的烟气经引风机加压后从烟囱排入大气。

近年来，随着环保排放标准的严格和细化，烟气中 SO_3 的形成与控制研究日益受到人们的重视[44]，新技术也不断涌现。采用湿法烟气脱硫技术时，因排放烟气含有大量水蒸气而形成了白色烟羽，视觉效果较差。近年来各企业通过烟气冷却、烟气加热、冷凝复热、旋流除湿、深度除湿、膜法除湿、气气换热等方式消除烟羽[45]。此外，脱硫脱硝一体化技术和活性焦法[46]、臭氧氧化法也都是不错的选择。

（4）脱 CO_2 与碳捕集

锅炉作为煤转换燃烧中最大单位 CO_2 排放源，在“双碳”目标下减碳变得极为紧迫。目前，锅炉燃烧减碳方式包括掺烧生物质[47,48]、掺烧污泥[49]、掺烧石油焦或热解半焦[50]、富氧燃烧[51]、流场优化等原料结构调整、节能降耗等措施。

10.5.3.2 废液

为提高锅炉产出蒸汽品质及降低炉水的含盐浓度，设置了排污系统，锅炉排污系统分为定期排污和连续排污。对于以软水为锅炉给水时，锅炉的排污率一般为 5%；对于以一级脱盐水为锅炉给水时，锅炉的排污率一般为 2%；对于以二级脱盐水为锅炉给水时，锅炉的排污率一般为 1%。锅炉排污水的含盐量一般大于 1000mg/L，但没有其他污染物。通常在锅炉装置内设有排污水降温设施（一般采用以工业水直接冷却的方法降温），降温水可以补充进循环水回水系统，达到资源化利用。

此外，湿法烟气脱硫会产生高盐污水，该水具有 SS 含量高、可生化性差的特点，一般采用氧化工艺进行处理，也有采用耐高盐分生物处理的报道。湖北能源集团鄂州发电有限公司采用低温烟气余热蒸发脱硫废水，取得了良好的效果[52]。表 10-16 是某石化企业 7 台锅炉采用石灰石-石膏法烟气脱硫产生的废水。

表 10-16　石灰石-石膏法烟气脱硫废水表

序号	污染物项目	设计值	备注
1	水量/(m^3/h)	33	取计算平均值
2	COD_{Cr}/(mg/L)	800	
3	NH_3-N/(mg/L)	350	
4	总氮/(mg/L)	375	
5	TDS/(mg/L)	约 20000	
6	Cl^-/(mg/L)	7000	
7	TSS/(mg/L)	3000	
8	总硬度(以 Ca^{2+} 计)/(mg/L)	1000	

注：7 台锅炉的规模是 2 台 220t/h、2 台 410t/h、3 台 465t/h。正常情况下 7 台锅炉不会同时运行。

10.5.3.3 固废

（1）锅炉底渣

燃煤锅炉燃烧过程中，从锅炉底部排出大颗粒锅炉底渣。底渣温度取决于锅炉炉型，一般煤粉炉排渣温度1100℃以上，循环流化床锅炉排渣温度950℃以下。底渣需经过冷却后再通过刮板输送、带式输送机输送、链斗输送、钢带机输送等机械输送设备送至密闭的渣仓临时储存，最后通过专用密闭槽车外送。

① 底渣的冷却和输送工艺。底渣的冷却方式大体上可以分为湿法冷渣方式和干法冷渣方式。其中湿法冷却方式是将热渣直接放入水中冷却，这种冷渣方式虽然冷却效果好，但热渣经水浸泡后渣的反应活性被破坏，降低了渣的综合利用价值，同时存在水资源的浪费，工业中逐渐被淘汰；干法冷渣方式指热渣在冷却过程中不使用水或者不与水直接接触，渣的反应活性不被破坏，也没有水的二次污染，有利于环境保护和废物的结合利用，现在大多数企业均是使用这类冷渣设备。底渣的冷却过程一般不产生污染。

底渣输送系统一般采用机械输送。机械输送又按照输送设备种类不同分为刮板输送、带式输送机输送、链斗输送、钢带机输送等形式，输送设备基本位于封闭或者半封闭的渣沟内，通常在输送末端辅以斗式提升机垂直提升输送至渣仓内储存，底渣在输送过程中容易出现扬尘污染，目前渣沟采用强制通风来改善环境，输送设备采用封闭或者半封闭的设计，也有通过增加与锅炉烟道连通的负压抽尘风管等抑尘措施，避免扬尘。

② 底渣的临时储存。燃煤锅炉一般设有临时渣库，临时储存一定时间的渣量，渣库大小根据锅炉排渣量以及存储天数确定，有效容积宜满足锅炉24～48h的排渣量。渣库可采用钢制渣库或混凝土渣库。在冬季寒冷的地区通常需要考虑保温措施。渣库附属设备通常包括空气炮、料位计、布袋除尘器、真空压力释放阀和卸料设施等。

渣库卸料系统多数由干湿两路组成（双渣库的工程也可将一路湿渣换为渣返料系统，作为循环流化床锅炉填充床料）。一路经过手动、气动插板阀，接至干渣散装机，直接装密封罐车；另一路经过手动或气动插板阀、锁气给料机接至湿式搅拌机，加水搅拌后使渣的含水率在20%～25%直接装自卸汽车。湿式搅拌机和干渣散装机安装在渣库运转平台上。

渣库进料时产生的扬尘主要由库顶的布袋除尘器进行抽负压抑尘，出料时的扬尘主要由干渣散装机产生，目前采用的抑尘方式主要有增加干渣散装机布袋除尘器、增加与库顶连通的抽尘风管、渣库装车大门增加喷雾或者干雾抑尘系统等措施，这些措施能有效减少扬尘的污染。

③ 底渣的处理。底渣需要根据底渣的属性、周边对灰渣的需求等因素调查后综合确定。通常可作为道路路基的材料、水泥厂和加气混凝土砖厂的附加材料等综合利用。

（2）锅炉飞灰

锅炉烟气携带的飞灰经除尘后产生的灰，通常称飞灰。飞灰一般粒径较小，排灰点一般在空气预热器下灰斗、静电除尘器或布袋除尘器灰仓落灰斗，其中主要为除尘器出口飞灰。静电除尘器第一电场产生的灰量一般在80%以上，且为大颗粒飞灰。

① 飞灰输送。飞灰的输送一般为机械输送和气力输送两种方式，机械输送方式由于输送距离受限，且为敞开或半敞开形式，环境污染大，新建燃煤锅炉装置基本已不采用。气力输送由于全过程采用密闭输送而成为飞灰输送的主流。

气力输灰系统是以压缩空气作为输送介质和输送动力，物料通过发送设备和输送管道被输送到灰库。可以根据输送距离、输送量、灰气比、管道特性等确定适合的输送方式满足现场实际应用需要。气力输灰系统整个输送过程完全密闭，受气候环境条件影响小，输送过程自动化程度高，并且没有粉尘外溢，改善了工作环境。

气力输送系统按照输送压力一般分为负压气力输送系统和正压气力输送系统两种，其中正压气力输送系统又分为正压稀相气力输送系统、正压浓相气力输送系统。因为正压浓相气力输送系统能降低输送速度、减少磨损、提高输送能力和降低输送单位能耗等优点，故其在燃煤锅炉除灰系统中应用最为普遍。其中柱塞式气力输送系统最具有代表性。

柱塞式气力输送系统的主要特点是：系统配置简洁，系统内运动部件少，其中进料阀、出料阀、进气阀为转动部件，其他均为固定设备，系统运行可靠；系统输送灰气比高，能耗低。

灰系统管线是含固体物料管线，配管时应注意：a. 管线尽量短，少拐弯，不出现死角；b. 为减少磨蚀及冲刷，弯头采用大半径弯头，弯头应设置足够的耐磨层；c. 固体物料支管与主管的连接应顺介质流向斜接，夹角不宜大于45°；d. 在确定管壁厚度时，要考虑管壁磨损率的寿命，考虑到灰管线的磨蚀及腐蚀，灰管线要用厚壁管，选择合适的最经济的壁厚，对碳钢管道要考虑合适的腐蚀裕量。

气力输灰整个输送过程没有扬尘等污染产生。

② 飞灰的临时储存。燃煤锅炉一般设有灰库，临时储存一定时间的灰量，灰库大小根据锅炉排灰量以及存储天数确定。灰库的有效容积宜满足锅炉24～48h的系统最大排灰量。灰库配套附属设施中脉冲布袋库顶除尘器、真空压力释放阀安装在灰库顶部；灰库气化板均匀并以一定角度倾斜安装在灰库储灰段底部；空气电加热器安装在室内；干灰散装机安装在干灰库运转层内。

脉冲布袋库顶除尘器：脉冲布袋库顶除尘器安装在灰库顶部，对进入灰库内的气灰混合物进行过滤，使排放符合要求的空气，布袋除尘器配套的脉冲控制设施，目的是反吹防止布袋被飞灰堵死而失效。

真空压力释放阀：真空压力释放阀安装在灰库顶部，当灰库背压过高或负压过高时能及时动作，调整灰库的工作压力在正常范围之内，使灰库不承受过高的正压或负压，从而保证灰库安全。

灰库气化槽：灰库气化槽以一定角度均匀安装在灰库储灰段底部，连续把一定压力的热空气均匀吹入灰库，使灰库内干灰呈松散状态，并充分流态化，使干灰顺利排出干灰库。

空气电加热器：空气电加热器将风机排出的空气加热到一定的温度通过气化板送入灰库，避免灰库内温度过低出现结露，从而引起干灰结块、搭拱现象。

灰库在进料时产生扬尘，主要由库顶的脉冲布袋除尘器进行抽负压抑尘；灰库出料时的扬尘主要由干灰散装机产生，目前常用的抑尘方式主要有干灰散装机增加布袋除尘器、灰库顶设置抽尘风管、灰库装车大门增加喷雾或者干雾抑尘设施，这些措施都可在装车时减少扬尘污染。

③ 飞灰的处理。锅炉飞灰的主要化学成分是SiO_2、Al_2O_3和CaO等碱性氧化物[53]。主要用作生产水泥熟料的原料、加气混凝土砖添加剂、涂料添加剂[54]等。也有人采用粉煤灰研究生产煤灰基固体酸[55]。

(3) 脱硫污泥

湿法脱硫会产生废水及其污泥，其废水一般采用氧化处理。产生的氨化污泥不仅含有灰分，还包含了烟气中脱出的不同形态的汞[56]。表10-17是广东和河北某2个电厂石灰石-石膏法烟气脱硫后产生脱硫污泥的组分。

表 10-17　广东和河北某 2 个电厂脱硫污泥组分表

项目		广东某电厂	河北某电厂
重金属含量/(mg/kg)	Cr	1133.55	440.66
	Ni	166.69	436.69
	Cu	52.99	80.49
	Zn	573.56	973.88
	As	431.10	837.80
	Cd	278.23	187.90
	Pb	163.09	285.33
	Hg	490.58	6.16
水分/%		30.21	30.00
灰分/%		72.83	76.25

10.5.3.4　噪声

锅炉装置的噪声源主要为各类风机、磨煤机、锅炉给水泵等泵类设备。为了满足《工业企业噪声控制设计规范》规定的 85dB 以内要求，通常采用设置消声器、隔声罩等措施来控制，见表 10-18。

表 10-18　单台 CFB 锅炉噪声源及控制措施

主要设备名称	装置(或单元)	台数	运行方式	降噪措施	降噪后声压级/dB(A)
锅炉给水泵	汽轮发电机单元	2	连续	选用低噪声设备	≤90
一次风机	锅炉间	2	连续	风机入口风箱钢板加厚或加固;电机设隔声罩;入口设置消声器	≤90
二次风机	锅炉间	2	连续	风机入口风箱钢板加厚或加固;电机设隔声罩;入口设置消声器	≤90
返料风机	锅炉间	3	连续	选用低噪声设备	≤90
给煤机	锅炉间	2	连续	选用低噪声设备	≤90
引风机	引风机区	2	连续	风机入口风箱钢板加厚或加固;电机设隔声罩	≤90
汽包超压放空	锅炉间	2	间歇	设消声器	≤90
过热器集箱超压放空	锅炉间	3	间歇	设消声器	≤90

注：1. 本表不含脱硫、脱硝配套机泵等噪声源及控制措施。

2. 风机按一台锅炉配套两台一次风机、两台二次风机、两台引风机考虑，数量取决于锅炉的规模和负荷的稳定性等。

3. 对于煤粉锅炉，风机类包括送风机、排粉风机、引风机、磨煤机等。

10.5.3.5　VOCs 及其他

燃煤锅炉点火及助燃通常采用轻柴油，在装置区设有点火油罐，罐顶设有排气口。排气口附近设置风机，将含有油气的 VOCs 引至废气焚烧设施或引至锅炉送风机入口进入锅炉燃烧。此外，锅炉烟气中 VOCs 的治理也已受到了行业的重视[57,58]。如山西晋煤天源化工有限公司采用锅炉掺烧处理其变换气脱硫和脱碳工段的 VOCs 尾气[59]。

10.6 整体煤气化联合循环发电

10.6.1 技术概述

整体煤气化联合循环发电（IGCC）技术[60,61]是以煤、焦油、渣油及生物质等含碳燃料[62]为原料的一种新型、高效、清洁的燃煤发电技术。IGCC技术将煤气化[63]、粗煤气净化、空分和燃气轮机联合循环及系统进行了有机结合，实现了以煤代油（或天然气）高效、清洁发电的目的[64,65]。IGCC技术实现了煤炭资源的高效、洁净化利用，从根源上解决了传统燃煤电厂热效率低、污染严重等问题，是世界上公认的一种清洁燃煤发电技术[66-68]。

图10-28是典型IGCC工艺流程。

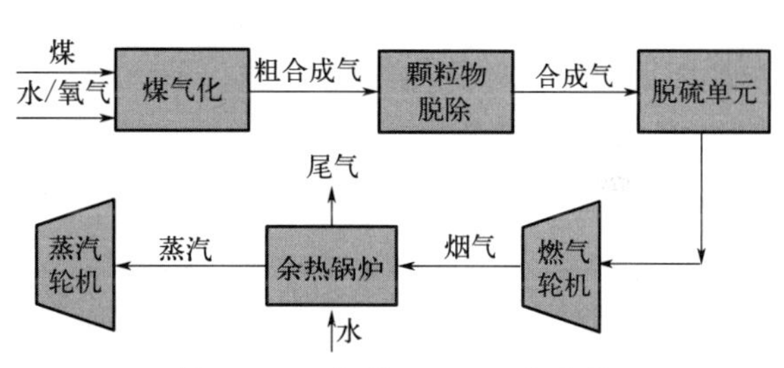

图10-28 典型IGCC工艺流程

20世纪70年代，世界上首套ICCC示范装置在德国Lunen的斯蒂克电站实现投运[69]。该IGCC电站采用增压锅炉型燃气-蒸汽联合循环工艺，系统总发电容量为170MW，其中燃气轮机及蒸汽轮机的发电容量分别为74MW及96MW。该系统以煤为原料，采用5台（四开一备）的固定床Lurgi气化炉，气化操作压力为2.06MPa，单台气化炉的耗煤量为10～15t/h。20世纪80年代，世界上第一个120MW的商业性示范IGCC电站［“冷水”（cool water）电站］在美国建立并成功运行。该IGCC电站基于水煤浆气化技术，采用Texaco气流床，其净发电功率为93MW，通过五年27100h的运行考核，该装置工艺性能稳定，供电效率达到31.2%，有效解决了传统燃煤电站存在的污染物排放严重、能量利用效率低等问题，被誉为“世界上最清洁的燃煤电站”[70]。从1990年后，IGCC技术开始进入商业化示范阶段，2003年日本建成了机组净功率为348MW的商业性IGCC电站，并在2010年实现了气化炉部分整体化及电厂容量为250MW的煤基IGCC示范电站的成功运行。

20世纪90年代以来，我国就开始建立IGCC技术研究团队，并一直致力于IGCC系统方案设计及优化研究[71]。华能清洁能源技术研究院、清华大学、中国科学院工程热物理研究所、华北电力设计院、中石化宁波工程公司等研究团队在IGCC系统优化、系统集成和关键技术开发方面做了很多工作。2005年，兖矿集团联合中国科学院工程热物理研究所共同研究与开发“高效洁净煤基甲醇联产电示范系统”，并实现了工业化装置运行。2009年，福建联合石化以脱油沥青为主要原料的多联产IGCC装置投入商业运行，作为“公用工程岛”向炼化一体化项目提供工业气体及公用工程物料等，为IGCC与炼化一体化的深度耦合做出了有益的实践和示范。

2012年，由华能研究院开发的绿色煤电IGCC示范电站在天津实现了工艺流程全线贯通并通过72h+24h整套试运行考核[72]。该项目是华能“绿色煤电计划”第一阶段的示范工程，是国内第一座、世界第六座大型IGCC电站，是我国“国家洁净煤发电示范工程”“十一五”“863计划”重大课题依托项目和“基于IGCC的绿色煤电国家863计划研究开发基地”。该电站装机容量为265MW，核心装置采用华能自主知识产权的2000t/d级两段式干煤粉加压气化炉[73,74]。这是我国第一座，也是目前唯一一座具有自主知识产权的整体煤气化联合循环电站，标志着我国拥有了大型IGCC电厂核心技术、集成设计、设备制造、安装调试、运营管理的能力，是我国洁净煤发电技术的重要里程碑之一。

10.6.2 工艺过程及清洁化生产措施

10.6.2.1 工艺生产过程

图10-29是典型IGCC系统工艺流程。

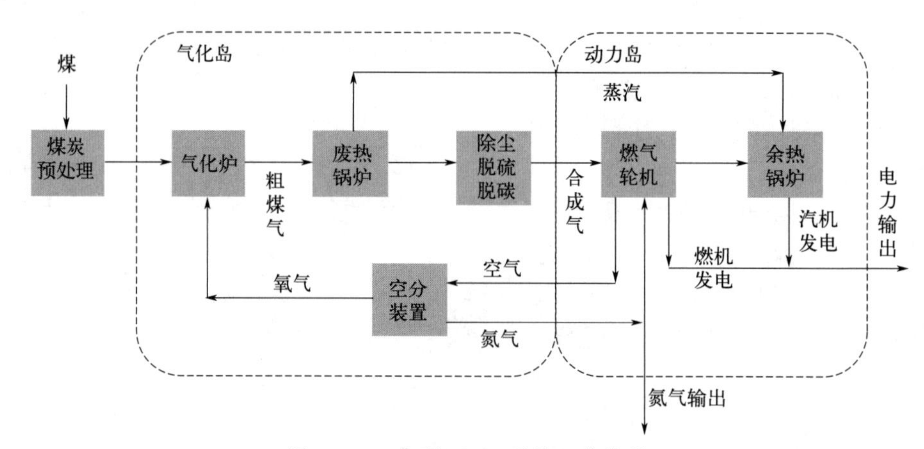

图10-29 典型IGCC系统工艺流程

典型IGCC工艺过程主要为原料煤经预处理后以粉煤或水煤浆形式与水蒸气、富氧共同进入气化炉中，在高温、高压条件下气化得到中低热值的粗煤气，粗煤气经净化系统脱除灰分及含硫杂质后进入燃烧室燃烧，得到的高温、高压燃气进入燃气轮机中膨胀做功，发电并驱动空气压缩机。空气经加压后一部分作为助剂送往燃气轮机，一部分则送入空分装置制得富氧气体。燃气轮机的高温排气用于余热锅炉内副产高温蒸汽，并驱动蒸汽轮机做功发电[75,76]。典型的IGCC发电系统可细分为以下4个子系统：

① 煤气化子系统。包括煤气化炉、煤的干燥与处理装置、给煤设备、高温煤气冷却器、低温煤气冷却器、排渣设备及系统等。

② 煤气净化子系统。主要设备有煤气除尘设备（一般有粗除尘设备和精除尘设备）、煤气水洗饱和设备、煤气脱硫设备、煤气水冷器及煤气加热器等。

③ 空气分离（空分）子系统。包括空气净化设备、主换热器、精馏塔、气体压缩机等。

④ 联合循环发电子系统。包括燃气轮机、余热锅炉、蒸汽轮机、凝汽器、除氧器等。

IGCC是多工艺技术，图10-30是典型的干法气化工艺IGCC电厂热力系统流程。

IGCC发电系统实现了煤气化、煤气净化、联合循环发电等多个工艺过程的高度集成。燃气轮机、余热锅炉和蒸汽轮机组成的联合循环发电系统是IGCC技术中实现热功转换的主体设备。

IGCC是将煤气化技术和高效的联合循环相结合的先进动力系统，环保性能好，污染物的排放量仅为常规燃煤电站的1/10，脱硫效率可达99%，氮氧化物排放只有常规电站的

15％～20％，耗水只有常规电站的 1/3～1/2。

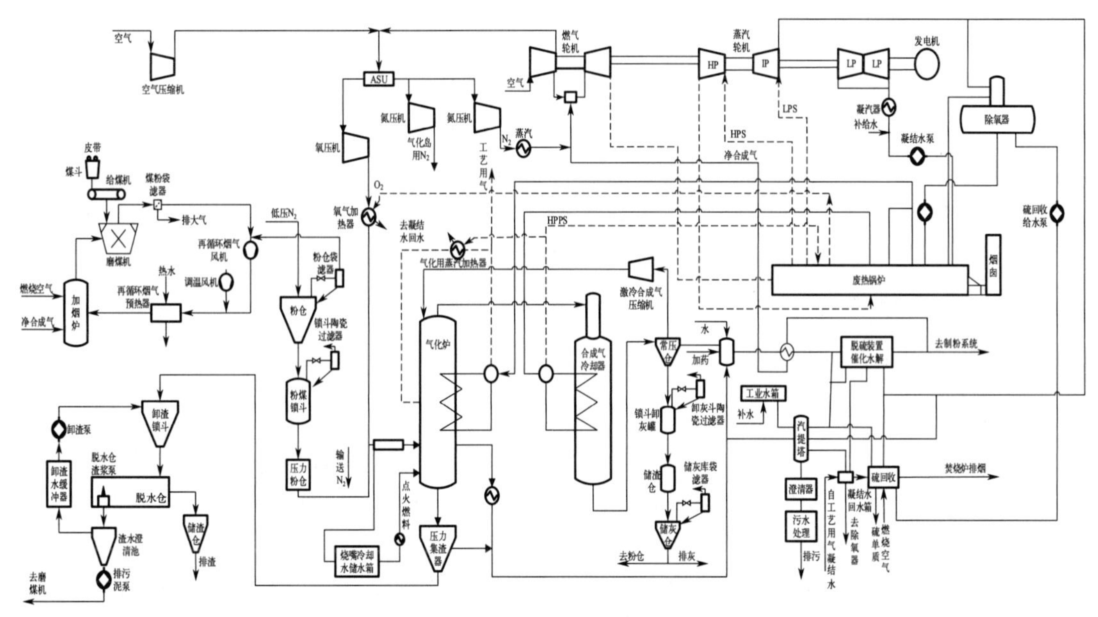

图 10-30　典型的干法气化工艺 IGCC 电厂热力系统流程

我国首套 250MW 等级的 IGCC 发电机组在天津建成，工艺过程由 2000t/d 级粉煤加压气化、高温高压陶瓷过滤器干法除尘、MDEA 脱硫工艺和 LO-CAT 硫回收工艺以及燃机注蒸汽和氮气等组成[77]，实测的污染排放物数据如表 10-19 所示。

表 10-19　某 250MW IGCC 电站污染物排放数据表

污染物来源	污染物	排放浓度/(mg/m^3)	年排放量/(t/a)	超标情况
联合循环锅炉放空	SO_2	<25	13.8	达标
	NO_x	<30	507.3	
	粉尘	<5		
硫回收装置排放尾气	H_2S	<6	0.18	达标
飞灰仓过滤器排放气	粉尘	<10	<0.02	达标
碎煤仓除尘气	粉尘	<30	<0.4	达标
磨煤干燥工艺尾气	粉尘	<30	<13.5	达标
	SO_2	<1.63	<0.7	达标
加压输送工艺尾气	粉尘	<30	<1.4	达标
化工废水	COD	141.5	26.28	达标
	BOD	28.3	5.256	达标
	悬浮物	75.5	14.016	达标
	石油类	9.4	1.572	达标
	氰化物	0.47	0.0876	达标
	氨氮	23.6	4.38	达标
	硫化氢	0.54	0.09636	达标

由于燃气轮机对煤气中含硫、含尘量要求较高，煤气在进入燃气轮机前需脱除绝大部分烟尘及硫分。IGCC粗煤气中的烟尘脱除方法[78,79]主要采用旋风分离[80]、干法分离及水洗涤等，经处理后，煤气中烟尘含量可低于1.0mg/m^3。煤炭中的硫分在气化过程中主要形成H_2S[81]，采用高效脱硫技术可实现99.0%以上的脱硫效率，煤气中H_2S的含量小于10×10^{-6}，脱除的硫分可进一步合成具有高附加值的硫黄副产品。煤中的含氮有机物在气化过程中主要转化为氮气，由于燃气轮机的高温段可达到1600℃，产生的含氮污染物主要为热力型NO_x，可利用注氮脱硝技术，将空分N_2回注到合成气中，从而有效降低NO_x排放量[82]。基于先进的煤气化技术，采用IGCC联合循环发电及多联产技术，同时对煤气化过程中形成的CO_2等物质进行捕集和处理，可实现全过程的近零排放。

10.6.2.2 清洁化生产措施

(1) IGCC清洁化生产工艺

① 煤气化工艺　IGCC过程较为复杂，不同因素对装置的总效率都有一定的影响，其中以煤气化效率的影响最为显著，煤气化效率每提高1%，IGCC的总效率可提高约0.5%[83]。因此，在IGCC技术中，应尽可能选择与实际运行相匹配的高效煤气化技术，并向煤气化效率最优化方向靠近[84-86]。目前国内外已成功工业运行的大型水煤浆气化和干粉煤气化都属于清洁、高效、先进的技术，基本可以满足IGCC运行效率提升需要。

国内某IGCC电站采用2000t/d级两段式粉煤加压气化工艺，碳转化率超过99%，冷煤气效率超过84.5%，煤气中有效气成分（$CO+H_2$）含量达到90%左右。

② 合成气净化工艺　煤气净化工艺过程主要包括高温煤气化过程和粗煤气净化过程[87]。高温煤气化过程是通过部分氧化反应，在获得粗合成气的同时将煤中的灰分转变成易清洁处理的玻璃态渣，其主要成分为Si、Al、Fe和Ca等无害的惰性物质。处理后的煤灰渣可回收作为建筑、磨料、绝缘、筑路等材料，且不会产生二次污染[88]。粗煤气净化过程的目的是将粗煤气中的灰尘及硫化物进行脱除，根据操作温度的不同，可分为常温及高温净化工艺。由于高温净化工艺操作要求高、技术不成熟，在目前已经实现工业化应用的IGCC电站中应用较少。针对常温净化工艺，通过增加粗煤气显热回收过程，可有效提高过程的能量利用效率。典型粗煤气常温净化技术[89]在美国Cool Water、荷兰Buggenum及西班牙Puertollano等IGCC电站中广泛应用，图10-31是IGCC电站典型粗煤气常温净化工艺流程。

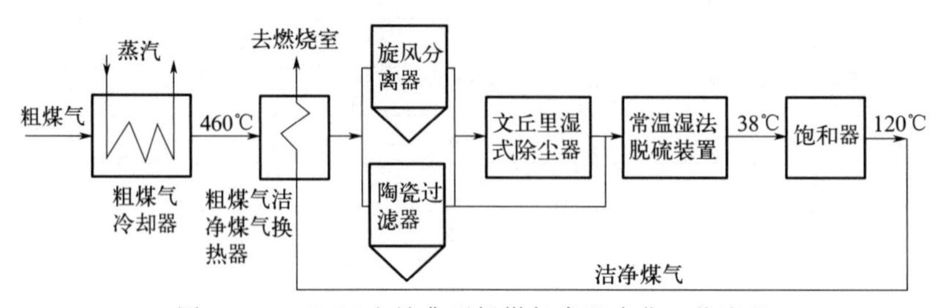

图10-31　IGCC电站典型粗煤气常温净化工艺流程

在粗煤气常温净化工艺中，粗煤气经冷却至约200℃后，采用旋风分离器或中温陶瓷过滤器进行预除尘，并利用文丘里湿式除尘器进行再除尘。

由于将粗煤气先冷却再分离的方法造成了大量的能量损失，因此，以新型设备研究为基础，粗煤气高温净化工艺应运而生。该技术在美国Tampa及Pinon Pine等IGCC电站中进行了应用。图 10-32 是 IGCC 电站粗煤气高温净化工艺流程。

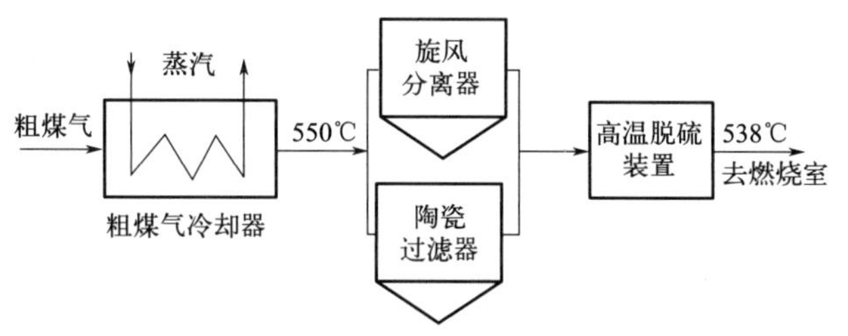

图 10-32 IGCC 电站粗煤气高温净化工艺流程

国内 IGCC 电站采用粗煤气高温净化技术，主要借助粗煤气高温除尘技术，粗煤气可在 340℃的高温下进行除尘。目前，新型的高温气体除尘工艺主要包括陶瓷过滤除尘工艺、颗粒层过滤除尘工艺、金属微孔过滤除尘工艺、旋风除尘工艺及静电除尘工艺等[90]。其中，颗粒层过滤除尘工艺采用颗粒床过滤器进行含尘气体分离，具有耐高温性好、降尘效果优良的特点。图 10-33 是一种陶瓷过滤器结构图。

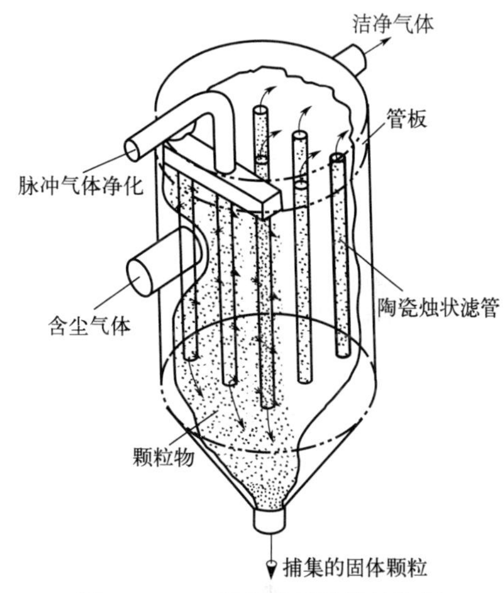

图 10-33 一种陶瓷过滤器结构图

（2）IGCC 节能减排技术

① IGCC 显热回收技术 IGCC 技术中，煤气化温度为 500～900℃，而高温条件下飞灰和含硫物质的脱除较为困难，因此需对高温粗煤气进行降温，同时回收高品位热量。目前，国内外已运行的 IGCC 装置中，粗煤气能量回收过程主要包括废锅流程（全热回收型）[91]和激冷流程（激冷型）。废锅流程是指采用辐射式和对流式废热锅炉副产高压蒸汽或者预热其他工艺介质，从而回收粗煤气中的余热。采用废锅流程系统，可回收相当于原料煤低位发热量中 15%左右的能量，可提高发电净效率 4%～5%。图 10-34 是某 IGCC 废锅热回收工艺流程。

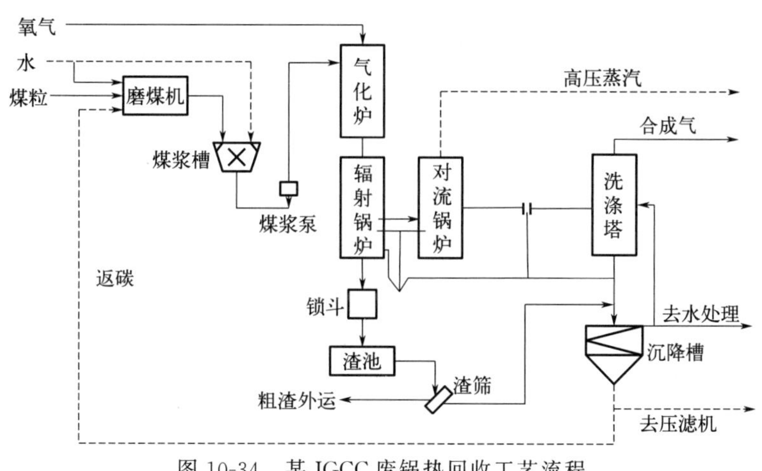

图 10-34 某 IGCC 废锅热回收工艺流程

激冷流程是指将气化后的粗煤气采用水进行激冷，降低粗煤气的温度，再经热回收，生产中压或低压蒸汽，回注汽轮机。由于激冷工艺固有的特性，其煤气热效率比废锅工艺的低5%～8%，发电效率降低4%～5%[92]。图10-35是IGCC激冷式热回收工艺流程。

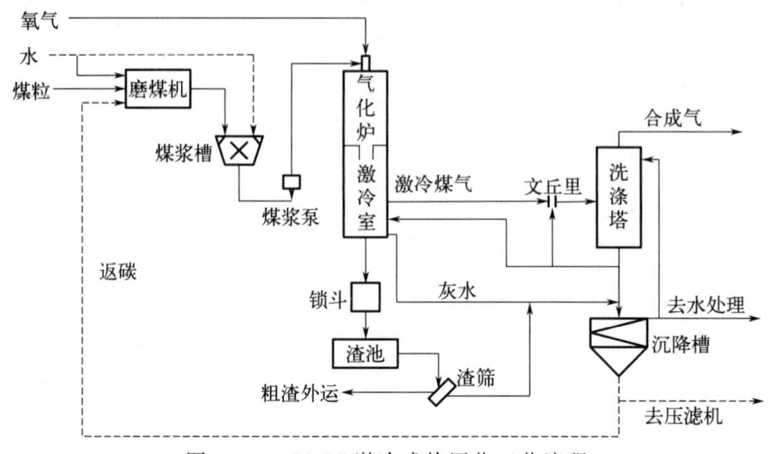

图10-35　IGCC激冷式热回收工艺流程

② IGCC水资源循环回收技术　IGCC电站如果位于缺水地区，采用耗水量低的工艺系统具有重要意义[93]。使用开式循环冷却水系统时，为降低循环水的风吹损失，在循环水冷却塔淋水装置上侧增加除水器，冷却水损失量可从0.3%减少至0.1%，甚至更少；为进一步降低循环水的补充量，减少工业水的消耗量，利用闭式循环水系统为动力岛和气化岛内的辅助设备提供冷却水，并采用脱盐水作为系统补充液，是一种更好的选择。在锅炉给水、生活消防给水及锅炉排污等系统中，各系统采用水处理及水循环回收技术，有效降低了污水的排放量，提高了循环水利用效率。

采用高效的节水工艺能有效提高IGCC电站的水资源利用效率。但为进一步实现IGCC电站全厂废水零排放，需将节水技术与反渗透膜（RO）、电渗析（EDR）、超滤（UF）及膜反应器（MBR）等废水回收技术相结合，提高水的回收率和利用率。在实际生产过程中，其存在部分难以回收的高盐废水。为实现废水的全回收，针对高盐废水则可采用废水蒸发技术，将高盐废水蒸发以回收水量，而剩余的废渣可经结晶、干燥或自然蒸发等过程后，作为一般固体废物进行回收处理。“降膜式机械蒸汽压缩再循环蒸发技术”是高盐废水蒸发实现废水零排放的高效回收技术。该机械压缩再循环蒸发技术，仅在开车工况下需额外蒸汽作为热源，在正常工况下仅需压缩机、循环水泵以控制系统所消耗的电能。该蒸发零排放技术虽然初期投资较大，但运行成本较低，且通过采用该技术可实现在IGCC电站内废水的零排放，是解决像IGCC电站这一类废水在本系统内不能够完全进行回收和利用，而又要实现零排放的项目的有效技术。

③ IGCC污染物减排技术　新型多功能催化剂。在IGCC电站运行过程中，为进一步降低COS、CS_2及HCN等污染物的排放量，华烁公司开发并研究出了新型的DJ-1多功能净化催化剂，可实现COS、CS_2及HCN等污染物的同步催化转化[94]。在150～250℃操作条件下，COS、CS_2及HCN脱除效率可分别达到90%、90%以及80%。该多功能催化剂已在国内IGCC电站中投入运行。

直接氧化法硫黄回收技术。IGCC电站中存在含H_2S的粗煤气，传统的克劳斯脱硫技术对低浓度H_2S的脱除效果较差，为进一步满足大气污染物排放标准，采用直接氧化法硫黄回收技术[95]处理含低浓度 H_2S 的酸性气体，提高粗煤气中 H_2S 的回收效率。直接氧化法硫黄回收技术具有流程简单、设备数量少及工艺消耗低等优势，并在东莞天明 IGCC 电站中实现了工业化应用。

(3) IGCC 多联产技术

IGCC 多联产技术是以 IGCC 技术为基础，将发电、供热、化工产品生产等过程联合起来的能源转换综合利用系统[96,97]，具有能源利用效率高、生产清洁等特点，具有延伸产业链、发展循环经济的技术优势。

IGCC 通过与液体燃料、化工产品合成等过程相结合，能够进一步提供多种化工产品，有利于资源综合利用和降低发电成本，提高系统灵活性，大大提高了 IGCC 的经济效益[98]。

IGCC 多联产目标产品方案主要包括汽电联产、氢气和汽电联产、合成气和汽电多联产三种。其中，汽电联产对合成气组分要求不高，重点考虑热效率高、能量利用效率高的粉煤气化技术。氢气和汽电联产、合成气和汽电多联产对 C/H 比（摩尔比）有要求，而且要求惰性气体含量低，水煤浆气化技术[99]和采用 CO_2 输送的粉煤气化技术均符合要求。基于原料与工艺相匹配、造价优化的原则，常见的多联产技术适宜配置方案[100]、技术要求及特点总结如表 10-20 所示。

表 10-20　常见的多联产技术适宜配置方案、技术要求及特点

联产方案	产品构成	工艺装置	适用气化技术	合成气要求	特点
IGCC 电站	蒸汽、电力	空分、煤气化、CO 变换、酸性气脱除、燃气轮机、余热锅炉、蒸汽轮机等	无特别要求	无特别要求	发电效率高，燃料适用性广，用水量少，污染物排放少
IGCC+炼厂方案	H_2、蒸汽、电力	空分、煤气化、CO 变换、酸性气脱除、燃气轮机、余热锅炉等	煤浆气化（激冷流程）、干粉煤气化（激冷流程）	C/H 比低，有效气含量高，水汽比高，甲烷含量低，氮气含量低	节水量大，硫、烟尘接近零排放，NO_x 排放低
IGCC+煤制甲醇方案	甲醇、蒸汽、电力	空分、煤气化、CO 变换、酸性气脱除、合成气压缩、甲醇合成、甲醇精馏、燃气轮机、余热锅炉、蒸汽轮机等	干粉煤气化（激冷流程）、干粉煤气化（废锅流程）、水煤浆气化（激冷流程）	C/H 比约为 1∶2，有效气含量高，水汽比不高，甲烷含量低，氮气含量低	节水量大，硫、烟尘接近零排放，NO_x 排放低
IGCC+煤制天然气方案	甲烷、蒸汽、电力	空分、煤气化、CO 变换、酸性气脱除、甲烷化及压缩、燃气轮机、余热锅炉等	固定床气化技术	C/H 比约为 1∶3，有效气含量高，水汽比不高，甲烷含量高	节水量大，硫、烟尘接近零排放，NO_x 排放低
IGCC+煤制合成油方案	合成油、蒸汽、电力	空分、煤气化、CO 变换、酸性气脱除、F-T 合成、油品精制、合成尾气回收、燃气轮机、余热锅炉等	干粉煤气化（激冷流程）、干粉煤气化（废锅流程）、水煤浆气化（激冷流程）	C/H 比约为 1∶2，有效气含量高，水汽比不高，甲烷含量低	节水量大，硫、烟尘接近零排放，NO_x 排放低
IGCC+合成氨方案	合成氨、蒸汽、电力	空分、煤气化、CO 变换、酸性气脱除、合成氨、尿素合成、燃气轮机、余热锅炉等	水煤浆气化（激冷流程）、干粉煤气化（激冷流程）	H/N 比（摩尔比）为 3∶1，有效气含量高，水汽比高，甲烷含量低	节水量大，硫、烟尘接近零排放，NO_x 排放低

除 IGCC 技术外，整体煤气化燃料电池发电（IGFC）技术也已列入 2030 国家重大科技专项，该技术在不考虑供热的条件下，发电效率达 60%以上，并为 CO_2 的低能耗捕集创造

了很好的条件[101]。

10.6.3 污染物排放及治理

在 IGCC 过程中，其主要的污染物包括气体、固体及液体污染物等[102-104]。

（1）废气

1）废气排放

IGCC 电厂中气体污染物主要为煤气化过程及燃机排放的污染物，主要包括 SO_x、NO_x 等。

SO_x 排放：在煤气化过程中，煤中约 80%的硫分存在于粗煤气中，部分硫分则在熔渣及飞灰中，少量存在于废水中。粗煤气中的硫分主要包括无机硫及有机硫，一般以 H_2S 和 COS 为主。相比于传统燃煤电厂烟气中的 SO_2，粗煤气中的大部分硫分是以 H_2S 的形式存在，其活性较高，因此从粗煤气中进行脱硫更为容易。

NO_x 排放物：IGCC 排放的 NO_x 与煤气化、煤气净化及燃气轮机（GT）的燃烧系统有关[105]。在气化和煤气净化系统中，气化时气化炉中的燃料氮大多转化为气态氮，在气流床气化炉的还原性气氛中，只有少量燃料氮会转化为氨（NH_3）。因气化炉类型和气化温度的不同，燃料氮转化为 NH_3 也存在区别，其转化率在 10%～60%之间，且温度越高 NH_3 的产生率越低。在还原性气氛中很难产生热力型 NO_x，煤气中也会含有少量的 HCN，通过水解反应并在催化作用下，HCN 可变为容易除去的 NH_3。

2）废气治理

① SO_x 控制方法。IGCC 系统中脱硫工艺处理的煤气量一般较大，加之煤气的用途不同，在选用脱硫工艺上与常规化工有一定差异。目前已在化工行业成熟运行的脱硫技术在 IGCC 系统中并不一定适用，而适用于 IGCC 系统的脱硫工艺在国内化工行业应用的规模往往较小[106]。

当前，性能较优、能耗较低的 IGCC 脱硫工艺有两种，即 Selexol 物理吸收法[107]（国内为 NHD 法，吸收剂为聚乙醇二甲醚）和 MDEA 化学吸收法[108]（吸收剂为甲基二乙醇胺），为保证脱硫效果，一般在脱硫前都需要加设 COS 水解装置[109,110]。对于多联产 IGCC，脱硫工艺宜选择低温甲醇洗净化工艺。

脱硫溶液再生所析出的含 H_2S 酸气，可采用 Claus 工艺[111,112]将 H_2S 转化为硫黄。Claus 硫回收工艺以及尾气处理的具体流程配置，需要根据进料酸气中 H_2S 浓度的不同和总硫回收率进行选择或确定。当酸气中 H_2S 浓度很低时，也可采用直接转化法处理。

Shell-Paques 脱硫技术[113,114]是一种采用脱氮杆菌在常温、弱碱性溶液条件下吸收 H_2S，并在自然产生的微生物和空气作用下将硫化物氧化成元素硫的生物脱硫及硫回收工艺，可用于替代胺法脱硫、Claus 回收尾气处理过程，进行硫黄回收。该工艺可用于小规模处理量（$50\times10^4m^3/d$ 以下）的中低（潜硫量 $S<50t/d$，尤其是 $S<10t/d$）H_2S 气体净化，在 IGCC 工程方面可用于硫黄回收及尾气处理。铁络合法也是一种处理含 H_2S 气体的硫黄回收工艺。

② NO_x 控制方法。在 IGCC 系统中为减排 NO_x，设置了两道防线[115]。一方面，向煤气中回注 N_2，并通过喷水或喷蒸汽的措施，使混合煤气被水蒸气饱和的方法（其实质是使中热值煤气变为低热值煤气），来控制燃气轮机燃烧室内燃烧火焰的温度总是低于 1650℃的极限值，以便抑制热 NO_x 的产生。这种方法可控制 IGCC 排气中 NO_x 含量在 25×10^{-6} 左

右，满足燃煤电站排放标准要求。另一方面，为进一步降低 NO_x 排放量，可在余热锅炉中烟气温度为 350℃左右的部位，增设选择性催化还原（SCR）反应器。该方法是通过向具备合适催化脱硝反应温度的排放气注入氨气，在催化剂的作用下，利用氨气与 NO_x 的选择性还原反应，将 NO_x 还原成为 N_2 和 H_2O，从而降低了 NO_x 的排放量。

（2）废水

1）废水排放

IGCC 电站正常运行过程中产生的废水，其主要来源为洗涤合成煤气的工艺用水、除盐装置来的废水、从蒸汽循环系统中来的排污水及自储煤系统的疏水和渗透水。废水中的污染物可分为如下几种类型：悬浮固体物、氯化物和氟化物、游离氰化物和结合的氰化物、硫氧盐酸、多环芳烃碳氢化合物（PAH）、甲酸盐（导致 COD 增加）、总氮（硝酸盐和氨）及重金属等。

某 600MW IGCC 电站中的废水流量与组成如表 10-21 所示。

表 10-21　某 600MW IGCC 电站中的废水流量与组成

项目	单位	洗涤合成气的工艺用水		再生排污水		疏水/渗透水
		干法供料气化	水煤浆气化	从除盐装置来的废水	蒸汽/水回路排污水	煤存储
流量	t/d	70～950	200～2700	150	200	15
温度	℃	40	40	20	30	10
pH 值	—	7～9	6～9	7	9	7～8
TDS	$\times10^{-6}$	500～7000	1000～7000	18000	<10	—
SS	$\times10^{-6}$	100～500	100～500	—	<10	—
重金属	$\times10^{-6}$	1～100	2～100	—	<10	—

注：TDS—总的溶解固体物；SS—悬浮固体物。

从表 10-21 可以看出：IGCC 电站中废水主要来自合成煤气的冷却和洗涤过程中产生的工艺废水。当然，其他 3 类废水在常规的燃煤电站中也同样会存在。

同时，采用不同的气化工艺技术，其废水中污染物也存在较大的区别。以干法、湿法供料的两种气流床气化工艺为例，两种工艺中气化、冷却和洗涤合成煤气所产生的废水中污染物的浓度数据对比分析见表 10-22。

表 10-22　两种气流床气化工艺产生的废水中污染物浓度　　单位：mg/L

污染物	工艺		重金属	工艺	
	干粉给料气化工艺	水煤浆气化工艺		干粉给料气化工艺	水煤浆气化工艺
TDS	500～2000	1000～7000	As	0.05～0.5	0.05～0.5
SS	100～500	100～500	Se	0.01～0.5	0.01～0.5
Cl	500～10000	200～3500	Hg	0.01～0.5	0.01～0.5
F	10～50	10～50	Cd	0.01～0.5	0.01～0.05
总 S	20～1000	20～1000	Cu	0.01～0.1	0.01～0.1
总 N	100～3000	300～3000	Pb	0.01～1	0.01～1
总氰	1～50	1～50	Zn	0.01～2	0.01～2
CNS	10～100	10～100	Ni	0.01～4	0.01～4
甲酸盐		500～3000	V	0.01～0.1	0.01～0.1
COD		400～1000	Fe	0～50	0～50

注：1. 总 S—硫化物和硫酸盐；总 N—硝酸盐和氨；总氰—游离氰化物和结合的氰化物。

2. 干粉给料气化工艺流量为 700～950m^3/d；水煤浆气化工艺流量为 2000～2700m^3/d。

从表10-22可以看出，在干粉与水煤浆供料的气化炉之间，排放废水的主要区别在于：相比于干粉给料气化工艺，水煤浆气化产生的废水流量显著较高；水煤浆气化产生的废水中化学耗氧量（COD）较高，其可能是由于CO_2和H_2O的高分压，产生了含有甲酸的废水；IGCC发电用水量比较少，大约是同等容量煤粉蒸汽电站的50%～70%，相应地废水的处理量也比较少。

2）废水治理

IGCC电站的废水一般通过闪蒸和汽提工艺将废水中的有害杂质去除，含有害组分的气体送反应器燃烧利用，浓缩废水经过液固分离，固体按照需求可再利用，部分液体去污水处理，部分可在装置内循环再利用。如对于采用水煤浆供煤方式的IGCC电站来说，可将各类废水循环回收后用于制浆工序。

针对煤气化过程，通常灰水的处理过程是：从文丘里洗涤器中排出的灰水被输往灰水处理系统，黑水逐次经历一级闪蒸器、二级闪蒸器和真空闪蒸器的闪蒸处理，使大量溶解于黑水中的气体被释放出来，分离出来的气体被送往火炬焚烧后排空或送往硫回收系统中所设的反应器中去燃烧；分离后的浓缩灰水，将汇集到灰水箱中，被送往重力澄清器，并经真空过滤器（又称压滤机）使固液进一步分离，进而把灰水中所含的固体物质压成滤饼，滤液经过滤液回收箱汇集后，泵送到污水处理系统做进一步处理，储存在灰水箱中的灰水分别经高压灰水泵或低压灰水泵送至气化炉作为锁斗冲洗水或送往磨煤机中去用作补充水。

（3）固废

IGCC技术中的固废主要是煤气化过程产生的灰、渣和固体颗粒。

在煤气化过程中，煤中所含的80%～90%灰量将变成熔渣排出气化炉，煤中的灰渣是在1400℃条件下熔融形成的比表面积小、玻璃状的惰性熔渣，可回收后用于建筑材料；另外有10%～20%的灰则以飞灰的形式被高温合成煤气带出气化炉，在炉外通过相关设施实现气固分离，这部分飞灰也实现了回收利用。

（4）噪声

IGCC中的噪声源主要为空压机组、磨煤机、循环风机、燃气轮机组等设备，采取的控制噪声措施主要有增加隔声设施等。典型250MW IGCC主要噪声源和降噪措施见表10-23。

表10-23　典型250MW IGCC主要噪声源和降噪措施

主要设备名称	装置(或单元)	台数	声压级/dB(A)	运行方式	降噪措施
空压机组等	空分装置	1	见表10-3	连续	见表10-3
磨煤机	气化装置	3	95～100	间歇	消声器,管道外壳阻尼,
循环风机	气化装置	3	95～105	间歇	减振,管道外壳阻尼
中压循环泵	气化装置	3	90～95	连续	减振,管道外壳阻尼
布袋过滤器放空	气化装置	6	100～105	间歇	消声器
气化汽包排放	气化装置	1	110～125	间歇	消声器
燃气轮机组	燃机	1	110～125	连续	隔声罩,建筑隔声
燃气轮机烟道	燃机	1	94	连续	隔声墙,外壳阻尼
汽轮发电机组	燃机	1	95～110	连续	隔声罩,建筑隔声
风机	燃机	1	90	连续	消声器,建筑隔声

10.7 液体罐区及其装卸

10.7.1 技术概述

煤化工转化过程整体产业链长，根据不同的工艺路线，会存在多种液体物料。全厂性的储罐包括酸碱储罐、氨水罐、污油罐等。煤气化单元基本不设置液体储罐，净化单元会根据需要设置丙烯储罐、污甲醇储罐。配套甲醇合成装置时，各种甲醇储罐必不可少；配套合成氨尿素装置时，则需要设置液氨中间储罐。如果后续配套MTO或MTP，则需要配套设置乙烯、丙烯、丙烷、LPG、异戊烷、1-丁烯、C_4、C_5等储罐。煤制天然气项目中，一般需要设置中油、石脑油、焦油、粗酚等储罐。煤制油项目则还需要设置各种油品储罐。

根据液体物料的进出厂方式、供需关系等要求，需要设置配套液体罐区，对液体物料进行短期或长期的储存。

根据储存物料的不同，储罐的形式也是多种多样的。按结构分类，可分为固定顶储罐、内浮顶储罐、浮顶储罐、球形储罐、卧式储罐等；按储存压力分类：可分为高压储罐、低压储罐、常压储罐等；按用途分类，可分为原料储罐、产品储罐、中间物料储罐等。

煤化工项目中，液体储存球形储罐常用于储存丙烯、乙烯等液化烃和液氨等物料；内浮顶罐常用于储存甲醇、汽油等火灾危险等级为甲B、乙A类的液体物料；其余物料则一般采用固定顶罐进行储存。储量较小时可优先考虑卧式储罐进行储存。

根据液体物料的进出厂要求，需要设置相应的装卸设施，如铁路装卸车设施、公路装卸车设施、码头装卸船设施、装桶设施等。

10.7.2 工艺过程及清洁化生产措施

10.7.2.1 工艺过程

液体原料由外部卸车或卸船送入储罐储存后，由罐区加压后送至下游装置。根据下游用户实际需求及分配情况，除部分临时用户外，一般采用单用户专用泵配送的设置。部分原料需要以气相供下游装置，则由罐区配备相应的汽化过热设备。

液体产品由上游装置送至罐区储存后，在进行必要的分析检验、计量、调和等作业后，由罐区加压送出，送出方式包括管输、装车、装船等。

对于液体中间产品，原则上由上游装置直供下游用户，罐区仅起缓冲作用。当上游装置因故供料不足或是不能供料时，由罐区补充供料。当下游用户因故降低负荷或是不能接收时，则由罐区负责接收储存物料。

液化烃、液氨及类似物料卸车，可采用压缩机加压卸车方式，或是压缩机加泵的方式；其余液体物料卸车则采用泵卸车方式。

物料装车由罐区负责加压，可采用定量装车设施进行控制。

10.7.2.2 清洁化生产措施

液体罐区 VOCs 污染控制与治理，除应符合《石化行业挥发性有机物综合整治方案》（环发〔2014〕177 号）、《石化行业 VOCs 污染源排查工作指南》、《挥发性有机物（VOCs）污染防治技术政策》等相关法规和 GB 31570、GB 31571 等标准规范的规定外，尚应符合项目建设地地方性规章和建设单位企业标准的要求。

工艺装置之间尽量采用原料直供方式，减少中间原料储罐数量及操作频次。严控储罐上游工艺装置出装置物料的温度、蒸气压等指标，确保储罐运行不超温、不超压，从工艺源头减排，控制 VOCs 排放。

储罐应按照 GB 50160、GB 31570、GB 31571、SH/T 3007 的有关规定进行选型，优先选用压力罐，或低温储存、高效密封的内浮顶罐，采用适当提高常压罐压力、储罐增加隔热等源头控制措施，减少储罐的 VOCs 排放量，以满足国家和地方的 VOCs 排放标准。当确实无法满足时，采用罐顶油气连通集中处理实现达标排放。

储存Ⅰ、Ⅱ级毒性的甲 B、乙 A 类含苯液体储罐，加工高（含）硫原油的直馏石脑油、焦化汽油、轻污油等储罐，苯乙烯等易自聚、氧化的特殊性质的物料储罐，应在内浮顶罐基础上安装油气回收装置等处理设施，其罐顶气应集中收集处理。没有明确要求的储罐，如储存柴油、航煤组分的成品、半成品储罐，优先采用“内浮顶＋密封”方式满足排放要求。

酸性水储罐、含油污水储罐等属于 VOCs 治理范围内组分的储罐，参照 VOCs 治理原则执行。单纯治理异味（恶臭）的储罐，如高温沥青、高温蜡重（渣）油等固定顶储罐，应根据罐顶气相分析结果，采用相应的处置工艺。

浮顶储罐和内浮顶储罐的浮盘密封结构应符合 GB 50341、GB 31570 和 GB 31571 等标准规范的有关规定，以控制油气的排放。

根据《国家安全监管总局关于进一步加强化学品罐区安全管理的通知》（安监总管三〔2014〕68 号）要求，罐顶油气连通系统要进行安全论证，其安全风险防控重点应是防止重大群罐火灾。罐顶油气连通与 VOCs 收集系统应开展危险与可操作性（HAZOP）分析，采用安全仪表系统的应开展安全完整性等级（SIL）评估。

甲 B 和乙 A 类液体储罐、芳烃类储罐、轻污油储罐、酸性水罐、排放气中可能含有高浓度油气或硫化物的储罐，均应设置氮气密封或符合安全要求的其他气体密封。对于设置惰性气体密封系统的储罐，每台储罐应设置单独的压力控制阀组，接入口和引压口应位于罐顶。

10.7.3 污染物排放及治理

（1）废气

① 压力储罐　储存真实蒸气压≥76.6kPa 的挥发性有机液体应采用压力储罐，以保证正常情况下无 VOCs 外排。

一旦出现事故工况，如误操作引起超压、发生外部火灾时，则可通过储罐自身压力送燃料气管网进行回收，或是送火炬系统进行焚烧。

② 常压储罐　当液体物料采用浮顶储罐进行储存时，浮盘与罐壁之间应采用双密封，且初级密封应采用液体镶嵌式、机械式鞋形等高效密封方式，减少 VOCs 外排。

液体物料采用内浮顶罐储存时，内浮顶罐的浮盘与罐壁之间应采用液体镶嵌式、机械式鞋形、双封式等高效密封方式，以减少 VOCs 的外排。

液体物料采用固定顶罐储存时，罐顶呼吸阀外排的油气，由于压力较低、排放气中油气浓度过低，不宜直接送入全厂燃料气管网或火炬；当按照要求不能直排时，应设置油气回收处理设施，对油气进行回收处理，保证环保达标排放。

③ 低压储罐　由于储存压力较低，外排送全厂火炬压力略显不足。因此，参照常压储罐中固定顶储罐的设置，可以将外排的油气送往油气回收处理设施，或是送往单独配套的地面火炬系统。

④ 装卸设施　液体物料进行装卸车作业时，优先推荐采用底部双管方式进行。液相鹤管作为液相物料在储罐和槽车（或船舶等）间的输送通道。当储罐为压力储罐或低压储罐时，气相鹤管用于维持储罐与槽车（船舶）间的压力平衡，避免油气直接外排。当储罐为常压储罐时，气相鹤管将连接专业的气相管线，将气相送往油气回收处理设施或安全排放点，减少直接排放大气量。

常压液体物料进行装车（船）作业时，由于槽车（船）压力较低，一般会设置单独的油气回收处理设施，对装车置换外排的油气进行回收处理，保证达标排放。

对于下装鹤管或底装鹤管，在存在独立气相鹤管的前提下，无额外油气外排。对于上装鹤管，废气来源包括：a. 装车前打开人孔盖和放置鹤管的过程会有油气通过车顶人孔进行无组织排放；b. 装车结束后取出鹤管及封闭人孔盖时的油气外排；c. 鹤管垂管上存在遗留液体的油气挥发，d. 装车过程中会由于密封不严，而产生少量的油气泄漏。

对于这部分油气，一般可以通过改进装卸车方式、加快操作速度、选用合适的密封方式和材料并进行按时检测等措施减少油气外排，或根据需要设置油气回收处理设施。

（2）废液

液体罐区中生产废水污染源主要有罐区（包括泵棚）、汽车装卸区的地面冲洗水，废气处理装置洗涤废水以及化验废水等。在储罐或设备检修、储存物料更换、物料管道介质切换等非特殊临时工况下，将产生储罐和管道清洗废水。

罐区内设有围堰，在围堰内设水封井，围堰外雨水出口设切断阀。下雨时关闭清净雨水排水管的阀门，打开初期污染雨水管道上的切断阀，污染雨水排入界区内含油污水管道，经泵提升（或重力流）送污水处理。罐区防火堤（围堰）内雨水，收集后送至雨水检测池，检测不合格的雨水则排入事故水池，检测合格后则作为清净雨水排出界区。

（3）固废

液体罐区固废包括储罐检维修时外排的罐底残渣和淤泥、清洁设备产生的废布及海绵球等、油气回收设备产生的废催化剂和废吸附剂等。这部分固废将作为危废，送至有相关资质的单位进行处理。

（4）噪声

液体罐区的主要噪声来源于各种输送泵、卸车压缩机、制冷机组和油气回收设备中的动力设备运转时产生的噪声。通过选择低噪声设备或加设隔音罩等措施后，确保噪声值满足国家相关标准要求。

（5）VOCs

排放气中主要污染物包括非甲烷总烃、各种油气、硫化物等。由于 VOCs 组成复杂、来源广泛、对人体和环境危害大，其管控和治理已逐步成为环保工作的重中之重。针对某煤化工企业的液体储运罐区典型有机化学品 VOCs 排放量见表 10-24。

表 10-24 典型有机化学品 VOCs 排放量

型式	容积/m^3	有机化学品	边缘密封损耗产生量/(kg/a)	挂壁损耗产生量/(kg/a)	浮盘附件损耗产生量/(kg/a)	浮盘缝隙损耗产生量/(kg/a)	总排放量/(kg/a)
内浮顶	10000	甲醇	100	3610	570	3800	8080
内浮顶	20000	甲醇	130	5500	830	6610	13070
内浮顶	500	MTBE	190	950	1050	2100	4290

注：MTBE—甲基叔丁基醚。

目前对于 VOCs 的回收处理工艺，主要包括燃烧法、吸附法、吸收法、冷凝法、膜分离法，以及以上几种方法的组合。燃烧法属于销毁型治理方案，包括催化氧化、热氧化，以及其他类似工艺。吸附法、吸收法、冷凝法和膜分离法属于回收型治理方案。每种 VOCs 油气回收处理工艺均具有各自的特点，选择治理技术时，应综合考虑处理效果、经济性。

10.8 其他设施

10.8.1 净水处理装置污染控制

10.8.1.1 技术概述

工厂用水水源中，都不同程度地含有一些杂质。这些杂质按尺寸大小可分成悬浮物、胶体和溶解物三类。根据用户不同，所要求的各项水质参数应达到不同的指标和限值。净水处理的任务就是通过必要的处理方法去除水中杂质，使之符合用户对水质的要求。

净水处理的常用方法有澄清和消毒。澄清工艺通常包括混凝、沉淀和过滤。消毒是灭活水中致病微生物，通常在过滤之后进行。

在饮用水处理过程中根据水质还会进行除臭、除味处理。其处理方法主要取决于水中臭和味的来源。

地下水中铁、锰、氟的含量超标时还会进行除铁、除锰、除氟。

10.8.1.2 工艺过程及清洁化生产措施

（1）工艺生产过程

净水处理的目的主要是去除原水中的悬浮物质、胶体物质、细菌、病毒及其他有害成分，使净化后水质满足生活或工业生产需要。净水处理的目标为相应的用水水质指标。

净水处理中主要的处理单元工艺有曝气、混凝沉淀、过滤、化学沉淀、离子交换、膜处理、化学氧化及消毒、吸附以及生物处理等。可根据原水水质及处理目标组合选用。

除铁、除锰可选用自然氧化法和接触氧化法等工艺。自然氧化法包括设置曝气系统、氧化反应池和砂滤池。接触氧化法通常设置曝气装置和接触氧化池。除氟处理可选用混凝沉淀、离子交换、电渗析等工艺。

消毒过程可以采用投加液氯、氯胺、次氯酸钠、二氧化氯、漂白粉、臭氧或紫外光照射等方式。

净水处理过程中滤池冲洗废水、沉淀池排泥水中含有大量污泥，其主要成分为原水中悬浮物、部分溶解物质及水处理过程中投加的各种药剂、微生物、细菌、无机盐等。需要进行污泥处理与处置。

（2）清洁化生产措施

① 沉淀排泥水、过滤反冲洗排水、污泥浓缩上清液、污泥脱水分离液宜集中收集，在净水厂内回收处理，以减小排污量，实现节约用水。

② 污泥浓缩可采用重力浓缩法（沉淀浓缩、气浮浓缩）、机械浓缩法。污泥脱水常用机械脱水方式如板框式压滤机、离心式脱水机、带式压滤机等，减少占地及环境污染。

③ 为减少外送湿污泥量，可以根据项目需要设置污泥干化处理设施。

④ 物料及化学品：混凝、消毒、调节 pH 值所需投加的聚合氯化铝（PAC）、聚丙烯酰胺（PAM）、次氯酸钠、硫酸、氢氧化钠等药剂储存及投加场所设置酸雾吸收器、洗眼器；布置上，在酸碱储罐和计量罐周围设置围堰，防止酸碱罐泄漏后外溢，造成次生灾害。

⑤ 净水厂消毒可以根据需要选用加氯、臭氧、紫外线等消毒措施。采用加氯消毒时，加氯间的设置必须严格保证遮荫、隔离、泄漏检测、通风、职业卫生保护等安全措施。臭氧消毒所需氧气源宜采用工厂低压氧气系统。

⑥ 设备和机泵：药剂投加采用集中式设计，选用耐腐蚀的计量泵、药剂箱等。对水质要求高的系统水泵叶轮及泵壳选用 304 不锈钢材质。

⑦ 自动控制：净水工艺段、药剂投加、污水排放、污泥脱水等过程宜进行全自动控制，以减少公用工程和药剂消耗量，即相应减少污染物排放量，减轻环境污染。合理设置温度、流量、压力、浊度、pH、电导率等在线分析仪表，监控净水系统运行效果。

⑧ 在进水管道、出水管道、过滤系统合理地设置取样点。根据系统选型，合理设置电导率、浊度、硬度、碱度、细菌总数、游离氯等分析项目频次。

⑨ 对于加药间、酸碱储罐间等考虑到酸碱管道、阀门的滴漏通常的做法是刷环氧防腐漆；对于排水沟、中和池，可采用高分子树脂耐腐蚀砂浆、喷涂聚脲或速凝橡胶沥青等防腐材料，采用喷涂等整体浇筑方法。

⑩ 装置布置：当工艺和气候条件许可时，净水厂处理设施及输送泵房可半露天布置，清水罐可采用地上水罐。

10.8.1.3　污染物排放及治理

（1）固废

在净水处理过程中沉淀池排泥、滤池反洗均会产生污泥，污泥主要采用机械脱水。经过脱水后污泥含水率可控制在 80%以下，外运处理。

（2）废液

净水处理过程中产生反洗水、排泥水等生产污水。反洗水及排泥水在浓缩过程中将产生上清液，在脱水过程中将产生分离液。当上清液水质符合排放标准时，可直接排放。分离液一般不宜直接排放，可回流至浓缩池。为了节约用水，废液一般在场内继续输送至进水段，进行处理回用。

（3）噪声

净水处理中主要噪声源为水泵、反洗风机，连续释放出发散、高频的噪声。设计时可以考虑对底座采用隔振、减振措施，选用低噪声设备；对反洗风机可采用专用隔声罩，在风机放空管道上加装消声器。

主要噪声源情况见表10-25。

表 10-25 净水处理主要噪声排放参数及防治措施

主要设备名称	装置(或单元)	台数	声压级/dB(A)	运行方式	降噪措施
水泵	泵房或泵棚	多台	85	连续	隔声、低噪声电机
反洗风机	泵房或泵棚	多台	85	间歇	隔声、低噪声电机
放空管	泵房或泵棚	多台	95	间歇	消声器

10.8.2 固体废物堆场污染控制

10.8.2.1 一般固废堆场

煤化工企业通常设置厂内中间渣场和厂外一般固废填埋场。

（1）*厂内中间渣场*

厂内中间渣场一般用于临时储存气化装置的粗渣和滤饼，储存量为气化装置2～5天的排渣量。例如，某煤炭深加工示范工程（180万吨/年甲醇）在距离气化装置较近且靠近厂界处设厂内中间渣场，以方便灰渣外运。设计储存量为气化装置4天的排渣量，中间渣场占地100m×80m，并附设100m×40m的临时停车场。

厂内中间渣场产生的污染主要是卸料或落料过程中产生的瞬间粉尘，以及大风条件下堆场产生的扬尘。因此，中间渣场需设计成半维护结构，起到防风、防雨的作用，管理上要洒水抑尘。

另外，渣场地面采取防渗处理，四周设0.5m挡墙，挡墙内侧设置排水沟，用于渣中携带水渗出后收集。

（2）*厂外一般固废填埋场*

对于没能及时外运综合利用的灰渣，则需运至厂外一般固废填埋场填埋，待可利用时再挖出。例如，气化炉产生的粗渣、细渣以及高压粉煤锅炉产生的干渣和飞灰均按10%产生量作为填埋量，净水厂产生的污泥以及废催化剂、吸附剂等按100%产生量作为填埋量。

填埋区设为450m×450m，填埋场采用钢筋混凝土挡墙，挡墙地下埋深7m（使用深度为5m），地上高5m，填埋区平均高度为15m（坡度为20%），填埋场可用总容积为$2.75\times10^6m^3$。填埋场分为固废区、灰渣区两个区，各填埋区间用钢筋混凝土挡墙分隔。

10.8.2.2 填埋工艺及清洁化生产

厂外一般固废填埋场可根据企业实际固废产生情况，分为两个填埋区，即固废区、灰渣区。

一般工业固废由转运车经计量称重后送入填埋场中，根据一般固废的种类进入不同的填埋区域。各填埋区填埋作业采用斜坡作业法。图10-36是一般固废填埋工艺流程。其操作程序为：由推土机将进场固废均匀摊平在适当面积上，每层40～60cm厚。填埋物由压实机或推土机碾压2～3次，多次循环操作。厚度达2～4m时，覆盖0.3m厚的土层。为了改善景观，减少气味和碎片飞扬，抑制污染物的扩散，若填埋厚度未达到覆土的高度，可利用塑料布临时覆盖，填平一区，再开上坡位，移土作为覆盖土，多梯作业，直至达到设计高度为止。最后封场时需要对填埋堆体进行削坡整形，最终顶面呈中间高四周低的坡面地（坡度

≥5%)，以利于排除面层雨水。终场覆盖先覆盖一定厚度的黏土，并均匀压实，作为阻隔层，再设置植被层。

整个填埋过程中渗滤液及雨水通过渣场底部导盲沟系统排向集水井，再通过重力流或泵提升进入渗滤液调节池，通过混凝沉淀处理后，经泵提升至清水池，进入清水池内的水可以回收利用，用于渣场内降尘。

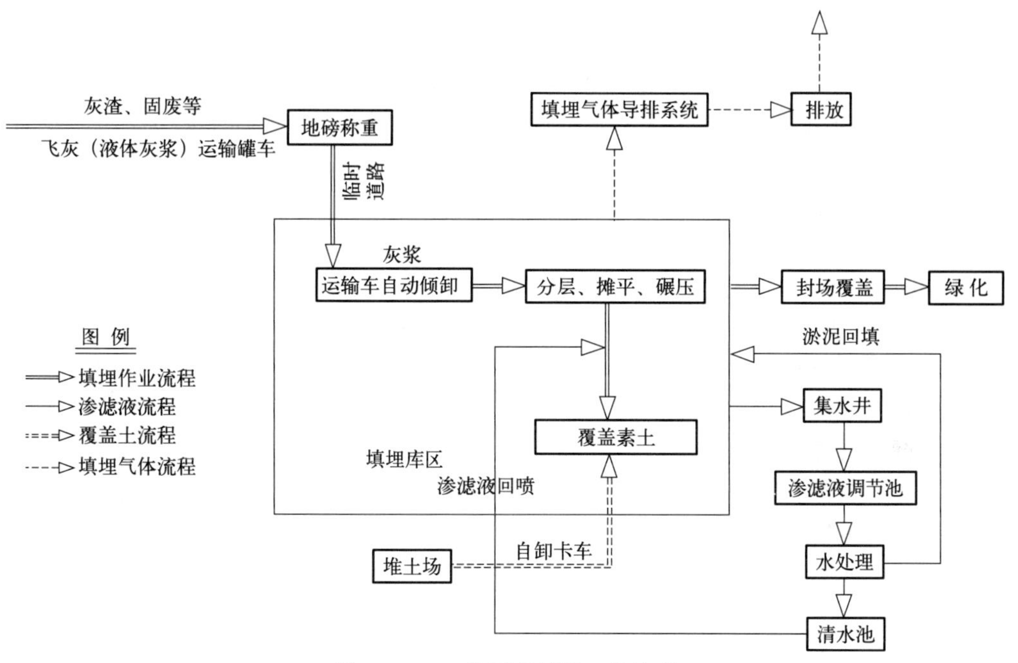

图 10-36　一般固废填埋工艺流程

10.8.2.3　污染物排放及治理

煤化工项目一般工业固废填埋场填埋的物质主要是气化灰渣和锅炉灰渣。灰渣场产生的污染主要是粉尘、渗滤液和噪声。

(1) 废气

① 废气和恶臭　填埋场一般固废区会产生少量废气，是由微生物分解污泥中有机成分而产生的。废气主要成分为 CH_4、N_2、CO_2 和 H_2S，CH_4 是可燃气体，H_2S 为强刺激性气体，具有恶臭味。填埋场可设计安装由导气石笼组成的废气导出系统，用于收集并导出填埋场内部产生的气体，利用自然通风进行扩散。为安全起见，还需要为作业人员配置便携式可燃气体及硫化氢气体检测报警仪，合理安排作业时间，保障人身安全。

填埋场脱臭主要采用喷洒消臭剂或脱臭剂方式来掩蔽、中和或消除恶臭，把臭气浓度降到人类嗅觉所能感知的水平以下。消臭药剂可与杀虫、杀菌、杀鼠剂等药剂同时播撒、散布。

填埋场填埋时严格执行防臭措施——分单元每 2～4m 设覆盖层、渗滤液收集池和沉淀池周围设防护林，可净化恶臭气体并有效控制恶臭气体的扩散。

② 粉尘　粉尘主要是卸料过程中产生的瞬间粉尘，以及大风条件下渣场产生的扬尘。

防治措施主要有：厂区内所有运输车均采用密闭车；厂内道路定时清洁；填埋场内作业时用水喷洒抑尘；临时封场和终场都要进行及时覆盖；种植绿化隔离带，控制渣尘扩散。

（2）渗滤液收集导排及处理

渗滤液主要考虑降雨产生的渗滤液。灰渣中的灰分和杂质成分含量较大，使得废渣渗滤液悬浮物含量较高，并伴有不易沉淀的漂珠和浮灰，渗滤液悬浮物含量为500～3500mg/L；灰渣中含碱性氧化物较多，因此pH值偏高，COD含量低。

渗滤液收集导排系统根据所处衬层系统中的位置不同可分为初级收集系统、次级收集系统和排出水系统。

① 初级收集系统位于上衬层表面和填埋废物之间，由过滤导排层和高密度聚乙烯（HDPE）穿孔集水管组成，用于收集和导排初级防渗衬层上的渗滤液。

② 次级收集系统位于上衬层和下衬层之间，用于检测初级衬层的渗漏情况，并能排出渗滤液。考虑到该系统主要为检漏层，平时不会有水，为防止层间滞水，工程选用排水性能较好的复合土工排水网作为次级排水层排水材料。

③ 初级渗滤液通过HDPE穿孔管及碎石盲沟收集，次级渗滤液通过复合土工排水网收集。渗滤液通过HDPE渗滤液导排管自流至收集池，之后返回填埋区泼洒降尘或送污水处理厂进行处理。

为防止填埋区外雨水进入填埋区，减少渗滤液的产生量，在填埋区四周需设置玻璃钢盖板沟做截水沟，将雨水排向场地外。

（3）地下水污染防渗和监控

一般固废填埋场的地下水防渗执行《一般工业固体废物贮存和填埋污染控制标准》（GB 18599—2020）的要求。

为监控渗滤液对地下水的污染，贮存、处置场周边至少应设置3口地下水水质监控井。1口沿地下水流向设在贮存、处置场上游，作为对照井；1口沿地下水流向设在贮存、处置场下游，作为污染监控监测井；1口设在最可能出现扩散影响的贮存、处置场周边，作为污染扩散监测井。

（4）噪声

噪声主要由作业机械设备、运输车辆产生。作业机械设备包括推土机、垃圾压实机、自卸机、挖掘机等，其噪声值一般可达80～100dB（A）。

10.8.2.4 危险固废填埋场

煤化工企业通常需要安全填埋的是结晶杂盐。某煤炭深加工示范工程（360万吨/年甲醇）在厂外固废填埋场还设有结晶盐填埋区，结晶盐区内设置10个45m×25m×10m的单元池填埋结晶杂盐。

结晶杂盐为袋装废盐，以堆填方式填埋，堆填过程中不设覆土。采用塔吊辅助运送废物。装袋废盐分层堆码，最高堆码高度应小于10m。码堆边坡逐层向内收缩，控制堆体边坡坡度1∶2。除作业区外，已堆存区采用1mm厚HDPE膜临时覆盖，减少渗滤液并防止盐袋老化。结晶杂盐按区域分层、摊平、垒实，当填埋量达到一定厚度时，素土覆盖。如此反复填埋达到填埋高度时进行封场，封场上表层做好之后进行绿化。图10-37是危险固废填埋工艺流程。

废气和渗滤液的产生与收集方式、噪声源的情况与一般固废填埋场是大体相同的，不同之处如下：

① 渗滤液禁止回灌；

② 地下水防渗执行《危险废物填埋污染控制标准》（GB 18598—2019）；

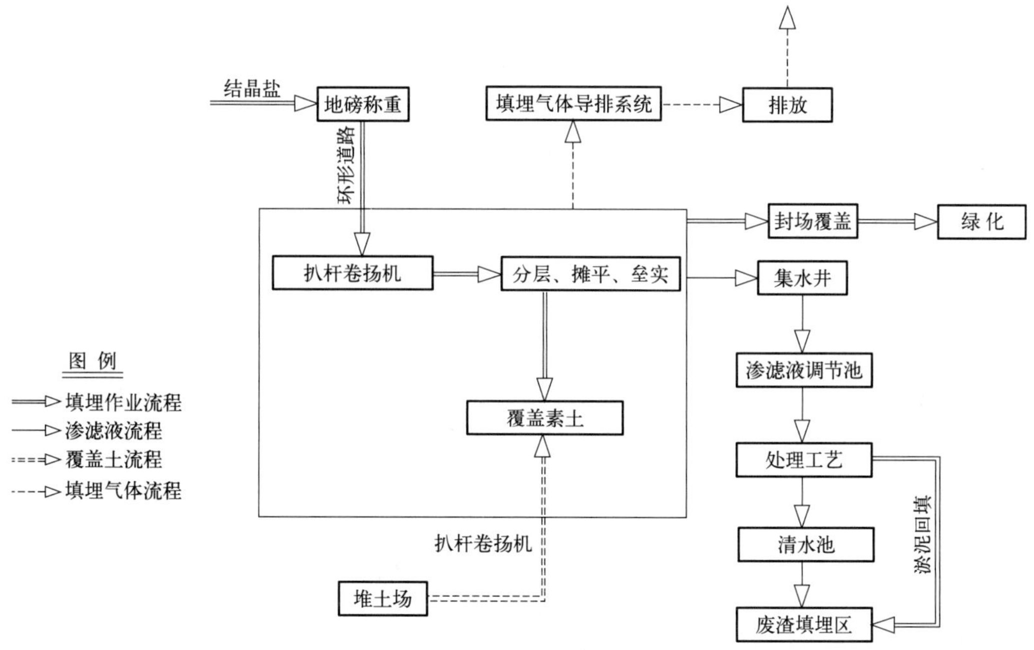

图 10-37 危险固废填埋工艺流程

③ 地下水监测井的布设，上游应设置 1 口监测井，两侧各布置不少于 1 口监测井，下游至少设置 3 口监测井。

参考文献

[1] 李化治．制氧技术［M］.2 版．北京：冶金工业出版社，2009.

[2] 贾沛．空分装置在煤化工生产中的节能降耗和安全运行［J］. 山西化工，2011，31（3）：67-69.

[3] 杨静明．LNG 冷能空分的工业化应用研究［J］. 当代化工研究，2018（3）：93-94.

[4] 马大方．安全可靠、节能减排个性化大型空分设备的研制［J］. 深冷技术，2011（7）：2.

[5] 张建府．大型煤化工空分技术与设备发展现状［J］. 煤化工，2012（3）：10-13.

[6] 马炯，陈洪中．煤化工项目大型空分装置驱动方式研究［J］. 化学工程，2017，45（4）：59-62，78.

[7] 杨维维．分子筛床层泄漏导致分子筛出口二氧化碳含量超标分析［J］. 大氮肥，2021，44（2）：116-119.

[8] 李华银，赵均，徐祖华．多变量预测控制在空分装置自动变负荷中的应用［J］. 化工自动化及仪表，2009，36（4）：64-67，79.

[9] European Industrial Gases Association Aisbl. Oxygen pipeline and piping systems：IGC Doc 13/12/E［S］. Brussels，2012.

[10] 国家电网公司运维检修部．10kV 一体化柱上变台和配电一二次成套设备典型设计及检测规范［M］. 北京：中国电力出版社，2016.

[11] 雷霁霞，杨亚芝，毛向禹．空压站吸附式干燥器的选型和能耗分析［J］. 化工设计，2013，23（6）：37-39.

[12] 王银彪，李登桐．空分装置增压机代替空压站外供仪表气的研究及建议［J］. 石油和化工设备，2017（3）：93-94.

[13] 谭昌彦．空压站全自动节能调度控制系统设计与开发［J］. 装备制造技术，2015（11）：185-187.

[14] 曲广庆，杜浩．空压站能源管理控制系统［J］. 可编程控制器与工厂自动化，2013（3）：55-58.

[15] 严煦初．给水工程［M］.4 版．北京：中国建筑工业出版社，2011.

[16] 李杰．工业水处理［M］. 北京：化学工业出版社，2014.

[17] 刘智安，赵巨东，刘建国．工业循环冷却水处理［M］. 北京：中国轻工业出版社，2017.

[18] 安磊．电化学水处理技术在循环水处理中的应用［J］. 大氮肥，2022，45（2）：123-124，132.

[19] 李彦斌．高密度沉淀池在煤化工循环水排污水处理工艺中的应用与分析［J］. 煤化工，2021，49（3）：56-60.

[20] 刘浪，曾靖淞，焦庆瑞，等．生物质与烟煤混合燃烧特性及动力学分析研究［J］. 煤化工，2022，50（1）：40-48

[21] 陈崇明，党志国，车凯，等．660MW 燃煤机组汞迁移转化特性研究［J］. 洁净煤技术，2021，27（4）：157-163.

［22］ 曹娜，余圣辉，许豪，等．用于混煤燃烧控制砷排放模型研究［J］．洁净煤技术，2021，27（1）：307-315.
［23］ 陶君，谷小兵，王鸿宇，等．模拟烟气卤素改性稻壳焦喷射脱汞试验［J］．洁净煤技术，2021，27（6）：186-192.
［24］ 王晶，廖昌建，王海波，等．锅炉低氮燃烧技术研究进展［J］．洁净煤技术，2022，28（2）：99-114.
［25］ 杨进福，吴荣炜，马金欣．循环流化床锅炉 SNCR 脱硝系统的模型优化及应用［J］．煤化工，2022，50（1）：31-34.
［26］ 赵雪，罗楠洋，韩枝宏，等．燃煤工业锅炉飞灰回用鼓泡（乳化）湿法脱硫除尘一体化系统研究［J］．洁净煤技术，2021，27（4）：11-16.
［27］ 许鑫玮，谭厚章，王学斌，等．煤粉工业锅炉预热式低氮燃烧器试验研究与开发［J］．洁净煤技术，2020，26（5）：36-41.
［28］ 黄元凯，朱燕群，邵嘉铭，等．臭氧脱硝过程中硝酸盐气溶胶的生成机理及控制［J］．洁净煤技术，2020，26（5）：77-83.
［29］ 赵小军，孙锦余，薛东发，等．混合生物质燃料循环流化床锅炉受热面结焦机理研究［J］．洁净煤技术，2021，27（4）：117-122.
［30］ 焦坤灵，陈向阳，别璇，等．SCR 脱硝副产物硫酸氢铵特性研究：现状及发展［J］．洁净煤技术，2021，27（1）：108-124.
［31］ 张曜，于娟，林晨，等．循环流化床床料与燃料粒径对脱硝反应的影响［J］．洁净煤技术，2020，26（6）：196-202.
［32］ 郭力欣，陆义海，韩忠阁．火电厂 SCR 脱硝催化剂失活机理与再生技术探讨［J］．资源节约与环保，2016（8）：19-20.
［33］ 郭咏梅，白雪，于佳欣．工业烟气稀土基脱硝催化剂的开发现状［J］．稀土信息，2017，397（4）：10-14.
［34］ 黄元凯，朱燕群，邵嘉铭，等．臭氧脱硝过程中硝酸盐气溶胶的生成机理及控制［J］．洁净煤技术，2020，26（5）：77-83.
［35］ 蔡晋，吴玉新，张缦，等．循环流化床锅炉脱硝工艺经济性分析［J］．洁净煤技术，2021，27（4）：97-104.
［36］ 于斌，韩立军，朱叶卫，等．基于粒径匹配复合剂的循环流化床锅炉脱硫试验［J］．洁净煤技术，2021，27（6）：155-162.
［37］ 周雁凌，王学鹏．无毒脱硝催化剂市场谁执牛耳［J］．环境经济，2016（增刊）：72-75.
［38］ 杜金凤，夏金松，冷健，等．燃煤烟气氨法脱硫装置总尘控制的性能研究［J］．煤化工，2021，49（2）：22-25.
［39］ 赵雪，程茜，侯俊先．脱硫脱硝行业技术发展综述［J］．中国环保产业，2018（9）：14-22.
［40］ 杨冬，路春美，王永征，等．煤燃烧过程中氮氧化物的转化及控制［J］．山西能源与节能，2003，31（4）：14-16.
［41］ 王永英．我国燃煤大气污染物控制现状及对策研究［J］．煤炭经济研究，2019，39（8）：66.
［42］ 周晓猛．烟气脱硫脱硝工艺手册［M］．北京：化学工业出版社，2016 年．
［43］ 解炜，李小亮，陆晓东，等．烟气净化用活性炭脱硫脱硝机理研究与发展趋势［J］．洁净煤技术，2021，27（6）：1-10.
［44］ 于伟静，马超，谭闻濒，等．基于热力学平衡计算的燃煤电厂烟气中 SO_3 形态研究［J］．洁净煤技术，2020，26（6）：189-195.
［45］ 杨晓阳，王飞，杨凤玲，等．燃煤电厂白色烟羽消除技术现状与展望［J］．洁净煤技术，2020，26（6）：109-117.
［46］ 张云雷，梁大明，孙仲超，等．活性焦脱硫脱碳反应器模拟及内构件优化［J］．洁净煤技术，2020，26（6）：175-181.
［47］ 范翼麟，王志超，王一坤，等．碳税交易下的典型生物质混烧技术经济分析［J］．洁净煤技术，2021，27（4）：111-116.
［48］ 赵小军，孙锦余，薛东发，等．混合生物质燃料循环流化床锅炉受热面结焦机理研究［J］．洁净煤技术，2021，27（4）：117-122.
［49］ 孟涛，邢小林，张杰，等．配风方式对燃煤锅炉掺烧污泥影响的数值模拟研究［J］．洁净煤技术，2021，27（1）：263-271.
［50］ 陈登科，闫永宏，彭政康，等．不同挥发分含量煤种与热解半焦混燃燃烧态试验研究［J］．洁净煤技术，2021，27（1）：281-290.
［51］ 刘庄，吴晓峰，范卫东，等．高温富氧燃烧过程中煤灰特征元素对煤粉成灰特性的影响［J］．洁净煤技术，2021，27（1）：272-280.
［52］ 廖述新，朱文瑜，唐复全，等．低温烟气余热蒸发脱硫废水工艺研究及工程应用［J］．洁净煤技术，2021，27

(6)：200-206.
[53] 林国辉，杨富鑫，李正鸿，等．燃煤机组颗粒物排放特性及其有机成分分析 [J]. 洁净煤技术，2022，28 (2)：145-151.
[54] 唐明秀，宋慧平，薛芳斌．粉煤灰在涂料中的应用研究进展 [J]. 洁净煤技术，2020，26 (6)：23-33.
[55] 曹云龙，李鹤遥，万守强，等．煤及其衍生产品基固体酸的制备和应用研究现状 [J]. 煤化工，2021，49 (2)：10-14.
[56] 李长华，常林，余学海，等．不同粒径脱硫污泥中汞分布特性及其环境影响 [J]. 洁净煤技术，2021，27 (6)：180-185.
[57] 赵梓舒，左欣，赵丹，等．VOCs 末端治理技术进展及在燃煤电站烟气净化的应用思考 [J]. 洁净煤技术，2022，28 (2)：54-66.
[58] 王建国，朱蒙，卢少华，等．循环流化床锅炉烟气中 VOCs 分布规律及排放特性 [J]. 洁净煤技术，2022，28 (2)：93-98.
[59] 安磊．锅炉燃烧处理变换气脱硫工段和脱碳工段 VOCs 的工程实践 [J]. 煤化工，2021，49 (3)：64-65，89.
[60] 任永强，车得福，许世森，等．国内外 IGCC 技术典型分析 [J]. 中国电力，2019，52 (02)：7-13，184.
[61] 张勇，闫媛媛．IGCC 关键技术及其热力学与经济性评价 [J]. 热能动力工程，2013，28 (5)：443-448，547.
[62] 吴创之，刘华财，阴严辉．整体煤气化联合循环发电系统技术研究综述 [J]. 化学工程与装备，2015 (02)：155-157.
[63] 张燕娜，赵日晶．关于 IGCC 的应用前景分析 [J]. 内蒙古科技与经济，2010 (3)：96-97.
[64] 严辉．整体煤气化联合循环发电系统技术研究综述 [J]. 化学工程与装备，2015 (2)：155-157.
[65] 李现勇，孙永斌，李惠民．国外 IGCC 项目发展现状概述 [J]. 电力勘测设计，2009 (3)：28-33.
[66] 严辉．整体煤气化联合循环发电系统技术研究综述 [J]. 化学工程与装备，2015 (2)：155-157.
[67] 张燕娜，赵日晶．关于 IGCC 的应用前景分析 [J]. 内蒙古科技与经济，2010 (3)：96-97.
[68] 纪云锋，张平．21 世纪新洁净煤发电技术-IGCC [J]. 能源环境保护，2008 (01)：9-10，25.
[69] Nowacki P. 煤炭气化工艺 [M]. 赵振本，等译．太原：山西科学教育出版社，1987.
[70] 林汝谋，徐玉杰，徐钢，等．新型 IGCC 系统的开拓与集成技术 [J]. 燃气轮机技术，2005 (1)：7-15，6.
[71] 赵锦．我国发展 IGCC 的思考 [J]. 应用能源技术，2009 (9)：4-6.
[72] 陈毅烈．煤气化技术在我国的发展前景 [J]. 广州化工，2014，42 (18)：45-46.
[73] 吴杰．我国首座绿色煤电试生产 [J]. 国企，2012 (12)：19.
[74] 朱声宝．华能绿色煤电：创新与超越 [J]. 中国电力企业管理，2010 (增刊 1)：137-139.
[75] 刘强，郭民臣．环保高效的整体煤气化燃气——蒸汽联合循环 [J]. 节能与环保，2005 (7)：40-42.
[76] 王宇，黄小平，庄剑．IGCC 系统原理及其可靠性分析 [J]. 石油化工设计，2010，27 (3)：51-54，6.
[77] 王剑钊，钟祎勍，孙阳阳，等．IGCC 电站控制系统工程应用及示范 [J]. 中国电力，2019，52 (2)：20-25.
[78] 刘会雪，刘有智，孟晓丽．高温气体除尘技术及其研究进展 [J]. 煤化工，2008 (2)：14-18.
[79] 丁国柱．高温除尘技术在煤气化工中的应用进展 [J]. 煤炭加工与综合利用，2018 (12)：54-57.
[80] 谢嘉，李秋萍，都丽红，等．IGCC 粗煤气除尘用径向进口旋风分离器的性能研究 [J]. 化工机械，2015，42 (1)：33-37，47.
[81] 张婷，郭庆华，梁钦锋，等．煤气化过程中含硫化合物生成特性的热力学研究 [J]. 中国电机工程学报，2011，31 (11)：32-39.
[82] 程凯．IGCC 发电技术应用对我国大气污染物减排工作的意义浅析 [J]. 绿色科技，2014 (8)：214-216.
[83] 于涌年．煤气化联合循环效率分析及评价 [J]. 煤炭转化，1993 (2)：17-22.
[84] 贺国章，魏江红，宋利强，雷佳莉．IGCC 发电系统中煤气化技术的选择 [J]. 广州化工，2011，39 (2)：119-121.
[85] 李嫚，张俭．IGCC 气化炉的质量控制及评价 [J]. 化工设备与管道，2011，48 (3)：24-28.
[86] 徐振刚．IGCC 用煤气化技术的选择与发展 [J]. 煤炭学报，1995 (2)：125-129.
[87] 闫顺林，王俊有，王晋权，等．IGCC 环保特性的研究 [J]. 洁净煤技术，2007 (3)：87-90.
[88] 陈刚．IGCC 灰在国内建筑领域的应用建议 [J]. 粉煤灰综合利用，2015 (3)：30-32.
[89] 迟化昌，李志权，赵嘉龙，任桂英，王凯，仲权伟．联合循环电站除尘技术进展 [J]. 热力发电，2009，38 (1)：4-9.
[90] 张娟．高温气体除尘技术及其研究进展 [J]. 资源节约与环保，2016 (3)：17，19.

[91] 郑亚兰，林益安，李春红，等．湿法气流床气化单废锅流程与双废锅流程比较 [J]. 洁净煤技术，2016，22 (3)：108-111，115.
[92] 王迪．IGCC 发电显热回收技术的简介 [J]. 中国特种设备安全，2012，28 (2)：68-70.
[93] 孟令国，胡华强，杨芳．废水蒸发零排放技术在 IGCC 电厂的应用 [J]. 电力勘测设计，2010 (4)：44-47.
[94] 张清建，王先厚，雷军，等．IGCC 煤气多功能净化催化剂的开发及应用 [J]. 煤化工，2013，41 (2)：16-18.
[95] 于海洋，汪刚，石春梅，等．直接氧化法硫黄回收工艺在 IGCC 改造项目的应用 [J]. 煤化工，2012，40 (2)：23-25.
[96] 聂向锋．IGCC 多联产技术发展现状及应用前景分析 [J]. 石油化工建设，2012，34 (2)：43-46.
[97] 孙晓晓，吴文信，黄琼志．IGCC 在石化工艺中的集成功能 [J]. 炼油技术与工程，2010，40 (10)：5-9.
[98] 吴学智，颜海宏，牛苗任，等．与炼化项目集成的 IGCC 多联供产品可靠性研究 [J]. 洁净煤技术，2015，21 (1)：90-94，116.
[99] 薛长征，吴旭，王云刚．煤气化多联产及 IGCC 系统中气化工艺的比较与选择 [J]. 科技风，2010 (14)：228.
[100] 李召召，代正华，林慧丽，等，王辅臣．IGCC-甲醇多联产系统节能分析 [J]. 中国电机工程学报，2012，32 (20)：1-7，131.
[101] 王琦，杨志宾，李初福，等．整体煤气化燃料电池联合发电 (IGFC) 技术研究进展 [J]. 洁净煤技术，2022，28 (1)：77-83.
[102] 郭新生，王璋．IGCC 电站优良的环保特性和环保效益 [J]. 燃气轮机技术，2005 (3)：8-12.
[103] 王俊有，李太兴，刘振刚，高子钦．IGCC 环保特性的研究 [J]. 燃气轮机技术，2007 (2)：15-17，37.
[104] 杨佳财，于静，陈丽春．联合循环电厂环境空气污染物排放综述 [J]. 环境科学与管理，2007 (7)：50-53，57.
[105] 张敏，陈军．国内燃煤电厂氮氧化物的控制现状及其发展 [J]. 四川化工，2009，12 (5)：44-52.
[106] 于夫洋．IGCC 高温煤气脱硫工艺流程模拟研究 [J]. 环境科学与管理，2019，44 (8)：90-95.
[107] 秦旭东，李正西，宋洪强，等．浅谈低温甲醇洗和 NHD 工艺技术经济指标对比 [J]. 化工技术与开发，2007 (4)：35-42.
[108] 佚名．MDEA (甲基二乙醇胺) 法 [J]. 煤炭化工设计，1980 (增刊 1)：150-153.
[109] 张瑞祥，高景辉，令彤彤，等．IGCC 电站脱硫系统中的羰基硫水解工艺 [J]. 中国电力，2013，46 (04)：93-97.
[110] 张海鹰，王旭珍，郑军，等．高温煤气中羰基硫的加氢脱除研究进展 [J]. 应用化工，2008 (8)：943-947.
[111] 吕晓光．克劳斯法硫黄回收工艺技术探讨 [J]. 化工管理，2020 (11)：189-190.
[112] 杨小霞，吴鹏飞．克劳斯硫回收工艺尾气排放问题分析及解决方案 [J]. 辽宁化工，2019，48 (10)：1039-1041.
[113] 汪家铭．Shell-Paques 生物脱硫技术及其应用 [J]. 化肥设计，2010，48 (2)：39-42.
[114] 张古勤，郝元国．Shell-Paques 生物脱硫工艺技术应用总结 [J]. 大氮肥，39 (4)：3.
[115] 焦树建．整体煤气化燃气-蒸汽联合循环 (IGCC) 的工作原理　性能与系统研究 [M]. 北京：中国电力出版社，2014.

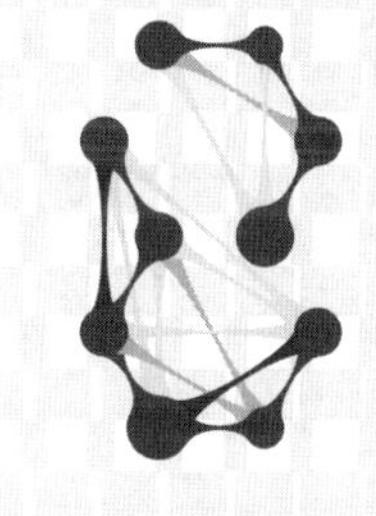

11 煤炭转化过程废气、粉尘治理及碳排放控制

本章针对煤炭转化过程产生的废气/烟气、挥发性有机物（VOCs）等大气污染物，对其种类、来源、排放特征、治理技术进行了介绍。重点介绍了煤炭转化过程中烟气脱硫脱硝技术、粉尘治理技术、VOCs处理技术、二氧化碳控制与处理技术以及硫回收技术等。煤炭转化过程产生的废气、粉尘的治理以及碳排放的有效控制，对推进煤炭转化行业可持续发展具有重要意义。

11.1 废气、烟气来源与特征

煤炭转化过程产生的废气污染治理一直是环境保护的重要课题。煤炭转化行业产生的废气主要有两个来源，一是原料在运输或储存过程中排放的有害气体，二是原料在物理或化学反应过程中产生的气体[1]。煤焦化、煤气化、煤液化和煤炭燃烧等各种煤炭转化过程都会产生气态污染物。

煤焦化废气主要来源于装煤、炼焦、化工原料回收等工序。在装煤过程中，煤料在高温条件下与空气接触，会形成对人体健康有害的黑烟、荒煤气和多环芳烃等。在焦化过程中，废气一方面来自未完全炭化的细煤及其挥发性组分、焦油气、飞灰和化学转化过程中泄漏的粗煤气；另一方面是出焦时热焦炭与空气接触产生的 CO、CO_2、NO_2 等[2]。

煤气化废气主要是气化炉启动阶段和停车时所产生的废气、固定床气化炉减压废气等，也有部分在粗煤气净化过程的尾气，硫黄和苯酚回收装置的尾气及酸性气体，以及氨回收吸收塔的尾气等[3]。这些废气的主要成分有碳氧化物、硫氧化物、氨、苯并芘、甲烷等，有些还与煤中的砷、镉、汞、铅等有害物质混合，对环境和人体健康危害极大。

煤液化过程产生的废气较少。煤直接液化时，经过加氢反应后，基本除去了所有的异质原子，也没有颗粒物，回收硫转化为元素硫，大部分氮转化为氨。煤间接液化时，催化合成过程中会排放弛放气，但该弛放气可被用作燃料，过程中也不会产生颗粒物[2,4]。因此，煤液化产生的废气量相比于煤焦化和煤气化过程可大大减少。

烟气通常是指煤的直接燃烧产生的气相污染物，主要包括粉尘，SO_2 为主的硫化物，N_2O、NO、NO_2、N_2O_3、N_2O_4 等氮氧化物，以及产生温室效应的 CO_2 等。

此外，在合成气净化处理过程中也会产生废气，这些废气绝大多数是以尾气或弛放气的形式出现，如低温甲醇洗的尾气、氨合成和甲醇合成以及 F-T 合成的弛放气等。

11.2 尾气治理

如上文所述，煤炭转化过程中会排放多种形式的尾气，如粉煤干燥过程中的弛放气、煤气化的灰水真空闪蒸阶段真空泵的排放气、低温甲醇洗排放的 CO_2 尾气、甲醇精馏塔排放的尾气等。在早期的煤炭转化装置中，因环保要求低，有些尾气直接排放大气。近 10 年以来，随着人们环保意识的提高和排放标准的升级，这些尾气或加以回收，或经进一步处理后达标排放。

近些年来，国内外研究人员加大了对废气污染的研究工作，提出了生物法和物理-化学法等治理手段，并在实际生产中进行了广泛的实践。

11.2.1 物理-化学法

现阶段，物理-化学法是煤炭转化过程产生的废气处理的主要技术手段，包括下述 5 种处理方法。

(1) 燃烧氧化法

燃烧氧化法是指废气在一定条件下完全燃烧氧化为 CO_2 和 H_2O 的过程，主要用于煤炭转化生产中不可回收的有毒有害废气的处理。燃烧过程中产生的热量也可作为余热利用，且不易产生二次污染。随着化学和化工行业的发展，废气净化行业逐渐向添加催化剂的方向发展，实现了燃烧氧化方式的优化，有效地提高了净化效率。燃烧氧化法是最常用的尾气处理法，煤炭转化过程中产生的难以采用其他方法处理的尾气、残渣，如甲醇氧化制甲醛装置的废甲醛、煤制乙二醇的残渣等，均采用燃烧氧化法处理。

(2) 等离子体法

等离子体法具有工艺简单、适用性广、操作简单、功耗低等优点，已成为废气处理的前沿技术。放电等离子过程是通过高压放电获得大量活性粒子或高能电子，然后利用等离子体与废气污染物分子之间的置换反应，将废气污染物分子转化为 CO_2 和 H_2O。在脉冲电晕法处理含苯废气的实验过程中，电压设置为 140kV，实验结果表明，等离子体法对煤热解、焦化和固定床气化中产生的尾气中苯的去除率高达 83%。

(3) 吸附法

吸附法是利用比表面积大的各种吸附材料来吸附废气中的污染物。活性炭与沸石是现阶段最常用的吸附剂。例如，近年新发现的核桃壳活性炭，实验结果显示其能有效吸附 H_2S 和碘代甲烷，吸附率高达 98%。沸石不同于活性炭，属于硅铝酸盐类，具有独特的孔隙结构，孔隙中有大量的电荷和粒子，保证了沸石具有相对特殊的电极化场。在极化场中，沸石具有很强的选择性和较高的吸附效率。吸附法也是煤炭转化过程中最常用的尾气治理方法，如采用活性炭吸附烃类、酚类等组分。

(4) 吸收法

吸收法也是一种广泛应用的废气处理工艺。废气与吸收剂发生化学或物理反应，达到分离效果，从而实现对废气的有效净化。表面活性剂是化工行业常用的吸收剂，能有效吸收废气，达到优良的净化效果。在处理含氮氧化物的废气时，酸性尿素溶液作为吸收剂可以有效去除高浓度的碳氧化物组分，吸收效果显著，使废气达到国家排放标准。吸收法用于弛放气的初级回收阶段，如 F-T 合成中采用冷油吸收回收烃类以及用醇胺类溶剂脱 CO_2 等。

(5) 光催化氧化法

光催化氧化去除废气的原理是某些金属氧化物在光照条件下形成自由基类强氧化性物质，从而对废气进行氧化，使其转变为 CO_2、H_2O 等。光催化氧化工艺的优点为运行成本低、化学稳定性好、无二次污染等，这些优点使光催化氧化工艺成为科研人员青睐的技术路线[1]。

11.2.2 生物法

生物法处理废气主要是利用微生物将废气中的有机污染物降解转化为低分子或无害的化合物。目前应用最为广泛的生物处理技术包括生物吸收和生物过滤两个过程。

(1) 生物吸收法

在生物吸收过程中，利用高压喷淋生物悬浮液，促进煤炭转化过程产生的废气向水相转化。废气中的污染物被生物悬浮液吸收后，充分利用活性污泥进行处理，从而去除废气中的有害物质。生物吸收法不仅可以有效去除废气中的污染物，而且其自身的反应过程也极其环保。因此，生物吸收法受到了众多科研人员的青睐。例如，有人采用生物吸收的方法，实现了废气中乙醛、酚等有机污染物的高效去除。

(2) 生物过滤法

生物过滤法的原理在于将废气引入生物滤池。在引入过程中，废气通过由木屑、土壤和有机肥料结合形成的填充路径，污染物实现气相向生物层的转化，填料中的微生物对污染物进行氧化分解。最后小分子物质经过生物反应后从生物滤池中排出，整个过程实现了有害物质的生物处理，国内煤炭转化行业有对污水处理排放尾气采用生物过滤法的案例。

总之，对煤炭转化过程中产生的废气而言，过程控制和尾气处理是两大治理思路，而具体到治理技术时，不同污染物之间存在着区别和联系。煤炭转化行业排放的大气污染物种类复杂。对于组成相对单一的大气污染物的处理，目前有较为成熟的处理技术，如布袋除尘技术处理固体颗粒物、选择性催化还原（SCR）技术处理氮氧化物、氨法脱除二氧化硫技术、吸收法处理氨气技术等[5]；对于成分复杂的大气污染物的处理，以催化燃烧、负压回收为代表的高效处理技术，处理效果显著。另外，废气治理多联产工艺、废气一体化治理工艺也是大气污染物处理技术的研究热点。

煤炭转化过程中尾气治理与 VOCs 治理技术相辅相成，可参照第 11.6 节挥发性有机物处理。

11.3 烟气处理

本书第 2 章已对煤炭转化过程中硫的迁移规律进行了论述，并说明了硫在燃烧前、燃烧中、燃烧后脱除的基本原理。燃烧前固硫技术已取得显著进步[6]。本节主要说明燃烧中和燃烧后烟气脱硫的技术和工艺。

11.3.1 烟气脱硫

煤炭转化行业排放的二氧化硫主要来自原煤和煤气的燃烧，如燃煤锅炉、焦炉、加热炉等，占二氧化硫排放总量的 80%～90%[5]。烟气脱硫主要是指从烟道气中脱除硫氧化物(主要是 SO_2)。根据脱硫剂的种类和运行特点，烟气脱硫技术通常可分为湿法、半干法和干法脱硫。目前，烟气脱硫领域广泛应用氨法、石灰石-石膏法、双碱法、氧化镁法等湿法脱硫技术，喷雾干燥法、循环流化床法等半干法脱硫技术，而以干法脱硫技术为代表的应用较少[7]。因此，本节重点介绍湿法及半干法烟气脱硫技术及其适用情况，相关技术细节参见第 2 章和第 10 章。

(1) *氨法*

氨法脱硫技术在近几年新建的烟气处理装置中被广泛应用[8]。

氨法脱硫的原理是在吸收塔中喷淋氨水或硫酸铵溶液，吸收烟气中 SO_2，生成铵盐，再在后处理装置中进一步处理或作为原料制取铵肥[2]。主要反应机理如下：

$$(NH_4)_2SO_3+SO_2+H_2O=\!=\!=2NH_4HSO_3 \tag{11-1}$$

$$2(NH_4)_2SO_3+O_2=\!=\!=2(NH_4)_2SO_4 \tag{11-2}$$

粗略统计，除神华集团的煤化工项目外（包括神华宁煤的 400 万吨/年煤制油、神华榆林的 MTO、神华新疆的 MTO、神华宁煤的煤制烯烃等煤化工项目)[9]，我国近三年新建的大型煤化工工程多数采用了氨法脱硫工艺。如大唐克旗煤制气、阜新煤制气、新疆新天煤制气、新疆庆华煤制气、兖矿榆林煤制油、延长榆林 MTO、广汇哈密煤制烯烃、中天合创煤制烯烃以及国内众多的煤制甲醇、煤制尿素工程等[10-12]。这充分体现了氨法脱硫比较适合煤炭转化行业的实际需求。

(2) *石灰石-石膏法*

干法脱硫是通过固体或粉末状的脱硫剂与烟气中的二氧化硫（SO_2）在干态下发生化学反应，生成固态的脱硫产物。其基本原理是利用固体吸收剂与烟气中的二氧化硫反应，生成硫化物或硫酸盐，从而达到脱硫的目的。干法脱硫的优点包括过程简单、无污水产生，但其脱硫效率相对较低，一般在 70%左右。石灰石-石膏脱硫法是最为普遍的烟气脱硫工艺，大型的煤炭转化工程配套的热电站等锅炉大多采用了该工艺，这得益于石灰石-石膏法脱硫工艺吸收剂资源丰富、成本低廉的优点。该工艺的基本原理为烟气中的 SO_2 通过吸收塔时被氧化钙或碳酸钙浆液等碱性物质吸收，反应生成 $Ca(HSO_3)_2$，随后 $Ca(HSO_3)_2$ 与吸收塔底部鼓入的空气反应生成石膏[7]，主要反应方程式如下：

$$CaCO_3+2SO_2+H_2O=\!=\!=Ca(HSO_3)_2+CO_2 \tag{11-3}$$

$$Ca(HSO_3)_2+O_2+CaSO_4+3H_2O=\!=\!=2CaSO_4\cdot 2H_2O+CO_2 \tag{11-4}$$

石灰石-石膏法脱硫的优点在于吸收剂利用率高，煤种适应性强，脱硫副产物易于综合利用，技术成熟，运行可靠。对于中高硫，烟气量大的烟气状况，石灰石-石膏法在运行和经济成本方面更为合适。石灰石-石膏法脱硫效率一般在 90%～95%左右，但是目前国家对二氧化硫的排放要求越来越严格，仅依靠石灰石-石膏法脱硫，难以达到超低排放[13]。此外，由于硫石膏造成二次污染，该工艺目前有被氨法工艺代替的趋势。

(3) *双碱法*

双碱法，脱硫剂采用不同类型的钠碱（如 Na_2CO_3、Na_2SO_3、NaOH）来吸收 SO_2，生成 HSO_3^-、SO_3^{2-}、SO_4^{2-}，然后与再生池中的石灰（石灰石）反应，进行脱硫剂的再生，再生后的脱硫剂进行循环使用，而 SO_2 最终以石膏的形式产出。主要反应如下：

$$Na_2SO_3/NaOH + SO_2 \longrightarrow Na^+ + xSO_4^{2-} + ySO_3^{2-} + 0.5H_2O \tag{11-5}$$

$$CaO/CaCO_3 + xSO_4^{2-} + ySO_3^{2-} + Na^+ + 0.5H_2O \longrightarrow xCaSO_4 + yCaSO_3 + NaOH \tag{11-6}$$

双碱法可以去除烟气中大约 90% 的 SO_2。双碱脱硫装置一般不产生沉淀物，吸收塔也不会造成堵塞和磨损，但缺点是工艺复杂，投资高，运行成本高，吸收过程中产生的 Na_2SO_4 不易除去导致石膏质量下降[7]。有些锅炉采用了双碱法工艺，但由于该工艺运行不稳定、系统易腐蚀等，未能得到广泛使用。

(4) 氧化镁法

氧化镁脱硫法是一种典型的湿式烟气脱硫技术。该工艺利用氧化镁浆液作为 SO_2 的吸收剂，反应生成 $MgSO_3$ 结晶，随后对其进行分离、干燥及焙烧分解等处理，使其能够回收使用。从资源化角度，富集得到的 SO_2 气体可作为硫酸或硫黄等产品的工业原料[7]。

一般情况下，氧化镁的反应活性要高于钙基脱硫剂。石灰石-石膏法的脱硫效率一般在 90%～95%之间，而氧化镁的脱硫效率能达到 95%～98%之间。此外，氧化镁法脱硫技术成熟可靠，应用范围广，副产品回收价值高。但该法工艺流程复杂，能耗高，存在着废水中残余 Mg^{2+} 处理困难的问题[14]。此外，该法设想通过 $MgSO_3$ 再生，可以实现 MgO 的循环使用，后由于其再生能耗高，而 MgO 价格高，其使用范围得到了限制。

(5) 喷雾干燥法

喷雾干燥法脱硫是利用机械力或气流力将吸收剂分散成非常细的雾滴，从而增大了与烟气中 SO_2 的接触面积，是一种在气液相间发生的传质和化学反应过程。该法使用的吸收剂大多为钠碱液、石灰乳、石灰石浆液等，其中，石灰乳的使用最为广泛[15]。并且，生成物大多为干燥且易于处理的 $CaSO_4$ 和 $CaSO_3$，因此不会导致严重的设备腐蚀和堵塞。喷雾干燥法脱硫是在气、液、固三相状态下进行，脱硫效率一般在 85%左右。该工艺对自动化要求比较高，且难以精准控制吸收剂的用量，吸收效率有待提高[7]。

(6) 循环流化床法

该方法通过对吸收剂的多次循环，延长了吸收剂与烟气之间的接触时间，床层的湍流增强了吸收剂对 SO_2 的吸收，从而提高了吸收剂的利用率和脱硫效率。该方法的优点是吸收塔及其下游设备不会引起黏结、堵塞和腐蚀等现象，脱硫效率高，运行成本低，脱硫副产物排放量少等。但该方法的某些技术和设备需要进口，造价昂贵，限制了其应用和推广。适合我国国情的循环流化床烟气脱硫技术已成为研究人员关注的重点；此外，该方法的副产品中亚硫酸钙含量大于硫酸钙含量，并且为了实现高脱硫率必须在烟气露点附近操作，从而造成了吸收剂在反应器中的富集。这也是循环流化床脱硫过程中有待改进的方面。

几种常用烟气脱硫技术对比见表 11-1[7]。

表 11-1 几种常用烟气脱硫技术对比

参数	氨法	石灰石-石膏法	双碱法	氧化镁法	喷雾干燥	循环流化床
脱硫率/%	95～99	90～95	约 90	95～98	约 85	约 90
副产品	$(NH_4)_2SO_4$	石膏	石膏	$MgSO_4 \cdot 7H_2O$	$CaSO_3$、$CaSO_4$	$CaSO_3$、$CaSO_4$
二次污染	氨逃逸、气溶胶	气溶胶、废水	Na_2SO_4	气溶胶、废水	无	无
工艺成熟度	成熟	成熟	成熟	成熟	成熟	成熟
相对运行费用	120	100	110	80	90	110

注：相对运行费用以石灰/石灰石为基准（100%）进行计算。

11.3.2 烟气脱硝

煤炭转化生产中排放的氮氧化物主要是 NO 和 NO_2，主要来自煤的燃烧。梁俊宁等[16]研究表明，煤作为燃料燃烧时，氮氧化物的排放系数均在 2.70kg/t 以上，而原料煤在利用过程中，最大排放系数是 0.17kg/t，说明煤在作为化工原料时的大气污染物排放量要远小于煤的燃烧过程。煤燃烧过程产生的氮氧化物中，NO 占 90%以上，其余为 NO_2。煤炭转化项目氮氧化物排放途径：一是原煤燃烧产生，如气化炉、燃煤锅炉等；二是煤气燃烧产生，如焦炉加热煤气燃烧、管式炉煤气燃烧等[5]。

当前，常用的烟气脱硝主要包括低氮燃烧法、选择性催化还原法和氧化脱硝法等 3 种。

（1）低氮燃烧法

低氮燃烧法是指通过改变燃烧过程中的燃烧条件（如燃烧温度、氧含量、烟气停留时间等）来减少 NO_x 的生成。常用的低氮燃烧法有烟气再循环燃烧和分级燃烧工艺。烟气再循环是焦化常用的一种低氮燃烧法，我国现有焦炉大多采用该方法。该方法的原理是将一部分低温烟气返回炉膛，从而降低燃烧区的氧浓度和温度。研究与实践表明：再循环的烟气量应控制在 10%～20%，如果超过 30%，燃烧效率会降低。空气分级燃烧法是应用最广泛的分级燃烧方法。该方法是将空气分为两阶段送入炉膛：在第一阶段，将总燃烧所需空气量的 70%～75%通入燃烧室，进行“缺氧燃烧”；在第二阶段，供入足量的空气，进行“富氧燃尽”，来降低热力型 NO_x 的生成。

（2）选择性催化还原脱硝法

选择性催化还原（selective catalytic reduction，SCR）法是工业中应用最广的一种脱硝工艺。理想状态下，脱硝效率可达 90%以上，但其所需温度一般在 300～450℃。为适应焦炉烟气相对较低的实际状况（烟气温度一般在 170～280℃），研究人员开发出了低温 SCR 法。该方法原理是在催化剂的作用下，利用氨、尿素等还原剂将 NO_x 转化为氮气和水。所涉及的反应方程式如下：

$$4NO+4NH_3+O_2 = 4N_2+6H_2O \tag{11-7}$$

$$2NO_2+4NH_3+O_2 = 3N_2+6H_2O \tag{11-8}$$

例如，唐钢美锦（唐山）煤化工公司采用低温 SCR 法脱硝工艺。具体工艺是将除尘后的烟气与喷氨装置喷淋出的氨气充分混合，然后进入脱硝仓在催化剂作用下脱除 NO_x，烟气脱硝效率可达 85%[17]。思博盈环保科技股份有限公司和合肥晨晰环保工程有限公司承建的山东某 150 万吨捣固焦炉烟气脱硝处理也采用低温 SCR 法，脱硝效率可达 95%以上，出口 NO_x 含量温度在 $50mg/m^3$ 以下[18]。

低温 SCR 烟气脱硝法目前已发展得较为成熟和可靠，能在相对低温条件下实现高脱硝效率。在低温 SCR 中，催化剂发挥着至关重要的作用，如何提高催化剂性能是低温 SCR 烟气脱硝的未来研究方向之一。

（3）氧化脱硝法

氧化法烟气脱硝是利用强氧化剂将不易被吸收的 NO 氧化成容易被碱液吸收的 NO_2、N_2O_3、N_2O_5 等高价态氮氧化物，然后在吸收塔内利用碱液进行喷淋吸收。氧化法常用的氧化剂主要有臭氧、过氧化氢、二氧化氯等。该工艺脱硝效率一般大于 85%，理想状态下，可达 90%以上。与 SCR 技术相比，该方法不存在氨逃逸问题，对温度的要求较低，因此便于与烟气脱硫技术相结合，实现烟气中 SO_2 和 NO_x 的一体化脱除。但氧化法烟气脱硝需要大量的氧化剂，增加了运行成本，并且在运行过程中可能会产生臭氧二次污染的问题。

11.3.3 脱硫脱硝一体化

烟气脱硫脱硝一体化将烟气脱硫、脱硝工艺结合起来，实现烟气中 SO_2 和 NO_x 的一体化去除。一体化工艺在缩小占地面积、资源利用与回收方面有着显著的优势，已成为各国对烟气进行脱硫脱硝的研究热点。目前，脱硫脱硝一体化尚处于研究阶段，运行费用高，运行难度大，限制了其大规模推广应用。在本节主要介绍与煤炭转化行业烟气特点相适应的活性焦脱硫脱硝一体化和液态催化氧化法脱硫脱硝。

（1）活性焦脱硫脱硝一体化

活性焦脱硫脱硝一体化是基于活性焦所具备的催化和吸附特性而设计的一种干法脱硫脱硝技术。活性焦是这一处理工艺的核心所在，脱硫过程中主要发挥吸附特性，还可回收部分硫资源；而在除氮过程中发挥其催化特性。该法对 SO_2 的去除率可达 98%以上，NO_x 脱除效率可达 85%。脱硫的原理是在活性焦表面吸附和催化 SO_2。烟气经空气预热器后，温度达到此工艺中 SO_2 脱除的最佳温度（110～180℃），然后 SO_2 与烟气中氧气、水蒸气反应生成硫酸，吸附在活性焦炭的孔隙中；脱硝原理是利用活性焦的催化特性，采用低温选择性催化还原，在烟气中加入少量 NH_3，促进选择性催化还原 NO 产生无害的 N_2 直接排放。烟气活性焦法脱硫脱硝的优点是不消耗工艺水、多种污染物联合脱除、可回收硫资源化、节省投资等；但该工艺路线存在的活性焦损耗大、注氨堵塞管道、脱硫速率慢等问题，在一定程度上阻碍了其工业推广和应用。

（2）液态催化氧化法脱硫脱硝

液态催化氧化法（LCO）脱硫脱硝是在同一套装置内完成脱硫和低温脱硝的技术，其功能近似等于湿法脱硫系统和低温 SCR 脱硝系统之和。该工艺的原理是，烟气中的 SO_2 和 NO_x 在催化剂的作用下被强氧化剂氧化，最终转化为硫酸和硝酸，然后进入吸收塔被氨水等碱液吸收，生成硫酸铵和硝酸铵。烟气液态催化氧化法脱硫效果好，SO_2 排放浓度 $<50mg/m^3$；低温脱硝效率高，NO_x 脱除效率可达到 80%以上。烟气液态催化氧化法脱硫脱硝具有硫硝脱除效率高、无二次污染、烟气温度适应范围广等优点，具有良好的推广前景；但如何提高硫酸铵产品的纯度、保证液氨的安全使用、降低有机催化剂损失等问题是该项技术需克服的困难[2,9]。

11.4 特定组分治理

煤炭转化为其他形式的物质是一个相对复杂的过程，会产生多种气态污染物。除 NO_x 和 SO_2 有较为成熟的处理技术外，还应重视转化过程中产生的其他废气，并采取相应的治理措施予以控制。

（1）氨气及其治理

煤炭转化过程的氨污染主要来源有：①煤气化净化装置中各种含氨物质的挥发，如氨水槽、焦油槽、氨脱硫液槽、煤气冷凝液槽等；②氨回收过程排放的氨气，如蒸氨塔的氨蒸馏、无水氨生产过程产生的氨气等；③合成氨生产装置产生的弛放气等[5]。

氨易溶于水，对低浓度含氨废气可直接吸收处理。对于高浓度含氨废气，需根据氨溶解和热释放的特点调整氨吸收装置的操作条件，以保证吸收率。

（2）一氧化碳排放及其治理

CO 在焦炉煤气中体积分数为 5.5%～7.0%，其主要排放源来自煤气泄漏，焦炉推焦过程中烟气的无序排放，事故状态下焦炉集气管排放，煤气化净化装置中焦油、氨等物料挥发等。

针对焦炉荒煤气逸散造成的 CO 污染，采用高压氨水喷射，在桥管和立管喷淋区后方产生较大的负压，使荒煤气从焦化室排出，通过立管和桥管，吸入集气管内，以避免荒煤气外逸。事故状态下从焦炉中逸出的大量荒煤气，可采用自动点火燃烧处理。从焦油槽、冷凝液槽、氨水槽逸出的含 CO 气体，可通过回收至燃料管网的方法，实现 CO 的净化回收[5]。

（3）硫化氢及其治理

焦炉煤气中硫化氢质量浓度为 6～8g/m^3，其主要来源为中压气、干气、液化气的泄漏。煤制天然气中的硫化氢主要来自低温甲醇洗涤工艺。另外，焦油、煤气冷凝液、脱硫液中的硫化氢会从物料储罐放置处无序排出，造成污染。

硫化氢废气的处理技术主要有吸收法、吸附法和催化燃烧法等。吸收法常用于硫化氢浓度高、气量大的废气处理。该方法利用硫化氢溶水呈酸性的特性，用一些碱性溶液如碳酸钠、氢氧化钠等来对其进行吸收处理。吸附法常用于硫化氢浓度较低的废气处理。该方法是利用活性炭、分子筛等比表面积较大的多孔材料来吸附废气中的硫化氢。催化燃烧适用于硫化氢无法回收的情况，即将硫化氢焚烧转化为二氧化硫和水。目前，大量研究表明，该方法可以很好地满足废气处理要求[5]。

（4）萘及其治理

焦炉煤气中萘的质量浓度为 8～12g/m^3，煤焦油中质量分数约 10%，洗油中质量分数约 8%。煤炭转化过程中的萘污染主要来自煤焦油的精炼加工和粗苯生产中萘的萃取过程。例如焦油槽不凝性气体的逸散，粗苯生产中洗油的挥发，萘油槽尾气逸散，萘加工过程中的尾气排放等[5]。

与其他废气类似，含萘尾气的处理技术有吸收法、燃烧法、负压回收法等。吸收法是根据萘易溶于有机溶剂的性质，利用一些有机溶剂喷洒洗涤来实现萘的净化。例如，上海宝钢梅山公司利用生产的中间产品作喷淋液来吸收苯类废气，吸收液饱和后可以回到生产系统，既可以回收有用物质，又可以除去污染物[20]。燃烧法是将含萘尾气集中收集后送入焚烧炉燃烧，此法能彻底去除尾气中的萘，且无二次污染。此外，负压回收法作为常见的收集装置，可通过负压燃气管网来吸收含萘尾气[5]。

11.5 粉尘治理

11.5.1 粉尘排放特征

原煤在运输和储存过程中会产生一定量的粉尘，如落煤点产生的粉尘、贮煤场产生的粉尘、带式输送机回程皮带产生的粉尘以及物料在运输过程中散到空气和地面产生的粉尘。粉尘沉降到地面后，在自然风力或操作机械产生的风力作用下，再次进入空气中，产生二次粉尘污染。对于上述产生的粉尘，储煤场应以防尘为主，其次是消除煤尘，再次是加强管理[21,22]。

焦炉装煤过程逸出的烟尘是焦炉生产的主要污染源，占焦炉烟尘总量的60%以上，成分复杂，含有大量颗粒物及二氧化硫、苯并[a]芘、H_2S等有害气体，是焦化行业污染治理的难题，特别是捣固焦炉装煤除尘，至今仍然是亟待解决的技术问题[23]。煤在燃煤锅炉、气化炉、焦炉等设备燃烧过程也会产生粒径在1～100μm的尘粒[5]。

在煤气化净化工艺中，有时需要对物料进行干燥处理，在此过程中会产生一些固体颗粒污染物。例如，在硫酸铵生产过程中，湿的硫酸铵在热风干燥过程中，部分硫铵颗粒随废气排出，从而产生固体颗粒污染[5]。

目前，扬尘、煤尘等可以用抑尘剂进行处理外，大部分生产性粉尘还主要依靠使用各种除尘器进行除尘。除尘方式主要有沉降式除尘、湿式除尘、过滤式除尘以及电除尘，各类除尘器对比见表11-2。

表11-2 各类除尘器对比

名称	原理	优点	缺点	除尘效率
重力除尘器	使含尘气体中的粉尘借助重力作用自然沉降来达到净化气体目的	装置结构简单、阻力小，投资省，运行费用低	体积大、除尘效率低，一般只适用于一级除尘	40%～60%
惯性除尘器	利用粉尘在运动中惯性力大于气体惯性力的作用，将粉尘从含尘气体中分离出来	结构简单、阻力较小，可以处理高温含尘气体，适宜安装在烟道、管道内	除尘效率较低，一般用于除去几微米到10μm的比较粗大的尘粒，可作预除尘	50%～70%
旋风除尘器	利用旋转的含尘气体所产生的离心力将粉尘从气流中分离出来的一种干式气-固相分离装置	结构简单、占地面积小、操作维护简便、动力消耗不大、性能稳定，不受含尘气体的浓度、温度限制	对于捕集、分离对细微尘粒(小于5μm)的分离效率很低；当气体含尘浓度高时，可作为初级除尘，以减轻二级除尘的负荷	70%～95%
袋式除尘器	用编制或毡织的滤布作为过滤材料来分离气体中粉尘	除尘效率高，可达99%以上，且较稳定。适用于捕集非黏性、非纤维性的粉尘；处理气体范围大	不适用于黏性的、含水的物料；承受温度的能力有一定的限度	80%～99.9%
颗粒层除尘器	利用颗粒过滤层达到粉尘和气体分离目的	结构简单、颗粒料来源广、耐高温、耐腐蚀、磨损轻微、除尘效率高	极细粉尘的除尘效率不如袋式除尘器，且由于颗粒层容尘量有限，不适于进口气体含尘浓度太大的场合	85%～99%
电除尘器	利用静电力实现粒子(固体或液体粒子)与气流分离的一种除尘装置，分离力直接作用在尘粒上，而不是作用在整个气流上	除尘效率高、系统阻力低、能适用于高温(400℃)、能除去微细粉尘、适用范围较大、维护费用低等	初期投资大；由于电厂风速较低而占地面积大，对粉尘比电阻有一定要求	80%～99.9%
湿式除尘器	使含尘气体与雨水或其他液体相接触，利用水滴和尘粒的惯性碰撞及其他作用而使尘粒从气流中分离出来	投资少、结构简单、操作与维修方便、占地面积小；能同时进行有害气体的净化、烟气冷却和增湿，适用于处理高温、高湿、有爆炸性危险的气体	使用过程中产生的废水、污泥需要处理，增加了设备投资和维护成本，如果污水处理不达标，易造成二次污染	75%～99.9%

11.5.2 沉降法除尘

沉降法（或称机械除尘）是利用颗粒自身的重力、惯性力和离心力，将气体中的颗粒物沉降收集的方法，广泛应用于初级除尘[5]，常见的包括重力除尘器、惯性除尘器和旋风除尘器。

（1）重力除尘器

重力除尘器是指通过重力作用使粉尘颗粒沉降并与气流分离的装置。气流进入重力沉降室后，气流横截面积扩大，流速减小，较重的颗粒在重力作用下慢慢向灰斗沉降。重力除尘器的优点包括结构简单，投资小，压力损失小（一般在 50～100Pa），维护管理容易；但重力除尘器体积大，除尘效率低，仅能作为高效除尘器的预除尘装置，除去较大、较重的颗粒，适用于处理中等气量的常温或高温气体[24]。

（2）惯性除尘器

惯性除尘器是利用气流中粉尘的惯性大于气体的惯性的原理，从而将粉尘与气体分离的除尘技术。惯性除尘器构造相对简单、可用于处理高温含尘气体。适宜安装于烟道、管道，净化密度和粒度较大的金属或者矿物性粉尘，但除尘效率不高，捕集 10～20μm 以上的粗颗粒[25]，一般用于初级除尘。

惯性除尘器的工作机理大致为：在沉降室内设置各种形式的挡板，含尘气流冲击在挡板上，气流方向发生急剧转变，借助尘粒本身的惯性作用，使其与气流分离[24]。惯性除尘器的结构形式分为冲击式和转向式。冲击式是气流冲击挡板用于捕集较粗粒子；转向式是改变气流方向用于捕集较细粒子。

常用的惯性除尘器是百叶式除尘器，一般包括百叶沉降式除尘器、蜗壳浓缩分离器和百叶窗式除尘器等[24]。另外还有钟罩式除尘器，除尘效率较低。

（3）旋风除尘器

旋风除尘器的除尘机理是使含尘气体在机械风力作用下旋转，尘粒在离心力的作用下甩向器壁，从气流中被分离出来，最终在重力作用下落入灰斗中。旋风除尘器更易于捕集和分离 5～10μm 粒径范围内的尘粒，对于 5μm 以下的尘粒去除效率低。关于旋风除尘器的压力损失方面：相对尺寸对压力损失影响较大；含尘浓度增高，压降明显下降；操作运行中可以接受的压力损失一般低于 2kPa。旋风除尘器的优势在于结构较为简单、占地面积小、操作维护方便，使用不受含尘气体的浓度和温度的限制。一般情况下，旋风除尘器在工业上必须与其他除尘器配套使用，才能满足粉尘达标排放的要求[25]。MTO 装置催化剂再生烟气采用旋风除尘器除去残留的催化剂颗粒，去除效率在 98%～99%甚至更高。

11.5.3 湿法除尘

湿法除尘是使含尘烟气与水或其他液体密切接触，利用惯性碰撞、拦截和扩散等作用，并伴随有传质和传热的过程，将粉尘颗粒留在液体中，从而使固体颗粒物从烟气中分离[24]。

与干式除尘相比，湿式除尘具有较高的除尘效率，能够去除粒径在 0.1μm 以上的粉尘颗粒。液体的使用在除尘过程中起到冷却、增湿、净化有毒有害气体的作用，赋予其能够去除高温、高湿、易燃、易爆的含尘气体的优势，但不能用于处理纤维性憎水性粉尘。相应地，湿式除尘需要消耗一定的液体量，并需要配备污水处理设施，设备也需要考虑防腐防冻问题[24]。

11.5.4 过滤法除尘

过滤法除尘是指将含尘气流通过多孔滤料（砂、砾、焦炭等），将粉尘拦截，从而将固体颗粒从烟气中分离的技术。过滤除尘器种类有很多，本节主要介绍应用最为广泛的袋式除尘器和颗粒层过滤除尘器。

（1）袋式除尘器

袋式除尘器是采用编织或毡织滤布作为过滤材料，利用纤维织物过滤固体颗粒物，分离气体中的粉尘。袋式除尘器的除尘机理可以分为两个阶段。第一个阶段是含尘气体进入袋式除尘器，通过纤维滤料。此时，部分颗粒大、相对密度大的粉尘在重力作用下沉降进入灰斗，细颗粒被滤料拦截，气体得到净化。使用一段时间后，更多的粉尘会堆积在滤料表面，形成粉尘初层。这时候，就进入了第二阶段。在此阶段中，粉尘初层起捕集粉尘颗粒的作用，而滤料主要起支撑粉尘初层的作用[26]。因此，在清灰作业时应注意保留粉尘初层，以免破坏粉尘初层而引起除尘效率下降。

袋式除尘器的优点如下：

① 除尘效率极高，可以达到99%以上。

② 除尘效率不受粉尘比电阻、浓度、粒度的影响。锅炉负荷的变化和烟气量的波动对袋式除尘器出口排放浓度影响不大。

③ 袋式除尘器一般采用分室结构，并在设计中留有余量，以便在不影响锅炉运行的情况下更换过滤器进行维修。

④ 由于袋式除尘器捕集微细粉尘更有效，因此比静电除尘器去除飞灰中含有的重金属微粒更多。

⑤ 所需辅助设备少，技术要求不如静电除尘器高。

⑥ 结合喷雾干燥等设备，可以解决烟气中 SO_2 的污染问题[27]。

袋式除尘器的缺点如下：

① 袋式除尘器不能承受高温烟气通过，对烟气中的水分含量和油性含量也有较为严格的要求。

② 锅炉运行中负荷不稳定，特别是锅炉在开、启、停等情况下，烟气的性质也不同，也会影响袋式除尘器的使用寿命。

③ 运行阻力大，一般为 1～1.5kPa，甚至更高。除尘器后的风机功率大，运行费用高[25,27]。

④ 滤袋寿命有限，更换滤袋费用高，工作量大。

袋式除尘器适用于捕集非黏性、非纤维性的粉尘，可处理质量浓度为 0.0001～1000g/m^3、粒径为 0.1～200 μm 的粉尘。浓度太高或粒径太大的粉尘需先经旋风除尘器除尘。

袋式除尘器的应用主要受滤料耐温、耐腐蚀等性能的限制，特别是在耐高温方面，常用滤料工作范围在 100～150℃以下，而玻璃纤维滤料可长期工作在 260℃左右。当含尘气体温度过高时，应对气体采取降温措施，或采用特殊滤料；在捕集吸湿性较大及吸湿性较强的粉尘时，容易堵塞滤袋，应采取相应措施[28]。

目前，生产中应用广、市场占有率高的大型袋式除尘器是反吹风大布袋除尘器、回转反吹扁袋除尘器和脉冲喷吹袋除尘器。表 11-3 为这 3 种大型设备的结构性能对比。其中，脉冲喷吹袋除尘器操作和清灰连续，滤袋压力损失稳定，处理气量大，内部无运动部件，滤布寿命长，结构简单，应用最广[29]。例如，中滦煤化工对焦化系统除尘设备的改造就采用了脉冲喷吹袋除尘器，除尘效果良好，且改造后每天可以多收集 4 吨粉焦，创造了更多的经济价值[30]。煤炭转化工程输煤系统废气、聚烯烃装置里的含尘废气、硫黄成型包装含尘尾气、石灰石输送系统废气一般采用袋式除尘器。

表 11-3　大型袋式除尘器结构性能对比

项目	反吹风大布袋除尘器	脉冲喷吹袋除尘器	回转反吹扁袋除尘器
过滤面积密度/(m^2/m^3)	约 10	约 8	11～13
滤袋形状	圆袋	圆袋、扁袋	端面多为梯形
滤袋直径/mm	250～300	130～160	—
滤袋长径比	40	45	滤袋长一般不超过 6m
钢耗/(kg/m^2)	40	约 30	22～30
处理量/(m^3/h)	约 1×10^6	约 1×10^5	约 1×10^5
过滤风速/(m/min)	0.5～1	1～1.8	0.5～1.5
过滤阻力/MPa	0.15～0.25	0.15～0.25	0.35～0.45
能耗	高	低	中

（2）颗粒层过滤除尘器

颗粒层过滤除尘器的除尘机理与袋式除尘器相似，具有耐高温、耐腐蚀、耐久性好的特点。这种方法是用一些理化性质稳定的颗粒状物料（如焦炭、砾石、硅石等）作为填料形成过滤层，依靠过滤、惯性碰撞、拦截、重力沉积等作用使粉尘颗粒在过滤材料上聚集，实现对烟气中尘粒的捕集和去除。然而，颗粒层过滤除尘技术难以高效捕捉细小灰尘颗粒。在大规模应用中，介质通过过滤器时的均匀运动和气流的均匀分布是研究和生产操作的重点[24]。

11.5.5　电除尘

（1）电除尘器

电除尘是利用强电场使气体发生电离，气体中的粉尘荷电在电场力的作用下，使气体中的悬浮粒子分离出来的装置。电除尘与其他除尘方法的最主要区别在于粒子与气体分离的力是直接作用于粒子本身，而其他方法大多是把作用力作用在整个气体上。用电除尘的方法分离捕集气体中的悬浮粒子，主要有气体电离、粉尘荷电、粉尘沉积、清灰四个步骤[8]。

电除尘器按集尘电极型形式可分为管式和板式电除尘器；按气体流向方式可分为立式电除尘器和卧式电除尘器，其中，卧式板式电除尘器是应用较广泛的一种；按粉尘荷电区和分离区的空间布置不同分为单区和双区式电除尘器；按沉积粉尘的清灰方式可分为干式和湿式电除尘器[25]。

电除尘器的优点如下：

① 除尘效率高，一般在 95%～99%。

② 电除尘器与其他除尘器的根本区别在于，除尘过程的分离力直接作用于颗粒本身而不是作用在整个气流。该力是由电场中粉尘荷电引起的库仑力。直接作用的优势在于电除尘器比其他除尘器需要的功率、气流阻力更小。

③ 电除尘既不像沉降法除尘那样只能回收粗粒子，也不像过滤法那样受到气体运动阻力的限制，能够回收 1μm 左右的细小粒子。

④ 处理量大，可应用于高温、高压，具有克服气体和粒子腐蚀的能力。可连续自动化操作，应用广泛。

电除尘器的缺点在于设备庞大，消耗钢材多，初期投资大，要求安装和运行管理技术较高。另外，粉尘的比电阻严重影响着除尘效率，不同的煤质会影响其去除效率[28]。

(2) 电袋复合式除尘器

目前，在煤炭转化项目除尘技术中应用较多的设备是电除尘器和袋式除尘器。但在实际应用中，人们逐渐发现电除尘器和袋式除尘器的种种限制和不足，为了综合利用这两种除尘器的优点，电袋复合式除尘器应运而生。与电除尘器、袋式除尘器相比，电袋复合式除尘器在性能上具有明显优势，3 种除尘器的比较见表 11-4。

表 11-4　电袋复合式除尘器与电、袋除尘器的比较[31]

种类	优点	缺点
电除尘器	除尘效率高;设备阻力低,能耗小;处理烟气量大,适用范围广;运行费用低,便于维护	投资成本高,占地面积大;对超细颗粒捕集能力有限;对高比电阻粉尘除尘效率较低;除尘效率随运行年份增加而降低
袋式除尘器	除尘效率高、处理气体的范围大;不受粉尘比电阻的影响;除尘效率随着运行年份增加反而升高	设备体积和本体阻力较大;不适合在高温、高湿环境中使用;滤袋容易损坏,滤料成本较高
电袋复合式除尘器	适用范围广,对细微颗粒也有高的捕集效率;阻力小,滤袋寿命长;成本低	—

电袋复合式除尘器是由电除尘单元与布袋除尘单元组成，将电除尘和布袋除尘的除尘机理和各自优势有机地结合在一起。80%～90%的粉尘由前端的电除尘单元捕集，剩余粉尘由后续的袋除尘装置拦截收集。大量粉尘被前端电除尘单元捕获后，此时滤袋的含尘量大大降低，阻力降低，清灰周期延长，从而弥补了袋式除尘器的不足；而布袋除尘效率高，对粉尘特性要求低的优势得到发挥。电袋复合式除尘器作为提高除尘效率、有效控制微细粉尘的新一代产品，以其独特的优势受到广泛关注。随着环保要求的提高和对细微粉尘颗粒控制的要求，相当多的电除尘需要提高除尘效率，减少粉尘排放。采用电袋复合式除尘技术比单纯增加电除尘能力或改造成袋式除尘器具有更好的技术可靠性和经济性。特别是对高比电阻粉尘、低硫煤粉尘和脱硫后的烟气粉尘，采用电袋复合式除尘技术进行技术改造更具有技术经济优势[32]。目前，燃煤锅炉烟气除尘通常采用电袋复合式除尘器，除尘器效率不低于 99.9%。

11.6　挥发性有机物处理

11.6.1　挥发性有机物排放特征

挥发性有机物（VOCs）按排放特征可分为有组织排放和无组织排放两大类。有组织排放是指 VOCs 废气通过排气筒集中排出，污染源易于分析定位，排放总量和排放特征可计量核算，管理相对容易；无组织排放是指生产过程中由于设备不封闭或密封措施不完善造成的 VOCs 泄漏，不易收集，排放量和排放时间不确定，治理困难。相关数据显示，在煤炭转化行业，50%以上的 VOCs 排放是无组织排放。

VOCs 总排放特征为：排放节点多，不同排放节点排放差异大，组分复杂。具体来说，VOCs 废气的来源主要包括设备密封点泄漏、循环水冷却系统释放、有机液装卸与储存过程中挥发、废水输送与储存过程逸散、炉膛燃烧烟气排放、采样泄漏、事故工况下的废气排放等。例如，低温甲醇洗涤塔的尾气中含有大量挥发性甲醇，伴随着大量羰基硫化物、H_2S 等；污水处理池逸散的 VOCs 主要有烷烃、烯烃、卤代烃、芳香烃、醇类和硫醚等 6 类 40 多种有机化合物。炼焦过程散发的 VOCs 气体有苯、酚、氰、硫氧化物以及碳氢化合物等。另外，大多产品需要后期合成，产业链较长。如煤制烯烃、煤制油、煤制醇醚燃料、合成氨及焦化等，产品组分复杂，生产过程中可能会涉及一些不稳定因素（氧化、焦化、炭化等），导致工艺过程产生的 VOCs 废气种类繁多[33]。

VOCs 安全高效控制与减排事关人民群众的生命安全和身体健康。我国对石化行业严格实行建设项目环境准入制度。环境保护部印发《石化行业挥发性有机物综合整治方案》，废气 VOCs 特征污染物及排放限值如下：甲醇、乙二醇、酚类、苯、甲苯分别为 $50mg/m^3$、$50mg/m^3$、$4mg/m^3$、$20mg/m^3$、$15mg/m^3$，VOCs 排放被严格要求。VOCs 的防控减排势在必行[33]。

煤炭转化过程采用源头削减、过程控制、末端处理全过程控制实现 VOCs 减排，并将各生产过程排放的 VOCs 纳入监测体系，VOCs 控制方案如图 11-1 所示。

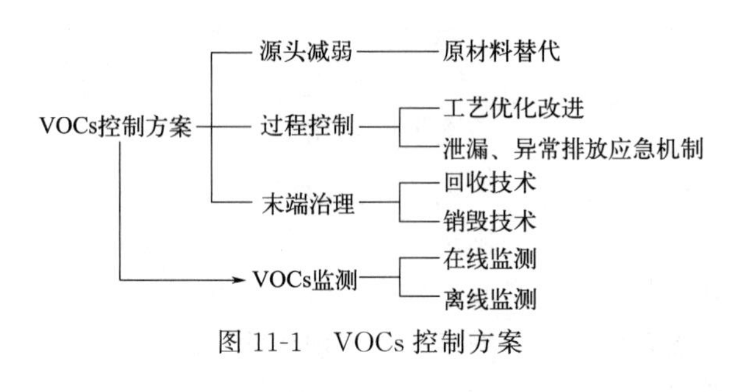

图 11-1　VOCs 控制方案

减少 VOCs 源头排放的具体措施包括严格管控煤炭转化过程中物料的使用，特别是对挥发性有机溶剂的运输、装卸和储存等操作流程进行规范，防止原料中的 VOCs 逸散到周围环境中。过程控制包括优化和改进煤炭转化的各个生产流程，减少生产路径的 VOCs 排放；采用泄漏检测与修复技术（leak detection and repair，LDAR）对无组织排放源进行定性、定量检测，避免 VOCs 泄漏和异常排放等。末端处理主要针对有组织排放的废气，综合分析 VOCs 成分、含量、性质等工况，选择处理 VOCs 最佳工艺路线[3]。

目前，煤炭转化行业 VOCs 末端处理技术根据是否回收 VOCs 分为回收法和销毁法两大类。所谓回收法，是指通过改变温度、压力，或采用选择性吸附剂、渗透膜等物理方法，对 VOCs 进行分离富集。回收的 VOCs 可以简单处理后返回到工艺流程中作为原料使用，也可以浓缩、分离、提纯制成原料。目前我国大中型化工企业主要采用吸收法、吸附法、膜分离法和冷凝法回收 VOCs。销毁法针对的是 VOCs 含量低且无法回收的情况。通过生物或化学反应，VOCs 被氧化分解为易于处理的小分子有机物或完全降解为 CO_2 和 H_2O。销毁法包括燃烧（直接燃烧、催化燃烧）、等离子体[34]、光催化和生物降解法以及集成工艺[35]。VOCs 气体处理技术原理及对比见表 11-5。其中，煤炭转化过程中 VOCs 处理的主流技术有吸附、冷凝、催化燃烧、生物处理和吸收法[5]。

表 11-5　VOCs 气体处理技术原理及对比[33]

处理技术		原理	优点	缺点	处理效率
回收技术	吸收	采用低挥发液体作为吸收剂，利用 VOCs 各组分在吸收剂中溶解度的差异而净化废气	能适应废气流量、浓度波动；传质效率高、安全性高、能耗低	投资费用较大，产生废水造成二次污染，净化效率不高	一般可达 95%以上
	吸附	利用活性炭、分子筛、交换树脂、硅胶等吸附材料吸附 VOCs	不产生废水、不需辅助燃料，可以处理多组分气体	吸附剂用量大；吸附材料需定期更换	一般可达 90%～95%
	冷凝	降温至 VOCs 各组分露点以下，使之液化分离	工艺简单、易操作，常作为废气净化的预处理工序	不适宜处理低浓度有机气体，对入口 VOCs 要求严格	一般介于 50%～85%
	膜分离	借助载体空气和 VOCs 蒸气不同的渗透能力	能耗小、回收率高、无二次污染	成本较高，膜稳定性较差，使用范围较窄	最高可达 97%
销毁技术	氧化燃烧法	将 VOCs 与空气充分接触，在适当的温度下氧化分解	可处理高浓度 VOCs、可回收热能	处理温度高，能耗大，投资运行费用高；燃烧不充分，易产生有毒 VOCs 中间产物	一般大于 95%
	生物降解法	微生物利用 VOCs 作为碳源和能源进行生命代谢，将 VOCs 分解为 CO_2、H_2O	投资低、能耗低、氧化完全	对温度、湿度变化敏感；对废气可生化性要求高	一般介于 60%～80%
	光催化	光催化剂在紫外光照射下产生氧化还原能力将 VOCs 氧化	设备简单、维护方便、二次污染产生较少、使用范围广泛	占地面积大、工况变化影响大	一般在 80%左右
	等离子技术	利用离子、电子及激发态的原子、分子、自由基等活性物质将废气中的 VOCs 离解为小分子物质	高效便捷、对多种污染物适用、设备简单、占用空间较少	适用于处理中低浓度 VOCs；操作不当易产生安全隐患	一般低于 50%

11.6.2　冷凝法

冷凝法是根据不同气体在不同温度下饱和蒸气压不同的性质，通过降低温度或提高系统压力的方法，使废气中的 VOCs 气体凝结为液态加以回收的方法。冷凝系统示意图见图 11-2。该方法多用于高浓度（体积分数大于 5%）、高沸点、单一组分有回收价值的 VOCs 混合气体的处理。当废气中 VOCs 含量过低时，因设备在低温高压条件下消耗的能量较多，处理成本较高。因此，通常 VOCs 浓度≥5000mg/L 时，才有可能选择使用冷凝法进行处理。当浓度≥1%以上时，回收效率可达 90%以上。冷凝法对沸点低于 60℃的 VOCs 的净化率为 80%～90%，但对高挥发和中挥发性 VOCs

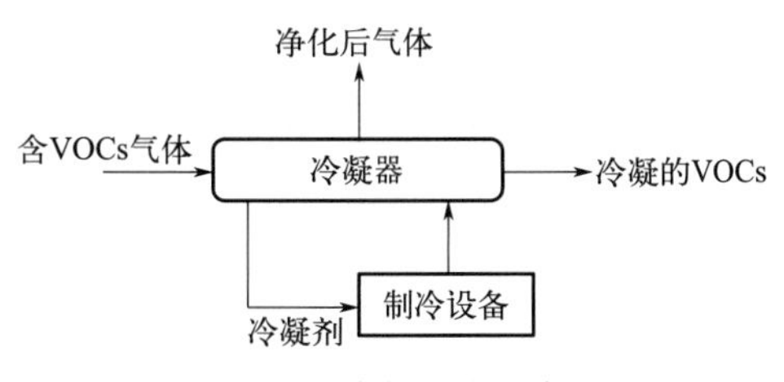

图 11-2　冷凝系统示意图

的净化效果并不理想[36]。另外，由于运行时气液相平衡的限制，为了达到较高的VOCs去除率，不停车进行除霜作业，势必会造成制冷系统能耗高，增加投资成本、运行成本，而且设备故障率较高[37]。冷凝法常作为前处理步骤，并与其他处理控制方法（例如吸附、吸收、燃烧等）结合使用。

例如，内蒙古某焦化厂在机械刮渣机排气管处采用“冷凝＋精细分离＋资源回收”技术方案，实现非甲烷总烃排放浓度小于10mg/m^3，VOCs减排效率达99％以上。该治理方案利用排放废气中有机组分的熔点和沸点差异较大的特点，采用不同的冷凝温度，进行分步液化收集[38]。河南心连心化学工业集团有限公司合成氨联醇项目中，在H_2S浓缩塔后段增设多级冷却低温分离罐，甲醇洗排气中夹带的甲醇通过低温冷凝回收，回收甲醇纯度为99.5％以上，同时实现尾气中VOCs达标排放[39]。

11.6.3 吸收法

VOCs液体吸收处理是利用一些低挥发或不挥发的液体作为吸收剂，吸收VOCs组分达到净化废气的目的，去除率可达95％～98％。具体过程包括有机废气通过吸收装置与吸收剂接触，吸收剂吸收废气中的有害成分，从而净化废气。该方法适用于处理气体流量为3000～15000m^3/h、浓度在0.05％～0.5％（体积分数）范围内的VOCs废气，不适用于低浓度废气处理[40]。吸收法的优点在于技术成熟、可同时去除气态有机污染物和颗粒物、投资成本低、占地面积小。但是，该种方法也存在着一些弊端，包括后续废水需处理、吸收剂需定期更换和设备易腐蚀等问题[41]。因此，吸收剂的吸收性能与吸收设备的结构特性是制约吸收法净化处理VOCs效率的关键因素。

11.6.3.1 吸收剂的选择利用

吸收处理VOCs时，为实现经济性和实效性的最优化，吸收剂的选择至关重要，理想的吸收剂应具备以下特点：①低挥发性或不挥发性；②吸收能力高（吸收量大、吸收速度快）；③无毒无污染，不腐蚀设备；④解吸率高，重复使用率高；⑤成本低。实际应用中，吸收剂的选择应综合考虑废气本身性质、工艺条件和预期处理效果等因素[42]。

VOCs处理中常用的吸收剂有以柴油和洗油为主的矿物油、高沸点有机溶剂和水型复合溶剂。吸收剂的主要类型及其特点见表11-6[43]。当吸收剂为水时，采用精馏处理就可以回收有机溶剂，为进一步增加VOCs在水中的溶解度，可以采用向水中添加表面活性剂的方法。目前，实际应用中常采用的是沸点较高、蒸气压较低的柴油、煤油等非水溶剂，因此从降低运行成本考虑，常需进行吸收剂的再生[41,44]。如果要进一步增强对VOCs的吸收效果，也可以使用由液体石油类物质、表面活性剂和水组成的混合液作为吸收液。

表11-6　吸收剂的主要类型及其特点

类别	吸收剂	特点
矿物油	轻柴油、机油、洗油、白油等	吸收容量高，组分复杂，易挥发
高沸点有机溶剂	邻苯二甲酸酯类、己二酸酯类、聚乙二醇类、硅油类、酚类等	吸收效率高，但液体分布难以均匀，设备压差大，成本高
水型复合溶剂	水-洗油、水-白油、水-机油、水-表面活性剂、水-酸、水-碱等	吸收效率略低，但成本低，挥发损失小，无二次污染问题

11.6.3.2 吸收设备

在煤炭转化过程中 VOCs 的吸收处理中，最常用的吸收设备为填料吸收塔和喷淋吸收塔。

(1) 填料吸收塔

填料吸收塔的工艺流程如图 11-3 所示。填料吸收塔的核心在于填料，填料的存在增大了气液两相的接触面积，使有机污染物和吸收剂能够充分接触。具体过程为吸收剂被泵送到吸收塔顶部并喷淋到填料上，有机废气从底部输送到吸收塔中，经过填料后废气被吸收剂吸收净化由顶部排出[43]。填料应选用比表面积大、润湿性好、机械强度高的材料。常用的有拉西环、鲍尔环、弧鞍形和矩鞍形填料等。

(2) 喷淋吸收塔

喷淋吸收塔的工艺流程如图 11-4 所示。喷淋吸收塔的特点在于利用喷嘴将吸收剂喷射成细小液滴，从而增加气液两相间的传质面积和接触时间[43]。

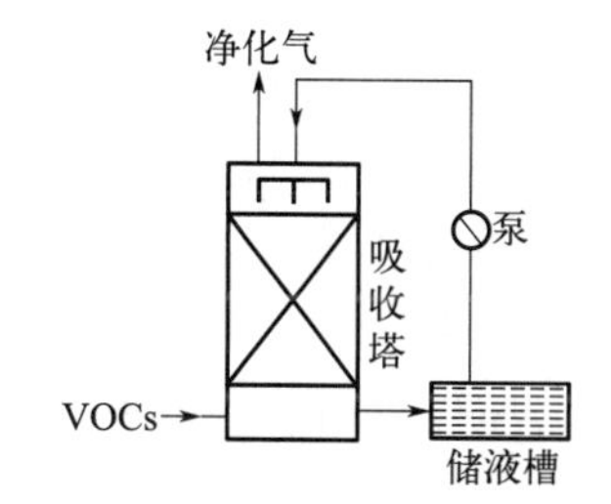

图 11-3 填料吸收塔工艺流程示意图

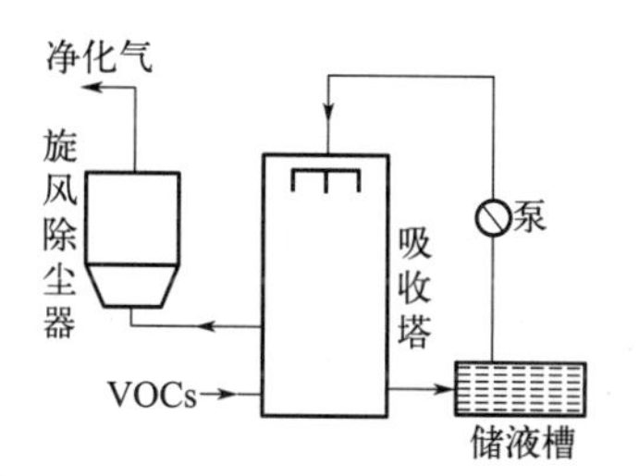

图 11-4 喷淋塔吸收工艺流程示意图

11.6.4 吸附法

吸附法去除 VOCs 的原理是利用比表面积较大的多孔性固体吸附剂，使 VOCs 组分浓缩于固体表面上，以达到气体分离净化的目的[45]。吸附法在 VOCs 的处理过程中应用极为广泛，主要应用于中低浓度、高通量有机废气（如含碳氢化合物废气）的净化。该方法对 VOCs 去除效率高，无二次污染，操作方便，易于自动化控制；但不适用于高浓度、高温的有机废气处理，且吸附材料需定期更换[41]。

对 VOCs 废气分离净化的效率与吸附剂的性能有很大的关系。因此，根据不同吸附质特点选择合适的吸附剂是进行吸附操作的关键[45]。如煤炭转化中需用静电纺丝纳米纤维吸附 VOCs 中的苯[46]。性能良好的 VOCs 吸附剂应具备以下几点特性：具有密集的孔隙结构，比表面积大，吸附容量高；化学性质稳定，耐高温高压，耐酸碱腐蚀；易于再生等[47]。应用于 VOCs 治理的吸附剂大致可分为碳基吸附剂（包括生物碳材料[48]）、矿物类吸附剂、聚合物类吸附剂以及有机-无机杂化吸附剂。表 11-7 对这四种吸附剂的性能进行了比较。常用的吸附剂有活性炭、分子筛、高聚物吸附树脂和金属有机框架材料[49]。

表 11-7 四种不同种类吸附剂的吸附性能比较

VOCs 吸附剂	优点	缺点
碳基吸附剂	微孔、比表面积巨大	易受自身官能团和环境中水分的影响
矿物类吸附剂	来源广、成本低、易制备、再生性好	比表面积不大，易受环境中水分的影响

续表

VOCs 吸附剂	优点	缺点
聚合物类吸附剂	结构和孔径可控，借助范德华力吸附有机质	制备周期长，成本高
有机-无机杂化吸附剂	性能可设计性	新型材料，需进一步探讨

吸附作为一种环保、高效、经济的 VOCs 处理方法，技术成熟和成型，在国内外得到了广泛的应用。根据不同吸附质分子的特性，设计相应的具有高选择吸附性和高应用价值的"智能"吸附剂，成为 VOCs 吸附领域的研究热点。包括根据被吸附分子的大小设计合适孔径的吸附剂；根据吸附质与吸附剂的相互作用，制备吸附效率高、易再生的吸附剂等。在未来几年，这种高效、"智能"的吸附剂将不断得到发展，并将在 VOCs 治理领域发挥重要的作用[49]。

11.6.5 生物处理法

生物法是利用微生物对废气中的有机污染物进行消化代谢，将污染物转化为无害的 CO_2、H_2O 及其他无机盐类。VOCs 废气生物处理的基本步骤是：有机废气溶解于水中；吸附在生物膜上的有机污染物被微生物吸收；微生物利用自身代谢过程将有机污染物降解为无害的小分子物质，如 CO_2 和 H_2O。生物法适合于处理气体流量大于 $17000m^3/h$、体积分数小于 0.1%的 VOCs 气体[41]。VOCs 废气生物处理能耗低、运行费用低；对多种有机污染物有良好的氧化降解效果，除了由碳、氢、氧组成的各类有机物外，一些难处理的含硫、含氮的恶臭物质也能被氧化分解；净化效率较高，且无二次污染。但生物法降解周期长，需保持微生物生长适宜的温度和 pH 等[50]。

根据 VOCs 废气处理过程中微生物的存在形态，处理方法分为生物吸收法（悬浮态）和生物过滤法（固着态）。生物吸收法（又称生物洗涤法）是指将有机废气首先输送至液相，再由悬浮活性污泥将液相中的污染物进行分解。生物过滤法是将微生物附着于固体介质（填料）上，废气通过由介质构成的固定床层（填料层）被吸附、吸收，最终被微生物降解，较典型的有生物过滤池和生物滴滤池两种形式。表 11-8 对三种生物处理技术进行了比较。

表 11-8　三种生物处理有机废气技术的对比[41]

生物技术	适用范围	优点	缺点
生物洗涤池	适用于净化气量小、浓度高、易溶解且生物代谢率低的废气及含颗粒废气的处理	成本不高；占地面积相对较小；技术成熟	运行成本高；颗粒物含量多时性能下降；洗涤剂进料复杂
生物过滤池	适用于处理气量大但 VOCs 含量低的废气	投资和运行成本低；压降低；抗冲击负荷能力强	占地面积大；填料需每 1～2 年更换一次；需调整适宜微生物生长的湿度和 pH；颗粒物含量多时会堵塞滤床
生物滴滤池	适用于处理高负荷有机废气和那些降解后会生成酸或碱性物质的有机污染物	中等成本，运行费用相对较低；压降低；去除效率高	建造和操作比生物过滤池复杂；不同气量、浓度和成分的污染物需构建不同的生物净化系统

例如，某高硫煤清洁利用示范工程[51]污水池含有成分复杂的恶臭气体、无机废气和油

脂类。该厂采用生物滴滤净化工艺＋活性炭吸附技术除臭工艺处理废气。经检测，该处理方式可实现污水池废气达标排放[52]。

11.6.6 催化燃烧法

催化燃烧法的原理是利用催化剂在较低的起燃温度（200～300℃）下将废气中的VOCs成分完全氧化分解为CO_2和H_2O。在这个过程中，催化剂能够降低反应活化能，将反应物聚集在固体催化剂表面，降低传质阻力，提高氧化速率。催化燃烧法适用于处理可燃或在高温下可分解的有机气体，但该方法不适用于燃烧过程中产生大量硫氧化物和氮氧化物的废气处理。

催化燃烧法主要具有以下优点：

① 无火焰燃烧，安全性好；

② 适应范围广，对可燃组分浓度和热值限制较小；

③ 氧化反应温度低，能耗少，大大抑制了热力型NO_x的生成；

④ 可同时消除恶臭。

催化剂在VOCs废气的催化燃烧处理中发挥着重要作用。为了充分发挥催化剂的作用，需要对有机废气进行预处理。去除废气中可能影响催化剂寿命和处理效率的粉尘颗粒和雾滴，以及其他能使催化剂中毒的物质[41]。

11.6.6.1 催化燃烧法对比

随着煤炭转化行业的快速发展和有机废气种类的日渐复杂，催化燃烧法也在不断改进和完善。表11-9总结和比较了一些处理有机废气的催化燃烧的技术。

表11-9 催化燃烧处理有机废气技术对比[41]

技术种类	应用范围	处理效果
固定床催化燃烧二噁英脱除技术	用于处理二噁英气体	在240～260℃、8000/h空速的运行状况下，能够去除99%的二噁英，浓度可降到0.1ng/m^3以下
冷凝-催化燃烧处理技术	用于处理富含水蒸气的恶臭气体	有机废气中可冷凝的有机组分可以首先经过冷凝分离回收，剩余的不凝气体中的总烃可通过后续催化燃烧技术进行去除
流向变换催化燃烧技术	处理浓度为100～1000mg/m^3的有机废气	固定床催化反应器与蓄热换热床合二为一，周期性改变流向，将反应过程的放热、材料的蓄热和反应物的预热结合起来，大大提高热能的利用效率
吸附-流向变换催化燃烧耦合技术	处理浓度低于100mg/m^3的有机废气	有机废气首先被吸附剂吸附富集，改变流向，得到高浓度有机废气，再经催化燃烧彻底分解。具有净化效率高、无二次污染等特点
微波催化燃烧技术	处理含有三氯乙烯的有机废气	净化效率可达98%，但能耗高

11.6.6.2 蓄热式催化燃烧法

蓄热式催化燃烧法（regenerative catalytic oxidation，RCO）是在蓄热式热力燃烧法（RTO）的基础上发展起来的一种新的VOCs燃烧处理工艺。该技术结合了流向变换催化燃烧和蓄热燃烧的特点，将蓄热层和催化层放置在一起，对进入反应区的VOCs气体预热，同时在催化剂的作用下降低反应温度。与催化燃烧法和蓄热式热力燃烧法相比，蓄热式催化燃烧法具有更高的热效率和环境经济效益。通过多年的发展，这种技术已经相对成熟并商业化，广泛应用于行业 VOCs 的处理中[41]。

11.6.6.3 催化剂的研究进展

目前国内外对于 VOCs 催化燃烧的研究热点主要集中在选用不同的工艺和材料制备出活性高、稳定性好、抗毒性强和寿命长的催化剂[53]。催化剂根据其活性组分可以分为 3 类，即贵金属催化剂、非贵金属催化剂和复合金属氧化物催化剂[54]。

11.6.7 挥发性有机物处理技术选择

在实际应用中，VOCs 末端处理技术的选择主要依据不同工艺环节的废气成分、VOCs 含量等实际工况。吸收、膜分离法适用于中高风量、中低浓度 VOCs 废气的回收处理；吸附法适用于大风量、低浓度 VOCs 废气的回收处理；冷凝法适用于低风量、高浓度 VOCs 废气的回收处理；生物降解法对 VOCs 成分的可生化性要求较高，需根据实际排放 VOCs 废气组分和浓度培养特定菌落；氧化燃烧法适应性较好，大风量、高浓度、热值较高、组分复杂、有毒的 VOCs 废气可以优先考虑；光催化和低温等离子体法均适用于低浓度、小气量场合，但光催化占地面积大，受气候影响较大。对于组分复杂、有毒、有害、没有回收价值的 VOCs 废气，氧化燃烧法是处理效率极高的末端治理方法，在石化行业被广泛应用。氧化燃烧法对 VOCs 废气具有良好的适应性，同时氧化过程会释放废气的化学能，产生一定的经济价值。回收技术一般属于物理过程，净化效率一般较低，很少单独使用。当 VOCs 有回收价值时，可结合几种回收技术联合治理。例如，冷凝＋吸附/吸收、膜分离＋吸附/吸收等。销毁技术一般属于化学过程，对 VOCs 成分适应性较广，当 VOCs 没有回收价值、种类复杂时，可以选用此类技术。相比于单一治理技术，组合末端治理技术具有净化效率高、能耗低等优势。吸附＋洗涤吸收＋光催化、吸附浓缩＋催化燃烧＋吸附、吸附浓缩＋蓄热氧化＋吸附、洗涤吸收＋低温等离子体＋光催化等组合技术是当前的研究热点，其中吸附浓缩＋催化燃烧＋吸附技术已取得广泛应用[33]。

总之，应根据产生的 VOCs 成分和浓度等情况，合理选择或组合上述处理方法。各组合技术优势互补，以达到 VOCs 处理高效、节能、无二次污染的目的[55,56]。更为重要的是，要从源头上控制 VOCs 的产生，通过改进相关工艺技术和开发无毒害替代产品等来减少其排放是 VOCs 控制的根本方向。

11.7 二氧化碳减量化与处置

2022 年 3 月中国工程院发布《我国碳达峰碳中和战略及路径》报告，提出我国 CO_2 排放有望在 2027 年前后实现达峰，峰值在 122 亿吨左右。而我国 2023 年温室气体排放量为 126 亿吨 CO_2 当量，较 2022 年增加 4.13%，已超过上述预测，减排任务很重。煤炭清洁转化中碳排放量大，依靠科技进步，大力减排、利用 CO_2 责无旁贷。2024 年，国务院印发《2024—2025 年节能降碳行动方案》指出：节能降碳是积极稳妥推进碳达峰碳中和、全面推进美丽中国建设、促进经济社会发展全面绿色转型的重要举措。为加大节能降碳工作推进力度，采取务实管用措施，尽最大努力完成“十四五”节能降碳约束性指标。2024 年，单位国内生产总值能源消耗和二氧化碳排放分别降低2.5%左右、3.9%左右，规模以上工业单位增加值能源消耗降低3.5%左右，非化石能源消费占比达到18.9%左右，重点领域和行业节能降碳改造形成节能量约5000万吨标准煤、减排二氧化碳约1.3亿吨。2025年，非化石能源消费占比达到20%左右，重点领域和行业节能降碳改造形成节能量约5000万吨标准煤、减排二氧化碳约1.3亿吨，尽最大努力完成“十四五”节能降碳约束性指标。

11.7.1 二氧化碳排放特征

11.7.1.1 二氧化碳来源

煤炭转化过程中产生的二氧化碳（CO_2），从不同产业链来说，包括以下几种方式：

（1）煤炭转化制备甲醇过程产生的CO_2

煤炭转化制备甲醇过程伴随大量CO_2的产生。在氧气（O_2）和水（H_2O）同时存在的情况下，煤会发生反应：第一种是碳（C）与氧气（O_2）燃烧产生CO_2；第二种是一氧化碳（CO）与H_2O反应产生CO_2和氢气（H_2）。两种反应都会产生CO_2[57]。生产研究数据显示，每生产1t甲醇，将排放其两倍多的CO_2。

（2）直接液化产生的CO_2

直接液化是煤炭转化生产的一项重要工艺，其基本过程为H_2和煤在高温条件下反应直接生成液体油，它同样会产生较多的CO_2。煤炭中的碳元素能够与氧气反应生成CO_2，剩余部分氧气随水排出。每生产1t液化油，CO_2的排放量在2.1t左右。

（3）间接液化产生的CO_2

间接液化工艺包括煤气化、煤化气合成和精炼3个基本过程。其中，煤气化、煤化气合成都会产生CO_2。过程中4个反应能够产生CO_2：①水煤气变换反应，CO与H_2O反应产生CO_2和H_2；②铁基催化剂参与的F-T反应，CO与H_2产生CO_2和C_nH_m；③甲烷化反应，CO与H_2反应生成甲烷和CO_2；④歧化反应，CO歧化生成碳单质和CO_2[58]。从以上4个反应可看出，间接液化所产生的CO_2，要明显多于直接液化。

（4）煤制烯烃产生的CO_2

煤制烯烃的生产包括煤气化、净化合成气、合成甲醇以及甲醇制烯烃四个过程。其中，煤气化、合成气净化和合成甲醇这三个过程生成CO_2的机理与煤制甲醇近似。此外，甲醇制烯烃也同样会产生CO_2。生产烯烃与CO_2的排放量比约为1∶6，显著大于煤制甲醇所生成的CO_2量[59]。

11.7.1.2 煤炭转化工艺中CO_2排放情况

煤炭转化生产过程的CO_2排放分为直接与间接排放两类。其中，直接排放来自燃烧排放、工艺排放以及逃逸排放；间接排放来自外购的由化石能源转换的电、蒸汽所产生的排放。这些CO_2排放源集中在合成反应器、净化、加热炉、自备热电厂等环节和设备。典型煤炭转化过程CO_2排放构成如图11-5所示[60]。

（1）煤炭转化过程中的单位产品CO_2排放量

以气化为主导的多元转化工艺是现代煤炭转化的主要依托技术，其工艺流程见图11-6。在酸性气体脱除流程中会产生80%以上高浓度CO_2，这些高浓度CO_2称为工艺碳排放。此

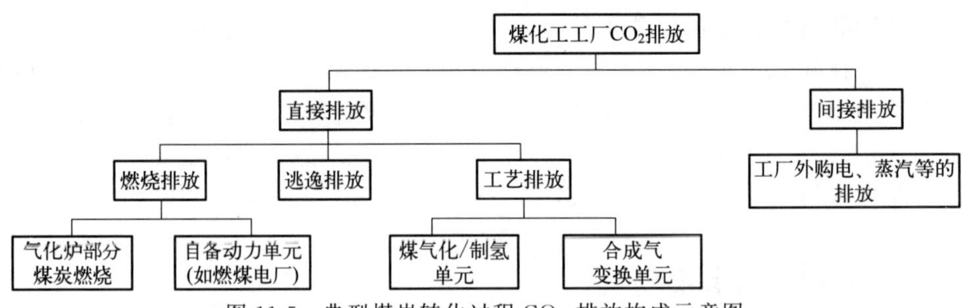

图 11-5 典型煤炭转化过程 CO_2 排放构成示意图

外，还有如提供蒸汽的燃煤工业锅炉、提供电力的电站锅炉、火炬等公用工程碳排放[61]，这部分低浓度 CO_2 气体存在于烟道气中。在煤炭转化工艺过程中，单位产品的 CO_2 排放量分为工艺 CO_2 排放和配套辅助设施 CO_2 排放两部分，表 11-10 为典型现代煤炭转化过程的 CO_2 排放分析[62]。由表 11-10 可知，由于煤炭转化制甲醇的工艺流程较短，辅助设施也较少，所以其单位产品 CO_2 排放量最低；由于煤炭转化制备烯烃工艺流程较长，辅助设施也较多，所以其单位产品 CO_2 排放量最高。

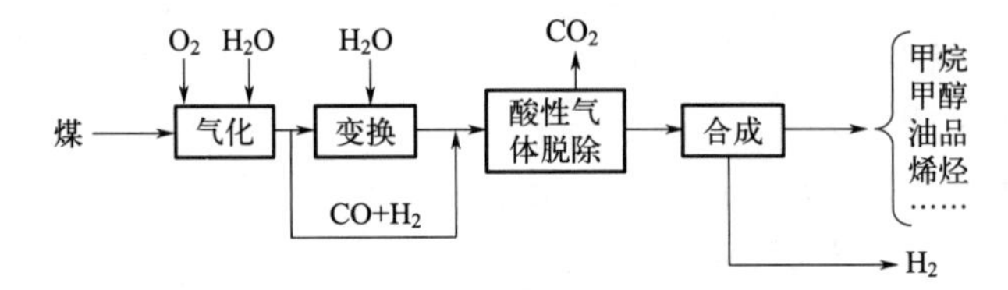

图 11-6 典型的煤炭转化工艺流程示意图

表 11-10 典型现代煤炭转化过程的 CO_2 排放分析[62] 单位：t/t

煤转化过程	工艺 CO_2 排放	公用工程 CO_2 排放	总 CO_2 排放
煤制天然气	2.7t/km^3	2.1t/km^3	4.8t/km^3
煤制甲醇	2.06	1.79	3.85
煤制二甲醚	2.8	2.2	5.0
煤直接液化	3.33	2.23	5.56
煤间接液化	5.1	1.76	6.68
煤制烯烃	6.41	4.11	10.52
煤制乙二醇	3.5	2.1	5.6

(2) 煤炭转化过程中的单位热值 CO_2 排放量

由表 11-10 可知，由于产品的化学组成不同，单位产品的 CO_2 排放量差异较大。例如，CH_3OH 是由 50%（质量分数）的氧组成，而 CH_4 只有碳和氢组成。相同质量下，CH_4 的热值高于 CH_3OH，因此分析比较不同煤炭转化过程的单位热值 CO_2 排放量很有意义[63]。目前，各个过程单位热值 CO_2 排放量依次为：煤制乙二醇＞煤制烯烃＞煤制二甲醚＞煤制甲醇＞煤间接液化＞煤直接液化＞煤制天然气（表 11-11）。

表 11-11 代表型现代煤炭转化过程单位热值 CO_2 排放量[63]

煤转化过程	能源转换效率/%	工艺 CO_2 排放/(t/GJ)	辅助工程 CO_2 排放/(t/GJ)	总 CO_2 排放/(t/GJ)
煤制天然气	56	0.077	0.049	0.126
煤制甲醇	46	0.099	0.060	0.159
煤制二甲醚	42	0.099	0.061	0.160
煤直接液化	58	0.078	0.052	0.130

续表

煤转化过程	能源转换效率/%	工艺 CO_2 排放/(t/GJ)	辅助工程 CO_2 排放/(t/GJ)	总 CO_2 排放/(t/GJ)
煤间接液化	44	0.077	0.066	0.143
煤制烯烃	35	0.127	0.082	0.209
煤制乙二醇	25	0.186	0.112	0.298

与煤炭转化过程单位产品 CO_2 排放量相比，单位热值 CO_2 的排放量排名发生了变化，说明煤炭制备化学品工艺中单位产品排放量与单位热值排放量并无直接关系。在多个产品中，煤制乙二醇和烯烃工艺复杂、产品链长、产品组成多等因素导致乙二醇和烯烃的单位热值 CO_2 排放量最高，不能仅依据单位热值 CO_2 排放量的指标对煤基化学品进行评价。

(3) 煤炭转化过程中的单位产值 CO_2 排放量

对于能源产品可以通过热值为基础的碳排放量进行评估，但并不适用于化学品。例如，甲醇作原料生产醋酸等，则不能以热值为准。因此，单位产值 CO_2 排放量和单位工业增加值 CO_2 排放量则更能全面准确地对不同现代煤炭转化过程的低碳水平进行评价。

(4) 煤炭转化过程中的单位工业增加值 CO_2 排放量

工业增加值是指附加在产品原有价值上的新价值，其根据工业总产值减去工业中间投入计算得出。2013 年，我国单位工业增加值的 CO_2 排放量约为 3.56 吨/万元。根据生态环境部数据，2022 年我国单位工业增加值碳排放同比下降了约 3.6%。用价值链分析法来分析现代煤炭转化过程各环节的增值情况。如图 11-7 所示[62]，在 80 美元/桶的原油价格体系下，现代煤炭转化过程中，每万元工业增加值 CO_2 排放量为全国平均水平的 2.8～3.7 倍，煤炭转化制天然气和煤炭转化制备甲醇的每万元工业增加值 CO_2 排放量分别是全国平均水平的 7.4 倍和 5.2 倍；而在 40 美元/桶的原油价格体系下，现代煤炭转化过程的每万元工业增加值 CO_2 排放量为全国平均水平的 3.6～5.9 倍，煤炭转化制天然气和煤炭转化制备甲醇的每万元工业增加值 CO_2 排放量分别是全国平均水平的 10.4 倍和 7.2 倍。

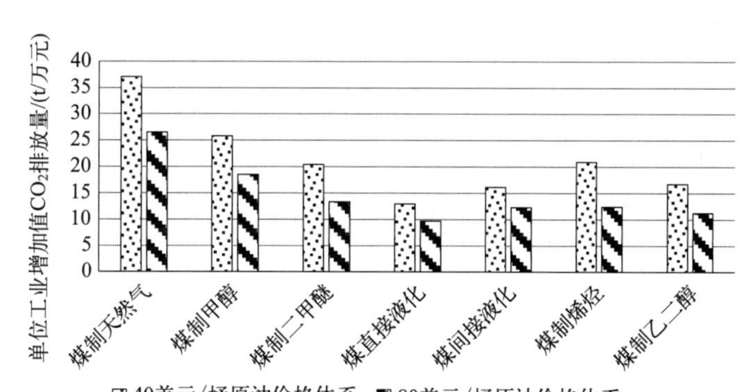

图 11-7 典型现代煤炭转化过程的单位工业增加值 CO_2 排放量[64]

煤炭转化中的 CO_2 减量化技术首先是使用光伏、风能等低碳或绿色原料和能源，其次是要采用先进的催化剂、绿色工艺、过程强化等方式提高能效，最后是末端治理，如捕集和利用，其中相关技术的耦合集成也是一条重要的途径，如煤灰催化活化 H_2 与煤热解耦合，可大幅提升焦油产率和品质[65]。

11.7.2 二氧化碳减量化

国际能源机构（International Energy Agency，IEA）估计煤炭在 2050 年将达到全球主

要能源的34%。为保障2050年CO_2排放量低于现有水平，且考虑到人类的可持续发展和燃料安全使用，燃煤电厂CO_2捕集回收（CCS）技术将作为2050年温室气体减量化目标最重要的技术方向。

CCS技术是将化石燃料转化过程中产生的高浓度的CO_2捕集并回收后通过压缩、输送等安全储存CO_2的技术。CCS工艺路线大致由三部分组成：捕集、运输，以及在枯竭的油气田或深部咸水含水层地下安全存储。其中，捕集技术可通过在燃烧前、燃烧中和燃烧后三个途径捕获发电和工业生产过程中废气中的CO_2，随后通过管道或船运输，并进行安全储存。

捕集来自化石燃料中的CO_2目前最常用的3种方法如下[60]。

11.7.2.1 燃烧前CO_2捕集

燃烧前CO_2捕集是指一种在化石燃料燃烧之前，即为煤炭气化过程中对CO_2进行分离的工艺。该工艺主要用于整体煤气化联合循环（IGCC）系统中煤炭通过高压气化过程转化成煤气，通过水煤气反应去除煤气中的硫化物、氮化物以及粉尘以制备清洁的H_2和CO_2合成气。在这个过程中分离回收其中的CO_2，提纯后的H_2用于燃烧发电（图11-8）。由于气化后CO_2的浓度较高（35%～45%），因此对其进行分离难度不高同时成本也较低，该工艺因具有较高的效率以及较低的污染风险而受到了广泛关注。目前，除了国家电网公司的烟台IGCC项目外，中国华能集团有限公司、中国大唐集团有限公司、国家电力投资集团有限公司（中电投）等多家大型发电企业也都逐渐推进IGCC项目，目前已经投产使用的IGCC的发电效率可达40%以上。然而，IGCC也受限于复杂的工艺系统以及较低的稳定性。因其需要在燃烧炉之前配置相应的空分装置，这增加了运营费用和能耗，此外，该工艺分离出的H_2浓度比天然气中的高，需要对天然气轮机进行改造。因此，目前IGCC技术商业化应用在我国并没有规模化推广[57,58]。

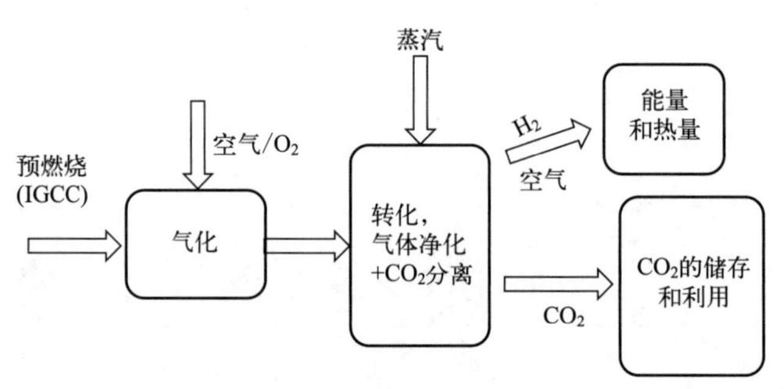

图11-8 IGCC系统中CO_2捕集工艺路线

11.7.2.2 燃烧中CO_2捕集

燃烧中CO_2捕集主要包括富氧燃烧法和化学链燃烧法。

（1）富氧燃烧法

富氧燃烧法指在100%纯氧或者富氧替代空气的条件下进行化石燃料燃烧，然后通过烟气再循环获得洁净的燃烧产物［H_2O(g)和CO_2］。此工艺烟气中的CO_2浓度高达95%，因此可通过压缩脱H_2O(g)直接封存处理（图11-9）。1981年由美国学者Horne和Steinburg首次提出富氧燃烧法。此后在1982年，ANL实验室成功运用富氧燃烧法获得高浓度CO_2并将其用于提高原油的采收率。继我国华中科技大学首次建立了采用富氧燃烧法的中试装置后，中国科学院、清华大学、浙江大学等技术研究中心和高校也都在推进相关领域研究。富氧燃烧法的优势在于其不易产生燃烧产物，CO_2 纯度高，后续工艺简便且锅炉热损失较低，此外 NO_x 和 SO_x 等酸性气体的排放量较小。然而，该工艺的缺点是配合该技术需新建或改造发电设备，提高基础成本；此外，使用空分装置每产生 1kg 的 95%O_2，耗能在 0.05kW·h，这导致发电效率降低 10%左右；最后，含高浓度 CO_2 的混合器会腐蚀设备提高其维护成本。因此，目前富氧燃烧法主要集中在小试研究阶段[42,61]。

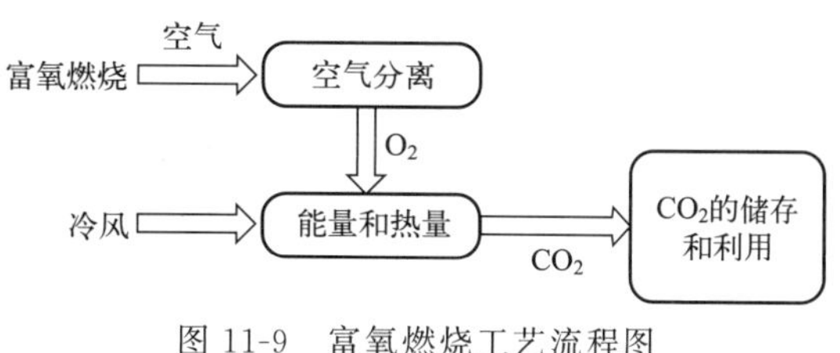

图 11-9　富氧燃烧工艺流程图

(2) 化学链燃烧法

化学链燃烧法（chemical looping combustion，CLC）指使用载氧体引发燃料进行无火焰燃烧的反应。载氧体能够吸取空气中的氧气同时在燃料间释放氧气促进燃料的间接燃烧。常见的载氧体包括铜、铁、镍、锰、钴的氧化物。该技术的优点是燃料燃烧效率高、尾气中杂质气体较少；然而其应用也受限于昂贵的载氧体以及需要重新改造燃烧器而增加的成本[66,67]。因此，目前 CLC 技术还处在实验室研究阶段并未推广到工业应用。

11.7.2.3 燃烧后 CO_2 捕集

燃烧后 CO_2 捕集是指通过吸收或分离化石燃料燃烧后产生的 CO_2 实现 CO_2 富集的技术（图 11-10）。其优点为不需改变电厂设备结构和能源利用方式，因为其捕集装置接于燃烧系统后（除尘装置、脱硫脱硝装置的下游），设备成本较低。该技术信赖程度高，已经在其他产业中广泛应用，我国第一个 CO_2 捕集装置就是使用此技术[68,69]。但是，燃烧后捕集技术的应用也存在燃煤烟气流量大、CO_2 分压低、烟气组成复杂、烟气出口温度高等缺点。

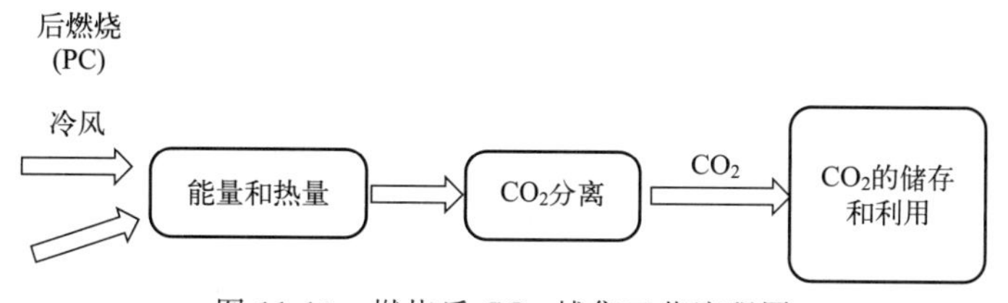

图 11-10　燃烧后 CO_2 捕集工艺流程图

三种 CO_2 分离方法都有明显的优缺点（表 11-12），但与燃烧前和燃烧中 CO_2 捕集法相比，燃烧后 CO_2 捕集法具有电厂设备改造简单、适用范围广等优势，其可适用于传统燃煤电厂以及新建电厂。据统计，燃烧后 CO_2 捕集法作为主流工艺将会长期应用于化石燃料电厂的 CO_2 减量化处理。

表 11-12　三种 CO_2 捕集的优缺点[70]

捕集方法	优点	缺点
燃烧前 CO_2 捕集	出口的合成气中 CO_2 浓度较高，可以增加 CO_2 分离的推动力，可降低分离难度，并降低压缩成本	主要适用于新建的电厂，系统稳定性较低，需要配置空分装置，增加建设费用和能耗，还包括气化的商业化应用问题
燃烧中 CO_2 捕集	燃烧后烟气量小，CO_2 纯度高，处理方便且降低锅炉热损失，尾气中杂质气体较少	氧气的生产费用较高，需要对燃烧器进行重新改造，增加成本
燃烧后 CO_2 捕集	适用于现存大多数的火电厂	烟气中 CO_2 浓度低，烟气组成复杂

常见的燃烧后 CO_2 捕集法包括吸附分离法、吸收分离法、膜分离法和低温分离法等[71]。本节针对这些方法进行详细说明。此外，近些年发明了许多新方法，例如，电化学法、酶法、光生物合成法、催化剂法等，也受到了广泛关注[3]。

(1) CO_2 吸附分离法

CO_2 吸附分离法的优点是：能耗较低、不易腐蚀、装置简单、可自动化操作。目前，吸附分离法是最有希望取代传统胺吸收法的分离方法。其技术瓶颈是高效吸附剂，该吸附剂需要满足吸附容量高、选择性高以及易于再生等特性。

① 负载型 CO_2 固体吸附剂　沸石、活性炭和金属有机骨架等多孔固体材料对 CO_2 具有较好的吸附性能[72,73]。该类固体吸附剂属于物理吸附剂，其优点是低吸附热、吸附脱附速率快；而缺点是选择性低，吸附量易受温度、压力和水汽的影响。目前，固体吸附剂的研发主要集中在对于有机胺负载型和金属负载型吸附剂的研究[74]。也有学者研究采用煤基固废合成沸石分子筛捕集 CO_2[75]，以达到更好的环保效果。

② 有机胺负载型吸附剂　受到胺吸收法捕集 CO_2 的启发，科研工作者把有机胺通过化学键接枝或物理吸附等方法负载到多孔固体材料载体上，可引入氨基活性位点，该位点能够与 CO_2 分子之间形成共价键从而捕集 CO_2，其吸附能力较强[76]。值得注意的是，有机胺负载型吸附剂能够降低有机胺的毒性和对设备的腐蚀性，此外吸附剂更容易再生；该吸附剂具有高的比表面积和孔体积，有利于 CO_2 在孔结构中扩散。据报道，通过聚乙烯亚胺（PEI）表面改性的固体吸附剂的 CO_2 吸附能力是单独使用多孔吸附剂（MCM-41）的 24 倍，是单独使用 PEI 的 2 倍。此外，该吸附剂具有良好的耐水汽性，在水汽气氛条件下该吸附剂的 CO_2 吸附能力还能增加。目前关于有机胺负载型吸附剂的研究主要是提高其循环稳定性。

③ 碱金属和碱土金属氧化物负载型吸附剂　碱金属氧化物（Li_2O、Na_2O、K_2O）和碱土金属氧化物（CaO、MgO）等能够通过化学反应吸附 CO_2[77]，此外可以通过高温加热脱除 CO_2 对金属氧化物进行再生和回收 CO_2[78]。据研究，纯的金属氧化物与 CO_2 反应后会在金属氧化物表面生成一层致密的碳酸盐层从而抑制 CO_2 进一步吸附。通过将金属氧化物分散到具有高比表面积的多孔材料载体能够有效解决以上问题。目前，碱金属氧化物和碱土金属氧化物吸附剂的规模化应用受限于较高能耗的再生过程。

④ 碱金属碳酸盐负载型吸附剂　碱金属碳酸盐类吸附剂（K_2CO_3 和 Na_2CO_3）是一种代表性的低温 CO_2 吸附剂。在低温（60℃）且 $H_2O(g)$ 存在条件下，碱金属碳酸盐与 CO_2 能够反应生成碱金属碳酸氢盐，该吸附剂能够在 100～200℃ 的条件下再生［$M_2CO_3+H_2O+CO_2 \rightleftharpoons 2MHCO_3$（M＝Na，K）］[79]。据报道，在 55℃条件下，50％（质量分数）碳酸钾负载到载体多孔氧化铝上制备碱金属碳酸盐吸附剂，该吸附剂的 CO_2 吸附量高达 3.12mol/g，同时该吸附剂具有较高的循环稳定性能。该类吸附剂价格便宜，但其需要在水汽条件下才能使用[80]。

我国吸附法 CO_2 捕集提纯技术水平先进，单套装置的经济规模达 10 万吨/年以上，已被广泛应用于石油化工、煤化工领域，并出口东南亚市场。

(2) CO_2 吸收分离法——胺化合物吸收法

胺化合物吸收法包括：热钾碱法（苯菲尔法、砷碱法及空间位阻法等），烷基醇胺法（MEA 法、DEA 法、MDEA 法等）。MEA、DEA、MDEA 等方法吸收效率与再生效率成正比。对此，亟须开发具有“高吸收率和高吸收负荷、低能耗、低腐蚀性”的吸收剂。

① 改良 MEA 法　传统工艺中虽然 MEA 能够与二氧化碳反应生成较为稳定的氨基甲酸盐，但是该工艺的再生温度高，蒸汽耗量大，同时氨基甲酸盐腐蚀性较强，对设备毁坏严重。对此，于 20 世纪 60 年代末，美国联碳公司（UCC）研发了缓蚀剂（胺保护剂），这种胺保护剂提高 MEA 的浓度为 40%～45%，提高了脱碳负荷并减少了 1/3 以上的再生能耗[81]。目前，我国南化集团研究院成功将专利复合胺溶剂[82]应用于吸收 CO_2，其提高了 15%～40%的 CO_2 吸收能力，同时降低了 15%～40%再生能耗，抑制混合溶剂对设备的腐蚀。

② 活化 MDEA 法　相比于伯胺和仲胺，MDEA 水溶液的发泡倾向和腐蚀性均较弱，其可与 CO_2 生成亚稳定的氨基甲酸氢盐，再生容易，能耗低。然而，MDEA 溶液与二氧化碳的反应速率较慢，对此需要加入额外的添加剂，包括 PZ、DEA、MEA、烯胺、2,3-丁二酮等来活化叔醇胺等。巴斯夫公司成功研发了改良 MDAE 脱碳工艺[83]，该工艺在 MDEA 水溶液加入少量哌嗪、甲基乙醇胺、咪唑或甲基取代咪唑等活化剂，获得了较高的 CO_2 的吸收速度。此外，法国 ElF 集团利用优化后的该工艺净化天然气，该天然气中 H_2S 含量甚微而 CO_2 含量很高[84]。另外，道达尔公司研发的 AP-814 吸收剂具有更高的 CO_2 吸收能力，同时能够获得较低的再生负荷。

③ 空间位阻法　基于前期关于在胺分子中引入具有空间位阻效应的基团能够提高吸收剂的脱碳脱硫效果的研究，20 世纪 80 年代初，美国 Exxon 公司筛选了数十种位阻胺[85]，推出了 4 种新型吸收剂：FlexsorbSE、FlexsorbSE Plus、FlexsorbHP 及 FlexsorbPS。FlexsorbSE 和 FlexsorbSE Plus 表现出了优异的脱硫性能；FlexsorbHP 和 FlexsorbPS 则表现出了优异的合成气脱碳和脱硫性能。其优点是：具有较高的吸收率，较少的溶剂循环量，较低的能耗和操作费用以及优异的节能和经济效益。关西电力公司和三菱重工联合研发了 KS-1、KS-2 和 KS-3 系列空间位阻胺类吸收剂。KS-1 可高效处理含有 8% CO_2 的烟气，脱除率高达 90%，不过该吸收剂再生能耗较大。

30%（质量分数）MEA-甲醇可作为吸收剂，相较于传统 MEA 吸收剂而言具有更高的传质速率和 CO_2 的捕集效率，归因于甲醇促进溶液扩散和溶解。相同条件中，加入甲醇的 MEA 体系能够降低 30%左右 CO_2 吸收反应热，这也说明 MEA-甲醇吸收 CO_2 富液在解吸时能耗减少 30%左右[86-88]。吸收再生塔填料为规整丝网填料 BX500、规整孔板波纹填料 500Y 和散装金属鲍尔环填料 16×16 的实验证明：CO_2 吸收率大于 94%，脱甲醇后仍可获得 99%的 CO_2。现有条件中 MEA-甲醇吸收剂的再生能耗（2.97MJ/kg CO_2）明显低于 MEA 水溶液吸收剂的再生能耗（3.89MJ/kg CO_2）[89-91]。

（3）CO_2 水合物分离法

CO_2 水合物分离技术是基于不同气体形成水合物的难易程度不同，根据优先顺序生成水合物从而实现气体混合物的分离的一种技术。例如，0℃时，CH_4 和 CO_2 生成水合物的压力分别为 2.56MPa、1.26MPa。根据气体水合物与其原始状态不同，通过调控压力使 CO_2 形成水合物发生相态转变，从而实现从混合物中分离出 CO_2。

如图 11-11 所示，在水合反应器中通入预处理过的酸性天然气，在特定压力条件下使 CO_2 组分生成 CO_2 水合物，另一方面 CH_4 自反应器顶部引出。获得的 CO_2 水合物可脱水后直接利用[92]。此外，分离后的水或者水与添加剂的混合物可返回水合物反应器进行循环利用。

（4）膜分离法

膜分离法指利用不同气体在聚合材料制成的薄膜中表现出不同的渗透率进行气体分离（图 11-12）。该工艺的驱动力是膜两侧的压差，在压差作用下渗透率高的气体组分优先透过薄膜，形成渗透气流；此外，渗透率低的气体无法通过薄膜而停留在一端变成残留气流，通过分流可以实现混合气体分离。目前，醋酸纤维、聚砜、聚酰胺等膜材料广泛用于 CO_2 分离。值得注意的是，膜分离的操作温度不可高于 150℃，这是因为膜本身或膜组件的其他材料耐热性能差。除以上几种膜之外，近年来有聚酰亚胺膜、聚苯氧改性膜、二氨基聚砜复合膜、含二胺的聚碳酸酯复合膜、丙烯酸酯的低分子含浸膜等新兴材料，均表现出优异的 CO_2 渗透性。硅石、沸石和碳素无机膜等可被用于 CO_2 分离，但其应用受限于使用温度高、成本高以及稳定性差等问题。

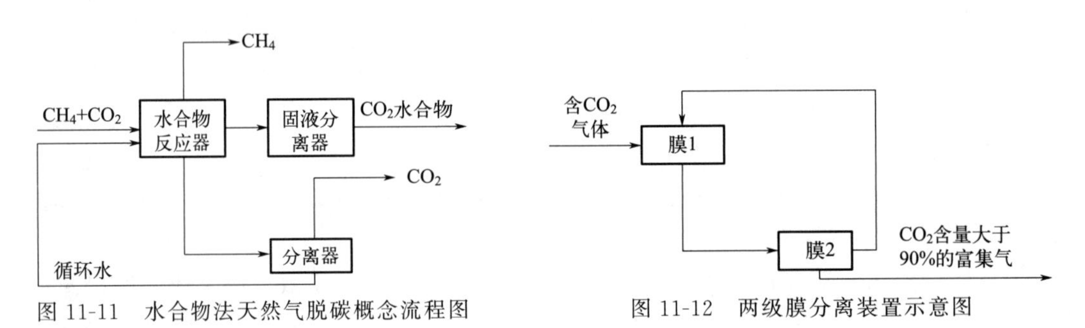

图 11-11　水合物法天然气脱碳概念流程图

图 11-12　两级膜分离装置示意图

混合气体进入以上两级膜分离系统后，经过膜组件 1 CO_2 富集在渗透侧，浓缩至原料气含量的 2～8 倍。截留侧的 CO_2 气体含量达到输送要求后，富集 CO_2 气体进入下一级膜分离器，进一步被提浓，含量最高可达到 95%。该工艺中膜具有优异的化学稳定性，撬装式结构具有使用寿命长、体积小重量轻、易于维护、运营维护成本较低、工艺简单易操作、不造成污染等特点，因此可广泛用于偏远地区。

（5）膜基吸收法

膜基吸收法指结合了膜分离法与气体吸收法的复合膜分离方法[93]。膜基吸收设备采用中空基质膜作支撑体，该支撑体有利于气体与吸收液的接触，面积为 $600\sim1200m^2/m^3$，还能避免气液两相的夹带现象。膜基吸收法设备具有传质界面稳定、比表面积大、传质效率高、能耗低、装置体积小和操作弹性大等优点。设备中膜为疏水性微孔中空纤维，有效阻隔传质过程中的气液两相，吸收过程中气体从膜微孔扩散到另一侧，被这一侧的液相吸收，由于膜无选择性因此主要依靠吸收剂对组分进行选择[94]。

与传统塔式吸收器相比，膜基吸收法的优点是装填密度高、气液接触界面稳定、无泡沫、无液泛等；能够应用于处理量小、浓度低的情况。此外，膜基吸收法具有优异的膜渗透性和选择性，同时能耗低。

11.7.3　二氧化碳处置

煤炭转化行业中的 CO_2 减量化技术包括富集储存、循环利用以及化学转化三种技术。富集储存和循环利用能够抑制 CO_2 排放到大气中，但实用性不高。此外，CO_2 储存技术只是暂时缓解 CO_2 对气候的影响，不能减少 CO_2 的总量。

11.7.3.1 富集储存技术

为了实现 CO_2 减量可以采用富集储存的方式，这是目前 CO_2 减量化处理中使用频率相对较高的类型。其原理是分离与压缩 CO_2 并通过专业的储运装置，将 CO_2 存储在地下深层之中，实现 CO_2 从大气中分离，并抑制其释放到大气中。当前，存储 CO_2 的地方一般选择地质结构优良的区域，包括完成天然气或煤炭开采的地质层，其能保证长期隔离储存 CO_2。

CO_2 富集储存是现阶段实现 CO_2 减量化的技术之一，其主要包括三方面：①将 CO_2 埋存于沉积盆地的深部咸水层；②将 CO_2 埋存于废旧油气田的结构层；③将 CO_2 埋存于强化煤层结构中。值得注意的是这三种方式并不能保证 CO_2 永久性保存，埋存的 CO_2 会随着地质结构与环境的变化发生各类化学反应，该工艺存在一定的安全隐患。

11.7.3.2 循环利用技术

随着煤炭转化技术及其加工工艺的高速发展，CO_2 循环利用技术日渐完善。目前，CO_2 循环利用技术种类丰富[95]，应用于舞台效果、食品添加剂等。超临界萃取法具有技术简便、效果优异、无污染等特点，是目前的主流 CO_2 循环利用技术。

11.7.3.3 化学转化法

化学转化法是将 CO_2 转化为化工产品，不仅能有效抑制 CO_2 对气候的影响，还能实现减量化。CO_2 化学转化法不仅可以生产具有较高附加值的化学品，还能提高企业的经济效益，形成很有价值的产业链。化学转化法是实现减量化的关键技术。目前 CO_2 可直接作为工业助剂和生产无机化工产品使用。

（1）直接利用——工业助剂

CO_2 可作为饮料添加剂和果蔬保鲜剂，在食品行业得到广泛使用。此外，CO_2 能作为制冷剂、灭火器、衣服干洗剂、塑料发泡剂等被大量应用于各行各业。随着科学技术的进步，CO_2 作为工业助剂在萃取剂、溶剂及化学反应介质中应用[96]。

① 萃取剂　CO_2 是一种热力学稳定的化合物，它的临界压力为 7.3MPa，临界温度为 31℃，绝热压缩指数为 1.3。CO_2 超临界态时与其液态具有相近的密度，而黏度只有液态的 1%，扩散系数是液态的 100 倍。超临界 CO_2 的萃取能力远高于大部分有机溶剂。此外，CO_2 无毒、无燃烧爆炸危险，萃取性能良好且可有效地浸出高沸点、高黏度、热敏性物质。因此，CO_2 超临界萃取技术已规模化应用于生物、化工、环保、食品等方面。

② 溶剂　除了萃取剂之外，超临界 CO_2 还具有良好的化学溶解性、高传质传热性能以及无残留等性能，它可作为化学反应溶剂实现清洁生产。在反应过程中能起到超临界萃取作用，可实现反应-分离耦合，大大降低过程用能，提高过程效率。超临界 CO_2 目前已广泛用于有机合成、催化等反应中，包括酯化、羟基化、加氢、生物酶催化、加成反应等。例如，日本先进技术科学研究院以超临界 CO_2 作为溶剂用苯酚制取 KA 油（即酮醇油），该过程单程转化率接近 90%，此外工艺能耗低，催化剂寿命长，取得了很好的经济效益。

③ 化学反应介质　超临界 CO_2 也能应用于高分子材料领域。由于超临界 CO_2 具有化学惰性可用作聚合反应介质，能够调节高聚物溶解和溶胀能力，在超临界 CO_2 存在条件下促进各种添加剂扩散入高聚物中，从而调控高聚物材料的性能及品质。此外，超临界 CO_2 有效降低熔融高聚物的黏度，提高共混速率，提高其均匀性，有效降低生产过程能耗，提高过程效率。

（2）直接利用——生产无机化工产品

CO_2 除了应用于工业助剂还能够用于生产纯碱、尿素、碳酸铵等无机化工产品。目前，我国每年约3000万吨（折算 CO_2 消耗）应用于无机化工领域，实现对 CO_2 减量化。其中包括生产纳米碳酸钙、发酵粉和钾肥等。

（3）化学转化法

CO_2 化学转化法是指将 CO_2 转化成具有高附加值的化学品并投入使用，从而获得一定的经济效应。随着我国科技进步，CO_2 化学转化工艺日渐成熟。CO_2 化学转化技术不仅能够实现其减量化目的，而且能够创造较高的经济效益。目前常见的化工产品包括：甲醇、合成气、乙酸、长链羧酸、低碳烯烃、低碳烷烃以及甲烷、脂肪族聚碳酸酯、环状碳酸酯、碳酸二甲酯聚醚多元醇等[97,98]。

① 化学转化——甲醇　根据以下反应式，通过 CO_2 加氢制备甲醇。

$$CO_2+3H_2 \longrightarrow CH_3OH+H_2O \tag{11-9}$$

$$2CO_2+6H_2 \longrightarrow CH_3CH_2OH+3H_2O \tag{11-10}$$

该反应需要大量 H_2，工艺中的核心问题是 H_2 的来源。煤气化过程除了产生 H_2 之外还会产生大量 CO_2，因此该工艺一般采用如风电、太阳能电解水制氢等作为 H_2 的来源[99]。

② 化学转化——CO_2 与 CH_4 干重整制备合成气　根据以下反应式 CO_2 与 CH_4 干重整制备合成气，该反应由于是强吸热反应，在过程中需要消耗大量的能量，该过程会产生大量的 CO_2，因此在 CO_2 减量化中贡献不高。

$$CO_2+CH_4 \longrightarrow 2CO+2H_2 \tag{11-11}$$

③ 化学转化——乙酸　以 CO_2 和甲烷直接反应可以合成乙酸，反应方程式如下所示。由于原料气热稳定性很高，需要克服较高能垒才能发生反应，因此该工艺是一个能耗较高的反应。

$$CO_2+CH_4 \longrightarrow CH_3COOH \tag{11-12}$$

$$CO_2+CH_4+CH_3OH \longrightarrow CH_3COOCH_3+H_2O \tag{11-13}$$

$$CO_2+CH_4+C_2H_2 \longrightarrow CH_3COOCH=CH_2 \tag{11-14}$$

④ 化学转化——长链羧酸　中国科学院化学研究所钱庆利研究员、韩布兴院士以醚类化合物、CO_2 和 H_2 为原料，在170℃温度条件下在 IrI_4/LiI 的高效催化下成功制备了长链羧酸。合成机理为：底物醚催化转化为烯烃，随后烯烃转化为烷基碘化物；该类碘化物再与逆水煤气反应中原位生成的CO反应生成高级羧酸[100]。

此外，以 CO_2 和丁二烯为原料，在镍、钯、铑等有机金属催化条件下可制备合成长链二元酸[66]，该工艺条件温和，同时添加含磷、氮有机化合物等各种助催化剂，合成出长链一元酸或二元酸及其内酯，转化率可达到40%以上，内酯经过简单的水解即可生成羧酸。

⑤ 化学转化——合成低碳烯烃　相比于传统通过F-T工艺合成低碳烯烃，CO_2 催化加氢合成低碳烯烃的理论转化率可达到70%左右，而且获得的低碳烯烃选择性较好，比F-T合成得到的低碳烯烃选择性要好很多[101]。例如，孟宪波以 $Fe_3(CO)_{12}/ZSM\text{-}5$ 作为金属催化剂，在260℃、0.1MPa、$V(H_2):V(CO_2)=3:1$ 的反应条件下，CO_2 催化加氢制取低碳烯烃具有较高的选择性，乙烯选择性高达94.2%。

⑥ 化学转化——合成低碳烷烃及混合燃料　CO_2 催化加氢制备低碳烷烃能够促进 CO_2 减量化，有利于自然生态的可持续发展。传统技术为：先将 CO_2 加氢为甲醇，再将粗甲醇转化为 $C_2 \sim C_6$ 的烷烃。但是传统工艺转化率仅为20%，仅获得65%的 $C_5 \sim C_6$ 烃类。目前，最新工艺是使用分子筛混合型催化剂进行 CO_2 催化加氢反应，能够获得大于90%的 $C_2 \sim C_6$

烃类产物。

⑦ 化学转化——合成甲烷　式(11-15)为 CO_2 甲烷化主反应，在 250～300℃之间开始反应，过程中约 17%的化学能以热量形式释放。式(11-16)和式(11-17)都是副反应，分别为逆变换反应和 CO_2 积炭反应[102]。

CO_2 甲烷化的化学反应如下：

$$CO_2+4H_2 \rightleftharpoons CH_4+2H_2O \qquad \Delta H^{\ominus}_{298K}=-165kJ/mol \tag{11-15}$$

$$CO_2+H_2 \rightleftharpoons CO+H_2O \qquad \Delta H^{\ominus}_{298K}=41.2kJ/mol \tag{11-16}$$

$$CO_2+2H_2 \rightleftharpoons C+2H_2O \qquad \Delta H^{\ominus}_{298K}=-123.8kJ/mol \tag{11-17}$$

式(11-16)受温度影响较大，当温度大于 430℃时开始发生，CO_2 被 H_2 还原为 CO，并不影响最终甲烷产品的生成量；而式(11-17)受原料气中氢碳比［$n(H_2)/n(CO_2)$］影响较大，当 $n(H_2)/n(CO_2)\leqslant 3$ 时易发生积炭反应，而当 $n(H_2)/n(CO_2)\geqslant 4$ 时，由于生成的水与碳发生反应，可以减少积炭现象[103,104]。根据热力学平衡原理，高压、低温、合适的氢碳比情况下有利于主反应［式(11-15)］的进行，生成更多甲烷产品。

CO_2 甲烷化催化剂与 CO 催化剂不同，但两种催化剂的活性组分多为ⅧB 族金属，如镍、钴、铑、钌、钯等[105]。国内外开发的 CO_2 甲烷化催化剂大多选择活性好、价格低的镍作为活性组分[106,107]，也有选择铜基催化剂。载体可选用氧化硅、氧化铝、氧化钛、氧化镧和氧化锆等，以氧化硅和氧化铝最为常用。

⑧ 化学转化——合成脂肪族聚碳酸酯　以 CO_2 与环氧乙烷（EO）、环氧丙烷（PO）等为原料，通过聚合生成脂肪族聚碳酸酯（PEC/PPC），能够生产环保的可降解塑料。该技术能够规模化转化 CO_2 制备具有高附加值、环境友好的可降解塑料，有效避免塑料产品对环境的污染和危害。目前，我国中国科学院长春应化所已实现了该技术的工业化[108]。

⑨ 化学转化——合成环状碳酸酯　以 CO_2 和环氧化合物为原料，在 150～200℃、6.5～9.8MPa 条件下催化转化为碳酸乙烯酯（EMC）再进一步水解合成乙二醇（EG）。目前，中国石油辽阳石化分公司与兰州化物所成功进行了 EO 与 CO_2 反应合成 EMC 的工业放大试验，EO 转化率接近 100%，EMC 的纯度高达 99%[109]。

⑩ 化学转化——合成碳酸二甲酯　以 CO_2、甲醇和环氧乙烷/环氧丙烷为原料，通过酯交换工艺合成碳酸二甲酯（DMC），其可作为汽油添加剂、低毒溶剂及其他化工原料。此外，联产乙二醇/丙二醇是目前最先进的生产工艺：CO_2 和 EO/PO 在催化剂作用下制备成 EMC/PMC，随后与甲醇反应生成 DMC、EG/PG。以上两步反应的原子利用率为 100%，通过反应精馏和酯交换技术能够获得纯度高的产品，该工艺具有 100%的转化率和高选择性；此外，原料低廉易得、工艺清洁、过程节能环保，是一项值得推广的新兴技术。

11.8 硫回收

煤炭转化过程产生的废气为含硫量较高的酸性废气。对煤炭转化过程中的硫进行回收一方面可以减少硫化物的排放；另一方面也是企业新的经济效益增长点。因此，对废气进行硫回收利用是对环境效益和企业发展的双赢。

11.8.1 硫回收特点

与石油炼制常规的硫回收不同，煤炭转化过程中的硫回收有如下特点：

① 煤炭转化行业酸性气体的产生途径多样。例如，甲醇洗涤酸性废气，酚回收酸性气，汽提酸性气，膨胀气、水煤气等各生产工艺所产生的酸性废气。

② H_2S 的浓度相对较低，并且含量差异较大，通常 H_2S 含量在 2%～30%范围内波动。因此，对于操作有较高的要求。

③ 酸性气体成分较复杂，除了常见的烃类、氨、有机硫外，还有 COS、HCN、CH_3OH 等杂质。

④ 煤炭转化企业硫回收装置的产硫量较小。小型的硫回收装置产硫量一般在 9～15t/d；中型硫回收装置的产硫量一般在 24～60t/d 范围内；大型硫回收装置的回收硫产量可达 160t/d 以上。

⑤ 煤炭转化企业硫回收能耗较大。硫回收装置回收每吨硫的能耗为 1000～5000 MJ[110]。

煤炭转化企业采用的硫回收工艺主要包括以下几类工艺：克劳斯（Claus）工艺、Clinsulf-do 工艺、科斯特工艺以及生物脱硫工艺。

11.8.2 克劳斯工艺

（1）传统克劳斯工艺

克劳斯工艺是目前较为成熟的硫回收工艺，在发明之初就成为一种标准的硫回收工艺，被广泛应用于煤炭转化行业的 H_2S 尾气处理和硫资源回收。克劳斯工艺的原理是控制燃烧时 H_2S 和空气的混合比例，使 H_2S 不能完全燃烧，未能反应的 H_2S 会进一步与生成的 SO_2 生成硫黄。主要反应式见式(11-18) 和式(11-19)。传统克劳斯硫回收工艺流程简单，投资少，回收硫纯度高。但是，硫转化率相对较低。通过二级克劳斯的硫转化率为 92%～94%，三级克劳斯也只达到 95%～98%[111,112]。在实际工程中为满足硫化物排放要求，提高硫回收率，对传统克劳斯工艺有不同升级改造版[113]。

$$H_2S + 3/2O_2 \longrightarrow SO_2 + H_2O \quad (11\text{-}18)$$

$$2H_2S + SO_2 \longrightarrow 3S + 2H_2O \quad (11\text{-}19)$$

（2）超级克劳斯工艺

超级克劳斯工艺是对传统克劳斯工艺的延伸，增设了选择性催化氧化段，即超级克劳斯转化器。在该反应器中，通入过量空气，超级克劳斯催化剂将 H_2S 选择性氧化为单质硫，并设有冷凝器进行回收。在超级克劳斯催化剂的作用下，H_2S 被直接氧化成单质硫，不产生 SO_2，总硫回收率可达 99%。工艺流程示意图如图 11-13 所示。

超级克劳斯工艺的优点在于运行稳定，单位能耗低，无二次污染，硫回收率从传统克劳斯的 96%左右提高到 99.5%，已广泛应用于我国各煤炭转化企业。该工艺应用于新建或改造装置时，额外投资低，且硫化物排放量完全可以满足相关标准。

（3）超优克劳斯工艺

超优克劳斯工艺同样配备有两个传统克劳斯催化反应器和一个超级克劳斯转化器，但该工艺与超级克劳斯工艺的不同之处在于在第二个反应器中还装填了一种选择性加氢还原催化剂，构成超优克劳斯转化器。在该反应器中催化剂将 SO_2 还原成 H_2S 和单质硫，并在最后

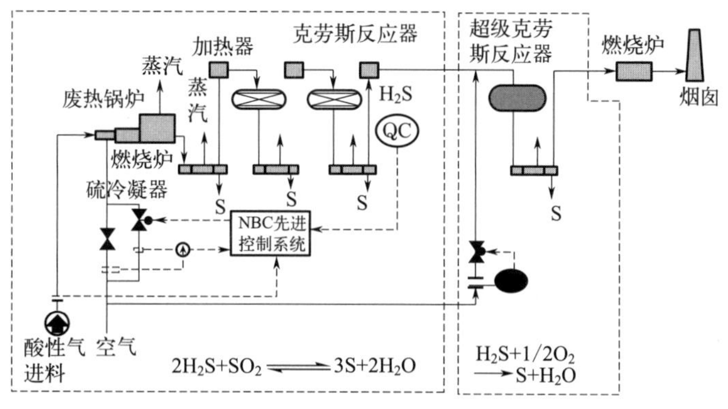

图 11-13　超级克劳斯工艺流程示意图

的超级克劳斯反应器中，将 H_2S 进行氧化生成单质硫，总硫回收率可以达到 99.7%。工艺流程示意图如图 11-14 所示。

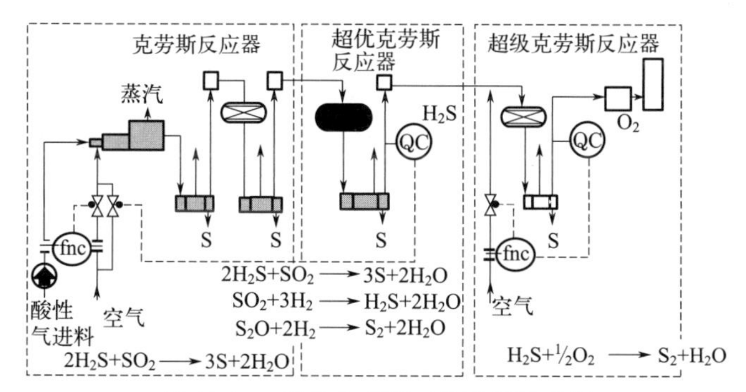

图 11-14　超优克劳斯工艺流程示意图

超优克劳斯硫回收工艺是对超级克劳斯工艺的优化，具有超级克劳斯工艺的所有优点。通过略微增加设备投资，调整催化剂及工艺条件，可将总硫回收率进一步提高至 99.5%～99.7%。

11.8.3　克林萨尔夫直接氧化工艺

克林萨尔夫直接氧化（Clinsulf-do）工艺是由德国林德公司开发的硫回收工艺，主要通过内冷式转化器的方式进行硫回收。催化剂采用常规克劳斯催化剂，是一种直接进行催化氧化的技术，其核心是林德公司的内冷式催化反应器。在反应器内催化剂选择性地把 H_2S 在低温下氧化成硫，而不会氧化 H_2、CO 和轻饱和烃。催化剂床层由两部分组成：①入口处设置绝热床；②催化剂床层下放置冷却管。在反应器内的主要反应为强加热反应，能够使更多的 H_2S 转化成硫。Clinsulf-do 工艺具有操作方便、回收率高的特点，在我国长庆气田等企业投入使用，并取得了良好效果。

11.8.4　斯科特工艺

由荷兰壳牌公司开发的斯科特法（SCOT 法）借助一种钴-钼型催化剂，通过加氢将尾气中的SO_2、有机硫化物、硫蒸气等转化为H_2S，然后利用脱硫溶剂回收H_2S，再生后送回克劳斯装置，实现资源循环利用。斯科特工艺流程示意图见图 11-15。斯科特工艺硫回收后的尾气中硫含量很低，满足排放要求，且提高了硫回收率。

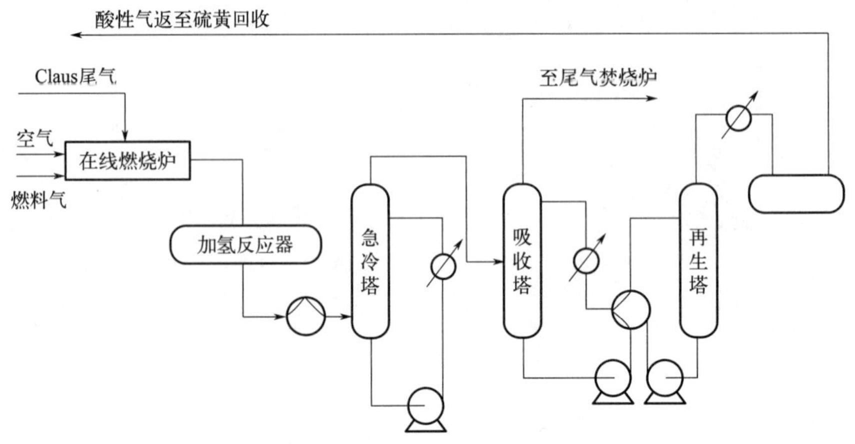

图 11-15 斯科特工艺流程示意图

斯科特工艺与克劳斯硫回收装置配合度高，净化率高，硫回收率可达 99.8%甚至更高。但工艺复杂，投资和运行成本高，适用于大中型装置或对硫化物排放要求严格的地区[114-116]。

11.8.5 生物脱硫工艺

生物脱硫工艺是利用碱液吸收和富集H_2S，然后通过微生物自身代谢作用将H_2S氧化为单质硫，并再生碱液的硫处理和回收工艺。该工艺主要操作流程为酸性气进入吸收塔中，与弱碱性吸收液逆向接触，被充分吸收得到富H_2S液，在微生物作用下被氧化为单质硫。吸收剂得以再生并被送回到吸收塔中循环使用，而在生物反应器所形成的单质硫则以泥浆形式提取，可被回收为简单的硫制品。工艺流程示意图如图 11-16 所示。

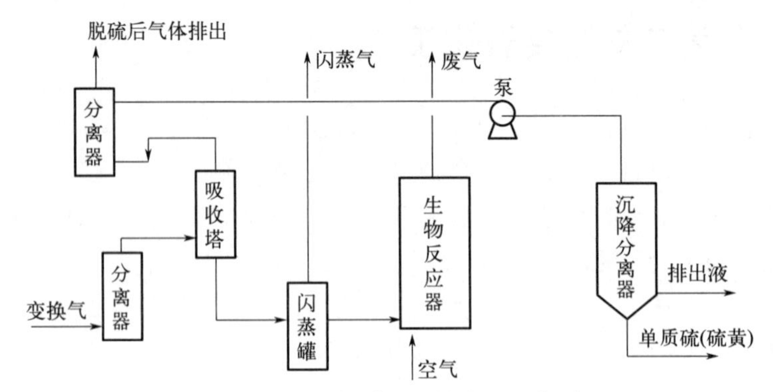

图 11-16 生物脱硫工艺流程示意图

生物脱硫技术工艺简单，能耗低，可用于处理低H_2S浓度的尾气。缺点是再生反应器体积大、资金投入高，适用于硫黄产量≤10t/d 的小规模装置。

上述几种硫回收工艺在煤化工装置中的应用技术对比见表 11-13[111,112]。

表 11-13 硫回收工艺技术对比

技术名称	相对投资	运行成本	硫回收率/%	适用范围
常规克劳斯工艺	100	较低	96～97	H_2S≥20%
超级克劳斯工艺	100～120	较低	99.2～99.5	H_2S≥23%
超优克劳斯工艺	120～130	相对较低	99.5～99.7	H_2S≥25%， 年产 5 万吨以下硫回收装置
Clinsulf-do 工艺	130	一般	99.6	H_2S≤20%
斯科特工艺	180	最高	99.6	H_2S≥25%， 年产 5 万吨以上大型硫回收装置
生物脱硫工艺	120	较高	99.99	硫黄产量≤10t/d 装置

目前，煤炭转化企业硫回收工艺主要采用克劳斯延伸工艺，生物脱硫技术目前推广相对缓慢，硫黄产量低，成本高。斯科特工艺主要用于年产 5 万吨以上硫黄的大型石化项目。综合投资、硫回收效率等方面考虑，克劳斯延伸工艺是较为不错的选择。其中，超级克劳斯工艺较为成熟，能耗与运行成本相对较低，预计未来在国内新建装置硫回收方面具有一定的推广应用价值[114]。

11.8.6 硫回收工艺的选择及污染物控制与治理

硫回收工艺除了前面的克劳斯及其延伸技术、Clinsulf-do 技术、SCOT 法、生物脱硫法以外，还有诸如栲胶法、络合铁法、WSA 湿式硫酸法等众多技术选择[117]，也有采用富氧或纯氧配风的一段燃烧技术[118]。在实际工程中，依据其酸性气的产量、组成以及当地的环保要求，可以采用其中一个技术或者不同技术的组合，一般来说，克劳斯法后续需配套尾气处理工艺，尾气处理工艺可以是前述的硫回收工艺，也可以是加氢还原、吸附、胺洗等其他工艺，也可以与锅炉脱 SO_2 工艺进行集成，也可通过加氢后与低温甲醇洗工艺进行集成，已达到近零排放。当前硫回收尾气排放执行《石油炼制工业污染物排放标准》(GB 31570—2015)，SO_2 一般排放限值为 400mg/m^3，SO_2 特别排放限值为 100mg/m^3。

参考文献

[1] 曲顺利．煤化工企业废气污染治理研究 [J]. 氮肥技术，2020，41 (2)：37-39.

[2] 张雨桐．焦炉烟气脱硫脱硝工艺探讨 [J]. 化工管理，2016 (35)：273-274.

[3] 竹涛，张星，边文璟，等．煤化工 VOCs 控排分析 [J]. 中国煤炭，2019，45 (3)：94-99，104.

[4] 王秀军．煤化工过程的主要污染物及其控制 [J]. 煤化工，2012，40 (05)：38-42.

[5] 张朋朋．煤化工大气污染处理技术进展及发展方向 [J]. 煤化工，2019，47 (1)：14-18.

[6] 牛继宗．CSFS 燃煤固硫剂固硫效果评价及影响固硫的因素分析 [J]. 煤化工，2020，48 (5)：15-19.

[7] 王岩，张飚，郭珊珊，等．焦炉烟气脱硫脱硝技术进展与建议 [J]. 洁净煤技术，2017，23 (6)：1-6.

[8] 刘飚．煤化工中氨法脱硫技术的应用探讨 [J]. 化工管理，2019 (24)：82-83.

[9] 李红．氨法脱硫技术在神华煤化工工程中的应用 [J]. 煤炭加工与综合利用，2014 (2)：59-62.

[10] 傅国光，徐长香．资源回收型湿式氨法烟气脱硫技术 [J]. 中国环保产业，2010 (9)：29-34.

[11] 梁兴举，徐长香，傅国光．适用于不同含硫煤烟气的氨法脱硫技术 [J]. 中国环保产业，2013 (2)：67-69.

[12] 苏东，傅国光．氨法烟气脱硫技术的环境友好特性 [J]. 化学工业，2013，31 (1)：36-38.

[13] 封彦彦，陈虹，封晓飞．氨法和石灰石-石膏法脱硫技术对烟气超低排放的适用性分析与改进策略 [J]. 产业与科技论坛，2019，18 (2)：51-54.

［14］ 陈光富．氧化镁脱硫技术的工程应用研究［D］．上海：上海交通大学，2007.
［15］ 赵拉．工业烟气脱硫技术研究进展［J］．广西轻工业，2008（3）：85-86，88.
［16］ 梁俊宁，陈洁，卢立栋，等．煤化工行业氮氧化物排放系数研究［J］．中国环境科学，2014，34（4）：862-868.
［17］ 刘陆，王井东，吴东丰，等．浅谈焦炉烟气回配在脱硝技术的应用［J］．甘肃冶金，2019，41（6）：84-85，88.
［18］ 张慧玲．焦炉烟气脱硝技术的分析与探讨［J］．山西焦煤科技，2016（增刊）：151-153.
［19］ 王岩，张飏，郭珊珊．焦炉烟气脱硫脱硝技术进展与建议［J］．洁净煤技术，2017，23（6）：1-6.
［20］ 白永玲，付伟．煤化工苯类废气治理的探索［J］．上海化工，2013，38（11）：1-3.
［21］ 赵海涛．煤化工行业输煤系统粉尘现状及治理分析［J］．管理学家，2013（1）：263.
［22］ 王小乐．火电厂输煤系统粉尘治理［C］．2017清洁高效燃煤发电技术交流研讨会，2017.
［23］ 郭庆祥．焦炉装煤除尘新技术的探讨［J］．工程与技术，2016（1）：19-21.
［24］ 牛莉慧．除尘技术研究进展［J］．山东化工，2017，46（19）：75-79.
［25］ 田明奎．除尘技术在煤化工生产中的应用［J］．煤化工，2007，35（3）：64-67.
［26］ 李勇．袋式除尘器的除尘机理和影响因素［J］．特种橡胶制品，2003，24（1）：29-33.
［27］ 杜付．袋式除尘器应用实例及其发展前景［J］．通用机械，2006（8）：48-50.
［28］ 高晋生，鲁军，王杰．煤化工过程中的污染与控制［M］．北京：化学工业出版社，2012.
［29］ 张卫东．袋式除尘器及其滤料的发展［J］．化工进展，2003，22（4）：380-383.
［30］ 于宗营．中滦煤化工二期工程焦系统除尘设备的改造［J］．中国新技术新产品，2015（5）：89.
［31］ 赵毅．电袋除尘器的发展与机理研究［J］．中国环保产业，2017（6）：58-62.
［32］ 梁栋平．电袋复合式除尘器的应用及技术探讨［J］．机电信息，2019（24）：44-45.
［33］ 李辉，王登辉，惠世恩．煤化工VOCs治理技术应用现状及展望［J］．洁净煤技术，2021，27（1）：1-11.
［34］ 韩丰磊，季纯洁，张子琦，等．低温等离子体协同催化技术处理VOCs研究综述［J］．洁净煤技术，2022，28（2）：23-31.
［35］ Khan F I，Kr Ghoshal A. Removal of volatile organic compounds from polluted air［J］. Journal of Loss Prevention in the Process Industries，2000，13（6）：527-545.
［36］ 李明哲．挥发性有机物的控制技术进展［J］．化学工业与工程，2015，32（3）：2-9.
［37］ 张燕莉．宁夏煤化工企业VOCs治理技术进展［J］．气体净化，2019，19（10）：9-12.
［38］ 孙乐，张惊宇，王瑾．焦化厂挥发性有机物治理技术应用［J］．煤炭工程，2020，52（3）：82-87.
［39］ 张庆金，余复幸，李红明，等．低温甲醇洗尾气中挥发性有机物治理项目运行总结［J］．氮肥与合成气，2019，47（8）：25-27.
［40］ 曲茉莉．大气中VOCs的污染现状及治理技术研究进展［J］．环境科学与管理，2012，37（6）：102-104.
［41］ 汪涵．挥发性有机废气治理技术的现状与进展［J］．化工进展，2009，28（10）：1833-1840.
［42］ 王语林．吸收法处理挥发性有机物研究进展［J］．环境工程，2020，38（1）：21-27.
［43］ 李长英．挥发性有机物处理技术的特点与发展［J］．化工进展，2016，35（3）：917-925.
［44］ 赵扬．吸收法处理VOCs工业废气的研究进展［J］．山东化工，2014，43（5）：78-79.
［45］ 张文涛．VOCs吸附材料的研究进展［J］．广州化工，2019，47（6）：22-24.
［46］ 冯宇，武惠恩，周闯，等．煤化工VOCs中苯的静电纺丝纳米纤维吸附研究进展［J］．洁净煤技术，2022，28（2）：32-39.
［47］ 陆豪．吸附法净化挥发性有机物的研究进展［J］．环境工程，2013，31（3）：93-97.
［48］ 黄珏坪，王登辉，惠世恩，等，生物炭材料吸附VOCs研究进展［J］．洁净煤技术，2022，28（2）：40-53.
［49］ 王满曼．VOCs吸附剂及其吸附机理研究进展［J］．中国塑料，2019，33（3）：113-118.
［50］ 方翔，程凯，郭冀峰．生物降解疏水性VOCs现状分析［J］．洁净煤技术，2022，28（2）：13-22.
［51］ 杨竹慧．生物滴滤法净化恶臭及VOCs的应用研究［D］．北京：北京工业大学，2018.
［52］ 王永仪，张明祥，宿兵杰．煤制油企业污水站恶臭异味VOCs废气处理研究［J］．洁净煤技术，2019，25（6）：39-42.
［53］ 吴冬霞，程行，胡江亮，等，VOCs燃烧催化剂耐硫性新进展［J］．洁净煤技术，2022，28（2）：67-76.
［54］ 户英杰．燃烧处理挥发性有机污染物的研究进展［J］．化工进展，2018，37（1）：319-329.
［55］ 李辉，王登辉，惠世恩．煤化工VOCs治理技术应用现状及展望［J］．洁净煤技术，2021，27（1）：144-154.
［56］ 廖正祝，田红．煤化工VOCs吸附处理技术研究进展及展望［J］．洁净煤技术，2021，27（1）：155-168.
［57］ 刘宏．洁净煤发电IGCC技术［J］．锅炉制造，2013（4）：34-35.

[58] Ordorica-Garcia G, Douglas P, Croiset E, et al. Technoeconomic evaluation of IGCC power plants for CO_2 avoidance [J]. Energy Conversion and Management, 2005, 47 (15): 2250-2259.

[59] 郑楚光，赵永椿，郭欣．中国富氧燃烧技术研发进展 [J]. 中国电机工程学报，2014，34 (23)：3856-3864.

[60] 田牧，安恩科．燃煤电站锅炉二氧化碳捕集封存技术经济性分析 [J]. 锅炉技术，2009，40 (3)：36-41.

[61] 任相坤，崔永君，步学朋，等．煤化工过程中的 CO_2 排放及 CCS 技术的研究现状分析 [J]. 神华科技，2009，7 (2)：68-72.

[62] 韩红梅，顾宗勤，王玉倩，等．碳税对我国化学工业的影响分析 [J]. 化学工业，2014，32 (1)：1-10.

[63] 付国忠，陈超．我国天然气供需现状及煤制天然气工艺技术和经济性分析 [J]. 中外能源，2010，15 (6)：28-34.

[64] 陈贵锋，李振涛，罗腾．现代煤化工技术经济及产业链研究 [J]. 煤炭工程，2014，46 (10)：68-71.

[65] 张君涛，刘健，王显，等，煤灰催化活化 H_2 与煤热解耦合对焦油产率和品质的影响 [J]. 洁净煤技术，2022，28 (1)：12-22.

[66] 张帅，肖睿，李延兵，等．燃煤化学链燃烧技术的研究进展 [J]. 热能动力工程，2017，32 (4)：1-12，135.

[67] Song T, Shen L, Xiao J. Nitrogen transfer of fuel-N in chemical looping combustion [J]. Combust Flame, 2012, 159 (3): 1286-1295.

[68] Kanniche M, Gros-Bonnivard R, Jaud P, et al. Pre-combustion, post-combustion and oxy-combustion in thermal power plant for CO_2 capture [J]. Applied Thermal Engineering, 2009, 30 (1): 53-62.

[69] 邓丹．变压吸附法脱除烟气中二氧化碳的实验研究 [D]. 武汉：华中科技大学，2008.

[70] Figueroa J D, Fout T, Plasynski S. Advances in CO_2 capture technology—The U. S. department of energy's carbon sequestration program [J]. International Journal of Greenhouse Gas Control, 2008, 2 (1): 9-20.

[71] 杨圣云，刘亚敏，吴丹．烟气中二氧化碳捕集技术研究进展 [J]. 江西化工，2013 (2)：23-27.

[72] 辛春玲，王素青，孟庆国，等．二氧化碳捕获固体吸附剂的研究进展 [J]. 化工进展，2017，36：278-290.

[73] 王秀，郝健，郭庆杰．多孔碳结构调控及其在二氧化碳吸附领域的应用 [J]. 洁净煤技术，2021，27 (1)：135-143.

[74] 江涛，魏小娟，王胜平，等．固体吸附剂捕集 CO_2 的研究进展 [J]. 洁净煤技术，2022，28 (1)：42-57.

[75] 竹涛，苑博，郝伟翔，等．煤基固废合成沸石分子筛捕集 CO_2 研究进展 [J]. 洁净煤技术，2022，28 (1)：58-69.

[76] 刘勇军，巩梦丹，王雷娇，等．有机胺改性多孔材料制备固体胺二氧化碳吸附剂的研究进展 [J]. 四川化工，2014，17 (5)：25-28.

[77] 徐运飞，李英杰，王涛，等．MgO 吸附剂捕集 CO_2 的研究进展 [J]. 洁净煤技术，2021，27 (1)：125-134.

[78] 王文举，邢兵，王杰．用于燃烧前二氧化碳捕集的固体吸附剂研究进展 [J]. 精细石油化工，2013，30 (5)：76-82.

[79] 王胜平，沈辉，范莎莎，等．固体二氧化碳吸附剂研究进展 [J]. 化学工业与工程，2014，31 (1)：72-78.

[80] 王守桂，朱庆书，陈玲，等．负载型二氧化碳吸附剂的研究进展 [J]. 化工设计通讯，2019，45 (11)：144-144，182.

[81] 陈赓良．醇胺法脱硫脱碳工艺的回顾与展望 [J]. 石油与天然气化工，2003，32 (3)：134-138，142.

[82] 梁锋．位阻胺脱硫脱碳系列溶剂的研究开发通过验收 [J]. 气体净化，2005，5 (2)：20.

[83] 张宏伟．BASF 活化 MDEA 脱碳工艺的应用 [J]. 化工设计，2005，15 (6)：3-4，13.

[84] 钱伯章．专用胺类溶剂回收烟气 CO_2 用于提高石油采收率 [J]. 气体净化，2008，8 (2)：25.

[85] Lin S H, Tung K L, Chen W J, et al. Absorption of carbon dioxide by mixed piperazine-alkanolamine absorbent in a plasma-modified polypropylene hollow fiber contactor [J]. Journal of Membrane Science, 2009, 333 (1-2): 30-37.

[86] Gao J, Yin J, Zhu F, et al. Experimental study of a hybrid solvent MEA-methanol for post-combustion CO_2 absorption in an absorber packed with three different packing: Sulzer BX500, Mellapale Y500, Pall rings 16 × 16 [J]. Separation and Purification Technology, 2016, 163: 23-29.

[87] Gao J, Yin J, Zhu F, et al. Integration study of a hybrid solvent MEA-methanol for post combustion carbon dioxide capture in packed bed absorption and regeneration columns [J]. Separation and Purification Technology, 2016, 167: 17-23.

[88] Gao J, Yin J, Zhu F, et al. Orthogonal test design to optimize the operating parameters of CO_2 desorption from a hybrid solvent MEA-methanol in a packing stripper [J]. Journal of the Taiwan Institute of Chemical Engineers, 2016, 64: 196-202.

[89] Gao J, Yin J, Zhu F, et al. Orthogonal test design to optimize the operating parameters of a hybrid solvent MEA-

methanol in an absorber column packed with three different packing: Sulzer BX500, Mellapale Y500 and Pall rings 16 × 16 for post-combustion CO_2 capture [J]. Journal of the Taiwan Institute of Chemical Engineers, 2016, 68: 218-223.

[90] Gao J, Yin J, Zhu F, et al. Comparison of absorption and regeneration performance for post-combustion CO_2 capture by mixed MEA solvents [J]. Taylor & Francis, 2016, 38 (17): 2530-2535.

[91] Gao J, Yin J, Zhu F, et al. Experimental study of regeneration performance for CO_2 desorption from a hybrid solvent MEA-methanol in a stripper column packed with three different packing: Sulzer BX500, mellapale Y500 and pall rings 16×16 [J]. Environmental Progress & Sustainable Energy, 2017, 36 (3): 838-844.

[92] Hatakeyama T, Aida E, Yokomori T, et al. Fire extinction using carbon dioxide hydrate [J]. Ind Eng Chem Res, 2009, 48 (8): 4081-4087.

[93] Li J L, Chen B H. Review of CO_2 absorption using chemical solvents in hollow fiber membrane contactors [J]. Separation and Purification Technology, 2005, 41 (2): 109-122.

[94] Qi Z, Cussler E L. Microporous hollow fibers for gas absorption: Ⅰ. Mass transfer in the liquid [J]. Membr Sci, 1985, 23 (3): 321-332.

[95] 杨晋平，段星，施福富，新型固碳工艺思路及技术研究 [J]. 煤化工，2021，49 (1)：4-8.

[96] 杨东明，梁相程 . CO_2 绿色利用技术 [J]. 当代化工，2019，48 (8)：1838-1841.

[97] 李忠，张鹏，孟凡会，等 . 双碳模式下碳一化工技术发展趋势 [J]. 洁净煤技术，2022，28 (1)：1-11.

[98] 吴丽娟，郑厚超，刘宾元，等 . 二氧化碳制备聚醚酯多元醇的研究进展及工业化应用 [J]. 大氮肥，2022，45 (2)：128-132.

[99] Abraham B M, Asbury J G, Lynch E P, et al. Coal-oxygen process provides CO_2 for enhanced recovery [J]. Oil and Gas Journal, 1982 (11): 80.

[100] Wang Y, Qian Q, Zhang J, et al. Synthesis of higher carboxylic acids from ethers, CO_2 and H_2 [J]. Nature Communications, 2019, 10 (1): 1-7.

[101] 任超，徐波，王安杰，等 . 铜锌铝催化剂制备方法对 CO_2 加氢反应性能影响 [J]. 洁净煤技术，2022，28 (1)：70-76

[102] 侯建国，宋鹏飞，王秀林，等 . 二氧化碳分段甲烷化新工艺 [J]. 天然气化工，2017，42 (1)：79-83.

[103] Jean M D S, Baurens P, Bouallou C. Parametric study of an efficient renewable power-to-substitute-natural-gas process including high-temperature steam electrolysis [J]. International Journal of Hydrogen Energy, 2014, 39 (30): 17024-17039.

[104] Sahebdelfar S, Takht Ravanchi M. Carbon dioxide utilization for methane production: A thermodynamic analysis [J]. Journal of Petroleum Science and Engineering, 2015, 134: 14-22.

[105] Chein R Y, Chen W Y, Yu C T. Numerical simulation of carbon dioxide methanation reaction for synthetic natural gas production in fixed-bed reactors [J]. Journal of Natural Gas Science and Engineering, 2016, 29: 243-251.

[106] 王承学，龚杰 . 二氧化碳加氢甲烷化镍锰基催化剂的研究 [J]. 天然气化工，2011，36 (1)：4-6，15.

[107] Pan Q, Peng J, Sun T, et al. CO_2 methanation on Ni/Ce0. 5Zr0. $5O_2$ catalysts for the production of synthetic natural gas [J]. Fuel Processing Technology, 2014, 123 (1): 166-171.

[108] 王东贤，亢茂青，王心葵 . 二氧化碳合成脂肪族聚碳酸酯 [J]. 化学进展，2002，14 (6)：462-468.

[109] 季东锋，王辉，何仁 . CO_2 的化学固定及碳酸亚烃酯的合成研究 [J]. 燃料化学学报，2001，29 (6)：486-489.

[110] 付会峰 . 煤化工项目硫回收工艺技术探讨 [J]. 科学与信息化，2019 (21)：75，77.

[111] 宋翔 . 硫回收工艺在煤化工装置中应用 [J]. 化学工程与装备，2015 (12)：87-89.

[112] 张明成，蒋保林 . 煤化工项目硫回收工艺技术分析 [J]. 广东化工，2011，38 (9)：173-174，166.

[113] 王军 . 焦化厂克劳斯炉系统升级改造的应用 [J]. 煤化工，2020，48 (5)：76-79.

[114] 张亚维 . 煤化工装置中的硫回收工艺和生产标准分析 [J]. 化工管理，2019 (12)：201-202.

[115] 杨瑞华 . 硫回收尾气处理工艺分析与选择 [J]. 煤化工，2012，40 (4)：14-16.

[116] 杨斌 . 煤化工硫回收技术比较 [J]. 小氮肥，2014，42 (5)：7-9.

[117] 宋玉国，吴涛，杨凤英 . 硫回收装置工艺路线选择及分析 [J]. 大氮肥，2021，44 (6)：372-374.

[118] 刘小刚，张亮，宋文鹏，等 . 纯氧配风在硫回收应用中的问题及解决方法 [J]. 大氮肥，2021，44 (6)：388-390.

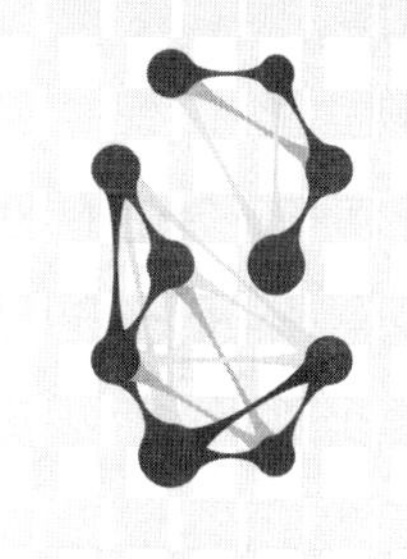

12 煤炭转化过程废水处理

中国煤炭资源与淡水资源总体上呈反向分布，煤炭资源丰富的地区往往水资源比较匮乏。据国土资源部分析，中国约三分之二的煤炭资源集中在内蒙古、山西、陕西和宁夏等水资源短缺的地区。这些地区受温带季风气候影响，降水难以缓解用水紧张问题[1]。由于煤炭转化耗水量大，故先进的节水工艺、废水处理再利用技术已经成为煤炭转化项目落地和产业发展的核心议题。如今可供选择的煤炭转化工艺较多，转化过程中废水的处理方式不尽相同，废水处理效果已成为评价煤炭转化项目的关键指标之一。目前传统的物理、化学结合生化处理工艺很难满足污水排放标准的要求，更无法满足“近零排放”的要求。因此，煤炭转化项目需要统筹解决好水资源的供给和废水处理、回用问题。协调处理好产业发展与水污染、水资源短缺之间的矛盾，已成为煤炭清洁高效利用高质量发展的当务之急[2]。

本章主要介绍煤炭转化过程产生废水的性质、特点以及实现清洁生产目标所开展的废水预处理、生化处理和深度处理技术，也从“近零排放”角度，介绍了高盐废水的脱盐及其资源化利用技术。

12.1 废水的来源与特点

12.1.1 废水来源

煤炭转化的化学过程包括煤的气化、热解、干馏等转化反应，转化过程可分为一次化学加工和二次化学加工。由于工艺产物繁多，根据不同的产业链和产品，水的来源差别很大，如煤焦化及煤焦油的加工工艺中会排放大量含苯、氨、苯酚等组分的废水；煤热解及荒煤气加工制备液体燃料时，除会产生含酚、萘、氨等复杂组分的废水外，还会产生烃类废水；煤气化及合成气化生产液体燃料或化工产品的工艺会产生变换冷凝液、F-T 合成含醇酸废水、MTO 废水、合成气制乙二醇中产生含多元醇废水等[3]；并且随着产业链的延伸，废水的数量和种类也会同步增加。在这些煤炭转化工艺过程中，虽然产生了大量复杂的废水，但在处理过程中，也可耦合集成进行处理。

焦化工艺过程一般需要对煤进行预处理，如洗煤。由于在该清洗工序中煤的芳香类物质、含氮或含硫有机物以及固体颗粒会混合在水体中，熄焦冷却阶段也不可避免地伴随一些废水产生。随着水体的冷却，易溶于水的物质都溶解在其中成为焦化废水的一部分。

煤气化废水主要来源于原煤气化过程中产生的水、喷淋冷却时产生的冷凝水以及原料煤带入的水分。合成气再加工过程中也会产生相应的废水，如甲烷制烯烃（MTO）中会产生MTO工艺废水、合成气制乙二醇中产生的相应废水。

煤的液化可分为间接液化和直接液化。间接液化是煤气化制成合成气，在一定的温度等条件和催化剂的作用下将合成气转化为化工原料和燃料油的过程，其产生的废水主要来自产品的分离和气体的净化过程[4]。直接液化则是在高温、高压、催化剂的反应条件下将原煤和氢气送入反应器，煤中复杂的高分子有机物在液化过程中热解，并与氢气反应生成分子量较低的目标化工产品。相较于煤的间接液化，直接液化工艺过程产生的废水量较小，但水质成分复杂，毒性较高，处理难度较大。

在合成气、粗煤气、热解气、煤焦油、兰炭等后加工过程中也会产生不同的污水，因后续产业链的不同，其污水的产生量、性质等均有很大的不同。

12.1.2 废水水质特点

煤炭转化过程中产生的废水组成、产生量，不但与原煤的性质有关，也与其工艺过程、目标产品密切相关。焦化、气化、液化产生的废水性质差异较大，在气化工艺中，采用固定床、气流床、流化床产生的废水性质也会截然不同。表 12-1 给出了不同煤炭转化生产工艺废水污染特点。

表 12-1 不同煤炭转化生产工艺废水污染特点[5]

生产工艺	生产工艺废水	污染特点
煤热解	剩余氨水	为荒煤气在冷却过程中产生的冷凝水，主要污染物包括氨氮、挥发酚、油类、硫化物等。COD：53000mg/L；氨氮：4000mg/L；挥发酚：5000mg/L；石油类：1000mg/L；硫化物：200mg/L。含有高浓度挥发酚、硫化物、苯系物等对生化处理有毒害作用的物质，需要进行脱氨、除酚、除硫、除油等预处理
焦化	焦化废水	含有较高浓度的 COD、酚、氰化物、NH_3-N、油类等污染物。COD：2000～2500mg/L；NH_3-N：150mg/L；石油类：50～100mg/L。该类废水为焦化行业最主要的废水污染源。含有高浓度的酚类、苯系物、杂环化合物、多环化合物等有机污染物，需要进行脱酚、除油等预处理
煤气化	碎煤加压气化废水	气化温度低造成废水成分较复杂，污染严重，特征为氨氮、COD、酚、石油类浓度高，COD 浓度为 3500～23000mg/L，该类废水处理难度大。含有高浓度的酚类、苯系物、油类等有机污染物，需要进行脱酚、除油等预处理[6]
	水煤浆气化废水	采用水煤浆气化工艺，气化温度高，水质相对洁净，有机污染物少，氨氮浓度高。COD：200～760mg/L；NH_3-N：300～2700mg/L。含有高浓度氨氮，需要先进行脱氨预处理
	粉煤气化废水	采用粉煤灰气化工艺及高温气化工艺，有机污染程度低，氰化物、氨氮浓度较高，可达 9000mg/L。含有高浓度氨氮，需要先进行脱氨预处理

续表

生产工艺	生产工艺废水	污染特点
煤液化	直接液化废水	COD:9000～10000mg/L;氨氮:100mg/L左右。COD和NH_3-N浓度高,毒性较大,油和悬浮物(SS)浓度较低。含有高浓度氨氮、硫化物,需要先进行除硫预处理
	间接液化废水	含乙酸、丙酸、丁酸和少量高沸点醇类,COD浓度为30000～40000mg/L,可生化性好,BOD/COD>0.4
变换	粉煤气化配套变换废水	H_2S:0.004%(摩尔分数);NH_3:0.063%(摩尔分数)。需要进行除硫、脱氨预处理
	水煤浆气化配套变换废水	H_2S:0.04%(摩尔分数);NH_3:0.047%(摩尔分数)。需要进行除硫、脱氨预处理
酸性气体脱除	甲醇洗废水	CH_3OH:0.005%(摩尔分数)。甲醇是良好的碳源,可进行生化处理
尿素	水解废水	NH_3:3mg/L(最大);尿素:3mg/L(最大)。可以混合进行生化处理
硝酸	含氨废水	氨:20mg/L;石油类:10mg/L。可以混合进行生化处理
硝酸铵	二次蒸汽冷凝水	COD:100mg/L;氨氮:17.5mg/L;总氮:35.0mg/L。可以混合进行生化处理
	蒸发器冷凝水	COD:100mg/L;氨氮:1290.5mg/L;总氮:1452.8mg/L。需要进行脱氮预处理
	结晶机冷凝水	COD:100mg/L;氨氮:2292.0mg/L;总氮:2466.2mg/L。需要进行脱氮预处理
固定床气化制天然气	酚氨回收废水	COD:3920mg/L;挥发酚:300mg/L;总氮:150mg/L;CN^-:0.112mg/L;S^{2-}:0.019mg/L;油:106.5mg/L。需要进行脱酚、除油预处理
硫回收	酸性气分液罐排水	H_2S:0.011%(质量分数);CO_2:0.148%(质量分数)。需要进行除硫预处理
甲醇制烯烃(MTO)	水汽提塔排放废水	废水石油类、COD值较高,含部分难生物降解和有毒物质,水质受生产装置影响波动较大。 pH:9～11.5;COD_{Cr}:1500mg/L;SS:100mg/L;油:150～300mg/L;甲醇:100mg/L。需要进行预处理提高BOD/COD比
	急冷塔底排放废水	pH:9～11.5;COD_{Cr}:7500～12000mg/L;SS:100mg/L;油:300～750mg/L。含醋酸钠、甲醇、丙酮、氢氧化钠、乙醛、丁烯、丁酮、甲醚。需要进行除油预处理
煤制乙二醇	合成废水	具有高盐分、盐分复杂、高COD值的特性。硝酸钠:2%～4%;COD:8000～10000mg/L。还含有甲酸钠、草酸钠、碳酸钠等钠盐
甲醇制汽油	工艺废水	含C_5以下小分子烃类,COD含量较高,属于高浓度难降解有机废水。需要先进行除油预处理
甲醇制芳烃	分离器冷凝液	有一定的油类物质和醇类物质,同时含有乙酸、丙酸、甲酸等有机酸,另外还有一定量的催化剂细粉。需要先进行除油、除悬浮物预处理

简言之,煤炭转化过程产生的废水往往难以满足生化处理工艺的需求,是一种产量巨大、生化性较差、难处理、对环境产生危害的工业废水[7]。

12.1.3 废水处理工艺概述

煤炭转化过程产生的废水危害性大且难以处理，因此从源头上减少甚至杜绝煤炭转化过程废水的产生最为理想。如今，在工业应用上，通过有机废水处理、含盐废水处理、浓盐水处理和高浓盐水固化处理 4 个工艺段可以实现煤炭转化过程废水的高效处理和“近零排放”[8]，典型的“近零排放”方案如图 12-1。

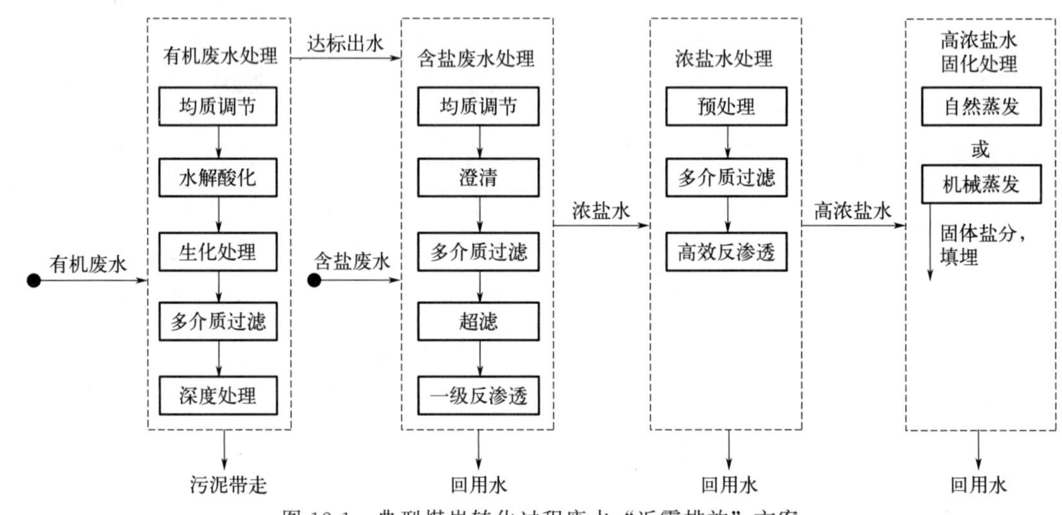

图 12-1　典型煤炭转化过程废水“近零排放”方案

(1) 有机废水处理工艺

目前，煤炭转化行业通常通过预处理＋生化处理＋深度处理的方法来对有机废水进行有效处理。

预处理工段包括隔油、气浮、沉淀等过程，主要功能是去除乳化油、悬浮物以及胶态化学需氧量。处理焦化和碎煤加压气化废水时，酚氨浓度较高，还需考虑进行回收。如酚氨回收设备对酚氨的萃取效率太低，会大大增加后续生化处理的难度。因此采用焦化和碎煤加压气化的煤炭转化项目要实现“近零排放”的目标，应最先提高酚氨脱除设备的萃取效率，再将废水进行下一级工艺处理。目前，也有一些学者研究对热解、焦化产生的污水采用热降解处理，并研究其中相关组分在热降解过程中的交互作用[9]。

生化处理有很多方法，实际应用时应根据废水水质情况选择适合的工艺[8,10]。常用的有活性污泥法和氧化沟法等工艺。

深度处理工段是将生化处理后不满足后续工作要求的废水，再次通过预处理、吸附法和膜分离法结合等工艺方法，进一步将 COD、氨氮质量浓度降至 30mg/L、5mg/L，可作为循环水补充水使用，以减少对新鲜水的需求量。

有机废水经上述处理工艺处理后，仍含有较多的盐分，需要进一步除盐。

(2) 含盐废水处理工艺

随着研究者对膜分离法以及膜生产工艺的深入研究，使用膜的经济性和方便性等方面都有了很大的提高，因此越来越多工厂采用了膜分离法。当前，煤炭转化行业基本通过预处理＋双膜法两段式（即超滤-反渗透）处理工段来处理含盐废水[8]。

(3) 浓盐水处理工艺

通常采用预处理＋膜浓缩处理方法来提高浓盐水的盐度，使溶解性固体总量达到50000～80000mg/L，以缩减后期蒸发器的设备规模，尽可能减少投资以及节能降耗[8,11]。目前浓盐水的膜浓缩处理中常用的有高效反渗透（HERO）膜浓缩工艺、纳滤膜浓缩工艺、OPUS工艺、振动膜浓缩工艺。

(4) 高浓盐水固化处理工艺

在我国煤炭转化过程废水的“近零排放”实践中，高浓盐水固化处理是整个流程的一大难点，限制了“近零排放”的发展应用。目前，世界各地对其处理方法通常是自然蒸发固化和机械蒸发固化[8,10]。

在本章后续的内容中，将对以上四种工艺进行详细介绍。在实际工程中，因煤化工耗水量大，且一般我国富煤的西北地区缺水，因此，会组合实施上述工艺，以达到减少水耗或达到“近零排放”的效果[12]。

12.2 废水的主要处理方法

为了规范、限制煤炭转化行业的废水排放，我国颁布了相应的标准。2012年6月27日，中华人民共和国环境保护部和国家质量监督检验检疫总局联合发布了《炼焦化学工业污染物排放标准》(GB 16171—2012)。对于煤气化废水和煤液化废水，其处理工艺的出水水质须满足《煤炭工业污染物排放标准》(GB 20426—2006）中规定的限值标准。

随着煤炭转化产业技术的升级以及环保要求的提高，废水处理工艺越来越多样，效率也不断提升。一般可将其归类为物理法、化学法和生物法。

12.2.1 物理法

物理法是通过重力、机械力作用等物理过程使废水水质发生变化的处理工艺。其主要去除的污染物是废水中的漂浮物和悬浮物，根据不同原理可分为：筛滤截留法如筛网过滤、格栅过滤等，重力分离法如沉降法、上浮法等，离心分离法如旋流分离法、离心分离法等[13,14]。

12.2.1.1 筛滤截留法

废水筛滤截留法是通过具有小孔的设备或由某种介质构成的过滤滤料层拦截污水中的悬浮颗粒固体的方法。通常使用的设备包括：格栅，用以拦截较大体积的污染物；筛网，用以拦截污水中的纤维、纸浆等较小粒径的污染物；布滤设备，用以拦截污水中的细小悬浮污染物；砂滤设备，用以拦截上述设备不能截留的更为微细的悬浮物[15,16]。

筛滤截留法包括格栅过滤、筛网过滤、颗粒介质过滤、微滤机过滤等。

(1) 格栅过滤

格栅由一组或数组平行的金属栅条、塑料齿沟或金属筛网、框架及相关装置组成，倾斜安装在污水渠道、泵房集水井的进口处或污水处理厂的前端，用来截留污水中较粗大漂浮物和悬浮物，如纤维、毛发、布条、塑料制品等，防止其堵塞或缠绕水泵机组、曝气器、管道阀门、处理构筑物配水设施以及进出水口，使得废水过滤装置能够正常运行，同时可以减少后续工艺中产生的浮渣[17]。

（2）筛网过滤

工业废水中含有较细小的悬浮物不能被格栅截留，也难以用沉淀法去除，工业上常用筛网法去除该类污染物。筛网主要有振动筛网、水力筛网两种。

（3）颗粒介质过滤

粒状滤料过滤中存在悬浮颗粒从水流向滤料表面迁移、附着在滤料上和从滤料表面脱附3个过程。滤池运行过程中“过滤”与“冲洗”两种状态相互交替、周期循环。设计和运行都是以水头损失来控制过滤周期的。气水联合反冲洗优点是冲洗效果好，耗用水量少，冲洗过程中不需滤层流化，可选用较粗的滤料。

（4）微滤机过滤

微滤机是利用机械筛滤作用进行固液分离，可将细小的悬浮物除去，从而减轻生物处理负荷，提高水处理的效率。被截留在筛网上的杂质，随转鼓的旋转被带到转鼓内顶部时，被压力冲洗水反冲洗脱落到排渣槽内排出。

12.2.1.2 重力分离法

废水重力分离法是利用重力作用使废水中的悬浮物与水分离，去除悬浮物质而使废水净化的方法。重力分离法可分为沉降法和上浮法。影响沉淀或上浮速度的主要因素有：颗粒密度、粒径大小、液体温度、液体密度和绝对黏滞度等[16,18]。

（1）沉降法

在沉淀池中运用沉降法通过沉淀和澄清对废水进行处理。按水流方向，沉淀池可以分为三种类型，分别是适用于处理小流量废水的平流式沉淀池，适用于中等流量废水的竖流式沉淀池，以及适用于大流量废水的辐流式沉淀池[19]。

隔油池主要用于上浮分离回收废水中相对密度小于1的、呈悬浮状的油品以及其他杂质，也可沉降分离回收相对密度大于1的重质油品，中国各炼油厂已普遍采用。隔油池可使进水含油量由800～1200μg/L降至100μg/L左右。隔油池有平流式和斜板式。斜板式效果较好，可分离60μm粒径的油珠。

（2）上浮法

上浮法是利用气泡的上浮作用，使废水中相对密度接近于1的物质漂浮在液面，将其分离[19]。上浮法广泛用于处理各种工业废水，如从含油废水中回收乳化油等。

上浮法中运用最广泛、最普及的是气浮法。气浮法是将空气沉浸在水体中，通过降低气体压力从而使水体中的空气呈细小气泡上浮，在此过程中悬浮物会黏附在气泡表面而被带到水面[19]。根据气泡产生的方式可以将气浮法分为加压溶气上浮法、叶轮扩散上浮法、扩散板曝气上浮法和喷射上浮法等[18]。

在中国各炼油厂加压溶气上浮法的应用更为普遍，且为提高处理效果，常采用混凝上浮并以硫酸铝作混凝剂。溶气罐压力一般为0.3～0.5MPa，混合时间为2min左右。含油废水经隔油池处理后，再通过加压溶气上浮法处理，其油含量不超过25μg/L。

12.2.1.3 离心分离法

离心分离法是通过在高速旋转下物体产生的离心力来分离污水中的悬浮物的处理方法。由于悬浮固体和废水质量存在差异，因而所受到的离心力也会有差异，质量较大的悬浮固体做离心运动，被甩到废水的外侧；质量轻的做向心运动，集中于离心设备最里面。

12.2.2 化学与物理化学法

废水的化学处理法是通过化学反应对水中的杂质进行处理，处理对象主要是无机物、难降解的有机溶解物质或胶体物质[20]。同时也可以通过物理化学法来处理废水中的杂质。其目的与化学法类似，特别适合处理杂质浓度较高或很低的较极端废水[14]。

化学处理法有高级氧化法和混凝沉淀法等。物理化学处理法有吸附法和膜分离法等[13]。

(1) 高级氧化法

高级氧化法是指通过电化学或化学反应生成具有氧化性能的自由基［如羟基自由基（$\cdot OH$）、超氧自由基（$\cdot O_2^-$）等活性氧物种，以及硫酸根自由基（$SO_4^- \cdot$）等］，并以此来降解有机物的处理方法。这类方法包括催化氧化法、湿式氧化法、芬顿（Fenton）氧化法和臭氧氧化法。催化氧化法的电极使用寿命限制了其工业应用；湿式氧化法的处理成本和设备要求都很高；Fenton 氧化法由于成本高、处理过程中引入铁盐，且对氨氮的去除效果不好，工业应用少；臭氧在高级氧化中应用最为广泛，在中煤图克、伊犁新天、新疆庆华等多个项目中有工程应用，效果较好。

(2) 吸附法

当废水中某些污染组分与多孔固体接触时，污染组分在固体表面被富集的过程称为吸附。吸附是一种界面现象，其作用发生在两个相的界面上，例如活性炭与废水相接触时，废水中的污染物会从水中转移到活性炭的表面，这就是吸附作用。依据吸附剂表面吸附力的差异，吸附可分为物理吸附以及化学吸附两种类型。物理吸附是指范德华力将吸附剂和吸附质连接一块而产生的吸附；而化学吸附则是由原子或分子间的电子转移或共用，即剩余化学键力所引起的吸附。在实际废水处理过程中，物理吸附和化学吸附并不是孤立存在，常常相伴发生，是两种吸附力共同作用的结果，例如相同的物质在低温时以物理吸附为主，而在高温时却以化学吸附为主[21]。

在煤炭转化过程中对废水进行吸附处理常用吸附剂有活性炭、大孔树脂、粉煤灰、炉渣以及硅藻土等具有高比表面积的物质[22]。其中活性炭运用最为普遍，吸附性能较好且化学性质稳定，但再生使用较为困难且价格较高；炉渣、粉煤灰等价格较为经济，但处理废水时用量大，难以保证出水质量且存在一定的二次污染风险，限制了其在工业上的应用。

(3) 混凝沉淀法

混凝沉淀法的对象主要是水中微小悬浮物和胶体杂质。经生化处理后的废水中会残留一些微小的固体悬浮物，造成 COD 和色度不能达到国家或地方规定的排放标准。采用混凝沉淀法进行后处理，可使这两种污染指标得到有效降低，从而实现废水处理指标全面达标。

混凝沉淀法是向废水中加入混凝剂并使之水解产生水合配离子及氢氧化物胶体，中和废水中某些物质表面所带的电荷，使这些带电物质发生凝集，在重力作用下下沉，以达到固液分离的方法。其目的是除去悬浮的有机物，以降低后续生物处理的有机负荷。在生产中通常加入混凝剂如铝盐、铁盐、聚铝、聚铁和聚丙烯酰胺等来强化沉淀效果，此法的影响因素有废水的 pH、混凝剂的种类和用量等[23]。

(4) 膜分离法

膜分离法是一种通过特制的半渗透膜分离水体中离子以及分子的方法。根据分离污染物的粒径大小，膜分离法可以分为反渗透（RO）、纳滤（NF）、超滤（UF）及微滤（MF）等。通过膜生物反应器（MBR）处理煤炭转化过程中的废水，在废水 COD 800mg/L、氨氮

150mg/L 的水质情况下去除率均大于 90%[24]。利用纳滤方法处理含有酚和 CN^- 的焦化废水，通过调节酸碱度富集 CN^-，以及富含酚和氨的滤液，通过汽提的方法分离酚和氨两种污染物，最终实现分离废水中各种污染物的目标，再进行针对性处理[23,25]。

在本章后续的第 12.5 节中，将对高级氧化、吸附、混凝沉淀、膜分离等工艺技术进行详细介绍。

12.2.3 生物法

生化降解处理是整个污水降解处理系统中最为关键的部分，降解的效果会在很大程度上影响终端的出水水质。在这一工艺中，其主要是利用活性污泥的生物降解作用，去除污水中的大部分污染物质。生化法运行成本较低，能在较多工程中应用，且能较好地处理污染物，其中常见的工艺包括缺氧/好氧法（A/O 法）、间歇序批式活性污泥（sequencing batch reactor activated sludge process，SBR）法、好氧生物膜法及各类改良微生物法等[26]。

（1）*活性污泥法*

从 20 世纪 60 年代开始，煤炭转化过程中开始引用生物处理技术。最先使用的是传统活性污泥法，其能对 COD、SCN^- 和挥发酚有很好的处理效果，而氨氮和有机氮的降解效果高低和系统水力停留时间（HRT）长短密切相关。有实验表明，半连续式反应器在进行废水稀释预处理后，通过活性污泥工艺（水力停留时间为 15h），可以达到 90%的氨氮去除率和 51%的有机氮去除率，说明提高水力停留时间不仅可以使活性污泥工艺具备硝化效果，而且有利于去除杂环化合物[27,28]。

（2）A/O *和* A^2O *法*

由于废水中含酚、硫氰化物和喹啉等毒性物质，单纯的好氧或者厌氧工艺处理煤炭转化过程废水效果不佳。A/O 法首先在缺氧池中反硝化菌的作用下，利用水中有机物作为碳源，将好氧段的硝酸盐和亚硝酸盐转化为氮气排放；后续的好氧池中硝化菌则将氨氮转化为硝酸盐和亚硝酸盐回流至缺氧段，通过缺氧段和好氧段共同作用去除煤炭转化过程废水中的氨氮。

A^2O（厌氧-缺氧-好氧）法则是在 A/O 工艺基础上再增加厌氧工艺，反应流程如图 12-2，在调节池后的厌氧池可以将原水中的杂环及多环芳香烃类有机物进行厌氧酸化处理，将大分子难生物降解的物质转化成小分子物质或者易降解的有机物，提高了废水处理效率，但运行成本随之增加。

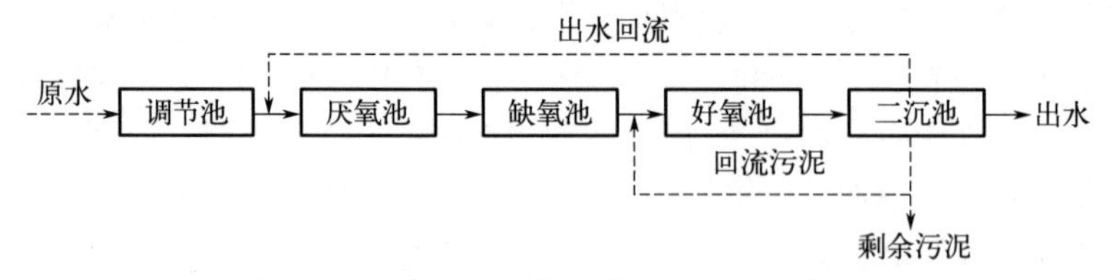

图 12-2　A^2O 处理煤炭转化过程废水流程

Zhou 等运用了 A^2O 和 A/O 两种方法对焦化废水进行处理并做了对比，实验结果表明：在 HRT 一样的情况下，两者对氨氮和 COD 的去除效果没有太大的区别；然而 A^2O 在处理有机物时比 A/O 法显示了更大的优势，难生物降解的有机氮化合物在产酸阶段可以被降解为易降解的中间产物，从而有利于后端生物池对总氮的去除[29]。

（3）SBR *法*

SBR 法是通过周期性间歇运行各阶段的生化反应，将生物降解、均质、脱氮除磷、沉淀等功能整合在一个系统里完成废水处理的过程。其主要特点是不需要进行污泥回流功能。构成简单，处理效率高，流程短，耐冲击负荷，而且反应器中微生物群落结构多样化。典型的 SBR 工艺包括进水期、反应期、静置期、排水期和闲置期五个时期，如图 12-3 所示，在不同时间段内，生物反应器周期性持续进行好氧环境和厌氧环境的交替改变，能在反应器系统中培养多样化微生物菌群，从而能够保证在处理较高浓度的有机废水的同时能够具备较强的抗冲击能力[30]。

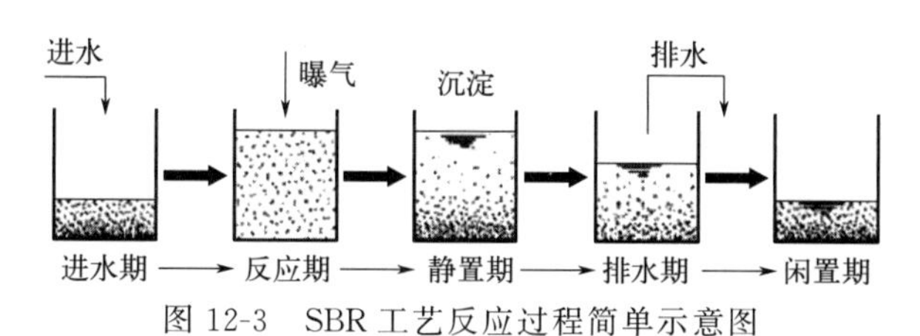

图 12-3　SBR 工艺反应过程简单示意图

（4）好氧生物膜法

好氧生物膜法是将微生物黏附在特定的载体设备上进行生长繁殖，经过人为筛选培养成特定种群并生长成一定厚度的生物膜层，从而对污染物进行降解的生物法。和活性污泥法一样均属于好氧生物处理技术。该方法可以驯养种类繁多的微生物，同时微生物浓度是到传统活性法中微生物浓度的数倍，因此拥有较强的生物降解能力。该生态系统具有复杂、高效的特点[31]。常见的传统好氧生物膜法包括生物接触氧化法和曝气生物滤池法等。

12.2.4　典型废水处理方案

煤化工因其工艺过程复杂、产业链灵活、工艺技术种类多、产品多样、污水来源复杂多变的特点，采取何种处理流程要依据企业实际情况，以及当地的环保要求而定，一般由预处理、生化处理、深度处理等过程组成。下面以煤制甲醇、煤焦制氢两个实例进行说明。

我国内蒙古某煤炭转化项目，包括煤制甲醇装置（含空分、气化、净化、甲醇合成、硫回收等）、甲醇制烯烃装置、聚烯烃装置，产生的生产废水中 COD_{Cr} 为 550mg/L、BOD_5 为 200mg/L、NH_3-N 为 150mg/L，经过污水处理厂处理后的出水 COD_{Cr} 为 60mg/L、BOD_5 为 10mg/L、NH_3-N 为 10mg/L，可循环再利用。

采用“预处理＋A/O＋MBR”的水处理工艺。废水经过预处理去除部分特殊污染物后，再经过“A/O＋MBR”来去除废水中 COD、氨氮、BOD_5、悬浮物等主要污染物质，确保出水水质满足设计要求。

甲醇制烯烃产生的废水中有机污染物浓度、悬浮物浓度和油浓度比较高，需进行预处理。预处理工艺主要采用“溶气气浮＋水解酸化”，溶气气浮装置对油类污染物和悬浮物有极好的去除能力。水解酸化可将废水中的难降解长链或环状有机物分解成易降解短链或直链有机物，改善废水的可生化性，提高后续好氧处理的效率。

A/O 生化池包括缺氧池与好氧池。缺氧池的主要功能为脱氮，同时，缺氧池也具有一定的水解酸化作用，可将污水中的难降解长链或环状有机物分解成易降解短链或直链有机物，改善污水的可生化性，提高后续好氧处理的效率。好氧池的主要功能是进行炭化和硝化反应，去除污水中的有机污染物及氨氮。

该工艺路线的核心装置为 MBR 处理单元。膜生物反应器工艺间歇运行，具有高效的固液分离效果，且出水稳定，能保持较好的水质，出水悬浮物和浊度接近于零，可直接作为回用水；反应器内的微生物群落多样化且浓度高于传统工艺，生化降解效果更佳，耐冲击负荷更强；有利于增殖缓慢的硝化细菌的截留、生长和繁殖，氨氮去除率高；灵活调节足够的停留时间来培养专性菌针对性降解污水中的难生物降解的污染物，从而可以在很大程度上提升降解效果，提高 COD 去除率。因此膜生物反应器技术具有许多其他生物处理工艺无法比拟的明显优势[32-34]。

浙江宁波某煤焦制氢装置的水煤浆气化污水处理采用了预处理＋活性污泥生化处理＋深度处理工艺，收到了良好的效果。其中，预处理采用化学沉淀法除硬，生化处理采用短程硝化-反硝化脱氮，深度处理采用臭氧催化氧化＋曝气生物滤池的工艺[35]。

12.3 预处理

预处理主要包括高浓度氨氮、油类、有毒有害物质（如酚类、杂环化合物等）以及悬浮物等物质的去除。

从成本来说，活性污泥等生物法是最佳的处理方法，也是去除 COD 等污染物的核心工艺。由于煤炭转化过程废水水质复杂，有毒有害物质较多，会对生化处理工艺的主体（活性污泥）产生抑制作用，严重影响活性污泥法等生物法的处理效果；其次废水中高浓度的颗粒物和悬浮物也会影响管路的通畅。因此需要对其进行预处理，以提高可生化性，减轻后续处理的负荷。

12.3.1 除酚、脱氨、破氰、除硬处理

12.3.1.1 除酚方法

含酚废水主要来自焦化、热解、固定床气化等装置。酚为《污水综合排放标准》(GB 8978—1996) 中规定的第二类污染物质，一、二级排放浓度均为 0.5mg/L。通常将浓度为 1000mg/L 以上的含酚废水称为高浓度含酚废水，这种废水会对生化处理工艺的活性污泥产生抑制作用，须回收酚后，再进行后续处理；反之对于低浓度含酚废水，一般可通过生化或高级氧化等方法进行降解。从预处理角度，本节主要介绍高浓度含酚废水的处理方法，包括萃取法、汽提法、液膜分离法等[36]。

（1）萃取法

萃取法的原理是在废水中添加某种不溶于水却能让酚类污染物溶解于其中的良好溶剂(即萃取剂)，从而使废水中的绝大多数污染物溶解到萃取剂中。后续只需分离废水与萃取剂，即可得到含有低浓度酚的废水；然后通过其他方法将萃取剂与其中的酚进行分离，使萃取剂再生，循环使用于萃取工艺，对萃取的污染物进行回收。在国内工业中，含酚废水的预处理以及对酚进行回收通常使用萃取法，尤其当废水含酚浓度高于 400mg/L 时，可以达到满意的处理效果。

在液-液萃取法中，选择合适的萃取剂是保证萃取分离效果的最重要因素。在脱酚处理中，常用的萃取剂比较多，比较广泛使用的有煤油、洗涤油、重苯、N-503[*N*,*N*-二(1-甲基庚基)乙酰胺]、粗苯、N-503＋煤油混合液、803 号液体树脂等。值得一提的是，当利用

N-503来萃取三硝基苯酚时，单次萃取去除酚效果可达99.98%，同时废液使用再生后萃取效果并没有减弱很多。若是废水中含有硝基甲酚，还可使用5%～95% N-503的煤油系统来进行萃取，可以达到75%～90%的酚回收率，此时萃取剂与水之比为0.2∶1，经过一次回收萃取，每吨废水可回收1.02kg的酚。目前生产上连续萃取工艺较常使用的方式是多塔式逆流操作方式[36]。

中煤龙化哈尔滨煤炭转化有限公司改良了脱酚工艺，在脱酸脱氨流程后废水pH变为中性，该条件有利于萃取脱酚工艺的进行。筛选甲基异丁基酮作为脱酚萃取剂，该工艺对单元酚和多元酚分配系数均大于二异丙醚，可以使总酚的萃取效率提高至90%以上，出水总酚质量浓度降至400mg/L以下。但是由于该工艺处理效果的不稳定，有毒物质抑制后续生物工艺的风险较大[37]。

(2) 汽提法

汽提法是指废水与水蒸气直接接触，使其中的挥发性物质按一定的比例扩散到气相中，从而去除废水中的污染物。一般利用汽提法来去除废水中的挥发酚以及甲醛等物质。

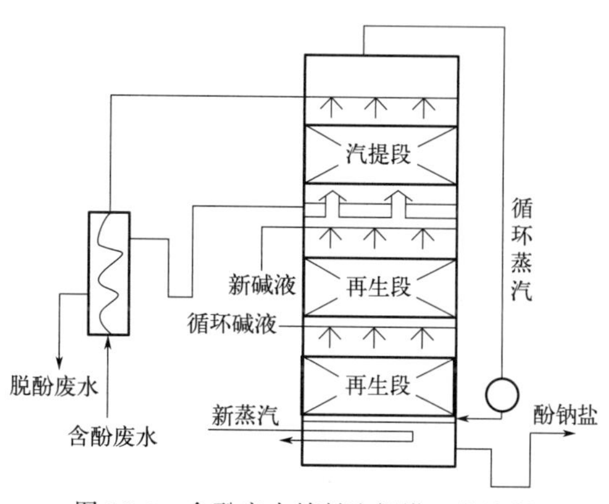

图12-4　含酚废水填料汽提塔工艺流程

汽提法最初应用于从含酚废水中回收挥发性酚，典型流程如图12-4所示。汽提法脱酚方法简单，在处理高浓度含酚废水的时候，不仅可以获得一定经济效益，同时不会有二次污染的担忧。通过汽提法处理的污水中仍有较高浓度的残余酚（约400mg/L），需进一步处理。由于在再生段内具有很强腐蚀性的喷淋热碱液，必须对设备采取防腐保护措施[36]。

(3) 液膜分离法

液膜分离法是利用液膜的快速传递，在萃取的时候同时反萃取，从而将废水中物质进行分离和浓缩。将配制成的乳浊液分散于废水中，使之形成液膜（膜厚1～10μm），液膜将氢氧化钠溶液隔开，使废水中酚透过液膜渗入内相与碱液形成酚钠，酚钠不为溶剂所溶解，因而无法透过液膜扩散返回至废水中。往复循环，废水中的酚不停地通过液膜被富集，最后实现除酚效果[38,39]。

液膜法工艺分为制乳、接触及破乳三步，乳液经破乳后重复循环使用。乳化剂一般有表面活性剂205和LMS-2、斯盘-80、0号柴油等。对高浓度含酚废水，当废水含酚(5000mg/L)时，经逆流处理四次，可使废水含酚量达到国家排放标准，并能回收苯酚。例如采用液膜法处理含酚废水，使废水中含酚浓度从1000mg/L降至经转盘塔二级处理后的0.5mg/L以下，除酚率达96%～99%以上，乳液经破乳重复循环50次以上，处理效果仍很理想。

12.3.1.2　脱氨方法

煤加压气化废水特征之一即是氨氮浓度较高，而高浓度的氨氮会影响甚至抑制微生物的生长与代谢。若要保障后端生化处理正常运行，需在进行生化处理前对氨氮进行回收处理，从而降低氨氮浓度[40]。煤气化废水中的氨氮存在形式主要有铵态氮（NH_4^+-N）、氨态氮

(NH_3-N)。目前处理回收煤炭转化过程废水中的氨氮的方法有物理法、化学法等。

(1) 物理脱氨法

在实际工程中常采用吹脱法和汽提(蒸氨)法去除氨氮。吹脱主要用于脱除水中溶解气体和某些挥发性物质。即将气体通入水中,使气水相互充分接触,水中溶解性气体和挥发性溶质穿过气液界面,向气相转移,从而达到脱除水中污染物的目的。常用空气或水蒸气作载体,前者称为吹脱,后者称为汽提[38,41,42]。

① 吹脱脱氨法 空气吹脱法是在 pH>7 的情况下,较多空气与废水接触时,废水中的氨氮转换成游离氨被吹出,从而去除废水中氨氮的方法。此法也被称为氨解吸法,该法解吸速度与温度、气液比密切相关。气体组分在液面的分压与液体内的浓度成正比。当投加石灰至碱性较强、气液体积比为 3000∶1 时,经逆流塔去除率可达 90%以上。空气吹脱法适合用于高浓度氨氮废水的预处理,脱氮效果好,操作简单灵活,占地面积小,但仅仅只是将 NH_3-N 从溶解状态转化为气体状态,并没有彻底除去。脱氮率随着温度的下降而快速降低,同时也受吹脱装置大小及长径比例、气液接触效率的影响。随着使用时间的延长,装置及管道易产生 $CaCO_3$ 沉淀。该法需不断鼓气、加碱,出水需再加酸调节,导致处理费用相对较高。同时该方法还存在着一个很严重的问题,即吹脱后的空气成为二次污染源,携带着大量的氨气直接进入了大气[41,42]。因此使用场景是有限制的,并没有被广泛应用。

通辽市通顺碳素厂在利用吹脱法对粉煤制气工艺产生的高浓度氨氮废水进行处理时,在 25℃、pH 为 11、曝气量 $1m^3/h$、吹脱时间 150min 的条件下,出水中氨氮浓度为 8mg/L,氨氮脱除率可达 99%以上,达到《污水综合排放标准》(GB 8978—1996)中一级排放标准。

② 汽提(蒸氨)法 一般来说,焦化废水中氨氮的预处理主要是通过蒸氨去除的。水蒸气汽提能对废水中的 NH_3、CO_2、H_2S 和其他易挥发的物质达到不错的去除效果。其中,不挥发的阴离子和不挥发的阳离子之间的数量关系的大小会严重影响到汽提效果的好坏[43],当不挥发阴离子过多时,将会降低氨的挥发性,如在氯化铵溶液中的挥发性就比在碳酸铵溶液中低。氨与不挥发的阴离子相结合产生的物质一般被称为“固定氨”。此时可以通过加入碱化合物,如生石灰、氢氧化钠来提高固定氨的挥发性。然而这样会增加额外的费用并使废水中的盐分增加。与此相反,过多的不挥发阳离子反而会降低酸性气体的挥发性。汽提的蒸出速率决定了操作费用,蒸出速率指的是有多少水在再沸器中转化为蒸汽。在此过程中,氨和酸性气体将一起作为馏出产品从塔顶出来,蒸出率通常为 5%~20%[44,45]。当废水中氨氮浓度很高时,将氨与酸性气体分离,从经济上考虑是十分可行的[40]。中煤集团龙化哈尔滨煤炭转化有限公司采用单塔加压侧线抽提装置处理鲁奇加压汽化废水,在一个加压汽提塔内同时脱除 NH_3 和 CO_2、H_2S 等酸性气体,并获得了高浓度氨气[46]。

(2) 化学脱氨法

化学沉淀法除氨氮是利用在污水中投加镁的化合物和磷酸或磷酸氢盐与水中的氨氮进行化学沉淀反应从而降低污水中的氨氮含量。赵庆良等[47]通过磷酸铵镁沉淀法对填埋渗滤液进行处理时发现,在氨氮质量浓度高达 5618mg/L,$MgCl_2 \cdot 6H_2O$ 和 $Na_2HPO_4 \cdot 12H_2O$ 以 $n(Mg^{2+}):n(NH_4^+):n(PO_4^{3-})=1.1:1:1$ 投加的情况下,反应 15min 后,渗滤液中的氨氮降解效率可达到 98%。而随着 Mg^{2+} 或 PO_4^{3-} 的投加量的进一步加大,由于受磷酸铵镁沉淀溶度积的限制,氨氮浓度并不能得到进一步的减小。使用磷酸铵镁沉淀法处理高浓度氨氮废水时会出现以下问题:①处理成本较高;②按理论计算,去除 1g NH_4^+-N 会产生 8.35g 的 NaCl,而这大大提高了废水的盐度,从而影响后续生物处理的微生物活性,进而影响污水整体降解效果。因此,研发低价高效的沉淀剂并探索如何较好回收利用沉淀物的肥料价值是目前主要研究方向[41,42]。

(3) 破氰方法

工业中含氰废水一般由焦化、固定床气化产生，其有机物成分较复杂，污染物浓度较高，是一种较难生物降解的高浓度有机工业废水，处理起来较困难。

含氰废水中的污染物主要含有氰化物、硫化物、多环芳香族化合物及含氮、氧、硫的杂环有机化合物等污染物，水质特征主要为酚类及油分浓度高，有毒及抑制性物质多，在生化降解工艺中难以对有机污染物进行完全降解。因此进行降解前需对其进行破氰预处理来提高生化性并降低毒性[48]。

含氰废水的除氰方法主要根据废水的来源、性质及水量来决定，目前破氰最主流的方法是添加化学氧化剂，即化学法，有酸化回收破氰法、氯氧化破氰法、二氧化硫空气破氰法、铁盐沉淀破氰法和过氧单硫酸破氰法。

① 酸化回收破氰法　在 $pH<7$ 的水体中，CN^- 主要以 HCN 的形式存在，而 HCN 具有易从液相逸出的特征。因此可以利用加热、汽提以及吸收等分离方法对含氰废水进行氰回收处理。

在 $pH<7$ 的条件下，氰化物络离子能解离生成一些氰化氢，因此氰化氢的解离程度主要取决于液体的酸碱度以及络合物的稳定常数。解离过程是新的解离平衡代替旧的解离平衡的连续过程。解离过程的推动力包括在一定酸性条件下，氰化物不断变成 HCN 同时气相中 HCN 始终未达到饱和情况，这促使液相中 HCN 不断进入气相中，以及中心离子与废水中的其他化学物质构成更加稳定的沉淀物质。当使用气体吹脱酸化后的废水时，需利用氢氧化钠溶液中和吸收最终得到的含 HCN 废气，反应生成 NaCN，该反应速率快，可瞬间完成。同时由于 HCN 是弱酸，必须使吸收液维持一定的碱度，才能确保反应完全，从而安全处理废气。通常情况下会控制吸收液的残余氢氧化钠浓度在 1%～2%[49]。此法主要在对高浓度含氰废水的预处理 CN^- 回收时候使用[50~53]。

实际工业使用结果证明酸化回收法具有较多优势，比如药剂来源广、价格便宜、处理效果较稳定；在处理高浓度含氰废水时有较好的效果并能进行回收利用；也可对大多数铜、锌、银以及金等金属进行回收利用。但是也有一些缺点，如处理低含量氰化物污水时，经济成本较高[54]；同时经酸化回收法处理的废水污染物浓度依然较高，仍需再次处理才能满足排放标准[48,55-57]。

② 氯氧化破氰法　氯氧化破氰法是通过氯与氰化物的氧化还原反应从而使其分解为低毒甚至无毒物质的方法。氯系氧化剂一般包括液氯、氯气、次氯酸钠和二氧化氯等。可以从原理中发现，氯系氧化剂均需要在液体中产生氧化剂从而发生氧化还原反应。根据氧化还原时液体酸碱性的不同，氯氧化法可分为碱性氯氧化法和酸性氯氧化法。事实上碱性氯氧化法发展较为完善，较普遍用于废水中氰化物的处理。但是处理后液体中存在余氯，在降解过程中容易产生副产品从而污染操作环境，同时损坏操作设备，在运行过程中费用较昂贵[58]。其氧化反应式主要为：

$$Cl_2+2OH^- \longrightarrow Cl^- +OCl^- +H_2O \tag{12-1}$$

$$CN^- +OCl^- +H_2O \longrightarrow CNCl+2OH^- \tag{12-2}$$

$$CNCl+2OH^- \longrightarrow H_2O+OCN^- +Cl^- \tag{12-3}$$

$$CN^- +Cl_2+2OH^- \longrightarrow OCN^- +H_2O+2Cl^- \tag{12-4}$$

$$M(CN)_x^{y-x}+xCl_2+(2x+y)OH^- \longrightarrow xOCN^- +2xCl^- +M(OH)_y+2H_2O \tag{12-5}$$

$$2OCN^- +3Cl_2+4OH^- \longrightarrow N_2+2CO_2+6Cl^- +2H_2O \tag{12-6}$$

③ 二氧化硫空气破氰法　二氧化硫空气破氰法是20世纪80年代初美国INCO金属公司发明的方法，因此叫作INCO法。该法是在铜离子为催化剂的条件下，通过二氧化硫和空气、氰化物进行氧化还原反应，生成碳酸根和铵根[59]，从而达到降解氰化物的目的。其可以对氰离子和部分络合氰化物进行高效去除，同时能处理一些氯化法无法处理的铁氰络合物，反应速度较快，且处理后废水满足排放要求；药剂来源广泛，可利用烟气或固体亚硫酸钠代替二氧化硫；处理价格比臭氧法、湿式空气氧化法和碱氯法便宜。主要反应式如下[58]：

$$CN^- + SO_2 + H_2O + O_2 \longrightarrow OCN^- + H_2SO_4 \tag{12-7}$$

$$M(CN)_x^{y-x} + xSO_2 + xH_2O + xO_2 \longrightarrow xOCN^- + xH_2SO_4 + M^{y+} \tag{12-8}$$

④ 铁盐沉淀破氰法　铁盐沉淀法是将自由氰、WAD型氰化物（指弱的和可分解的氰化物）和总氰与亚铁盐发生化学反应生成难溶性的普鲁士蓝（亚铁氰化铁）和可溶性的铁氰化物的方法。通常在反应之前调节废水pH值在5.5左右。其能将具有较高毒性的污染物变为低毒性的氰化物；然而铁盐沉淀法会产生大量沉淀物质，处理总氰后出水浓度>1mg/L。这说明仅仅使用铁盐沉淀法还不能达到处理要求[58]。其主要反应式如下：

$$Fe^{2+} + 6CN^- + 1/4O_2 + H^+ \longrightarrow Fe(CN)_6^{3-} + 1/2H_2O \tag{12-9}$$

$$4Fe^{2+} + Fe(CN)_6^{3-} + 1/4O_2 + H^+ \longrightarrow Fe_4[Fe(CN)_6]_3 + 1/2H_2O \tag{12-10}$$

⑤ 过氧单硫酸破氰法　过氧单硫酸法通常被称为卡罗酸法，目前也被发展成可用于除氰的工艺之一。有文献报道，卡罗酸法能氧化部分氰化物，对氰化物具有较好去除效果，但在酸性条件下，会产生氰化氢挥发，存在一定的危险性。一般通过硫酸与过氧化氢混合，生成过氧单硫酸。因其氧化过程较快，且对其他有机物的去除效果也很好，副产物少，被国外一些工厂接受，但该方法对设备耐腐蚀要求极高[58]。相关除氰反应式如下：

$$H_2SO_5 + CN^- \longrightarrow OCN^- + SO_4^{2-} + 2H^+ \tag{12-11}$$

(4) 除硬方法

来自浓盐水处理后的中水回用是煤炭转化企业实现水资源高效利用和“近零排放”的重要环节，也是生产用水的重要水源。此类水中有机物和COD含量较低，但硬度高，含盐量很高。因此需对浓盐水进行除硬预处理。

设置预处理系统有两个主要目的：一是降低浓盐水的浊度以及硬度，去除单独膜无法去除或去除效果差的污染物，如某些微生物、可絮凝去除的杂质等；二是降低反渗透膜的负荷，提高膜的性能和效率，减少反冲洗和化学清洗次数，从而减轻后续工艺的负担，降低全系统生命周期和费用。预处理方法有化学沉淀除硬法和离子交换树脂吸附除硬法[60]。

① 化学沉淀除硬法　通过药剂投加生成沉淀，去除水中大部分暂时硬度、永久硬度和Sr^{2+}、Ba^{2+}等重金属离子，部分去除水中的SO_4^{2-}、F^-，去除水中部分的活化硅酸，通过水中泥渣层的吸附、沉淀、网捕作用，去除水中的部分有机物。

混凝沉淀法的基本原理是向被处理液体中投加混凝剂和助凝剂，混凝剂在水中发生电解和水解等化学作用，将水中胶体、微小颗粒物、有机污染物、重金属等凝聚成团，逐渐聚结成大颗粒，在重力作用下沉淀下来，实现重力分离[61]。混凝沉淀法不仅能除浊去色，还能去除水中部分有机污染物，有助于去除重金属离子，在各种工业废水处理中被广泛应用。但是存在加药量大和沉渣量大的缺点。

石灰沉淀法是通过投加CaO或$Ca(OH)_2$，往水中引入Ca^{2+}和OH^-，OH^-与水中重金属离子形成难溶的氢氧化物沉淀，Ca^{2+}与水中的CO_3^{2-}、SiO_3^{2-}、SO_4^{2-}、F^-等形成难溶盐可被沉淀出来，从而去除水中的悬浮物、暂时硬度、胶体硅等。石灰沉淀法具有投资少、管理简单、处理成本低、技术成熟、可自动化等优点，但是也存在产生的泥渣量大，沉淀后产生含有重金属污泥可能造成二次污染的缺点，且处理前后均要调节 pH，对于络合物形式的重金属离子无法去除[62]。

② 离子交换树脂吸附法　离子交换树脂吸附法是利用树脂作为吸附剂，吸附水中的离子与树脂上的活性离子进行交换。以钠离子交换树脂为例，原水经过钠离子交换树脂后，水中的钙、镁离子被钠离子取代，阴离子成分没有发生变化，水中的硬度却得到了降低。树脂交换反应式为：

$$2RNa + CaSO_4 \longrightarrow R_2Ca + Na_2SO_4 \tag{12-12}$$

$$2RCl + Na_2SO_4 \longrightarrow R_2SO_4 + 2NaCl \tag{12-13}$$

离子交换树脂运行一段时间后需要进行再生。钠离子交换树脂再生一般采用氯化钠（NaCl）溶液作为再生液，再生过程中所形成的产物（$CaCl_2$、$MgCl_2$）是可溶性盐类，会随再生液排出去。离子交换技术还被应用于工业废水中重金属的处理上，去除废水中的有毒金属污染物并且可以选择性地回收有用金属，产生较少的污泥量而且出水能够满足严格的排放标准。Tiravanti 等研究用具有抗有机污染能力强和机械破损少等特点的大孔弱酸离子交换树脂 Purolite C 106 来处理含铬废水[63]。离子交换法操作简单，药剂来源广，除盐效果好，在水处理行业的应用广泛。然而树脂容易被水中的有机物和微生物污染并损耗。

12.3.2　悬浮物、油类物质的去除

12.3.2.1　悬浮物的去除

煤炭转化过程废水中的灰渣等粗大颗粒和悬浮物杂质，通常通过物理沉淀或辅以过滤工艺去除，避免悬浮物（suspended solids，SS）影响生化处理工艺。目前也有一些企业采用混凝沉浮池或气浮法的方式，在一个装置内实现除油和除渣。

（1）气浮除 SS 法

气浮法主要用于去除相对密度小于 1 或接近于 1 的悬浮物、油类和脂肪等难以自然沉降或上浮的物质。它是通过某种方法产生大量的微气泡，使其与废水中密度接近于水的固体或液体污染物微粒黏附，形成密度小于水的气浮体。在浮力的作用下，这些气浮体上浮至水面形成浮渣，将污染物从水中分离出来[64-66]。

（2）混凝除 SS 法

混凝沉淀处理的对象主要是水中微小悬浮物和胶体杂质。根据研究可知，胶体微粒都带有电荷，其结构示意见图 12-5。混凝沉淀法是向废水中加入混凝剂并使之水解产生水合配离子及氢氧化物胶体，中和废水中某些物质表面所带的电荷，使这些带电物质发生凝集，在重力作用下下沉，从而实现通过固液分离降低后续生物处理的有机负荷的目的。在生产过程中一般加入混凝剂（如铝盐、铁盐以及聚丙烯酰胺等）来强化沉淀效果。此法的影响因素有废水的 pH、混凝剂的种类和用量等[67]。

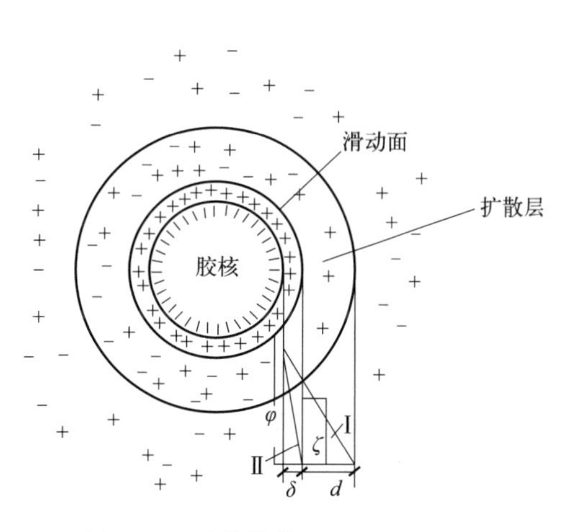

图 12-5　胶体结构和双电层示意图

混凝沉淀处理流程包括投药、混合、反应及

沉淀分离几个部分。混合阶段的作用主要是将药剂迅速、均匀地分配到废水中的各个部分，以压缩废水中胶体颗粒的双电层，降低或消除胶粒的稳定性，使这些微粒能互相聚集成较大的微粒——绒粒。混合阶段需要剧烈短促的搅拌[68]，作用时间要短，以获得瞬时混合效果为最好。反应阶段的作用是促使失去稳定的胶体粒子碰撞结合，形成可见的绒粒[69-71]，所以反应阶段需要较长的时间，而且只需缓慢搅拌[72]。在反应阶段，由聚集作用所生成的微粒与废水中原有的悬浮微粒之间或各自之间，由于碰撞、吸附、黏着、架桥作用生成较大的绒体，然后送入沉淀池进行沉淀分离。混凝包括凝聚和絮凝过程，凝聚过程主要是通过加入的絮凝剂与水中胶体颗粒迅速发生电中和/双电层压缩而凝聚脱稳，脱稳颗粒再相互聚结而形成初级微絮凝体。絮凝过程则是促使微絮凝体继续增长形成粗大而密实的沉降絮体。实际上，凝聚与絮凝两个阶段间隔是瞬间的，几乎同时发生[67]。

12.3.2.2 脱油法

含油废水中所含的油类物质，包括天然石油、石油产品、焦油及其分馏物。不同装置排出的废水所含油类物质的浓度差异很大。如炼油过程中产生的废水，含油量一般为 150～1000mg/L，焦化厂废水中焦油含量一般为 500～800mg/L，煤气发生站排出的废水中的焦油含量可达 2000～3000mg/L[73]。

当污水中油类物质过多会在水面形成一层油膜，阻碍氧气溶解，从而导致水中环境处于缺氧情况。同时油类物质容易聚集在菌胶团表面，会影响菌胶团从水体中摄取氧气，进而严重影响生化效果。生物处理系统要求废水含油量不超过 100mg/L，废水中含油量过高不仅会影响微生物代谢活动和阻碍微生物生长，而且在好氧阶段还会产生大量泡沫，造成污泥絮体流失和死亡，最终导致系统非正常运行。经研究和调查显示，进入生物处理系统时废水含油量最好控制在 20mg/L 以下[74]。

油类物质在废水中通常以以下四种状态存在：①浮油，油品在废水中分散的颗粒较大，油滴粒径大于 100μm，易于从废水中分离出来；②分散油，油滴粒径介于 10～100μm 之间，悬浮于水中；③乳化油，油滴粒径小于 10μm，油品在废水中分散的粒径很小，呈乳化状态，不易从废水中分离出来[75]；④溶解油，油类溶解于水中的状态。主要处理方法有静置沉淀法、气浮法、过滤法、化学破乳法、吸附法等[5]。

（1）*静置沉淀脱油法*

静置沉淀法是利用油和水之间存在的密度差并且其互不相溶，从而在静止状态下达到油水分离的目的。出于对油水的相对密度差及黏度的综合考虑，通常采用 70～80℃进行脱油。适用于去除大量的浮油、粗分散油。其优点为方法简单、易操作，缺点是耗时过长。

（2）*气浮脱油法*

气浮法是通过在废水中产生大量微气泡，利用气泡的表面张力作用吸附水中的微小油滴，并随着气泡不断上浮，从而达到分离的目的。其处理对象主要是浮油、分散油。

（3）*过滤脱油法*

过滤法是废水被由某种颗粒介质构成的滤层或带有孔眼的装置所截留、筛分、惯性碰撞后，使油得以去除的过程。其处理对象主要为浮油、分散油、部分乳化油。该方法运用于煤炭转化过程废水时，选择适宜的过滤材料及反冲洗方式尤为重要。

（4）*化学破乳脱油法*

化学破乳法是通过向废水中添加破乳剂，使油水面上的乳化剂破乳，从而提高油水分离的效率。常见的无机乳化剂有聚合氯化铝（PAC）、硫酸铝、三氯化铁等，有机乳化剂有聚丙烯酸型、聚酰胺型等[76]。在实际应用中，为达到更高的絮凝效果，常将多种破乳剂混合使用。

(5) 吸附脱油法

吸附法是利用多孔吸附剂对废水中的油分进行物理、化学、交换等吸附来实现油水分离的方法。几乎所有颗粒的油类都能采用该方法去除。常见的吸附剂包括矿渣、活性炭、活性膨润土、高分子聚合物等。由于其廉价易得、高效可靠的优点广泛用于脱油处理中，但回收油类有一定困难[30,77]。

12.3.3 难降解有机物的去除

现代煤炭转化过程废水生化处理系统进水中有机物浓度高且生化性能差。碎煤加压气化废水较水煤浆气化废水及粉煤气化废水的水质更加复杂，通常碎煤加压气化废水 COD 达到 3500～23000mg/L，BOD/COD 在 0.22～0.28，难降解有机物的比例高达 20%～25%，进水中含有酚类化合物、芳香烃、长链烷烃、多环化合物等多种生物毒性强的污染物。难降解有机废水的处理方法多种多样，但最终要经过生物处理达标排放。由于其可生化性比较差，进行常规生物处理前需进行预处理以实现提高其可生化性的目的。提高难降解有机废水可生化性的预处理方法很多，总体说来，可分为物理化学处理、高级氧化降解和生物预处理。

12.3.3.1 物理化学处理

传统物理化学处理主要包括吸附降解法、絮凝降解法等方法。

(1) 吸附降解法

吸附降解法是一种常用的物理化学预处理方法，难降解污染物通过交换吸附、物理吸附或化学吸附等方式，被吸附到吸附剂上，从废水中去除，从而增大了 BOD_5/COD_{Cr}，提高了可生化性。常用的吸附剂包括活性炭、树脂、活性碳纤维、硅藻土、煤灰等[78]。

吸附降解法具有设备投资少、处理效果好、占地面积小等优点，工程上应用于低浓度难降解废水的预处理。李俊等[79]通过活性炭吸附反渗透浓水中 COD，去除效果良好。孙丽华等[80]将活性炭吸附与超滤工艺组合，粉末活性炭处理环节即可有效吸附水中分子质量为 1～10kDa 的有机物[81]。

(2) 絮凝降解法

向废水中投加一定比例的絮凝剂或混凝剂，通过桥连-凝聚物网捕-共沉淀等作用去除废水中的胶体污染物。化学絮凝可去除废水中的多种高分子有机物，提高 BOD_5/COD_{Cr}，降低污染物浓度及生物毒性。絮凝降解法去除效率高、适用范围广、处理成本低廉、易于操作管理，在难降解废水预处理中应用较为广泛[78]。

12.3.3.2 高级氧化降解法

高级氧化法可去除煤炭转化过程废水中的难降解有机物。高级氧化技术是通过光、电等外界能量和 O_3、H_2O_2 等物质的输入，经过物理过程和化学反应，产生羟基自由基(•OH)，因其强氧化性可将废水中的有机物氧化成 CO_2、H_2O 和无机盐等[82]，•OH 产生机理的不同导致高级氧化法的种类差异。

(1) Fenton 降解法

Fenton 试剂由亚铁盐和 H_2O_2 组成，在酸性条件下 H_2O_2 能被 Fe^{2+} 催化分解产生

·OH，·OH具有强氧化能力，可降解大部分有机物。Fenton试剂在水处理中的作用主要包括对有机物的氧化和混凝。杨涛[83]采用Fenton组合工艺处理焦化废水，通过改变Fe_2SO_4和H_2O_2的投加量，COD去除率达到97%以上[78]。

Fenton试剂法可通过协同光、电、超声波等手段提高反应速率。范树军等[84]采用Fe-C微电解/Fenton氧化工艺对高浓度的煤炭转化工程废水进行预处理，一定条件下，COD总去除率可达60%～70%。王维明等[85]以Al_2O_3/TiO_2负载铁氧化物为催化剂，当催化剂加量为1g/L，H_2O_2浓度为7.84mmol/L，反应30min时，4-氯酚的去除率大于99%[81]。

（2）臭氧氧化降解法

臭氧是一种高效强氧化剂，广泛应用于工业废水处理领域。但臭氧性质不稳定，通常多通过与活性污泥、活性炭吸附、絮凝、膜技术等组合进行应用。刘莹等[86]通过臭氧-活性炭工艺处理煤制气废水，在最佳反应条件下，COD_{Cr}去除率可达89.95%，色度去除率为86.50%。杨静等[87]利用臭氧结合H_2O_2、活性炭组合工艺去除煤炭转化过程浓盐水中COD，与臭氧氧化相比，活性炭、O_3和H_2O_2三者之间存在协同作用，使得组合工艺对难降解有机物去除率高于臭氧氧化，出水水质更好。张志伟[88]通过臭氧氧化处理煤炭转化过程废水，可有效去除出水COD_{Cr}、TOC，提高出水可生化性，降低有机物浓度。刘春等[89]采用微气泡臭氧催化氧化-生化耦合工艺去除煤炭转化过程废水难降解有机物，臭氧消耗量与COD去除量比为0.68mg/mg，提高可生化性[81]。

（3）超声波氧化降解法

超声化学氧化法是利用超声空化形成的高温、高压环境降解废水中的难降解有机污染物，提高可生化性。其作用机理主要包括高温热解和氧化反应，高温热解指的是在超声空化过程中，进入空化泡中的水蒸气在高温和高压下发生分裂及链式反应；氧化反应主要在产生的·OH和H_2O_2之间进行[78]。

陈振飞等[90]采用超声波技术降解焦化废水中的有机物，在最佳工艺条件下（超声功率为360W，初始COD为928.2mg/L，初始pH为8.91，反应时间为150min），可去除51.6%的COD。成笠萌[91]采用超声波与臭氧氧化组合技术处理焦化废水中的难降解有机物，在最佳反应条件下，最高降解效率可达56.13%，经超声波处理后的水的BOD/COD由0.03提高至0.3以上。Kwarciak等[92]将超声波技术与Fenton氧化技术结合，处理焦化废水，当超声波振幅和时间分别为61.5μm和8min，硫酸亚铁试剂投加4g/mL时，COD去除率可达83.9%，TOC去除率可达74.6%。

12.3.3.3 生物预处理

水解酸化法是一种重要的生物预处理方法，在兼性厌氧的水解细菌和产酸细菌作用下，将废水中的难溶性有机物水解为溶解性有机物，难降解的大分子物质转化为易降解的小分子物质[67]。水解酸化的生化反应过程需在厌氧发酵的第二阶段完成之前进行，其氧化还原电位、pH值、优势菌群与厌氧发酵过程均不相同。

水解酸化对难降解有机物的降解效果优于好氧降解。好氧条件下，废水中的含氧、氮、硫等的杂环化合物和卤代烃降解缓慢或不能降解，但其能在缺氧条件下有效降解。水解酸化反应可提高出水中BOD_5/COD_{Cr}（20%～50%不等），使后续好氧处理工艺的选择范围更为灵活。水解酸化法具有处理效果好、成本低、无二次污染的优点，广泛应用于难降解废水的处理[78]。

厌氧生物工艺广泛应用于废水处理，具有容积负荷高、剩余污泥少、动力消耗少、可降解难降解有机污染物等优点。煤炭转化过程废水中有机污染物部分可生物降解，部分难生物降解或不可生物降解，甚至部分对生物有毒害作用，常规的厌氧工艺往往难以启动，很难取得较好处理效果。近年来，研究发现在共代谢作用下，厌氧微生物具有某些脱毒和分解难降解有机物的功能，通过厌氧共代谢作用，降解部分难降解有机物，提高可生化性，便于后续好氧生物处理。因此，在煤炭转化过程废水处理领域备受关注。升流式厌氧污泥床（UASB）和活性炭厌氧膨胀床技术可有效地去除煤炭转化过程废水中的酚类和杂环类化合物。

目前，工业上通过厌氧处理煤炭转化过程废水的工艺主要包括厌氧滤床（AF）法、UASB法、活性炭厌氧流化床（AFB）法等。煤炭转化过程废水中含有多种抑制产甲烷菌活性的成分[93]，为使厌氧消化顺利进行，必须采用活性炭吸附抑制性物质或高倍稀释。反应器中的活性炭既能用于吸附也可作为生物载体，吸附过程与生物再生共存，可提高活性炭使用效率，但运行费用较高，实际操作复杂，目前难以实现产业化。Zhang等[94]发现，经过8h的中温厌氧处理后，部分难降解有机物明显减少，废水可生化性提高[67]。

12.4 生化处理

目前，煤炭转化过程废水主要是采用生化工艺去除废水中的含碳有机物、含氮有机物、氨氮和硝酸盐氮，使出水的氨氮、COD、总氮低于相关排放标准，或者是有效降低它们的浓度，为深度处理创造条件。

普通生化法去除氨氮效果较差，控制氨氮的途径是通过废水蒸氨降低进入生化工艺中的氨氮浓度。尽管普通生化处理废水中氨氮浓度一般只需要控制在不超过40mg/L，但由于硫氰酸盐水解后会产生隐形氨氮，使生化处理系统中氨氮浓度增高，故需要在废水蒸氨时加碱脱除固定氨，且需控制较高的蒸氨废水pH值，以便使蒸氨后废水中的氨氮浓度控制在10mg/L以下。

由于煤炭转化过程废水的生化处理的主要目标是除碳脱氮，根据微生物去除含碳有机物和含氮污染物的原理，相应废水的生化处理宜采取缺氧和好氧的各种组合工艺。鉴于煤炭转化过程废水水质复杂，目前普遍采用“厌氧＋好氧”的生化处理方式。据不完全统计，国内煤炭转化项目所采用的主体单体生化工艺包括A/O或多级A/O、SBR、CAST（cyclic activated sludge technology）、接触氧化等，组合工艺包括EBA工艺（多级生化组合技术）、BioDopp（生物倍增）、厌氧生物流化床（3T-BAF）等[95]。

12.4.1 生物处理基本原理

微生物在酶的催化作用下进行新陈代谢，分解转化废水中的污染物的过程即为废水的生物处理过程。微生物代谢是物质在微生物细胞内发生的一系列复杂生化反应的总称，包括分解代谢（异化）和合成代谢（同化）。废水中的大部分有机物和部分无机物均可作为微生物的营养源，这些物质通常被称为底物或基质。更确切地说，底物指的是一切可在生物体内通过酶的催化作用而进行生化变化的物质。

一部分底物在酶的催化作用下通过微生物降解并同时释放出能量的过程，叫作分解代谢，也称为生物氧化过程。微生物利用另一部分底物或分解代谢过程中产生的中间产物，在合成酶的作用下合成微生物细胞的过程称为合成代谢，其能量来源于分解代谢。有机物生物降解的实质为微生物将有机物作为底物进行分解代谢获取能量的过程。不同类型微生物进行分解代谢所利用的底物是不同的。

有机底物的生物氧化主要以脱氢（包括失电子）方式实现，底物氧化后脱下的氢可表示为[16]：

$$2H \longrightarrow 2H^+ + 2e^- \tag{12-14}$$

根据氧化还原反应中最终电子受体的不同，呼吸可分为好氧呼吸和缺氧呼吸两种方式。

12.4.1.1 好氧生物处理

废水中的好氧微生物（包括兼性微生物，但主要是好氧细菌）在有分子氧（溶解氧）存在的条件下降解有机物，使其稳定、无害化的处理方法为好氧生物处理法。废水处理工程中，好氧生物处理法主要分为活性污泥法和生物膜法两大类[96]。

废水好氧生物处理的过程可用图 12-6 表示。

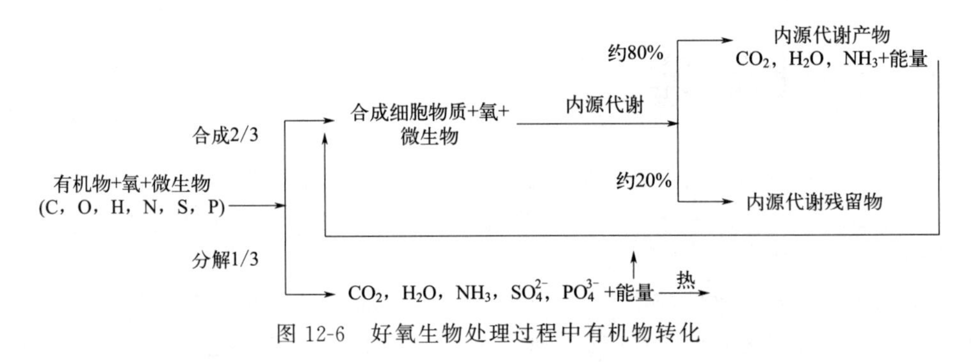

图 12-6　好氧生物处理过程中有机物转化

图 12-6 表明，微生物摄取有机污染物，通过代谢活动，分解、稳定约 1/3 有机物，并提供其生理活动所需的能量，剩余的约 2/3 的有机物被转化，用于合成新的细胞物质，即进行微生物自身生长繁殖。用于微生物自身生长繁殖的部分即为活性污泥或生物膜的增长部分，称为剩余活性污泥或生物膜，又称生物污泥[97]。在废水生物处理过程中，生物污泥经固液分离后，需进一步处理和处置。

好氧生物处理具有反应速率较快、反应时间较短的优点，因此构筑物占地小，产生的臭味少。所以，目前对中低浓度的有机废水，或者 BOD_5 小于 500mg/L 的有机废水，适宜采用好氧生物处理法[98]。

12.4.1.2 厌氧生物处理

在没有分子氧及化合态氧存在的条件下，兼性细菌与厌氧细菌降解和稳定有机物的生物处理方法为厌氧生物处理法。复杂的有机化合物被降解、转化为简单的化合物，同时释放能量。在这个过程中，一部分有机物转化为甲烷；一部分有机物被分解为二氧化碳、水、氨、硫化氢等无机物，并为细胞合成提供能量；少量有机物被转化合成为新的细胞质，因此该过程的污泥增长率更小[99]。有机物在厌氧生物处理过程中的转化如图 12-7 所示[100,101]。

厌氧生物处理过程不需另外提供电子受体，故运行费低，同时剩余污泥量少、可回收能量（甲烷）。但该处理过程较慢，反应时间较长，处理构筑物容积大。通过开发新型反应器，截留高浓度厌氧污泥，或用高温厌氧技术，其容积可缩小，但采用高温厌氧技术必须维持较高的反应温度，故要消耗能源[98]。

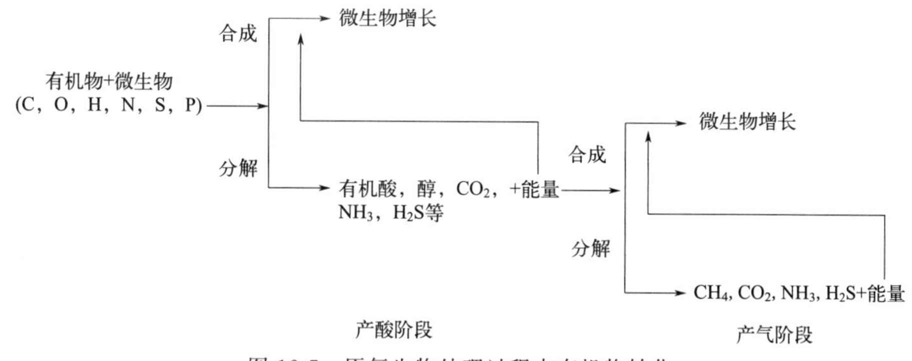

图 12-7 厌氧生物处理过程中有机物转化

有机污泥和中高浓度有机废水适宜采用厌氧生物处理法进行处理。

12.4.1.3 脱氮脱磷基础理论

(1) 生物脱氮

该过程中氮的转化主要包括氨化、硝化和反硝化作用，在好氧或厌氧条件下进行氨化作用，在好氧条件下进行硝化作用，在缺氧条件下进行反硝化作用。生物脱氮是指含氮化合物经过上述过程转变为 N_2 而被去除的过程。

① 氨化反应　微生物将有机氮化合物分解产生氨的过程称为氨化反应，大多细菌、真菌和放线菌都能分解蛋白质及其含氮衍生物，其中通过强分解能力并释放出氨的微生物称为氨化微生物。氨化微生物可在好氧或厌氧条件下将有机氮化合物分解、转化为氨态氮。

以氨基酸为例，加氧脱氨基反应式为：

$$RCHNH_2COOH + O_2 \longrightarrow RCOOH + CO_2 + NH_3 \tag{12-15}$$

水解脱氨基反应式为：

$$RCHNH_2COOH + H_2O \longrightarrow RCHOHCOOH + NH_3 \tag{12-16}$$

② 硝化反应　硝化反应指的是亚硝化细菌和硝化细菌将氨态氮转化为亚硝酸盐（NO_2^-）和硝酸盐（NO_3^-）的过程。

③ 反硝化反应　在缺氧条件下，反硝化细菌将 NO_2^- 和 NO_3^- 还原为 N_2 的过程称为反硝化过程。大多数反硝化细菌是异养型细菌，在废水和污泥中，能进行反硝化作用的细菌包括无色杆菌属（*Achromobacter*）、产气杆菌属（*Aerobacter*）、产碱杆菌属（*Alcaligenes*）、黄杆菌属（*Flavbacterium*）、变形杆菌属（*Proteus*）、假单胞菌属（*Pseudomonas*）等。在反硝化过程中，这些反硝化细菌以各种有机底质（包括糖类、有机酸类、醇类、烷烃类、苯酸盐和其他衍生物）作为电子供体，以 NO_3^- 作为电子受体，逐步将 NO_3^- 还原成 N_2。

④ 同化作用　同化作用指的是在生物处理过程中，废水中的一部分氨或有机胺被同化成微生物细胞的组成成分，并转化为剩余活性污泥，从而从废水中去除。当进水氨氮浓度较低时，同化作用可能成为脱氮的主要途径。

(2) 生物除磷

生物除磷（biological phosphorus removal，BPR）的机理大致有以下几个方面。①聚磷菌在厌氧状态下同化发酵产物，其在生物除磷系统中具备了竞争优势。先前的研究结果表明，不动杆菌纯培养物中聚积的磷量占生物量的 30%以上，是主要的除磷菌。②在厌氧状态下，兼性菌将溶解性有机物转化成挥发性脂肪酸（volatile fat acid，VFA）；细胞内聚磷在聚磷菌作用下水解为正磷酸盐，并从中获得能量，废水中易降解的COD被吸收并同化成胞内碳能源存贮物聚β-羟基丁酸（poly-β-hydroxybutyric acid，PHB）或聚β-羟基戊酸（poly-β-hydroxyvaleric acid）等。③聚磷菌在好氧或缺氧条件下以分子氧或化合态氧作为电子受体，氧化代谢胞内存贮物PHB或PHV等，并产生能量，从废水中过量摄取磷酸盐，产能一部分以高能物质腺嘌呤核苷三磷酸（ATP）的形式存贮，另一部分转化为聚磷，作为能量贮于胞内，最终通过剩余污泥排放，从而实现高效生物除磷的目的[102]。

12.4.2 好氧生物法

12.4.2.1 SBR法的应用

SBR法是一种改进活性污泥的工艺，通过间歇曝气的方式运行，以实现缺氧-好氧的交替环境，SBR反应器中同时存在硝化菌和亚硝化菌，能同时实现脱氮除磷的作用。反应器中多种微生物构成复杂的生物相，因此在水质水量变化大和浓度高的工业废水中处理效果良好，也可用于煤炭转化过程产生的废水处理[4,103]。

姬鹏霞等[104]使用SBR法对河南某企业碎煤加压气化废水进行处理，进水负荷为1060t/d，通过参数（运行周期、风机出口温度、进水控制pH等）调整，去除率由47.6%提高到63.1%。陈雪松等[105]使用SBR工艺对焦化废水进行处理，经过一定运行周期后，COD去除率可达85.3%～92.6%，NH_3-N去除率可达95.8%～99.2%。韩洪军等[106]通过SBR法处理煤炭转化过程废水，研究该过程中石油烃类的去除效果和影响条件，在最佳运行参数下，COD_{Cr}和石油烃类的去除率可达85.83%和76.39%，然而仍需配合前段的水解酸化预处理和后续的深度处理，出水方能满足排放标准[4]。中原大化公司采用SBR工艺处理煤制甲醇废水（壳牌气化炉），实际运行结果显示，在进水COD_{Cr}的质量浓度为245～2739mg/L、氨氮的质量浓度为4.14～34.81mg/L的条件下，SBR池出水可满足《合成氨工业水污染物排放标准》（GB 13458—2013）中一级标准的要求[107]。贵州某煤炭转化企业采用IMC生化池（一种改进型的SBR池）—机械过滤—活性炭过滤工艺处理煤气化废水和甲醇废水，其对COD_{Cr}去除率可达97.3%、氨氮去除率可达98.8%[108]。陕西某煤炭转化集团采用SBR工艺处理气化废水和甲醇废水。在一定进水浓度下，出水可达到《合成氨工业水污染物排放标准》（GB 13458—2013）中一级排放标准[109]。

12.4.2.2 循环活性污泥工艺

循环活性污泥工艺（cyclic activated sludge technology，CAST）是由SBR工艺变形来的，通过隔墙在池体内隔出体积比约为1∶2∶20的三个区域，分别为生物选择区、兼性区和主反应区，混合液由主反应区回流到生物选择区，回流比一般为20%，活性污泥在生物选择区内与进入的新鲜废水混合、接触，营造高浓度、高负荷环境，微生物种群竞争生存，筛选出适合该系统的微生物种群，并有效地抑制丝状菌的过分增殖，以免发生污泥膨胀，提高系统的稳定性[110,111]。活性污泥处理技术是一种利用悬浮生长的微生物絮体处理有机污水的好氧生物处理方法。该技术由爱德华·阿登和威廉·洛克特于1914年在英国发明，如今已成为处理城市污水最广泛使用的方法之一。活性污泥法的基本原理是通过在曝气池中连续通入空气，使污水与活性污泥（微生物）混合搅拌，形成活性污泥。这些微生物能够吸附和分解污水中的有机污染物，随后通过固液分离将净化后的水和污泥分开。大部分污泥回流到曝气池，多余的污泥则排出系统进行进一步处理。

生物选择区在高污泥浓度和新鲜进水条件下具有释放磷的作用，兼性区可以进一步促进磷的释放和反硝化作用，如果要求系统达到一定的脱氮除磷目的，主反应区应进行缺氧、厌氧、好氧环境设计，系统的反硝化反应除了在兼性区进行外，在沉淀和滗水阶段的污泥层中也观察到很高的水平，同时还可以控制好氧阶段的溶解氧水平，实现同步硝化反硝化。

一般采用气流床气化技术的企业，气化废水成分相对简单，可生化性较好，因此采用常规生化处理技术即可将废水处理达标。该工艺在城市废水处理中已有成熟应用，但其难以处理高浓度有机废水，因此仅应用于少数有集中污水处理厂进行后续处理的煤炭转化园区项目(如宁夏某煤制烯烃项目)[95]。

12.4.2.3 PACT 工艺

PACT(powdered activated carbon treatment process) 工艺是一种向活性污泥系统中投加粉末活性炭处理废水的技术，也称为活性污泥-粉末活性炭工艺[112]。

采用 PACT 工艺，向活性污泥系统中投加少量的粉末活性炭，能大大提高废水的处理效率，并在较少投资情况下获得较好的处理效果，因此在焦化废水、有机化工废水、石油化工废水、炼油废水、印染废水、造纸废水等工业废水的处理中有较广泛的应用。同时，PACT 法可明显改善城市废水处理中对氨氮的处理效果[113]。

PACT 作用机理包括粉末活性炭的吸附作用和微生物的生物降解，但具体作用过程尚不明晰。目前主要有两种代表性的理论。第一种理论认为通过 PACT 作用减少废水有机物中起作用的是活性污泥微生物降解和粉末活性炭吸附的简单叠加[114,115]。第二种理论认为在这个过程中，有机物会首先占据活性炭的吸附位点，通过微生物作用降解有机物使得活性炭再生，从而重新吸附有机物[116]。该理论认为 PACT 作用机理为粉末活性炭和微生物的生物降解存在相互加强的作用。微生物对有机物的降解过程也是活性炭再生的过程[117]，因此强化了生物处理过程。目前更多研究学者认可第二种理论[4]。

哈尔滨工业大学 Zhao 等[118]对活性炭-短程脱氮组合工艺去除厌氧反应器处理后的鲁奇煤气化废水总氮效能进行评价，试验结果显示通过活性炭对难降解、有毒抑制性污染物的吸附脱除，改善了废水的可生化性，有效提高了短程脱氮工艺的效果。试验中氨氮转化率达到 86.89%，总氮去除率为 75.54%[118]。陈莉荣等[119]采用 PACT 法处理煤制油含油废水，在最佳工艺条件下，可去除 70%～75%的 COD_{Cr}、58%～60%的氨氮、75%～80%的油[5]。

12.4.2.4 载体流动床生物膜法

载体流动床生物膜（CBR）法是一种生物流化床技术，具有特殊结构填料，生物膜法与活性污泥法在同一个生物处理单元中被有机结合，在活性污泥池中投加特殊载体填料，微生物在该填料表面悬浮生长，形成一定厚度的微生物膜层。附着生长的微生物越多，生物量越高，因此反应池内的生物浓度、降解效率均可成倍提高。通过鼓风曝气扰动，特殊载体填料在反应池中随水流浮动，水中污染物与填料中附着生长的生物菌群和氧气充分接触，通过吸附、扩散作用进入生物膜内，被微生物降解，提高整体系统降解效率。附着生长在流动床载体表面的微生物具有很长的污泥龄（20～40 天），有利于自养型微生物（如缓慢生长的硝化菌）的繁殖，在硝化菌的硝化作用下，系统的氨氮去除能力也有所增强。附着生长方式也利于自然选择其他特殊菌群，有效地降解难降解特征污染物，从而降低出水COD浓度。CBR技术可应用于高浓度煤炭转化过程废水的处理，也可应用于后续的深度处理回用单元[120]。

12.4.2.5 移动床生物膜反应器工艺

移动床生物膜反应器（moving bed bio-film reactor，MBBR），在20世纪80年代末就有所介绍并很快在欧洲得到应用[121]。其核心部分就是选择相对密度接近水的悬浮填料，将填料直接投加到曝气池中作为微生物的生长载体，依靠曝气池内的曝气搅动和水流提升作用而处于流化状态。当微生物附着在载体上，漂浮的载体在反应器内随着混合液的回旋翻转作用而移动。它吸取了传统的活性污泥法和生物接触氧化法两者的优点而成为一种新型、高效的复合工艺处理方法，优点有：微生物附着在载体上随水流流动，所以不需活性污泥回流或循环反冲洗；有机负荷高、耐冲击负荷能力强；出水水质稳定；水头损失小、动力消耗低；运行简单，操作管理容易等[122]。

韩洪军等[123]采用MBBR工艺对煤气化废水深度处理进行了小试，可使HRT在24h内的出水氨氮浓度维持在15mg/L以下，证明MBBR对于氨氮去除效果比较好，适用于处理氨氮含量高的煤炭转化过程废水。Li等[7]采用MBBR法处理鲁奇固定床气化废水，COD含量降低81%，酚及氨的含量分别降低了89%、93%，对硝化细菌的抑制作用也非常明显。Jia等[124]对MBBR法进行了改进，处理气化废水时可将COD含量在原有基础上再降低6%，系统稳定运行50天，跨膜压力比改进前下降了34%。Shi等[125]考察了采用厌氧-缺氧-MBBR工艺处理两种不同来源的焦化废水A和B，废水B相对于A可生化性更高。当废水回流比由2提高到5时，工艺对废水A、B的COD去除率分别由57.4%、78.2%提高到72.6%、88.6%。回流比的提高亦使得系统对两种废水总氮（TN）的去除率均提升了约20%，但在不同回流比条件下，系统对氨氮的去除率均能够达到99%。

威立雅水处理技术（上海）有限公司采用IC厌氧反应器/MBBR工艺处理某煤炭转化企业以焦煤气深加工生产甲醇、硝铵等化工产品的工业废水[126]。该废水具有强碱性，COD和氨氮浓度高，且含有挥发酚、氰化物等有毒物质。IC厌氧反应器能够实现对COD的有效去除，运行期间出水COD浓度为736～864mg/L，经MBBR工艺进一步处理后能够稳定在100mg/L以下。另外，通过在MBBR反应器中接种高效脱氮菌强化系统的脱氮效率，氨氮的去除率能够接近100%。生化出水再经滤池过滤后可达到《城市污水再生利用 城市杂用水水质》（GB/T 18920—2020）标准。

12.4.3 厌氧-好氧联合生物法

好氧和厌氧工艺有各自的优点及缺点，但是若选择其中一个单独采用处理煤炭转化过程废水，由于废水的复杂性，其结果远远无法满足出水水质要求。因此将厌氧和好氧工艺结合处理难降解废水逐渐受到广大研究者与废水处理厂的青睐。近年来，厌氧-好氧生物处理工艺成为国内煤炭转化过程废水生物处理工艺的主流[67]。

12.4.3.1 A/O工艺

A/O工艺在国内外曾被广泛用来处理煤炭转化过程废水，无论是研究方面还是工程设计及运营管理方面都已积累了丰富的经验，使得该工艺处理煤炭转化过程废水已经走向了较成熟的设计阶段。A/O 工艺在生物处理装置前段放置了反硝化工段，故也被称为前置式反硝化生物脱氮系统。

A/O 工艺处理煤炭转化过程废水在国内起步较早，学术界对 A/O 工艺的研究相对成熟，获得一系列的研究成果，目前成为我国处理焦化废水的主体工艺。然而实践当中的废水情况复杂、可生化性较差，因此为保障 A/O 工艺生物降解效果，通常会在 A/O 池前段设置水解酸化工段，部分工厂还会采用多级 A/O 工艺来提高处理效率。多级 A/O 工艺处理效果好，在某典型 40 亿立方米煤制气、庆华某煤制气以及赤峰某煤制化肥等多个项目都投入了使用[95]。

管凤伟等[127]使用 A/O 生物膜工艺来处理煤炭转化过程的废水，在进水水质 COD 浓度为 2000mg/L、流量为 0.5m^3/h、污泥龄为 30d、硝化负荷为 0.08kg NH_3-N/(kg VSS·d)、污泥负荷为 0.8kg COD/(kg VSS·d) 的情况下，A/O 生物膜工艺可以去除 99%、92%和 93%的 BOD_5、COD 和 NH_3-N，效果令人满意[127]。同时山西天泽煤制化肥项目利用 A/O 活性污泥法处理工艺处理 150t/h 的废水，结果显示能去除 74%和 80%的氨氮和 COD，废水出水水质能达到《合成氨工业水污染物排放标准》(GB 13458—2013) 的要求[30,128]。中国石化湖北化肥分公司采用流化床 A/O 工艺处理煤化工污水，收到了良好的效果[129]。

12.4.3.2 A/O+ MBR 工艺

MBR 工艺是一种将活性污泥法与高效膜分离技术相联合的新式水处理工艺。该工艺利用膜的孔隙能有效截取水体中生长缓慢的菌落，从而使硝化反应能高效进行，进而有效降解废水中的 NH_3-N。同时其能截取废水中难以降解的大分子有机物，通过延长其水力停留时间来使其分解。MBR 工艺能够较好完成固液分离，留存活性污泥，从而延长污泥龄，因此 MBR 不需要传统工艺中的二沉池，具有出水水质优质、稳定，剩余污泥产量少，占地面积小，不受设置场合限制，可去除氨氮及难降解有机物等优点。

将 MBR 工艺生物处理和膜分离工艺相联合的处理方法具备着优于传统二沉池的固液分离效果。A/O+MBR 工艺已在山西某煤制化肥项目成功应用，出水 COD、氨氮值分别低于 80mg/L、15mg/L[95]。张纯龙[130]使用 A/O+MBR 复合工艺处理某钢铁公司焦化废水，出水 COD_{Cr} 在 120mg/L 以下，去除率能达到 94.2%，同时氨氮和总氮去除率分别达到 95.6%和 75.8%，满足出水水质要求[131]。

12.4.3.3 A^2O 工艺

目前，对于 A^2O 工艺处理煤炭转化过程废水原理国内外存在两种提法，一种是国外的研究者提出 A^2O 工艺仅仅是在两级完全混合式活性污泥法前面加一级缺氧池，通过将第二级完全混合式活性污泥系统的出水回流至缺氧池，降低工艺最终出水的硝态氮浓度。该提法中并没有像国内的一些研究者那样提出短程硝化与反硝化的概念。国外学者提出的 A^2O 工艺是将第二级二沉池的出水和污泥回流到缺氧池。

另外一种 A^2O 工艺处理煤炭转化过程废水原理是国内的一些研究者和工程公司提出的，他们认为在 A^2O 工艺中可实现短程硝化与反硝化。国内学者的 A^2O 工艺是将第二级二沉池的出水和污泥回流到第二级曝气池中。一般情况下废水的生物脱氮必须使氨氮经历典型的硝化和反硝化过程才能安全地被去除，即所谓的全程硝化-反硝化生物脱氮或硝酸盐型反硝化[132]。因而 A^2O 工艺脱氮主要机理可以用以下三种生化反应过程表示[133,134]：

(1) 亚硝化反应过程

在好氧和碱性条件下，自养型亚硝化细菌将废水中的氨氮氧化为亚硝酸盐氮，同时在其他多种异养型细菌的作用下，将废水中部分有机污染物降解去除。用化学反应式表示如下：

$$NH_4^+ + 1.5O_2 \longrightarrow NO_2^- + H_2O + 2H + \text{有机物} + O_2 \longrightarrow \text{新细胞} + CO_2 + H_2O + O_2 \longrightarrow CO_2 + H_2O + \text{能量} \quad (12\text{-}17)$$

(2) 硝化反应过程

在好氧条件下，自养型硝化细菌将系统中的亚硝酸盐氮进一步氧化为硝酸盐氮，同时也在其他多种异养型细菌的作用下，将废水中的其余部分有机污染物降解去除。用化学反应式表示如下：

$$NO_2^- + 0.5O_2 \longrightarrow NO_3^- + \text{有机物} + O_2 \longrightarrow \text{新细胞} + CO_2 + H_2O + O_2 \longrightarrow CO_2 + H_2O + \text{能量} \quad (12\text{-}18)$$

(3) 脱氮反应过程

在缺氧条件下，异养型兼性细菌利用原废水中的有机物作为脱氮时的碳源（电子供体），利用废水中 NO_2-N 里的化合氧作为电子受体，将 NO_2-N 还原成氮气而将废水中的氨氮去除，同时也将废水中的部分有机污染物降解去除。用化学反应式表示如下：

$$NO_2^- + 3H(\text{氢供给体}-\text{有机物}) \longrightarrow 0.5N_2 + H_2O + OH^- \quad (12\text{-}19)$$

由于煤炭转化过程废水成分复杂且一般不将磷作为主要考核指标，煤炭转化过程废水的现行工艺多为 A^2O 的改良或变种，而传统 A^2O 工艺则对高浓有毒有机废水的耐受性和处理效能较低[30]。

刘承东等[135]指出采用 A^2/O 工艺处理焦化废水时，降解效果会受进水水质、溶解氧（DO）、温度、回流比和 pH 值等因素的影响，并对处理最佳条件进行了研究。Wang 等[136]选用 A^2O 工艺，同时在水力停留时间分别为 20h、40h、60h，MLSS 分别为 3g/L、6g/L 的条件下对高浓度化工废水进行实验，出水口 COD 去除率能达到 72%，并通过 X 射线能谱图发现附着着三价铁的污泥絮体颗粒更紧实，污泥体积指数降低[77]。

12.4.3.4 曝气生物流化床非常规生化工艺

曝气生物流化床非常规生化工艺（3T-BAF 工艺）中的关键环节在于三级生物滤池[137]。生物滤池的流化介质采用持水量大、空隙率为 96%、比表面为 $3.5\times10^6 m^2/m^3$ 的专用载体，池中生物量可达 8～40g/L，并以此获得更快的降解速度[138]。3T-BAF 处理工艺流程见图 12-8[139]。

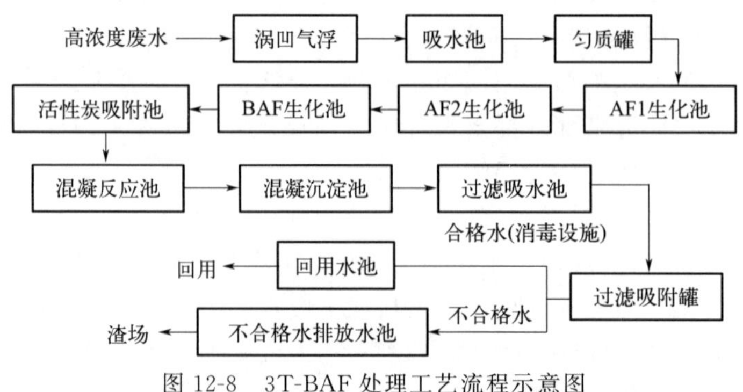

图 12-8　3T-BAF 处理工艺流程示意图

AF1 作为厌氧生物滤池，可以达到促进污染物水解酸化、提高可生化性的目的。AF2 作为兼氧生物滤池，可以通过异养菌属有效处理 COD 和酚等污染物。同时也是厌氧和好氧工段的过渡阶段，可以通过调节兼氧池曝气量的方法来适应水量以及水质的改变。BAF 好氧生物滤池主要是为了去除主要的有机物以及氨氮。3T-BAF 能处理高浓度有机废水，现已应用于某煤制油废水处理工程，处理效果见表 12-2[139]。

表 12-2　3T-BAF 处理效果

项目	系统进水/(mg/L)	AF1 出水/(mg/L)	AF2 出水/(mg/L)	BAF 出水/(mg/L)	系统出水/(mg/L)	总去除率/%
S^{2-}	50	3	2	<0.5	≤0.1	≥99.8
氨氮	100	100	90	<3	≤3	≥97
油	100	5.5	2.8	<1.5	≤0.5	≥99.5
挥发酚	50	30	10	<0.5	≤0.1	≥99.8
COD	10000	4000	1950	<98	≤49	≥99.51

12.4.3.5　EBA 工艺

EBA 工艺是最近几年哈尔滨工业大学构建的一种组合工艺，结合了多项国家专利技术对鲁奇炉、BGL 炉以及低温裂解炉等产生的高浓度酚氨废水进行针对性处理，在国内首次实现了煤炭转化过程废水的达标排放[137]。其处理工艺流程见图 12-9。

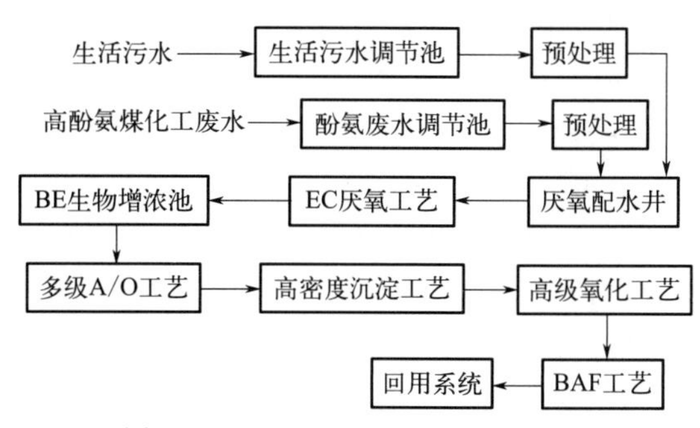

图 12-9　EBA 工艺处理流程示意图

前已述及，在预处理工段中使用氮气气浮法除油可以有效阻止氧气的预氧化，从而保证生化工艺的良好运行。EC（外循环）厌氧技术不仅可以改善高浓度酚氨废水水质，还能对部分有机物进行羧化和苯酰化，避免多元酚向苯醌类物质的转化过程，降低后续好氧生物处理的难度。BE 生物增浓技术充分结合了生物膜和活性污泥方法的优势，通过调节特定的水力条件、高生物添加剂以及高污泥浓度等参数，在低溶解氧状态下，有效降低酚类物质毒性，实现有机物去除和短程硝化反硝化脱氮。

EBA 工艺处理有机废水时有机负荷高、组合性强、水力停留时间短、占地面积小、能耗及运行成本低。该工艺已在中煤龙化哈尔滨煤炭转化公司煤制气废水处理中成功运行 6 年，COD 去除率大于 98%，处理后废水可以达标排放。同时，中煤鄂尔多斯能源化工有限公司废水处理工程经过 15 个月的稳定运行，生化处理系统的出水 100% 回用至原水系统，蒸发结晶工艺每天能生产 12～20t 结晶盐，达到了近零排放的目标。EBA 组合工艺包含从预处理到生化处理，再到深度处理（后述）的完整流程。

12.5 深度处理

目前我国煤炭转化过程废水的处理仍以生物法为核心，尽管如今的生物处理过程已能较好地实现氨氮的达标排放，但经生物处理之后的煤炭转化过程废水仍含有某些尚未去除的惰性有机物。即便单纯地考虑达标排放，煤炭转化过程废水的深度处理也很有必要[140]；而随着国家节能减排等政策的提出以及对缓解水资源短缺问题的不断思索，国内对煤炭转化过程废水的回用也愈发重视，并进行了很多相关的研究和尝试。

人们对混凝沉淀、高级氧化工艺、吸附法、膜技术以及某些复合工艺做了更为深入的研究，不断尝试将这些处理技术运用到煤炭转化过程废水的深度处理领域。本节将在下面的内容中对目前的煤炭转化过程废水的深度处理工艺进行介绍。

12.5.1 混凝沉淀法

煤炭转化过程废水采用混凝沉淀做深度处理，目的在于去除二级生化出水中残余的悬浮物，同时满足除油和脱色需求。

该工艺所采用的絮凝剂有无机絮凝剂和有机絮凝剂之分。常见的无机高分子絮凝剂有聚合氯化铝（PAC）、聚合硫酸铁（PFS）、聚合硫酸铝铁（PAFS）等；有机高分子絮凝剂一般是聚丙烯酰胺（PAM）的阴、阳离子。高分子絮凝剂的优势在于低毒、成本可控，因此，在煤炭转化过程废水处理工作中已得到一定范围的应用。对煤炭转化过程废水进行深度处理时，有机絮凝剂可以充分发挥自身的优势，同时对废水中有机物和无机物进行处理，因此基于废水深度处理工作的需求，可以在天然有机高分子絮凝剂、改性高分子絮凝剂、合成高分子絮凝剂之间进行合理选择[141]。至于混凝剂对煤炭转化过程废水深度处理的效果，有文献指出：针对焦化废水的二级生物处理出水，使用无机混凝剂时出水的浊度、色度较低；而选用有机絮凝剂时，出水的浊度和色度去除效果不如无机絮凝剂，但 COD 的去除效果较优[142]。因此，目前煤炭转化过程废水深度处理所采用的方案为：以 PFS 为主，同时 PAM 作为助凝剂[143]。

但絮凝法深度处理煤炭转化过程废水时，存在部分单体 PAM 残留的可能，从而表现一定毒性；相比之下生物絮凝剂的主要优势为安全无污染、具有很好的脱色效果且无毒性。但目前微生物絮凝剂并未被广泛应用：一是因为这种絮凝剂的应用技术尚未成熟；二是有学者认为其应用的可行性与安全性程度依然需要仔细论证[141]。

值得注意的是，高分子絮凝剂、助凝剂在废水处理中的主要作用表现在颗粒间连成桥链，其表面有大量的疏水性基团，可以比较容易地吸附带有疏水性基团的悬浮性有机物，使之吸附在其表面并通过联结架桥作用形成绒粒，最终以沉淀除去。但这种“吸附架桥”的作用对溶解性有机物的去除作用十分有限。因此，混凝沉淀法对废水中颗粒物的去除效果要远高于依靠吸附去除溶解性有机物的效果。如混凝沉淀对焦化废水二级生物处理出水浊度和色度的去除效果较好（特别是对浊度的去除效果最好），但是 COD 的去除效果较差[142]。

尽管在实际废水处理中混凝沉淀可作为独立的深度处理工艺，但鉴于其主要去除对象为悬浮物、浊度和色度，而非 COD，于是又可作为其他深度处理（如臭氧氧化、电化学处理、吸附等）的预处理或后处理工艺[141,143]。采用絮凝沉淀/活性炭吸附/低压膜过滤集成工艺处理生化系统处理后的焦化废水，可在中试规模下实现对TOC的良好去除，其中絮凝沉淀工艺出水TOC稳定在15～20mg/L，去除率为20%～40%，为后续活性炭吸附、低压膜滤工段提供操作条件，属于深度处理阶段中的预处理[144]。针对焦化废水二级生化处理出水COD、色度无法达标的问题，有学者开发了一种铁碳微电解-Fenton氧化-絮凝沉淀集成技术以处理焦化废水，其中絮凝沉淀在该集成式深度处理工艺中可视为后处理[145]。

12.5.2 芬顿或类芬顿氧化法

芬顿（Fenton）氧化反应为一种常见的高级氧化工艺，主要通过Fenton试剂产生强氧化性的羟基自由基（•OH）来氧化降解废水中的有机物，甚至彻底矿化为CO_2和H_2O[146]。Fenton试剂由亚铁盐和过氧化氢组成，当pH值足够低时，Fe^{2+}的催化作用使过氧化氢分解出•OH，从而引发一系列的链反应。其中•OH的产生为链的开始：

$$Fe^{2+} + H_2O_2 \longrightarrow Fe^{3+} + \cdot OH + OH^- \tag{12-20}$$

以下反应则构成了链的传递节点：

$$\cdot OH + Fe^{2+} \longrightarrow Fe^{3+} + OH^- \tag{12-21}$$

$$\cdot OH + H_2O_2 \longrightarrow HO_2\cdot + H_2O \tag{12-22}$$

$$Fe^{3+} + H_2O_2 \longrightarrow Fe^{2+} + HO_2\cdot + H^+ \tag{12-23}$$

$$HO_2\cdot + Fe^{3+} \longrightarrow Fe^{2+} + O_2 + H^+ \tag{12-24}$$

各自由基之间或自由基与其他物质间的相互作用逐渐消耗自由基，最终使反应链终止。Fenton试剂之所以具有非常强的氧化能力，是因为在酸性条件下H_2O_2可被Fe^{2+}催化生成氧化能力很强的•OH（其氧化电位高达+2.8eV），加之•OH自身的强电负性或亲电性，链反应过程表现出很强的加成反应特征。Fenton试剂可将水体中存在的多种类有机物氧化，对难生物降解或难以通过一般化学氧化法处理的有机废水有令人满意的处理效果[142]。

采用Fenton氧化对焦化废水进行深度处理，在实验条件下可迅速降低焦化废水生化出水的COD。当H_2O_2投加量为1.994mL/L，$FeSO_4 \cdot 7H_2O$投加量为0.543g/L，pH=3，温度为35℃时，反应出水COD低于100mg/L，去除率可达72.7%[146]。此外，Fenton氧化法还可有效解决氨氮偏高问题，使某煤焦集团二沉池出水COD和NH_4^+-N的去除率分别为77.81%和51.33%，处理后水质可满足《城市污水再生利用　工业用水水质》(GB/T 19923—2024)的要求[147]。

Fenton氧化技术具有设备简单、技术灵活且相对高效、廉价等特点[146]，但体系内Fe^{2+}的存在限制了H_2O_2的利用率，因此某些难降解有机污染物的矿化仍然不够彻底；且为避免$Fe(OH)_3$沉淀析出导致的Fe^{2+}或Fe^{3+}流失，反应必须在酸性条件下进行，因此后续酸性废液的处理也是一大难题[142]。鉴于在使用上的种种限制，非均相Fenton、光-Fenton、电-Fenton等改良的Fenton技术被提出，称为类Fenton法[148]。

12.5.2.1 非均相Fenton法

非均相催化Fenton试剂氧化工艺通过开发高效的固相催化剂，使Fenton反应在较高的初始pH值下也能具有较好的处理效果，同时减少含铁污泥产生量，一定程度上克服了Fenton试剂氧化工艺的缺点。

非均相催化Fenton试剂氧化过程是一个涉及液、固相多相体系的复杂的传质、反应问题。一些异相催化氧化机理研究主要以Langmuir-Hinshelwood理论以及近代表面科学理论

(催化反应微观动力学模型）为理论基础开展，将整个降解过程分为三步：废水中的污染物和氧化剂分子扩散到催化剂表面的活性中心后被吸附，污染物和氧化剂分子在催化剂表面上发生催化氧化反应，以及产物解离脱附返回液相主体。其反应过程可归纳如下：

吸附过程：

$$A(\text{氧化剂分子})+\sigma(\text{活性中心})=\!=\!=A\sigma \tag{12-25}$$

$$B(\text{污染物分子})+\sigma=\!=\!=B\sigma \tag{12-26}$$

催化反应：

$$A\sigma+B\sigma=\!=\!=P\sigma(\text{表面上产物})+\sigma \tag{12-27}$$

解离脱附：

$$P\sigma=\!=\!=P(\text{液相主体产物})+\sigma \tag{12-28}$$

反应速率由上述最慢的一步控制[142]。

非均相 Fenton 的特点是将铁离子负载于载体上制成固态催化剂参与污染物的降解。固态催化剂易于制备和分离，生物兼容性好，不需要严格控制 pH，可重复回收使用，经济高效且不存在二次污染。而催化剂载体一般是多孔的固体，例如活性炭、活性碳纤维、沸石、树脂等，利用吸附和催化协同作用处理废水中污染物。

陈敏等[149]用人造沸石、活性炭、活性氧化铝为载体，制备了 3 种负载 Fe^{3+} 的催化剂，将其用于模拟含酚废水的去除试验，证实了这些固态催化剂存在下苯酚的催化降解效果较好，其中活性炭作载体时，催化剂效果最佳。而 Wang 等[150]将纳米 Fe_3O_4 负载于水凝胶上来催化水中酚类物质的降解，取得了高效的酚降解效果，而且催化剂活性较稳定。

此外，其他含变价金属如 Mn（Ⅱ）、Mn（Ⅳ）等的矿物或变价金属氧化物、氢氧化物也是潜在催化剂。在煤炭转化过程废水处理方面，非均相 Fenton 法是很好的去除废水中酚类物质的方法，但如今关于深度处理的相关研究中，人们很少直接考虑使用非均相 Fenton 法处理废水，而是将其作为一种思路，开发或更新其他非均相的有机污染物降解系统。

12.5.2.2 光-Fenton 法(UV-Fenton 法)

在紫外光的辐照下，Fenton 试剂的氧化性得到增强，不仅使有机物降解速度加快，还节省了 H_2O_2 的使用量。按照体系的构成方式，常见的光 Fenton 法为有两种：

① UV+H_2O_2 系统。体系中 H_2O_2 凭借其强氧化性能够将水中有机或无机毒性污染物氧化成无毒或低毒产物。由于传质的限制以及无机污染物的竞争优势，仅使用 H_2O_2 氧化去除高浓度难降解有机污染物的效果并不十分理想，而紫外光的引入促进了 H_2O_2 向 $\cdot OH$ 的转化，提高了有机污染物的矿化率。紫外光参与下，H_2O_2 的分解机制如下：

$$H_2O_2+h\nu\longrightarrow\cdot OH \tag{12-29}$$

$$HO\cdot+H_2O_2\longrightarrow\cdot OOH+H_2O \tag{12-30}$$

$$\cdot OOH+H_2O_2\longrightarrow\cdot OH+H_2O+O_2 \tag{12-31}$$

相比于 Fenton 试剂，该系统减少了 Fe^{2+} 对 H_2O_2 的消耗，提高了氧化剂的利用率，且体系 pH 条件对实际氧化效果无明显影响。

② UV+H_2O_2+Fe^{2+} 系统。此法是 Fe^{2+}-H_2O_2 与 UV-H_2O_2 系统的结合，除较低的 Fe^{2+} 用量和较高的 H_2O_2 利用率外，紫外光和 Fe^{2+} 构成催化分解 H_2O_2 的协同效应，使 H_2O_2 的实际分解速率远高于 Fe^{2+} 或紫外光单体系分解速率的加和。在降解过程中，体系的 Fe^{3+} 可能与有机中间产物生成具备光活性的络合物，从而在紫外光下能被持续降解。

虽然 UV-Fenton 法具有以上优点，但体系依赖紫外光辐照，而对总太阳能的利用效率不高，需较长的辐照时间并增加 H_2O_2 投入量。该法处理设备费用较高，能耗偏大，适宜处理中低浓度的有机废水。

12.5.2.3 光催化氧化技术

光催化氧化法是一种近年来新兴的废水深度处理技术。与光-Fenton不同，它是借助固态光催化剂（一般为半导体）、由光能引起的电子和空穴之间的反应，在半导体材料上产生具有较强反应活性的电子-空穴对，这些电子-空穴对可以参与、加速系统中的氧化还原反应。其催化氧化性能主要得益于半导体催化剂电子-空穴对与空气或水中的 O_2 和 H_2O 作用生成的强氧化性 •OH。

光催化剂具有可重复利用、无二次污染、无损失的优点，而且几乎可以降解所有有机污染物，因而受到国内外学者的普遍重视，是目前环保领域研究的热点。催化剂一般为 TiO_2、ZnS、CdS、SnO_2、WO_3 等n型半导体材料[151]，其中 TiO_2 光化学性质稳定、价廉、无害的特性使其成为光催化剂的首选，被广泛研究[152]，而半导体之间或半导体与金属之间构造的复合催化剂也成为如今光催化领域研究的重点。光催化氧化装置大致如图12-10所示。

光催化氧化一般为非均相体系，借助半导体催化剂（一般为金属氧化物或其复合物）可进一步促进Fenton反应实现有机物更高效地降解。以 TiO_2/Al_2O_3 为载体的负载型铜铁氧化物为光催化剂，与UV、H_2O_2 构成的体系下，深度处理含氮杂环类、邻苯二甲酸酯类、多环类、酚类和烃类等难降解有机物的焦化废水二级出水后，水中只剩余一些直链烷烃类物质及邻苯二甲酸二丁酯，说明光协同的Fenton体系对焦化废水的深度处理具有很好的效果。当 H_2O_2 投加量为1.5mL/L，催化剂投加4g时，水力停留时间2h时，水中剩余COD为55mg/L，处理后的出水可以达到《钢铁工业水污染物排放标准》（GB 13456—2012）和《污水综合排放标准》（GB 8978—1996）一级B标准，并且连续运行具有很好的稳定性[153]。

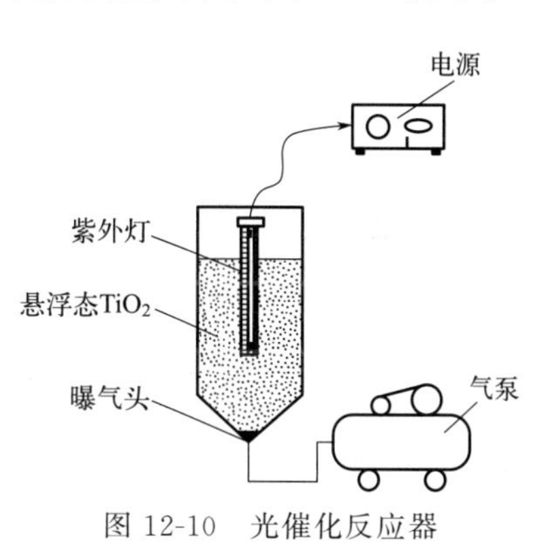

图12-10 光催化反应器

光催化氧化法一定程度上提升了系统对光的利用效率（尤其是可见光），从而提升了降解效率、降低了能耗。但在处理色度较大的废水时，由于光传播效率降低，导致实际处理能力受限。鉴于此，该方法依然适用于低浊度、透光性好的体系，因此光催化氧化技术深度处理煤炭转化过程废水的可行性还需要进一步研究。

12.5.2.4 电化学氧化技术

电化学氧化技术是通过电极表面的氧化作用或由电场作用而产生强氧化剂，然后借助其氧化作用将水和废水中的有机污染物氧化去除的一种新兴水处理技术。此技术反应条件温和、二次污染风险小、便于自动化运行、设备简单且集成方式灵活。装置大致如图12-11所示。

电化学高级氧化中最简单常见的技术是阳极氧化。此技术借助电子在阳极材料表面的直接传递促使污染物被氧化降解，同时通过方程式(12-32)的方式产生污染物与•OH的各种复合产物，或通过式(12-33)和式(12-34)等途径产生活性 O_3、H_2O_2 等氧化剂间接氧化污染物[154]。

$$M + H_2O \longrightarrow M(\cdot OH) + H^+ + e^- \tag{12-32}$$

$$2M(\cdot OH) \longrightarrow 2MO + H_2O_2 \tag{12-33}$$

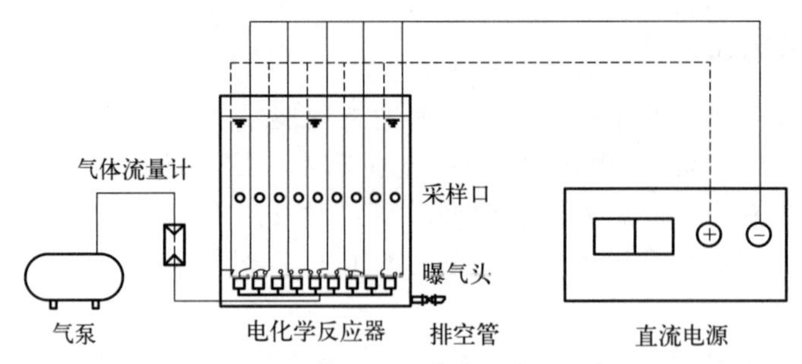

图 12-11　电化学氧化实验装置系统

$$3H_2O \longrightarrow O_3 + 6H^+ + 6e^- \tag{12-34}$$

目前，电化学法在有机废水处理方面的应用正逐步发展，但相关机理的研究仍然不足。当前对该技术的研究多集中在电催化机理上，而开发研制新的电极材料、设计高效合理的反应器，以及延长电极的使用寿命也是其在实现工业化应用的道路上必须解决的问题[155]。

12.5.2.5　电-Fenton 法

电-Fenton 技术是基于电化学氧化原理改善的一种类 Fenton 氧化技术，此技术包括阴极还原溶解氧、原位生成 H_2O_2、溶液中 Fe^{2+} 催化三个关键条件，利用产生的 ·OH 实现对有机物的降解[156]，目前已被用于研究处理难降解有机废水。与传统 Fenton 法相比，电-Fenton 氧化法的优势在于可原位产生 H_2O_2，消除了相关运输和存储风险；而且该技术以电能驱动，无二次污染，处理成本低，易实现自动化[157]。与光-Fenton 法相比，电-Fenton 体系内 H_2O_2 自产机制完善且利用率高，更重要的是阳极氧化和电吸附作用也对有机物降解过程构成有利的协同作用。

基于装置或具体构造上的差异，一般将电-Fenton 法归纳为四类：

① EF-H_2O_2 法，又称阴极电 Fenton 法。此法将 O_2 导至电解池阴极表面，接触后发生还原作用产生 H_2O_2，再与体系中的 Fe^{2+} 构成 Fenton 反应。该法无需加 H_2O_2，但目前阴极材料多以石墨、玻璃炭棒和活性碳纤维为主，由于此类电极电流效率相对较低，实际 H_2O_2 产量不高。

② EF-Feox 法，又称牺牲阳极法。此法是在电解条件下将与阳极并联的零价铁被氧化成离子态 Fe^{2+} 以参与 Fenton 反应。此体系中除活性氧物种 ·OH 的氧化作用外，阳极溶解出的活性 Fe^{2+}、Fe^{3+} 可水解成对有机物有强络合吸附作用的 $Fe(OH)_2$ 或 $Fe(OH)_3$，其絮凝作用对有机物的去除起到促进效果。该法对有机物的去除效果优于 EF-H_2O_2 法，但需外加 H_2O_2 且电功耗较大。

③ FSR 法，又称 Fe^{3+} 循环法。此系统包括一个 Fenton 反应器和一个将 Fe^{3+} 还原 Fe^{2+} 的电解装置。传统 Fenton 反应过程中，Fe^{3+} 与 H_2O_2 反应有时产生活性不强的 HO_2· ，导致 H_2O_2 的利用率和 ·OH 的产率偏低。FSR 体系通过加速 Fe^{3+} 向 Fe^{2+} 的转化过程，促进了 ·OH 的生成，但体系 pH 适用范围极窄，必须小于 1。

④ EF-Fere 法。此法与 FSR 法原理基本相同，但体系无需专设 Fenton 反应器，而将反应设置在电解装置中。该法一定程度上扩宽了 pH 操作范围，要求 pH 必须小于 2.5；且电流效率高于 FSR 法[142]。

电-Fenton 法要求一个偏酸的环境，通过溶解氧在阴极表面发生的氧化还原反应（ORR）连续产生 H_2O_2。式(12-35) 所示是电 Fenton 反应的核心反应，生成 H_2O_2 的浓度与利用效率是决定体系反应效率的关键因素。之后如式(12-36)所示，溶液中加入的 Fe^{2+} 与 H_2O_2 反应生成活性氧物种 •OH，Fe^{2+} 转化为 Fe^{3+}。当 Fe^{3+} 在阴极上获得一个电子后被还原成 Fe^{2+}，如反应式(12-37)，从而进入新一轮电化学反应循环。如式(12-38)和式(12-39)所示，•OH 作为体系中主要的活性氧物种，将有机污染物（如溶解性染料、芳香族以及杂环化合物）氧化分解为二氧化碳、水和无机离子。电-Fenton 法过程和反应原理如图 12-12 所示[157]。

$$O_2 + 2H^+ + 2e^- \longrightarrow H_2O_2 \tag{12-35}$$

$$Fe^{2+} + H_2O_2 \longrightarrow [Fe(OH)_2]^{2+} \longrightarrow Fe^{3+} + \cdot OH + OH^- \tag{12-36}$$

$$Fe^{3+} + e^- \longrightarrow Fe^{2+} \tag{12-37}$$

$$\text{有机污染物} + \cdot OH \longrightarrow \text{氧化中间产物} \tag{12-38}$$

$$\text{中间产物} + \cdot OH \longrightarrow CO_2 + H_2O + \text{无机离子} \tag{12-39}$$

但传统的电-Fenton 技术由于 H_2O_2 产率较低以及易生成铁泥的缺点，在实际应用方面存在困难。于是，针对电-Fenton 电极的研究越来越受到重视，而非均相电-Fenton 反应也被越来越多地研究，固相的含铁化合物将 Fe 元素限制在材料附近，减少铁泥产生的同时加速了 Fe^{3+} 与 Fe^{2+} 之间的转换。

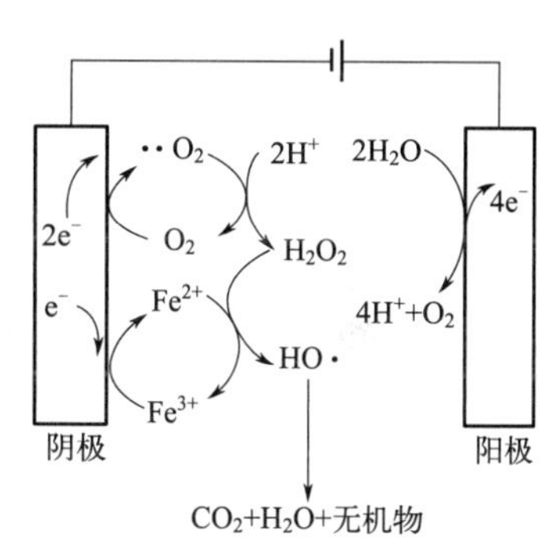

图 12-12　电-Fenton 法过程主要反应机理

有研究采用在石墨毡上电聚合蒽醌制备的高效氧气还原阴电极 PAQ/GF、形稳性阳极 IrO_2-RuO_2-TiO_2/Ti 和非均相催化剂，构成一种用于焦化废水生化出水深度处理的电-Fenton 系统。在该工艺中，隔膜电解槽中 PAQ/GF 阴极，在−0.7V（相对饱和甘汞电极）和 pH＝6 下电解 6h 后，H_2O_2 浓度为 13.5mmol/L，电流效率＞50%。浸渍法制备的非均相催化剂 Fe-Cu/Y350 能够很好地催化 H_2O_2 产生 •OH，借此催化次氯酸钠氧化处理焦化废水时，COD 去除率达到 26%，远高于没有催化剂时的 11%。在优化条件下（初始 COD＝192mg/L、$J=10A/m^2$、pH＝4～5）电解 1h 后，该电-Fenton 系统对焦化废水 COD 去除率＞50%[158]。

三维电极电-Fenton（3D electrode/electro-Fenton，3D-EF）体系是将颗粒电极引入电-Fenton 体系中，再将直接和间接氧化过程限制在一个反应器内，极大地提高了有机物降解效率；若进一步在通电的条件下采用复极性粒子电极，则粒子群可以同时带正负电荷，实现阴极区域 H_2O_2 产率的提升。

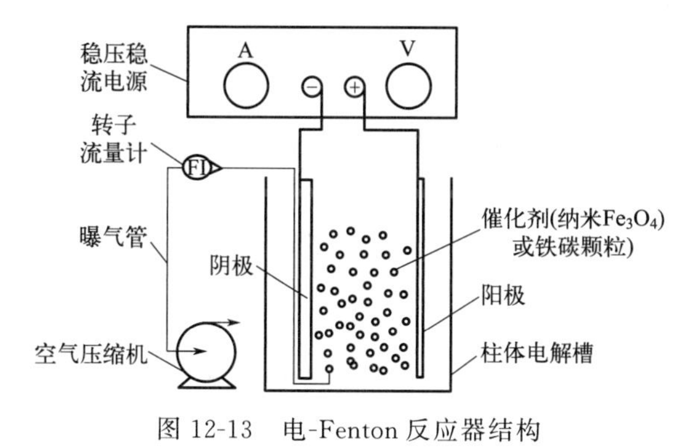

图 12-13　电-Fenton 反应器结构

有学者开发的一种以石墨电极为阴极、Ti/IrO_2-RuO_2 电极为阳极、铁碳粒子为非均相催化剂构成的 3D-EF 工艺（如图 12-13），用以处理苯酚废水及煤炭转化过程废水，试验条件下可在 1h 内实现 100%的苯酚去除率，5h 内 COD 去除率达到 80%。该体系处理实际煤炭转化过程废水时，当 pH 值为 3、粒子粒径为 2mm＜d＜5mm、粒子投加量为 10g(33g/L)、初始进水 COD 值浓度为 1400mg/L 时，对

COD的去除率接近40%[159]。

出于对成本与资源化的考虑，有研究以剩余污泥和铁泥为原材料制备了SAC-Fe催化粒子电极。借助该电-Fenton体系时，煤炭转化过程废水的生化出水中部分COD被吸附，且经过降解后TOC最终去除率达67.12%。SAC-Fe作为催化粒子电极同时提高了3D-EF体系内H_2O_2和•OH的生成量，SAC-Fe的吸附作用提高了•OH的利用率和污染物的降解率，进而显著提升了3D-EF深度处理煤炭转化过程废水的处理效能[160]。

12.5.3 臭氧催化氧化法

臭氧作为一种强氧化剂，可快速氧化分解废水中的大部分有机物，但实际上臭氧的直接氧化作用有限，仅能把一些具有不饱和键或不稳定的有机大分子降解至饱和的、小分子有机物。利用臭氧在碱性条件下易生成•OH的特性，近年来发展出的臭氧催化氧化法作为一种新型的高级氧化技术，可在常温常压下表现出极强的氧化性能，能够去除那些难以通过单独臭氧氧化操作降解的有机物[161]。因为催化臭氧氧化技术克服了传统臭氧氧化的缺陷，可以更彻底地将有机物矿化并降低二次污染的风险，所以适合废水处理的工程化应用。

根据体系所用的催化剂不同，臭氧催化氧化体系分为均相催化氧化和非均相催化氧化两类。前者是将过渡金属离子作为催化剂引入有机废水中加速臭氧分解成自由基这一过程；后者则是利用具有催化性能的固态物质（活性炭、固态金属、金属化合物等）催化臭氧生成•OH，提高有机污染物降解率[161]。

12.5.3.1 均相臭氧催化氧化

均相臭氧催化氧化即是指金属催化剂以离子的状态存在于液相中参与反应。研究较多的均相催化剂主要为过渡金属离子，如Fe^{2+}、Mn^{2+}、Ni^{2+}、Co^{2+}、Cd^{2+}、Cu^{2+}、Ag^{+}、Ti^{2+}等[162]。

均相臭氧催化氧化技术涉及两种反应机理，第1种即金属离子对臭氧分解•OH过程的促进作用。如Tong等[163]采用Ti(Ⅳ)联合H_2O_2/O_3催化氧化降解乙酸过程中生成的配合物$Ti_2O_5^{2+}$具有促进臭氧产生•OH并最终降解乙酸的作用，反应如式(12-40)～式(12-43)：

$$Ti_2O_5^{2+} + O_3 \longrightarrow O_3^- \tag{12-40}$$

$$O_3^- + H_3O^- \longrightarrow H_3O^- + H_2O \tag{12-41}$$

$$H_3O\cdot \longrightarrow O_2 + \cdot OH \tag{12-42}$$

$$\cdot OH + CH_3COOH \longrightarrow CO_2 + H_2O \tag{12-43}$$

第2种机理是过渡金属离子与有机污染物形成的络合物中，金属易失电子的特性促使络合物参与的氧化还原反应效率增强，从而更容易被臭氧降解[164]。

尽管该类催化剂对有机物氧化降解效果较好，但其在使用过程中易流失、难回收，催化剂中的重金属成分具有引发二次污染的风险，存在水体的重金属超标的可能。这些问题导致均相臭氧催化技术难以在工业上广泛应用，因此目前工业上提到的催化臭氧氧化更多的是指非均相催化臭氧化技术[162]。

12.5.3.2 非均相臭氧催化氧化

非均相臭氧催化氧化技术的基础是确保催化剂在体系中的相对独立性，在保证对臭氧起到催化作用的同时，催化剂易与水分离，极大地减少对水质造成的二次污染。与均相体系不同，非均相臭氧催化氧化除典型的自由基反应外，界面反应和协同作用也作为体系的主要降解机理。自由基机理基于Lewis酸碱理论，认为当催化剂在水溶液反应时，催化剂表面的金属离子作为Lewis酸位优先与水发生配位反应从而使水离解成表面羟基，然后与臭氧作用产生·OH以分解有机污染物。界面反应机理则认为催化剂的载体材料凭借较大的比表面积可吸附有机污染物从而降低后续氧化反应的活化能，而固体催化剂表面的活性位点负责将被吸附的污染物氧化降解，提高臭氧氧化过程的速度和污染物矿化率。协同反应机理认为催化剂可分别与臭氧、有机物相互作用，因此催化剂表面和液相主体均为主要的反应场所[164]。

根据目前催化剂的种类及相关的研究、应用情况，金属氧化物催化剂和负载型催化剂在臭氧氧化中常用[164]。

（1）金属氧化物催化剂催化的臭氧处理

有学者研究新型铁基催化剂催化臭氧氧化，深度处理煤炭转化过程废水的生化出水。当pH为7.0、催化剂量为200g/L、臭氧投加量为10.7mg/min时，该体系催化效果显著，COD去除率可达66.2%±1.7%，比单独臭氧氧化的28.8%±1.9%，提高了近1倍[165]。而以纳米MgO为催化剂催化臭氧氧化系统时，提高了臭氧转移率并加速水中臭氧分解，降低了对水中臭氧饱和浓度的要求，对多级生化处理的出水深度处理（如图12-14）后，75.1%的COD被去除。得益于臭氧与MgO催化剂表面羟基反应生成的·OH，废水中的污染物被快速降解，这为煤炭转化过程废水的高效深度处理提供了一种可行的方法[166]。

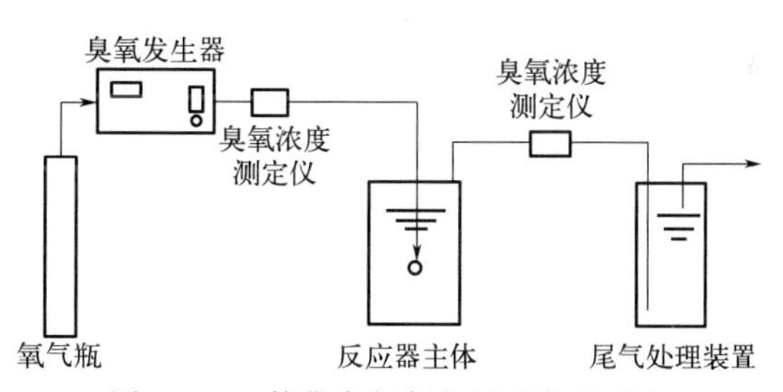

图12-14　催化臭氧氧化试验装置示意

（2）负载型催化剂催化的臭氧处理

有学者构建了一种以活性炭负载金属铜和锰作为催化剂的臭氧催化体系，实现对某煤炭转化过程废水中的COD去除率为60%～72%，出水COD平均浓度低于60mg/L；氨氮去除率达30%～35%，出水氨氮平均浓度低于15mg/L。该体系的处理效果显著优于单独臭氧氧化，达到《城镇污水处理厂污染物排放标准》（GB 18918—2002）水污染排放一级B标准[167]。

然而，非均相体系面对不同类型废水时处理效果差异较大，具体水质和反应条件往往对催化剂活性造成干扰，有学者已经对工艺参数进行细致的量化控制研究[168]。目前，非均相臭氧催化技术在实际工程中应用的案例较少，低成本和高活性催化剂的开发是该技术能否真正工程化的关键[37]。

12.5.4　催化湿式氧化法

传统的湿式氧化法是为氧化还原反应施加高温、高压（150～350℃，5～20MPa）的条件，从热力学和动力学角度增强氧化剂（一般为O_2和H_2O_2）引发的氧化还原反应效率，将体系中的有机污染物氧化成CO_2、H_2O、N_2或其他低毒、无毒的小分子有机物。该技术处理效率非常高、极少产生二次污染、可回收大量的能量及有用物料。除处理时长外，该技术的主要影响因素包括以下几方面。①反应温度。反应温度的升高降低液体的黏度和表面张力，同时加快氧气的传质速率并增加溶氧量，促使有机污染物矿化率提升。但过高的反应温度容易对设备（如反应釜）造成损害，降低设备的使用寿命并增加维修成本，这在经济学上是不利的。②反应压力。该技术要求反应体系的总压力不低于该温度下的饱和蒸气压；同时氧分压应维持在一定水平，否则供氧量不足的问题会影响污染物去除。一般来说，氧分压的增加有利于污染物去除率的提升。③废水特性。煤炭转化过程废水的特性涉及所含有机组分的种类及含量，这些有机组分的电荷特征以及空间结构上的差异导致它们在氧化还原过程中发生的亲电、亲核反应情况不同，因此不同的有机物之间存在氧化难易程度的差别[169]。

催化湿式氧化法是为湿式氧化工艺添加了适宜的催化剂（一般为含 Fe^{2+}、Cu^{2+}、Zn^{2+}、Mn^{2+} 等的金属盐类），在降低体系所需的温度、压力的同时提高主要反应的速率。

如今，在众多的关于煤炭转化过程废水处理的文献中，催化湿式氧化法被作为一种深度处理技术被提及，但事实上这种技术在工程上的应用并不广泛。高温、高压的反应条件对设备的要求相对苛刻（要求耐高温、耐高压和耐腐蚀），且投资较高，因而进一步削弱反应条件使反应能够在更温和的条件下进行，对该技术的工业化应用意义重大[103]。限于成本问题，该技术仅为少数煤炭转化过程废水处理工艺系统所采用，以作为高浓度的有毒难降解污染物的预处理环节；处理后的废水 COD 降低、可生化性提高，利于后续生物法处理过程，降低了工艺整体能耗[37]。

12.5.5 超临界水氧化法

水的临界温度和临界压力分别为 374.2℃和 22.1MPa，当水的温度和压力突破临界值时将处于超临界状态，此时的水被称为超临界水（supercritical water，SCW）。在该状态下，水的密度、氢键、介电常数、溶解性、电离度及黏度等物理化学性质与常规的气态水或液态水相比差异巨大。

① 密度。非临界态时水是不可压缩流体，其密度受温度和压力的影响较小；但超临界状态的水密度会呈现较明显的变化趋势，将随着温度的升高而减小，随着压力的升高而增大。

② 氢键。氢键是影响水性质的一个重要因素。温度升高时，氢键数目迅速下降：在同一密度（257kg/m^3）下，温度由 500℃升到 800℃时，单位水分子的氢键数量由 0.8 降到 0.5。

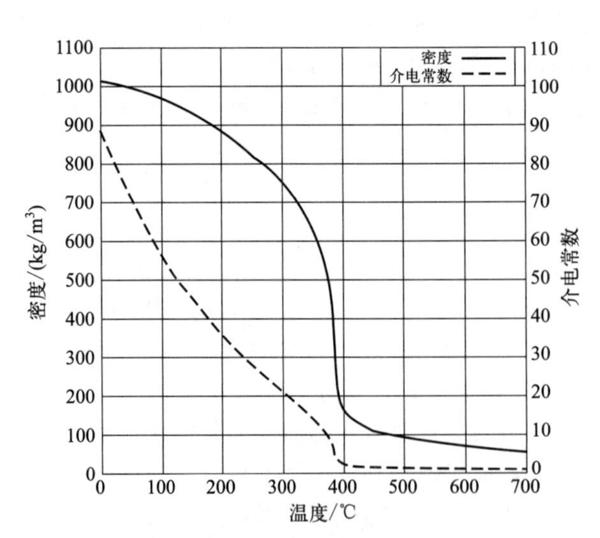

图 12-15 水的密度和介电常数随温度的变化

③ 介电常数。标准状态的水的介电常数约为 78.5。当温度逐步升高，水的介电常数将显现明显下降趋势。图 12-15 是水的密度和介电常数随温度的变化。

④ 溶解性。常态水可溶解大多数电解质，但难以溶解气体和部分有机物。而超临界状态下，由于水的介电常数发生改变，大多数有机物以及 O_2、N_2、CO_2、CH_4 等气体可被水溶解；因此，气体与溶质之间的传质过程将不再受气液界面的限制。

⑤ 电离度。常态下，水的电离常数和离子积随温度的升高而增大，但这一趋势在水的临界点附近发生逆转。由于

水电离出的 H^+ 浓度影响超临界水体系中反应的进行，且有研究认为 $K_w \leqslant 10^{-14}$ 有利于触发自由基反应，因此超临界水中以自由基氧化反应为主。

⑥ 黏度。液体黏度可反映液体分子相互碰撞时引发的能量传递效应情况。常温常压状态下，液态水的黏度约 8.86×10^{-4} Pa·s，是气态水的 100 倍左右。而 27MPa 下 450℃的超临界水的黏度变为 2.98×10^{-5} Pa·s，这与气体黏度接近，此时非常利于溶质分子在体系中的扩散[170]。

超临界水氧化（SCWO）技术最早是由美国学者于 20 世纪 80 年代中期提出的一种能完全彻底破坏有机物结构的深度氧化技术。此技术以超临界水作为介质，利用超临界状态下的特殊性质使 O_2 和有机物完全溶于废水中，且得益于气液相界面的消失，所形成的均相氧化体系中传质速率被加快，有机物的矿化率被显著提高。

关于超临界水氧化反应的机理研究很多，其反应机理大致如下：

如果以 O_2 作为反应体系的氧化剂，O_2 会首先夺取有机物中的氢。

$$RH + O_2 \longrightarrow R\cdot + HO_2\cdot \tag{12-44}$$

$$RH + HO_2\cdot \longrightarrow R\cdot + H_2O_2 \tag{12-45}$$

生成的 H_2O_2 与介质（水）作用，转化为 ·OH。

$$H_2O_2 + H_2O \longrightarrow \cdot OH \tag{12-46}$$

如果以 H_2O_2 为氧化剂，H_2O_2 分解出的亲电性较强的 ·OH 可与有机物相互作用。

$$RH + \cdot OH \longrightarrow R\cdot + H_2O \tag{12-47}$$

式(12-44)、式(12-45)、式(12-47) 中生成 R· 继续被 O_2 氧化转化为 ROO· 后进攻 RH，并在获得氢后转化为 ROOH。

$$R\cdot + O_2 \longrightarrow ROO\cdot \tag{12-48}$$

$$ROO\cdot + RH \longrightarrow ROOH + R\cdot \tag{12-49}$$

ROOH 在超临界水环境中极不稳定，迅速断裂为甲酸、乙酸等小分子物质，然后继续被氧化，直至完全矿化。

此外，超临界水氧化过程还涉及氮元素的转化。氨氮、亚硝酸态氮、硝酸态氮等均被转化为 N_2 和 N_2O。而较高的反应温度实现将 N_2O 向 N_2 的进一步转化，反应过程如下[171]：

$$NH_3 + O_2 \longrightarrow N_2 + H_2O \tag{12-50}$$

$$NO_3^- \longrightarrow N_2 + H_2O + O_2 \tag{12-51}$$

$$NO_2^- \longrightarrow N_2 + H_2O + O_2 \tag{12-52}$$

超临界水氧化法在国外发达国家中已进入中试阶段，建设的相关工业化装置已投入运行，而此技术在我国仍处于起步阶段。由于超临界水氧化技术特殊的反应条件，此工艺面临反应器材质要求高、工艺功耗大、反应器腐蚀等问题，导致其工业化应用受限。研制耐高温、耐腐蚀、使用寿命长的反应器材质是解决该技术应用难题的关键。SCWO 工艺流程示意如图 12-16 所示[172]。

有研究采用 Mn_2O_3、Co_2O_3 和 CuO 催化超临界水氧化体系中的氧化还原反应，实现对煤制气废水的高效处理。在 380～460℃的反应温度和 1.5～3.5 的氧气比工艺条件下，处理后出水均符合国家《城镇污水处理厂污染物排放标准》中一级 A 标准[173]。而各工艺对 COD 去除率的影响程度依次为：过氧量＞反应压力＞停留时间＞反应温度。在最佳工艺条件下，废水 COD 去除率可达 99.40%[170]。

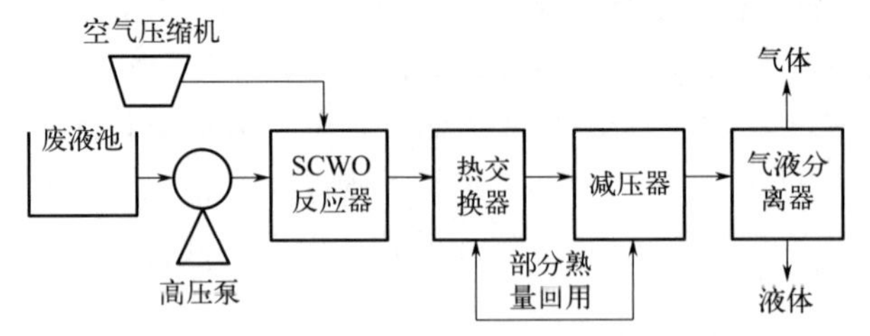

图 12-16　超临界水氧化工艺流程示意图

12.5.6 吸附法

吸附事实上可以发生在混凝沉淀过程和各种催化剂表面。在煤炭转化过程废水经预处理和生物处理后，废水中不仅残余着少量的有毒难降解物质，并且有一定的色度，达不到相应的排放标准。在煤炭转化过程废水三级处理中的吸附单元基本上是直接由给水处理工程借鉴而来，所采用的设计方法和材料设备均与给水处理系统相同。

12.5.6.1 颗粒活性炭吸附

在煤炭转化过程废水深度处理中，一般采用活性炭吸附。通过活性炭吸附，可以去除一般的生化处理和物化处理单元难以去除的微量污染物质，如高分子烃类、卤代烃、氯化芳烃、多环芳烃、酚类、苯类等，同时还可去除水体色度。

颗粒活性炭是最常见的吸附剂。用活性炭吸附法可以用来对煤炭转化过程废水尾水进行处理。用活性炭吸附处理 COD＝120～150mg/L、NH_4^+-N＝5～6mg/L、TP＝1～2mg/L、pH＝7.4～7.6、色度为 200 左右的煤炭转化过程废水，小试规模下，可在 2.9h 左右达 COD 吸附饱和，使 COD 浓度在 30mg/L 水平维持一段时间，且较好地解决色度问题，实现出水的达标排放[174]。

12.5.6.2 活性焦吸附

在特定温度下，褐煤经高温活化处理可获得中孔或微孔结构丰富的活性焦吸附剂，其比表面积高达 891m^2/g，对废水中大分子难降解有机物显示出很强的吸附性能。国内煤制气企业废水生化处理尾水普遍存在 COD 超标现象，仍含有大量难降解的大分子有机污染物。针对这一现状，有研究在 25℃、投加量 47g/L、吸附时间 2h 的条件下，采用褐煤活性焦对煤制气生化废水进行吸附深度处理，最终 COD 去除率可达 93%，出水 COD＜50mg/L，满足《城镇污水处理厂污染物排放标准》（GB 18918—2002）中一级 A 排放标准[175]。

事实上，从当前关于吸附法在煤炭转化过程深度处理方面的研究中不难发现，吸附法依然更多地被设置为其他深度处理技术配套的方法（比如与膜法一起构成复合式深度处理工艺），或仅作为提高催化剂效能的手段以配套高级氧化工艺[176]。也有学者研究采用活性氧化铝吸附脱除煤化工废水中的氟化物[177]。

12.5.7 膜分离法

膜分离法是基于物质通过具有选择透过性膜时的速率差异，使混合物中各组分得以分离、分级或富集。煤炭转化过程废水处理领域常见的膜分离法主要是微滤（MF）、超滤（UF）、纳滤（NF）和反渗透（RO）。该技术具有以下特点：

① 处理过程不涉及相变化，能量转化效率高。

② 一般无需投加额外物质。

③ 分离和浓缩同时进行，便于回收部分有价值的物质。

④ 根据膜的选择透过性和膜孔径的大小，可将不同粒径的物质分离。

⑤ 分离过程可在常温下进行，部分热敏感物质不会被破坏。

⑥ 膜分离法适应性强，操作及维护方便，易于实现自动化控制。

微滤（MF）在煤炭转化过程废水深度处理中较少使用，但是根据微滤工艺的原理，煤炭转化过程废水深度处理可以用微滤技术去除颗粒物。另外，陶瓷膜微滤工艺可被用来进行煤炭转化过程废水的除油处理，且能够取得良好的效果。

超滤（UF）可以跟反渗透联合用于煤炭转化过程废水深度处理和脱盐。另外，超滤膜也可以用在 MBR 工艺深度处理煤炭转化过程废水中。该技术介于微滤和反渗透之间，孔径范围 5～10nm，需 0.1～0.5MPa 的静压差推动，对多糖、蛋白质、酶等分子量大于 500 的大分子及胶体具有很好的截留、浓缩效果。

纳滤（NF），其核心膜部件的孔径为纳米级，介于反渗透（RO）膜和超滤（UF）膜之间。纳滤膜操作压较小（0.5～1MPa），主要截留粒径 0.1～1nm、分子量为 1000 左右的物质，允许一价盐和小分子物质透过。由于大多煤炭转化企业位于我国北方缺水地区，不少煤炭转化企业采用反渗透工艺深度处理煤炭转化过程废水，实现脱盐出水的回用。目前反渗透膜的材质种类很多，用于水处理中较多的为醋酸纤维素膜和芳香族聚酰胺膜。

近年来，膜分离法在废水深度处理领域得到越来越广泛的应用，对此技术的优化工作也一直在进行，以改良工艺的实际废水处理效果，例如前期在 MBR 内投加粉末活性炭，不仅能提高污泥深度处理煤制气废水中有机物的效率，还减少了后续的跨膜压力，有效地缓解膜堵塞问题。同时，双膜法，即超滤结合反渗透工艺，更多地作为当今煤炭转化过程废水深度处理工艺的最后一段，借此技术，60%以上的废水可实现回用，产生的浓盐水在浓盐水站中经高效反渗透和多效蒸发工艺的联合处理，最终废水回收率超 95%，基本实现废水“近零排放”[37]。

有学者对 A^2/O 处理的煤焦化废水采样，研究了仅仅依靠纳滤系统进行进一步处理的技术可行性，结果显示纳滤系统出水 COD 稳定在 45mg/L 以下，COD 的去除率基本大于 70%；对氨氮的去除率可达 50%以上；对总硬度的脱除率可达 96%以上，出水硬度维持在 3.5mg/L 左右，符合《城镇污水再生利用工程设计规范》（GB 50335—2016）中再生水作为循环冷却系统补充水质标准[178]。然而尽管该工艺在处理效果上可以满足处理要求，但纳滤膜污染问题较为严重，需较为频繁地进行化学清洗以恢复膜的性能。若采用高效、无污染的超滤-纳滤组合工艺，最终处理后出水 COD≤60mg/L、$\rho(NH_3\text{-}N)$ ≤10mg/L、浊度≤1NTU、总硬度≤20mg/L，各项指标均达到《城镇污水再生利用工程设计规范》（GB 50335—2016）所要求的标准[179]。而某一超滤-反渗透的双膜法（如图 12-17）处理焦化废水的项目中，连续两年多的中试运行结果

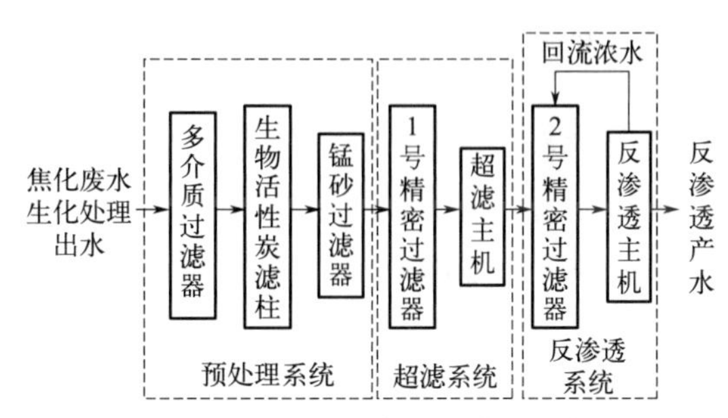

图 12-17 超滤-反渗透双膜法深度处理焦化废水中试工艺流程

显示：超滤出水浊度平均值为 0.40NTU，平均去除率为 73.68%；超滤出水作反渗透进水，焦化废水中的 TDS、总硬度、COD、和氨氮被进一步去除。整个中试系统对 TDS、COD、氨氮、浊度、UV_{254}、色度的去除率分别为 97.58%、96.81%、96.25%、100%、99.73%、98.89%，出水水质满足《循环冷却水用再生水水质标准》（HG/T 3923—2007）要求[180]。

12.5.8 复合工艺

在煤炭转化过程废水深度处理时，不同的技术或工艺具有各自的特点，可以根据实际废水水质以及投资、运行成本加以选择，但为了进一步提升出水的水质，前述的深度处理工艺也可以相互耦合，形成复合式的深度处理工艺。

但事实上，很多深度处理工艺并未真正广泛地运用在我国煤炭转化过程深度处理中，于是相关的复合工艺也大多停留在实验研究阶段。

12.5.8.1 非均相 Fenton-ALR 工艺

气升环流反应器（ALR）作为一种生物处理工艺具有结构简单、混合和传质效果好、运行费用低等特点。有研究设计了一种非均相的 Fe^0/H_2O_2 体系与 ALR 串联构成的处理系统（如图 12-18），以用于煤炭转化过程废水的深度处理。此系统处理流程则是将废水样经 Fe^0/H_2O_2 反应后泵入顶浮罩式生物反应器，一同构成串联 Fenton 生物反应器；之后将温度稳定在室温下，调节反应器内 DO 和 SS，并设置停留时间进行处理。反应器内，Fe^0/H_2O_2 反应使废水中的难降解有机物被有效分解为乙酸、丙酸、丁酸等短链有机酸，COD 去除率和色度去除率分别为 66% 和 63%；在 ALR 反应器中，微生物可对产生的生物有机酸进行有效去除，总 COD 去除率为 85%，色度去除率为 79%，连续处理后可满足国家一级排放标准的要求[181]。

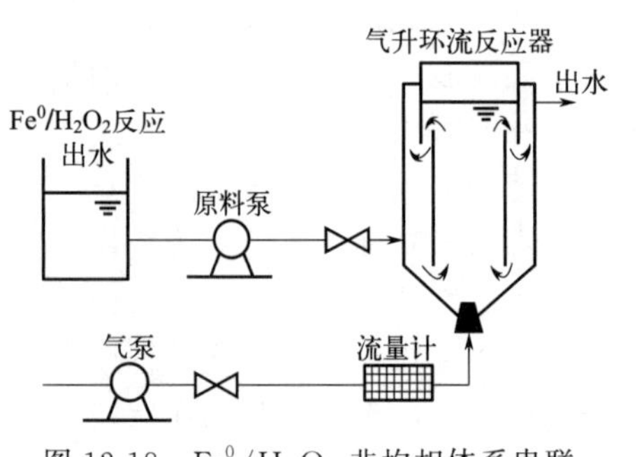

图 12-18 Fe^0/H_2O_2 非均相体系串联生物反应器深度处理煤炭转化过程废水

除 Fe^0/H_2O_2 体系外，还可采用 $Fe^0/S_2O_8^{2-}$ 的非均相 Fenton 与 ALR 相结合的工艺对煤炭转化过程废水尾水进行深度处理。在 pH 近中性环境中，Fe^0 与 $S_2O_8^{2-}$ 投加量分别为 2g/L 和 15mmol/L 时，尾水中 COD 和色度去除率分别为 56% 和 50%，铁溶出量低于 9mg/L。难降解组分在 Fe^0 与 $S_2O_8^{2-}$ 异相芬顿（非均相 Fenton）体系中分解为小分子有机酸，并随后在 ALR 中快速降解，COD 和色度总去除率分别达 86% 和 83%，其浓度水平低于国家一级排放标准限值。该组合工艺是一种经济、高效的方法，适合应用于煤炭转化过程废水尾水深度处理[182]。

12.5.8.2 微电解-活性污泥法

一种微电解-活性污泥结合的一体式工艺被开发用来深度处理煤气化过程产生的难降解废水，此法是将铁-碳微电解与活性污泥法结合的处理酚类有机污染物的方法。如图 12-19，一些酚类有机物在铁阳极区域被电化学活性的细菌降解，另一些在溶液中被酚降解细菌降解。此法对酚类物质（COD）具有很好的降解作用，其机制中，生物作用是主要的；微电解用于辅助、增强生物降解过程。

该组合工艺对 COD、酚类和 TOC 的去除率分别达到 87.36% ± 2.98%、92.62% ± 0.76%和 84.45%±0.65%。酚类降解菌和电化学活性菌对酚类物质的冲击有较好的适应性，电化学氧化还原效率被显著提高，相应的最大输出功率达到 (0.043±0.01)mW/cm^2，该一体化工艺是一种可应用于煤气化废水等难降解工业废水处理的有前景的技术[183]。

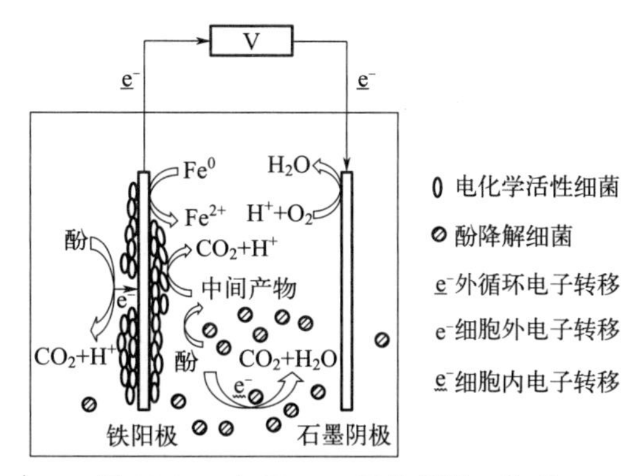

图 12-19　电 Fenton-活性污泥一体式工艺深度处理煤炭转化过程废水

12.5.8.3　微电解-Fenton 串联工艺

有研究提出一种 Fe^0/GAC-Fenton 串联工艺对煤炭转化生化出水进行深度处理的方法。在进水 COD 为 290～330mg/L 的条件下，Fe^0/GAC 微电解的最佳进水 pH 值为 3、HRT 为 1.5h、m(Fe)/m(GAC)为 2（质量比）、气水比为 3，此条件下微电解对 COD 的平均去除率可以达到 46%，出水 pH 值在 4.85～5.20 之间。微电解处理的出水需补加亚铁以构成 Fenton 反应，Fenton 反应阶段要求进水 pH 值为 5、$n(H_2O_2)/n(Fe^{2+})$为 2（摩尔比）、H_2O_2（30%）投加量为 1.0mL/L 且 HRT 为 1.0h，此工艺条件下 COD 的平均去除率可达到 39%。该组合工艺出水中 COD 可降至 106mg/L 左右，处理成本为 2.95 元/m^3[184]。

12.5.8.4　臭氧-膜滤工艺

单纯的膜过滤法去除污染物的效果主要取决于膜孔径的大小，其运行过程中有机物在膜表面逐渐积累，可能造成膜污染问题，而臭氧的强氧化性可以有效地解决这一问题。有学者构建了臭氧-膜滤的反应器，作为煤炭转化过程废水深度处理的工艺，此法将臭氧-陶瓷膜过滤组合工艺用于深度处理煤制气废水（如图 12-20），其对有机物的去除机理为羟基自由基作用、陶瓷膜过滤作用和臭氧分子氧化作用。在臭氧投加量为 100mg/L，HRT 为 40～60min 条件下，系统实现稳定运行，此时 COD 和 UV_{254} 去除率分别为 54.4% 和 71.1%，Δm(COD)/Δm(O_3)为 1.02，出水 BOD_5/COD>0.3，膜污染得到较好控制[185]。

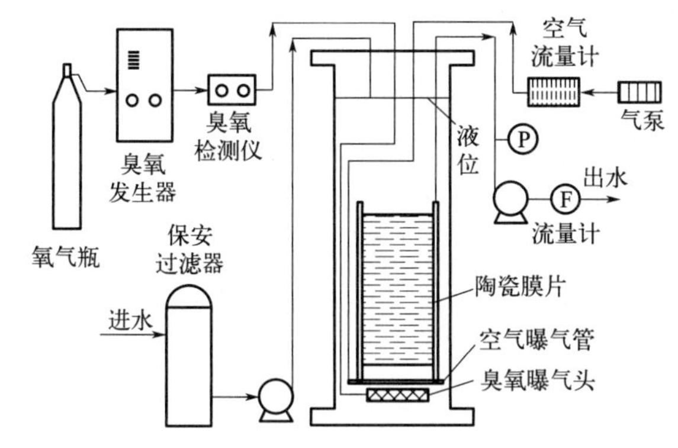

图 12-20　臭氧耦合陶瓷膜过滤小试反应器

12.5.8.5　臭氧催化-两段生物膜反应器

与臭氧-膜滤工艺相似的是，臭氧催化同样可以和 MBR 工艺结合作为煤炭转化过程废水深度处理的手段。以采自二沉池出水的经过生物处理后的煤气化废水为例，这种出水中仍然含有一定量未被降解的有机污染物，鉴于臭氧处理可以进一步提高废水的可生化性，于是在臭氧催化后采用 MBR 工艺也可以使最终出水满足一定的水质要求。

一种臭氧催化-两段生物膜反应器是对煤气化废水经生物处理后的二沉池出水的深度处理（如图12-21），大致先用臭氧催化氧化生物处理后的气化废水，然后将出水引至由缺氧生物反应器和好氧生物反应器循环构成的两段生物反应系统中，最后处理后的出水吸至渗透罐中。

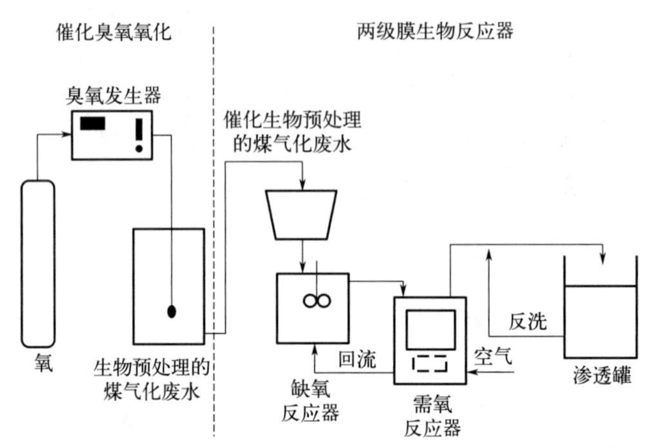

图12-21 臭氧催化-两段生物膜反应器深度处理废水系统示意图

臭氧催化氧化可以显著改善MBR的性能，切实减轻膜污染问题。该深度处理工艺对COD、NH_3-N和TN的总去除率分别为92.7%、95.6%和80.6%，与单纯臭氧氧化或MBR相比，NH_3-N、TN、COD几个参数的数值更低，主要处理含氮化合物。在整个过程中，喹啉、吡啶和吲哚等典型的含氮杂环化合物（NHCs）被完全去除。此外，该集成工艺的总成本低于单膜生物反应器[186]。

12.5.8.6 臭氧氧化-吸附联用

臭氧氧化的作用和吸附法的优点不必赘述，将吸附法与臭氧氧化联用作为煤炭转化过程废水深度处理的工艺也值得考虑。国内有人研究了多孔材料吸附法、臭氧氧化法、臭氧氧化-吸附法对生化处理后的煤炭转化过程废水进行深度处理，通过水质分析，吸附剂表面分析，静态吸附、动态吸附试验，吸附剂复配试验，吸附动力学和热力学研究，臭氧单独氧化与氧化吸附耦合试验，考察了各种方法对煤炭转化过程废水深度处理的效果和最佳操作条件以及最佳耦合方式。结果发现，除活性炭以外，树脂和沸石作吸附剂同样可以作为吸附法的主要承担者，且三者联用可以达到最好的净水效果，但单独使用时活性炭效果最佳[187]。

12.6 近零排放废水处理

国内传统煤炭转化企业含盐废水的产生由来已久，近年来随着脱盐技术在水处理领域日益广泛应用，高盐废水产生量不断增加。伴随着我国环保法规的日趋严格，对高盐废水的处理处置也不断提出更高要求。而由于我国水资源与煤炭资源呈逆向分布，西北部地区的水资源变得尤为紧缺且严重缺乏纳污水体区域，因此高盐废水的近零排放处理成为了一种必然选择。国内早期高盐废水近零排放处理技术对无机盐的资源化利用考虑不多，产生的固体混合杂盐遇水易溶解、难固化，且通常含有有机物及重金属，难以作为普通固废处置。目前，由于高盐废水分盐结晶的技术已经成熟，国内外许多团队开展了高盐水资源化利用的技术研究，取得了可喜的成绩，如中国石化宁波技术研究院与华东理工大学合作开发的高含盐水资源化利用技术，通过分质结晶，制备纳米级硫酸钙晶须，可被用于橡胶添加剂、刹车片等领域。

本节针对高含盐废水的处理技术，介绍了几种常见处理技术的特点及应用，以及它们在实际高盐工业废水处理中的作用和一些问题，通过对现有高盐废水的处理技术的分析，可以针对不同类型的高盐废水使用不同的处理方式，以达到最大的经济效益[188]。

12.6.1 高盐废水的处理现状

12.6.1.1 自然蒸发固化

自然蒸发固化是通过自然蒸发减少废水体积的一种方法，常采用蒸发塘处理方式。蒸发塘适用于处理浓度高且水量少的高含盐废水。此外，由于蒸发塘处理废水成本低，适用于干旱、半干旱和土地价格低的地区。但是蒸发塘结构需要做防渗处理，技术上存在一定的问题，并且对周边环境影响较大，环境管理较为困难；同时在北方地区，冬季冰封期较长，使用效果不佳。目前，由于国内利用蒸发塘处理高盐废水方面没有成功案例，且存在二次污染的风险，所以已被禁止，仅作为高浓度含盐废水处理事故下的备用措施。

蒸发塘工艺一般由多个蒸发单元组成，在每个蒸发单元里，高浓度含盐废水逐级蒸发，浓度逐渐升高，当浓度超过盐分的溶解度后，盐分将从水中析出结晶，一个典型自然蒸发单元的运行流程如图 12-22 所示。

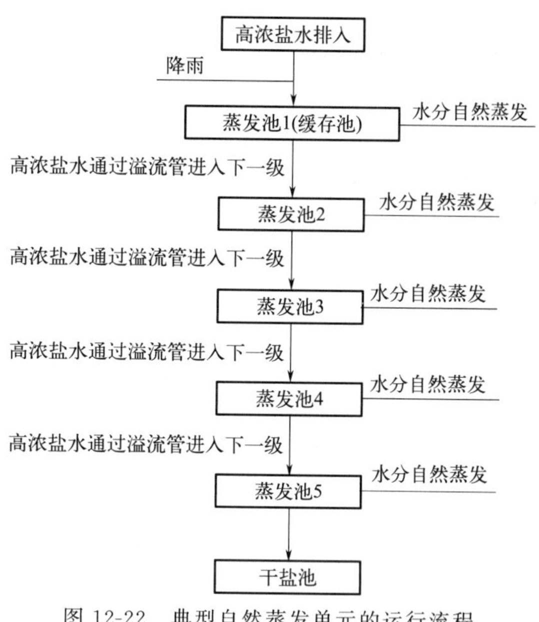

图 12-22 典型自然蒸发单元的运行流程

12.6.1.2 热法蒸发结晶

热法蒸发结晶是采用加热的方式进行浓缩，主要包括机械蒸汽再压缩（MVR）、多效蒸发（MED）和多级闪蒸（MSF）工艺等。

多级闪蒸（MSF）是应用最早的蒸馏工艺，运行安全可靠且工艺技术相对成熟，所以被广泛地应用在海水淡化工程中。但这个工艺存在热力学效率低、能量消耗高、设备严重结垢和腐蚀等缺点。多效蒸发（MED）是将几个蒸发器进行串联运行，多次利用蒸汽热能，以提高热能的利用率。对比多级蒸发（MED）和多级闪蒸（MSF）工艺，多级蒸发（MED）工艺的优点是热力学效率高，缺点是占地面积大。多级蒸发（MED）的热力学效率与多效效数成正比，虽然通过增加其效数，系统的经济性可以提高，操作费用降低，但会增加投资成本。机械蒸汽再压缩（MVR）相对于多效蒸发（MED）而言，全部二次蒸汽可以压缩回收利用，生蒸汽的使用量减少，因此更加节能。

(1) 机械蒸汽再压缩（mechanical vapor recompression，MVR）

常用的降膜式机械蒸汽再压缩蒸发结晶系统，由蒸发器和结晶器两单元组成。其原理是采用MVR蒸发工艺作为零排放主体技术，其工作过程是将低温蒸汽经压缩机压缩，温度、压力提高，热焓增加，然后进入换热器冷凝，以充分利用蒸汽的潜热。除开车启动外，整个蒸发过程中无需外界补充蒸汽，从蒸发器出来的二次蒸汽，经压缩机压缩，压力、温度升高，热焓增加，然后送到蒸发器的加热室当作加热蒸汽使用，使料液维持沸腾状态，而加热蒸汽本身则冷凝成水。其工艺流程如图12-23所示。

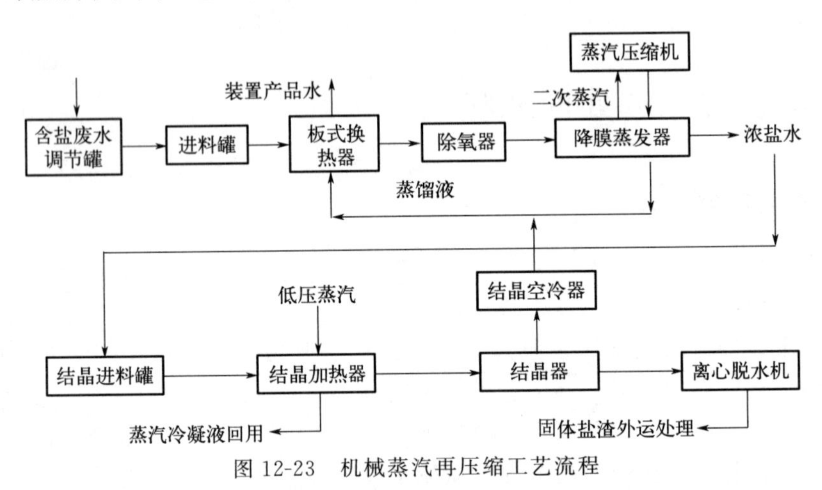

图12-23　机械蒸汽再压缩工艺流程

机械蒸汽再压缩工艺的优点如下。一是节能效果显著，降低运行成本。二次蒸汽的潜热得以利用，设备一旦启动，就不再需要使用新鲜蒸汽，仅需要消耗一部分电能，能耗显著降低。二是MVR蒸发工艺的公用工程配套设施少，设备投资少。取消了蒸汽冷却装置，冷凝水的使用量大幅度减少。同时，相对于MED工艺来说，MVR工艺只需要使用1个蒸发器，所以减少了占地面积。三是蒸发器不属于压力容器范畴，取消了使用压力容器的申报、检验程序。四是系统运行稳定，自动化程度高。通过操作平台可以对设备参数进行电脑调控。五是蒸发温度低，适用于热敏性物料的加热浓缩。

(2) 多效蒸发（multiple effect distillation，MED）

多效蒸发主要是将加热蒸汽通入一效蒸发器，溶液受热而沸腾，在多效蒸发中，可将二次蒸汽当作加热蒸汽，引入另一个蒸发器，只要后者蒸发室压力和溶液沸点均低于前一蒸发器，则引入的二次蒸汽即能起加热热源的作用。

多效蒸发主要的优点是：在负压条件下可以降低溶液的沸点；与常压工艺相比，其传热的推动力大，减小传热面积；适合应用于处理较高温度下容易分解、聚合或变质的热敏性物料。由于蒸发温度低，可降低材料的腐蚀性和热损失；可以使用低压或低品质蒸汽作为加热热源，能量的利用率提高。

多效蒸发装置由预热器、蒸发器、冷凝器、分离器、真空系统、泵、管件、阀门及控制系统等组成[134]。典型三效蒸发结晶装置工艺流程如图12-24所示。

目前多效蒸发工艺应用较多，水回收利用率达到90%左右，但设备的数量较多，因此投入较高。

(3) 多级闪蒸（multi-stage flash，MSF）

多级闪蒸法不仅用于海水淡化，也广泛用于热电厂和化工、炼油厂等锅炉的供水以及工业废水的苦咸水的处理。

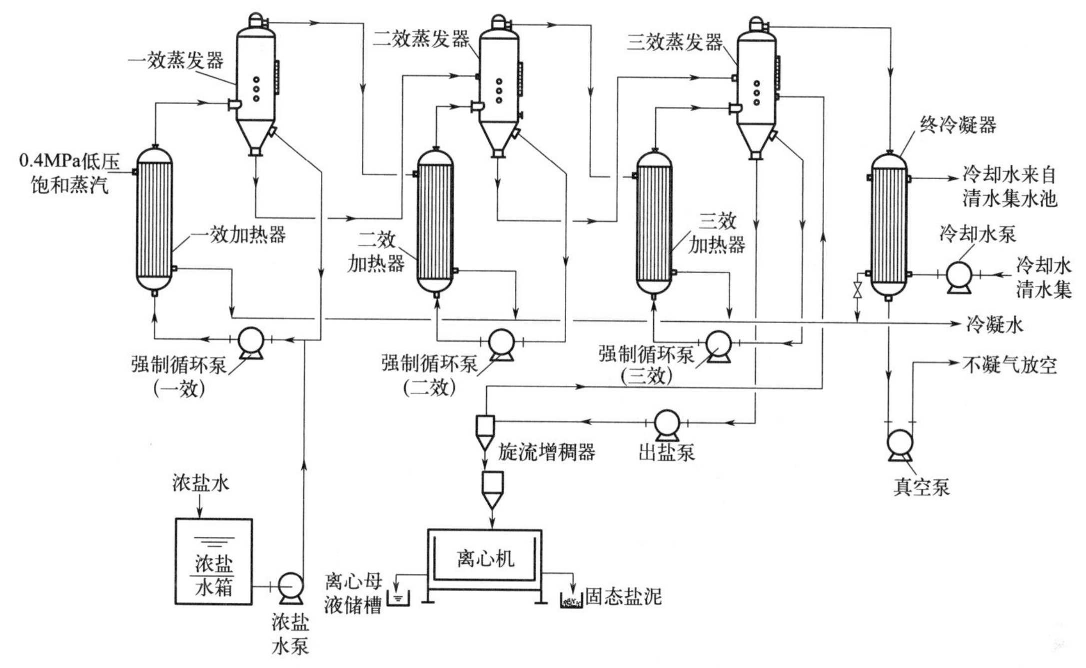

图 12-24 典型三效蒸发结晶装置工艺流程

多级闪蒸是多级闪急蒸馏法的简称，是针对多效蒸发结垢严重的缺点发展起来的。其工作原理是将加热到一定温度后的原料液，引入到一个闪蒸室，其室内的压力，低于预热后的原料液所对应的饱和蒸气压，部分原液迅速汽化，冷凝后即为所需淡水；另一部分原液温度降低，流入另一个压力较低的闪蒸室，又重复蒸发和降温的过程。将多个闪蒸室串联起来，室内压力逐级降低，原液逐级降温，连续产出淡化水。从而达到分离提纯的目的。

多级闪蒸不像多效蒸发有温差的限制，相邻两级可以设计比较小的温差，在给定的条件下，可以设计成更多的级数，降低供热量。多级闪蒸与多效蒸发相比，其防垢性能好，废热和低品位热能可被循环利用。

多级闪蒸工艺不会有溶质的析出、积淀及换热管表面结垢，析出的溶质会随高浓度盐水排出，不在换热管的表面积淀结垢，运行维护相对简单，浓盐水预处理要求也较低，技术安全度高，工艺成熟，单机生产能力相对较大，特别适用于大型化工废水的处理；装置运行安全、稳定、可靠。但多级闪蒸工艺工程投资高，动力消耗大，设备的操作弹性小，不适用于水量变化大的场合，而且传热效率低，所以限制了其进一步普及和应用。

12.6.1.3 其他处理方法

(1) 膜蒸馏（membrane distillation，MD）

膜蒸馏法是膜技术与蒸馏过程相结合的膜分离过程，它以疏水微孔膜为介质，在膜两侧蒸气压差的作用下，料液中挥发性组分以蒸气形式透过膜孔，从而实现分离的目的。膜蒸馏是一种以蒸气压差为推动力的新型分离技术，即通过冷、热两侧相变过程，实现混合物分离或提纯。与传统蒸馏方法和其他膜分离技术相比，该技术具有运行压力低、运行温度低、分离效果高、操作条件温和、对膜与原料液间相互作用及膜的力学性能要求不高等优点，可充分利用太阳能、废热和余热等作为热源。膜蒸馏具有极高的截留率，很容易达到排放标准，产水的电导率可达到 0.8μS/cm。缺点是膜的成本高、蒸馏通量小，运行状态不稳定，膜蒸馏采用疏水微孔膜局限性较大，同时，存在着与其他膜分离技术相同的问题，如膜污染、结垢、堵塞等，应用领域还不是很广泛。

（2）电渗析

电渗析过程是一个膜分离的操作过程，在外加直流电场作用下，利用离子交换膜对溶液中离子的选择透过性，使溶液中阴、阳离了发生迁移，分别通过阴、阳离子交换膜而达到除盐或浓缩的目的。比较常用的电渗析技术有填充床电渗析（EDI）、倒级式电渗析（EDR）、卷式电渗析等。

（3）焚烧

焚烧是将含有盐分的浓缩液送到焚烧炉进行焚烧处置，能够彻底焚烧浓缩液中残留的重金属以及有害物质，最终产生以无害盐类为主的残渣。浓缩液中的有害物质通过此技术能够较为彻底地被处理，但能量消耗高，对焚烧炉炉体设备要求较高。由于废水的热值非常低，若直接焚烧膜浓缩后产生的废水，需要添加大量燃料，能量消耗非常高。由于对设备材质的要求高，对尾气也需要进行可靠的处理，才能避免造成二次污染，故投资巨大，经济上不合理，在国内外的工程案例并不多。

12.6.2 高盐废水分盐工艺

12.6.2.1 纳滤分盐工艺

纳滤是一种介于超滤和反渗透之间的膜过滤工艺，主要利用纳滤膜对二价盐的选择截留特性，使水中的二价及多价盐和有机污染物能够被有效截留，同时对单价盐的透过效果好，对于处理高盐废水中存在的混盐体系具有较好的选择分离性。

虽然纳滤膜的分盐效率高，但长期运行时会存在膜污染的问题。膜污染是指在膜过滤过程中，水中的微粒、胶体粒子或溶质大分子，由于与膜存在物理化学相互作用或机械作用，而引起在膜表面或膜孔内吸附、沉积，从而出现膜孔径变小或堵塞的情况发生。

12.6.2.2 蒸发-冷却结晶工艺

蒸发-冷却结晶工艺是利用蒸发技术对高盐废水进行浓缩，得到的浓缩液通过冷却析出结晶盐。此工艺在分离所含无机盐在水中的溶解度随温度变化差异较大的混盐体系中得到应用，例如氯化钠与硫酸钠体系，其中氯化钠在水中的溶解度随温度变化不大，而硫酸钠对温度变化较为敏感，因此通过蒸发-冷却结晶工艺可以将两种无机盐分别析出达到分离的目的。此工艺通过控制结晶温度来获得较为纯净的结晶盐产品。

12.6.2.3 蒸发-热结晶工艺

以含氯化钠与硫酸钠的高盐废水为例，高盐废水经蒸发浓缩至硫酸钠接近饱和后，再输送到高温蒸发结晶器中，随着蒸发的进行，会逐渐析出硫酸钠晶体，当结晶器中固液比达到一定值时，将浆料输送到稠厚器中分离硫酸钠晶体与母液。分离后的母液一部分回到高温结晶器中继续蒸发浓缩，其余部分则进入低温蒸发结晶器，在 60℃左右的真空状态下继续蒸发析出氯化钠晶体，并在稠厚器中使氯化钠晶体与母液分离，最终达到单质盐分离的目的。

12.6.2.4 组合分盐工艺

国内一些典型的煤炭转化项目采用的高盐废水组合分盐工艺，是一种结合了纳滤分盐工艺和蒸发-冷却结晶或蒸发-热结晶工艺的多级工艺。组合分盐工艺可以达到较好的分盐效果，是未来高盐废水单质分盐工艺的重要发展方向。

经过分盐工艺得到的硫酸钠、氯化钠等结晶盐，可以通过进一步精制得到无水硫酸钠、氯化钠、硫酸钙晶须或其他产品，作为企业副产品销售。目前装置运行中依然存在如浓缩污堵、设备腐蚀以及能耗较大等问题。因此，煤炭转化项目产生的废水处理还应从源头入手进行管控，通过合理布局、合理用煤、改进工艺、运用新技术等方式从根本上降低污染物的排放，减轻污水处理系统的负担。

参考文献

[1] 谷力彬，姜成旭，郑朋．浅谈煤炭转化废水处理存在的问题及对策［J］．化工进展，2012，31（增刊1）：258-260.

[2] 方田．R公司煤炭转化废水处理业务战略研究［D］．沈阳：东北大学，2017.

[3] 马中学，杨军，陈金城．煤炭转化技术的发展与新型煤炭转化技术［J］．甘肃石油和化工，2007，21（4）：1-5.

[4] 李丹阳．基于氮气气浮除油与改善煤炭转化废水生化处理效能研究［D］．哈尔滨：哈尔滨工业大学，2013.

[5] 于海，孙继涛，唐峰．新型煤炭转化废水处理技术研究进展［J］．工业用水与废水，2014，45（3）：1-5.

[6] 张文博．碎煤加压气化废水处理全流程中试实例［J］．大氮肥，2021，44（2）：141-144.

[7] Li H Q，Han H J，Du M A，et al. Removal of phenols，thiocyanate and ammonium from coal gasification wastewater using moving bed biofilm reactor［J］. Bioresour Technol，2011，102（7）：4667-4673.

[8] 曲风臣．煤炭转化废水“零排放”技术要点及存在问题［J］．化学工业，2013，31（增刊1）：18-24.

[9] 张威，车得福，王随林，等．煤气化废水中有机物交互作用及响应面优化研究［J］．煤化工，2021，49（1）：40-45.

[10] 罗亮，刘强，尹亮，等．煤炭转化废水的处理技术研究概况［C］．2017年全国高炉炼铁学术年会，2017：5.

[11] 李建军．煤炭转化废水“零排放”技术与制约性问题分析［J］．世界环境，2020（1）：78-80.

[12] 张骏驰，薛旭．煤化工高盐废水零排放分盐处理技术进展研究［J］．大氮肥，2022，45（1）：60-64，68.

[13] 高延耀，顾国维，周琪．水污染控制工程［M］．北京：高等教育出版社，2014.

[14] 梅鹏里．MST小城镇污水处理技术研究［D］．合肥：合肥工业大学，2014.

[15] 肖军．透析工业废水污染治理的新途径［J］．乙醛醋酸化工，2015，184（12）：26-31.

[16] 赵敏娟．废纸造纸废水和生活污水处理技术方案的研究［D］．杨凌：西北农林科技大学，2011.

[17] 陈功，周玲玲，戴晓虎，等．城市污水处理厂节能降耗途径［J］．水处理技术，2012，38（4）：12-15.

[18] 崔文博．絮凝-膜分离法处理含油废水的技术研究［D］．长春：长春理工大学，2011.

[19] 孙立坤．PVA/PVAm改性涤纶滤布复合膜制备及其抗污染性能研究［D］．大连：大连理工大学，2012.

[20] 王健行．荧光增白剂生产废水的处理研究［D］．太原：山西大学，2010.

[21] 樊翠珍．洗车废水处理及回用技术的研究［D］．西安：长安大学，2006.

[22] Sun W L，Qu Y Z，Yu Q，et al. Adsorption of organic pollutants from coking and papermaking wastewaters by bottom ash［J］. Journal of hazardous materials，2008，154（1-3）：595-601.

[23] 余善文，李茂．焦化废水处理技术研究进展［J］．工程与建设，2008（3）：307-310.

[24] 陈光柱．MBR污水处理工艺在煤炭转化企业的应用［J］．中氮肥，2008（1）：24-26.

[25] Minhalma M，Pinho M N D. Integration of nanofiltration/steam stripping for the treatment of coke plant ammoniacal wastewaters［J］. Journal of Membrane Science，2003，242（1）：87-95.

[26] 谢添．混凝沉淀-Fenton氧化-SBR-活性炭吸附法深度处理煤炭转化废水效能的研究［D］．长春：吉林建筑大学，2015.

[27] Stamoudis V C，Luthy R G. Determination of biological removal of organic constituents in quench waters from high-BTU coal-gasification pilot plants［J］. Water Research，1980，14（8）：1143-1156.

[28] 张超，李贺敏，范镔锌．浅析生化系统的脱氮处理［J］．大氮肥，2022，45（1）：65-68.

[29] Zhou X，Li Y，Zhao Y，et al. Pilot-scale anaerobic/anoxic/oxic/oxic biofilm process treating coking wastewater

[J]. Journal of Chemical Technology & Biotechnology，2013，88（2）：305-310.
[30] 陈凌跃．煤炭转化废水处理技术瓶颈分析及优化与调试［D]. 哈尔滨：哈尔滨工业大学，2015.
[31] 应维琪，常启刚，张巍，等．简易水处理活性炭的选择和应用方法［J]. 环境污染与防治，2005（6）：430-435，439.
[32] 杨祝平，郭淑琴．利用两级氧化工艺处理生物精细化工污水［J]. 中国建设信息（水工业市场），2009（增刊1）：78-81.
[33] 乌力吉．再生水处理工艺的应用研究［J]. 民营科技，2015（8）：37.
[34] 刘忠慧．MBR技术在炼油污水处理中的应用［J]. 当代化工，2013，42（3）：323-324.
[35] 严奇伟．SE-东方炉水煤浆气化污水处理工艺［J]. 大氮肥，2021，44（2）：137-140.
[36] 李玉标．含酚废水的处理方法［J]. 净水技术，2005（2）：51-54.
[37] 庄海峰，袁小利，韩洪军．煤炭转化废水处理技术研究与进展［J]. 工业水处理，2017，37（1）：1-6.
[38] 王永胜，刘翠玲．煤炭转化生产过程中“三废”处理方法综述［J]. 山西科技，2012，27（6）：100-102.
[39] 王珊珊．活性白土改性及其在苯酚废水中的应用研究［D]. 西安：陕西师范大学，2014.
[40] 黄辉华．煤气化废水可生化性研究［D]. 青岛：青岛科技大学，2014.
[41] 孙华．吹脱法去除高氨氮废水的模型研究［D]. 上海：上海交通大学，2009.
[42] 徐彬彬．吹脱法处理焦化厂高浓度氨氮废水的试验研究［D]. 成都：西南交通大学，2011.
[43] Tian X，Song Y，Shen Z，et al. A comprehensive review on toxic petrochemical wastewater pretreatment and advanced treatment [J]. Journal of Cleaner Production，2020，245（6）：118692.
[44] Genon G S. High temperature ammonia stripping and recovery from process liquid wastes [J]. Elsevier，1994，37（1）：191-206.
[45] 常景泉，苏怀强．含硫污水汽提及氨精制工艺改造［J]. 煤炭转化，2012，40（3）：49-51.
[46] 孟祥清，马冬云．单塔加压侧线抽提装置在鲁奇加压气化工艺废水处理中的应用［J]. 工业用水与废水，2010，41（6）：73-76.
[47] 赵庆良，李湘中．化学沉淀法去除垃圾渗滤液中的氨氮［J]. 环境科学，1999，20（5）：90-92.
[48] 姚燕兵．采用树脂吸附去除焦化废水中总氰的研究［D]. 上海：华东理工大学，2014.
[49] 杜嘉英，尚会建，郑学明，等．三聚氯氰废水零排放研究［C]. 第九届全国化学工艺学术年会，2005.
[50] 郑道敏，方善伦，李嘉．含氰废水处理方法［J]. 无机盐工业，2002（4）：16-18.
[51] 张俊霞．合成氨造气废水治理技术研究［D]. 南京：南京理工大学，2006.
[52] 刘昕月．EGSB-BAF组合工艺处理腈纶废水试验研究［D]. 哈尔滨：哈尔滨工业大学，2008.
[53] 郑道敏．纳米二氧化钛光催化氧化含 CN^- 废水的研究［D]. 重庆：重庆大学，2002.
[54] 陈熙．辽宁五龙金矿含氰尾矿浆充填前的解毒处理研究［D]. 沈阳：东北大学，2008.
[55] 陈华进，李方实．含氰废水处理方法进展［J]. 江苏化工，2005（1）：39-43.
[56] 陈华进．高浓度含氰废水处理［D]. 南京：南京工业大学，2005.
[57] 梁毅恒．有关高浓度含氰废水处理的分析［J]. 广东化工，2016，43（13）：209-210.
[58] 黄思远．焦化废水中铁氰化物光解氧化技术研究［D]. 上海：华东理工大学，2014.
[59] Devuyst E A，Conard B R，Vergunst R，et al. A Cyanide removal process using sulfur dioxide and air [J]. JOM，1989，41（12）：43-45.
[60] 郑诗怡．煤制气浓盐水蒸发结晶制工业盐工艺研究［D]. 哈尔滨：哈尔滨工业大学，2015.
[61] 宋宝旭，刘四清．国内选矿厂废水处理现状与研究进展［J]. 矿冶，2012，21（2）：97-103.
[62] 郭燕妮，方增坤，胡杰华，等．化学沉淀法处理含重金属废水的研究进展［J]. 工业水处理，2011，31（12）：9-13.
[63] Tiravanti G，Petruzzelli D，Passino R. Pretreatment of tannery wastewaters by an ion exchange process for Cr（Ⅲ）removal and recovery [J]. Water Science and Technology，1997，36（2）：197-207.
[64] 袁敏．两级厌氧工艺预处理煤炭转化废水的研究［D]. 哈尔滨：哈尔滨工业大学，2010.
[65] 刘木权，冯志坚，朱月琪．不饱和聚酯树脂生产废水处理工程实例［J]. 广东化工，2011，38（01）：154-155，159.
[66] 卢亚峰，张珅．聚丙烯酰胺及气浮法对低温低浊水处理影响［J]. 科技致富向导，2014（23）：249.
[67] 杜彦杰．多段生化法处理煤炭转化废水的生产性实验研究［D]. 哈尔滨：哈尔滨工业大学，2009.
[68] 张小伟．云母板边角料回收再利用新技术［D]. 武汉：武汉理工大学，2007.

[69] 何建敏．重钢高线厂浊循环废水处理的优化研究［D］．重庆：重庆大学，2008.
[70] 胥晶．鞍山钢铁公司线材厂高线热轧循环水处理的研究［D］．沈阳：东北大学，2009.
[71] 刘如利．浅析气浮处理过程［J］．电镀与环保，1986（6）：21-23，7.
[72] 李爱阳，蔡玲，朱志杰．PFS絮凝-膜分离法处理含油食品废水的研究［J］．环境工程学报，2007（10）：51-55.
[73] 张宇．含油污水的处理方法概述［J］．黑龙江科技信息，2011（15）：1.
[74] 张能一，唐秀华，邹平，等．我国焦化废水的水质特点及其处理方法［J］．净水技术，2005（2）：42-47.
[75] 栾小锋．海洋石油工程环境污染风险管理研究［D］．天津：天津大学，2014.
[76] 乔丽丽，耿翠玉，乔瑞平，等．煤气化废水处理方法研究进展［J］．煤炭加工与综合利用，2015（2）：18-27.
[77] 李琦．含酚废水酚分离回收用PP膜基支撑液膜表面改性研究［D］．哈尔滨：哈尔滨工业大学，2016.
[78] 黄春晓．提高难降解有机废水可生化性的预处理技术［J］．许昌学院学报，2011，30（5）：93-96.
[79] 李俊，何长明，刘晓晶，等．活性炭去除零排放反渗透浓水中COD的应用研究［J］．应用化工，2017，46（12）：2392-2394，2399.
[80] 孙丽华，田海龙，俞天敏，等．PAC/AC与超滤组合去除水中有机物效果的研究［J］．工业水处理，2016，36（3）：21-25.
[81] 李俊，刘晓晶，贺正泽，等．煤炭转化废水难降解有机物的处理技术研究进展［J］．应用化工，2018，47（12）：2786-2790.
[82] 孙怡，于利亮，黄浩斌，等．高级氧化技术处理难降解有机废水的研发趋势及实用化进展［J］．化工学报，2017，68（5）：1743-1756.
[83] 杨涛．好氧固定床-混凝-Fenton氧化工艺处理焦化废水的研究［D］．天津：天津大学，2008.
[84] 范树军，张焕彬，付建军．铁炭微电解/Fenton氧化预处理高浓度煤炭转化废水的研究［J］．工业水处理，2010，30（8）：93-95.
[85] 王维明，张冉，王树涛，等．非均相光Fenton降解4-氯酚的研究［J］．安全与环境学报，2013，13（1）：31-35.
[86] 刘莹，陈雪，陈文婷，等．臭氧-活性炭工艺深度处理煤制气废水试验研究［J］．工业用水与废水，2014，45（2）：14-18.
[87] 杨静，王建兵，王亚华，等．高级氧化工艺处理煤炭转化浓盐水［J］．环境工程学报，2015，9（8）：3680-3686.
[88] 张志伟．臭氧氧化深度处理煤炭转化废水的应用研究［D］．哈尔滨：哈尔滨工业大学，2013.
[89] 刘春，周洪政，张静，等．微气泡臭氧催化氧化-生化耦合工艺深度处理煤炭转化废水［J］．环境科学，2017，38（8）：7.
[90] 陈振飞，卢桂军，李茂静，等．超声波技术降解焦化废水中有机物的研究［J］．工业水处理，2011，31（4）：39-42.
[91] 成笠萌．超声波与臭氧技术对焦化废水中难降解有机物处理研究［D］．北京：北京交通大学，2016.
[92] Kwarciak-Kozłowska A，Krzywicka A. Toxicity of coke wastewater treated with advanced oxidation by Fenton process supported by ultrasonic field［J］. Ochrona Srodowiska i Zasobów Naturalnych，2016，27（1）：42-47.
[93] Fang H H P，Chan O C. Toxicity of phenol towards anaerobic biogranules［J］. Water Research，1997，31（9）：2229-2242.
[94] Zhang M，Tay J H，Qian Y，et al. Coke plant wastewater treatment by fixed biofilm system for COD and NH_3-N removal［J］. Water Research，1998，32（2）：519-527.
[95] 吴限．煤炭转化废水处理技术面临的问题与技术优化研究［D］．哈尔滨：哈尔滨工业大学，2016.
[96] 于凤刚．Fenton试剂强化铁炭微电解-固定化微生物联合工艺处理高浓度有机废水［D］．兰州：兰州大学，2009.
[97] 李佑珍．兼氧-好氧-物化工艺处理服务区高氨氮废水［J］．青海交通科技，2010（1）：11-13.
[98] 刘继凤，刘继永，朱进勇．浅谈工业废水中难降解有机污染物处理技术及发展方向［J］．环境科学与管理，2008（4）：120-122.
[99] 罗光俊，康媞．厌氧技术——UASB处理工业废水的研究现状及发展趋势［J］．能源与环境，2013（2）：81-83，86.
[100] 赵睿．福建凤竹污水处理厂曝气装置控制系统的设计与实现［D］．沈阳：东北大学，2012.
[101] 龙焙，余训民，李庆新，等．新农村建设中生活污水处理研究综述［J］．科技创业月刊，2010，23（12）：179-180，182.
[102] 李尚月．合建式三环工艺的试验研究［D］．重庆：重庆大学，2004.
[103] Mace S，Mata-Alvarez J. Utilization of SBR technology for wastewater treatment? An overview［J］. Ind Eng Chem Res,

2002, 41 (23): 5539-5553.

[104] 姬鹏霞，杨建，刘志辉．SBR法处理鲁奇加压气化废水存在问题的探讨及措施 [J]. 山东科学，2005，18（4）：83-85.

[105] 陈雪松，许惠英，李成平．SBR用于焦化废水生物处理的试验研究 [J]. 环境工程学报，2005，6（6）：57-60.

[106] 韩洪军，周飞祥，刘音颂，等．SBR法处理煤炭转化废水中石油烃类的试验研究 [J]. 给水排水，2012，48（2）：57-61.

[107] 赵利霞，张春禹．煤炭转化企业SBR法污水处理工艺 [J]. 河南化工，2010（5）：59-60.

[108] 富元．煤制甲醇污水深度处理及回用工程实例 [J]. 工业用水与废水，2012，43（3）：64-66.

[109] 王晓平，秦昊．德士古煤气化高氨氮废水处理浅析 [J]. 大氮肥，2012（1）：67-69.

[110] 王乾坤．CAST工艺在煤矿生活污水处理系统中的设计应用 [J]. 煤炭工程，2014，46（6）：28-30.

[111] 陈茂霞，罗丽，闫志英，等．CASS＋人工湿地工艺处理城镇污水工程实例 [J]. 四川环境，2012，31（2）：74-77.

[112] 蓝梅，顾国维．PACT工艺研究进展及应用中应注意的问题 [J]. 工业水处理，2000，20（1）：10.

[113] 陈龙，丁年龙．传统活性污泥法工艺投加粉末活性炭的生产试验性应用 [J]. 污染防治技术，2009（5）：7-8.

[114] Li Y Z, He Y L, Liu Y H, et al. Comparison of the filtration characteristics between biological powdered activated carbon sludge and activated sludge in submerged membrane bioreactors [J]. Desalination, 2005, 174 (3): 305-314.

[115] Sublette K L, Snider E H, Sylvester N D. A review of the mechanism of powdered activated carbon enhancement of activated sludge treatment [J]. Water Research, 1982, 16 (7): 1075-1082.

[116] Aghamohammadi N, Aziz H B A, Isa M H, et al. Powdered activated carbon augmented activated sludge process for treatment of semi-aerobic landfill leachate using response surface methodology [J]. Bioresource Technology, 2007, 98 (18): 3570-3578.

[117] Obrien G. Estimation of the removal of organic priority pollutants by the powdered activated carbon treatment process [J]. Water Environment Research, 1992, 64 (1): 877-883.

[118] Zhao Q, Han H, Xu C, et al. Effect of powdered activated carbon technology on short-cut nitrogen removal for coal gasification wastewater [J]. Bioresource Technology, 2013, 142: 179-185.

[119] 陈莉荣，杨艳，尚少鹏，等．PACT法处理煤制油低浓度含油废水试验研究 [J]. 水处理技术，2011，37（11）：63-65.

[120] 程斌．浅谈煤炭转化废水的处理方法 [J]. 经营管理者，2011（17）：380-380.

[121] Rusten B, Hem L J, Ødegaard H. Nitrification of municipal wastewater in moving-bed biofilm reactors [J]. Water Environment Federation, 1995, 67 (1): 75-86.

[122] 李景贤，罗麟，杨慧霞．MBBR法工艺的应用现状及其研究进展 [J]. 四川环境，2007（5）：97-101.

[123] 韩洪军，李慧强，杜茂安，等．移动生物床在煤气化废水深度处理中的应用 [J]. 现代化工，2010（增刊2）：322-324.

[124] Jia S, Han H, Hou B, et al. Treatment of coal gasification wastewater by membrane bioreactor hybrid powdered activated carbon (MBR-PAC) system [J]. Chemosphere, 2014, 117: 753-759.

[125] Shi X L, Hu X B, Wang Z, et al. Effect of reflux ratio on COD and nitrogen removals from coke plant wastewaters [J]. Water Science and Technology, 2010, 61 (12): 3017-3025.

[126] 魏谷．IC/MBBR工艺处理高COD、高氨氮煤炭转化废水 [J]. 中国给水排水，2012，28（20）：121-124，128.

[127] 管凤伟，高戈，赵庆良．A/O生物膜工艺处理煤气废水的试验研究 [J]. 中国给水排水，2009，25（13）：74-76.

[128] 王奉军．A/O法处理煤炭转化废水应用小结 [J]. 小氮肥，2010，38（1）：1-4.

[129] 邓林胜．一种新型流化床A/O工艺在煤化工污水处理中的应用与实践 [J]. 大氮肥，2021，44（1）：61-66.

[130] 张纯龙．A/O＋MBR复合工艺处理某钢铁公司焦化废水的实验性研究 [D]. 青岛：青岛理工大学，2010.

[131] 公彦欣．煤制烯烃废水处理工艺改造 [D]. 辽宁：辽宁科技大学，2013.

[132] 赵义．A^2/O^2生物膜法处理焦化废水中试研究 [D]. 太原：太原理工大学，2007.

[133] 楚波．某市焦化酚氰污水处理工艺比较研究 [D]. 呼和浩特：内蒙古大学，2012.

[134] 杨韫．焦化废水四种生物脱氮处理工艺处理效果的比较 [D]. 呼和浩特：内蒙古大学，2013.

[135] 刘承东，宋晓玲．A^2/O生物脱氮工艺在焦化废水处理中的应用 [J]. 煤炭转化，2006，34（2）：51-53.

[136] Dong W, Min J, Wang C. Degradation of organic pollutants and characteristics of activated sludge in an anaerobic/

anoxic/oxic reactor treating chemical industrial wastewater [J]. Brazilian Journal of Chemical Engineering，2014，31 (3)：703-713.
[137] 吴限，韩洪军，方芳．高酚氨煤炭转化废水处理创新技术分析 [J]. 中国给水排水，2017，33 (4)：26-32.
[138] 魏江波．煤制油废水零排放实践与探索 [J]. 工业用水与废水，2011，42 (5)：70-75.
[139] 郝志明，郑伟，余关龙．煤制油高浓度废水处理工程设计 [J]. 工业用水与废水，2010，41 (3)：76-79.
[140] 张冉．煤炭转化企业废水深度处理与用水系统集成优化 [D]. 哈尔滨：哈尔滨工业大学，2017.
[141] 刘建军．浅谈煤炭转化废水处理技术与进展 [J]. 化工管理，2020 (6)：122-123.
[142] 王建兵，段学娇，王春荣，等．煤炭转化高浓度有机废水处理技术及工程实例 [M]. 北京：冶金工业出版社，2015.
[143] 邢林林，张景志，姜安平，等．焦化废水深度处理技术综述 [J]. 工业水处理，2017，37 (02)：1-6，55.
[144] 胡绍伟，陈鹏，王飞，等．集成工艺深度处理焦化废水中试研究 [J]. 冶金能源，2017 (增刊 2)：116-118.
[145] 王月锋，田在峰，边蔚．铁碳微电解-Fenton 氧化-絮凝沉淀深度处理焦化废水 [J]. 绿色科技，2014 (11)：148-150.
[146] 赖鹏，赵华章．Fenton 氧化深度处理焦化废水的研究 [J]. 当代化工，2012 (1)：11-14.
[147] 周琳．Fenton 高级氧化法深度处理焦化废水的试验研究 [D]. 郑州：郑州大学，2016.
[148] Qu J F，Che T H，Shi L B，et al. A novel magnetic silica supported spinel ferrites $NiFe_2O_4$ catalyst for heterogeneous Fenton-like oxidation of rhodamine B [J]. Chinese Chemical Letters，2019 (6)：1198-1203.
[149] 敏陈，许韵华，晋丽叶，等．非均相类 Fenton 试剂处理焦化废水的研究 [J]. 现代化工，2006，26 (2)：288-290，293.
[150] Wang W，Liu Y，Li T，et al. Heterogeneous Fenton catalytic degradation of phenol based on controlled release of magnetic nanoparticles [J]，2014，242：1-9.
[151] Cheng C，Lu D，Shen B，et al. Mesoporous silica-based carbon dot/TiO_2 photocatalyst for efficient organic pollutant degradation [J]. Microporous and Mesoporous Materials，2016，226：79-87.
[152] 肖俊霞，吴贤格．焦化废水外排水的 TiO_2 光催化氧化深度处理及有机物组分分析 [J]. 环境科学研究，2009 (9)：1049-1055.
[153] 王维明．非均相光芬顿深度处理焦化废水的研究 [D]. 哈尔滨：哈尔滨工业大学，2012.
[154] 陈鲁川．电化学高级氧化技术降解高含盐炼化废水中难降解有机物 [D]. 杭州：浙江大学，2019.
[155] 庄海峰，袁小利，韩洪军．煤炭转化废水处理技术研究与进展 [J]. 工业水处理，2017 (1)：1-6.
[156] Wang C，Liu Y，Zhou T，et al. Efficient decomposition of sulfamethoxazole in a novel neutral Fered-Fenton like/oxalate system based on effective heterogeneous-homogeneous iron cycle [J]. Chinese Chemical Letters，2019，30 (12)：2231-2235.
[157] 尚秀丽，陈淑芬，甘黎明，等．电芬顿氧化法处理染料废水的研究进展 [J]. 毛纺科技，2015 (11)：35-38.
[158] 李海涛，李玉平，张安洋，等．新型非均相电-Fenton 技术深度处理焦化废水 [J]. 环境科学，2011 (1)：171-178.
[159] 徐甲慧，霍守亮，张靖天，等．电芬顿法降解含酚类有机废水 [J]. 上海大学学报（自然科学版），2019 (4)：576-589.
[160] 侯保林，韩洪军．三维电 Fenton 深度处理煤炭转化废水的催化反应机理 [J]. 哈尔滨工业大学学报，2018 (8)：45-50.
[161] 舒展．催化臭氧化法处理煤炭转化废水的研究进展 [J]. 现代化工，2019 (6)：75-79.
[162] 郭剑浩，金政伟，杨帅，等．臭氧催化氧化技术在煤炭转化含盐废水深度处理中的应用 [J]. 煤炭化工，2020 (43)：136-139.
[163] Tong S P，Li W W，Zhao S Q，et al. Titanium (Ⅳ)-improved H_2O_2/O_3 process for acetic acid degradation under acid conditions [J]. Ozone：Science & Engineering，2011，33 (6)：441-448.
[164] 郜子兴，杨文玲．臭氧催化氧化技术在废水处理中的研究进展 [J]. 应用化工，2017 (12)：2455-2458，2462.
[165] 陈炜彧，李旭芳，马鲁铭．铁基催化剂催化臭氧深度处理煤炭转化废水 [J]. 环境工程学报，2018 (1)：86-92.
[166] 韩洪军，朱昊，徐春艳，等．纳米 MgO 催化臭氧氧化深度处理煤炭转化废水 [J]. 中国给水排水，2019 (23)：110-113，119.
[167] 韩洪军，庄海峰，赵茜，等．非均相催化臭氧处理煤炭转化生化出水 [J]. 哈尔滨工业大学学报，2014，46 (6)：50-54.

[168] 王吉坤，陈贵锋，李阳，等．臭氧催化氧化去除煤化工高盐废水难降解有机物工艺研究［J］．煤化工，2021，49（3）：81-85.

[169] 郝岩巍．湿式氧化法处理煤气废水研究［D］．大庆：东北石油大学，2017.

[170] 王慧斌，廖传华，陈海军，等．超临界水氧化技术处理煤炭转化废水的试验研究［J］．现代化工，2016（11）：154-158.

[171] 刘春明．超临界水氧化技术降解喹啉废水的研究［D］．天津：天津大学，2012.

[172] 高晋生，鲁军，王杰．煤炭转化过程中的污染与控制［M］．北京：化学工业出版社，2010.

[173] Wang Y，Wang S，Yang G，et al. Oxidative Degradation of Lurgi coal-gasification wastewater with Mn_2O_3，Co_2O_3，and CuO catalysts in supercritical water［J］. Industrial Engineering Chemistry Research，2012，51（51）：16573-16579.

[174] 谢添，韩相奎，王晓玲，等．颗粒活性炭吸附法深度处理煤炭转化废水研究［J］．煤炭与化工，2015（1）：156-157，160.

[175] 尹连庆，张军，腾济林，等．吸附法深度处理煤制气生化废水的研究［J］．水处理技术，2011（11）：104-106.

[176] 徐莉莉，孙硕，王军，等．活性焦吸附对煤炭转化废水膜处理工艺的影响［J］．环境工程学报，2013（10）：3827-3832.

[177] 王吉坤，李阳，刘敏，等．活性氧化铝去除煤化工废水氟化物的性能研究［J］．洁净煤技术，2020，26（6）：77-82.

[178] 王姣，陈景辉，张艳，等．纳滤工艺深度处理焦化废水的中试研究［J］．工业水处理，2017（7）：55-57，95.

[179] 闻晓今，周正，魏钢，等．超滤-纳滤对焦化废水深度处理的试验研究［J］．水处理技术，2010（3）：93-95，103.

[180] 阮燕霞，魏宏斌，任国栋，等．双膜法深度处理焦化废水的中试研究［J］．中国给水排水，2014（17）：82-84.

[181] Fang Y L，Yin W Z，Jiang Y B，et al. Depth treatment of coal-chemical engineering wastewater by a cost-effective sequential heterogeneous Fenton and biodegradation process［J］. Environmental Science Pollution Research，2018，25（13）：13118-13126.

[182] 李湛江，谭雪云，吴锦华，等．$Fe^0/S_2O_8^{2-}$ 异相芬顿与生物组合工艺处理煤炭转化废水尾水［J］．环境工程学报，2018（3）：760-767.

[183] Ma W，Han Y，Xu C，et al. The mechanism of synergistic effect between iron-carbon microelectrolysis and biodegradation for strengthening phenols removal in coal gasification wastewater treatment［J］. Bioresource Technology，2018，271：84-90.

[184] 郑俊，陈明高，张德伟，等．Fe^0/GAC-Fenton 工艺对煤炭转化废水的深度处理研究［J］．中国给水排水，2018（7）：94-98.

[185] 王卓，袁骋，程延峰，等．臭氧氧化耦合陶瓷膜过滤处理煤制气废水研究［J］．水处理技术，2019（2）：82-86.

[186] Zhu H，Han Y，Ma W，et al. Removal of selected nitrogenous heterocyclic compounds in biologically pretreated coal gasification wastewater（BPCGW）using the catalytic ozonation process combined with the two-stage membrane bioreactor（MBR）［J］. Bioresource Technology，2017，245：786-793.

[187] 唐安琪．吸附及臭氧氧化联用处理煤炭转化废水生化出水试验研究［D］．哈尔滨：哈尔滨工业大学，2014.

[188] 高艳．高含盐工业废水处理技术研究进展［J］．化学与粘合，2022，44（1）：72-75.

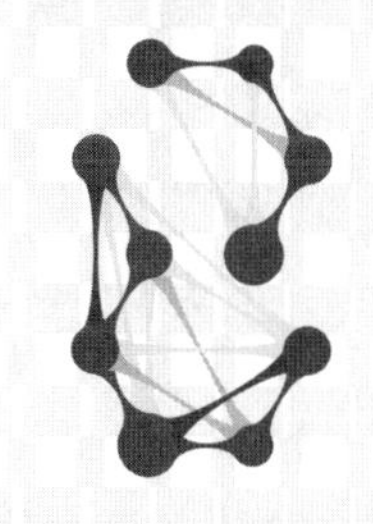

13 煤炭转化过程固体废物处理与处置

与石油化工相比，由于煤炭的高含灰性，大型煤炭清洁转化企业都会产生大量的固体废物。近年来，对这些固体废物的处理方式更加有效，利用方式更加广泛、多样，如伊利新天煤化工有限公司利用自备粉煤锅炉协同资源化处理煤制天然气中产生的焦油、煤粉和污水处理的生化污泥[1]，又如采用气化炉渣生产土壤改良剂，利用煤矸石、粉煤灰生产泡沫陶瓷等[2]。在目前“双碳”目标背景下，进一步实现减量化处理和提高固废资源化利用率已成为当前亟待解决的重要问题之一。

本章主要介绍煤炭转化过程产生的固体废物的性质和当前的处理处置技术及研究进展。

13.1 固体废物的性质

13.1.1 煤的初级转化固体废物

煤炭初级转化一般包括煤的热解、焦化、气化、液化、燃烧等过程，在此过程中会产生以煤中矿物质、油类为主要成分的固体废物，因煤种和加工工艺的不同，这些固体废物的产生量、组成有较大差别。本章对其中几种主要的固体废物进行阐述。

13.1.1.1 煤焦化残渣

煤焦化是指通过高温干馏处理原料煤来生产焦炭，同时回收粗煤气中化学品的过程。煤焦化过程中产生的废弃物主要有焦油渣、酸焦油、粗苯洗油再生器残渣、粗苯精制残渣和酚渣等。另外，还有备煤和焦处理系统产生的除尘灰以及细焦粉等[3]。根据国家工业和信息化部发布的《焦化行业准入条件（2014 年修订）》，焦化企业应配套焦油渣、剩余污泥、重金属催化剂等固废处理设施，或者委托其他有资质的单位无害化处理固体废物[4]。

（1）焦油渣

煤焦化产生的高温焦炉煤气经过初冷器冷却或集气管，部分高沸点气体有机物冷凝成半固体煤焦油，同时，煤焦油中会混有煤气中夹带的半焦、煤粉等形成黏稠的焦油渣[5]。

焦油渣的主要来源有三个方面。①在机械化澄清槽中根据密度不同，对焦油氨水混合物进行分离，澄清槽底部沉积形成半固体状焦油渣，焦厂焦油渣大部分来源于此处。②经自然沉降后，仍有不易沉降的细微焦油渣，常采用超级离心机使焦油/渣分离，以减少焦油的渣含量，满足焦油深加工的质量要求。超级离心机分离出的焦油渣为半液体状，是焦厂焦油渣的第二大来源。③焦油渣来源于贮槽自然沉降后的清槽焦油渣，其稠度介于上述两者之间[6]。

焦油渣含有水、焦粉、煤粉等，以及多环芳烃、苯类、焦油、酚类等有机物，还含有较少的重金属[7]。焦油渣有一定黏性，通过烘干或自然晾干后形成不规则非晶相状态的细小颗粒。焦油渣的一些基本性质如表 13-1 所示。

表 13-1　几种焦油渣的基本性质[5]

分析项目	焦化煤焦油渣			
	A 厂	B 厂	C 厂	D 厂
含水率(质量分数)/%	12.70	6.30	11.50	17.50
含油率(质量分数)/%	47.51	44.82	24.52	49.82
含硫量(质量分数)/%	0.53	0.75	0.91	0.57
灰分(质量分数)/%	2.03	7.33	2.41	2.14
挥发分(质量分数)/%	51.1	52.27	31.87	50.1
固定碳(质量分数)/%	34.17	34.10	54.22	30.26
干基无灰发热量/(kcal/kg)	9231	9418	9180	9041
样品弹筒发热量/(kcal/kg)	7871	8134	7903	7265

注：1kcal=4.186kJ。

由表 13-1 可知，焦油渣具有低含水率、高含油率、发热量大的性质，其中发热量均超过 7200kcal/kg。焦油渣的含硫量和灰分都较低，有机挥发物和固定碳含量大。

另外，焦油渣还含有酚类、萘类、苯类等有毒物质，以及苯并[*a*]芘等致癌有机物，危害性很大[8]，需妥善处理，避免环境污染。

(2) 酸焦油

在焦化中，通常采用硫酸吸收煤气中的氨来制取硫酸铵，由于从蒸氨塔来的酸性物质、不饱和化合物聚合产生的磺酸等杂质进入饱和器，在饱和器内会产生酸焦油并随同母液流到母液满流槽，再进入母液贮槽，在母液贮槽中将其分离出来。

在硫酸铵生产过程产生的酸焦油的数量通常取决于氨水中的杂质含量、硫酸的纯度、煤气中焦油雾和不饱和化合物的含量，以及饱和器的母液酸度和温度等，变动范围很大。而煤气中焦油雾的含量，主要取决于煤气的冷却程度和电捕焦油器的工作效率。一般酸焦油的产量约占炼焦干煤重量的 0.013%[3]。

在硫酸铵生产过程中产生的未经处理的酸焦油大约含有 50%的母液（硫酸 4%、硫酸铵 46%），许多蒽、萘、苯族烃等芳香族化合物，甲酚、酚等含氧化合物，噻吩、硫代环烷等含硫化合物，以及吡啶、氮杂萘、氮杂芴等含氮化合物。

(3) 粗苯洗油再生器残渣

通过洗油吸收煤气中粗苯时，在循环使用过程中洗油的质量会变差，为确保洗油质量，将 1%～2%的循环洗油由富油脱苯塔的一块塔板引入洗油再生器，油气经蒸汽蒸吹后，再生器底部的残油（黑色黏稠油渣）排至残渣槽。

洗油残渣[2]含有洗油的高沸点组分，例如二甲基萘、α-甲基萘、甲基苯乙烯、四氢化萘、芴、苊、萘、联亚苯基氧化物等；洗油中的硫化物和不饱和化合物，例如古马隆、茚、环戊二烯、苯乙烯和噻吩等可以缩聚成聚合物。洗油残渣生成量受多因素影响，例如粗苯组成、洗油加热温度、进塔洗油量、油循环状况，通常占循环油的比例为 0.12%～0.15%。洗油残渣灰分含量 0.12%～2.4%、密度 1.12～1.15g/cm^3（50℃）、固体树脂产率 20%～60%、甲苯溶物含量 3.6%～4.5%。

(4) 粗苯精制残渣

粗苯加氢精制工艺除分离产生苯、甲苯、二甲苯这三大苯以外的固态和液态物质或者副产品称为粗苯精制残渣。根据残渣的最终用途和性质，又可分为溶剂再生残渣、蒸馏副产物、白土残渣、废催化剂等四类，其主要类型及处置方式见表 13-2。

表 13-2 粗苯加氢典型工艺产生的主要残渣及处置方式[9]

残渣名称	产生工艺	产生环节（设备）	主要处置方式	产生系数（吨/万吨粗苯）	主要成分	备注
溶剂再生渣	KK 法工艺	溶剂再生塔	危废处理单位处理	0.2	N-甲酰吗啉	危险废物
	国产化加氢工艺	—	危废处理单位处理	1.7	环丁砜	危险废物
重苯残油	两类工艺	脱重组分塔	①掺入煤焦油中使用 ②精制生产古马隆-茚树脂、萘等 ③作为产品出售	500～800	三甲苯、古马隆、茚、萘等	蒸馏副产品
白土渣	国产化加氢工艺	白土罐	危废处理单位处理	—	SiO_2、Al_2O_3、微量烃类	通常 2～3 年更换一次
废催化剂	两类工艺	预反应器	生产厂家回收	—	Ni-Mo	3～5 年更换一次
	两类工艺	主反应器	生产厂家回收	—	Co-Mo	3～5 年更换一次
二甲残油	KK 法工艺	二甲苯塔	混合后作为产品出售	100～200	非芳烃、乙苯、三甲苯等	蒸馏副产品
非芳烃	两类工艺	萃取精馏塔	作为产品出售	200～500	烷烃、环烷烃	蒸馏副产品

① 溶剂再生残渣。将加氢油中的非芳烃用萃取剂环丁砜或 N-甲酰吗啉来萃取分离，再生萃取剂时残留在再生塔底的残渣，此类再生残渣中有少量萃取溶剂和固态杂质。

② 蒸馏副产品。主要有二甲苯精馏时产生的 C_9 和 C_8 馏分，加氢后用溶剂萃取出的非芳烃，脱重组分塔底的重苯残油等。C_9 是二甲苯提纯过程中分离出来的高沸点馏分，C_8 含量较低，一般含有乙苯、非芳烃等低沸点馏分，与 C_9 混合后作为二甲残油外售。非芳烃是环烷烃和烷烃的混合物，通常可作为产品进行外售。重苯残油，主要由萘、茚和古马隆等高沸点化合物组成，可作为古马隆树脂的生产原料，一般小型粗苯加氢企业将其作为产品出售，大型粗苯加氢企业则配有重苯加工生产线。

③ 白土渣。将环丁砜溶剂用于萃取加氢过程，环丁砜萃取加氢后还需使用活性白土来吸附去除微量硫化氢和不饱和化合物，一般 2～3 年排放一次由于白土失活形成的白土渣。

④ 加氢反应器定期排放的废催化剂。预反应器催化加氢除去容易发生聚合的苯乙烯和二烯烃时定期排放的 Ni/Mo 催化剂，主反应器催化加氢除去含氮、含氧、含硫化合物时定期排放的 Co/Mo 催化剂。

(5) 酚渣

酚渣产生于煤焦油深加工过程的粗酚精制工序。除酚类化合物外，在原料粗酚中还含有一定量酚钠、水分和中性油等杂质。粗酚精馏前需要进行脱渣和脱水，间对甲酚塔底排出的残液与脱渣塔底排出的二甲酚残渣一起流进脱渣釜，由脱渣釜排出酚渣。

酚渣[3]是一种与焦油类似的黑色黏稠状混合物，其密度为1.2g/cm^3，主要含有酚类化合物、树脂状物质、游离碳和中性油，酚类化合物主要是2,3,5-三甲基酚、3-甲基-5-乙基酚、萘酚及二甲基酚等高级酚，其中苯不溶物14%，酚类65%，含氮化合物<2%，聚合物25%，盐4%～5%。

13.1.1.2 煤气化灰渣

灰渣是煤气化过程中不可避免的副产物，煤经高温高压等一系列的气化过程后，无机矿物质经多种物理化学变化伴随着煤中残炭形成固态残渣。煤气化排放的灰渣，一方面会占用大量的土地，另一方面其渗滤液会对水体、土壤造成污染[10]。随着煤炭清洁转化行业的发展，对灰渣进行合理利用，不仅可以消除灰渣的危害，还可节约大量物质资源，变废为宝。煤气化灰渣主要包括粗渣（气化炉渣）和细渣（黑水滤饼）。部分废锅气化炉和流化床气化炉的干法除灰过程中还会产生飞灰。

(1) 灰渣的形貌结构

气化炉操作运行条件不一样，飞灰与底渣的外观形态也会不同，飞灰通常为深灰色或灰黑色的细颗物，而细渣与粗渣为灰白、灰色、棕色、黄褐色、黑色的粒状物。采用扫描电镜(SEM)对气化炉粗渣和飞灰表面形态特性进行了表征分析，平雅敏等研究者[11]发现：粗渣呈致密且表面有釉质光泽的结构，表面附着很多小颗粒物但几乎观测不到孔结构，其中部分小颗粒物呈现明显的熔融团聚状态。而气化细渣与飞灰的结构则稀松，部分区域是蜂窝状或者絮状。对粗渣和细渣进行研磨对比，发现细渣易于破碎磨细，说明粗渣的机械强度要高于细渣。

(2) 灰渣的粒度分布

研究GE水煤浆气化炉、四喷嘴对置式水煤浆气化炉、Shell粉煤气化炉三种气流床气化炉共8份灰渣样品的粒度分布发现，绝大多数粗渣粒径比4mm小，约二分之一的粗渣颗粒大小在1～4mm之间。细渣粒径均小于1mm，约三分之一的细渣颗粒小于0.065mm，其他粒径的分布则相对均匀[12]。飞灰的颗粒粒径较小，45μm以下颗粒占99%以上[13]。

(3) 灰渣的化学特性

灰渣的化学特性由其化学组分与矿物组成等决定。煤气化灰渣化学组成的差异与煤的灰分组成、助熔剂类型和加入量以及气化工艺因素有关。灰渣的化学组分一般是煤中未燃烧的矿物，其中Ca、Si、Mg和Al的氧化物约占90%，还含有Na_2O、SO_3、K_2O、多种微量元素及未燃烧的炭。宁夏地区某原煤气流床气化装置典型的粗渣、细渣和飞灰组成如表13-3所示[14-16]。

表13-3 典型粗渣、细渣和飞灰组成分析（%，质量分数）

项目	SiO_2	Al_2O_3	CaO	Fe_2O_3	Na_2O	MgO	K_2O	TiO_2	P_2O_5	SO_3
粗渣	30.43	14.9	19.68	22.74	1.72	3.76	1.64	1.31	0.72	0.97
细渣	52.74	27.37	9.47	7.40	1.41	0.93	1.15	1.18	0.14	0.91
飞灰	58.28	19.87	6.55	8.03	0.55	0.72	2.24	0.82	1.14	1.24

从表13-3可以看到，灰渣中含量最高的是SiO_2、Fe_2O_3、CaO、Al_2O_3，基本在8%以上，K_2O、Na_2O、MgO、TiO_2的含量次之，约为1%～3%。而P和S含量较低。通常认为TiO_2、Al_2O_3和SiO_2为酸性氧化物，而MgO、Fe_2O_3、K_2O、CaO和Na_2O为碱性氧化物。Fe_2O_3、CaO作为碱性氧化物，在灰渣组分中占有比例很大，这说明，在煤灰中低熔点组分更易熔融，在粗渣中富集，而滤饼中较多的难溶组分则以飞灰形式被合成气带走。

研究发现粗渣中的矿物质一般为莫来石、石英和钙长石，而细渣中的矿物质为石英和莫来石[12]。渣中石英通常是气化过程中未反应的石英颗粒，煤中所含的石英约在800℃时与高岭石等发生反应，生成新的非晶质或矿物质。另外，高温下生成的细渣和粗渣的矿物组成虽然相同，但是细渣中FeS的含量比粗渣高。推测是由于粗渣中部分FeS发生反应生成铁铝酸盐，同时在更高的温度下熔化成玻璃体。

（4）可燃物含量

灰渣中燃烧不完全的物质，大部分为未燃尽的炭粒，通常表现在可燃物含量或残炭指标或者烧失量。一般使用可燃物含量来表明未完全燃烧的物质。粗渣中可燃物含量较小，在0%～10%之间，然而细渣和飞灰中可燃物含量较高，在10%～30%。因此，粗渣的可燃物含量明显低于细渣、飞灰的可燃物含量。一般认为颗粒物转化率的高低取决于停留时间的长短，停留时间短的一般转化率相对较低。粗渣附着在气化炉炉壁上，停留时间较长，而细渣、飞灰则被合成气快速带离气化炉反应室，停留时间较短[17]。

影响细渣和飞灰综合利用的关键问题是残炭量较高。这是因为炭粒内部多孔、结构疏松、易碾碎、孔腔吸水性高、高温烧结烧失量大[18]。煤气化细渣的烧失量过高是致使它很难利用的主要原因。但从另一方面分析，烧失量过高意味着残炭和可燃烧有机物含量高，故可以通过燃烧加以利用[19]。流化床锅炉因其独特的燃烧方式，可用于富碳煤灰的燃烧，在流化床锅炉充分燃烧后，最后以飞灰和炉渣的形式排出，即细渣由高碳灰变成低碳灰，燃烧后的低碳灰又可以作为混凝土、水泥等建材、建工原料。

13.1.1.3 煤直接液化残渣

煤的直接液化是煤直接催化加氢转化成液体产物的技术，一般是在较高温度（400℃以上）、高压（10MPa以上），以及溶剂和催化剂作用下，在氢气、$CO+H_2O$或$CO+H_2$气氛中，将煤裂解加氢，直接转化为液体油的工艺[20]。煤直接液化残渣（CLR）是在煤直接液化过程中，经过减压蒸馏后的剩余组分，约占原料煤的30%[21]。

煤直接液化残渣为组成复杂且非均一的混合物，其不含水，但高碳、高灰、高硫、高发热量和高挥发分含量，并且具有强黏结性和膨胀性。残渣的性质，与固液分离方法、原料煤的种类以及液化的工艺条件均相关，其中最重要的影响因素是固液分离方法[22]。常用的方法有溶剂萃取、过滤和减压蒸馏等。不同的固液分离方法，残渣的性质和形态也会差异较大。例如，溶剂萃取残渣不含有沥青质，过滤分离残渣为固态滤饼，而减压蒸馏残渣则液化重质油含量较多[23]。目前，因减压蒸馏技术成熟和处理量大的优点，在液化工艺配置中多选择减压蒸馏技术。

（1）煤直接液化残渣的组成和结构

煤直接液化残渣主要有以下三个部分：①不溶于有机溶剂的，原煤中有机组分加氢形成的相对较高分子量的组分和原煤中未直接反应的有机大分子组分；②煤液化过程中添加的催化剂和煤中残留的无机矿物质[24]；③溶于有机溶剂的，原煤中有机组分加氢形成的相对较低分子量的组分和原煤中未直接反应的有机小分子组分。神华煤液化后减压蒸馏残渣的典型组成为：四氢呋喃（不溶物，即未反应的煤和矿物质）45%、沥青烯20%、重质油30%和前沥青烯5%，其中未反应的煤约为残渣的30%[25]。通过对煤直接液化残渣进行元素分析、分子量测定、光谱及质谱等分析[26,27]，残渣中沥青烯组分以及重质油组分的分子结构特征为：沥青烯平均分子式为 $C_{101}H_{90.7}O_{3.6}N_{2}$，平均分子量为1387，主要结构为多环稠合芳香烃，少量加氢饱和，在环上存在烷基取代基，取代基的平均链长为13个碳原子，存在少量醚基和羟基，而且氮原子和少量氧形成杂环。重质油平均分子式为 $C_{25}H_{31}O_{0.2}N_{0.26}$，平均分子量为339，主要结构是2～3环的芳香烃，部分饱和成环烷烃，环上存在烷基取代基，烷基侧链的链长平均为9～10个碳，少量氮和氧原子形成杂环。与沥青烯组分相比，甲基侧链较少。

表13-4为Wandoan原煤及其液化残渣的工业分析和元素分析，由表可以看出，相较于原煤，液化残渣高碳、高硫、高灰，但低水分（几乎不含水分）。

表13-4 Wandoan原煤及其液化残渣的工业分析与元素分析[28]

样品	工业分析(空气干燥基)/%				元素分析(干燥无灰基)/%				
	M	*V*	*A*	FC	*C*	*N*	*H*	*S*	*O*
煤	9.2	41.7	8.1	41.0	77.6	0.9	6.1	0.3	15.1
CLR	0.1	34.5	30.9	34.5	87.2	1.4	5.7	2.3	3.4

注：*M*—水分；*V*—挥发分；*A*—灰分；FC—固定碳；*C*、*N*、*H*、*S*、*O*—碳、氮、氢、硫、氧元素含量。

（2）煤直接液化残渣的灰分和灰熔融性

神华煤及其液化残渣的灰分和灰熔融性分析见表13-5。

表13-5 神华煤及其液化残渣的灰分和灰熔融性分析[29]

样品	灰分组成(质量分数)/%							灰熔点/℃			
	Fe_2O_3	Na_2O	Al_2O_3	MgO	SO_3	CaO	其他	FT	DT	HT	ST
煤	12.0	3.7	11.3	1.8	11.8	30.8	3.9	1270	1210	1260	1230
CLR	29.1	2.1	8.1	0.8	20.0	19.9	2.9	1180	1090	1170	1150

注：FT—流动温度；DT—变形温度；HT—半球温度；ST—软化温度。

根据表13-5，可得液化残渣中硫和铁含量明显提高，主要是由液化过程中使用铁基催化剂导致的，该原因同时导致了灰熔融性的各特征温度均有不同程度的降低。此外，残渣的灰分含量变高主要是因为煤中的有机质被液化后，煤中矿物质，包括液化催化剂，均会在残渣中富集。

（3）煤直接液化残渣的其他理化性质

煤直接液化残渣受组成影响，其密度通常在1.2～1.6g/cm³之间；尽管煤直接液化残渣中灰分含量较高，但是其发热量也很高，减压蒸馏残渣的发热量常在29～30MJ/kg；煤直接液化残渣在常温下呈固态，加热可软化，由于其组成有差异，其软化点也不同，一般在140～200℃之间；煤直接液化残渣流动性，主要指热熔融态的流动性，主要受灰分和碳含量影响，随着灰分的降低或者碳含量的增加，黏度增大，流动性降低；由于煤直接液化残渣含一定量的有机质，随着轻质有机质含量增大，其热解挥发性增强[30]。

13.1.1.4 锅炉灰渣

锅炉灰渣是指在炉内燃烧导致的高温下，燃煤中的矿物质经过一系列物理化学作用形成的最终产物。为满足和适应各种锅炉的需求，燃烧设备形式多样。根据燃烧方式不同，可以分为层燃炉（如链条炉、抛煤机炉等）、室燃炉（煤粉炉）和沸腾炉（流化床炉）。层燃炉容量较小且效率低，目前已基本淘汰；公用电厂多采用悬浮燃烧的室燃炉；煤矿自备电厂多采用沸腾炉。燃煤锅炉产生的固废包括燃烧后的灰渣和飞灰，灰渣由锅炉排渣口排出，飞灰由除尘器排出。不同炉型飞灰占总灰量比例见表13-6。

表13-6　不同炉型飞灰占总灰量比例[31]

炉型	链条炉	抛煤机炉	煤粉炉	流化床炉
占总灰量比例/%	15～25	25～40	85～90	30～60

(1) 灰渣和飞灰的化学组成

灰渣和飞灰的化学成分主要取决于所用燃煤中的矿物成分。

由表13-7和表13-8可知，从沸腾炉灰渣中CaO和SO_3的含量看，底灰＞飞灰＞常规灰。

表13-7　沸腾炉高硫灰渣化学成分[32]

组分	底灰(质量分数)/%	飞灰(质量分数)/%
SiO_2	6.9～66.1	13.9～44.0
Al_2O_3	3.2～24.7	8.8～17.9
Fe_2O_3	3.1～7.6	2.7～6.6
MgO	1.1～2.0	1.0～2.2
K_2O	0.8～3.6	1.2～3.0
Na_2O	0.1～0.9	0.3～1.3
CaO	6.2～52.2	8.6～23.0
SO_3	1.0～28.3	2.2～10.1
C	0.5～5.9	1.0～37.6

表13-8　室燃炉主要化学成分去除烧失量后均值[32]

组分	SiO_2	Al_2O_3	TiO_2	TFeO	CaO	MgO	K_2O	Na_2O	MnO	P_2O_3	SO_3
含量/%	53.30	30.33	1.42	7.24	3.38	0.92	1.34	0.49	0.06	0.32	0.85

注：TFeO为全铁，数值上等于FeO的含量加上0.8998乘以Fe_2O_3的含量。

由表13-9和表13-10可知，沸腾炉飞灰中的含碳量普遍高于室燃炉飞灰中的含碳量。而且，沸腾炉飞灰各项成分随粒度变化有一定规律，随着沸腾炉飞灰粒度由粗到细，飞灰中SiO_2含量逐渐降低，而Al_2O_3、TFeO、CaO、MgO等含量逐渐升高。

表13-9　沸腾炉飞灰化学成分[33]

电厂	灰样	C/%	MgO/%	Al_2O_3/%	TFeO/%	SiO_2/%	CaO/%
A厂	一电场	14.53	0.62	32.48	7.24	49.71	1.22
	二电场	20.80	0.64	33.59	8.53	47.43	1.44
	三电场	8.99	1.25	34.80	9.00	46.72	2.12
	＜45μm	20.69	1.15	35.38	8.39	45.80	1.84
	45～57μm	17.79	0.62	34.74	8.00	46.51	1.78
	＞57μm	15.17	0.57	33.83	7.40	47.80	1.54
B厂	混灰	25.43	0.96	27.81	4.42	53.04	4.50
	＜45μm	28.01	1.09	28.97	4.56	51.88	4.48
	45～57μm	27.48	1.07	28.92	4.57	52.83	4.26
	＞57μm	22.08	0.95	28.37	4.57	53.25	4.25
C厂	一电场	12.30	0.85	35.46	7.27	48.27	2.16
	二电场	16.12	1.15	36.87	7.84	46.32	2.52
	三电场	17.46	1.32	37.64	7.93	45.15	2.75

表 13-10　室燃炉飞灰化学成分[33]

电厂	灰样	C/%	MgO/%	Al_2O_3/%	TFeO/%	SiO_2/%	CaO/%
A厂	混灰	3.51	1.50	31.01	4.82	55.95	2.09
	<45μm	3.56	1.65	31.25	4.57	55.49	2.15
	45～57μm	3.45	1.47	30.47	4.92	55.78	2.04
	>57μm	3.24	1.06	29.98	5.05	56.85	1.87
B厂	混灰	2.00	1.26	30.12	4.28	56.95	4.50
	<45μm	1.82	1.12	31.37	4.28	54.38	5.11
	45～57μm	1.75	1.06	29.48	4.37	55.47	4.19
	>57μm	1.62	0.85	29.00	4.64	55.71	4.04
C厂	混灰	2.84	1.08	36.80	5.19	51.10	2.92
	<45μm	3.18	1.28	36.94	4.98	50.49	3.01
	45～57μm	2.56	0.95	35.62	5.05	51.26	2.56
	>57μm	2.01	0.74	34.85	5.29	52.54	2.12

(2) 灰渣物化性质

沸腾炉灰渣一般外观为灰白色颗粒，其堆积密度为870～1100kg/m^3，某国沸腾炉高硫灰渣主要物理性能见表13-11。沸腾炉灰渣结构内部有很多空隙，结构较疏松，吸水性较高；此外，固硫灰渣中含有$CaCO_3$、CaO及F-$CaSO_4$（游离石膏）等成分，遇水后可能呈碱性，可当作碱性激发剂激发固硫灰渣的水化反应，可与活性SiO_2和Al_2O_3组分发生反应生成C-S-A凝胶和C-A-H凝胶，具有一定的水硬性，灰渣中CaO的含量越高，自硬性反应越明显，强度越高。

表 13-11　某国沸腾炉高硫灰渣物理性能[34]

品种	颗粒级配			细度模数	堆积密度/(kg/m^3)
	筛孔尺寸/mm	分计筛余/%	累计筛余/%		
沸腾炉高硫灰渣	5.0	0	0	1.95	1468
	2.5	0.5	0.5		
	1.25	4.0	4.5		
	0.630	141.0	145.5		
	0.315	226.2	371.7		
	0.160	82.5	454.2		
	筛底	45.8	500.0		

细度是粉煤灰的一种重要物理性质，直接影响其标准稠度需水量、活性和强度等，作为一项评定粉煤灰质量的重要指标。表13-12～表13-14分别列出了沸腾炉与室燃炉飞灰的粒度分布及物性对比，可以看出粉煤炉飞灰粒径更小。

表 13-12　沸腾炉飞灰粒度分布[32]（%）

编号	1～8μm	9～16μm	17～24μm	25～32μm	34～40μm	41～49μm	50～58μm	59～64μm
F13	17.11	12.94	21.79	11.56	11.94	9.07	7.90	5.60
F15	12.0	11.11	20.43	16.84	12.98	10.81	11.38	4.44
平均粒径	F13=25.15μm　F15=28.67μm							

表 13-13　室燃炉飞灰粒度分布[32]

粒度/μm	百分比/%	平均粒径/μm
1～8.3	28.9	13.6
8.3～17.4	25.5	
17.4～23.3	11.3	
23.3～31.3	8.8	
31.3～48.8	14.2	
48.8～56.6	3.6	
56.6～65.6	2.9	

表 13-14　沸腾炉脱硫飞灰与普通粉煤灰的差别[32]

项目	沸腾炉脱硫飞灰	室燃炉粉煤灰
形态	极少有熔融后的玻璃体生成，无定形微粒，各组分维持原生状态	多孔炭粒、玻璃体，不规则玻璃碎片，光滑球形富钙、铁玻璃体
细度	粗灰量＞细灰量，平均粉径≈27μm	细灰量＞粗灰量，平均粉径≈13μm
$CaO+SO_3$	＞20%	＜5%
$Fe_2O_3+Al_2O_3+SiO_2$(FAS)	约 50%	＞80%
烧失量(C)	＞15%	＜2%

13.1.2　合成气利用过程固体废物

(1) 废催化剂、废吸附剂、废干燥剂、废分子筛

煤炭清洁转化废催化剂、废吸附剂、废干燥剂、废分子筛主要产生于煤或煤基衍生物转化过程中。废催化剂往往含有有毒成分，主要是重金属和挥发性有机物，具有很大的环境风险，需对其进行无害化处理。同时，稀有金属元素（如 Re）、贵金属元素（Pt 等），或者有价金属元素如 Co、Mo、Ni 等常作为固定床催化剂的活性中心，失活后在载体上富集，一些含量甚至要比某些贫矿中的相应组分含量高，并且金属品位高，可作二次资源回收利用，实现降低成本、提高经济性的目标。

煤炭清洁转化项目中，合成气净化装置及产品装置产生的主要固体废物及其主要成分见表 13-15。

表 13-15　合成气净化装置及产品装置产生的主要固废及其主要成分

序号	装置名称	废渣名称	排放规律	主要成分
1	变换	脱毒槽废吸附剂	3 年一次	$MgO+Al_2O_3 \geq 90\%$
		变换废催化剂		氧化钴、氧化钼、$MgO-Al_2O_3-TiO_2$
2	甲烷化	脱毒槽废脱硫剂	3 年一次	ZnS
		废催化剂	3 年一次	镍基催化剂、氧化铝
3	变压吸附提氢	废吸附剂	15 年一次	分子筛、Al_2O_3

续表

序号	装置名称	废渣名称	排放规律	主要成分
4	硫黄回收	废催化剂	3 年一次	Al_2O_3、氧化钴、氧化钼
5	甲醇合成	废催化剂	4 年一次	CuO、Al_2O_3
6	乙二醇合成	废吸附剂	—	氧化铝
		废氧化脱氢催化剂	—	氧化铝
		废偶联催化剂	—	氧化铝
		加氢催化剂	—	Cu、氧化铝
7	氨合成	废催化剂	10 年一次	FeO、K_2O、CaO、Al_2O_3
8	甲醇制烯烃	再生器	间歇	SAPO-34、硅铝磷酸盐
		渣浆罐	间歇	催化剂细粉、经罐区沉降后形成的催化剂泥
		裂解气干燥器	4 年一次	分子筛、Al_2O_3
		凝液干燥器	4 年一次	分子筛、Al_2O_3
		裂解气第二干燥器	4 年一次	分子筛、Al_2O_3
		C_2 加氢反应器	4 年一次	含贵金属废催化剂、Pd-Ag-助剂/Al_2O_3
		丙烯产品二甲醚吸附器	4 年一次	分子筛、Al_2O_3
		脱二甲醚塔底出料吸附器	4 年一次	分子筛、Al_2O_3
9	MTP	DME 预反应器	间歇	Al_2O_3
		烯烃反应器	间歇	沸石
10	MTG	反应器	间歇	分子筛
11	MTA	反应器	间歇	分子筛、Al_2O_3

注：MTP—甲醇制丙烯；MTG—甲醇制汽油；MTA—甲醇制芳烃；DME—二甲醚。

（2）废液

煤焦化、气化过程不产生废液，但煤经一次转化后所生成的合成气中可能含有有机酚类、焦油、H_2S、粉尘等对下游装置有害的成分，在合成气净化以及煤炭清洁转化产品的合成过程中可能产生对环境有害的废液。以下分别从合成气净化和煤炭清洁转化产品合成不同工艺种类来叙述净化和合成过程中所产生的废液。

① 煤焦化脱硫废液　焦炉煤气脱硫多采用湿法脱硫工艺，我国 80%左右的焦化企业使用的是湿法脱硫，湿法脱硫工艺主要有 PDS 法、HPF 法、ADA 法、栲胶法等。在生产运用中，湿法脱硫技术常常会伴有一些副反应，从而使循环的脱硫液中副产的硫代硫酸铵、硫氰酸铵等副盐含量浓度越来越高，为了不影响脱硫效率，必须定期将这部分脱硫液外排。研究表明我国多家焦化厂脱硫废液中硫代硫酸铵含量为 80～150g/L，硫氰酸铵含量为 80～120g/L，硫酸铵含量约为 10g/L[35]。焦化脱硫废液处理多采用拌煤焚烧、还原热分解、分步结晶及膜法处理等。

② 大规模酸性气体脱除废液　大型煤气化合成气脱硫主要采用低温甲醇洗技术，低温甲醇洗是一种物理法脱硫工艺，主要利用甲醇在不同温度下对 H_2S 和 CO_2 溶解能力不同来脱除合成气中的酸性气。有研究表明低温甲醇洗系统中维持系统中氨含量 20×10^{-6}mol/L 左右可以抑制 CO_2、H_2S 等酸性气对甲醇洗碳钢设备的腐蚀，但氨含量高于 80×10^{-6}mol/L 时，低温甲醇洗系统可能会出现铵盐结晶堵塞管道，影响系统正常生产[36]。所以低温甲醇洗流程中，会产生含氨甲醇废液，其排放处一般位于热再生塔塔顶回流泵出口，甲醇中氨含量

超过 10g/L 时，需进行含氨甲醇的外排。

③ 甲醇制烯烃废液　甲醇制烯烃过程碱洗塔用于脱除产品气中的酸性物质，在碱洗产品气过程中会伴有少量黄油的产生[37]，需要及时外排，否则会直接影响到碱洗塔的运行效果，并引发新鲜碱液消耗量增大、碱洗效率下降、废碱液排放量增大、废碱液较难处置等一连串问题[38]。与此同时，碱洗会产生大量含有氢氧化钠、碳酸钠等无机盐的废碱液。

产生黄油的机理主要有两种：①在痕量氧的作用下，工艺气中溶解在碱液中的不饱和烯烃或双烯产生自由基，并发生自由基偶联；②在碱的作用下，工艺气中的酮或醛发生羟醛缩合反应，生成 α,β-不饱和醛/酮，进而发生聚合反应生成黄油[39]。研究表明，甲醇制烯烃会产生含 40 多种主要成分的废黄油，包括 50.18%的芳香族化合物，38.24%的醛酮类化合物[40,41]。

为了减少废黄油的产生，降低废碱液的处理难度，从其产生的机理出发，目前可实施的措施包括：提升碱洗塔前水洗效果，减少进入塔内的醛酮类化合物含量；严格把控产品气中氧的含量；添加黄油抑制剂等[42]。

尽管甲醇制烯烃工艺与石油裂化生产乙烯工艺中产生的废碱液性质不完全相同，但是在处理方法上仍可借鉴石油化工行业多年来积累的废碱液处理方法[43,44]。目前，甲醇制烯烃装置可行的废碱液处理方法主要有焚烧法和湿式空气氧化法。

④ 煤制乙二醇废液　根据工艺流程不同，煤制乙二醇的技术路线大体可分为直接法、草酸酯法以及烯烃法三种。尽管业界通常将“煤制乙二醇”特指草酸酯法工艺，广义来说，但凡采用原料煤来生产乙二醇的工艺，均可称作煤制乙二醇工艺。因此，我国煤制乙二醇主要技术路线见图 13-1。

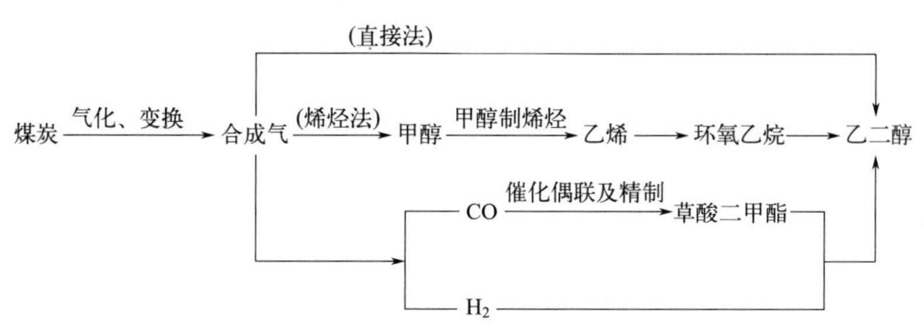

图 13-1　我国煤制乙二醇主要技术路线

上述三种煤制乙二醇的工艺路线均会产生废液，且工艺不同伴有的产生废液环节也有所不同。以河南某化工厂草酸酯法路线年产 20 万吨乙二醇装置为例[45]，每天会产生 22 吨左右的含醇重组分废液，每年会产生高达 7000 吨以上的废液。因为该废液组分很多，较难提纯，再利用费用高，所以大多数工厂均将其按废液处理，但这一做法不仅加大了工厂资金投入，而且会造成环境污染。研究 20 万吨草酸酯法煤制乙二醇生产过程中酯化、加氢及精制环节所产生的混合废液，主要含有 46.64%的醇类及醚类，23.96%的乙二醇，以及 1.24%的酯类组分。详细组分见表 13-16。

表 13-16　煤制乙二醇工艺废液所含主要成分

组成	含量/%	组成	含量/%	组成	含量/%
水	52.07	1,4-丁二醇	0.006	碳酸二甲酯	0.55
甲醇	10.25	1,2-己二醇	0.003	碳酸乙烯酯	0.33
乙醇	7.13	二乙二醇	0.03	草酸二乙酯	0.01

续表

组成	含量/%	组成	含量/%	组成	含量/%
乙二醇	23.96	三乙二醇	0.01	乙二醇甲醚	0.29
1,2-丙二醇	1.24	杂醇	1.87	甲缩醛	0.02
2,3-丁二醇	1.17	乙醇酸甲酯	0.33		
1,2-丁二醇	0.68	1,4-丁内酯	0.02		

13.1.3 配套设施固体废物

(1) 空分空压装置固体废物

空分装置的关键设备就是分子筛吸附器和冷箱，分子筛吸附器的作用是利用内部的分子筛、氧化铝等吸附清除原料空气中的水分、二氧化碳、乙炔及其他碳氢化合物，保证空分冷箱的正常运行。吸附剂的吸附效率对空分冷箱乃至整套空分装置的安全运行有着重要影响。因此，当吸附剂不能满足要求时需要及时移除并更换。

目前空分制氧吸附剂主要为5A分子筛和13X分子筛。5A分子筛是一种化学物质，分子式是$3/4CaO \cdot 1/4Na_2O \cdot Al_2O_3 \cdot 2SiO_2 \cdot 9/2H_2O$。13X型分子筛，也叫钠X型分子筛，是碱金属硅铝酸盐，具有一定的碱性，属于一类固体碱，其化学式为$Na_2O \cdot Al_2O_3 \cdot 2.45SiO_2 \cdot 6H_2O$，其孔径10Å（$1Å=10^{-10}nm$），吸附大于3.64Å小于10Å任何分子。空分装置与空压站生产过程产生的固废主要有废分子筛和废氧化铝。

(2) 水处理过程固体废物

原水处理工艺流程包括混凝、絮凝、沉淀、过滤和消毒处理，混凝过程中需投加PAC、PAM等，沉淀后会产生化学污泥。污泥中不仅含有大量来自天然水源的污染物，如悬浮固体、胶体物质、藻类和致色有机物，而且还含有大量的水处理药剂，主要成分为$CaCO_3$、SiO_2、Fe_2O_3、Al_2O_3等化合物。

在脱盐水系统中，一般使用离子交换树脂来除盐制取脱盐水供热力设备使用。离子交换树脂使用若干周期后，其颗粒度不断减小，性能也不断降低，需被置换下来成为废弃离子交换树脂。通常这一类废离子交换树脂是苯乙烯型强酸或强碱性树脂，是一类以苯乙烯为单体，二乙烯苯为交联剂，经磺化或胺化的高分子聚合物，呈粉粒状，树脂颗粒的粒径通常在0.3～1.2mm之间，吸附有Ca、Mg、Fe、Na等无机盐类物质。

污水处理厂清净废水和高盐水系列双膜处理工序高密度沉淀池会产生化学污泥，主要组分为$CaCO_3$、CaF_2、$Mg(OH)_2$。

13.1.4 环保设施固体废物

13.1.4.1 废气处理产生的固体废物

煤炭清洁转化除了产生前述的固体废物外，在废气治理过程中也会产生一些固体废物，如烟气脱硫脱硝产生的石膏、废催化剂，VOCs治理产生的废活性炭等。这类固体废物的处理，对于提升煤炭清洁转化环保装置的整体水平有着重要的意义。

(1) 烟气脱硫固体废物

烟气脱硫（FGD）是工业上应用规模最大的也是最有效的脱硫方法，其技术主要是利用碱性的吸收剂来捕集吸收烟气中的 SO_2，将之转化为易机械分离的硫化合物或单质硫，进而达到脱硫的目的[46]。

烟气脱硫工艺按脱硫剂和脱硫产物是固态还是液态，可以分为干法、半干法和湿法。目前在电厂和煤炭清洁转化企业应用较多的是湿法脱硫技术中的石灰-石膏法。

石灰-石膏法属于湿法脱硫的一种，其工艺成熟，运行稳定，是国内外工业化烟气脱硫普遍采用的方法。锅炉烟气除尘后经增压风机来增加压力，通过气气换热器来交换热量，降温后进入脱硫塔底部，同石灰石浆液反应，脱除烟气中的 SO_2。烟气净化后经除雾器去除烟气中夹带的液滴，通过气气换热器升温后由烟囱排出。增氧风机鼓入空气，强制氧化了进入脱硫塔底部浆液池的生成物 $CaSO_3$，进一步生成 $CaSO_4$，形成石膏。不断补充新鲜的石灰/石灰石浆液，生成的石膏持续排出，得到高纯度石膏[47]。脱硫石膏中主要的杂质有：烟气中的飞灰、石灰石中的杂质。在石灰-石膏法脱硫工艺前期应用的过程中，由于煤质不稳定，运行管理水平低，往往生产的石膏质量不合格，不能作为产品使用，而是作为一种固体废物抛弃。随着技术的不断发展，脱硫石膏的质量品质得到改善，可以作为产品使用。目前脱硫石膏在粉刷、水泥建材和模具等方面均有广泛的应用，但其作为石膏砌块、水泥辅料等附加值仍较低[48]。国内研究者通过研究脱硫石膏的性质，将脱硫石膏制成石膏晶须（一种新型的无机纤维材料）[49]。石膏晶须由于其低廉的价格和优良的性能在市场上优势很大，为脱硫石膏的应用开辟了新的路径。不同于湿法脱硫副产物含硫矿物成分为硫酸钙，干法脱硫副产物以亚硫酸钙为主，其主要应用于制作蒸压砖、蒸压加气混凝土砌块、水泥、轻骨料等。

(2) 烟气脱硝固体废物

烟气脱硝技术是用于控制 NO_x 排放的重要措施，主要可分为干法和湿法两类。其中干法包括分子筛、活性炭吸附法或气相还原法等；湿法通常是指用水、碱、酸液等液体进行氧化吸收的方法。其中气相还原法因 NO_x 脱除效率高，应用比较广泛。

因可以高效脱除 NO_x（效率为 80%～90%）且还原剂用量少，气相还原法中选择性催化还原法（SCR）的工业应用最为广泛。此类方法通常是在较低温度与催化剂的作用下，将还原剂氨（NH_3）喷入废气中，通过反应将 NO_x 还原成 H_2O 和 N_2。这里的 NH_3 只与 NO_x 发生反应，而不与 O_2 发生反应，具有一定选择性。目前，已工业应用的装置多数均采用非贵金属作催化剂，例如氧化铁载体催化剂、钒钨和亚铬酸铜催化剂（TiO_2 为载体）、铜铬催化剂（Al_2O_3 为载体）等。

SCR 脱硝催化剂通常采用“2＋1”的装填方式，即先装填 2 层催化剂，约 3 年后再装填第 3 层，3 年后更换第 1、2 层催化剂，此后每 2 年更换一层催化剂[50]。当前 SCR 脱硝催化剂中，包含的物质有 TiO_2、V_2O_5、WO_3 等[51]。其中，WO_3 负载量为 5%～10%，V_2O_5 负载量为 1%～5%，TiO_2 物质占了绝大部分的含量。SCR 脱硝催化剂失活原因有：温度过高引起催化剂烧结、碱金属和砷中毒以及飞灰磨蚀和堵塞[52]。SCR 催化剂失效后仍有许多为催化剂提供活性中心的重金属，并且在表面也会附着或沉积危险污染物，故 SCR 催化剂失效后是一种危险固体废物。目前对于 SCR 脱硝失效催化剂的处理方式主要有再生、循环使用催化剂的组分和填埋处置。

(3) VOCs 处理装置固体废物

饱和蒸气压高于 133.3Pa、室温下沸点小于 260℃的易挥发性有机化合物可以总称为挥发性有机化合物（volatile organic compounds，VOCs）。VOCs 有很多种，最普遍的是醇类、酯类、醛类和芳香烃，而且大部分的 VOCs 伴有恶臭味、毒性，甚至致癌性，会极大危害人体以及环境[53]。煤炭清洁转化企业 VOCs 排放气中可能含有氨气、焦油、萘、酚、氰化物、甲烷、甲醇等。煤炭清洁转化企业中设备动静密封点、有机液体储存和装卸、污水收集暂存和处理系统等环节是 VOCs 的主要排放源。

现在国内外有机废气主要有两类处理方法：回收法和消除法。回收法属于物理方法，通过改变温度、压力或者采用选择性渗透膜和选择性吸附剂等来富集分离 VOCs，主要有炭吸附、变压吸附、吸收法、冷凝法及膜分离技术。消除法属于化学方法，用光、热、微生物和催化剂将 VOCs 变为水和 CO_2 等无毒无害的无机小分子化合物，主要有热氧化、直接燃烧、催化燃烧、等离子体法、生物氧化及紫外光催化氧化集成技术。等离子体、半导体光催化剂、生物氧化技术近年来发展迅速，而投入成本很高。与此相比，目前催化燃烧组合与活性炭吸附浓缩法应用最为广泛且经济性高[54]。炭吸附法可处理大气量和低浓度的废气，首先用活性炭吸附废气中的有机物，随后采用少量的热空气来脱附，使得 VOCs 富集 10～15 倍，显著减低了处理废气的体积，后续装置规模亦可相应大大降低。催化燃烧可以处理较高浓度的废气，浓缩后气体被送入催化燃烧设备中来消除 VOCs。通过间壁换热器，催化燃烧放出的热量可以用来预热进入炭吸附床的脱附气，减小系统的能量消耗。

催化氧化法主要采用非贵金属和贵金属催化剂这两种催化剂。非贵金属催化剂一般指过渡元素金属氧化物（如 MnO_2），特定比例下与黏合剂混合制成催化剂[55]；贵金属催化剂有 Pd、Pt 等，通常贵金属呈细颗粒状吸附在催化剂载体上，这里催化剂载体一般指散装填料或陶瓷蜂窝，或金属。VOCs 催化剂失活主要有三种类型：催化剂完全失活，主要有 Pb、As、Zn 等毒物造成；活性中心与硫和卤素的化合物结合，结合方式是相对可逆、松弛且暂时性的，只要废气中的该类物质被除去，催化剂的活性仍可恢复；沉积覆盖活性中心，由于存在不饱和化合物导致碳沉积，还有铁氧化合物、其他颗粒物及陶瓷粉尘等堵塞活性中心，进而改变催化剂的吸附与解吸能力，致使催化剂的活性降低。在煤炭清洁转化项目中，VOCs 催化剂的失活主要有含硫气体与活性中心的结合和废气中携带的粉尘堵塞活性中心两种。这两种失活方式都是可逆的，当发生失活后，进行再生处理就可以重新使用。当催化剂超过使用寿命后，通常做法是将催化剂中的贵金属进行回收，剩余部分进行填埋处置。

13.1.4.2 废水处理产生的固体废物

大型煤炭清洁转化项目配套的废水处理装置会产生结晶盐、活性污泥等固体废物。以某企业 $4\times10^9 m^3/a$ 褐煤制天然气项目为例进行核算，浓盐水蒸发结晶装置产生结晶盐泥 4.32 万吨/年左右，污水处理污泥生成量 3.56 万吨/年左右，灰渣量 262 万吨/年左右（其中 90 万吨/年左右综合利用）[56]。

（1）蒸发结晶盐

煤炭清洁转化废水按照含盐量的多少可以分为有机废水和含盐废水。原本煤炭清洁转化含盐废水是指总含盐量（以 NaCl 为计）最低 1%的废水，具有高含盐量、其他污染物含量低的特点，一般由生产过程中除盐水系统排水、循环水系统排水、回用系统浓水、煤气洗涤废水等产生。然而，近年来由于“近零排放”的目标设置，除了原有含盐废水外，经过预处理、生化处理和深度处理后依旧没有达标的废水也会纳入含盐废水统一处理，水质的复杂程度加大，处理难度也更大[57]。“近零排放”就是将工业废水浓缩为固体或浓缩液的形式再加以处理，而不是以废水的形式外排到自然水体。

在煤炭清洁转化生产中，通常用“预处理＋膜处理＋蒸发结晶”的组合工艺对含盐废水进行处理[58]。预处理主要有气浮、混凝、过滤等操作步骤，废水经预处理后进入膜浓缩系统，企业目前大多数用“双膜法”（超滤＋反渗透）进行处理，所得淡水可以用作企业生产回用水或循环冷却水系统的补充水，而约占处理量35%的浓盐水进入浓盐水二级浓缩单元。依情况不同，在二级膜浓缩处理前，可能要进一步软化废水，从而减小Ba^{2+}、Mg^{2+}、Ca^{2+}等结垢离子和有机物的浓度，通常采用纳滤膜法、石灰软化法等。二级浓缩后，约占含盐废水水量5%的高浓盐水产生，盐度在5%～8%抑或更高，进一步采用蒸发结晶工艺提浓和固化。在蒸发结晶工艺中，常用热或膜浓缩的方法结晶析出废水中的盐分，收集蒸馏液到蒸馏水罐后，与热交换设备进行换热，降温至约18°C离开蒸发结晶系统并排到回用水池回用，母液则送到干化处理或生化系统。蒸发结晶系统排出盐泥至料仓暂存。

在杂盐分质结晶制成工业盐之后，仍然有约5%很难再利用的结晶杂盐。除钾、钠类的硫、氯化物以外，其组成还包括喹啉、吡啶、酯类和苯类等复杂的有机物甚至少量的重金属，需作为危险废物安全处置。

(2) 活性污泥

煤炭清洁转化企业通常会采用生化方法处理气化废水、甲醇制烯烃污水等，生化系统在运行过程中会排放剩余污泥。生化系统所排放的污泥含有重金属、微生物、难降解有机物等物质，组分复杂，处理技术方案也较为复杂[59]。企业产生的活性污泥具有以下特点：

① 污泥含水率高。工业废水经生化处理后产生的污泥含水率高达80%，高的含水率使污泥呈现出较好的流动性能，容易在运输过程中泄漏或者被雨水携带将有毒有害物质带入水体或土壤中，对土壤、地表水、地下水有潜在的污染风险[60]。

② 含重金属。在工业废水处理过程中，常采用颗粒吸附、无机盐共沉降、微生物吸收等途径使重金属进入污泥中，占总量50%～90%的重金属进入污泥中[61]。污泥中的重金属种类多样且具有可生物富集和难降解等特点，常通过各类方式进入环境中，同时可以在动植物体内不断累积，进而不可逆转地危害环境和人体。并且土壤被重金属污染后会丧失治理价值，仅能调节种植品种来避免严重危害，故在土壤利用前，必须对污泥进行处理[62]。

③ 高灰分、高挥发分且碳含量较高。国内研究者[63]为了更好地研究生化污泥的处理，对某污水处理厂的污泥与国内神华煤做了对比分析，结果如表13-17所示。从表13-17可以看出，污泥具有高含水率、高灰分、高挥发分、高氮含量和较高碳含量但是热值低的特点。

表13-17 污泥与神华煤分析对比

项目	工业分析(质量分数)/%				元素分析(质量分数)/%					$Q_{gr,d}$/(MJ/kg)
	M_{ar}	A_d	V_d	FC_d	C_d	H_d	N_d	S_d	O_d	
神华煤	14.94	8.08	34.26	57.66	73.99	5.96	0.73	0.5	10.74	31.34
污泥	80.58	41.98	50.97	7.05	30.13	5.7	2.53	1.4	18.26	14.56

注：M_{ar}为收到基水分；A_d、V_d、FC_d分别为干燥基灰分、挥发分和固定碳含量；C_d、H_d、N_d、S_d、O_d分别为干燥基碳、氢、氮、硫和氧含量；$Q_{gr,d}$为干燥基高位热值。

13.2 固体废物处理与处置

针对工业固体废物，应遵循避免产生(clean)、综合利用(cycle)、妥善处理(control)的所谓“3C原则”。从产生到处置共分为五个环节：

① 废物的产生。在这一环节应积极推行清洁生产技术，通过使用清洁的原辅材料、改进生产工艺设备、节能降耗，力求减少或避免废物的产生。

② 企业内部的回收再利用。对生产过程中产生的废物，应推行企业内部的回收利用，

做到能用尽用，以减少废物向环境排放。

③ 企业外部的综合利用。对于从生产过程中排出的废物，企业内部不能回用的情况下，可通过外部的废物交换、物质转化、再加工、委托处置等措施，实现其综合利用。

④ 固化/稳定化处理。对于那些不可避免又难以实现综合利用的固体废物，要先对其进行无害化和减量化处理，以破坏或消除有害成分、减少容量和体积后，再全部或部分地经过固化/稳定化处理后，才能进行最终处置。

⑤ 最终处置与监控。工业固体废物的最终处置，必须保证其安全、可靠，长期监控，以确保不对环境和人类造成危害。

对应上述第②、第⑤环节的工业固体废物的利用与处理，现在各地一般采用集中与分散相结合的工业固体废物处理处置系统。

13.2.1 固体废物处理

目前，固体废物的处理技术主要包括多种物理处理、化学处理、生物处理技术。这些处理技术既可以独立使用也可以配合使用，但大部分会配合使用。

固体废物预处理主要包括破碎、分选、脱水等。

破碎处理主要将大块固体废物分裂成小块，以便于废物后续处理或直接应用。如废塑料的破碎细化、城市垃圾的破碎分选、废石的破碎利用等。目前，破碎已成为一种广泛应用的固体废物预处理技术。常用的固体废物破碎机主要有剪切式破碎机、锤式破碎机、颚式破碎机、辊式破碎机。

分选处理是一种广泛应用的废物资源化处理技术，也是许多废物处理技术的预处理技术。无论是城市垃圾、废旧物资，还是工业固体废物，其中都存在一些可直接回收利用的成分。通过分选处理，回收利用有用成分，既可减少资源的浪费，又可提高后续处理技术的适应性和有效性。固体废物分选的方法很多，如筛选（分）、重力分选、磁力分选、电力分选、光电分选、摩擦分选、弹性分选和浮选等。常用的筛分设备有固定筛、滚动筛、惯性振动筛、振动筛等；最常用的磁选设备是滚筒式磁选机和悬挂带式磁选机。

脱水处理是一种含水率高的固体废物的处理技术。为方便包装、运输与资源化利用，凡含水率超过 90%的固体废物，必须先进行固体废物的脱水处理以减少容量。脱水方法很多，主要为浓缩脱水、机械脱水和干燥等，如污泥的脱水焚烧、脱水热解等。

生物处理是可降解有机物最常采用、最经济的一种处理技术。利用自然界广泛存在的微生物，控制适当的条件，不但可使有机物发酵腐熟生产农用堆肥得到利用，而且可获得沼气、蛋白饲料、粗葡萄糖和酒精等有用产品。目前，利用可降解固体废物，特别是植物秸秆等农业废弃物生产沼气、蛋白饲料、粗葡萄糖及酒精等大有发展前途。

焚烧处理是一种固体废物的高温热处理技术。有机固体废物和含有可燃成分的无机固体废物达到一定的热值都可以用焚烧法处理。对于无机与有机混合性的固体废物，如果有机物是有毒有害物质，焚烧是最好的处理手段。某些特定的有机固体废物只适合于用焚烧法处理，而且该方法能处理得最彻底，如医院带菌性废弃物、石化厂的含毒性中间副产物和焦状废渣。对于多氯联苯等高浓度、高稳性物质，目前最适宜的处理方法是高温焚烧法。焚烧处理本身是利用了固体废物能源，因此，固体废物的焚烧处理日益受到人们的重视。目前，垃圾焚烧处置主要有流化床焚烧炉技术、回转窑焚烧炉技术、炉排型焚烧炉技术及热解气化焚烧炉技术等。

热解处理于20世纪70年代初用于固体废物处理，是一种从固体废物中获得燃料气、燃料油和固体燃料的有效技术，特别适合于组分单一的固体废物的处理，如废塑料、废橡胶、秸秆、谷壳等。从充分利用资源和环境保护角度考虑，热解处理技术优于焚烧处理技术。

危险废物的处理通常采用化学处理方法，通过化学反应将固体废物中易于对环境造成严重后果的有毒、有害成分，转化为化学惰性物质或被无害的物质包裹起来以便运输、利用和处置。

下文对煤炭清洁转化固体废物目前的处理处置状况及相关研究进行分述。

13.2.2 煤焦化残渣

13.2.2.1 煤焦油渣

煤焦油渣的处理方法通常分为资源化利用和油渣分离两类。资源化利用是将煤焦油渣作为燃料、配煤添加剂使用或进行其他资源化的开发利用等。油渣分离是采用物理的或化学的方法对其中的油和渣进行分离，回收焦油和煤粉进行进一步的加工再利用。资源化利用是目前国内多数焦化厂所采用的处理方法。

（1）资源化利用

① 用作燃料　煤焦油渣具有较高的发热量，并含有大量的固定碳和有机挥发物，是一种高价值的二次能源。但将其直接作为一般燃料进行燃烧会因燃烧不充分而污染环境。若将煤焦油渣作为土窑燃料使用，热效率较低。因此，有企业将煤焦油渣和煤粉以1∶1的配比制成煤球作为锅炉燃料，产生的热量较高，足以满足锅炉的要求。也可将煤焦油渣经过改制后作为高温炉的燃料使用[64]。刘淑萍等[65]公开了一种将工厂煤焦油渣用作工业燃料的方法，按一定比例向煤焦油渣中加入两种稀释剂和稳定分散剂，使煤焦油渣因乳化形成均匀混合态，避免油、水、泥分离现象，使其形成优良燃烧性能的流体燃料。并且所生产的煤焦油渣燃料油发热量可达31.65MJ/kg以上，水分含量小于8%，灰分含量小于5%，闪点高于100℃。经处理过的煤焦油渣作燃料用燃烧稳定、完全。

② 炼焦添加剂　焦油渣主要是由相对密度大的烃类组成，是一种很好的炼焦添加剂，可提高各单种煤胶质层指数。如山西焦化股份有限公司焦化二厂研制出将焦粉与焦油渣混配的炼焦方案，按焦粉与焦油渣3∶1比例混合进行炼焦，不仅增大了焦炭块度，增加装炉煤的黏结性，而且解决了焦油渣污染问题，焦炭抗碎强度提高，耐磨强度有所增加，达到优质冶金焦炭质量。

③ 配煤炼焦　将煤焦油渣直接用作工业燃料往往存在能源利用率低的缺点。配煤炼焦是处理煤焦油渣的一种方法。添加焦油渣进行配煤炼焦，既有利于缓解现有优质炼焦煤资源短缺问题，又有利于煤焦油渣再利用的研究。但是该方法受煤焦油渣的黏稠性和组分的波动性影响较大[4]。目前，对焦油渣配煤炼焦的研究很多，如英国某研究所研究发现，焦油渣对弱黏性煤的改质效果比对强黏性煤的改质要好，对无烟煤的改质无明显效果；攀枝花钢铁公司在进行焦油渣配煤炼焦试验时发现，焦油渣配比量为2%时，焦炭的质量最好。

④ 煤料成型的黏结剂　由于煤焦油渣具有一定的黏结性，有研究利用该性质将其作为黏结剂与煤按一定的比例混合压制成炼焦型煤或气化型焦。这主要是利用了煤焦油渣中含有的焦油通过“黏结剂桥”等物理化学结合力与机械啮合力使煤粉连接成型。试验结果表明，煤焦油渣作黏结剂制型煤或气化型焦可以达到工业要求[64]。

⑤ 制备活性炭　煤焦油渣具有天然多孔性结构，比表面积较大，含有大量的煤粉和炭粉，可用来制备吸附性能较好的活性炭[64]。Gao 等[66]进行了以磷酸为催化剂活化煤焦油渣制备活性炭的研究，考察了炭化的温度、时间、磷酸添加比例等对活性炭的吸附性和孔隙结构的影响。结果表明：当煤焦油渣与磷酸（质量分数 50%）的比例为 1∶3、炭化或活化的温度为 850℃、时间为 3h 的条件为最佳。所制备的活性炭孔隙结构主要是大孔和中孔，孔隙的大小集中分布在 50～100nm，比表面积为 $245m^2/g$，总孔体积为 $1.03m^3/g$。与煤焦油渣直接活化制备活性炭相比，添加适量的磷酸有助于活性炭形成更多的孔隙和提高它的吸附能力。当以氢氧化钾为活性剂时，在适宜的条件下可制备出比表面积更大、吸附能力更强的多孔活性炭。

随着对活性炭制备技术研究的逐步深入，有些研究者延伸了煤焦油渣在该方面的处理技术和利用方向。通过将煤焦油渣和污泥混合来进行好氧发酵，利用污泥中的微生物分解能力将其中的大分子难降解的有机组分转化成易于利用的小分子，再于适宜的条件下制得高性能的活性炭。

（2）油渣分离

油渣分离回收技术是处理煤焦油渣的一种理想途径。该方法可实现焦油和煤粉的回收利用，使其利用价值达到了最大化。目前，已经开发出的方法有溶剂萃取法、机械离心分离法、热解分离法。

① 溶剂萃取法　主要是利用煤焦油渣中有机组分与萃取溶剂的互溶机理，将含油废渣与溶剂按所需的比例混合而达到完全混溶，再经过滤、离心或沉降等达到油、渣分离的目的。秦利彬等[67]以石脑油为溶剂，在 45～55℃条件下，将煤焦油渣和溶剂在储罐中充分搅拌溶解，萃取煤焦油渣中的焦油，然后萃取液经蒸馏（145～155℃）后回收循环利用，经萃取分离后的煤焦油中总酚含量下降了 92%，COD 和硫化物含量下降了约 67%，分离效果显著。为了利用高温焦油渣中的焦油制备再生橡胶增塑剂，采用蒽油萃取工艺萃取分离出高温煤焦油渣中低萘含量的焦油，也得到了较好的分离效果。上述的萃取剂都是传统的混合有机溶剂，主要利用了相似相溶的原理，但这些萃取溶剂的主要组成中包含芳烃、萘和苯并呋喃或蒽、菲、芴、芘等多种有毒物质。而随着对离子液体的研究，以吡啶或铵类离子液体为萃取剂，在一定条件下能更好地分离出煤焦油中的沥青烯物质。与传统的有机溶剂相比，离子液体对残渣中沥青烯的分离选择性明显提高。随着研究的日益深入，离子液体已经被开发和应用到诸多领域，若能很好地解决离子液体成本高、黏度大等问题，离子液体萃取技术必将走向工业化。

② 机械离心分离法　主要是利用一个特殊的高速旋转设备产生强大的离心力，可以在很短的时间内将不同密度的物质进行分离。其设备主要有倾析离心机、卧螺离心机、离心分离机等。山东钢铁股份有限公司利用自己的专利技术机械分离出的干渣含水和焦油均在 20%以下，能很好地配入焦煤，不影响焦炭质量的稳定性。机械离心分离技术具有操作简单、操作性强等优点，但由于来源不同的焦油渣组成成分不同，使得分离效果不彻底，从而会对后续的处理产生一定的影响。

③ 热解分离法　将煤焦油渣在无氧或缺氧的条件下，高温加热使有机物分解。将有机物的大分子裂解成为小分子的可燃气体、液体燃料和焦炭，从而获得可燃气体、油品和焦炭等化工产品。徐田[68]采用煤焦油渣炭化炉并在负压 0.3MPa 和 350℃的条件下对煤焦油渣进行热解，使之分离成焦油和渣。然后焦油与加入的添加剂作用生成焦油树脂，而剩渣则与加入的添加剂生成型煤或碳棒作为燃料使用。也有研究者[69,70]将煤焦油渣经高温加热分离为

焦油和焦炭，然后将得到的焦炭进一步处理制成活性炭或通过高温热解将焦油渣在强碱的作用下得到石墨烯，效果较好。热解分离方法对煤焦油渣成分的适应能力强，几乎不会造成二次污染，但缺点是耗能较高。

13.2.2.2 酸焦油

酸焦油可被用于配煤炼焦、生产混合燃料油或制取表面活性剂。

(1) 配煤炼焦

配煤炼焦是目前焦化企业常用的方法。酸焦油经脱油调制后，在 55℃聚合物引发剂的作用下反应 1h 后，升温至 85℃左右继续反应制得酸焦油聚合物，该聚合物可用来配煤炼焦。在煤粉中加入酸焦油，会使得配煤中灰分有所增加，黏结指数有所下降，当焦油渣的掺混量超过 10%时，焦炭的 M40 值下降。酸焦油中的酸性物质可促进炼焦煤氧化分解，从而使炼焦煤结焦性和黏结性下降，因此，在炼焦煤中不宜过多地加入酸焦油[71]。

(2) 生产混合燃料油

酸焦油具有黏度大、流动性差的特点，不宜单独作燃料，需与其他燃料混合使用。将酸焦油先水洗再脱水 2～3 次，然后用稀氢氧化钠溶液中和成微酸性（稀氢氧化钠溶液也可用酚加工和精苯加工产生的废碱液代替）。用 30%～50%的酸焦油与煤焦油混溶，再增加部分轻油或杂油（8%～10%），则酸焦油的混溶比例可进一步提高，如适当加热，互溶性增强。混合油经静止放置观察不易产生分层，亦不会变稠，可以达到雾化燃烧的要求。与蒽油调和，因为蒽油容易结晶，则互溶比例要小得多，且易于分层。

(3) 制取表面活性剂

酸焦油中含有大量的磺酸盐表面活性物质，可经过处理后作为水泥减水剂；也可以在酸焦油中加入甲醛，发生缩合反应，制取高效减水剂。酸焦油中的磺酸盐表面活性物质还可作为水煤浆制备的添加剂，以降低水的表面张力，使原本互不相溶的水和煤均匀混合并稳定存在。酸焦油中虽然含有一定量的磺酸基，但由于其同时还含有硫酸和杂环芳烃，故与水的互溶性较差。有人实验，采取加入甲醛和二甲胺的方法使其发生胺甲基化反应，在高温高压下使其中的硫酸部分磺化，再用碱法草浆造纸产生的黑液中和，使酸焦油中的磺酸基含量明显增加，可有效地改善其与水的混溶性能。实验显示，添加剂量为煤粉量的 0.8%～1.2%时，制得的水煤浆稳定性好，在常温下放置 3 个月不会产生沉淀和分层。

13.2.2.3 粗苯洗油再生器残渣

粗苯洗油再生残渣是洗油的高沸点组分（有苊、萘、二甲基萘、α-甲基萘、四氢化萘、甲基苯乙烯、联亚苯基氧化物等）和一些缩聚产物的混合物（如苯乙烯、茚、古马隆及其同系物、环戊二烯和噻吩等缩聚形成的）[3]。

(1) 掺入焦油中或配制混合油

目前，多数企业将粗苯洗油再生残渣配到焦油中。当然，也可与蒽油或焦油混合，生产混合油，作为生产炭黑的原料。

(2) 生产苯乙烯-茚树脂

可利用残油和聚合物的混合物在间歇式釜或连续式管式炉中加热和蒸馏生产苯乙烯-茚树脂。制得的苯乙烯-茚树脂可作为橡胶混合体软化剂，以改善橡胶的强度、塑性及相对延伸性，同时也减缓其老化作用。

13.2.2.4 酚渣

酚渣的处理和利用应在密闭状态下进行，因为酚渣由间歇釜排放时，温度高达190℃左右，烟气扩散，污染非常严重。首先将酚渣放入沥青槽中，按1∶1的混合比配入约130℃软沥青，搅拌均匀再送回软沥青槽中，之后酚渣再送去焦油蒸馏工段。

以酚渣为原料，经过催化交联、松香改性等化学过程，可合成酚渣油树脂，该酚渣油树脂性能良好，可用于制备涂料与胶黏剂[3]。

13.2.2.5 脱硫废液

用碳酸钠或氨作为碱源对煤气进行脱硫，脱硫后均产生一定量废液。废液主要是由副反应生成的各种盐组成。

通常将脱硫废液配入炼焦煤中进行处理，但这样会导致焦炭含硫量升高，影响焦炭质量。给脱硫废液增加预处理可以解决这个问题，将脱硫废液用焦炭过滤，初步净化脱硫废液中的悬浮物，再用活性炭吸附做深度处理，然后再将净化后的脱硫液减压蒸发、再结晶、分离、提纯，制成硫氰酸铵、硫代硫酸铵、硫酸铵产品。

13.2.2.6 焦化焦渣及灰渣

（1）焦粉

国内焦化厂焦炭筛分粒度小于10mm的焦粉占焦炭产量的3%～5%，除钢铁联合企业将其作为烧结原料利用外，其他企业均将其作为低级燃料外销处理。某独立焦化厂已利用焦粉进行回配炼焦，即将小于10mm的焦粉加工成更小粒度（如＜0.2mm）的焦粉，然后将焦粉作为瘦化剂再混入配煤炼焦[72]。这样可降低配煤中的挥发分，减小气体析出量，降低焦炭气孔率，增大块度和抗碎强度[73]。近年来，焦粉回配炼焦生产取得了良好的效果[74-81]。对于规模100万吨/年焦化厂，每年产生焦粉4万吨，采用立式磨工艺焦粉制备回配炼焦技术[82]，可降本增效630万元。

（2）除尘灰

除尘灰一般有以下几种利用途径。

① 干熄焦除尘灰回配炼焦技术　目前多数企业将干熄焦循环气除尘器收集的灰外售，也有焦化厂直接将干熄焦除尘灰应用于回配炼焦[83-85]。这种处理方法虽然简便，但存在的问题是除尘灰粒度分布不均，小于0.5mm的除尘灰占比不到70%，有必要增加筛分环节；而且除尘灰的配比很低（一般不大于1%），否则焦炭质量将受较大影响。因此，干熄焦除尘灰回配炼焦不是理想的处理方法。

② 除尘焦粉高炉喷吹技术　某钢铁联合企业将干熄焦粉作为高炉喷煤燃料替代部分粉煤，焦粉用量≤30kg/t铁。一些钢铁联合企业也逐步在高炉上应用除尘焦粉高炉喷吹技术。

除尘焦粉高炉喷吹技术[86,87]是解决除尘焦粉的新方法，其用挥发分较低的除尘焦粉代替喷吹煤，减少无烟煤的用量，进而降低喷吹煤成本。据测算，对于每天需喷吹煤2000t的高炉，将炼焦产生的100t除尘焦粉替代原100t喷吹煤，每月可为企业节省408万元[88]。

由于除尘焦粉的灰分含量和硫分含量比较高，需要控制除尘焦粉的用量，同时选用灰分含量和硫分含量相对较低的喷吹煤。

③ 除尘灰制型煤炼焦技术　某钢铁联合企业焦化厂将除尘灰、焦油渣、脱硫废液、泥煤、入炉煤按16.25%∶3.75%∶0.75%∶20%∶59.25%的比例进行混合，通过成型压球

机生产半球状型煤，再将型煤配入入炉煤中。该技术的型煤成球率可达50%～60%，强度较高[84]。

13.2.3 煤气化灰渣

煤气化灰渣产生量大，除常规用于生产建筑材料外，还被用于生产功能性材料或用于土壤改性等。

（1）建材原料

气化炉渣中残炭含量是其综合利用的关键指标。而残炭含量与气化煤种、气化工艺、设备运行情况等因素有关。不同类型的气化炉产生的气化炉渣中残炭含量差异较大，气化细渣残炭含量较粗渣高，机械强度较粗渣低。如某大型甲醇企业采用四喷嘴对置式气化炉工艺，其产生的细渣残炭量为20.61%，粗渣残炭量不高于3.1%；某烯烃公司采用GSP气化炉工艺，其产生的细渣残炭量为21.44%，粗渣残炭量不高于2.05%；而某煤化工公司采用GE气化炉工艺，其产生的细渣和粗渣残炭量分别为22.0%和4.8%。

目前还没有煤气化炉渣用于混凝土和水泥等建材原料的标准或技术规范，但煤气化炉渣中含有丰富的无机物，包括二氧化硅、三氧化二铝、氧化铁、氧化钙、氧化镁、二氧化钛等，当二氧化硅、三氧化二铝、氧化铁含量之和达70%和50%以上时，可以符合ASTM的F类和C类粉煤灰标准。同时，经过煤气化炉高温高压条件的熔融重塑，粉煤灰中游离CaO和SO_3含量一般较低，有利于煤气化炉渣用作混凝土和水泥等建材原料。煤气化炉细渣的残炭含量较高，不利于做建材利用，但可以将煤气化炉细渣用于烧制水泥。

此外，对于气化炉渣也可经分选富集处理后满足低残炭要求而用于制砖、砌块。

（2）循环流化床掺烧料

高残炭、高热值且粒径足够细的煤气化炉渣可用于CFB锅炉掺烧。有试验按一定比例将煤气化炉渣、煤泥、白泥混合成流态化锅炉燃料，采用煤泥管道输送至CFB锅炉燃烧，经济效益和环境效益显著；神华宁夏煤业集团有限责任公司将3种煤气化炉（德士古、四喷嘴对置式和GSP）产生的高残炭细渣，直接低比例掺混进入CFB锅炉做燃料，燃烧后的低碳灰渣可以用作建材建工原料；有试验研究认为，掺烧煤气化炉渣和煤泥的CFB锅炉综合发热量可以满足锅炉设计的燃料要求[89]。

（3）吸附材料

煤气化过程生成的大量气体从煤中逸出，在炉渣内部形成了气体通道，使气化炉渣形成疏松多孔的结构，比表面积大，具有和活性炭近似的性能，可对污染物质进行物理吸附、化学吸附和交换吸附。有试验对炉渣处理气化废水的性能进行了研究。结果表明，炉渣对煤气废水中COD_{Cr}的去除率可达41.9%，对酚类物质的去除率达71.2%[90]。

对气化炉渣进行酸性或碱性改性，一方面，改性使炉渣比表面积增大，吸附作用增强；另一方面，改性后的炉渣有利于水中胶体或絮凝物的形成，易于被吸附。采用酸碱浸渍方法对炉渣残渣进行改性，碱性改性的炉渣对溶液中苯酚的吸附性能较好。采用酸化以及碱化等方法晶化处理炉渣，处理后的炉渣对磷酸盐和COD_{Cr}的去除效率较高。

（4）用于铝再生

铝含量高于30%的炉渣可应用于铝再生。一般情况下，内蒙古中西部、陕北及山西煤质可满足要求，具有较高的开发价值。

近年来，高铝粉煤灰铝再生技术有了较大突破，蒙西石灰石烧结法技术、大唐预脱硅-

碱石技术均已商业化[91]，建成的高铝粉煤灰铝再生装置主要分布于内蒙古与山西。

在目前的研究中，高铝粉煤灰铝再生技术较为成熟的生产工艺有烧结法和酸溶法。烧结法主要由烧结、浸出、脱硅、炭化等步骤组成，适合大规模生产，介质利用率高，其缺点是能耗高、成本高、排渣量大。酸溶法的原理是，采用硫酸或盐酸溶解高铝粉煤灰，反应生成相应的铝盐，再将铝盐净化后使之分解制得氧化铝。其优点是流程简单，能耗较低；缺点是产品质量较低，酸耗量较大。

气化炉渣在铝再生处理领域应用存在的问题是：废渣量大、成本高、规模小。

(5) 用于井下回填[89]

如果周边具备有填充条件的矿井，可以考虑将煤气化炉渣与水、砂、碎石等按比例混合制成浆状，然后泵送至需要填充的位置实现井下填充。必要时可以加入适量黏土，以强化填充填料的黏结性和惰性，进而避免可能发生的有害元素浸出迁移，但缺点是需要进一步研究探讨填充的环保性和安全性。

13.2.4 煤直接液化残渣

煤直接液化残渣含有重质油和沥青烯等组分。重质油既可作循环油使用又可用于进行提质生产油品。沥青烯具有可提高沥青感温的性能，因而，可用于道路石油沥青改性。此外，煤直接液化残渣也可用于高性能碳材料的制备。目前，这些综合利用还处于实验室研究阶段，能够实现工业化利用的方式是作气化原料和作燃料[91]，不仅从源头上可减少煤炭使用，降低二氧化碳排放量，而且适应当前“双碳”减排政策[92]。

(1) 作气化原料

煤直接液化残渣作为气化原料时，采取以下两种方案：①直接气化，可将煤直接液化残渣磨成粉后直接进料，或配成水煤浆再进料，也可以将熔融态的煤直接液化残渣采用泵、螺旋输送等方式送入气化炉；②先焦化，后气化，即将煤直接液化残渣先进行热裂解，得到一部分焦油，焦油既可作为循环溶剂，也可用于进行提质生产油品，剩余的固体残焦再去气化。有研究表明，残渣中富集的铁基催化剂对气化反应有一定的催化作用，而且残渣气化制氢是解决煤液化氢源和其利用问题的最佳途径。研究表明，煤直接液化残渣半焦的反应活性大于煤半焦，因为残渣中含有的矿物质和残留的催化剂对气化反应有一定的促进作用。华东理工大学开展的关于石油焦和煤直接液化残渣共气化试验显示：在试验温度范围内（900～1050℃），加入煤直接液化残渣可提高石油焦的气化反应速率，这主要是由于煤液化残渣中含有一定量的碱土金属和煤液化过程中残留的催化剂，这些物质对气化有催化作用。在反应动力学控制的条件下，随着煤液化残渣添加量的增加，对石油焦气化反应的促进作用越明显。

(2) 作为燃料

煤直接液化残渣具有很高的热值，适合作锅炉燃料或燃烧发电。神华煤直接液化项目将反应剩余的粉煤与部分油质组成的残渣一起送至企业自备的热电站作燃料。

(3) 加氢液化

煤直接液化残渣可通过加氢转化进行提质得到部分有用物质。残渣本身含有一定量的重质油，残渣中还含有沥青烯（A）、前沥青烯（PA）和四氢呋喃不溶物（THFIS），这些物质可通过加氢转化得到部分油品和气体。残渣中沥青烯、前沥青烯和四氢呋喃不溶物三者加氢生成油的难易程度有所不同，其难易程度依次增强。

（4）作改性剂

最早开展煤直接液化残渣用于道路沥青改性研究的单位是中国科学院山西煤化所。早期的研究表明改性沥青的相关指标满足美国 ASTM D5710-95 标准和英国 BSI BS-3690 标准 40～55 针入度级别对优质道路沥青特立尼达湖沥青（TLA）改性沥青的指标要求，但残渣的用量明显少于 TLA。

（5）制备碳材料

煤直接液化残渣经溶剂萃取得到煤液化沥青，该沥青在温度 410～440℃、炭化时间为 6～8h 的条件下，可得到广流域线型的中间相沥青，其芳碳率可达 91%，该沥青是一种新型的制备针状焦等碳素制品的原料。制备的活性炭，一种是高比表面的活性炭，另一种是采用直流电弧放电法制备碳纳米管。煤直接液化残渣中残留的催化剂对纳米管的形成有促进作用。以煤液化残渣为原料制备介孔碳材料，所制备的介孔碳材料对甲烷分解反应的催化效果要优于商用活性炭和炭黑。

13.2.5 锅炉灰渣

煤粉经高温燃烧后形成的一种似火山灰质混合材料，俗称粉煤灰。它是燃煤发电厂排出的固体废物，主要由飞灰和底灰组成。

粉煤灰的化学成分与煤中所含的矿物元素种类、煤粉磨细程度以及燃烧方式等因素有关，其主要成分为 SiO_2（40%～60%）、Al_2O_3（17%～35%）、Fe_2O_3（2%～15%）、CaO（1%～10%）、MgO（0.5%～2%）、SO_3（0.1%～2%），烧失量 1%～26%，另外，还含有少量钾、磷、硫、镁等的化合物和砷、铜、锌等微量元素。

决定粉煤灰综合利用的主要依据是粉煤灰的化学成分，其也是评估粉煤灰质量优劣的重要技术参数。

粉煤灰的活性是指粉煤灰与石灰/水混合后所表现出的凝结硬化性能，具有化学活性的粉煤灰，其化学成分以 SiO_2 和 Al_2O_3 为主（75%～85%），矿物组成以玻璃体为主，本身并无水硬性，在潮湿的条件下才能发挥出来。

粉煤灰的外观类似水泥，呈多孔蜂窝组织。其颜色多变，含碳量越高，颜色越深，粒度越粗，质量越差。粉煤灰粒径范围为 0.5～300μm，比表面积较大，一般在 250～500cm^2/g 之间，因此具有较高的吸附性。粉煤灰的粒径、比表面积和化学成分会随着燃烧所用的煤种、燃烧方式、锅炉结构以及灰渣收集方式的不同而不同，它的多样性决定了它在诸多领域能够得到应用。

（1）作为建材材料

粉煤灰作建材制品是我国利用粉煤灰的主要途径之一，用灰量约占粉煤灰利用总量的 35%，包括配制粉煤灰砖、粉煤灰水泥、粉煤灰砌块和粉煤灰陶粒等。

（2）用作土建原材料

该用途占到粉煤灰利用总量的 10%，主要技术包括：粉煤灰用于掺和生产大体积混凝土、泵送混凝土、高标号混凝土与低标号混凝土；粉煤灰用作灌浆材料等。

建筑材料工业技术情报研究所于 2018 年 5 月推出了超细球磨机生产比表面积 700m^2/kg 粉煤灰矿粉复合超细粉新技术。该技术以 60%～70% 粉煤灰和 30%～40% 矿渣粉为原材料生产比表面积 700m^2/kg 高性能复合超细粉。复合超细粉产品具有高细度、高活性、低需水量等优异性能，是一种高功能性的水泥混合料和混凝土掺和料，可以完全替代 S95 矿粉或部分替代水泥，显著降低水泥和混凝土生产成本，提高水泥和混凝土产品质量，目前已经得到了广泛市场应用。

(3) 用于道路工程

粉煤灰用于道路工程是推广粉煤灰综合利用的有效方法之一，该用途大约占到粉煤灰利用总量的20%，主要技术有：粉煤灰、$CaCO_3$、砂稳定基层路面，制粉煤灰沥青混凝土，粉煤灰用于水土保持的护坡、护堤工程等。

(4) 作为回填材料

该用途占到粉煤灰利用总量的15%左右，主要技术有：粉煤灰综合回填，对矿井、水坝和码头等的回填。

煤矿区因采煤塌陷，形成洼地，利用坑口粉煤灰对煤矿区的煤坑、洼地、塌陷区进行回填，既吃掉了大量灰渣，还可复垦造田，减少农户的搬迁，改善矿区生态。此外，利用粉煤灰回填矿井，不仅节省了大量水泥，减轻地下荷载，而且可以防火堵火。山东许厂煤矿、黑龙江鹤岗富力煤矿对此都有应用，取得了良好的效果。

(5) 作土壤改良剂

粉煤灰具有良好的物理化学特性，可用于改善重黏土、生土、酸性土、盐碱土的酸、瘦、板、黏等不足。粉煤灰掺入土壤中后，容重降低，孔隙度增加，透水性与增气性得到明显改善，酸性得到中和，团粒结构得到改善，并具有抑盐压碱作用，从而有利于微生物的生长繁殖，加速有机质的分解，提高土壤有效养分的含量和保温保水性能，增强了作物的抗旱抗病能力。

(6) 直接作农业肥料

粉煤灰含有大量水溶性硅、钙、镁、磷等农作物必需的营养元素。当其含有大量水溶性硅时，可作硅肥或硅钙肥；当含有较高水溶性钙镁时，可作改良土壤的钙镁肥；当含有一定磷时，可用于制造各种复合肥。

(7) 提取矿物和生产高附加值新材料

随着循环经济发展，粉煤灰的利用方式逐渐向高值化转变，特别是以粉煤灰为原料，提取硅铝元素、制备微晶玻璃、合成陶瓷以及耐火材料等已成为潜在的新用途。大唐国际在内蒙古呼和浩特建成了世界首条粉煤灰年产20万吨氧化铝多联产示范生产线，实现了粉煤灰提取氧化铝的工业化生产；神华准能集团采用“一步酸溶法”提取粉煤灰中的氧化铝，并在准格尔矿区建立了年产量达100万吨的工业示范项目；山西朔州建成了年产30万吨粉煤灰制备高效节能陶瓷纤维及其制品项目。

(8) 作环保材料

粉煤灰中 Al_2O_3 含量一般在12%～36%，主要以富铝水玻璃体形式存在，利用粉煤灰作原材料可制备各种混凝剂、絮凝剂等水处理材料。同时，粉煤灰和碳酸钠助剂以1∶2的比例在800℃的条件下焙烧2h，粉煤灰中的大部分硅、铝有效成分能够熔出成为合成4A沸石的原料。

粉煤灰可用于处理含氟废水。粉煤灰中含有氧化铝、氧化钙等活性组分，能与氟生成[$Al(OH)_{3-x}\cdot F_x$]、[$Al_2O_3\cdot 2HF\cdot nH_2O$] 等络合物或 [$x CaO\cdot SiO_2\cdot nH_2O$]、[$x CaO\cdot Al_2O_3\cdot nH_2O$] 等对氟有絮凝作用的胶体分子，具有较好的除氟作用。粉煤灰还可用于处理电镀废水、含重金属离子废水和含油废水。又因粉煤灰含有沸石、蓝晶石、炭粒和硅胶等，有无机离子交换和吸附脱色作用。

(9) 制备多孔催化材料[93]

由于粉煤灰富含 Si、Al 元素，具备作为催化材料的潜力，使用粉煤灰合成多孔催化材料能够大幅降低催化剂制备成本，以实现粉煤灰资源化利用。

目前，用粉煤灰制备多孔催化材料的工艺主要分为直接改性制备载体和制备分子筛两种。

① 直接改性制备载体。粉煤灰直接改性制备载体是采用较温和的改性手段，在不破坏粉煤灰基本组成的条件下，溶解粉煤灰颗粒表面致密包覆结构，提升比表面积和活性，拓宽孔道结构，增强粉煤灰的载体特性，其制备工艺过程见图 13-2。

直接合成方式可分为酸改性、碱改性和等离子体改性。

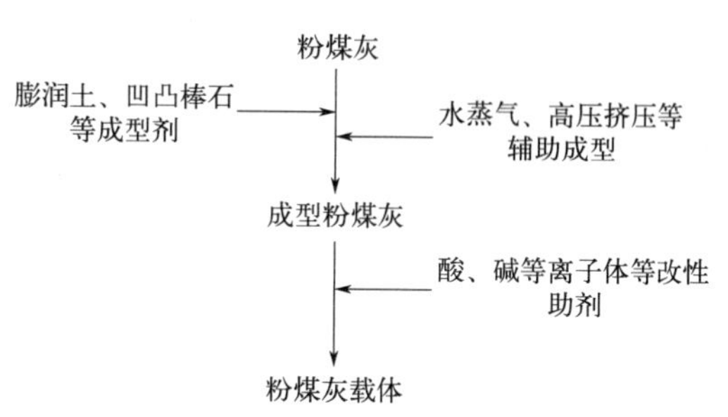

图 13-2 粉煤灰直接改性制备载体流程简图

酸改性是将粉煤灰与酸性物质进行混合处理，腐蚀粉煤灰表面玻璃体无定形结构，促进酸溶性物质溶出，拓宽孔道结构，提高粉煤灰的比表面积及粉煤灰基催化剂的反应活性。采用 HCl、CH_3COOH、HNO_3 处理粉煤灰和膨润土混合制备复合载体，负载活性组分后 CH_3COOH 改性的催化剂脱硝效率最高，在 180℃下达 89%。

碱改性是在一定温度下利用碱性腐蚀性物质与粉煤灰硅物种进行反应，在表面原位形成孔道结构，达到提升粉煤灰载体性质的目的。首先通过球磨耦合碱溶方式破坏粉煤灰表面稳定结构，暴露内部活性物质；然后利用磁选得到高含铁量的粉煤灰颗粒，以此制备得到高活性 H_2O_2 脱硝催化剂。酸改性和碱改性对于粉煤灰基载体的改性都使粉煤灰表面粗糙度得到增加、颗粒比表面积增大、粉煤灰载体的晶相组成改善。

等离子体改性是指利用等离子体的活性粒子在粉煤灰颗粒周围产生强电场，激发出更多高能电子和自由活性粒子。沙响玲[94]采用等离子体反应釜改性粉煤灰与膨润土的混合载体，研究结果表明，通过控制通入等离子体反应釜的气体种类，可定向调控粉煤灰表面含氧官能团的种类和含量，使其产生更多的活性位点。

② 制备分子筛。制备工艺流程见图 13-3。

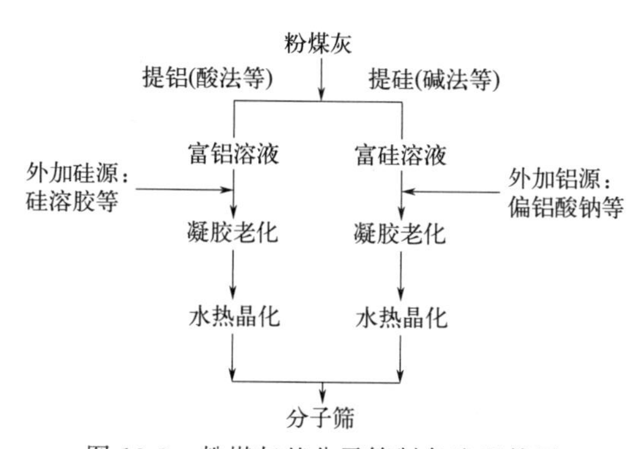

图 13-3 粉煤灰基分子筛制备流程简图

目前粉煤灰合成分子筛方法包括一步水热法、两步水热法、碱熔融-水热法和微波辅助法。

一步水热法是将粉煤灰与 NaOH、Na_2CO_3、KOH 等碱性溶液混合进行碱活化，并在一定温度和压力下以粉煤灰自身硅铝元素作为硅源、铝源，合成分子筛产品。Murayama 等[95]认为，一步合成法制备粉煤灰基分子筛过程包含 3 个步骤：粉煤灰中硅铝物质的溶出、液相中凝胶的形成以及分子筛生长。研究发现，液相中 Na^+ 含量决定了粉煤灰分子筛合成的总反应速率，且当 Na^+ 和 K^+ 共存于水热反应的碱溶液中时，结晶速率随着 K^+ 浓度的增加而降低。碱浓度、晶化温度、液固比与反应时间对粉煤灰基分子筛产品种类和性质起决定性作用。一步水热法合成粉煤灰分子筛具有制备方法简单、工艺流程短、合成成本低等优点，但该过程实际上是多种分子筛同时生长，难以得到单一分子筛种类，且大量未活化的粉煤灰残渣会在分子筛产品内部富集，导致合成的分子筛晶相不纯、品质不高。

两步水热法可解决一步水热法合成分子筛纯度低、种类难调控的缺陷，主要步骤为：利用强腐蚀性化学试剂处理粉煤灰，将粉煤灰中的固相硅铝物质提取到液相中并过滤；过滤所得固相物质按照一步水热法继续合成分子筛，液相物质进一步添加额外的硅源或铝源，水热合成得到相应的二次合成分子筛产品。

碱熔融-水热法是将粉煤灰和碱性助剂在高温下熔融，破坏其表面稳定的莫来石相和石英相，再将熔融后的粉煤灰颗粒充分洗涤过滤，并调节硅铝比，添加模板剂或晶种，最后经水热晶化合成目标分子筛。目前，基于碱熔融-水热法，已制备得到 A、X、Y、P、ZSM-5 以及 Beta 等分子筛。碱熔融-水热法合成分子筛受碱种类、灰碱比、熔融温度、熔融时间等因素影响。相较于常规碱活化方式，碱熔融-水热法增加了分子筛产率，提高了产品纯度。但碱熔融步骤涉及高温煅烧，能耗高、制备成本高。

微波辅助粉煤灰处理工艺流程可分为 3 个阶段：①将粉煤灰与碱溶液以一定比例混合，并于微波反应器中加热，使粉煤灰活化；②向步骤①产物过滤得到的滤液中添加硅源、铝源，调节硅铝比，同时添加导向剂；③将调节好的母液采用常规水热法结晶，最终得到粉煤灰基分子筛产品。微波辅助水热合成法的整体工艺绿色低能耗，成本较低，但其分子筛的产率较低，对粉煤灰中活性硅铝物质的提取不彻底。

粉煤灰基分子筛主要应用于废水中重金属离子和氨氮离子的去除、废气中氮氧化物选择性催化还原、VOCs 去除和 CO_2 吸附捕集等[96]。

(10) 制备莫来石系列材料[97]

莫来石是一种优质的铝硅酸盐耐火原料，由于其具有优异的热稳定性、机械强度、电学和光学性质，广泛应用于传统陶瓷、先进结构和功能陶瓷领域，如瓷砖、增强材料、耐磨材料、过滤材料、耐火材料、电磁材料和光学材料等。天然的莫来石矿物稀少，以工业 Al_2O_3 和 SiO_2 为原料制备商业莫来石成本高，难以取得良好的经济效益，因此，限制了莫来石材料的大规模工业化生产。粉煤灰作为一种典型的铝硅酸盐固体废物，其 Al_2O_3 和 SiO_2 含量在 60%以上，有的甚至达 80%～85%，因此，粉煤灰可作为制备莫来石的主要原料。

用粉煤灰制备莫来石材料主要需要解决铝硅比调控、杂质去除、矿相转化与调控几个方面的问题。

粉煤灰中的铝硅比低（约 0.4），高铝粉煤灰的铝硅比也仅 1.0 左右，难以满足合成莫来石所需的化学计量比。目前，大部分研究通过外加铝源的方式调控铝硅比来制备粉煤灰基莫来石材料，主要的外加铝源有铝土矿、铝渣、Al_2O_3 等。Ma 等[98]以粉煤灰、铝土矿为原料，V_2O_5 为烧结助剂，SiC 和钾长石为添加剂，调控铝硅比约为 3.19 时，采用高温烧结制备了高闭孔率莫来石陶瓷。Yadav 等[99]以粉煤灰、铝土矿为原料，调控铝硅比达 2.61 时，采用高温烧结制备多孔莫来石陶瓷，最优样品的表观孔隙率约为 32%，堆积密度约为 $2.10g/cm^3$，抗弯强度约为 58.16MPa，可作为潜在催化剂载体。还有通过预脱硅或深度预脱硅方法来调节粉煤灰中的铝硅比，在无需外加铝源情况下直接合成莫来石材料。

粉煤灰中杂质的去除对于高纯莫来石的合成非常重要。Foo 等[100]采用酸浸-煅烧铝渣和粉煤灰混合物制备耐高温多孔莫来石涂层，通过酸浸去除部分杂质，但并未研究杂质元素对所得涂层性能的影响；在盐酸酸浸-固相烧结粉煤灰和铝渣混合物制备莫来石陶瓷的研究中，采用 2mol/L 盐酸对原料进行除杂预处理，结果发现盐酸酸浸预处理原料得到的莫来石陶瓷具有更好的结晶度和热膨胀性能。通过外加铝源或预脱硅方法来调控铝硅比的过程中也可达到稀释或减少杂质组分含量的目标。

粉煤灰基莫来石材料的合成温度高于1500℃，反应难控制、能耗高是其工业化生产过程最大的问题。目前，多以添加金属氧化物（MoO_3、V_2O_5等）或AlF_3的方法来促进莫来石化反应和降低莫来石化的反应温度。Das等[101]以SiC、粉煤灰为原料，石墨粉和聚甲基丙烯酸甲酯为造孔剂，低温共烧结制备莫来石棒键合的多孔SiC陶瓷膜，添加MoO_3改变了莫来石化的反应路径，促进莫来石晶体在陶瓷膜内的生长，从而提高膜的抗弯强度。Fu等[102]以粉煤灰和$Al(OH)_3$为原料、MoO_3为烧结添加剂制备了高孔隙率的晶须结构莫来石陶瓷膜，结果表明：MoO_3通过在较低烧结温度下形成亚稳态的低黏度液体，加快了莫来石晶须的生长速度。

13.2.6 废催化剂

废催化剂含大量重金属和挥发性有机物，有一定的毒性、腐蚀性，属于危险废物，需对其进行无害化处理。另外，稀有金属（如Re)、贵金属（如Pt）或有价金属元素（如Ni、Mo、Co）等在催化剂失活后富集于载体之上，有些含量甚至比贫矿中的相应金属组分的含量都高，可将其回收循环利用，以节约成本、创造经济效益。

（1）间接回收处理法

间接回收处理法是指将废催化剂中含有的金属和高价值物质提炼出来加以回收利用的方法。如甲醇合成废催化剂含有铜、锌，经某种回收工艺处理可得到金属铜和金属锌[103]。

① 干法　一般是将废催化剂、还原剂、助溶剂一起投入加热炉中，加热到熔融状态，金属组分被还原剂还原成金属或合金回收，而载体则与助溶剂形成炉渣排出。回收某些稀有金属废催化剂时，还会加入铁等一些低价值金属作为捕集剂。干法通常分为氧化焙烧法、升华法和氯化物挥发法。

② 湿法　通常是用酸、碱或其他溶剂将废催化剂中的主要成分溶解出来，滤液除去杂质后，经分离得到难溶于水的硫化物或金属氢氧化物，最终干燥后按需要进一步加工成产品。含贵金属废催化剂、加氢脱硫废催化剂、铜系废催化剂、镍系废催化剂等一般采用湿法回收。通常电解法也算湿法的一种。

用湿法处理废催化剂，会产生如下两种情况：一是其载体不随金属一起溶解，往往以不溶残渣形式存在；二是载体随金属一起溶解，金属和载体的分离过程将会产生大量的废液。这两种情况，如处理不当，均会造成二次污染。因此，将废催化剂的主要成分溶解后，如何将浸液中的不同组分分离和提纯出来，成了近年来湿法回收的研究重点，比如，采用阴、阳离子交换树脂法，或者是采用萃取、反萃取的方法等。

③ 干湿结合　含有两种或两种以上可回收组分的废催化剂难以单独采用干法或湿法回收，而是多采用干湿结合法。这种方法多用于回收物的最终精制。如含铂-铼废催化剂的回收就是干湿法结合使用的过程，先用湿法将铼浸出，剩下的含铂残渣经干法煅烧后，再一次用湿法浸渍，才能将铂浸出。

河北科技大学对MTP废催化剂提出了如下再生工艺：焙烧→酸浸→水洗→活化→干燥。第一步用焙烧的方法烧去催化剂上的积炭，恢复内孔。第二步用酸浸出催化剂中的镍、钒，然后将催化剂用热水洗涤，将黏附在催化剂上的重金属可溶盐冲洗下来，这样催化剂的结构已基本恢复。第三步用铵盐溶液将催化剂浸泡2h，以达到活化的目的，通过活化可恢复催化剂的活性中心数目。第四步是将催化剂过滤，再120℃干燥1h，除去水分，最终得到再生后的催化剂。

（2）直接回收处理法

以下几种情况的废催化剂可采用直接回收处理法：a. 一些废催化剂只需要简单处理就可重复再生，如中温变换催化剂，不需将浸出液中的铁铬组分进行分离，可直接回收后重新制备成新催化剂；b. 活性组分与载体之间结合紧密，难以用一般的方法进行分离；c. 废催化剂回收利用价值不大，但直接抛弃又会污染环境；d. 一些含有农作物所需微量元素的废催化剂，经过简单处理后，可回用作农作物的肥料，如含有锌、铜的废甲醇合成催化剂可用于生产锌铜复合微肥，含锌、钼的废高变催化剂可用于生产锌钼复合微肥等。

① 不分离法　不分离法是将废催化剂的活性组分与载体不进行分离直接进行回收处理的一种方法，其优点是能耗低、成本低、废弃物排放量少，且不易造成二次污染。

② 分离法　分离法主要分为磁分离法和膜分离法。

废催化剂中含有的微量元素Ni、Fe、Co在磁场中会显示一定的磁性。利用强磁场将不同磁性的物质分离出来，称为磁分离技术。据报道，中国石化武汉石油公司利用磁分离技术回收重油催化裂化装置废催化剂，一年可回收利用催化剂800t，价值1000多万元。

膜分离法主要用于分离产物和催化剂。与传统的分离方式不同的是，陶瓷膜在催化剂与反应产物的固液分离中主要采用错流过滤，即需分离料液在循环侧不断循环，膜的作用是其表面能够截留住分子筛催化剂，同时让反应产物透过膜孔渗出。此项回收技术的应用，可使得生产过程中使用超细粉体催化剂，在同样的催化效果下，超细粉体催化剂的使用量少，损失率低，催化剂洗涤脱盐后再生效果好，可延长催化剂使用寿命，提高产品品质。

13.2.7　甲醇制烯烃废碱液

甲醇制烯烃装置碱洗塔排放的废碱液含有高浓度的COD、盐类和碱性物质，可生化性很差。目前工程上普遍采用焚烧的方法，彻底解决废碱液中的有机物和盐类问题。

另外，氧化物汽提塔排放的氧化物中有机物浓度很高，但是因为其组分复杂，目前没有可回收利用的途径，可以将其作为废碱焚烧炉的燃料，有效利用其热值。

（1）废液的组成

废碱液组成见表13-18，氧化物产品液组成见表13-19。

表13-18　废碱液组成

指标	参数
外观	黄色浑浊（含黄油）
温度	45℃
COD_{Cr}/(mg/L)	7500～10000
直接法 TOC/(mg/L)	2000～2500
pH	＞14
Na_2CO_3	3%～4%
无机碳(IC)/(mg/L)	4500～5500
Na/(mg/L)	15000～20000
收到基高位热值/(kJ/kg)	约50～200（估算）

注：甲醇制烯烃装置废碱液的主要污染物为有机物、NaOH和Na_2CO_3，占废碱液质量的3%～5%，含水率约95%，有机物组成不明确。

表 13-19　氧化物产品液组成

项目		参数
温度/℃		40
组成(质量分数)/%	丙酮	41.09
	丁酮	8.67
	甲醇	12.26
	乙醇	1.86
	乙醛	23.44
	异丙醇	0.68
	水	12

(2) 工艺流程简述

甲醇制烯烃装置的废碱液和氧化物产品液首先送入废碱液罐和氧化物产品液罐储存，然后各自经泵加压后，送至废液焚烧炉进行焚烧处理。

氧化物产品液热值高，可以作为辅助燃料送入焚烧炉的烧嘴，保证炉内焚烧温度控制在1100℃，当氧化物产品液的量不够时，可用燃料气作为补充燃料。废碱液由单独的废液喷枪送入炉膛，经雾化形成细微悬浮液滴，在高温下有机物完全氧化为 CO_2、H_2O，无机物转化为 Na_2CO_3。部分 Na_2CO_3 呈熔融状态沿炉壁流至炉底的溜槽以碱渣的形式排出，经冷渣器冷却后收集至渣斗。剩余细微悬浮颗粒态的 Na_2CO_3 则随烟气携带至锅炉及静电除尘器。根据废碱液焚烧锅炉容易积灰的特点，锅炉内部布置了多台吹灰器，用于清除运行过程中沉积在受热面上的碱灰。在静电除尘器内，碱灰被静电阴、阳极板吸附而被收集下来。来自锅炉和静电除尘器的碱灰通过输送机送至碱灰仓，密闭包装外送。

焚烧产生的高温烟气经过锅炉内部的各受热面，温度降至约 200℃后排出，经静电除尘器和引风机，最终由烟囱高空排放。在引风机的作用下，废液焚烧炉及静电除尘器均在微负压状态下运行，避免烟气向外泄漏。焚烧所需空气由鼓风机经空气加热器预热至 150℃后通过环形风道送入炉膛。

锅炉给水经省煤器加热后进入锅筒，再沿下降管到水冷壁下集箱引至水冷壁，在炉膛内吸热形成汽水混合物，由引出管引至汽包内进行汽水分离，分离之后的饱和蒸汽经过热器后送分汽缸，一部分用于焚烧系统内部的空气加热器、吹灰器和雾化蒸汽，富余的蒸汽并入中压蒸汽管网。锅炉排污收集后进入排污水罐，经降温后返回循环水系统。

从焚烧炉排出的碱渣和烟气处理系统收集的碱灰主要成分为 Na_2CO_3，送往污水处理厂作加碱药剂综合利用。

焚烧炉停炉检修时两股废液送入储罐暂存。焚烧炉停车检修时间与炉膛内衬材料有关，储罐储存时间需考虑 15～20 天。

废碱液焚烧系统工艺流程示意图见图 13-4。

13.2.8 生化污泥

生化污泥目前一般采用焚烧或填埋方式处理，也可被用于气化炉掺烧、焚烧炉焚烧等。

(1) 气化炉掺烧

污水处理装置生化处理后产生的剩余污泥经过离心脱水机甩干后，送至污泥暂存场作为危险废物贮存，最终送有资质的处置单位进行合规处置，脱出的污水又重新返回污水生化系统。这种处理方法不仅处理成本高，而且污泥中所含有的碳、氢等有机成分得不到充分利

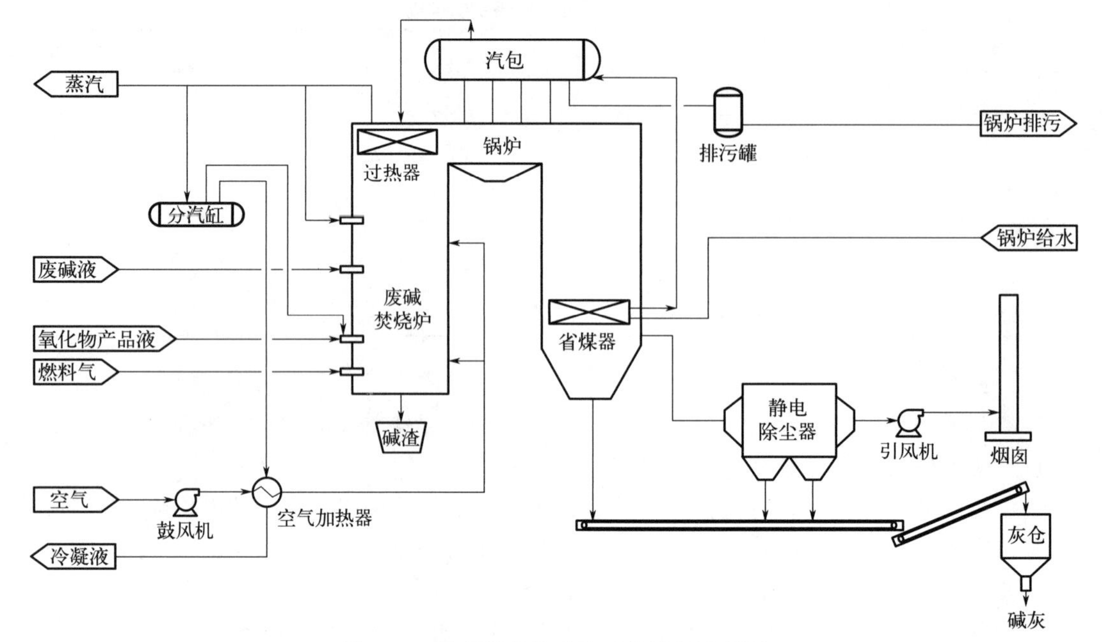

图 13-4　废碱液焚烧系统工艺流程示意图

用，同时离心机脱水后的污水返回生化处理系统也增加了污水处理的负荷。

对于活性污泥的处理，采用与水煤浆气化技术相结合的方法，将污泥与原料煤一同制浆送入气化炉进行气化。神华包头煤化工有限责任公司通过利用GE水煤浆高压气化工艺实施改造，将污水处理产生的剩余污泥不经过离心甩干机而直接送入气化装置进行磨煤制浆，既实现了废物资源化综合利用，减少了环境污染，又降低了处理成本，减轻了污水处理装置生化处理系统的压力。

(2) 焚烧炉焚烧

煤炭间接液化项目污水处理产生的生化污泥、油泥浮渣、包装袋、废滤布等均可送焚烧装置处理。

内蒙古伊泰200万吨/年煤炭间接液化示范项目采用“污泥干化+焚烧”的工艺路线，烟气经“热量回收+SNCR脱硝+石灰浆脱硫+布袋除尘+活性炭吸附+碱洗”处理。

① 污泥脱水及干化　将污水处理系统的含水率为98%的污泥通过管道输送到污泥储罐内，再通过螺杆泵输送至污泥离心脱水机，依靠离心机高速旋转产生的离心力对污泥进行固液分离脱水，泥饼从离心机锥端排出，滤液从另一端排出。在离心脱水机前的污泥管线中，将自动投加聚丙烯酰胺絮凝剂以提高污泥的脱水效果。污泥储罐的上清液和离心机滤液送回污水处理厂进行处理，脱水后含水率80%的污泥泥饼通过螺旋输送器送至干化机的进料缓冲料仓。

污泥进入干化机后，被高速离心到内壁上并形成一个薄层。干燥器主要用蒸汽来加热。干化后污泥含固率控制在60%。

干燥后的污泥由干化机尾部排出至污泥冷却器，经过密闭卸料器、螺旋输送机，再由斗提机送至焚烧炉窑头固体废物进料口，当焚烧炉停运时，螺旋卸料机可将污泥排至垃圾斗，由垃圾车外运填埋处理。

从干化机顶部排出的水汽进入洗涤塔，在此与循环液接触，气相中的水蒸气被冷凝下来，冷凝液与循环液经提升、换热冷却后，大部分返回洗涤塔重复使用，少部分排往废水池。洗涤塔后的不凝气体经除雾后引至焚烧炉的二燃室焚烧处理。

② 焚烧　各种废物从回转窑的高端进入，燃烧空气与废物同向接触，废物在回转窑中燃烧、氧化分解，焚烧后的残渣在窑低端排出炉外，废物焚烧过程中产生的烟气进入二燃室。

在一燃室内没有燃烧完全的气态有机物随烟气进入二燃室继续进行燃烧，二燃室为立式圆筒形，内衬耐火材料，通过调节燃料的投加确保二燃室温度。

二燃室的高温烟气进入废热锅炉以回收余热。经由废热锅炉将高温烟气降温至500℃，同时副产中压蒸汽用于污泥干化和烟气升温，多余部分并入全厂中压蒸汽管网。飞灰由出灰斗经双重气锁阀排出后输送至湿式输灰机。烟气脱硝采用SNCR工艺，在余热锅炉辐射段的合适位置喷射氨气与蒸汽的混合物，降低排放烟气中NO_x的浓度。

从废热锅炉出来的烟气进入半干塔，塔顶设有石灰浆喷枪，通过石灰浆对烟气进行降温处理及初步脱硫处理，喷入的浆液与烟气迅速混合后蒸发，浆液量保证烟气温度在1s内由500℃降至200℃以下。在紧急情况下，也可喷入新鲜水进行降温。在半干塔中，大部分酸洗气体及颗粒物被吸收，以固体形态从半干塔底部排出。

烟气随后进入布袋除尘器，在布袋除尘器上游的烟道管上设有活性炭粉投加点，以吸附烟气中的重金属和二噁英。经布袋除尘器过滤后的烟气进入碱洗塔，通过碱液的洗涤，将烟气中SO_2、HCl等酸性物质进一步去除。碱洗处理后的烟气经除雾器后进入气气换热器，升温至约130℃排入大气。

污泥焚烧系统工艺流程示意图见图13-5。

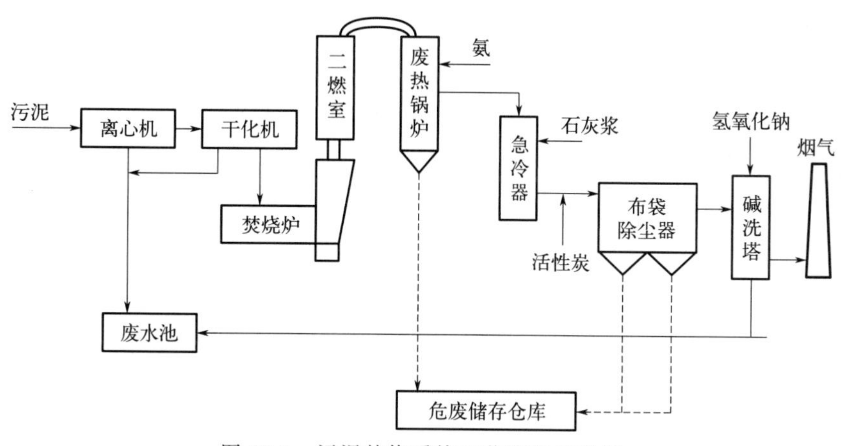

图13-5　污泥焚烧系统工艺流程示意图

13.2.9 化学污泥

化学污泥主要包括污水处理厂化学污泥和净水厂化学污泥。

(1) 污水处理厂化学污泥

污水处理厂清净废水和高盐水系列双膜处理工序高密度沉淀池产生的化学污泥，主要组分为$CaCO_3$、CaF_2、$Mg(OH)_2$，经脱水后作为添加剂投入煤气化炉，其中的$CaCO_3$成分可起到降低灰熔点的作用，且气化炉的高温、停留时间长、还原态环境和后续的一系列合成气净化工序均有利于危废的焚烧处理和控制“二次污染”的产生。

（2）净水厂化学污泥

在原水净化预处理过程中为去除原水中悬浮物而采用化学法混凝沉淀工艺投加 PAC、PAM 等，沉淀后产生无机污泥。原水净水厂污泥跟污水污泥相比，无机物含量更高。一般来说，国内外普遍采用的方式有填埋、改良土壤、海洋弃投等，但都存在潜在的环境污染隐患。污泥的资源化利用是污泥处置的一种良好方式。通常有以下几种[104]：

① 作建材使用　净水厂的污泥可作砖厂、水泥厂的原料或配料。通常污泥的浸出液毒性低，力学性能良好，具有可加工性和低处理成本，因此，净水厂的污泥是混凝土混合过程中一种有益的可替代能源。

② 回收混凝剂　因净水厂在水质净化过程中投加了大量的铁盐或铝盐等混凝剂，若能从净水厂污泥中回收铝盐或铁盐，继续作为混凝剂投加使用，既减少了污泥量，又节省了开支。如将净水厂污泥中回收的铝盐作为混凝剂再用于印染废水的处理，可使得工艺的水力停留时间缩短 12h，与 PAC 作混凝剂相比，出水水质更好。

③ 作为吸附剂　净水厂污泥可作为重金属吸附剂，也可用于吸附水溶液中的氟化物。程爱华等[105]通过给水厂污泥对水中 Cr(Ⅵ) 的吸附试验证明给水污泥对 Cr(Ⅵ) 吸附量可达 0.89mg/g 以上。

④ 生产沸石　净水厂污泥合成的沸石具有很高的阳离子交换能力，可以去除水中高含量的金属阳离子（如 Cd^{2+}、Pb^{2+}、Cu^{2+}、Fe^{2+} 等）以及铵离子，相比于天然沸石和斜发沸石，净水厂污泥合成的沸石也能够更广泛用于废水处理、污水处理和土壤修复。

⑤ 土地利用[105]　净水厂污泥中富含大量能改良土壤性质的腐殖质和利于植物生长的营养成分，因此非常适宜用于土地利用，实现污泥资源化。净水厂污泥中的絮凝剂成分在施用于土壤中后，发生类似于水处理过程中的絮凝反应可提高土壤的凝聚程度，改善土壤结构，利于耕作。另外，净水厂污泥中含结晶水的金属氧化物可吸附痕量金属，减少土壤中游离有害痕量金属量，利于作物生长。

⑥ 作为生活垃圾填埋覆盖土[105]　净水厂污泥在 1～2kg/cm^2 耐压力作用下，含水率从 61.3%减少到 46.3%，渗透系数达到 10^{-7}cm/s，无渗透毒性，能够满足作为生活垃圾填埋覆盖土的要求，使用后不会给垃圾渗滤液的处理增加负担。

13.2.10　结晶盐和杂盐

（1）杂盐固化处置

污水处理采用近零排放方案，双膜脱盐处理后反渗透浓水及凝结水站酸碱中和废水经过分质结晶处理后回用大部分水，高浓度循环母液排出系统或干燥还会产生约 5%的盐泥（杂盐）。该杂盐主要含有钠、钾的硫、氯化物，还富集了复杂的有机物（如苯类、脂类、喹啉和吡啶等）以及少量的重金属，需按危险废物进行处置。一方面，目前危险废物的处理费用较高，大约 3000 元/t；另一方面，此类杂盐很容易溶解，稳定性和固化性也比较差，淋雨就会渗出，进而造成二次污染。因此必须进行固化/稳定化处理，以增强污染组分的化学惰性，或者通过包封隔离起来，以此降低其毒性和迁移性。由于结晶杂盐组成的必要基础数据还很欠缺，其安全处置尚未成熟，技术上还存在有机物对固化/稳定化过程造成干扰、可溶性盐包封固化以及固化体能否长期稳定等问题，因此，还需要对杂盐的物化特性、包封固化剂、辅助药剂、工艺设备等继续进行研究[106]。

（2）杂盐资源化技术

分盐技术的第一步是先通过预处理去除浓盐水中含有的大部分有机物和重金属，然后再应用膜法、热法、冷法将硫酸钠和氯化钠分质结晶，另外，还有一种结晶器设有淘洗腿，可以依靠晶粒特性的不同分离硫酸钙、氟化钙、氢氧化镁，同时对盐进行分离提纯[107]。

① 预处理　预处理分为高级氧化法和软化法。高级氧化法是一种物化处理技术，它可以使难降解的有机物直接无机化，或利用自由基强氧化作用将难降解的大分子有机物分解成小分子易降解物质，进而使其无机化。其主要包括电化学催化氧化法、臭氧氧化法、芬顿氧化法等。

经过高级氧化后的浓盐水有机物含量大大降低，色度明显改善。软化法通过投加石灰、硫酸钠、氢氧化钠、碳酸钠、硫化钠、絮凝剂、助凝剂等一种或几种，使其发生絮凝和沉淀反应，去除活性钙离子、镁离子、碳酸氢根离子、SiO_2、锶离子、钡离子、氟化物、重金属等，以达到软化的目的。经过预处理，浓盐水中的有机物和硬离子含量将大幅度降低，色度明显改善。

② 膜法分盐　目前，膜法分盐主要采用纳滤工艺，这样可以脱除盐水中的有机物和二价盐，使得透析液中氯化钠的含量提升到95%以上，透析液可直接进入蒸发结晶器，产生高纯度的氯化钠，同时富集了大量硫酸根离子的浓液，可以采取热法析硝和冷冻析硝结晶出高纯度含水硫酸钠或硫酸钠。该方法适用于进水中氯化钠和硫酸钠的比值接近于相图中共晶点的情况，或者适用于进水总含盐量不太高的情况。另外，进水总含盐量不高时，也可以将纳滤放在反渗透前进行盐的分离。

③ 热法分盐　热法分盐是利用氯化钠和硫酸钠的溶解度随温度变化而不同的原理，再结合相图，采用“高温析纯盐—高温析纯硝—高温析混盐”或“高温析纯硝—高温析纯盐—高温析混盐”的工艺，使大部分氯化钠和硫酸钠分别结晶析出，最后剩余少量母液结晶出混盐。热法分盐的缺点是受水质波动影响很大，工程设计和生产运行均较难把握。

④ 冷法分盐　冷法分盐是利用 NaCl 和 Na_2SO_4 的溶解度随温度变化而不同的原理，再结合相图，采取“高温析纯盐—低温析十水硝—高温析混盐”或“低温析十水硝—高温析纯盐—高温析混盐”的工艺，使大部分氯化钠和硫酸钠分别结晶析出，最后剩余少量母液结晶出混盐。冷法分盐的优点是较热法分盐更稳定，缺点是只能析出十水硝（十水合硫酸钠，俗称芒硝），要得到无水硫酸钠，需要进一步热熔结晶。冷法分盐技术在制盐行业已经较为成熟，但在煤化工行业尚处于实验室研究阶段。

⑤ 淘洗　盐腿淘洗法可以去除高浓盐水中的有机物。煤化工高浓盐水中有机物含量越高，溶液密度、黏度也就越高，溶液中有机物含量的改变能够引起结晶物结晶形状的改变，且随着有机物浓度的增大，结晶物料的沉降性能也会随着变差，变得不容易分离。带有盐腿设计的结晶器主要依靠晶粒特性不同分离硫酸根离子、硝酸根离子、钙离子、镁离子、有机物等杂质，同时对盐进行清洗。采用盐腿淘洗后，从蒸发器排出的盐浆固液比通常达40%～50%，这样既提高了分离效率，又减轻了离心机的负荷。工程上可在流程后端脱水机内部设置喷头，采用洁净的水（如生产水、冷凝水）对结晶盐进行进一步洗涤，结晶盐表面黏附的杂质（如COD、硝酸盐等）重新溶解进入脱水机滤液，使结晶盐得到净化。结晶盐干燥后，可作为工业原盐使用，实现杂盐的资源化利用。影响结晶盐品质的重要因素是淘洗方式、淘洗量和母液排放。

⑥ 工艺组合及工程化进展　目前，煤化工高盐废水及结晶盐处理利用项目、工艺特征、处理效果见表13-20。

表 13-20 煤化工高盐废水及结晶盐处理利用技术[108-110]

项目名称	工艺流程	技术特征及处理效果
A厂 1.2×10^6t/a浓盐水处理装置	物料膜截留—均匀水质—强化除杂—深度除杂—脱气—氧化处理—多效蒸发—分质结晶	物料膜截留、除杂及氧化组成预处理核心工艺;进水TDS($5\sim8$)$\times10^4$mg/L,物料膜截留分离工作压力0.6～3.0MPa;深度除杂重金属,钙镁离子去除率大于98%;分质结晶工业级硫酸钠和氯化钠,质量浓度大于92%
B厂 $5m^3$/h含盐废水分质结晶中试	管式微滤—多级反渗透—活性炭过滤—管式微滤—多级电驱动离子膜浓缩—芒硝蒸发结晶—盐蒸发结晶	管式微滤器、电驱动离子膜装置是核心工艺;进水TDS 5×10^4mg/L,两级电驱动离子膜装置产出浓水TDS 2×10^5mg/L,可大幅减少结晶单元处理水量;分质结晶硫酸钠含量96%以上,氯化钠含量98%以上,混盐占总盐量5%以下
C厂 1.6×10^5t/a高盐废水结晶分盐中试	除硬软化—纳滤—高级催化氧化—活性炭过滤—电驱动离子膜浓缩—蒸发结晶—母液干燥	纳滤、高级催化氧化、电驱动离子膜是核心工艺;纳滤联合反渗透分离与浓缩一价盐和二价盐;高级催化氧化COD去除率50%;分质结晶工业级氯化钠、硫酸钠结晶盐,结晶母液定期干燥外排处置
D厂 浓盐水回用于盐分质结晶资源化中试	ED离子膜浓缩+分质结晶技术	ED离子膜浓缩TDS到2×10^5mg/L,硫酸钠及氯化钠产品达到工业盐标准。产品水水质达到回用于循环冷却水系统或除盐水处理系统作为补充水的水质标准要求,结晶盐资源化率≥75%,结晶盐产品合格率≥85%
E厂 高盐废水分质结晶及资源化利用关键技术中试	电渗析—预处理技术(絮凝沉淀+高级氧化)—冷却结晶(硫酸钠)—蒸发结晶(氯化钠)	成功实现了高盐废水中氯化钠和硫酸钠无机盐的分质结晶,氯化钠和硫酸钠的质量分数达到98.5%以上,且其中的重金属含量均远低于危废标准中相应重金属的含量,两种盐的总回收率达到90%以上
F厂 300t/h矿井水"零排放"工程	锰砂过滤—超滤—RO—浓水RO—DTRO—分质结晶,流程见图13-6	最终实现成品水(淡水)主要指标达到《生活饮用水卫生标准》,硫酸钠符合工业硫酸钠Ⅲ类合格品、氯化钠符合日晒工业盐二级指标、杂盐量不超过总盐量的10%、含水率小于8%
G厂 6×10^5t/a聚烯烃项目	GTR膜—电驱动膜—蒸发制硝+冷冻芒硝+蒸发制盐的三段式盐硝分质结晶变温组合工艺,分盐流程见图13-7	GTR膜减量化工艺浓缩至60000mg/L左右,再用电驱动膜浓缩高盐水的TDS到20%以上,并采用蒸发制芒硝+冷冻制芒硝+蒸发制盐的三段式盐硝分质结晶变温组合工艺,分离出的氯化钠及硫酸钠作为工业原料可销售。中试试验实际达到的纯度为:氯化钠98%以上,硫酸钠95%以上,盐、硝成品中COD含量在0.1%以下,重金属离子含量极低或未检出

⑦ 结晶盐的处置　煤化工提取的结晶盐主要成分是氯化钠和硫酸钠，纯度较高，可用于氯碱行业、纯碱行业或做融雪剂等。做融雪剂存在结晶盐被雨水淋后二次融溶的风险。而制碱工业则要求原盐中的主要成分氯化钠含量越高越好，钙、镁杂质含量越低越好。主要是由于氯化镁、硫酸镁、硫酸钙等杂质在盐水精制、吸氨、炭化过程中，会生成碳酸镁、碳酸钙及其他复盐等，从而堵塞塔器与管道，这些杂质如果不能在炭化前清除，混入纯碱中，会降低产品品质。用于氨碱法的盐需要符合以下标准：氯化钠含量≥90%；水分含量≤4.2%；钙离子含量≤0.8%；硫酸根离子含量≤0.8%。

若作氯碱行业的原料，则需要进行一系列的预处理，以除去钙离子、镁离子、硫酸根离子、氨氮、有机物、游离氯并调节酸碱度。氨氮的存在会给氯碱行业的安全生产带来大的危

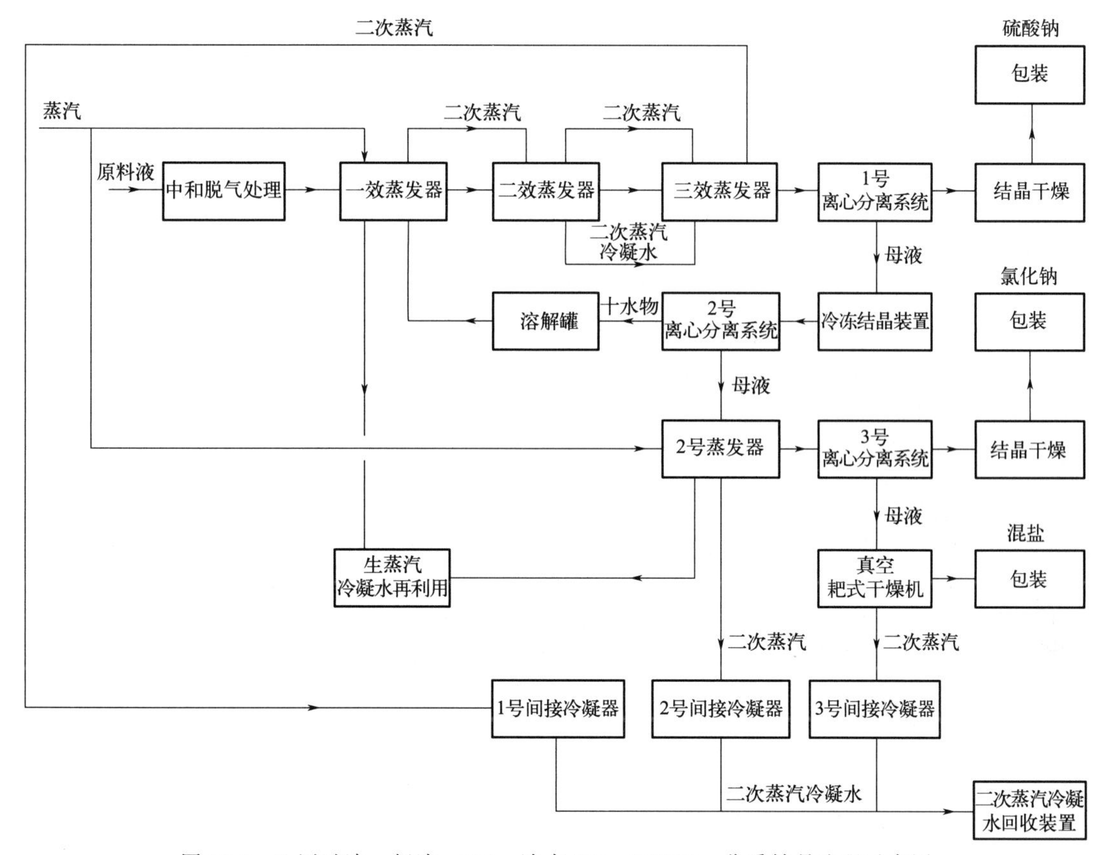

图 13-6　F 厂过滤—超滤—RO—浓水 RO—DTRO—分质结晶流程示意图

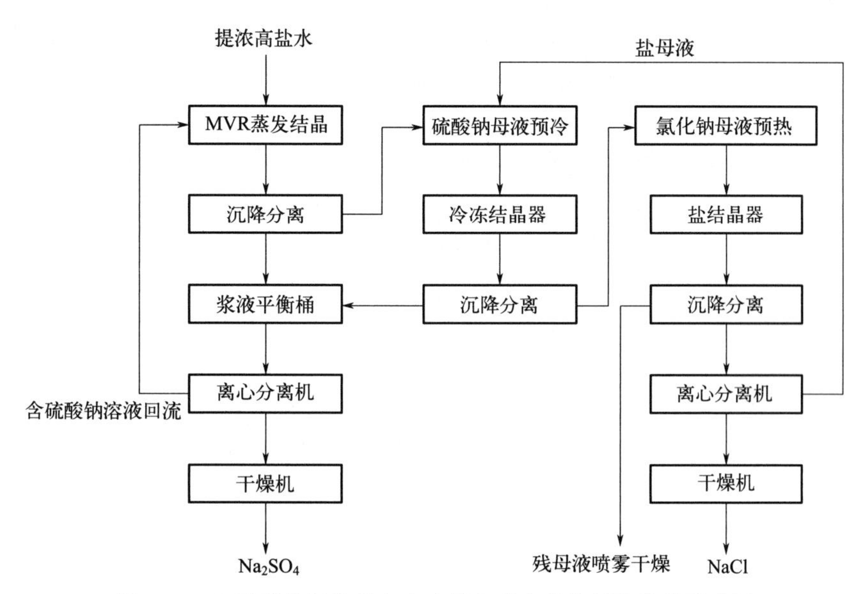

图 13-7　G 厂蒸发制芒硝＋冷冻制芒硝＋蒸发制盐流程示意图

害，当原盐或化盐水中存在铵根离子或有机氮化合物时，在电解槽阳极液 pH 值为 2～4 的条件下，将会产生易爆炸的 NCl_3 气体。从安全性的角度考虑，结晶盐更适合回用于纯碱行业。纯碱行业采用氨碱法工艺，氨作为催化剂在系统中循环使用，不存在爆炸危险。从国内杂盐提纯的中试效果来看，提纯后结晶盐中氯化钠和硫酸盐的纯度基本可以达到98%以上，产品符合《工业盐》（GB/T 5462—2015）标准。

13.2.11 其他

（1）废油和废甲醇

聚乙烯、聚丙烯装置的废矿物油、液态烃等和甲醇装置排放的废甲醇因量少可送锅炉作燃料回收利用。废甲醇一般也可用作污水处理的补充碳源。

对于产生的大量废矿物油，可根据《国家先进污染防治技术目录（固体废物和土壤污染防治领域）》（2020年版）中推荐的两种示范技术对废矿物油进行再生利用，该技术能有效避免原料废油裂解、焦化的结焦问题，基础油回收率高，能耗较低。

1）废矿物油“旋风闪蒸-薄膜再沸＋双向溶剂”精制再生技术

① 工艺路线。废矿物油在系统内换热后，常压闪蒸脱水并减压蒸馏脱除瓦斯油组分，然后经熔盐管式换热，再进入旋风闪蒸-薄膜再沸减压蒸馏塔，塔壁外加热进行二次薄膜蒸发，气体经低压力降（＜200Pa）洗涤、冷凝后收集。采集的馏分油采用双向溶剂萃取，萃取液经四效蒸馏得到双向溶剂循环使用；萃余液经升-降膜联合蒸发器脱去溶剂后，经汽提和真空脱气得到基础油产品。

② 主要技术指标及应用效果。基础油回收率≥78%，废油渣＜0.4%。产品满足《通用润滑油基础油》（Q/SY 44—2009）Ⅰ类HVI标准。处理过程符合《废矿物油回收利用污染控制技术规范》（HJ 607—2011）要求。

2）废矿物油循环再生换热蒸馏技术

① 工艺路线。废矿物油经在线过滤预处理和换热后进入减压闪蒸塔闪蒸分离，按温度切割出150号、250号、350号基础油粗品和再生尾油，通过NMP（*N*-甲基吡咯烷酮）复合溶剂抽提粗品中的杂质，得到基础油成品。抽提后的抽出液进行蒸发、汽提，分离出的溶剂循环使用。

② 主要技术指标及应用效果。产品回收率＞86%，不凝气处理效率≥98%，产品符合《再生润滑油基础油》（T/CRRA 0901—2018）中Ⅰ类标准。处理过程符合《废矿物油回收利用污染控制技术规范》（HJ 607—2011）要求。

（2）废吸附剂

煤炭清洁转化项目产生的废吸附剂主要为废分子筛、废氧化铝、废活性炭。

合肥联合大学范广能[108]开发出了废分子筛、废氧化铝的综合利用工艺。①在酸溶条件下，废分子筛及废氧化铝物料均具有较高氧化铝溶出率，可利用这一特点制备新型高效净水剂聚合氯化铝产品。②废氧化铝物料中氧化铝含量高、杂质含量低，可利用这一特点制备基本化工原料铝铵钒，进而可开发多种铝盐化合物。③利用废分子筛物料表面部分有机化的特性，可制成能改善制品的力学性能及加工条件的聚丙烯塑料用填充剂。

对于废活性炭的处理，一般是考虑再生利用。再生是将饱和吸附了各种污染物而失去吸附能力的活性炭，经过特殊处理，使其恢复原来绝大部分的吸附能力，可重新用于吸附。目前，常用的再生工艺技术有热再生法、溶剂再生法、生物再生法、湿式氧化再生法、催化湿式氧化再生法、超声波再生法、电化学再生法、微波辐射再生法等[110]。再生方法的选择因活性炭吸附过程的吸附方法、所吸附物质以及吸附量的不同而不同。

活性炭再生法中，目前工艺最成熟、工业应用最多的是热再生法[111]。活性炭高温热再生是通过加热的方式对活性炭滤料进行热处理，使活性炭吸附的有机物在高温下炭化分解，最终成为气体逸出，使活性炭原来被堵塞的孔隙打开，恢复其吸附性能获得再生。高温热再生还可以同时除去沉积在炭表面的无机盐，生成新微孔，使炭的活性得到大部分恢复。加热再生包括干燥、热脱附、热解、炭化以及热解残留物等物理和化学过程。加热再生法的优点是再生效率高、再生时间短、应用范围广，缺点是热再生过程中炭损失较大（一般在5%～10%）、再生炭机械强度下降、还需引入热源、投资及运行费用较高。另外，活性炭高温加热再生装置存在炭粒相互黏结、烧结成块并造成局部起火或堵塞通道的可能性，甚至可能导致装置运行瘫痪。

（3）甲烷化废脱硫剂

废脱硫剂的主要成分为ZnS，易于回收利用。目前已工业化的回收方法有干法和湿法[112]，首先将ZnS转变成$ZnSO_4$，然后在60～70℃加入计量的NH_4HCO_3和适量氨水在pH为7.0～8.0条件下得$ZnCO_3$和$Zn_2(OH)_2CO_3$沉淀，沉淀物经过过滤干燥后在700℃焙烧得到脱硫剂的主要成分活性氧化锌[113]。工艺流程见图13-8。

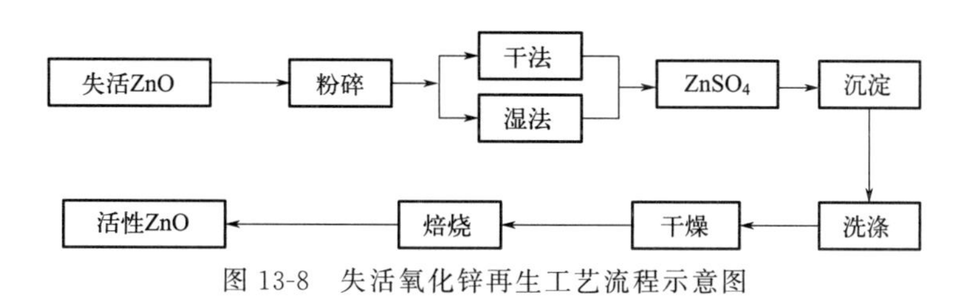

图13-8 失活氧化锌再生工艺流程示意图

① 干法制备无水氯化锌、七水硫酸锌　煅烧后得到的粗氧化锌用工业盐酸或者硫酸溶解，酸解后的溶液中含有一定量铁离子、铜离子、铝离子，必须进行除渣。除渣的方法是酸解过程中加入过量$KMnO_4$，通过加入氧化锌来控制溶液pH保持在4.5左右，从而将二价金属离子氧化成三价离子然后水解沉淀。将沉淀物过滤后再加入一定量的锌粉，采用金属置换法以便除去重金属离子，然后定量引入氯化钡可进一步除去硫酸根离子。经过除渣工序后的溶液，再经浓缩结晶可以得到纯度较高的无水氯化锌或者七水硫酸锌，从而达到回收再利用的目的。

② 湿法回收工艺　是先将废脱硫剂粉碎，然后加入H_2SO_4和H_2O_2的混合溶液中，在亚硫酸钠的催化作用下完成。其反应过程如下：

$$ZnS+H_2SO_4+H_2O_2 \longrightarrow ZnSO_4+S\downarrow+2H_2O$$

$$ZnO+H_2SO_4 \longrightarrow ZnSO_4+H_2O$$

$$ZnS+H_2SO_4 \longrightarrow ZnSO_4+H_2S\uparrow$$

$$H_2S+H_2O_2 \longrightarrow S\downarrow+2H_2O$$

混合溶液中H_2SO_4的浓度约3mol/L，H_2O_2的摩尔分数不低于13%，反应温度在80℃左右，有利于目标产物硫酸锌的生成。在反应过程中生成的硫容易附着在废脱硫剂表面，需引入分散剂胶束以避免其阻碍反应的进一步进行[114]。待完全反应后，过滤回收沉淀物硫，向剩余的$ZnSO_4$溶液中加入一定量的氨水和沉淀剂NH_4HCO_3，反应生成碱式碳酸锌，过滤后再焙烧制备氧化锌，再用作脱硫剂的主要原料，这样也可以实现循环利用。

章小明等[115]研究利用氯化铵溶液作为浸取剂，NH_4HCO_3作为沉淀剂，在实验室提取制备出了氧化锌，并得出结论：从经济的角度看，用含锌废脱硫催化剂生产活性ZnO比生产硫酸锌更为合理；生产活性 ZnO 的氨浸法、氯化铵法的浸取液绝大部分具有回收利用的价值。

(4) 废离子交换树脂

水处理中通常使用的离子交换树脂为聚苯乙烯或丙烯酸树脂，废树脂的热值通常在10～25MJ/kg，可考虑将其高温焚烧。如将废弃树脂送入锅炉炉膛与煤掺烧，不但可以减少固体废物处理费用、减少污染，而且具有一定的经济性。国内外对废树脂、废塑料的燃烧和热解研究得较多，而对电厂化学水处理车间产生的废弃离子交换树脂的焚烧特性以及污染物排放特性研究相对较少。高薪等[116]通过对废弃离子交换树脂与煤粉掺混燃烧及污染物排放特性研究发现，随着废弃树脂添加量增加，树脂与煤的混合物更容易着火燃烧；废弃树脂的掺混会增大 SO_2 的排放，尤其是阴离子树脂的掺混使得 SO_2 排放量增加最为明显；通常 NO_x 排放量随着温度升高呈现递增的趋势，但煤中加入一定量的废弃树脂之后，其 NO_x 排放量呈下降趋势；混床树脂在煤中的添加比达到30%时，HCl 排放量可达最大。可见，废树脂掺烧可能对锅炉有腐蚀性，需进一步论证。目前，安全可靠的处理方法仍是填埋。

参考文献

[1] 徐西征，闫大海，刘美佳．煤粉锅炉协同资源化处理煤制天然气行业固体废物的环境风险控制研究 [J]. 煤化工，2021，49 (4)：1-6，56.

[2] 孟凡会，张敬浩，杜娟，等．煤基固废制泡沫陶瓷的发泡工艺研究及应用进展 [J]. 洁净煤技术，2022，28 (1)：155-165.

[3] 谢全安，王杰平，冯兴磊，等．焦化生产废弃物处理利用技术进展 [J]. 化工进展，2011，30 (增刊)：424-426.

[4] 刘文秋，张玉芝，李海军，等．焦油渣对配煤炼焦焦炭性质影响规律的研究 [J]. 河北能源职业技术学院学报，2018 (3)：52.

[5] 王雄雷，牛艳霞，刘刚，等．煤焦油渣处理技术的研究进展 [J]. 化工进展，2015，34 (7)：2017.

[6] 尹维权，李庆奎．焦油渣回收利用的研究与应用 [J]. 酒钢科技，2017 (3-4)：118.

[7] 高磊，董发勤，钟国清，等．煤焦油渣的组成分析与吸附性能研究 [J]. 安全与环境学报，2011，11 (1)：79-82.

[8] Storm C，Rudiger H，Spliethoff H，et al. Co-pyrolysis of coal/biomass and coal/sewage sludge mixtures [J]. Journal of Engineering for Gas Turbines and Power，Transactions of the ASME，1999，121 (1)：55-63.

[9] 刘云，袁近，卢毅，等．焦化粗苯加氢精制典型工艺及产渣剖析研究 [J]. 环境科学与管理，2014，39 (2)：89-90.

[10] 张艺翔，马钊，冯敏．气化灰渣应用前景浅析 [J]. 化工管理，2019 (21)：13-14.

[11] 平雅敏，黄胜，吴诗勇，等．气化灰渣的理化性质及其对石油焦/CO_2 气化反应特性的影 [J]. 华东理工大学学报 (自然科学版)，2012，38 (1)：17-21，57.

[12] 高旭霞，郭晓镭，龚欣．气流床煤气化渣的特征 [J]. 华东理工大学学报 (自然科学版)，2009 (5)：28-34.

[13] 赵旭，张一昕，苗泽凯，等．气化飞灰精准分离及资源化利用 [J]. 洁净煤技术，2019，25 (1)：44-49.

[14] 赵永彬，吴辉，蔡晓亮，等．煤气化残渣的基本特性研究 [J]. 洁净煤技术，2015 (3)：110-113.

[15] 盛羽静．气流床气化灰渣的理化特性研究 [D]. 上海：华东理工大学，2017.

[16] 梅乐．Shell 气化飞灰黏附影响因素研究 [D]. 淮南：安徽理工大学，2016.

[17] 王勤辉，徐志，刘彦鹏，等．流化床锅炉燃烧中煤颗粒粒径对灰渣形成特性影响试验研 [J]. 热力发电，2011，40 (10)：17-20.

[18] 王迎春，苏英，周世华．水泥混合材和混凝土掺合料 [M]. 北京：化学工业出版社，2011.

[19] 王福元，吴正严．粉煤灰利用手册 [M]. 2 版．北京：中国电力出版社，2004.

[20] 贺永德．现代煤炭清洁转化技术手册 [M]. 北京：化学化工出版社，2004.

[21] 舒歌平，史士东，李克建．煤炭液化技术 [M]. 北京：煤炭工业出版社，2003.

[22] 范芸珠．煤直接液化残渣性质及应用的探索性研究 [D]. 上海：华东理工大学，2011.

[23] 崔洪．煤液化残渣的物化性质及其反应性研究 [D]. 太原：中国科学院山西煤炭化学研究所，2001.

[24] 黄雍．煤直接液化残渣的理化性质及热吹扫研究 [D]. 上海：华东理工大学，2015.

[25] 谷小会．煤直接液化残渣结构特性的探讨［D］．北京：煤炭科学研究总院，2005.
[26] 谷小会，周铭，史士东．神华煤直接液化残渣中重质油组分的分子结构［J］．煤炭学报，2006，31（6）：76-80.
[27] 谷小会，史士东，周铭．神华煤直接液化残渣中沥青烯组分的分子结构［J］．煤炭学报，2006，31（6）：785-789.
[28] Hata K，Wantanabe Y，Wada K，et al. Iron sulfate-catalyzed liquefaction of Wandoan coal using syngas-water as a hydrogen source［J］. Fuel Processing Technology，1998，56（3）：291-304.
[29] 刘文郁．煤直接液化残渣热解特性研究［D］．北京：煤炭科学研究院总院北京煤炭清洁转化分院，2005.
[30] 张建波．煤直接液化残渣基碳材料的制备及应用［D］．大连：大连理工大学，2013.
[31] 王卓昆．大力开展粉煤灰综合利用［J］．重货煤炭，1997，23（11）：35-37.
[32] 原永涛，杨倩，齐立强．循环流化床锅炉飞灰特性研究［J］．第11届全国电除尘学术会议，2005.
[33] 龚洛书，柳春圃，黄婉利．CFB锅炉高硫灰渣品质性能试验研究［J］．科学研究，2002（2）：14-16.
[34] 高廷源．循环流化床锅炉脱硫灰渣特性及综合利用研究［D］．成都：四川大学，2004.
[35] 王芳．焦炉煤气脱硫废液资源化处理研究［D］．长春：东北师范大学，2012.
[36] 张福亭．氨对低温甲醇洗的影响［J］．氮肥技术，2019，40（2）：43-45.
[37] 吴大刚，赵代胜，魏江波．煤炭清洁转化过程气化废渣和废碱液的产生及处理技术探讨［J］．煤炭清洁转化，2016，44（6）：57-58.
[38] 关清海．甲醇制烯烃装置碱洗塔堵塞原因分析及应对措施［J］．石油石化节能与减排，2015，5（3）：32-36.
[39] 王承刚，郝东波．乙烯碱洗塔黄油生成原因及控制方法［J］．河南化工，2003（9）：28-29.
[40] 王锐，唐玉霞，贺秀成．甲醇制烯烃 碱水洗塔废碱中黄油成分研究［J］．中国科技博览，2014（13）：314-316.
[41] 曾占军．大庆石化乙烯装置碱洗塔黄油生成原因分析及对策［J］．河南化工，2012，29（3-4）：29-30.
[42] 张玉宽，刘英，杨咏．碱洗塔黄油生成机理及控制方法［J］．炼油与化工，2014，25（5）：27-29.
[43] 李冬梅，冷冰．炼化行业废碱液处理方案优化分析［J］．环境保护与循环经济，2011，31（4）：51-53.
[44] 谢玉文，钟理，任伟．石油化工废碱液处理技术进展［J］．现代化工，2009，29（6）：28-31.
[45] 王欢，范飞，韩冬云．煤制乙二醇工艺废液的行业现状及利用途径．当代化工，2018，47（12）：2654.
[46] 谷丽琴，王中慧．煤炭清洁转化环境保护［M］．北京：化学工业出版社，2009.
[47] 安俊．火力发电厂烟气脱硫项目经济评价研究［D］．天津：天津大学，2008.
[48] 陈燕．石膏建筑材料［M］．北京：中国建材工业出版社，2003.
[49] 程雲，林美庆，赵敏．脱硫石膏制备半水石膏晶须的研究［J］．无机盐工业，2016，48（2）：63-67.
[50] 徐芙蓉，周立荣．燃煤电厂SCR脱硝装置失效催化剂处理方案探讨［J］．中国环保产业，2010（11）：26-28.
[51] 赵炜，于爱华，王虎，等．湿法工艺回收板式SCR废弃催化剂中的钛、钒、钼［J］．化工进展，2015，34（7）：2039-2042.
[52] 陈其颢，朱林．SCR失效催化剂及其处置与再利用技术［J］．电力科技与环保，2012（3）：31-32.
[53] 李洁．VOC废气处理的技术进展［C］．中国环境保护优秀论文集（下册），2005.
[54] 赵世荣．煤化工行业VOCs治理研究——以某煤化工项目为例［J］．内蒙古煤炭经济，2017（5）：28-29.
[55] 刘洋，张良，褚霞，等．VOC催化剂性能研究［C］．全国稀土催化学术会议，2007
[56] 郑国华．煤炭清洁转化项目固体废物资源化利用现状及趋势［J］．煤炭加工与综合利用，2017（8）：6-8.
[57] 陈莉荣．煤化工含盐废水的处理技术应用进展［J］．工业水处理，2019，39（12）：12-18.
[58] Farahbod F，Mowla D，Jafari N M R，et al. Experimental study of forced circulation evaporator in zero discharge desalination process［J］. Desalination，2012，285：352-358.
[59] 郭淑琴，孙孝然．几种国外城市污水处理厂污泥干化技术及设备介绍［J］．给水排水，2004，30（6）：34-37.
[60] 赵志敏．剩余污泥水热炭化液资源化利用研究［D］．大连：大连理工大学．
[61] 刘媛媛，张芹芹．城市污泥基本特性与安全处置［J］．水科学与工程技术，2008（4）：63-66.
[62] 甄广印，赵由才，宋玉，等．城市污泥处理处置技术研究［J］．有色冶金设计与研究，2010，31（5）：41-45.
[63] 孙志刚，亢万忠．污泥煤浆气化制氢工艺研究［J］．大氮肥，2012（4）：217-222
[64] 王雄雷，牛艳霞，刘刚，等．煤焦油渣处理技术的研究进展［J］．化工进展，2015，34（7）：2019-2021.
[65] 刘淑萍，曲雁秋，李冰，等．焦化厂焦油渣改质制燃料油及其制备方法：CN1500853A［P］．2004-06-02.
[66] Gao L，Dong F Q，Hagni Richard D. Preparation of activated carbon from coal tar residue by chemical activation with phosphoric acid［C］. Proceedings of 2011 IEEE International Conference on Waste Recycling，Ecology and Environment，Mianyang，Sichuan，2011.
[67] 秦利彬，牟艳春，李增文，等．煤焦油渣溶剂抽提工艺：CN101629086A［P］．2010-01-20.

[68] 徐田．煤焦油渣负压低温分离利用法：CN101927253A [P]. 2010-12-29.
[69] 王帅，米丽班-霍加艾合买提，田华玲，等．一种焦油渣制备多层石墨烯的方法：CN103818894A [P]. 2014-05-28.
[70] 胡成秋，杨春杰．焦油渣制造颗粒状活性炭和轻质煤焦油的方法：CN16934090A [P]. 2005-11-09.
[71] 李连顺，谢全安．焦化酸焦油的处置利用 [J]. 中国资源综合利用，2011，29 (3)：39-40.
[72] 肖建生，文相浩，刁云宇，等．备煤炼焦中的固体废弃物资源化利用技术概述 [J]. 燃料与化工，2019，50 (2)：50.
[73] 郑明东，水恒福，崔平．炼焦新工艺与技术 [M]. 北京：化学工业出版社，2019.
[74] 杨洪海，刘国旭，张大鹏．应用焦粉配煤炼焦的实践 [J]．燃料与化工，2001，32 (4)：188-189.
[75] 杨明平，彭荣华，文杰强，等．焦粉配煤炼焦的研究 [J]. 科学技术，2003，31 (11)：7-10.
[76] 王春云．用焦粉、焦油渣来炼焦 [J]．中国资源综合利用，2004 (4)：29.
[77] 王国强，王光辉，陈飞飞，等．焦化固体废弃物对焦炭质量的影响研 [J]．燃料与化工，2007，38 (3)：18-21.
[78] 杜军杰，崔淑玲．焦粉回配技术在焦化厂的应用 [J]．燃料与化工，2008，39 (3)：32-33.
[79] 王大力，刘平，刘开明．焦粉替代瘦煤的配煤炼焦试验研究 [J]．煤炭清洁转化，2009，37 (2)：18-22.
[80] 师国利．焦粉回配工艺技术 [J]．神华科技，2010，8 (1)：74-77.
[81] 杜先奎，王思维，杨建华，等．细焦粉回配炼焦实验室研究 [J]．燃料与化工，2011，42 (5)：33.
[82] 刘春美，封一飞，袁本雄，等．立式磨工艺在焦粉制备上的应用 [J]．燃料与化工，2015，46 (1)：36-38.
[83] 钱晖，吴信慈，叶诚钧，等．宝钢集尘焦粉回配炼焦试验研究 [J]．宝钢技术，1998 (3)：41-53.
[84] 廖可桥，胡利平，陈明明．除尘焦粉回配炼焦现状及用于高炉喷吹的可行性 [J]．鄂钢科技，2011 (3)：17-19.
[85] 栗艳平．除尘焦粉回配炼焦的技术研究及应用 [J]．化工管理，2016 (9)：208.
[86] 刘文壮，邹庆峰．八钢高炉全烟煤喷吹实践 [J]. 炼铁，2008，27 (1)：50-52.
[87] 刘仁检．攀钢 3 号高炉喷吹干熄焦除尘灰工业试验 [J]．钢铁，2013 (4)：53-55.
[88] 焦玉杰．太钢焦化厂“三废”治理实践 [J]．煤炭清洁转化，2015，43 (1)：46-59.
[89] 商晓甫，马建立，张剑，等．煤气化炉渣研究现状及利用技术展望 [J]. 环境工程技术学报，2017 (11)：712-717.
[90] 徐会超，袁本旺，冯俊红．煤炭清洁转化气化炉渣综合利用的现状与发展趋势 [J]. 化工管理，2017 (6)：35-36.
[91] 赵龙涛，陈垒，王方然，等．煤直接液化残渣利用的发展现状和趋势 [J]. 河南化工，2016，33 (2)：19-23.
[92] 刘臻，次东辉，方薪晖，等．基于含碳废弃物与煤共气化的碳循环概念及碳减排潜力分析 [J]. 洁净煤技术，2022，28 (2)：130-136.
[93] 陆强，吴亚昌，徐明新，等．粉煤灰活化及其制备多孔催化材料的研究进展 [J]. 洁净煤技术，2021，27 (3)：2-7.
[94] 沙响玲．等离子体改性粉煤灰催化剂及其脱硝性能研究 [D]. 西安：西安科技大学，2017.
[95] Murayama N，Yamamoto H，Shibata J. Mechanism of zeolite synthesis from coal fly ash by alkali hydrothermal reaction [J]. International Journal of Mineral Processing，2002，64 (1)：11-17.
[96] 何光耀，王兵，史鹏程，等．粉煤灰基沸石分子筛的合成及应用进展 [J]. 洁净煤技术，2021，27 (3)：55-56.
[97] 高建明，杜宗沅，郭彦霞，等．综合利用粉煤灰制备莫来石系列材料研究进展及展望 [J]. 洁净煤技术，2021，27 (3) 36-45.
[98] Ma B Y，Su C，Ren X M，et al. Preparation and properties of porous mullite ceramics with high-closed porosity and high strength from fly ash via reaction synthesis process [J]. Journal of Alloys &Compounds，2019，803：981-991.
[99] Yadav A K，Patel S，Bhattacharyya S. Preparation of low-cost porous mullite ceramics by recycling fly ash [J]. Advances in Basic Science，2019，2142 (1)：030004.
[100] Foo C T，Salleh A，Kok K Y，et al. Characterization of high-temperature hierarchical porous mullite washcoat synthesized using aluminum dross and coal fly ash [J]. Crystals，2020，10 (3)：178.
[101] Das D，Kayala N，Marsolab G A，et al. Recycling of coal fly ash for fabrication of elongated mullite rod bonded porous SiC ceramic membrane and its application in filtration [J]. Journal of the European Ceramic Society，2020，40 (5)：2163-2172.
[102] Fu M，Liu J，Dong X F，et al. Waste recycling of coal fly ash for design of highly porous whisker-structured mullite ceramic membranes [J]. Journal of the European Ceramic Society，2019，39 (16)：5320-5331.
[103] 张智敏，苏慧，庄壮．MTP 废催化剂循环利用技术的研究进展 [J]. 化工技术与开发，2018，47 (3)：34-35.
[104] 童祯恭，童承乾，冯治华，等．净水厂排泥水及其污泥的处置 [J]. 华东交通大学学报，2015，32 (1)：

134-135.
[105] 程爱华，黄科进．给水厂污泥吸附 Cr（Ⅳ）的性能研究［J］. 环境工程学报，2011（4）：917-920.
[106] Chen Q Y，Tyrer M，Hills C D，et al. Immobilisation of heavy metal in cement-based solidification/stabilisation：A review［J］. Waste Management，2009，29（1）：390-403.
[107] 崔粲粲，梁睿，刘志学，等．现代煤炭清洁转化含盐废水处理技术进展及对策建议［J］. 洁净煤技术，2016（6）：95-100，65.
[108] 范广能．废分子筛/废氧化铝的综合利用［J］. 化学世界，1997（6）：330-331.
[109] 张庆智，吴茂，张永梅．废活性炭再生技术研究及应用［J］. 中国新技术新产品，2011（20）：4-5.
[110] 黄欣，陈业钢，苏楠楠，等．高盐废水分质结晶及资源化利用研究进展［J］．化学工业与工程，2019，36（1）：19-20.
[111] 纪钦洪，熊亮，于广欣，等．煤化工高盐废水处理技术现状及对策建议［J］．现代化工，2017，37（12）：2-3.
[112] 刘焕群．氧化锌脱硫剂的回收利用［J］. 中国资源综合利用，2001（9）：12-15.
[113] 王天元，王泽，金建涛，等．氧化锌脱硫剂的再生方法研究进展［J］. 广州化工，2017，45（24）：43-442.
[114] 陈坤，成忠兴．废氧化锌脱硫剂再生工艺研究［J］. 无机盐工业，1998，30（3）：39-41.
[115] 章小明．废锌催化剂综合利用的过程研究［D］. 南昌：南昌大学，2012.
[116] 高薪，胡志洁，刘猛．废弃离子交换树脂与煤粉掺混的燃烧及污染物排放特性研究［J］，锅炉技术，2017，48（6）：72-78.

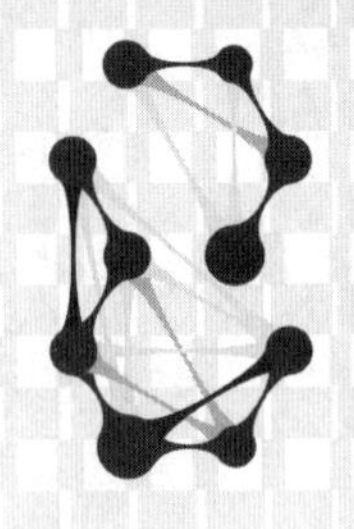

14 煤炭转化过程噪声与其他污染防治

大型煤炭清洁转化装置使用了大量的机械设备和管道、阀门，其种类繁多，且分布较广，这些设备在运转过程中由于其机械运动、流体运动等均会产生噪声，其噪声多呈开放式稳态分布，声压级变化较小，需进行合理的平面布局以及采取有效的隔声降噪措施，降低噪声产生的危害。煤转化过程中对固体物料、液体含固量测量中，会采用放射性仪表，做好电离辐射保护是煤化工职业卫生防护的重要内容。规划和实施好装置区域防渗处理与土壤保护是煤化工生态环境保护的重要方向。

本章主要介绍煤转化过程典型的噪声源及当前的主要降噪减振技术及应用。

14.1 噪声污染与控制

14.1.1 噪声来源

根据噪声源的物理特性，将煤炭转化过程中的噪声主要分为机械噪声、空气动力性噪声和电磁噪声三种[1]。

（1）机械噪声

机械噪声是指机械部件在外力激发下振动产生的噪声。目前，机械部件的运动方式有往复运动、旋转运动、撞击运动和齿轮传动等，这些部件运转时，由于相互间的摩擦力、撞击力或非平衡力使机械部件和壳体产生振动而辐射噪声。如空压机、离心泵等动设备在运转过程中，运转部件的不平衡或联轴器定心不良等造成质量的不平衡产生惯性力而引起噪声。

（2）空气动力性噪声

空气动力性噪声是指空气流动或物体在空气中运动引起空气产生涡流、冲击或者压力突变导致空气扰动而形成的噪声。包括：

旋转噪声：压缩机、通风机等机械设备在高速旋转过程中，叶轮不断切割周围气体，引起周围气体压力脉动而产生噪声。

涡流噪声：风机叶片在转动时除了产生旋转噪声外，同时，在叶片的后面有气体涡流，这些涡流由于空气本身黏滞作用，又分裂成更多的小涡流，从而扰动空气形成压缩与膨胀过程而产生噪声。

喷射噪声：气流从管口喷出，气流的冲击以及高速气流与周围静止空气间的剪切运动引起气体剧烈扰动，并不断进行动量、质量交换而产生的噪声。

（3）电磁噪声

电磁噪声主要是产生在电气设备启动运行时，其中包括变压器、电抗器等内部的铁心硅钢片在交变电场中的振动而产生的噪声。产生电磁噪声的原因主要有线圈和铁心空隙大、线圈松动、载波频率设置不当、线圈磁饱和等。

在大型煤炭清洁转化企业中，上述三种噪声可能会独立产生，也可能会同时产生。在许多场合下，机械噪声和空气动力性噪声会同时产生。

14.1.2 典型噪声源

通常，大型煤炭清洁转化装置的主要噪声来源于大型机械和压缩机组、工艺管道、阀门内物料流动，管道阀门的振动也是噪声的主要来源之一。大型加热炉、锅炉的燃烧也会产生噪声。典型装置的主要噪声源见表 14-1。

表 14-1　典型装置的主要噪声源

噪声源	声压级/dB(A)	噪声源	噪声值/dB
空分装置			
空气压缩机	105～115	空气增压机	105～110
增压机冷却器	85～90	氮气压缩机	105～110
空气过滤器	95～100	室外管道、阀门	85～100
放空口	110～125	液氧泵、液氮泵等	85～90
气化装置			
磨煤机	95～100	循环风机	95～100
密封风机	90～97	燃烧空气鼓风机	90～96
螺旋输送机	80～87	气动阀排气口	95～105
布袋过滤器放空口	100～105	汽包排放口	110～125
热电装置			
煤破碎机	95～105	煤筛分机	95～105
发电机组	80～90	燃气轮机烟道	85～95
余热锅炉房旁蒸汽排放口	95～105	汽轮机组	95～110
励磁机	80～90	汽轮机组配套泵设备	80～95

14.1.3 噪声控制标准

煤炭清洁转化企业装置的设计、运行均需秉持对环境保护、劳动者职业病防护的理念，遵循国家相关标准要求。表 14-2、表 14-3 和表 14-4 分别列出了《工业企业设计卫生标准》(GBZ 1—2010) 和《工业企业厂界环境噪声排放标准》(GB 12348—2008) 的限值。

表 14-2 工作场所噪声职业接触限值

接触时间	接触限值/dB(A)	备注
一周 5 天,一天 8h	85	非稳态噪声计算 8h 等效声级
一周 5 天,非一天 8h	85	计算 8h 等效声级
非一周 5 天	85	计算 40h 等效声级

表 14-3 非噪声工作地点噪声声级的卫生限值

<table>
<tr><th>非噪声地点</th><th>卫生限值/dB(A)</th><th>工效限值/dB(A)</th></tr>
<tr><td>噪声车间办公室</td><td>≤75</td><td rowspan="3">≤55</td></tr>
<tr><td>非噪声车间办公室、会议室</td><td>≤60</td></tr>
<tr><td>计算机室、精密加工室</td><td>≤70</td></tr>
</table>

表 14-4 工业企业厂界环境噪声排放限值

厂界外声环境功能区类别	昼间时段限值/dB(A)	夜间时段限值/dB(A)
0	50	40
1	55	45
2	60	50
3	65	55
4	70	55

14.1.4 噪声控制方法

通常产生噪声污染有三个要素，即噪声源、噪声的传播途径和接受者[2]。因此，噪声控制必须从以下三个方面来考虑。首先从声源上进行控制，以低噪声的工艺和设备代替高噪声的工艺和设备；如仍达不到要求，则从传播途径上考虑采取隔声、消声、吸声、减振以及综合控制等措施；最后，对采取措施后其噪声仍不能达到噪声控制设计限值的作业场所，应采取个人防护措施。

14.1.4.1 噪声源控制

噪声源控制是从源头上降低噪声最根本和最有效的方法。如能既方便又经济地实现，应首先采用。

噪声源控制：一是通过研制或改进设备结构，以及提高加工精度以及装配精度，降低设备本体噪声；二是工程中选择低噪声设备替代高噪声设备；三是改变操作工艺方法，使发声体变为不发声体或降低设备辐射的声功率，将其噪声控制在所允许范围内的方法[3]。如选用油浸自冷式变压器替代强迫油循环风冷式变压器，选用胶带机代替高噪声的振动输送机，采用沸腾干燥法代替振动干燥法干燥硫酸铵等。

降低设备本体噪声措施主要有以下几种[4]：①选用内阻尼大、内摩擦大的低噪声材料。一般的金属材料，因其内阻尼、内摩擦都较小，消耗振动能量的能力弱，所以，通常金属材料制成的机械零件和设备，在振动力的作用下，机件会辐射较强的噪声。若采用内阻尼大、内摩擦大的合金或高分子材料，其较大的内摩擦可使振动能转变为热能耗损掉，故这类材料可以大幅度降低噪声辐射。②采用低噪声结构形式。在保证机器功能不变的前提下，通过改变设备的结构形式，可以有效地降低噪声，如皮带传动所辐射的噪声要比齿轮传动小得多。③提高加工精度。通过提高零部件的加工精度与装配精度，可以降低由于机件间冲击、摩擦和偏心振动所引起的噪声。

14.1.4.2 控制噪声的传播途径[5,6]

在多数情况下，由于技术或经济上的原因，直接从声源上控制噪声往往是有限的。因此，还需要从声的传播途径上采取措施。

噪声传播的媒介主要是空气和建筑构件，因此，传播途径的控制也主要从空气传播和固体传播两方面加以控制，主要是采用吸声、隔声、消声、减振等技术措施。

（1）吸声处理

在降噪措施中，吸声是一种最有效的方法，因而在工程中被广泛应用。人们在室内所接受到的噪声包括由声源直接传来的直达声和室内各壁面反射回来的混响声。吸声处理主要用来降低由于反射产生的混响声。工程上，可将吸声材料做成不同形状大小的吸声体按一定的间距排列悬挂在室内天花板下并靠近噪声源，可有效降低高噪声车间噪声。此外，还可将吸声材料制作成不同的共振吸声结构来吸收声能而降低噪声。

① 吸声材料　吸声材料的特点是在材料内部有大量的、互相贯通的、向外敞开的微孔，因而具有适当的通气性。当声波入射到吸声材料时，引起孔隙中的空气振动，由于摩擦和空气的黏滞阻力，使一部分声能转变成热能；此外，孔隙中的空气与孔壁、纤维之间的热传导，也会引起热损失，使声能衰减。吸声材料的厚度、堆密度及使用条件都对吸声性能有影响。吸声材料的吸声性能是由吸声系数来体现的，吸声系数越大，吸声效果越显著。多孔吸声材料具有高频吸声系数大、密度小等优点。工程上一般选择吸声系数在 0.2～0.7 之间的多孔吸声材料。

常用的多孔吸声材料有以下五类：a. 无机纤维材料，主要有玻璃丝、玻璃棉、岩棉和矿渣棉及其制品；b. 有机纤维材料，主要有软质纤维板、木丝板、纺织厂的飞花及棉麻下脚料、棉絮、稻草等制品；c. 泡沫材料，主要有泡沫塑料、泡沫玻璃、泡沫金属和复合泡沫材料；d. 吸声建筑材料，主要为各种具有微孔的泡沫吸声砖、膨胀珍珠岩、泡沫混凝土等材料；e. 金属纤维材料，主要有金属箔与有机纤维复合材料、金属化纤维材料、纯金属化纤维材料。

在有机化学纤维材料中，聚酯纤维、涤纶棉等这类材料不仅对低频噪声的降噪效果比较差，还由于其防火、防潮、防腐能力较弱，使用寿命较短，需要经常更换，在工程应用上无形增加了投资成本。随着技术的不断革新，无机纤维材料不断地取代有机化学纤维材料，诸如玻璃棉、矿渣棉等，它们的性能皆优于有机纤维材料，具有良好的吸声性能，防火、防腐、不易老化。然而，存在的主要问题是无机材料受潮后吸声性能下降，从而影响噪声的处理效果。金属纤维材料的研究快速发展，它是指通过冷冲压或高温烧结等工艺制作而成的新型材料[7]。目前为止，金属纤维材料是一种环保型材料，具有力学性能好、质量轻、吸声性能优异、耐高温、耐冻等特点，特别适用于潮湿、高温环境，具有很好的应用前景。

在泡沫吸声材料中，固化聚氨酯泡沫材料吸声效果不稳定，但因其具有防腐、防水、阻燃等特点常用于汽车座椅、车门内饰等。泡沫玻璃是一种极具装饰潜力的无机材料，可做成多种颜色。它质轻、不燃、强度高、刚度大、可加工性好，但因吸声系数低、不耐磨、成本高而未被广泛应用。而泡沫金属吸声材料同时具备了泡沫材料的多孔吸声特性，同时具备金属材料强度高、耐高温等优点，但是其加工成本高，难以广泛应用[8,9]。

② 共振吸声结构　将建筑材料按一定的声学要求进行设计安装，使其成为具有良好吸声性能的建筑构件。常见的有薄板吸声结构、穿孔板吸声结构、微穿孔板吸声结构等。

薄板吸声结构是将薄板（如石膏板、木质板等板材）钉牢在靠墙的木龙骨上连同板后的封闭空气层形成一个质量-弹簧共振系统，当受到声波作用时，在该系统共振频率附近具有最大的声吸收，由于低频声波比高频声波容易激起薄板产生振动，所以主要用于吸收低频声音。影响吸声性能的主要因素有薄板的厚度、背后空气层厚度、填充物以及板后龙骨构造和安装方法等。

穿孔板吸声结构是由各种穿孔的薄板（如石膏板、岩棉板、胶合板以及铝板等金属板）与其背后的空气层组成的，吸声特性取决于板厚、孔径、孔距、空气层厚度及底层材料。穿孔板的每个小孔及其对应的背后空气层形成一排排的空腔共振器，当入射声波频率和这个系统固有频率相同时，在孔颈的空气就会因共振产生摩擦而消耗声能。这种结构对于中频声音吸收效果最好。穿孔板吸声系数在 0.6 左右。工程中，常采用板厚度为 2～5mm、孔径为 2～10mm、穿孔率为 0.1%～10%、空腔厚度为 100～250mm 的穿孔板结构。

微穿孔板吸声结构是一种板厚度和孔径都小的穿孔板结构。通常是由板厚度小于 1.0mm、孔径小于 1.0mm、穿孔率为 1%～5%、空腔厚度为 50～200mm 的穿孔板结构构成。其吸声频带宽度可优于常规的穿孔板吸声结构。

近年来，一种新型阻抗复合吸声结构在变电站降噪工程中开始应用[10,11]。材料由铝纤维吸声板和微穿孔板作为基础材料，铝纤维板与微穿孔板组成第一层共振空腔，微穿孔板与墙壁组成第二层共振空腔，同时在第一层腔内填充聚酯纤维，这种阻抗双共振吸声结构既能强化低频吸声性能，又能拓宽高效吸声频带。

实践表明，经过吸声处理的房间，噪声消减量依据处理面积的大小而不同，一般可降低 7～15dB(A)。由于吸声处理技术效果有限，一般与隔声处理技术综合应用。

(2) 隔声处理

隔声处理是将噪声源和周围的环境隔绝开，以降低环境噪声。典型设施有隔声罩、隔声间和隔声屏。

① 隔声罩　主要用于控制机械噪声，由隔声材料、阻尼材料和吸声材料构成。

为了避免发生板的吻合效应和板的低频共振，隔声罩通常是用一层刚性金属材料制作，一般用 2～3mm 厚的钢板，再附加上一层阻尼层而成。外壳也可以用木板或塑料板制作，轻型隔声结构可用铝板制作。阻尼层常用沥青阻尼胶浸透的纤维织物或纤维材料制作，有的用特制的阻尼浆制作。要求高的隔声罩可做成双层，内层较外层薄一些，两层的间距一般是 6～10cm，层间填充多孔吸声材料。罩的内侧附加吸声材料，以吸收声音并减弱空腔内的噪声。在这层吸声材料上覆一层穿孔护面板，其穿孔的面积占护面面积的 20%～30%。这样可降低噪声 10～30dB(A)。

某工程现场罗茨风机隔声罩见图 14-1。

② 隔声间　隔声间类似一个大的隔声罩，是由于设备体积较大，设备检维修频繁，同时又需进行手工操作，故采用一个大的房间把设备围护起来，并设置门、窗和通风管道。

按形式分，隔声间分为固定式和活动式两种。固定隔声间以砖墙结构为主；活动隔声间以装配式为主。

隔声间设计应以满足工作需要的最小空间为宜。隔声间的墙体和顶棚可采用木板、石膏板、混凝土预制板或薄金属板等，墙壁内表面应覆以吸声系数高的材料作为吸声饰面。此外，还要考虑门窗的隔声以及是否有空隙漏声。门应制成双层，中间充填吸声材料。隔声窗最好做成双层不平行不等厚结构。门窗要用橡皮、毛毯等弹性材料进行密封。较好的隔声间减噪量可达 25～30dB(A)。

某工程隔声间墙壁隔声做法示意图见图 14-2。

图 14-1 某工程现场罗茨风机隔声罩

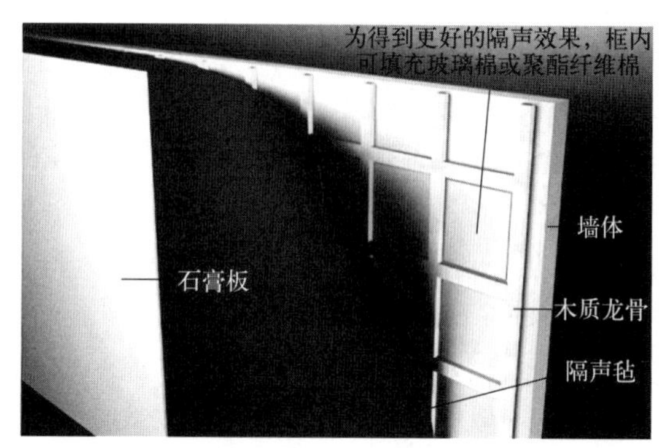

图 14-2 某工程隔声间墙壁隔声做法示意图

③ 隔声屏 隔声屏主要用于室外。目前，许多国家都采用各种形式的隔声屏来降低交通噪声对道路沿途噪声敏感目标的影响。在建筑物内，如果对隔声的要求不高，也可将其用在大车间内以直达声为主的地方，将强噪声源与周围环境适当隔开。室内的隔声屏可采用钢板、木板、工程塑料板、石膏板和泡沫铝等结构。据调查，隔声屏对降低电机、电锯等高频噪声是很有效的，可降低噪声 5～15dB(A)。

例如，焦化厂通常对各工序的操作室或工人休息室采取隔声措施以减少噪声的危害。将噪声较大的机械设备尽可能置于室内，防止噪声的扩散与传播。同时对煤塔、煤粉碎机室、煤焦转运站操作室、除尘地面站操作室、热电站主厂房、氮气站操作室、汽轮机操作室等处设置隔声门窗。汽轮机本体配置消声隔声罩。

某焦化厂内鼓风机室的屋顶和墙面采用了超细玻璃棉吸声板，厚度为 80mm，外层为高穿孔率纤维护面层，穿孔率为 25.6%；隔声窗为双层 5mm 玻璃，中间夹空气层厚度为 10mm；隔声门由 2mm 厚钢板和 100mm 厚超细玻璃棉及穿孔率为 20%的穿孔薄钢板构成；煤气管道用阻尼浆和玻璃纤维布包扎。采取上述措施后，机房内噪声降低了 20dB(A)。

(3) *消声处理*

消声处理的主要器件是消声器，它是降低空气动力性噪声的主要措施。主要应用在风机进口、出口和排气管口。根据消声机理的不同，可分为六类，常用的有阻性消声器、抗性消声器、抗阻复合式消声器、微穿孔板消声器。

① 阻性消声器 阻性消声器是一种吸收性消声器，是把吸声材料固定在气流通道的内壁上，或使之按照一定的方式在管道中排列。当声波在多孔性吸声材料中传播时，因摩擦将声能转化为热能而消耗掉，从而达到消声的目的。从实际运用效果来看，阻性消声器对高中频噪声有较好的消声效果，对低频噪声消声效果要差些。

按气流通道几何形状的不同，除直管式消声器外，阻性消声器还有片式、蜂窝式、折板式、迷宫式、声流线式、盘式、室式及消声弯头等。根据输气管道截面尺寸可选择不同的结构形式。

② 抗性消声器 抗性消声器与阻性消声器不同，它不使用吸声材料，只是在管道上连接截面突变的管段或旁接共振腔，利用声阻抗失配，使某些频率的声波在突变的界面处发生

反射、干涉等现象，从而使向外辐射的声能降低，即主要是通过控制声抗的大小来消声。常用的抗性消声器有扩张式消声器、共振式消声器等。抗性消声器对处理低、中频噪声有效。若同时采用吸声材料，对高频噪声也有明显效果。

③ 阻抗复合式消声器　阻抗复合式消声器，是按阻性与抗性两种消声原理，通过适当结构组合而成。常用的阻抗复合式消声器有“阻性-扩张室复合式”消声器、“阻性-共振腔复合式”消声器、“阻性-扩张室 共振腔复合式”消声器。在许多工程设计中，对一些高强度的宽频带噪声，基本都是采用这几种复合式消声器来降噪。例如，某罗茨鼓风机上用的阻抗复合式消声器由两节不同长度的扩张室串联而成，第一扩张室长 1100mm，扩张比 6.25，第二扩张室长 400mm，扩张比 6.25。每个扩张室内，从两端分别插入等于它的各自长度的 1/2 和 1/4 的插入管，以改善消声性能。为了减小气动阻力，将插入管用穿孔管（穿孔率为 30%）连接。该消声器在低、中频范围内平均消声量在 10dB（A）以上。

④ 微穿孔板消声器　微穿孔板消声器是一种特殊的消声结构，它利用微穿孔板吸声结构而制成，通过选择微穿孔板上的不同穿孔率与板后的不同腔深，来控制消声器的频谱性能，使其在需要的频率范围内获得良好的消声效果。因此，微穿孔板消声器能起到阻抗复合式消声器的消声作用。

这种消声器的特点是板后的空腔不用任何多孔吸声材料填充，而是将金属薄板按 1%～5%的穿孔率进行钻孔，孔径控制在 0.5～1.0mm 之间，以此作为消声器的贴衬材料。在实际工程中为了扩大吸声频带的宽度，往往采用不同孔径、不同穿孔率的双层或多层微穿孔板复合结构。

图 14-3　某工程的排风机消声器

微穿孔板消声器具有场所适用性广泛、压力降较小的特点。消声量一般为 15～40dB。

某工程的排风机消声器见图 14-3。

(4) 减振降噪[4]

机械设备在运转时不可避免地产生振动。如煤破碎机、煤气鼓风机、各种除尘风机、各种泵、电动机等都能产生振动，尤其是筛焦楼的振动筛振动最为强烈。振动，一方面直接向外辐射噪声，另一方面以弹性波的形式通过与之相连的结构向外传播，并在传播的过程中向外辐射噪声。由于振动能在固体中的衰减很小，因此振动可传至很远。

控制振动的一个重要方法就是隔振。但此隔振并不涉及对振动源本身机械元件振动的抑制，而是在振动的固体声传播过程中进行隔振和阻尼控制，即将振源与基础或连接结构的近刚性连接改成弹性连接，以防止或减弱振动能量的传递。因为振动所辐射的噪声与振动体的振动强度有关。对于一定的振动系统，经隔振控制后噪声声压级的改善值正比于振动级的变化量。

① 隔振技术

a. 采用大型基础。采用大型基础来减少振动影响是最常用、最原始的办法，根据工程振动学的原理，合理地设计大型设备的基础，可以减少设备与基础的振动和振动向周围的传播。在带有冲击作用时，为保护基座和减少振动冲击的传递，采用大质量的基础块更为理想。根据常规经验，特殊振动设备的基础往往达到自身设备质量的 2～5 倍，有的可达到 10

倍以上。工程中常常对块煤破碎机、振动筛、大功率鼓风机等振动较大的设备，设置单独基础。

b. 开隔振沟。在大型机械设备振动基础四周开有一定宽度和深度的沟槽，里面充填诸如木屑类松软物质，亦可不填，用来隔离振动的传递。

c. 采用隔振元件。隔振元件是连接设备和基础的弹性元件，用以减少和消除由设备传递到基础的振动和由基础传递到设备的振动。采用隔振元件是目前工程上应用最为广泛的控制振动的有效措施。工程上大量应用的隔振元件主要分为隔振垫和隔振器两大类。

隔振垫是利用弹性材料本身的自然特性，根据需要裁切而成。常见的隔振垫材料为毛毡、软木、胶皮、海绵、玻璃纤维及泡沫塑料等。

隔振器是经专门设计制造、具有单个形状的弹性元件。常用的有金属橡胶复合隔振器、金属弹簧隔振器、橡胶隔振器以及空气弹簧隔振器。选择合适的隔振器和安装方式，可得到85%～90%隔振效果。

选择隔振器形式时，除了要考虑隔振器的承载能力，还应重点考虑其对自身振动固有频率的要求。一般来说，当自振频率 $f_0<5\text{Hz}$ 时，可采用预应力阻尼型金属弹簧隔振器；当 $5\text{Hz}\leqslant f_0<12\text{Hz}$ 时，可采用金属弹簧隔振器或橡胶剪切型隔振器；当 $f_0\geqslant 12\text{Hz}$ 时，宜采用橡胶剪切型隔振器或橡胶隔振垫。

d. 消减管道的激扰力。对于化工装置管道振动产生的噪声控制，首先从消减管系的激扰力入手。如在管道和设备接口处采用柔性减振连接头，减少噪声；对流体脉动，可在管道上加设阻尼器或安装节流孔板，以起到对脉动波削峰填谷的缓冲作用；对于气液两相流管道内气流扰动、气体与液体的扰动产生的噪声，可采取适当措施改变流体在管内的流动状态，避免出现塞状流、团状流等两相流，或设水锤消除器避免出现水锤；对于高速流体，可采取降低流速或设置降噪板、增加隔声外壳等措施。其次，应增加管系结构的刚度，提高结构刚度可以使管道固有频率远离激振频率，减小管系对激励源的振动响应，进而降低噪声。最后，可通过增加管系结构的阻尼，限制并减轻管道振动，达到减噪的目的。

② 阻尼减振　有很多噪声是因金属薄板受激发振动而产生的。金属薄板本身阻尼性很小，而声辐射效率很高。降低这种振动噪声，普遍采用的方法一是在金属薄板构件上喷涂或粘一层高内阻的弹性体材料，如沥青、软橡胶或高分子材料。当金属板振动时，由于阻尼作用，一部分振动能量转变为热能，从而使振动和噪声降低。二是增加薄板刚度，减少噪声。

a. 阻尼材料。目前已开发的阻尼材料有黏弹性阻尼材料、阻尼涂料、阻尼合金、复合型阻尼金属板材等几大类。阻尼材料主要由填料和黏合剂组成。填料是一些内阻较大的材料，如蛭石粉和石棉绒等。黏合剂有各种漆、沥青、环氧树脂、丙烯酸树脂及有机硅树脂等。此外，根据需要，还可能配有发泡剂和防火剂等。

目前工程上常用的阻尼材料有沥青石棉绒防振隔热阻尼浆、软木防振隔热阻尼浆等。

b. 阻尼结构。阻尼减振技术是通过阻尼结构得以实施的。阻尼基本结构大致可分为离散型的阻尼器件和附加型的阻尼结构。

离散型阻尼器件又分为吸收型和隔离型。吸收型的有阻尼吸振器、冲击阻尼吸振器等；隔离型的有金属弹簧隔振器、黏弹性材料隔振器等。

附加型阻尼结构是通过在各种结构件上直接黏附阻尼材料结构层，以增加结构件的阻尼性能，提高其抗振性和稳定性。附加阻尼结构特别适用于梁、板、壳件的减振。

某工程水管落地支架采用的复合减振器＋橡胶减振器见图 14-4。

14.1.4.3 个体防护措施

鉴于技术和经济的原因，在用上述措施难以解决的高噪声场所为工人配置个体听力防护用品，则是保护工人听力不受损害的重要措施。常用的防噪声用品有耳塞、耳罩等，这些产品可单独使用，也可配合使用，一般可以降低噪声 20～30dB（A）。

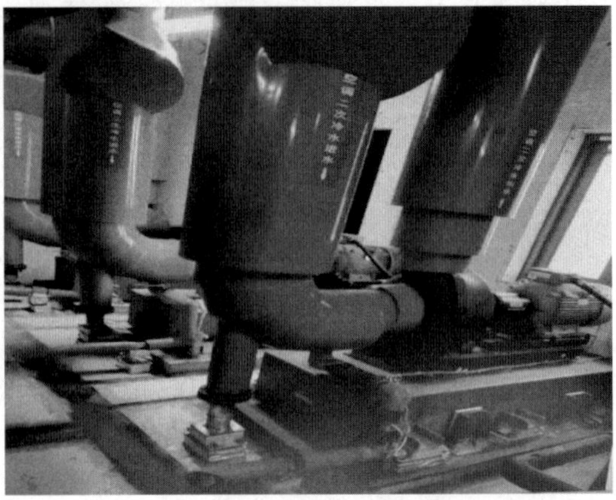

图 14-4 某工程水管落地支架采用的复合减振器+橡胶减振器

14.1.5 典型应用

不同的噪声控制措施需根据噪声源类别、噪声强度、设备周围场地的情况、敏感目标的需求、投资等因素综合考虑，可选用其中的一种或几种来达到控制要求。

（1）通风冷却塔噪声控制

通风冷却塔是煤炭洁净转化中不可缺少的公用工程，在实践中对机械力通风冷却塔有如下降噪措施可供选择，各种方法的优缺点及效果见表 14-5[12]。

表 14-5 机力通风冷却塔的几种降噪措施

降噪措施	噪声消减量/dB(A)	优点	缺点
超静音风叶	8～12	从源头上控制噪声	投资较大
风机系统减振	5～8	从源头上降低冷却塔结构噪声，投资较少	适合新建项目，后期改造施工难度大
落水消声	3～8	从源头上降低淋水噪声	需定期清理与维护
隔声罩	15～25	整体降噪效果好	需占用较大空间，需要综合考虑设备通风散热
进、排风消声器	10～20	降噪效果好，降噪量可根据实际情况进行准确把控	投资较大，需占用一定空间，冷却塔风阻增大，对热工性能有一定影响
隔声屏	10～15	投资较小，对巡检无影响	对附近受影响的高层建筑物降噪效果有限

（2）IGCC 电厂空分装置噪声控制[13,14]

某 IGCC 电厂空分装置噪声较大，影响到周围办公环境，需进行降噪整改。空分装置的设备布置及主要噪声源情况如下：

空分厂房内布置有空气压缩机、增压机、增压机冷却器以及氮气压缩机，主要产生设备机械噪声和空气动力性噪声。空气过滤器布置于厂房外，噪声是由空气压缩机进口气流与设备、管道的摩擦和振动产生的，其噪声通过空气过滤器过滤层往外传播。厂房外的放空口产生空气动力性噪声。室外阀门噪声主要是流体紊流及喷射流脉动对阀的活动部件或弹性部件冲击而引起。厂房外泵区布置的液氧泵、液氮泵、液氩泵和低温泵产生机械噪声。另外，还有室外管道噪声，主要是管道内流体发生湍流而产生的湍流噪声向外传播。

厂房内墙体为普通混凝土空心砌块，其降噪量大于 45dB，屋顶采用的是多层复合结构，其降噪量也大于 45dB，据此推测厂房内的噪声主要是通过门、窗和屋顶通风器向外传播。

窗户关闭时，窗外紧邻处的噪声监测值约 96dB。

基于上述情况，既要达到降噪效果，又要节省投资，最终采用的噪声治理方案为：厂房增加隔声窗，房门更换为隔声门，墙面安装吸声材料，室内空间安装吸声体；对空气过滤器加装围护结构密封，设计为带通风消声的隔声间；放空口加装放空消声器；管道采用阻尼材料隔声包扎，对部分阀门及泵安装隔声罩；最后在装置边界东侧设置隔声屏，以使得东侧厂界噪声满足《工业企业厂界环境噪声排放标准》（GB 12348—2008）中 3 类标准要求，即昼间≤65dB，夜间≤55dB。

该案例空气进气过滤器改造前后的现场对比见图 14-5 和图 14-6，改造后部分管道及阀门的噪声治理安装完工现场见图 14-7。

图 14-5　空分车间空气进气过滤器改造前图

图 14-6　空分车间空气进气过滤器改造后图

图 14-7　改造后管道阻尼隔声包扎与阀门隔声罩

（3）厂界噪声控制

厂界噪声的控制是各种噪声控制手段综合应用的结果，主要从以下几个方面着手[15]：

① 降低声源噪声。一是利用先进生产技术，研发低噪声的生产设备，改良生产工艺，

将噪声控制在源头。二是改变声源的运动方式。如采用运用阻尼或隔振等措施降低固体发声体的振动，从而降低声源噪声。三是改变声源的发射方向。因为声音的传播具有方向性，相同距离不同方向的地方接收到的声音强度不同，因此，控制噪声的传播方向成为降低噪声的有效方法。四是科学规划总图布置。在满足工艺生产要求的前提下，尽量将高噪声装置布置在远离厂界的位置，远离对噪声或振动敏感的建筑物，比如控制室、办公楼、倒班宿舍楼等。将生产区和非生产区分开布置。

② 控制传播途径。一是隔声。在工业或企业建筑中使用的多层密实材料用多孔材料分割做成的夹层架构，可以起到很好的隔声效果。二是吸声。常用的吸声材料主要是多孔吸声材料，如玻璃棉、穿孔吸声板等，材料的吸声性能由其自身的粗糙性、柔性、多孔性等多方面因素决定。三是在厂界噪声可能超标的一侧，设绿化带或修隔声屏障，因为树木也能起到很好的吸声效果；利用天然的隔声屏障，如山丘、土坡等，或其他隔声材料来阻止噪声的传播。

对于某厂厂界噪声的治理，除采取安装双层隔声窗，加强窗户的隔声效果外，主要是安装隔声屏障来降低厂界噪声。工程项目隔声屏障背板、面板均使用镀锌钢板，腔内填制优质的吸声棉以及防水布，使之能够达到大于等于10dB(A）的隔声量以及吸声系数大于0.7的吸声效果。外壁材料喷塑、防锈，腔内吸声材料防潮、防风雨、防电，－20～＋60℃气温下吸声性能不变。使用寿命大于15年。经监测，通过安装双层隔声窗和隔声屏障可降噪11dB(A）左右，若是只单独使用隔声屏障也可减少8dB(A）左右的噪声[16]。

14.2 辐射污染防治

14.2.1 辐射污染来源

据报道，辐射污染已被世卫组织列为仅次于水源、大气和噪声的第四大环境污染源，已成为人类健康的隐形杀手。长期过量的电离辐射会对人类生殖、神经和免疫系统造成损害。

辐射污染分为两类，一类为电离辐射污染，是指一切能引起物质电离的辐射污染总称，包括α射线、β射线、γ射线、X射线、中子射线等，如粉煤料位测量仪、X射线探伤仪及测厚仪、测水分用的中子射线、医学上用的X射线诊断机与γ射线治疗机、核医学用的放射性同位素试剂等；另一类为非电离辐射污染，如可见光、紫外光、热辐射和低能电磁辐射等。

煤炭清洁转化企业存在的辐射污染主要是高压变电站（110kV、220kV)、高压电线产生的电磁辐射污染和煤储存单元使用含密封放射源仪表产生的电离辐射污染。

14.2.2 辐射污染防治措施

(1) 高压变电站产生的电磁辐射污染防治措施[17,18]

① 采用先进的设备。最大限度地降低变电站电磁环境影响，并减少占用宝贵的土地资源，变电站设计中尽量采用国内先进的GIS设备方案。

② 总图布置和进出线方案。变电站进出线方向尽量避开居民密集区，主变电站尽量布置在站区中间，站区周围应做好绿化。

③ 控制绝缘子表面放电。尽量使用能改善绝缘子表面或沿绝缘子串电压分布的保护装置。

④ 减小因接触不良而产生的火花放电。安装高压设备时，所有的固定螺栓都可靠拧紧，导电元件可靠接地。

⑤ 加工的设备金属附件要锉圆边角，避免有尖角和凸出物，金属附件上电镀层应光滑，从而减少电晕、火花放电现象。

⑥ 设计时应确定合理的金属附件外形尺寸，避免出现高电位梯度点。

(2) 含密封放射源仪表产生的电离辐射污染防治措施

① 对工作场所进行分区布置　根据国家标准《电离辐射防护与辐射源安全基本标准》(GB 18871—2002)，将放射工作场所划分为控制区和监督区。

选择符合《含密封源仪表的放射卫生防护要求》(GBZ 125—2009) 第一或第二级标准的含密封源仪表：如果符合第一级标准，将含密封源仪表表面 5cm 以外区域设置为监督区；如果符合第二级标准，将含密封源仪表表面 1m 以外区域设置为监督区；并在其周围设置醒目的标记牌，同时设置局部防护区，安装安全防护栏。

② 辐射屏蔽　含密封放射源仪表在出厂时均需自带屏蔽铅罐，在使用、转移及储存过程中均位于铅罐内，铅罐设有准直孔和源闸，准直孔的开关由源闸控制。源容器上装有旋转通道来控制射线照射，关闭时可防止射线对人员造成不必要的照射。

含密封源仪表安装调试完毕，应委托具有相应检测资质的机构对放射源工作场所的辐射水平进行检测，距源容器表面 5cm 及 100cm 处的周围剂量当量率应低于《含密封源仪表的放射卫生防护要求》(GBZ 125—2009) 中规定的限值，否则需在源容器外表面再增加适当厚度的铅（或钢）板进行屏蔽防护，铅（或钢）板的厚度根据实际测量结果确定。

③ 设置防护安全装置　根据《含密封源仪表的放射卫生防护的要求》(GBZ 125—2009)，按如下要求对密封放射源进行管理：

一是用于支持和容纳密封源的部件应做到既能牢固、可靠地固定密封源，又便于密封源的装拆。

二是源容器应有能防止未经授权的人员进行密封放射源安装与拆卸操作的结构与部件，例如具有由外表面不可直接视见的隐式组装结构，或具有使用特殊的专用工具才能组装、拆卸源容器的零部件、安全锁等。

三是当源容器设有限束器、源闸时，应满足下列要求：a. 当透射式检测仪表探测器处于距密封源最远使用位置时，以密封源为中心的有用线束的立体角不应超出无屏蔽体探测器或探测器的屏蔽体；b. 源闸在“开”“关”状态的相应位置应可分别锁定，并有明显的“开”“关”状态指示；c. 如果源闸为遥控或伺服控制的，则遥控电路或伺服控制电路发生故障时，源闸应自动关闭；d. 源闸出现自动关闭意外故障时，应有手动关闭源闸的设施；e. 邻近密封源的部件应选用散射线、韧致辐射少且耐照射的材料。

四是检维修时，需将辐射源取下并存储于专用的防辐射的射源库中。

④ 辐射监测　配备 X 射线、γ 射线巡测仪对放射源所在工作场所和邻近区域的泄漏辐射水平进行监测，以确保涉源人员和公众的辐射安全。委托具有资质的技术服务机构对放射工作人员进行个人剂量监测。

14.3 土壤及地下水污染控制

在煤炭转化过程中，无论是气化、焦化、热解、液化、一氧化碳变换、费-托合成、甲醇制烯烃等生产装置，还是空分、锅炉、输储煤及罐区等辅助配套设施，以及渣场、污水处理等环保设施，均根据介质的性质、厂址的特点，设计相应等级的防渗措施，以防止地下水和土壤的污染。对于早期因环保立法不严而导致的地下水和土壤污染问题，相关企业近几年也采取了相应措施来减轻污染扩散或实施了全面治理[19]。

参考文献

[1] 郭浩．化工装置噪声控制技术简析 [J]. 广州化工，2016 (5)：185-187.
[2] 戴源德．冲裁工艺噪声发射及其控制的理论与实验研究 [D]. 南昌：南昌大学，2007.
[3] 景照华．池州市城区昼间噪声分布及防护措施 [J]. 科技信息，2011 (6)：10355-10356.
[4] 刘慧玲．环境噪声控制 [M]. 哈尔滨：哈尔滨工业大学出版社，2002：183-184.
[5] 谷丽琴，王中惠．煤炭清洁转化环境保护 [M]．北京：化学工业出版社，2009：148-150.
[6] 丁士文．金隆转炉送风机的噪声机理分析及治理 [J]. 铜业工程，2013 (4)：56-60.
[7] 黄真，杜喆，段挹杰，等．多孔吸声材料研究现状与发展趋势 [J]. 中国城乡企业卫生，2016，31 (11)：43-45.
[8] 齐共金，杨盛良，赵恂．泡沫吸声材料研究进展 [J]. 材料开发与应用，2002，17 (5)：40-44.
[9] 白攀峰，柏林元，何山，等．常用吸声材料及吸声机理 [J]. 山西化工，2018 (3)：40-43.
[10] 刘鹏，周兵，陈兴旺，等．新型阻抗复合吸声材料设计研究 [J]. 环境科学与技术，2017，40 (增刊 2)：273-279.
[11] 王晓峰，李薇，金东春．变电站噪声控制技术研究进展 [J]. 电力科技与环保，2017 (6)：34-37.
[12] 冯晶晶，尤坤运，黄青青．电厂大型机力通风冷却塔噪声控制浅析 [J]. 中国环保产业，2019 (10)：32-36.
[13] 夏兰生．化工企业噪声污染控制方法与实例 [J]. 大氮肥，2018 (8)：278-282.
[14] 聂美园．大型煤气化 (IGCC) 大电厂空分系统噪声控制工程 [J]. 中国环保产业，2019 (10)：28-31.
[15] 廖相喜，李雪兆．工业企业厂界噪声治理策略探讨 [J]. 产业与科技论坛，2012 (11)：229-230.
[16] 韦立．声屏障在工业企业噪声污染控制上的应用 [J]. 广东化工，2017 (9)：220，210.
[17] 杨维耿，翟国庆．环境电磁监测与评价 [M]. 杭州：浙江大学出版社，2011.
[18] 刘新．220kV 变电站电磁辐射监测及防治措施 [J]. 环境保护与循环经济，2015 (1)：67-69.
[19] 丛日红，高且远．神东矿区长焰煤对焦化污染地下水中喹啉的吸附性能 [J]. 洁净煤技术，2020，26 (6)：96-101.

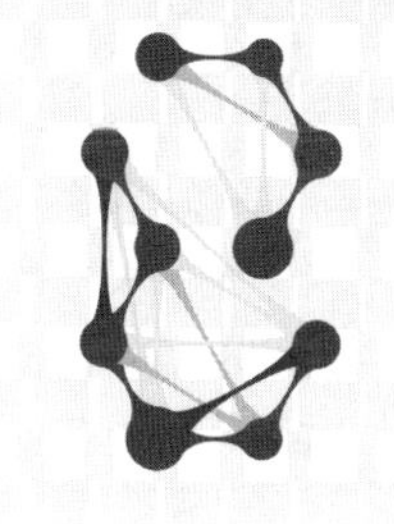

15 煤炭转化过程污染控制与治理集成案例

我国在“十二五”期间煤化工发展的战略是技术产业示范，“十三五”期间确定的战略目标是升级示范，因此，建成了一大批以大型气流床气化技术为龙头的现代化煤化工装置，实现了煤制烯烃、煤制油、煤制天然气、煤制乙二醇、煤制氢等产业的快速发展。“十三五”期间，我国现代煤化工无论是在产业发展、基地建设，还是在技术创新等方面均取得显著成绩，并继续保持国际领先地位，为实施我国石化原料多元化战略及提升国家能源战略安全保障能力提供了重要支撑。“十四五”期间我国煤化工发展的总体方向是高端化、多元化、低碳化发展。伴随着煤化工装置园区化、大型化及其产业链的延伸，系统统筹优化能量集成、工艺耦合成为提高企业能效、提升经济效益和行业集约化发展的重要趋势。

现代煤化工过程废气、废水和废渣等污染物的产生量随工艺的不同呈现出很大的差异，随加工深度的增加而有所降低，针对煤转化过程中的污染物排放不仅要从源头上控制，还要通过技术集成、循环综合利用，达到减量化、资源化、无害化目的。本章以大型典型的煤化工项目为例对其环保综合治理的情况进行阐述。

15.1 180 万吨/年煤基烯烃工程

15.1.1 装置概述

180 万吨/年煤基烯烃的生产装置主要由甲醇装置、烯烃装置、公用工程、储运工程、辅助生产设施、厂外设施等组成。工艺过程主要以煤为原料合成甲醇，由甲醇转化生产乙烯、丙烯，最终生产多牌号聚乙烯及聚丙烯产品。关键工艺装置主要包括空分、煤气化、CO 变换、酸性气体脱除、甲醇合成及精馏、硫黄回收、甲醇制烯烃（MTO）、聚丙烯与聚乙烯合成等。

原煤经过煤浆制备单元制成合格煤浆后，与空分生产的氧气一起进入水煤浆气化炉，进行部分氧化反应生成粗合成气，粗合成气经净化装置进行部分变换、回收余热和脱除酸性气体后送入甲醇合成装置得到粗甲醇，粗甲醇在甲醇制烯烃装置中转化为烯烃混合物，再经烯烃分离装置制得乙烯、丙烯等，通过聚乙烯和聚丙烯装置聚合反应产出聚乙烯和聚丙烯产品。该工程总工艺流程见图 15-1。

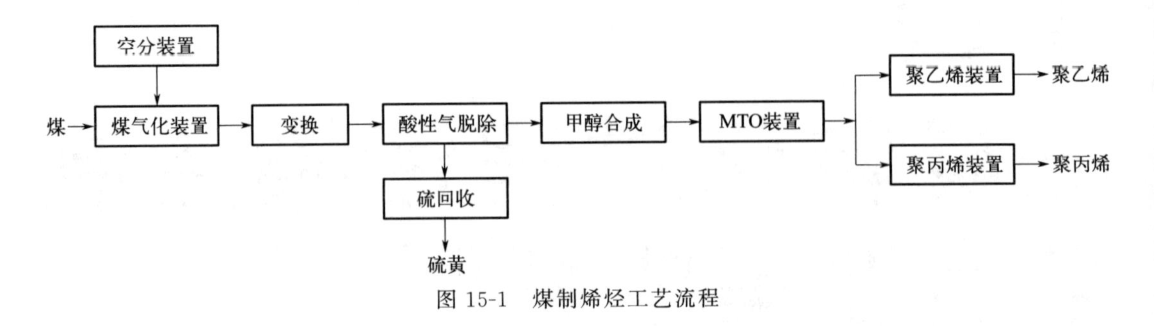

图 15-1　煤制烯烃工艺流程

15.1.2　污染物控制集成优化

针对全厂各装置产生的废气、废水、固废等污染物，遵循源头减量、内部回用、资源利用原则，优先进行预处理和集中处理，以满足法规排放要求。充分考虑循环经济，提高资源利用率。按照“减量化、再利用、资源化”的原则，根据生态环境的要求，进行产品和生产区的设计与建设，促进循环经济的发展。在废气、废水、固体废物等方面充分利用资源，不仅可实现资源的综合利用和价值最大化，而且可消除因“三废”排放而产生的污染，变废为宝、变害为利，实现生产与环境和谐，减少消耗，降低成本，提高了企业的市场竞争能力。

（1）工艺技术的应用和组合

应用洁净、环保的工艺技术，将从源头上减少污染物的产生作为系统组合的指导原则。全厂选用了适合国情的国内外现有的先进技术和工艺，如空分、水煤浆气化、CO 变换、酸性气体脱除、甲醇合成、甲醇制烯烃（OCC 催化裂解增产丙烯）、聚乙烯与聚丙烯合成，优化了工艺流程组合，充分利用了工艺气废热能，特别是低位热能。

空分采用分子筛净化空气，带增压膨胀机的双泵（液氧泵、液氮泵）内压缩流程，根据全厂氮氧需求比例小的特点，采用空气循环流程代替氮气循环流程，提高精馏效率，氧的提取率可达 98%以上；煤气化工艺选择先进的水煤浆气流床气化工艺，气化效率高，碳转化率高，“三废”排放少，同时根据气化气能位的不同，流程设计中设置多级灰水闪蒸设施，回收相应等级的能量，使能量的回收利用达到最佳；酸性气体脱除采用高压下对酸性气吸收效果更好、溶剂循环量更少、冷量利用更充分的低温甲醇洗工艺；甲醇合成采用水冷等温式反应器和气冷绝热式反应器串联的甲醇合成流程，反应单程转化率较高，出口甲醇含量显著提高，循环气量则相应减少，降低了循环气增压机功耗；甲醇制烯烃选择甲醇转化率、烯烃收率以及乙烯、丙烯和 C_4 选择性优良的 MTO 工艺，同时配套烯烃催化裂解（OCC）装置增产丙烯；聚烯烃合成工艺选择成熟可靠的工艺。以上工艺先进、环境友好的技术从源头上抑制了污染物，有效降低了装置和全厂能耗，为清洁化生产奠定了技术基础。

（2）资源综合利用

气化真空抽滤机产生的细渣含水率高，残炭含量高，经晾晒和锅炉燃料煤混合后送至锅炉内进行掺烧处理。降低了填埋成本，锅炉燃烧后的灰渣还可以用来生产水泥。

变换蒸汽发生器间歇和连续排污属于清净下水，可送循环水系统进行回用，降低新鲜水补充量。

酸性气体脱除产生的含醇废水，无机盐类成分较少，有机物含量偏高，可用于磨煤机制浆水。一方面提高了水煤浆中碳含量，另一方面也降低了磨煤制浆系统新鲜水的消耗。

MTO 生产工艺中的废气主要有脱甲烷塔塔顶甲烷、氢混合气体和烟气。设置乙烯回收塔进一步回收脱甲烷塔塔顶甲烷、氢混合气中的乙烯，减少乙烯损失，回收乙烯后的甲烷、氢主要包括 CO、H_2、N_2、O_2、甲烷，主要送入燃料气管网作为燃料。

MTO 低浓度废水，一部分经过汽提、降温后作为水洗、冷却用水；大部分还需经过沉淀、生化处理，水质改善后，才能达到净化水回用要求。MTO 低浓度废水可用于气化制浆等，或经简单处理后作为循环水直接利用。

气化捞渣机放空气及真空泵排放气进行统一回收并加压回用至动力中心的新风入口，减少有毒可燃气体的现场放空，改善现场作业环境。

各装置酸性气统一送硫回收装置回收硫黄，减少含硫气体排放；各装置事故排放气进入火炬系统燃烧处理，避免无组织排放。

高闪气经过洗涤、压缩后，送入下游甲醇合成单元，通过回收其中的有效气组分 CO 和 H_2，增产甲醇，降低生产成本和能耗，提高经济效益。

(3) 能量集成利用

利用低压灰水或常温脱盐水与气化高压闪蒸气进行换热，对高压闪蒸气中的低温热进行回收，预热后的脱盐水送入除氧器副产锅炉水，减少低压蒸汽消耗。

对于变换装置的低温热，采用梯级回收利用余热。先预热锅炉水多副产蒸汽，再进行预热脱盐水。

酸性气脱除尾气洗涤塔排出的尾气温度相对较低，且排放量较大，冷量相对较多。利用尾气和气化外排灰水进行换热，对尾气中的冷量进行综合利用，减少因气化装置外排灰水降温而导致的循环水消耗。

根据全厂蒸汽平衡，合理利用低温热源。第一种是加热装置低温物流，如预热装置原料、各塔底重沸器加热、原料罐加热和动力系统补充化学水、新鲜水加热等，取代高、中温位热源，减少生产能耗。第二种是用于日常生活，加热生活用水、厂区办公和生活取暖，不仅提高了职工的生活水平，同时降低了全厂的综合能耗。

(4) 采用先进控制系统

设置分散控制系统和紧急停车系统，由 DCS 系统完成各装置的基本过程控制、操作、监视、管理，同时还完成顺序控制和部分先进控制，从而保证各装置间安全平稳运行；根据各生产装置的不同特点，配备重要的安全联锁保护、紧急停车系统及关键设备联锁保护安全仪表系统，保证装置在应急状态下安全停车。先进控制系统和安全联锁的设置，保证了装置平稳有序，降低了事故风险，进而减少了污染物排放。

(5) 集约化管控

全厂设置化学品库及危险化学品库，对各装置使用的化学品和危化品集中放置，统一管理，使用后的化学品和危化品集中规划处置和输送，避免分散，危害环境。

完善员工培训和应急管理机制，增强应对突发状况能力；提高操作和管理水平，保证原料供应稳定，原料质量可控；合理调控生产运行，保障公用系统运行的稳定性；统筹装置运行周期及检维修制度，合理安排开停车计划等。

（6）废气综合利用

全厂气化单元、变换单元和酸性气脱除单元会产生大量含 H_2S 的尾气，H_2S 为恶臭气体，同时又具有毒性，排入环境会造成恶劣影响，采用克劳斯制硫＋SSR 尾气处理工艺，将废气中的 H_2S 转化为硫黄，变废为宝，同时为进一步减少污染，将硫回收尾气送焚烧炉处理后达标排放。

热电锅炉烟气中含有高浓度 SO_2，如果不经处理直排大气，既污染了环境，也造成资源的浪费。采用氨法脱硫工艺，脱除烟气中的 SO_2，生成硫酸铵作为副产品出售。

利用酸性气体脱除装置生产过程中排放的高纯度 CO_2 尾气，采用新型吸附精馏技术及 CO_2 干重整制备合成气等技术，开展 CO_2 捕集、封存和资源化利用。

（7）废水综合利用

本着循环经济的理念，废水处理采用“零排放”方案。全厂设有气化污水预处理装置、污水处理装置、高盐水蒸干装置。全厂产生的生产污水和生活污水送污水处理装置处理后与生产废水一起送废水回用装置处理后回用，锅炉排污水降温后作为循环水补充水。送污水处理厂进行处理达到《城镇污水再生利用工程设计规范》（GB 50335—2016）中的再生水用作冷却用水的水质控制指标，回用于循环水厂作为补充水。生产废水送废水回用装置处理后作为循环水系统的补充水。

空分装置生产水用于冷却空气，用后排入循环水回水系统，作为循环水系统的补充水。MTO 净化产品水一部分回用于磨煤单元用于煤浆制备。

气化单元废水经气化废水预处理后，降低氨氮排放，满足排放标准的同时得到氨水作为副产品。变换气冷凝回收的部分凝液进入煤气化工艺装置重复利用；部分变换冷凝液进行汽提，以回收其中的氨。

（8）固废综合利用

气化炉和锅炉每年产生大量的气化炉灰渣、锅炉灰渣，可作为生产建材或水泥的配料，既减少了处置固废所占用的土地及相应的二次污染问题，又产生了经济效益。

生产工艺产生的含有贵金属的废催化剂返回厂家进行回收利用，污水处理系统污泥去水煤浆制备装置，既有利于资源的综合利用，又避免了环境污染。

全厂以清洁化生产为导向，采用先进的煤气化工艺、变换工艺、酸性气体脱除技术、甲醇合成精馏技术、硫回收技术；热电装置采用煤粉锅炉，并符合热电联产的有关规定；原料、燃料的输送系统、贮运系统符合清洁生产的要求；产品甲醇和硫黄质量满足相关要求；全厂采取了有效的污染治理措施，充分考虑了污染物控制集成，环境效益明显，用水指标达到先进水平，实施了污水回用，凝结水尽量回收，减少了新鲜水用量，水资源利用率高。

15.1.3 主要环保治理流程

（1）粉尘及废气

厂内原料煤及燃料煤采用大型全封闭圆形料场及先进、程控水平高、环保性能突出的设备，有效减少煤场无组织排放的产生。在卸煤处、输送机转运点和下料点设除尘设施和水喷淋设施。

污水处理装置多相组合膜生物反应器（MP-MBR）好氧一段、好氧二段、调节池、沉砂池等有恶臭气体散发的处理设施加盖，设置抽气管道，将恶臭气体收集后，通过生物滤床脱臭系统进行处理，处理后的废气经 15m 高排气筒排放。

设置燃料气系统，收集装置正常工况产生的可燃气体，引入锅炉作燃料。

生产过程中间歇排放、事故排放及开停车检修排放的废气送至火炬系统燃烧处理。

（2）废水

废水按零排放方案进行设计并对生产过程中的废水和污水进行最大程度的回用。

污水处理装置采用“预处理＋多相组合膜生物反应器（MP-MBR）”的工艺流程，生化反应总计停留时间为62h，水回收率为95.6%。主要流程为：各股污水经过调节均质并经过适当的预处理去除部分特殊污染物，再经过混合后采用多相组合膜生物反应器来去除水中COD、氨氮、BOD_5、悬浮物等主要污染物质，确保出水水质符合《城镇污水再生利用工程设计规范》（GB 50335—2016）要求。污水处理工艺流程见下图15-2。

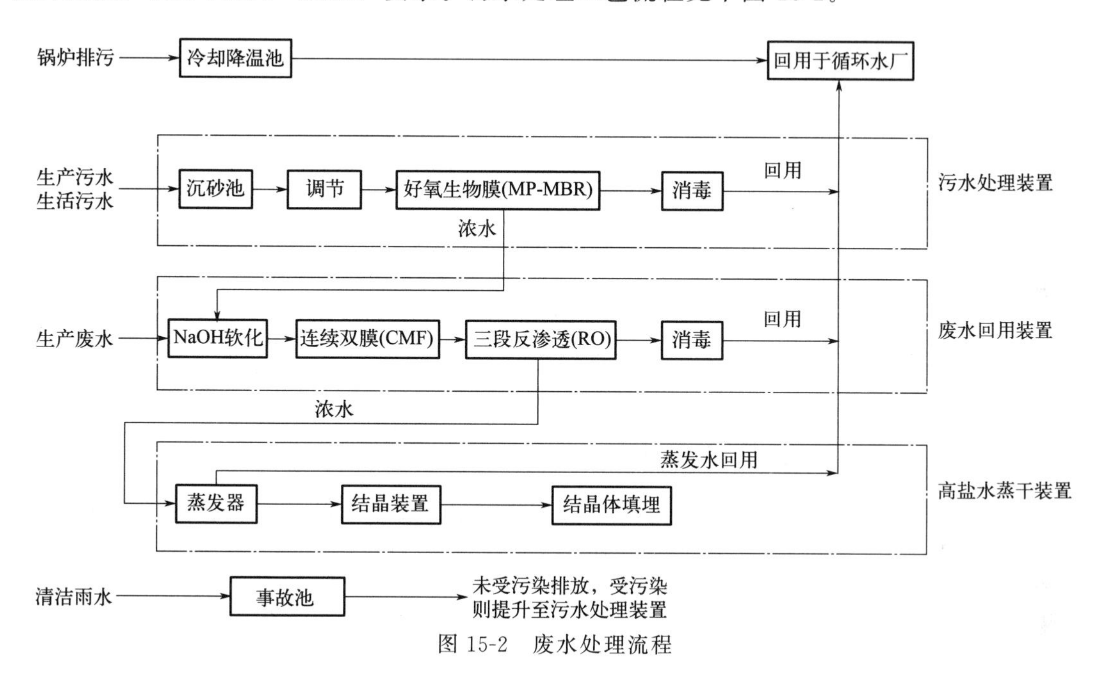

图15-2　废水处理流程

（3）固废

气化炉及热电装置产生的炉渣作为生产建材或水泥的配料进行综合利用。

污水处理装置产生的活性污泥送气化装置掺入煤浆中焚烧处置。高含盐水处理装置产生的结晶盐作为危险废物处置。

废催化剂或废吸附剂在卸出前，进行吹扫或高温惰化处理，减少吸附在其表面的有害物质。各装置排放的废催化剂由生产厂家回收；属于危险废物的，委托有资质的单位处置。

聚乙烯、聚丙烯装置聚合单元产生的经预处理除去活性后的废油及检修时冲洗设备等所产生的废油，存于废油桶送厂外有资质单位焚烧或回收利用；废液焚烧或作为燃料综合利用。

15.1.4　污染物排放

（1）废气

废气排放源主要有MTO余热锅炉再生烟气，乙炔加氢再生尾气，以及聚烯烃工艺尾气和废气处理单元烟气，主要组分基本为烟气、氮气和少量粉尘。通过除尘处理后，其排放浓度和速率满足国家相关标准要求。废气主要污染物见表15-1。

表15-1　废气主要污染物

装置/单元名称①	排放源	废气名称	主要污染物	去向
MTO	余热锅炉	再生烟气	NO_x：$120mg/m^3$； 总悬浮微粒（TSP）：$20mg/m^3$	旋风分离器除尘
	乙炔加氢再生	工艺废气	H_2O：85.7%（体积分数）； N_2：11.3%（体积分数）； O_2、CO_2：0%～3%（体积分数）； VOCs：痕量	催化剂在再生之前要经蒸汽汽提，防止可能被催化剂所吸附的烃类排入大气
PP	夹套水缓冲罐	工艺废气	氮气	袋式过滤器除尘
	洗涤塔	工艺废气	氮气、饱和水	
	尾气过滤器风扇	工艺废气	空气＋氮气（微量粉末）：$<30mg/m^3$	
	料仓	工艺废气	氮气	
	挤压机风扇	工艺废气	氮气	
LDPE	废气处理单元	烟气	烃类：$10mg/m^3$； NO_x：$<180mg/m^3$； 尘：$<30mg/m^3$	设置RTO炉来处理含烃废气
LLDPE	粉料风送系统	工艺废气	含痕量聚乙烯粉末氮气	过滤装置
	造粒干燥器排风扇	工艺废气	含痕量聚乙烯粉末水蒸气	
	掺混料仓吹扫气	工艺废气	含痕量聚乙烯粉末空气	

① 英文缩写含义见表15-2注释。

（2）废水

废水包括生产污水、生活污水、生产废水，主要有MTO急冷塔塔底排污、净化产品水等。其中生产污水和生活污水送污水处理厂处理后回用于循环水补充水；生产废水经废水回用装置处理后，回用于循环水补充水；MTO急冷塔塔底排污、净化产品水等，送污水处理厂进行处理达标后回用于循环水厂作为补充水。废水主要污染物见表15-2。

表15-2　废水主要污染物

装置/单元名称	废水名称	主要污染物	去向
MTO	急冷塔塔底排水	pH：6～9； COD_{Cr}：500mg/L； SS：$<50mg/L$	送污水处理装置
	净化产品水	COD、SS	一部分送污水处理装置，一部分送气化磨煤制浆
	锅炉汽包排水	磷酸盐	作循环水补充水
PP	洗涤塔排水	COD_{Cr}：200mg/L； BOD_5：100mg/L； SS：170mg/L	送污水处理装置

续表

装置/单元名称	废水名称	主要污染物	去向
PP	切粒水罐排水	COD_{Cr}:200mg/L; 油:20mg/L	送污水处理装置
	游离水分离器排水	COD_{Cr}:200mg/L; BOD_5:100mg/L	送污水处理装置
LDPE	切粒水箱及热水系统排污水	COD_{Cr}:300mg/L; 约含 15kg 树脂	送污水处理装置
	维修含油污水	COD	送污水处理装置
LLDPE	切粒水排污水	COD_{Cr}:400mg/L; 油:20mg/L; SS:500～1000mg/L; 含有少量树脂、氨氮	送污水处理装置
MTBE/1-丁烯	水封罐废水	甲醇:1000mg/L	送污水处理装置
	分液罐检修冲洗水	催化剂杂质	送污水处理装置

注:MTO—甲醇制烯烃;PP—聚丙烯;LDPE—低密度聚乙烯;LLDPE—线性低密度聚乙烯;MTBE—甲基叔丁基醚;SS—悬浮物。

(3) 固废

固体废物主要有生产装置产生的废催化剂、废保护剂、废吸附剂、废渣等。将可综合利用或回收处理的废渣(液)进行综合利用或回收,不能综合利用的委托危废处置中心处置。固废主要污染物见表 15-3。

表 15-3　固废主要污染物

装置/单元名称	固废名称	组成	是否危废	去向
MTO	再生器废渣	SAPO-34,硅铝磷酸盐	HW06	厂家回收
	废分子筛	分子筛,Al_2O_3	HW06	外委当地危废处置中心处置
	预处理脱水污泥	含水率 85%,含固量 15%	HW06	外委当地危废处置中心处置
	废碱液焚烧废渣	碳酸钠	否	外售
OCC	C_2 加氢反应器废催化剂	含贵金属废催化剂,Pd-Ag 助剂/Al_2O_3	HW06	厂家回收
	OCC 反应器废催化剂	废催化剂,硅铝分子筛	HW06	外委当地危废处置中心处置
MTBE	加氢废催化剂、保护剂	贵金属	HW06	厂家回收
	反应器/蒸馏塔/离子过滤器废催化剂	离子交换树脂	HW13	外委当地危废处置中心处置
PP	COS 脱除塔废脱硫剂	废氧化铝和废氧化锌	HW06	外委当地危废处置中心处置

续表

装置/单元名称	固废名称	组成	是否危废	去向
PP	丙烯脱砷塔废渣	氧化铝、硫化铜等	HW24	外委当地危废处置中心处置
	挤压造粒系统废渣	聚合物	否	外售
LDPE	聚合、挤压、输送系统废渣	不合规格 PE	否	外售
	紧急排放分离器废渣	聚合物	否	外售
	精制床废吸附剂	分子筛	HW06	外委当地危废处置中心处置
	废催化剂罐废渣	钛系或铬系催化剂	HW21	外委当地危废处置中心处置

(4) 噪声

主要噪声排放源为各类压缩机、机泵、风机以及放空口，通过将高噪声的压缩机布置在压缩机房内、加装消声器和隔声罩等防噪降噪措施，确保厂界达标。主要噪声源见表 15-4。

表 15-4　主要噪声源

噪声源	减(防)噪措施	备注
压缩机类	室内、隔声罩	≤85dB(A)
机泵类	减振垫、隔声罩	≤85dB(A)
风机类	室内、减振基础	≤85dB(A)
放空口	消声器	≤85dB(A)

15.2　100 万吨/年间接液化工程

15.2.1　装置概述

100 万吨/年间接液化工程主要生产装置包括空分、备煤、煤气化、一氧化碳变换、合成气净化、硫回收、油品合成、油品加工、尾气处理等。

原料煤通过皮带输送机运输到厂区煤仓，然后连续进入磨煤机研磨，并制成合格的原料煤粉送往气化炉，从空分来的氧气与原料煤粉一并送入气化炉。

气化炉产出的粗合成气经洗涤后送到一氧化碳变换装置，进入变换装置后分成两股，其中一部分进入未变换系列，另一部分进入变换系列，经变换和未变换调节成符合 F-T 合成和甲醇合成装置要求的 H_2/CO 比例后，送到净化装置去除其中的杂质。

来自一氧化碳变换装置的变换气和未变换气进入合成气净化（低温甲醇洗）装置，在低温条件下去除粗煤气中的 CO_2 和硫化物（H_2S、COS 等）。净化后的变换气和未变换气按照下游油品合成装置要求的氢碳比分别配制后送至下游生产装置，分离出的含硫酸性气送硫回收装置回收其中的硫组分。

F-T 合成装置将来自酸性气体脱除装置的合成气转化为初级产品，包括冷凝蜡和烃类的冷凝液、反应水、未反应的合成气及尾气。蜡和烃的冷凝液经初步分离之后送往产品加工装置进一步加工为终端产品石油液化气（LPG）、石脑油和柴油。油品合成和加工装置的部分烃类尾气送往尾气处理装置生产工业氢。该工程工艺流程见图 15-3。

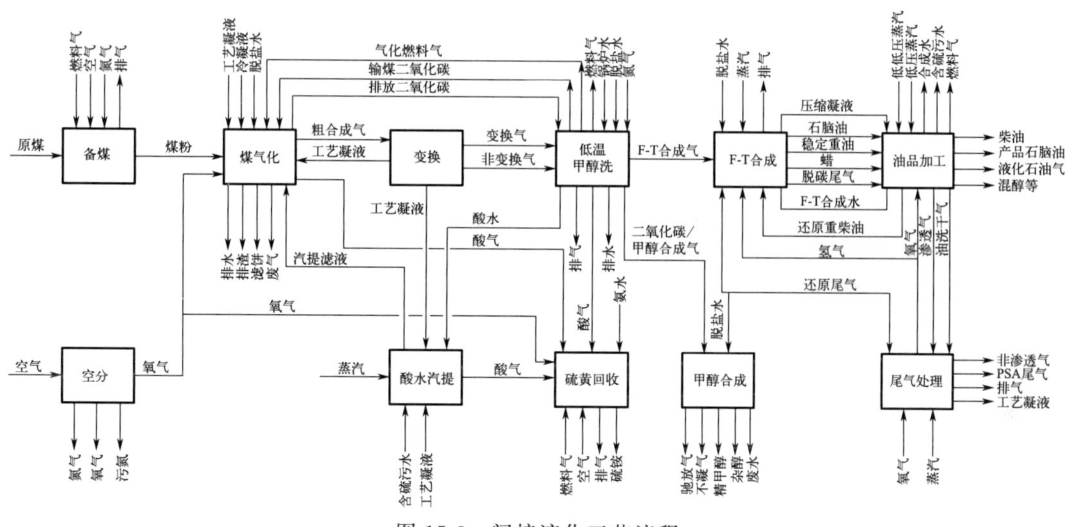

图 15-3 间接液化工艺流程

15.2.2 污染物控制集成优化

（1）可燃物料回收利用

油品合成装置、油品加工装置和尾气处理装置排放的可燃物料被回收作为自产燃料气，供应全厂使用。自产燃料气主要包括以下部分：合成气净化装置的非变换净化合成气、尾气处理装置的 PSA 尾气、非渗透气、闪蒸气、油品合成装置的脱碳闪蒸气、油品加工装置的裂化干气以及甲醇合成装置的弛放气、不凝气和闪蒸气。

以上燃料气被送往各用户，包括磨煤干燥装置、煤气化装置、硫回收装置、油品加工装置及尾气处理装置。在减少了燃煤用量的同时，也减少了因燃煤而产生的烟尘、SO_2 和 NO_x 的排放。同时，相比燃煤而言，工艺废气燃烧后产生的 SO_2 和 NO_x 更少，对环境危害较小。该可燃物料综合利用方案设置合理，体现了循环经济的理念。

（2）CO_2 废气集成处理

甲醇洗单元分离出的 CO_2 产品气，部分经压缩后送气化装置用作煤粉输送气，实现了废气的再利用，该废气输送煤粉后返回净化装置尾气洗涤塔进一步处理。

在尾气洗涤塔中，来自气化装置的 CO_2 废气与来自解吸塔的尾气混合后，被来自甲醇水分离塔的水和来自界区的少量新鲜除盐水洗涤，使离开尾气洗涤塔的尾气甲醇含量达到环保要求，经高烟囱排入大气。通过塔底液位控制离开尾气洗涤塔的甲醇水混合物经污水泵送入污水冷却器，与来自甲醇水分离塔的热污水逆流换热后送回甲醇水分离塔中以保证甲醇回收率。

15.2.3 主要环保治理流程

（1）粉尘及废气

在加盖的原煤储煤场内，采用射雾器向场内工作点喷射水雾以抑制煤尘飞扬；备煤装置磨煤干燥尾气及煤气化装置煤仓过滤器排气经布袋除尘器（效率99.9%）处理后，粉尘浓度（标况）不超过20mg/m^3。

污水处理厂臭气采用预增湿（含化学洗涤）＋生物滤池＋活性炭吸附工艺。非甲烷总烃浓度小于2mg/m^3，H_2S浓度小于0.15mg/m^3，NH_3浓度小于0.5mg/m^3。

石脑油装车设置油气回收装置，采用三级冷凝＋活性炭吸附＋活性碳纤维吸附工艺，油气处理效率≥97%。

油品合成装置、油品加工装置、尾气处理装置、甲醇合成装置等产生的可燃物料经回收后作为燃料气再利用。

（2）废水

费-托合成单元的合成水经脱油、中和后，进入醇分离塔进行脱醇，经过脱水提浓后的含水混醇进一步经过萃取精馏、减压精馏分别得到轻醇和重醇并送往罐区，合成废水送往污水处理厂处理。

油品加工、尾气处理装置、中间罐区、产品罐区等及配套辅助设施所排放的含油污水预处理采用两级除油系统设计，采用平流隔油池＋涡凹气浮＋溶气气浮方案，最终确保进入生化系统的混合污水的含油量小于23.5mg/L，满足污水处理厂进水要求。

合成废水预处理含石油类物质，采用涡凹气浮＋溶气气浮方案。预处理后经膨胀颗粒污泥床（EGSB）反应池进行厌氧反应，出水送入中间水池。

生活污水预处理采用回转式机械格栅去除污水中漂浮物。生产污水预处理采用初沉池除去污水中的悬浮物，初沉池采用平流式沉淀池，初沉池出水后进入综合污水处理系统。综合污水处理设施包括初沉池及提升池、均质调节罐、生化A/O反应池、二沉池、污泥回流池。主要处理预处理后的含油废水、生活污水、合成废水和生产废水。生化处理后出水进入高效沉淀池、V形滤池、臭氧接触提升池和曝气生物滤池及出水监测池，处理后送入污水深度处理系统。

污水深度处理系统是为污水处理站出水再处理后回用而设置。经过污水处理厂的综合污水处理后，污水进入污水深度膜浓缩及蒸发系统。该系统包含两个部分：膜浓缩单元（含精处理单元）和蒸发单元。污水深度膜浓缩单元包含三个系统：常规超滤/反渗透系统、高效反渗透系统、精处理系统。

（3）固废

固废和油泥在回转窑内焚烧，分解其中的有机组分，灰分从回转窑出口进入水封的捞渣机内冷却集中回收。烟气进入二燃室进行高温焚烧，通过余热锅炉回收热量，通过半干法脱酸装置去除烟气中的HCl和SO_2等酸性气体，脱酸塔与除尘器设置有活性炭喷射吸附装置，之后烟气通过袋式除尘器除尘，飞灰去除效率可达99.9%以上；烟气通过低温脱硝装置除去NO_x，净化达标的烟气通过引风机排入烟囱。

危险废物储存应满足《危险废物贮存污染控制标准》（GB 18597—2023）要求。

一般固体废物储存满足《一般工业固体废物贮存和填埋污染控制标准》（GB 18599—2020）要求。

15.2.4 污染物排放

该工程污染物主要有油品合成装置、加氢精制装置、加氢裂化装置、低温油洗装置等排放的废气、废水和固废。

(1) 油品合成装置

油品合成装置排放的污染物主要包括储仓废气、再生气、含油污水、酸洗废水、滤渣、脱硫剂等，废气经除尘满足排放标准后排至大气，废水送至污水处理厂处理，滤渣热解吸后送渣场填埋，活性炭送至焚烧炉焚烧，脱硫剂由厂家回收处理。该装置主要污染物见表 15-5。

表 15-5 油品合成装置主要污染物

类别	污染源名称	排放点	主要污染物		排放方式	处理措施
			名称	组成		
废气	催化剂储仓排废气	催化剂储仓	粉尘	$5000mg/m^3$	间歇	袋式除尘器除尘后排至大气
	再生气	再生气分离器	CO	$625mg/m^3$	连续	排至大气
			CH_4	$71mg/m^3$		
废水	泵排含油污水	费-托合成单元	油	500mg/L	连续	至污水处理厂
			COD_{Cr}	700mg/L		
	酸洗废水	尾气脱碳单元	pH	2	间歇	至污水处理厂
			草酸	3%		
固废	滤渣	稳定蜡过滤器、预过滤器、渣蜡过滤器	C_{20+}、SiO_2、催化剂		7 天一次，204t/次	热解吸后渣场填埋
	废活性炭	活性炭过滤器	活性炭，少量油污		3 个月一次	焚烧炉焚烧
	JX-6B 脱硫剂	精脱硫槽	脱硫剂		3 年一次	厂家回收
	JX-4B 脱硫剂		脱硫剂		3 年一次	厂家回收

(2) 加氢精制装置

加氢精制装置排放的污染物主要包括加热炉废气、精制含硫污水、含油污水、废催化剂、废保护剂等，废气排放满足大气排放标准，含硫污水送酸水汽提装置，含油污水送污水处理装置处理，废催化剂和废保护剂交由有资质厂家回收或进行危废填埋。该装置主要污染物见表 15-6。

表 15-6 加氢精制装置主要污染物

类别	污染源名称	排放点	主要污染物含量及 pH		排放方式	处理措施
			项目	量值		
废气	加热炉废气	精制反应塔进料加热炉、精制分馏塔进料加热炉、精制减压塔进料加热炉	NO_x	$100mg/m^3$	连续	排向大气
			粉尘	$18mg/m^3$		

续表

类别	污染源名称	排放点	主要污染物含量及 pH		排放方式	处理措施
			项目	量值		
废水	精制含硫污水	精制反应产物冷低压分离器	pH	6～9	连续	酸水汽提
			石油类	100mg/L		
			H_2S	100mg/L		
	精制含油污水	减压塔顶罐	pH	6～9	连续	送污水处理厂
			COD	700mg/L		
			石油类	500mg/L		
固废	精制反应器废催化剂	精制反应器	Al_2O_3、MoO_3、NiO 等		6 年一次	交有资质单位回收处理
	精制反应器废保护剂	精制反应器	Al_2O_3、MoO_3、NiO 等		3 年一次	交有资质单位回收处理
	精制反应器废瓷球	精制反应器	Al_2O_3		3 年一次	危废填埋场填埋
	重柴油脱硫罐氧化锌	重柴油脱硫罐	ZnO		1 年一次	危废填埋场填埋
	重柴油脱硫罐废瓷球	重柴油脱硫罐	Al_2O_3		1 年一次	危废填埋场填埋

（3）加氢裂化装置

加氢裂化装置排放的污染物主要包括加热炉废气、裂化含硫污水、含油污水、废催化剂、废保护剂等，废气排放满足大气排放标准，含硫污水送酸水汽提装置，含油污水送污水处理装置，废催化剂和废保护剂交由有资质厂家回收或进行危废填埋。该装置主要污染物见表 15-7。

表 15-7　加氢裂化装置主要污染物

类别	污染源名称	排放点	主要污染物含量及 pH		排放方式	处理措施
			项目	量值		
废气	加热炉废气	裂化反应进料加热炉、重柴油进料加热炉、裂化分馏塔进料加热炉	NO_x	100mg/m^3	连续	排至大气
			粉尘	18mg/m^3		
废水	裂化含硫污水	压缩机出口分液罐、分馏塔顶罐、稳定塔顶回流罐	pH	6～9	连续	酸水汽提
			石油类	100mg/L		
			硫化氢	100mg/L		
	裂化含油污水	减压塔顶罐	pH	6～9	连续	送污水处理厂
			COD	700mg/L		
			石油类	500mg/L		
固废	加氢裂化反应器废催化剂	加氢裂化反应器	Al_2O_3、MoO_3、NiO 等		6 年一次	交有资质单位回收处理

续表

类别	污染源名称	排放点	主要污染物含量及 pH		排放方式	处理措施
			项目	量值		
固废	加氢裂化废保护剂	加氢裂化反应器	Al_2O_3、MoO_3、NiO 等		3 年一次	交有资质单位回收处理
	加氢裂化/降凝反应器废瓷球	裂化/降凝反应器	Al_2O_3		3 年一次	危废填埋场填埋

(4) 低温油洗装置

低温油洗装置排放的污染物主要包括防冻剂脱水塔塔顶分离器排水、泵排含油污水。该装置主要污染物见表 15-8。

表 15-8　低温油洗装置主要污染物

类别	污染源名称	排放点	主要污染物含量及 pH		排放方式	处理措施或去向
			项目	量值		
废水	防冻剂脱水塔塔顶分离器排水	防冻剂脱水塔塔顶分离器	pH	6～8	—	含酸含油含乙二醇污水送至中间罐区
			COD_{Cr}	700mg/L		
			石油类	500mg/L		
	泵排含油污水	装置内泵	pH	6～8	—	送污水处理厂
			COD_{Cr}	700mg/L		
			石油类	500mg/L		

15.3　10 亿米^3/年煤制天然气工程

15.3.1　装置概述

煤制天然气是以煤为原料，经过气化制得粗合成气，再经过变换、净化和甲烷化处理，生产合成天然气。

10 亿米^3/年煤制天然气工程涉及装置主要包括空分、煤气化、变换、低温甲醇洗（酸性气脱除）、甲烷化及配套公辅设施。

主要工艺流程：煤气化产生的粗合成气经过变换反应、酸性气体脱除，然后进行甲烷化反应生成天然气（CH_4）。

该工程工艺流程见图 15-4。

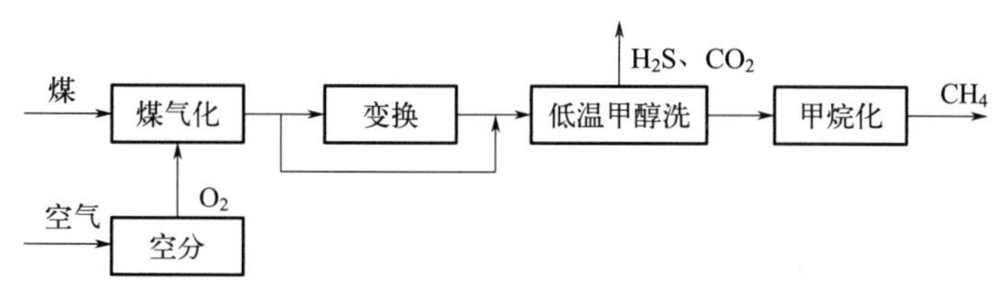

图 15-4　煤制天然气工艺流程

15.3.2 污染物控制集成优化

(1) 工艺选择与优化

从工艺技术选择开始，力争从源头上削减污染物的产生，针对生产中的“三废”，采取有效的污染治理措施，将污染物的排放降到最低。碎煤加压气化配套低温甲醇洗净化工艺，同时设置煤气水分离及酚氨回收工段，从工艺路线选择上尽可能减少污染物产生。

(2) 各污染源有效治理

备煤过程产生的大量粉尘，采用单元袋式除尘器除尘，有效减少粉尘污染物的排放；加压气化装置采用旋风分离器、洗涤燃烧等措施，使污染物排放控制在最低；低温甲醇洗装置产生的含 H_2S 废气、脱酚塔塔顶排放的酸性气以及煤气水分离产生的膨胀气送锅炉燃烧后，废气经氨水洗涤后达标排放；针对事故状态下的可燃气体，设置了中央火炬，经完全燃烧后排放，大大减轻了有毒气体对大气的污染；锅炉烟气采用氨法脱硫技术，以酚氨回收的氨液为碱源，既达到了废物回收利用的目的，又减少了污染物排放。

(3) 资源综合利用

CO_2 是煤制天然气过程中最常见的废气之一。采用低温甲醇洗涤法可以分离出高纯度、干燥的 CO_2，实现 CO_2 的回收。回收的 CO_2 要完全利用存在一定的困难，其中一部分用于油田生产企业，用来增加石油的产量和提高原油采收率[1]。

煤制天然气采用固定床气化技术，废水中含有大量的酚、焦油和氨等。经重力分离获得的焦油副产品可循环进入气化炉或作为副产品回收；经萃取脱酚和汽提脱氨，可回收高价值的副产品苯酚；脱酚后的废水进入氨回收装置，使用含磷酸铵的循环溶液吸收氨，实现氨与不溶性酸性气体的分离[2]。气化废水经酚氨回收后进入生化处理，处理后的水可作为循环水补充水，循环水排污水经多效蒸发后，浓缩液返回到气化炉，实现无废水排放[3]。

焦油分离器锥底部的含尘焦油中含有大量的煤尘和少量的焦油，由于含尘焦油黏度大、流动性差，且含煤粉量较高不能外售，处理较为困难。利用含尘焦油泵送到三相卧螺沉降离心机进行分离，分离出的煤气水进入焦油分离器再次沉降分离[4]；纯焦油进入纯焦油槽作为产品外卖；产生的废渣装车运至锅炉装置与煤粉进行掺烧处理。

(4) 能量集成利用

利用煤气水分离产生的高压煤气水与入口含尘煤气水进行换热，换热后的高压煤气水返回煤气化洗涤冷却器作为补充水。回收含尘煤气水低温热的同时降低了公用工程循环水消耗量。

利用变换气低温余热预热煤气水分离的煤气洗涤水，回收变换气的部分余热。

煤制天然气流程中甲烷化反应是一个放热过程，蒸汽过热器产生的过热蒸汽一部分供装置自用，如供透平循环机和空分压缩机使用，其余送入蒸汽管网[5]。合理利用高温甲烷化中低位热源加热其他物质，如预热原料、作为相关分离塔重沸器热源、预热锅炉水、加热脱盐水等，都是提高装置能效的重要手段。

(5) 水系统优化利用

加压气化煤气冷却水、变换废水等，经煤气水分离、酚回收工段回收焦油、中油以及粗酚等副产品，回收的氨水送锅炉作为烟气脱硫的碱源，剩余废水送生化处理站；气体生产废水与生活污水等一起送生化处理站，处理出水补入循环水系统作补充水；循环水系统排水与锅炉排污水一起送中水回用装置，处理后的清水达到《循环冷却水用再生水水质标准》（HG/T 3923—2007）要求，回用于净循环水系统补充水；浓盐水与化学水处理废水送蒸发塘。发生事故时，工艺装置区或储罐区围堰内的物料及污染的消防水全部由废水管道收集后贮存于有效容积事故水池内，以防止对周边水体环境造成污染及危害。

另外，对生产中的"三废"进行充分综合利用。酚回收后的氨水用于锅炉烟气脱硫；生化处理出水用作浊循环水系统补充水；循环水系统排水及锅炉排污水经中水回用后，补充到净循环水系统。

（6）操作集成优化

针对多系列气化开车，利用运行系列的煤气水进行开车系列的水联运和水循环，减少下游装置的处理负荷。气化开车时排放的粗合成气经洗涤除尘和气液相分离后才可送入火炬进行处理，避免发生安全风险。

变换停车时，换热器和洗氨塔底部的含油煤气水利用压差送至煤气水分离进行油水分离处理后外排至酚氨回收，避免现场排污。

对于装置停车进行检维修处理时，利用氮气对工艺气管线进行吹扫后的气体可以排入火炬进行燃烧处理。

气化开车之前完成变换的催化剂要进行升温预热和充压；酸性气体脱除建立甲醇循环，一定程度上减少气化粗合成气放火炬的时间，降低废气的排放量。当气化短时间停车时，酸性气体脱除进行保压操作，缩短下一次气化开车时粗合成气放空和导气时间。

（7）合理划分污染防治区

根据厂区各生产单元可能产生污染的地区，分类划分重点污染防治区、一般污染防治区和非污染防治区，并按规范要求进行防渗，降低污染物对地表土壤的污染风险。

煤气水分离、酸性气体脱除、酸碱罐区、污水处理及产品罐区等列为重点防渗区，锅炉烟气脱硫脱硝、脱盐水站、固体化工物料区等列为一般污染防治区。

15.3.3 主要环保治理流程

（1）粉尘及废气

全厂废气排放源主要有动力站锅炉烟气和气化、煤气水分离、酚氨回收、硫回收等产生的工艺废气，以及储罐区、污水处理区、煤储存、酚氨回收等单元的无组织废气排放等。主要废气排放可分为含尘废气、酸性废气、含二氧化碳废气和锅炉烟气几类，含尘废气通过除尘器收集处理后排放，高浓度酸性废气进入硫黄回收装置处理，低浓度酸性废气进入动力站锅炉燃烧处理后排放，低温甲醇洗的含二氧化碳洗涤尾气经脱硫和洗涤后排放，锅炉烟气经除尘、脱硫、脱硝处理后达标排放，火炬系统燃烧废气直接排入大气。通过密闭、密封、冲洗、收尘及尾气水洗与油气回收系统、恶臭收集处理系统等措施，降低污水处理站、罐区与装卸车站等的无组织废气排放。废气治理流程见图 15-5。

（2）废水

全厂所产生的废水主要包括煤气化废水、生产工艺废水、含盐废水、含尘废水、含煤废水、动力站废水和循环排污水及生活污水等。其中含煤废水经澄清处理后回用。

全厂建设有 2 座雨水收集池，用于收集全厂雨水，暂存后进入污水处理系统处理回用，雨水不外排。废水治理流程见图 15-6。

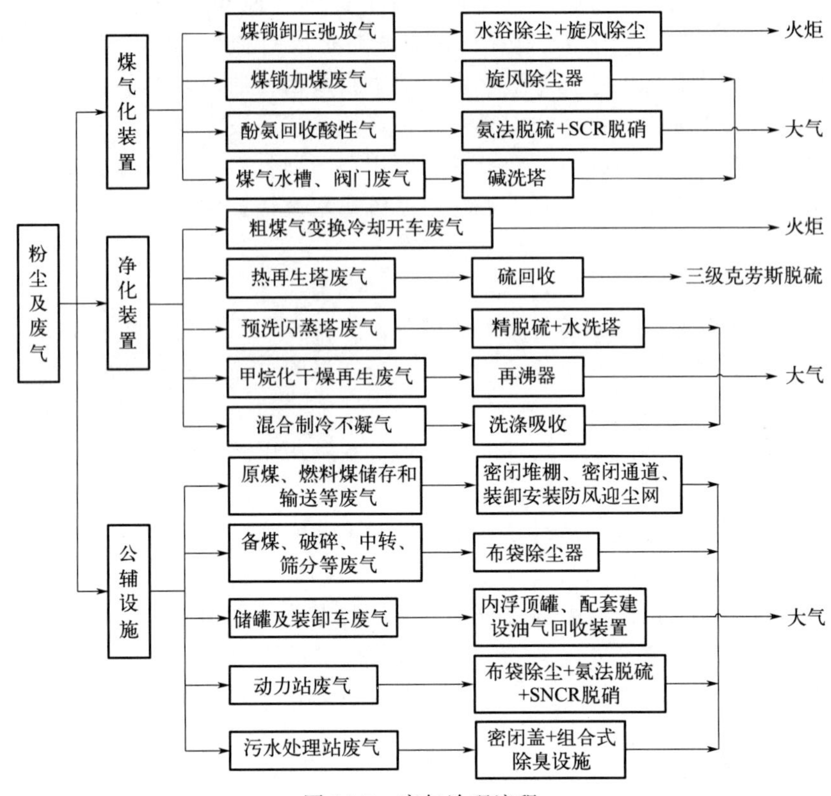

图 15-5　废气治理流程

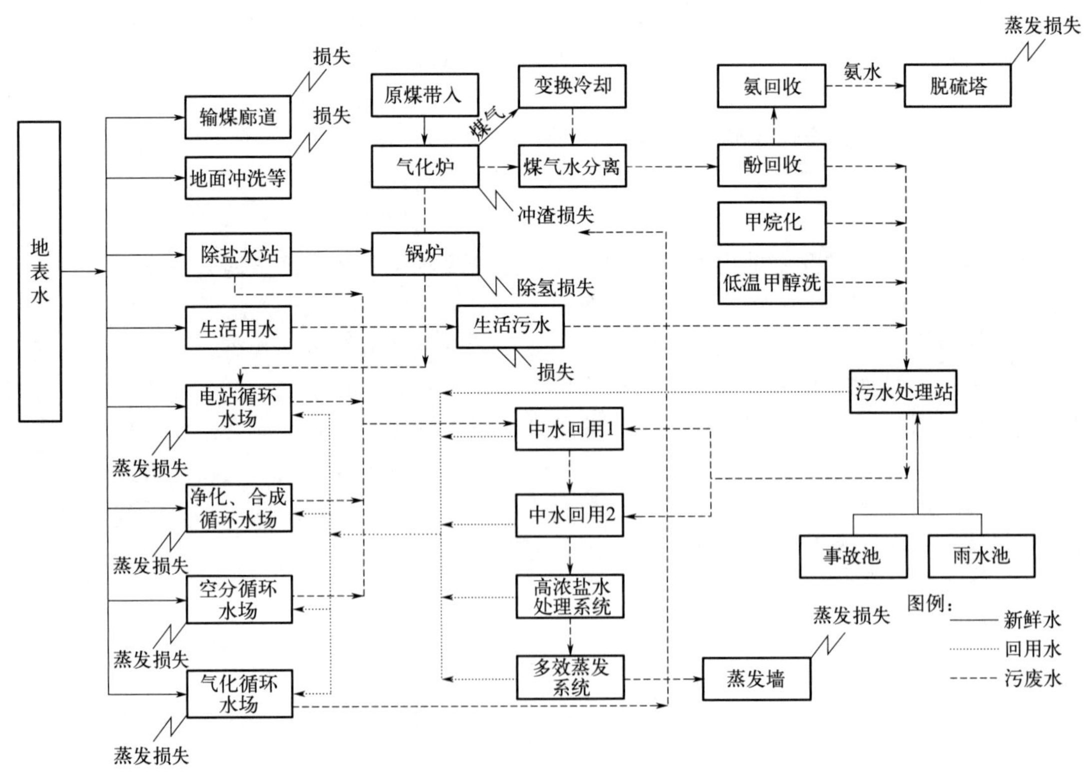

图 15-6　废水治理流程

(3) 固废

全厂固体废物主要有废催化剂、废干燥剂、锅炉灰渣及废水处理产生的污泥等。

气化炉灰渣与热电站锅炉产生的炉渣、飞灰可出售做建材，也可运往灰渣场堆存；产生于煤气水分离过程的焦油渣，与煤尘混杂，由煤气水分离罐底部引出，采用罐车或其他方法拉运送至锅炉配煤系统燃烧；污水处理系统产生的生化污泥、含盐污水处理系统产生的絮凝沉降污泥和蒸发塘盐泥作为危废处理；净水厂污泥送渣场填埋处置；废脱硫剂主要产生于甲烷化、低温甲醇洗精脱硫车间，由厂家回收；焦油渣产生于煤气水分离车间，拉运至热电站锅炉燃烧处置。

废催化剂或废吸附剂在卸出前，进行吹扫或高温处理，减少吸附在其表面的有害物质。变换、甲烷化工段排放的废催化剂含有贵金属，由生产厂家回收，厂区设置有一座危险废物暂存库，委托相关有资质公司处置。硫回收装置的废催化剂以及空分装置产生的废分子筛吸附剂和废吸附剂主要成分为氧化铝，直接送灰渣场填埋处置。

15.3.4 污染物排放

(1) 废气

废气排放主要有碎煤加压气化单元、低温甲醇洗单元、甲烷化单元、混合制冷单元、煤气水分离单元、酚氨回收单元及硫回收单元产生的煤尘、开车废气、弛放气、再生气等。废气主要污染物见表15-9。

表 15-9 废气主要污染物

装置名称	排放点	主要污染物	去向
碎煤加压气化	煤锁加煤废气	煤尘	旋风除尘器
	开车废气	H_2S、CH_4、CO等	开工火炬
	无组织废气	烃类、H_2S等	设施密封
低温甲醇洗	热再生塔废气	H_2S、C_4H_{10}、CH_3OH、COS等	三级克劳斯脱硫
	预洗闪蒸塔废气	CO、烃类、H_2S、CH_3O等	精脱硫＋水洗塔
	无组织废气	烃类、CO、H_2S等	设施密封
甲烷化及干燥	干燥剂再生废气	CH_3OH、颗粒物等	再沸器
	无组织废气	烃类、CO	设施密封
混合制冷	制冷不凝气	NH_3等	洗涤吸收
煤气水分离	煤气水分离膨胀气	CO、H_2S、CH_4、NH_3等	去热电站锅炉
	煤气水槽等无组织废气	CO、H_2S、CH_4、NH_3等	收集进入碱洗塔
酚回收	酸性气	H_2S、NH_3等	热电站
	无组织废气	NH_3等	设施密封
氨回收	酸性气	H_2S、NH_3等	热电站
	无组织废气	NH_3等	设施密封
硫回收	硫回收烟气	SO_2、H_2S等	三级克劳斯处理工艺
	无组织废气	SO_2、H_2S等	设施密封

(2) 废水

废水主要有气化含尘、含油煤气水，酚氨回收稀酚水，气化与煤气冷却废热锅炉废水，硫回收废锅排污水，污水处理站生产废水等，工艺装置产生的废水经各单元预处理后送去污水处理站，废锅排水送去循环水系统。废水主要污染物见表 15-10。

表 15-10 废水主要污染物

废水来源	废水名称	主要污染物	去向
气化与煤气冷却	含尘煤气水	焦油、油、酚类、氨、SS 等	煤气水分离装置
	含油煤气水	焦油、油、酚、氨等	煤气水分离装置
	气化装置灰水循环水	悬浮物、甲醇、硫化物、氰化物、砷、COD 等	循环使用
煤气水分离	煤气水分离排水	硫化物、氰化物、NH_3、油、酚等	酚氨回收装置
酚氨回收	稀酚水	酚、NH_3-N、异丙醚、油、COD、氯离子等	污水处理站
低温甲醇洗	甲醇水塔废水	甲醇、COD、BOD、HCN 等	污水处理站
变换冷却	变换冷却煤气洗涤排水	甲醇、COD、BOD、HCN 等	煤气水分离装置
甲烷化	甲烷合成反应水	甲醇等	污水处理站
气化与煤气冷却	废热锅炉废水	盐分、SS 等	去循环水系统
硫回收	废锅排水	盐分、SS 等	去循环水系统
污水处理站	生产废水	SS、COD、NH_3-N、硫化物、氰化物、CH_3OH、石油类、挥发酚、砷、总氮、TOC 等	部分去循环水系统，部分去中水回用

(3) 固废

固体废物主要是生产装置产生的灰渣、废催化剂、废脱硫剂、污泥等。将可综合利用或回收处理的废渣进行综合利用或回收，不能综合利用的委托危废处置中心处置。固废主要污染物见表 15-11。

表 15-11 固废主要污染物

固废名称	固废特性	主要成分	去向
气化灰渣	一般固废	C<5%(质量分数)	灰渣场存放
煤气水分离焦油渣	危险废物	焦油等	运往锅炉掺烧
变换炉催化剂	危险废物	Co、Mo	2 年一次，厂家回收
甲烷合成催化剂	危险废物	Ni	2 年一次，厂家回收
甲烷脱硫剂	一般固废	ZnS	厂家回收
低温甲醇洗脱硫剂	一般固废	ZnS	厂家回收
硫回收催化剂	一般固废	氧化铝	3 年一次，委托有资质危废处置中心处理
絮凝沉降污泥(高浓盐水处理系统)	危险废物	无机盐类含水率 75%(质量分数)	委托有资质危废处置中心处理
污泥	危险废物	含水率 75%(质量分数)	

（4）噪声

主要噪声排放源为各类压缩机、机泵、风机以及放空口，通过将高噪声的压缩机布置在压缩机房内、加装消声器与隔声罩等防噪降噪措施，确保厂界噪声水平达标。主要噪声源见表 15-12。

表 15-12　主要噪声源

噪声源	减(防)噪措施	备注
压缩机类	室内、隔声罩	≤85dB(A)
机泵类	减振垫、隔声罩	≤85dB(A)
风机类	室内、减振基础	≤85dB(A)
放空口	消声器	≤85dB(A)

15.4　20 万吨/年煤制乙二醇工程

15.4.1　装置概述

20 万吨/年煤制乙二醇工程以煤为原料制备乙二醇产品所需的原料气 CO 和 H_2，并采用间接法合成工艺。工艺装置主要分为煤气化装置、净化装置、乙二醇装置和相关配套公辅装置。

煤气化利用神华煤为原料，采用 6.5MPa 水煤浆气化技术生产粗合成气。净化装置包括变换、低温甲醇洗、冷冻站、CO 深冷分离、草酸酯加氢反应、乙二醇精制等单元。

来自气化装置的粗合成气分两路进变换单元，一路对变换线中粗合成气进行变换反应，将粗合成气中的 CO 变换为 H_2 和 CO_2，以满足合成乙二醇对 H_2 的要求；同时对非变换线中粗合成气进行热量回收，以满足合成乙二醇对 CO 的需求。

变换气及热回收后非变换气经低温甲醇洗脱除其含有的 H_2S、COS、CO_2 和其他杂质，同时低温甲醇洗单元所需冷量由冷冻站提供。

低温甲醇洗单元脱除的富含 H_2S 酸性尾气送至硫回收单元回收硫黄，以确保满足环保排放的要求。

低温甲醇洗洗涤塔出口的净化非变换气进入 CO 深冷分离装置，经两个可切换的工艺气吸附器除去甲醇和 CO_2，再进入冷箱分离出 CO 气体，冷箱产生的富氢气和低温甲醇洗洗涤塔出口的净化非变换气进入 PSA 制氢装置，通过变压吸附分离提纯后，将产品氢气送乙二醇合成装置。

H_2 与 CO 气体送往乙二醇装置，经草酸酯合成、乙二醇合成及精制获得乙二醇产品。该工程工艺流程见图 15-7。

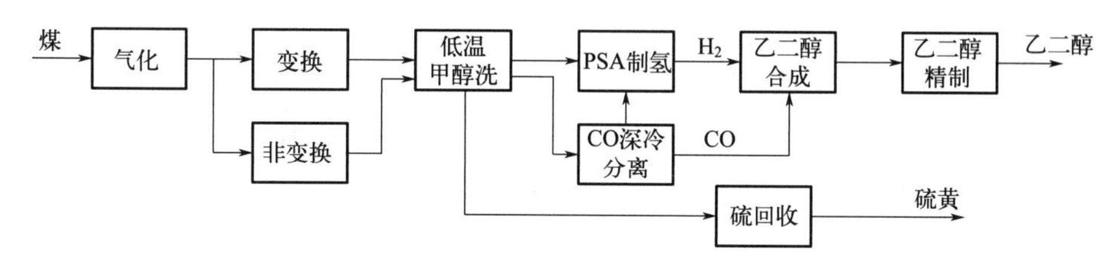

图 15-7　煤制乙二醇工程工艺流程

15.4.2 污染物控制集成优化

15.4.2.1 工艺配置方面

（1）净化装置方案优化

耐硫变换设置变换线和非变换线，变换线进行深度 CO 变换，非变换线进行热量回收。酸脱采用变换、非变换双塔吸收＋共再生的方式进行酸性气体的脱除，后续配置深冷分离和 PSA，深冷分离的粗氢气送往 PSA 进行氢回收。

该耐硫变换方案配置可多副产高品位蒸汽，热量利用较为合理；酸性气脱除 CO_2 回收率高，后续深冷分离和 PSA 规模较小；同时该净化工艺配置贫甲醇循环量和丙烯制冷冷量较低。因此，从流程配置、公用工程消耗、能耗方面此净化装置配置对煤制乙二醇运行节能降耗明显。

（2）水系统资源化利用

对酸性气体脱除和乙二醇单元排出的含醇废水，从优化资源利用和控制污水处理规模角度，可把其作为水煤浆制备用水，用于气化制备有效气。

（3）放空气节能减排

乙二醇合成装置的氧化酯化工段排放的不凝气可送至锅炉装置作为新风使用，直接利用锅炉装置的脱硫脱硝系统对此股不凝气进行处理达标后排放。此措施不仅利用了不凝气的热值，也降低了操作成本。

对于储存乙二醇的中间罐区和成品罐区，相关储罐需设置氮封措施，以减少乙二醇挥发损失。同时对乙二醇储罐投运过程中由于呼吸阀产生的排气进行收集集中处置，可以利用引风机送入冷凝＋冷凝活性炭吸附处理确保达标排放。另外，也可以送至锅炉装置作为配风使用。

为了减少或避免装置区域内的无组织排放点，采取的主要措施包括：针对输送工艺介质的管线材质根据其介质属性选择耐腐蚀材料及密封；对于设备和管口法兰的密封面和垫片提高密封等级，必要时可以采用焊接连接；输送含苯等有毒工艺介质泵选用屏蔽泵或双端面机械密封泵。

取样器采用密封采样系统，要求工艺介质密闭循环回系统，取样后管线残留的介质可采用吹扫置换合格；其他含烃物料的采样装置采用常规密封采样器。

（4）冷量综合利用

酸性气脱除和乙二醇所需的冷量统一由丙烯制冷压缩机提供，此方式不仅提高了冷量的集成化利用，还降低了操作成本，提高了制冷效率。

针对酸性气脱除尾气洗涤塔尾气低温冷量较多的情况，可通过换热气与气化或乙二醇外排废水进行热交换，降低废水温度，减少循环冷却水消耗。

15.4.2.2 设备和管道方面

换热器采用高效、低压降类型进一步提高效率，减少系统能耗；在机泵的选用上采用高效机泵，提高设备效率。

加强设备及管道的隔热和保温等措施，对所有高温设备及管线均选用优质保温材料，减少散热，提高装置及系统的热回收率。

15.4.2.3 废气集成处置方面

变换及热回收冷凝液的闪蒸气与低温甲醇洗分离排出的酸性气为含硫含氨废气，送硫回收装置回收硫黄。酸洗气体脱除尾气水洗塔排气、VOCs治理装置燃烧烟气、乙二醇分离与精制精馏洗涤尾气及中间罐区水洗塔尾气均高空排放。

15.4.2.4 废水综合处理方面

废水主要包括草酸二甲酯合成的酯化废水及乙二醇装置尾气洗涤水，经乙二醇预处理装置处理后，出水会同变换工艺废水、脱酸废水及罐区排水等生产污水及生活污水均送入废水处理站生化处理单元处理，出水会同循环水厂排水、热回收蒸汽发生器排水进入深度处理装置处理，出水回用于循环水系统补水，生产的浓盐水排入蒸发池。

草酸二甲酯合成酯化废水主要成分是氨氮，含有一定量的CO，此外还有少量甲醇、N_2O、CH_4及微量NO和MN（亚硝酸甲酯），送动力中心锅炉处理。

15.4.2.5 开停车排放方面

开车时，可以利用氮气对变换、酸性气体脱除、DMO（草酸二甲酯）合成系统进行充压，维持上下游装置间一定的压差。当上游装置开始导气时，可以较快的速率进行充压，缩短了后续装置开车时间，也可以缩短上游装置介质放火炬的时间。

短暂停车时，酸性气脱除、PSA和DMO可以进行保压操作。当再次开车时，可以缩短充压时间，最终减少了废气的排放量。

15.4.2.6 其他方面

装置区域内采取整体分区防渗，根据不同区域潜在的地下水污染风险性大小划分为重点污染防治区、一般污染防治区和简单污染防治区。

雨污分流，将污染区初期雨水与非污染区雨水分别收集，分开处理。污染雨水进污水管沟、管网至初期雨水收集池，进而送污水处理站处理，未受污染的清净雨水进雨水管网监控后外排。

15.4.3 主要环保治理流程

（1）废气

煤制乙二醇工艺生产过程中产生的废气包含氮氧化物，目前针对N_2O废气的处理工艺主要包括选择性催化还原工艺和DeO_2工艺等，其最终目的均是将NO_x转化为N_2和O_2。

① 选择性催化还原工艺。N_2O选择性催化还原工艺采用的催化剂类型为钴系、镍系催化剂[6]。将含N_2O废气通过固定床反应器，在其催化剂床层中使N_2O分解为N_2和O_2。再依次通过SCR反应器，将反应过程中产生的少量氮氧化物还原成N_2。

② DeO_2工艺[7,8]。DeO_2工艺属于催化脱氧工艺，孟山都公司首次将此工艺应用在己二酸废气处理方面。己二酸废气首先利用SCR反应器脱除其含有的NO和NO_2，处理后的气体再利用贵金属催化剂脱除O_2，然后富含N_2O的气体在催化剂作用下，被分解为N_2和高活性氧原子，高活性氧原子作为原料合成相关下游苯酚类产品。

Loirat等[9]对N_2O高温分解工况的热力学和动力学机理进行了仔细研究，表明在1000～

1300℃高温下，N_2O可以分解为氮气和氧气。胡笑颖等[10]通过实验结合模拟的方式，研究生物质挥发分的均相反应，发现CO、甲烷、氢气等还原性气体对N_2O具有还原作用，也可降低N_2O的排放量。

（2）废水

亚硝酸甲酯主要在煤制乙二醇酯化系统内生成，但酯化系统内也会发生其他副反应生成硝酸，造成废水中含有硝酸。

在特定催化剂条件下，硝酸、甲醇以及一氧化氮经过化学反应生成亚硝酸甲酯，从而实现对废水中硝酸的回收。但是此催化剂也可以促进乙二醇合成，其用量及浓度在一定范围内影响乙二醇的合成。因此，在运用催化硝酸还原技术时，应严格控制操作条件，即操作压力控制在0.35MPa左右，且操作温度控制在80～110℃之间[11]，才可以充分促进亚硝酸甲酯和乙二醇的合成。

（3）固废

① 废羟基催化剂。草酸二甲酯装置中，CO、CH_3OH和O_2在固定床反应器中在Pd/Al_2O_3催化作用下合成DMO。DMO合成反应器定期排放废合成催化剂，主要成分是Pd、Fe_2O_3、Al_2O_3，属于危险废物，在危险废物暂存库暂存后，送催化剂厂家进行回收。

② 废硝酸还原催化剂。因为酯化塔内存在生产硝酸的副反应，系统弛放气也会损失氮氧化物，因此设置硝酸还原塔，利用NO和硝酸反应，向系统补充氮氧化物。硝酸还原塔定期排放废硝酸还原催化剂。主要成分是活性炭，属于危险废物，在危险废物暂存库暂存后，送催化剂厂家进行回收。

③ 废加氢催化剂和废瓷球。氢气与DMO在DMO气化塔中预热后在装有Cu-SiO_2催化剂的加氢反应器发生加氢反应，生成乙二醇与甲醇。加氢反应器定期排放废Cu-SiO_2催化剂及填料废瓷球。废加氢催化剂主要成分为CuO、SiO_2，属于危险废物，在危险废物暂存库暂存后，移送有相应危险废物处置资质的单位处理。废瓷球主要成分为Al_2O_3，属于危险废物，在危险废物暂存库暂存后，移送有相应危险废物处置资质的单位处理。加氢反应器的液相反应器中定期排放废液相加氢催化剂，主要成分为Ni，属于危险废物，在危险废物暂存库暂存后，移送有相应危险废物处置资质的单位处理。

④ 废精制剂。乙二醇精馏工序1号精制罐定期排放废1号精制剂，2号精制罐定期排放废2号精制剂。主要成分均为树脂，属于危险废物，在危险废物暂存库暂存后，送有相应危险废物处置资质的单位处理。

⑤ 废吸附剂。氢回收是用吸附剂净化乙二醇合成弛放气，回收提纯氢气，氢回收工艺采用PSA技术。PSA氢回收装置定期排放废吸附剂。主要成分为活性炭、硅铝酸盐，属于危险废物，在危险废物暂存库暂存后，送有相应危险废物处置资质的单位处理。

15.4.4 污染物排放

（1）废气

① 酯化废气。NO与O_2、CH_4O反应生成MN在酯化塔中合成DMO，在酯化塔塔顶连续排放少量弛放气，送不凝气处理塔产生酯化废气，最终送动力中心锅炉燃烧后排放。

② 氢回收解吸气。乙二醇合成装置反应气经气液分离后继续循环。为维持加氢系统压力与不凝气含量在一定范围，在压缩机进口排出少量氢回收解吸气作为弛放气。经氢回收的富氢气返回乙二醇合成循环圈进行回收利用。

③ 加氢闪蒸气。乙二醇合成装置高压分离器底部排出的加氢粗乙二醇减压闪蒸出高压下溶解的气体，加氢闪蒸气送至乙二醇合成循环圈进行回收利用。

④ 乙二醇精馏真空洗涤放空气。乙二醇精馏工序甲醇回收塔塔顶不凝气和其余塔的真空泵尾气含少量的甲醇、乙醇、乙二醇等有机物，通过真空泵尾气洗涤塔高空排放。

废气主要污染物见表15-13。

表 15-13 废气主要污染物

名称	排放点	废气组成	排放方式	处理方法及排放去向
酯化废气	酯化塔	N_2:70.3% CO_2:3.1% CO_2:4.3% NH_3:1.2% O_2:0.8% CH_4O:0.4% MN+NO≤1000mg/kg H_2S≤0.1mg/kg	连续	送至锅炉
氢回收解吸气	压缩机入口	H_2:72% CH_4O:11.6% CO:7.4% CO_2:1.1% CH_4:5.0% N_2:2.9%	连续	乙二醇合成
加氢闪蒸气	高压分离器	H_2:90.2% CH_4O:6.9% CO:1.4% CO_2:0.4% CH_4:0.9% N_2:0.2%	连续	乙二醇合成
乙二醇精馏真空洗涤放空气	尾气洗涤塔	CH_4O:24mg/m^3 H_2O:23304mg/m^3 N_2:1213750mg/m^3	连续	高空排放

注：表中百分数均为质量分数。

(2) 废水

① 草酸二甲酯酯化废水。DMO合成工序经中和后的甲醇水溶液送甲醇-水精馏塔，塔釜含少量甲醇的废水送至废水收集塔进一步处理，最后送至乙二醇污水预处理装置。

② 乙二醇精馏尾气洗涤水。乙二醇精馏工序各精馏塔不凝气进入尾气洗涤塔洗涤，排放的乙二醇精馏尾气洗涤水送乙二醇污水预处理装置处理。

废水主要污染物见表15-14。

表 15-14 废水主要污染物

名称	排放源名称	排放方式	主要污染物浓度/(mg/L)	去向
酯化废水	废水收集塔	连续	COD<2000 硝酸钠<5000 草酸钠<3000	污水预处理

续表

名称	排放源名称	排放方式	主要污染物浓度/(mg/L)	去向
尾气洗涤水	尾气洗涤塔	连续	甲醇:2200 乙醇:2000 乙二醇:1000 甲酸甲酯:7000	污水预处理

(3) 固废

全厂固体废物主要有各工艺单元产生的废催化剂、废瓷球、废吸附剂等。固废主要污染物见表15-15。

表15-15 固废主要污染物

装置	种类	主要组成	排放方式	处理方法及排放去向
合成反应器	废羟基催化剂	Pd、Al_2O_3	3年1次	供应商回收
硝酸还原塔	废硝酸还原催化剂	活性炭	2年1次	供应商回收
加氢反应器	废加氢催化剂	CuO、SiO_2	1.5年1次	供应商回收
加氢反应器	废瓷球	Al_2O_3	6年1次	供应商回收
液相加氢反应器	废液相加氢催化剂	Ni	2年1次	供应商回收
1号乙二醇精制罐	废1号精制剂	树脂	2年1次	供应商回收
2号乙二醇精制罐	废2号精制剂	树脂	2年1次	供应商回收
PSA氢回收	废吸附剂	活性炭、硅铝酸盐	15年1次	供应商回收

(4) 噪声

乙二醇装置的噪声源主要有各类压缩机和机泵，具体见表15-16。

表15-16 主要噪声源

噪声源	减(防)噪措施	备注
磨煤机	低噪声电机、减振垫、隔声罩	≤85dB(A)
半贫甲醇泵	低噪声电机、减振垫、隔声罩	≤85dB(A)
贫甲醇泵	低噪声电机、减振垫、隔声罩	≤85dB(A)
循环气压缩机	室内、减振垫、隔声罩	≤85dB(A)
CO循环气压缩机	室内、减振垫、隔声罩	≤85dB(A)
尾气压缩机	室内、减振垫、隔声罩	≤85dB(A)
H_2循环气压缩机	室内、减振垫、隔声罩	≤85dB(A)

15.5 10万米^3/时煤（焦）制氢工程

15.5.1 装置概述

10万米^3/时煤（焦）制氢装置由工艺生产装置、公用工程、配套辅助生产设施、储运系统及装置外围设施组成。

工艺生产装置包括：一套制氢公称能力为10万米^3/时的水煤（焦）浆气化生产线，以煤及石油焦为原料生产粗合成气；经耐硫变换、酸性气体脱除及甲烷化等单元生产出合格的工业氢气，加压后供给炼油装置。

15.5.2 污染物控制集成优化

装置采用煤和炼厂副产的高硫石油焦混合原料，产品为氢气，结合实际生产需要，选用主流的生产技术，采用的工艺技术路线能够达到国际先进水平。

石油焦作为焦化装置的副产物，其含硫量较高，若用作锅炉燃料等进行综合利用，则其会产生大量的二氧化硫。而通过制浆气化、耐硫变换和酸性气脱除等工艺，则可以有效地将石油焦中的硫转变成克劳斯气，通过硫黄回收装置进行回收，减少了石油焦使用过程中二氧化硫的排放量。该项目的产品主要为工业氢气，主要用于炼厂加氢，提高油品品质，因此其原料和产品是清洁的。除注重源头消减污染、提高资源利用效率、减少污染物产生和排放外，还采取了末端治理措施。注重整体效益，尤其注重从全厂和大系统出发，统筹考虑节能技术措施，如装置之间热联合，蒸汽动力系统实现逐级利用，低温热回收利用，氢气资源优化利用等。

15.5.2.1 工艺配置方面

（1）水系统资源化利用

真空带式抽滤机产生的细渣含水率高达60%，残炭含量高，经晾晒和锅炉燃料煤混合后可送至锅炉内进行掺烧处理。此措施不仅降低了填埋成本，还可以利用燃烧后的锅炉灰渣生产水泥[12]。

酸性气体脱除产生的含醇废水，可以作为磨煤机的磨浆水[13]。一方面提高了水煤浆中碳含量，另一方面也降低了磨煤制浆系统新鲜水的消耗。另外，也可把此股废水送至污水处理装置，作为生化处理反硝化的碳源，降低了外加碳源甲醇的消耗，达到以废治废的目的。

（2）放空气节能减排

捞渣机含CO、H_2和H_2S的放空气及灰水闪蒸的真空泵排放气进行统一回收并加压回用至动力中心的新风入口，减少有毒可燃气体的现场放空，改善现场的作业环境。

灰水闪蒸产生的高闪气送硫回收或考虑利用压缩机把此股高闪气进行压缩至粗合成气管线中，不仅可以回收高闪气中的有效气组分CO和H_2，而且可以降低操作成本和能耗[14,15]。另外，也可利用高闪气的温位和压力能作为变换汽提系统的汽提气，既降低了汽提蒸汽的消耗量，高闪气的温位也得到合理有效的利用[16]。

气化低闪气中有效气组分含量低，酸性气含量高，送入硫回收进行处理回收H_2S。

酸性气脱除装置浓缩含H_2S的酸性气，通过管道输送至硫黄回收或湿法硫酸装置制得硫黄或浓硫酸产品

（3）低温热集成利用

对于变换装置的低温热，采用梯级回收利用余热。即先预热锅炉水多副产蒸汽，再进行预热脱盐水。若低温热过多，再采用热水回收热量后进行低温水冷发电，使系统中低温热得到充分有效利用。

（4）冷量综合利用

酸性气脱除尾气洗涤塔排空的尾气温度相对较低，一般为10～11℃，且排放量较大，冷量相对较多。利用尾气和气化外排灰水进行换热，可以对尾气中的冷量进行综合利用，减

少因气化装置外排灰水降温而导致的循环水消耗。

(5) 优化开停车时间

开车时，可以利用氮气对变换和酸性气体脱除装置进行充压，维持两者与气化装置一定的压差。当气化装置开始导气时，可以较快的导气速度进行，缩短了后续装置利用粗合成气充压的时间，也可降低粗合成气和净化气的排放量[17]，缩短了火炬的泄放时间。

短暂停车时，酸性气体脱除可以保压并维持甲醇循环连续，甲烷化也可以进行保压操作。当进行后续开车时，可以降低气化装置的粗合成气排放量和缩短放空时间，另外也缩短了开车时间，最终减少了废气的排放量。

煤焦制氢产品为氢气，CO 变换工艺控制指标要求 CO 干基含量<0.4%，以避免下游甲烷化装置发生飞温风险。

15.5.2.2 自动化控制方面

利用先进控制系统，可以有效克服各装置的负荷波动，提高了装置间控制水平和自动化程度。先进控制系统可以合理分配各个气化炉的操作负荷，减少因后续装置需氢量减少而导致的部分氢气放空；此外，还可以优化气化炉的操作温度提高粗合成气中有效气比例。对于变换装置，可以根据粗合成气中的水气比变化灵活控制各个变换炉之间的温升，在保证变换气中 CO 含量的前提下优化换热网络，实现装置的长周期稳定运行。对于酸性气脱除装置，可以根据运行负荷变化优化醇气比控制，保证氢气中硫化物及 CO_2 控制平稳。

DCS 系统除完成各装置的基本过程控制、操作、监视、管理之外，同时还完成顺序控制和部分先进控制，可以保证各装置间安全平稳运行；根据各生产装置不同的特点，配备重要的安全联锁保护、紧急停车系统及关键设备联锁保护安全仪表系统，保证装置在应急状态下安全停车。

15.5.2.3 开停车排放方面

当气化停车时，装置内不合格的废水先利用管线输送至全厂不合格污水罐中进行临时储存，最后利用污水处理装置处理达标后排放。

非正常工况下，如开、停车和事故工况下，各工段大部分工艺气直接送火炬燃烧，通过燃烧可减少有害物质排入大气。火炬作为工艺装置的保安手段，安全阀排放气送入火炬，使系统操作稳定。

装置检维修产生的废水如管道冲洗水、酸洗水等事先集中储存，后利用污水处理装置处理合格后排放，避免现场废水随意排放。

15.5.2.4 其他方面

储存、输送酸和碱等强腐蚀性化学物料的区域应设置围堰，围堰的容积应能够容纳最大罐的全部容积，且围堰和地面应做防腐和防渗处理。围堰内的废水应排至中和池进行中和处理，中和池设高液位报警避免发生溢流。

15.5.3 主要环保治理流程

(1) 废气

废气主要为渣池排放气、酸性气分离器排气、尾气洗涤塔废气、输煤系统排放含粉尘废气等。

渣池排放气中含氨，废气通过高于15m的排气筒排入大气。渣水处理单元的酸性气分离器废气主要含硫化氢污染物，废气去炼化瓦斯气系统做燃料。渣水处理单元的真空泵废气依托电站烟囱排入大气。酸性气体脱除单元的尾气洗涤塔废气主要含甲醇，废气依托电站烟囱排入大气。煤输送系统产生的含粉尘废气经过布袋除尘器后再经高于15m排气筒排入大气。

在开停车或生产不正常时，从安全阀和放空系统排出的含烃气体均排入气柜回收。当气柜无法回收时，则排入现有的密闭火炬系统处理，以减少对环境的影响。

(2) 废水

各装置废水均执行清污分流的原则。耐硫变换单元产生的含氨污水去炼化的污水汽提装置处理。处理后的废水60%回用，其余排入炼化污水处理厂处理。气化单元产生的灰水送污水处理设施处理。酸性气体脱除单元产生的含微量甲醇污水去磨煤单元回用。输煤系统的含煤污水经配套的煤泥沉淀池处理后返回输煤系统使用。

(3) 固废

气化单元产生的粗渣外售综合利用，渣水处理单元产生的废细渣与石油焦掺混后作生物质循环流化床锅炉燃料。废催化剂均委托当地公司进行无害化处理。废污油和废含氨甲醇进行回收处理。

(4) 噪声

设备选型中，考虑到噪声对声环境影响，所有设备均选择低噪声设备。对压缩机设隔离、减振设施。对风机采用隔声罩、消声器。对放空气采用消声设施。在操作岗位设隔声室；在压缩机座加隔振垫，做防振基础；巡查人员定期佩戴耳塞进行巡查。在平面布置中，尽可能将高噪声设备布置在远离敏感目标的位置。

15.5.4 污染物排放

(1) 废气

废气主要为渣池排放气、酸性气分离器排气、尾气洗涤塔废气、输煤系统排放含粉尘废气等。

废气主要污染物见表15-17。

表15-17 废气主要污染物

排放装置	废气名称	排放规律	主要污染物/(kg/h)	排放去向
气化及初步净化	渣池排放气	连续	NH_3:0.00231	排入大气
渣水处理	酸气分离器废气	连续	H_2S:1.0819	去全厂瓦斯气系统
	真空泵废气	连续	H_2S:0.039	并入电站烟囱排放
酸性气体脱除	尾气洗涤塔废气	连续	CH_3OH:5.55	

(2) 废水

废水主要为耐硫变换单元CO_2汽提塔分离器含氨污水、渣水处理单元灰水槽气化废水、酸性气体脱除单元产含微量甲醇废水以及输煤系统的含煤废水。废水主要污染物见表15-18。

表 15-18　废水主要污染物

废水名称	排放规律	主要污染物	排放去向
CO_2 汽提塔分离器含氨污水	连续	H_2S:0.112mol/L NH_3:2.496mol/L	去污水汽提装置
灰水槽气化废水	连续	pH:7～9 氨氮:＜350mg/L CN^-:＜10mg/L BOD:＜300mg/L COD:＜500mg/L	送厂外气化污水处理设施
泵排出废水	连续	含微量甲醇	去磨煤单元回用
含煤污水	间歇	煤泥	经煤泥沉淀池收集后沉淀再利用

（3）固废

本装置的固废主要为气化单元的废渣、渣水处理单元的滤饼、净化单元的废催化剂以及压缩系统的废润滑油等。固废主要污染物见表 15-19。

表 15-19　固废主要污染物

装置名称	排放设备名称	废渣名称	排放规律	主要成分	处理方法
气化及初步净化	气化炉	废渣	连续	含固量 50%～75%	外售
渣水处理	真空抽滤机	滤饼	连续	含固量 40%～50%	与石油焦掺混后做 CFB 锅炉燃料
耐硫变换	脱毒槽	废催化剂	间歇	Al_2O_3	交危废厂家处置
	变换炉	废催化剂	间歇	CoO%≥3.0% MoO_3%≥7.0% 稀土%≥0.3%	交危废厂家处置
甲烷化	ZnO 脱硫槽	废催化剂	间歇	ZnO 加促进剂	交危废厂家处置
	甲烷化炉	废催化剂	间歇	Ni%≥16%	交危废厂家处置
压缩系统	压缩机组润滑油站	污油	间歇	—	回收

注：表中百分数均为质量分数。

（4）噪声

噪声主要来源于磨煤机、风机、压缩机等设备。高噪声设备配有消声装置或隔声罩，在高噪声场所配备耳罩、耳塞等防噪声用品。主要噪声源见表 15-20。

表 15-20　主要噪声源

噪声源	减(防)噪措施	备注
磨煤机	减振垫、隔声罩	≤85dB(A)
螺旋输送机	保温隔声	≤85dB(A)
开工循环压缩机	减振垫、隔声罩	≤85dB(A)

15.6　250MW 煤气化联合循环发电工程

15.6.1　装置概述

整体煤气化联合循环（integrated gasification combined cycle，IGCC）发电是把煤气化和燃气-蒸汽联合循环发电系统有机集成的一种洁净煤发电技术。在 IGCC 系统中，煤经过气化生成合成气，经净化处理后，通过燃烧驱动燃气透平发电，利用高温排气在余热锅炉中产生蒸汽驱动汽轮机发电。

以某 250MW 煤气化联合循环发电工程为例，该煤电 IGCC 示范电厂包括气化岛、空分岛、合成气净化岛、硫回收岛、燃气-蒸汽联合循环发电装置。

整个 IGCC 发电工程系统可分为煤气化系统、煤气净化系统、发电岛系统三大部分。

煤气化系统包括气化炉、空分、除渣、除灰、水洗系统、初步水处理等。

煤气净化系统包括水气分离、COS 水解、脱硫系统、硫回收系统。

发电岛系统采用 9E 级双轴联合循环系统，包括燃气轮机、余热锅炉、蒸汽轮机及辅助系统。

备煤后的原料经气化生成中低热值合成气，经过净化，除去合成气中的硫化物、氮化物、粉尘等污染物，作为清洁的气体燃料送入燃气轮机燃烧室燃烧，以驱动燃气透平做功，燃气轮机的高温排气再进入余热锅炉加热锅炉给水，产生过热蒸汽驱动蒸汽轮机做功。系统工艺流程见图 15-8。

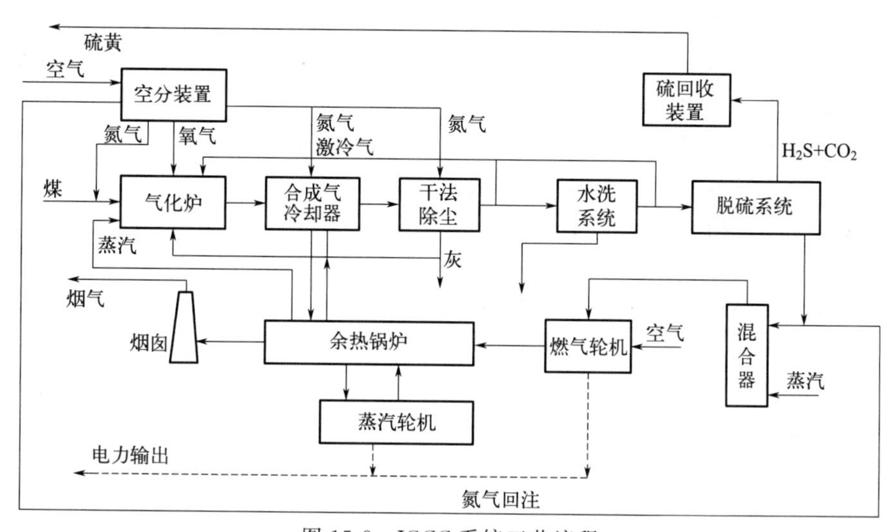

图 15-8　IGCC 系统工艺流程

15.6.2　污染物控制集成优化

IGCC 发电系统实现了煤气化、煤气净化、联合循环发电等多个工艺过程的高度集成。燃气轮机、余热锅炉和蒸汽轮机组成的联合循环发电系统是 IGCC 技术中实现热功转换的主体过程。IGCC是一种将煤气化技术与高效联合循环发电系统相结合的先进动力系统，环保性能好，污染物的排放量仅为常规燃煤电站的1/10，脱硫效率可达99%，氮氧化物排放只有常规电站的15%～20%，耗水只有常规电站的1/2～1/3。

（1）先进的生产工艺

IGCC过程较为复杂，不同因素对装置的总效率都有一定的影响，其中以煤气化效率的影响最为显著，煤气化效率每提高1%，IGCC的总效率可提高约0.5%[18]。实际生产中，选择与运行相匹配的清洁高效干粉煤气化技术，碳转化率超过99%，冷煤气效率超过84.5%，煤气中有效气成分（$CO+H_2$）达到90%左右，从而提高IGCC装置总效率。

（2）能量回收

IGCC技术中，煤气化温度为500～900℃，而高温条件下飞灰和含硫物质的脱除较为困难，因此需对高温粗煤气进行降温，同时回收高品位热量。采用废锅流程，可回收相当于原料煤低位发热量中15%左右的能量，可提高发电净效率4%～5%。粗合成气经废热锅炉回收热量，随后经过旋风除尘器和金属过滤器处理，将煤气中带有的飞灰与气体分离，正常情况下飞灰全部循环至气化炉内燃烧，不产生排灰。

（3）节水减排

在锅炉给水、生活消防给水及锅炉排污等系统中，各系统采用水处理及水循环回收技术，有效降低污水的排放量，提高循环水利用效率。

采用高效的节水工艺有效提高IGCC电站的水资源利用效率。将节水技术与反渗透膜（RO）、电渗析（EDR）、超滤（UF）等废水回收技术相结合，提高水的回收率和利用率。对于部分难以回收的高盐废水，采用废水蒸发技术，将高盐废水蒸发以回收水量，剩余的废渣经结晶、干燥或自然蒸发等过程后，作为一般固体废物进行回收处理。

（4）废气治理

由于燃气轮机对煤气中含硫、含尘量要求较高，煤气在进入燃气轮机前需脱除绝大部分烟尘及硫分。IGCC粗煤气中的烟尘脱除方法[19,20]主要经旋风分离、干法分离及水洗涤后，煤气中烟尘含量可低于1.0mg/m³。煤炭中的硫分在气化过程中主要形成H_2S[21]，经过高效脱硫技术可实现99.0%以上的脱硫效率，煤气中H_2S的含量小于$1\times10^{-4}mg/m^3$，脱除的硫分可进一步合成为具有高附加值的硫黄副产品。

煤中的含氮有机物在气化过程中主要转化为氮气，由于燃气轮机的高温段可达到1600℃，产生的含氮污染物主要为热力型NO_x，利用注氮脱硝技术，将空分N_2回注到合成气中，从而有效降低NO_x排放量[22]。在IGCC系统中，燃气轮机是NO_x的主要排放源，针对燃气轮机已经研究了几种不同的低NO_x技术：

① 低NO_x燃烧技术：预混燃烧，向燃气轮机燃烧室喷水或蒸汽，采用低NO_x燃烧器等。

② 烟气脱NO_x技术：对燃气轮机排气采用选择性或非选择性催化还原（SCR或NSCR）脱硝。

③ 其他措施：降低燃气轮机功率等。

喷水和蒸汽是一项成熟的、可商业应用的技术，可降低80%的NO_x排放量，缺点是水消耗量大，并可能降低燃烧效率和增加CO排放[23]。对燃用天然气的燃气轮机，干式低NO_x燃烧器在研究和商业应用方面已经取得很大进展。采用干式低NO_x燃烧器及系统，燃气轮机的NO_x排放浓度已经达到$17mg/m^3$（15%O_2），相应的CO的排放浓度可达$12mg/m^3$（15%O_2）。

通过将空分装置分离出的氮气回注到燃烧区、预混燃烧、煤气增湿和低NO_x燃烧器等措施来降低NO_x的排放，这些技术在IGCC电厂中均已经得到应用[24]。

另外，基于先进的煤气化技术，采用IGCC技术及多联产技术，同时对煤气化过程中形成的CO_2等物质进行捕集和处理，可实现全过程的近零排放。

（5）废水再利用

在IGCC电站的正常运行过程中产生的废水主要来源为洗涤合成煤气的工艺用水、除盐装置来的废水、从蒸汽循环系统来的排污水及自储煤系统的疏水和渗透水。废水中的污染物可分为如下几种类型：悬浮固体物、氯化物和氟化物、CN游离氰化物和结合的氰化物、多环芳烃碳氢化合物（PAH）、甲酸盐（导致COD增加）、总氮（硝酸盐和氨）及重金属等。

IGCC电站的废水通过闪蒸和汽提工艺将废水中的有害杂质去除，含有有害组分的气体送反应器燃烧利用，浓缩废水经过液固分离，固体按照需求可再利用，部分液体去污水处理，部分在装置内循环再利用。经废水处理间处理后的工业废水经澄清后回用于冷却塔循环系统作为冷却水使用。输煤系统的冲洗水及煤场的雨水，在煤水处理间内进行沉淀、过滤。处理后送回输煤系统重复使用。生活污水处理工艺采用二阶段生物接触氧化法，经处理后的污水回用于冷却塔循环系统作为冷却水使用。

（6）固废回收

IGCC电站中的固废主要是煤气化过程产生的灰、渣和固体颗粒。

飞灰经相关设施气固分离后与灰渣一起由厂外企业回收综合利用。随着城市建设快速发展，粉煤灰综合利用技术的提高，一般固废可实现100%综合利用。

15.6.3 主要环保治理流程

（1）粉尘及废气

原料煤利用全封闭的筒仓储存，给煤和卸煤过程均在封闭的条件下进行，防止外溢煤尘污染。在输灰管道各接口处内设置喷淋设施，确保无扬尘扩散。煤气化过程产生的废渣为湿渣，呈玻璃状，不会产生扬尘污染。

磨煤干燥工序、加压给料工序、碎煤仓、飞灰仓顶部设长袋低压大型喷吹高浓度煤粉袋式收尘器。

经废热锅炉回收热量后的粗合成气先后经过旋风除尘器和金属过滤器，将煤气中带有的飞灰与气体分离，正常情况下飞灰全部循环至气化炉内燃烧，不产生排灰，复燃过程全部在封闭条件下进行，不会产生飞灰污染，除尘后的粗合成气再送至合成气净化装置。

离开合成气冷却器的粗煤气采用干法除尘及旋风加高温金属过滤器，经过滤后，送湿洗工序进一步净化。

（2）废水

工业废水被送入废水处理间，经加药、混凝、沉淀后，送入气浮池。在气浮池中，与回流溶气水一同进入气浮池，废水中的油粒在气浮池内凝聚成较大的油膜，漂浮在池面上，利用浮油收集装置将废油收集后处理。气浮池处理后的工业废水经澄清后回用于冷却塔循环系统作为冷却水使用。

生活污水处理采用二阶段生物接触氧化法工艺，在池内设置填料，经过充氧的污水以一定的流速流过填料，使填料上长满生物膜，污水和生物膜相接触，在生物膜的作用下污水得到净化。处理后的污水回用于冷却塔循环系统作为冷却水使用。

（3）固废

灰渣外售综合利用，危险废物主要为废活性炭吸附剂、COS水解剂和污泥，委托有资质的厂家进行回收处置。

15.6.4 污染物排放

(1) 废气

废气主要有碎煤仓除尘气、磨煤干燥工艺尾气、飞灰过滤器排放气、硫回收排放尾气、联合循环系统锅炉放空气等。废气主要污染物见表 15-21。

表 15-21 废气主要污染物

废气排放源	污染物(标况)/(mg/m^3)	治理措施
碎煤仓除尘气	粉尘:<30	袋式除尘
磨煤干燥系统工艺尾气	烟尘:<30 SO_2:<1.6	袋式除尘 —
加压输送工艺尾气	粉尘:<30	袋式除尘
火炬排放气	SO_2:242	直接排放
飞灰仓过滤器排放气	粉尘:<10	袋式除尘
硫回收装置排放尾气	H_2S:2.8 COS:286	Lo-Cat Ⅱ硫回收工艺。尾气 H_2S 浓度小于 $6mg/m^3$,总硫回收率 99.51%
联合循环系统锅炉放空气	SO_2:1.4 NO_x:52	高点排放

(2) 废水

废水主要有工艺及公用工程装置排放的废水、地面冲洗水及生活污水。一部分废水送入装置回用,另一部分废水经预处理后送入污水处理厂,含盐污水经处理后送入当地盐场。废水主要污染物见表 15-22。

表 15-22 废水主要污染物

污染源	污染物	治理措施
空分装置蒸发器和地面冲洗水 采暖加热站、气化炉汽包及余热锅炉排污水 锅炉补给水处理系统排污水 工业杂用排污水(含其他) 生活污水	pH:6~9 COD_{Cr}:60mg/L BOD_5:10mg/L SS:20mg/L 氨氮:5mg/L	部分回用于煤气化岛循环冷却系统,小部分回用于厂区绿化,不外排
煤气化工序废水	pH:6~9 COD_{Cr}:142mg/L BOD_5:28mg/L 悬浮物:76mg/L 石油类:9.4mg/L 氰化物:0.47mg/L 氨氮:23.6mg/L 硫化氢:0.8mg/L	经过氨氮预处理后送入园区污水处理厂
煤气化岛自然通风冷却塔排污水	COD_{Cr}:50mg/L BOD_5:15mg/L SS:50mg/L	回用于锅炉补给水处理系统,不外排

续表

污染源	污染物	治理措施
燃气-蒸汽联合循环岛自然通风冷却塔排污水	盐分	通过浓海水排放管道最终进入当地盐场

(3) 固废

固废主要有一般固废与危险固废。一般固废进行综合利用或由厂家回收再利用，危险固废由专业公司回收处理。固废主要污染物见表15-23。

表 15-23　固废主要污染物

<table>
<tr><th>性质</th><th>污染源</th><th colspan="2">主要污染物</th><th>治理方案</th></tr>
<tr><td rowspan="6">一般固废</td><td>分子筛吸附器</td><td colspan="2">废分子筛、废铝胶吸附剂</td><td>交由厂家再利用</td></tr>
<tr><td>磨煤工段</td><td colspan="2">石子煤</td><td rowspan="5">外售综合利用</td></tr>
<tr><td rowspan="3">煤气化</td><td rowspan="2">90%循环</td><td>渣</td></tr>
<tr><td>灰</td></tr>
<tr><td>全部循环</td><td>渣</td></tr>
<tr><td>海水净化车间污泥</td><td colspan="2">污泥</td></tr>
<tr><td rowspan="4">危险固废</td><td>废水处理设施污泥</td><td colspan="2">含氰化物污泥</td><td rowspan="4">交由专业公司处理</td></tr>
<tr><td>废活性炭</td><td colspan="2">废活性炭</td></tr>
<tr><td>废 COS 水解剂</td><td colspan="2">废 COS 水解剂</td></tr>
<tr><td>熔硫釜残渣</td><td colspan="2">铁催化剂、螯合剂、硫、杂质</td></tr>
</table>

(4) 噪声

主要噪声排放源为各类压缩机、机泵、风机以及放空口，通过将高噪声的压缩机布置在压缩机房内、加装消声器和隔声罩等防噪降噪措施，确保厂界达标。主要噪声源见表15-24。

表 15-24　主要噪声源

噪声源	减(防)噪措施	备注
压缩机类	室内、隔声罩	≤85dB(A)
机泵类	减振垫、隔声罩	≤85dB(A)
风机类	室内、减振基础	≤85dB(A)
放空口	消声器	≤85dB(A)

15.7　煤化工和其他产业的耦合

技术耦合发展是煤炭转化的重要方向。一是不同煤炭转化技术相互耦合，如气化与焦化、气化与热解、电石乙炔技术与煤气化、煤焦油加工与F-T合成粗油品处理等。不同技术的互补耦合不仅丰富了产业链，提高了企业的竞争力，而且污染物治理过程也能发挥更好的协同作用，降低污染物处理成本，提高处理效能。二是煤炭转化与其他行业的耦合，如煤炭转化与电力、建材、精细化工、硅酸盐、陶瓷、玻璃、农林、城市管理、医药等行业耦合。

利用气化的高温气氛处理诸如农林废弃物、城市垃圾、医疗垃圾、生物病原体等，生产农用或医用高性能材料、高端建材等，因此发展循环经济已成为煤炭清洁高效利用的重要发展方向。

"十四五"期间，在国家实施"双碳"战略的背景下，现代煤化工产业面临较大的碳减排压力。虽然煤炭含碳较多，但作为化工原料时，部分碳元素进入产品转化成清洁能源或化学品，起到固碳作用[25]。目前我国现代煤化工典型的煤制烯烃、煤制油（含煤直接液化和间接液化)、煤制天然气、煤制甲醇、煤制乙二醇等装置均以大型高效煤气化为龙头，现代煤化工产业具有较大的减碳降碳潜力[26]。今后要加快发展新质生产力，积极推动煤化工行业高质量发展。2024 年 8 月 1 日，工信部、国家发展改革委、生态环境部联合印发了《工业领域碳达峰实施方案》，提出到 2025 年，规模以上工业单位增加值能耗较 2020 年下降 13.5%，单位工业增加值二氧化碳排放下降幅度大于全社会下降幅度，重点行业二氧化碳排放强度明显下降。"十五五"期间基本建立以高效、绿色、循环、低碳为重要特征的现代工业体系。确保工业领域二氧化碳排放在 2030 年前达峰。深入推动节能降碳，稳妥高效发展现代煤化工。

参考文献

[1] 亢万忠．煤化工技术［M］．北京：中国石化出版社，2017：443-451.

[2] 王鹏，戢绪国．鲁奇煤气化技术的发展及应用［J］．洁净煤技术，2009（15）：48-51.

[3] 楼寿林，楼韧．一种热平衡高压节能反应器：CN 2350120Y［P］．1999-11-24.

[4] 张磊．煤气水分离装置含尘焦油处理方法分析［J］．广州化工，2017，45（9）：184-185.

[5] 毕可军．灰融聚流化床粉煤气化技术应用及节能减排措施［J］．化肥工业，2011，38（4）：9-12.

[6] 何康康，曹明清，王虹，等．Co/RPSA 系列催化剂在 N_2O 分解中的应用［J］．工业催化，2012，20（5）：69-73.

[7] 张元礼．应用新技术回收利用 N_2O 废气的设想［J］．环保与安全，2002，9（3）：40-42.

[8] 冯辉，周美娣，杨晓林，等．N_2O 减排清洁发展机制项目过程分析与设计［J］．化学工程，2009，37（9）：72-75.

[9] Loirat H，Caralp F，Forst W，et al. Thermal uni-molecular decomposition of nitrous oxide at low pressures［J］. J Phys Chem，1985，89（21）：4586-4591.

[10] 胡笑颖，董长青，杨勇平，等．生物质气再燃脱除燃煤流化床 N_2O 的研究进展［J］．电站系统工程，2010，26（2）：1-4.

[11] 郑卫，孔会娜．煤制乙二醇废水处理技术及发展趋势［J］．河南化工，2019，36（2）：9-11.

[12] 李永刚．循环流化床锅炉掺烧气化炉细渣分析［J］．中国新技术新产品，2015（15）：45.

[13] 胡军印，吕春成，皮红星，等．靖边能源化工综合利用启动项目的废水制浆工艺改造［J］．煤化工，2015，43（5）：38-41.

[14] 李志祥，刘泽．气化闪蒸系统关键问题的研究与优化创新［J］．天然气化工，2017，42（6）：103-107.

[15] 贾克辉．水煤浆气化闪蒸汽回收可行性分析［J］．中氮肥，2009（6）：59-60.

[16] 王永胜，张士祥，赵振新，等．航天煤气化工艺高闪废蒸汽的优化利用［J］．河南化工，2010，27（8）：83-85.

[17] 李腾山，霍波．KC-103S 型预硫化耐硫变换催化剂在甲醇合成装置的应用［J］．煤化工，2017，45（3）：44-50.

[18] 于涌年．煤气化联合循环效率分析及评价［J］．煤炭转化，1993（2）：17-22.

[19] 刘会雪，刘有智，孟晓丽．高温气体除尘技术及其研究进展［J］．煤化工，2008（2）：14-18.

[20] 丁国柱．高温除尘技术在煤气化工中的应用进展［J］．煤炭加工与综合利用，2018（12）：54-57.

[21] 张婷，郭庆华，梁钦锋，等．煤气化过程中含硫化合物生成特性的热力学研究［J］．中国电机工程学报，2011，31（11）：32-39.

[22] 程凯．IGCC 发电技术应用对我国大气污染物减排工作的意义浅析［J］．绿色科技，2014（8）：214-216.

[23] 焦树建．整体煤气化燃气-蒸汽联合循环（IGCC）的工作原理 性能与系统研究［M］．北京：中国电力出版社，2014.

[24] 许世森．整体煤气化联合循环（IGCC）发电工程［M］．北京：中国电力出版社，2016.

[25] 王杰．试论现代煤化工产业发展中的环境保护问题［J］．资源节约与环保，2021（1）：15-16.

[26] 张巍，张帆，张军，等．与新能源耦合发展 推动现代煤化工绿色低碳转型的思考与建议［J］．中国煤炭，2021，47（11）：56-60.

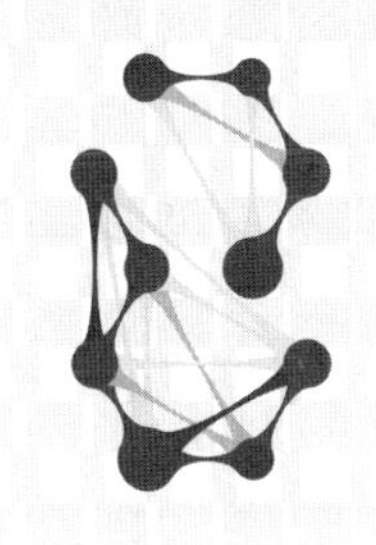

16 煤炭转化过程环保技术发展展望

科技在改善生态环境、应对气候变化以及推动绿色低碳发展方面发挥着核心作用。近十年来，能源科技的创新促进了煤炭清洁高效利用技术的显著进展，尤其是在中国，煤炭作为化石能源的主体，其清洁利用技术的突破对减少环境污染和碳排放具有重要意义。

我国已建成全球规模最大、技术最先进的清洁煤电供应体系，依托洁净煤燃烧、高效发电及烟气净化等核心技术，全面实现火电厂烟尘、二氧化硫、氮氧化物超低排放，机组能效水平位居世界前列。在煤化工领域，通过“十三五”期间的系统性创新，构建起涵盖煤制油、煤制烯烃、煤制天然气、煤制乙二醇等全产业链的现代煤化工技术体系，工艺绿色化、装备大型化、产品高端化取得突破性进展，综合技术水平领跑全球。“十四五”期间，我国持续深化能源技术革命，推动煤炭清洁高效利用与可再生能源融合发展，加速碳捕集封存、氢能耦合等前沿技术产业化进程，以科技创新驱动能源体系低碳转型，为实现碳达峰、碳中和目标构建了坚实的绿色技术支撑体系。

我国现代煤化工产业在“十三五”期间实现了跨越式发展，煤制油、煤制烯烃、煤制乙二醇、煤制天然气四大领域全面突破工业化量产瓶颈，产业战略地位显著提升。截至“十三五”末，全国建成 8 套煤制油、4 套煤制天然气、32 套煤（甲醇）制烯烃、24 套煤制乙二醇示范项目，形成煤制油产能 823 万吨/年、煤制天然气 51.05 亿$米^3$/年、煤（甲醇）制烯烃 1582 万吨/年、煤制乙二醇 488 万吨/年，当年实际产量分别达 745.6 万吨、43.2 亿$米^3$、1277.3 万吨和 313.5 万吨，装置运行负荷率突破 80%，标志着我国现代煤化工产业体系全面成型[1]。

进入“十四五”时期，产业升级步伐持续加快。截至 2023 年末，煤制油产能攀升至 931 万吨/年，增幅达 13%；煤制天然气产能提升至 74.55 亿$米^3$/年，较 2020 年增长 46%；煤（甲醇）制烯烃产能达 1872 万吨/年，产能规模稳居全球首位；煤制乙二醇产能更实现跨越式增长，突破 1143 万吨/年，较“十三五”末增长 134%[2]。在产能扩张的同时，产业呈现三大结构性升级：一是单套装置规模向百万吨级迭代，二是工艺路线向低碳节水方向优化，三是产品链向航空航天材料、高端聚烯烃等高端领域延伸，形成“基础大宗＋特种材料”双轮驱动的产业格局。当前，鄂尔多斯、宁东、榆林等八大产业基地已集聚全国 90%

以上产能，产业集群效应显著增强，为能源体系低碳转型提供了重要支撑。

16.1 近十年取得的成就

（1）行业环保意识明显增强

与石油化工、天然气化工相比，煤化工具有投资高、流程长、工艺复杂、污染物排放量大的特点，随着国家对环境保护要求的不断提高以及监管力度的加强，煤化工行业的环保意识明显增强。主要体现在以下几个方面：

① 新技术的开发更加重视工艺的环保性，通过采用先进的催化剂、绿色工艺等，减少污染物排放。

② 新建的煤化工项目更加注重工艺技术选择，更加倾向于采用清洁高效的煤炭转化技术，装置的物耗、能耗、污染物排放大幅降低；从严控制现代煤化工规模、新增煤炭消费量，严格规范项目准入程序，避免盲目建设、低水平重复建设。

③ 企业环保投资不断加大，注重先进环保技术应用，同时积极参与新型环保技术的研究和开发。

④ 企业节约用水意识增强，通过技术升级和工艺优化，水的循环利用效率提高，生产用水消耗降低，污水排放量减少。

⑤ 循环经济理念深入人心，一批循环经济化工园建成投产，物料综合利用水平显著提高。

（2）顶层设计指导行业绿色低碳发展

2016 年 12 月 26 日，我国发布了《能源发展“十三五”规划》，指出要严格落实环保准入条件，有序发展煤炭深加工，稳妥推进煤制燃料、煤制烯烃等升级示范，增强项目竞争力和抗风险能力；积极探索煤炭深加工与炼油、石化、电力等产业有机融合的创新发展模式，力争实现长期稳定高水平运行。2017 年 2 月 8 日，国家能源局印发了《煤炭深加工产业示范“十三五”规划》，对“十三五”期间的煤炭深加工产业示范项目提出了技术和环境等方面的要求。2021 年 10 月 24 日，国务院发布《2030 年前碳达峰行动方案》，提出循环经济助力降碳行动，要求积极促进水资源循环利用、推进废气废液废渣资源化利用。2024 年 1 月 9 日，国家能源局颁发了《2024 年能源监管工作要点》，指出锚定保障能源安全和推动绿色低碳转型两个目标。国家层面发布的规划、行动计划、指南等顶层设计文件成为指引行业绿色低碳发展的纲领。2024 年 9 月 11 日，国家发展改革委、工业和信息化部、自然资源部、生态环境部、交通运输部、国家能源局发布《关于加强煤炭清洁高效利用的意见》，指出要充分发挥煤炭兜底保障作用，促进能源绿色低碳转型，发展新质生产力，提高重点行业用煤效能，有序发展煤炭原料化利用。

（3）环保立法建规进度加快，监管更加有效

全行业贯彻新发展理念，以高质量立法推动高质量发展。生态环境部配合立法机关制修订了一批环保相关的法律，包括《水污染防治法》《土壤污染防治法》《固体废物污染环境防治法》《大气污染防治法》《环境保护税法》《循环经济促进法》《环境影响评价法》《噪声污染防治法》《排污许可管理条例》《环境保护税法实施条例》《生态环境监测条例》《建设项目环境保护管理条例》《化学物质环境风险评估与管控条例》《放射性同位素与射线装置安全与防护条例》等，目前生态环保领域现行有效的法律有十余项。

此外，国务院发布的《中国应对气候变化的政策与行动（2011）》《关于加快建立健全绿色低碳循环发展经济体系的指导意见》、生态环境部发布的《关于统筹和加强应对气候变化与生态环境保护相关工作的指导意见》《关于加强高耗能、高排放建设项目生态环境源头防控的指导意见》《关于做好2022年企业温室气体排放报告管理相关重点工作的通知》等文件，已成为煤化工碳排放与减排工作的重要指南。

2016年8月3日，国务院办公厅发布的《关于石化产业调结构促转型增效益的指导意见》指出在中西部符合资源环境条件的地区，结合大型煤炭基地开发，按照环境准入条件要求，有序发展现代煤化工产业。2016年11月10日，国务院办公厅发布了《控制污染物排放许可制实施方案》，按行业分步实现对固定污染源的全覆盖，率先对火电、造纸行业企业核发排污许可证，2017年完成《大气污染防治行动计划》和《水污染防治行动计划》，2020年全国基本完成排污许可证核发。2018年10月26日修订了《中华人民共和国环境保护税法》，我国开征环境保护税，应税污染物为大气污染物、水污染物、固体废物和噪声，将现行排污费收费标准作为环保税的税额下限。针对水污染防治法、环境影响评价法、节约能源法等在法律适用中出现的问题，作了相应的修订。2018年12月29日修订的《中华人民共和国环境影响评价法》实施，新法修改了九大项内容，尤其是对环评未批先建等违法行为加重了处罚措施；2021年1月1日，新的《国家危险废物名录》施行，调整了废物种类，明确了煤化工相关危废名录；2021年3月1日，《排污许可管理条例》明确排污单位的许可申请、审批及监管制度，旨在强化固定污染源的管理，推动排污许可制度的有效实施。2021年12月29日，生态环境部与其他六部门联合发布的《“十四五”土壤、地下水和农村生态环境保护规划》明确了相关领域的保护目标和重点任务，旨在加强土壤、地下水和农村生态环境的污染防治及监管。2022年1月7日，发改委等六部门联合发布的《“十四五”海洋生态环境保护规划》明确了海洋生态环境保护的重点任务及保障措施，旨在强化海洋生态环境保护与监管。2024年2月4日，国务院发布的《碳排放权交易管理暂行条例》规范了碳排放权交易活动，旨在推动实现碳达峰、碳中和目标，并加强温室气体排放的监管。2024年3月1日，生态环境部发布的《“十四五”生态保护监管规划》提出了“十四五”期间生态保护监管的总体目标、主要任务及保障措施，旨在完善生态保护监管体系，提升监管能力。2024年8月，国家发展改革委、市场监管总局、生态环境部联合发布《关于进一步强化碳达峰、碳中和标准计量体系建设行动方案（2024—2025年）的通知》，明确在2024年发布70项国家标准，基本实现重点行业碳排放核算全覆盖。2024年6月，国家发展改革委等五部门发布《合成氨行业节能降碳专项行动计划》，提出到2025年底，行业能效标杆水平以上产能占比应提升至30%以上，能效基准水平以下产能完全淘汰。2024年11月，生态环境部等七部门联合印发《土壤污染源头防控行动计划》，对小规模焦化炉提出明确淘汰意见。

（4）环保标准大幅提升，行业标准体系日趋完善

“十三五”期间，环境保护部全力推动约900项环保标准制修订工作，发布约800项环保标准，其中质量标准和污染物排放（控制）标准约100项，环境监测类标准约400项，环境基础类标准和管理规范类标准约300项，并首次发布了《挥发性有机物无组织排放控制标准》（GB 37822—2019），加强对VOCs无组织排放的控制和管理。这些标准规范的发布实施，对于规范行业高质量、健康发展起到了重要的技术支撑作用。“十四五”期间，我国在生态环境保护标准的制修订方面取得了显著进展。2024年，我国建立了517项生态环境领域的国家标准物质，涵盖大气污染监测、水生态环境保护、耕地保护等多个领域，其中包括34项国家一级标准物质和483项国家二级标准物质。为加快排放标准的制修订，生态环境

部印发了《加快推动排放标准制修订工作方案（2024—2027年）》，并完成了46项生态环境标准的实施评估。同时，生态环境部制定了与生态环境健康风险评估相关的文件，并新增了23个国家环境健康管理试点。为了进一步推动生态环境保护工作，生态环境部还发布了《“十四五”环境健康工作规划》，提出要开展以健康风险防控为约束条件的环境基准研究，为筛选重点管理的有毒有害污染物并制修订相关标准提供依据。《“十四五”生态环境保护规划》首次提出环境治理、气候变化应对、环境风险防控和生态保护等四大目标，明确推动绿色低碳发展、控制温室气体排放、改善大气环境等一系列重点任务。2015年1月，生态环境部和市场监管总局联合印发《炼焦化学工业污染物排放标准》，规定排颗粒物 SO_2、NO_x、和 VOCs 与2012标准相比分别下降50%、40%、70%、50%。

（5）科技创新成果显著，环保新技术不断涌现

我国煤炭转化“三废”治理技术已实现系统性突破：废气领域通过等离子体分解（苯系物去除率99.2%）、光催化氧化（H_2S 转化率95%）及 CCUS 技术（年封存 CO_2 超10万吨）等技术，实现污染物协同控制与碳资源化；废水处理依托膜分离（盐截留率99.5%）、蒸发结晶（工业盐纯度＞98%）和电化学脱盐（能耗降40%）等技术，推动高盐废水“零排放”向资源再生转型，水重复利用率达97%；固废高值化率超65%，粉煤灰提取氧化铝（提取率＞85%）用于航空材料、气化渣制备土壤修复剂（镉固定率90%），资源化产品附加值提升3～5倍。当前技术集成聚焦“三废”协同处理、AI优化管控（能耗降15%～20%）及 CO_2 矿化封存（固碳率＞95%），推动环保成本下降30%～50%，为煤化工绿色低碳转型提供“减排-增效-循环”三位一体的解决方案[3]。从2007年到2024年，国家连续发布《国家先进污染防治技术目录》，促进了新技术的推广应用。

（6）一大批新技术应用于产业，行业环保状况明显改善

近年来，我国煤炭资源的清洁高效利用产业发展趋势显著。煤炭提质加工技术、煤炭深加工技术发展突飞猛进，整个行业的环保状况得到明显改善。

焦炉气深度加工生产天然气及化学品技术、煤炭焦化焦炉气气化技术也蓬勃发展，煤炭清洁利用水平不断提高。

大型先进气流床煤气化技术广泛使用，中天合创能源有限责任公司在内蒙古鄂尔多斯建设运营的煤炭深加工示范项目，给传统煤炭企业绿色转型升级提供了示范，成为国内目前最大规模的煤制烯烃项目。整个项目坚持绿色低碳发展，提高能源利用效率，项目整体能源清洁转化效率高于44%，新鲜水耗低于3t/tce，实现污水近零排放[4]。

多喷嘴对置式水煤浆气化技术，其核心是实现煤炭的清洁化和高效化，与传统煤种引进水煤浆气化技术相比，该技术节约氧气约11%，节约煤约2.1%[5]。

全新乙醇合成工艺路线，采用非贵金属催化剂，可以直接生产无水乙醇，探索出一条环境友好型新技术路线。对于缓解我国石油供应不足和大气污染问题，及提高油品、煤炭清洁化利用具有战略意义[6]。

采用先进脱硫脱硝除尘技术后，燃煤机组的排放指标大幅改善，烟尘排放总量由2013年的142万吨下降到2022年的9.9万吨，单位火电发电量的烟尘排放量由每千瓦时0.34克下降到0.017克；二氧化硫排放总量由2013年的780万吨下降到2022年的47.6万吨，单位火电发电量的二氧化硫排放量由每千瓦时1.85克下降到0.083克；氮氧化物排放总量由2013年的834万吨下降到2022年的76.2万吨，单位火电发电量的氮氧化物排放量由2013年每千瓦时1.98克下降到2022年的0.133克。近年来，采用超低排放标准后，燃煤机组的生态环境性能更加优越[7]。2023年全国95%以上的煤电机组实现了超低排放。

（7）国产化装备开发成绩斐然，技术图谱更加丰富

随着煤炭转化技术在我国不断发展，中国已经成为世界煤炭转化技术种类最为丰富的国家。技术和设备也由原来的“引进为主”逐步实现了“自主研发”，部分自主开发的技术已达到世界领先水平。

随着自主技术的不断应用，煤炭转化行业设备的国产化比例不断提高，其中环保治理装备国产化成果斐然，国产曝气管、RTO催化剂和反应器、污泥干化设备等均投入了使用。

2020年3月3日，中共中央办公厅、国务院办公厅印发了《关于构建现代环境治理体系的指导意见》，提出了加强环保技术自主创新，推动环保首台（套）重大技术装备示范应用，2024年工业和信息化部发布的《首（台）套重大技术装备推广应用指导目录（2024年版）》中大力推广废锅-激冷气化炉、大型水煤浆高压气化炉的应用。2024年4月，工业和信息化部、国家发展改革委、财政部、中国人民银行等七部门联合发布了《推动工业领域设备更新实施方案》。2024年3月国务院印发《推动大规模设备更新和消费品以旧换新的若干措施》，这些政策对于加快提高环保产业技术装备水平，为煤化工环保技术装备发展指明了道路。

（8）产学研结合更加紧密，跨学科和交叉学科集成更为普遍

高校、科研院所、企业在科技开发方面逐渐由“紧密结合”向“深度融合”发展。以企业为主体、以产业引领前沿技术和关键共性技术为导向，聚焦行业上下游的企业、高校、科研院所的能力，通过共商、共建、共享的办法，加强中小企业协同，成为科技开发的主流模式。

通过产学研结合，将高校、科研院所基础研究成果转化为技术和产品。技术转移体系建设逐渐完善，大型企业、高校、科研院所在专业领域的资源优势、市场优势进一步得到发挥，高校、科研院所、企业与创业者的合作机制更加完善。

煤炭转化技术开发和升级过程中，打破以往按照学科分门别类的研究方式，利用多学科集成与交叉研究优势，快速解决行业技术问题。以煤气化技术为例，通过热能工程、化工机械、自动控制等跨学科的集成研究，有效地解决了“高灰、高硫、高灰熔点”三高煤的气化难题，扩展了气化用煤的选择范围；水处理技术在煤气化灰水处理系统中集成应用，为气化系统的灰水循环利用创造了条件。随着煤炭转化技术的日益成熟，结合煤炭转化装置的特点，协同处理与资源化利用其他行业的废气、废液以及固废也已经成为化工与环保学科交叉的经典应用案例。

（9）煤炭清洁转化已成为环保产业最重要的发展领域之一

中国的一次能源结构决定了我国必须要发展煤炭清洁转化利用技术。随着近些年国家对煤炭转化利用领域的重视，整个行业绿色低碳、节能环保技术的开发应用已成为热点，通过技术优化、升级，不断地提升煤炭的能源转化效率，减少污染物的排放，使得煤炭的利用更加精细、环保。

煤清洁转化已经成为环保产业最重要的发展领域之一，低碳经济环境评估和绿色经济发展对策研究成为发展方向，重点区域、领域循环经济发展模式及清洁生产与废物资源化成为煤炭清洁转化的关键突破技术。提高大型项目的技术水平和淘汰落后产能作为煤炭清洁利用的主要行动方向。2015年4月国家能源局出台的《煤炭清洁高效利用行动计划（2015—2020年）》，明确了煤炭清洁转化的发展方向是：加快发展高效燃煤发电和升级改造，改造提升传统煤化工行业，通过示范项目不断建设完善国内自主技术，淘汰落后产能，在大型项目上大力发展焦炉煤气、煤焦油、电石尾气等副产品的高质高效利用；推动煤炭分级分质梯

级利用，实现物质的循环利用和能量的梯级利用，降低生产成本、资源消耗和污染排放；推进废弃物资源化综合利用，实现煤炭清洁高效利用，这些要求为推动我国煤炭清洁利用行业环保技术和装备技术进步开辟了广阔的前景。

2024 年 9 月 11 日，国家发改委等部门出台的《关于加强煤炭清洁高效利用的意见》从多个方面构建了绿色协同的开发体系。在构建多元高效的煤炭使用体系方面，提出要持续实施大气污染防治重点区域煤炭消费总量控制，强化新上用煤项目的源头把关，实施重点区域煤炭消费的减量替代，并加强日常调度、预警提醒和工作检查。推动煤电行业高效协同减污降碳，合理布局清洁高效的煤电项目，开展煤电低碳化改造，稳妥淘汰落后产能。同时，要提高主要耗煤行业的用煤效能，定期更新煤炭清洁高效利用的标杆水平和基准水平，及时修订相关技术标准，动态淘汰不符合要求的落后技术和设备。此外，还提出有序发展煤炭原料化利用，加强煤基新材料的应用创新，推动煤制油气战略基地的建设及产能、技术储备的加快，打造低碳循环的煤炭高效转化产业链。要加强散煤综合治理，因地制宜推进“煤改气”“煤改电”，稳妥推进农村清洁取暖。推动煤炭行业向绿色、低碳、可持续发展转型，进一步提升煤炭资源的清洁高效利用水平，为实现能源结构优化和碳达峰、碳中和目标提供有力支撑。

(10) 环保人才队伍发展迅速，技术和业务能力大幅提升

近几十年来，煤炭清洁利用产业的快速发展和日益严格的生态环保要求，促使行业内迅速集聚了一大批环境科学研究人才、环境专业技术人才、环境科学与工程的管理人才以及环境实业人才。这些人才在煤化工、洁净燃烧、污染物控制等相关领域的基础研究、工程技术研究与管理、生产运维与管控等方面发挥着重要作用。经过大型项目的实践锻炼，他们的技术水平和解决问题的能力得到了大幅提升，为煤炭清洁利用产业的持续健康发展提供了有力的人才保障。

(11) 自动化、数字化、智能化水平显著提高

煤清洁转化行业技术的发展，在很大程度上得益于产业与信息技术的全面融合。信息化的支撑作用正在日益凸显，在役设备物联化、控制系统智能化、业务系统网络化、销售采购电商化等发展趋势已经在煤化工行业企业得到充分体现，信息技术已经融入煤化工企业生产经营的全流程。随着人工智能、大数据、物联网、云计算等新一代技术的逐步成熟，煤化工行业信息化的内涵和外延也将进一步得到深化和拓展，新一代信息技术与煤清洁转化的融合成为推动产业发展的新引擎，如华为将人工智能技术与焦化行业先进的配煤机理结合，并结合工业数据进行建模，为焦化企业提供了智能配煤方案，使吨配煤成本降低 0.5%～3%。若按全国的焦化用煤计算，每年可以节省 40 亿～50 亿元的成本，经济效益十分可观[8]。

16.2 挑战和机遇

(1) 面临的挑战

2022 年 3 月国家发展改革委、外交部、生态环境部、商务部发布了《关于推进共建“一带一路”绿色发展的意见》，提出：要深化绿色清洁能源合作，推动能源国际合作绿色低碳转型发展；鼓励太阳能发电、风电等企业“走出去”，推动建成一批绿色能源最佳实践项目；深化能源技术装备领域合作，重点围绕高效低成本可再生能源发电、先进核电、智能电网、氢能、储能、二氧化碳捕集利用与封存等开展联合研究及交流培训。2023 年 6 月发布

《工业重点领域能效标杆水平的基准水平（2023年版）》的通知，更新了部分能效标杆或基准水平。

虽然近十年煤炭清洁利用工业取得了显著成绩，但与绿色高质量发展的要求相比仍有不少问题和挑战。技术示范和升级示范效果不佳，如煤制天然气示范项目前几年开工不足，未能全面、充分暴露技术和工程问题；废水处理技术尤其是高含盐水处理技术运行的可靠性、经济性尚不乐观；有些废气的治理成本高、运行稳定性差，容易造成二次污染；固废处置尤其是危险固废如杂盐处置方式单一，未能得到高性能综合利用；VOCs治理效果普遍不佳，运行的安全性和经济性有待改善；噪声防控手段单调，措施实施不到位，在项目建设过程中执行效果欠佳；装备国产化进展不尽人意，有些环保装备如膜、在线分析仪表等仍需大量进口；环保设施运行的稳定性、达标率、可靠性有待于进一步提高。

行业环保约束不断加大，产业发展受到了一定影响。有些地方要求控制高能耗行业产能规模，从2021年起，不再审批焦炭（兰炭）、电石、聚氯乙烯（PVC）、合成氨（尿素）、甲醇等新增产能项目，除国家规划布局和有关自治区延链补链的现代煤化工项目外，“十四五”期间原则上不再审批新的现代煤化工项目；有些地方对煤化工项目的审批采取了从严的态度，将煤化工列为“两高”项目；有些地方和企业对煤化工的健康发展更为谨慎。《国务院关于印发“十四五”节能减排综合工作方案的通知》提出：到2025年，全国单位国内生产总值能源消耗比2020年下降13.5%，能源消费总量得到合理控制，化学需氧量、氨氮、氮氧化物、挥发性有机物排放总量比2020年分别下降8%、8%、10%以上、10%以上。节能减排政策机制更加健全，重点行业能源利用效率和主要污染物排放控制水平基本达到国际先进水平，经济社会发展绿色转型取得显著成效。

（2）面临的机遇

国家发展改革委、国家能源局发布的《“十四五”现代能源体系规划》指出了“十四五”时期现代能源体系建设的主要目标：能源保障更加安全有力；能源低碳转型成效显著；能源系统效率大幅提高；创新发展能力显著增强；普遍服务水平持续提升。展望2035年，能源高质量发展取得决定性进展，基本建成现代能源体系。能源安全保障能力大幅提升，绿色生产和消费模式广泛形成，非化石能源消费比重在2030年达到25%的基础上进一步大幅提高，可再生能源发电成为主体电源，新型电力系统建设取得实质性成效，碳排放总量达峰后稳中有降。习近平总书记指出，煤炭作为我国主体能源，要按照绿色低碳的发展方向，对标实现碳达峰、碳中和目标任务，立足国情、控制总量、兜住底线，有序减量替代，推进煤炭消费转型升级。煤化工产业潜力巨大，要提高煤炭作为化工原料的综合利用效能，促进煤化工产业高端化、多元化、低碳化发展，把加强科技创新作为最紧迫的任务，加快关键核心技术攻关，积极发展煤基特种燃料、煤基生物可降解材料等。

2022年3月22日，国务院副总理韩正主持召开煤炭清洁高效利用工作专题座谈会，听取有关专家和企业负责人意见，要求进一步统一思想认识和行动，深刻认识新形势下保障国家能源及安全的极端重要性，坚持从国情实际出发，推进煤炭清洁高效利用，切实发挥好煤炭的兜底保障作用。

我国已确定要立足以煤为主的基本国情，抓好煤炭清洁高效利用，增加新能源消纳能力，推动煤炭和新能源优化组合，狠抓绿色低碳技术攻关。国家已出台政策，确定新增可再生能源和原料用能不能纳入能源消费总量控制，尽早实现能耗“双控”向碳排放总量和强度“双控”转变，加快形成减污降碳的激励约束机制。

为了更好地推动碳达峰、碳中和工作，2021年10月24日，中共中央、国务院印发

《关于完整准确全面贯彻新发展理念做好碳达峰碳中和工作的意见》，提出到2025年，绿色低碳循环发展的经济体系初步形成，重点行业能源利用效率大幅提升。单位国内生产总值能耗比2020年下降13.5%；单位国内生产总值二氧化碳排放比2020年下降18%。确定了到2030年，经济社会发展全面绿色转型取得显著成效，重点耗能行业能源利用效率达到国际先进水平。单位国内生产总值能耗大幅下降；单位国内生产总值二氧化碳排放比2005年下降65%以上；二氧化碳排放量达到峰值并实现稳中有降。明确到2060年，绿色低碳循环发展的经济体系和清洁低碳安全高效的能源体系全面建立，能源利用效率达到国际先进水平，非化石能源消费比重达到80%以上，碳中和目标顺利实现，生态文明建设取得丰硕成果，开创人与自然和谐共生新境界。

2021年12月30日，国资委也发布了《关于推进中央企业高质量发展做好碳达峰碳中和工作的指导意见》，确定了"十四五"时期，中央企业万元产值综合能耗下降15%，万元产值二氧化碳排放下降18%，可再生能源发电装机比重达到50%以上，战略性新兴产业营收比重不低于30%的目标。明确到2030年，万元产值综合能耗大幅下降，万元产值二氧化碳排放比2005年下降65%以上，中央企业二氧化碳排放量整体达到峰值并实现稳中有降，有条件的中央企业力争碳排放率先达峰。要求到2060年，中央企业绿色低碳循环发展的产业体系和清洁低碳安全高效的能源体系全面建立，有力推动国家顺利实现碳中和目标。2022年初，科技部发布了《科技支撑碳达峰碳中和行动方案》，这些政策利好为煤化工的健康、有序发展指明了道路。随着煤化工工艺技术的突破和产业链的不断延伸，新产品的不断开发，煤化工的环保技术发展也迎来了新的历史机遇。2023年6月，国家发展改革委等印发了《关于推动现代煤化工产业健康发展的通知》，指出要进一步强化煤炭主体能源地位，加强煤炭清洁高效利用，推动现代煤化工产业高端化、多元化、低碳化发展。2024年9月，国家发展改革委等部门发布关于加强煤炭清洁高效利用的意见，指出要立足我国以煤为主的能源资源禀赋，以减污降碳、提高能效为主攻方向，以创新技术和管理为动力，以完善政策和标准为支撑，全面加强煤炭全链条清洁高效利用。

16.3 发展展望

国家统计局发布的《2023年国民经济和社会发展统计公报》显示，2023年我国能源消费总量57.2亿吨标煤，其中煤炭占55.3%。从政策端来看，未来十年，我国经济结构、能源结构将深刻重塑，生产方式、生活方式将发生重大转变。在国家实施"双碳"战略的背景下，煤炭清洁利用行业需要进一步推动其绿色低碳发展的进程。从国家发展改革委印发的《"十四五"现代能源体系规划》中可以看出，由于中国目前能源结构、能源安全、经济发展等多方面原因，煤炭在化工领域中在一定时期内仍要发挥主导作用，煤炭的清洁高效利用在未来仍然是发展重大关键技术。如何提高能效、降低资源消耗和污染排放，实现智能化、绿色化的高效发展；如何与新能源、新技术深度耦合，降低碳排放；如何在正常时有效益，关键时能兜底，是煤化工产业发展面临的重大议题[9]。

煤炭清洁利用领域环保技术未来十年发展呈现如下主要趋势：

(1) 准确理解碳达峰碳中和目标，聚焦绿色低碳的煤炭清洁利用方向

联合国环境规划署报告表明，2023年我国碳排放量126亿吨，同比增加了5.65亿吨，占全球碳排放量的30%，减碳压力持续增大。《2030年前碳达峰行动方案》已明确了主要目标和重点任务。碳达峰碳中和不是现代煤化工产业发展的制约，而是行业结构调整、高质量发展的推进器。通过实施低碳战略，可使煤化工行业的技术水平、产业水平和产业规模达到一个新的高度，尤其是原料煤不计入能耗计算指标后，可促进煤化工用能水平和方式发生巨大转变。煤化工 CO_2 排放量大，CO_2 循环利用是煤化工可持续发展的重要方向，CO_2 制甲醇、环氧乙烷、甲酸、汽油等均已取得技术发展，CO_2 干重整已建成了中试装置，环保技术的发展要紧随工艺主流程技术装备的进步。国家发展改革委印发的《氢能产业发展中长期规划（2021—2035 年）》，已确定了我国氢能产业发展宏图，为氢能与煤炭清洁转化利用的耦合、实现清洁转化指明了方向。到 2025 年，形成较为完善的氢能产业发展制度政策环境，产业创新能力显著提高，基本掌握核心技术和制造工艺，初步建立较为完整的供应链和产业体系。再经过 5 年的发展，到 2030 年，形成较为完备的氢能产业技术创新体系、清洁能源制氢及供应体系，产业布局合理有序，可再生能源制氢广泛应用，有力支撑碳达峰目标实现。到 2035 年，形成氢能产业体系，构建涵盖交通、储能、工业等领域的多元氢能应用生态。在氢能等新能源大发展的背景下，将煤化工与新能源深度耦合，可在煤化工节能环保领域取得新突破、新成果。同时，应积极研究新能源引入后给装置带来的新的环保问题，并提出行之有效的解决方案，实现煤炭清洁利用环保技术与新能源、新材料深度耦合，开发新一代绿色低碳环保技术和装备。如《2025 内蒙古自治区政府工作报告》中明确指出，现代煤化工要加快煤基新型合成材料、先进碳材料、可降解材料等高端化产品技术开发应用，推动煤化工与绿电、绿氢等耦合发展，高水平建设鄂尔多斯国家现代煤化工示范区，加快推进国能煤制油、宝丰煤制烯烃、久泰新材料等项目建设，力争煤化工产业链产值稳定在千亿元以上。

2023 年 4 月，中国人民银行等七部门发布《关于进一步强化金融支持低碳发展的指导意见》，推动碳排放交易市场建设。

（2）环保技术开发聚焦煤炭分质梯级高效利用

行业已形成共识，煤的分质梯级利用是今后煤炭清洁化利用的主要方向，以粉煤热解技术突破为依托的热解-气化联合装置，其能源转化效率高，二氧化碳排放量小。多技术耦合将成为煤炭分质利用的重要途径，煤化工环保技术的开发将紧紧围绕这个主题，开发单元核心技术和装备，实现技术耦合与集成，使煤化工装置成为清洁生产的典范。2024 年 9 月，国家发展改革委等部门发布的关于加强煤炭清洁高效利用的意见中强调推进煤炭分质分级利用。

（3）打造以高温气化为核心的绿色、低碳公用工程岛将成为行业新的标杆

工信部 2021 年 11 月 15 日发布的《“十四五”工业绿色发展规划》指出，2025 年污染物排放强度要显著降低，重点行业主要污染物排放强度降低 10%，大宗工业固废利用率达到 57%，主要再生资源回收利用量达到 4.8 亿吨。随着煤气化技术原料使用范围的不断拓展，煤的热解、气化已成为处理石油焦、生物质、危险固废、垃圾、废塑料、高难降解废水的首选工艺[10,11]。如 2022 年和 2023 年我国废塑料累计量分别为 6300 万吨和 6200 万吨，回收量分别为 1890 万吨和 1900 万吨，回收率仅为 30%，由于物理回收方式回收废塑料品质低、再利用困难，而气化、热解集成的化学回收具有效率高、环保的特点，是废塑料循环利用的主要方向。今后，气化原料将更加丰富，实现在高温、高压下有害物质的高效处理并生产工业所需的氢气、羰基合成气等，高品质合成油品和高端化学品将成为主流。高温气化的环保优势将进一步扩大，成为治污减碳的利器，使煤炭清洁化利用的环保生态性能进一步突显提升，并将成为行业新标杆。

(4) 科技投入持续增大，基础研究不断加强

目前，我国煤炭转化领域相当一部分技术处于国际先进或领先地位。其中，煤直接液化技术和粉煤中低温热解及焦油轻质化技术为国际首创，煤制烯烃、煤制芳烃、低温费-托合成、煤制乙二醇以及煤油共炼技术皆处于国际领先地位。另外，示范或生产装置运行水平也不断提高。未来数年内，我国应该充分利用先发优势与资源优势，进一步加强顶层设计，以现代化、大型化、分质联产化、多原料化、标准化和智能化理念，按照“高效利用、耦合替代、多能互补、规模应用”路线，大力发展中国能源体系下的现代煤化工产业。

尽管我国的煤炭清洁利用技术取得了很大的进步，但部分处理技术和关键装备仍然需要进口。受制于基础研究水平的制约，能效进一步提升、水耗大幅降低、投资和运行费用显著降低等制约行业发展的关键难题难以突破。煤炭清洁化利用是一项长期而艰巨的任务，政府部门、科技界和产业界未来需要加大研发投入，开展长线的基础性、探索性研究，不断提升煤炭清洁转化技术水平，带动产业升级换代，形成技术与产业良性互动格局，逐步实现煤炭开发利用全产业链的清洁化。

(5) 循环经济理念推动技术向深层次发展

2021 年 10 月 29 日，国家发展改革委等十部委联合发布《“十四五”全国清洁生产推行方案》，要求全面推行工业领域清洁生产，从原料、过程、末端治理、循环经济等方面推动一批重点企业达到国际清洁生产领先水平。随着煤炭转化技术水平的不断进步，煤化工企业的规模越来越大，煤炭的消耗量不断增加，污染物的绝对排放量也随之增大，环保容量将会进一步减小。因此，煤化工行业的发展也面临着巨大的挑战，建设煤化工循环经济产业链，提升煤炭资源的高效利用和循环利用将是未来煤化工发展的方向，如国家能源集团新疆能源有限责任公司在建的一期 20 亿$米^3$/年煤制天然气示范项目，配套规划建设 1000MW 风光发电、1GW 光伏发电制氢结合二氧化碳捕集驱油封存技术，减少煤耗的同时降低二氧化碳排放，打造沙漠、戈壁、荒漠大型光伏基地及煤电一体化、煤炭气化综合利用产业高地。

以 IGCC 发电及多联产技术为例，通过资源、能源和环境一体化设计与实施，提高了煤炭的利用效率，降低了环境污染，同时副产下游工艺所需的原料或公用工程产品，具有高效、清洁、节水、易于实现联产电、热和氢气、甲醇等化工产品的优点，提高项目的综合效益。

此外，以传统煤化工为核心，拓展技术应用领域，形成新兴产业链，提升煤化工与尼龙化工、盐化工、新材料以及碳纤维等其他行业的耦合发展，形成煤基尼龙化工、煤基盐化工、煤基电子/新材料、煤基碳素/碳纤维等产业链，也是未来煤炭高效清洁转化发展的重要方向。

(6) 自主环保技术装备开发更加紧迫

装备开发是技术进步和产业发展的重要支撑，为推动流程制造业技术进步，工业和信息化部会定期发布《石化化工行业鼓励推广应用的技术和产品目录》，2020 年 3 月 3 日，中共中央办公厅、国务院办公厅印发了《关于构建现代环境治理体系的指导意见》，提出了强化环保产业支撑，加强关键环保技术产品自主创新，推动环保首台（套）重大装备示范应用，加快提高环保产业技术装备水平。煤炭转化行业随着环保要求的提升，新技术、新装备开发刻不容缓。目前，还有部分关键技术和装备需要进口，有些技术、装备已成为行业发展的“卡脖子”因素，尤其是在当前的国际环境下，进口设备材料晚到、技术服务不到位等不仅影响了项目建设的进度，其高价格也推高了项目建设成本，降低了企业竞争力。部分国产技术装备其关键技术还处于示范工程阶段，设备的成熟度、运行稳定性方面还存在差距，整体

的运行周期相对偏短，导致污染物的排放工况复杂，对配套的环保设施提出了更高的技术要求。因此，大力开发国产化自主装备，进一步提高设备运行的可靠性、经济性，实现生产装置的长周期稳定运行，对于煤炭转化行业的清洁生产具有重要意义。国家“十四五”规划专项重大工程中，也把焦化产能清洁生产改造、挥发性有机物治理等列为年度重点工程。

(7) 行业标准建设和技术标准化步入快车道

国家发展改革委、工业和信息化部、住房和城乡建设部等发布《促进绿色消费实施方案》，到2025年，绿色消费理念深入人心，奢侈浪费得到有效遏制，绿色低碳产品市场占有率大幅提升，重点领域消费绿色转型取得明显成效，绿色消费方式得到普遍推行，绿色低碳循环发展的消费体系初步形成。到2030年，绿色消费方式成为公众自觉选择，绿色低碳产品成为市场主流，重点领域消费绿色低碳发展模式基本形成，绿色消费制度政策体系和体制机制基本健全。2021年3月16日，工业和信息化部发布《2021年工业和信息化标准工作要点》，要求行业做好低碳与碳排放、资源综合利用等标准研制。2021年7月27日，生态环境部发文开展建设项目碳排放环境影响评价试点，8月4日印发了《关于加快解决当前挥发性有机物治理突出问题的通知》，应对碳排放和污染物治理的力度进一步加大。随着国家一系列环保政策和法规的出台以及整个社会对环保的重视，我国的总体生态环境正在加速改善。目前在建设和生产过程中，煤炭转化行业有时还主要参考执行石油化工行业的相关标准。由于煤炭转化行业有其自身的特点，现有的化工行业标准无法实现完全覆盖，容易造成监管方面的缺失。因此，加强煤炭转化行业的标准建设，对于未来煤炭转化行业的发展意义重大。

除标准缺失之外，煤炭转化技术的研发与应用百花齐放、百家争鸣。以煤炭气化技术为例，国内的煤气化技术目前有几十种。一方面，技术品种的丰富为煤炭清洁转化利用提供了良好的技术基础。但是，由于技术种类繁多，不同技术或者同种技术不同工艺发展的层次和应用效果存在明显差距。受市场经济影响，在技术竞争过程中，依靠价格优势，“劣币驱逐良币”的现象依然存在，导致部分更加优秀的技术无法得到应用和推广。因此，煤炭转化行业需要尽快进行技术的标准化，制定行业技术标准，促进煤炭转化行业的有序发展，为煤化工行业未来的可持续发展打下基础。

此外，在碳达峰碳中和的大背景下，新能源的引入、能耗“双控”向碳排放总量和碳排放强度“双控”的转变等均要求煤炭清洁利用行业应尽快形成先进、科学的标准体系。

(8) 开发绿色工艺、建设绿色工厂、无废工厂成为行业趋势

2021年2月22日国务院发布《关于加快建立健全绿色低碳循环发展经济体系的指导意见》，提出加快实施石化、化工行业绿色化改造。2021年7月1日国家发展改革委印发《“十四五”循环经济发展规划》，要求到2025年，主要资源产出率较2020年提高20%，单位GDP的能耗、用水量分别降低13.5%和16%，大宗固废综合利用率达到60%。技术和工艺层面的提升是绿色生产的基础，煤炭转化行业绿色生产、建设绿色工厂将通过园区化建设，进行上下游产业的整体规划，实现工业用地集约化、生产原料无害化、工艺技术洁净化、废物处理资源化、能源利用低碳化，真正实现煤炭转化行业的绿色生产。2021年11月2日中共中央、国务院印发《关于深入打好污染防治攻坚战的意见》，在加快推动绿色低碳发展，深入打好蓝天、碧水、净土保卫战方面作出具体部署。从7个方面明确了重点行业、重点企业要积极推动能源清洁低碳转型达到绿色工厂的国际水平。随着国家对生态文明发展的要求，环境保护不仅要关注生产中“三废”的治理，也要关注水、土、气等环境要素的交互作用，常规污染与气候变化的相互影响。2024年5月28日，工业和信息化部发布了国家

层面绿色工厂评价标准清单，明晰了绿色工厂建设的技术体系。因此，开发绿色工艺、建设绿色工厂、实现绿色生产才是真正实现煤炭清洁高效利用的有效途径。

发展煤炭转化绿色工艺，利用化学原理从源头上减少和消除工业生产对环境的污染，实施工业生产全过程污染控制，不仅可以有效控制和减少污染物排放，也可以减少对环保治理技术的压力，从而实现煤炭转化可持续、清洁、高效发展。因此，煤炭转化行业一方面需要通过技术优化和升级，降低物料和能源消耗、减少污染物排放；另一方面，通过开发新型技术，采用更加环保的生产工艺或者废弃物资源化利用等方式，为煤炭转化的绿色生产提供技术支撑。

(9) 数字化转型和智能化管控将成为产业发展的重要方向

2021 年 3 月 16 日，国家发展改革委等 13 部门发布了《关于加快推动制造服务业高质量发展的意见》，提出加快制订分行业智能制造实施路线图，建设智能制造标杆工厂，提高行业绿色化水平。2021 年 11 月 30 日，国家发展改革委等部门发布的《贯彻落实碳达峰碳中和目标要求推动数据中心和 5G 等新型基础设施绿色高质量发展实施方案》指出，有序推动以数据中心、5G 为代表的新型基础设施绿色高质量发展，发挥其“一业带百业”作用，助力实现碳达峰碳中和目标。2021 年 11 月，工业和信息化部印发《“十四五”工业绿色发展规划》，更是明确将加快生产方式数字化转型列为工业领域“十四五”期间大力推动的六大转型行动之一。煤炭转化行业将充分利用信息技术的发展，转变发展方式，优化产业结构，实现绿色转型升级，实现煤炭转化企业所追求的本质安全、降本增效、绿色低碳。2021 年 12 月 22 日，工业和信息化部印发《工业互联网创新发展行动计划（2021—2023 年）》明确了工业互联网的发展目标，对化工等重点行业聚焦安全和管理水平提升提出了具体的实施内容和建设目标。

在国家“双碳”战略指引下，煤化工行业正加速与新一代信息技术深度融合，构建数字化绿色转型新范式，尤其是人工智能技术的迅速发展，为煤化工产业的腾飞插上了有力的翅膀，DeepSeek、Kimi 等国产大模型的技术突破为煤化工的智能化发展打下了良好的基础。依托上述相关政策支撑，行业以“智能制造＋工业互联网”双轮驱动，系统性推进三大变革：一是通过 5G 全连接工厂建设实现设备、人员、工艺数据实时互联，破解传统生产“黑箱”困境；二是应用人工智能算法优化气化炉、反应器等核心装置运行参数，使能耗降低 8%～12%；三是构建数字孪生平台模拟碳足迹全生命周期，驱动 CCUS、废水资源化等低碳技术精准落地。目前，煤制烯烃智能工厂已实现故障预测准确率 95%、运维成本下降 20%，工业互联网安全管控平台阻断风险操作超万次，例如中国石化气化技术中心、宁波工程公司构建的煤气化绿色低碳运维和创新一体化平台已投入使用，大连化物所联合华为、大连理工大学等开发的智能化工大模型 1.0 版在 2024 年 3 月发布，标志着煤化工正从“经验驱动”迈向“数据赋能”、“智能发展”，为高碳产业低碳转型提供了可复制的数字化解决方案。

参考文献

[1] 中国石油和化学工业联合会 . 2020 年度重点石化产品产能预警报告 [R]. 2020.

[2] 中国煤炭工业协会 . 2023 煤炭行业发展年度报告 [R]. 2024.

[3] 任军哲，黄晔，黄澎 . 煤化工废催化剂利用技术现状与展望 [J]. 煤质技术，2018 (1)：20-22，27.

[4] 佚名 . 中天合创鄂尔多斯煤化工示范项目一期获核准 [J]. 化工催化剂及甲醇技术，2013 (6)：10.

[5] 佚名 . 兖矿集团创新驱动打造节能环保动力引擎 [J]. 煤炭经济研究，2015，35 (11)：31.

[6] 王辉，吴志连，邰志军，等 . 合成气经二甲醚羰基化及乙酸甲酯加氢制无水乙醇的研究进展 [J]. 化工进展，2019，

38 (10): 4497-4503.
[7] 林欢. 燃煤机组超低排放改造工艺及应用 [J]. 中国环保产业，2019 (4): 23-26.
[8] 郭平. "5机" 协同，共创行业新价值 [R]. 华为全联接 2020 大会，2020.
[9] 周芳，姜波. "双碳""双控" 目标下现代煤化工产业高质量发展途径探讨 [J]. 煤化工，2022，50 (1): 5-15.
[10] 任云锋，张相，施永新，等. 危险废物的热解-气化/燃烧模拟研究 [J]. 煤化工，2021，49 (1): 36-39.
[11] 刘臻，次东辉，方薪晖，等. 基于含碳废弃物与煤共气化的碳循环概念及碳减排潜力分析 [J]. 洁净煤技术，2022，28 (2): 130-136.